Découvrez l'histoire par les archives de presse

RETRONEWS

Le site de presse de la BnF

www.retronews.fr

LA SCIENCE
AU XXe SIÈCLE

NOUVELLE REVUE ILLUSTRÉE
DES SCIENCES ET DE LEURS APPLICATIONS

Directeur

GEORGES MANEUVRIER

PARIS

Librairie Ch. DELAGRAVE

15, RUE SOUFFLOT

LA SCIENCE AU XXᵉ SIÈCLE

COULOMMIERS
Imprimerie Paul Brodard.

PHYSIQUE

L'AIR LIQUIDE.

Je vais tâcher d'exposer en peu de mots et aussi clairement que possible, les points suivants :

1º Comment on liquéfie l'air ;

2º Comment on le conserve ;

3º Quelles sont ses propriétés et ses applications.

1º Comment on liquéfie l'air : Principes physiques sur lesquels repose la liquéfaction des gaz réputés permanents.

Il y a peu d'années encore les physiciens pensaient que pour liquéfier tous les gaz il suffisait de les comprimer à des pressions suffisamment élevées et variables pour chacun d'eux. C'est ainsi que l'éther sulfurique est liquéfiable à la pression ordinaire, que l'éther chlorhydrique, l'acide sulfureux, l'ammoniaque, l'acide carbonique, le protoxyde d'azote, etc., se liquéfient, *à la température ordinaire*, sous des pressions croissantes allant de quelques dixièmes à 50 ou 60 atmosphères.

Aussi les physiciens furent-ils tout à fait désappointés en constatant que certains gaz : hydrogène, oxygène, azote, oxyde de carbone, etc., refusaient de passer à l'état liquide sous les pressions les plus élevées, alors même que leur densité devient supérieure à celle de l'eau.

Ils en conclurent qu'il existe deux espèces de gaz : les gaz *liquéfiables* et les gaz *permanents*.

On n'avait pas encore trouvé le secret du succès qui réside dans une propriété capitale, commune à tous les gaz et qu'Andrews mit en évidence en 1869 : cette condition de liquéfaction *sine qua non*, c'est l'obtention avant tout de la *température critique* particulière à chaque gaz.

Température critique. — Chaque gaz est caractérisé par une certaine température qui

FIG. 1. — MACHINE LINDE PRODUISANT 7 LITRES D'AIR LIQUIDE A L'HEURE. (Laboratoire de M. d'Arsonval.)

lui est propre (*température critique*) qu'on peut définir ainsi. Tant que le gaz est *plus froid* que sa température critique une pression suffisante le liquéfiera *toujours*.

Si au contraire le gaz est *plus chaud* que sa

température critique, la pression seule, *quelque énorme qu'elle soit*, ne le liquéfiera *jamais!*

Cela dit on comprend que pour liquéfier un gaz quelconque la première chose à faire est de le refroidir *au-dessous* de sa température cri-

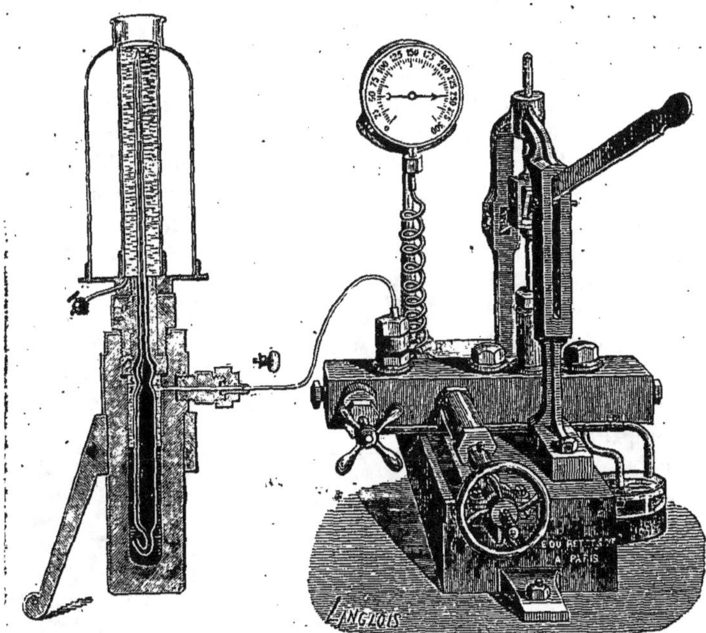

FIG. 2. — APPAREIL DE CAILLETET POUR LIQUÉFIER LES GAZ.

tique. Or cette température est particulière à chaque gaz et le caractérise physiquement. Elle est :

Pour l'acide carbonique. . . . . + 31°
— l'acétylène . . . . + 37°
— le chlore. . . . . +140°
— l'acide sulfureux . . . . . +155°

Toutes ces températures étant supérieures à la température ordinaire de nos climats on comprend pourquoi les physiciens ont pu facilement liquéfier ces gaz. Au contraire pour les gaz baptisés par eux gaz permanents ces températures critiques sont extraordinairement basses :

Pour l'oxygène. . . . . —118°
— l'azote . . . . —146°
— l'hydrogène . . . . —252°
— l'air . . . . —140°

Ainsi tant qu'on n'aura pas abaissé la température de l'air à 140 degrés *au-dessous* de zéro on ne pourra le liquéfier sous aucune pression, quelque formidable qu'elle soit. Pour l'hydrogène c'est bien pis : il faudra descendre à 252 degrés au-dessous de zéro. On comprend

donc facilement pourquoi des physiciens très habiles comme Faraday, Thilorier, etc., ont échoué. Supposons qu'on ait atteint la température critique particulière au gaz étudié, à partir de ce moment une pression minime (mais également caractéristique pour chaque gaz (*pression critique*) permettra de le liquéfier.

Cette *pression critique* est de :

Pour l'azote . . . 33 atmosphères
— l'oxygène. . 50 —
— l'hydrogène. 15 —
— l'air . . . . 39 —

Ainsi donc au lieu de diviser les gaz en *liquéfiables* et *permanents* nous les diviserons : 1° En gaz dont la température critique est *supérieure* à la température normale de nos climats; et 2° en gaz dont la température critique est *inférieure* à la température ordinaire.

Les premiers se liquéfieront par simple pression : pour liquéfier les seconds il faudra d'abord les amener par un refroidissement préalable à leur température critique. — Bien entendu plus on sera *au-dessous* de la température critique *moins* il faudra de pression pour amener la liquéfaction. — On comprend qu'en descendant assez bas, le gaz pourra se liquéfier à *la pression atmosphérique*. C'est ce qui arrive pour l'air à —191°.

En résumé, pour liquéfier l'air, il suffirait de le refroidir assez sans même avoir recours à la compression.

Mais comment refroidir un gaz à ces températures effroyablement basses ?

Moyens de refroidir un gaz : la Détente. — Pour atteindre ces températures folles au-dessous de zéro on ne peut songer à aucun mélange réfrigérant; le plus puissant donnant à peine 60 ou 80 degrés au-dessous de zéro. Il a fallu trouver mieux. Il n'y a qu'un procédé efficace : *Comprimer* le gaz et le laisser ensuite se *détendre*. Tout le monde sait qu'en comprimant un gaz (à l'aide d'une pompe de bicyclette par exemple) ce gaz s'échauffe.

Cet échauffement peut être suffisant pour

porter le gaz au rouge comme cela a lieu dans le briquet à air. Réciproquement : si on décomprimé un gaz, ramené à la température ambiante préalablement, il se refroidira. *Le refroidissement dû à la détente sera égal au réchauffement dû à la compression si le gaz restitue un travail égal à celui qui a servi à le comprimer.* Ainsi en actionnant un moteur à air comprimé par de l'air à 7 atmosphères et lui faisant exécuter un travail mécanique on le refroidira de 127 degrés pour une chute de pression de 6 atmosphères. C'est cette idée si simple qui permit pour la première fois à un savant français : M. Louis Cailletet, de l'Institut, de liquéfier les gaz réputés permanents. C'est en juin 1877 que H. Sainte-Claire Deville annonça à l'Académie des sciences cet important succès scientifique.

En comprimant de l'air à 300 atmosphères dans un tube de verre épais et en supprimant brusquement la pression M. Cailletet vit l'air, amené ainsi bien au-dessous de sa température critique, se résoudre en un brouillard épais accompagné de gouttes liquides. — Malheureusement le phénomène ne dure qu'un instant. — Pour avoir quelques gouttes d'air liquide il fallut les efforts réunis d'une pléiade de physiciens : Cailletet, Pictet, Olzewski et Wroblewski, Dewar, etc., qui constituèrent les appareils réfrigérants dits *à cycles multiples* et dont voici le principe : on descend successivement l'échelle des températures en liquéfiant d'abord l'acide sulfureux par simple pression. En l'évaporant dans le vide on obtient — 60°. A cette température on liquéfie l'éthylène qui évaporé à son tour dans le vide permet d'atteindre — 130°. A cette température on liquéfie ensuite l'azote et l'oxygène. Mais que de complications mécaniques : trois machines à froid différentes sont nécessaires. Le procédé n'a rien évidemment de pratique.

La liquéfaction de l'air n'est devenue industrielle que le jour où M. Linde, reprenant la question, a inventé une machine où la détente dite *sans travail extérieur* laisse s'écouler de l'air, sous pression élevée, à travers un simple robinet. Voici le principe de cette machine extrêmement simple :

Ainsi que Cailletet, Linde emploie, comme source de froid, la détente même de l'air à liquéfier. L'air comprimé est amené par le tube central p au robinet R.

La chute de pression qui se produit alors refroidit le gaz. Ce refroidissement est beaucoup plus faible dans ce cas que si l'air se détendait derrière un piston produisant un travail mécanique extérieur; il n'est guère que de un quart de degré par chaque atmosphère de chute de pression. Pour obtenir les 140 degrés au-dessous de zéro que nous savons nécessaires pour liquéfier l'air il nous faudrait comprimer l'air à 6 ou 700 atmosphères, ce serait peu pratique et le travail de compression serait énorme. Linde a tourné très ingénieusement la difficulté tout en n'utilisant que 150 atmosphères de chute de pression. Il accumule progressivement les chutes de température à l'aide d'un procédé imaginé par Siemens vers 1860. Le dispositif est fort simple.

L'air qui vient de se détendre au sortir du robinet R est obligé de circuler en sens inverse de l'air comprimé qui arrive en parcourant le tube γ_1, concentrique au tube d'arrivée γ. De

cette façon il se fait un échange de température entre les deux courants gazeux et une accumulation de froid vers le point R, jusqu'au moment ou la température critique étant dépassée une partie de l'air se liquéfie et tombe dans le réservoir V d'où on l'extrait par le robinet R_1. Le rendement de la machine est encore amélioré par un autre artifice qui consiste à ne pas laisser l'air se détendre de la pression initiale (200 atmosphères) à la pression atmosphérique, comme le fait Hampson par exemple. Linde reprend son air quand il est détendu de 200 à 50 atmosphères seulement et le fait circuler sur lui-même. La raison en est que si le refroidissement de l'air est proportionnel à la *différence des pressions* (initiale et finale), le travail de compression est proportionnel au *quotient de ces mêmes pressions*. De ce fait le rendement industriel de la machine est considérablement augmenté et on obtient environ un demi-litre d'air liquide par cheval et par heure dans les grandes machines.

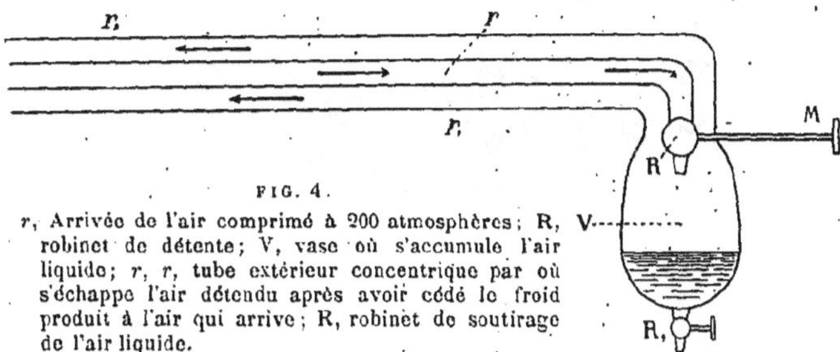

FIG. 4.

r, Arrivée de l'air comprimé à 200 atmosphères; R, robinet de détente; V, vase où s'accumule l'air liquide; r, r, tube extérieur concentrique par où s'échappe l'air détendu après avoir cédé le froid produit à l'air qui arrive; R, robinet de soutirage de l'air liquide.

M. Linde en a construit qui donnent 100 litres d'air liquide à l'heure en dépensant 180 chevaux. Cette machine a été réalisée par M. Linde en 1896. En 1898 j'ai pu en avoir à Paris un petit modèle donnant trois quarts de litre d'air liquide à l'heure qui m'a permis de faire certaines recherches et de faciliter celles entreprises par plusieurs savants français.

La machine de Linde a donc réalisé un énorme progrès et a été le point de départ des applications industrielles de l'air liquide. Malgré sa simplicité remarquable elle présente un fonctionnement un peu délicat. Les énormes pressions (200 atmosphères) qu'elle met en jeu et surtout le mode de détente employé présentent plusieurs inconvénients.

❧

Détente avec travail extérieur récupérable. Machine de G. Claude. — J'ai dit plus haut qu'un gaz comprimé se refroidit par la détente en proportion du *travail extérieur* qu'on lui fait produire. Il y a donc tout avantage à faire travailler l'air comprimé le plus possible et le meilleur moyen consiste à le détendre soit sous un piston soit sur une turbine. Ce principe est si évident que Siemens le formulait dès 1860.

Solvay, Hampson, Linde lui-même tentèrent de l'appliquer industriellement.

Ils échouèrent parce que les matières lubréfiantes employées par eux se congelaient rapidement et empêchaient le fonctionnement de la machine. La machine de Solvay s'arrêtait à —90°.

Dans le génie civil, il y a quelques années, Linde disait catégoriquement : *On ne pourra donc pas du tout atteindre ces températures avec un pareil dispositif.*

Malgré cette conclusion pessimiste formulée par une autorité aussi justifiée, M. G. Claude, qui avait vu dans mon laboratoire combien était pénible le maniement de ma petite machine Linde, voulut reprendre la question et me fit part d'observations nouvelles qu'il avait pu faire sur l'air liquide. Il avait vu entre autres choses que l'air liquide mouille les métaux quand ils ont atteint sa température et qu'alors il constitue un excellent lubréfiant.

Il fallait donc trouver un procédé de graissage qui permît à la machine de pouvoir fonctionner jusqu'au moment où l'air commencerait à se liquéfier, ou la refroidir préalablement par un moyen quelconque jusqu'à cette température ; à partir de ce moment le graissage deviendrait inutile et la machine se graisserait elle-même par l'air liquide.

L'essence de pétrole ordinaire permettait de descendre jusque vers —130°. Depuis j'ai fait connaître un procédé de distillation par le froid qui permet d'obtenir des essences qui ne se congèlent pas, même à 200 degrés au-dessous de zéro. J'encourageai vivement M. Claude à poursuivre ses essais. Après bien des tâtonnements, le problème a été résolu de la façon la plus simple et la plus heureuse. M. Claude fait détendre l'air comprimé à 30 ou 40 atmosphères seulement derrière un simple piston de machine à vapeur, graissé constamment aux essences légères de pétrole. La machine produit un travail extérieur quelconque (dynamo) venant en déduction. Le refroidissement est énorme et, grâce à l'échangeur de température (genre Siemens) placé sur l'échappement, la liquéfaction s'opère rapidement. Une petite machine à vapeur de la dimension de 5 à 6 chevaux donne couramment 50 litres d'air liquide à l'heure, en absorbant un peu moins de 50 chevaux. Le rendement industriel est près de deux fois meilleur que celui de la machine de Linde. Et on a l'avantage considérable d'employer des pressions qui peuvent ne pas dépasser 30 à 40 atmosphères au lieu des 200 exigées par l'appareil de Linde. On voit par cet exemple à combien peu tiennent la réussite ou l'insuccès d'un dispositif. Que Solvay eût employé l'essence de pétrole pour graisser sa machine et elle eût fonctionné. A l'heure actuelle le procédé de G. Claude est le plus simple, le plus économique et par conséquent le plus industriel pour produire l'air liquide, qui coûte ainsi un cheval-heure par litre obtenu.

Il semble paradoxal qu'on puisse conserver l'air à l'état liquide dans des flacons ouverts à l'air libre comme on le ferait pour de l'eau ou pour de l'alcool. Rien de plus simple cependant.

A 140° au-dessous de zéro l'air peut se liquéfier sous 40 atmosphères de pression environ. Mais si on le refroidit de plus en plus, sa tension de vapeur diminue et à 190° *au-dessous* de zéro elle est égale à la pression atmosphérique.

Donc si nous amenons l'air à — 191° il se liquéfiera de lui-même à la pression atmosphérique et on pourra le conserver en vase ouvert. *C'est son point d'ébullition à la pression atmosphérique.* C'est forcément la température qu'il prendra de lui-même et qu'il conservera tant qu'il en restera une goutte dans le vase.

Cet air liquide, dont la température est à plus de 200° *au-dessous* de la température ambiante, est absolument dans le cas d'un vase rempli d'eau placé dans un four chauffé au rouge.

Quelle que soit l'ardeur du foyer, la température de l'eau restera fixe à + 100° tant qu'il y en aura une goutte dans le vase. L'air liquide se comporte de même : il bout et toute la chaleur apportée par la fournaise où il est plongé est employée à le volatiliser sans changement notable de sa température.

C'est pourquoi on ne peut pas boucher le vase qui le contient pas plus qu'on ne pourrait boucher le vase d'eau placé dans la fournaise pour empêcher son évaporation.

Il n'y a qu'un seul moyen de ralentir cette ébullition nécessaire : c'est d'atténuer l'apport de chaleur extérieur en plaçant l'air liquide dans un vase impénétrable, le plus possible, au calorique. Tous les isolants connus ne font que ralentir à peine l'évaporation de l'air liquide. Cela tient à deux causes : 1° la grande différence de température entre l'extérieur du vase + 20° et l'intérieur — 190° soit environ 210°. Et 2° à ce que pour évaporer 1 kilo d'air liquide il faut lui fournir environ 10 fois moins de chaleur que pour évaporer 1 litre d'eau, ce que les physiciens expriment en disant que la chaleur de vaporisation de l'air liquide est 10 fois plus faible que celle de l'eau (65 calories au lieu de 650).

En 1887 j'ai indiqué un moyen très efficace pour conserver les gaz liquéfiés et les mettre à l'abri du réchauffement extérieur [1]. C'est ce procédé qui est exclusivement employé aujour-

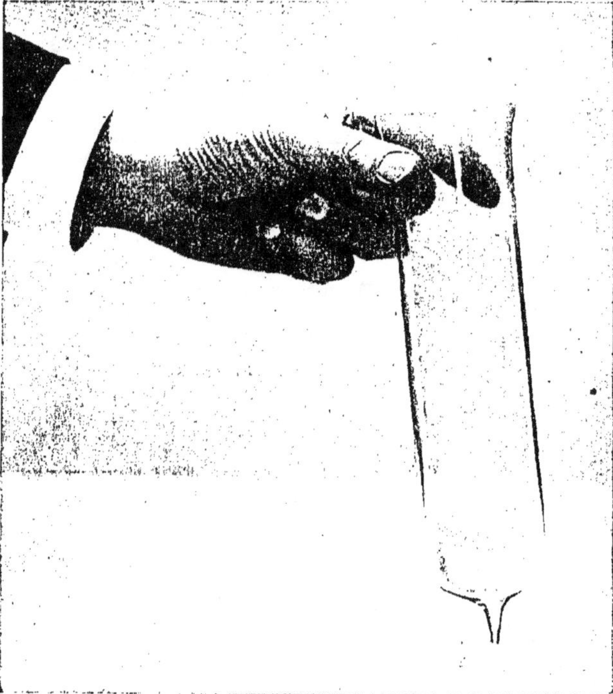

FIG. 5. — ÉPROUVETTE A DOUBLE ENVELOPPE ET VIDE INTERMÉDIAIRE DE M. D'ARSONVAL REMPLIE D'AIR LIQUIDE EN ÉBULLITION.

1. Voir *Comptes rendus* de la Société de Biologie (Masson éditeur), 11 février 1888.

d'hui pour conserver l'air liquide, bien que ce corps n'existât pas à l'époque où j'ai imaginé ces récipients. L'apport extérieur de chaleur se fait par *conductibilité* et par *convection*.

C'est un transport matériel de chaleur qui se fait de molécule à molécule, même lorsqu'il s'agit des gaz. Chaque molécule gazeuse extérieure chaude vient frapper la paroi du vase qui contient le gaz liquéfié et lui cède sa chaleur, puis s'éloigne à la façon d'un projectile.

Dès lors, pour éviter cet échauffement, il n'y a qu'à supprimer tout contact matériel entre l'air extérieur et la paroi du vase qui contient le gaz liquéfié.

J'y suis arrivé très simplement en entourant le vase qui contient le gaz liquéfié d'un second vase concentrique, soudé au premier, et en faisant un *vide parfait* dans l'espace qui les sépare.

Ces réservoirs de verre, à double enveloppe vide d'air, permettent de *voir* le gaz liquéfié et l'isolent de l'apport extérieur de chaleur par conductibilité ou convection.

Dans un pareil récipient l'évaporation se fait

Mais il y a encore un autre procédé de réchauffement pour le gaz liquéfié. C'est le *rayonnement*. M. Dewar a perfectionné mes vases en les argentant sur les deux faces qui limitent l'espace annulaire. De ce fait l'apport de chaleur extérieur est devenu environ 15 fois plus faible encore. Ce qui fait en somme qu'un vase argenté, à double paroi vide d'air, laisse passer la chaleur *300 fois moins vite* qu'un vase à paroi simple. C'est ainsi qu'on peut conserver l'air liquide *à l'air libre* pendant *plus d'un mois* quand le vide a été bien fait et la paroi bien argentée. Les constructeurs donnent à ces vases les formes et les dimensions les plus variées : tubes, ballons, coupes, etc., avec des capacités qui peuvent aller jusqu'à 10 litres. Leur seul inconvénient est leur fragilité.

J'ai bien essayé, ainsi que M. Claude, de remplacer le verre par un métal ayant une faible conductibilité (acier-nickel de Ch. E. Guillaume), mais jusqu'à présent le succès n'a pas couronné ces essais.

La partie délicate de ces vases est la sou-

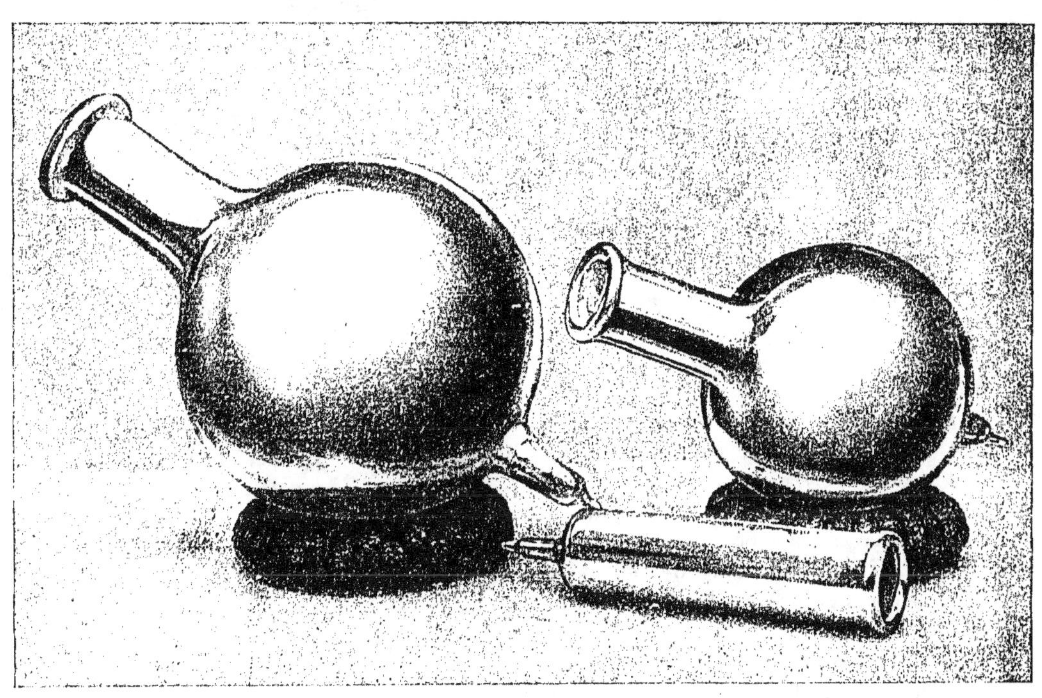

FIG. 6. — RÉCIPIENTS A DOUBLE ENVELOPPE, VIDE INTERMÉDIAIRE ET ARGENTURE.

déjà 20 fois plus lentement. C'est une conséquence des expériences de Dulong et Petit sur lesquelles je me suis appuyé.

dure qui réunit les deux vases concentriques.

Il ne faut pas *l'étonner* par des variations trop brusques de température. C'est pourquoi il est prudent de ne jamais verser directement l'air liquide, mais bien de le soutirer par pression d'air.

La protection contre l'échange de température entre l'extérieur et l'intérieur des vases à vide argentés est tellement grande que, malgré la différence énorme de ces températures (plus de 200 degrés), la paroi extérieure ne se recouvre même pas de buée quand le vase contient de l'air ou même de l'hydrogène liquide.

L'apport de chaleur se fait presque tout entier par conductibilité à travers la soudure, comme je m'en suis assuré en plaçant le ballon d'air liquide sur une balance enregistrante. La courbe d'évaporation est une droite, bien que la surface

FIG. 7. — ÉPROUVETTE ET COUPE ARGENTÉES SUR PIED.

de contact du liquide avec la paroi aille constamment en diminuant.

Ces vases, que j'avais baptisés du nom de *Thermo-Isolateurs*, peuvent rendre les plus grands services dans nombre d'expériences. Je m'en sers couramment pour contenir des liquides soit *chauds* soit *froids*.

De l'eau placée à 100 degrés dans de pareils vases bouchés avec un bon bouchon de caoutchouc a encore 80 degrés au bout de plusieurs jours. Ils constituent une excellente marmite norwégienne. Pour conserver le froid il n'est pas nécessaire de les boucher, la couche d'air froid plus dense forme bouchon naturel. Pour

éviter la gélation de l'air il suffit de coiffer l'orifice d'un tampon de laine ou d'ouate. Je m'en suis servi notamment pour constituer un baromètre à air, une étuve, une protection contre le rayonnement pour une soudure thermo-électrique différentielle, etc. Les applications peuvent varier à l'infini dans tous les cas où on veut protéger des corps contre le chaud ou le froid, c'est-à-dire contre les variations de température en général. La seule précaution c'est que le vide soit absolument parfait. La moindre trace de gaz entre les deux enveloppes enlève toute valeur à l'appareil. Toute rentrée d'air à travers une fissure imperceptible se traduit immédiatement par le *givrage* de la paroi extérieure, montrant ainsi l'énorme importance du vide et l'insuffisance de l'argenture seule.

Tel est le procédé le plus efficace, actuellement connu, pour conserver l'air liquide.

Après avoir énuméré rapidement les moyens de produire et de conserver l'air liquide, j'indiquerai dans un prochain article quelles sont les propriétés principales de ce corps et les applications diverses qui en ont été faites ou qu'on peut prévoir pour l'avenir.

(*A suivre.*)

D^r D'ARSONVAL.
de l'Institut.

Nous tenons à faire savoir à nos lecteurs que la figure 3 représente, comme la figure 1, un coin du laboratoire de physique biologique du professeur d'Arsonval, sis rue Claude-Bernard, et que notre photographe a eu la bonne fortune d'y saisir le professeur lui-même en costume de travail, en train de régler la machine frigorifique. Ce document — quoiqu'assez peu flatteur au point de vue de la ressemblance — ne manquera pas d'intérêt pour les nombreux élèves et amis de l'éminent biologiste. (N. D. L. R.).

TRAVAUX PUBLICS

LE CANAL DE PANAMA.
A écluses ou à niveau ?

La vieille querelle entre la conception du canal à niveau et la conception du canal à écluses reprend de plus belle.

C'est une discussion, entre professeur de faculté et maître d'école, à horizons limités : l'un ne conçoit pas l'instruction au-dessous de l'étude de Sophocle et d'Euripide, l'autre au-dessus de celle du *De Viris Illustribus*.

C'est un débat entre presbyte et myope, l'un ne voit pas ce qui est près, l'autre ce qui est loin.

Ils ont chacun raison pour ce que leur vue distingue. La vérité est dans l'association des deux conceptions : elles ne s'excluent pas, elles se complètent.

C'est ce qu'avait admis M. de Lesseps en 1887 quand je lui dis :

« Je ne vous demande pas d'abandonner le canal à niveau : votre prophétique et admirable conception. Le passage de Panama doit être un Bosphore libre de toute entrave pour servir comme il le doit le mouvement colossal de navigation qu'il appellera. Je vous demande d'adopter un projet de canal à écluses, qui soulagera énormément les dépenses et les difficultés de l'ouverture du transit, mais qui pourra ultérieurement, graduellement, se transformer en canal à niveau sans interrompre pendant cinq minutes la navigation et sans exiger aucun travail anormal ou exceptionnel.

« Pour le monde entier le canal de Panama sera ouvert, pour vous ce ne sera sous cette première forme qu'un vaste chantier organisé de telle sorte que la construction du canal à niveau se fasse tout en permettant aux navires de franchir l'Isthme américain. »

C'est cette méthode de transformation que le directeur de *la Science au XXᵉ Siècle*, mon éminent ami Maneuvrier, me demande d'exposer à ses lecteurs. Je me soumets avec plaisir à son invitation en reconnaissance de l'hospitalité que m'a offerte son journal dans les périodes douloureuses de la lutte pour le sauvetage de la conception de Panama, alors que la mode était à une splendide indifférence devant ce grand intérêt national, indifférence qui nous coûte une somme que j'ai chiffrée à une dizaine de milliards, chiffre que je maintiens et qui nous eût coûté quelque chose de bien plus important encore : une part de l'honneur du génie français, si je n'avais pu faire triompher devant l'étranger cette cause sainte perdue devant la France.

Voici en quoi consiste la solution qui jette un pont entre le futur immédiat et le futur éloigné, entre le canal à écluses et le canal à niveau.

Envisageons un bief de partage et les deux écluses qui le limitent en les supposant construites d'après les données ordinaires (fig. 1).

La seule façon d'effacer le bief supérieur avec de telles écluses consisterait dans le creusement du bief supérieur jusqu'au niveau du fond des biefs latéraux en respectant une certaine masse de terrain dans le voisinage des écluses et sans changer un seul instant le niveau de ce bief supérieur afin de pouvoir toujours passer pardessus le busc de la porte d'amont, qui est un organe vital du canal auquel on ne peut toucher pendant la transformation (fig. 2).

Cette première opération, qui entraînerait des dragages allant jusqu'à 22 m. de profondeur, chose absolument anormale, devrait être suivie par une autre entraînant, celle-là, l'interruption de la navigation, l'enlèvement des écluses et du massif protecteur laissé au contact des murs de chute de chaque écluse (mur sous la porte d'amont et limitant les terrains du fond du bief).

On voit donc qu'avec la construction usuelle on se heurte à des difficultés d'exécution très grandes et que l'on ne peut pas éviter la suspension de circulation.

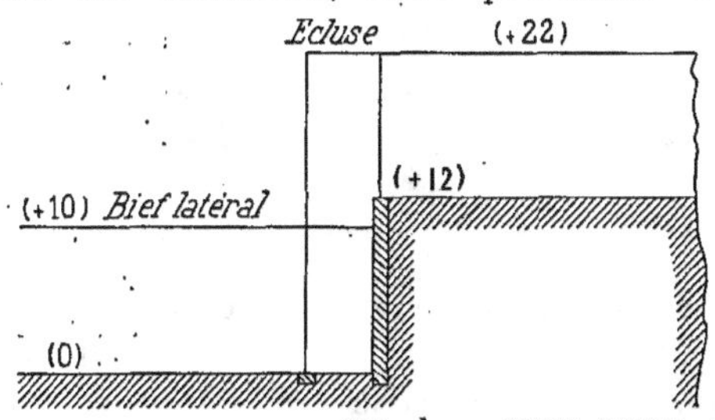
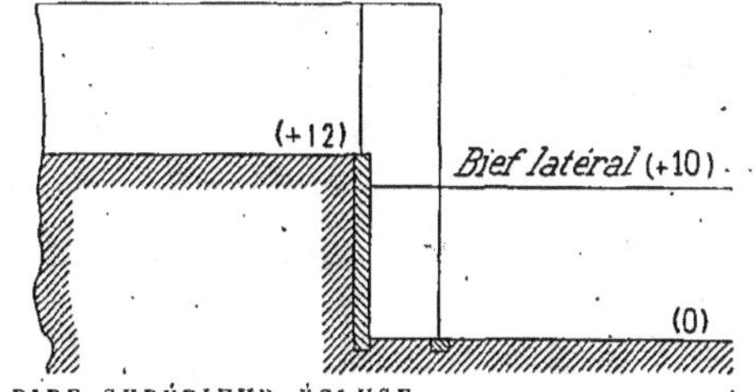

FIG. 1. — TYPE USUEL DE BIEF SUPÉRIEUR ÉCLUSE.

La solution que j'ai donnée en 1887 à cette question consiste simplement dans la suppression du mur de chute et dans la limitation du massif des terres du fond du bief supérieur par un talus pur et simple dont le pied reste à environ 200 m. de la porte d'amont.

Le mur de chute étant supprimé, la porte d'amont, prend exactement la même hauteur que la porte d'aval.

En jetant un coup d'œil sur les figures 3 et 4 on voit facilement que ce dispositif simple permet l'approfondissement graduel et continu.

Supposons qu'on se propose d'abaisser le niveau du bief supérieur en quatre opérations. La différence étant supposée de 12 m. entre le niveau du bief supérieur et celui des biefs laté-

comme le canal sera assez large pour permettre le croisement de deux navires, il en résulte que la présence d'une drague n'interrompra pas plus un navire dans son transit que la rencontre d'un navire croiseur quelconque.

Lorsque cette opération aura été répétée quatre fois le bief supérieur aura été successivement abaissé quatre fois de 3 m. : il aura alors disparu et se confondra avec les biefs latéraux. On traitera le nouveau bief supérieur ainsi formé comme le précédent et l'on descendra ainsi jusqu'à ce que les biefs latéraux soient au niveau des Océans.

La présence des maçonneries de l'écluse, après l'effacement du premier bief supérieur, ne constituera aucune difficulté. On traitera cette

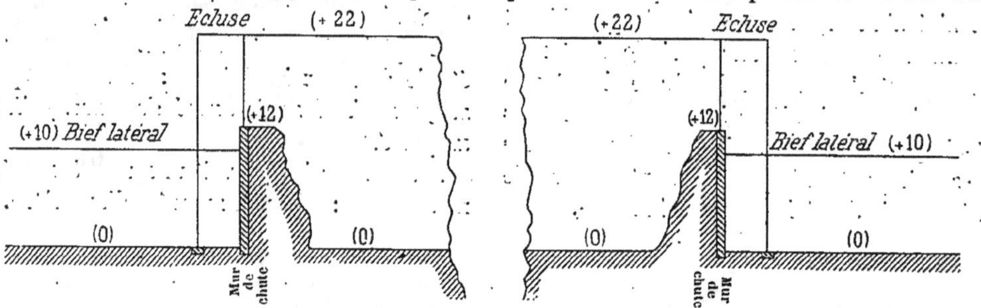

FIG. 2. — TYPE USUEL DE BIEF SUPÉRIEUR ÉCLUSE APRÈS APPROFONDISSEMENT.

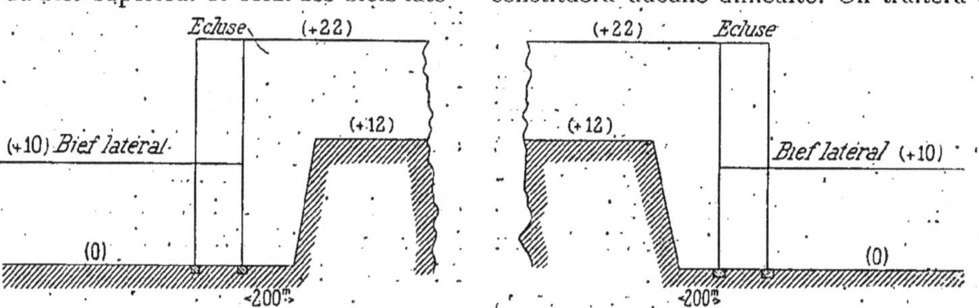

FIG. 3. — TYPE BUNAU-VARILLA DE BIEF SUPÉRIEUR ÉCLUSE.

raux, chaque opération consistera dans un abaissement de 3 m.

Si l'on drague 3 m. dans le fond du bief supérieur, on se rend facilement compte que la totalité de ce dragage peut s'exécuter sans rencontrer aucun organe vital du canal.

A la fin de l'opération, rien n'aura été changé, sinon que le tirant d'eau aura été porté de 10 à 13 m.

A ce moment, on laissera s'écouler une tranche d'eau de 3 m. (fig. 4), le tirant d'eau du canal reviendra à la normale : 10 m., et le relief du bief supérieur du canal au-dessus des océans sera de 3 m. plus faible qu'avant l'opération.

Comme le dragage est la seule opération qu'il y ait lieu de faire dans le canal lui-même et

roche artificielle, comme la roche naturelle rencontrée dans le creusement, soit par minage symétrique, suivant la méthode que j'avais conçue et que j'ai appliquée pour la première fois au kilomètre 3 du canal en 1885 et qui m'a permis de rendre parfaitement dragable la roche ainsi que je l'ai décrit dans l'ouvrage que j'ai publié en 1892, soit encore par concassement en se servant de la pilonneuse Lobnitz (lourde masse d'acier de 10 tonnes) comme cela est généralement réalisé avec succès.

Les États-Unis ont-ils besoin de passer par l'étape intermédiaire du canal à écluses?
— A cette question qui se pose naturellement, je réponds formellement oui.

Certes, la question de la durée et du coût de

la construction, vitales pour une Société n'existant que par le crédit, est d'un poids beaucoup moins fort pour un puissant État.

Toutefois si l'on prend quatorze au lieu de sept années pour ouvrir le canal, si l'on dépense cinq cents millions de plus immédiatement cela n'est pas entièrement négligeable. On priverait ainsi l'humanité d'un organe essentiel de progrès et de commerce pendant une période de temps importante et l'on verserait dès le début une somme qui pourrait n'être à dépenser que dans vingt-cinq ou trente ans. C'est une double perte qui ne serait que très imparfaitement compensée par l'économie des écluses et du barrage.

Pour éviter les crues du Chagres, construisez un grand barrage et rejetez le Chagres soit dans le Pacifique, soit dans une dérivation latérale au Canal, ou bien encore faites-le s'écouler dans le canal tempéré, adouci, par son épanouissement lacustre derrière le barrage.

Pour éviter les courants de flot et de jusant, construisez des écluses de marée.

La gloire immortelle de M. de Lesseps aura été de dire aux ingénieurs : *Je ne veux pas de maçonnerie dans le canal de Suez, faites-moi un fossé.*

A Suez aussi il y avait une mer à marée : la mer Rouge : elle a des marées d'un mètre.

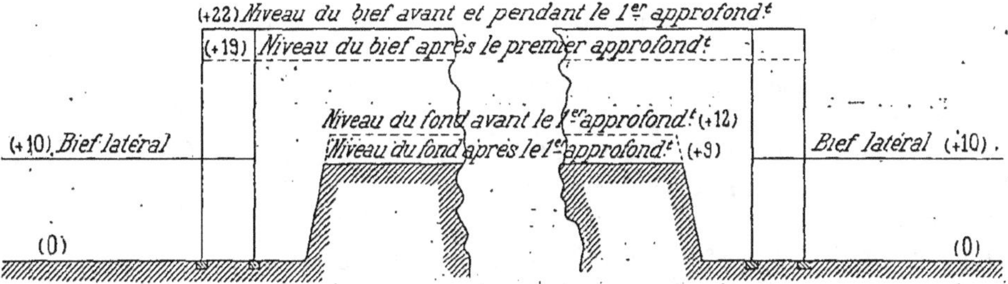

FIG. 4. — TYPE BUNAU-VARILLA DE BIEF SUPÉRIEUR ÉCLUSE EN COURS D'APPROFONDISSEMENT.

Mais d'autres considérations restent à côté qui sont, à mon avis, beaucoup plus importantes. Il y a d'abord les aléas ahérents au creusement de la grande tranchée de la Culebra, aléas qu'il est préférable de ne courir que guidé par l'expérience progressive du creusement au lieu de les endosser sur la vaine affirmation *à priori* d'une présomptueuse ignorance : d'autre part le canal à niveau comporte encore des problèmes non résolus et qu'il serait impossible de résoudre d'emblée sans risquer d'infliger au canal des défectuosités incurables.

La solution idéale et complète du canal de Panama, c'est le Bosphore, c'est le passage librement ouvert entre les deux Océans et c'est le Chagres se jetant librement au milieu du canal, comme une rivière dans un détroit.

Quelle section devra-t-on donner au canal pour que les crues du Chagres ne gênent pas la navigation ? De quelle influence seront les apports du Chagres sur le maintien des profondeurs ? Jusqu'à quel point les courants, dus à ce que les marées relèvent le Pacifique dans le voisinage de l'Isthme de 3 m. 30 au-dessus du niveau moyen alors qu'elles ne relèvent l'Atlantique que de 30 cm., gêneront-ils la navigation ?

Autant de questions, autant de mystères ?

Les Ingénieurs ne sont pas embarrassés pour supprimer ces maux ; le malheur, ce sont leurs remèdes :

Les Ingénieurs ne pouvaient souffrir l'idée qu'un canal subît les courants à résulter des oscillations de la mer Rouge par rapport au niveau fixe des Lacs Amers qui sont à quelques vingt-cinq ou trente kilomètres à l'intérieur. Le fossé s'est ouvert, les courants se sont produits et là navigation s'est fort bien accommodée de cet élément qu'on prédisait inadmissible.

A Panama, les oscillations dues aux marées sont trois fois plus fortes, mais la distance entre le niveau fixe et le niveau variable est aussi trois fois plus forte. Les courants dus aux marées à Panama ne gêneront probablement pas plus qu'à Suez avec une largeur et une profondeur suffisantes pour la voie maritime.

C'est pour déterminer expérimentalement ces facteurs essentiels : talus de la Culebra, — courants dus aux crues du Chagres, — apports dus au Chagres, — courants dus aux marées, qu'il est essentiel de passer par la phase intermédiaire du canal à écluses, qui permettra de vivre avec ces facteurs et de les mesurer : on marchera ensuite d'un pas ferme et précis vers la solution finale, idéale du canal à niveau ; le Bosphore libre pour les eaux de la mer, libre pour les eaux des rivières, libre pour les navires de tous les peuples. La vision de Ferdinand de Lesseps se sera accomplie par la magie lumineuse de la méthode expérimentale.

PHILIPPE BUNAU-VARILLA.

TECHNOLOGIE

LES CAUSES D'INCENDIE DES THÉÂTRES. — UN RIDEAU D'EAU.

Tout théâtre est appelé à brûler. C'est là un principe établi par les architectes et aussi par les administrateurs des compagnies d'assurances contre l'incendie. Les faits viennent malheureusement affirmer trop souvent la réalité de cette théorie. Nombreux sont les théâtres qui, sur divers points du globe, ont été la proie des flammes. Quelques-uns de ces incendies célèbres ont été une cause de consternation universelle, tant par la quantité des victimes que par l'horreur des circonstances qui les ont entourés.

Malgré cela, la foule, oublieuse et insouciante du danger, continue à assiéger les salles de spectacles. Bien des précautions ont été prises, il est vrai, ou plutôt imposées par l'autorité publique. Elles ne sont pas encore suffisantes.

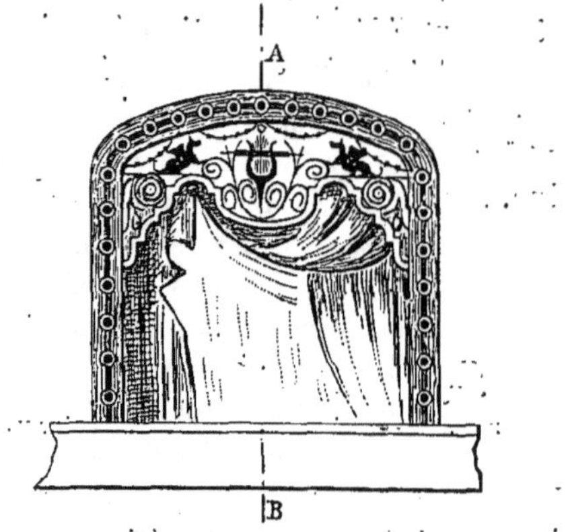

FIG. 1. — « LE RIDEAU D'EAU » DU THÉÂTRE DE SENS.
(Vue extérieure.)

Pour s'en rendre compte, il n'y a qu'à examiner la construction intérieure de la scène d'un théâtre. Partout des produits inflammables : bois, toiles peintes, etc. Les règlements prescrivent que toutes ces matières doivent être rendues incombustibles par des procédés ignifuges. Or, l'incendie du magasin de décors de l'Opéra, celui du théâtre de l'Opéra-Comique et combien d'autres, démontrent que cette précaution est illusoire.

Les procédés ignifuges ne sont efficaces qu'autant que leur application est très fréquemment renouvelée, ce qui, dans la pratique, ne se fait pas en raison de certains inconvénients que nous n'avons pas à examiner ici.

Si l'on visite les dessous et les dessus de la scène d'une salle de spectacle, on comprend immédiatement comment un incendie peut, en quelques minutes, prendre de grandes proportions. Les planchers — le plus souvent en bois

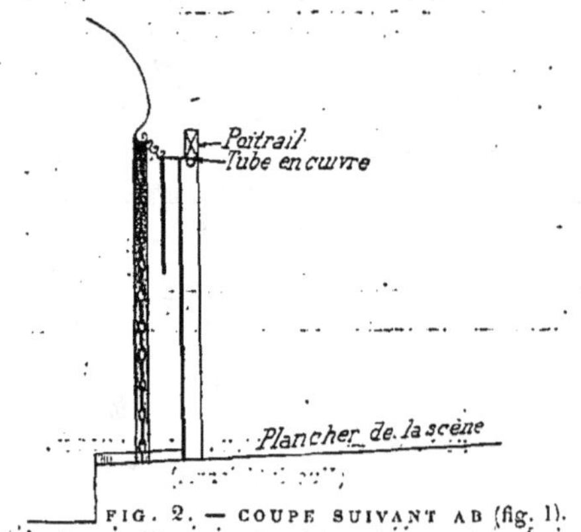

FIG. 2. — COUPE SUIVANT AB (fig. 1).

de sapin — des étages qui composent les parties cachées de la scène sont à claire-voie, formant ainsi, de bas en haut du théâtre, un appel d'air qui, en cas d'incendie, devient une sorte de gigantesque cheminée permettant à la fumée, aux étincelles, de monter d'un seul coup jusqu'au toit et d'enflammer rapidement les parties qu'elles ont traversées. Si le moindre commencement d'incendie n'est pas aussitôt conjuré, c'en est fait du théâtre.

Indépendamment des planchers, des décors, des cordages, il y a aussi tous les accessoires compliqués de la machinerie qui peuvent être des causes directes ou indirectes d'incendie. A Paris et dans les grandes villes, on a diminué quelque peu les risques en substituant la lumière électrique au gaz; néanmoins ce mode d'éclairage offre encore des dangers puisque c'est un court-circuit qui, en 1900, a été la seule cause de l'incendie du Théâtre-Français.

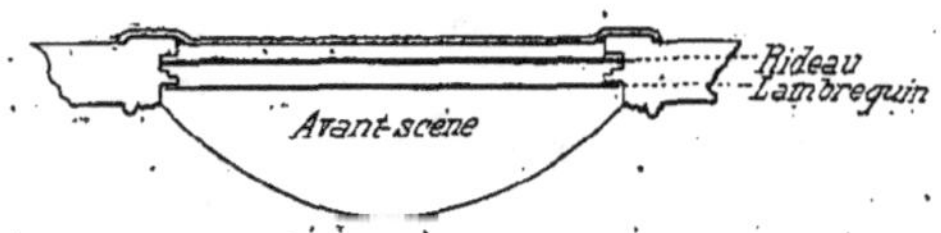

FIG. 3. — PLAN (AU-DESSUS DU RIDEAU D'EAU).

Des règlements interdisent de fumer sur les scènes; mais le personnel nombreux et varié d'un théâtre est composé parfois d'éléments si divers et si peu disciplinés, que trop souvent des abus ont été signalés. Les pompiers sont alors obligés de redoubler de vigilance pour parer aux

suites regrettables que peuvent avoir de semblables imprudences.

Lorsque, en raison de l'obligation des jeux de
scène, les acteurs ont à se servir d'allumettes
ou de tous autres objets desquels peuvent jaillir
des étincelles, ils sont, des coulisses, surveillés
dans tous leurs mouvements par des pompiers

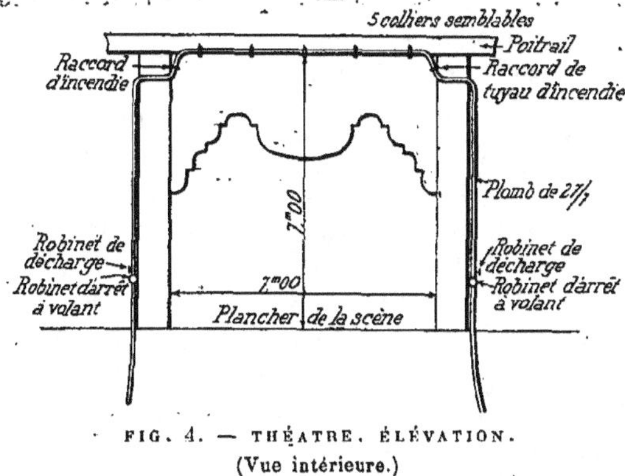

FIG. 4. — THÉATRE. ÉLÉVATION.
(Vue intérieure.)

qui, la lance d'une pompe à la main, se tiennent
prêts à éteindre tout commencement d'incendie.

Le théâtre idéal serait celui où chacun, confortablement assis, pourrait, de toutes les places,
voir et entendre le spectacle sans avoir.l'arrière-
pensée qu'il court un danger quelconque. Ce
théâtre n'a pas encore été construit. Un jour,
peut-être, quelque architecte de génie l'édifiera-
t-il? Autrefois, les marchés étaient construits en
bois et brûlaient fréquemment; la routine voulait qu'on les rétablisse tels qu'ils étaient précédemment, parce qu'à cette époque on ne pouvait
concevoir une construction de ce genre autrement qu'en bois. Cela dura jusqu'au jour où Bal-
tard eut l'idée d'édifier en fer les Halles centrales
de Paris et fit ainsi une révolution complète
dans son art.

Il est néanmoins bon de signaler les efforts
faits afin d'atténuer les conséquences des incendies qui éclatent dans les théâtres et notamment
les procédés employés pour isoler la scène de la
salle de spectacle.

Dans cet ordre d'idées, la tentative faite au
théâtre de Sens paraît digne d'être signalée.
Là, un système ingénieux de canalisation d'eau
permet, à la moindre alerte, d'inonder la scène
par le haut et de former un véritable *rideau
d'eau* qui constitue une barrière infranchissable
à la fumée et aux flammes (fig. 1, 2, 3, 4, 5).

A Paris et dans les principales villes, depuis
vingt-cinq ans environ, il a été prescrit l'installation de rideaux métalliques afin d'empêcher
toute communication entre la scène et la partie

réservée au public. Dès le début, quelques-uns
de ces rideaux avaient été établis en toile métallique; ils avaient le mérite d'intercepter les
flammes, mais laissaient passer la fumée à travers les mailles de leur tissu et n'empêchaient
ainsi ni l'asphyxie, ni la panique.

Quant aux « rideaux de fer », entièrement
pleins, qui existent encore aujourd'hui dans la
plupart des théâtres et dont l'installation a été
une véritable cause de ruine pour certains
directeurs, ils sont d'un maniement difficile en
raison de leur poids considérable.

Bien souvent leur mécanisme ne fonctionne
pas d'une façon parfaite et on a vu, dans des
théâtres, au moment où un incendie était
signalé, le « rideau de fer » ne pouvoir être
manœuvré, soit par suite d'un vice de construction, soit à cause de la dilatation ou de la
contorsion du métal motivées par l'intensité
du feu.

L'installation du *rideau d'eau* du théâtre de
Sens est peu compliquée. C'est M. Antoine
Gaujard, conseiller municipal de cette localité
et ancien entrepreneur de plomberie, qui,
en 1900, eut l'idée de ce système fort simple. De
chaque côté de la scène sont installées des
colonnes montantes d'eau munies de robinets
dont le maniement peut se faire en dehors de la
scène. Sur le devant de la scène, au-dessus du

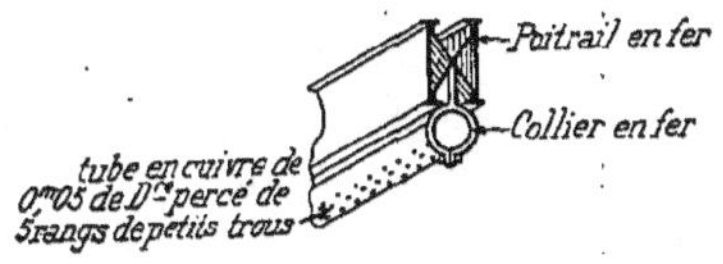

FIG. 5. — DÉTAILS DU RIDEAU D'EAU.

rideau de toile, sont établis de solides tuyaux en
cuivre percés à leur partie inférieure, sur toute
leur longueur, de petits trous très rapprochés.

En cas d'incendie, immédiatement l'eau
arrive, sort de ces petits trous comme d'une
pomme d'arrosoir et est tellement serrée qu'elle
forme, du haut en bas de la scène, un *rideau
d'eau* empêchant à la fumée et aux étincelles de
pénétrer dans la partie non incendiée. De plus,
cette eau inonde le théâtre, contribue à éteindre
le foyer de l'incendie ou empêche sa propagation sur une partie plus étendue.

L'usage de ces tuyaux peut, selon les cas,
s'étendre à toute la surface de la scène. Leur
maniement raisonné permet d'inonder, sous une
pluie diluvienne, toute partie attaquée par le feu.

LUCIEN CORNET,
Député, Maire de Sens.

HORTICULTURE

UN NOUVEAU LÉGUME : LE PÉ-TSAI

A la dernière exposition d'horticulture de la ville de Paris, on a présenté à M. le Président de la République un légume nouveau, le Pé-Tsai dont, avec son amabilité habituelle, il a bien voulu accepter l'hommage. Comme Louis XVI l'avait fait pour la pomme de terre, M. Loubet sembla vouloir le prendre sous sa protection et promit de le faire traiter comme il le faut par les cuisiniers de l'Élysée. J'ignore quelles ont été les conclusions de cette dégustation présidentielle, mais je crois intéressant, cependant, de donner ici quelques détails sur le légume en question dont la presse quotidienne nous a, depuis, parlé à plusieurs reprises.

Ce Pé-tsai (*Pé* veut dire *blanc* et *tsai*, légume) est un petit cousin de notre chou et porte le nom de *Brassica chinensis*, autrement dit de *Chou de Chine*. C'est une plante annuelle ; les feuilles inférieures en sont oblongues, presque entièrement obtuses et glabres ; les feuilles plus internes sont lancéolées. Les pétioles en sont généralement longs, surtout dans la variété *Pak-Choi*, de telle sorte que l'ensemble ressemble plutôt à une bette qu'à un chou. En tout cas, il ne « pomme » jamais, comme le nôtre (fig. 1 et 2).

En réalité, ce Pé-tsai n'est pas, en France, une véritable nouveauté culturale. En 1840, M. Pépin, jardinier en chef de l'école de botanique au Muséum, l'a fait pousser très aisément et a même publié sur lui un mémoire étendu, quoique présentant de nombreuses erreurs.

Un peu plus tard, M. Poiteau, rédacteur en chef de la *Revue horticole*, lui consacra une savante étude, très exacte et qui va nous permettre de faire connaître quelques données sur la manière dont le Pé-tsai se conduit de Chine.

Du riz, des choux et un peu d'ail ou d'oignon au lieu de viande, avec un breuvage de thé commun, sont souvent tout ce qui compose les repas des paysans et des ouvriers chinois. Quoique nos laitues et nos romaines leur soient connues ; cependant la préférence est donnée au Pé-tsai, qui tient un rang distingué parmi les plantes potagères de la Chine.

Les meilleurs Pé-tsai se trouvent dans la province du Nord où les premiers frimas servent à les rendre fort tendres ; l'abondance en est presque incroyable. Dans le cours des mois d'octobre et de novembre, le matin, on a quelquefois de la peine à passer à travers l'immense quantité de petites charrettes et de brouettes qui en sont chargées et qui encombrent les portes de Pékin et de Hang-tchou-fou. L'usage des Chinois est de les conserver dans du sel ou de les mariner pour les faire cuire avec du riz, qui est de sa nature fort insipide.

On distingue en Chine trois sortes de Pé-tsai : 1° le Pé-tsai à feuilles blanches, fines et très tendres ; 2° le *Nisoulou*, c'est-à-dire fraise de bœuf, parce que ses feuilles sont crépées, très grandes, charnues, pleines de suc et assez douces ; 3° les violacées, dont les feuilles sont très déliées, lisses, fort tendres et d'un goût agréable, mais mêlé d'une petite pointe d'amertume. Parmi ces trois espèces, on distingue encore celles qui ont des feuilles allongées en langue de serpent, ou arrondies, découpées ou unies, à côtes plates, blondes, ou à côtes arrondies.

FIG. 1. — PÉ-TSAI.

Le climat, la saison et la nature du terrain mettent une grande différence entre les divers pieds pour le goût, les qualités et la grosseur. Il y en a qui ont toujours un goût fade et presque insipide, tandis que d'autres en ont un fort agréable et une espèce de parfum naturel. Autant quelques-uns sont sains et salubres, autant d'autres le sont peu. Il y a des endroits où l'on ne peut les manger petits ou même avant les premières gelées, au lieu que, dans d'autres, on les mange de tout temps et selon que l'on veut plus ou moins les attendre. La culture la plus soignée les laisse toujours médiocres dans certains cantons, tandis qu'ils viennent comme d'eux-mêmes dans d'autres. Ils croissent à vue d'œil et grossissent jusqu'à peser depuis 10 à 12 livres jusqu'à 18 et 20.

Les Pé-tsai les plus estimés à Pékin sont ceux des environs de la petite ville de Ngan-sun; ce sont ceux, en effet, qu'on préfère pour la table de la famille impériale. Ils sont très bons cuits

FIG. 2. — VARIÉTÉ DE PÉ-TSAI.

simplement au bouillon et sans autre assaisonnement que du sel.

Quand on cherche à avoir des Pé-tsai plutôt bons que gros et à les récolter quand il leur plaît seulement d'être à terme, il faut choisir un terrain découvert et plutôt humide que sec. Les terres basses, qui ne sont pas très marécageuses, leur sont très favorables. Dans le choix des engrais, les cendres de différentes herbes et la poudrette sont ce qui leur convient le mieux.

Les jardiniers chinois sont partagés sur la manière de semer. Les uns prétendent que la nouvelle graine donne des Pé-tsai plus forts, plus vigoureux et d'une culture plus aisée; les autres assurent que ceux qui viennent de graine de l'année précédente, bien conservés à l'air, dans un endroit découvert, exposé au nord, donnent des Pé-tsai plus tendres, plus délicats et plus faciles à lier, opération assez délicate à cause de leur extrême fragilité.

Dans les provinces méridionales, on sème des Pé-tsai dans toutes les saisons, et ils y viennent bien. Quand on en veut avoir à la fin du printemps, en été et tout l'automne, il faut leur choisir une terre bien arrosée et autant qu'on le peut, exposée de l'orient. Dans les provinces septentrionales, comme Chang-tong et le Pé-tchi-li où ils sont incomparablement meilleurs et plus délicats, on les sème sur planche à la mi-juillet ou août, comme chez nous les choux cabus. Les chaleurs de la canicule passées, on les trans-

plante au cordeau dans des trous qu'on fait avec un gros plantoir, afin d'y mettre un peu de poudrette. Ceux qui ne songent qu'au profit pécuniaire à en tirer, plantent en échiquier, à 7 ou 8 pouces l'un de l'autre, parce que les Pé-tsai se mangent à toutes les phases de leur développement. Ils en dédoublent les rangs à mesure qu'ils croissent, choisissent ceux qu'ils veulent laisser et ne gardent que ceux qu'ils croient bien venants et en voie d'atteindre leur plus belle grosseur.

En France, le Pé-tsai pousse assez bien et pourrait en effet constituer un légume assez important, ne serait-ce que pour varier ceux que nous possédons en trop petit nombre. Mais il ne faut pas en faire la culture au hasard. Avec MM. Pailleux et Bois, il nous semble que l'on doit écarter toute culture d'été. La promptitude avec laquelle la plante monte en graine avant son entier développement, l'ardeur du soleil qui s'oppose à ce que ses côtes et ses feuilles deviennent tendres et blanches, l'abondance de légumes frais préférables au chou chinois, ces diverses causes rendraient infructueuses la culture du Pé-tsai pendant l'été.

« Les obstacles sont autres, mais également sérieux, disent MM. Pailleux et Bois, si l'on sème dans le courant d'août, pour récolter en hiver. Dès la fin de septembre la végétation et le développement de la plante se ralentissent et le froid vient bientôt les arrêter tout à fait. C'est cependant à la fin de l'été qu'il convient de semer le Pé-tsai; mais il faut qu'il puisse végéter longtemps et que les gelées ne l'empêchent pas d'atteindre cette ampleur extraordinaire qu'il acquiert en Chine avant l'hiver. Roscoff, Cavaillon, Hyères, se prêtent, ce nous semble, à la culture hivernale du chou de Chine. Nous inclinons à croire que Roscoff et toute la contrée dont le Gulf-Stream attiédit la température seraient particulièrement favorables. Dans cette région privilégiée, réellement tempérée, le cultivateur ne redoute ni les feux du soleil ni les rigueurs de l'hiver. Le Pé-tsai s'y développerait lentement et largement, et prendrait peut-être à Paris une place importante dans la consommation. Nos rues sont souvent encombrées par l'immense quantité de choux-fleurs que nous envoie le Finistère; mais ceux-ci, d'une saveur forte et d'une digestion difficile, ne conviennent pas à tout le monde, et céderaient souvent le pas aux Pé-tsai, plus doux et plus légers. »

Il faut donc songer à exploiter la culture du nouveau légume à l'ouest de la Bretagne.

HENRI COUPIN.

HISTOIRE DES SCIENCES

COUP D'ŒIL D'ENSEMBLE SUR LES PROGRÈS DE LA CHIMIE PENDANT LE XIXe SIÈCLE.

A la fin du XVIIIe siècle, le puissant génie de Lavoisier avait créé une chimie nouvelle, la chimie scientifique. Ses travaux immortels avaient renversé la théorie du phlogistique en montrant qu'elle représentait d'une manière inexacte les principales réactions ; que la combustion en particulier, loin d'être une décomposition, comme Stahl se l'imaginait, était une combinaison avec l'oxygène, dont il avait établi le mécanisme véritable ; il avait établi, par voie d'analyse et de synthèse, la nature de l'air et celle de l'eau et annoncé la décomposition d'oxydes tels que la potasse, la soude, la chaux, l'alumine, etc., qu'on n'avait encore pu séparer en leurs éléments. Il avait fait ressortir les analogies existant entre la combustion et la respiration, qui toutes deux produisent de l'acide carbonique, et avait donné l'explication de la chaleur animale en l'attribuant à la combinaison, dans l'acte respiratoire, de l'oxygène de l'air avec le carbone du sang.

Après avoir fait connaître les principes généraux de l'analyse élémentaire, il avait démontré, par de nombreuses expériences, que rien de pesant ne se détruit ni ne se crée dans une réaction chimique et que le poids des produits finaux est le même que celui des matières primitivement employées ; il avait fait voir enfin tout le parti qu'on peut tirer, dans les études chimiques, de l'emploi de la balance et montré comment la composition d'un corps doit être sûrement déterminée par l'analyse et par la synthèse. Après avoir accompli, à lui seul, une révolution de laquelle la science chimique actuelle est née, le créateur de la véritable méthode chimique venait de mourir, emporté par la tourmente révolutionnaire, léguant à la postérité un monument impérissable de grandeur et de gloire, laissant devant ses successeurs une voie si largement ouverte, que la chimie s'est développée avec une rapidité merveilleuse, telle qu'il n'y en a peut-être pas d'autre exemple dans l'histoire des sciences.

Aussi dès l'aurore du XIXe siècle, les chimistes, en possession de réactifs et d'instruments leur permettant de reconnaître et de doser les corps simples, se trouvant à même de créer l'analyse chimique, accumulèrent à l'envi les découvertes de corps nouveaux. Vers 1803, Wollaston reconnaît le palladium et le rhodium ; en 1807 la potasse et la soude sont décomposées, comme Lavoisier l'avait prévu ; en 1811, Courtois trouve dans les eaux mères des soudes de varechs, l'iode dont Davy, et surtout Gay-Lussac, font une magistrale étude ; en 1817, Stromeyer sépare le cadmium ; Arfwedson le lithium ; Berzélius le sélénium, puis en 1823 le silicium ; en 1826, Belard isole le brome qui, venant se placer entre le chlore et l'iode, constitue le groupe le plus remarquable peut-être de corps simples analogues entre eux.

La préparation de l'eau oxygénée en 1808 par Thénard, qui étudie avec une sagacité admirable ce corps aux propriétés singulières, a été, par ses

LAVOISIER.

conséquences, une découverte capitale ; elle a ouvert à la science des horizons nouveaux, faisant connaître des réactions jusqu'alors inconnues des chimistes, en attendant qu'elle devienne, ce qu'elle est aujourd'hui, une matière industrielle. La découverte du cyanogène en 1814, vint placer Gay-Lussac à la tête des chimistes français ; par son originalité, son importance et ses conséquences, elle peut être comparée à celle de l'oxygène et du chlore ; elle apportait le premier exemple d'un composé entièrement comparable à des éléments tels que le chlore, le brome et l'iode ; elle a introduit en chimie l'idée de radicaux composés qui est aujourd'hui l'une des bases de la chimie organique, et fait entrevoir la possibilité de décomposer un jour les métalloïdes et les métaux, regardés actuellement comme des corps simples.

La composition de l'air était fixée par les travaux de Lavoisier, mais il fallait déterminer avec exactitude les proportions des éléments qui constituent ce mélange ; Dumas et Boussingault y dosèrent l'oxygène et l'azote ; Brunner et Boussingault pesèrent l'acide carbonique et l'humidité qu'il renferme ; les méthodes eudiométriques établirent sa composition en volumes, surtout quand Regnault eut imaginé un appareil au moyen duquel on peut atteindre une précision extrême dans l'analyse des gaz ; on croyait définitivement connaître la constitution de l'atmosphère terrestre, lorsque à la suite de mesures effectuées à l'aide de procédés d'une

J.-B. DUMAS.

extrême délicatesse, Lord Rayleigh et M. W. Ramsay furent conduits à y soupçonner, puis à y découvrir en 1895 l'argon et quelques autres corps dont l'étude est encore incomplète.

—

Dès que l'on sut exécuter les déterminations analytiques avec une grande exactitude, se révélèrent les lois fondamentales qui président aux réactions chimiques, et qui définissent les proportions, soit en poids, soit en volumes, des corps qui entrent dans les combinaisons. Richter, étudiant de près la précipitation des métaux les uns par les autres, confirme les faits déjà constatés par Wenzel en 1777 relativement aux doubles décompositions salines ; il établit les rapports suivant lesquels les corps se combinent et montre que dans les sels d'un même genre il existe, entre l'oxygène de l'acide et celui de la base, un rapport constant (1794). En 1807, Dalton énonça nettement ce fait que, lorsque deux corps se combinent en plusieurs proportions, si l'on considère l'un d'eux sous le même poids dans les différents composés, les quantités pondérales de l'autre sont entre elles dans des rapports simples ; c'était la loi des proportions multiples, la base de la chimie, que confirmèrent les recherches de Wollaston en 1814 et plus tard celles de Dumas et de Stas. Elle avait déjà trouvé d'ailleurs une démonstration nouvelle, en 1808, dans les expériences de Gay-Lussac prouvant qu'il existe non seulement un rapport simple entre les volumes de deux gaz qui se combinent, mais encore entre la somme des volumes de ces gaz et le volume qu'occupe le composé lui-même pris également à l'état gazeux ; cette loi des volumes, l'une des plus grandes découvertes de la chimie, a exercé sur ses progrès une influence considérable.

L'action de la chaleur sur les corps a dès longtemps attiré l'attention des chimistes, car elle concourt à faciliter à la fois les combinaisons et les décompositions ; on savait bien que les composés dont les éléments sont susceptibles de contracter une union directe ne prennent cependant naissance qu'à une certaine température, et qu'à un degré plus élevé de chaleur leur décomposition peut avoir lieu, mais on admettait que cette décomposition ne s'effectuait suivant aucune loi déterminée. Il était réservé à H. Sainte-Claire Deville de montrer que tout au contraire, la formation et la décomposition des composés directs sont tout à fait comparables à la production et à la condensation des vapeurs : « En découvrant en 1855 la dissociation, l'une des plus grandes acquisitions non seulement de la chimie, mais de la philosophie naturelle, dit Dumas, il a ouvert à la science une voie nouvelle en rattachant par un lien étroit, les décompositions chimiques au phénomène purement physique, de la formation des vapeurs. » Les lois formulées par l'illustre savant et développées par ses élèves, ont fait voir que des réactions qui, par leur complication même, semblaient devoir échapper à toute règle, se trouvent obéir à des lois simples qui, au premier abord, leur paraissent absolument étrangères ; elles ont conduit à l'explication d'un grand nombre des phénomènes de la nature.

Deville et Debray furent aussi des premiers à introduire en chimie l'emploi des températures

BOUSSINGAULT.

très élevées ; ils trouvèrent, dans la combustion du gaz d'éclairage par l'oxygène, le moyen de produire un foyer de chaleur dont les arts n'avaient pas encore connu l'usage ; ils apprirent à manier avec autant de sûreté que d'économie des appareils de chauffage d'un genre nouveau, d'une intensité extraordinaire, et dont l'industrie s'est bien vite emparée. Avec ces appareils, ils purent étudier et fondre le platine ainsi que les métaux réfractaires qui l'accompagnent dans ses minerais, et, après des années d'études, ils arrivèrent à constituer un alliage pur de platine et d'iridium avec lequel ont été fabriqués les prototypes des mètres et des kilogrammes que les diverses nations demandaient; prototypes qui braveront l'action des siècles et qui, inaltérables dans l'air et dans l'eau, sont capables de sortir intacts des flammes du plus violent incendie. Le degré de chaleur que peut fournir le chalumeau oxhydrique, n'a été dépassé que dans ces dernières années en utilisant comme source de calorique, l'arc électrique fourni par un courant plus ou moins puissant. L'échelle des températures qui se trouvent à la disposition des chimistes s'étend maintenant de 200° environ au-dessous de zéro, au sein de l'air liquide, jusque vers 3 500 ou 4 000° à l'intérieur du four électrique dans lequel M. Moissan a fondu et volatilisé les substances les plus réfractaires, telles que la chaux, l'alumine et le charbon lui-même.

Lorsque des matières mises en contact, donnent lieu à une réaction chimique quelconque, leur température varie toujours ; tantôt elle s'élève et de la chaleur se dégage, tantôt elle s'abaisse et de la chaleur disparaît. Diverses méthodes très précises permettent de mesurer avec une grande exactitude ces variations de température et leur détermination a conduit à des conséquences de la plus haute importance. La quantité de chaleur mise en jeu dans une réaction, mesurant la somme des travaux moléculaires, tant physiques que chimiques, accomplis dans cette réaction, il en résulte que cette quantité représente précisément la somme des travaux qu'il faudrait effectuer en sens inverse pour ramener les corps du système final à ceux du système initial, et si l'on admet que l'on puisse appliquer aux travaux accomplis par des molécules matérielles, le principe de l'équivalence entre les travaux mécaniques ordinaires et la chaleur, l'expérience vérifie les conséquences de cette application. Favre et Silberman, M. Thomsen et surtout M. Berthelot, sont arrivés à formuler un certain nombre de principes généraux sur lesquels ils ont édifié la mécanique chimique. Cette branche maîtresse de la science chimique permet d'arriver à l'intelligence d'un nombre immense de réactions ; sans doute elle ne représente pas encore la vérité absolue, dont une partie nous sera toujours cachée peut-être, mais telle qu'elle est aujourd'hui elle constitue l'une des plus brillantes et des plus grandes acquisitions scientifiques du siècle qui touche à sa fin.

En 1800, Volta venait de découvrir la pile électrique et presque aussitôt Davy mettait à profit le pouvoir extraordinaire du courant pour accomplir une de ces découvertes qui exercent la plus grande influence sur les progrès d'une science. En décomposant la potasse et la soude, il montrait que les chimistes possédaient avec la pile un agent des plus énergiques, capable d'isoler des corps nouveaux et de décomposer des matières dont la nature était encore inconnue. La production du potassium, du sodium, du lithium, substances inflammables à

l'air, décomposant l'eau, introduisait dans l'histoire des métaux des notions nouvelles et inattendues; elle permettait d'utiliser les métaux comme réducteurs d'une grande puissance et c'est en effet grâce à eux que le bore et le silicium furent séparés de leurs oxydes, que Bussy retira en 1829 le magnésium de son chlorure; qu'en 1827 Wöhler sépara du sien pour la première fois l'aluminium que H. Deville allait mettre en 1857 au rang des métaux usuels, en créant son industrie de toutes pièces, par l'un des efforts de la science les plus nobles et les plus dignes d'admiration.

Depuis qu'il a été découvert, le courant de la pile a rendu à la science et à l'industrie les services les plus éminents; c'est, pour n'en citer qu'un cas, l'électrolyse d'une solution de fluorure de potassium dans l'acide fluorhydrique qui a permis à M. Moissan de préparer, en 1886, le fluor sous la forme d'un courant gazeux se dégageant d'une façon continue. En dirigeant à travers des solutions salines un courant d'intensité convenable, on a obtenu des dépôts métalliques cohérents qui ont donné

HENRI SAINTE-CLAIRE DEVILLE.

lieu, d'abord, à l'art de la galvanoplastie avec tous ses développements et, plus récemment, à la préparation en grand de métaux que l'on effectue tantôt, comme dans le cas du cuivre, avec des courants de faible intensité agissant sur des sels dissous, tantôt à l'aide de courants à haute tension, traversant des matières en fusion comme lorsqu'il s'agit de l'aluminium. La métallurgie d'un côté, la production industrielle des produits chimiques de l'autre, ont déjà subi des transformations si nombreuses et si importantes qu'il serait actuellement difficile de dire où s'arrêtera le rôle de cet agent merveilleux qui paraît appelé à révolutionner la science et l'industrie.

(*A suivre.*)

ALFRED DITTE,
de l'Institut.

PÉDAGOGIE

TRIBUNE LIBRE D'EN-SEIGNEMENT EXPÉRIMENTAL

| *Épanouisse-ment d'un jet liquide. Mesure de la distance des gouttes.* |

On commence par percer un orifice de très faible diamètre dans la paroi d'une éprouvette mince E. On verse de l'eau (ou un autre liquide) dans l'éprouvette et on relie cette eau, *par l'intermédiaire d'une ampoule de Crookes* R *formant soupape*, à l'un des pôles de l'induit d'une bobine (fig. 1). Dès que la bobine fonctionne on voit le jet parabolique se subdiviser en un *grand nombre* d'autres qui paraissent identiques entre eux et forment par leur ensemble un faisceau très épanoui.

L'expérience est d'un bel effet. Il est bon de vernir ou de paraffiner l'éprouvette au moins dans sa partie inférieure où se trouve l'orifice d'écoulement.

Si l'on supprime la soupape, le jet reprend évidemment son unité primitive, mais il se prête alors à une expérience instructive : en approchant du jet un fil relié au second pôle de la bobine, une étincelle jaillit et l'on s'aperçoit

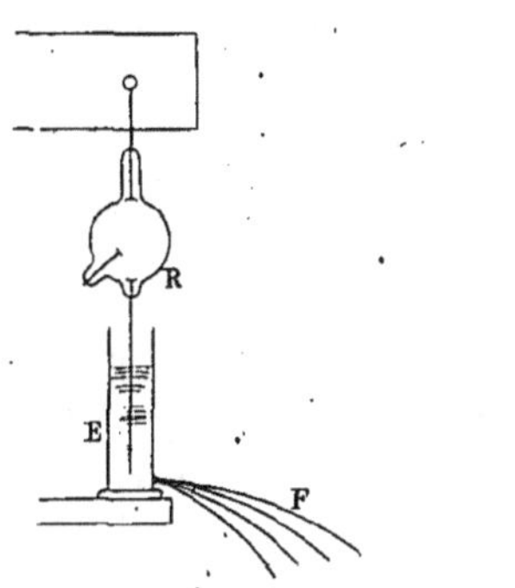
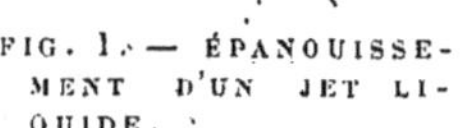
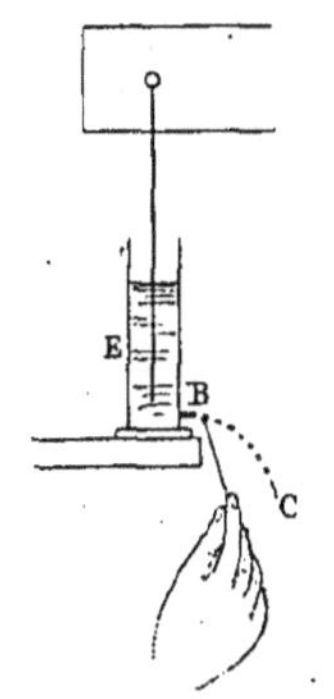

FIG. 1. — ÉPANOUISSE-MENT D'UN JET LI-QUIDE.

FIG. 2. — PHOTOGRAPHIE DE LA DISTANCE DES GOUTTES DU JET DE SA-VART.

bien vite qu'elle est formée sur une partie de son parcours d'éléments rectilignes successifs et discontinus (fig. 2). En raison de la résolution du jet en gouttes séparées (Savart), la décharge se compose en effet d'étincelles qui éclatent respectivement à travers l'air interposé entre les gouttes. Ce *tube étincelant* d'un nouveau genre s'arrête au point où le jet est plein, c'est-à-dire à une faible distance de l'orifice.

En approchant le bout du fil de BC, on ne voit plus dans l'air qu'une étincelle inclinée qui devient normale au jet si l'extrémité de l'excitateur a été amenée dans le plan normal au jet passant par B. On a donc ainsi un moyen élégant et très précis de mesurer la longueur de la partie pleine OB du jet et la distance des gouttes en lesquelles le jet est résolu à l'instant considéré puisqu'il suffit de photographier les éléments de l'étincelle de rechange.

Rappelons que pour mettre en évidence la discontinuité d'une veine liquide (eau noircie), Savart l'observait « en faisant mouvoir verticalement de bas en haut derrière elle un large ruban sans fin présentant des parties alternativement blanches et noires ». Billet regardait la veine à travers les fentes radiales d'un disque tournant de Plateau et enfin, Matteucci éclairait brusquement la veine par une étincelle électrique éclatant dans son voisinage.

Communiqué par M. A. GUILLET,
Professeur honoraire.

| *Conductibilité thermique des solides.* |

M. *Mathieu*, professeur au Lycée d'Évreux, utilise un dispositif plus précis que celui d'Ingenhouz, — d'ailleurs introuvable dans bon nombre de cabinets de physique, — et d'une construction assez rapide. Chacune des tiges à comparer est engagée par l'une de ses extrémités dans un bouchon fermant un tube (de 6 à 7 cm. de longueur et de 1 cm. 5 à 2 cm. de diamètre). L'autre extrémité du tube est fermée par un bouchon portant un manomètre à eau colorée. Enfin la tige traverse une plaque de liège qui sert à l'isoler thermiquement, et à la supporter.

Soit à comparer les conductibilités de deux tiges. On mettra leurs extrémités libres en contact; on les entourera d'une même lame de clinquant, que l'on chauffera après avoir amené dans un même plan les niveaux de l'eau dans les branches de chacun des manomètres.

Au bout de quelques minutes on observe des dénivellations très différentes dans les manomètres (cuivre et fer; fer et verre, etc.). Les plaques de liège sont assez grandes pour empêcher que la chaleur se rende aux manomètres par rayonnement.

L'expérience est d'une grande netteté et peut être suivie de tous les points de la salle.

| *Bouteille de Leyde avec une lampe à incandescence.* |

Une curieuse expérience, pour laquelle on peut utiliser une lampe à incandescence, est la suivante. Prenant la lampe à la main, par la panse, on présente la douille métallique à l'un des pôles d'une forte bobine de Ruhmkorff en activité. Au bout de quelques instants on peut éloigner la lampe et toucher avec un doigt de l'autre main une des paillettes qui servent normalement à amener le courant. On reçoit une petite secousse et on voit une lueur violacée remplir la lampe à cet instant. On peut recommencer l'expérience plusieurs fois de suite avec succès sans recharger l'appareil et on observe chaque fois la même lueur. Si on opère dans l'obscurité on pourra ainsi mettre en évidence d'une façon « lumineuse » les décharges successives de ce condensateur d'un nouveau genre dont l'armature interne est formée par le filament de charbon, le diélectrique par la paroi de verre et l'armature externe par la main de l'opérateur.

L'expérience réussit très bien aussi si, opérant dans les mêmes conditions, on approche de la douille de la lampe d'une ampoule génératrice de rayons X. C'est même une manière de mettre en évidence le champ électrique qui entoure ces appareils pendant leur fonctionnement.

| *Moyen de reconnaître les pôles d'une bobine de Ruhm-korff.* |

A tous les moyens qu'on a proposés pour reconnaître les pôles d'une bobine Ruhmkorff, nous voulons en ajouter un d'une simplicité extrême. On se place dans l'obscurité, on met en marche la bobine, on prend une lampe à incandescence neuve ou hors de service, mais où le vide existe toujours. On la saisit par la partie renflée et on place la base du culot métallique sur une des bornes de l'induit. La borne fournit-elle de l'électricité négative —, on voit dans la lampe une légère lueur violacée et sur les parois de nombreuses taches brillantes disséminées sans ordre. Si la borne donne de l'électricité positive +, la lampe reste obscure, on n'y voit plus les mouchetures brillantes de tout à l'heure, mais une légère collerette d'un blanc laiteux à la limite du culot et du verre.

Les lampes à incandescence sont si répandues aujourd'hui et si peu coûteuses qu'on a tout avantage à se servir de ce procédé à la place des classiques tubes de Geissler.

Ces deux expériences ont été communiquées
par M. TH. NOGIER,
Préparateur de Physique médicale
à l'Université de Lyon.

❧

Dilatation des gaz. — M. *P. Merlin*, professeur à Châlons-sur-Marne, complète par un manomètre (fig. 3) le ballon ordinairement employé pour manifester la dilatation des gaz sous pression constante.

On voit bien alors, dit-il, « qu'en chauffant le ballon, l'index de mercure $m\,n$ ou a s'éloigne tandis que les deux niveaux p, q restent sensiblement dans le même plan horizontal : *la pression reste donc constante.*

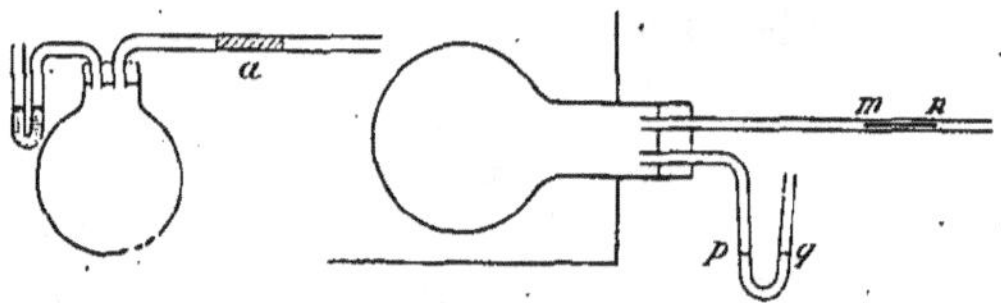

FIG. 3. — DILATATION DES GAZ.

On constate cependant en général une différence de niveau pouvant atteindre 2 millimètres entre p et q. Les élèves comprennent bien vite que cette dénivellation tient au frottement du ménisque contre le tube car elle disparaît lorsqu'on frappe de petits coups sur le tube a ».

❧

Réactions différentielles entre l'ammoniaque et les hydrogènes phosphoré, arsénié et antimonié. — Ces quatre composés forment les hydrures de métalloïdes de la troisième famille et ont la même composition : MH^3.

On commence en général leur étude par quelques considérations d'ensemble destinées à montrer les liens que présentent entre eux les divers termes du groupe et aussi leurs différences.

Voici quelques expériences très simples qui peuvent illustrer ces considérations; elles sont basées sur l'action exercée par AzH^3, PH^3, AsH^3 et SbH^3 sur un même réactif, l'iodomercurate de potassium en solution neutre. Ce réactif s'obtient en prenant 45 gr. d'iodure mercurique et 40 gr. d'iodure de potassium qu'on agite ensemble avec 500 cmc. d'eau distillée jusqu'à dissolution qui est d'ailleurs très rapide.

Avec l'ammoniaque d'une part, ce réactif ne donne rien si celle-ci n'est pas en abondance; mais si on a pris une liqueur concentrée, on voit se former au bout de quelques secondes quelques cristaux blancs qui se développent très rapidement; on peut opérer autrement et faire passer le courant de gaz ammoniac dans le réactif employé à condition de le refroidir; il se fait un précipité qui disparaît si on continue l'apport d'ammoniaque; une fois ce dernier point atteint, si on abandonne la liqueur, elle perd peu à peu de l'ammoniaque et dépose lentement de très beaux cristaux d'iodure de mercure ammoniacal HgI^3, $2AzH^3$; c'est un composé d'addition; il est facilement dissocié.

Avec PH^3, AsH^3, SbH^3, d'autre part, il se produit une réaction instantanée; il suffit par exemple d'amener quelques bulles de PH^3 dans un tube à essai contenant 1 ou 2 cmc. du réactif, puis de fermer le tube avec le doigt et d'agiter pour voir se produire de suite un précipité qui est cristallisé, d'un aspect chatoyant et dont la couleur est :

Jaune orangé, puis orangé pour PH^3;
Brun clair, pour AsH^3;
Brun très foncé, pour SbH^3.

À part leur couleur personnelle, ces trois précipités ont les plus grandes ressemblances. Tous trois proviennent d'une réduction de l'iodure mercurique par les trois gaz employés, réduction qui engendre de l'acide iodhydrique :

$$PH^3 + 3HgI^2 = PHg^2I^3 + 3HI$$

comme on le voit facilement par un réactif coloré; tous trois ont la même composition représentée par les formules :

$$PHg^2I^3 \qquad AsHg^2I^3 \qquad SbHg^2I^3$$

et se comportent de la même manière avec les agents chimiques.

Insensibles à l'action des hydracides aqueux, ces composés sont très sensibles à l'action de AOz^3H concentré et chaud qui donne un précipité d'iodure mercurique cristallisé rouge HgI^2, et une liqueur incolore qui décantée et refroidie laisse déposer de suite de très beaux cristaux d'iodo-azotate de mercure $I-Hg-AzO^3$. L'eau régale les décompose de suite en dégageant de l'iode, et en donnant des liqueurs qui contiennent les acides correspondant aux métalloïdes P, As ou Sb.

Ces trois composés sont attaqués par les alcalis surtout à chaud et donnent d'abord des produits noirs, puis après ébullition un dépôt de mercure métallique en petits globules; en raison de cette particularité il faut éviter d'employer pour caractériser PH^3, AsH^3 et SbH^3 le réactif de Nessler (iodomercurate en solution très alcaline). On sait qu'avec lui l'ammoniaque donne un précipité jaune marron caractéristique, et cette nouvelle différence permet encore de mettre l'ammoniaque à part des autres composés de la série.

Ces réactions sont réunies dans le tableau suivant.

	AzH^3	PH^3	AsH^3	SbH^3
Iodomercurate de K neutre.	Rien, si dilué. Précipité blanc si très concentré.	Précipité orangé.	Précipité brun clair.	Précipité brun noir.
Iodomercurate de K alcalin. (Nessler).	Précipité jaune à marron, même pour des traces.	Précipités comme ci-dessus, mais éphémères, disparaissant à chaud pour donner du mercure métallique.		

Il est à peine besoin de rappeler en outre que les propriétés basiques très accentuées pour l'ammoniaque, sont nulles à l'égard du tournesol pour les autres. (*Comptes rendus de l'Académie des Sciences*, t. CXXIX, p. 478, 5 septembre 1904.)

Communiqué par M. P. LEMOULT,
Chargé de cours à la Faculté de Lille.

A. GUILLET.

LA PRIMITIVE ÉGYPTE ET SES RACES.

L'Égyptologie est à elle seule une science considérable par le nombre des connaissances qu'elle exige et la variété de ses moyens d'investigation. Elle a pour objet l'étude d'un seul peuple dans la banale intimité de son existence journalière. Mais de quel peuple, et combien ancien !

Des savants lui ont consacré, à cette étude, et lui consacrent encore leur vie. Elle est une distraction et une joie pour bien des curieux. Elle procure incessamment des découvertes. Et ses nouveautés se rapportent à des événements qui datent couramment de 5, 6 à 7 000 ans. Nous remontons avec elle dans le temps à des distances vertigineuses. Et partout, si loin, nous sommes escortés par une foule de figures humaines humbles ou fières, qui secouent devant nos yeux le linceul de la mort et se dressent de leurs tombeaux pour nous entretenir, comme si la vie ne les avait point quittées, comme si leurs ombres n'avaient point cessé de s'agiter sur les bords du Nil, depuis des millénaires.

La civilisation ancienne de l'Égypte, ignorée encore au commencement du XIXe siècle, apparut pendant tout le siècle comme un miracle. On n'en voyait pas l'origine. Ses phases premières échappaient aux investigations. Elle surgissait dans l'éloignement du temps, d'un seul coup, et tout entière. On a supposé que le peuple égyptien était venu en Égypte la possédant déjà sous sa forme achevée qui ne change plus pendant des millénaires. Quand, pour la première fois, il y a près de vingt-cinq ans, j'ai combattu l'idée de sa provenance asiatique et fait ressortir ses rapports avec le monde africain, je ne fus guère écouté. Quelques grossières armes de silex découvertes sur le sol des plateaux dominant le Nil, ne disaient rien à l'esprit, et ne pouvaient rien lui dire, puisqu'elles évoquaient un passé sans lien quelconque avec les raffinements et les grandeurs de la première époque pharaonique.

Ce n'est que d'hier pour ainsi dire, que M. de Morgan d'abord, dont l'ouvrage date de 1897 et dont les fouilles remontent à 1892, a cherché hardiment, en naturaliste, les antécédents du peuple égyptien en dehors du cadre arrêté de l'histoire. Et ces antécédents, il les a découverts. Il nous a montré, et d'autres à sa suite, Flinders, Petrie Legrain..., nous ont montré toute une civilisation moindre que la pharaonique et précédent immédiatement celle-ci. C'est une civilisation de l'âge de pierre, correspondant par le travail et par les formes à notre âge néolithique. Et elle a ses merveilles, elle aussi. Dans la vallée du Nil, les Égyptiens ont autrefois joui d'un don de précocité et de finesse qui ne fut l'apanage d'aucun autre peuple. Nulle part ailleurs on n'a trouvé des pièces en silex travaillées avec autant d'art qu'en Égypte.

Je me suis cependant efforcé de prouver qu'il y avait plus d'une raison de ne pas séparer l'âge de pierre égyptien de celui du nord de l'Afrique, Sahara compris. Et j'ai beaucoup insisté sur l'évidente relation qu'il y avait pour moi entre le peuple inventeur des hiéroglyphes, et les auteurs des gravures sur rochers, des *graffiti* observés à la fois dans la haute Égypte et dans le Sud oranais. Ces relations sont admises aujourd'hui, car on a remarqué que sur les poteries préhistoriques, les marques des décorations rappelaient absolument les graffiti. Des dessins rupestres ont été découverts, qui appartiendraient sûrement à la VIe dynastie. Ils ont l'aspect d'être fraîchement gravés. Or, au-dessous d'eux, il y a des *graffiti* préhistoriques, et ceux-ci sont recouverts d'une épaisse patine brune.

M. de Morgan, néanmoins, avait cru trouver, dans l'étude faite par M. Fouquet, des crânes prépharaoniques qu'il avait lui-même récoltés, la preuve qu'au moment où la civilisation pharaonique s'épanouissait, un peuple nouveau s'installait sur le Nil. Une analyse attentive des mesures de ces crânes m'a permis d'établir les points suivants : Les plus anciens d'entre eux, tels que ceux du cimetière de Beït-Allan certainement tout entier de l'âge de pierre, présentent une uniformité incontestable, par certains caractères essentiels. Cela veut dire que pour ces caractères, les différences qu'ils présentent entre eux ne sortent pas des limites des variations individuelles, qu'elles n'ont pas une valeur ethnique. Quelques-uns offrent des caractères faciaux qui les éloignent des autres. Ils portent l'empreinte d'une origine un peu différente. Mais les caractères faciaux du très grand nombre sont tels qu'on peut voir en eux des représentants d'une race particulière, exactement assimilable à aucune autre race actuellement existante, par suite du temps écoulé et des mélanges, et que j'ai qualifiée de *proto-sémite.*

Cette race n'a pas été supplantée par un peuple civilisateur venu au début de l'époque pharaonique, puisque nous la retrouvons pareille à elle-même sous les premières dynasties et après.

qu'il appelle *libyque,* comme le plus ancien et le plus répandu, il a reconnu ma race proto-sémite. Mais c'est surtout aux travaux de M. Chantre, dont le très bel ouvrage (*Recherches anthropologiques en Égypte,* in-4°, 315 p., 159 fig.) vient de paraître, que je dois la confirmation la plus décisive des vues que je n'ai cessé de défendre. Mon très savant et sympathique collègue, qui a lui-même fait d'importantes fouilles et mesuré nombre de crânes, a pour la première fois réuni tous les documents anthropologiques jusqu'alors épars, sur l'ancienne Égypte, et mis à côté des résultats qu'ils fournissent, un tableau des populations actuelles

FIG. 1. — MOMIE D'UN HYPOGÉE *populaire* DE GOURNAH (XVIII° DYN.). Crâne allongé, nez busqué, face étroite.

FIG. 2. — TÊTE DE LA MOMIE DE RAMSÈS II (SÉSOSTRIS. XIX° DYN.). Face très oblongue et étroite, yeux petits et rapprochés.

FIG. 3. — PROFIL DE RAMSÈS II. Nez busqué, mince, front bas. Grand développement en hauteur du menton et de toute la mâchoire. Crâne allongé.

Il ne s'ensuit pas qu'aucun élément étranger n'est venu s'établir en Égypte. M. Fouquet a observé des cheveux blonds sur de rares préhistoriques, les cheveux de la plupart étant noirs, fins et bouclés. De rares crânes sont de ce type à face plutôt large dit de Cro-Magnon, observé à l'époque de pierre dans le sud de la France, puis en Espagne, dans l'Afrique du Nord, aux Canaries. Et j'ai parfaitement admis l'hypothèse d'une immigration partielle d'Asiatiques à tête plus ou moins arrondie qui a troublé l'homogénéité du peuple égyptien, peut-être plus d'une fois et dès les premières dynasties, mais n'en a pas changé le fond ethnique.

Rien n'a été découvert, rien n'a été publié qui contredise mes appréciations et conclusions. Lorsque M. Flinders Petrie, comparant les figures tracées sur les monuments, a reconnu, au milieu de six types différents, un type *aquilin*

de la région. Pour la première fois, nous avons à côté de très nombreuses mesures de crânes secs, une étude de momies. Et telle est la conservation de certaines de ces momies qu'elles évoquent sous nos yeux, avec fidélité, le portrait de personnes vivantes. Ce que nous avons déduit de simples mesures anatomiques se vérifie-t-il sur ces portraits, sur ces têtes où la mort et le temps n'ont pas toujours effacé même l'expression fugitive du visage, même les angoisses du dernier moment?

M. Chantre a reproduit deux têtes de la XII° dynastie. Elles avaient les cheveux crépelés. Et ce qu'il y a de plus caractéristique dans leur profil, c'est la saillie du nez, fortement busqué sur l'une, c'est le nez sémite. Quatre têtes d'un hypogée populaire de Gournah (XVIII° dynastie) ont toutes les quatre ce même caractère (fig. 1), sur la signification duquel, lorsqu'il est associé si nettement avec des crânes allongés, des cheveux noirs, crépelés, ou bouclés, il ne peut pas y avoir d'hésitation.

La tête du célèbre Ramsès II, le Sésostris des Grecs, pharaon de la XIXᵉ dynastie, qui fut un des plus grands, se rattache à ce même type, prédominant peut-être depuis l'époque la plus ancienne, dans toutes les classes (fig. 2 et 3). Voici quelques-uns des termes de la description qu'en donna M. Maspero lors de sa découverte : « La tête est allongée, petite par rapport au corps.... Le front est bas, étroit, l'arcade sourcilière saillante, l'œil petit, le nez long, mince, *busqué*, la tempe creuse, la pommette proéminente, l'oreille ronde, écartée, la mâchoire forte et puissante, le menton très long. La bouche, largement fendue, est bordée de lèvres épaisses et charnues.... La peau est d'un jaune terreux.... En résumé, le masque de la momie donne très suffisamment l'idée de ce qu'était le masque du roi vivant; une expression peu intelligente, peut-être légèrement bestiale, mais de la fierté, de l'obstination, et un air de majesté souveraine qui perce encore sous l'appareil de l'embaumement. »

Le profil de Ramsès III que reproduit M. Chantre (fig. 68), représente, à la perfection, un profil très commun parmi les Arabes vrais.

Dans l'Égypte ancienne, vers la IVᵉ dynastie surtout peut-être, il y avait un type dont la face était sensiblement différente. Le nez toujours saillant était plutôt droit, les joues étaient pleines et la figure s'arrondissait. La belle statue en bois, dite de Skeik-el-beled et qui appartient à la IVᵉ dynastie, reproduit admirablement ce type. Sa tête n'est pas allongée et son nez est plutôt court. M. Chantre le rapproche du type copte actuel.

On s'imagine assez volontiers que l'Égyptien de nos jours, celui qui ensemence le limon périodiquement déposé par le Nil et vit d'une vie toujours pareille, comme celle de l'Égyptien d'il y a six mille ans, en est le descendant pur. C'est ainsi qu'on appelle encore les Coptes, « le peuple des pharaons ». Mais la population de l'Égypte a subi des vicissitudes terribles. Avant la conquête arabe, les Coptes pouvaient être au nombre de 6 à 18 millions. En 1882, ils étaient 400 000, et en 1898, environ 600 000. Ils sont chrétiens, eutichiens ou monophysites, secte fondée par Eutychés qui ne reconnaissait en Jésus-Christ qu'une nature, la divine. Ils sont donc, en somme, avec des croyances et des pratiques religieuses propres à les isoler, dans les conditions les meilleures pour conserver les vieilles mœurs et le type physique ancien. Cependant, on peut dire que, parmi eux, il y a de tout. Assurément, certains Coptes rappellent l'ancien Égyptien, et ont des traits des Sémites. Mais il ne semble pas que ce soit le grand nombre. Et il y a des physionomies qui ont des traits tout autres. Tel est le cas de la jeune fille ci-contre (fig. 4), au nez retroussé, dont nous serions bien embarrassé de fixer l'origine.

FIG. 4 — JEUNE FILLE COPTE DU VIEUX CAIRE, D'APRÈS CHANTRE.

Face ronde, joues épaisses, nez concave, retroussé, narines larges, cheveux noirs frisés, grands yeux noirs.

Après l'intervention des Romains, l'émigration de tout un monde de Grecs et de Levantins, vers le commencement de notre ère, l'Égypte a été modifiée dans les éléments de sa population. Et tous les événements qui ont fait oublier son ancienne civilisation, ont aussi porté une atteinte réelle aux caractères de sa race. Voilà la vérité. C'est hors d'Égypte, dans les déserts où se sont confinés de vieux peuples, qu'on trouve, mieux qu'en Égypte même, le type primitif dans sa pureté.

Voilà donc les conclusions de M. Chantre (p. 59 et p. 309) :

« Il n'y a pas eu une *nouvelle race* importatrice de la civilisation chez les Égyptiens, et si les autochtones de la vallée du Nil ont eu à subir des invasions, leur type primitif ne s'en est pas ressenti. Les ressemblances que présente la morphologie des Égyptiens avec celle des Bedjahs et celle des Berbères prouvent, non pas une filiation des uns aux autres, mais une communauté d'origine. Cette origine est, pour les Égyptiens comme pour tous les autres habitants de l'Afrique antérieure, *l'autochtonie*. La civilisation égyptienne est autochtone comme le peuple qui l'a créée, et le développement merveilleux qu'elle a atteint si rapidement n'est dû qu'à son génie incomparable. »

ZABOROWSKI.

Revue critique des Travaux scientifiques.

BOTANIQUE

Les ulcérations produites par des Primevères.

Depuis que certaines Primevères, telles que le *Primula obconica* et le *Primula sinensis*, ont été introduites dans la culture, on a décrit à plusieurs reprises des cas d'irritation de la peau, de la main ou du bras,

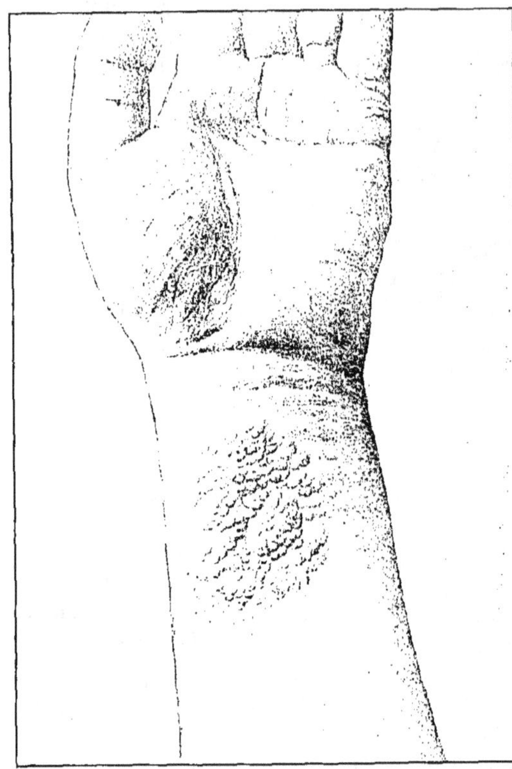

FIG. 1. — DERMATITE PROVOQUÉE PAR LE CONTACT DU « PRIMULA OBCONICA ».

dus au contact de ces plantes. Les dermatites ainsi provoquées débutent par la formation de nombreuses petites vésicules rouges qui vont en augmentant de volume et qui sont accompagnées d'une légère enflure de la région correspondante; ces vésicules deviennent de plus en plus confluentes, puis se vident au dehors, et ce n'est qu'au bout de trois semaines environ après le début du mal, qu'il s'opère une desquamation et une cicatrisation; la figure ci-dessus (fig. 1) représente un de ces cas d'ulcération sur la face interne de la partie antérieure de l'avant-bras.

Des recherches expérimentales ont montré que les plantes en question étaient bien la cause directe de ces dermatites et que c'était par le produit de sécrétion des poils qui se retrouvent à la surface de tous les organes aériens qu'elles agissaient.

Les poils sont constitués par une file d'environ quatre cellules, dont la dernière ou les deux dernières sont seules sécrétrices; le produit qu'elles élaborent se diffuse au dehors et apparaît à l'extrémité du poil sous forme d'une masse sphérique, puis se répand irrégulièrement le long du poil; il se constitue dans cette masse des cristaux jaunes ayant la forme d'aiguilles ou de prismes plus ou moins allongés; ce produit d'excrétion est insoluble dans l'eau à la température ordinaire, soluble au contraire dans l'alcool à 96°, le chloroforme, la benzine (fig. 2 et 3).

Si on le fait agir sur la peau, on obtient des dermatites en tout semblables comme aspect et évolution à celles qu'on observe chez les personnes maniant les Primevères, alors qu'il ne se produit rien sous l'action du liquide de sudation qui apparaît sur le bord des feuilles, du jus exprimé des feuilles ou des poils non sécréteurs.

Toutes les parties du corps semblent pouvoir subir l'action de cette sécrétion; c'est ainsi que Nestler, qui vient de résumer l'état de la question (*Hautreizende Primeln*, Berlin, 1904), cite l'exemple d'une dame qui eut la poitrine ulcérée par un bouquet de Primevères qu'elle portait à son corsage; on cite de même des cas de dermatite apparus aux paupières, aux oreilles, aux lèvres, à la cuisse.

D'après un certain nombre d'observateurs, toutes les personnes maniant les *Primula obconica* et quelques autres espèces, ne seraient pas forcément atteintes; celles qui présentent une immunité à cet

FIG. 2. — POILS SÉCRÉTEURS DU « PRIMULA OBCONICA » ET LEUR PRODUIT D'EXCRÉTION DANS LEQUEL SE CONSTITUENT DES CRISTAUX.

égard seraient au contraire de beaucoup les plus nombreuses; mais il y a lieu d'autre part de faire observer que certains jardiniers qui avaient longtemps échappé à l'action de ces plantes présentèrent tout à coup les ulcérations dont nous venons de parler; si donc il existe des différences entre les individus, il semble aussi que les plantes soient plus virulentes dans certaines conditions qui ne sont pas encore précisées.

Quoi qu'il en soit, il est bon d'avertir les personnes dont la peau est délicate et facilement irritable qu'elles feront bien de s'abstenir de toucher à ces plantes dont la culture tend à se propager à cause de leurs qualités ornementales.

Le rôle des mycorhizes. — On sait depuis longtemps que les racines de la plupart des plantes sont habitées par des Champignons qui pénètrent plus ou moins profondément dans leurs tissus, et cela d'une manière plus ou moins constante ; c'est Frank qui, en 1885, attira l'attention des botanistes sur ces associations, appelées mycorhizes, en émettant l'idée que les Champignons en question jouent un rôle important dans la nutrition des plantes qui les hébergent et servent d'intermédiaire à cet égard entre celles-ci et le sol; il s'agissait donc de véritables cas de symbiose.

Cette hypothèse fut d'abord admise presque sans discussion, et on s'appliqua surtout à en trouver des vérifications de plus en plus nombreuses. Mais il arriva que les faits accumulés ne purent rentrer dans le cadre séduisant tracé par Frank; une réaction se produisit; Sarauw, von Tubeuf, Möller et de nombreux autres auteurs apportèrent une

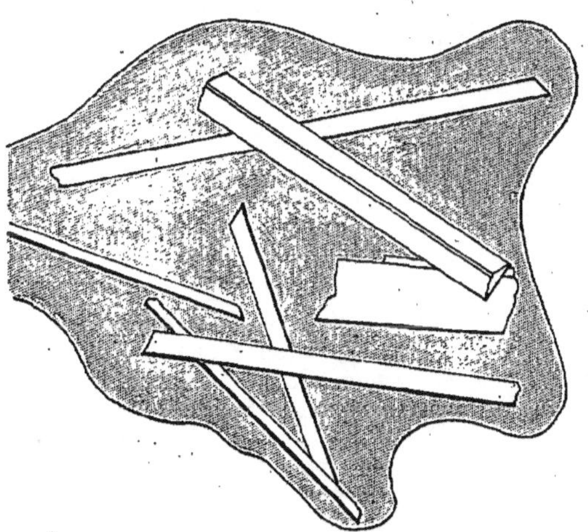

FIG. 3. — PRODUIT DE SÉCRÉTION DU « PRIMULA SINENSIS ».

série d'observations ou d'expériences en contradiction avec l'hypothèse de Frank ou tendant tout au moins à l'atténuer dans une large mesure.

Tout récemment, M. Gallaud, en étudiant les mycorhizes endotrophes des plantes de nos pays (*Thèse de doctorat*, 1904), c'est-à-dire les mycorhizes constituées par des Champignons filamenteux vivant à l'intérieur même des cellules de leurs hôtes, a été amené à leur reconnaître un très faible rôle physiologique,

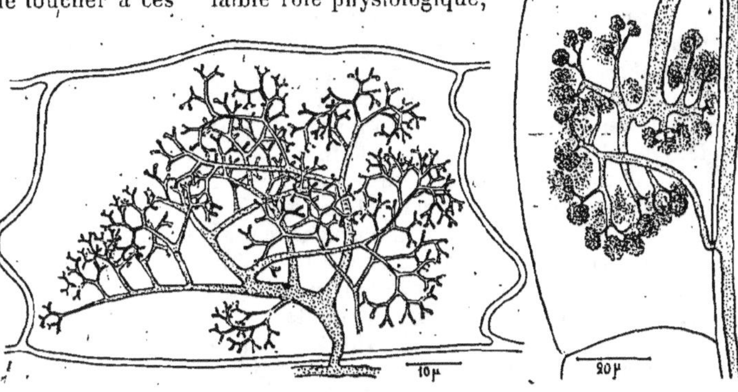

FIG. 4. — SUÇOIRS ARBORESCENTS INTRACELLULAIRES, DANS UNE RACINE D'« ARUM » (FIGURE DE GAUCHE) ET DANS UNE RACINE D'« ORNITHOGALUM » (FIGURE DE DROITE).

et inverse de celui que leur attribuait Frank.

Ce n'est pas ici le lieu de résumer les observations d'ordre cytologique, très intéressantes mais trop spéciales, qu'a faites M. Gallaud au cours de cette étude; je me contenterai de reproduire une figure (fig. 4) représentant l'aspect que prend souvent le mycélium à l'intérieur des cellules; il s'agit d'une division dichotomique répétée un très grand nombre de fois et correspondant à une forme sous laquelle le Champignon absorbe facilement les produits dont il fait sa nourriture. Mais il y a lieu de signaler la conclusion de l'auteur en ce qui concerne le rôle de ces Champignons.

Pour lui on n'a pas affaire à des êtres favorisant la nutrition des plantes qui les hébergent, mais à des organismes qui, sans être de véritables parasites, se nourrissent aux dépens de substances non vivantes, telles que l'amidon, contenues dans les cellules où ils pénètrent; M. Gallaud arrive pour eux à la notion de *saprophytisme interne*.

Que les plantes d'une certaine espèce soient ou non infestées par les endophytes étudiés, il n'en résulte aucune différence dans l'état du développement; cela tiendrait à ce que le Champignon n'attaque que l'écorce de la racine et ne lui emprunte qu'une petite quantité de substances alimentaires; mais il y a plus : la plante réagit rapidement contre l'invasion, ne tarde pas à digérer les suçoirs arborescents du Champignon et reprend ainsi la plus grande partie de ce qui lui avait été soustrait; pour toutes les mycorhizes étudiées par M. Gallaud, celles qu'il range dans les séries de l'*Arum*, du *Paris* et des Hépatiques, il ne semble donc pas y avoir de symbiose entre la plante et le Champignon.

M. MOLLIARD.

PHYSIQUE

A basse température, le charbon de bois absorbe un volume considérable de gaz. Si le charbon est placé dans une enceinte close, on arrive par absorption à un vide presque parfait. Ainsi un petit radiomètre de Crookes, rempli d'air à la pression atmosphérique et portant un ajutage renfermant un tube à charbon de bois, est devenu sensible à la radiation d'une bougie après que le charbon eût été refroidi pendant 30 secondes, au moyen de l'air liquide. Des tubes de Plücker munis d'un tube condensateur renfermant un à deux grammes de charbon de bois, et primitivement pleins d'hydrogène ou d'hélium à la pression atmosphérique, ne laissent plus passer la décharge d'une forte bobine de Ruhmkorff dès que l'on plonge leur ampoule à charbon de bois dans de l'hydrogène liquide.

Pour comparer le pouvoir absorbant du charbon pour les différents gaz à la température d'ébullition de l'air liquide (—185°), Dewar enferme dans le réservoir d'une sorte de tube thermométrique T (fig. 1) 1 dgr. à 1 gr. de charbon de noix de coco et, — après avoir fait le vide dans ce condensateur, le charbon étant porté au rouge sombre, — il le relie à un récipient gradué G renfermant le gaz à absorber, puis il plonge le réservoir C' dans de l'air liquide en communication avec l'atmosphère. Dès qu'on ouvre le robinet r, l'absorption se produit, et lorsqu'elle a cessé, on lit sur l'éprouvette G le volume de gaz manquant. Pour mesurer, en même temps que le volume de gaz absorbé, la quantité de chaleur dégagée correspondante, Dewar entoure le tube CT d'un manchon C'T' dont le réservoir C', à double paroi, renferme de l'air liquide.

Sous l'action de la chaleur libérée en C, il se dégage de l'air qui se rend par le tube abducteur latéral dans l'éprouvette graduée G' où on le mesure. Une expérience préliminaire avait permis à Dewar de fixer à 14 cmc. 5 le volume de gaz dégagé par calorie.

C'est en opérant de la sorte que Dewar a obtenu les nombres du tableau suivant :

	Volume absorbé à 0°.	Volume absorbé à —185°.	Chaleur dégagée en gr. cal.
Oxygène	18 cmc.	230 cmc.	34
Oxyde de carbone.	21 —	190 —	34,5
Argon	12 —	175 —	25
Azote	15 —	155 —	25,5
Hydrogène.	4 —	135 —	9,3
Hélium	2 —	15 —	2

Il est à remarquer tout d'abord que le volume de gaz absorbé augmente lorsque la température du charbon est de plus en plus abaissée. A —185° l'hélium est relativement mal absorbé, mais à la température de l'hydrogène liquide sous le vide (environ 15° absolu), l'absorption devient beaucoup plus grande qu'à —185°.

D'autre part, la différence des pouvoirs absorbants du charbon pour les divers gaz à la même température, fournit une méthode de séparation :

c'est ainsi que Dewar a pu démontrer l'existence de petites quantités d'hélium dans les gaz en solution dans l'eau de pluie, dans l'eau de mer et même dans l'eau de la Tamise.

Dans cet ordre d'idées, Dewar a fait une observation importante : si sur du charbon de bois refroidi à —185°, on fait passer un courant d'air sec et pur, l'absorption est d'abord complète, puis *l'oxygène est retenu presque seul*, au point que le gaz recueilli à la sortie du tube renferme 98 p. 100 d'azote.

Inversement, si on laisse ensuite le charbon reprendre lentement la température ambiante, on peut recueillir litre par litre le gaz qui s'échappe et reconnaître, par l'analyse, que la quantité d'oxygène pour 100 augmente rapidement. Elle variera par exemple de 18 à 84 p. 100, ce qui correspond pour la composition moyenne du gaz dégagé à 56 p. 100 d'oxygène.

En résumé l'étude de Dewar fournit : 1° une intéressante méthode de séparation physique des gaz; 2° un ingénieux moyen de mesurer une quantité de chaleur; 3° un procédé permettant de pré-

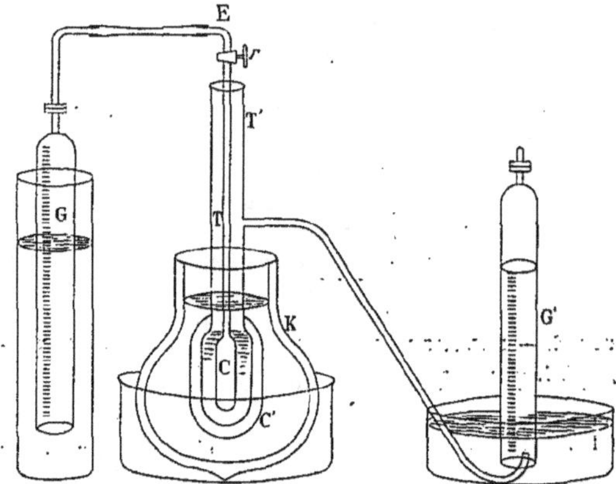

FIG. 1. — APPAREIL DE DEWAR POUR L'ÉTUDE DE L'ABSORPTION DES GAZ PAR LE CHARBON.

G, gazomètre gradué; C, ampoule renfermant le charbon; C' K G', calorimètre à air liquide.

parer, à partir de l'air atmosphérique, des mélanges d'oxygène et d'azote, aussi riches en oxygène que peut l'exiger une opération industrielle donnée.

L'emploi de ce que M. Ch. Renard a appelé une « balance dynamométrique », pour la mesure d'un moment résistant appliqué à un axe en rotation, est déjà ancien.

Pour constituer une balance dynamométrique on installe une dynamo au milieu d'un fléau de balance de manière que son axe de rotation soit parallèle à l'arête du couteau du fléau et que celui-ci soit en équilibre et horizontal. Si l'on envoie le courant à la dynamo, l'induit tournera, mais le fléau restera au repos, car il subit l'influence de deux moments égaux et contraires, à savoir les moments respectivement appliqués à l'induit et à l'inducteur. Mais

4

vient-on à appliquer à l'axe un moment résistant extérieur, en montant par exemple sur l'axe des palettes mobiles dans un fluide (eau, air, etc.), aussitôt le fléau s'inclinera du côté où tend à le porter la résistance, et il faudra, pour le ramener dans sa position première, déposer un poids con-

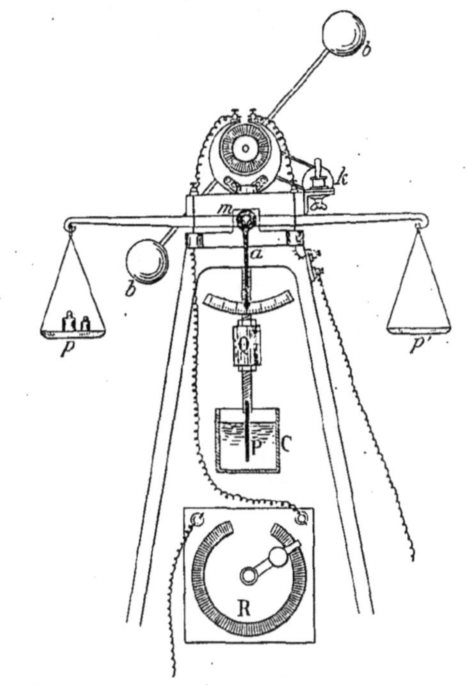

FIG. 2. — BALANCE DYNAMOMÉTRIQUE DE CH. RENARD.
pp', balance ; *m*, socle de la dynamo ; *a*, aiguille indicatrice de l'inclinaison du fléau ; R, rhéostat de réglage ; Q, poids pour le réglage de la sensibilité de la balance ; *bb*, sphères subissant la résistance au mouvement dû à l'air ; P, amortisseur à liquide.

venable dans le plateau qui monte. Le moment d'action de ce poids ($M = pl$) mesure le moment dû à la résistance inconnue.

Dans les mesures de moments faites vers 1891 par M. Miculescu au Laboratoire de M. Lippmann en vue de la détermination de l'équivalent mécanique de la calorie, la dynamo porte-ailettes était installée sur le milieu d'un fléau en forme de balançoire et le couple résistant était produit par l'eau du calorimètre au sein duquel tournaient les ailettes.

Un poids mobile le long d'une tige perpendiculaire à la direction des couteaux permettait de ramener le fléau dans sa position d'équilibre.

Au cours de ses travaux sur l'aérostation, M. Ch. Renard a eu besoin de connaître, avec quelque précision, la résistance opposée par l'air au mouvement de rotation de bras munis de solides symétriquement placés par rapport à l'axe, mais de formes variables (sphères, plans, etc.). Il a trouvé avantageux de disposer la balance dynamométrique comme le représente la figure 2. Pratiquement, il est bon, pour gagner du temps, d'opérer d'une manière en quelque sorte indirecte. On dépose un poids *p* dans l'un des plateaux, le fléau s'incline ; on envoie le courant à la dynamo *m* et on règle son intensité par le jeu du rhéostat R de façon à ramener

le fléau dans la position horizontale. Le déplacement d'un poids Q permet de donner à l'appareil le degré de sensibilité qui convient à la recherche en cours. Le plan P en oscillant dans l'eau ou l'huile que renferme la petite cuve C, amortit les oscillations du fléau.

Dans l'une des séries des mesures de M. Ch. Renard, la pièce tournante était constituée par un bras muni de deux plans F que l'on peut fixer dans des trous équidistants, à une même distance de l'axe de rotation AA'. Cette pièce appelée *moulinet dynamométrique* presse sur l'air qui réagit avec une force qui dépend évidemment de la rapidité avec laquelle tourne le moulinet, des dimensions du moulinet et, pour un même appareil, de la distance des plaques à l'axe.

Rien n'est simple comme de calculer *la puissance dépensée par le moteur sur le moulinet* lorsqu'on connaît le moment résistant correspondant, puisqu'il suffit de multiplier ce moment par l'angle dont tourne le moulinet en une seconde [1].

M. Renard a résumé ses expériences au moyen de diagrammes construits, en portant sur un papier quadrillé, dans le sens transversal, le nombre de tours par minute, et dans le sens perpendiculaire la puissance calculée correspondante. En faisant varier le poids initial *p*, on obtiendra une série de points formant une courbe telle que DC (fig. 4). Mais en recommençant les mêmes déterminations après avoir déplacé d'un trou au suivant les palettes F, on obtiendra une série de courbes analogues dont l'ensemble constitue le *diagramme complet* d'un moulinet dynamométrique donné.

Il est clair que tous les points du diagramme placés sur une parallèle à l'axe des vitesses de rotation correspondent à une même puissance utilisée, mais pour des positions différentes des palettes du moulinet. De même tous les points qui appartiennent à une parallèle à l'axe des puissances, correspondent, pour les diverses positions des palettes, à un même nombre de tours par minute, c'est-à-dire à une même tension exercée dans le sens du bras par la force centrifuge.

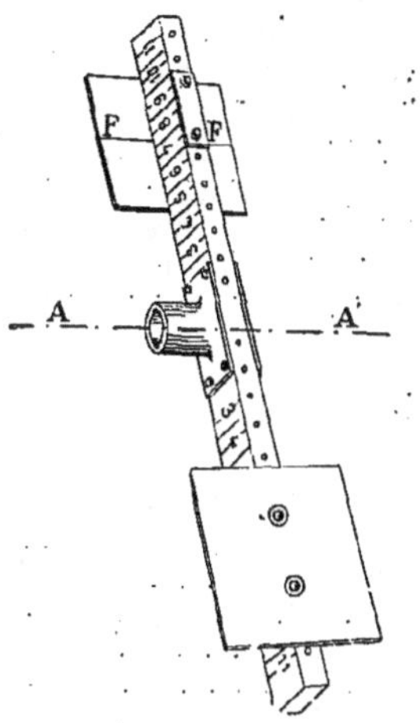

Il est à remarquer que le moulinet dynamométrique est un appareil qui ne s'échauffe pas, l'énergie du moteur étant absorbée par des masses d'air sans cesse renouvelées ; de plus, un moulinet pesant environ 2 kgr.

FIG. 3. — MOULINET DYNAMOMÉTRIQUE DE CH RENARD.

AA', axe de rotation ;
FF, palettes.

1. Si le moulinet fait N tours par minute il fait $\frac{N}{60}$ tours par seconde et il décrit l'angle $2\pi . \frac{N}{60}$ en sorte que si M est la mesure du moment résistant, $M . 2\pi . \frac{N}{60}$ est celle de la puissance cherchée.

permet d'absorber une puissance pouvant atteindre 20 chevaux. Pour ces diverses raisons, la méthode de M. Renard tend à se généraliser « pour les moteurs d'automobiles dont les essais avec les freins ordinaires sont si difficiles. Elle a pu être employée jusqu'ici pour des puissances variant de

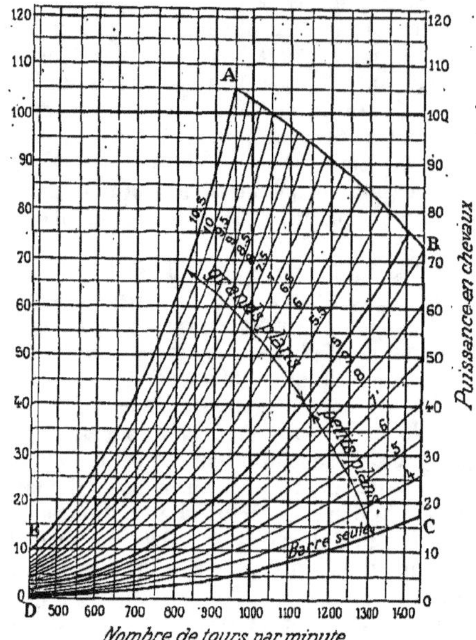

FIG. 4. — DIAGRAMMES RELATIFS A L'EMPLOI DU MOULINET DYNAMOMÉTRIQUE.

1 cheval à 150 chevaux, et il sera facile d'aller plus loin ».

Remarquons en terminant que l'on pourrait, sans rien changer à la méthode, utiliser tout autre frein régulier, par exemple le frein magnétique. Et l'on éviterait ainsi la seule complication que présente l'intervention de l'air, à savoir la variation de son état spécifique (pression, température, etc.), variations qui modifient évidemment la résistance qu'il oppose aux mouvements des corps.

D'après le règlement publié par l'*Aéro-Club* de France, chaque fois qu'il s'agira de juger les concours et records aéoronautiques, on devra mesurer la vitesse d'un navire aérien par rapport au milieu ambiant par la méthode de M. *Paul Renard*.

Voici le principe de cette importante mesure. Imaginons qu'un bateau parte d'un point A d'une nappe d'eau animée d'une vitesse constante de 3 m. par seconde, et qu'il s'avance dans la direction AC avec une vitesse invariable de 4 m. Au bout de 10 min., par exemple, il aura été entraîné *par le courant* en D, à 1 800 m. de A, et porté par sa *propulsion propre* dans la direction AC à 2 400 m. de AD. Comme la direction de propulsion n'influe pas sur la valeur de ces résultats numériques, quelle que soit la direction de la propulsion AC, le bateau *abordera* toujours au bout de 10 min. en

l'un des points de la circonférence décrite de D, comme centre avec un rayon égal à 2 400 m. Si l'abordage a lieu en M, la trajectoire absolue correspondante est représentée par la droite AM. En considérant le même état de choses une seconde après le départ de A, les droites AD, AC et AM représentent respectivement la vitesse du courant d'eau, la vitesse propre et la vitesse absolue du bateau.

Il résulte de là que si, par un procédé quelconque, on parvient à déterminer *le cercle des points abordables*, on aura du même coup la vitesse du courant fluide, la vitesse propre du véhicule, et même sa vitesse absolue pour un point d'abordage donné M.

Or, il suffit pour obtenir 1, 2, 3,... etc., points de la circonférence précédente, de mesurer la vitesse absolue du bateau pour une, deux, trois, etc., directions différentes de propulsion.

Au point de vue pratique, et pour un aérostat, on installera à chacun des sommets d'un polygone fixe, des viseurs permettant de pointer dans les directions perpendiculaires aux deux côtés du polygone qui partent du sommet considéré. Au moyen de cette installation ou *aérodrome* et d'un chronomètre, il sera facile d'estimer la vitesse absolue de l'aérostat, si on sait l'obliger à se mouvoir parallèlement aux divers côtés de l'aérodrome. Il ne restera plus qu'à représenter ces vitesses autour de A et à faire passer une circonférence par leurs extrémités.

Il est clair que cette ingénieuse méthode suppose invariables à la fois la vitesse du courant aérien actif et l'intensité de la propulsion de l'aérostat. L'exactitude avec laquelle la circonférence passera par tous les points déterminés comme il vient d'être expliqué, servira donc de critérium, non

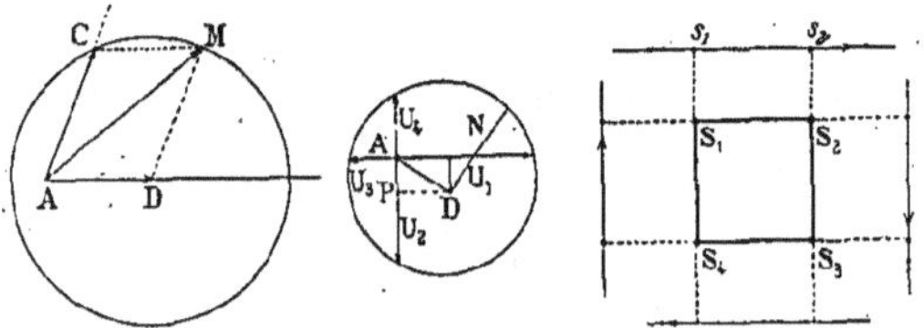

FIG. 5. — MESURE DE LA VITESSE PROPRE D'UN NAVIRE AÉRIEN.

S₁ S₂ S₃ S₄, aérodrome carré; AU₁, AU₂, AU₃, AU₄, vitesses absolues relatives aux déplacements parallèles aux côtés de l'aérodrome; D, centre du cercle des points abordables correspondants; le rayon de la circonférence mesure la vitesse propre cherchée.

seulement à la précision des mesures de la vitesse absolue, mais encore à la constance supposée des vitesses cherchées.

A. GUILLET.

MICROBIOLOGIE

On sait ce que c'est qu'une Levure ou Ferment, cette sorte de « microbe » qui, placé dans certains milieux, y accomplit l'étrange travail de la fermentation. On sait aussi que la science distingue un grand nombre de levures, qu'elle rassemble sous le nom général de Saccharomyces, et qui, très connues (comme la levure de bière) ou familières seulement aux savants, sont les agents d'une foule de productions nécessaires à l'homme : fabrication de la bière, fermentation du vin et des alcools, travail du pain (levain), fabrication du vinaigre, transformation des amidons en sucre, préparation de l'acide lactique, du pyrogallol, des acides gallique et butyrique (employés par l'industrie, la médecine, la photographie), etc.

Mais ces levures, d'où viennent-elles? Mystère. Écoutons à ce sujet Duclaux : « Le brasseur qui veut mettre un brassin en levain, emprunte d'ordinaire sa semence aux résidus d'une opération antérieure. Toutes les fermentations d'une brasserie bien conduite sont donc filles les unes des autres, et depuis un temps immémorial. Tout brasseur qui a laissé se gâter, se perdre son levain, en emprunte

On entrevoit dès lors les frais considérables ainsi subis, et les ruines aussi rapides que faciles chez les fabricants intéressés.

Connaître l'origine des levures, savoir où trouver un ferment toujours jeune et toujours pur, en un mot, produire à volonté une levure qui soit à son maximum de force et de pureté, tel est le but que se proposèrent depuis longtemps les chercheurs, en France, en Suisse, en Allemagne (pays de la bière), en Danemark, où fut fondé spécialement pour cette recherche le laboratoire de Carlsberg. Depuis Gay-Lussac et Cagniart-Latour, le problème a occupé les maîtres les plus autorisés : Frémy, Liebig, Boutroux, De Bary, Jörgensen, Hansen, Klöcker, Schionning, etc.

Pasteur, que la question passionna, émit à son tour une hypothèse... Or, c'est justement de cette hypothèse du grand savant français que le Dr Odin semble faire une réalité.

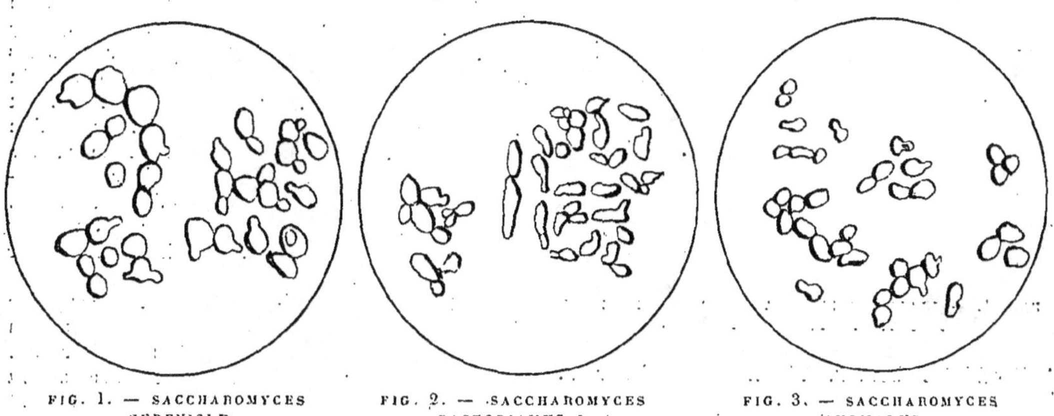

FIG. 1. — SACCHAROMYCES CEREVISIÆ. FIG. 2. — SACCHAROMYCES PASTORIANUS I. FIG. 3. — SACCHAROMYCES ANOMALUS.

à une brasserie voisine... De sorte que les cellules que l'industrie utilise aujourd'hui viennent, en descendance directe, des premières brasseries établies dans le monde et remontent au moins aux périodes les plus anciennes de l'histoire des Égyptiens. » Au delà nous ne savons rien. Et ce qui est vrai de la levure de bière en particulier l'est de toutes les levures. Jusqu'à présent, les biologistes avaient dû considérer les levures ou saccharomyces comme une famille d' « organismes indépendants », sans pouvoir les rattacher à aucune autre famille botanique. Cette lacune, unique dans la science, avait dès longtemps captivé les savants. Et si l'on songe surtout aux conséquences pratiques du problème, on s'explique leur ardeur à en trouver la solution.

En effet, par cela même que nous ignorons l'origine de levures, nous ne pouvons en trouver, ni en produire à volonté. Tous les soins de l'industriel, — qu'il prépare du vinaigre, de la bière ou quelque autre des produits cités plus haut, — concourent à protéger sa levure contre les « maladies » possibles, à la conserver aussi intacte qu'il le peut. Tel moût de bière est-il gâté? telle « mère » de vinaigre est-elle infectée, ou affaiblie, où usée, ou morte? Alors, il faut intervenir, purifier le ferment, le rajeunir, le revivifier, et souvent même acheter à l'industriel voisin une parcelle de son levain, non sans avoir purifié, voire renouvelé le matériel infecté.

Il ne nous est pas possible de décrire ici, en leurs détails, les procédés du Dr G. Odin. Aussi bien, ce qui nous intéresse surtout, ce sont les conclusions auxquelles il est arrivé et que nous résumerons ainsi:

1° Toute levure provient d'un champignon;

2° Une levure déterminée provient d'un champignon déterminé.

Dès lors, nous connaissons l'origine, l' « état civil » de chaque levure. Et dès que nous aurons besoin de telle ou telle espèce, à volonté nous la produirons, nous la ferons naître de son « ancêtre » qui nous est connu, — et ainsi nous posséderons, chaque fois que nous le voudrons, un ferment absolument « neuf », jeune, pur, résistant, sain; — ainsi disparaîtront ces laborieux et coûteux travaux de purification, de rajeunissement, de revivification des levures malades; — ainsi s'évanouiront ces soucis de tout instant qu'imposaient la surveillance et la protection des précieux levains. Ce ferment est-il infecté? au lieu de tenter de le guérir à grands frais, jetons-le carrément. Cette « mère » de vinaigre est-elle morte? Qu'importe! nous sommes préparés maintenant à tout : voici d'autres levures, toutes nouvelles, avec toutes leurs qualités natives, et en voici autant que nous en désirons.

CHARLEUX [1].

1. Il est entendu que la Revue laisse aux auteurs la responsabilité de leurs affirmations. (N. D. L. R.)

PHOTOGRAPHIE

M. Willam J. Russell a constaté que la plupart des bois impressionnent la plaque photographique, dans l'obscurité, qu'on les mette en contact immédiat avec la surface sensible ou à une faible distance. La durée de pose varie d'une demi-heure à dix-huit heures. L'action est plus ou moins intense, selon l'espèce de bois : les bois les plus actifs sont ceux des conifères, le chêne, le hêtre, l'acacia. Lorsque le bois est coupé perpendiculairement à l'axe de la tige, l'image obtenue présente une série d'anneaux clairs et obscurs, correspondant aux couches concentriques du bois; les nœuds sont aussi indiqués; ce sont les tissus formés au printemps et à l'au-

Quand on photographie un sujet à oppositions très accentuées, on est obligé de surexposer pour obtenir une image complète des régions sombres de l'original. En ce cas, les grandes lumières déteignent en quelque sorte sur les ombres, les noyant dans une sorte de voile qui acquiert parfois une grande intensité. Pendant longtemps, on crut que cet accident était dû surtout à l'emploi du verre comme support de l'émulsion sensible. En 1864, M. Ch. Russell indiquait que le halo était dû surtout à l'impression de la couche sensible par la lumière qui, non utilisée par la couche sensible, la traversait et se réfléchissait sur le dos de la plaque de verre; en 1878, M. Taylor fit remarquer qu'outre cette réflexion de la lumière il fallait tenir compte aussi de la diffusion, étant donné le caractère opalin des émulsions. En 1890, M. Cornu fit une étude complète du halo de réflexion et montra

FIG. 1. — OBJECTIF RECOUVERT DE BUÉE ET DE POUSSIÈRES.   FIG. 2. — OBJECTIF PROPRE. PLAQUE NON ENDUITE.   FIG. 3. — OBJECTIF NETTOYÉ. PLAQUE ENDUITE D'ANTIHALO.

tomne qui donnent des anneaux obscurs, qui sont, par conséquent, les plus actifs.

La cause de cette action photographique est inconnue; les corps résineux du bois semblent jouer un rôle dans ces phénomènes; cependant, diverses gommes et résines, essayées par l'auteur, n'ont produit aucune impression. La vapeur d'eau et l'ozone n'interviennent pas.

Le bois, préalablement exposé à la lumière solaire, devient plus actif; les lumières artificielles produisent le même phénomène. Ce sont les radiations bleues et violettes qui produisent cet accroissement d'activité du bois, qui semble devoir être attribué à un emmagasinement de radiations analogue à celui des substances phosphorescentes.

Ces intéressantes recherches de M. Russell montrent qu'on doit éviter de laisser séjourner les surfaces sensibles dans les châssis négatifs ou dans les magasins et qu'on doit conserver lesdits châssis à l'abri de la lumière; il faut en particulier préserver du soleil les volets des châssis quand on les tire : c'est pourquoi il est bon de recouvrir durant la pose, l'appareil d'un voile noir, sous lequel on se place pour ouvrir le châssis négatif.

❧

qu'on le supprimait en étendant au dos de la plaque un mélange d'essences de térébenthine et de girofle présentant le même indice de réfraction que le verre et coloré avec du noir de fumée. Mais cet enduit, non siccatif, est d'un emploi incommode; en outre, les essences employées, comme l'ont montré depuis les expériences de M. Russell, impressionnent le gélatinobromure d'argent. On a, depuis, décrit un grand nombre d'enduits antihalo. L'un des plus efficaces et des plus pratiques est celui dont la formule est due à M. Hélain :

Noir de fumée	10 à 12 gr.
Dextrine jaune	100 —
Chlorure d'ammonium	6 —
Eau	90 à 100 cc.

On mouille d'abord le noir de fumée avec un peu d'alcool; on ajoute la dextrine, puis l'eau dans laquelle on a préalablement dissous le chlorure d'ammonium; on remue avec un agitateur jusqu'à obtention d'une peinture parfaitement homogène. On étend cette mixture au dos de la plaque, en couche mince, au moyen d'une brosse plate, dite queue de morue. La dessiccation de cet enduit est très rapide. Une éponge ou un feutre mouillé suffisent pour l'enlever avant de procéder au développement.

Un autre procédé de suppression ou tout au moins d'atténuation du halo de réflexion consiste à empêcher la lumière non absorbée par le bromure d'argent d'arriver jusqu'au support : il suffit pour cela de placer entre lui et la couche sensible une sous-couche insensible à la lumière et opaque, dont on puisse se débarrasser après la pose : tel est le principe des plaques antihalo du commerce. Tantôt la sous-couche est formée d'une émulsion opaque aux sels d'argent, très peu sensible ou insensible à la lumière, sels d'argent qui se dissolvent dans le bain de fixage, rendant ainsi la sous-couche transparente ; tantôt elle est formée de collodion coloré en rouge ou en vert qui se décolore, soit dans les bains de développement et de fixage, soit, après le fixage, dans des bains décolorants spéciaux, variant avec la nature de la matière colorante.

Mais, même en prenant ces précautions, ou en employant comme support de l'émulsion une pellicule ou une feuille de papier, on obtient un halo. C'est donc que ce phénomène n'est pas toujours dû à la réflexion de la lumière sur la face postérieure du verre-support.

Il faut attribuer le halo dans ce cas soit aux poussières éclairées qui se trouvent dans l'atmosphère intérieure ou extérieure à la chambre noire (halo atmosphérique), soit à la réflexion de la lumière par les parois intérieures de l'appareil. Cette dernière cause de halo est facilement écartée en faisant en sorte d'éliminer les faisceaux de lumière trop obliques pour concourir à la formation de l'image. M. Chapman Jones[1] a décrit un diaphragme extérieur dont l'emploi est très efficace. En munissant l'objectif d'un parasoleil de dimensions suffisantes, on obtient le même résultat : M. Quentin a montré au Congrès international de photographie de 1900 de très magnifiques photographies d'intérieurs d'où le halo, qu'on semblait avoir provoqué comme à plaisir, était entièrement absent ; la seule précaution prise par M. Quentin avait été de protéger son objectif par un grand parasoleil en carton.

MM. Auguste et Louis Lumière, en 1890[2], ont montré dans une étude expérimentale sur le halo que le halo d'objectif est beaucoup plus prononcé quand les lentilles ne sont pas bien polies et très propres. La lumière diffusée et envoyée sur la surface sensible par les poussières, les traces de doigt, la buée et autres aspérités du même genre qui se trouvent d'ordinaire sur les surfaces libres des lentilles constituant l'objectif, est une cause très fréquente de halo. Pour s'en convaincre, il suffit de photographier un objet vivement éclairé avec une umelle stéréoscopique, dont un objectif seulement a été soigneusement nettoyé : la différence des deux images, au point de vue du halo, est frappante. Les verres avec lesquels on fabrique les objectifs modernes sont hygroscopiques ; aussi sont-ils souvent recouverts d'une fine buée, facile à enlever, mais dont la présence transforme la surface la mieux polie en une surface diffusante. Enfin une dernière cause du halo d'objectif doit être cherchée dans les images parasites, les réflexes difficiles à éviter quand on opère à contre-jour, surtout avec

les nouveaux objectifs à lentilles indépendantes, dont c'est le principal inconvénient.

Les figures ci-dessus donnent un exemple très net du halo d'objectif ; nous en devons les phototypes à M. E. Cousin[1]. Cet expérimentateur a choisi comme sujet un ensemble d'objets brillants, composé de cuivre poli, ballon rempli d'eau, grenade d'extinction d'incendie, disposés sur une table et éclairés obliquement à droite par un arc électrique de 15 ampères, situé à un mètre. Les ampoules des lampes de cuivre ont été allumées. Il y avait ainsi une multitude de points brillants dus aux réflexions de la lumière de l'arc et des ampoules.

Le photogramme de la figure 3, provenant d'un phototype fait avec l'*objectif propre* sur plaque enduite d'*antihalo*, montre nettement le sujet photographié.

M. E. Cousin a fait une première pose (fig. 1) avec un objectif neuf, mais qui était resté quatorze mois dans un tiroir sans avoir été nettoyé : il présentait sur la face intérieure de la lentille frontale une légère buée laiteuse, qui présentait l'aspect d'un léger vernis grainé et craquelé.

L'objectif a été diaphragmé à $\frac{f}{n}$ et la pose, exagérée intentionnellement, a été de une minute. Le développement, à la métoquinone, a été poussé à fond.

Le négatif ainsi obtenu est très dense et couvert, dans la partie lumineuse du sujet, d'une sorte de voile qui ne permet guère de distinguer l'image à l'œil. Mais en tirant de ce négatif une diapositive, avec un temps de pose assez long, on obtient une image très intéressante montrant le foisonnement considérable de tous les points lumineux et le voile général qui atténue tous les traits. Il est curieux de remarquer le grain considérable que possède ce voile et ce grain ressemble beaucoup à celui de la buée qui recouvrait la lentille ; le mécanisme de la formation de ce halo, encore inconnu, expliquerait peut-être l'analogie de ces deux grains.

Le phototype dont la figure 2 représente l'image positive a été obtenu après nettoyage de l'objectif, sur une plaque non enduite d'antihalo ; même diaphragme, même pose, même développement que pour les deux autres négatifs.

On trouve sur cette image le halo de réflexion (*halo de plaque*) nettement caractérisé par l'auréole ou couronne, visible autour de plusieurs des points lumineux, notamment autour du point lumineux réfléchi sur la boule de cuivre poli de la lampe de droite ; les détails manquent partout de vigueur. Il est néanmoins incontestable que cette image, bien que faite sur plaque non enduite d'antihalo, mais avec un objectif propre, est bien meilleure que la précédente faite sur plaque enduite d'antihalo avec un objectif non essuyé.

Ces trois images montrent nettement la nécessité de procéder fréquemment au nettoyage des objectifs.

CH. NIEWENGLOWSKI.

1. E. Cousin, Halo d'objectif et halo de plaque, *Bulletin de la Société de photographie*, 1904, p. 482.

---

1. *Bulletin de la Société française de photographie*, 1900, p. 278.
2. *Id.*, 1890, p. 182.

CHIMIE

Matière colorante des figures de la grotte de la Mouthe.

M. Rivière a observé à 130 mètres environ de l'entrée de la grotte de la Mouthe un dessin gravé sur la paroi de cette grotte et remontant à l'époque magdalénienne.

Ce dessin représentait un ruminant portant des taches noires. C'est un échantillon de cette substance noire que M. Rivière a apporté à M. Moissan.

Le savant chimiste a fait d'abord une étude

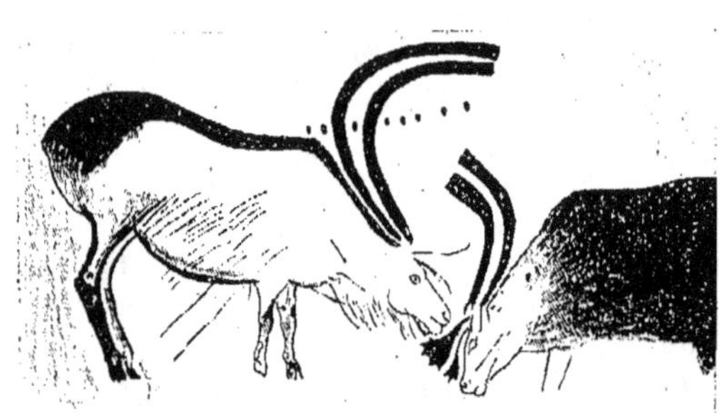

FIG. 1. — CERFS FIGURÉS DANS LA GROTTE DE LA MOUTHE.

microscopique de cette poudre et a reconnu au milieu de la masse noire de l'enduit l'existence de points brillants dus à des parcelles de silice et de carbonate de chaux. La partie principale foncée est formée entièrement d'oxyde de manganèse.

Cette poudre est donc analogue à celle qui a été trouvée employée comme matière colorante dans la grotte de Font-de-Gaume, étudiée par MM. Capitan et Breuil (voir ces représentations des animaux

FIG. 2. — BISON REPRÉSENTÉ DANS LA GROTTE DE LA MOUTHE.

dessinés par les hommes des temps préhistoriques, fig. 1 et 2).

M. Rivière a apporté à M. Moissan des dépôts calcaires recouverts par la nature de sesquioxyde de fer. On sait aussi que Boussingault a trouvé des galets noirs au Venezuela et que plus tard George Campbell a recueilli des dents de poissons fossiles colorées en noir au fond de la mer auprès des Açores et des Philippines. Toutes ces substances colorantes noires n'ont pas, d'après M. Moissan, les caractères de cette poudre manganésienne formant les taches de la fresque primitive, objet du travail des hommes dans la grotte de la Mouthe.

C. CHABRIÉ,
Chargé de cours à la Sorbonne.

AGRONOMIE

La fabrication des conserves de viande pour l'armée.

Depuis une dizaine d'années, la fabrication des conserves de viande pour l'armée a pris en France une grande importance et des usines se sont montées pour le traitement des viandes dans quelques centres d'élevage.

Cette industrie fournit en effet chaque année 2 500 000 kgr. de conserves et comme il faut 2 kgr. 240 de viande fraîche pour fabriquer 1 kgr. de conserves, c'est donc plus de 5 millions et demi de kgr. qu'on traite. Toute cette viande suppose environ 11 200 000 kgr. de bêtes vivantes, soit environ 12 000 têtes de bétail.

Quelle viande emploie-t-on donc à ces conserves? Il entre au moins 50 p. 100 de bœuf, les vaches et taureaux représentent l'autre moitié du contingent. L'animal présenté à l'achat doit être en parfaite santé, âgé de trois à huit ans, sauf pour les taureaux où la limite s'abaisse à cinq ans. Un vétérinaire militaire est toujours chargé d'inspecter les animaux employés et de surveiller la fabrication. On éloigne tout ce qui n'est pas parfaitement sain et dans chaque animal tous les abats et parties de qualité inférieure.

Le travail de la conserve comprend un certain nombre d'opérations, tant au point de la préparation de la viande qu'à celui de la mise en boîtes et de la conservation proprement dites.

La première de ces opérations est un désossage et un découpage de la viande qui est fait à la main. Puis les viandes sont blanchies. Pour cela on les place dans une chaudière avec de l'eau et on chauffe à la vapeur de façon à faire bouillir l'eau, qui devient un bouillon analogue à nos « pot au feu », et on cuit la viande jusqu'à ce qu'elle ne présente plus de fibres saignantes en son milieu. La viande est alors refroidie et séchée.

Pendant ce temps, le bouillon est dégraissé, chaque bouillon sert pour deux lots de viande, puis il est clarifié et passé pour être débarrassé des débris de viande. Dans le récipient conique où on le reçoit il se divise en trois couches : une inférieure de petits débris, la moyenne de bouillon, la supérieure de graisse. Il est ensuite concentré par

(3₁)

ébullition rapide jusqu'à une densité de 7° Baumé.

La viande est, après refroidissement, nettoyée et découpée; elle subit le parage qui lui enlève les

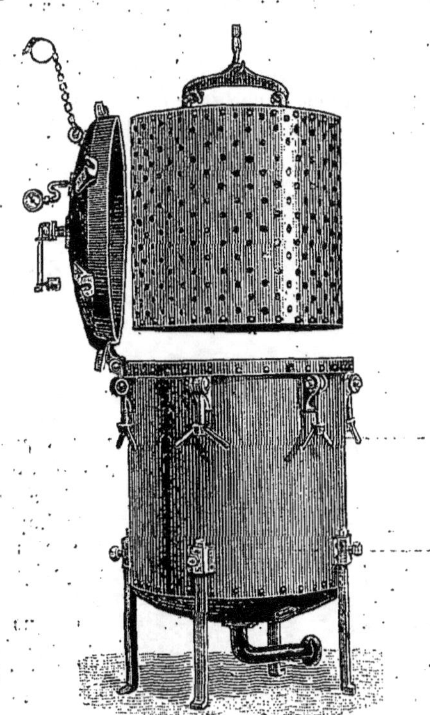

parties tendineuses, puis la viande est mise en boîte et tassée au fond. La boîte est alors munie de son couvercle, qui y adhère, grâce à l'action de la sertisseuse dont nous donnons ici un modèle (fig. 2) et qui recourbe ensemble le bord du couvercle et celui de la boîte.

Le couvercle est percé d'un trou par lequel on introduit 200 gr. de bouillon concentré, puis le trou est bouché, la boîte soudée et la fermeture essayée.

Pour faire cet essai la boîte est plongée dans l'eau bouillante. Si la fermeture est bonne, l'air se dilate et fait gonfler les fonds de la boîte, sinon l'air s'échappe en bulles et les parties plates de la boîte restent en place, les boîtes mal soudées sont revues et passent de nouveau à l'essai.

C'est alors que commence le travail délicat de la fabrication, la stérilisation. Elle a lieu à l'autoclave [1].

> [1]. On sait que les autoclaves sont en réalité des marmites de Papin. Le couvercle porte une soupape de sûreté, un manomètre et un robinet d'échappement pour la vapeur. On chauffe au moyen d'une double rampe de gaz formée de deux cercles concentriques indépendants. L'eau entre en ébullition, et la vapeur s'échappe par le robinet, entraînant tout l'air contenu dans l'appareil. Lorsque le jet de vapeur est devenu tout à fait continu, ce qui indique que tout l'air a été entraîné, on ferme le robinet, et le manomètre accuse l'augmentation de la pression intérieure; cette pression atteint rapidement trois atmosphères; ce qui correspond à une température de 125°; on ferme alors l'une des deux rampes de gaz, et, grâce à la soupape dont le jeu est réglé pour cette

Les boîtes sont placées dans le panier métallique représenté sur la figure 1 puis enfermées avec lui dans l'étuve. On maintient la température à 120° pendant 1 heure et demie. Le thermomanomètre qui enregistre est analogue au manomètre de Richard. Il est soustrait aux modifications frauduleuses que pourrait lui faire subir le fabricant par des scellés apposés par l'administration militaire.

Les boîtes sorties de l'étuve et contrôlées pour voir s'il n'y a pas eu d'infiltrations, sont peintes, mises en caisse et livrées au service des subsistances.

On voit par ce court aperçu combien sont grandes les précautions prises pour livrer à l'alimentation une conserve parfaite.

Ajoutons d'ailleurs que l'odeur, le goût et l'aspect de ces conserves sont parfaits et très engageants à l'ouverture des boîtes.

Enfin considérons cette industrie comme un bienfait surtout au moment où elle peut enrayer une

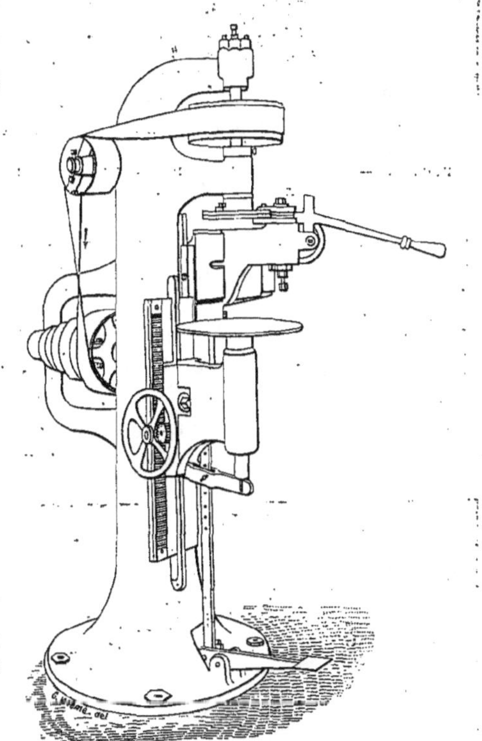

crise sur la vente du bétail et espérons que des débouchés pourront se créer du côté de l'exportation pour cette industrie si digne d'intérêt.

HENRI BOILEAU.

pression, la température reste à peu près constante pendant toute la durée de l'opération. C'est avec cette autoclave que l'on stérilise les tubes pour la culture des microbes et autres organismes inférieurs (N. D. L. R.).

L'OUTILLAGE MODERNE DE L'OCÉANOGRAPHIE [1].

L'influence croissante de l'esprit scientifique sur la Société moderne a formé dans Paris un public attentif aux recherches de l'Océanographie, science jusqu'ici délaissée en France, précisément dans le pays qui aurait dû, avant tout autre, lui être favorable, car elle regarde à la fois le mouvement philosophique et le progrès matériel.

L'Océanographie tient un rôle considérable dans l'histoire de notre planète : l'immensité des mers en témoigne ainsi que l'origine marine de beaucoup d'éléments nécessaires à la vie terrestre, sinon peut-être de la vie elle-même. Et peu à peu l'esprit des océanographes, guidé par la biologie, s'explique la marche grandiose des êtres dans l'évolution et l'adaptation au milieu qui lui montreront un jour, peut-être, la succession des familles sorties de la simple cellule pour arriver jusqu'à l'homme, l'expression actuelle la plus haute de la puissance vitale.

Pour accomplir les travaux que réclame l'océanographie, on a créé un matériel spécial dont

FIG. 2. — NASSE TRIÉDRIQUE DE S. A. S. LE PRINCE DE MONACO AU MOMENT D'ÊTRE LANCÉE.

l'emploi exige, à la fois, l'expérience d'un marin et la connaissance exacte des questions qu'il s'agit d'étudier. C'est le détail dont je me suis le plus spécialement occupé durant mes campagnes. Je me bornerai, pour le moment, à en donner une vue d'ensemble, car l'outillage et les méthodes employés depuis vingt ans sur mes navires constituent un grand chapitre de notre histoire scientifique.

Il faut avoir vécu au milieu des opérations que je dirige sur la mer, pour comprendre les difficultés de notre tâche quand elle exige des recherches de l'ordre physique ou chimique

FIG. 1. — YACHT DE S. A. S. LE PRINCE DE MONACO « PRINCESSE ALICE ».

attendant aussi l'indispensable création d'un cours universitaire, on trouvera dans le cours d'océanographie que j'ai fondé à Paris le moyen de parcourir le domaine de l'océanographie et de suivre les conquêtes progressivement réalisées dans la plupart des pays maritimes grands et petits, sauf la France, pour en augmenter la richesse.

Trois des mes collaborateurs se partageront le programme, d'abord très réduit, par lequel les auditeurs seront initiés aux principes de la science nouvelle.

M. Thoulet, professeur à la Faculté de Nancy, qui traitera de l'Océanographie pure, est, depuis vingt-cinq ans, dévoué aux intérêts de cette science, et, si son rôle en France est aussi obscur que l'Océanographie elle-même, il occupe dans les

1. En attendant que, pour l'honneur de la science française, les études océanographiques prennent racine dans le monde intellectuel de Paris; en

d'une grande précision, avec des instruments délicats envoyés jusqu'à la profondeur de 6000 m., et quand elle nous impose la capture d'animaux très petits répandus à tous les niveaux de l'Océan.

On ne saurait comprendre, sans les avoir suivis, les efforts de notre imagination pour faire triompher du vent, du courant ou de la grosse mer ces opérations déjà compliquées par elles-mêmes, et dont la marche si nouvelle ne peut être guidée que par des formules trouvées avec nos propres moyens.

La vapeur est la force employée pour le fonctionnement de nos engins dans des expériences qui durent souvent une journée entière et où la résistance est quelquefois de 6 ou 7000 kgr.; elle fait agir des treuils plus ou moins puissants pour manœuvrer des câbles d'acier plus ou moins forts, mais dont la longueur déroulée peut atteindre 8 ou 10000 m. Le câble destiné à des opérations de dragage ou de traînage est d'un seul morceau; celui qui sert pour les sondages également, mais le troisième câble, destiné aux opérations pour lesquelles il faut abandonner sur le fond de la mer un appareil qui doit y rester immobile pendant plusieurs jours, est formé de dix ou douze sections ayant chacune 500 m., facilement détachables de la masse suivant la profondeur choisie, pour être ratta-

chées à une bouée puissante capable de supporter une charge de 4000 kgr. Cette bouée porte deux fanaux pouvant brûler pendant deux jours et deux nuits afin que, par des temps couverts où les observations du point astronomique deviennent impossibles, on évite de la perdre de vue la nuit.

Les appareils que j'emploie se divisent en deux groupes : ceux qui servent pour l'observation des phénomènes physiques ou chimiques, et ceux qui permettent de capturer les animaux marins; ils ont été, presque tous, imaginés ou adaptés au fur et à mesure que des nécessités scientifiques surgissaient. Bien entendu je ne comprends pas dans cette courte description l'arsenal immense des instruments qui servent au laboratoire. Les instruments consacrés aux observations de l'Océanographie pure ont une précision suffisante pour répondre aux circonstances précaires dans lesquelles souvent celles-ci ont lieu.

Au début de mes entreprises, j'avais résolu d'étudier les courants superficiels de l'Atlantique Nord et, collaborant avec Georges Pouchet, professeur du Muséum de Paris, j'ai lancé, au moyen d'un faible voilier que je possédais alors, l'*Hirondelle*, en trois campagnes successives, 1675 flotteurs (fig. 5) construits spécialement de manière à ne subir que l'impulsion

comités internationaux chargés de résoudre certaines questions de physique du globe, le tout premier rang. Ses publications remarquables, ses travaux de laboratoire et les campagnes par lesquelles il s'est familiarisé avec le milieu marin objet de ses efforts scientifiques m'ont amené à lui confier dernièrement la mission très importante et très délicate de présenter au Congrès international de Géographie tenu à Saint-Louis et de faire accepter par lui un travail considérable dont j'avais reçu la charge du Congrès de Berlin; il s'agissait d'une carte générale, en vingt-cinq feuilles, de tous les sondages profonds exécutés jusqu'à ce jour dans toutes les mers du globe. Il s'agissait, en même temps, de faire adopter par cette réunion le système de nomenclature proposé par la commission internationale que j'ai présidée à Wiesbaden en 1903 et dont faisaient partie Sir John Murray, MM. Nansen, Makharof, Robert Mill, Supan, Krümmel, Petterson et Thoulet, les sommités européennes de la science océanographique.

Le Congrès ayant adopté à la presque unanimité les conclusions présentées par M. Thoulet, le succès de la mission a donc été complet. Or, ce succès implique une conséquence heureuse pour la science française, et d'une grande portée, la carte bathymétrique dont il est question étant construite avec le mètre comme unité de mesure.

M. Joubin, professeur de l'Université, vient d'être

mis en possession d'une chaire au Muséum de Paris; il parlera avec d'autant plus d'autorité de nos connaissances actuelles sur la zoologie marine qu'il étudie depuis longtemps un des groupes les plus curieux de la série animale obtenue dans nos croisières scientifiques : celui des Céphalopodes, de ces mollusques dont les formes, la nature et l'aspect suggèrent tantôt l'horreur, tantôt l'admiration. M. Joubin lui aussi est venu avec moi sur l'Océan pour compléter sa haute valeur scientifique par des études avec le scalpel et la loupe sur des individus fraîchement recueillis, quelquefois encore vivants.

Le docteur Portier, un vétéran des campagnes océanographiques, a, l'un des premiers, porté sur la mer et dans ses profondeurs les recherches de la physiologie auxquelles sa situation d'assistant à la chaire de physiologie de la Sorbonne l'avaient préparé.

Son esprit ingénieux communiquera bien des connaissances qu'il a su acquérir en sondant les mystères qui planent sur la vie des êtres marins. Plusieurs croisières faites avec moi depuis les mers tropicales jusqu'aux régions arctiques lui donnent une grande autorité sur ce sujet presque neuf, car jusqu'ici les physiologistes n'avaient pas transporté leurs laboratoires parmi les vagues de la mer; et celui de la *Princesse-Alice* est, maintenant encore, le seul existant.

donnée par l'entraînement des eaux, et qui ont visité presque toutes les côtes et les archipels de l'Atlantique Nord. Le résultat de cette expérience a été complet et figure sur une carte spéciale publiée en 1892.

Mais il a fallu recourir à une méthode plus scientifique lorsque, tout récemment, j'ai voulu permettre à M. Thoulet de réaliser un plan de recherches sur les courants inférieurs, basé sur l'observation des températures et densités.

Il s'est agi, alors, de faire, sur une grande échelle, des opérations qui, jusque-là, s'étaient bornées pour nous à la prise d'une température et d'un échantillon d'eau sur les points où l'on pratiquait un sondage; et nous avons obtenu des séries verticales où figurent les niveaux de 25, 50, 100, 150, 200, 250, 500, 1 000 m., et ainsi de suite jusqu'à 5 500 m.

Les instruments employés sont le thermomètre à renversement de Miller Casella et la bouteille à eau du docteur Richard ; le premier conserve la température du niveau où il est envoyé, au moyen d'un renversement complet qui, séparant la colonne de mercure du mercure de la cuvette, immobilise cette colonne au degré et dixième de degré qu'elle marque à ce moment (fig. 4).

Le second, un cylindre métallique ouvert à chaque bout, laisse passer l'eau pendant sa descente et retient celle du niveau voulu, par le même moyen du renversement qui fait obturer les ouvertures par deux soupapes.

Dans l'un et l'autre cas on obtient ce renversement au moyen d'une petite hélice placée au sommet de l'instrument, qui fait quelques tours dès la remontée du câble, et qui déclenche ainsi un verrou d'arrêt. On l'obtient encore par la chute d'un petit messager massif lâché du navire au moment voulu, qui glisse le long du câble et tombe sur un ressort spécial de l'instrument; celui-ci, en se retournant, lâche un second messager qui tombe sur l'instrument du niveau suivant, et ainsi de suite jusqu'à l'instrument fixé tout en bas.

Le câble de sondage porte à son extrémité inférieure tout un système composé d'un instru-

FIG. 3. — UN COIN DU LABORATOIRE DE S. A. S. LE PRINCE DE MONACO DANS LE YACHT « PRINCESSE ALICE ».

ment appelé sondeur, qui doit ramener un échantillon géologique du fond, et d'une série variable d'anneaux métalliques pesant chacun 15 kgr, qui forment un lest pour entraîner le câble. J'emploie deux types de sondeurs très différents : l'un, le tube de Buchanan, est un emporte-pièce qui pénètre dans les vases molles dont il extrait un boudin où la stratification des couches est conservée; progressivement l'expérience acquise me permet d'allonger cet appareil, et maintenant il me fournit des boudins de vase qui atteignent 0 m. 80. L'autre, le ramasseur Léger (fig. 6), agit avec deux pelles creuses réunies sur une articulation et saisissant les matériaux meubles du fond par le rapprochement de leurs faces que la détente d'un ressort vigoureux produit au contact du sol. Le tube sondeur Buchanan rapporte seulement des vases plastiques susceptibles d'adhérer à ses parois intérieures : le ramasseur Léger, également appelé « sondeur à dragues », ramène des sables, des graviers et de petits cailloux.

Sur mes navires on a encore imaginé d'autres instruments pour les recherches d'Océanographie pure, notamment une bouteille à renversement construite sur les données du docteur Richard, afin d'isoler les gaz dissous dans la mer et de vérifier la pression sous laquelle ils existent. Cet appareil extrait sur place, à la profondeur voulue, les gaz en question qui remontent déjà renfermés dans une éprouvette; mais je bornerai ici des citations qui pourraient m'entraîner fort loin.

Les instruments consacrés à la zoologie marine sont plus nombreux que les autres, car ils doivent être conçus d'après le tempérament et les mœurs des familles animales répandues depuis la surface jusqu'au fond. Dans la plupart des cas ils ont été inspirés par des engins dont les pêcheurs se servent depuis longtemps sur le littoral; car, si notre imagination peut faire des merveilles pour servir la science, les hommes semblent avoir déjà utilisé dans leur lutte pour l'existence tous les moyens que leurs connaissances en mécanique étaient capables de suggérer à leur instinct de chasseurs.

Peu d'expéditions océanographiques ont exploré la mer avec d'autres appareils que le chalut, filet plus ou moins fermé comme un sac et seule-

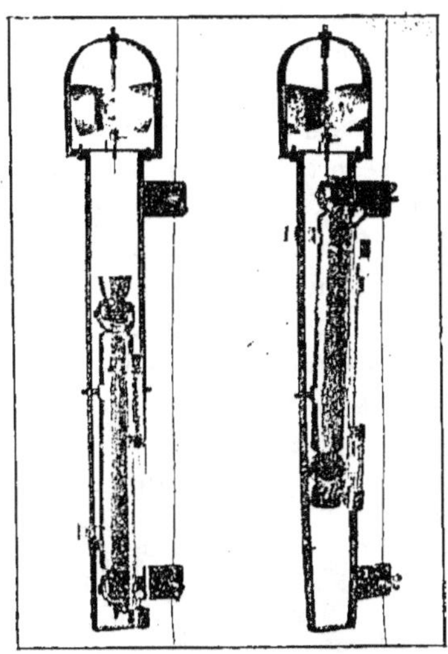

ment destiné à recueillir, par un traînage brutal sur le fond même, les animaux fixés comme les coralliaires, ceux qui se traînent péniblement comme les mollusques ou les échinodermes, et quelques-uns des moins vifs parmi les poissons et les crustacés. Sur mes navires, au contraire, on a toujours pensé que la multiplicité des moyens d'investigation augmenterait largement le domaine de la zoologie; on a même enrichi, par l'application de ce principe, celui de la biologie, car souvent des engins s'adressant aux instincts des animaux nous ont révélé des faits qui se rapportent à la prédominance des espèces, à leur alimentation et au nombre des individus.

Mon premier essai en dehors du classique chalut a consisté dans l'emploi d'une nasse, d'un piège amorcé qui devait, suivant mon calcul, agir sur les animaux des grandes profondeurs avec l'efficacité dont les pêcheurs de homards ou d'anguilles se trouvent si bien sur le littoral de la mer et dans les eaux douces. Le fait est que, dès ma première expérience, par une profondeur dépassant 1 000 m., j'ai obtenu beaucoup de poissons appartenant à deux espèces fort peu connues auparavant : « Simenchelys parasiticus » et « Synaphobranchus ». Depuis

lors j'ai perfectionné cet engin auquel j'ai donné la forme d'un trièdre afin qu'il soit assuré, en toutes circonstances, de se poser sur le fond dans des conditions favorables à la régularité de son fonctionnement.

L'appareil est construit en filet et en lattes de bois, ce qui le rend très simple; ses dimensions sont assez grandes pour contenir une douzaine de personnes. Je l'ai descendu, au bout du câble d'acier à sections, jusque dans la profondeur de 5 285 m., d'où il m'a rapporté des merveilles et, partout où je l'envoie, il fournit d'excellents résultats. Mais la manœuvre en est difficile et réclame autant de soin que d'expérience, parce que l'appareil, très délicat, descend avec une grande lenteur et que le détachement de son câble de la bobine pour être rattaché à la bouée, ainsi que le lancement de celle-ci à la mer sont des manipulations compliquées par le poids excessif du câble si la profondeur est grande, et par la nécessité de maintenir le bateau immobile pendant l'opération. Il convient d'ajouter que la reprise de l'appareil est tout aussi difficile.

L'emploi des nasses présente, pour les expéditions qui ne jouissent pas d'une indépendance absolue dans leur programme, un inconvénient qui explique, mieux que les difficultés du travail, le peu d'usage qu'on en a fait : une nasse doit, pour donner un bon résultat, stationner 48 heures sur le fond, et, comme ensuite le mauvais temps ou le brouillard peuvent empêcher de reprendre sa bouée, le navire serait quelquefois arrêté pendant une semaine et même plus. Dans mes croisières, j'ai l'habitude de faire ce que j'appelle des stations; c'est-à-dire que plusieurs points de la mer sont choisis pour pratiquer sur chacun d'eux une série aussi complète que possible d'opérations au moyen des instruments destinés à l'Océanographie pure et des engins consacrés à la zoologie ou à la biologie. Le point de la station est marqué par une bouée que je mouille sur le fond, quelle que soit sa hauteur, et une nasse est adjointe au lest nécessaire à cette installation : de cette manière l'appareil travaille pendant toute la durée de la station sans faire perdre un temps précieux.

Parmi les engins nouvellement appliqués par moi aux recherches en eau profonde, le « palancre », constitué par une série de gros hameçons placés sur une ligne mère longue de 4 ou 500 m., m'a été fort utile parce qu'il vise des animaux voraces inaccessibles aux chaluts et aux nasses.

La pose, en eau profonde, d'une ligne semblable n'était pas, lors des premiers essais, une chose très simple pour nous : afin d'éviter que cet appareil, allongé à la surface de la mer, tombât en désordre sur le fond après une aussi grande chute, je mouillais d'abord, à une distance de 5 ou 600 m. l'une de l'autre, deux bouées supportant chacune un câble le long duquel un anneau de fonte pouvait courir; la ligne était alors tendue de l'une à l'autre bouée, et les bouts fixés aux anneaux qui, abandonnés simultanément, entraînaient tout l'appareil jusqu'au fond.

Aujourd'hui j'emploie une méthode plus simple : un seul câble est mouillé pour recevoir un anneau qui porte l'un des bouts du palancre; celui-ci est allongé vers le large et on fixe à son bout éloigné une plaque de métal assez lourdement lestée qui, lorsque tout est lâché, fait l'office d'un cerf-volant renversé dont l'effort, pendant la descente, maintient le palancre tendu.

Par ce moyen j'ai obtenu beaucoup de squales, ou requins, de diverses espèces qui vivent sur le fond, et j'ai pu, déjà, me rendre compte du rôle important que ce groupe tient dans de nombreuses régions, jusqu'à des profondeurs de 2 000 m. Parmi les îles du Cap-Vert j'en ai ramené un spécimen qui avait presque 3 m., et connu seulement par deux exemplaires, sans aucune information sur leur habitat; c'est le « Pseudotriacis microdon ». Enfin j'ai obtenu, aux Açores, une grande « Chimœra » que je n'ai jamais retrouvée avec d'autres engins.

Plusieurs fois j'ai tenté avec succès et par des méthodes semblables la descente, aux grandes profondeurs, d'un filet nommé « tremail », en usage sur le littoral de la Méditerranée, où il constitue un des engins les plus productifs. C'est une sorte de long rideau à triple nappe que l'on fait tenir debout sur le fond grâce à une combinaison de flotteurs en liège et de lest en plomb, qui intercepte la circulation des animaux et les prend dans des poches qu'ils font eux-mêmes s'ils cherchent à forcer le passage.

J'ai envoyé cet engin compliqué, long de 200 m., jusqu'à la profondeur de 2 600 m. et il m'a toujours donné de fort bons résultats lorsque l'opération marchait bien; mais souvent aussi, comme il offre une grande résistance dans l'eau, malgré sa fragilité, il éprouve de graves avaries, ou même il disparaît par la rupture de quelque accessoire. Pour la recherche des animaux relégués aux grandes profondeurs intermédiaires, les moyens sont plus vulgaires et moins variés parce que cette faune, qualifiée bathypélagique, se défend mieux dans les espaces illimités où sa puissance natatoire supérieure lui permet de rayonner en tous sens, et où l'abondance des êtres de toutes les tailles multiplie les ressources alimentaires. Aussi, malgré l'outillage excellent de la *Princesse-Alice*, nous ne possédons guère de renseignements sur la vie dans ces régions.

Cependant nos efforts continuent et, bientôt peut-être, nous emploierons à ces travaux les engins les plus puissants et les plus audacieux que l'on ait conçus.

La présence d'une faune géante aux profondeurs qui séparent la surface et le fond même de la mer nous a été révélée par les récoltes faites dans l'estomac des cétacés, des cachalots notamment, qui vont jusque-là chercher leur nourriture presque exlusivement composée, pour la plupart des espèces, de Céphalopodes plus ou moins géants. Le musée de Monaco possède une remarquable collection de ces animaux que j'ai obtenus en employant l'outillage des baleiniers.

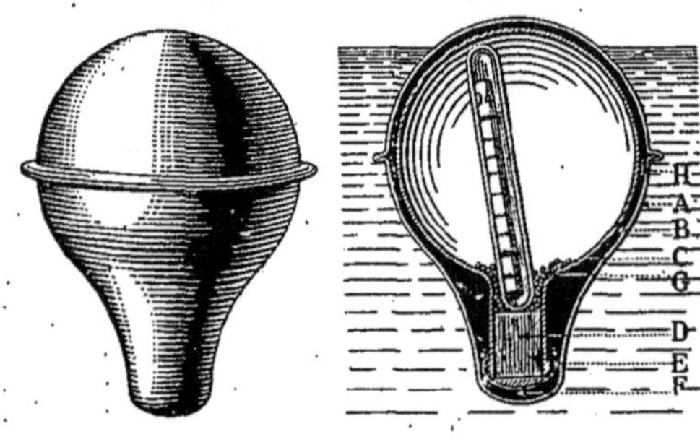

FIG. 5. — FLOTTEURS EN VERRE ÉPAIS DOUBLÉ DE CUIVRE ROUGE. UN TUBE, DE VERRE ÉGALEMENT, CONTIENT UN DOCUMENT POLYGLOTTE POUR DEMANDER SON RENVOI AU LABORATOIRE.

A, enveloppe de cuivre rouge; B, bitume séparant l'enveloppe de cuivre du ballon de verre C, bouché par un bouchon de liège D, et lesté par de la grenaille G, ou de petits cailloux. Le tube de verre scellé, contenant le document polyglotte, occupe l'intérieur du ballon de verre.

A part ce concours involontaire des cétacés, nous ne possédons aucun moyen capable de fournir des renseignements sur la grande faune bathypélagique; et nous nous bornons à traîner, dans les vastes espaces qu'elle habite, des filets en forme de sac, suffisants, lorsqu'ils ont une ouverture de plusieurs mètres, pour capturer des organismes de petite taille, mais devant lesquels tous les grands nageurs peuvent s'échapper.

Jusqu'à une époque toute récente, nous cherchions à faire ces modestes récoltes avec des instruments qui descendaient fermés jusqu'à la profondeur voulue, s'ouvraient quand le travail commençait et se refermaient aussitôt que le traînage finissait; on pouvait ainsi établir le niveau d'où les différentes espèces étaient obtenues. Mais devant les obstacles rencontrés par ce système, on a essayé, sur la *Valdivia* pour la première fois, un procédé qui consiste dans l'envoi aux régions inférieures d'un filet ouvert que l'on remonte avec toute la vitesse possible. On pourra, quand on aura fait un grand nombre de ces opérations à des niveaux variables, fixer par élimination le niveau minimum d'où chacune des espèces aura été ramenée. Je me sers, depuis 1903, pour ces recherches, qui m'ont

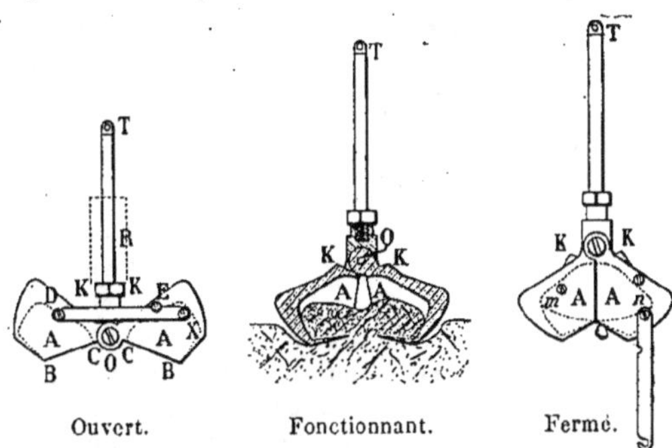

FIG. 6. — SONDEUR A DRAGUE DESTINÉ A PRENDRE DES ÉCHANTILLONS DE SABLE, VASE OU GRAVIER CONSTITUANT LE FOND DE LA MER ET AYANT L'AVANTAGE DE RAMENER UN ÉCHANTILLON QUEL QU'IL SOIT, ALORS QUE LES SONDEURS EMPLOYÉS JUSQU'A CE JOUR REMONTENT QUELQUEFOIS SANS RIEN RAMENER.

Il agit comme deux petites dragues opérant symétriquement. Chaque drague est constituée par une poche A, à bords coupants en B et en BC. Le sondeur étant arrivé sur le fond, un déclanchement libère les deux parties du sondeur, qui peuvent alors se rapprocher. Dès que l'on tire sur la corde à laquelle est attaché le sondeur, les deux parties A tendent à se rapprocher à cause de leur poids. Le fond se trouve alors pris entre les deux parties. Le mécanisme du déclanchement est le suivant : une tige de cuivre DX est articulée autour du point X ; elle comporte à son extrémité une fente permettant l'accrochage après un bouton D, et se trouve, quand elle est ainsi accrochée, butée contre un bouton E. Pendant la descente de l'appareil, les deux points X et D, des deux mâchoires, ne pouvant pas s'écarter, l'appareil reste ouvert et orienté à cause des deux butées K, qui, s'appuyant l'une ou l'autre sur la tige, empêchent l'appareil de chavirer. Au moment où l'appareil touche le sol, l'articulation O, avec la tige OT et le lest P, continue à descendre jusqu'à ce que les deux butées K s'appuient contre la tige. Cette descente du point O se traduit par un mouvement de rotation d'une mâchoire par rapport à l'autre, mouvement de rotation qui a pour effet de dégager la tige XD du bouton D. Ce bouton D dégagé, l'appareil est prêt à remonter.

donné des résultats admirables quant à la nouveauté des espèces, d'un filet qui a 27 m. d'ouverture et que je nomme « filet vertical ».

Les animaux pélagiques de la surface et des environs sont beaucoup mieux connus que ceux des deux autres groupes, et c'est naturel puisque les navigateurs passent continuellement au milieu d'eux, mais leur biologie demande encore beaucoup de lumière ; et c'est là une des questions les plus urgentes de l'Océanographie. En effet, l'industrie de la pêche s'y rattache très directement par la nécessité de mettre un terme

aux déprédations qui menacent de ruiner ces précieuses ressources ; or, il ne sera possible de conclure les accords internationaux utiles pour cela qu'après avoir suffisamment étudié l'alimentation, la croissance, la reproduction et les migrations des faunes littorale et pélagique.

Il y a, néanmoins, un fait que mes croisières montrent déjà, c'est l'existence, au large et jusqu'aux grandes distances de la terre, de poissons pélagiques réunis en bandes immenses couvrant des contrées entières d'une richesse incalculable. J'ai constaté la présence de plusieurs espèces au moyen d'un filet que j'appelle tremail de surface et qui est simplement le tremail indiqué plus haut, mais avec des flotteurs plus puissants et un lest plus léger, de façon qu'il forme un long rideau flottant à la surface.

Mais j'ai obtenu aussi des poissons d'une plus grande taille réunis en bandes nombreuses, au moyen de lignes avec amorce artificielle que l'on traine derrière le navire quand il ne marche pas à plus de cinq ou six nœuds. Les thons alimentent volontiers, et je les ai trouvés jusque vers le milieu de l'Atlantique Nord. Pour récolter les petits animaux appartenant au « Plankton » de la surface, j'emploie un filet trainant en gaze de soie très fine, construit comme une senne et maintenu flottant avec des lièges ; ses deux ailes s'ouvrent par l'effet des plateaux qui les terminent et qui agissent, dans un plan horizontal, comme deux cerfs-volants en opposition ; il s'appelle « chalut de surface ».

Jusqu'à ces dernières années il manquait à notre arsenal un appareil permettant de prélever un échantillon du « Plankton » de la surface pendant la marche rapide d'un navire ; le Dr Richard vient de combler cette lacune avec un objet très simple. C'est un sac en gaze de soie assez petit pour que la colonne d'eau qui le traverse n'ait pas la force de le défoncer, même à la vitesse la plus grande du navire. Tous les organismes constituant le « Plankton », voire de petits poissons, se laissent capturer par cet engin minuscule.

Enfin, je comprendrai dans l'outillage qui nous fait connaître les diverses formes de la vie dans la mer, un appareil dû aux longues et patientes recherches du Dr Portier, pendant mes trois dernières campagnes, pour déterminer l'existence de microbes à toutes les profondeurs. Il s'agissait de prélever, sur un point quelconque, un échantillon d'eau qui pourrait être préservé de toute contamination extérieure jusqu'à son application à des expériences sur un bouillon de culture. Voici la méthode employée cette année même, pour la première fois, et qui semble fournir des résultats irréprochables :

Un tube de verre, dans lequel on a fait le vide et se terminant par une grande longueur d'un diamètre capillaire, est renfermé dans une boîte de cuivre, pleine de paraffine et pourvue d'un mécanisme permettant de la faire basculer, comme pour les thermomètres. La pointe de ce tube, fermée à la lampe, dépasse un peu le haut de la boîte, et vient se briser contre un butoir lorsqu'un messager provoque le renversement de l'appareil. Mais alors, et pour isoler des milieux ambiants la colonne d'eau qui s'est précipitée dans le tube ouvert, un mécanisme spécial entraîne derrière elle une masse de paraffine qui forme un bouchon hermétique. Les résultats obtenus par ce procédé paraissent devoir éclairer bientôt le côté de la biologie marine que nous avons voulu explorer ainsi.

Cette courte revue suffit pour montrer nos efforts dans la recherche du matériel indispensable au progrès des études océanographiques ; néanmoins, il reste encore tant d'inconnu sur ce champ considérable que je songe sans cesse à des moyens nouveaux capables d'y apporter une plus grande lumière. Mais, pour augmenter beaucoup la puissance des engins dont je me sers maintenant, il faudrait avoir plusieurs navires qui travailleraient ensemble, et par conséquent trouver dans quelque marine militaire

une alliée. Or il n'est pas encore facile de persuader aux états de l'Europe que l'intérêt de tous réside plutôt dans la solution des problèmes de la Nature où se trouve la clef de biens précieux pour l'Humanité, que dans les armements fous et les guerres insensées.

Combien de générations faudra-t-il encore massacrer avant que la lumière scientifique montre l'absurdité de ces luttes, quand l'exploitation pacifique de notre planète permettrait à tous les hommes de vivre ? C'est difficile de le dire ; mais une élite intellectuelle qui monte rapidement au-dessus des masses commence à tourner les esprits et les énergies vers les promesses d'un horizon nouveau [1].

ALBERT,
Prince de Monaco.

1. Nous sommes heureux de pouvoir offrir aux lecteurs de la Revue un article du Prince de Monaco, sur la conférence par laquelle il a inauguré le Cours d'océanographie, récemment fondé par lui à Paris.

Nous n'avons pas à présenter le savant auquel la science française est redevable de tant d'éminents travaux. Depuis 1885, le Prince de Monaco a exploré les mers sous toutes les latitudes et depuis la surface jusqu'aux plus grandes profondeurs. Les recherches, toujours dirigées par le Prince lui-même, ont enrichi la zoologie d'un très grand nombre d'espèces nouvelles. Les beaux laboratoires de la *Princesse Alice* ont permis l'élaboration, à bord, de travaux de chimie biologique et de bactériologie. Les travaux personnels du Prince ont surtout porté sur l'étude des courants et sur le perfectionnement des méthodes et des instruments d'océanographie : l'arsenal des instruments de recherche à bord des bateaux d'exploration scientifique a été complètement transformé par ses soins.

On sait que le Prince est Membre correspondant de l'Académie des Sciences.

[N. D. L. R.].

HISTOIRE DES SCIENCES

COUP D'ŒIL D'ENSEMBLE SUR LES PROGRÈS DE LA CHIMIE PENDANT LE XIXe SIÈCLE [1].

On sait que lorsqu'on introduit certains corps dans des flammes chaudes et peu éclairantes, celles-ci prennent souvent des couleurs caractéristiques de ces corps ; la soude les rend jaune, la potasse rouge pourpre, la lithine rouge carmin,

1. *Suite et Fin*. Voir le n° 25 de *La Science au XXe siècle*.

etc. — On sait d'autre part que la teinte communiquée à la flamme est ordinairement composée de couleurs élémentaires différentes, c'est-à-dire d'inégale réfrangibilité, et qu'on peut, à l'aide d'un prisme, séparer les rayons élémentaires en formant une image appelée spectre, dans laquelle ces couleurs élémentaires se distinguent aisément.

Une méthode particulière d'analyse, fondée sur l'étude spectrale des flammes et douée d'un étonnant degré de sensibilité, constitue certainement l'une des plus belles inventions de ce siècle fécond. Après quelques expériences demeurées isolées d'Herschell en 1823, de Foucault en 1849, Kirchhoff et Bunsen établirent en 1857 que tous les corps simples sont caractérisés par des raies lumineuses

WILLIAM RAMSAY.

bien définies et diversement colorées de l'image spectrale et qu'à chaque raie nouvelle dont on constate l'existence correspond un nouveau corps qu'il n'y a qu'à chercher. L'expérience allait, sans tarder, confirmer d'une manière éclatante leurs déductions théoriques, en leur faisant reconnaître en 1861 deux nouveaux métaux, le rubidium et le césium, dont la découverte fut bientôt suivie de celles du thallium, en 1862, par Crookes et Lamy; de l'indium, en 1863, par Reich et Richter; du gallium, en 1865, par M. Lecoq de Boisbaudran, et, depuis 1878, d'un certain nombre d'éléments nouveaux, encore peu connus, dans la samarskite et les minéraux du même genre. L'examen des spectres du soleil et des étoiles a permis de reconnaître dans les atmosphères de ces astres un certain nombre des métaux qui se trouvent sur la terre, et M. Ramsay a montré en 1895 qu'une raie autrefois signalée par Lockyer dans l'atmosphère du soleil appartient à un gaz, l'Hélium, qu'il a pu extraire en petites quantités de différents minéraux rares.

bien définies et diversement colorées de l'image

suivant lesquels les éléments sont combinés, il devint alors possible d'aborder les diverses questions relatives à la chimie organique.

On reconnut bien vite que les phénomènes de substitutions, fréquents en chimie minérale, s'étendaient aux combinaisons organiques; que dans leurs molécules soumises à l'action de certains réactifs, tels que le chlore, le brome, l'iode, l'acide azotique, etc., un nombre plus ou moins grand d'atomes d'hydrogène peuvent être remplacés par d'autres corps, simples ou composés; les beaux

BERZELIUS.

travaux de Laurent sur les carbures d'hydrogène, les recherches de Regnault relatives à l'action du chlore sur l'éthylène, fournirent des exemples nombreux et très nets de ces remplacements, et Dumas, généralisant ces résultats et ceux que lui avaient fournis ses propres recherches, formula la règle ou loi des substitutions; elle conduisait à considérer une molécule organique comme une sorte d'édifice dans lequel une pierre pouvait être remplacée par une autre, de nature différente, sans altérer la forme de cet édifice, et les combinaisons comme produites par la substitution plutôt que par addition. Les idées de Dumas furent vivement combattues par Berzelius et les chimistes allemands qui en soutenaient d'autres d'après lesquelles des radicaux, qu'ils supposaient exister dans les molécules organiques, pouvaient à la façon des corps simples, former des composés binaires semblables à ceux de la chimie minérale, tandis que d'autres savants : Gerhardt, Wurtz, Williamson,... rejetant à la fois les idées de Dumas et celles de Berzelius, faisaient dériver tous les corps organiques d'un certain nombre de types primitifs sur lesquels ils venaient, en quelque sorte, se mouler. Ces diverses théories, défendues par leurs auteurs avec le plus grand talent, ont donné lieu à une multitude

Les substances organiques pures ne se rencontrent guère soit dans les végétaux, soit dans les animaux; elles sont le plus souvent mélangées ou combinées à d'autres matières et, avant de commencer leur étude, il était nécessaire de les préparer tout d'abord à l'état de pureté. En indiquant les principes et les règles de l'analyse immédiate, en apprenant à isoler ce qu'il a appelé « les principes immédiats », Chevreul a marqué le point de départ de la chimie organique; l'analyse élémentaire venant compléter les indications fournies par l'analyse immédiate et faire connaître les rapports d'expériences et de découvertes destinées à les appuyer ou à les combattre; elles forment l'une des parties les plus intéressantes de la philosophie chimique, et elles ont exercé une influence considérable sur les progrès de la chimie organique.

Les savants qui ont principalement tourné leurs efforts sur l'étude des composés organiques ne se sont pas contentés de les soumettre à l'analyse et d'en découvrir les propriétés, ils ont également fait appel à la synthèse, et les nombreuses recherches qui ont eu pour but la reproduction artificielle des substances organiques forment actuellement l'une des acquisitions les plus importantes de la chimie; non seulement elles ont projeté la lumière sur la constitution des corps synthétiquement reproduits, mais elles ont mis aux mains des chimistes, et souvent à celles des industriels, des substances pures que l'analyse immédiate ne fournit pas toujours aisément; aussi la synthèse prend-elle de jour en jour une extension nouvelle et le nombre des principes immédiats qui n'ont pas encore été reproduits diminue progressivement.

❧

Dès 1823 Dœbereiner avait reproduit, en oxydant du sucre ou de l'amidon, la matière acide que sécrè-

WÖHLER.

tent les fourmis, l'acide formique; un peu plus tard, Wöhler avait obtenu l'urée, substance cristallisable qu'on peut retirer de l'urine de l'homme et des mammifères carnivores, et dans laquelle il avait reconnu un isomère du cyanate d'ammoniaque; Cahours avait démontré qu'une huile, vendue dans le commerce sous le nom d'essence de Gaultheria procumbens, n'était autre chose qu'un éther, et il l'avait artificiellement préparée en combinant directement l'acide salicylique avec l'esprit de bois, etc.

Malgré l'importance de ces premiers résultats, la

synthèse chimique n'a cependant pris une extension considérable qu'à la suite des travaux de M. Berthelot qui, dans un ouvrage immédiatement devenu classique, et résumant quinze années de recherches suivies, a fait connaître en 1864 les principales méthodes par lesquelles on réussit à former, avec les corps élémentaires, les composés organiques les plus simples qu'on peut considérer comme les générateurs de tous les autres principes.

L'union directe du charbon avec l'hydrogène, sous l'influence de l'arc électrique, lui a fourni l'acétylène, qui, soumis à l'action de l'hydrogène ou à celle de la chaleur, a donné un très grand nombre de combinaisons hydrogénées du charbon; celles-ci peuvent à leur tour s'unir aux éléments de l'eau. L'une d'elles, par exemple, le gaz oléfiant, a permis de préparer par voie artificielle l'alcool de vin qui, une fois formé, devient l'origine d'une multitude de corps organiques.

Grâce à l'emploi des méthodes de synthèse les chimistes sont arrivés à reproduire de toutes pièces les huiles essentielles, les acides des fruits, les graisses et les huiles, les substances sucrées, les matières colorantes telles que l'alizarine autrefois extraite de la garance, la purpurine et même l'indigo; les parfums comme la vanilline, l'essence de violettes, etc.

❧

Les matières minérales, comme les substances organiques ont été étudiées par voie de synthèse et la reproduction artificielle des minéraux naturels a ouvert à la minéralogie des horizons tout nouveaux. Sir J. Hall fut le premier, en 1805, à faire

FRÉMY.

des tentatives sérieuses pour introduire la synthèse dans les études minéralogiques et géologiques; il démontra que les effets combinés de la pression et de la température agglutinent le calcaire amorphe, en une masse parfois cristallisée et tout à fait comparable au marbre blanc; que dans les mêmes conditions le bois se transforme en une matière très analogue au lignite; en 1823, Berthier prépara par voie de fusion plusieurs silicates cristallisés, notamment le pyroxène; les brillants travaux d'Ebelmen apprirent qu'en évaporant lentement au rouge des matières fondues bien peu volatiles, celles-ci peuvent laisser cristalliser des substances que l'on y a préalablement dissoutes, tout comme une dissolution saline qui s'évapore avec lenteur dépose, sous la forme de cristaux, le sel qu'elle contient; il obtint, par son procédé, une foule de

CHEVREUL.

minéraux et de pierres précieuses, parmi lesquelles l'émeraude, le rubis, le saphir. Durocher, de Senarmont, Daubrée, Fremy par des méthodes diverses, H. Sainte-Claire-Deville en se plaçant dans des conditions vraisemblablement analogues à celles de la nature, en utilisant les propriétés de ce qu'il a appelé les agents minéralisateurs (vapeurs fluorées, chlorées, etc.), propriétés qui se rattachent directement aux faits de dissociation, sont arrivés à reproduire synthétiquement et sous la forme de cristaux identiques à ceux des produits naturels, à peu près tous les minéraux qui se rencontrent soit dans les filons, soit dans les diverses couches du sol.

Pendant que la science pure avançait d'un pas rapide, ses applications multiples apportaient à l'Industrie le concours le plus précieux; la découverte de l'éclairage au gaz par Philippe Lebon, la distillation de la houille, datent des premiers jours du siècle; à elles se sont rattachées les fabrications si importantes des goudrons de houille, des car-

bures d'hydrogène, des matières colorantes et de tous les autres produits qui en dérivent. Vers la même époque, Gay-Lussac en inventant son alcoomètre centésimal rendait de signalés services au commerce et à l'Etat; son nom est intimement lié à l'un des perfectionnements les plus considérables que l'on ait apporté à la fabrication de l'acide sulfurique; il a appris en effet à recueillir sur une colonne de coke mouillée d'acide sulfurique, les gaz nitreux qui se dégagent aux extrémités des chambres de plomb et dont la perte imposait aux fabricants un dommage considérable; l'étude faite par Davy, en 1815, des mélanges détonants qui se produisent dans les mines de houille, lui fournit l'occasion d'indiquer aux ouvriers comment on peut empêcher les explosions d'avoir lieu, il leur donna le moyen de produire, au sein du mélange dangereux, une lumière suffisante pour leur permettre de se guider dans l'obscurité sans enflammer le grisou. Sa lampe, bien perfectionnée après lui, a rendu aux mineurs d'incontestables services et en a préservé un grand nombre de la mort.

Les découvertes de Chevreul ont transformé l'industrie des corps gras, créé la bougie stéarique et apporté aux questions relatives à la teinture les contributions les plus importantes.

Liebig perfectionna la fabrication des matières grasses et celle de l'acide acétique; ses beaux ouvrages, publiés en 1840 sur les applications de la chimie organique, à l'agriculture, à la physiologie, à la pathologie, apportèrent des idées précises sur la nutrition des plantes, détruisirent des erreurs généralement admises, et posèrent plusieurs des lois fondamentales de l'agriculture. Il fit connaître le rôle véritable des engrais, et montra la nécessité de compenser avec eux les pertes que le sol éprouve par le fait de la végétation; on lui doit la plus importante, peut-être, des industries modernes, celle de la fabrication des engrais artificiels qui a été le couronnement de sa vie scientifique.

Il serait facile d'allonger indéfiniment la liste des progrès industriels; les industries chimiques sont l'œuvre du siècle actuel; toutes se sont développées en même temps que la science, en profitant de ses incessants progrès.

Il est impossible cependant de ne pas signaler, en terminant, les travaux de Pasteur qui, tout en détruisant la doctrine des générations spontanées, ont mis à sa place l'explication véritable des faits. Toutes les fermentations proprement dites, celles qui produisent le vin, le cidre, la bière, le vinaigre, le pain, etc., sont des actions chimiques, plus ou moins complexes, accomplies sous l'influence de la vie de petits êtres organisés. Les publications de Pasteur et de son école ont démontré que l'action de la chaleur, en détruisant les micro-organismes, permet d'assurer scientifiquement la conservation des matières alimentaires, et d'éviter les altérations des liqueurs fermentescibles; elles ont établi les principes d'après lesquels on peut combattre les maladies microbiennes de l'homme et des animaux. L'ensemble des travaux de Pasteur dont les plus importants relèvent de la physiologie tout autant que de la chimie, constitue un monument d'une étonnante magnificence.

ALFRED DITTE.

PATHOLOGIE

LE CANCER.

Le mot « cancer » réunit dans un même groupe l'ensemble des tumeurs malignes, c'est-à-dire des tumeurs à évolution fatale.

Avant le microscope, toutes les variétés de cancer se confondaient et il suffisait, pour justifier cette dénomination, que les cliniciens aient constaté la présence de tumeurs végétantes ou ulcéreuses, compliquées de métastases ganglionnaires et viscérales *et susceptibles d'entraîner* la mort.

Le mot cancer devint ainsi le terme générique de toutes les tumeurs malignes : cancer de la lèvre, cancer du sein, cancer de l'estomac, cancer des os, etc.

La découverte du microscope fut accueillie avec enthousiasme pour l'étude des tumeurs et les histologistes cherchèrent à les classer d'après leur type microscopique.

On s'aperçut petit à petit que l'histologie n'était pas tout et qu'il ne suffisait pas d'avoir examiné une tumeur au microscope pour juger de sa malignité, mais que les différents types de tumeurs variaient sensiblement suivant l'organe qui en était le point de départ.

Un sarcome des os diffère autant au microscope du sarcome musculaire d'un enfant que du sarcome du cerveau d'un adulte ou gliome. Le cancer de la lèvre, le cancer du sein, le cancer de l'intestin, etc., présentent des caractères généraux communs, tels que la multiplication des cellules épithéliales, mais ils diffèrent sensiblement d'après l'origine des épithéliums proliférés et d'après leur mode de groupement, qui peut d'ailleurs varier d'un point à un autre point de la même tumeur.

L'histologie a ainsi compliqué, sans en donner la solution, le problème de l'étiologie et de la propagation des tumeurs malignes.

La question de la contagiosité du cancer et de sa nature infectieuse a conquis, petit à petit, la majorité des hommes compétents.

Les statistiques ont démontré l'existence de maisons infectées où le cancer avait sévi sur une forte proportion des habitants pendant plusieurs générations.

FIG. 1. — LABORATOIRE D'HISTOLOGIE DU Dʳ DOYEN.

Le Cancer.

On a observé des cas probants de contagion cancéreuse d'un individu à un autre et d'un point à l'autre chez le même individu, en des régions où la peau saine se trouve habituellement en contact avec un noyau cancéreux ulcéré (cancer ulcéré du sein et cancer secondaire de la face interne du bras, etc.).

La contagiosité des papillomes cutanés de la main ou « poireaux » est bien connue et se fait souvent d'en deçà au delà d'un pli de flexion inter-phalangien.

Les chirurgiens connaissent tous des faits d'inoculation cancéreuse à distance : par exemple après une opération de cancer du sein, il peut se développer un noyau cutané secondaire à 8 ou 10 centimètres de la cicatrice, au niveau d'un orifice servant au passage d'un drain.

Le contact momentané des tissus sains de la paroi abdominale avec un cancer de l'estomac pendant l'opération, contact qui ne dure qu'un temps très court, a suffi, dans plusieurs observations, pour déterminer l'apparition d'un noyau secondaire dans la cicatrice. Deux de ces noyaux secondaires ont été reconnus, au cours de leur ablation, sans adhérence profonde avec la région où était autrefois la tumeur primitive et où il ne s'était produit aucune récidive.

L'évolution et la généralisation des divers types de tumeurs malignes, quelle que soit leur variété histologique, est d'ailleurs identique à l'évolution des lésions infectieuses, bien déterminées, de la tuberculose et de l'actinomycose.

La découverte de la bactéridie charbonneuse par Davaine, et postérieurement les recherches de Pasteur et de R. Koch, ont été le point de départ de la découverte de toute une série de microbes infectieux et spécifiques, tous assez faciles à mettre en évidence par l'emploi des couleurs d'aniline et de différents mordants ou fixateurs. Mais un grand nombre de maladies nettement contagieuses sont demeurées mystérieuses pour ce qui concerne l'agent infectieux.

Le microbe de la péripneumonie du bœuf se cultive sous forme d'une traînée blanchâtre où, au microscope, il est impossible actuellement de distinguer des éléments microbiens déterminés. On n'a jamais pu ni démontrer ni cultiver sur des milieux artificiels les microbes d'affections évidemment contagieuses telles que la variole, la rougeole, la scarlatine, la varicelle, la syphilis, la coqueluche, la rage.

Le microbe du *cancer* a échappé longtemps à tous les modes d'investigation.

C'est, après mon retour à Reims, en 1885, que j'entrepris d'étudier l'histologie des tumeurs sur des pièces fraîches. Je disposais d'un matériel considérable. L'examen d'un grand nombre de préparations fraîches me permit de distinguer, au milieu des granulations de toute nature et de toutes dimensions, les éléments auxquels j'ai donné en 1901 le nom de micrococcus néoformans.

Mes premiers essais de coloration ont été mentionnés dans mon pli cacheté du 15 août 1886 à l'Académie des Sciences. J'étudiais également à cette époque tous les cas de suppuration et de septicémie que je pouvais rencontrer à l'Hôtel-Dieu de Reims. Aussitôt après les publications de Pasteur sur la vaccination anti-rabique, je me procurai, rue Fontaine-au-Roy, chez un vétérinaire, des moelles rabiques et j'étudiai dans mon laboratoire les procédés de renforcement du virus primitif, notamment les passages successifs par la méthode de la trépanation sur les jeunes cobayes. J'avais une centaine d'animaux en expérience.

J'ai tenté à la même époque d'inoculer le cancer aux animaux en introduisant dans le péritoine des fragments de tumeur fraîchement opérées et dont le volume atteignait jusqu'à près de 2 centimètres cubes; les fragments de cancer se résorbaient en quelques semaines dans le péritoine, et l'introduction dans le canal médullaire des os de fragments frais d'ostéosarcome provenant de l'homme demeura tout aussi négative chez le lapin.

C'est à la suite de ces expériences et de l'insuccès des injections interstitielles de solutions d'acide lactique, de chlorure de zinc, et de diverses substances antiseptiques, que j'ai étudié en 1888, dans des cas où la récidive se manifestait pour la troisième ou quatrième fois, et où les malades se trouvaient irrémédiablement perdues, la vaccination anticancéreuse. J'ai étudié tout d'abord l'insertion de fragments de tumeurs sous la peau, imitant le procédé de vaccination alors en usage dans la péripneumonie, où l'on introduisait le virus d'un poumon péripneumonique frais à la racine de la queue des animaux sains. Cette tentative était au moins inoffensive, puisqu'il s'agissait de malades irrémédiablement perdues dans l'état actuel de la science et vouées à une mort rapide. Je n'obtins aucun résultat digne d'intérêt, car les fragments de tumeurs insérés sous la peau se résorbèrent, à l'exception d'un seul cas où une petite tumeur se produisit au voisinage de l'insertion du fragment néoplasique et fut extirpée au bout de quelques mois. Mais on ne pouvait tirer de ce fait aucune conclusion, car il s'agissait d'un adénosarcome du sein déjà récidivé dix fois et il pouvait s'agir de la production spontanée d'une tumeur analogue dans l'autre sein.

C'est en poursuivant cette même idée de la vaccination anticancéreuse, après l'opération, contre la récidive, que je suis arrivé à ma méthode actuelle. Pasteur venait de démontrer la possibilité de vacciner contre la rage par des injections successives de virus d'abord très faible, puis de plus en plus fort, des individus mordus et déjà infectés.

J'ai tenté, à partir de 1901, la vaccination anticancéreuse avec les toxines et les vaccins figurés provenant des cultures du micrococcus neoformans.

C'est au moment où je faisais, en 1888, mes premières recherches sur la vaccination anti-cancéreuse, d'après le type de la vaccination anti-rabique et de la vaccination contre la péripneumonie du bœuf, que je publiai mes recherches sur l'identité des streptocoques des suppurations, de l'érysipèle et de la fièvre puerpérale. Cette identité a été prouvée par des séries d'inoculations spontanées survenues entre les sage-femmes, les accouchées, les nourrissons et les opérés de l'hôtel-Dieu de Reims, où le même virus streptococcique avait produit successivement soit l'érysipèle, soit la fièvre puerpérale, en passant par des pustules sous-épidermiques et par des abcès non érysipélateux.

L'étude de l'infection urineuse et de la néphrite ascendante me conduisit à entreprendre de longues recherches sur les poisons microbiens avec la collaboration de MM. Couttolenc, Grandval et Walser; ces recherches démontrèrent l'inanité des si fameuses ptomaïnes au profit de substances albuminoïdes non cristallisables, les seules réellement actives.

Lorsqu'en 1900, j'ai obtenu les premières cultures du micrococcus neoformans, j'ai institué une longue série d'expériences de contrôle et ces expériences ont été répétées pendant les années suivantes non seulement à Paris, mais aussi à Berlin, à Moscou, à Nice, à Madrid. Des cultures ont été faites sous scellés et avec toutes les précautions possibles pour éviter une erreur.

Je n'ai donc fait ma première communication de décembre 1901 qu'alors que j'étais certain de pouvoir démontrer la présence de ce microbe dans les

FIG. 2. — LABORATOIRE DE BACTÉRIOLOGIE ET DE SÉROTHÉRAPIE DU Dr DOYEN

Mes expériences sur les animaux me démontrèrent également le passage au travers du foie et des reins, sans altération histologique durable, du bacille du pus bleu, du staphylocoque doré et du streptocoque pyogène, qu'il me fut possible de démontrer également chez l'homme. J'ai étudié en même temps l'importance de l'action directe et immédiate des corps de microbes eux-mêmes sur les cellules vivantes pour la production des lésions anatomiques. Cette activité a été démontrée ultérieurement pour le bacille tuberculeux, le bacille seul étant capable, même à l'état de mort, de provoquer par son contact la formation des tubercules.

En 1891 j'ai publié une étude sur l'actinomycose, observée chez l'homme.

tumeurs cancéreuses. Or ce microbe a été trouvé à Paris par MM. Metchnikoff, Tuffier, Thyroloix, Mottet et Chantemesse, et tout récemment par le Dr Jacobs, de Bruxelles, par le Dr Karwachi, de Varsovie, par le Dr Alexander Paine de Londres, qui ont suivi ma technique. Actuellement un fait est donc acquis : le *micrococcus neoformans* se trouve habituellement dans les tumeurs cancéreuses les plus variées et notamment dans les cancers développés à l'abri de toute contamination externe, tels que les cancers de l'ovaire et du péritoine.

La question de la spécificité de ce microbe est à l'étude. On me rendra cette justice, je l'espère, de reconnaître que j'ai seulement avancé des faits qui peuvent être démontrés dans tous les laboratoires.

J'ai dit que j'avais découvert dans des tumeurs les plus variées un seul et même microbe et que ce microbe m'avait donné des résultats positifs par l'inoculation aux animaux.

Mais je n'ai jamais prétendu que ce microbe soit *la cause* du cancer tant que je n'ai pas considéré mes expériences comme suffisantes pour constituer une preuve irréfutable.

Or cette preuve me paraît faite aujourd'hui, l'inoculation d'une culture très virulente du micrococcus neoformans d'un ostéosarcome venant de tuer en treize jours un rat blanc avec généralisation péritonéale, hépatique et pulmonaire.

Quant à cette prétention que le micrococcus neoformans ne serait autre qu'un microbe banal de

FIG. 3. — CANCER DE L'ÉPIPLOON DE L'HOMME.
DIPLOCOQUE INTRACELLULAIRE.
(Grossissement : 3 000 diamètres.)

la peau, dénommé par Cederkreuz et Sabouraud le « Coccus polymorphe », elle tombe par ce fait même que le Micrococcus neoformans *liquéfie* toujours la gélatine, tandis que le Coccus polymorphe ne la *liquéfie pas*. L'un donne des cultures grisâtres et peu colorées ; l'autre, notamment sur gélose et sur pomme de terre, des cultures d'un brun foncé ; le premier coagule le lait en quarante-huit heures, le deuxième ne le coagule pas avant le terme d'au moins vingt-huit jours. J'ai étudié moi-même les microbes de la peau de 1886 à 1888 en faisant des recherches sur la pelade et sur le molluscum contagiosum. M. Calmette de Lille a obtenu en 1902, de la peau du nez, un microbe assez analogue sur gélose au micrococcus neoformans, mais qui n'était pas le coccus polymorphe de Sabouraud, car sa culture n'était pas chromogène.

J'ai repris ces recherches sur les microbes de la peau, tant sur les sujets sains que sur les sujets porteurs de cancroïde du visage ; j'ai recherché également le micrococcus neoformans dans la bouche des malades atteints de cancer de la muqueuse buccale et dans l'estomac de malades atteints de cancer gastrique.

Le pneumocoque ne se trouve-t-il pas une fois sur 4 ou 5 cas dans la bouche des sujets n'ayant jamais

eu de pneumonies, comme on peut trouver le bacille tuberculeux dans les crachats de sujets sains ?

La constatation du micrococcus neoformans à la surface de la peau, dans la bouche ou dans l'estomac de certains sujets, loin d'être une défaite pour moi, ne peut donc que corroborer mes observations.

Le point capital était de retrouver le micrococcus neoformans non seulement dans les cancers du sein, mais dans les cancers développés entièrement à l'abri de l'air : or ce fait est un fait acquis.

D'autre part je n'ai pas rencontré ce microbe dans les tissus sains, graisse sous-cutanée, tissu musculaire ; se rencontrerait-il éventuellement dans le sang, et dans certains ganglions lymphatiques, comme je l'ai observé dans un écoulement du mamelon de la femme et M. Borrel dans un kyste séreux situé dans un sein tuberculeux, cela ne serait pas une preuve qu'il n'est pas le microbe du cancer.

En effet le cancer est devenu une maladie si fréquente qu'il faut bien que son microbe, s'il en existe un, soit très répandu dans la nature ; il faut qu'il soit un parasite habituel de l'organisme humain, susceptible de devenir pathogène, comme le pneumocoque, dans des circonstances encore indéterminées et qui modifient sa virulence. J'étais donc d'accord avec MM. Roux et Metchnikoff le 18 décembre 1904 pour reconnaître qu'un seul point était acquis scientifiquement, la présence du micrococcus neoformans dans des cancers variés, notamment dans ceux développés absolument à l'abri de l'air.

Je ne pouvais demander davantage à des expériences de contrôle de quelques semaines seulement. Je n'avais moi-même pour la spécificité du microbe que des présomptions basées sur le résultat d'un certain nombre d'expériences positives. Je puis être *affirmatif* aujourd'hui parce que je considère mes expériences récentes comme tout à fait concluantes et susceptibles d'être considérées comme des preuves scientifiques absolues et indiscutables.

Passons à la question, plus passionnante pour le public, du traitement du cancer. Je ferai observer tout d'abord que je n'ai jamais dit : « je guéris le cancer ».

J'ai expérimenté sur des malades, irrémédiablement condamnés dans l'état actuel de la science, un procédé de vaccination anti-cancéreuse avec des toxines et des vaccins provenant des cultures de micrococcus neoformans. Après avoir constaté que ces vaccins étaient inoffensifs entre les mains d'un expérimentateur éclairé, j'ai étendu les indications du traitement et j'ai modifié ce traitement par l'observation minutieuse et la récapitulation scientifique des résultats obtenus.

Lorsque j'ai eu un certain nombre d'observations contrôlées par des confrères compétents, j'ai publié ces observations et je les ai soumises à l'appréciation de tous.

Deux faits sont indiscutables :

1° Dans les deux ou trois premières semaines du traitement, la vaccination anti-cancéreuse, telle que je la pratique, détermine dans des tumeurs primitivement inopérables des modifications de volume et d'aspect visibles et tangibles : celles de ces tumeurs qui étaient adhérentes aux tissus profonds peuvent se mobiliser dans certains cas au point de devenir opérables et l'opération se fait dans des conditions favorables, sans exposer à la réinoculation du cancer sur place, comme on l'observait si fréquemment autrefois.

Ces modifications rapides et favorables de certaines tumeurs inopérables peuvent être constatées par tous les médecins qui prendront la peine de suivre pendant quelques semaines, comme l'ont fait MM. Metchnikoff, Blondel, Gallois, et plusieurs autres collègues, des malades soumis à un traitement régulier.

2º Un certain nombre de cas irrémédiablement condamnés dans l'état actuel de la science se trouvent actuellement, depuis un laps de temps variable, dans un état qui peut être considéré pour le moment comme une *guérison*. Chez un certain nombre d'entre eux, l'évolution d'un cancer non opéré est nettement arrêtée; chez d'autres, où la récidive paraissait imminente, elle ne peut être constatée par aucun procédé d'exploration et l'état local et général demeurent excellents.

Tous ces cas sont en observation et la statistique sera publiée tous les six mois.

Peut-être chez certains malades l'affection n'aura-t-elle subi qu'un arrêt momentané dans son évolution.

Ce qui est indiscutable, c'est qu'un chirurgien expérimenté sait, quand il opère, si le cas est voué ou non à une récidive immédiate. Réunissons cinquante de ces cas; supposons qu'en les soumettant au traitement le tiers seulement des malades soit sans récidive au bout d'un an, et les plus incrédules ne pourront plus invoquer un cas particulier ou exceptionnel.

Nous allons étudier le mode d'action vraisemblable du traitement du cancer tel que je le pratique, et préciser ses indications.

Il nous faut bien établir d'abord ce que signifie le mot *immunité* :

L'immunité contre une maladie est un *état* particulier de l'organisme qui le rend réfractaire à l'invasion de cette maladie.

C'est l'état du soldat protégé par une cuirasse invulnérable contre les traits de l'ennemi.

L'*immunité* peut être naturelle ou acquise. On connaît l'immunité naturelle de certains animaux contre le venin du serpent.

J'ai démontré, dans mes expériences sur le choléra en 1884, l'*immunité* du cobaye contre l'empoisonnement par l'opium et la morphine.

La *chèvre* présente une immunité naturelle contre la tuberculose, et certains animaux, contre le choléra symptomatique. Voici des exemples d'immunité naturelle aussi bien contre des poisons chimiques que contre des poisons d'origine animale, contre le venin du serpent ou contre des maladies infectieuses et microbiennes, à poison figuré.

Or, fait remarquable, il est possible de *conférer* l'*immunité*, aussi bien contre des poisons chimiques, tel que l'arsenic, que contre le venin des serpents ou contre certaines maladies infectieuses, à des espèces animales très sensibles à ces poisons, à ces venins et à ces virus. L'homme, le lapin, peuvent,

par une accoutumance progressive, arriver à absorber des doses d'arsenic qui sont toxiques pour un sujet non accoutumé; c'est la vieille légende de Mithridate. L'accoutumance au venin de serpent est bien connue des charmeurs de serpents qui abondent dans l'Inde. C'est par une accoutumance du cheval ou de l'âne à des doses progressives de venin que Calmette obtient son sérum antivenimeux. Les chevaux qui produisent ce sérum sont vaccinés ou pour mieux dire immunisés par des injections de plus en plus actives de venin de cobra. L'inoculation du Cowpox ou vaccin de Jenner immunise l'homme pendant plusieurs années contre la variole. L'injection successive du vaccin faible et du vaccin fort de Pasteur contre le charbon immunise le mouton pendant un an environ.

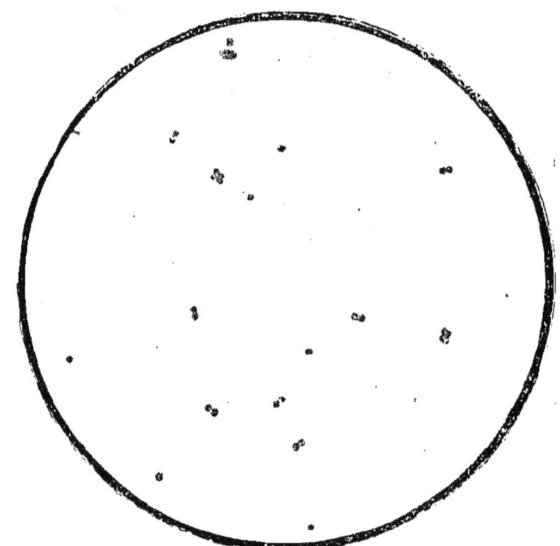

(Grossissement : 1400 diamètres.)

L'immunité acquise est donc l'état d'un organisme naturellement sensible à un poison, à un venin ou à un virus, et qui a été vacciné soit par l'action successive des doses non mortelles de ce poison, soit par une première atteinte non mortelle de la maladie. Mais la vaccination ne peut être réalisée en général qu'à titre *préventif*, c'est-à-dire qu'elle n'est efficace qu'autant que l'immunité a été obtenue avant l'*invasion* de la maladie. Nous verrons qu'il faut faire exception pour le traitement antirabique de Pasteur.

La découverte de Behring sur les propriétés du sérum des animaux immunisés a ouvert en thérapeutique une voie naturelle, celle de la *sérothérapie animale*, si heureusement appliquée par Roux au traitement de la diphtérie, par Nocard au traitement préventif du tétanos et par Calmette au traitement de la morsure des serpents venimeux. Les sérums d'animaux immunisés par une vaccination efficace jouissent de cette propriété curieuse, de rendre en quelques heures, par une seule injection de quelques centimètres cubes, les humeurs et les cellules d'un sujet malade réfractaires à l'action nocive du virus de cette maladie. Mais cette action des sérums d'animaux immunisés est de courte durée. Dans la diphtérie et la morsure des serpents, le sérum anti-diphtérique de Roux et Behring et le sérum anti-venimeux de Calmette arrêtent l'évolution des accidents déjà confirmés.

Le sérum de Nocard n'agit à coup sûr contre le tétanos que s'il est administré à titre préventif, entre la date d'infection probable « plaie contaminée de terre des champs » et le début des accidents tétaniques.

La *vaccination* est donc susceptible de conférer contre une infection déterminée une *immunité* parfois lente à obtenir et d'une durée assez longue, tandis que la *sérothérapie* par l'injection du sérum d'un animal *immunisé* confère au sujet traité une *immunité* presque instantanée et de courte durée.

Le traitement de la rage d'après la méthode de Pasteur est une *vaccination* faite entre la date de la morsure et la date, généralement reculée à plusieurs semaines, de l'invasion de la maladie. Le traitement de la tuberculose par la tuberculine de Koch, tel qu'il est encore réalisé avec succès, malgré tant de critiques, par les médecins qui possèdent une expérience clinique suffisante, est une vaccination lente par accoutumance progressive de l'organisme à la toxine tuberculeuse.

Ces développements étaient indispensables pour expliquer pourquoi je me suis attaché, pour combattre le cancer, à réaliser une vaccination plutôt qu'à obtenir un sérum animal anti-cancéreux.

Le cancer, qui est une affection à marche lente et susceptible de récidiver à longue échéance, réclame l'obtention d'une *immunité* effective de longue durée.

Mais cette vaccination ne peut être obtenue que chez les sujets encore résistants et dont les tissus et les cellules sont susceptibles de réagir favorablement à l'injection des vaccins.

Si le sujet a perdu toute vitalité, la vaccination ne peut plus être réalisée.

J'ai donc cherché à obtenir chez le cheval un *sérum anticancéreux*, de manière à provoquer une première réaction favorable chez les malades trop profondément atteints pour se trouver susceptibles d'être *immunisés* par une simple *vaccination*.

Il est évident que l'action de ce sérum animal anticancéreux, qui est actuellement démontrée, sera dans les cas graves une ressource précieuse. Mais aucun sérum animal ne paraît pouvoir suffire pour assurer la guérison d'une maladie de très longue durée, si l'on s'en rapporte à la brièveté de l'immunité conférée par la sérothérapie dans le traitement de maladies où cette méthode a donné des résultats précis.

Quelles sont les indications de mon traitement du cancer?

Depuis que j'ai fait connaître les résultats favorables obtenus dans des cas reconnus jusqu'alors comme incurables, on a pu croire que le nouveau traitement devait guérir tous les cas de cancer et beaucoup de médecins réclament « un flacon de vaccin » pour un malade qui est alité depuis plusieurs mois et qui n'a plus que quelques jours à vivre.

Je ne saurai donc trop répéter que la vaccination anticancéreuse par ma méthode n'est indiquée que chez les malades où il n'existe pas encore de symptômes de généralisation, et où l'état général est encore suffisant pour soutenir victorieusement la lutte contre la maladie.

Il est facile de classer cliniquement les cas de cancer en cinq catégories :

1° Les cancers superficiels de la peau, avant toute infection ganglionnaire;

2° Les cancers des muqueuses, des glandes et les cancers viscéraux bien limités, sans infection ganglionnaire étendue.

3° Les cancers à marche envahissante, devenus inopérables parce que l'intervention ne permet pas d'extirper assez largement les tissus suspects et se trouverait fatalement suivie d'une récidive rapide, avec réinoculation cancéreuse dans la plaie opératoire.

4° Les cancers cutanés en cuirasse avec conservation de l'état général, qui sont inopérables par suite de l'impossibilité d'extirper une étendue considérable de peau cancéreuse.

5° Les cancers arrivés à la période de généralisation ganglionnaire et viscérale, avec cachexie cancéreuse et diminution considérable de la résistance vitale.

Les cancers de la 1re catégorie, ou *cancroïdes* superficiels peuvent guérir par l'ablation précoce, et même par le curettage, par les caustiques (chlorure de zinc, pâte arsénicale, acide lactique) et par l'action des rayons X, qui agissent à la manière des caustiques. — Mais la vaccination anticancéreuse seule est capable d'immuniser le malade pour un temps très long; il faut donc employer dans tous ces cas la vaccination anti-cancéreuse.

Au bout de quelques semaines de traitement, on fera, s'il y a indication, soit une opération autoplastique, soit un simple curettage.

L'action du vaccin anti-cancéreux aura pour effet de confirmer la guérison et d'assurer l'immunité pour un temps très long, tandis que bien des guérisons apparentes obtenues par les procédés palliatifs, caustiques, radiographie, ne sont que des guérisons temporaires et de courte durée, suivies soit d'une récidive locale grave, soit d'une généralisation ganglionnaire.

2° Pour les petits cancers des muqueuses accessibles et pour tous les cancers au début qui peuvent être largement opérés, je suis loin, comme on l'a cru, de combattre l'intervention chirurgicale, qui a donné jusqu'ici des guérisons nombreuses et durables.

Combien cependant de cancers très petits et opérés largement sont suivis de récidive. Je proscris donc toute intervention chirurgicale avant une à deux semaines de vaccination anticancéreuse. S'il s'agit d'un petit épithélioma de la langue ou d'une autre muqueuse accessible où la lésion est aggravée par les infections secondaires, il faut opérer au bistouri et obtenir la réunion immédiate.

Pour les cancers aseptiques et pour les petites tumeurs du sein, notamment, le seul traitement par la vaccination peut les réduire de volume en deux ou trois semaines à un tel point que l'intervention peut être ajournée, à condition que le traitement ne soit par interrompu et que le cas soit tenu en observation.

3° Les cas les plus instructifs peut-être pour démontrer l'activité du traitement sont les cancers assez étendus pour que l'opération soit devenue non pas encore impossible, chirurgicalement parlant, mais inutile, le bistouri ne pouvant dépasser suffisamment les limites visibles du néoplasme. Supposons par exemple soit un cancer massif du sein, fixé sur le thorax, avec peau d'orange et semis de noyau cancéreux cutanés rougeâtres à une certaine distance; soit un cancer du col de l'utérus ayant envahi les culs-de-sac et les ligaments larges, presque immobile au toucher digital. Au bout de 6 ou 8 injections ces cancers se modifient habituellement de telle manière que l'opération devient possible et se fait dans des conditions suffisamment favorables pour ne pas trop exposer à une récidive rapide.

Pour le sein, la tumeur diminue de volume et se mobilise, la peau perd sa teinte rougeâtre et les nodules cancéreux s'affaissent, de telle manière qu'au bout de trois semaines de traitement on peut obtenir un bon résultat en opérant en pleine peau malade, ou mieux, en laissant pour la réunion de la peau qui était nettement cancéreuse avant le commencement du traitement. Quand il existe des nodules cancéreux éloignés, il est inutile d'en faire l'ablation; s'ils ne disparaissent pas complètement on les détruira par une injection interstitielle de vaccin.

Des cancers utérins, primitivement inopérables, se modifient suffisamment pour être enlevés soit par le vagin, soit, si la malade n'est pas trop grasse, par la laparotomie; la guérison peut se produire sans récidive dans des cas même où l'opération était manifestement incomplète.

Pourquoi opérer, dira-t-on, si le traitement se montre aussi efficace? Parce qu'il faut dans des cas aussi graves réunir tous les moyens susceptibles de concourir à un bon résultat. La vaccination anticancéreuse agit sur la zone d'envahissement du cancer et se trouve au contraire à peu près sans effet sur la partie centrale des tumeurs, qui demeure le siège d'un microbisme latent et reste une menace constante d'aggravation. Il faut donc réunir les effets de la vaccination, qui réduit le volume de la tumeur et la rend opérable, aux bons offices de l'opération, qui seconde les efforts de l'organisme en retranchant la masse du néoplasme et en n'exigeant plus des tissus sains et immunisés contre le cancer que la cicatrisation d'une plaie simple.

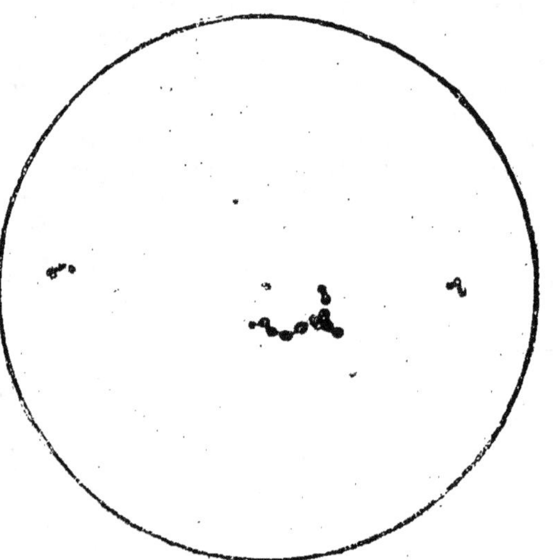

FIG. 5. — MICROCOCCUS NEOFORMANS. CULTURE SUR BOUILLON. CHAINETTE BIFURQUÉE EN Y.
(Grossissement : 2 000 diamètres.)

4° Les cancers en cuirasse ne sont justiciables que du traitement, sans opération, et le traitement doit être continué pendant plusieurs années, en prenant soin de ne jamais l'interrompre assez longtemps pour laisser survenir une véritable récidive.

5° Nous ne laissons donc absolument de côté que les cancers viscéraux inopérables et les cas de généralisation ganglionnaire et viscérale, avec cachexie cancéreuse confirmée. Il est inutile, dans l'état actuel de la question de rien tenter chez des malades qui ont perdu toute résistance vitale et qui sont terrassés par l'intoxication néoplasique.

Telles sont les indications générales que je puis donner actuellement pour le traitement du cancer par la nouvelle méthode. Je ne veux pas laisser espérer plus que l'on ne doit espérer en s'attaquant à une maladie aussi rebelle.

Ce n'est que par une statistique établie sur des bases indiscutables par des cliniciens éclairés, que le pourcentage des guérisons définitives pourra s'établir petit à petit.

Ce qui est indiscutable aujourd'hui, c'est qu'il n'existe *aucun autre traitement du cancer* qui ait donné des résultats appréciables, même temporaires. La statistique, était déjà imposante en octobre dernier : en effet, sur 242 cas, — dont un tiers environ traités *in extremis*, et qui ne devraient pas être comptés puisqu'ils rentraient tous, avant le commencement du traitement, dans la 5° catégorie, celle des moribonds, — je comptais une *quarantaine* de résultats acquis. Certains de ces résultats datent de deux ans, de trois ans et même de plus de quatre ans, le premier remontant au mois de janvier 1901.

Mais l'indication la plus étendue peut-être de la nouvelle méthode thérapeutique pourrait dès aujourd'hui devoir être non pas le traitement des malades déjà cancéreux, mais la vaccination anti-cancéreuse préventive. Ce traitement est applicable à des personnes encore saines en apparence et chez qui, sans qu'on ait pu encore reconnaître une localisation cancéreuse précise, un amaigrissement rapide, accompagné de pâleur du visage et d'affaiblissement général, incite le médecin à rechercher un cancer profond au début. En effet, s'il est bien prouvé que la vaccination anticancéreuse, telle que je la pratique, peut *immuniser* des cancéreux opérés dans des conditions défavorables et prévenir chez eux la récidive, il résulte de ce fait qu'il doit être possible d'*immuniser* les individus sains et que dans un temps très court, il sera possible de vacciner contre le cancer comme on vaccine contre la variole.   Dᴿ E. DOYEN.

PHYSIQUE

LA VISION DES OBJETS ULTRAMICROSCOPIQUES.

De tous les instruments de physique, celui qui a rendu aux savants les services les plus nombreux et les plus variés est certainement le microscope. Nous ne nous attarderons pas ici à en énumérer les applications si diverses : il nous suffira de dire qu'il n'y a point de laboratoire où il n'ait sa place marquée.

Constamment, pour satisfaire aux légitimes besoins des nombreuses personnes qui font usage de cet instrument, les physiciens et les constructeurs se sont appliqués à le perfectionner,

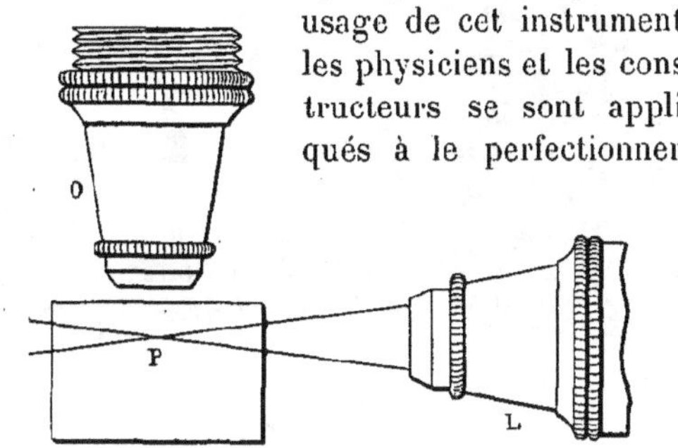

FIG. 1. — ÉCLAIRAGE LATÉRAL DE PARTICULES ULTRAMICROSCOPIQUES.

P, bloc du verre à étudier; O, objectif du microscope; L, objectif de l'appareil d'éclairage.

à rendre ses images plus nettes et surtout à diminuer la dimension des derniers détails qu'il permet d'apercevoir.

Cependant, depuis assez longtemps aucun progrès considérable n'a été fait dans cette dernière direction : ce n'est pas que la curiosité des chercheurs se déclare satisfaite. Nombreux sont au contraire les objets ou les détails d'objets dont diverses considérations permettent de prévoir l'existence et qui, grâce à leur petitesse, se dérobent à l'observation directe : on les appelle objets *ultra-microscopiques*.

La collaboration si féconde des constructeurs et des physiciens n'a pu rendre possible leur étude directe au microscope : c'est en effet que les théories même de la formation des images dans cet instrument, qui ont tant servi à le perfectionner, imposent une limite à ses progrès. Si les *rayons* que l'on considère dans l'optique géométrique élémentaire avaient une existence réelle, cette difficulté n'existerait pas : il suffirait de faire en sorte que les rayons partis d'un

point lumineux vinssent se réunir en un second point qui serait l'image du premier. Mais en réalité, un point lumineux est un centre à partir duquel se propagent des *ondes* lumineuses, et l'image d'un point est toute la petite région où les ondes issues de ce point viennent créer en convergeant des vibrations d'amplitude suffisante. On peut montrer alors que cette image est un petit disque dont le diamètre ne peut décroître au-dessous d'une certaine limite imposée par la nature même de la lumière. Tous les perfectionnements modernes du microscope ont eu pour effet précisément non pas d'augmenter le grossissement, ce qui n'est pas difficile, et ne sert pas à grand'chose, mais de diminuer le diamètre de ce petit disque image. Or, on ne peut guère espérer le diminuer davantage.

On pourrait bien y parvenir dans une certaine mesure, mais il faudrait remplacer la lumière visible ordinaire par ces radiations invisibles *ultra-violettes* plus réfrangibles dont la longueur d'onde est plus courte. Les difficultés sont nombreuses, car ces radiations sont invisibles et il faut utiliser la photographie ou la fluorescence pour faire des observations. Il faut en outre remplacer le verre de toutes les lentilles par des substances transparentes pour ces rayons. On arrivera à vaincre ces difficultés — on a déjà obtenu tout récemment des résultats dans cette voie — mais il faut se garder de croire qu'on pourra obtenir ainsi la perception nette d'objets d'un ordre de grandeur *très différent* de ceux que nous pouvons étudier maintenant; il faudrait pour cela des radiations à très courte longueur d'onde que nous ne savons pas produire.

MM. Siedentopf et Szigmondy ont abordé d'une façon toute différente le problème de la vision des objets ultra-microscopiques. Renonçant à déterminer leur forme et à les étudier en détail, ils se sont proposé de mettre simplement leur existence en évidence. En y réussissant par la création de nouveaux dispositifs, ils ont considérablement étendu d'un seul coup le champ des investigations microscopiques.

Une observation banale peut permettre de comprendre le principe des nouveaux appareils : il ne s'agissait que de l'appliquer judicieusement. Tout le monde sait que si l'on se trouve dans une chambre dont les volets sont fermés et qu'un faisceau de lumière solaire pénètre par quelque fente, son trajet est marqué par une bande lumineuse que l'on aperçoit en se plaçant latéralement en dehors du faisceau : cette bande est formée de petits points brillants dont chacun est un grain de poussière — qui peut être très petit — vivement éclairé par le faisceau. Bien entendu, il faut se placer en dehors de celui-ci pour les voir sans quoi on serait ébloui par la lumière directe. D'autre part, si l'on ouvre largement les fenêtres toutes ces poussières deviennent invisibles, parce qu'alors l'éclat de chaque particule n'est pas suffisant pour les laisser apercevoir sur le fond trop bien éclairé. Si même les murs de la salle étaient sombres et restaient dans l'ombre, la couche éclairée étant alors trop épaisse, et les poussières trop nombreuses, celles qui ne seraient pas au point constitueraient par elles-mêmes ce fond lumineux qui empêche les observations.

C'est en s'appuyant sur ces considérations que Siedentopf et Szigmondy sont amenés à *éclairer vivement une tranche mince* du milieu dont ils veulent étudier les très petites discontinuités et à regarder *de côté* avec un microscope. Dans ces conditions, chaque petite tache brillante qui sera visible dans le champ de l'appareil correspondra à l'existence d'un petit objet éclairé. Il ne serait même pas nécessaire de regarder avec le microscope pour voir des objets ultra-microscopiques si l'on pouvait leur donner une intensité lumineuse suffisante et aussi les séparer suffisamment des objets analogues voisins. Le microscope aidera seulement à rassembler plus de lumière émise par chaque point et à rendre visibles des points même très rapprochés. Il suffit que la distance de ceux-ci soit plus grande que les distances que *résout* le microscope employé à la façon ordinaire, les disques images ne se confondant pas alors les uns avec les autres.

On avait déjà, avant le travail des auteurs allemands, employé des microscopes où les objets apparaissaient éclairés sur *fond noir* et l'on avait observé qu'on pouvait ainsi percevoir de fins détails isolés d'une préparation microscopique. Mais on avait opéré avec de faibles sources de lumière : or pour rendre lumineuses de très petites particules, on n'a d'autre procédé que de les éclairer très vivement et la visibilité n'est limitée que par l'*éclat* de la source dont on dispose : on peut déjà faire de fructueuses observations avec la lampe électrique de Nernst, mais de bien meilleures avec l'arc électrique.

La source la plus éclatante dont on puisse disposer est la lumière solaire, et les physiciens n'ont encore imaginé rien de mieux : elle n'a que le défaut de manquer le plus souvent quand on en a besoin. Seulement, avec ces sources très intenses, il faut pour conserver aux méthodes toute leur sensibilité se garder de recevoir dans le microscope aucun rayon lumineux émané de la source, parce que même s'il était arrêté avant d'arriver à l'œil, les réflexions multiples que subirait une petite partie de cette lumière entre les verres de l'instrument suffirait à produire un éclairement du champ.

Différents dispositifs ont été créés successivement pour remplir ces conditions.

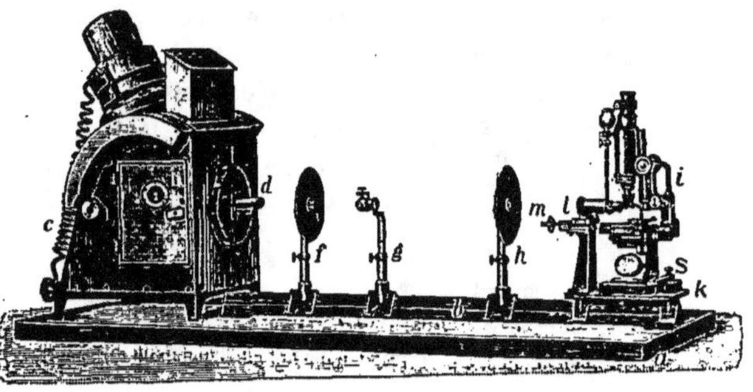

FIG. 2. — « ULTRAMICROSCOPE » DE SIEDENTOPF ET SZIGMONDY.

La lanterne *cd* placée à gauche renferme une lampe à arc dont les rayons sont concentrés par une lentille *f* sur une fente *g*. Une autre lentille *h*, puis l'objectif *l* fournissent le faisceau qui pénètre dans le milieu à étudier (ici un liquide) et n'en n'éclaire qu'une tranche extrêmement mince.

Le premier appareil de Siedentopf et Szigmondy dérive directement de l'observation des poussières dans la chambre noire dont nous avons parlé plus haut. Nous en décrirons le principe en supposant, pour fixer les idées, qu'il s'agisse d'observer des grains très petits dans un solide transparent, par exemple, dans un verre coloré. On s'arrange de façon à n'en éclairer qu'une tranche très mince perpendiculaire à l'axe optique du microscope. Pour cela, le verre à étudier est limité à sa partie supérieure par une face plane bien travaillée, et une autre facette plane perpendiculaire à la précédente laisse pénétrer dans le milieu à étudier un faisceau intense de lumière qui va en s'amincissant de plus en plus de façon que la partie la moins épaisse et aussi la plus étroite du faisceau se trouve en dessous du microscope dans la région où la mise au point est faite. C'est ce qu'on voit sur la figure 1 : cette figure n'est qu'un schéma, car pour réaliser la condition indiquée et obtenir une tranche éclairée qui *n'a dans certains cas que quelques microns d'épaisseur,* il faut en réalité l'appareil spécial d'une installation un peu compliquée représenté par la figure 2. Une lentille concentre sur une fente placée horizontalement, de construction très

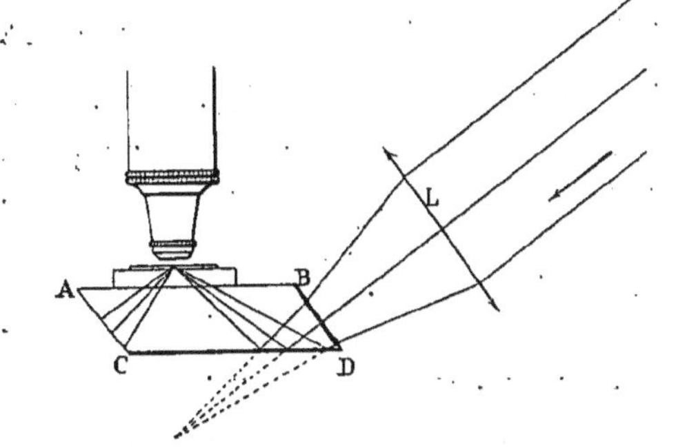

FIG. 3. — ÉCLAIRAGE SUR FOND NOIR PAR RÉFLEXION TOTALE.

Le schéma indique la marche des rayons concentrés par la lentille L, dans le bloc de verre ABCD portant la préparation, d'où aucun rayon éclairant ne peut s'échapper.

soignée, une image de la source de lumière. Une seconde lentille donne de cette fente une première image réduite, et les faisceaux qui l'ont formée sont repris par un deuxième système convergent (en réalité, un objectif faible de microscope) qui donne l'image définitive : celle-ci est très petite, et c'est elle qu'on doit amener, par le réglage de l'appareil, à venir se former sur l'axe du microscope d'observation.

Cet appareil convient très bien pour l'étude des solides. On peut également s'en servir pour les liquides que l'on place alors dans une petite cuve qui s'adapte en dessous de l'objectif du microscope. La figure 2 se rapporte précisément au cas où l'observation est faite sur un liquide, et l'on voit le disposif qui sert à remplir et à nettoyer la petite cuve renfermant le liquide à étudier. On peut avec cet appareil employer des objectifs à immersion, mais on ne peut pas observer des *préparations* faites à la façon ordinaire.

Nous avons imaginé un autre disposif qui ne permet pas l'emploi des objectifs à immersion, mais qu'il est beaucoup plus commode d'installer. Nous nous sommes proposé non plus d'éclairer seulement une tranche mince dans le milieu à étudier, mais d'en prendre une couche mince et de l'éclairer tout entière aussi bien que possible. On pourra donc se servir de préparations faites à la façon ordinaire, en diluant, quand il s'agit d'un liquide, assez pour que dans la préparation il n'y ait pas trop de

particules. Pour que le faisceau éclairant ne pénètre pas du tout dans le microscope, nous le faisons arriver obliquement sous une incidence telle qu'il ne sorte pas de la préparation, mais qu'il subisse tout entier la réflexion totale. Ce faisceau n'aura plus besoin d'être aussi étroit que dans le cas de l'appareil précédent. Ainsi, dans l'appareil représenté schématiquement dans la figure 3, ce résultat est obtenu à l'aide d'un bloc de verre posé sur la platine du microscope et sur lequel la préparation repose avec interposition d'une goutte d'huile à immersion. Le bloc est obtenu en taillant dans une lame de glace à faces parallèles une face latérale faisant avec les faces primitives un angle qui dépend de l'indice du verre et du liquide à étudier, mais qui, pour le verre ordinaire et pour les préparations dans l'eau, doit être d'environ 51°. Le faisceau éclairant a sa direction moyenne normale à cette face inclinée.

Dans la figure 4, on voit l'ensemble de l'appareil. La source est ici une petite lampe à arc du commerce ne dépensant que 3 ampères : c'est l'éclat seul de la source qui importe, et il n'est pas nécessaire d'un cratère très étendu. La lampe est disposée comme d'habitude et on en a seulement enlevé le globe qu'on a remplacé par une petite lanterne posée elle-même sur un

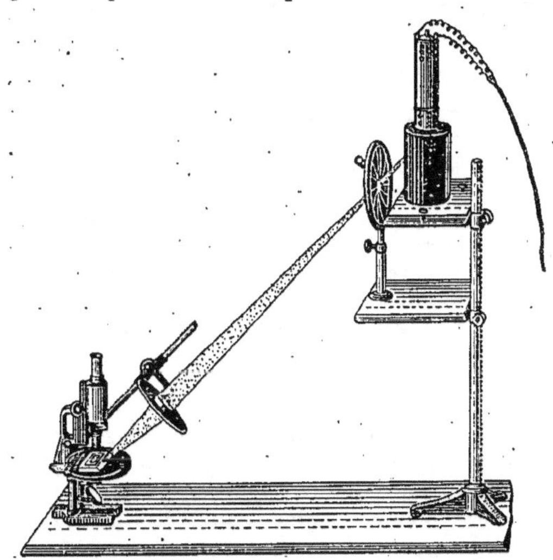

FIG. 4. — APPAREIL DE COTTON ET MOUTON.

La petite lanterne renferme une lampe à arc (lampe « Liliput de 3 ampères). Le faisceau de rayons délimité par le diaphragme est concentré par une lentille sur le bloc de verre de la fig. 3 posé sur la platine.

plateau à crémaillère. Un diaphragme fixe limite le faisceau éclairant qui se trouve précisément avoir à peu près la direction où les rayons émis ont la plus grande intensité. Le bouton à crémaillère supérieur sert à maintenir le point lumineux fixe malgré l'usure des charbons. La lanterne ne renferme pas de lentille : il y a une seule lentille collectrice placée en avant du microscope. Cette lentille est placée dans le faisceau arrivant sous l'incidence voulue de façon que l'image de la source vienne se faire dans la préparation. Il est commode d'avoir un réglage permettant de déplacer la lentille à l'aide d'un bouton à crémaillère sans changer son inclinaison.

Il est très facile de changer la préparation examinée pour la remplacer par une autre. Avec un tampon de coton imprégné de benzine, on nettoie le bloc de verre pour enlever l'huile qui y restait. Le choix de la lame servant de support et du couvre-objet exige quelque attention. Il convient de prendre, comme porte-objet, des fragments de glace d'une épaisseur de 2-3 millimètres pour qu'on ne soit pas gêné par les poussières qui peuvent se trouver dans l'huile à immersion. Il faut en outre que la lame employée soit nettoyée avec grand soin ou bien qu'elle

vienne d'être polie. Le couvre-objet lui aussi doit être très propre.

Nous terminerons en ajoutant que Siedentopf a cherché de son côté à réaliser une installation permettant l'étude de préparations faites à la façon ordinaire. Le principe de ce second appareil consiste à arrêter par un diaphragme (et non plus en profitant de la réflexion totale) les rayons qui ont servi à éclairer : l'appareil dérive donc des appareils déjà connus pour l'éclairage sur fond noir. Le faisceau éclairant est un faisceau convergent conique d'angle peu ouvert dont l'axe coïncide avec l'axe optique du microscope. L'objectif de celui-ci est au contraire diaphragmé centralement de façon à arrêter les rayons qui ont servi à éclairer. Il faut donc pour l'observation un condenseur et un objectif spéciaux faits l'un pour l'autre. Les mêmes précautions que précédemment doivent être prises pour le nettoyage des lames et des lamelles qui doivent servir pour les préparations que l'on veut faire des objets ultra-microscopiques.

A. COTTON ET H. MOUTON.

VARIÉTÉ

UN JARDIN BOTANIQUE ETHOLOGIQUE.

Dans la plupart de nos jardins botaniques, les plantes sont rangées suivant leur place dans la classification, en allant par exemple des Renonculacées aux Conifères comme dans les flores ordinaires. Ce mode de rangement a évidemment quelques avantages au point de vue de ceux qui veulent s'instruire — bien qu'à vrai dire la classification s'étudie plutôt sur les plantes sauvages et en herborisant, — mais il est par trop exclusif et, disons le mot, — un peu arriéré. Aujourd'hui on ne pâlit plus guère sur la forme d'un pétale et on ne se livre plus aussi souvent qu'autrefois à des discussions interminables sur la phyllotaxie ou la nature morphologique d'un organe plus ou moins énigmatique. On s'attache plutôt à considérer les plantes vis-à-vis d'elles-mêmes, du milieu ambiant, des êtres qui les entourent : en un mot on s'occupe davantage de leur biologie générale — ou, comme l'on dit plutôt, de leur *éthologie*. C'est une science nouvelle, science féconde et intéressante qui, malheureusement, n'est guère encore favorisée ni par les livres, ni par les collections, ni par les jardins botaniques. Exception doit être faite cependant pour le magnifique jardin de Bruxelles qui, sous l'habile direction de M. Massart, — un biologiste des plus ingénieux, — répond précisément au programme que nous venons de

préconiser. C'est pour le visiteur une magnifique « leçon de choses », dont il se souvient, tandis que bien souvent une promenade dans les jardins botaniques ordinaires ne lui laisse dans l'esprit que le souvenir d'une armée d'étiquettes multicolores et de plantes disparates ayant l'air de s'ennuyer.... quoique réunies « en familles ».

Les échantillons vivants destinés à montrer les adaptations des végétaux sont, au jardin de Bruxelles, répartis en une *École éthologique*, où se trouvent les plantes de plein air et celles qui peuvent passer l'été à l'air libre, et dans une *Serre éthologique* (dont nous donnons deux vues, fig. 1 et 2) renfermant les végétaux des régions équatoriales. La serre est précédée d'une petite loge dans laquelle sont généralement exposées des expériences de physiologie végétale. En outre, les plantes adaptées à vivre dans les déserts, représentées surtout par des plantes grasses, occupent une serre spéciale, qui est également accessible au public; enfin les grandes lianes et les plantes aquatiques des pays chauds, qu'il est impossible de placer dans la serre éthologique, se trouvent dans une serre ronde spéciale au milieu du jardin. Tous ces locaux sont à peu près contigus.

L'École éthologique est divisée en deux quartiers, dont le premier contient les adaptations à la vie végétative, et le second les adaptations à la reproduction et à la dissémination. Les plates-bandes de l'École éthologique sont numérotées de 1 à 99. A partir de la plate-bande n° 6, les groupes adaptatifs du premier quartier se succèdent exactement

‹ 53 ›

dans l'ordre numérique. Mais la disposition irrégulière du terrain et aussi les exigences spéciales des premiers groupes de plantes ont obligé à intervertir parfois l'ordre et à mélanger sur une même plate-bande des plantes appartenant à divers groupes. Ainsi, par exemple, les lianes sont cultivées sur des arbustes et des arbres montrant les diverses dispositions des rameaux. Pour mieux utiliser la place disponible dans le second quartier, il a fallu également déplacer les exemples de propagation végétative non spécialisée, des Ptéridophytes et des Phanérogames; ces plantes occupent un talus qui borde deux côtés du quartier. Au pied de ce talus, dans un ruisseau à courant très lent, se trouvent les adaptations à la reproduction et à la dissémination des plantes aquatiques de grande taille.

La Serre éthologique comprend trois tablettes. A cause des dimensions très diverses des plantes exposées dans cette serre, il n'a pas été possible de placer tous les groupes en une serre linéaire continue : certains groupes sont représentés à la fois sur la tablette du milieu portant les végétaux de haute taille et sur une des tablettes latérales portant les plantes basses.

Les adaptations des végétaux au monde extérieur se divisent naturellement en deux sections :

1° Celles qui assurent la conservation de l'individu (ou adaptations végétatives), comprenant les groupes suivants : adaptations contre les forces mécaniques, — adaptations à la fixation, — adaptations contre le froid, — adaptations nutritives, — adaptations défensives;

2°. Celles qui assurent la conservation de l'espèce, comprenant les groupes suivants : adaptations à la reproduction, — adaptations à la dissémination, — adaptations à la germination.

On comprend que nous ne puissions ici entrer dans le détail de toutes ces adaptations qui, d'ailleurs, sont exposées très clairement dans une notice mise à la disposition des visiteurs. Contentons-nous, à titre d'exemple, de dire comme ont été rangées les « adaptations contre les forces mécaniques ». Cela suffira pour montrer le « genre » du jardin : *ab uno, disce omnes.*

On entend par « adaptation contre les forces mécaniques » la manière dont les plantes sont disposées pour résister aux efforts de traction, de flexion, d'écrasement, de déchirement qu'exercent sur elles les forces mécaniques externes : la pesanteur amènerait l'affaissement et la chute des organes; le vent culbuterait la plante et la briserait; la pluie, en s'accumulant sur les feuilles, les arracherait du rameau; la grêle déchirerait tous les organes aériens.

a) Solidité des plantes ligneuses. — Il est évident que les qualités de rigidité, d'élasticité et de ténacité sont d'autant plus indispensables que les végétaux ont des organes aériens plus étendus. Aussi les plantes ligneuses possèdent-elles, dans leur bois très développé, un tissu capable de résister aux actions destructives.

De plus, ces plantes possèdent une architecture très bien adaptée aux exigences externes : non seulement elles ont des éléments résistants, mais de plus elles les disposent de la façon la plus appropriée pour éviter les dégâts que causeraient la pesanteur et le vent.

Arbres a branches dressées. — La position verticale est à coup sûr la plus avantageuse pour résister à la pesanteur; mais des branches verticales, dressées les unes à côté des autres, sont très mal placées pour exposer les feuilles au soleil. Aussi une pareille architecture n'est-elle acceptable que si le tronc s'allonge démesurément (*Populus pyramidalis*).

Arbres a branches étalées. — Chez ceux-ci, les branches sont placées horizontalement, ce qui leur permet d'exposer sans peine les feuilles à la lumière. Seulement les rameaux doivent être beaucoup plus forts pour résister à la pesanteur (*Ulmus montana horizontalis*).

Beaucoup de ces arbres possèdent une structure très caractéristique du bois : les couches annuelles sont plus épaisses soit vers le haut (*Taxus baccata*), soit vers le bas (*Tilia platyphyllos*) : le rameau est donc aplati et placé de profil, de sorte qu'avec une même dépense de matière ligneuse, il résiste mieux à la pesanteur.

Arbres a étages. — Dans les cas où la disposition horizontale des branches est le plus accentuée, il s'établit une distinction essentielle entre le tronc (ou flèche) et les branches : le tronc ne peut pas se transformer en branche, ni inversement (*Coffea arabica*); il y a des bourgeons spéciaux pour former la flèche et d'autres pour les rameaux. A un stade évolutif encore plus avancé, les branches forment des étages successifs (*Araucaria excelsa*).

Arbres a branches pendantes. — Enfin, il existe des arbres dont les jeunes rameaux, trop faibles pour se soutenir, sont entraînés vers le bas par leur poids. Une telle disposition n'est pas défavorable à la plante, puisqu'elle lui permet de présenter ses feuilles à la lumière solaire, avec une dépense aussi restreinte que possible (*Betula alba*).

Quelle que soit la position des branches, la cime peut avoir des formes très diverses : très allongée (*Populus pyramidalis*), conique (*Pyrus communis*), arrondie (*Pyrus Malus*), aplatie (*Ulmus montana horizontalis*). La configuration de la couronne dépend essentiellement de la croissance relative des branches inférieures, moyennes et supérieures.

Arbres en forme de candélabre. — Certains arbres ont une forme tout à fait particulière : leurs rameaux naissent environ au même point de la tige; ils commencent par s'étaler, puis se recourbent vers le haut (*Euphorbia neriifolia*).

Arbres a troncs supplémentaires. — D'autres arbres possèdent à l'état adulte des troncs nouveaux qui suppléent à l'insuffisance du tronc primitif, d'ailleurs mort le plus souvent. Ces troncs supplémentaires dérivent de racines aériennes, nées sur le tronc initial et sur les branches, qui descendent jusqu'à terre et deviennent très épaisses (*Coussapoa dealbata*).

Arbres sans branches. — Quelques arbres (Fougères et Palmiers) ne se ramifient pas et leur tronc reste toujours unique (*Trachycarpus excelsa, Balantium antarcticum*).

ARCHITECTURE DES ARBUSTES. — Les diverses dispositions des rameaux se remarquent aussi chez les arbustes, quoique moins accusées que chez les arbres. Les uns ont leurs branches dressées (*Salix viminalis*), d'autres les ont étalées (*Diervilla spectabilis*), d'autres encore ont des rameaux tortueux et enchevêtrés (*Citrus trifoliata*).

détermine une solidité comparable à celle d'un ballon gonflé de gaz : chacun des éléments isolés est dépourvu de rigidité, mais l'ensemble possède pourtant une résistance remarquable. Ces tiges ne sont rigides qu'aussi longtemps qu'elles ont de l'eau en abondance; dès que celle-ci fait défaut, elles se fanent et « se dégonflent ».

Quand un de ces organes est fendu longitudinalement, on voit aussitôt les lambeaux se courber vers le dehors, sous l'action de la pression exercée

FIG. 1. — SERRE ÉTHOLOGIQUE DU JARDIN BOTANIQUE DE BRUXELLES.
Coin des plantes épiphytes.

b) Solidité des tiges herbacées. — Les organes dans la constitution desquels le bois n'entre que pour une part minime doivent avoir également une rigidité suffisante pour porter les feuilles sans fléchir.

SOLIDITÉ DUE A LA TURGESCENCE. — Les plantes qui habitent les endroits humides, principalement les sous-bois, ont souvent des tissus internes (moelle) complètement gorgés d'eau; ils exercent une pression considérable sur les tissus périphériques, peu extensibles et très élastiques, qui sont donc fortement tendus. L'action combinée de la turgescence interne et de la tension périphérique

par les tissus internes; l'expérience réussit encore mieux quand on plonge les lambeaux dans l'eau (hampe florale de *Taraxacum officinale*, pétioles d'*Eucharis grandiflora*).

De pareils organes résistent fort bien à la pesanteur qui tend à les écraser, mais sont moins bien organisés pour subir les flexions produites par le vent; leurs tissus, très séveux, se cassent facilement quand ils sont soumis à un effort latéral. D'ailleurs, la plupart de ces plantes habitent les sous-bois, les haies, et d'autres stations abritées contre le vent.

SOLIDITÉ DUE A DU TISSU MÉCANIQUE. — Chez ces plantes-ci, la rigidité et l'élasticité sont obtenues par l'emploi de tissus spéciaux, particulièrement de fibres et de cellules incrustées de matières minérales ; aussi restent-elles raides, même quand elles manquent d'eau (*Linum usitatissimum, Cyperus alternifolius*). Les éléments mécaniques sont d'ordinaire groupés vers la périphérie, ce qui augmente beaucoup leur efficacité.

SOLIDITÉ DES FEUILLES. — Le limbe foliaire, presque toujours grand et étalé horizontalement, est tout particulièrement exposé à la pesanteur et au vent : la feuille doit éviter tout autant l'écrasement des tissus, — dégâts contre lesquels elle se prémunit par des cellules résistantes qui traversent tous les tissus foliaires, de la face supérieure à la face inférieure, — que leur déchirement par le vent et la grêle et leur arrachement par la pluie.

Le dernier point sera étudié plus loin. Quant aux dangers de déchirement, ils sont réduits à un minimum par la présence des nervures ; celles-ci, qui se ramifient à l'infini au milieu du tissu assimilateur, assument, outre le rôle de conduire les liquides, celui de renforcer le limbe. Les nervures ont diverses dispositions.

NERVURES LIBRES. — Les nervures ne s'anastomosent pas. Cette organisation est limitée aux Ptéridophytes (*Osmunda regalis, Marattia fraxinea*) et aux Conifères (*Ginkgo biloba*).

NERVURES ANASTOMOSÉES EN ÉCHELONS. — Les nervures principales sont parallèles à l'axe de la feuille et réunies entre elles par des nervures perpendiculaires aux premières, et parallèles entre elles comme les barreaux d'une échelle. Cette nervation se rencontre chez beaucoup de Monocotylédonées (*Arundo Donax, Maranta bicolor makoyana*) et chez quelques Dicotylédonées (*Eryngium agavaefolium*).

NERVURES ANASTOMOSÉES EN RÉSEAU. — Ici les nervures s'anastomosent de façons plus compliquées, et forment un ensemble réticulé. Chez la plupart de ces feuilles, beaucoup de précautions sont prises pour prémunir le bord contre la lacération par le vent : tantôt les nervures forment des *arcades* le long du bord (*Polypodium aureum, Xanthosoma violaceum, Cornus mas*), tantôt elles constituent des *étançons* qui soutiennent le bord (*Abutilon Sellovianum, Cotinus Coccygria*).

ENROULEMENT ET PLISSEMENT. — Beaucoup de feuilles possèdent encore un autre moyen d'assurer leur rigidité : elles sont enroulées sur elles-mêmes, comme chez *Stipa capillata* et chez *Musa sapientium* (le « tronc » de cette plante est formé uniquement par les gaines enroulées des feuilles), ou bien elles sont pliées (*Phormium tenax*), ou plissées (*Veratrum album, Panicum plicatum*), ou même elles sont fistuleuses (*Allium fistulosum*). Le principe de l'enroulement et du plissement est le même que celui qui est appliqué dans la fabrication des tôles ondulées.

RÉSISTANCE A LA PLUIE. — Les feuilles sont très exposées à être arrachées de la tige par le poids de l'eau de pluie, si celle-ci s'accumule à leur surface, ou même à être déchirées par les grosses gouttes. Aussi beaucoup de feuilles sont-elles terminées par une longue pointe, fonctionnant comme un dégouttoir qui assure l'écoulement rapide de l'eau pluviale (*Ficus religiosa*), ou bien elles sont pendantes, de façon à se présenter de profil à la pluie (*Anthurium schezerianum*) ou bien encore elles sont couvertes d'une couche cireuse qui empêche l'adhérence de l'eau (*Colocasia fallax*).

c) Plantes à solidité insuffisante. — Il y a pas mal de plantes qui n'ont pas la rigidité voulue pour se maintenir droites. Pourtant elles doivent, tout comme les plantes dressées, présenter leurs organes d'assimilation au soleil.

PLANTES COUCHÉES ET RAMPANTES. — Certains de ces végétaux trop faibles couchent simplement leurs rameaux sur le sol ; comme ils habitent généralement des endroits découverts ou tout au moins dépourvus de hautes herbes, la lumière leur arrive sans peine (*Veronica officinalis, Selaginella caesia*).

D'autres plantes, trop débiles pour se soutenir elles-mêmes, s'appuient sur des arbustes ou des arbres voisins et atteignent ainsi la lumière (lianes).

LIANES GRAPPINANTES. — Parmi les lianes — véritables parasites de support, en ce sens qu'elles empruntent à un hôte, non la nourriture, mais la solidité, — les moins spécialisées sont les lianes grappinantes : elles s'accrochent aux végétaux voisins à l'aide d'organes de diverse nature fonctionnant comme des grappins. Ce sont des feuilles dirigées vers le bas (*Stellaria Holostea, Asparagus Sprengeri*), des aiguillons (*Rubus caesius*) des poils, etc. A ce même groupe adaptatif appartiennent les Palmiers-rotang, dont deux espèces sont représentées dans la serre à Victoria : *Plectocomia crinita*, qui s'attache par des aiguillons situés sur l'extrémité de la feuille, et *Chamaedorea desmoncoides*, qui utilise comme grappins les segments supérieurs, réfléchis, de ses feuilles.

LIANES A RACINES-CRAMPONS. — Celles-ci s'attachent à l'aide de racines uniquement adhésives qui ont perdu la fonction absorbante des racines habituelles. Les racines-crampons sont habituellement courtes (*Hedera Helix, Hoya carnosa*), parfois plus longues et courant sur la surface de l'écorce qui leur sert de soutien (*Philodendron gloriosum*). — Ces lianes prennent généralement des caractères tout différents quand elles ont atteint le haut de l'arbre sur lequel elles grimpent. Ce phénomène se voit très bien chez un *Marcgravia* du Brésil, qui est cultivé contre un petit tronc de Fougère et dont les rameaux supérieurs ont complètement changé d'aspect depuis qu'ils ont dépassé le sommet du tronc. La même modification se remarque sur des *Hedera Helix* (Lierre) en divers points du Jardin botanique. Quand on bouture les rameaux supérieurs libres du Lierre, — différant des rameaux appliqués en ce que leurs feuilles ne sont pas sur deux rangs et ont le bord entier, — on obtient des plantes buissonnantes qui ne produisent plus que par exception des rameaux grimpants. Les rameaux supérieurs non grimpants doivent être considérés comme représentant le stade ancestral de ces espèces, tandis que les rameaux qui grimpent à l'aide des racines-crampons sont une intercalation dans leur évolution.

LIANES VOLUBLES. — Elles s'enroulent autour de leur soutien. Les unes tournent dans le sens des aiguilles d'une montre (*Calystegia sepium*), les autres en sens inverse (*Rhynchosia phaseoloides*), d'autres encore tournent indifféremment dans les deux sens (*Cajophora lateritia*).

LIANES A VRILLES HÉLICOÏDALES. — Ces vrilles sont droites ou à peine courbées quand elles sont jeunes et n'ont pas encore été excitées; elles s'enroulent en hélice autour de leur support et dans leur portion inférieure, quand elles ont réagi vis-à-vis de l'excitation déterminée par le contact du support. Enfin, les vrilles peuvent même provenir de racines,

en est ainsi notamment pour *Quinaria tricuspidata* (*Ampelopsis Veitchii*), qui possède des pelotes adhésives au bout de ses vrilles caulinaires, et pour *Bignonia violacea* qui porte sur ses vrilles foliaires de petites griffes crochues.

LIANES A VRILLES SPIRALES. — Ici les vrilles toutes jeunes et n'ayant encore subi aucun contact, sont déjà enroulées dans un plan, comme des ressorts de montre (*Bauhinia macrophylla*). Dès qu'elles ont

FIG. 2. — SERRE ÉTHOLOGIQUE DU JARDIN BOTANIQUE DE BRUXELLES.
Coin des plantes des sous-bois dans les forêts équatoriales.

puisque chez le *Vanilla planifolia* les racines peuvent à la fois se fixer comme de longues racines crampons ou s'enrouler à la façon d'une vrille autour d'un soutien mince. — Ce sont les vrilles foliaires et les vrilles caulinaires qui se sont le plus complètement adaptées à leur rôle d'organe d'attache. Elles offrent un bel exemple de *convergence de l'évolution*.

On peut faire une catégorie spéciale parmi ces lianes pour celles qui se sont adaptées à s'attacher non pas autour de supports minces, mais sur des supports épais, tels que des troncs d'arbres; à ce point de vue, elles ressemblent aux lianes à racines-crampons, et de même que ces dernières, elles ont leurs tiges grimpantes serrées contre le soutien. Il

saisi un soutien, elles s'enroulent davantage et généralement elles s'épaississent. Elles proviennent soit de feuilles (*Gloriosa superba*), soit de rameaux (*Paullinia thalictrifolia*, *Cardiospermum Halicacabium*).

LIANES A CROCHETS IRRITABLES. — Enfin il y a des plantes qui s'attachent à l'aide de crochets particuliers, dérivés de tiges; ils ne se recourbent pas autour du soutien, mais s'épaississent fortement (*Artabotrys odoratissima*).

Tout cela, on le voit, constitue de la science intéressante et de la haute vulgarisation.

HENRI COUPIN,
Docteur ès sciences.

PÉDAGOGIE

TRIBUNE LIBRE D'EN-SEIGNEMENT EXPÉRIMENTAL

Modification à la préparation de l'azote chimique.	

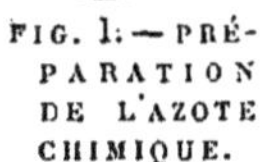

FIG. 1. — PRÉ-PARATION DE L'AZOTE CHIMIQUE.

53 gr. 5 de chlorure d'ammonium et 100 cc. d'eau sont placés dans un ballon A (fig. 1) de 250 cc. 69 gr. d'azotite de sodium sont dissous dans 50 cc. d'eau à chaud et placés dans un entonnoir à robinet. La dissolution de chlorure d'ammonium étant portée à une température voisine de l'ébullition, on fait tomber goutte à goutte la solution d'azotite. Le dégagement d'azote s'effectue ainsi d'une façon très régulière. Le dégagement peut être réglé à volonté au moyen du robinet R.

Le prix de revient de l'azote ainsi préparé est d'environ 6 fr. le mètre cube.

Communiqué par M. COSTE,
Préparateur au P. C. N. (Paris).

Thermoscopes à gaz pour les expériences de cours.	

Voici, parmi les formes de thermoscopes à gaz que j'ai employées dans mes cours, celles qui me paraissent les plus recommandables. Dans toutes on évitera les enveloppes épaisses ou en verre moulé à cause de leur irrégularité d'épaisseur.

1° Prendre comme réservoir un tube à essai (fig. 2), dont les dimensions dépendent de la sensibilité que l'on désire, lui adapter, plongeant jusqu'au fond, un tube étroit, soit au moyen d'un bouchon, soit mieux à l'aide d'un joint en caoutchouc, après avoir étiré l'orifice au diamètre voulu. Enfin une bande de carton fixée le long du tube et divisée en centimètres, permet de repérer les niveaux du liquide.

Ce liquide, eau ou alcool, est coloré et s'élève, à la température ambiante, un peu au-dessus du joint.

2° Le dispositif suivant est encore préférable. Le réservoir ou ampoule thermométrique A (fig. 3), en verre très mince, est réuni par un caoutchouc étroit à un manomètre à liquide B.

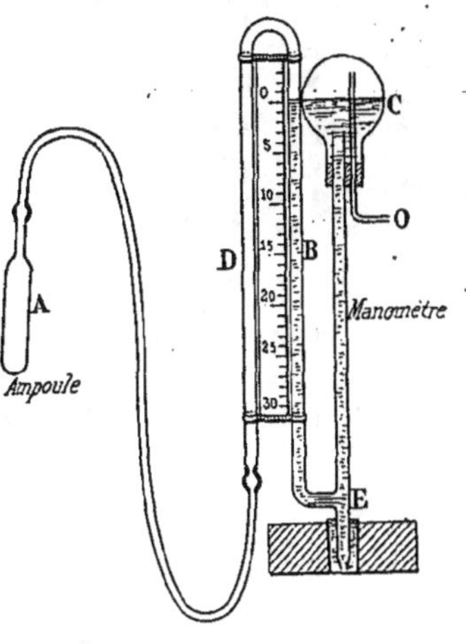

FIG. 3. — THERMOSCOPE A GAZ.

points de la classe. Le réservoir A, quand il ne sert pas, est accroché à un fil fixé au ballon.

Enfin, en changeant l'ampoule, on peut modifier la sensibilité dans de larges limites. Avec un réservoir de 10 à 12 cent. de long sur 1,5 à 2 de section on met aisément en évidence pour tout l'auditoire une variation de température de 1° centig., puisqu'elle entraîne une dénivellation de plus de 1/2 cent.

Si l'on veut évaluer à volonté des élévations ou des abaissements de température, il faudra abaisser le ballon C en raccourcissant la branche qui le soutient, de manière que le niveau liquide soit vers le milieu de la branche B. La règle portera deux graduations avec le zéro au milieu, ou bien, avec le dispositif de la figure, pour observer des diminutions de température on adaptera le caoutchouc de l'ampoule au tube O du réservoir. La sensibilité est alors un peu moindre, mais dans les cours une sensibilité exagérée est inutile.

Communiqué par M. MATHIEU,
professeur au Lycée d'Evreux.

FIG. 2. — THERMOSCOPE A GAZ : FORME SIMPLE.

L'ampoule ne contenant que de l'air se met très rapidement en équilibre de température avec l'enceinte, 3 à 4 secondes suffisent. L'appareil vaut à cet égard les thermomètres à mercure de petite masse et est très supérieur à tous ceux à alcool.

La forme de manomètre représentée est des plus avantageuse. Le ballon C, de 7 à 10 cent. de diamètre, où le liquide monte jusqu'au centre, constitue un réservoir dans lequel, vu sa très grande section, le niveau ne varie que de quantités absolument négligeables. Entre les branches B et D glisse une règle divisée, dont le zéro est, dans chaque expérience, ramené au niveau du liquide dans le réservoir.

Ce manomètre est fixé par un bouchon dans une planchette E servant de support. Le tout est léger, portatif et les variations de niveau peuvent être suivies de tous les

Électroscopes.	

M. Jossot, professeur à l'École primaire supérieure de Dijon, construit comme il suit les électroscopes dont il fait usage.

Dans le bouchon d'un flacon, faire passer une baguette de verre terminée par une pointe mousse.

Équilibrer sur cette pointe un papier un peu rigidé, plié en gouttière, dont on empêche le glissement en collant au préalable et transversalement deux petites bandes de papier sous la gouttière, à 1 mm. environ l'une de l'autre.

Appareil de Schwedoff simplifié.	

Sur une planchette de 1 m. 20 à 1 m. 30 de longueur, on fixe près d'une extrémité, à l'aide de vis, une sonnerie électrique dont on a enlevé le timbre. Au marteau A (fig. 4) on attache l'un des bouts d'un gros fil blanc souple; l'autre bout va s'enrouler sur une cheville T qui pénètre dans la planche. Cette cheville peut tourner sur elle-même de façon à modifier facilement la tension du fil.

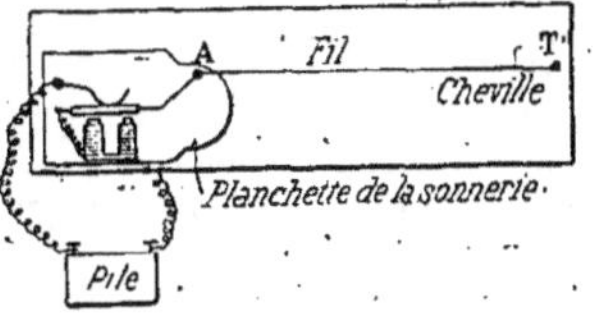

FIG. 4. — APPAREIL DE SCHWEDOFF SIMPLIFIÉ.

Vient-on à envoyer le courant d'une pile dans l'électro-aimant de la sonnerie? Immédiatement le trembleur se met en mouvement et l'on voit le fil vibrer en donnant naissance à des nœuds et à des ventres, très visibles si l'on a eu soin de noircir la planche sur sa face antérieure ou de la recouvrir simplement de papier noir. Le nombre des nœuds et des ventres varie avec la tension du fil lequel peut vibrer tout d'une pièce ou se diviser en 2, 3, 4, etc., parties égales, comme le montre la figure 5.

FIG. 5. — SUBDIVISION DE LA CORDE PAR VARIATION DE LA TENSION.

REMARQUE. — L'expérience réussit bien dans les conditions précédentes. Toutefois si le fil vient à être trop tendu, l'armature s'applique contre l'électro-aimant et le mouvement est arrêté. On peut supprimer cet inconvénient en attachant le fil au coude de la tige du marteau ou en inclinant convenablement la sonnerie pour que la tension du fil n'amène pas l'armature contre l'électro-aimant.

Communiqué par M. E. VUILLET,
Professeur à l'Ecole normale de Grenoble.

La pression sur le fond d'un vase est indépendante de la forme du vase.

Appareil. — A (fig. 6) est un flacon dit col droit dont on a détaché le fond et rodé les bords à l'émeri (on étend de l'émeri en poudre sur une plaque de marbre, on humecte d'eau et on frotte les bords du flacon en tournant) ; D est une membrane en caoutchouc (fragment de chambre à air de ballon servant à jouer au foot-ball) fixée avec une ficelle sur le goulot du flacon A ; E est une tige

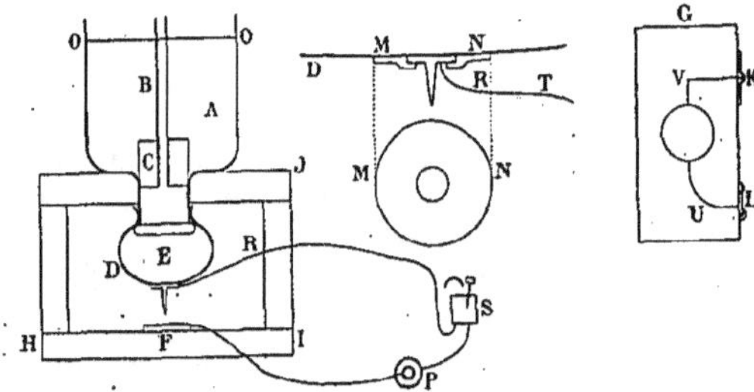

.FIG. 6. —. PRESSION SUR LE FOND DES VASES.

métallique fixée sur une rondelle métallique (le tout ressemble à un clou à grosse tête plate) ; un fil de cuivre RT est soudé à la rondelle métallique ; cette pièce est maintenue contre la membrane D à l'aide d'une rondelle de caoutchouc MN percée d'un trou et collée par ses bords sur la membrane D (avec de la colle pour pneus de bicyclette) ; F est une plaque métallique soudée à un fil de cuivre FP. — GHIJ est un châssis très résistant en bois de chêne ; la paroi GJ porte un trou central destiné à recevoir le goulot du col droit ; on donne un trait de scie KVUL ; K est une charnière, L un crochet (fonctionnant comme ceux des boîtes de compas) ; P est une pile, S une sonnerie ; C est un bouchon de liège entrant très peu dans l'intérieur du flacon ; B est un tube en verre (de 1 cm. à 1 cm. 5 de diam. int.) ne dépassant pas le bouchon inférieurement et fixé une fois pour toutes dans le bouchon.

Marche d'une expérience. — Le bouchon C étant enlevé, on verse de l'eau dans le flacon A : la membrane s'incurve et il arrive un moment où la tige E vient en contact avec F et la sonnerie fonctionne ; on repère le niveau de l'eau

dans le flacon A à l'aide d'une bande de papier OO que l'on colle extérieurement sur le flacon A. On vide le flacon A avec un siphon ; on place le bouchon C et on verse de l'eau dans le tube B : on constate que la sonnerie fonctionne quand le niveau de l'eau dans le tube B se trouve dans le même plan OO que précédemment.

Communiqué par M. DAUVÉ.

Lois de la réfraction.

1re Expérience. — Prenons un bloc de verre épais, ayant deux faces parallèles et perpendiculaires sur la base du bloc, par exemple un de ces blocs de verre parallélipipédiques employés comme presse-papier ou comme calibre en photographie.

Posons ce bloc sur une feuille de papier ; fixons une aiguille en S et une autre en I, contre le bloc (fig. 7) ; puis, plaçons notre œil du côté opposé du bloc et fixons des aiguilles S' et I', de telle sorte que ces aiguilles semblent dans l'alignement SI. Notons sur le papier, avec la pointe d'un crayon, la position du bloc ; enlevons ce bloc, nous constaterons que le rayon lumineux a suivi une ligne brisée SII'S'.

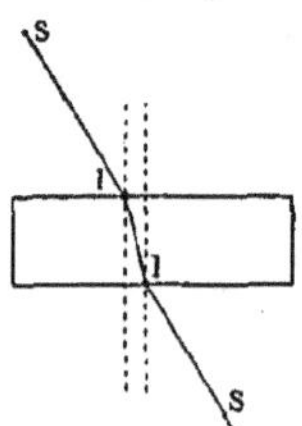

FIG. 7. — RÉFRACTION D'UN RAYON LUMINEUX.

Cette expérience permet de vérifier, en outre, que I'S' est parallèle à SI ; une règle et une équerre suffisent pour cette vérification ; donc, un rayon, qui traverse une lame de verre à faces parallèles, sort *parallèlement* à sa direction primitive.

Principe du retour inverse des rayons lumineux. — L'expérience étant disposée comme précédemment, et les aiguilles SII'S' étant fixées, plaçons notre œil derrière l'aiguille S, nous verrons les quatre aiguilles en ligne droite : donc la lumière suit la même route, qu'elle chemine dans un sens ou dans l'autre.

2e. Expérience ; lois de la réfraction. — Reprenons l'expérience précédente et contre les aiguilles S et I collons des lames de carton exactement de même hauteur et touchant la feuille de papier. Sur l'aiguille S', enfilons une lame de carton ayant son bord inférieur perpendiculaire à l'aiguille et par suite parallèle au papier et aux bords supérieurs des lames de carton en S et I.

Envoyons un rayon visuel s'appuyant sur les aiguilles S et I, aux points où le bord des cartons les rencontre, puis faisons descendre la lame de carton S', de façon à arrêter le rayon lumineux. Ce résultat atteint, mesurons la distance du bord inférieur du carton S' à la feuille de papier, nous trouvons cette distance égale à la hauteur des cartons de S et I ; donc le rayon lumineux est resté parallèle au plan de la feuille de papier, c'est-à-dire que le rayon réfracté et la normale sont dans un même plan. On peut vérifier aussi par cette expérience répétée que le rapport $\dfrac{AP}{RB}$ est constant, car la marche du rayon lumineux est tracée chaque fois sur la feuille de papier (fig. 8).

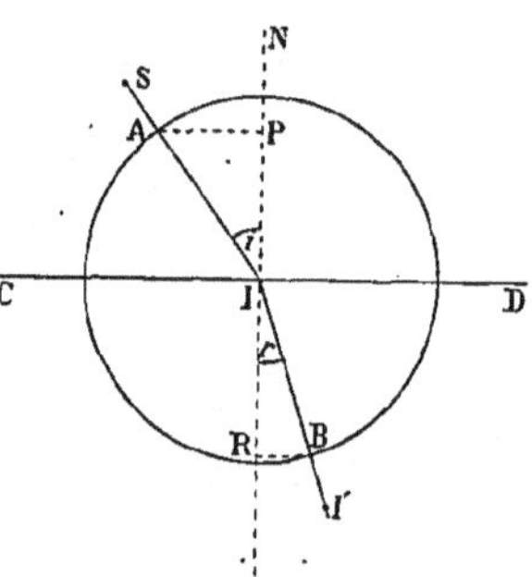

FIG. 8. — VÉRIFICATION DE LA 2e LOI DE LA RÉFRACTION.

(A suivre.)

A. GUILLET.

Communiqué par M. CHRÉTIEN,
Professeur au Lycée de Saint-Brieuc.

Revue critique des Travaux scientifiques.

ZOOLOGIE

L'accélération métagénésique.

Tandis que, dans les représentants les plus élevés du règne animal, le développement de l'œuf aboutit à la formation d'un individu unique, il arrive au contraire fréquemment,

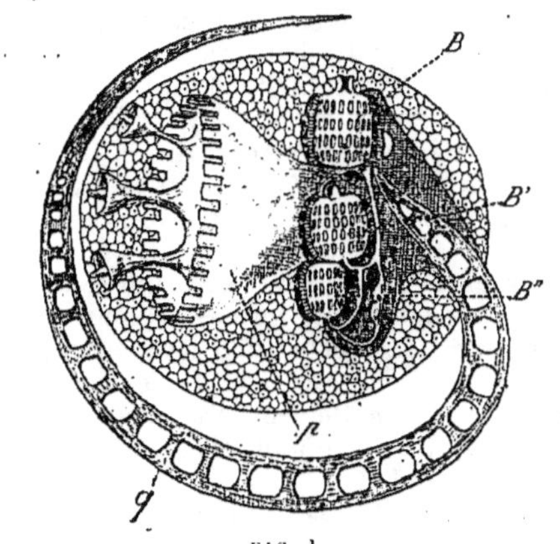

FIG. 1.

Larve de *Diplosomoides*, avant l'éclosion. L'oozoïde·*B* a bourgeonné déjà deux blastozoïdes *B'* et *B"* (*p*, prolongements exodermiques; *q*, queue de l'oozoïde) [d'après Lahille].

chez les animaux inférieurs, que l'être résultant de l'évolution de l'œuf se dissocie en quelque sorte, de façon à produire un plus ou moins grand · nombre d'individus distincts, qui peuvent se séparer et vivre isolément les uns des autres [1]. Cette dissociation du corps a reçu le nom de *métagénèse* [2].

Les modes les plus connus sont la *gemmiparité* ou multiplication par *bourgeonnement latéral* et la *scissiparité* ou multiplication par *division transversale*.

Le bourgeonnement et la division se produisent en général sur des individus déjà entièrement évolués, et les individus qui en résultent (*blasto-*

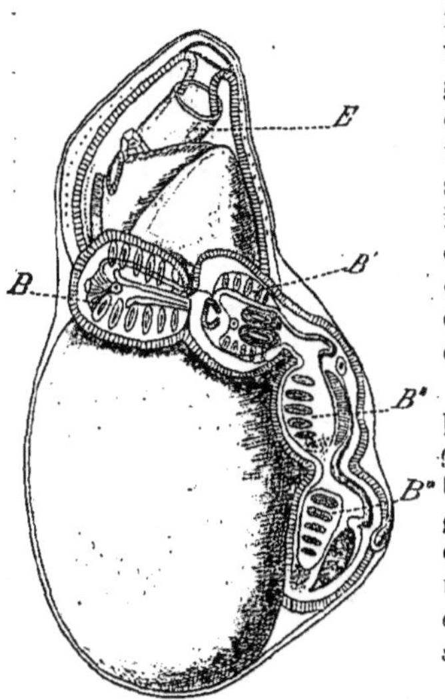

FIG. 2

Œuf d'un Pyrosome, renfermant un oozoïde (*E*), en voie de régression, aux dépens duquel se sont formés quatre blastozoïdes (*B*, *B'*, *B"*, *B'"*) qui entourent le vitellus, et qui existent seuls à l'éclosion.

zoïdes) peuvent ou bien ressembler complètement à

1. Ils peuvent aussi rester unis en continuité de substance, et ormer une *colonie*.
2. On dit encore *digénèse, blastogénèse, généogénèse.*

l'individu primitif, issu directement de l'œuf (*oozoïde*) aux dépens duquel ils se forment (Hydre d'eau douce, un certain nombre d'Annélides), ou au contraire en différer plus ou moins (prétendue *génération alternante* des Méduses d'Hydraires, des Méduses Acalèphes, de beaucoup d'Annélides).

Par contre, dans un certain nombre de cas, la métagénèse intervient avant que l'oozoïde ait achevé son évolution, à un stade plus ou moins précoce du développement embryonnaire. On a désigné sous le nom d'*accélération métagénésique* (Edm. Perrier, 1881) cette tendance à la formation rapide des blastozoïdes. Ce n'est d'ailleurs qu'un cas particulier de la *tachygénèse* ou *accélération embryogénique*, c'est-à-dire de la loi générale d'après laquelle les phénomènes embryogéniques tendent à se produire avec le maximum de rapidité possible.

Les Tuniciers nous offrent, à cet égard, une série très complète, dans laquelle on peut suivre tous les passages entre le bourgeonnement aux dépens d'un oozoïde complètement développé (Pérophore, Clavelline), ou achevant à peine sa vie larvaire (*Polyclinum*) et le bourgeonnement très précoce, se produisant sur la larve encore renfermée dans l'œuf.

Chez les *Diplosoma*, l'oozoïde, à son éclosion, porte déjà un blastozoïde aussi développé que lui; chez les *Diplosomoides*, il en porte deux à des stades différents de développement (fig. 1, B', B").

L'accélération est plus grande encore chez les Pyrosomes, où l'oozoïde donne

FIG. 3.

a, Hyponomeute du fusain (*H. evonymella*; *b*, *Hyponomeuta cognatella*; *c*, *c*, les chenilles.

dans l'œuf quatre blastozoïdes (fig. 2), puis se résorbe presque en entier, si bien que ce sont les individus de seconde génération qui seuls se montrent au moment de l'éclosion. Chez les Botrylles, c'est mieux encore : il se produit successivement trois générations qui se résorbent, et ce sont seulement les blastozoïdes formant la quatrième génération qui persistent comme fondateurs de la colonie.

Certaines Méduses Acalèphes (*Chrysaora*) bourgeonnent dès le stade *gastrula*, au moment où viennent de se différencier les deux feuillets embryonnaires primitifs. Même chose chez certains Bryozoaires (*Lophopus*, Cristatelle) et chez certains vers de terre (*Lumbricus trapezoides*).

Enfin chez les Bryozoaires du groupe des Cyclostomes, c'est quand l'embryon est au stade *morula*, c'est-à-dire quand il est formé simplement d'un petit groupe de cellules semblables, non encore différenciées, que la métagénèse se produit, soit que la morula forme par bourgeonnement de petites morula secondaires, soit qu'elle se fragmente elle-même en un certain nombre de nouvelles morulæ.

❧

Cas extrême d'accélération : métagénèse de l'œuf.

Eh bien! l'accélération métagé-nésique peut aller plus loin encore et intervenir dès le stade œuf lui-même. Dans un très récent mémoire (*Archives de Zool. expérimentale et générale*, 4e série, t. II, sept. 1904), M. Paul Marchal a fait connaître un cas où c'est l'œuf lui-même qui se disso-cie de façon à donner un grand nombre d'embryons, environ une centaine.

Il s'agit d'un très petit Hyménoptère, n'ayant pas plus de 1 centimètre et demi de long, l'*Encyrtus fuscicollis*, dont la larve vit en parasite dans le corps des chenilles des Hyponomeutes.

Les Hyponomeutes sont de tout petits papillons (fig. 3), qui vivent aux dépens d'un grand nombre d'arbres et d'arbustes et dont les che-nilles causent parfois de grands dégâts sur les pom-miers. Ils éclosent en juillet-août, et, peu de jours après, les femelles déposent, sur l'écorce des arbres, de petits groupes de 40 à 70 œufs. Les chenilles éclosent à la fin de septembre, mais elles restent tout l'hiver cachées sous la croûte protectrice qui recou-vre les œufs, ne quittant cet abri qu'au printemps, pour se répandre sur les jeunes

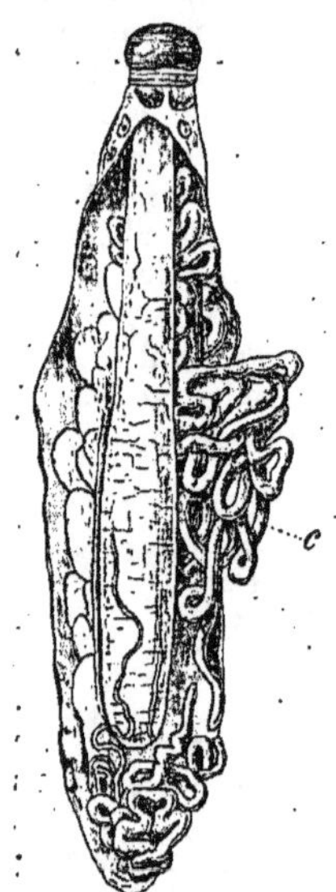

FIG. 4.

Chenille disséquée d'Hyp-ponomeute, montrant lo cordon polyembryonai-re (c) où so trouvent logés les embryons d'*Encyrtus* (d'après MAR-CHAL).

pousses. A la fin de juin, elles ont atteint 12 mm. de long et se mettent en cocon pour se chrysalider.

L'*Encyrtus* vient pondre dans les œufs mêmes du papillon, quelques jours après qu'ils ont été déposés. Rien ne distingue pendant longtemps les chenilles parasitées des chenilles indemnes. Mais si, au mois de juin, on dilacère une de ces chenilles, on trouve, dans sa cavité générale, un long cordon pelotonné (fig. 7) pouvant atteindre jusqu'à 5 cm. de long, avec un diamètre de 1/2 à 2 mm., et présentant même des ramifications laté-rales. Il renferme de très nombreux embryons d'*Encyrtus*, qui, plus tard, devenus libres dans le corps de la chenille, finiront par en ronger les vis-cères. La peau de la chenille, devenue un simple sac, se dessèche et se moule sur les cocons où se sont enfermés les parasites (fig. 5), et ces derniers s'échappent finalement, au nombre d'une centaine — parfois jusqu'à 180 — de cette enveloppe commune.

Est-ce donc que l'*Encyrtus* a déposé un pareil nombre d'œufs dans chaque œuf d'Hyponomeute qu'il a visité? La numération des œufs que contien-nent les ovaires de l'*Encyrtus* rend cette hypothèse inacceptable, et l'observation directe le montre

péremptoirement. Il n'y a qu'un œuf parasite (rare-ment de 2 à 5) d'Hyponomeute dans chaque œuf pondu. Mais cet œuf se multiplie à profusion au fur et à mesure que la chenille parasitée se développe dans le corps de l'hôte pour donner la centaine d'individus qui sortira finalement de son cadavre.

C'est ce que montrent bien clairement les belles observations de M. Marchal.

De bonne heure, l'œuf, logé dans la cavité géné-rale de l'embryon parasité, divise son noyau, et, tandis que la plupart des noyaux-fils sont petits, égaux, régulièrement sphériques, un autre noyau s'en distingue à première vue par son volume énorme, sa surface irrégulièrement bosselée, sa structure un peu différente (fig. 6 A, *N* et *n*). Disons tout de suite que les premiers noyaux (*n. embryon-naires*) contribueront à former les divers embryons, tandis que le gros noyau (*n. amniotique*) servira à l'élaboration des substances nutritives nécessaires à ceux-ci.

Les noyaux embryonnaires se réunissent par 3 ou 4, et les groupes ainsi formés s'entourent d'un protoplasme clair (protoplasma formatif), qui se détache nettement du reste du protoplasme (pro-toplasma nutritif) nettement granuleux, formant une sorte de gangue commune (fig. 6 B).

Mais c'est surtout après la sortie des jeunes che-nilles, au printemps, que la multiplication des noyaux embryonnaires se fait d'une façon intense. Les petites masses claires deviennent de plus en plus nombreuses et chacune se subdivise en cellules, formant ainsi une petite morula qui est le point de départ d'un embryon. Tous ces embryons (fig. 7) se trouvent logés dans la gangue constituée par le protoplasme formatif, qui, lui, reste indivis, mais renferme de nombreux noyaux, résultant du frac-tionnement du noyau amniotique. C'est ce proto-plasme qui assure la continuité du cordon unissant tous les embryons. C'est lui qui élabore les sub-stances nécessaires à leur nutrition, aux dépens du sang qui remplit la cavité générale de la chenille, et les leur transmet. En résumé le développement de l'Encyrtus — et les mêmes faits se retrouvent chez un autre Hyménoptère, le *Polynotus minutus*, parasite de la Cécidomye du Blé — nous révèle une métagénèse extraordinairement précoce, inter-venant au début même du développement. Ce n'est

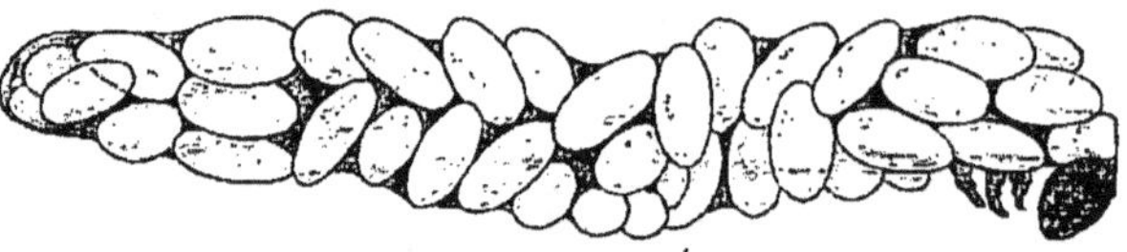

FIG. 5.

Cadavre desséché d'une chenille d'Hyponomeute, dont la peau se moule sur les cocons d'*Encyrtus* qu'elle renferme.

plus une larve plus ou moins évoluée, c'est l'œuf lui-même qui se fragmente et se dissout dès le stade initial de la segmentation. Vraisemblable-ment l'étude des autres Hyménoptères parasites réserve d'autres faits semblables, qui permettront d'établir des transitions entre ces cas extrêmes et le développement normal — monoembryonnaire — des autres Hyménoptères, et d'expliquer phylogé-niquement cette étrange polyembryonie.

On ne peut manquer d'être frappé du rapprochement qui s'impose entre l'histoire que nous venons d'esquisser et ce que nous savons du développement de certaines formes parasites, notamment celui des Trématodes, où se manifeste aussi une métagénèse intensive. L'œuf de

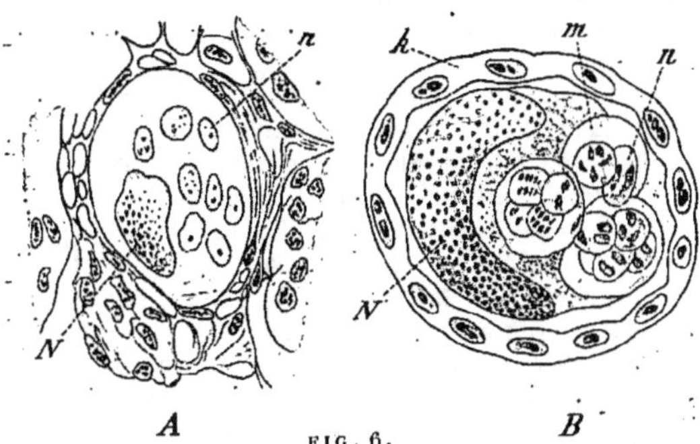

Deux stades du développement de l'œuf de l'Encyrtus (L'œuf es logé au milieu des tissus de son hôte, et est de bonne heure entouré par une enveloppe pluri-cellulaire [*k*] produite par ce dernier). — En A, le noyau s'est divisé en un noyau amniotique (N), et plusieurs noyaux embryonnaires (*n*). — En B, les noyaux embryonnaires se groupent par 3 ou 4, et chaque groupe s'entoure (*m*) de protoplasme clair (pr. formatif).

ces animaux donne naissance à un *embryon cilié* qui va se fixer sur un Mollusque (Lymnée), pénètre dans sa cavité générale, et là se transforme en un sac, appelé *sporocyste*. Ce dernier renferme des cellules spéciales, *cellules germinatives*, qui se divisent et donnent chacune un embryon nouveau de forme très différente (*rédie*). Ces rédies quittent le sporocyste, se répandent dans le corps du Mollusque et contiennent elles aussi des cellules germinales qui donnent chacune une nouvelle larve, la *cercaire*. Ici encore l'œuf primordial s'est dissocié pour donner, d'une part, le sporocyste, d'autre part les cellules germinales, point de départ des

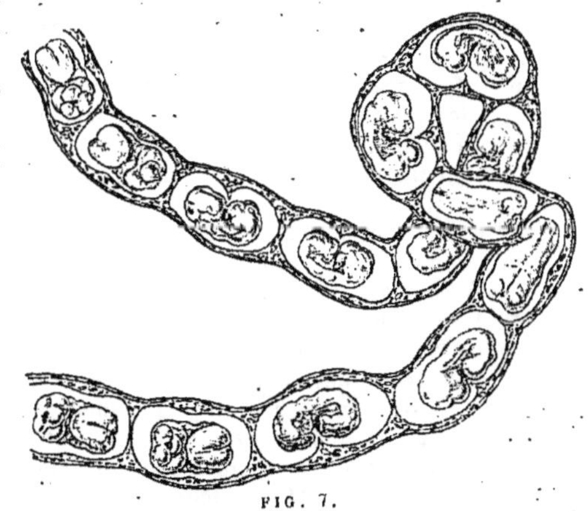

Cordon d'Encyrtus (fragment très grossi renferment les embryons disposés en série linéaire).

rédies. On est tenté de comparer dès lors au sporocyste le protoplasme nutritif de la chaîne embryonnaire de l'Encyrtus.

Il ne saurait être évidemment question ici d'homologuer complètement les deux formations, les Tré-

matodes n'ayant aucun rapport de parenté avec les Hyménoptères. On se trouve en présence de phénomènes de convergence, résultant d'une adaptation commune à d'analogues conditions d'existence. Ces exemples d'adaptations convergentes dans l'embryogénie ne sont pas rares dans le règne animal, et l'explication de semblables modifications adaptatives est en général fort difficile à mettre en lumière. Sous l'influence d'une tachygénèse intensive, elles arrivent à apparaître de très bonne heure dans l'embryogénie et entraînent avec elles un tel bouleversement dans l'ontogénie, qu'on ne peut plus guère trouver la trace de l'embryogénie normale et régulière. Mais il est permis d'espérer que l'étude des Hyménoptères, qui présentent une si grande variété éthologique, permettra de trouver des formes de passage suffisamment sériées pour donner une explication phylogénique plausible des phénomènes remarquables que nous avons jugé intéressant de résumer ici.

Il n'est pas sans intérêt de montrer encore en terminant les relations que le développement de l'œuf de l'*Encyrtus* présente avec la *parthénogénèse*; chaque noyau embryonnaire peut en effet être considéré comme un œuf parthénogénétique. Parthénogénèse et métagénèse se confondent donc ici, et en fait beaucoup d'auteurs considèrent la parthénogénèse comme une forme particulière de multiplication asexuée : un œuf parthénogénétique n'est, suivant eux, qu'un bourgeon réduit à une unique cellule. Mais d'ordinaire les œufs parthénogénétiques ne se produisent eux aussi que dans des individus déjà évolués (Pucerons) ou du moins plus ou moins avancés dans leur développement (larves de *Miastor*); la parthénogénèse est donc dans l'*Encyrtus* d'une précocité singulièrement exagérée, puisqu'elle se produit aux dépens de l'œuf lui-même.

RÉMY PERRIER.

PHOTOGRAPHIE

Très peu de photographes ont essayé la belle méthode du professeur Lippmann pour la photographie directe des couleurs. Cela tient à ce que les manipulations sont assez délicates et la réussite incertaine; aussi hésite-t-on à se procurer le matériel nécessaire, le châssis à mercure qui coûte encore assez cher. D'autre part, on ne trouve pas de plaques toutes préparées dans le commerce; il faut les fabriquer soi-même.

La préparation des plaques peut se faire avec un matériel des plus réduits, d'un prix insignifiant, comme l'a montré M. Goddé, un des rares amateurs qui pratiquent couramment la photographie des couleurs par la méthode interférentielle de M. Lippmann.

Un habile physicien, M. E. Rothé, nous apprend qu'on peut se passer du miroir de mercure, que n'importe quel appareil peut être employé sans modification aucune; il a présenté à l'Académie des Sciences quelques photochromies interférentielles bien réussies, obtenues sans châssis à mercure, avec un appareil quelconque [1].

M. Rothé, remarquant qu'il est logique d'admettre qu'entre la gélatine et le mercure du châssis à mercure tout l'air n'est jamais chassé, qu'il en subsiste une couche mince, a pensé qu'on pourrait obtenir, avec des poses prolongées, des photographies en

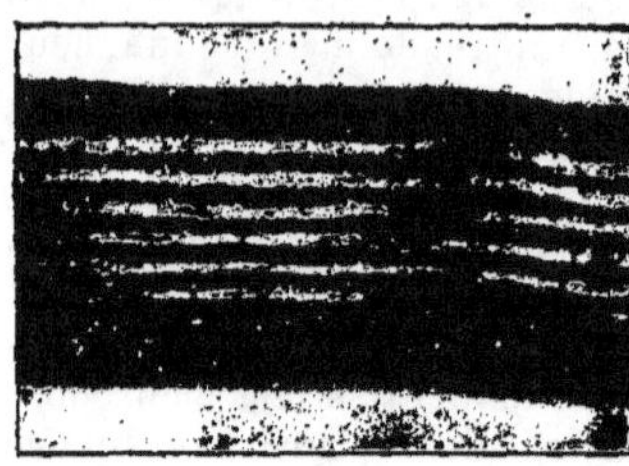

Région violette.

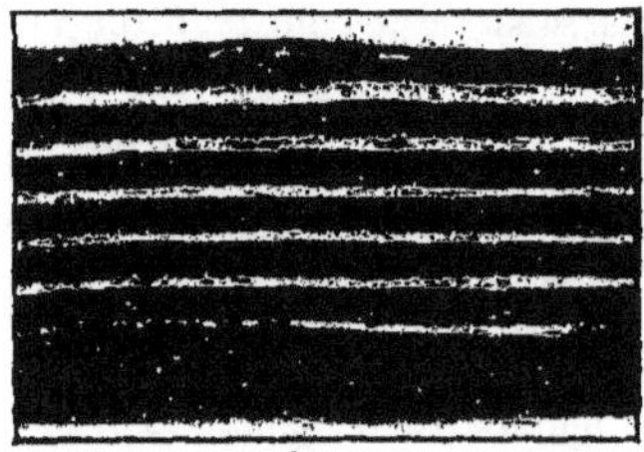

Région rouge.

FIG. 1. — PHOTOMICROGRAPHIES DE COUPES TRANS-VERSALES DANS UN CLICHÉ DU SPECTRE SOLAIRE. (MÉTHODE LIPPMANN) [E. SENIOR].

couleurs par réflexion de la lumière sur la surface gélatine-air seulement.

L'expérience a confirmé cette prévision.

Les photographies en couleurs que M. Rothé a communiquées à l'Académie des Sciences : spectre, perroquets, houx, oiseau, bouquets, ont été obtenues par la méthode interférentielle de M. Lippmann, avec cette différence qu'on a supprimé le miroir de mercure et utilisé seulement, comme surface réfléchissante, la surface de séparation gélatine-air. Il suffit de placer, *dans un appareil quelconque*, la face verre tournée vers l'objectif, une plaque transparente au gélatinobromure d'argent préparée d'après les indications de M. Lippmann [2].

Comme pour les photographies interférentielles ordinaires, la pose — d'après M. Rothé — est très variable suivant que l'objet est placé au soleil ou à l'ombre : trente minutes par exemple au soleil, deux heures dans une salle de laboratoire ; la photographie du spectre d'une lampe à arc exige environ quinze minutes. On peut réduire la pose à quelques

1. L'expérience, — très intéressante d'ailleurs, — de M. Rothé prouve simplement qu'on peut obtenir des couleurs en photographie, même sans employer le miroir de mercure de M. Lippmann : ce qui confirme la théorie interférentielle. Seulement la pose est plus longue et les couleurs obtenues sont beaucoup moins vives. En somme, cette simplification *n'est pas à recommander* aux amateurs. Nous leur conseillerons plutôt de fabriquer eux-mêmes — ce qui est aisé, — un châssis à mercure, de manière à s'épargner l'achat d'un appareil chez le constructeur (N. D. L. R.).

2. G. LIPPMANN, La photographie des couleurs, *La Science au XXe siècle*, 15 juin 1903.

minutes, en traitant les plaques, avant l'usage, par une solution alcoolique d'azotate d'argent.

L'acide pyrogallique (formule de MM. Lumière) a paru à M. Rothé être le révélateur le mieux approprié. Il est bon, dit-il, pour faire apparaître les teintes sombres, de renforcer au bichlorure et à l'amidol. Mais cette dernière opération doit être conduite avec ménagement, pour ne pas modifier les couleurs.

Je suis persuadé, bien que tous ceux qui aient pratiqué la méthode Lippmann aient toujours recommandé l'emploi de révélateurs organiques, que le révélateur qui convient le mieux au développement des photochromies interférentielles est le développement à l'oxalate ferreux, en bain dilué, c'est-à-dire contenant une faible dose de sulfate ferreux, de manière que le développement se fasse lentement. Rappelons que ce révélateur est le seul qui n'agisse pas sur la gélatine; de même je suis persuadé que l'on obtiendrait de meilleurs résultats en noircissant à l'oxalate ferreux l'image préalablement blanchie au bichlorure, pour renforcer l'image : seuls le noircissement à l'oxalate ferreux et le noircissement au chlorure stanneux donnent en effet un dépôt métallique.

G.-H. NIEWENGLOWSKI.

BOTANIQUE

Anomalies florales d'origine traumatique. — Si on connaît beaucoup d'anomalies végétales, on est encore très peu renseigné sur les causes de leur production. M. Molliard a montré que dans certains cas la duplicature des fleurs, qui se rencontre accidentellement dans la nature, est due à la présence de parasites qui en agissant sur la plante modifient son chimisme et amènent ainsi des troubles dans la morphologie des pièces florales; citons l'exemple du *Cardamine pratensis* qui présente des fleurs doubles lorsque la partie inférieure de son appareil végétatif est envahie par les larves d'un Curculionide qui en ronge la partie axiale ; de même diverses espèces de trèfles offrent des fleurs virescentes dans des conditions tout à fait analogues.

Mais dans les exemples auxquels nous faisons allusion il ne s'agit pas de véritables parasites, en ce sens que l'on n'observe aucune réaction importante de la plante dans la région attaquée; on est plutôt en présence de phytophages internes produisant des lésions mécaniques dans les organes où ils vivent; leur action se trouve ainsi ramenée à un simple traumatisme dont le résultat immédiat est d'amener des troubles dans la nutrition normale de la plante, que ces troubles soient qualitatifs ou seulement quantitatifs.

Or diverses observations montrent que de simples actions mécaniques peuvent en effet produire des modifications semblables à celles que nous venons de rappeler; citons le cas, étudié par M. Molliard, de capitules de *Matricaria inodora* dont le pédoncule encore jeune a subi un écrasement et qui ont complètement modifié leur évolution ultérieure :

chacune des fleurs normales primitives s'est transformée en un petit capitule.

Le même auteur a observé également que dans un fossé où abondait le *Ranunculus Flammula*, tous les pieds de cette plante étaient à fleurs doubles suivant une plage très localisée qui se trouvait correspondre à une ouverture ménagée dans la haie bordant ce fossé; or les animaux qu'on menait paître dans la prairie limitée par la haie traversaient précisément le fossé au point où se trouvaient les individus modifiés, et c'est à l'action du piétinement des bestiaux qu'il était naturel de rapporter la modification observée. D'ailleurs des expériences

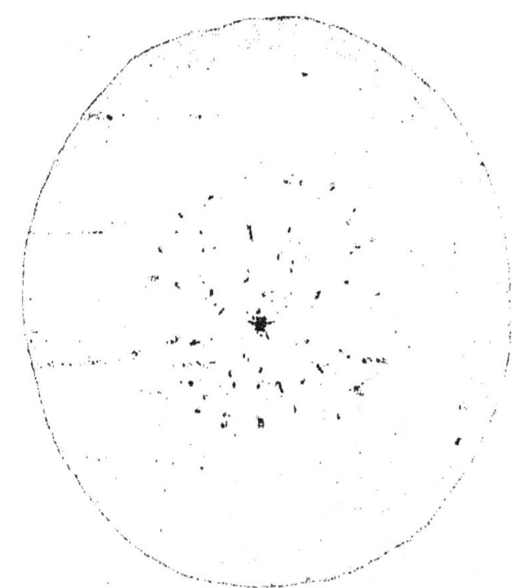

faites dans ce sens sur une autre espèce de Renoncule a donné les résultats attendus.

Récemment M. Blaringhem (Bull. Muséum, 1904) a montré que des traumatismes pouvaient amener la production d'anomalies très variées. C'est ainsi qu'en comprimant avec précaution les extrémités de jeunes rameaux de Pensée l'auteur a obtenu des fleurs doubles à deux éperons provenant d'une fasciation et de la coalescence de deux fleurs qui eussent été isolées si rien n'était venu troubler le développement.

De même des compressions, torsions, sections ont amené dans le Maïs diverses modifications telles que la production de fleurs femelles sur des panicules mâles; ce qui est particulièrement intéressant dans ce cas c'est que les graines récoltées sur ces panicules mâles donnent des individus chez lesquels la modification réapparaît sans qu'un nouveau traumatisme intervienne; on se trouve donc en présence d'un caractère héréditaire.

<table>
<tr><td>Radis à tubercules féculents.</td><td>Les recherches de morphologie expérimentale nous ont pénétré de cette notion que les végétaux,</td></tr>
</table>

même ceux qui sont le plus différenciés, modifient

plus ou moins profondément leur forme et leur structure, lorsque les conditions extérieures viennent à changer; mais il y a à ces transformations des limites et il pouvait sembler *a priori* qu'au nombre des caractères qu'on ne pourrait modifier expérimentalement se trouve la nature des réserves qui s'accumulent dans une plante donnée; les tubercules de Pomme de terre contiennent dans leurs cellules de la fécule, ceux du Topinambour de l'inuline, ceux de la Betterave du saccharose; il

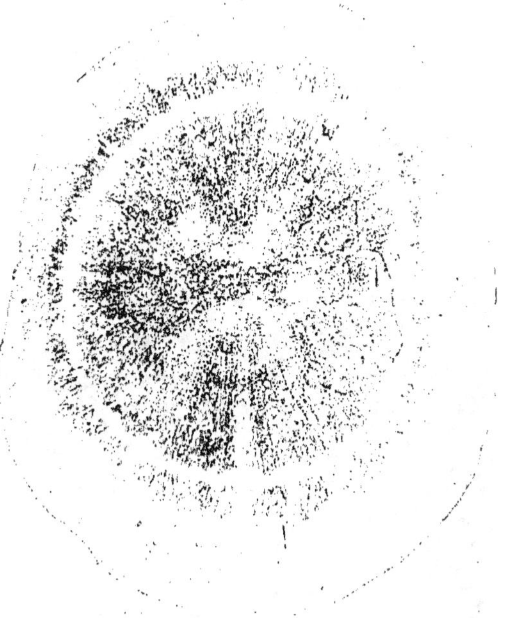

paraissait que la nature de ces réserves devait rester un caractère constant.

Or en cultivant des radis sur des milieux riches en glucose M. Molliard est arrivé à obtenir des tubercules dont les cellules sont bourrées de grains d'amidon, alors que dans les conditions normales de végétation elles contiennent uniquement du saccharose dissous dans leur suc cellulaire. Les deux photographies ci-jointes représentent des coupes transversales pratiquées, l'une dans un tubercule normal, l'autre dans un tubercule obtenu en milieu glucosé; les deux coupes ont été traitées par une solution d'iode; ce réactif se fixe sur les grains d'amidon qu'il colore en bleu; c'est cette coloration qui met en évidence les régions foncées amylifères de la figure 2; les parties sombres de la figure 1 représentent les régions vasculaires du tubercule.

Dans les cultures artificielles effectuées par M. Molliard il est très vraisemblable que le glucose agit d'une manière directe comme aliment utilisé par la plante et que, d'autre part, la forte pression osmotique du milieu intervient pour amener une condensation de ce sucre à l'état d'amidon, qui représente un degré de polymérisation plus considérable que celui qui correspond à la formation du saccharose.

H. COUPIN.

ZOOLOGIE

LA BALEINE DE L'ILE DE BATZ ET LA STATION ZOOLOGIQUE DE ROSCOFF.

Le samedi 17 décembre 1904 les journaux du soir annonçaient qu'une baleine venait d'être rejetée par la mer sur le rivage de l'île de Batz

vagues et, le samedi, il était trouvé dans le trou du Serpent, anse presque inaccessible creusée dans un amoncellement de galets cyclopéens, et dont le nom tiré d'une légende bretonne indique une des performances du diable et n'a rien de commun avec le grand serpent de mer sur lequel de nouvelles indications, données par des observateurs dignes de foi, ont récemment attiré

FIG 1. — ÉCHOUAGE DE LA BALEINE SUR LA PLAGE DU LABORATOIRE DE ROSCOFF.

située en face du laboratoire de Roscoff. Des pêcheurs naviguant dans ces parages l'avaient aperçue dans les brisants de la partie occidentale de l'île, mais, en raison des dangers que présentent ces parages pour le navigateur, ils n'avaient pu s'en approcher et avaient signalé à leur retour qu'une baleine vivante était prise par le ressac et faisait de vains efforts pour reprendre le large. C'était une erreur, comme on put s'en convaincre plus tard : l'animal était déjà mort à ce moment et n'était plus qu'une épave flottante, incapable de lutter contre les

l'attention. Suivant la coutume, quand une épave est jetée à la côte, elle appartient à l'administration de la marine et un tiers de sa valeur revient au sauveteur, c'est-à-dire à celui qui parvient à placer sur l'épave des amarres qui la fixent au rivage, et la douane est chargée de veiller sur elle jusqu'à ce que les formalités administratives aient été remplies. Aussi court-on le risque, quand on veut étudier anatomiquement un animal considéré comme épave, de n'être autorisé à en commencer l'étude qu'après un laps de temps assez long pour qu'il ne soit plus possible d'en

9

tirer profit pour la science. Le professeur Yves Delage, directeur de la station zoologique de Roscoff, comprenant l'intérêt que pouvait présenter un tel animal au point de vue anatomique, fit immédiatement les démarches nécessaires pour être autorisé à en entreprendre l'étude, et, grâce à l'intervention de M. Liard, vice-recteur de l'Académie de Paris, et de M. Appell, doyen de la Faculté des sciences de Paris, dont le laboratoire de Roscoff est une dépendance, M. Pelletan, ministre de la Marine, et son chef de cabinet, M. Tissier, voulurent bien donner l'autorisation de prendre possession de l'animal pour en entreprendre l'étude.

Mais pendant ce temps les courants reprenaient l'épave dans le trou du Serpent et l'entraînaient en haute mer ; aussi, lorsque, le mardi matin, nous nous rendîmes à l'île de Batz, on nous apprit chemin faisant que l'épave avait repris le large, et un pêcheur qui rentrait au port, interrogé par nous, nous signala qu'il l'avait aperçue et qu'elle était entraînée par les courants vers l'ouest. Le bateau du laboratoire dans lequel nous nous trouvions étant trop petit pour pouvoir opérer le sauvetage d'une aussi grosse pièce en haute mer, nous prîmes un bateau pêcheur à notre service et, grâce au vent, qui nous était favorable, nous pûmes rejoindre assez rapidement l'épave.

C'était bien en effet une baleinidée appartenant au genre Balenoptera, et, la mer étant calme, on put l'aborder et l'amarrer solidement pour la traîner à la remorque. Mais le volume de l'animal, considérable en comparaison de celui du bateau qui nous portait, fit que le remorquage ne s'accomplit pas aussi facilement que nous l'avions espéré ; le vent contraire augmentait la difficulté de l'entreprise, et la nuit survint avant que nous ayons pu gagner Roscoff. Il fallut se résoudre à mouiller l'épave dans une anse abritée en l'amarrant solidement sur des ancres, afin de ne pas courir le risque de la voir s'échapper de nouveau et d'être sûr de la retrouver le lendemain pour terminer l'entreprise. C'est ce qui eut lieu, et, le mercredi, nous parvenions à amener le Balenoptera sur la plage qui est au pied du laboratoire, dans une situation très favorable pour en entreprendre l'étude.

C'était un *Balenoptera physalus* de belle taille, mesurant 19 mètres de longueur, avec une circonférence de plus de 10 mètres au niveau de sa plus grande largeur.

Quand la mer se fut retirée et qu'il fut possible d'examiner l'animal de plus près, nous vîmes que son état de conservation laissait à désirer ; il avait, pendant son séjour dans les récifs de l'île de Batz, subi de graves avaries ; le crâne avait été décollé des téguments et rejeté par la bouche avec la mâchoire supérieure, et ces débris furent retrouvés au trou du Serpent, où nous pûmes en prendre possession par la suite ; la langue elle-même, qui, chez ces animaux présente un volume considérable, avait été arrachée et rejetée par la mer sur un autre point de la côte.

Cette constatation était d'un mauvais augure pour la dissection que nous allions entreprendre.

Les municipalités, toujours craintives pour la santé de leurs administrés, conservant encore cette vieille croyance que les mauvaises odeurs peuvent donner naissance à des épidémies de choléra et de typhus, s'inquiètent à la vue d'un cadavre échoué sur leur territoire et sont toujours prêtes à prendre des déterminations héroïques pour faire disparaître l'objet de leurs craintes : il était donc indispensable d'agir promptement.

La dissection d'un animal de cette taille est une entreprise dont on ne se rend compte que quand on a été aux prises avec les difficultés qu'elle présente ; un couteau de boucher suffit à peine pour entamer le tégument, qui porte une couche de graisse considérable, et comme les incisions à faire ont des mètres de longueur, il est indispensable d'avoir du temps devant soi. Le maire de Roscoff, M. d'Herbais, se montra heureusement conciliant, en raison de l'assurance qui lui fut donnée qu'aucune épidémie n'était à craindre et, à l'aide des marins du laboratoire, l'animal fut ouvert.

Il existe dans l'organisation interne des Balénoptères encore bien des connaissances à acquérir : le tube digestif, en particulier, présente une complication inusitée, l'estomac rappelle un peu celui des ruminants par le nombre de poches qu'il présente ; mais, si l'on connaît l'existence de ces poches, la physiologie en est encore mal connue, et, en raison de leur régime alimentaire, il est certain qu'elle doit différer complètement de celle des ruminants ; le foie privé de vésicule biliaire, le pancréas, toutes les glandes annexes du tube digestif en un mot et la plupart des organes internes seraient intéressants à étudier histologiquement, car, quoique le *Balenoptera physalus* ne soit pas un animal très rare sur les côtes de France, ceux qui ont pu y être étudiés jusqu'ici étaient des animaux morts depuis trop longtemps pour qu'il fût permis de faire une étude convenable des viscères ; c'est encore ce qui est arrivé pour le Balénoptère de Roscoff, qui, mort depuis quelque temps déjà, présenta, quand il fut ouvert, une cavité générale complètement remplie de graisse, qui semblait avoir subi un commencement de saponification, et les débris des organes qui se trouvaient inclus dans cette graisse étaient méconnaissables.

Cependant l'état de conservation des muscles et du tégument ne semblait pas être en rapport avec cette décomposition apparente des organes internes ; on eut bientôt l'explication de cette particularité.

Les seules parties de l'animal qui, après ces constatations, semblaient pouvoir encore présenter quelque intérêt pour l'étude, étaient les parties squelettiques, osseuses et cartilagineuses, car si l'ostéologie des Balénoptères est connue d'une façon assez complète, il y a cependant des divergences d'opinion concernant le nombre des vertèbres et celui des doigts du membre supérieur, qu'il serait intéressant d'éclaircir ; mais en cherchant la colonne vertébrale, on s'aperçut qu'elle était brisée en deux endroits et que le segment intermédiaire résultant de ces cassures et correspondant à peu près à la région lombaire, s'était libéré de la paroi dorsale et flottait dans la cavité générale. Il est difficile de connaître exactement la cause de ces ruptures, car on peut aussi bien supposer que l'animal a été abordé par un steamer que prétendre que ces lésions ont été faites par les chocs répétés qu'il a reçus sur les récifs de l'île de Batz ; mais cette dernière hypothèse paraît être cependant la plus admissible, car ces animaux sont des nageurs remarquables qui peuvent facilement lutter de vitesse avec les meilleurs navires.

Par contre le larynx était, grâce à ses cartilages, dans un état de conservation qui permit de constater la présence du sac laryngien

senter quelque intérêt pour l'étude, étaient les parties squelettiques, osseuses et cartilagineuses, car si l'ostéologie des Balénoptères est connue d'une façon assez complète, il y a cependant des divergences d'opinion concernant le nombre des vertèbres et celui des doigts du membre supérieur, qu'il serait intéressant d'éclaircir ; mais en cherchant la colonne vertébrale préglottique que certains considèrent comme une poche contenant une réserve d'air, servant à la respiration de l'animal pendant la plongée.

Le *Balenoptera physalus* est une espèce assez commune dans les mers froides, pour être le sujet d'une pêche active de la part des Norvégiens. Frédéric True, du 4 ou 22 août 1899, en a vu prendre 25 exemplaires sur les côtes de

Terre-Neuve à la station de Snook's Arm, et Cocks signale avoir eu l'occasion d'en observer 186 individus dans les pêcheries de Norvège.

La baleine franche devenant de plus en plus rare, les Balénoptères, quoique d'une valeur commerciale moins grande, offrent encore aux pêcheurs un bénéfice suffisant par suite de l'abondance de la graisse qu'ils contiennent et dont on extrait l'huile de baleine ; on estime à 90 barils la quantité d'huile que l'on peut extraire d'un balénoptère de 20 mètres, mais les fanons, en raison de leur qualité inférieure et de leur faibles dimensions, ne sont pas estimés.

Le laboratoire de Roscoff, en face duquel ce balénoptère est venu s'échouer, fut fondé en 1872 par Henri de Lacaze-Duthiers ; il était destiné, dans la pensée de cet illustre savant, à fournir aux étudiants de l'enseignement supérieur et aux savants les matériaux nécessaires aux études de Zoologie marine.

Henri de Lacaze-Duthiers, comprenant tout ce que la faune marine pouvait réserver de surprises et de nouveautés aux zoologistes, avait pris à tâche de trouver, sur les côtes françaises de l'Atlantique ou de la Manche, un lieu où la faune permît aux travailleurs de se procurer les animaux marins appartenant aux divers embranchements du règne animal. Après avoir visité avec soin les différents points de la côte, son choix se porta sur Roscoff, qui lui parut être l'endroit où cette faune était la plus riche et la plus variée ; les anfractuosités de la côte, la multitude d'îlots répandus aux alentours, forment en effet des gîtes où vivent en abondance des représentants de tous les embranchements du règne animal.

Cette création, qui fait le plus grand honneur à son fondateur, a eu sur l'enseignement de la Zoologie, non seulement en France, mais aussi à l'étranger, une action considérable, et il suffit, pour s'en convaincre, de connaître les noms des savants du monde entier qui ont fréquenté le laboratoire et qui n'ont pas hésité à venir souvent de très loin pour profiter de l'hospitalité scientifique que la France leur offrait ; contentons-nous d'en citer quelques-uns : Carl Vogt et Yung, de Genève ; Kovalewsky, d'Odessa ; Ludwig von Graff, de Gratz ; Frédéricq, de Liège ; Francotte, de Bruxelles ; Danilewsky, de Karkov : Mitrophanov, de Varsovie ; Apos-

tolidès, d'Athènes ; Georgevitch, de Belgrade ; Minchin, de Londres ; Vilson, de New-York ; Ostroumov, de Kazan ; Hartlaub, d'Helgoland ; Eismond, de Varsovie.

C'est là aussi que se formèrent des savants tels que Yves Delage, le directeur actuel du laboratoire ; Giard, Edmond Perrier, Pruvot, Joyeux-Laffuie, Joubin, Boutan, Guitel, Cuénot, ces maîtres de la Zoologie française.

Modeste à ses débuts, cet établissement n'a cessé d'agrandir son domaine et de perfectionner son installation, et le souci de la direction actuelle est de réunir dans cette enceinte tout le matériel indispensable pour qu'il soit possible aux savants qui s'y rendent d'aborder avec chance de succès les problèmes complexes de la biologie. Organisé d'abord pour l'étude exclusive de la Zoologie, de l'Anatomie et de l'Embryologie, on a pu récemment adjoindre aux services déjà existants un laboratoire de chimie (fig. 3, G) et un laboratoire de psychologie animale (fig. 3-5). La construction d'un nouveau bâtiment (fig. 3, K) a permis d'installer au rez-de-chaussée une vaste salle de dissection pour les étudiants et, au premier étage, une salle de collection et une bibliothèque ; d'importants réservoirs en ciment armé, contenant ensemble 180 000 litres d'eau (fig. 3, Q), permettent d'alimenter abondamment l'aquarium (fig. 3, B), et le vivier (fig. 3, A), qui jadis ne pouvait être rempli qu'avec de l'eau de mer polluée par le contact des grèves et qui reçoit aujourd'hui l'eau du large, grâce à un tunnel (fig. 3, S). Ces adjonctions ont pu se faire, en grande partie, grâce à de généreux donateurs, parmi lesquels il faut citer M. le docteur Chalon, professeur à l'Université de Namur ; la Société des amis de l'Université ; M. Mader licencié ès sciences, et l'Institut de psychologie.

Cette station est ouverte gratuitement aux professionnels, aussi bien qu'aux travailleurs indépendants qui entreprennent des recherches scientifiques pour lesquelles la localité peut fournir des matériaux d'étude ; aussi les botanistes, les océanographes, les géologues, les biologistes peuvent, comme les zoologistes eux-mêmes, demander asile au laboratoire Lacaze-Duthiers.

Mais l'action du laboratoire ne s'arrête pas là : afin de faire profiter l'enseignement général des richesses naturelles qui s'y rencontrent, il a été créé un service destiné à fournir aux Universités les animaux vivants nécessaires aux démonstrations et aux travaux pratiques des étudiants ; ce service est aussi à la disposition de tous ceux qui poursuivent des recherches. Pendant toute l'année le *service des envois* expédie aux professeurs des facultés françaises et étrangères, ainsi qu'aux travailleurs indépendants, les animaux qu'ils désirent recevoir aux jours indiqués pour les besoins de leur enseignement.

Ces nombreux envois nécessitent des voyages incessants aux différents points du littoral, afin de recueillir les animaux qui sont demandés par les Universités, et les marins du laboratoire travaillent sans relâche pour satisfaire à toutes les demandes. Malheureusement les embarcations dont dispose la station sont des bateaux à voiles, d'un faible tonnage, ne permettant pas d'affronter la mer par tous les temps, et c'est souvent au péril de leur vie que ces marins dévoués, sous la direction de M. Marty, patron des embarcations, vont draguer au large, afin de contenter toutes les exigences.

Il existe, dans ces régions parsemées de récifs, des courants d'une intensité peu commune, et la multiplicité de ces récifs, qui est une des causes de la richesse de la faune, rend ces parages extrêmement dangereux pour le navigateur. Aussi un des besoins les plus urgents du laboratoire est l'acquisition d'une embarcation actionnée par un moteur, afin que les marins puissent accomplir leur tâche en courant moins de dangers et qu'il soit permis en même temps d'entreprendre des dragages à des profondeurs plus considérables.

Le faible budget annuel dont jouit le laboratoire ne lui permet malheureusement pas l'achat trop coûteux de ce précieux instrument de travail. Si, en France, nous ne trouvons pas, comme en Amérique, des particuliers pouvant mettre des sommes considérables au service de la science, nous savons cependant que les bonnes

volontés ne manquent pas, nous savons que ceux que l'avenir scientifique du pays intéresse ne font pas défaut et que, par leur nombre, les esprits éclairés peuvent lutter, en s'imposant volontairement une plus modeste contribution, avec ces libéralités qui ne sont permises qu'à de rares individualités. C'est à eux que le directeur du laboratoire de Roscoff, le professeur Yves Delage, fait appel pour combler cette lacune;

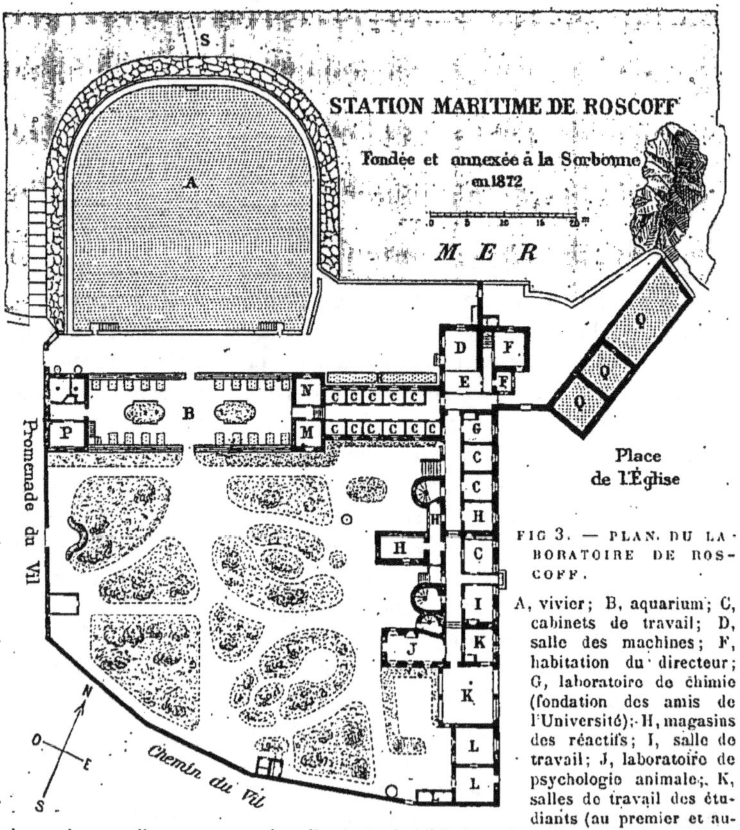

FIG 3. — PLAN DU LABORATOIRE DE ROSCOFF.

A, vivier; B, aquarium; C, cabinets de travail; D, salle des machines; F, habitation du directeur; G, laboratoire de chimie (fondation des amis de l'Université); H, magasins des réactifs; I, salle de travail; J, laboratoire de psychologie animale; K, salles de travail des étudiants (au premier et au-dessus de ces salles se trouvent la collection et la bibliothèque); L, logement du gardien-chef; M, cabinet du maître de conférences; N, cabinet du préparateur; O, chambres noires pour la photographie; P, remise pour les engins de pêche; Q, cuves à eau de mer pour l'alimentation de l'aquarium; R, citerne à eau douce; S, conduit souterrain servant à alimenter le vivier avec l'eau du large.

nous avons déjà cité les noms de quelques-uns de ces bienfaiteurs auxquels la science est redevable de pouvoir poursuivre sa marche en avant; il faut espérer que leur exemple sera suivi et que de nouveaux dons permettront, par leur réunion, d'acquérir l'embarcation qui, en donnant la sécurité aux marins dévoués au service de la science, permettra de marcher plus sûrement à la conquête de l'inconnu.

EDGARD HÉROUARD,
Maître de conférences à la Sorbonne.

CHIMIE GÉNÉRALE

L'HÉLIUM, SA GENÈSE ET SES PROPRIÉTÉS.

Le gaz hélium a une histoire pleine de captivantes suprises.

Il a tout d'abord été caractérisé comme élément nouveau par l'analyse spectrale de la chromosphère solaire en 1868, grâce aux recherches de MM. *Janssen, Secchi* et *Norman Lockyer*. A côté des nombreuses raies spectrales qui établissaient dans le soleil la présence de presque tous les éléments chimiques terrestres, on observait en particulier dans le jaune une raie nouvelle, n'appartenant à aucun élément de notre globe et qui autorisait à supposer l'existence d'un élément solaire défini. Norman Lockyer lui donna le nom d'*hélium* pour rappeler son origine. L'intensité des raies spécifiques de son spectre laissait à penser qu'il existait en masses puissantes dans l'astre central.

Ce fut là une grande découverte de la chimie céleste : elle fit sensation. On découvrait ensuite l'hélium dans le spectre de beaucoup d'étoiles. Il était donc connu avant d'avoir été touché et manié. Aussi M. Janssen pouvait-il s'écrier avec lyrisme : « O étoile ! envoie-moi un de tes rayons et j'écris ton histoire ».

En 1882, le regretté directeur de l'Observatoire du Vésuve, *Palmieri*, en examinant le spectre fourni par la dissolution d'un produit volcanique rejeté par le Vésuve, reconnut la ligne jaune qui caractérisait l'hélium. Foyers célestes et feu central terrestre contenaient donc ce prestigieux et alors encore mystérieux hélium.

En 1895, *Lord Rayleigh* et *Sir William Ramsay* venaient de découvrir l'argon dans l'atmosphère.

Le minéralogiste américain Hillebrand avait extrait, par l'action de la chaleur, d'un minerai d'urane, la *clévéite*, un gaz qu'il avait pris pour de l'azote. Ramsay, qui recherchait partout l'argon, étudia ce gaz, et reconnut qu'il contenait bien 10 p. 100 d'azote, mais que le reste du gaz était de l'hélium. Examiné au spectroscope, il présentait la raie jaune caractéristique de ce gaz. L'habile professeur d'University College, à Londres, parvint à isoler l'hélium par des filtrations successives à travers des corps poreux et put constater qu'il était léger et incolore. Voulant opérer sur une plus grande quantité, Ramsay accapara toute la clévéite de Norwège qu'il put trouver et parvint, après de nombreuses opérations, à préparer près de deux litres d'hélium. *Clève*, auquel avait été dédié le minéral héliumifère, Sir Norman Lockyer préparaient aussi de leur côté le nouveau gaz, et Crookes en étudiait le spectre.

Un très petit nombre des minéraux examinés fournirent de l'hélium et, particularité remarquable, tous ceux qui donnaient ce gaz étaient des minerais d'uranium, de thorium, d'yttrium et de terres dites rares.

Le radium n'était pas encore connu, mais, en 1896, M. Henri Becquerel découvrait que l'uranium et ses sels émettaient des radiations jusqu'alors insoupçonnées ; une nouvelle propriété de la matière, la radio-activité, apparaissait, bien que ne se manifestant encore que par des effets peu marqués. Mme Curie entreprit l'étude de ces rayons uraniques et observa que le thorium et ses sels possédaient aussi cette radio-activité découverte par M. Becquerel.

Était-ce un pur hasard que cette production de l'hélium par l'action de la chaleur sur les minéraux radio-actifs d'uranium et de thorium ? Il y avait là une parenté entre le gaz hélium et les métaux radio-actifs. Autre coïncidence à noter : le thorium et l'uranium sont les métaux dont les poids atomiques sont les plus élevés : Thorium = 232,5 ; Uranium = 238,5.

A quel état l'hélium était-il engagé avec ces métaux ? Mystère. On sait seulement que les minéraux héliumifères chauffés dans le vide, seuls ou additionnés de bisulfate de potasse, abandonnent des gaz riches en hélium ; 3 gr. 6 d'une clévéite ont donné 26 cc. de gaz ; 2 gr. 5 d'*uraninite* dégageaient 37 cc. 5.

Actuellement, pour préparer l'hélium, on emploie la *clévéite*, la *broggérite*, la *samarskite*, la *monazite*, minéraux contenant de l'uranium ou du thorium. La clévéite que l'on rencontre en Norwège renferme de l'oxyde d'uranium et 13 p. 100 des terres rares. Certains minéraux comme la *fergusonite* s'illuminent quand ils dégagent de l'hélium sous l'action de la chaleur.

Le gaz qui se dégage est aspiré à la trompe à mercure [1].

L'hélium a une densité double de celle de l'hydrogène, sa densité par rapport à l'air est 0,137. Il se diffuse très rapidement à travers les corps poreux, plus vite que ne l'indiquerait sa densité.

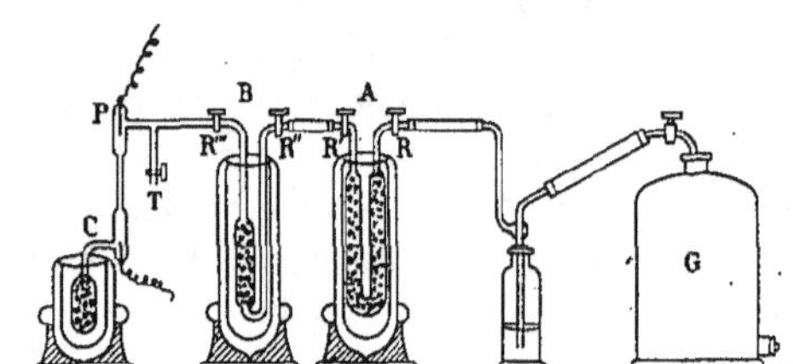

FIG. 1 — PRÉPARATION DE L'HÉLIUM PAR J. DEWAR.

G, gazomètre; A et B, tubes à charbon de bois refroidis par l'air liquide pour condenser les gaz autres que l'hélium; C, tube à charbon de bois refroidi par l'hydrogène liquide pour condenser l'hélium; T, communication avec la trompe à mercure.

Cette grande diffusibilité avait servi à Sir W. Ramsay pour purifier le gaz hélium lors de sa découverte.

L'hélium n'a pas encore été liquéfié; à la pression de 60 atm. et à — 260°, la plus basse température atteinte jusqu'ici, il est resté gazeux. On a calculé que son point critique doit être voisin de — 267°. Cette qualité de gaz permanent avait été utilisée par M. Olszewski pour construire des thermomètres où le gaz hélium remplaçait l'hydrogène. Pour les températures élevées, 1100° avec des réservoirs en silice fondue, l'hélium, très diffusible, s'échappe assez vite à travers les parois (Jacquerod et Perrot). Il faut donc revenir au thermomètre à azote.

L'hélium est très peu soluble dans l'eau, moins que l'hydrogène. C'est le moins réfringent de tous les gaz.

Son spectre dans les tubes de Geissler présente la raie jaune brillante voisine de celle du sodium qui a servi à caractériser le gaz hélium dans le soleil. Il présente en outre d'autres raies dont les plus intenses sont : une raie rouge, 2 raies vertes, 2 raies bleues, 2 raies indigo, une raie violette (fig. 2).

Le rapport des chaleurs spécifiques à pression constante et à volume constant du gaz hélium semble indiquer que sa molécule est mono-atomique comme celle de l'argon. Le poids de l'atome d'hélium est donc le même que celui de sa molécule, soit 3,96 ou à peu près 4. C'est une molécule à poids léger.

Comme l'argon monoatomique, l'hélium a la même inertie chimique. L'union des atomes fait leur force : une molécule à plusieurs atomes est douée d'une plus grande activité chimique. Cette absence d'énergie d'un élément qui entre dans la composition de l'astre d'énergie est curieuse. L'hélium est dit un élément *non-valent*.

On a cherché en vain à le faire réagir sur le sodium, le silicium, le bore, le zinc, l'yttrium, le thallium, le titane, le thorium, le phosphore, l'uranium et tant d'autres.

Cependant, sous l'influence de décharges électriques prolongées, le platine l'absorbe en tombant en poussière. Il en est de même pour l'aluminium et le magnésium, comme l'ont démontré MM. Troost et Ouvrard.

M. Berthelot, en présence des effluves électriques, est arrivé à combiner l'hélium avec la benzine et le sulfure de carbone.

MM. Liveing et Dewar ont démontré la présence de l'hélium dans l'air en recueillant les parties les plus volatiles de l'air liquide. On obtient ainsi un mélange d'argon, d'azote, de néon, d'hydrogène et d'hélium. Par une nouvelle condensation dans l'hydrogène liquide, qui solidifie les trois premiers gaz, on arrive à un

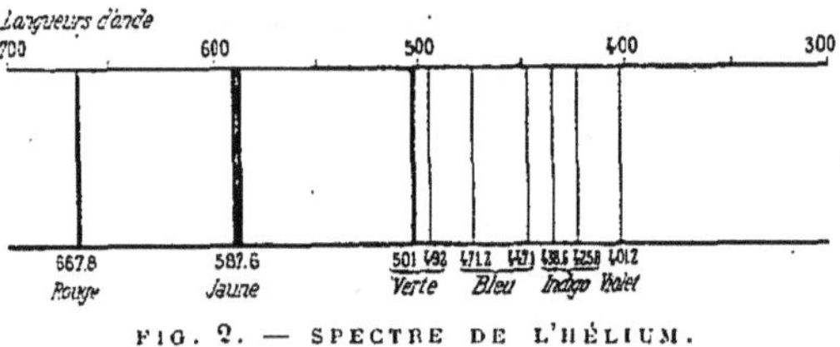

FIG. 2. — SPECTRE DE L'HÉLIUM.

mélange d'hydrogène et d'hélium. L'hydrogène est enlevé par l'oxyde de cuivre chauffé.

L'hélium de l'air semble contenir un gaz nouveau, au moins sur la terre, il donne une raie qui appartient à un corps signalé dans le soleil, le *coronium*.

La quantité d'hélium atmosphérique serait

---

1. Pratiquement, on chauffe le minerai dans des tubes de verre presque jusqu'au ramollissement du verre. Le gaz recueilli renferme de la vapeur d'eau, du gaz carbonique, quelquefois de l'hydrogène sulfuré, toujours de l'hydrogène, de l'azote, des carbures d'hydrogène, enfin de l'argon et du krypton. On le fait passer sur de la chaux sodée et sur de l'anhydride phosphorique qui enlèvent le gaz carbonique, l'hydrogène sulfuré et la vapeur d'eau, ensuite sur de l'oxyde de cuivre chauffé qui brûle l'hydrogène et les carbures d'hydrogène, puis sur un mélange de chaux vive et de magnésium porté au rouge sombre pour absorber l'azote.

Pour enlever la vapeur d'eau et le gaz carbonique provenant de la combustion de l'hydrogène et des carbures d'hydrogène, on fait enfin passer le gaz sur de la chaux sodée et de l'anhydride phosphorique.

Pour éliminer l'argon et ses satellites, on refroidit le gaz dans l'hydrogène liquide, ceux-ci se solidifient. L'hélium pur reste à l'état gazeux et peut alors être recueilli. C'est ce procédé qui a été suivi dans ces temps derniers par MM. *Travers* et *Jacquerod*.

Plus récemment encore, *Sir James Dewar* a utilisé la propriété curieuse du charbon de bois de condenser les gaz à basse température [1] (fig. 1).

1. Voir *la Science au XXe siècle*, nº 13, 1904.

d'environ un millionième de son volume, alors qu'il y a dix millionièmes de néon.

Il était intéressant de rechercher si les gaz qui s'échappent des profondeurs du sol ne contenaient pas d'hélium. MM. Bouchard et Troost, dès 1895, mirent en évidence la présence de l'hélium dans les gaz qui se dégagent des sources du Bois et de la Raillière, à Cauterets, dans les Pyrénées. Lord Rayleigh l'a ensuite trouvé dans du gaz de la source King's Well de Bath, en Angleterre, connue des Romains sous le nom d'*aqua solis* (les Romains auraient-ils pressenti la parenté de l'hélium et du soleil). Ce sont ces gaz de Bath qui servent en ce moment à sir Dewar pour préparer de notables quantités d'hélium par l'hydrogène liquide. M. Moureu a signalé en France, à Maizières (Côte-d'Or), une source très riche en gaz hélium.

Les fumerolles des suffioni de Toscane renferment jusqu'à 1 p. 100 du gaz du soleil.

C'est vraisemblablement des entrailles de la terre que vient le gaz trouvé sur notre globe par Sir W. Ramsay, où il gît associé avec les minéraux d'uranium, de thorium et autres éléments à poids lourds et radio-actifs.

Il y avait à élucider ce lien entre la radio-activité des éléments des minerais à hélium et la genèse de ce curieux gaz. Il était réservé à Sir W. Ramsay, aidé de M. Soddy, d'entrevoir cette filiation.

On sait[1] que le radium à l'état de bromure dégage *quelque chose* qu'au début on désignait modestement sous le nom d'émanation, terme vague d'une entité qui n'était ni force ni matière, ou peut-être les deux à la fois. Cette émanation avait été observée par M. Rutherford pour le thorium. Mme Curie et M. Curie avaient pu condenser l'émanation du radium, au moyen de l'air liquide dans un tube de verre auquel elle communiquait une phosphorescence remarquable.

Sir W. Ramsay, MM Soddy et Collie ont démontré que cette émanation condensable était un gaz qu'ils appellent *ex-radio*. Ils ont enfermé 70 mgr. de bromure de radium dissous dans l'eau dans trois petites ampoules de verre reliées à une trompe à mercure à vide. On faisait le vide dans l'appareil, peu à peu sous l'influence de l'énergie radio-active, le bromure de radium en même temps qu'il dégageait son émanation, décomposait l'eau en ses éléments.

En une semaine, on recueillait 8 à 10 cc. du mélange d'hydrogène, d'oxygène et d'émanation, on laissait l'appareil produire de nouveau des gaz. Ces gaz étaient extraits par la trompe, l'appareil était lavé par une petite quantité d'hydrogène et on faisait ensuite passer une étincelle dans le mélange gazeux pour recombiner l'hydrogène et l'oxygène. Il ne restait plus que l'émanation dans un excès d'hydrogène. En refroidissant dans l'air liquide une ampoule fixée au tube de l'appareil, l'émanation était condensée et rendait l'ampoule phosphorescente.

On pouvait alors enlever l'hydrogène à la trompe, en s'arrêtant quand les tubes de chute s'illuminaient par suite d'une partielle vaporisation de l'émanation.

On pouvait alors isoler l'ampoule et la relier avec un tube capillaire jaugé et rempli de mercure. On enlevait le condenseur à air liquide, l'émanation se vaporisait et remplissait le tube capillaire ; son volume était ainsi mesuré, il était bien faible. A la pression atmosphérique, il n'était que de 0 cc. 0254. Néanmoins, avec ce faible volume, sous des pressions réduites, on a pu constater que cette émanation suivait la loi de Boyle-Mariotte. L'émanation était donc un gaz.

On n'a pas pu déterminer sa densité exacte, elle est environ 80 fois celle de l'hydrogène. correspondant à un poids atomique de 160.

Le radium engendrant un gaz nouveau à spectre particulier : c'était là un fait inattendu, mais quelque chose de plus extraordinaire allait se produire. Ce gaz abandonné à lui-même diminua de volume, la lumière disparut peu à peu, et au bout d'un mois, il n'était plus phosphorescent. En faisant alors le vide dans le tube légèrement chauffé, on obtint un gaz dont le volume était environ 4 fois celui du gaz primitif, l'exradio. De plus il restait un enduit sur le tube. Ce gaz, qui n'est plus l'exradio, présente le spectre de l'hélium.

Ainsi le radium aurait engendré l'exradio qui, à son tour, aurait donné naissance à l'hélium.

MM. Deslandres et Hendricson de leur côté ont constaté la même transformation de l'émanation condensée du bromure de radium sec, en hélium.

Nous sommes en alchimie, en pleine transmutation. Le radium serait-il un de ces vieux corps simples en voie de désagrégation atomique. Comme un corps explosif ou endothermique, il dégagerait de la chaleur en se transformant en hélium après avoir passé par une sorte d'agrégat

1. Voir *la Science au XX° siècle*, n° 22, 1904.

éphémère, l'exradio, laissant comme *caput mortuum* l'hélium.

Il reste établi, quoiqu'il arrive, que l'hélium et les corps radio-actifs sont en relation bien nette.

Or la radio-activité, parmi ses effets, a des effets physiologiques puissants tels que M. Curie a pu dire que si jamais il y avait un kilogramme de bromure de radium dans son laboratoire, il se garderait bien d'y entrer, il perdrait la vue et ses tissus seraient aussitôt désorganisés. MM. Bouchard, Curie et Balthazard ont soumis de malheureuses souris et de tranquilles cobayes à l'action de l'émanation, ces animaux sont morts avec des lésions pulmonaires intenses.

Comme M. Bouchard l'avait pressenti, en 1895, quand il découvrait, avec M. Troost, l'hélium aux bains de Cauterets, l'action thérapeutique des humages dans les stations d'eaux minérales peut être attribuée à la radio-activité [1].

1. Voir *la Science au XXe siècle*, n° 19, 1904.

Le témoin chimique de la radio-activité serait l'hélium provenant de la destruction de l'émanation ; l'Académie de Médecine, pour cette question à l'ordre du jour, a proposé d'attribuer un prix aux meilleures recherches sur ces eaux minérales radio-actives.

D'autre part, avec cette transformation du radium en hélium, la philosophie naturelle fait un grand pas. Cette notion de corps simple est toute expérimentale et transitoire, et on se rappelle cette boutade de Faraday à M. Crookes qui venait lui annoncer qu'il avait découvert un corps simple, le thallium : « C'est peu de chose que la découverte d'un corps simple, je vous féliciterais si vous veniez m'apprendre que tel corps réputé simple ne l'est plus aujourd'hui grâce à vos recherches ».

A. RIGAŪT,
Préparateur de M. Moissan (Sorbonne).

ÉLECTRICITÉ INDUSTRIELLE

CHUTE DE GESSE : DISTRIBUTION ÉLECTRIQUE DE SON ÉNERGIE SOUS 20 000 VOLTS.

Dans le n° 15 de *La Science au XXe siècle*, M. L. Drin a exposé avec une remarquable clarté les éléments théoriques et les conditions générales de la distribution de l'énergie par les courants polyphasés.

Aussi me bornerai-je à montrer avec précision, en prenant l'usine de Saint-Georges comme exemple, les moyens mis en œuvre pour capter l'importante chute de Gesse et en distribuer l'énergie sur une immense étendue, à travers une région accidentée dont les figures 2 et 3 montrent la sauvage grandeur.

La *Société méridionale* exploite depuis le 24 novembre 1900 une usine hydro-électrique située à l'entrée des Gorges

de Saint-Georges, à 2 km. en amont d'Axat. Cette usine utilise comme force motrice une chute d'eau d'environ 101 m. de hauteur. L'eau est captée à l'aide d'un barrage établi sur la rivière d'Aude un peu au-dessous du village de Gesse, à environ 60 km. des sources de l'Aude. Ce barrage, en forte maçonnerie, forme un

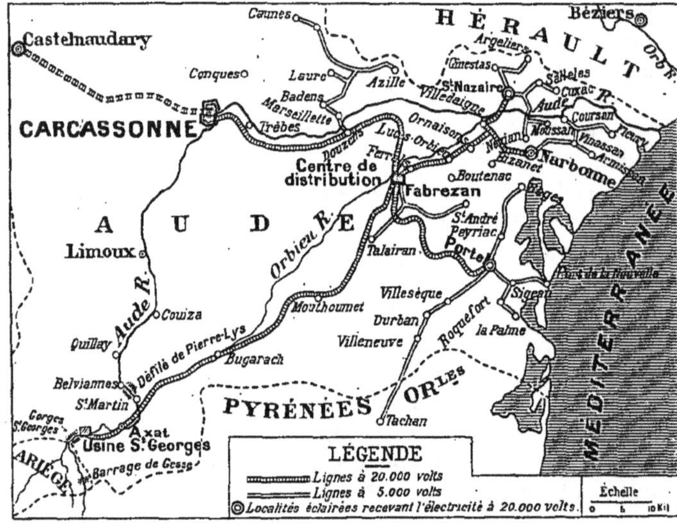

FIG. 1. — DISTRIBUTION DE L'ÉNERGIE ÉLECTRIQUE DANS LE DÉPARTEMENT DE L'AUDE.

déversoir de 40 m. de longueur et possède deux vannes de décharge (fig. 3).

Le régime de l'Aude est torrentiel et par suite assez inégal ; à Gesse, pendant dix mois environ de l'année, le débit est de 6 mc. Du

L'eau arrive à environ 200 m. de l'usine dans un déversoir que suit immédiatement la chambre de retenue d'eau. Enfin, de cette chambre, munie de grilles et de vannes, partent deux conduites forcées (fig. 3), qui amènent l'eau à l'usine. Ces conduites, en tôle d'acier de 1 m. de diamètre, se bifurquent à 12 m. de l'usine en deux tuyaux de 0 m. 70 de diamètre, alimentant chacun une turbine. Il passe environ 1 600 litres d'eau à la seconde à la vitesse de 2 m. dans chacune des deux conduites.

L'eau amenée à l'usine est reçue par quatre turbines à axe horizontal du genre Pelton fournies par la Société des ateliers de construction de Vevey. Ces turbines peuvent développer normalement 800 chevaux. Un régulateur automatique permet la plus ou moins grande introduction d'eau. Un régulateur de pression commandé par le régulateur de vitesse empêche la surpression dans les conduites de dépasser 10 p. 100.

Ces turbines, dont le rendement à pleine charge est de 77 p. 100, attaquent directement les *alternateurs* au moyen de manchons élastiques faisant volant. Les alternateurs du système Alioth bobinés en étoile peuvent fournir largement 700 kilowats. Ils sont à fer tournant, courant triphasé, 50 périodes, 300 tours et ont une tension de 2 900 volts. Leur excitatrice est portée par l'extrémité de l'arbre, ce courant d'excitation a une intensité de 25 ampères, sous une tension de 60 volts à pleine charge. Le rendement de ces machines est de 93 p. 100. Elles pèsent 35 tonnes dont 12 tonnes pour la partie mobile. L'installation de la partie électrique et mécanique a été confiée à la Société d'application industrielle (Paris).

L'usine est prévue pour 8 groupes électrogènes formés chacun d'une turbine et d'un alter-

FIG. 2. — ENTRÉE DU DÉFILÉ DE PIERRE-LYS (10 KM. EN AVAL DE L'USINE SAINT-GEORGES).

A droite on aperçoit une entrée architecturale flanquée de tours à couronnement crénelé. C'est l'entrée du tunnel récemment percé dans le roc pour le passage de la voie ferrée. A gauche la route nationale qui côtoie la rivière et la coupe en de nombreux endroits. Le tracé de cette route a présenté de nombreuses difficultés. Il a été commencé en 1806 par l'abbé Armand alors curé de Saint-Martin-Lys, d'où le nom de Trou du Curé au tunnel étroit que l'on voit sur la gauche surplombant la route. Pour livrer passage à celle-ci il a fallu tantôt entailler le roc, tantôt empiéter sur le lit de la rivière.

réservoir que forme le barrage part un canal de dérivation amenant l'eau à l'usine. Ce canal, dont la longueur totale est de 5 500 m., est à l'air libre sur 1 500 m. de son parcours. Sur 4 km. il est souterrain. Il est inutile de dire que les difficultés de forage ont été nombreuses. Sa pente est uniforme et de 16 mm. par m., sauf dans la partie à l'air libre où elle a été accentuée en vue de réduire la section de cette partie du canal qui est en ciment armé et montée sur des poteaux également en ciment armé. La section de la partie souterraine est sensiblement un carré de 2 m. de côté.

nateur de 800 chevaux. Actuellement 4 de ces groupes sont en place. A l'une des extrémités de l'usine se trouve le tableau de basse tension, muni de tous les instruments de mesures et de manipulations ordinaires, voltmètres, ampère-mètres, interrupteurs, etc. Le courant fourni par les machines se rend à ce tableau après avoir traversé des coupe-circuits à fusibles d'argent.

Les alternateurs sont couplés en parallèle en sorte que la manœuvre d'un volant suffit pour modifier le champ des alternateurs et régler la tension des machines en service. Il est superflu de dire que l'isolement, qui, à cette tension, est indispensable, a été effectué avec le plus grand soin et obtenu à l'aide de porcelaines double-cloche.

Du tableau de basse tension situé dans l'usine

Tous ces transformateurs à courant mono-phasé, d'une puissance unitaire de 200 kilowats, sont groupés par 3 en étoile et forment ainsi un groupe triphasé de 600 kilowats correspondant à la puissance des alternateurs.

En visitant la salle des transformateurs je fus frappé de les trouver protégés à partir du sol sur une hauteur d'environ 30 cm. par une cage en zinc. En voici la raison : à la rentrée de l'hiver, les rats de la montagne, attirés par la chaleur, font visite à l'usine; l'un d'eux vint se cacher dans un transformateur entre les enroulements et la masse, il y trouva un jour la mort, mais il occasionna en même temps un court-circuit. C'est pour éviter de tels accidents que les trans-formateurs ont été protégés.

De ces appareils soigneusement isolés, le

FIG. 3. — VUE PERSPECTIVE DE L'USINE ET DES CONDUITES FORCÉES.

Au fond, l'entrée des Gorges Saint-Georges, qui répètent plus au sud la disposition du défilé de Pierre Lys. — Les Gorges Saint-Georges s'en distinguent toutefois par le plus grand rapprochement des montagnes en regard, que l'Aude seule sépare, et aussi par leur coupe à pic.

le courant est conduit aux *transformateurs-élé-vateurs*, qui porteront sa tension de 2 800 volts à 20 000 volts. Ces transformateurs du système Alioth sont placés dans une salle bien ventilée et inaccessible au public, qui forme le rez-de-chaussée d'un pavillon.

courant, sous 20 000 volts, est conduit à un tableau de haute tension placé dans une salle située au-dessus de celle des transformateurs. La manœuvre des interrupteurs tripolaires de ce tableau se fait à distance à l'aide de l'air comprimé sous une pression de 5 kgr. Un dis joncteur nouveau dû à M. L. Choulet, ingénieur technicien et secrétaire général de la Société méridionale, interrompt automatiquement le courant à la fois sur les trois fils de ligne dès que l'un d'eux cesse de fonctionner. Des barres omnibus (à 20 000 volts) du tableau de haute tension, la ligne sort de l'usine par des trous obliques ménagés dans le mur. A sa sortie se trouvent les 3 parafoudres à cornes protecteurs.

Les études approfondies dont la ligne a été l'objet ont

FIG. 1. — CANAL DE DÉRIVATION EN CIMENT ARMÉ.

ments nécessaires sur la tension à maintenir à cette usine. A Fabrezan la tension est maintenue entre 17 200 et 17 000 volts.

De Fabrezan partent trois dérivations : celles de Narbonne, de Carcassonne et de la Nouvelle (Portel). Ces dérivations principales fournissent directement l'énergie aux localités placées sur leur parcours, au moyen de transformateurs ramenant la tension à 130 volts, mais elles servent surtout à alimenter ces centres où la tension est réduite à 5 000 volts, et

conduit à adopter un *feeder* de trois câbles de 38 mm² de section, placés en triangle équilatéral et écartés de 60 cm. Les poteaux ont 10 m. de hauteur et sont espacés de 40 m. Ils portent des isolateurs triple-cloche de grande dimension essayés avant la pose sous 40 000 volts.

Les essais d'isolement de la ligne, à la tension de 30 000 volts, ont été satisfaisants, l'isolement a une moyenne de 500 000 ohms par un temps sec et tombe à 100 000 ohms par la pluie ou le brouillard.

Le feeder part de l'usine pour se rendre à Fabrezan, à 70 km. de l'usine, qui est le centre de distribution à travers une région des plus accidentées. Il part en effet à la cote de 430 m. pour s'élever à celle de 1 000 m. dans la forêt de Fanges ; il passe ensuite à la cote de 800 m. au pied du pic de Bugarach et aboutit enfin à Fabrezan à la cote 200. Une ligne téléphonique relie le centre de distribution à l'usine et ainsi le chef du réseau, qui se tient au centre de distribution, peut fournir à l'usine les renseigne-

d'où partent de nouvelles lignes secondaires. Ces lignes de moyenne intensité ont été établies pour ne pas augmenter outre mesure le réseau de haute tension. (Le feeder 20 000 et 5 000 a près de 600 kilomètres de développement). Elles rayonnent autour des centres secondaires. Les lignes de tension moyenne (à 5 000 volts) sont nécessairement incomplètes ; leur nombre et leur longueur s'accroissent tous les jours. Ce réseau, déjà si vaste, est encore en plein développement. Après avoir rayonné dans l'Aude, il gagne l'Hérault et déjà Béziers, qui se trouve à plus de 120 km. de l'usine génératrice, reçoit l'énergie électrique. 130 localités environ utilisent actuellement cette énergie.

La station de Carcassonne utilise en outre une faible partie du courant triphasé venant de Saint-Georges pour faire mouvoir des machines à courant continu 3 fils, qu'elle distribue dans les faubourgs et les environs de la ville sous la tension maxima de 300 volts. Un groupe analogue existe aussi à Narbonne. Mais la station de Carcassonne possède une véritable usine, utilisant une petite chute d'eau prise à Carcassonne au barrage du Païchérou sur l'Aude, et aussi des moteurs à vapeur, une magnifique installation d'accumulateurs, un laboratoire d'essais ; des ateliers de construction et de réparation. Les poteaux qui doivent supporter la ligne subissent dans ces usines un traitement particulier : ils sont placés dix par dix dans un four de 12 m. de longueur, où ils sont séchés par un courant d'air chauffé électriquement ; ils sont portés ensuite dans un deuxième four où l'on fait d'abord le vide, puis où l'on comprime du carbonyle. Après ce traitement les poteaux peuvent être posés.

Le fonctionnement d'un réseau aussi important laisse peu à désirer, grâce à une ingénieuse organisation du personnel de surveillance créé par M. Estrade, directeur de la Société. A ce point de vue, un véritable plan de mobilisation a été prévu et une copie se trouve entre les

réseau, résidant au centre de distribution, dont la mission spéciale est de surveiller le feeder qui va de l'usine à Fabrezan sur un parcours accidenté de 70 km. Il a, pour l'aider dans sa tâche, des cantonniers, qui font des tournées journalières et lui rendent compte par téléphone des accidents ou des imperfections qu'ils ont observés. Le courant est coupé chaque jour de midi à deux heures. C'est pendant ce temps que se font les réparations les plus urgentes. A chaque sous-station recevant le courant à 20 000 volts se trouvent des sous-chefs de réseau qui ont également des cantonniers sous leurs ordres, mais en moins grand nombre, car les dérivations suivent généralement les routes et il est alors plus aisé de surveiller la ligne. Enfin il y a des chefs de poste dans chaque village. Ces nombreux agents font part quotidiennement de leurs observations, par téléphone ou télégraphe, au siège de leur Société à Carcassonne, d'où partent ensuite les instructions nécessaires.

Les conditions d'abonnement sont des plus simples... L'éclairage municipal est assuré gra-

FIG. 5. — POSTE CENTRAL DE DISTRIBUTION DE FABREZAN.

mains de chaque agent responsable. Ce plan détermine les fonctions de chacun en temps normal et en cas d'accident. Le personnel est placé sous la direction d'un ingénieur chef de

tuitement à raison de 25 lampes à incandescence de 16 bougies par 1 000 habitants, les frais d'établissement de la ligne ayant été supportés par la commune. Une grande partie de l'énergie livrée est utilisée comme force motrice : élévations d'eau, manutentions des brasseries, etc. ; mais, en principe, les moteurs doivent s'arrêter aux heures où commence l'éclairage.

L'éclairage des particuliers est *à forfait :* la lampe de 16 bougies coûte 32 francs par an. Un *basculateur* ingénieux, imaginé par M. Estrade et construit dans les ateliers de la Société, a permis de supprimer l'emploi toujours coûteux d'un compteur : un trembleur, placé chez chaque abonné, interrompt périodiquement le courant lorsque le nombre des lampes allumées par l'abonné est supérieur au nombre de lampes qui limite sa concession ; l'éclairage devient alors tremblotant et inutilisable et il redevient normal lorsque le nombre des lampes en service est acceptable. Ce contrôleur automatique, placé sous scellé, est installé chez chaque abonné, à l'extérieur et en un endroit inaccessible, afin d'éviter la tentation, que pourrait avoir un abonné, d'empêcher, à son profit, le courant de passer par le trembleur.

Il est bien difficile, après une pareille visite, de se défendre d'un sentiment de fierté en mesurant le chemin parcouru par la science en moins d'un siècle. Comme nous voilà loin des fragiles équipages d'Ampère et des modestes appareils d'induction imaginés par Faraday !

Et pourtant rien d'essentiellement nouveau n'est survenu depuis que ces deux immortels génies ont ouvert la voie féconde de l'électromécanique.

E. ESTANAVE,
Docteur ès sciences.

HORTICULTURE

UNE NOUVELLE POMME DE TERRE.

La pomme de terre dont s'agit s'impose à l'attention par ses rendements énormes, sa production ininterrompue, son immunité absolue aux maladies, la très grande facilité de son arrachage, sa saveur délicieuse, la préférence que lui témoignent les animaux, la facilité

FIG. 1. — TUBERCULES DE « SOLANUM COMMERSONII » PESANT 240 A 250 GR.

avec laquelle elle pousse dans les terrains humides, enfin le peu de soins culturaux qu'elle demande.

Voilà, n'est-il pas vrai, plus de qualités qu'il n'en faut pour lui attirer les sympathies des cultivateurs et des gourmets. Son origine exotique n'est pas faite non plus pour déplaire. Le *Solanum Commersonii* — tel est son nom — vient en effet de l'Uruguay, où il croît spontanément sur les rives de la Mercédès. C'est M. Heckel, le savant professeur de la Faculté des sciences de Marseille, qui eut l'idée de la faire venir de ces contrées lointaines et de la confier à M. Labergerie, qui, depuis trois ans, la cultive et s'en montre enchanté.

L'aspect général de la plante est celui de notre pomme de terre, mais d'allure un peu plus grande. Les fleurs y sont très abondantes, violet pâle tirant sur le jaune et émettent un agréable parfum jasminé. Dans la terre, les tubercules se trouvent dans toutes les directions ; ils sont blancs, à peau rugueuse plus ou moins jaunâtre, devenant plus lisse sous l'action de la culture, la chair en est généralement jaune et devient verdâtre par la cuisson.

La plantation du *Solanum Commersonii* doit se faire vers la fin de mars et à des distances assez rapprochées, environ 20 à 25 cm. en tous sens. Sa végétation surabondante suffit alors avec un seul binage à étouffer toutes les plantes parasites. Un terrain ensemencé l'est indéfiniment, les tubercules restant dans la terre suffisant largement à le régénérer. La récolte se fait lorsque les premiers froids arrêtent la végétation (la plante résiste à — 7°). L'arrachage est un peu plus difficile que celui de la pomme de terre ordinaire, à cause de la dispersion des tubercules qui se trouvent tout autour du pied et parfois assez loin.

L'étude des rendements du nouveau légume est intéressante à connaître. Voici ceux obtenus en terrain fertile, humide, argilo-calcaire, à dominante de calcaire, très riche en humus, dont la moitié — condition défavorable — était envahie par des racines d'arbres et d'arbustes, sur le bord d'un ruisseau.

	Années de récolte.	Kilogrammes à l'hectare.		
		1901	1902	1903
Années de plantation....	1901	8 000	16 000	12 500
— —	1902		17 000	12 800
— —	1903			12 200

Le *Solanum Commersonii* ne paraît s'acclimater vraiment au sol où on l'implante que la

FIG. 2. — TUBERCULES DE « SOLANUM COMMERSONII ».

A gauche : agglomération plate pesant 1 200 gr. — A droite : tubercules divers pesant 800 à 900 gr.

deuxième année. La grosseur, l'aspect, la saveur des tubercules se modifient plus avantageusement dans les plantations d'au moins un an d'âge. La végétation est aussi plus avancée de dix jours pour les plantations d'un an et de 15 jours pour celles de deux ans, le tout en sol identique et même exposition. Les terrains humides, frais, même marécageux, conviennent très bien à la plante, et c'est peut-être là ce qu'elle offre de plus avantageux, car on sait que la pomme de terre chère à Parmentier pourrit quand le sol est trop mouillé. Si l'on pouvait la cultiver dans les terrains tourbeux, ce serait un coup de fortune pour les possesseurs de ces espaces stériles. M. Labergerie, qui est un agriculteur avisé, n'a eu garde de laisser la question dans l'obscurité, mais la manière dont il a essayé de la résoudre n'est guère scientifique. « Un essai en terrain tourbeux n'a pu être suivi. La levée s'était faite régulièrement : mais la surveillance avait été confiée à la bonne volonté d'un métayer qui en repassa la charge à une bergère... et tout naturellement les pousses furent dévorées par les animaux. Trois fois les plantes donnèrent des rejets et trois fois ils furent détruits ; on ne peut retenir de cela que le fait de la levée régulière suivie de deux secondes pousses, dans un terrain très acide et tourbeux. » En terrain argilo-siliceux, la récolte a été inférieure de 25 p. 100 dans la partie sèche à celle de la partie mouillée, ce qui prouve que l'humi-

dité lui est indispensable. L'absence du soleil rend la végétation plus faible, plus maigre, les tubercules, moins gros, sont aussi moins bons ; la floraison est aussi très réduite et la levée est retardée de 10 à 15 jours.

L'amertume originelle des tubercules diminue rapidement dans nos pays, et tout porte à croire qu'elle disparaîtra prochainement. Actuellement, elle paraît encore être un peu trop forte pour permettre l'alimentation par l'homme. Mais elle ne gêne en rien l'alimentation des animaux ; surtout après cuisson. Ces tubercules peuvent aussi être utilisés industriellement, pour leur fécule.

M. Labergerie assure que le *Solanum Commersonii* pourrait aussi constituer une plante à parfum. Une tentative grossière d'extraction de parfum des fleurs a fourni un alcoolat à odeur exquise, aromatique, légèrement jasminée, très persistante. Les fruits contiennent aussi le même parfum, mais beaucoup plus intense. Ce parfum fut dénoncé par une tentative de séchage de fruits à la bouche d'un calorifère ; le parfum était tellement violent que la pièce fut rendue inhabitable pendant les quinze jours que dura

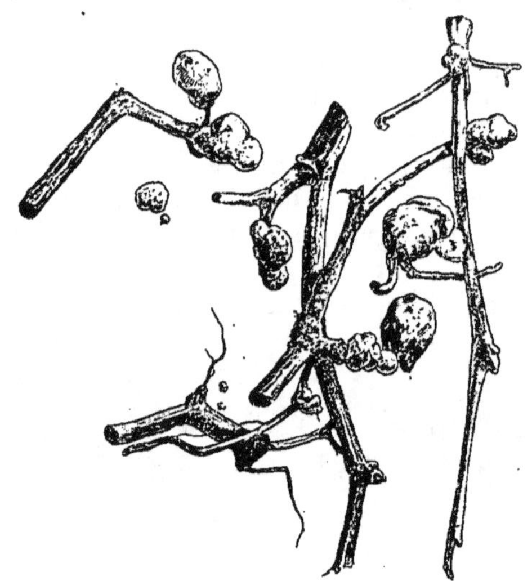

FIG. 3. — « SOLANUM COMMERSONII ». FRAGMENTS DE TIGES PORTANT DES TUBERCULES FORMÉS PENDANT L'HIVER HORS DU SOL.

l'expérience, lorsque la demi-douzaine de fruits observés restait soumise au courant d'air chaud.

Dans ses cultures, M. Labergerie a obtenu une variété à peau violette, qui présente sur l'espèce type précédente divers avantages, dont le moindre n'est pas d'avoir une saveur sucrée, pas ou peu d'amertume et de constituer ainsi pour nous un agréable légume.

HENRI COUPIN.

DE L'EMPLOI DE L'HUILE DE COCO DANS LA FRAUDE DES BEURRES.

Au moment où le Gouvernement a déposé un projet de loi tendant à modifier la loi du 16 avril 1897 concernant la répression de la fraude dans le commerce du beurre, il est intéressant de signaler un procédé de falsification, encore peu connu — puisqu'il est relativement nouveau, — employé par des commerçants peu scrupuleux pour tromper leur clientèle.

Ce procédé consiste à mélanger au beurre de vache une graisse d'origine végétale, dénommée huile de coco, dont le prix de revient n'est pas très élevé.

Jusqu'à ces derniers temps les fraudeurs employaient généralement la margarine — qui est une graisse animale — qu'ils mélangeaient au beurre dans des proportions variables. L'huile de coco leur permettant de réaliser des bénéfices plus importants, ils n'ont pas hésité à la substituer ou à l'adjoindre à la margarine, et cela avec d'autant plus d'empressement que la chimie a toujours eu des difficultés très grandes à établir ce genre de fraude, à raison de la similitude qu'ont entre elles, tant au point de vue de la composition chimique qu'à celui des propriétés physiques, les diverses graisses d'origine animale ou d'origine végétale.

L'huile de coco est un corps gras extrait de la noix de coco. Cette matière, connue depuis longtemps, et dont la valeur alimentaire a, de tout temps, été appréciée dans le pays d'origine, avait déjà été utilisée dans la fabrication des graisses alimentaires, mais, jusqu'à ces dernières années, son emploi était très limité, car elle rancissait rapidement en acquérant une saveur brûlante et une odeur particulière qui la rendaient impropre à la consommation.

Depuis quelques années, l'industrie est parvenue à épurer ce produit de manière à en faire une graisse comestible. La partie charnue de la noix de coco est découpée et desséchée au moment de la récolte et arrive en cet état dans les ports français, principalement à Marseille. Là, les fabricants procèdent à l'extraction de la matière grasse et soumettent celle-ci à un raffinage destiné à enlever les acides qui ont pu se former, au cours de la dessiccation et du transport de la matière première, et qui en diminueraient la qualité. Par un raffinage spécial, on rend au produit sa pureté primitive et il se présente alors sous la forme d'une graisse parfaitement blanche, consistante à la température ordinaire et neutre au goût.

En raison de sa pureté et de l'absence de toute trace d'eau et de matières pouvant provoquer une fermentation, ce produit se conserve longtemps sans altération, même au contact de l'air. Il est difficilement susceptible de rancir. Par la fusion, il se transforme en une huile limpide et incolore, parfaitement homogène et dont il ne se sépare aucune trace d'eau ou d'impureté quelconque.

Actuellement, plusieurs usines importantes en France et en Allemagne, en Angleterre et en Espagne, livrent à la consommation de grandes quantités de cette substance qui vient concurrencer le beurre, la margarine, le saindoux, l'huile et les graisses similaires.

Les caractères physiques de la matière grasse extraite de la noix de coco sont, d'après Wauters, sensiblement les mêmes que ceux de la matière grasse du beurre.

Voici quelques chiffres comparatifs fournis par ce savant :

	MATIÈRE grasse extraite de la noix de coco.	OLÉO-MARGARINE et huiles.	MÉLANGE oléo et beurre et 1/2 matière grasse extraite de la noix de coco.	BEURRE.
Indice au butyroréfractomètre	31	50	42	42
Température critique de dissolution dans l'alcool de densité 0,7976 . . .	42	78	60	54

On voit donc qu'un mélange à parties égales d'oléo-margarine et de la matière grasse extraite de la noix de coco possède à peu près les indices physiques du beurre de vache, et qu'en ajoutant 25 et même 50 p. 100 du mélange au beurre on ne le modifie pas sensiblement à cet égard.

Toutefois, d'après Wauters, la falsification peut être décelée par l'indice des acides volatils solubles dans l'eau. Cet indice est en effet très bas dans cette substance qui contient, en outre, de plus fortes quantités d'acides volatils insolubles dans l'eau que le beurre de vache. De plus, elle fond rapidement entre les doigts à cause de son point de fusion plus bas que celui du beurre de vache.

M. Portes, pharmacien en chef des hôpitaux de Paris, a rapproché, de la manière suivante, la composition de la matière grasse extraite de la noix de coco, soumise par lui à l'analyse, de la composition moyenne normale qu'il attribue au beurre de vache.

COMPOSITION pour 100.	MATIÈRE grasse extraite de la noix de coco.	BEURRE de vache.
Eau	0 04	14 75
Corps gras	99 895	84 37
Acides libres exprimés en acide sulfurique	0 010	Variable.
Matières insolubles dans l'éther.	0 009	0 72
Matières minérales.	0 45	0 16
Point de fusion des corps gras.	25°9	27°31
Point de solidification des corps gras	22°5	20°
Point de fusion des acides gras.	27°	37°05
Acides gras fixes.	86°20	87°50
Acides volatils	0°80	Variable.
Capacité de saturation par la potasse.	0°2267	0°227

La constitution chimique de cette matière grasse est telle qu'elle se rapproche beaucoup de celle du beurre en ce sens que, tout comme ce dernier, elle renferme une certaine quantité de glycérides à acides gras volatils. Les autres graisses végétales ou animales ne renferment de glycérides à acides volatils qu'à l'état de faibles traces.

On peut apprécier, d'après tout ce qui précède, combien il est facile de frauder le beurre à l'aide de la matière grasse extraite de la noix de coco.

On connaît à l'heure actuelle un certain nombre de matières qui peuvent permettre au fraudeur, par des mélanges appropriés, de varier les caractères physiques ou la composition chimique de la substance fabriquée, de manière à obtenir un produit pouvant se rapprocher du beurre pur.

On ne disposait pas jusqu'à ce jour de procédés d'analyse permettant d'arriver à une certitude absolue de ces fraudes qui causent un préjudice considérable à l'agriculture. M. Achille Müntz, membre de l'Institut, Directeur des laboratoires de chimie à l'Institut agronomique, semble avoir tourné la difficulté. Dans un important travail qu'il vient d'établir avec la collaboration de M. Henri Coudon, chef des travaux chimiques au

même Institut, il fait connaître la nouvelle méthode à employer pour la recherche de la falsification du beurre par l'huile de coco [1].

Il résulte de ce travail que ces éminents savants auraient découvert un nouveau procédé très sûr et d'une application facile qui permettrait, à

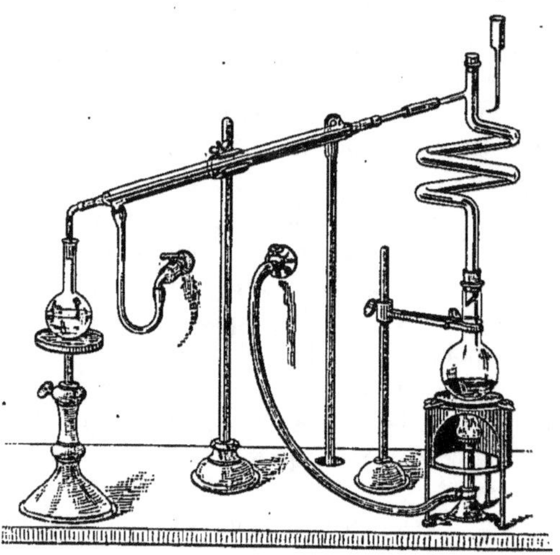

ENSEMBLE DE L'APPAREIL DE M. ACHILLE MUNTZ, MEMBRE DE L'INSTITUT, POUR LA RECHERCHE DE LA FALSIFICATION DU BEURRE PAR L'HUILE DE COCO ET SES DIVERSES FORMES COMMERCIALES.

l'avenir, de reconnaître la falsification des beurres par les produits de la noix de coco.

Lorsque la pratique aura consacré cette méthode, il sera très facile à n'importe quel chimiste de reconnaître cette fraude des beurres. M. Müntz, dans son procédé, recherche notamment la teneur en acides volatils des corps gras à analyser et, par la comparaison, établit la différence d'origine de ces corps. La méthode qu'il emploie est toute récente et à peine connue à l'heure actuelle.

Quoiqu'il en soit, il est heureux pour le consommateur que, tant au point de vue scientifique qu'à celui législatif, des hommes se préoccupent de faire cesser les fraudes dont sont l'objet les produits qu'il achète.

LUCIEN CORNET,
Député.

1. MM. A. Müntz et H. Coudon dans les *Annales de l'Institut agronomique* (mai 1904), montrent que non seulement dans le coco on trouve une quantité d'acides volatils solubles dans l'eau bien plus faible que dans le beurre, mais que le premier donne une proportion d'acides volatils insolubles dans l'eau neuf fois plus élevée que le second, et que cette différence énorme est la base la plus certaine sur laquelle on puisse s'appuyer pour distinguer l'huile de coco du beurre et pour la reconnaître dans les mélanges. (N. D. L. R.)

PÉDAGOGIE

TRIBUNE LIBRE D'EN-SEIGNEMENT EXPÉRIMENTAL

Exposition de la Société française de physique. — Les nouveaux programmes de physique et les épreuves pratiques qui en sont le complément ont provoqué la création d'un grand nombre d'appareils simples, d'une construction facile et peu coûteuse, et en même temps plus propres que les anciens à donner aux élèves une idée nette des phénomènes scientifiques.

La Société de physique s'est vivement intéressée à ce mouvement et a contribué par des publications spéciales à le propager. — Cette année, comme d'habitude, son exposition de Pâques sera consacrée aux nouveautés scientifiques. Le plus grand nombre des professeurs de physique de nos établissements d'enseignement secondaire vient à Paris à l'occasion de cette exposition. M. le Ministre de l'Instruction publique a décidé de profiter de la circonstance pour organiser cette année, à titre exceptionnel, avec le concours que la Société de physique est disposée à lui prêter et sous la direction de M. Joubert, inspecteur général, Président de la Commission du matériel scientifique des lycées et collèges, une Exposition spéciale réservée aux appareils construits par les professeurs ou par l'industrie privée, en vue des exercices pratiques dont il importe d'assurer plus que jamais le développement.

Il y aurait un très grand intérêt, pour l'enseignement de la physique, à ce qu'un certain nombre d'appareils construits par des professeurs fussent envoyés à cette exposition.

M. le Ministre autorise les établissements universitaires (Facultés des Sciences [P. C. N.], lycées, collèges, écoles normales, écoles primaires supérieures), qui auraient à envoyer des publications spéciales ou des objets intéressants, à les transmettre à M. l'Inspecteur général Joubert, au Musée Pédagogique, 41, rue Gay-Lussac, à Paris.

L'exposition aura lieu dans une salle spéciale de ce Musée du 25 avril au 4 mai [1].

La Science au XX⁰ siècle s'intéressant tout particulièrement à l'Enseignement des sciences expérimentales *par l'expérience* [2], nous engageons vivement tous nos collaborateurs de la « Tribune libre » à prendre part à l'exposition spéciale autorisée par M. le Ministre de l'Instruction publique.

Qu'on ne se laisse pas arrêter par un faux amour-propre; il ne s'agit pas en effet de révolutionner la science, mais d'apporter une modeste contribution à l'œuvre récemment commencée et qui ne peut donner tous les résultats que l'on en doit attendre que par la collaboration active et constante de tous les Maîtres de l'Enseignement. C'est par un commerce attentif des élèves, et à la suite d'essais nombreux et variés, que l'on parviendra à constituer un ensemble d'expériences simples et vraiment démonstratives, convenablement adaptées aux besoins actuels de l'enseignement. Mais que chacun fasse servir au profit de tous le fruit de ses efforts et de son ingéniosité [3].

Nous mettrons à la disposition de ceux qui en feront la demande à M. A. Guillet, (158, rue Saint-Jacques), et qui lui adresseront à cet effet (pour être insérés ultérieurement dans la Tribune), la description et le dessin de leur

1. Extrait de la circulaire ministérielle.
2. *La Science au XX⁰ siècle*, 15 mars 1903.
3. On trouvera dans le recueil de M. Abraham, secrétaire général de la Société française de physique, des indications sur ce que peuvent être les dispositifs à exposer.

appareil, ainsi que l'exposé de son fonctionnement, une centaine de notices imprimées et illustrées.

Production d'un arc au sein de l'eau.	Une cloche de laboratoire d'une contenance de 2 à 3 litres est remplie d'eau ordinaire.

On y introduit et l'on y maintient, à l'aide d'un support de chimie, un appareil permettant de produire l'arc. Un appareil à main du genre de ceux employés pour les projections est très convenable.

Avec une intensité de 12 à 15 ampères, on peut maintenir pendant quelques instants un arc très court au milieu du liquide.

L'eau est en même temps décomposée et les gaz qui se dégagent explosent quelquefois à la surface. Si l'on dispose d'une intensité de 20 ampères, l'expérience est plus brillante.

Communiqué par
M. CROSNIER,
Professeur à l'École supérieure des sciences de Rouen.

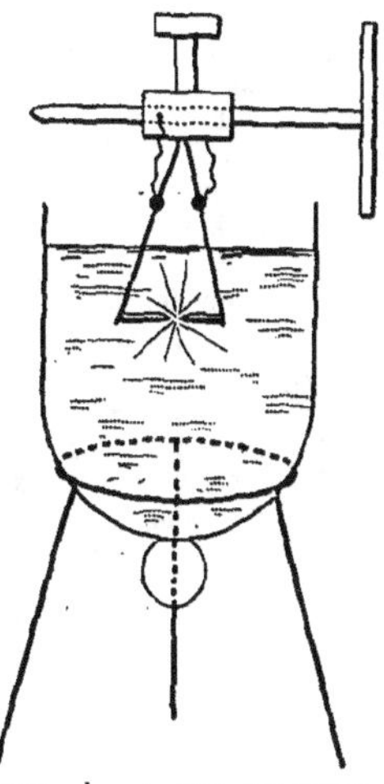

FIG. 1. — ARC AU SEIN DE L'EAU.

Étincelle de rupture. Emploi d'une lampe à incandescence.	En horlogerie électrique, l'oxydation produite par l'étincelle entre les pièces de contact de fermeture du courant est une cause d'usure rapide

de ces pièces; on peut, pour l'atténuer, utiliser le dispositif de Fizeau en reliant les deux armatures d'un condensateur au fil d'entrée et de sortie de l'électro-aimant qui actionne les contacts de distribution. Si l'on n'a pas de condensateur on le remplace par une lampe à incandescence mise en dérivation sur l'électro-aimant : l'étincelle est très sensiblement atténuée, sinon supprimée. Nous avons obtenu le même résultat concluant sur des bobines phonoporiques en plaçant une lampe à incandescence en dérivation sur le trembleur lui-même.

Communiqué par M. SOUCHET,
Ancien élève de l'École d'Horlogerie de Besançon.

Expériences avec un verre de lampe.	Si l'on veut qu'un phénomène ne soit pas masqué par le dispositif expérimental qui sert à le produire, il faut que celui-ci soit simple, réalisé à l'aide d'un matériel banal; de

plus, le même matériel doit servir au plus grand nombre d'expériences possible.

Un *verre de lampe* bien cylindrique, long et épais (verre pour bec à gaz Bengel, 30 trous) ou, à défaut, une éprouvette à gaz convenablement coupée, permet d'exécuter un grand nombre d'expériences de cours qui exigeaient jusqu'ici des appareils distincts, variés et coûteux, pourvu qu'on le complète par quelques organes de construction rudimentaire et de prix insignifiant.

I. *Pressions dans l'intérieur d'un liquide.* — Le tube dont il s'agit est d'abord rodé à l'une de ses extrémités en la passant sur une plaque de verre bien plane recouverte de poudre d'émeri délayée dans de l'huile. D'autre part, on découpe dans un carton rigide (vieux calendrier), un disque de diamètre à peu près égal au diamètre extérieur du tube; on y fixe au centre un fil de lin à l'aide d'un peu de cire à cacheter, et on obtient ainsi l'*appareil pour la pression de bas en haut* (fig. 1), que les constructeurs livrent au prix de 10 fr.

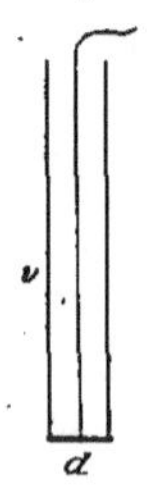

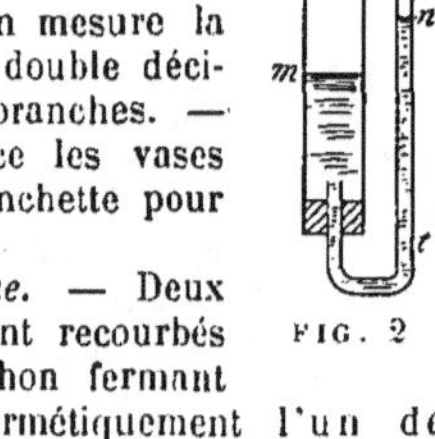

FIG. 1.

II. *Ascensions et dépressions capillaires.* — On ferme l'une des extrémités du verre de lampe à l'aide d'un bon bouchon de liège fin, percé d'un trou laissant passer à frottement dur un tube capillaire deux fois recourbé à angle droit. On y verse, soit de l'eau colorée, soit du mercure, et, le verre étant fixé verticalement dans un support à pince et à vis, on mesure la dénivellation au moyen d'un double décimètre placé entre les deux branches. — Ce dispositif (fig. 2) remplace les vases communicants montés sur planchette pour l'étude de la capillarité.

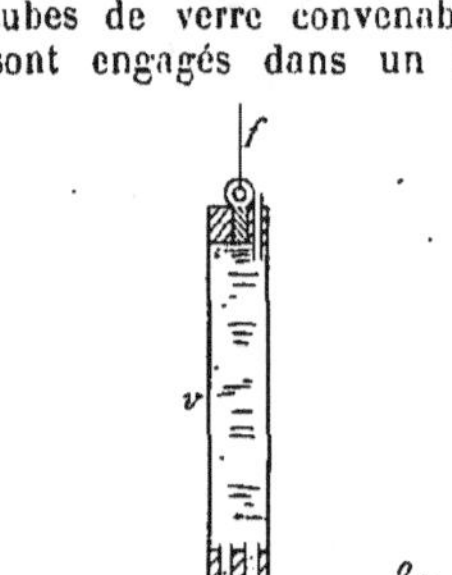

FIG. 2.

III. *Tourniquet hydraulique.* — Deux tubes de verre convenablement recourbés sont engagés dans un bouchon fermant hermétiquement l'un des bouts du verre de lampe. L'autre bout reçoit un second bouchon dans lequel on a vissé un piton annulaire portant un fil de soie; on a pratiqué dans ce dernier bouchon une ouverture qu'on ferme momentanément avec un tronçon d'agitateur. Le fil de soie étant attaché à une potence, et le premier bouchon étant enlevé, on emplit le tube complètement avec de l'eau, on enfonce le bouchon, on retourne le verre, et l'appareil se met à tourner aussitôt qu'on enlève l'agitateur (fig. 3). Le prix du tourniquet hydraulique des catalogues officiels était de 52 fr.

FIG. 3.

IV. *Trompe à eau.* — La figure 4 montre le dispositif indiqué dans l'un des numéros de la première année de cette *Revue*, par M. Bombois, pour réaliser une *trompe* aspirante *à eau* à l'aide d'un verre de lampe, de deux bouchons en caoutchouc et de trois tubes de verre convenablement travaillés. On obtient facilement une raréfaction atteignant 30 cm. de mercure.

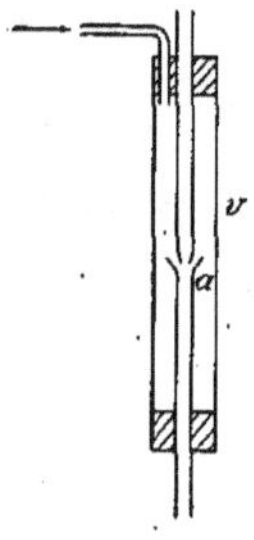

FIG 4.

V. *Siphon intermittent.* — Le verre de lampe, soutenu verticalement par un support à pince, est fermé en bas par un bouchon livrant passage à la longue branche d'un court siphon, et en haut par un autre bouchon dans lequel passe le bec d'un petit entonnoir (fig. 5); le débit de ce dernier doit être inférieur à celui du siphon. L'expérience se fait comme avec le *vase de Tantale*, qui coûte 3 fr.

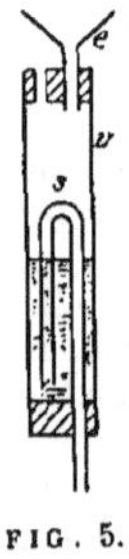

VI. *Ascension des liquides dans les tubes dont l'air est aspiré.* — Pour réaliser les expériences qui vont suivre il faut construire un piston pouvant glisser à frottement assez doux dans

FIG. 5.

le verre de lampe, tout en l'obturant exactement. A cet effet, on tourne un disque de bois dur en y ménageant une gorge dans laquelle on enroule du filin paraffiné. Une tige métallique est vissée au centre du disque et porte une poignée à l'extrémité libre.

Pour montrer l'ascension des liquides dans les tuyaux d'aspiration des pompes, on enfonce le piston à peu près à moitié de la longueur du verre de lampe; puis, après avoir plongé l'extrémité libre dans un liquide quelconque, et placé le tube verticalement, on fait glisser le piston de bas en haut: le liquide monte en vertu de la pression atmosphérique s'exerçant à la surface libre (fig. 6).

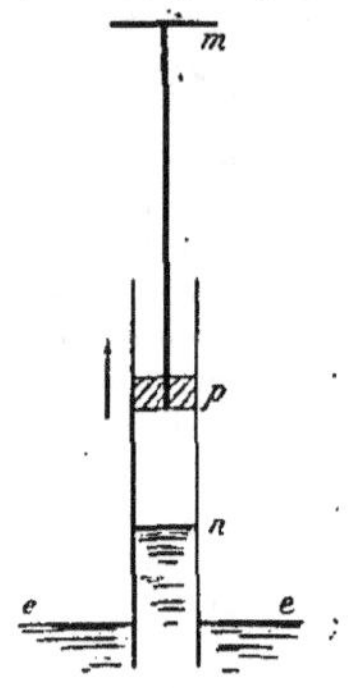

VII. *Compressibilité des gaz.* — En fermant l'une des extrémités du verre de lampe par un bon bouchon *conique*, on transforme l'instrument en un *briquet à air* moins coûteux que le briquet classique. Pour constater la compressibilité des gaz, le verre sera disposé verticalement sur une table en reposant sur le bouchon.

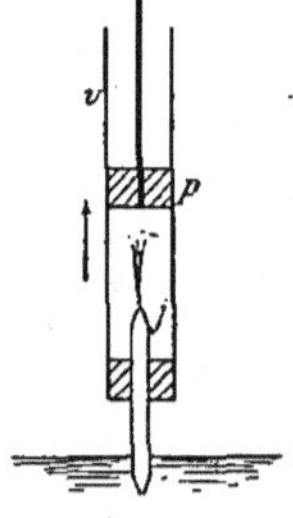

FIG. 6.

VIII. *Crève-vessie.* — L'expérience du *crève-vessie* peut être faite sans l'intervention de la machine pneumatique. Après avoir enfoncé le piston presque jusqu'au fond du verre de lampe, on ficelle solidement une feuille mince de caoutchouc (fragment de ballon d'enfant ayant été gonflé à l'hydrogène) sur les bords du verre, et on retire rapidement le piston : la feuille est rompue par l'excès de pression sur sa face extérieure (fig. 7).

FIG. 7.

XI. *Force expansive des gaz.* — L'expérience de la *vessie ridée qui gonfle dans le vide* peut également se répéter sans le secours de la machine pneumatique. Le piston étant enfoncé aux trois quarts environ de la longueur du verre de lampe, on renverse celui-ci, l'ouverture en haut; on y introduit une petite vessie en caoutchouc mince (portion de ballon d'enfant) contenant un peu d'air et soigneusement ficelée, puis on ferme avec un bon bouchon (fig. 8). On redresse le tube et on retire le piston : la vessie se gonfle et peut même éclater.

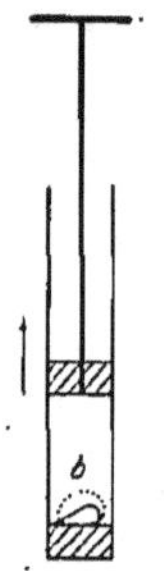

X. *Jet d'eau dans le vide.* — L'appareil classique du *jet d'eau dans le vide* (prix 30 fr.), qui ne peut fonctionner qu'avec la machine pneumatique, sera remplacé par le verre de lampe à piston ci-dessus. Il suffit de pousser préalablement le piston jusqu'aux quatre-cinquièmes environ de la longueur du verre et fermer l'extrémité libre de ce dernier par un bon bouchon conique percé d'un trou par lequel passe à frottement *très dur* un tube étroit effilé à ses deux extrémités (fig. 9).

Après avoir fermé à la lampe l'extrémité extérieure de ce tube, on saisit le verre de la main gauche, on le tient verticalement en faisant plonger le tube dans l'eau, on retire vivement le piston de la main droite, on le maintient de force dans cette position pendant qu'un aide coupe avec des pinces l'extrémité fermée du tube : le jet d'eau se produit aussitôt.

FIG. 8.

FIG. 9.

Communiqué par A. MULLIN.
Professeur au lycée de Chambéry.

A. GUILLET.
Professeur honoraire.

VARIÉTÉ

LA LUMIÈRE ET LA VIE.

La vie ne saurait se concevoir sans la lumière ; on sait en effet que c'est dans les radiations solaires que les végétaux puisent l'énergie nécessaire pour décomposer l'acide carbonique extérieur qui est leur principal aliment et pour fabriquer avec celui-ci des matières organiques complexes dont les animaux se nourrissent. Tou-

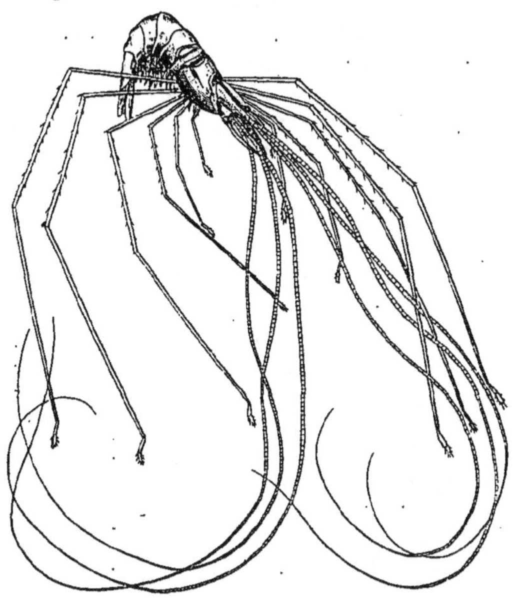

FIG. 1. — CREVETTE DES GRANDS FONDS.

tefois il est assez facile de démontrer — et c'est ce que je tenterai de faire dans cet article — que les rayons solaires, aussi bien que les rayons émis par le radium (voir *Science au XXe siècle*, 15 avril 1904), ont une action destructive sur la matière vivante, et que la nutrition des plantes n'est qu'un cas particulier de la défense des êtres vivants vis-à-vis de la lumière, cas particulier où l'agent destructeur est utilisé.

| *La vie sans la lumière.* | Beaucoup d'animaux n'ont trouvé d'autres moyens d'éviter l'action nocive de la lumière |

que de fuir celle-ci et d'aller vivre à l'obscurité. La faune dite *obscuricole* présente un très grand nombre de représentants, appartenant aux divers groupes du règne animal.

Tout d'abord un grand nombre d'espèces littorales sont descendues dans les grands fonds de la mer, où les rayons du soleil ne pénètrent pas ; des expéditions comme celles du *Travailleur* et du *Talisman* ont révélé cette *faune abyssale*, longtemps insoupçonnée. Beaucoup de ces animaux sont des espèces très anciennes, qui vivaient sur les rivages des mers aux époques géologiques ; dans les grandes profondeurs, où les conditions de vie sont invariables, ils ont cessé d'évoluer, s'adaptant seulement à des conditions nouvelles d'existence : les antennes et les pattes se sont considérablement allongées (fig. 1) et se sont couvertes de poils très sensibles aux attouchements ; ces appendices suppléent les yeux, qui, ou bien disparaissent, ou bien s'adaptent à d'autres fonctions, devenant des sortes d'organes incandescents, de phares qui servent vraisemblablement à attirer une foule de petits animaux qui s'engouffrent dans la bouche grande ouverte de l'animal porteur de fanaux. Si la lumière solaire ne pénètre pas dans les abysses, on le voit, la vie, suivant l'expression de Quinton, se fait créatrice de lumière, reconstitue le facteur lumière absent ; mais la lumière vitale paraît plus variée et moins destructive que la lumière solaire ; à ce point de vue les explorateurs des grandes profondeurs ont révélé des merveilles insoupçonnées ; on a décrit les buissons phosphorescents des alcyonaires, animaux ramifiés comme des plantes, qui répandent une clarté merveilleuse dans des régions où la lumière ne pénètre pas, des crustacés et des poissons aux yeux incandescents, des êtres variés aux teintes brillantes, allant du rouge au bleu et au gris violet, dans les tissus desquels pullulent de petites particules colorées et phosphorescentes.

Dans les profondeurs des grands lacs on trouve également une faune abyssale que, ici même (15 juin 1904), M. Perrier a décrite d'après de Korotneff, faune qui, elle, vit dans l'obscurité la plus complète et qui est aveugle.

Si les animaux marins se sont réfugiés dans les profondeurs obscures des eaux, les animaux terrestres se sont réfugiés fréquemment dans les cavernes ; on y trouve : dans l'eau, des crustacés tels que les crevettes d'eau douce et des poissons; — sur le sol, des myriapodes; — sur les parois, des araignées et de nombreux insectes; un certain nombre de ces animaux sont devenus aveugles, mais souvent ils sont à peine modifiés, car déjà avant de devenir *cavernicoles*, ils recherchaient l'obscurité sous les pierres ou dans les interstices du sol.

Une dernière catégorie d'animaux vivent à l'obscurité : ce sont des parasites qui sont logés dans les organes internes d'autres animaux, tels que les ténias ou vers solitaires.

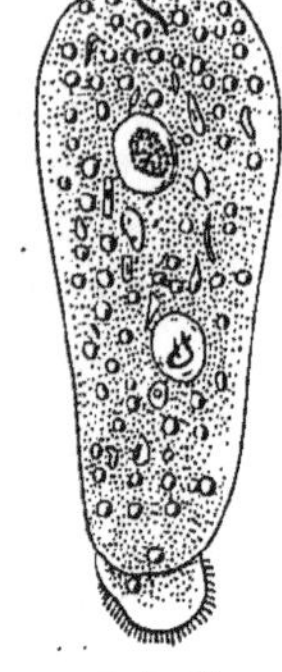

nu, aux contours changeants, et qui se rétractent également sous l'influence d'une augmentation de l'éclairement; on les trouve souvent à la surface du tan; si la lumière devient un peu vive, immédiatement ils s'enfoncent dans les fosses des tanneries ; d'autres fois, ils glissent sur le support, fuyant la lumière, dans la direction même du rayon lumineux.

Dans ce dernier cas, on dit qu'il y a *phototropisme négatif*. On observe celui-ci fréquemment chez les animaux supérieurs. C'est ainsi que si l'on place des escargots dans une enceinte limitée, ceux-ci en général ne tardent pas à se grouper dans les parties les plus obscures. Sur le littoral marin vivent des mollusques analogues, appelés littorines ou vignots (fig. 4); certains ont pour habitat les parois obscures des rochers qui bordent le rivage et qui ne sont atteints par les vagues que pendant les grandes marées ; leur vie est donc essentiellement aérienne; il leur arrive de subir une dessiccation prolongée et de se rétracter dans leurs coquilles, à l'abri de la lumière par conséquent; or, si l'on vient à transporter un certain nombre de littorines sur le sable humide à trois, quatre mètres des rochers, sous l'influence de l'humidité, ces mollusques reprennent leur activité, et se mettent à suivre des chemins rigoureusement parallèles, se dirigeant toutes vers le rocher qui présente la surface d'ombre la plus étendue; rien ne les fait se détourner de cette direction, pas même les obstacles qu'elles rencontrent sur leur chemin. Cette attraction au loin par les surfaces d'ombre, qui vient d'être mise en évidence par des expériences précises, constitue une des acquisitions curieuses de la biologie comparée et explique le retour à l'habitat d'origine d'une foule d'animaux.

Les mouvements vers l'obscurité.

Si beaucoup d'êtres vivent dans l'obscurité complète et continue, la majorité vivent alternativement à la lumière et à l'obscurité; les plantes semblent subir passivement l'alternance du jour et de la nuit; les animaux, au contraire, très souvent pendant la grande clarté du jour se cachent sous les pierres, dans la mousse, à l'abri du feuillage des arbres, sous les écorces... et ne sortent guère que quand la nuit vient; si ces êtres, essentiellement *obscuricoles*, se trouvent accidentellement exposés à une lumière trop vive, ils la fuient en quelque sorte. Je citerai seulement quelques exemples qui sont remarquables à cet égard.

Le *Pelomyxa palustris* est un animal unicellulaire, une sorte de petit grumeau de matière vivante, qui vit au fond des mares, à demi caché dans le limon; son corps assez dense ne quitte pas le fond; il y subit des déformations incessantes, prenant souvent des formes allongées et

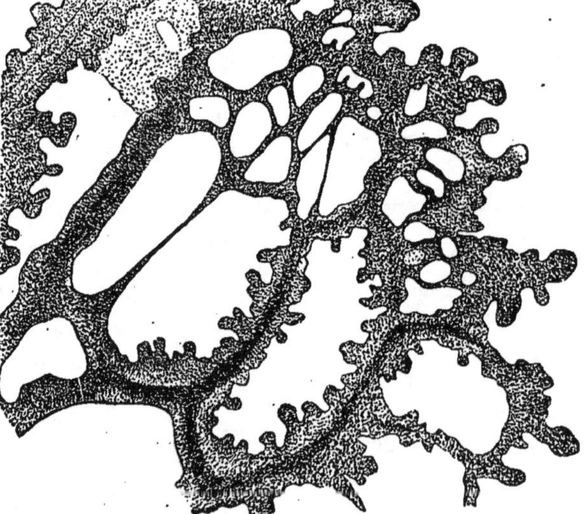

rampant suivant une direction déterminée (fig. 2); si on vient à l'éclairer brusquement, il se contracte aussitôt, prenant la forme sphérique, et s'enfonce dans la vase. Les *myxomycètes* (fig. 3) sont des lames de protoplasma

Ainsi la plupart des animaux fuient la lumière, sont *lucifuges*; mais ceci n'a rien d'absolu, comme l'a fait observer P. Bert : des limaces grises, des blattes et d'autres insectes nettement lucifuges, si on les place dans une boîte absolument obscure, sauf dans un point où une légère ouverture laisse pénétrer une lueur faible, se dirigent vers ce point. Ceci explique que les papillons nocturnes, qui se cachent le jour dans les endroits obscurs, la nuit venue, viennent se grouper autour des globes des lampes électriques, qu'une foule d'insectes noctambules sont attirés par la flamme d'une bougie et viennent y brûler leurs ailes.

FIG. 4.
LITTORINE.

Parmi les mouvements provoqués par la lumière, il en est qui n'intéressent que certains éléments du corps. Les cellules qui constituent les plantes sont bourrées de petits grains verts, appelés *grains de chlorophylle*; or, si l'on place une bande de papier noir au travers d'une feuille vivante exposée à une lumière intense, et si, au bout de quelques heures, on enlève cet écran, on constate facilement que la zone recouverte par l'écran est plus foncée que le reste de la feuille; ceci montre que dans la région la plus éclairée les grains de chlorophylle se sont retirés dans la partie profonde des cellules, fuyant en quelque sorte la lumière. On observe des phénomènes analogues dans la peau à coloration changeante des caméléons, et dans la rétine de tous les animaux.

Les animaux qui n'arrivent pas à fuir la lumière périssent ou sont détériorés.

Les actions destructives de la lumière.

La lumière tue. — Beaucoup d'êtres vivants meurent après une exposition plus ou moins prolongée à la lumière; quand on veut conserver des animaux dans un aquarium, il faut avoir soin de maintenir celui-ci à une obscurité relative; rien n'est plus dangereux qu'une exposition même peu prolongée aux rayons du soleil; et même si l'on soumet à l'insolation des œufs de grenouille, le développement ultérieur peut être troublé et les têtards qui en résultent sont plus susceptibles que les autres de périr.

Mais la lumière a surtout une action destructive très nette sur les bactéries, ces organismes microscopiques qui causent la plupart de nos maladies; on dit qu'elle est *bactéricide*. Une expérience très probante peut être exécutée à

cet égard. Sur un gâteau de gélatine, on ensemence les spores ou corps reproducteurs d'une bactérie pourprée, et on expose pendant quelques heures ce gâteau directement aux rayons du soleil en ayant soin de le protéger par un écran présentant la lettre évidée E (fig. 5); au bout de quelques jours, toute la surface de la gélatine devient rouge, sauf la partie correspondant à la lettre E où l'action bactéricide de la lumière n'a pas été empêchée par l'écran, et la lettre E apparaît en blanc sur le fond rouge. On peut également exposer à la lumière du soleil des tubes renfermant un liquide organique, certains de ces tubes seulement étant recouverts d'une enveloppe de plomb, protectrice de la lumière et non de la chaleur; dans la suite les tubes non protégés seuls restent stériles. Les bactéries et les spores périssent plus ou moins rapidement sous l'influence de la lumière, surtout en présence de l'oxygène, et ce sont les radiations bleues et violettes qui sont les plus actives. On comprend l'importance de ces faits : pour détruire les germes morbides d'un appartement, il suffira le plus souvent d'ouvrir toute grandes les fenêtres à l'air et au soleil; on désinfectera des vêtements, en les insolant; on connaît le dicton : « Là où pénètre le soleil le médecin ne pénètre pas ». Dans la nature, l'air et le soleil sont des microbicides puissants : tous les jours, ils détruisent un nombre inimaginable de bactéries nocives, non seulement dans l'air et sur le sol, mais encore dans l'eau.

La lumière brûle. — Tout le monde connaît le *coup de soleil* et les phénomènes qui suivent et qui sont d'une brûlure légère. Toutes les parties du corps découvertes : visage, nuque, mains, mollets des cyclistes, bras des rameurs, après une exposition au soleil, surtout au printemps, peuvent au bout de quelques heures prendre une teinte rouge assez intense, devenir chaudes, se tuméfier; une douleur, parfois assez vive, indique l'action destructive des rayons solaires, action qui peut se manifester dans cer-

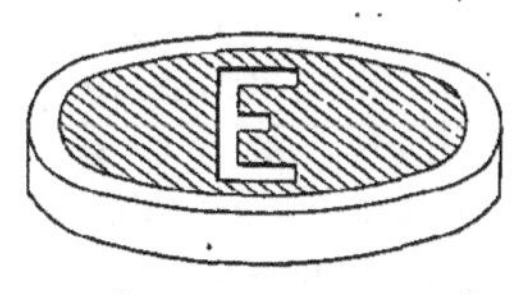

FIG. 5. — ACTION BACTÉRICIDE DE LA LUMIÈRE.

tains cas par la formation de larges ampoules, contenant un liquide citrin, qui se rompent donnant naissance à des plaies plus ou moins profondes qui devront cicatriser. Les alpinistes connaissent bien les coups de soleil dus à la réverbération des glaciers et ils ont soin souvent de protéger leur visage au moyen d'un voile;

rouge. Les ouvriers qui sont exposés dans les usines au rayonnement des fours, à l'éclairage intense des arcs électriques, peuvent présenter des accidents analogues.

La lumière détruit les ferments et les pigments, une fois qu'ils sont formés. — Beaucoup de phénomènes biologiques peuvent être ramenés en dernière analyse à l'action de certaines substances chimiques élaborées par les cellules vivantes, à savoir les ferments et les pigments. Or, l'insolation, bien que favorisant souvent la production de ces substances, les détruit une fois qu'elles sont formées. Une macération de levure perd de son activité à la lumière. La présure, ferment qui est employé dans la fabrication des fromages, doit être conservée à l'obscurité ; de même les divers ferments digestifs extraits du corps des animaux. Au fond de l'œil se trouve un pigment qui colore la rétine en rouge, le *pourpre rétinien* ; lorsqu'on place un œil de bœuf retiré de l'orbite devant un paysage, les parties éclairées de la rétine se décolorent, et on obtient une sorte de photographie du paysage qui peut être fixée par l'alun et à laquelle on donne le nom d'*optogramme*.

La lumière produit des troubles de la croissance. — Il semble que la lumière favorise la croissance des plantes ; c'est, en effet, dans les pays tropicaux que les arbres atteignent les plus hautes dimensions et croissent le plus vite ; mais les botanistes ont remarqué que la croissance y est presque nulle le jour et se fait la nuit, grâce à ce que deux des facteurs qui favorisent réellement la croissance, l'obscurité et la chaleur, sont associés. C'est donc un préjugé de croire que la lumière est favorable à la croissance des végétaux. Une expérience très nette est démonstrative à cet égard : si l'on place une plante en voie de croissance dans une caisse éclairée par une fenêtre latérale, la plante se courbe vers la fenêtre (fig. 6), et ceci résulte précisément de ce fait que la face éclairée de la tige croît moins vite que la face opposée.

La lumière a également une action manifeste sur la croissance et les métamorphoses des animaux, et on a reconnu par des expériences variées que les radiations rouges et les radiations bleues agissent d'une façon très différente ; les résultats les plus nets ont été obtenus récemment par Leredde et Pautrier ; ils ont élevé des têtards les uns dans la lumière rouge, les autres dans la lumière bleue-violette ; au bout d'un mois de séjour ceux de l'aquarium rouge étaient encore à l'état de têtards et

avaient une longue queue (fig. 7) ; au contraire, chez ceux de l'aquarium bleu, la queue était réduite à un petit moignon, les deux paires de pattes étaient complètement formées et la respiration se faisait par des poumons. Or, la métamorphose d'un têtard en grenouille se fait par des destructions cellulaires importantes, qui, on le voit, sont favorisées par l'action des rayons bleus-violets. Nous retrouvons donc encore ici l'action destructive de la lumière et particulièrement des rayons dits chimiques.

Défense contre la lumière.

La pigmentation des êtres vivants qui se produit fréquemment sous l'influence des rayons solaires doit être considérée comme un *processus de défense*. C'est un fait banal que les parties du corps exposées à la lumière sont plus colorées que les autres : chez un oiseau, chez un mammifère, la partie la plus foncée du pelage est toujours le dos. Le protée est une espèce de salamandre qui vit dans les grottes de la Carniole, dont les téguments sont dé-

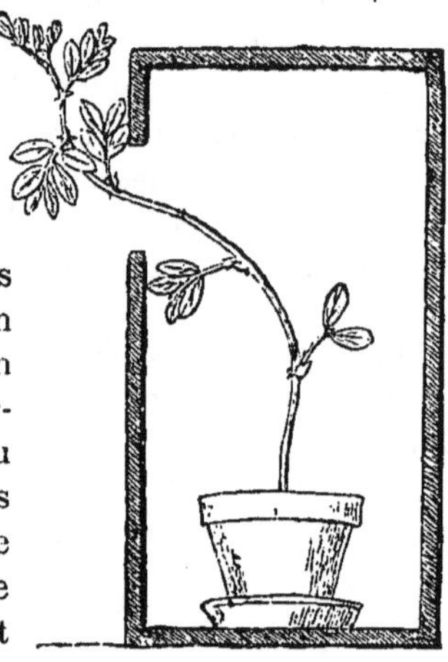

FIG. 6. — ACTION DE LA LUMIÈRE SUR LA CROISSANCE D'UNE TIGE.

colorés et qui est aveugle ; si on vient à l'exposer à la lumière, une légère coloration apparaît un certain nombre d'heures après ; au bout d'un certain temps, l'animal prend une teinte grise ou brune. Chez l'homme l'exposition au soleil brunit la peau ; celle du nègre, qui est exposée au soleil tropical, est noire. Cette production de pigment protège la peau, comme le prouve l'expérience suivante de Finsen, rapportée par Leredde et Pautrier dans leur traité de *Photothérapie* : « En traçant sur l'avant-bras une bandelette à l'encre de Chine, et en l'exposant pendant trois heures au soleil, Finsen observa une rougeur de chaque côté de la bandelette, mais non au-dessous de celle-ci ; la rougeur fut suivie de pigmentation ; or, dans une exposition ultérieure au soleil, la rougeur se développa sur la région protégée dans la première expérience ;

les parties pigmentées ne se modifièrent pas ou leur pigmentation augmenta légèrement. » Chez les citadins à peau claire, les coups de soleil sont fréquents; chez les animaux à robe tachetée, ceux-ci se manifestent seulement dans les parties claires. Les nègres sont protégés par leur pigment : on a pu dire qu'ils vivaient en quelque sorte à l'ombre de leur propre peau.

Dans cet ordre d'idées, on peut également considérer la production de la chlorophylle chez les plantes comme un acte de défense.

❧

| *Action théra-*
peutique de la
lumière. |

La lumière, comme nous venons de le voir, agit d'une façon intense sur la matière vivante, la détruisant rapidement; en présence d'un agent aussi puissant l'idée devait venir d'essayer de l'employer dans un but thérapeutique.

La lumière tuant les bactéries et produisant une réaction inflammatoire des téguments, on a essayé tout d'abord de l'employer pour la guérison d'un certain nombre d'affections cutanées. Pour cela Finsen et ses disciples se sont servis d'appareils permettant de concentrer les rayons chimiques (bleu, violet, ultra-violet) sur une partie limitée de la peau; mais pour que ceux-ci agissent il était nécessaire qu'ils pénètrent à une certaine profondeur : aussi, pour empêcher le sang coloré qui circule dans les capillaires de les arrêter, ils ont chassé le sang de la région traitée au moyen d'un appareil *compresseur.* La lumière est le plus ordinairement produite par une lampe électrique à arc;

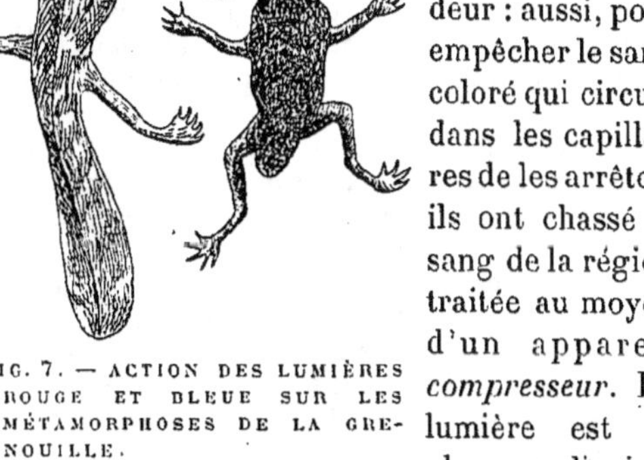

FIG. 7. — ACTION DES LUMIÈRES ROUGE ET BLEUE SUR LES MÉTAMORPHOSES DE LA GRE- NOUILLE.

les rayons passent dans des tubes en cuivre, refroidis par une circulation d'eau et soutenant des lentilles en cristal de roche, transparent pour les rayons violets; celles-ci les concentrent sur la partie malade; là, les rayons traversent une chambre creuse à double paroi de cristal de roche, soutenue par un anneau nickelé, où de l'eau circule, pour arrêter par refroidissement les rayons les plus chauds, et qui en même temps sert à comprimer.

Avec ce procédé, on a guéri d'une façon définitive et complète les ulcérations cutanées, de nature tuberculeuse, désignées sous le nom de *lupus*; l'application n'est pas douloureuse et les

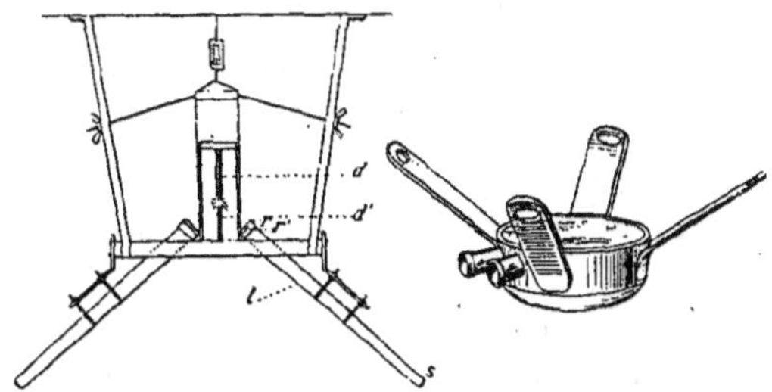

FIG. 8. — APPAREILS PHOTOTHÉRAPIQUES. LAMPE ET COMPRESSEUR. *d* et *d'*, charbons de la lampe; *r*, *r*, *s*, lentilles; *l*, tube de cuivre.

résultats sont constants et excellents au point de vue esthétique. De la même façon, on a pu effacer des *nævi* ou taches pigmentaires, guérir certains cas de *pelade.*

La lumière réussit également très bien dans le traitement de la variole, mais à la condition d'éliminer les rayons violets qui sont trop irritants pour une peau déjà enflammée. Ce traitement, d'ailleurs, ne date pas d'hier. Déjà au moyen âge, on traitait les varioleux en les couvrant de couvertures rouges; en Roumanie, c'est une ancienne coutume de couvrir le corps d'étoffes rouges; de même au Tonkin, le malade est enfermé dans une alcôve entourée de tentures rouges.

Dans les cas précédents le traitement par la lumière ne s'adresse guère qu'aux téguments. En Amérique, on a imaginé récemment un traitement s'adressant à l'organisme tout entier, dit le *bain de lumière.* On place le malade nu, la figure couverte d'un voile, tantôt dans une pièce fortement éclairée par des lampes à incandescence ou mieux par un arc électrique, tantôt dans une cour exposée aux rayons du soleil et dont la température ne s'élève guère, grâce à des arrosages fréquents. La lumière agit sur la peau et, par contre-coup, sur la circulation, et si elle n'est, ni trop intense, ni trop prolongée, elle peut déterminer une excitation vitale dont bénéficient les anémiques, les chlorotiques, les prédisposés à la tuberculose; dans certains cas, les résultats ont été vraiment merveilleux. Ceci prouve que tout agent de mort peut devenir, dans des conditions convenables, un agent de vie !

Dr G. BOHN,
Préparateur-chef à la Faculté des sciences.

ꙮꙮꙮ *Revue critique des Travaux scientifiques.* ꙮꙮꙮ

PHYSIQUE

Les franges de M. Lippmann. Pour obtenir les franges d'interférence, récemment découvertes par M. G. Lippmann, on opère comme il suit. « En face d'une fente lumineuse on dispose deux glaces argentées, que l'on rend perpendiculaires entre elles à l'aide d'une équerre ; ce réglage *sommaire* donne un angle voisin de 90° et capable de produire des franges.... ; pour avoir le maximum de netteté, il faut amener la fente à être parallèle à l'intersection des miroirs.... Un autre dispositif dispense de l'emploi des deux miroirs argentés. En face d'une fente verticale on installe, à peu près verticalement, un prisme à réflexion totale isocèle, comme il s'en trouve dans tous les laboratoires. La réflexion a lieu, réflexion totale, sur les deux faces de l'angle droit. Cet angle étant *presque droit* par construction, on obtient les franges du premier coup, sans aucun réglage. Par contre, l'angle étant invariable, on ne peut plus faire varier à volonté l'intervalle entre les franges. » (C. R. A. S.)

L'interférence se produit en effet entre les deux faisceaux qui se sont réfléchis deux fois : le premier sur les miroirs 1 et 2, le deuxième sur les miroirs 2 et 1 ; la différence des chemins parcourus par ces deux faisceaux est d'autant plus petite que l'angle des deux miroirs se rapproche davantage d'un angle droit. Et en même temps les franges s'écartent de plus en plus les unes des autres.

Nouveau minéral radifère. M. J. *Danne* a récemment reconnu que l'on pouvait extraire environ un centigramme de bromure de radium d'une tonne de certains terrains plombifères situés aux environs d'Issy-l'Évêque (Saône-et-Loire). Ces terrains renferment une pyromorphite, des argiles et des pegmatites; c'est le plus souvent avec la pyromorphite que se rencontre le radium. Chose remarquable aucun de ces minéraux ne contient d'uranium. Jusque-là l'uranium et le radium ont toujours été trouvés associés, et la richesse en radium d'un minerai est en quelque sorte proportionnelle à sa richesse en uranium. L'exception s'expliquerait en admettant que le radium d'Issy-l'Évêque ne s'est pas formé sur place, mais qu'il y a été véhiculé par les eaux. M. Danne a en effet constaté que les eaux de la région contiennent un sel de radium en solution. D'autre part, les terrains plombifères en question sont perméables et les filonnets de pyromorphite qu'ils contiennent sont toujours très humides. Si l'on ajoute à cela l'inactivité de tous les échantillons de pyromorphite de provenances diverses examinés l'hypothèse de M. Danne présente tous les caractères de la certitude.

Il reste simplement à isoler les minerais radifères, situés dans les profondeurs de la terre, au contact desquels les eaux deviennent radio-actives.

Frein synchronisant électromagnétique. On sait qu'en raison des courants induits dans la masse d'un disque métallique tournant entre les pièces polaires d'un électro-aimant, celui-ci fait frein sur le disque. Plus le disque tourne vite, plus le freinage est intense. M. *Abraham* a eu l'idée d'alimenter l'électro par le courant alternatif et de denter le disque. Dans ces conditions le moteur se synchronise sur le courant alternatif. Ce dispositif supprime « les complications qu'apportent le démarrage et la mise en circuit du moteur synchrone ».

Les rayons N et la photographie. Si aucune perturbation, calorifique ou magnétique, ne s'est glissée dans les expériences de M. *Bordier*, l'existence des rayons N encore si discutée, est bien près d'être établie sur des bases objectives, d'un examen facile. L'impression photographique due à une tache de sulfure de calcium insolée, et soumise pendant la pose à l'action d'une source de rayons N présenterait une auréole nettement plus large que l'impression photographique obtenue dans les mêmes conditions, en l'absence de toute source de rayons N. Voici comment l'opération a été conduite : on forme d'abord deux groupes de taches sur une feuille de papier épais au moyen de collodion renfermant du sulfure de calcium en suspension, puis, après avoir laissé séjourner les taches sèches pendant une nuit dans l'obscurité, on les insole pendant quelques minutes en les exposant à la lumière du jour et on applique le papier (taches en dessous) sur une plaque sensible. Après avoir déposé une lime sur l'un des groupes de taches et un morceau de plomb de même poids et de même forme sur l'autre groupe on abandonne le tout dans l'obscurité pendant vingt-quatre heures, après quoi on précède au développement. Dans d'autres observations, des billes d'acier et des grains de plomb ont été substitués à la lime et à la lame de plomb. De plus le développement et les comparaisons des résultats obtenus furent faits par un photographe non prévenu. Enfin, dans un dernier essai, les deux groupes de taches furent remplacés par les deux moitiés d'un trait tracé sur la feuille de papier au moyen d'un tube effilé renfermant le collodion actif.

Dans tous les cas, l'auréole relative aux surfaces influencées par les rayons N s'est montrée plus étendue que celle relative aux surfaces protégées contre l'action des rayons N.

Rappelons que M. *Blondlot* a repris récemment ses recherches sur la photographie de l'étincelle exploratrice des rayons N. Il s'est appliqué à lever toutes les objections dont son premier dispositif avait été l'objet, et il a constaté de nouveau que l'impression photographique de l'étincelle est, toutes choses égales d'ailleurs, nettement plus intense lorsqu'elle se trouve soumise aux rayons N.

MM. G. *Weiss* et L. *Bull* ont été moins heureux.

Ils recevaient, sur une plaque photographique, l'image, imparfaitement mise au point, d'une feuille de papier blanc. La face opposée de la plaque était recouverte d'une feuille de papier noir et d'une lame de plomb percée de deux fenêtres carrées de 3 centimètres de côté, séparées par une bande d'une largeur de 15 millimètres. Les rayons N émis par une lampe de Nernst, placée à 50 centimètres de la plaque et enfermée dans une caisse dont la face en regard de la plaque portait une ouverture fermée par un papier noir, pouvaient parvenir, à travers les fenêtres, aux plages correspondantes de l'image de la feuille. Si les rayons N accroissent réellement l'éclat des surfaces faiblement éclairées qu'ils frappent, on devra, au développement, obtenir sur la plaque deux plages carrées plus fortement impressionnées que le reste de la plaque. MM. G. Weiss et L. Bull *ont toujours obtenu une impression uniforme.* La question reste donc ouverte.   A. GUILLET.

HYGIÈNE

Avertisseur d'oxyde de carbone.

« Ils ne mouraient pas tous, mais tous étaient frappés. » Nous ne croyons pas exagérer en disant que, presque tous, nous sommes plus ou moins anémiés par l'intoxication lente à faible dose de l'oxyde de carbone provenant de nos appareils de chauffage, de cheminées plus ou moins fissurées, des fuites de gaz et des combustions incomplètes. Jusqu'ici il n'existait pas d'appareil pratique d'un maniement simple pour constater la présence de faibles traces d'oxyde de carbone dans l'air de nos appartements et de nos ateliers.

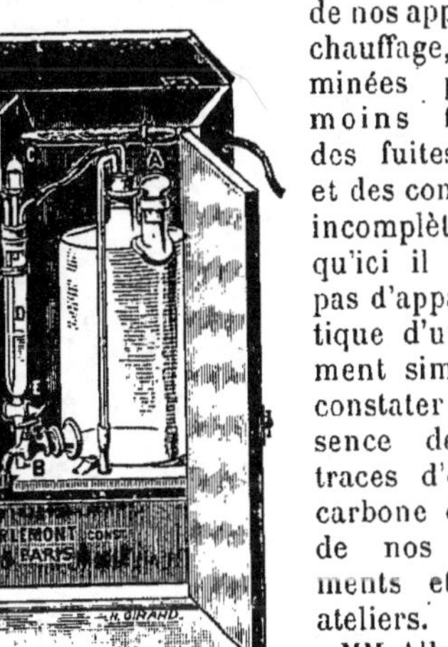

FIG. 1. — AVERTISSEUR D'OXYDE DE CARBONE.

MM. Albert Lévy et Pecoul viennent de présenter à l'Académie des sciences et à l'Académie de médecine un appareil répondant à ce besoin, qui permet de constater la présence d'un deux cent millième du terrible gaz toxique dans l'air. Il a été habilement construit par M. Berlemont et il est adopté par beaucoup de comités d'hygiène.

M. Ditte a démontré que l'anhydride iodique est réduit par l'oxyde de carbone avec mise en liberté de vapeur d'iode. M. Armand Gautier s'était déjà servi de cette réaction pour doser l'oxyde de carbone et elle est d'un usage courant.

Dans l'appareil de MM. Lévy et Pecoul, l'air est aspiré au moyen d'un aspirateur A (fig. 1) dans un tube desséchant C et traverse ensuite un tube en forme d'U plein d'anhydride iodique, maintenu à la température de 80°, au moyen d'une lampe à alcool. Si l'air renferme de l'oxyde de carbone, il se dégage de l'iode qui, entraîné par l'air, se rend dans un tube D contenant un volume déterminé de chloroforme, surmonté d'une couche d'eau. Le chloroforme se colore en violet. De l'intensité de la couleur obtenue, en comparant avec une gamme type, on déduit la quantité correspondante d'oxyde de carbone. La gamme de coloration fixée à l'appareil correspond à 1, 3, 6 et 9 litres par 100 mètres cubes avec les indications suivantes :

1 litre par 100 000 litres.	Ventilez.
3 — —	Ventilez énergiquement.
6 — —	Dangereux.
9 — —	Évacuez le local.

On voit quelle est la sensibilité de l'appareil. Il permet de déceler des fuites de gaz alors que celles-ci ne donnent pas encore d'odeur à l'air. Il met en évidence le fonctionnement défectueux des poêles mobiles et peut éclairer le médecin sur la cause des troubles physiologiques des malades.

Il est à souhaiter que les municipalités installent un service d'examen de l'air de nos maisons à la demande du public, comme elles ont installé la désinfection à domicile. On sait les grands sacrifices faits pour nous donner de l'eau potable, nous avons droit aussi à de l'air pur.   A. RIGAUT.

BOTANIQUE

Sur le mécanisme de certains mouvements provoqués chez les végétaux.

Tout le monde connaît les mouvements si curieux que présentent certaines plantes, la Sensitive par exemple, lorsqu'on vient à les toucher; on les a observés dans plusieurs organes floraux tels que les étamines de l'Épine-Vinette, celles de *Sparmannia africana*, les stigmates de *Mimulus*.

M. Chauveaud a montré que pour les étamines de l'Épine-Vinette le siège du mouvement résidait dans une région de l'épiderme dont les cellules se déforment brusquement au moindre contact et M. Dop (Soc. Bot. de France, nov. 1904) vient d'étendre cette notion à divers autres organes moteurs; voici comment, d'après ce dernier auteur, les faits se passent pour les étamines de *Sparmannia africana*.

A l'état de repos on observe sur la face externe des filets une rangée de saillies s peu accentuées (fig. 1, *a*); celles-ci deviennent au contraire très marquées lorsque l'étamine excitée vient à s'infléchir en dehors de la fleur (fig. 1, *b*).

Si on fixe rapidement par des vapeurs d'acide osmique les tissus du filet de ces étamines à l'état de mouvement, on constate qu'au repos chacune des saillies est constituée en coupe longitudinale par un groupe de 4 cellules (fig. 1, A); la cellule inférieure 1 est la plus grande; en dessous de cette plage épidermique spécialisée se trouve une lacune *l*, vraisemblablement pleine d'air.

Dans le filet d'une étamine considérée à l'état de

mouvement cette région épidermique est fortement déformée (fig. 1, B); la cellule inférieure 1 se rejette vers le bas, entraînant les 3 autres cellules;

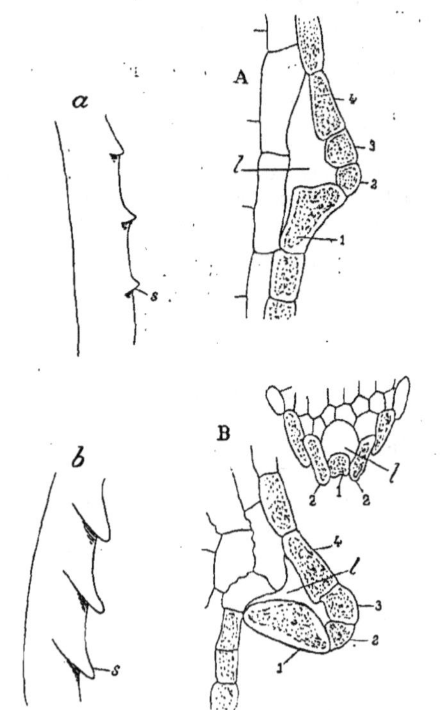

FIG. 1. — ÉTAMINES DE *Sparmannia africana.*

il est facile d'imaginer comment la lacune sous-jacente facilite le mouvement provenant de cette déformation. Une excitation a donc pour résultat d'amener un changement dans la forme des cellules que nous venons d'observer, et c'est surtout la cellule inférieure de chacun des groupes d'éléments épidermiques spécialisés qui apparaît comme cellule motrice.

Il résulte de ces recherches que les mouvements provoqués qu'on observe chez les végétaux sont, comme chez les animaux, la conséquence d'une réaction protoplasmique rendue apparente par un changement de forme.  M. MOLLIARD.

ZOOLOGIE

<table>
<tr><td>*Dimorphisme et migrations des Trypanosomes.*</td><td>Voilà que les Trypanosomes réclament une fois encore — et sans doute n'est-ce pas la dernière, — notre attention. Les lec-</td></tr>
</table>

teurs de la Revue connaissent ces Protozoaires, tout à fait à l'ordre du jour, dont on les a entretenus à diverses reprises. Ils doivent leur notoriété actuelle à ce que quelques-uns d'entre eux sont des agents pathogènes, qui déterminent, dans les régions tropicales, de redoutables épizooties sur les animaux domestiques. Une espèce s'attaque à l'homme lui-même, déterminant la terrible maladie du sommeil[1].

1. Voir *La Science au XX⁰ siècle*, t. II, 1904, p. 40.

L'état actuel de nos connaissances sur ces petits êtres et sur les maladies qu'ils déterminent vient d'être exposé avec détail dans un ouvrage récent de MM. A. Laveran et F. Mesnil[1], dont les recherches ont contribué, dans une large mesure, à élucider ces importantes questions. C'est assez dire l'autorité qui s'attache à ce livre, dont il importait de signaler ici l'apparition, et où les lecteurs de la Revue qu'intéresse la médecine tropicale trouveront tous les renseignements désirables.

« Nos connaissances sur les Trypanosomes, déclarent les auteurs dans l'introduction, sont encore incomplètes, et tout permet d'espérer que la riche moisson de découvertes concernant les Hématozoaires n'est pas près d'être terminée. » Cette prévision se réalise pleinement, et les travaux menés dans cette voie se poursuivent en effet avec une telle activité que quelques-uns des résultats exposés par Laveran et Mesnil s'en trouvent déjà profondément modifiés.

Aujourd'hui, c'est au point de vue purement zoologique que nous parlerons des Trypanosomes. Rappelons que ce sont des Hématozoaires, c'est-à-dire des Protozoaires parasites du sang des Vertébrés, appartenant à la classe des Infusoires Flagellés (Hémoflagellés, fig. 1). Ils ont le même habitat que les Hémogrégariniens (Hémamibes, etc.), autres Hématozoaires; mais tandis que ces derniers vivent à l'intérieur même des globules rouges, les Trypanosomes nagent simplement, à l'aide de leur fouet vibratile, dans le plasma sanguin, aux dépens duquel ils se nourrissent par osmose.

La plupart des Trypanosomes doivent, pour passer d'un hôte à un autre de la même espèce, subir une migration dans un hôte intermédiaire : puces, poux, mouches tsétsé (Glossine), moustiques, pour les Vertébrés à sang chaud; sangsues ou autres ectoparasites pour les Batraciens et les Poissons.

Voilà les faits qui jusqu'ici paraissaient établis sur la biologie des Hémoflagellés, lorsqu'un travail tout récent de Schaudinn[2] est venu révéler des faits tout à fait inattendus. Laveran et Mesnil ont connu ce travail; mais ses conclusions étaient tellement en désaccord avec les idées admises, qu'il leur a paru prudent d'en attendre confirmation, et ils n'en ont pas fait état dans leur Traité. Ces confirmations semblent peu à peu se

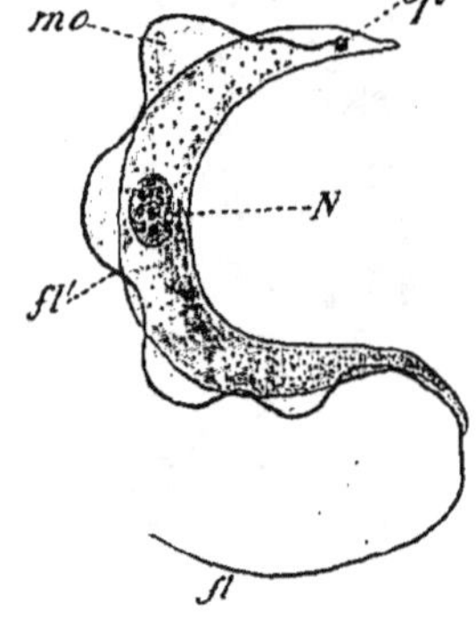

FIG. 1. — TRYPANOSOME (*T. avium*).

N, noyau; *mo*, membrane ondulante; *fl'*, épaississement marginal de la membrane ondulante, se continuant par le flagellum, *fl*; *bp*, blépharoplaste (centrosome), centre des mouvements du flagellum (d'après Laveran et Mesnil).

1. LAVERAN et MESNIL, *Trypanosomes et trypanosomiases*. Paris, Masson et Cⁱᵉ, 1904.
2. SCHAUDINN, Generations- und Wirthswechsel bei *Trypanosoma* und *Spirochæte. Arb. aus dem k. Gesundheitsamt*, t. XX, 1904, p. 387.

faire jour, et il n'est pas impossible que la manière de voir de Schaudinn ne doive être admise et étendue à tous les Trypanosomes.

La forme flagellée ferait, suivant lui, partie du

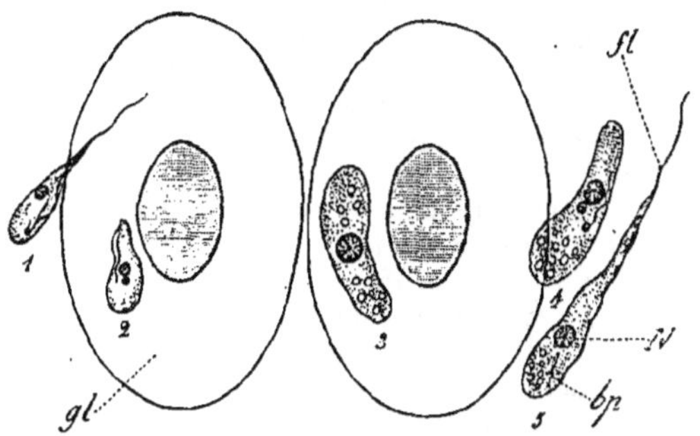

FIG. 2. — SUCCESSION DES FORMES TRYPANOSOMES LIBRES ET HALTERIDIUM ENDOGLOBULAIRES DANS LE SANG DE LA CHEVÊCHE.

gl, globules du sang de la Chouette; *N*, noyau du Trypanosome; *fl*, flagellum; *bp*, blépharoplaste.

cycle évolutif d'Hématozoaires endoglobulaires, de sorte que les relations les plus étroites existeraient entre les Hémoflagellés et les Hémogrégariniens. Ses observations ont porté en particulier sur un Trypanosome parasite de la Chevêche, qui a pour hôte intermédiaire le Cousin ordinaire (*Culex pipiens*). Les Trypanosomes, dans le sang de la Chevêche, ne sont pas constamment libres dans le plasma, ils se fixent aux globules rouges, et se présentent sous deux états alternés (fig. 2) : le jour, parasites des globules sous une forme amiboïde (*Halteridium*), ils reprennent la nuit la forme active de Trypanosome. Au bout de six jours, ayant atteint une assez grande dimen-

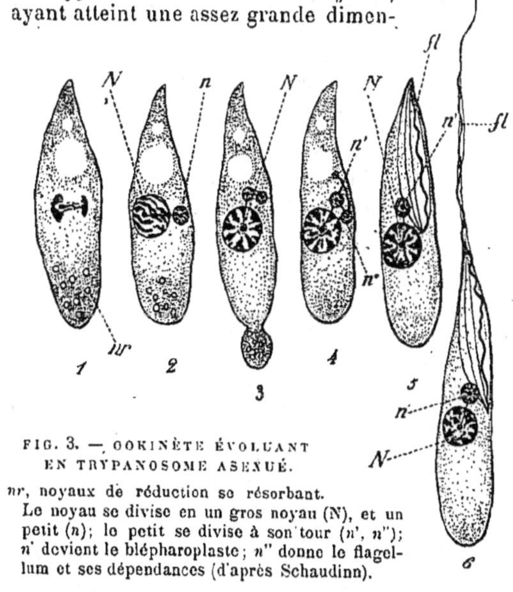

FIG. 3. — OOKINÈTE ÉVOLUANT EN TRYPANOSOME ASEXUÉ.

nr, noyaux de réduction se résorbant.
Le noyau se divise en un gros noyau (N), et un petit (*n*); le petit se divise à son tour (*n'*, *n''*); *n'* devient le blépharoplaste; *n''* donne le flagellum et ses dépendances (d'après Schaudinn).

sion, ils abandonnent définitivement le globule; ils se divisent alors activement, jusqu'à revenir aux petites dimensions primitives, et le cycle recommence.

Mais il y a plus. Les Trypanosomes, sous la forme de *Halteridium* peuvent donner naissance à des individus sexués : 1° des *macrogamètes femelles*;

2° des *microgamétocytes*, d'où naissent en grand nombre les *microgamètes mâles*. Ces individus sexués n'achèvent leur évolution que dans l'intestin du Cousin et c'est là que s'effectue leur conjugaison. L'individu résultant de cette union (zygote ou ookinète) ressemble à une Grégarine, mais se transforme bientôt en un Trypanosome : soit en un Trypanosome asexué (fig. 3), se reproduisant par division longitudinale, soit en un Trypanosome sexué (fig. 4), capable de se conjuguer. Les Trypanosomes indifférents traversent la paroi de l'intestin du Cousin, arrivent dans le sang qui remplit la cavité générale et émigrent dans les glandes salivaires. La piqûre du Cousin les injectera dans le sang d'une nouvelle Chouette.

Cette transformation des *Drepanidium* en Trypanosomes dans le tube digestif du Cousin a été confirmée depuis par Ed. et Et. Sergent[1].

Plus récemment encore, le Dr Billet[2] a pu constater des relations semblables pour un Trypa-

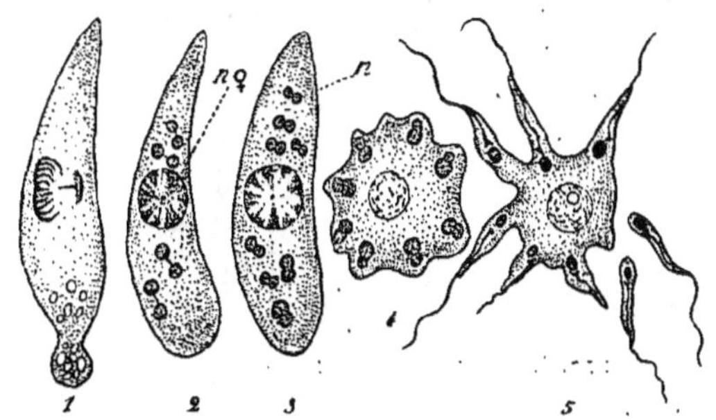

FIG. 4. — OOKINÈTE (1) ÉVOLUANT EN MICROGAMÉTOCYTE (4) ET EN MICROGAMÈTES (5)

n♀, noyau femelle, se résorbant; *n*, les noyaux mâles, divisés en deux (noyau et blépharoplaste), (d'après Schaudinn).

nosome des Grenouilles algériennes (*Tr. inopinatum*). L'hôte intermédiaire est une Sangsue (*Holobdella algira*) où le parasite a *constamment* sa forme flagellée, tandis que, chez la Grenouille, il prend en général la forme amiboïde *Drepanidium*, parasite interne des globules rouges, et n'est qu'exceptionnellement flagellé. D'un autre côté, Brumpt[3] a montré la fréquence de Trypanosomes dans le tube digestif d'une Sangsue parasite des Tortues quand le sang de la Tortue renferme des Hémogrégarines. Lebailly[4] a rencontré dans la Plie, le Flet, le Cabot et nombre d'autres poissons de mer, une Hémogrégarine et un Hémoflagellé qui vivent côte à côte dans le sang et sont vraisemblablement deux formes de la même espèce.

Les confirmations viennent donc nombreuses à la manière de voir de Schaudinn, et il paraît de plus en plus vraisemblable que Trypanosomes et Hémamibes ne sont que des aspects différents revêtus, dans le cours de son évolution, par une seule et même espèce. Le parasite de la malária lui-même présenterait, d'après Schaudinn, la forme flagellée, à un moment de son évolution.

1. *VIe Congrès intern. de Zool. de Berne*, 17 août 1904.
2. *C. R. Ac. Sc.*, 10 oct. 1904, p. 574.
3. *Soc. de Biologie*, 23 juillet 1904.
4. *C. R. Ac. Sc.*, 10 oct. et 17 oct. 1904.

Mais il y a mieux encore. Le sang de la Chevêche renferme un autre Trypanosome parasite, plus petit que le premier et qui présente un cycle évolutif tout à fait semblable. Toujours flagellé dans le Cousin (tubes de Malpighi), il peut chez la Chouette revêtir soit la forme flagellée libre, soit la forme amiboïde, sous laquelle il vit en parasite à l'intérieur des hématoblastes, formes embryonnaires des globules rouges du sang.

Sous sa forme flagellée, ce parasite se divise activement dans le sens longitudinal, et les produits de ces divisions, de plus en plus petits, arrivent à prendre tous les caractères du genre *Spirochæte*, autrefois considéré comme une Bactérie, et qui

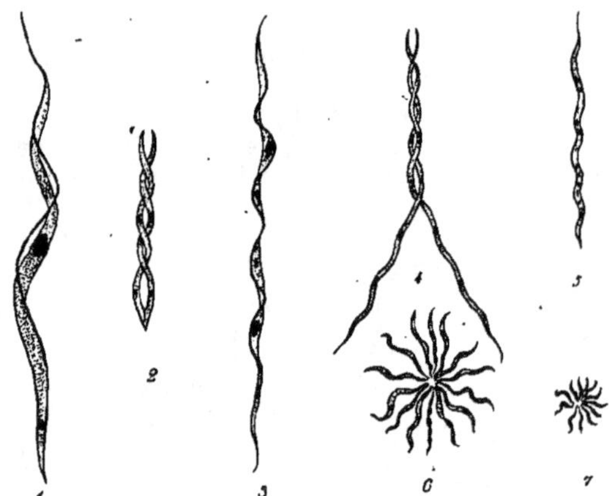

FIG. 5. — ÉVOLUTION DU *Spirochæte* (*Hæmamœba*) *Ziemanni.*

1, forme trypanosome; 2, division longitudinale; 3-5, divisions successives donnent des trypanosomes de plus en plus petits; 6, 7, formes d'agglutination en rosace des Spirochètes à l'état de microbes ultramicroscopiques (d'après Schaudinn).

devient ainsi une forme de Trypanosome. Les divisions vont plus loin encore, et aboutissent en fin de compte à des individus si petits, qu'ils doivent très certainement traverser les filtres Chamberland. On ne peut plus les voir au microscope quand ils sont isolés, mais seulement quand ils sont agglutinés en rosace, comme cela leur arrive fréquemment. Ce sont des *microbes invisibles*. Le même être est donc ici successivement Coccidie, Flagellé, microbe et microbe invisible.

Ce sont vraisemblablement de semblables Spirochètes, *ultramicroscopiques*, qui produisent la fièvre jaune, dont le microorganisme est jusqu'ici inconnu (Voir *La Science au XXᵉ siècle*, t. I, 1903, p. 379) et qui se transmet aussi par l'intermédiaire d'une mouche, le *Stegomyia fasciata*.

Nous avons dû donner à cette analyse une étendue inusitée, qu'on s'expliquera par l'importance considérable du mémoire de Schaudinn, tant au point de vue zoologique qu'au point de vue de la pathologie, de la cytologie et de la biologie générale.

RÉMY PERRIER,
Chargé de cours à la Faculté des Sciences
de Paris.

PHYSIQUE APPLIQUÉE

Télégraphie publique. Dans tous les pays, on s'attache à faire entrer davantage la télégraphie dans le domaine public; la tendance se généralise, en effet, d'établir dans des maisons de commerce et d'industrie des postes secondaires de transmission et de réception des dépêches; l'Amérique, en particulier, est entrée depuis plusieurs années dans cette voie et, en Allemagne, à Berlin, s'est établie récemment une grande exploitation de ce genre.

Un appareil télégraphique d'un maniement aisé et rapide est dès lors nécessaire; différents systèmes plus ou moins pratiques ont été imaginés, tantôt reproduisant directement, à mesure du tracé, l'écriture manuscrite, tantôt donnant le message en caractères d'imprimerie.

C'est un dispositif de ce dernier genre qui a été adopté à Berlin. Différents instruments furent tout d'abord installés dans de grands établissements financiers, etc., et pour étendre cette application une tarification spéciale fut accordée aux messages ainsi transmis. Plus récemment, la « Ferndrucker-Gesellschaft » conçut le projet, admis aujourd'hui, de créer un centre d'échange de télégrammes avec ses affiliés en faisant usage des appareils imprimeurs construits par la Société Siemens et Halske (fig. 1). La compagnie s'est proposé non seulement d'assurer la réception et la distribution des correspondances, mais encore la mise en communication des abonnés entre eux, la transmission à tous ceux qui en font la demande, de certaines nouvelles, de Bourse, par exemple.

Le bureau central est établi sur le plan des bureaux centraux téléphoniques.

Chaque abonné est relié à un jack de la forme ordinaire; au repos, les fils sont mis sur clapet; les clapets, pendant les moments où le trafic est faible, peuvent fermer le circuit d'une sonnerie locale; en introduisant dans les jacks certaines broches à cordon, on coupe la communication de la ligne avec le clapet et on met l'abonné sur « appareil ». D'autres fiches, à double cordon, sont utilisées pour établir les connexions entre abonnés; un galvanoscope de fin de communication est introduit dans le circuit pour indiquer aux agents qu'ils peuvent ou ne peuvent pas couper les liaisons qu'ils ont établies.

L'un des services principaux que peut rendre une installation de ce genre est la transmission simultanée à un groupe d'abonnés, de certaines dépêches d'un intérêt général pour les intéressés.

Les fils de ligne des affiliés ne sont pas conduits directement aux jacks mais passent par l'intermédiaire d'un commutateur tournant à six ressorts.

Pour la transmission d'une dépêche circulaire, on manœuvre le commutateur, que l'abonné soit occupé ou non, et on l'isole pendant un instant; l'arrêt de son appareil lui indique que la communication est coupée et, comme il a été avisé préalablement, une fois pour toutes, il sait qu'un télégramme va lui être envoyé; dans la position suivante du commutateur, l'appareil récepteur auquel l'abonné était relié est mis en court circuit ce qui le ramène dans son état primitif, prêt à reprendre le travail en partant du repère assigné; enfin, dans la quatrième position, les abonnés désignés sont en communication, par l'intermédiaire des ressorts d'un jack, d'une fiche et d'un cordon, avec un poste de travail. L'employé qui dessert cet appareil appuie sur le « blanc des lettres » et abandonne le manipulateur à lui-même jusqu'à ce que le mouvement s'arrête; ainsi que nous le verrons plus loin, l'opérateur est assuré de la sorte que tous les appareils

Quant à l'appareil récepteur et transmetteur employé, c'est un appareil imprimeur dont l'invention remonte à quelques années déjà, mais qui a subi depuis des modifications qui, à notre avis, le mettent au point de vue de l'ingéniosité, de la perfection, tant mécaniques qu'électriques, au niveau des Hughes, des Wheastone, etc.

Transmetteur ou manipulateur, et récepteur sont solidaires et confondus. Le manipulateur propre-

FIG. 1. — TÉLÉGRAPHE IMPRIMEUR SIEMENS ET HALSKE.

avec lesquels il est en relation se trouvent arrêtés au blanc.

Les commutateurs rotatifs des abonnés d'un même groupe sont rassemblés et mus ensemble au moyen d'un volant.

Le bon fonctionnement de l'enregistreur dont il est fait usage exige que le courant débité soit constant autant que possible; aussi emploie-t-on comme source d'électricité une batterie d'accumulateurs.

Chaque poste comporte deux batteries que l'on met tour à tour, pendant une heure par jour, en charge sur la canalisation. Les deux groupes sont, en temps normal, utilisés simultanément; pendant la charge, on se sert de l'une des batteries seulement pour le travail.

Afin de faciliter les opérations de commutation que rendent indispensables la charge et la décharge des éléments, on recourt à un commutateur à manette pourvue d'une flèche indicatrice montée et lestée de telle façon qu'elle indique toujours le sens du déplacement (vers la droite ou vers la gauche) qu'il faut imprimer à la poignée pour qu'aucune omission ne se produise dans la mise en charge alternative de chacune des deux batteries.

ment dit est constitué par un clavier, de vingt-huit touches, analogue à celui des machines à écrire : le blanc des chiffres permet, comme dans l'appareil Hughes et dans la machine à écrire, de substituer, aux lettres de l'alphabet, les chiffres et les signes de ponctuation, etc. L'appareil permet également la transmission directe, en une seule fois, des indications plus (+), moins (—), de la barre de fraction et de quelques fractions se rencontrant assez fréquemment.

Chaque touche commande, par l'intermédiaire d'un levier horizontal, une tige métallique se déplaçant verticalement et qu'un ressort à boudin ramène à sa position première, une fois que la pression sur la touche correspondante cesse; il y a donc vingt-huit tiges de cette espèce; elles sont disposées en arc de cercle; par application de la terminologie télégraphique, nous appellerons ces pièces, assimilables à d'autres analogues du Hughes, les « goujons ».

Quand l'opérateur agit sur une des touches, il fait émerger du niveau de la boîte qui contient les goujons, celui de ceux-ci que commande la touche intéressée. Ce goujon se place dès lors dans le champ de rotation d'une pièce métallique, disons « la lèvre », qui tourne d'un mouvement uniforme et régulier sur un axe vertical. Cet axe porte un balai qui glisse sur des segments de contact radiaux, équidistants et égaux, il est actionné par un mouvement d'horlogie ou un moteur, par l'intermédiaire de deux roues d'angle montées l'une sur l'axe lui-même, l'autre sur l'axe de la roue des types. Roue des types, balais et lèvre se meuvent donc synchroniquement et sont dépendants l'un de l'autre.

Mettons les segments de contact en communication avec l'un des pôles d'une pile, dont l'autre pôle soit à la terre, relions l'axe à la ligne ; nous voyons immédiatement que des émissions successives se produisent sur celle-ci ; en appuyant sur une touche, nous immobilisons le système, le goujon correspondant venant se placer dans le champ de la lèvre, et la ligne reçoit dès lors un courant qui persiste aussi longtemps que nous ne laissons pas reprendre à la touche sa position initiale.

Voyons quelle peut être la manière d'employer ces émissions brèves suivies d'une plus longue à l'impression de la lettre, au récepteur, correspondant à la touche abaissée.

Tout courant émis sur la ligne est reçu, à l'arrivée, dans un relais polarisé, très sensible et ne possédant que très peu de self-induction. L'armature de ce relais, se déplaçant, produit l'envoi d'un courant alternativement positif ou négatif, dans un premier électro-aimant polarisé à armature très légère, comme le relais, et dans un second, qui est celui d'impression, et dont l'armature, ayant une grande inertie, ne se déplace que pour un courant d'une certaine durée.

De là résulte que chaque émission brève a pour effet un déplacement de l'armature de l'électro polarisé (c'est-à-dire une demi-oscillation du levier) ; or cette armature porte une ancre entre les dents de laquelle est engagée une roue dentée montée sur l'axe de la roue des types : cette roue avance chaque fois d'une dent, et partant celle des types d'un signal.

Si l'on appuie, après un certain temps, sur une lettre au poste transmetteur, on provoque l'envoi d'un courant d'une certaine durée dans le circuit local d'arrivée ; l'électro-aimant d'impression attire son armature qui soulève le papier contre la roue des types, soigneusement encrée ; un signal est imprimé sur la bande ; pour que ce signal soit celui transmis, il faut donc simplement que les deux systèmes soient immobilisés en même temps et sur la même lettre, par laquelle doit débuter la transmission ; ce point de repère est le blanc des lettres.

Le système est actionné par un mouvement d'horlogerie ou, plutôt, par un petit moteur électrique qui reçoit le courant de la batterie de travail ; ce moteur tend un ressort en spirale ; lorsque la tension de celui-ci atteint une certaine valeur, l'axe portant la vis sans fin de transmission est soulevé et le circuit du moteur, qui est établi par l'inter-

médiaire de deux disques de charbon tournant et frottant l'un sur l'autre, est interrompu jusqu'à ce que le ressort, détendu, ait à nouveau besoin d'être remonté. Le ressort agit sur l'arbre de la roue des types et tend à le faire tourner ; sur cet arbre sont montées également la roue d'angle et la roue d'échappement dont il a été question déjà.

En outre, sur la roue d'angle est adaptée une spirale de forme spéciale, à diamètre décroissant, contre laquelle s'applique l'extrémité d'une équerre de métal soumise à l'action d'un ressort plat et mobile sur une pièce, portant également le ressort. Quand l'arbre des types effectue trois rotations sans qu'aucune longue émission se produise, l'équerre dont nous venons de parler, glissant sur la spirale, prend finalement une position telle qu'une tige à crochet vient immobiliser l'arbre par l'intermédiaire d'une came de ce dernier ; en même temps, un commutateur coupe le circuit des électro-aimants et l'appareil transmetteur est placé, par le jeu d'un système de leviers et de ressorts, sur la réception.

Bref, si l'employé chargé de la manœuvre perd, intentionnellement ou par maladresse, trois tours sans transmettre aucune lettre, les deux appareils sont arrêtés, et ce au signal blanc des lettres.

Mais il n'en est pas ainsi s'il transmet, parce que, qu'il fasse le signal de début de travail ou tout autre, le système imprimeur, en basculant, ramène la pièce plate appuyée contre la spirale au sommet de l'hélice sans que l'arrêt puisse se produire.

Le manipulateur n'est pas tout à fait aussi simple que nous l'avons indiqué plus haut.

Remarquons, en effet, que la dernière émission, produit encore l'échappement d'une dent de la roue des types ; pour que celle-ci reste toujours d'accord avec la lèvre, il faut que l'arbre de cette dernière puisse effectuer un certain déplacement angulaire, correspondant à l'intervalle entre deux lettres.

Pour produire l'inversion, nous entendons : pour passer à la transmission de chiffres, signes de ponctuation, etc., l'opérateur appuie sur la touche « blanc des chiffres ». Or, à chaque déplacement du système d'entraînement et d'impression, une petite pièce d'acier en forme d'équerre bascule autour du sommet de son angle, dans le plan de l'arbre des types. Au signal blanc des chiffres correspond sur cet arbre un épaulement contre lequel vient agir la pièce dont nous parlons, ce qui a pour conséquence le déplacement axial de la roue, malgré l'action antagoniste d'un ressort à boudin ; dès ce moment l'appareil imprime des chiffres, et il continue de la sorte aussi longtemps que l'opérateur ne presse pas la touche « blanc des lettres » ; si cette dernière manœuvre s'accomplit, la petite pièce en équerre rencontre la tête d'un ressort plat qui maintenait la roue des types ; il la presse, ce qui a pour conséquence immédiate la remise en sa place primitive de la roue aux lettres.

Comme on peut s'en rendre compte, cet appareil ne présente aucune difficulté de travail, et il ne nous paraît pas douteux qu'il puisse contribuer, dans une large mesure, au développement de la télégraphie privée.

E. GUARINI.

Petites Inventions utiles.

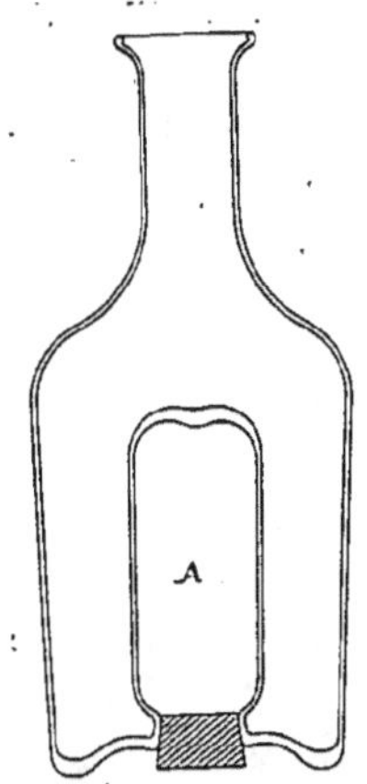

FIG. 1.
CARAFE JACQUIN.

Carafe Jacquin.

On sait que la glace destinée à rafraîchir les boissons en été, est fréquemment impure. Aussi a-t-on souvent cherché le moyen de ne pas la mêler à l'eau potable. La carafe Jacquin (fig. 1), dans laquelle on met la glace en A dans un réservoir indépendant, semble résoudre élégamment ce problème. En outre, sa construction pratique est facile en verrerie.

M. Jacquin a imaginé également un verre construit sur le même principe.

Bandage élastique en métal, système Honrath.

Le bandage de la figure 2 est une des multiples solutions plus ou moins rationnelles destinées à remplacer les pneumatiques. Les profils *a*, *b* et *c*, sont trois réalisations du même principe : l'inventeur remplace l'élasticité de l'air comprimé par celle du fil d'acier qui compose le

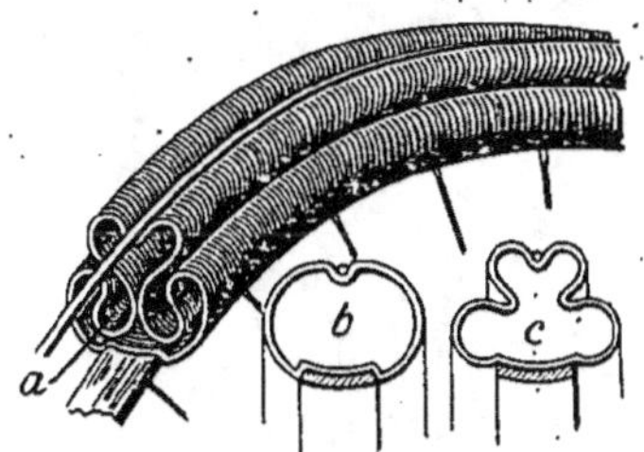

FIG. 2. — BANDAGE ÉLASTIQUE EN MÉTAL.

boudin protecteur. L'ensemble doit d'ailleurs être entouré d'une gaine protectrice en cuir ou en toile.

Néanmoins, le pneumatique semble avoir encore de beaux jours.

Avertisseur d'incendie Siemens et Halske.

Cet appareil est fondé sur la dilatation d'un liquide, alcool ou mercure, renfermé dans un petit tube thermométrique, dont le volume est complètement occupé à la température limite qu'il convient de ne pas dépasser, de 50 à 200°,

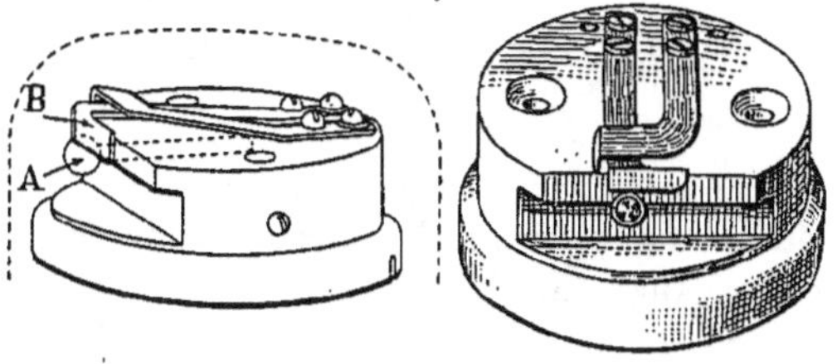

FIG. 3. — AVERTISSEUR D'INCENDIE SIEMENS ET HALSKE DISPOSÉ POUR COUPER LE COURANT EN CAS DE SURCHAUFFE.

selon les modèles; au delà, la dilatation du liquide brise la boule A (fig. 3) et laisse agir un ressort B qui était

auparavant appuyé dessus. L'action de ce ressort ouvre ou ferme un circuit électrique.

Si la rupture de l'ampoule produit le contact, le courant développé agit directement sur une sonnerie installée sur le circuit.

Si au contraire l'éclatement du thermomètre doit interrompre le courant, le circuit contenant les avertisseurs est alors monté en parallèle avec la sonnerie, et équilibré par une résistance de façon que la fraction de courant qui passe normalement dans le signal d'alarme soit trop faible pour le faire tinter. Si le circuit avertisseur est rompu, tout le courant passe alors dans la sonnerie, et celle-ci fonctionne bruyamment. Cette dernière disposition indique ainsi toute détérioration du circuit avertisseur.

Allumeur pour photographie au magnésium.

On trouve dans le commerce de nombreuses poudres à base de magnésium, dont la combustion instantanée et très lumineuse permet la photographie pendant la nuit. L'Éclair, appareil de la figure 4, permet d'allumer ces poudres avec

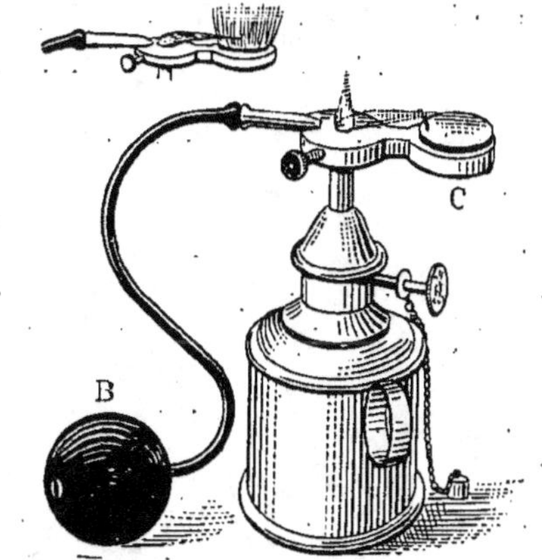

FIG. 4. — ALLUMEUR POUR PHOTOGRAPHIE AU MAGNÉSIUM.

une grande facilité. Il se compose d'une double plate-forme qui se fixe sur une lampe à essence quelconque, et d'un système soufflant, poire, tuyau et ajutage. La poudre étant placée en C, il suffit de presser sur la poire pour courber la flamme vers la poudre et déterminer ainsi la combustion.

Fers à repasser les plis des pantalons.

Il fut un temps où la mode imposait le pantalon sans pli, pour qu'il n'ait pas l'air trop neuf. C'est le contraire aujourd'hui, et l'on a créé des fers spéciaux pour cet usage. L'un des derniers en date, qui nous vient d'Amérique, se compose essentiellement d'une grande pince. Les deux mâchoires de la pince portent chacune à leur extrémité un axe autour duquel tourne un massif galet de fer. Les deux galets à axes parallèles peuvent ainsi être rapprochés avec une assez grande force, par l'action de la main sur les poignées de la pince, et c'est entre ces galets, préalablement chauffés à une température convenable, que se repasse le bord du pantalon, à l'endroit où l'on doit marquer le pli. Ainsi les masses de fer appuient considérablement sans frotter le drap.

JEAN JAUBERT.

La Science au XXᵉ siècle.

BOTANIQUE

LES PLANTES DU JARDIN D'OOTACAMUND.

M. et Mᵐᵉ Lapicque, pendant leur voyage dans l'Inde, ont bien voulu recueillir pour moi, dans le jardin d'Ootacamund, un certain nombre de plantes grâce à la bienveillance de M. Proud-lock, curateur du jardin. Ces plantes ont été importées d'Europe à Ootacamund et y sont cultivées en plates-bandes de la même façon que les plantes de même espèce et de même origine des jardins aux environs de Paris ; plusieurs de ces plantes sont acclimatées depuis assez longtemps. Il y avait là pour ainsi dire une expérience de culture toute faite qui devait permettre de comparer les différences de forme et de structure que présentent les mêmes espèces

dans cette localité de l'Inde et dans une localité française, Fontainebleau par exemple.

Ootacamund (fig. 1) est situé sur le plateau des Nilghirris à environ 2 300 m. d'altitude et sous une latitude nord de 11°,30'. Un observatoire météorologique très voisin d'Ootacamund publie des données qui permettent d'établir la comparaison avec celles de l'observatoire météorologique de l'École d'application de Fontainebleau.

Ce qui est particulièrement intéressant dans cette étude, c'est que la moyenne annuelle des températures utiles à la végétation est sensiblement la même dans les deux cas. Elle est de 11°,8 à Ootacamund et de 12°,2 à Fontainebleau. Mais les conditions de répartition de la température sont très différentes : en effet, aux environs de Paris, les moyennes mensuelles

FIG. 1. — LE JARDIN D'OOTACAMUND SUR LE PLATEAU DES NILGHIRRIS (INDE).

de températures peuvent différer entre elles de 14°, tandis qu'à Ootacamund, les moyennes mensuelles de température ne présentent pas entre elles un écart de plus de 3°; cela tient à ce que, pendant l'hiver et le printemps, le temps est généralement très beau, le ciel est presque toujours découvert, tandis que, pendant l'été et l'automne, le temps est presque toujours nuageux et pluvieux. Ainsi donc, d'une manière générale, la saison d'hiver est sèche tandis que la saison d'été est humide.

M. et Mme Lapicque m'ont rapporté aussi quelques plantes autres que celles des plate-

FIG. 2. — RAMEAU DE GENÈT A BALAIS RECUEILLI
SUR LE PLATEAU DES NILGHIRRIS.

FIG. 3. — RAMEAU COMPARABLE DE GENÈT A BALAIS,
RECUEILLI AUX ENVIRONS DE PARIS.

De plus, à une pareille altitude combinée avec une faible latitude, le soleil est très vif pendant une belle journée d'hiver ou de printemps, tandis que les nuits sont froides.

On peut se rendre compte de cette opposition de deux températures si différentes en 24 heures par la manière dont on est obligé de se vêtir. Dans la journée on ne peut sortir qu'avec des vêtements légers et le casque colonial est indispensable, tandis que le soir il faut porter des vêtements semblables à ceux que nous mettons à Paris pendant l'hiver.

Comme le développement d'une espèce déterminée est surtout réglé par la somme des températures annuelles, on comprend que les mêmes espèces puissent être facilement cultivées dans les deux contrées comparées.

Les différences de structure à observer ne peuvent donc être dues qu'à l'inégale répartition de la température moyenne, de l'humidité de l'air ou de la lumière dans l'un ou l'autre cas.

En dehors des plantes cultivées, la végétation naturelle ou même subspontanée du plateau du Nilghirris offre un aspect général analogue à celui que présente la végétation des environs de Paris.

bandes du jardin, ce sont des échantillons recueillis sur le bord des chemins dans la campagne des environs d'Ootacamund ainsi que des branches de plusieurs arbres plantés dans le jardin.

Grâce aux conditions climatériques dont nous venons de parler, malgré la similitude des moyennes de température, les espèces naturelles du plateau des Nilghirris ou les plantes européennes introduites présentent ce caractère remarquable d'être feuillées en toute saison. Les arbres ou arbrisseaux à feuilles caduques conservent des feuilles pendant toute l'année comme ceux du sud de la région méditerranéenne.

Leschenault de Latour, ayant voyagé dans l'Inde en 1818, avait déjà remarqué le climat particulier de cette région des Nilghirris et en avait décrit l'aspect européen. Voici comment il s'exprime au sujet de cette contrée : « Le sommet des montagnes de Nellygerry offre un aspect varié et très pittoresque; la surface est composée de plusieurs monticules, plus ou moins arrondis ou escarpés; ils sont séparés par des vallons, au fond desquels coulent presque toujours des ruisseaux d'une eau limpide et murmurante; avec un peu de l'industrie on pourrait établir de fort bonnes prairies dans plusieurs endroits de ces fraîches vallées. » ... « La botanique offre le plus grand intérêt sur les montagnes de Nellygerry par la différence qui existe entre les plantes de cette contrée et celles de la plaine; on y trouve un très grand nombre de genres analogues à ceux d'Europe : tels sont *Vaccinium, Rhododendrum, Fragaria, Rubus, Anemone, Balsamina, Geranium, Mespilus, Plantago, Rosa, Salix, Berberis,* etc. Cette similitude indique que les plantes utiles d'Europe s'acclimateraient parfaitement bien. J'ai rapporté de ces montagnes plus de deux cents espèces de plantes, pour la plupart nouvelles, qui aujourd'hui sont dans les herbiers du Muséum [1]. »

Ainsi donc, dans les plantes à étudier, il y a deux catégories différentes; la première comprend les arbustes exposés intégralement au climat des Nilghirris; les autres sont des plantes de jardin cultivées et arrosées à la manière ordinaire, chez lesquelles l'influence due à l'humidité du sol se trouve supprimée.

Parlons d'abord des plantes de la première catégorie. Les figures 2 et 3 représentent deux rameaux du Genêt à balais (*Sarothamnus scoparius*). La figure 3 montre l'aspect ordinaire d'un rameau de cette espèce aux environs de Paris; la figure 1, un rameau de la même espèce récoltée dans la campagne à Ootacamund.

On voit sur ce dernier échantillon que les tiges sont plus robustes, à entrenœuds plus rapprochés, et les feuilles à folioles plus épaisses, à pétioles plus courts. Le port général est d'ailleurs assez différent dans les deux cas.

Les figures 4 et 5 représentent l'aspect des branches dressées de l'If (*Taxus baccata*), d'une part aux environs de Paris et d'autre part dans le jardin d'Ootacamund. Cette dernière branche (fig. 4) porte des feuilles plus allongées, plus aiguës, un peu plus épaisses et plus rapprochées les unes des autres sur la tige.

Si on examine au microscope la coupe transversale d'une feuille d'If des environs de Paris (fig. 6 et fig. 7) comparativement à une coupe semblable pratiquée à travers une feuille récoltée à Ootacamund (fig. 8), on voit que cette dernière diffère des deux autres par un certain nombre de caractères.

L'ensemble des parties externes des cellules épidermiques et qui forme une couche appelée cuticule (*cut*) est plus épais dans l'échantillon de l'Inde, ce qui indique une protection plus grande, nécessitée par les changements de température journaliers.

Le tissu situé immédiatement au-dessous de l'épiderme, du côté supérieur de la feuille, et qu'on appelle tissu en palissade (*pal*), est beaucoup plus développé dans l'If d'Ootacamund; les cellules de ce tissu y sont disposées sur trois rangs au lieu de l'être sur un ou deux seulement; des plus, elles sont plus étroites et plus serrées. Or ce tissu en palissade est disposé spécialement pour l'adaptation à la lumière en vue de l'assimilation chlorophyllienne; c'est donc à l'action de la lumière plus intense sur le plateau des Nilghirris qu'il faut attribuer le développement plus grand de ce tissu assimilateur. D'ailleurs ce caractère s'observe à la fois chez les plantes alpines et chez les plantes méditerranéennes.

Le tissu du liber (*l, ls*), où se réunit la sève élaborée par la feuille, renferme des tubes plus grands, qui sont plus nombreux dans le spécimen d'Ootacamund (fig. 8).

On peut donc dire que, d'une manière générale, la nutrition de la plante par les feuilles est plus intense sur le plateau des Nilghirris qu'aux environs de Paris.

Diverses autres espèces d'arbres ou d'arbustes récoltées dans les mêmes conditions m'ont donné des résultats analogues, tels sont le Chêne ordinaire (*Quercus Robur*), le Chêne-vert (*Quercus Ilex*), le Thuia (*Thuia orientalis*), l'Ajonc (*Ulex europæus*), le Buis (*Buxus sempervirens*), etc.

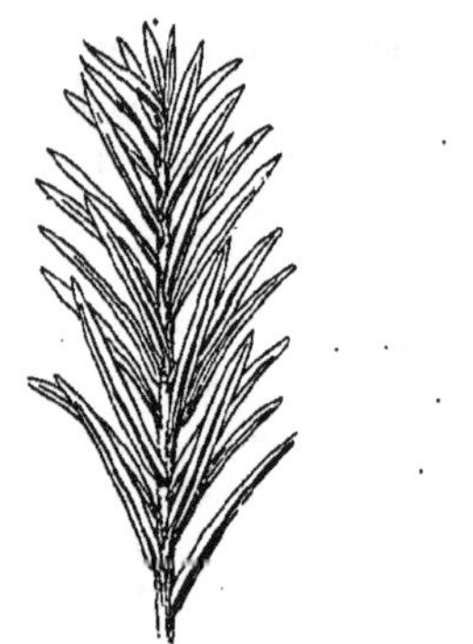

FIG. 4. — RAMEAU DRESSÉ D'IF (OOTACAMUND). FIG. 5. — RAMEAU D'IF COMPARABLE (ENVIRONS DE PARIS).

Examinons maintenant les plantes du jardin d'Ootacamund en les comparant aux mêmes espèces cultivées dans les jardins aux environs de Paris. Pour ces dernières, j'ai choisi des

1. *Relation abrégée d'un voyage aux Indes Orientales,* par M. Leschenault de Latour, naturaliste du Roi (*Mémoires du Muséum d'Histoire Naturelle,* t. IX, 1822).

échantillons présentant les caractères moyens de développement de ces plantes dans nos climats.

Prenons d'abord la Verveine des jardins (*Verbena chamœdryfolia*); l'échantillon d'Ootacamund, comme on le voit en comparant les figures 9 et 10, a des tiges à entre-nœuds plus courts, à feuilles plus petites. En outre, toute la plante est recouverte de poils plus nombreux, plus longs et plus serrés, les feuilles sont plus plissées et à dents plus aiguës. L'ensemble général de la plante est plus trapu.

Les figures 11 et 12 représentent la coupe transversale de la tige, dans les deux cas, en des régions de la plante comparables.

Chez la plante de l'Inde (fig. 12), l'épiderme est à cellules plus cohérentes; le tissu protecteur, très développé aux quatre angles de la tige, tissu qu'on appelle collenchyme (*col*), a des cellules plus serrées. A l'intérieur de ce tissu, les fibres de soutien sont mieux développées et leurs parois sont imprégnées de lignine, ce qui les rend plus fortes et plus solides. On peut remarquer que le bois, *b*, est plus épais et à vaisseaux nombreux.

Si l'on compare l'anatomie des feuilles de ces deux plantes on trouve chez la Verveine d'Ootacamund des cellules épidermiques relativement plus grandes et, comme chez toutes les plantes précédentes, un tissu en palissade beaucoup plus développé.

La cohérence plus étroite des cellules qui constituent l'assise épidermique, le développement plus marqué du collenchyme indiquent encore une accentuation des tissus qui protègent la plante contre les brusques variations de température. Ce sont là des caractères qu'on observe chez les plantes cultivées à de hautes altitudes dans les Alpes et dans les Pyrénées où, comme l'on sait, il se produit aussi, pendant la saison où les feuilles se développent, une alternance entre les températures très élevées de la journée et les températures très basses de la nuit.

D'autre part, le grand développement du bois et des vaisseaux et le grand nombre des fibres ligneuses sont des caractères qu'on n'observe pas chez les plantes alpines, mais qui sont au contraire très marqués chez les plantes méditerranéennes des localités sèches et dont les feuilles persistent très longtemps.

Les autres plantes de jardin présentent des différences plus ou moins analogues à celles que l'on observe chez la Verveine. Parfois les caractères dont nous venons de parler sont plus saillants et pour d'autres plantes ils sont au contraire moins accentués; mais, d'une manière générale, toutes les espèces observées offrent des variations qui se produisent toujours dans le même sens.

En outre, ce sens de variation est le même que celui qu'on remarque chez les plantes qui

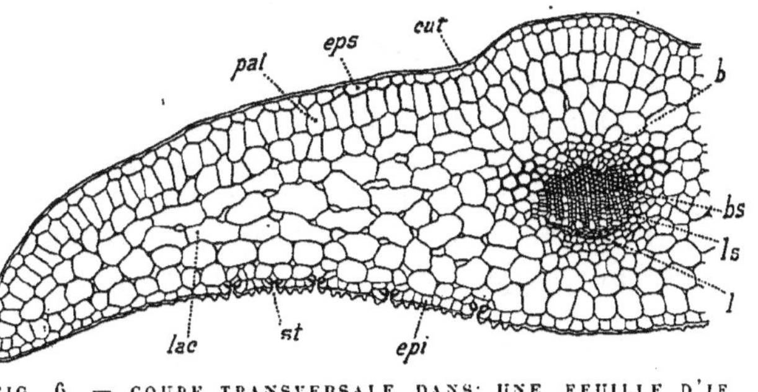

FIG. 6. — COUPE TRANSVERSALE DANS UNE FEUILLE D'IF RÉCOLTÉE AUX ENVIRONS DE PARIS (LOCALITÉ OMBREUSE).

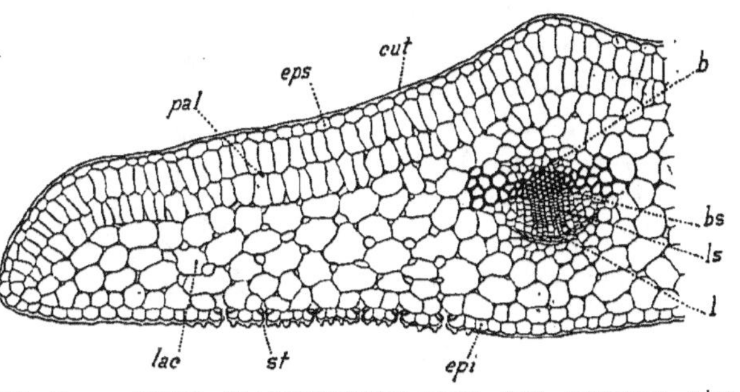

FIG. 7. — COUPE TRANSVERSALE DANS UNE FEUILLE D'IF COMPARABLE, RÉCOLTÉE AUX ENVIRONS DE PARIS (LOCALITÉ SOLEILLEUSE).

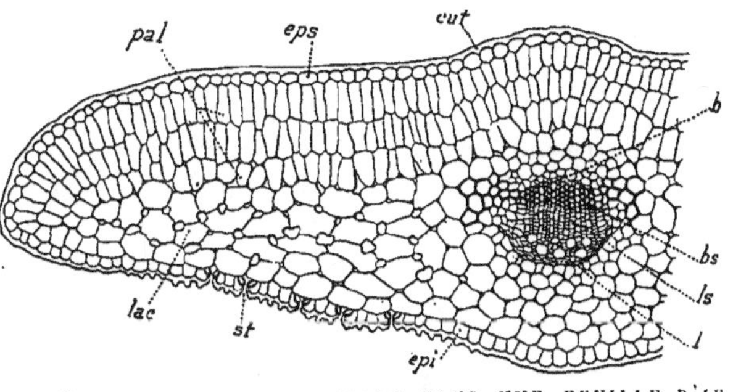

FIG. 8. — COUPE TRANSVERSALE DANS UNE FEUILLE D'IF COMPARABLE, RÉCOLTÉE SUR LE PLATEAU DES NILGHIRRIS.

Lettres communes aux figures 6, 7 et 8 : *eps*, *épi*, épiderme; *cut*, cuticule; *st*, stomates; *pal*, tissu en palissade; *b*, *bs*, bois; *l*, *ls*, liber.

croissent naturellement sur le plateau des Nilghirris. Les espèces cultivées dans le jardin
d'Ootacamund depuis un certain nombre d'années
ont donc certainement des caractères d'adaptation au climat qui rapprochent leur forme et leur
structure de celles qui caractérisent la végétation de cette curieuse contrée.

Je citerai encore quelques espèces de jardin
que j'ai étudiées au même point de vue.

La Pâquerette (*Bellis perennis*) offre dans
l'Inde des feuilles plus fermes dont la rosette
est plus serrée. Le pédoncule qui porte le capitule de fleurs est plus court et plus épais et renferme des faisceaux libéro-ligneux plus développés. Les feuilles ont trois à quatre assises de
tissu palissadique au lieu de une à deux qu'on
observe le plus souvent chez les feuilles de
Pâquerette cultivée dans notre climat.

L'Anthemis des jardins (*Anthemis arabica*)
montre des modifications semblables.

On peut signaler des différences de même
ordre pour la Pensée cultivée (*Viola hortensis*),
le Pyrèthre (*Pyrethrum indicum*), la Digitale
(*Digitalis grandiflora*), la Violette (*Viola odo-
rata*), etc.

Les plantes grimpantes comme le Lierre
(*Hedera Helix*), le Chèvrefeuille (*Lonicera
Caprifolium*) montrent des différences sensibles
dans les feuilles, mais beaucoup moins apparentes dans les tiges, surtout au point de vue des
fibres, ce qui se comprend facilement, puisque
ces tiges sont également soutenues dans les
deux cas.

J'ai rendu compte aux lecteurs de *la Science
au XXe siècle* des expériences de cultures comparées que j'ai poursuivies pendant de nombreuses années à diverses stations d'altitude
dans les Alpes et dans les Pyrénées. Entre le
climat alpin et celui des environs de Paris, il y
a plus de différence qu'entre les deux climats
que nous venons de comparer. J'ai pu réaliser
la production artificielle des plantes de forme
alpine dans un climat de plaine, en plaçant les
végétaux de plaine, au soleil dans la journée,
et dans la glace pendant la nuit. Le résultat de
ces expériences permet de faire la part des caractères qu'on pourrait appeler « alpins » dans la
forme et la structure des plantes des Nilghirris.

Depuis un certain nombre d'années, j'ai institué d'autres cultures comparées dans la région
méditerranéenne aux environs de Toulon et
dans le Laboratoire de Biologie végétale de
Fontainebleau ; le climat de ces deux régions
est encore plus différent, et l'examen des mêmes
plantes, provenant de Fontainebleau et cultivées
dans ces deux régions, permet de déterminer
chez les plantes d'Ootacamund des caractères
que l'on pourrait appeler « méditerranéens ».

D'ailleurs certains caractères d'adaptation
alpine et d'adaptation méditerranéenne sont les
mêmes. Ces caractères se superposent chez les
plantes des Nilghirris.

Ce sont principalement les caractères suivants : les feuilles plus épaisses par rapport à
leur surface et leurs tissus assimilateurs mieux
disposés pour la fonction chlorophyllienne, le
tissu en palissade plus développé, soit parce que
ses cellules sont plus longues et plus étroites,
soit parce que le nombre des rangées de cellules
palissadiques est plus considérable ; de plus,

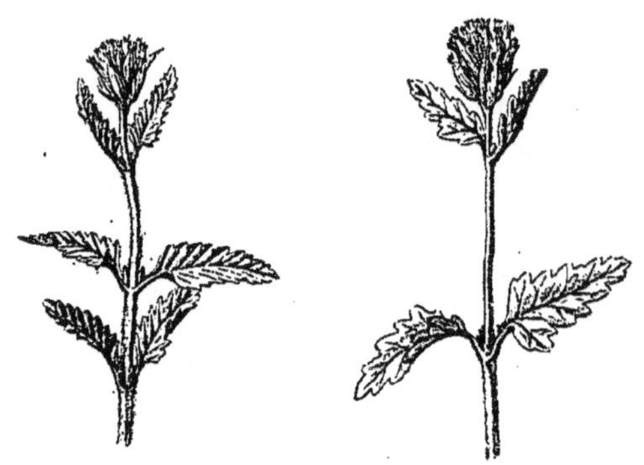

FIG. 9. — RAMEAU EN BOU-
TURE DE VERVEINE CULTI-
VÉE (OOTACAMUND).

FIG. 10. — RAMEAU COM-
PARABLE DE LA MÊME
ESPÈCE (FONTAINE-
BLEAU).

les cellules de ce tissu renferment un plus
grand nombre de grains de chlorophylle.

Ces modifications sont en rapport avec la quantité plus grande de lumière reçue par les feuilles
pendant la période de leur développement.

On peut ajouter que le caractère d'avoir une
cuticule plus épaisse sur les feuilles ou sur les
jeunes tiges est un caractère commun d'adaptation aux plantes alpines, aux plantes méditerranéennes et aux plantes d'Ootacamund.
Mais cette structure commune ne correspond pas
à la même cause ; dans les Alpes, elle est en rapport avec les brusques changements de température ; dans la région méditerranéenne, elle est
en rapport avec la sécheresse et s'oppose ainsi à
une trop forte transpiration de la plante ; à
Ootacamund, elle est en rapport avec ces deux
causes simultanées.

On pourrait presque en dire autant du développement que prennent en général tous les
tissus protecteurs tels que le collenchyme, les

assises sous-épidermiques de l'écorce et le liège.

D'autres caractères purement alpins (évidemment en connexion avec l'altitude) sont reconnaissables chez ces mêmes plantes des Nilghirris;

quée qu'on observe souvent dans les éléments libériens, etc.

En somme, le plateau des Nilghirris n'est pas à une assez grande altitude pour que la végétation y prenne vraiment un caractère

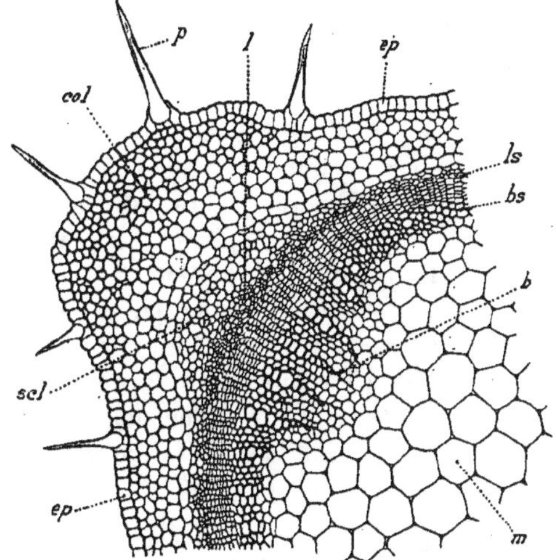

FIG. 11. — COUPE TRANSVERSALE D'UNE TIGE DE VERVEINE CULTIVÉE (FONTAINEBLEAU).

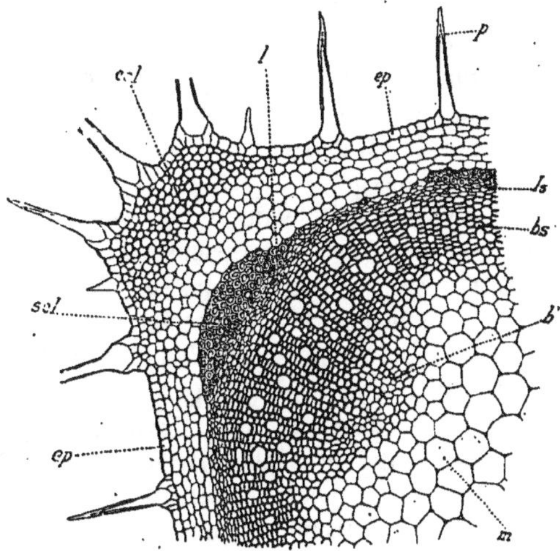

FIG. 12. — COUPE TRANSVERSALE COMPARABLE D'UNE TIGE DE LA MÊME ESPÈCE (OOTACAMUND).

Lettres communes aux figures 10 et 11 : *ep*, épiderme; *p*, poils; *col*, collenchyme; *scl*, sclérenchyme; *l*, *ls*, liber; *b*, *bs*, bois; *m*, moelle.

tels sont : l'aspect un peu plus trapu des rameaux des plantes arborescentes, les entrenœuds plus serrés chez tous les végétaux en général et les canaux sécréteurs plus développés.

Les caractères plutôt méditerranéens, en corrélation avec la persistance des feuilles et la sécheresse de l'air, sont : le développement plus grands des fibres aussi bien dans le bois qu'à l'extérieur du liber, la différenciation mieux indi-

franchement alpin, mais son climat tempéré permet aux plantes de nos contrées de s'y développer et de s'y reproduire en modifiant leur structure de manière à s'adapter intégralement aux variations météorologiques de cette contrée spéciale. C'est ce que démontre en particulier l'étude des plantes du jardin d'Ootacamund.

GASTON BONNIER,
Membre de l'Institut.

ÉLECTRICITÉ

L'ÉPURATION DES EAUX PAR L'ÉLECTRICITÉ.

Les magnifiques travaux de Pasteur ont montré qu'une eau, pour être bonne à boire, doit non seulement être pure mais stérile, une eau parfaitement limpide pouvant être, dans bien des cas, complètement impropre à la consommation. L'épuration des eaux est donc une des questions qui doit préoccuper le plus les municipalités et les hygiénistes.

Différents procédés d'épuration des eaux. —

On peut épurer les eaux de différentes manières, soit en retenant les germes sur des filtres, soit en les précipitant, soit enfin en les détruisant au moyen de la chaleur ou de substances chimiques mises en contact avec l'eau.

Le filtre Chamberland est trop connu pour qu'il soit nécessaire d'en donner une description ici. C'est un appareil excellent pour les usages domestiques à la condition qu'il soit parfaitement entretenu; mais il est impossible de l'utiliser pour l'épuration des masses d'eau énormes qui sont consommées par les grandes villes; il faut alors avoir recours à des filtres à très grands débits comme les filtres à sable.

La figure 1 reproduit la coupe d'un bassin filtrant établi sur ce principe. Ce bassin est utilisé à Ivry, pour épurer les eaux de la ville de Paris. Le fond du bassin est constitué par un premier lit de gros cailloux posé sur deux couches de briques superposées, entre lesquelles on a ménagé des vides pour assurer l'écoulement de l'eau filtrée. Au-dessus de ce premier lit, on dispose successivement une couche de cailloux plus petits, une couche de graviers lavés et enfin une couche de sable de rivière. L'eau à filtrer est placée au-dessus du sable.

La façon dont agit le filtre pour retenir les germes est une chose fort curieuse. Au début, l'eau qui traverse le filtre n'est pas complètement purifiée, mais bientôt les germes retenus par la couche de sable commencent à pulluler dans toute son épaisseur, puis forment, à la surface supérieure de celle-ci, une sorte de carapace qui constitue la véritable couche filtrante. Le filtre ayant été ainsi nourri est prêt à entrer en service.

Cette couche filtrante augmente peu à peu d'épaisseur; aussi, pour assurer au filtre un débit suffisant, faut-il augmenter la hauteur d'eau dans le bassin filtrant. Quand la perméabilité est devenue médiocre, il faut arrêter le filtre pour le nettoyer.

Les filtres à sable permettent d'épurer de grandes masses d'eau; malheureusement leur fonctionnement est loin d'être complètement satisfaisant. Ils ne retiennent que 95 p. 100 des microbes, et on ne peut jamais être assuré de leur efficacité. Si, pour une raison quelconque, la membrane filtrante vient à se briser, l'eau traverse cette fissure en emportant avec elle beaucoup plus de germes qu'elle n'en contenait au début.

Nous avons dit plus haut qu'un autre moyen de se débarrasser des microbes consistait à les précipiter. Cette méthode est fondée sur le phénomène de la *coagulation* signalé par Duclaux.

Si on projette, dans une eau contaminée, certaines argiles en poudre fine, les particules minérales pulvérulentes entraînent mécaniquement les microbes par une action comparable au collage des vins.

Au lieu d'employer des argiles on utilise ordinairement les oxydes de fer. Le mode d'opérer est alors le suivant : l'eau à épurer est introduite avec des rognures de fer dans des récipients appelés « révolvers » continuellement en mouvement. Les matières organiques en suspension dans l'eau sont détruites et l'oxyde de fer

formé précipite une partie des carbonates terreux en entraînant en même temps les germes pathogènes.

Ce procédé a deux inconvénients : 1° il ne débarrasse pas complètement l'eau de tous les micro-organismes qu'elle renferme; 2° il lui enlève une partie de son oxygène, ce qui la rend très indigeste.

Tout le monde sait que le moyen le plus efficace qu'on puisse employer pour stériliser l'eau, c'est de la porter à sa température d'ébullition. Ce procédé ne peut être appliqué bien entendu qu'à de petites quantités de liquide.

On a bien proposé de traiter par la chaleur de grandes masses d'eau, en utilisant le principe de la récupération (fig. 2). L'eau à stériliser arrive en A par un tube central qui débouche au fond du tube T, où se produit la stérilisation au moyen

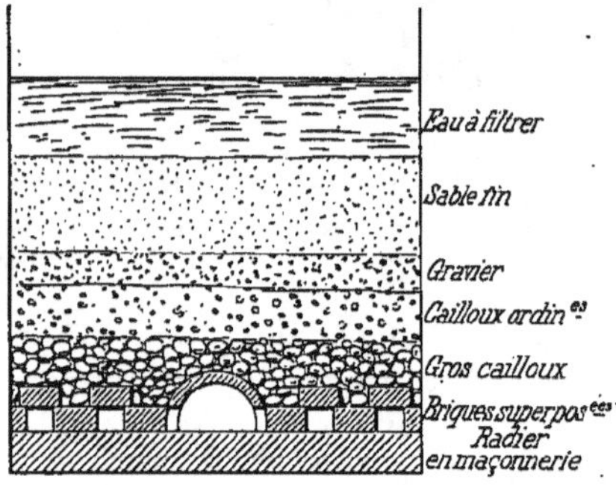

FIG. 1. — FILTRE A SABLE EMPLOYÉ A IVRY POUR L'ÉPURATION DES EAUX DE LA VILLE DE PARIS.

d'une source de chaleur quelconque. L'eau chaude épurée sort de l'appareil par le tube T en cédant au passage une partie de sa chaleur à l'eau froide qui circule dans le tube A.

Cette méthode a plusieurs inconvénients : 1° elle ne détruit pas les matières organiques qui sont en suspension dans l'eau; 2° elle prive l'eau de l'air dissous et lui enlève de la fraîcheur, ce qui la rend peu agréable à boire; 3° enfin elle est d'un prix onéreux, puisque même en employant la récupération il faut brûler 1 kg. 500 de charbon pour stériliser un mètre cube d'eau[1].

Nous arrivons maintenant au mode d'épuraration des eaux par l'ozone. A proprement parler, ce procédé est du domaine de la chimie, mais comme l'électricité est l'agent essentiel de la production de l'ozone, c'est en définitive à l'électricité que nous sommes redevables de cette nouvelle méthode.

1. Le mètre cube d'eau stérilisée reviendrait à 0 fr. 50 en moyenne.

L'ozone, on le sait, n'est autre chose que de l'oxygène condensé ou polymérisé.

On produit l'ozone en faisant passer un courant d'air entre deux lames, entre lesquelles jaillissent des étincelles électriques sous forme d'effluves.

Si on crée entre deux lames conductrices parallèles une différence de potentiel assez

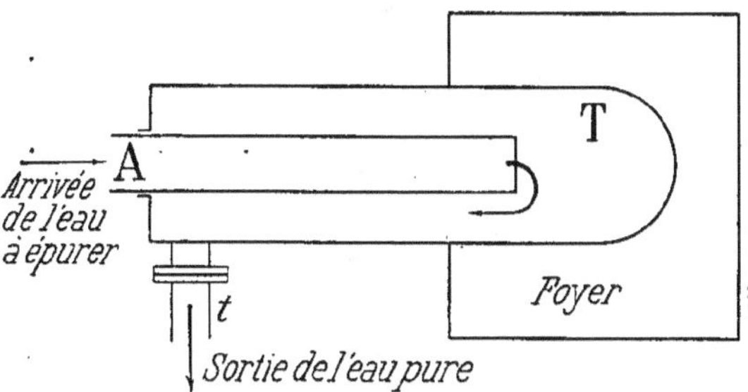

FIG. 2. — ÉPURATION DES EAUX PAR LA CHALEUR.

élevée, il se produit entre elles une décharge électrique sous forme d'arc; mais, si on remplace une des armatures planes par une électrode hérissée de pointes ou munie de lames tranchantes, ou encore si on dispose entre les deux électrodes un diélectrique, c'est-à-dire une substance mauvaise conductrice de l'électricité, on voit ces lames s'éclairer d'une lueur bleuâtre : la décharge s'effectue lentement sous forme d'effluves.

Si l'on fait traverser l'effluve ainsi formée par un courant d'air, l'oxygène de l'air sera partiellement transformé en ozone, et l'on obtiendra de l'air ozoné à un degré de concentration plus ou moins élevé.

L'appareil producteur d'ozone sera donc simplement formé de ces deux électrodes séparées par un diélectrique.

La figure 3 montre la disposition employée par MM. Marmier et Abraham.

Les électrodes A et B sont planes, et séparées par une plaque de verre. Pour éviter qu'une élévation de potentiel ne perce cette lame, MM. Marmier et Abraham disposent au-dessus des électrodes deux petites boules S et S', entre lesquelles l'étincelle jaillit lorsque la tension devient accidentellement trop considérable.

La production des effluves échauffe les électrodes; il faut les refroidir. Pour cela on dispose contre chacune d'elles un récipient parcouru par un courant d'eau froide. L'eau fournie par une conduite de distribution arrive dans un premier vase V_1 dont le fond se trouve perforé de trous de petit diamètre, à la façon d'une pomme d'arrosoir. Un second vase V_2, isolé

électriquement, reçoit le liquide déversé par le vase V_1, et le distribue par une canalisation isolée à l'électrode A; le liquide circule dans cette électrode et vient se déverser par une conduite dans un vase V_3 isolé, perforé à sa partie inférieure et laissant écouler le liquide dans un vase V_4, électriquement réuni à la terre.

Le courant d'air circule entre les deux lames A et B à travers les effluves qui jaillissent entre elles, et l'air ozoné sort par le tube t pour se rendre à la colonne de stérilisation que nous décrirons plus loin.

Les appareils ozoneurs employés en Allemagne sont du système Siemens (fig. 5). Chaque appareil comprend une série d'électrodes métalliques G disposées dans une caisse métallique à trois compartiments MNP. L'électrode positive G est isolée de cette caisse au moyen d'une plaque de verre c,d. Elle est entourée d'un manchon de verre H formant diélectrique. L'électrode négative est constituée par la caisse elle-même, elle est mise à la terre en même temps que le pôle correspondant du générateur d'électricité. Les électrodes sont refroidies au moyen d'un courant d'eau qui circule dans le compartiment N.

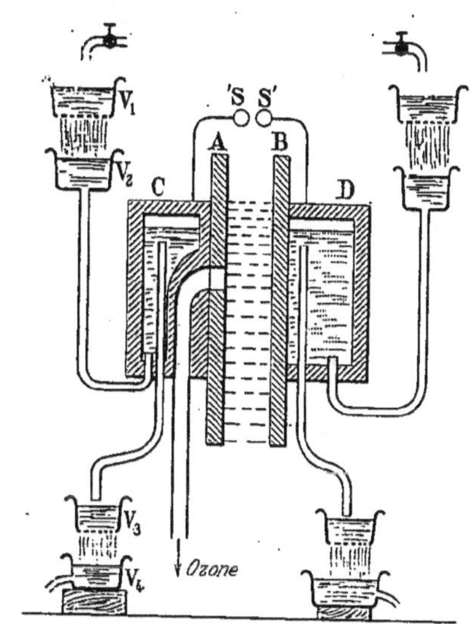

FIG. 3. — OZONEUR MARMIER ABRAHAM.

Une fenêtre F permet de suivre le fonctionnement de l'appareil.

L'air est lancé dans le compartiment inférieur P, au moyen de ventilateurs; il traverse de bas en haut l'espace annulaire laissé vide entre A et H, espace qui est rempli d'effluves. Le mélange d'air et d'ozone sort par B pour se rendre aux colonnes de stérilisation.

Les ozoneurs que nous venons de décrire peuvent être mis hors d'usage lorsque, par suite d'une élévation de potentiel entre les électrodes, un arc jaillit entre celles-ci en brisant la lame de verre.

Pour remédier à cet inconvénient, M. Otto a imaginé des ozoneurs sans diélectriques dont le principe est le suivant (fig. 6).

Les deux bornes d'une source alternative à haut potentiel sont mises en relation avec les deux électrodes, dont l'une est formée par un cylindre métallique *abc* qui présente une fente longitudinale *mn* suivant une de ses génératrices, et dont l'autre est constituée par une série de disques enfilés sur un axe concentrique au cylindre et isolé électriquement par rapport à lui. Ces disques présentent une fente telle que *pqr* et les fentes des différents disques superposés sont disposées non plus suivant une génératrice, mais suivant une hélice. L'électrode externe est fixe, l'électrode interne est mobile autour de son axe. Cette explication sommaire permet de se rendre compte du fonctionnement de l'appareil.

Les deux armatures étant fixes, si l'on produit entre elles une différence de potentiel suffisante, on obtient la décharge par effluves. Si, pour une cause quelconque, un arc vient à jaillir entre une lame tranchante et l'autre électrode, le courant passe librement et les effluves cessent. A ce moment, si on fait tourner autour de son axe l'électrode mobile, l'arc se déplace en suivant la lame tranchante dans son mouvement. Quand cette lame arrive en regard de la fente longitudinale, pratiquée sur l'électrode fixe, la distance qui existe entre elle et cette électrode augmente : la résistance au passage de l'arc croît brusquement et celui-ci disparaît aussitôt, il est en quelque sorte soufflé en ce point.

La figure 4 montre en perspective un groupe d'ozoneurs rotatifs horizontaux (on fait également des ozoneurs verticaux qui ont l'avantage d'occuper moins de place). L'air arrive aux ozoneurs par le tuyau E et sort chargé d'ozone par le tuyau S.

FIG. 4. — OZONEUR OTTO.

L'ozone étant produit, il faut le mélanger intimement à l'eau à épurer. Cette opération s'effectue dans des tours de stérilisation (fig. 7). Les tours de stérilisation ont environ 4 m. de hauteur ; elles sont construites en briques. A la partie supérieure est un bassin A dans lequel on amène l'eau à stériliser. Celle-ci descend par le tube central T au distributeur D. Après avoir traversé le tamis E, elle s'écoule en mince filet à travers du sable et des graviers pendant que le jet d'air ozonisé circule en sens contraire. L'eau épurée tombe dans le bassin B qui communique avec les réservoirs principaux. L'air qui sort de l'appareil par le tube t_2 renferme encore une certaine quantité d'ozone ; aussi est-il envoyé aux appareils ozoneurs pour servir à nouveau.

Pour empêcher l'introduction, dans le réseau général, d'eau contaminée, on dispose au-dessus du tube T une soupape C qui s'abaisse automatiquement et arrête complètement l'écoulement

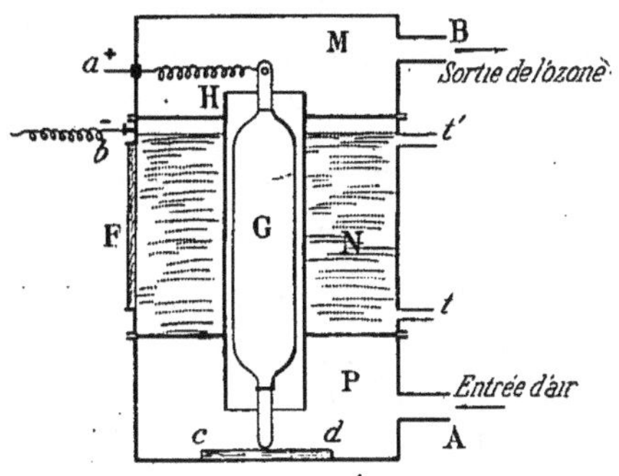

FIG. 5. — OZONEUR SIEMENS.

de l'eau lorsqu'un dérangement quelconque se produit dans l'installation et en particulier lorsque les appareils ozoneurs cessent de fonctionner normalement.

En résumé, une installation complète pour l'épuration des eaux par l'ozone comprendra :

1° Une salle des machines, où l'on produira un courant alternatif à basse tension, 110 volts par exemple, au moyen d'alternateurs ;

2° Des transformateurs statiques pour élever la tension alternative de 110 volts à 25 000 volts environ ;

3° Une série d'appareils ozoneurs pour la production de l'ozone ;

4° Une ou plusieurs colonnes de stérilisation pour mélanger intimement l'ozone et l'eau.

Sur quel degré d'épuration peut-on compter avec l'ozone ?

Alors que les différents procédés d'épuration que nous avons mentionnés en commençant

laissent subsister une partie des microbes pathogènes, l'ozone détruit tous les micro-organismes. Une eau contaminée renfermant 180 000 bactéries par centimètre cube, est complètement stérilisée par un barbotage de 10 minutes avec de l'air ozonisé à 2 mgr. par litre [1]. (Lorsque l'eau et l'ozone entrent en contact, on constate une luminosité

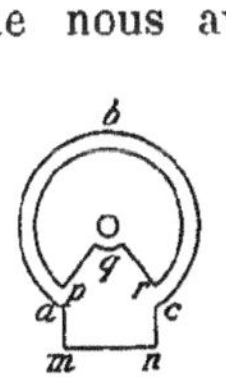

FIG. 6. — COUPE DE L'OZONEUR OTTO.

qui est l'indice certain de la destruction des germes contenus dans l'eau. Cette lueur ne se produit pas si l'eau est rigoureusement pure.)

Non seulement l'ozone stérilise l'eau, mais il la clarifie. De l'eau de Seine traitée par l'ozone abandonne complètement cette teinte jaunâtre terreuse qui est caractéristique.

Il ne reste après le traitement aucune trace d'ozone dans l'eau — car l'ozone se détruit en agissant sans laisser aucune trace de son passage. — Enfin l'emploi de ce corps présente l'avantage d'aérer énergiquement l'eau et de la rendre plus saine et plus agréable pour la consommation.

Malheureusement ce procédé d'épuration coûte assez cher. Il résulte d'expériences faites en Allemagne que pour les petites installations il faut compter une dépense de 7 à 8 centimes par mètre cube d'eau stérilisée. — Ce prix peut être fortement réduit si on arrive à se procurer de l'énergie électrique à bon marché. Nous pensons que, dans une grande ville comme Paris, l'épuration électrique des eaux est possible, à la condition d'utiliser pour la production des courants alternatifs les stations centrales d'éclai-

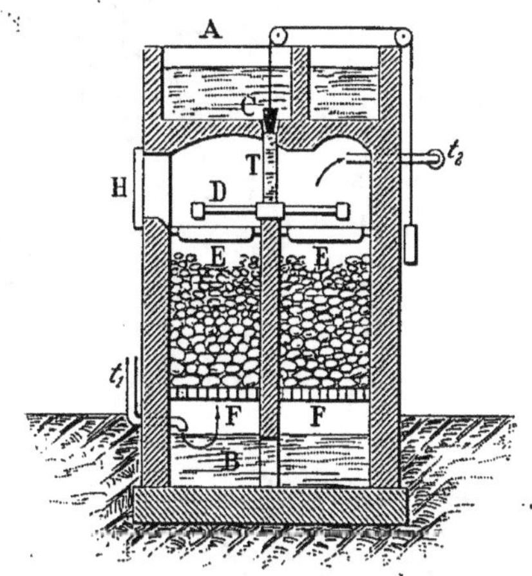

FIG. 7. — COLONNE DE STÉRILISATION.

rage. Pendant la majeure partie de la journée les machines de ces stations ne sont pas utilisées, elles trouveraient ainsi un judicieux emploi.

Bien entendu, l'eau stérilisée d'une façon si parfaite devrait être distribuée dans des conduites spéciales et complètement isolée de tout contact avec de l'eau impure.

L. DRIN.

1. A l'exception d'un seul pourtant, le Bacillus subtilis (microbe du foin), dont la résistance est bien connue, et qui est du reste tout à fait inoffensif pour l'homme et les animaux.

COMMENT ON CONDUIT UNE CAMPAGNE ANTIPALUDIQUE.

Nous avons déjà exposé dans cette revue les récentes découvertes qui ont mis en lumière le rôle des Moustiques dans la propagation de plusieurs maladies humaines : la Filariose, le Paludisme, la Fièvre jaune[1].

Partant de ce même fait : la propagation prouvée du Paludisme par les *Anopheles* (loi de Grassi), les savants anglais, italiens et allemands ont conclu à des méthodes prophylactiques différentes :

Ronald Ross préconise l'extermination des moustiques, moyen offensif, qui permettrait d'interrompre à jamais la marche des épidémies.

Les savants italiens, après avoir démontré l'excellence des mesures purement défensives constituées par les

traitement préventif, par la quinine, de toute personne, saine ou non, habitant un lieu suspect de fièvres. C'est cette quininisation préventive, prêchée déjà par Maillot, que nous nous permettrons d'appeler méthode française.

Enfin les savants allemands paraissent aban-

donner un peu la méthode de Koch, qui avait pour but de saturer de quinine *les anciens fiévreux*, de façon à les guérir complètement, et à ôter ainsi aux *Anopheles* le moyen de s'infecter. Cette méthode est évidemment insuffisante, et l'on a prouvé que l'on ne pouvait pas supprimer à coup sûr les rechutes de Paludisme. Aussi, dans les colonies allemandes, on arrive peu à peu à utiliser la quininisation préventive, suivant des modes variés.

En France, c'est en 1902 qu'une Ligue Corse se forma pour lutter contre le Paludisme, et que, d'autre part, l'Institut Pasteur de Paris entama en Algérie ses campagnes anti-paludiques, qui devaient chaque année s'étendre.

Quelles mesures prophylactiques faut-il choisir et appliquer dans un pays paludéen ? Nous supposerons un hygiéniste envoyé pour assainir une localité fiévreuse dans cette Algérie, dont les destinées doivent nous préoccuper,

FIG. 1. — GÎTES À *Anopheles* EN ALGÉRIE.

grillages aux portes et aux fenêtres, en viennent à leur associer la quininisation préventive, ou

1. Voir *La Science au XXᵉ siècle*, nᵒ 10.

puisque celles de la mère-patrie en dépendront peut-être un jour.

Dans une plaine immense, dont la terre grasse fume et luit au soleil, un petit village, dont la moitié des maisons est en ruines, se cache derrière un rideau d'Eucalyptus, défense illusoire qu'un préjugé opposait jadis aux miasmes du marais voisin. Dans ce village, tous les habitants se plaignent, plus ou moins, des fièvres qui les jettent à bas au moment des plus forts travaux agricoles, et leur font perdre santé et argent.

Le premier devoir de l'hygiéniste, en face de pareilles plaintes, est de s'assurer de leur bien fondé. Et à ce sujet, aucune statistique, aucun renseignement médical ne vaut l'enquête personnelle, opérée suivant des principes scientifiques bien établis, et donnant des résultats comparables dans les mains de tous les opérateurs.

Voici en quoi ils consistent : on sait, surtout depuis les travaux de R. Koch dans l'Afrique du Sud, que les indigènes des pays fièvreux et particulièrement les enfants *indigènes*, présentent, dans leur sang, *en dehors de toute manifestation morbide*, le germe du Paludisme. Tel enfant, que l'on voit *courir* et jouer, porte dans ses vaisseaux sanguins des myriades de microbes, comme on n'en trouve, chez un Européen, qu'au moment d'un fort accès de fièvre. Peut-on dire que cet enfant n'est pas malade? Il semblerait plutôt que les races indigènes, infectées depuis de nombreuses générations par l'Hématozoaire

du Paludisme, arrivent à réagir moins violemment contre lui et à le supporter plus passivement, mais en en souffrant aussi. Et la preuve en est que ces enfants indigènes, que la présence des parasites dans le sang périphérique ne semble gêner nullement, et qui ne présentent pas la moindre élévation thermique, ont toutefois une rate énorme, signe de réaction contre le parasite paludéen, et le seul poids de cette rate, qui occupe parfois plus de la moitié de la cavité abdominale, fatigue et essouffle l'enfant. De plus, à l'occasion d'un accident ou d'un événement extraordinaire : prison, voyage, on voit chez ces indigènes éclater des accès francs, comme ceux des Européens.

On conçoit que le voisinage d'indigènes, si souvent infectés d'une façon latente, est un danger pour les Européens. C'est d'ailleurs ce qu'ont compris les Anglais qui pratiquent la « *ségrégation* » des Européens, les établissant le plus loin possible des habitations des natifs. Et l'on voit aussi que si l'on veut se faire une idée de l'intensité du Paludisme en un lieu donné, le procédé le plus scientifique consiste à examiner le plus grand nombre d'enfants indigènes habitant cette localité. On a ainsi, en faisant un pourcentage des enfants trouvés infectés, la mesure exacte du « réservoir de virus » auquel peuvent puiser les *Anopheles* pour infecter la population européenne. C'est ce qu'on appelle rechercher « *l'index endémique* ».

L'hygiéniste procède d'abord à l'évaluation de cet index endémique (fig. 2). Le voilà en route pour le douar voisin du village, à quelques centaines de mètres dans la plaine. Les chiens kabyles, si semblables à des loups, signalent l'arrivée de l'étranger et, des gourbis enfumés s'échappe une nuée de petits indigènes à gros ventre, que protège contre les intempéries une courte chemise couleur de terre, ou parfois seulement une couche de hâle. Le « *thebib* » (médecin) est toujours bien reçu en pays arabe. Après quelques consultations et une démonstration sur lui-même, l'hygiéniste peut s'emparer d'une petite main très sale et peut cueillir au bout d'un doigt rapidement lavé à l'alcool et piqué avec une épingle flambée une gouttelette de sang. Les petits indigènes, habitués à une vie dure et sauvage, se laissent piquer volontiers, et la distribution de menue monnaie amène bientôt autour de l'hygiéniste toute la gent enfantine des environs. Il peut ainsi examiner un grand nombre d'enfants, mesurant à chacun le volume de la rate et prenant du sang étalé sur des lames de verre. Plus tard, au laboratoire, ces lames seront fixées, colorées, examinées au microscope, et montreront les parasites du Paludisme.

Le premier point de l'étude *épidémiologique* est fixé : l'hygiéniste connaît le réservoir du virus qui infecte le village.

Le second point reste à déterminer :

Il faut à présent connaître le gîte où pondent, éclosent et vivent à l'état larvaire les propagateurs de la maladie, les *Anopheles*.

De médecin, l'hygiéniste devient entomologiste, chasseur de moustiques. Son œil exercé reconnaît aux plafonds et aux murs des chambres à coucher l'insecte subtil qui prend une position perpendiculaire aux parois pour échapper aux regards. Il distingue le fin et élancé *Anopheles* du *Culex*, ou cousin vulgaire, désagréable mais non dangereux, dont la silhouette bossue et inélégante est connue de tout le monde. Il faut tout explorer, de la cave au grenier, descendre dans les silos où les indigènes enfouissent leur grain, et aller au fond des écuries où, sur la blancheur des toiles d'araignée inefficaces, se profilent parfois, comme autant de traits noirs, le corps de centaines d'*Anopheles*, tels des épingles piquées sur une pelote.

Les *Anopheles* adultes sont trouvés, capturés, reconnus. Le plus tôt possible, l'hygiéniste les disséquera, il leur arrachera leurs glandes salivaires, opération fort délicate, comme on le comprend. Dans ces glandes salivaires, et aussi dans l'estomac, il recherchera le parasite du Paludisme, et, d'après le pourcentage des insectes trouvés infectés, il se fera une idée du danger d'être inoculés que courent les habitants du village.

Puis de chasseur devenant pêcheur, l'hygiéniste fouille du regard et du filet toutes les eaux stagnantes du voisinage et ne tarde pas à découvrir dans celles que son habitude et son flair lui ont fait deviner comme gîtes, les larves, les nymphes, et même les œufs des *Anopheles* (fig. 1).

Ces gîtes sont en général d'eau stagnante, mais peuvent être d'eau faiblement courante; en tout cas, ils sont toujours faits d'une eau limpide. La larve du *Culex* peut vivre dans les liquides les plus pollués, alors que celle d'*Anopheles* ne se plaît que dans l'eau propre. Le gîte sera parfois une mare formée par l'eau de pluie sur un sol rocheux ou argileux, ou bien une source fraîche jaillissant au milieu de pariétaires et de mousses, et s'écoulant entre des joncs et des nénuphars. Ce sera aussi un bras mort d'un oued torrentueux, ou une marelle laissée par cet oued en un point quelconque de son lit trop large en été pour lui, ou bien encore les bords herbeux de son propre cours, où la végétation aquatique protège les larves contre la violence du courant qui fait rage à quelques mètres plus loin, dans le thalweg. Ce sera le trou d'eau profond où se reflètent les arches millénaires d'un pont romain, et aussi les quelques gouttes d'eau qui suintent du remblais d'un canal d'irrigation. Ce canal est indemne, lui, de toute larve, à cause de son violent courant. Dans les oasis, ce seront les fosses creusées au pied des palmiers, et que les séguias remplissent tous les quinze jours; en quinze jours, sous ces climats torrides, l'œuf a éclos, la larve a grandi, s'est transformée en nymphe, et de celle-ci s'est échappé l'imago, avant qu'à la place de la

FIG. 3. — PÉTROLAGE D'UN GÎTE A *Anopheles*.

couche d'eau bue par le sol altéré et l'air surchauffé ait apparu la couche de glaise crevassée.

Comment on conduit une campagne antipaludique.

Voici l'hygiéniste en possession de toutes les données épidémiologiques du Paludisme pour la localité étudiée.

Il doit déterminer d'après elles les bases des mesures prophylactiques qui devront être prises.

Si les douars indigènes peuvent être déplacés, il les fait éloigner le plus possible des habitations européennes. Il distribue de la quinine aux malades et aux personnes saines. Il rencontre là de grandes difficultés. Les enfants ne peuvent

souvent pas prendre la quinine par la bouche, il faudrait chaque fois la leur donner en injection hypodermique.

Il est impossible de généraliser cette pratique, au moins chez les enfants, qu'il serait justement le plus nécessaire de quininiser. De plus, on se heurte souvent à du mauvais vouloir surtout de la part des personnes saines qui, parfois, ne comprennent pas que l'on se médicamente avant d'être malade. Mais avec des sujets dociles, on obtient des résultats merveilleux par la régularité du traitement quinique préventif.

L'hygiéniste se préoccupe ensuite de protéger les habitations contre les moustiques adultes. Il fait placer, partout où il le peut, des toiles métalliques à mailles étroites (1 mm. 5 à 2 mm. d'ouverture) aux portes, aux fenêtres, aux cheminées (fig. 4). C'est évidemment là un procédé de luxe, car il revient assez cher, et n'est utile qu'aux habitants de la maison protégée. De plus, il nécessite de l'attention et des soins de la part des sujets défendus. Mais, lorsqu'ils comprennent bien leur intérêt, et qu'ils entretiennent en bon état les grillages et veillent à leur bon fonctionnement, ils en sont récompensés, en outre de la protection contre les fièvres, par un accroissement appréciable de confortable : les nuits sont tranquilles, passées désormais à l'abri des piqûres de moustiques, les mouches ne viennent plus troubler les siestes réparatrices; le sirocco est arrêté par cette mince gaze de fil de fer.

Enfin, et sur ce point nous sommes presque seuls à suivre la pratique de Ronald Ross, nous pensons qu'il faut faire une large part, en Algérie, à la lutte contre les moustiques. C'est là la mesure radicale, et dont les bienfaits se font sentir pour tous. L'Algérie ne présente que rarement de vastes surfaces d'eau inaccessibles; le plus souvent les gîtes ne sont, comme nous le disions plus haut, que de très petites surfaces d'eau. Quelques gouttes de pétrole (fig. 3) (10 cmc. par mètre carré), et voici une génération d'*Anopheles* asphyxiée. Le pétrole obture mécaniquement les trachées respiratoires des larves qui viennent respirer à la surface de l'eau et qui n'inspirent que le pétrole surnageant. En quelques minutes, une mare est dépeuplée de ses larves et de ses nymphes de moustiques, dont on voit flotter les cadavres, vite dévorés, d'ailleurs, par toute la faune aquatique à respiration branchiale que la couche de pétrole ne gêne aucunement. Une couche *minima* de pétrole est suffisante puisque le diamètre de la gouttelette nécessaire pour tuer une larve doit mesurer des fractions de millimètre.

Lorsqu'un pétrolage a ainsi fauché toute une génération, on peut compter, avant que de nouvelles femelles soient venues pondre, que les œufs aient éclos, les larves grandi, et les nymphes soient devenues adultes, sur un répit de trois à quatre semaines en Algérie et de deux semaines au Sahara. En opérant un second pétrolage avant ces dates, on extermine à nouveau tout un autre élevage, et cette destruction répétée régulièrement plusieurs mois de suite diminue singulièrement le nombre des *Anopheles* d'une localité, lorsque les gîtes sont clairsemés et éloignés les uns des autres, comme cela arrive assez souvent en Algérie.

Le danger d'incendie, avec le pétrole lampant répandu sur l'eau, est nul, et les bestiaux s'habituent très bien à boire les eaux sous la couche de pétrole. D'ailleurs l'eau où l'on a coutume de mener boire les bestiaux sont rarement riches en larves, l'agitation et le trouble de l'eau étant fatals à celles-ci; les bestiaux sont dangereux d'autre part, par les trous que leurs sabots creusent dans le sol vaseux des bords de rivières. Chaque trou constitue un petit aquarium où les *Anopheles* pullulent. L'hygiéniste, après avoir relevé l'emplacement de tous les gîtes, instruit et guide un travailleur qui apprend vite à donner le coup de pompe nécessaire pour couvrir de pétrole la mare ou le trou d'eau infestés. Une fois ce travailleur bien dressé, il suffit à l'hygiéniste de déterminer une fois pour toutes les époques fixes où les pétrolages doivent être faits, d'assurer les envois de pétrole nécessaires et de surveiller l'exécution des mesures décidées par des inspections inattendues et des pêches dans les gîtes prétendus pétrolés. Enfin l'hygiéniste aura l'occasion de demander aux autorités compétentes l'exécution de certains travaux d'ingénieur : drainage d'une plaine marécageuse, assèchement d'un marais, plantations dans des lieux humides, comblement de puits, de citernes, de canaux inutilisés, canalisation d'un oued, et toutes sortes de travaux hors de sa compétence mais pour lesquels il doit pouvoir dire s'ils sont favorables ou défavorables à l'anophélisme d'un pays. Si un marais est drainé, l'hygiéniste devra insister sur la nécessité du curage fréquent des canaux de drainage, car un canal mal entretenu équivaut, au point de vue *Anopheles*, à un marais..

On s'étonnera peut-être que nous n'ayons envisagé ici que la défense des Européens contre le Paludisme, sans nous occuper des indigènes que comme de « réservoirs de virus » dont il faut s'éloigner. C'est que, pour le moment, l'état de barbarie dans lequel vivent nos sujets, leur ignorance complète des soins les plus primitifs de propreté, et aussi leur fatalisme, nous interdisent de songer à leur appliquer n'importe quelle mesure de défense personnelle.

Mais toutes les mesures qui se rapportent à la destruction des moustiques et qui ont un effet général, profiteront naturellement aussi bien à la population indigène qu'à la population européenne. La quininisation peut leur être appliquée largement parfois, car ils connaissent et apprécient la quinine. D'ailleurs, si d'une part le « réservoir de virus » diminue d'importance, si d'autre part les *Anopheles* de la localité diminuent de nombre, l'amélioration de l'état sanitaire se manifestera par une décroissance dans le nombre des nouvelles infections, décroissance qui ira beaucoup plus vite, évidemment, que celle du « réservoir de virus » d'un côté ou que celle du nombre d'*Anopheles* d'un autre, car elle résultera de leur effet combiné.

Et le résultat de sa campagne antipaludique, l'hygiéniste le mesurera à cette décroissance du nombre des nouvelles infections, du nombre des moustiques dans les appartements, du nombre des larves dans les gîtes. Il le constatera surtout par l'évaluation de « l'index endémique », recherché après comme avant la campagne.

Dr EDMOND SERGENT,
Préparateur à l'Institut Pasteur de Paris.

PHYSIQUE

LA CARTE MAGNÉTIQUE DE LA FRANCE.

1. L'étude du champ magnétique terrestre est un des sujets les plus attachants de la *Physique du Globe*; les livres que l'on a habituellement entre les mains n'en laissent guère connaître que la partie la plus austère, laquelle est constituée par des mesures dont l'ordre de précision est sensiblement le millième. Nous laisserons entièrement de côté dans cet article les mesures techniques et les *boussoles* qui servent à les effectuer, et nous attirerons l'attention des lecteurs de *la Science au*

XXe siècle sur la partie, plus intéressante et plus variée, mais beaucoup moins connue, qui traite de leur représentation par des *cartes magnétiques* ou des formules[1].

1. Rappelons qu'en un point A de la terre, intérieur ou extérieur à sa surface; le champ magnétique peut être figuré par une *flèche* qui représente en grandeur, direction et sens la force T qui agit sur l'unité de magnétisme nord supposée placée en A. Cette flèche peut être définie par trois *coordonnées*; autrefois on employait les coordonnées polaires; aussi deux d'entre elles, la déclinaison D et l'inclinaison I étaient des angles, la troisième seule, la composante horizontale H, était de la même nature que la flèche T. On a objecté à ce système très simple et très naturel que la force T était définie dans un plan vertical variable — le plan du méridien magnétique — et que,

La carte magnétique de la France.

2. *Construction des cartes magnétiques*. — Une carte magnétique est la représentation, en fonction de la latitude et de la longitude géographiques, des valeurs simultanées qu'affecte, à une certaine époque idéale, un des éléments du magnétisme terrestre en tous les points de la carte[1]. A cet effet, on joint par des lignes continues les points pour lesquels l'élément magnétique considéré a une même valeur fixée d'avance ; on ne trace générale-

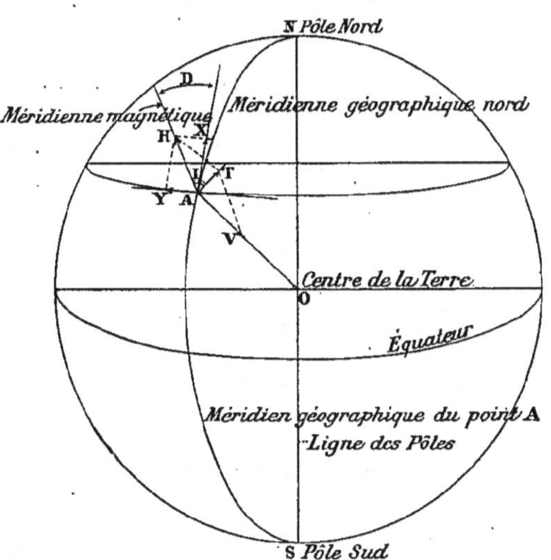

FIG. 1. — SCHÉMA DU GLOBE TERRESTRE MONTRANT LA DÉCOMPOSITION DE LA FORCE TERRESTRE T EN SES DIVERSES COMPOSANTES.

ment que les lignes *isomagnétiques* correspondant à des valeurs équidistantes de l'élément auquel elles se rapportent.

On a admis pendant longtemps que les modifications du champ terrestre, d'un point à l'autre de sa surface, se font d'une manière continue sans présenter de changements brusques, comme elles feraient si les causes étaient notablement éloignées des lieux d'observation[2]. Aussi a-t-on attribué souvent à des erreurs accidentelles les différences constatées entre les résultats de stations voisines. Lorsque les observations forment un réseau plus serré et sont faites avec soin, on y trouve, au contraire, des écarts systématiques et les courbes ne présentent jamais la forme régulière que supposent les Cartes générales telles que celles de Duperrey.

si on voulait comparer les éléments magnétiques d'un lieu à des époques très éloignées, il pourrait n'y avoir plus comparabilité, le plan du méridien magnétique ayant changé. A cause de cela, on rapporte aujourd'hui la force terrestre à un trièdre trirectangle fixe en chaque point du globe et dont les axes sont : la *verticale* du lieu (dirigée vers le bas), la méridienne *nord* et l'horizontale perpendiculaire à la précédente et dirigée vers l'*est*. La force T est alors définie par la *composante nord* X, la *composante verticale* V et la *composante est* — Y ; en fait, on mesure D, I, H au moyen des boussoles usuelles et on calcule à partir de ces éléments observés, au moyen de formules aisées à trouver, X, Y, V et T.

1. Il s'agit, bien entendu, des points de la surface du sol.
2. E. Mascart, *Traité de magnétisme terrestre*, p. 333 et 335.

La figure 2 représente, d'après M. Moureaux[1], le distingué directeur de l'observatoire du Parc Saint-Maur, la distribution de la déclinaison en France pour le 1er janvier 1896. Cette carte, tracée d'après les observations faites en 617 stations françaises, montre dans la région de Paris, sur une ligne qui va de Nevers à Fécamp, des variations tout à fait imprévues de la déclinaison, variations qui se retrouvent, mais à un bien moindre degré, sur les autres éléments magnétiques.

De pareilles cartes sont assez malaisées à construire, parce que les nombreuses mesures absolues qu'elles supposent ne peuvent être faites que dans un espace de temps considérable, qui embrasse généralement plusieurs années, à cause de la nécessité de n'opérer que pendant la belle saison. Au moyen de ces déterminations faites à des instants très différents, on ramène les mesures à ce qu'elles seraient au 1er janvier d'une certaine année au moyen d'une règle due à Lamont et sur laquelle je n'insisterai pas.

3. *Utilisation des cartes magnétiques*. — Prenons une carte magnétique supposée faite avec soin, celle de la figure 2 par exemple ; cette carte n'existe que *dans le passé* et pour la date idéale du 1er janvier 1896 à laquelle on a ramené les déclinaisons. Il est permis de demander à cette carte de nous renseigner *exactement* sur la valeur qu'avait la déclinaison en tel point A de la carte à tel jour, telle heure, telle minute, ce jour appartenant à un *passé* postérieur ou même légèrement antérieur au 1er janvier 1896.

A cet effet, on demandera à l'observatoire magnétique du Val Joyeux sa déclinaison au jour dit et pour l'heure *locale*[2] qui correspond à celle de A ; la différence entre cette déclinaison et celle du 1er janvier 1896 est la *variation totale* de l'observatoire du Val-Joyeux ; on admettra que celle de A est égale à la précédente et, en l'ajoutant à la déclinaison de A lue sur la carte, on aura la déclinaison cherchée.

Cela n'est possible que si A est un lieu voisin du Val-Joyeux ou si, étant à une extrémité de la France, comme Toulouse par exemple, on utilise la carte très peu de temps après sa publication. Si l'on veut utiliser la carte magnétique de France un assez grand nombre d'années après sa publication, un seul observatoire magnétique n'est plus suffisant. Il faudra en supposer *deux* qui, en France, seront nécessairement ceux du Val-Joyeux et de

1. Th. Moureaux, *Réseau magnétique de la France au 1er janvier 1896*, *Ann. du Bur. centr. météor. pour 1898*. — On appelle *déclinaison au premier janvier* la moyenne générale de cet élément pendant deux espaces de temps égaux situés, l'un à la fin d'une année, l'autre au commencement de l'année suivante. Cette moyenne porte ordinairement sur les mois de décembre et de janvier, mais elle ne varie que de quantités insensibles si les espaces égaux varient de un mois à deux jours par exemple.
2. L'expérience prouve que les courbes fournies par les enregistreurs de localités A et B même assez éloignées ont pour ainsi dire des formes identiques en temps de calme magnétique si on les rapporte au *temps local*, ce qui paraît démontrer que la chaleur solaire est la cause principale des variations diurnes du magnétisme terrestre.
Si donc les localités A et B ne sont pas tellement distantes que les amplitudes correspondantes des éléments magnétiques soient très différentes, la différence D-D' de leurs déclinaisons pour une même heure locale est sensiblement indépendante de l'instant du jour considéré. De plus cette différence varie d'une façon insensible en une année, par exemple.

Perpignan. En s'adressant à eux pour la résolution du problème précédent, on connaîtra les variations totales de la déclinaison pour ces points entre le 1er janvier 1896 et le jour et l'heure où l'on veut connaître la déclinaison en A ; on calculera la variation totale de A à partir des précédentes en admettant que la variation totale varie proportionnellement à la latitude géographique et on l'ajoutera algébriquement à la déclinaison lue sur la carte.

On procéderait évidemment de la même façon pour les autres éléments magnétiques. Toutefois, l'hypothèse que la variation totale d'une station A, pendant un intervalle de temps donné, est une fonction linéaire de sa latitude géographique et ne dépend pas de sa longitude, n'est qu'une approximation, de sorte qu'il serait imprudent d'étendre à toute la France, pendant un trop grand nombre d'années, l'application de cette règle.

Il faudra donc nécessairement dresser, de temps en temps, de nouvelles cartes magnétiques de la France. Ces cartes seront, pour la déclinaison en particulier, très différentes des cartes actuelles à cause de la grandeur de la variation séculaire de cet élément[1].

Il serait désirable d'avoir une représentation beaucoup moins variable du magnétisme terrestre. Supposons, en effet, qu'on arrive à une représentation telle que, pendant un grand nombre d'années, on puisse négliger le déplacement des lignes de la carte ; dans ces conditions, toutes les déterminations nouvelles des éléments magnétiques faites pendant cet intervalle de temps pourront être reportées directement sur la carte et servir à contrôler l'exactitude des lignes tracées ou à les modifier si elles sont légèrement inexactes. Ce serait un grand avantage dont ne jouissent pas les cartes magnétiques actuelles.

On obtient, pour la déclinaison, une solution très satisfaisante du problème en figurant comme d'habitude les lieux (isogones) des points ayant à une certaine date une même déclinaison D, mais en n'inscrivant sur l'isogone que la différence D — D′ entre la déclinaison de tous les points de cette ligne et la déclinaison D′, à la même date, d'un observatoire magnétique O placé de préférence au centre de la carte. L'isogone qui passe par un point fixe de la carte reste bien la même que dans les cartes ordinaires et, sauf le cas de cartes par trop étendues, sa forme reste sensiblement indépendante du temps ; mais son numérotage varie 25 fois plus lentement environ que celui des isogones ordinaires, car tandis que la déclinaison en France diminue d'environ 5′ par an, dans le même temps, la différence (Toulouse-Parc Saint-Maur) diminue pour la déclinaison de moins de 0′2. La composante horizontale et l'inclinaison, variant beaucoup moins vite que la déclinaison[2], le bénéfice du nouveau mode de représentation est moindre pour ces

deux éléments ; mais il est hors de doute qu'il est préférable de l'employer à la place de l'ancien.

Ce système est particulièrement applicable aux cartes régionales peu étendues comme celles de la France, pour lesquelles les différences (D — D′), tout en restant faiblement fonctions du temps, demeurent les mêmes tout le long d'une même ligne isomagnétique dans toute l'étendue de la carte. Dans ces conditions, pour avoir la déclinaison d'un endroit A à un moment donné, on demandera à l'observatoire O sa déclinaison pour l'heure locale de O égale à celle de A. Cette valeur, ajoutée à la différence lue sur la carte pour A, donnera la déclinaison cherchée.

Le seul inconvénient commun à tous les procédés d'utilisation des cartes magnétiques est la nécessité absolue de recourir à l'observatoire magnétique auquel se rapporte la construction de la carte pour avoir la correction qu'il faut faire à la lecture de celle-ci. Cette correction ne saurait avoir de sens en un jour de perturbation magnétique. Or, l'observatoire magnétique seul peut dire s'il y a eu perturbation au moment auquel se rapporte l'élément désiré ; la nécessité d'avoir à lui écrire est donc une nécessité de fait, inséparable de la précision à laquelle on veut arriver dans la connaissance des éléments magnétiques, et non un inconvénient gratuit du système de cartes qui est préconisé ici.

4. *Emploi de formules.* — Dans ce qui précède, nous avons résolu au moyen d'une construction

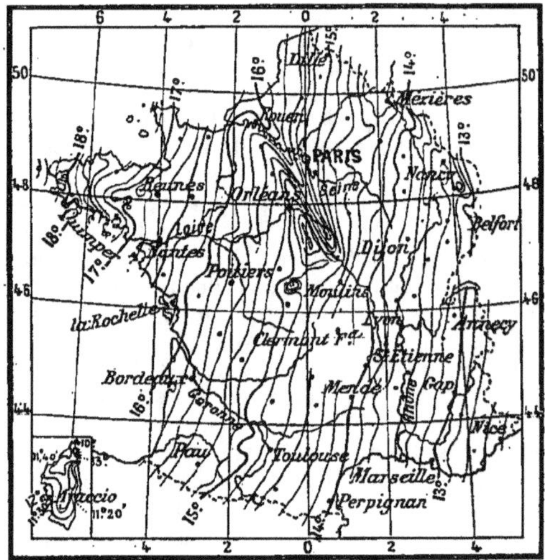

FIG. 2. — CARTE DES ISOGONES AU 1er JANVIER 1896 D'APRÈS M. MOUREAUX.

Les courbes fermées que l'on voit en divers endroits montrent des maxima ou des minima relatifs de la déclinaison.

graphique le problème de la carte magnétique de la France et de son utilisation ultérieure ; or, il est toujours permis d'éprouver des doutes sur l'exactitude rigoureuse de la position d'une ligne tracée sur une carte. Il semble plus satisfaisant pour l'esprit de recourir au calcul et de se donner, au moyen d'une formule unique, l'équivalent de toutes les lignes, isomagnétiques et autres, que l'on pourrait tracer sur la carte de France ; les erreurs de la

---

1. Actuellement, en dix ans, les déclinaisons de tous les points de la France varient d'environ 50′, les inclinaisons de 15 à 20′, les composantes horizontales de 3 unités du troisième ordre.

2. La variation séculaire (ou annuelle) de la déclinaison en France est de l'ordre de $\frac{1}{150}$, celle de la composante horizontale de l'ordre de $\frac{1}{1000}$ et celle de l'inclinaison de l'ordre de $\frac{1}{2500}$ de chacun de ces éléments.

construction graphique sont alors supprimées et la carte n'a plus d'autre but que de représenter qualitativement aux yeux ce que la formule contient qualitativement et quantitativement.

En dehors de travaux généraux tels que celui dans lequel l'illustre Gauss donne une formule représentant, dans ses grandes lignes, la distribution magnétique de la surface entière du globe, c'est au professeur Liznar, de Vienne, que revient l'honneur d'avoir représenté le premier, au moyen d'une formule linéaire dépendant uniquement de la longitude et de la latitude géographiques et nullement de l'altitude, les déclinaisons des principales stations d'un grand pays tel que l'Autriche-Hongrie. Mais la formule linéaire qu'il a donnée d'abord, comme aussi la formule du second degré qu'il a donnée dans son mémoire définitif, représentent imparfaitement la distribution de la déclinaison en Autriche-Hongrie parce qu'il n'a pas fait, avant le calcul des cœfficients de sa formule, une distinction essentielle, qui consiste à séparer les stations *régulières* des stations *anomales*.

Pour plus de clarté, prenons un exemple. Pour 451 stations françaises, la formule [1], relative à la composante verticale, donne, exprimée en unités

1. D'après mes recherches, la loi de distribution de la composante verticale en France, pour le 1ᵉʳ janvier 1896, est donnée par :

1. $\Delta Z = + 39.72 + 1.6842\,(\Delta\ \text{long.}) + 9.9019\,(\Delta\ \text{lat.}) - 0.000055\,(\Delta\ \text{long.})^2 + 0.000294\,(\Delta\ \text{long.})\,(\Delta\ \text{lat.}) - 0.001778\,(\Delta\ \text{lat.})^2$.

ΔZ (Δ long. et Δ lat.) étant les différences des composantes verticales, des longitudes et des latitudes géographiques d'une station quelconque et de l'Observatoire de Toulouse.

du cinquième ordre décimal, une différence absolue entre l'observation et le calcul inférieure à 100, c'est-à-dire plus petite que les erreurs possibles de l'observation. Ces 451 stations sont dites *régulières*; comme elles appartiennent à toutes les régions de la France, frontières ou intérieures, cela prouve que la formule [1] représente bien la loi de distribution régulière de la composante verticale en France au 1ᵉʳ janvier 1896.

Par contre, il y a 145 localités donnant pour la différence (observation-calcul) une valeur absolue toujours supérieure à 120, c'est-à-dire plus grande que les erreurs possibles de M. Moureaux; ces 145 stations sont dites *anomales*; elles n'obéissent à aucune loi simple et il n'est pas sans intérêt de constater que *la majeure partie d'entre elles (120 environ) se retrouvent anomales quel que soit l'élément magnétique dont on cherche la distribution régulière*. Dès lors, la différence entre l'observation et le calcul de la loi de distribution donne, en grandeur et en signe, l'*anomalie* de la station considérée.

On peut résumer ce qui précède en disant que, pour un élément magnétique donné, les anomalies doivent être considérées comme se projetant sur un fond régulier dont la distribution est donnée par une loi de la forme indiquée.

La précédente méthode de construction et de lecture des cartes magnétiques est précieuse et les anomalies qu'elle fait apparaître jettent une vive lumière sur les causes si mystérieuses encore du magnétisme terrestre.

E. MATHIAS,
Professeur à la Faculté des Sciences
de Toulouse.

PÉDAGOGIE

TRIBUNE LIBRE D'EN-SEIGNEMENT EXPÉRIMENTAL

Propagation du mouvement vibratoire à travers un liquide. Phénomène du pouls.

Il faut disposer d'un niveau d'eau complètement rempli et fermé par deux membranes de caoutchouc.

Pour le construire, on prend deux entonnoirs ee' (fig. 1). Sur leur pourtour, on dépose une mince couche de cire à cacheter et, sur cette cire fondue, on place deux rondelles de caoutchouc m, m'. Au moyen de bouts de caoutchouc cc', on raccorde chaque

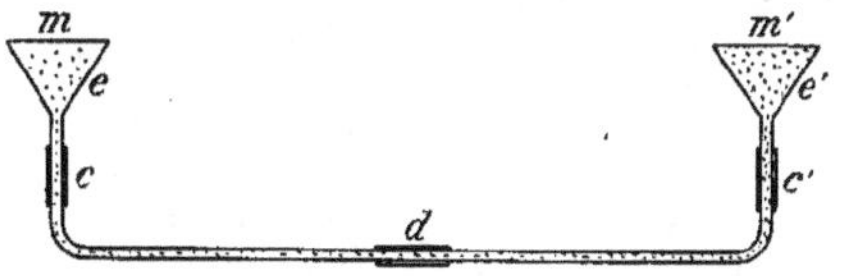

FIG. 1. — PHÉNOMÈNE DU POULS.

entonnoir avec un tube coudé. Après avoir rempli ces deux sortes de pipes avec de l'eau contenant des granules de liège, on les renverse sur la cuve à eau, et on les réunit par un tube de caoutchouc d. L'appareil est ensuite fixé à deux supports et les extrémités m, m' amenées dans un même plan horizontal.

1° Si l'on produit sur la membrane m une série de chocs, la membrane m' reproduit les mouvements de la membrane m, et les granules exécutent, en même temps que les membranes, une série de mouvements alternatifs dans les mêmes sens.

2° Si l'on place une pièce de cent sous sur la membrane m, les granules se mettent en mouvement vers la membrane m' qui se soulève; et si, avant que ce mouvement ait cessé, on frappe un coup sec sur la pièce, les granules et la membrane m' exécutent en même temps un mouvement propre de va-et-vient, indépendant du mouvement d'ensemble.

Communiqué par M. AMAUDRUT,
Professeur au Lycée de Vesoul.

Loi du mélange des gaz et des vapeurs.

Je me sers pour vérifier cette loi de l'appareil simple suivant.

Un tube de verre est fixé dans un bon bouchon de caoutchouc et installé sur un flacon de 1 l. contenant 3 ou 4 cm. de mercure au fond et de façon que le tube plonge de 2 ou 3 cm. dans le mercure. Pour être assuré que le bouchon ferme bien, on coule un peu d'arcanson autour du bouchon et du tube.

Expérience :

1° On incline le flacon de façon à dégager l'extrémité A du tube; au bout de quelques instants on est sûr que l'air contenu dans l'appareil possède la pression atmosphérique.

2° On redresse l'appareil; on verse par B de l'éther, 6 à 7 cmc. (c'est-à-dire une quantité plus que suffisante pour saturer le volume de 1 l.). On adapte en B un caoutchouc d'environ 1 mètre,.on souffle doucement de façon à faire passer presque tout l'éther à l'intérieur du flacon (on est sûr de ne pas avoir introduit d'air dans le flacon s'il reste une hauteur de quelques centimètres d'éther dans le tube; le caoutchouc un peu long est nécessaire pour pouvoir surveiller l'abaissement du niveau de l'éther dans le tube pendant que l'on souffle).

3° On enlève le caoutchouc et on abandonne l'appareil à lui-même. On voit le mercure monter peu à peu dans le tube et s'arrêter généralement au bout d'une demi-heure environ.

FIG. 2. — MÉLANGE DES GAZ ET DES VAPEURS.

4° Au moyen d'une règle verticale et d'une équerre on relève l'augmentation de pression qui est égale à la force élastique maxima de la vapeur d'éther dans le vide à la même température.

Le gaz a en effet conservé sa force élastique propre, car son volume n'a pas changé. Remarquons en effet que la petite diminution de volume résultant de l'excès d'éther est au moins en partie compensée par l'élévation du mercure dans le tube [1].

Communiqué par M. MENNERET,
Professeur au Lycée de Grenoble.

❧

Composition des forces parallèles.

On prend une règle en bois AB d'environ 50 à 60 cm. de longueur, aux extrémités de laquelle on plante, dans le sens de l'axe, 2 petits clous A et B. En un point C situé au tiers de AB (c'est la distance entre les têtes des deux clous qui constitue la longueur de la règle), à partir de A, on plante transversalement une pointe C qui traverse la règle de part en part. Les clous A, B et la pointe C doivent être dans un même plan. La règle sera suspendue, comme l'indique la figure 3, à une ficelle CM. Un morceau de plomb G ou mieux une pince de pile, placée convenablement entre A et C, permettra à la règle suspendue de prendre une faible inclinaison sur l'horizon. La ficelle CM passe sur la gorge d'une poulie O mobile autour d'un axe horizontal. On pourra, si l'on veut, prendre l'une des poulies de l'appareil de M. Isarn pour la composition des forces concourantes (*La Science au XX° siècle*, année 1904, p. 142), et porte à son extrémité libre un petit plateau P en bois mince ou en carton, muni au-dessous d'un crochet. Le petit plateau et une tare convenable mise dedans soutiendront la règle. (La tare pourra être un morceau de plomb qu'on fixera au plateau et qui servira dans toutes les expériences.) La poulie O peut être suspendue à un clou fixé à un mur ou à une porte. On tracera, à la craie, sur le mur ou sur la porte, une droite donnant la direction de la règle en repos.

FIG. 3. — COMPOSITION DES FORCES PARALLÈLES.

Cela fait, suspendons, avec de petites ficelles, en A un poids de 4 hgr., en B un poids de 2 hgr. On trouvera que le poids qu'il faut suspendre au petit plateau pour que la barre conserve la même direction que tout à l'heure est de 6 hgr.

La force verticale CM équilibre donc les 2 forces verticales appliquées en A et B. Elle équilibrerait de même une force verticale égale à 6 hgr. et dirigée vers le bas. Cette dernière est donc bien la résultante des deux forces parallèles appliquées en A et B. Ce qui justifie la règle connue de la composition de 2 forces parallèles et dirigées dans le même sens.

On verrait de même qu'une force verticale appliquée en A dirigée vers le haut est la résultante des 2 forces parallèles et dirigées en sens contraires (celle de B de 2 hgr. et CM de 6 hgr.)

Communiqué par M. GOUSSELOT,
Professeur de physique
au collège de Tlemcen (Algérie).

❧

Expérience de cours pour montrer le mouvement des projectiles.

On prend un flacon de Mariotte. A la tubulure inférieure on place un tube vertical d'un mètre de haut environ. Ce tube se termine par un raccord en caoutchouc auquel est fixé un bout de tube effilé D.

En faisant varier l'inclinaison de la partie CD (fig. 4), on fait varier l'angle de tir. On peut ainsi réaliser tous les cas étudiés dans les cours et même photographier le jet parabolique, placé sur fond noir.

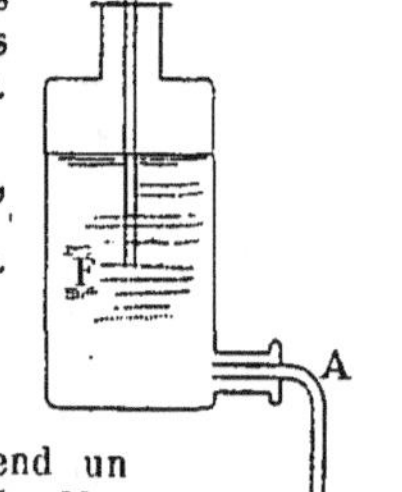

FIG. 4. — MOUVEMENT DES PROJECTILES.

Communiqué par M. C. HEMARDINQUER.
Préparateur au P. C. N.

❧

Jet d'eau dans l'acide chlorhydrique ou le gaz ammoniac.

On se sert habituellement, dans cette expérience, d'un tube scellé à la lampe, dont on casse l'extrémité fermée, sous l'eau, à l'aide d'une pince, et après avoir donné un trait de lime; cela oblige à préparer un tube à chaque expérience; le tube étant d'ailleurs plein d'air, il faut généralement attendre quelque temps pour que le jet se produise. Il est plus simple de préparer un tube une fois pour toutes, effilé à l'extrémité du jet et que l'on ferme à l'autre extrémité avec un petit bouchon; on le remplit d'eau au moment de l'expérience et on le fixe au flacon plein de gaz; en enlevant le bouchon, le jet d'eau se produit immédiatement.

Dans l'expérience analogue, où l'eau est aspirée dans une éprouvette remplie sur le mercure, il est bon, avant de diriger le gaz chlorhydrique dans l'éprouvette, de le recevoir dans un flacon où l'on prépare sa dissolution, jusqu'à ce que l'on reconnaisse, au bruissement d'absorption, que le gaz est bien privé d'air. On ajuste alors un tube abducteur, qui va à la cuve à mercure; on laisse dégager deux ou trois bulles de gaz pour chasser l'air du tube, et on reçoit enfin le gaz dans l'éprouvette préparée sur la cuve à mercure. L'expérience réussit alors parfaitement, le gaz étant bien privé d'air.

Communiqué par M. A. MUSSON.

A. GUILLET,
Professeur honoraire.

1. Voir *La Science au XX° siècle* (nov. 1903).

VARIÉTÉ

LE SINGE DANS L'ÉGYPTE ANCIENNE.

Les monuments pharaoniques offrent plusieurs types de singes, dont on peut former deux groupes parfaitement distincts : les cynocéphales et les cercopithèques.

Si l'on en juge par les reproductions et quelques sujets momifiés, les cynocéphales connus des Égyptiens appartiennent à l'espèce dite des hamadryas et à celle des babouins. Les uns et les autres tiennent une grande place dans les vieux mythes de l'Égypte.

FIG. 1. — CYNOCÉPHALE HAMADRYAS.

LE CYNOCÉPHALE HAMADRYAS (Cynocephalus hamadrias Desm.). — Étudions d'abord l'hamadryas qui, par son importance dans le symbolisme religieux, doit occuper ici la première place. Hérodote, Plutarque, Pline l'ont appelé cynocephalus, Strabon le nomme Cebus et Juvénal cercopithecus. Les inscriptions hiéroglyphiques le désignent sous les noms de *ââni* et *aâani*.

En outre des caractères généraux propres à cette espèce : corps trapu, lourde tête à museau tronqué, comme celui des chiens, crêtes sourcilières fort développées, angle facial compris entre 30 et 35 degrés, callosités dans les parties ischiatiques, l'hamadryas se distingue par un camail d'un gris argenté couvrant le dos, les flancs, les deux côtés de la tête, et par la coloration de la face et autres nus, recouverts d'un ton de chair très vif (fig. 1). C'est ainsi que, dans les temples, les hypogées royaux et un grand nombre de syringes, sont représentés les vieux mâles à crinière [1].

Ce cynocéphale est surtout un singe de rochers, on le trouve encore

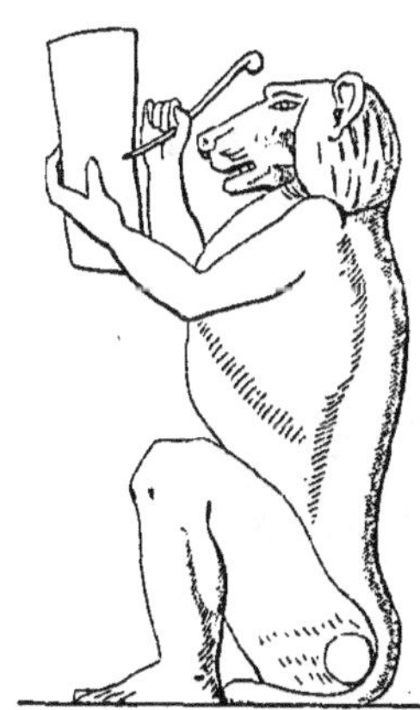

FIG. 2. — CYNOCÉPHALE ÉCRIVANT.
(Bas-relief de l'Île de Philæ).

fort répandu dans les montagnes de la Nubie méridionale, de l'Abyssinie, dans le Sennaar, le Kordofan, l'Arabie. Sans avoir pour lui aucune espèce de vénération, quelques peuplades de ces contrées ont conservé l'usage d'imiter, dans l'arrangement de leur coiffure, la disposition des poils de l'hamadryas.

Adversaire des plus dangereux de l'homme, incapable de lui rendre aucun service, redouté de tous les autres animaux, ce hideux et méchant quadrumane, aux instincts abjects, est lascif, astucieux, grossier et occupe le dernier rang dans l'ordre des

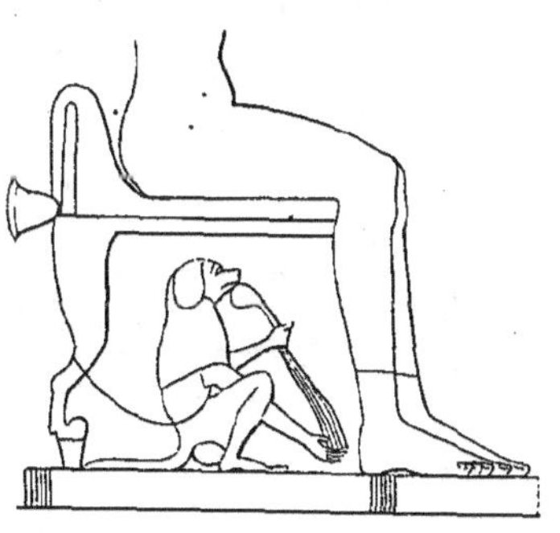

FIG. 3. — BAS-RELIEF DE LA VI⁰ DYNASTIE.

singes. Véritable fléau pour la région qu'il habite, il exerce les plus grands ravages dans les plantations, enlève les femmes dans les champs, cause aux indigènes tant de dommages, qu'ils le considèrent comme un réprouvé transformé en monstre par la colère d'Allah [1], comme un impie, méconnaissant les lois divines.

Telle est l'horrible bête à laquelle les Égyptiens, encore barbares, assignèrent l'une des places prépondérantes dans leur panthéon. L'effroi que leur causait la vue d'un pareil monstre, ne fut sans doute pas étranger à cette détermination, ils espéraient peut-être se le concilier. N'est-ce point pour une raison semblable que les Grecs avaient surnommé les Erynnies, euménides [2] ?

Malgré sa grossièreté repoussante, l'hamadryas n'est point dépourvu d'intelligence et possède même, au plus haut degré, l'instinct d'imitation pouvant le rendre semblable à l'homme; c'est probablement à cause de cette faculté que les Égyptiens lui attribuèrent l'art de lire et d'écrire et le consacrèrent au dieu Thoth, inventeur des lettres et des arts. Quand on amenait dans le temple un de ces animaux, pour y être nourri, un prêtre mettait devant lui des tablettes, une calame et de l'encre, pour savoir s'il appartenait à l'espèce connaissant les lettres et s'il écrivait [3]. Confirmant cette

FIG. 4. — BAS-RELIEF DE LA XVIII⁰ DYNASTIE.

---

1. Ehrenberg, *Symbolae Physicae seu icones et descriptiones mammalium*; pl. XI : Cynocephalus Hamadryas. Cette reproduction est absolument conforme aux images égyptiennes.

1. *Le Koran*, chap. ii, la vache. verset 61. Ch. vii, Elaraf, verset 166.
2. Les bienveillantes.
3. *Horapollon*, liv. I, 14.

opinion, un bas-relief du temple de Philæ nous montre un hamadryas assis et traçant, avec un roseau, des caractères sur une tablette (fig. 2).

Docile et susceptible d'éducation lorsqu'il est jeune, le cynocéphale apprenait à danser en l'honneur du soleil. « C'est pour toi, dit l'hymne d'Ammon, que les cynocéphales donnent les offrandes qui sont dans leurs mains, à toi qu'ils adressent leurs chants; *dansant* pour toi, faisant pour toi leurs incantations et leurs prières. »

Vêtu de poupre et la face couverte d'un masque, le singe dansait également pour divertir les spectateurs; aussi à cette époque lointaine, le voyons-nous déjà

..... danser, baller.
Faire des tours de toutes sortes [1]

FIG. 5. — CYNOCÉPHALES EN ADORATION DEVANT LE SOLEIL LEVANT.

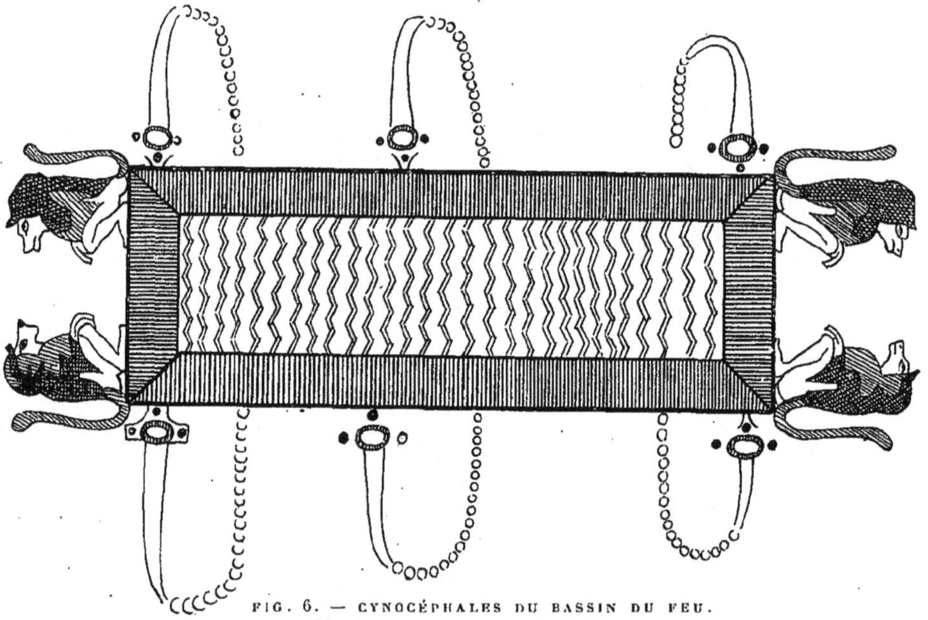

pâtre causait l'admiration de tous par la grâce de son maintien. Un jour, pendant qu'il exécutait une danse de caractère, bien en mesure avec les chants et les flûtes, il aperçut des figues ou des amandes répandues sur le sol : « alors adieu les flûtes, adieu la danse, jetant rapidement son masque, il saute sur les fruits et s'empresse de les dévorer [1] ».

Le papyrus satirique de Turin nous montre, en outre, un groupe de virtuoses, composé de quatre animaux, parmi lesquels se trouve un singe jouant de la double flûte; c'est donc sans trop d'invraisemblance que le fabuliste a pu dire :

Le singe, maître ès arts chez la gent animale [2].

Son adresse le faisait rechercher dans les familles comme objet d'agrément. Parfois habillé

FIG. 6. — CYNOCÉPHALES DU BASSIN DU FEU.
(D'après un papyrus du musée du Louvre.)

Lucien raconte que le singe de la fameuse Cléo-

d'un manteau, il accompagne son maître dans les

1. La Fontaine.

1. Lucien, *Le Pêcheur*. Apologie pour un engagement auprès des grands. — 2. La Fontaine.

parties de chasse (fig. 3), et il n'est pas rare de voir un cynocéphale assis à côté de quelque dame égyptienne, se régalant d'un oignon que sa maîtresse lui a abandonné (fig. 4).

FIG. 7. — CLEPSYDRE. (D'après un modèle en terre émaillée du musée de Leyde).

A sa mort il partageait la sépulture des personnes dont il avait charmé les loisirs de son vivant.

Les habitants d'Hermopolis rendaient à l'hamadryas un culte spécial [1], mais dans l'Égypte entière, on considérait les cynocéphales comme les adorateurs du Soleil, ses compagnons les plus fidèles, acclamant cet astre à son lever (fig. 5), dès que ses premiers feux embrasaient l'orient, et à son coucher, au moment où il disparaît à l'horizon.

Dans les grandes compositions symboliques, sculptées et peintes sur les parois des tombes royales, des troupes de cynocéphales escortent le Soleil, dans sa course à travers l'autre monde, pour lui prêter main-forte contre les génies des ténèbres, hôtes redoutables du sombre Tiaou [2]. Tortues monstrueuses, serpents à « face de tempête », hippopotames effrayants, tous barrent le chemin au rayonnant dieu du jour. Dès lors des batailles s'engagent avec ces masses chaotiques; ce sont des combats terribles, sans merci, où, placés à l'avant de la barque solaire, les cynocéphales luttent avec fureur contre les monstres typhoniens, les arrachent de l'abîme et les offrent au soleil ou les dévorent.

Mais là ne se bornait pas le rôle des cynocéphales, dans l'enfer égyptien : continuant à lutter contre le mauvais principe, ils veillent, sans cesse, au triomphe du bien et rendent leurs bons offices aux âmes des justes qui, à chaque pas, les rencontrent dans cette région mystérieuse.

Sur les bords d'un marécage, infesté de serpents et autres bêtes venimeuses, des cynocéphales gigantesques draguent, sous forme de poissons, les âmes criminelles ennemies d'Osiris; grâce à des formules magiques, le défunt évite la drague et peut continuer son chemin. Plus loin, quatre hamadryas, gardiens du bassin de feu, sont assis à ses extrémités [3] (fig. 6), et précipitent dans les flammes quiconque se présente impur. Tout tremblant, le défunt les aborde en prononçant cette invocation : « O ces quatre singes, juges de mon malheur ou de mon triomphe, repoussez de moi toute souillure, dégagez-moi de toute iniquité, faites que je traverse Ammah, que j'entre dans Ro-sta, que je passe par les pylônes mystérieux de l'Amenti ».

« Entre et sors dans Ro-sta, lui répondent-ils, nous dissipons toutes les impuretés que tu as conservées, passe par les pylônes mystérieux de l'Amenti, sors et entre à ton gré, comme les autres mânes et sois invoqué, chaque jour, au milieu de l'horizon [4]. »

Dans la salle du jugement, un hamadryas est toujours assis auprès de la « balance équitable » dont il surveille les oscillations. Enfin au chapitre XLII du Livre des morts, le défunt se proclame le cynocéphale d'or, sans bras et sans jambes, résidant à Memphis. « Il passe, s'écrie-t-il, comme passe le cynocéphale de Memphis et il s'éveille au sein de Ra [1]. »

Suivant Horopollon, le cynocéphale désignait aussi la lune, parce que, dit-il, très affecté de sa conjonction avec le soleil, tant que dure l'éclipse, il se prive de nourriture et, la tête tristement penchée vers le sol, semble déplorer l'enlèvement de cet astre [2].

D'après le même auteur, on voyait également, dans le cynocéphale, l'emblème des équinoxes, parce qu'à cette époque, il fait entendre sa voix douze fois par jour en aboyant; c'est à ce titre qu'il est placé sur les clepsydres [3], lâchant de l'eau pour régler le temps et marquer les heures (fig. 7).

Les artistes égyptiens nous ont montré l'hamadryas dans ses attributions les plus diverses. Ici, disposé en longue frise, il est en adoration devant un scarabée emblème de renaissance; là, prêt à combattre les ennemis d'Osiris, nous le voyons

FIG. 8. — BASE DES OBÉLISQUES DE LOUXOR.

armé d'un glaive qu'il brandit dans ses mains; le voici coiffé du disque lunaire et tenant l'œil d'Horus.

Hapi, l'un des génies gardiens des viscères, renfermées dans les vases canopes, est représenté avec la tête de ce singe.

Au temple de Louxor, les bases des obélisques

---

1. *Strabon*, liv. XVII, 40.
2. L'un des noms de l'enfer égyptien.
3. On a vu dans ce bassin l'origine de notre purgatoire.
4. *Livre des morts*, chap. CXXVI. Ammah, Ro-sta, localités mythologiques.

1. *Livre des morts*, chap. XLII, lig. 22-23.
2. *Horopollon*, I, 14.
3. La clepsydre était une horloge à eau.

sont ornées de cynocéphales hamadryas qui, les mains levées, adorent le soleil [1] (fig. 8); à Ibsamboul,

FIG. 9. — BABOUINS DANS UN FIGUIER.
(Peinture de Beni-Hasson.)

ils forment le couronnement du spéos de Phré et, à Médinet-Abou, ils surmontent la porte triomphale donnant accès à la seconde cour.

LE CYNOCÉPHALE BABOUIN (Cynocephalus babouin, Desm.). — Le babouin, nommé *benti*, par les Égyptiens, vit dans les mêmes régions que l'hamadryas et lui ressemble par sa démarche et ses mouvements; mais il en diffère par l'absence de camail, un pelage généralement plus court et d'un ton jaune verdâtre; sa face et les autres parties nues sont d'un brun foncé tirant sur le vert. Il est en outre d'une intelligence plus vive que ce dernier, moins méchant et s'attache fidèlement à son maître, quelque mauvais traitements qu'il en reçoive.

D'après une peinture de Beni-Hassan, représentant un figuier où trois babouins sautent et gambadent de branche en branche (fig. 9), on peut croire que dans l'antiquité ce quadrumane était fort répandu en Égypte et vivait dans le voisinage de l'homme.

S'apprivoisant avec autant de facilité que l'hamadryas, on le rencontre souvent, aussi, dans les syringes, en train de savourer quelque fruit.

Le rôle symbolique de ce cynocéphale étant moins important que celui de l'hamadryas, il est plus rarement reproduit dans les tableaux mytho-

logiques, mais les scènes où il figure nous le montrent toujours châtiant les méchants ou exerçant une action bienfaisante; à Dakké, un babouin est en adoration devant une lionne, et c'est encore ce même singe qui, dans une barque, chasse à coups de bâton une truie, emblème du mauvais principe.

Au temps d'Adrien, les médailles du nome Hermopolites portaient un cynocéphale accroupi, la queue relevée et le disque lunaire sur la tête.

LE CERCOPITHÈQUE (Cercopithecus). — Les Égyptiens désignaient ce singe sous le nom de *gaf* (fig. 10). Ils en connaissaient deux espèces différentes, souvent figurées sur les monuments; le cercopithèque gris-vert ou grivet (C. griseo-viridis, Desm.), et le cercopithèque à dos rouge (C. Pyrronothus, Ehr.). Le grivet ou *Tata*, très commun en Abyssinie et au Sennaar, paraît être le *cercopithecus* de Pline; sa face, ses oreilles, toutes les parties nues sont noires, son pelage est d'un vert jaunâtre.

Le C. Pyrronothus, que l'on croit être le κῆβος d'Elien, habite la Nubie où il est connu sous le nom de *Nisnas*. Son nez est blanc, et son pelage, roux en dessus, prend une teinte plus foncée dans la partie postérieure du dos et sous la queue. Ce quadrumane, dont on a trouvé quelques spécimens, à l'état de momie, dans les puits de Sakkarah, mesure soixante centimètres de l'extrémité du museau à l'anus.

Très différent du cynocéphale, toujours lourd, trapu, le cercopithèque, au contraire, a des formes élégantes, des membres effilés, un crâne médiocrement volumineux, des crêtes sourcilières peu prononcées et quelquefois nulles, un angle facial d'environ 50 degrés.

Le cercopithèque n'avait aucun caractère sacré, mais par sa gaieté, sa douceur, il fut très recherché comme objet d'agrément. Les artistes en ont fait, quelquefois, un heureux usage dans la décoration; des vases à collyre et autres menus

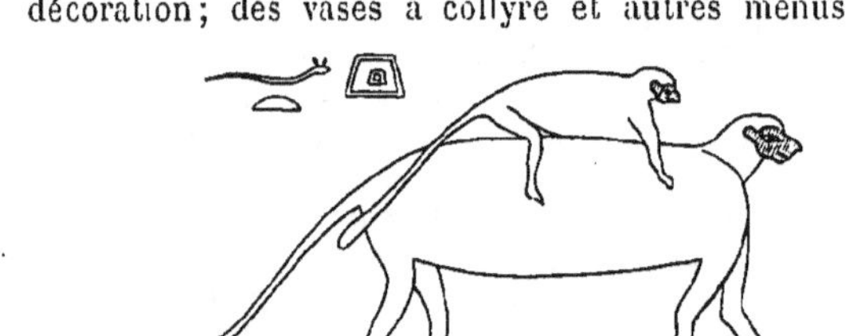

FIG. 10. — *Gaf*, CERCOPITHÈQUE DE TEBEHN, SCRIBE ROYAL DE LA VIe DYNASTIE.

FIG. 11. — CERCOPITHÈQUE FEMELLE ET SON PETIT.

objets de toilette sont fréquemment ornés de la figure de ce gracieux animal (fig. 11).

P. HIPPOLYTE-BOUSSAC.

1. Voir au musée égyptien du Louvre, grande salle du rez-de-chaussée, l'un des côtés de la base de l'obélisque de Louxor, aujourd'hui placé place de la Concorde.

Revue critique des Travaux scientifiques.

CHIMIE

| La prépara-
tion des gaz
purs. |

La chimie pneumatique, comme on l'appelait du temps de Lavoisier, ou chimie des gaz prend de jour en jour une importance croissante. Sa technique ordinaire est assez délicate, car la préparation et le maniement scientifiques des gaz exigent des soins attentifs et constants.

Alors qu'il est relativement facile de purifier un corps solide par cristallisation, un corps liquide par distillation, le corps gazeux, en raison de sa nature même, est infiniment plus difficile à obtenir pur.

Cette infériorité ne tient, d'ailleurs, qu'à une question de température, car si cette dernière est suffisamment abaissée, les gaz deviennent liquides, puis solides et l'on se trouve ramené aux cas des corps solides et liquides. Aussi avec l'aide des

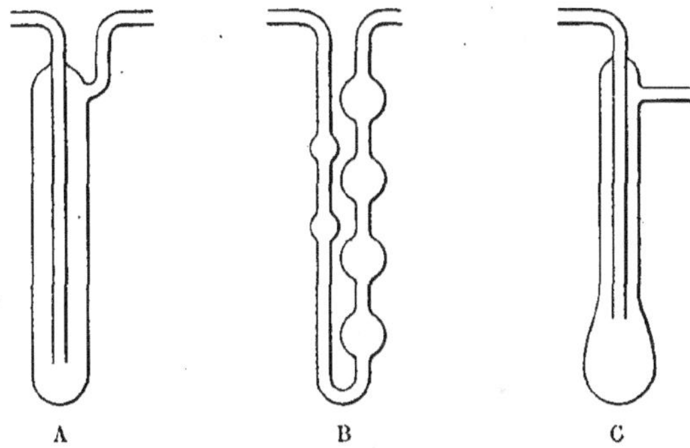

FIG. 1. — TUBES CONDENSEURS POUR LA PRÉPARA-
TION DES GAZ PURS.

basses températures, que l'on réalise facilement aujourd'hui par l'emploi de l'acide carbonique et de l'air liquide industriels, M. Moissan a été conduit à instituer une méthode générale de préparation des gaz purs et à réaliser un appareil très simple qui lui a permis d'en obtenir un grand nombre dont il a pu déterminer et vérifier les constantes.

Un exemple montrera combien il est difficile de préparer avec les procédés ordinaires un gaz tout à fait pur. On sait que le gaz carbonique est complètement absorbable par la potasse. Essayez de vérifier la pureté du gaz carbonique obtenu dans le laboratoire, vous verrez que celui-ci renfermera toujours un résidu non absorbable, à moins de précautions tout à fait particulières.

En effet, il ne saurait en être autrement, et pourtant la réaction choisie ne donne pas d'autres gaz que le gaz carbonique, mais l'appareil était primitivement *plein d'air*, il a fallu *purger l'appareil*, c'est-à-dire balayer l'air par le gaz et perdre ainsi une notable partie de celui-ci. Par une sorte d'adhérence, de l'air reste longtemps attaché aux parois. On conçoit que lorsqu'il s'agira de gaz précieux, la purge de l'appareil sera un sérieux inconvénient.

D'autre part, il faut dessécher les gaz qui ont pris bien souvent naissance au sein de l'eau. Pour cela, on a recours à des substances desséchantes : ponce imprégnée d'acides sulfurique ou phosphorique, chlorure de calcium, etc., contenues dans des tubes fermés par des bouchons. Le volume de l'air de l'appareil est par là augmenté et de plus les bouchons, souvent altérés par le contact des desséchants, peuvent introduire de nouveaux facteurs d'impuretés.

En dehors de l'air et de la vapeur d'eau, il faut tenir compte encore dans la préparation des corps gazeux des gaz étrangers provenant des réactions secondaires ou des matières premières employées. Pour se débarrasser de ces impuretés, on se servira de produits susceptibles d'absorber ces gaz, ce qui exige encore l'emploi de tubes plus ou moins volumineux qui augmentent l'encombrement de l'appareil.

La méthode appliquée par M. Moissan [1] supprime tous ces produits desséchants et absorbants. Elle consiste à *solidifier* le gaz préalablement *desséché* et *purifié* en le faisant passer dans des tubes de petit volume (fig. 1), refroidis à des températures décroissantes. On réalise ainsi une *solidification fractionnée* [2]. En même temps qu'on fait circuler le courant gazeux à purifier dans le système des tubes condenseurs où se déposent *à l'état solide* la vapeur d'eau et les impuretés gazeuses à éliminer, *on fait le vide* au moyen de la trompe à mercure, les gaz non solidifiés et, en particulier l'air de l'appareil, sont enlevés. Il en est de même de l'air qui a pu se dissoudre dans le gaz liquéfié et solidifié. Cet air ainsi dissous donne lieu parfois à des phénomènes particuliers. Ainsi le chlore solide dégage dans le vide, brusquement, des gaz, comme le fait l'argent qui a dissous de l'oxygène et qui *roche* pendant la solidification. Ce *rochage* du chlore met bien en évidence le fait de la dissolution des gaz dans les gaz liquéfiés et solidifiés. On a donc le *gaz solidifié dans le vide*, il suffit alors de laisser la température s'élever pour obtenir la liquéfaction et la vaporisation du produit que l'on recueille sur la cuve à mercure.

On peut d'ailleurs par une distillation fractionnée, en notant la température, s'assurer que le produit se vaporise à une température, constante. On a alors un critérium certain de la pureté du gaz obtenu.

DESCRIPTION DE L'APPAREIL. — L'appareil producteur de gaz, soit par exemple l'appareil qui donne de l'acide iodhydrique (par le phosphore, l'iode et l'eau), est relié au moyen de mastic à la gomme laque, d'abord avec un tube cylindrique A en verre (fig. 1 et 2) plongeant dans une éprouvette à double paroi de Dewar contenant un mélange de neige carbonique et d'acétone à — 32°, puis avec un tube B en forme de U, dans lequel on a soufflé plusieurs boules réunies par des *étranglements capillaires*; ce tube est également refroidi à — 32°. Ces tubes sont

1. Description d'un nouvel appareil pour la préparation des gaz purs. H. Moissan, *Comptes rendus de l'Académie des Sciences*, 1903, t. 137, p. 363.
2. Cette solidification fractionnée permettrait même une séparation méthodique des gaz contenus dans un mélange complexe.

les tubes *desséchants*; dans le premier la presque totalité de la vapeur d'eau entraînée est arrêtée à l'état solide; dans le second, grâce aux étranglements et à la large surface, le gaz bien brassé abandonne les dernières traces de vapeur d'eau. Des expériences ont montré qu'après refroidissement à — 30°, un gaz était assez privé de vapeur d'eau pour qu'il ne donne aucune fumée avec le fluorure de bore. Un troisième tube à boules sert d'ailleurs de tube témoin (vitesse : 1 litre en 10 min.). Ce dernier tube communique ensuite avec un robinet à trois voies, relié d'une part au tube condenseur C et de l'autre avec un tube abducteur de plus de 76 cm. de hauteur, débouchant sur la cuve à mercure.

Le tube condenseur, qui est refroidi dans le cas de l'acide iodhydrique à — 80°, est relié par un tube de plomb avec la trompe à mercure.

arrêtera la vapeur d'eau à — 60°, l'oxyde azoteux dans un tube à — 100°. Cette température est obtenue par de l'éther de pétrole refroidi dans un bain d'air liquide.

Enfin le tube condenseur est refroidi par de l'air liquide qui solidifie l'oxyde azotique à — 167°. Par la manœuvre de la trompe, on élimine l'azote.

La méthode de M. Moissan a été employée pour la préparation des gaz carbonique, chlorhydrique; hydrogènes sulfuré, arsénié, silicié, phosphorés carbonés. Elle a servi à la préparation du trifluorure de phosphore qui fond à — 160° et bout à — 95°, du pentafluorure fondant à — 83° et bouillant à — 75°, de l'oxyfluorure de phosphore qui fond à — 68° et bout à — 40°[1]. De même on a pu préparer le trifluorure de bore fondant à — 127° et bouillant à — 101°. Le fluorure de silicium, obtenu de même, se solidifie à — 97° et se vaporise sans fondre à la pression ordinaire[2].

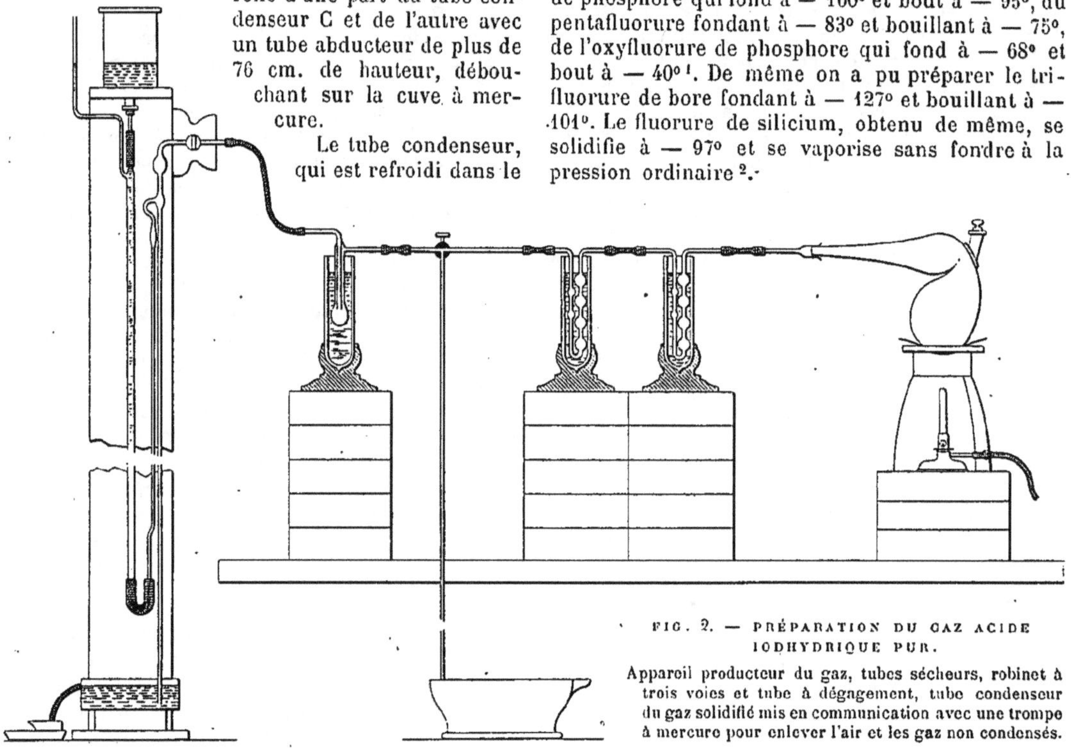

FIG. 2. — PRÉPARATION DU GAZ ACIDE IODHYDRIQUE PUR.

Appareil producteur du gaz, tubes sécheurs, robinet à trois voies et tube à dégagement, tube condenseur du gaz solidifié mis en communication avec une trompe à mercure pour enlever l'air et les gaz non condensés.

On comprend alors comment on conduira la préparation. On commence par faire le vide dans le tube abducteur. On maintient alors les températures de — 32° dans les tubes desséchants et de — 80° dans le condenseur. On produit le dégagement gazeux; le gaz iodhydrique mélangé d'air et de vapeur d'eau traverse l'appareil. On fait marcher la trompe, la vapeur d'eau se condense, puis le gaz iodhydrique vient se solidifier en cristaux incolores (fusibles à — 55°), tandis que l'air est enlevé par la trompe. Pour recueillir le gaz, il suffit alors de tourner le robinet à 3 voies pour mettre le condenseur en communication avec le tube abducteur et de laisser le solide fondre et se vaporiser.

Un autre exemple de l'application de la méthode est représenté par la figure 3. C'est la préparation de l'oxyde azotique par le cuivre. On sait que cette réaction est très complexe et qu'elle donne naissance aussi à de l'azote et à de l'oxyde azoteux. Il suffira de choisir convenablement les températures décroissantes des divers tubes purificateurs. On

Enfin, avec cette méthode, MM. Moissan et Binet du Jassoneix ont pu préparer du chlore pur dans le but de déterminer avec la plus grande précision la densité de ce gaz, qui a été trouvée égale à 2,49, ce qui donne la valeur du poids atomique de l'élément découvert par Scheele[3]. Tout récemment[4] MM. Moissan et Chavanne ont préparé le méthane pur par l'action de l'eau sur le carbure d'aluminium. Ce gaz solidifié en une masse vitreuse fond à — 180° et bout à — 164°; sa densité est de 0,555.

En résumé, on voit que cette méthode de purification *purement physique* des gaz présente des avantages sur les méthodes chimiques employées jusqu'ici; elle est rendue possible par la facilité

1. Sur quelques constantes des fluorures de phosphore, H. Moissan, *Comptes rendus de l'Académie des Sciences*, 1904, t. 138, p. 789.
2. Sur les propriétés du trifluorure de bore et du trifluorure de silicium, H. Moissan, 1904, t. 139, p. 711.
3. Recherches sur la densité du chlore, H. Moissan et Binet du Jassoneix, *Comptes rendus de l'Académie des Sciences*, 1903, t. 137, p. 1198.
4. Sur quelques constantes du méthane, H. Moissan et Chavanne, *Comptes rendus de l'Académie des Sciences*, 1905, t. 140, p. 407.

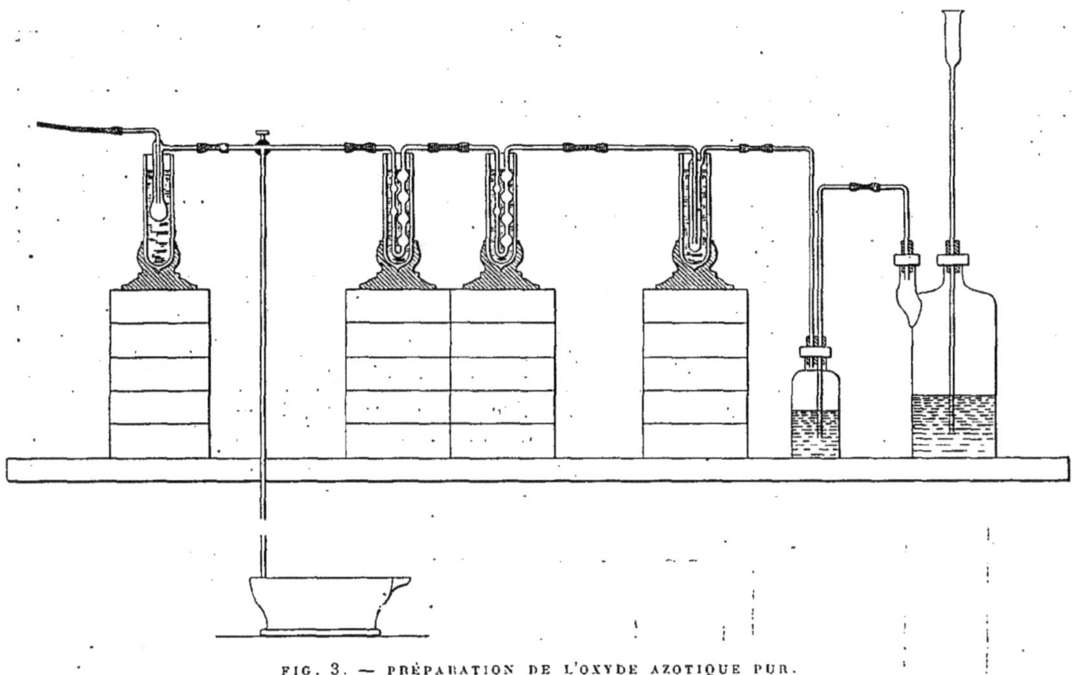

Appareil producteur, laveur à eau, tubes sécheurs et purificateurs, robinet à trois voies et tube à dégagement, tube condenseur.

avec laquelle on peut actuellement produire et graduer les basses températures.

A. RIGAUT,
Préparateur de M. Moissan
à la Sorbonne.

AGRONOMIE

Une nouvelle application du formol : stérilisation des moûts de cidre. Voici une application inattendue du formol qui va nous permettre, d'après M. le Dr G. Perrier, d'obtenir des moûts de cidre stériles.

Disons tout de suite que la question n'est pas tout à fait nouvelle, et qu'un certain nombre d'essais avaient été tentés antérieurement par d'autres auteurs, en vue d'obtenir le même résultat.

Il ne saurait être question ici d'effectuer des essais de stérilisation par la chaleur, dont l'emploi a été tellement discuté à propos de la stérilisation des moûts de vins. Tous les essais faits dans ce sens ont échoué, la chaleur produisant ici une altération du goût, connue sous le nom de « goût de cuit », qui rend le cidre méconnaissable.

M. Kayser avait déjà réussi à obtenir du moût de cidre stérile en employant une méthode très simple basée, comme celle de M. Perrier, sur ce fait, bien connu depuis Pasteur, que les germes de la fermentation se trouvent seulement à la surface du fruit. M. Kayser se contentait de laver à grande eau les pommes et les appareils : pressoirs, broyeurs, etc. devant servir à la fabrication. Les pommes et les appareils subissaient ensuite un second lavage, effectué avec de l'eau ayant filtré à travers une bougie Chamberland. On obtenait alors des moûts qui se conservaient très bien.

Malheureusement, M. Kayser n'a pas opéré sur plus de 6 litres de moût, aussi disait-il, à la fin de son remarquable travail sur les cidres, paru en 1890, que le problème devait être considéré comme théoriquement résolu, mais qu'il convenait de laisser la parole aux praticiens.

M. Perrier est arrivé à faire pratiquement du moût stérile, puisqu'il a opéré sur des quantités de pommes variant de 1 kg. jusqu'à 1 200 kg. Voici son procédé très simple : « Les fruits, préalablement lavés à l'eau ordinaire sont maintenus pendant 5 à 10 minutes dans l'eau formolée à 8 pour 1 000 [1], lavés une seconde fois à l'eau ordinaire pour enlever les traces de formol adhérentes, puis égouttés ».

« Leur broyage et leur pressurage s'effectuent ensuite à la manière habituelle en prenant la seule précaution de laver au préalable les appareils à l'eau formolée à 4 pour 1000. »

Les moûts ainsi obtenus ne fermentent pas. M. Perrier a pu faire faire à quelques-uns de ses échantillons le voyage aller et retour de Rennes à Buenos-Ayres sans qu'il s'y déclare aucune fermentation.

Disons enfin, pour rassurer nos lecteurs, que les cidres obtenus ne renferment aucune trace de formol et sont d'aussi bonne qualité que les cidres ordinaires.

Ces résultats sont pleins de promesses, dont la

1. 8 gr. d'aldéhyde formique pur dans 1 litre d'eau.

réalisation serait des plus satisfaisantes pour les producteurs et les consommateurs de cidre.

Arrive-t-il une année d'abondance? Le cidrier va pouvoir réserver une partie de ses moûts qu'il fera fermenter avec plus de profit l'année suivante, qui sera sans doute moins bonne au point de vue de la production.

De son côté, le consommateur aura la possibilité de se procurer, pendant toute l'année, du cidre frais, ou même du moût qu'il pourra faire fermenter, ou encore consommer tel quel [1].

Enfin, il est encore une conséquence de ce procédé que M. Perrier ne signale pas et qui me paraît cependant avoir une grande importance au point de vue de la qualité des produits : c'est la possibilité d'ensemencer dans les moûts ainsi préparés une levure de bonne race. On sait en effet que les diverses levures de cidre sont loin de posséder toutes les mêmes qualités et il semble que l'ensemencement par une bonne levure soit le corollaire obligé de la stérilisation.

Nous souhaitons bonne chance au nouveau procédé, qui mériterait le même succès que les pro-

FIG. 2. — PRESSOIR A CIDRE.
P, P', Maie; M. Marc; D, Levier; B, Charge; C, Engrenage.

ces dernières années, surtout dans les régions méridionales et en Algérie.

FIG. 1. — BROYEUR POUR LES POMMES A CIDRE.
M, Manivelle; T, Trémie; R, Sortie des pommes broyées.

cédés de stérilisation des moûts de vins, dont la pratique s'est répandue énormément au cours de

| Valeur alimentaire des blés à grand rendement. |

Il arrive souvent, en matière agricole, que la production intensive marche de pair avec l'abaissement de la qualité du produit considéré.

C'est ainsi, par exemple, que la vigne, là où elle produit les vins les plus fameux, ne les donne qu'avec parcimonie, laissant au vigneron un rendement qui sera, par exemple, de 30 à 50 hectolitres à l'hectare. Une variété à grand rendement pourra, au contraire, donner jusqu'à plus de 100 hectolitres de vin, mais celui-ci sera de qualité très inférieure.

On a considéré jusqu'ici qu'il en était de même pour les blés.

Les meuniers déplorent constamment la disparition des blés dits « du pays » comme le *Franc blé* par exemple, dont ils estiment beaucoup la farine, et qui s'effacent de plus en plus devant les nouveaux blés à grand rendement comme le *Bordier*, le *Japhet*, le *Shirrifs*, etc., dont la farine leur semble inférieure.

Depuis quelques années on a entrepris, de divers côtés, une étude rationnelle de cette question, en soumettant à la mouture et à la panification des grains produits par diverses variétés de blé.

Les expériences qui ont été faites, tant en France qu'en Brandebourg et en Wurtemberg, semblent montrer que les blés à grand rendement ont une valeur économique, sinon supérieure, au moins égale à celle des anciens blés locaux.

Il serait à souhaiter de voir les expériences se multiplier à propos de cette question si importante.

C.-L. GATIN,
Ingénieur Agronome.

1. Il n'est pas inutile, à ce sujet, de rappeler que les vins dits « sans alcool », et que l'on consomme surtout en Allemagne et en Angleterre, ne sont autre chose que du moût de vin stérilisé.

PHOTOGRAPHIE

Étude des plaques ultra-rapides Sigma. — Presque toutes les plaques ultra-rapides présentent l'inconvénient d'être très sujettes au voile; aussi la Société Lumière a-t-elle renoncé à la fabrication des plaques étiquette violette qui étaient deux fois et demie plus sensibles que les plaques étiquette bleue. Elle les a remplacées par les plaques recouvertes de l'émulsion dite *Sigma*, auxquelles un artifice de fabrication a permis de donner une sensibilité triple de celle de l'émulsion bleue, comme l'ont montré les expériences de M. Monpillard, dont nous donnons ici les résultats d'après sa communication à la Société française de photographie.

Malgré leur rapidité extrême, la résistance au voile des nouvelles plaques est remarquable; une plaque étiquette bleue et une plaque sigma, après séjour de cinq minutes dans un révélateur énergique, et sans intervention de la lumière à aucun moment, ont donné un dépôt d'argent dû au voile latent, absorbant 15 p. 100 de la lumière coïncidente pour la plaque étiquette bleue et 7,5 p. 100 seulement, soit moitié moins, pour la plaque Sigma (fig. 1 et 2).

La résistance remarquable de ces plaques au voile et leur grande sensibilité ont suggéré à M. Monpillard l'idée de tenter de les orthochromatiser; les essais faits en employant comme sensibilisateur l'orthochrome n'ont pas donné de résultats satisfaisants : l'action de la matière colorante est parfaitement efficace, mais elle entraîne en outre la production d'un voile général lors du développement.

M. Monpillard a procédé à l'examen comparatif du grain d'argent réduit, en opérant comme suit : sur chacune des deux échelles de teintes obtenues

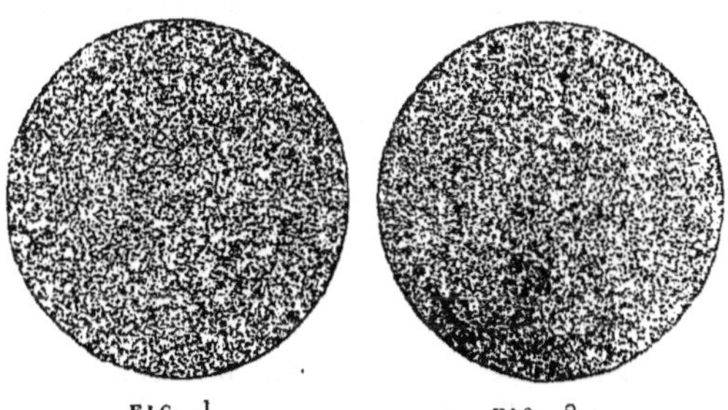

FIG. 1.   FIG. 2.

Comparaison de la densité du grain d'argent réduit constituant le voile : 1. Emulsion étiquette bleue. — 2. Emulsion sigma. — Grossissement : 120 diamètres.

l'une sur plaque *étiquette bleue*, l'autre sur plaque *Sigma*, au moyen d'un sensitomètre à disque tournant, il a choisi une région d'opacité sensiblement égale et assez transparente pour que la forme du grain puisse être aisément mise en évidence : recouverte d'un couvre-objet fixé au baume de Canada, chaque préparation a été reproduite avec une amplification de 250 diamètres.

La comparaison des images permet de constater que, pour un même révélateur, agissant d'une façon identique sur une plaque étiquette bleue et sur une plaque Sigma, le grain d'argent réduit dans cette dernière (fig. 4) est sensiblement plus fin et plus régulier que celui obtenu avec la précédente (fig. 3); en outre, la forme est légèrement différente : plutôt polyédrique dans l'émulsion des plaques étiquette

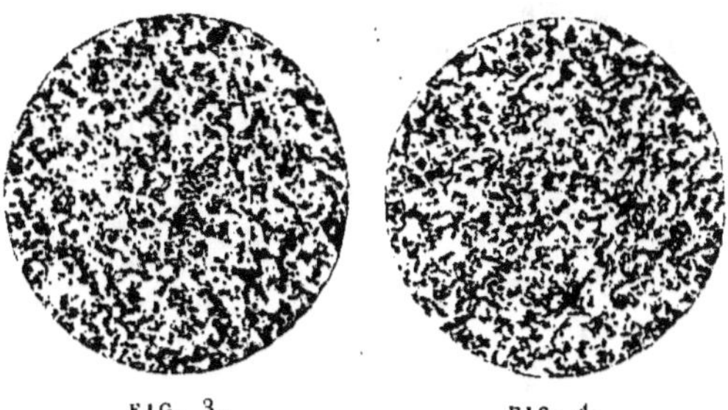

FIG. 3.   FIG. 4.

Dimension comparée du grain d'argent réduit : 3. Emulsion étiquette bleue. — 4. Emulsion sigma. — Grossissement : 250 diamètres.

bleue, elle est allongée et fusiforme dans celle des plaques Sigma.

Enfin, M. Monpillard a cherché à déterminer quelle était la limite de finesse des images à laquelle on pouvait espérer atteindre en utilisant ces nouvelles plaques.

Pour réaliser cet effet, il a reproduit, par transparence, à la chambre à trois corps, une mire constituée par une trame lignée, en réduisant progressivement l'échelle de la reproduction.

L'objectif employé avait précédemment donné, au collodion humide, des images dont certains détails ne mesuraient que $1/100^e$ de millimètre; la mise au point était effectuée avec un microscope grossissant 80 fois sur une glace plane transparente substituée dans le châssis négatif lui-même à la plaque sensible.

Sur la plaque *Sigma*, le 25e et le 30e de millimètre sont très aisément traduits; à partir de $1/40^e$ de millimètre, la diffusion commence à rendre l'image moins précise; enfin, bien qu'au 50e de millimètre on puisse encore distinguer les lignes blanches des lignes noires, la définition serait insuffisante pour permettre un agrandissement utilisable.

L'émulsion Sigma n'est sensible qu'au bleu et au violet; aussi est-il facile de trouver un éclairage permettant de manipuler les surfaces recouvertes de cette émulsion, sans risque de voiles.

Des essais récents faits par M. Bellieni, il résulte que la plupart des verres rouges employés dans les lanternes de laboratoires laissent passer de la lumière voilant les plaques Sigma; seuls les verres rouges très foncés avec lesquels on distingue à peine l'image qui se développe ne voilent pas. L'emploi de deux feuilles de papier anactinochrine[1] placées entre deux verres blancs, ne provoque aucun voile et permet de suivre aisément la venue de l'image.

G.-H. NIEWENGLOWSKI.

1. *La Science au XXe siècle*, 1903, page 109.

HORTICULTURE

La vigne dans les jardins. Plantation et choix de bonnes variétés. Epoque de la plantation.

La plantation de la vigne peut, à la rigueur, se faire durant toute la période du repos de la végétation, soit du mois de novembre au mois d'avril; toutefois, elle doit être supendue pendant les fortes gelées. Dans les terrains légers et secs, les plantations d'automne sont

recherche les sols fertiles, de consistance moyenne, plutôt un peu secs que trop humides, et s'échauffant facilement; cette condition est d'autant plus importante que l'on se trouve plus au nord, c'est-à-dire dans une région plus rapprochée de la limite de culture de la vigne. Les vignes greffées sur plants américains sont plus exigeantes que les vignes non greffées. Elles réussissent principalement dans les sols argilo-siliceux ou silico-argileux, ou dans ceux qui ne contiennent qu'une faible quantité de calcaire. .

Pour replanter une nouvelle vigne, à la place

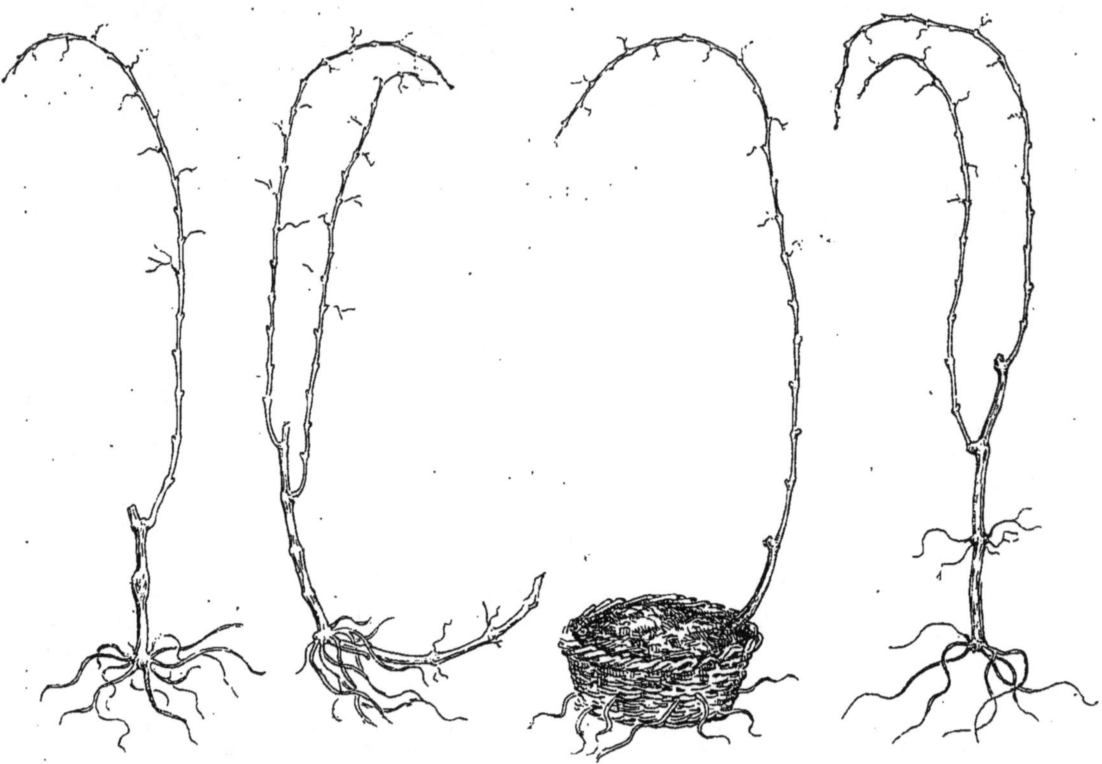

FIG. 1. — CHOIX DE PLANTS POUR LA PLANTATION DE LA VIGNE.

A, Plant greffé.   B, Chevelée ou marcotte à racines nues.   C, Chevelée ou marcotte en panier.   D, Bouture à racines nues.

celles qui réussissent le mieux; dans tous les autres terrains, il est préférable de planter en mars et avril, un peu avant le débourrement des yeux. Quelle que soit d'ailleurs l'époque, il convient de planter par un temps couvert, et, si possible, un peu avant la pluie. Les *chevelées* en *motte* et en *panier* peuvent être mises en place sans inconvénient pendant tout le courant du mois de mai; la terre qui entoure les racines empêche le plant de faner, comme cela aurait lieu si l'on plantait à racines nues.

Choix et préparation du sol.

La vigne est relativement peu exigeante sur la qualité du terrain; en effet, elle peut végéter dans presque tous les sols perméables, à la condition qu'ils ne contiennent pas un *excès d'humidité*.

Dans les jardins, pour obtenir des ceps vigoureux et pour récolter de beaux et bons raisins, on

d'une ancienne, il faut renouveler la terre jusqu'à 60 cm. de profondeur, sur une largeur de 1·m. 50, à 2 m.; ou bien arracher avec soin les racines de l'ancienne vigne, défoncer profondément et attendre 7 à 8 ans avant de replanter à la même place.

La vigne exige un défoncement moins profond que la plupart des autres espèces fruitières, parce que ses racines s'enfoncent à de moins grandes profondeurs; par contre, comme elles s'allongent beaucoup latéralement, le défoncement devra leur assurer une large surface de terre remuée.

Lorsqu'on veut planter dans un emplacement qui n'a pas encore été occupé par de la vigne, il faut défoncer à une profondeur de 50, 60 ou 80 cm., suivant la nature du terrain : dans un sol sec et imperméable, on ira jusqu'à 80 cm., tandis que dans un sol meuble et frais, il suffira de 50 cm. Dans tous les cas, on défoncera sur une largeur de 1 m. 50 à 2 mètres.

. Autant que possible, le défoncement doit se faire en été ou à l'automne, trois ou quatre mois avant la plantation et par un temps favorable à l'émiettement des mottes de terre.

Dans les terrains pauvres, en défonçant, on mélangera des engrais au sol ; dans les autres terrains, on pourra se contenter de fumer la deuxième année de plantation. S'il y a lieu d'ajouter des amendements pour modifier les propriétés du sol, il faudra les mélanger à toute là masse remuée en faisant le défoncement.

Choix des plants de vigne.	Dans les jardins, on plante ordinairement des *boutures de deux ans* à racines nues (D, fig. 1); les

boutures d'un an ne sont généralement pas assez développées. On plante aussi des *chevelées* ou *marcottes* (B et C même figure), qui sont tantôt à *racines nues*, tantôt *en panier*.

Les chevelées en panier ont, autour de leurs

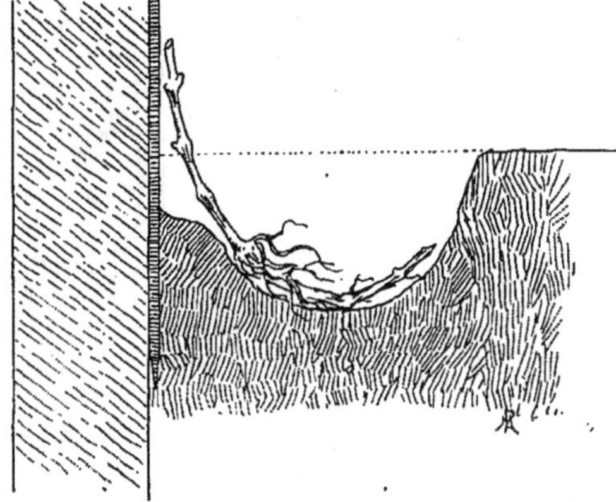

FIG. 2. — PLANTATION D'UNE CHEVELÉE
OU MARCOTTE A RACINES NUES.

racines, une motte de terre qui favorise la reprise ; elles permettent de gagner facilement une année et quelquefois deux pour la formation de la charpente. En outre, dès la première végétation, elle donnent quelquefois une ou deux petites grappes et à la deuxième et troisième année de plantation, elles produisent souvent une récolte appréciable.

. VIGNES GREFFÉES. — Dans les régions où le phylloxéra est à redouter, il ne faut pas hésiter à recourir, pour les jardins, à des plants greffés sur vignes américaines (A, fig. 1). Les vignes greffées, lorsqu'elles sont bien adaptées au terrain, se mettent promptement à fruit ; de plus, elles sont très fertiles et très précoces et, enfin, elles donnent de beaux et bons raisins.

Les porte-greffes les plus recommandables pour la plantation des jardins et des serres sont :

Aramon × *Rupestris Ganzin n° 1*, qui convient pour les terres compactes, un peu humides, mais qui ne renferment pas plus de 30 p. 100 de calcaire (jardins et serres).

· *Riparia Gloire* (Riparia Gloire de Montpellier ou de Portalis); ne vient bien que dans les sols riches et sains.

Riparia × *Rupestris n° 3306*; est très bon pour les terrains compacts et secs et renfermant jusqu'à 20 p. 100 de calcaire.

Rupestris × *Riparia 106-8*; pour les terres compactes et non calcaires.

Riparia × *Berlandieri 420 A* et *Riparia* × *Berlandieri 34* (École); sont recommandables pour les sols fertiles et contenant jusqu'à 35 p. 100 de calcaire (jardins et serres).

· *Berlandieri n° 2*; réussit bien dans les sols qui contiennent jusqu'à 55 p. 100 de calcaire, mais il exige beaucoup de chaleur. Dans le nord, il n'est recommandable que pour les cultures sous verre.

Choix des variétés.	Les variétés de raisins à planter doivent répondre aux conditions suivantes : bonne qualité et beauté

de la grappe ; maturation facile et assurée sous le climat de la contrée où elles sont cultivées ; enfin, vigueur de végétation, grande fertilité et résistance aux maladies.

Les variétés qui répondent à toutes ces conditions à la fois ne sont pas très nombreuses ; voici celles qui sont les plus recommandables pour les climats tempérés. Dans les régions chaudes du midi, on pourra y ajouter d'autres variétés tardives, qui donnent aussi de bons produits :

Chasselas doré, appelé aussi *Chasselas de Fontainebleau* ou bien encore *Chasselas de Thomery*; est le meilleur et le plus cultivé de tous les raisins. Il est universellement et justement apprécié pour ses qualités hors ligne et pour sa grande fertilité. Sous le climat de Paris, il mûrit vers la fin de septembre ou le commencement d'octobre, c'est-à-dire qu'il est de première époque.

Chasselas rose de Falloux; de vigueur moyenne et de bonne fertilité; est de première époque (septembre-octobre) et doit être cultivé en espalier. Très beau raisin de table.

. *Chasselas rose*; très répandu en France; il ne diffère du Chasselas doré que par la couleur des grains et par la fertilité, qui est un peu inférieure.

Chasselas duc de Malakoff; est de bonne vigueur; mais sa fertilité est un peu faible; maturité première époque (en septembre-octobre).

Chasselas Charlery; vigoureux et fertile. Cette variété, relativement nouvelle, donne de beaux et bons raisins, qui mûrissent comme le Chasselas de Fontainebleau, ses fleurs ne coulent pas.

Frankenthal; vigoureux et assez fertile à planter dans un sol sec et à bonne exposition. C'est un bon raisin noir qui, après le Chasselas, est l'un des plus cultivés. Ce cépage est de deuxième époque, c'est-à-dire relativement tardif; sous le climat de Paris, il mûrit dans la deuxième quinzaine d'octobre et, dans les années froides et humides, il n'acquiert pas toute sa valeur.

Madeleine royale; vigoureux et seulement assez fertile; c'est un bon raisin blanc qui malheureusement est sujet à la pourriture. Étant plus précoce, d'une quinzaine de jours, que le Chasselas il convient bien pour les régions du nord.

Muscat noir Cailluba; assez vigoureux et fertile; convient bien pour les terrains secs, à bonne exposition. Il est moins hâtif que le Chasselas. Bonne qualité.

· *Muscat de Hambourg*; très vigoureux et très fertile; à gros grains noirs, de première qualité. Ce cépage, de deuxième époque, est un peu tardif pour les régions froides.

, *Muscat de Saumur*, appelé aussi *Précoce musqué de Courtillier* ou *Madeleine musquée*; de vigueur moyenne et seulement assez fertile. Ce bon raisin blanc est très précoce; il mûrit en août, quinze jours ou trois semaines avant le Chasselas.

Muscat blanc de Frontignan; vigoureux et fertile, mais sujet à la coulure et aux attaques de l'*oïdium* et des mouches, qui sont très friandes de ses grains. Il faut le cultiver en espalier, à bonne exposition, et l'abriter au moyen d'auvents et de toiles. C'est un des meilleurs Muscats, qui malheureusement est un peu tardif; deuxième époque.

Précoce de Malingre; appelé aussi *Madeleine blanche* ou *Précoce blanc*; de vigueur moyenne et très fertile. C'est un bon raisin de table, qui est recherché à cause de sa grande précocité. Il mûrit quinze jours avant le Chasselas. A cultiver en espalier pour éviter la pourriture des grappes.

| **Plantation.** | Avant de mettre la bouture ou la |

chevelée de vigne en terre, il faut couper les extrémités brisées des racines et rafraîchir les plaies. La taille des sarments est faite seulement après la plantation.

Dans les terrains humides et froids, on creuse un trou directement au pied du mur et l'on y place, dans une position presque verticale, la bouture ou la chevelée, que l'on enterre jusqu'au niveau des racines supérieures (fig. 2). Ensuite on rabat le plant sur le plus beau sarment, lequel est, à son tour, taillé à deux yeux.

Pour planter des *vignes greffées*, on opère de la même manière, en ayant grand soin de placer le nœud de la greffe à 1 ou 2 cm. au-dessus du niveau du sol naturel. Ensuite il est bon de butter la partie greffée et de laisser la butte jusqu'à complète reprise, mais en prenant la précaution de regarder de temps à autre s'il ne se produit pas de racines sur le greffon, auquel cas il faudrait les couper, pour éviter l'affranchissement.

Dans les terrains sains et surtout dans ceux qui sont secs, on creuse perpendiculairement au mur une tranchée de 50 à 60 cm. de longueur et de 30 de largeur. A cette tranchée, dont le fond doit être disposé en plan incliné, on donne 25 à 30 cm. de profondeur au point le plus éloigné de la maçonnerie et seulement 8 à 10 cm. tout contre le mur même. Le plant enraciné est posé au point le plus bas de la tranchée, puis couché obliquement de manière à ce que la base du sarment soit enterrée sur une longueur de 2 ou 3 yeux (fig. 3). L'extrémité du sarment est redressée verticalement au pied du mur et taillée à deux yeux. La partie couchée en terre s'enracine et augmente la puissance de nutrition des premières racines.

Les marcottes en panier sont plantées de la même

manière. Pour faciliter le couchage du sarment, on échancre le panier du côté du mur.

Lorsqu'on plante à racines nues, on a soin de ne pas serrer et comprimer

FIG. 3. — PLANTATION ET COUCHAGE D'UNE MARCOTTE EN PANIER.

les racines dans le fond du trou; il vaut beaucoup mieux placer avec la main de la terre meuble en dessous et par-dessus les racines; ensuite on comble le trou à la pelle, et l'on tasse modérément.

Pour faciliter la reprise, on place sur le sol, tout autour du plant, une couche de paillis qui empêchera une trop rapide évaporation.

En été, il faut laisser développer deux bourgeons qui sont palissés verticalement. Le plus faible est pincé à 60 cm. et le plus fort à 1 m. 20. Enfin, si des faux bourgeons se développent à l'aisselle des feuilles, on les pince très court, c'est-à-dire à une ou deux feuilles.

Pendant la végétation, il importe de combattre l'*oïdium* et le *mildiou*; autrement les pampres ne pourraient se lignifier, *s'aoûter* convenablement.

J. NANOT,
Directeur de l'École nationale d'Horticulture
de Versailles.

Sport Nautique.

L'un, le *Mercédès-Charley*, est un racer, de 12 m. de long, destiné aux pures luttes de vitesse. Les deux autres sont des cruisers, l'un de 14 et l'autre de 18 mètres de long, capables d'affronter la haute mer, et tous deux inscrits pour la grande course Alger-Toulon du *Matin*.

Nous croyons intéressant de donner quelques renseignements sur ces embarcations, dont la construction jalonne un point de l'histoire du Yachting Automobile.

Le *Mercédès C. P.*, que l'on voit prêt au lancement sur la figure 1, est un véritable canot automobile, de grande taille, complètement couvert par plusieurs roufs et un pontage mobile.

Sous le pont avant se trouve la chambre de la machine, avec la manche de prise d'air et la courte cheminée d'échappement.

Puis le blockhaus, où sont groupés tous les organes de manœuvre, sous la main du pilote.

Le grand rouf, éclairé par 8 hublots, abrite le logement des passagers, logement très confortablement aménagé, étant donnée l'exiguïté de la place. Enfin, un vaste cockpit, couvert en cas de gros temps par le pontage mobile, termine l'embarcation vers l'arrière.

Le lancement a parfaitement réussi, et le canot s'est mis à évoluer aussitôt, à très belle allure, en restant dans ses lignes d'eau d'une façon remarquable.

Le *Mercédès-Mercédès*, dont la figure 2 représente le lancement, au milieu de remous écumants, est un yacht plutôt qu'un canot. C'est le genre d'embarcation sur lequel la vapeur régnait jusqu'à présent sans conteste. Avec un poids moindre, un encombrement réduit, un entretien plus facile et une manœuvre plus aisée, le moteur à explosions s'impose définitivement aux constructeurs.

Construit en teck, sur les plans de M. Quernel, dans les meilleures conditions de solidité et de

Dimanche 19 mars a eu lieu, aux chantiers Pitre, le lancement de trois canots automobiles munis de moteurs Mercédès.

sécurité, le Mercédès-Mercédès a les caractéristiques suivantes :

Longueur	18 m. 35
Largeur	3 m.
Tirant d'eau	1 m. 30
Déplacement	11 tonneaux.

Le groupe propulseur est formé de deux moteurs Mercédès, de 90 chevaux chacun, à quatre cylindres, fonctionnant à l'essence. Nous avons signalé déjà[1] les difficultés présentées par le réglage de la vitesse de plusieurs moteurs agissant chacun sur un arbre de couche. Aussi les deux moteurs du Mercédès-Mercédès sont-ils montés en série sur le même arbre, et le canot ne porte qu'une seule hélice.

Les aménagements, plus vastes et plus confortables, comprennent : à l'avant, le puits aux chaînes, le poste d'équipage, la chambre des machines. Dans le rouf central, d'une hauteur de 1 m. 90, se trouve un salon, comportant 4 couchettes Raygasse, une armoire, un W. C. avec toilette et un office. Enfin, à l'arrière, un cockpit peut recevoir une dizaine de personnes.

Sur le pont, se trouvent un treuil pour les ancres, une passerelle, avec les organes de commande pour le capitaine; un mât sert à installer une voilure de fortune permettant de gouverner en cas d'avaries aux moteurs.

Les approvisionnements normaux d'un tel yacht, qui use à pleine puissance environ 90 litres à l'heure, sont de plus de 2 000 litres, pouvant donner 22 heures de marche à toute allure. Cette quantité d'essence peut être d'ailleurs augmentée s'il y a lieu.

C'est un bel effort accompli, dans cette industrie renaissante du canot automobile, grâce à l'heureuse initiative d'un grand journal; il marquera une importante étape en France, dans le renouvellement du tourisme nautique. Et quand les coques blanches glisseront, rapides, sur la Méditerranée, nous applaudirons en elles l'essor victorieux du progrès humain.   JEAN JAUBERT.

1. Voir *La Science au XXᵉ siècle* : Le Yachting automobile, 15 juillet 1901, p. 221.

FIG. 1. — LE MERCÉDÈS C. P. SUR SON BERR, AVANT LE LANCEMENT.

FIG. 2. — LE MERCÉDÈS-MERCÉDÈS PENDANT LE LANCEMENT.

TRAVAUX PUBLICS

LE MÉTROPOLITAIN DE PARIS. LA LIGNE Nº 3.

Au cours du mois d'octobre dernier, on a ouvert à l'exploitation une nouvelle ligne métro-

tion ouvrière de l'est de Paris ses relations avec un quartier du centre particulièrement actif et commerçant : le Sentier ; qu'enfin, côté un peu lugubre de ses avantages, mais appréciable pourtant, elle réduit à quelques minutes l'accès autrefois si long et si difficile du cimetière du Père-Lachaise.

FIG. 1. — MISE EN PLACE DU TABLIER MÉTALLIQUE RECOUVRANT LA STATION « GARE Sᵗ-LAZARE ».

Aux points où la distance entre le niveau obligé des rails et celui de la chaussée est trop faible pour permettre l'emploi d'ouvrages voûtés, on a recours aux ouvrages recouverts d'un plancher métallique. La pose de ce dernier, qui ne peut se faire qu'à « ciel ouvert », oblige à un défoncement partiel de la chaussée ; malgré cela la circulation des tramways n'a jamais souffert, témoin cette photographie où on voit, à l'arrière-plan, un tramway à traction mécanique franchir le chantier.

politaine, une transversale est-ouest qui, partant du parc Monceau, aboutit à la place Gambetta après avoir parcouru un itinéraire de près de 8 km. de longueur et desservi des points très importants de notre capitale. C'est ainsi qu'elle touche à la gare Saint-Lazare, à l'Opéra, au Palais de la Bourse et traverse quelques-uns de nos carrefours les plus fréquentés ; que, de l'avenue de l'Opéra à la place de la République, elle passe à proximité des grands boulevards ; qu'elle facilite à la popula-

Par contre la ligne nº 3 est souterraine sur toute la longueur de son parcours, et l'on sait combien le voyage en tunnel est peu attrayant ; mais qu'importe ce détail à ces Parisiens qui font chanson de tout et qui ne demandent qu'à supporter l'ennui du trajet pourvu que « ça aille vite ».

Et toute personne qui se souviendra d'avoir attendu sous la pluie et pendant des heures une pauvre petite place d'omnibus payée six sous, comprendra l'engouement du Parisien pour « son

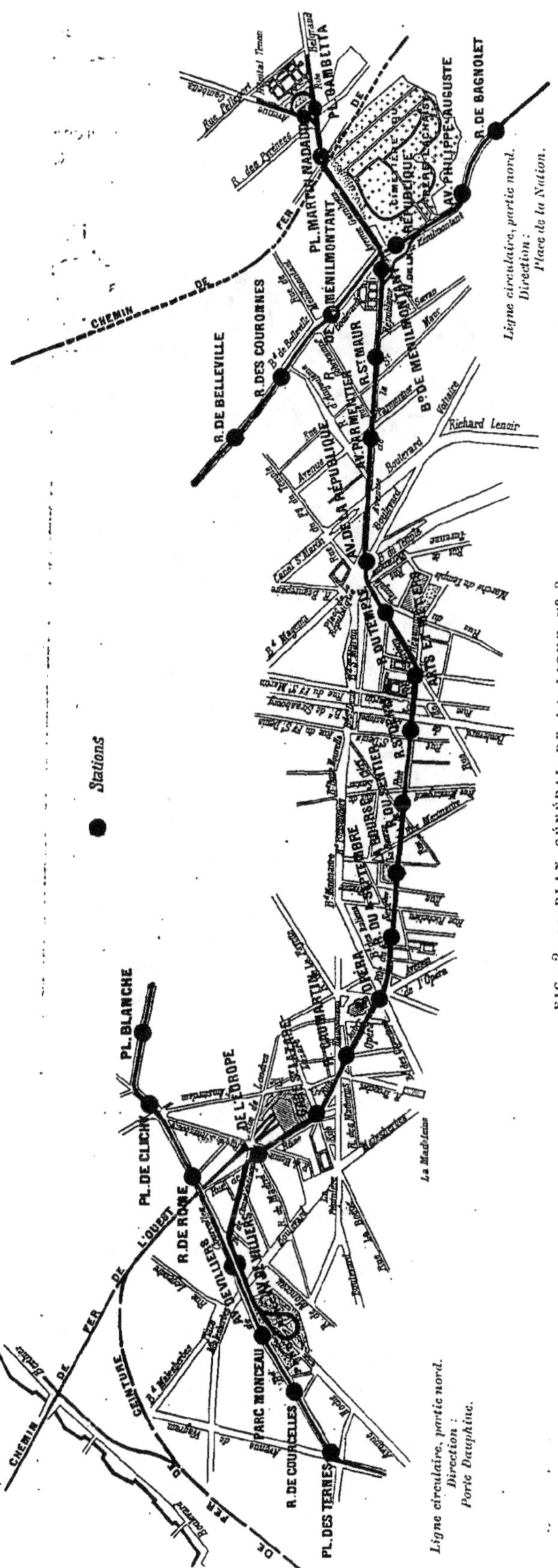

FIG. 2. — PLAN GÉNÉRAL DE LA LIGNE N° 3.

métro », et comprendra aussi l'impatience de celui qui, ne pouvant utiliser encore ce nouveau mode de transport en commun, s'inquiète et demande à qui veut l'entendre : « Mais quand aurons-nous donc un métro qui nous conduira chez nous? »

Qu'est-ce donc qu'un chemin de fer métropolitain? Un chemin de fer, nous a dit en 1898 M. Argeliès, député, établi dans une ville assez étendue et populeuse pour justifier l'installation d'un chemin de fer spécial : un chemin de fer d'intérêt local urbain. Ceci posé, et on sait que ce caractère d'indépendance a été accordé au chemin de fer métropolitain de Paris par la loi le déclarant d'utilité publique, de quelle façon la Ville de Paris chargée de sa construction a-t-elle compris sa disposition sur son plan? D'une façon très simple : trois circulaires, étagées à des intervalles à peu près égaux entre le centre et la périphérie seront coupées en « saut de mouton » par une série de lignes transversales ou rayonnantes, absolument indépendantes les unes des autres, sur lesquelles l'exploitation aura lieu en « navette » et où une intercommunication sera ménagée à chaque point de croisement de façon à permettre un échange de voyageurs. On peut donc assimiler le réseau métropolitain à un immense filet, recouvrant entièrement Paris, dont les mailles inégales seront d'autant plus étroites que la population des quartiers sera plus dense. Disons tout de suite que sur les huit lignes actuellement déclarées d'utilité publique, une seule circulaire a été prévue; elle emprunte les anciens boulevards extérieurs sur la rive gauche et sur la rive droite (elle est aujourd'hui à peu près entièrement construite, mais seule la partie située sur la rive droite est en exploitation), et occupe par conséquent la situation intermédiaire entre deux autres circulaires dont l'une, la circulaire extérieure est représentée par la ligne de Ceinture actuelle, qui deviendra, il faut l'espérer, tôt ou tard ligne métropolitaine et l'autre, la circulaire intérieure, par une ligne métropolitaine, dite des Invalides aux Invalides par les grands boulevards et le boulevard Saint-Germain, qui est actuellement soumise à l'approbation des pouvoirs publics. Ce groupement répond donc à une conception idéale du réseau métropolitain dont la réalisation est loin d'être atteinte.

La ligne n° 3, nous l'avons dit, est une transversale, placée parallèlement mais au nord de la ligne n° 1 (de la porte de Vincennes à la porte Maillot; mise en exploitation depuis 1900), et sur laquelle, contrairement à cette dernière ligne, l'exploitation se fait de l'Ouest à l'Est. Elle prend contact à ses deux extrémités avec la ligne circulaire (partie rive droite) qu'elle tra-

de Villiers et aboutissant à une station double dont une est, au point de vue exploitation, le point initial de la ligne n° 3; une boucle terminale semblable à la précédente se développe donc sous le parc Monceau, de façon à assurer le retour des trains en ce point, exactement dans les mêmes conditions qu'à l'autre extrémité; mais toutes les dispositions ont été prises

FIG. 3. — CONSTRUCTION DES ACCÈS DE LA STATION « GARE St-LAZARE ».

Les accès aux stations, généralement composés d'une salle de distribution des billets mise en relation avec l'extérieur par un large escalier, et avec la station proprement dite par deux escaliers (un par quai), reliés par une passerelle, sont recouverts d'un tablier métallique, lorsqu'ils sont placés sous chaussée et d'un plancher en « béton armé » lorsqu'ils sont situés sous trottoir. A droite de cette photographie on voit l'amorce de la galerie souterraine qui relie la station « Gare St-Lazare » avec la salle des Pas Perdus du chemin de fer de l'Ouest, et qui est destinée à faciliter l'intercommunication entre les deux réseaux.

verse du côté Est pour passer sous le chemin de fer de Ceinture et gagner la place Gambetta où elle se termine par une boucle fermée qui permet aux trains de passer de la voie d'arrivée sur la voie de départ sans aiguillage ni rebroussement et qui sert de garage pendant les heures d'inaction.

A son extrémité Ouest, elle prend son origine parallèlement et au dedans de cette circulaire au moyen d'un immense ouvrage commun aux deux lignes, situé sous le boulevard de Courcelles entre le boulevard Malesherbes et l'avenue

en vue du prolongement futur de la ligne n° 3 jusqu'à la porte de Champerret (fortifications), au contact par conséquent avec la ligne de Ceinture.

En plan, pour suivre son itinéraire, la ligne n° 3 est obligée à des inflexions assez prononcées avec emploi fréquent de courbes de 100 mètres de rayon, mais en profil, l'accentuation des pentes et rampes la transforme en vraies « montagnes russes »; elle suit en effet à peu près fidèlement la configuration du sol, ce qui l'oblige déjà à suivre une pente assez rapide de l'avenue de

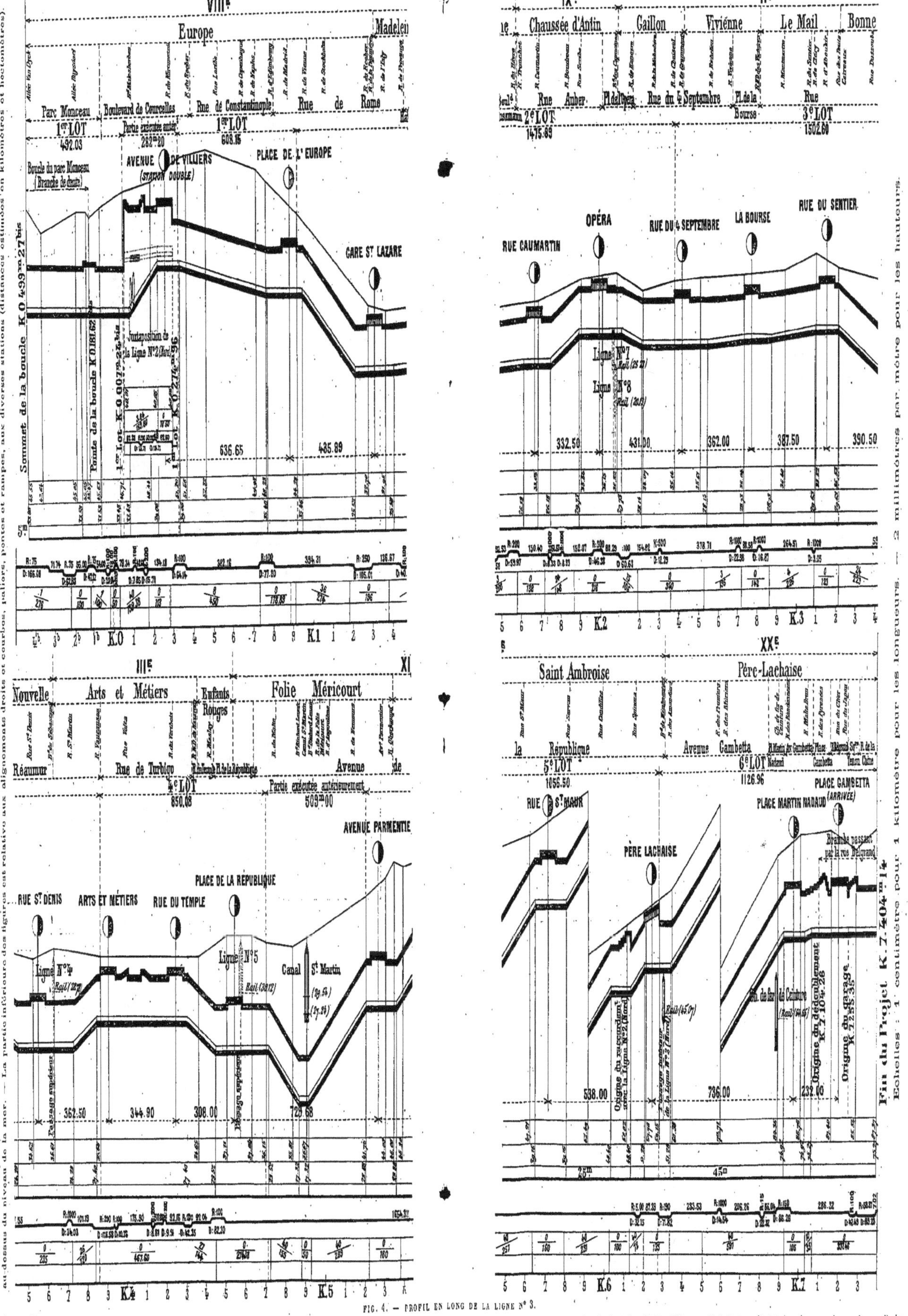

FIG. 4. — PROFIL EN LONG DE LA LIGNE N° 3.

Le profil en long d'une ligne de chemin de fer est la coupe schématique de cette ligne suivant son axe longitudinal; pour en faciliter la lecture, tout en le rendant moins encombrant, il est dressé suivant deux échelles différentes, celle des hauteurs étant toujours beaucoup plus grande que celle des longueurs (c'est ce qui explique d'ailleurs la déformation de la section des ouvrages rencontrés). Les indications portées en haut et en bas de ce profil en long, suffisamment expliquées par le titre d'origine, retracent toutes les particularités de la ligne; rappelons simplement : que c'est du « Plan de Comparaison », situé à une cote donnée, que partent les ordonnées du terrain et celles des rails; que dans la place réservée aux « Alignements droits et courbes », tout chiffre isolé indique la longueur d'un alignement droit, tandis que celui précédé d'un R et d'un D indique le premier le rayon d'une courbe, l'autre son développement; que les indications de « Paliers, pentes et rampes » sont représentées par deux chiffres, placés l'un au-dessus de l'autre et séparés par un trait : le chiffre supérieur, qui a le millimètre pour unité, indique le degré d'inclinaison par mètre, le chiffre inférieur, l'étendue du palier, de la pente ou de la rampe. Il est à remarquer, enfin, que les quatre stations « Gare St-Lazare », « Rue Caumartin », « Opéra » et « Père-Lachaise » sont, en raison de leur affleurement du sol, recouvertes d'un plancher métallique tandis que toutes les autres stations, suffisamment profondes sont voûtées; et qu'une voie de garage pour trains en détresse a été construite parallèlement au souterrain, entre les stations « Arts et Métiers » et « Rue du Temple ».

Villiers à la gare Saint-Lazare et à monter une rampe très raide pour gagner la place Gambetta, de la place de la République. On pouvait donc espérer avoir, dans la partie centrale comprise par conséquent entre la gare Saint-Lazare et la place de la République relativement plate, une régularité presque parfaite du profil en long : vaine illusion, puisque la rencontre des autres lignes transversales ou rayonnantes du

Royal à la place du Danube » et l'étage inférieur à la ligne n° 8 « d'Auteuil à l'Opéra par Grenelle ». A la traversée du boulevard de Sébastopol c'est la ligne n° 3 qui passe au-dessous de la ligne n° 4 de la « porte de Clignancourt à la porte d'Orléans » récemment mise en adjudication, et à la place de la République elle traverse encore en dessous la ligne n° 5, en voie de construction, qui part de la gare du Nord pour

FIG. 5. — CONSTRUCTION DE L'OUVRAGE DE SUPERPOSITION DES TROIS LIGNES MÉTROPOLITAINES N° 3, 7 ET 8 SOUS LA PLACE DE L'OPÉRA.

C'est sans contredit sous la place de l'Opéra que se trouve l'ouvrage le plus important de la ligne n° 3. En ce point convergent trois lignes métropolitaines qui se croisent en se superposant dans un immense bloc de maçonnerie qui repose sur trois énormes puits remplis de béton que l'on a dû creuser au moyen de « caissons » et de l'air comprimé, en raison de la présence à cet endroit de la fameuse rivière souterraine de Ménilmontant. Cette photographie a été prise au moment où on commençait à pratiquer le « foncage des caissons » ; elle montre à droite le plafond métallique d'une « chambre de travail » à l'abri de laquelle les ouvriers s'acquittent de leur périlleuse besogne, et au centre les « sacs à air », fixés à l'extrémité des « cheminées », par lesquels s'opère le passage des hommes et des matériaux, de l'air libre à l'air comprimé et réciproquement.

réseau, oblige notre ligne 3 à s'élever ou à s'abaisser pour les traverser soit en dessus soit en dessous; ainsi, sous la place de l'Opéra, trois lignes convergent en un seul point, ce qui a même nécessité la construction d'un ouvrage spécial de difficulté exceptionnelle, édifié au moyen de l'air comprimé, dans lequel la ligne n° 3 occupe l'étage supérieur, et où l'étage moyen est réservé à la ligne n° 7 du « Palais-

aboutir à la place d'Italie après avoir franchi la Seine sur un pont spécialement construit à cet effet en amont du pont d'Austerlitz.

Enfin une autre cause, due à l'obligation de passer sous le canal Saint-Martin à la traversée du boulevard Richard-Lenoir, est venue non seulement bouleverser le profil en long mais encore susciter un travail gigantesque; en ce point, de beaucoup le plus bas de la ligne, les

(Cliché communiqué par la *Revue Technique*.)

C'est dans cet ouvrage, construit en même temps que la ligne circulaire nord, que la ligne n° 3 prend naissance; il comprend deux plate-formes établies à des niveaux différents et abritées par une seule voûte : la plate-forme supérieure est réservée aux trains de la ligne circulaire, ceux de la ligne n° 3 circulent au contraire sur la plate-forme inférieure. Cette photographie montre en outre les dispositions prises pour le prolongement futur de la ligne n° 3 vers la porte de Champerret : deux souterrains à voie unique partant de la plate-forme inférieure, se dirigent dans la direction du boulevard Malesherbes après avoir passé sous la plate-forme supérieure et sous la culée nord de l'ouvrage.

rails ont été abaissés à 20 m. au-dessous de la chaussée, ce qui correspond à une élévation de 17 m. 30 seulement au-dessus du niveau de la mer, et c'est au prix de mille difficultés et en multipliant les précautions qu'on est arrivé à construire le souterrain du Métropolitain après avoir primitivement mis le canal à sec sur une longueur suffisante au moyen de bâtardeaux transversaux et l'avoir pourvu, le passage achevé, d'un radier en béton armé afin de prévenir toute infiltration. Aussitôt après cette traversée, la ligne se relève au moyen de rampes successives maximum de 4 cm. par mètre,

Les souterrains et les stations de la ligne n° 3, non recouverts d'un tablier métallique (ce qui est le cas général) ont été construits suivant les procédés ordinaires de fouille avec boisages, c'est-à-dire sans autres ouvertures de la chaussée que celles correspondant aux points d'attaque; une exception est cependant à signaler pour les stations voûtées : « Arts et Métiers » et « Temple » construites sur « cintre en terre ». Ce procédé qui consiste à utiliser le terrain naturel, convenablement nivelé, comme point d'appui pour la construction de la voûte du tunnel, de façon à pouvoir ensuite pratiquer le déblaiement dudit tunnel à son abri et sans aucun boisage, a le grave défaut d'obliger le défoncement de la chaussée et cette photographie donne une idée des sujétions qu'a nécessité le maintien, pendant ces travaux, de la circulation des voitures et en particulier des lourdes automotrices de l'Est-Parisien.

interrompues seulement par les paliers nécessaires à l'établissement des stations, de façon non seulement à épouser l'inclinaison du sol mais encore à réduire la profondeur excessive à la plus petite longueur possible.

Et il est juste d'ajouter que le public parisien, conscient de la somme prodigieuse d'efforts et d'énergie qu'il a fallu dépenser pour arriver à construire cette ligne dans un laps de temps

très court : deux ans et demi à peine, a bien voulu supporter, sans trop maugréer, et l'encombrement de voies très fréquentées par l'installation de chantiers, et leur défoncement partiel pour la mise en place des tabliers métalliques qui recouvrent quelques stations et les salles de distribution des billets des accès aux stations.

D'une façon générale, souterrains et stations, divisés en six lots d'entreprise, ont été construits suivant les procédés ordinaires de fouille avec boisages, et à part les cas particuliers que nous venons de signaler, il n'y a eu de difficultés exceptionnelles à surmonter que dans la section comprise entre le boulevard de Ménilmontant et la place Gambetta où la rencontre de marnes de gypse anciennement excavées et de sables plus ou moins imprégnés d'eau a nécessité l'exécution d'importants travaux de consolidation et d'assèchement.

La note à payer maintenant? 27 millions pour tous les travaux qui incombent à la Ville, c'est-à-dire pour la construction de l'infrastructure seulement, et 13 millions au compte de la Compagnie exploitante, en l'espèce la Compagnie du chemin de fer métropolitain de Paris, pour ses frais d'exploitation, c'est-à-dire : pose de voies, matériel roulant, installations et courant électriques, aménagement des gares et stations, etc.

Disons en terminant, que les recettes journalières enregistrées sur la ligne n° 3 ont atteint dès le premier jour leur maximum, ce qui prouve que sa nombreuse clientèle « l'attendait » et qu'il n'y a pas eu pour cette ligne, comme pour les précédentes une période « d'apprivoisement ». Il est vrai que le matériel employé sur cette ligne a été pourvu de tous les perfectionnements possibles et que ses dix-sept stations ont reçu dans leurs accès des dispositions telles que des accidents comme ceux du 10 août 1903 ne seront plus à déplorer.

FIG. 8. — LE CANAL St-MARTIN PENDANT LA CONSTRUCTION DU MÉTROPOLITAIN.

La traversée de la ligne n° 3 au-dessous du canal St-Martin a été opérée au commencement de l'année 1902, pendant le chômage de la navigation sur ce canal, dont la durée pour la circonstance a été prolongée de quelques semaines. Cette photographie montre la première phase du travail, la phase préparatoire, celle qui a consisté dans l'installation de deux batardeaux placés en travers du canal, l'un devant le pont du boulevard Richard-Lenoir, l'autre à quelques mètres à l'amont, pour permettre l'épuisement des eaux ainsi isolées, de façon à éviter les infiltrations au moment du percement du tunnel du métropolitain.

FIG. 9. — LE CANAL St-MARTIN PENDANT LA CONSTRUCTION DU MÉTROPOLITAIN.

Avant d'entreprendre le percement du tunnel de la ligne n° 3, et afin d'éviter pendant ce percement, les déformations de la voûte du canal du fait du tassement inévitable des terres, on l'avait soutenue par l'immense charpente reproduite par cette photographie. Le passage inférieur du tunnel de la ligne n° 3 effectué, on a pourvu le canal d'un radier en « béton armé », cette matière réunissant les deux conditions qui ont d'ailleurs motivé son emploi : grande résistance et étanchéité parfaite. — (On assiste également ici, à la confection de ce radier en béton armé.)

Les résultats obtenus sur les trois premières lignes actuellement en exploitation nous permettent donc de prédire, pour l'ensemble du réseau métropolitain, un succès sans précédent, atteignant même un trafic inconnu jusqu'à ce jour.

DE LOYSELLE,
Ingénieur.

MÉTALLURGIE

PROPRIÉTÉS PHYSIQUES DES ALLIAGES MÉTALLIQUES[1].

L'alliage, qui est le produit de l'union de deux ou plusieurs corps dont l'un au moins est un métal, jouit souvent de propriétés spéciales qui ne rappellent en rien les propriétés des corps constituants.

En examinant seulement les propriétés physiques des alliages nous trouverons de ce fait des exemples extrêmement frappants.

Couleur. — Les laitons, alliages de cuivre et de zinc, donnent une gamme de couleurs qui est particulièrement bizarre : les alliages très riches en cuivre possèdent une couleur se rapprochant de celle du cuivre; lorsque la teneur en zinc augmente (10 à 20 p. 100), ils ont une belle teinte or qui les fait employer en fausse bijouterie (or de Mannheim, chrysalide, etc.); aux environs de 30 p. 100 de zinc, ils ont cette couleur jaune verdâtre, bien connue de ceux qui ont manipulé des douilles de cartouches. Le zinc allant toujours en augmentant, la couleur se fonce, l'alliage redevient doré; *aux environs de 45 p. 100 de zinc, l'alliage est absolument rose* et, s'il n'était dichroïque, on pourrait croire à une teneur de 95 p. 100 de cuivre. Un pourcentage de zinc plus élevé amène une coloration blanche bleutée qui se rapproche de plus en plus de celle du métal dominant.

1. Extrait d'une conférence faite au Conservatoire des Arts et Métiers, le 15 janvier 1905.

D'autre part le cuivre et l'antimoine donnent naissance à certains alliages violets.

Mais, dans ces alliages, jusqu'ici l'un des métaux constituant est coloré.

Voici un dernier exemple, découvert par M. Henri Gauthier : l'argent et le cadmium donnent, lorsqu'ils sont alliés en parties égales, un alliage d'une belle couleur or violacé.

Fusibilité. — Lorsqu'on fond ensemble deux métaux, on obtient souvent des alliages dont les points de fusion sont très différents de ceux qu'indique la loi des mélanges.

Considérons un alliage binaire obtenu avec les métaux A et B. Partons du métal A pur, ajoutons-lui successivement 5, 10, 15, 20...; 80, 85, 90, 95 p. 100 du métal B et prenons les points de fusion de ces différents alliages. — Si nous traçons deux axes rectangulaires et si nous portons sur l'axe des x les pourcentages du métal B et sur l'axe des y les points de fusion, en joignant les points ainsi obtenus, nous aurons la *courbe de fusibilité* des alliages binaires de A et de B.

Si ces alliages suivent la loi des mélanges, cette courbe doit être la droite qui joint le point de fusion du métal A à celui du métal B.

Il en est bien parfois ainsi pour un certain nombre d'alliages.

Mais généralement on obtient des courbes plus ou moins complexes.

Voici les courbes des alliages d'aluminium (diagramme 1) ; la plupart présentent des maxima et des minima. La théorie permet de démontrer que les maxima correspondent à de véritables combinaisons chimiques, les minima à une constitution spéciale que l'on nomme *eutectique* (alliage fondant bien) et qui correspond au cryohydrate de Guthrie [1].

Considérons en particulier les alliages d'antimoine et d'aluminium ; on voit que tous leurs points de fusion se trouvent au-dessus de la droite qui joint ceux respectifs de l'antimoine et de l'aluminium. — Bien mieux, l'un de ces alliages, celui qui contient 15 p. 100 d'aluminium, fond à une température extrêmement voisine du point de fusion du cuivre, tandis que l'aluminium fond à 650 et l'antimoine à 630.

Autre exemple non moins frappant : les alliages aluminium-fer renfermant de 40 à 60 p. 100 d'aluminium, ont tous même point de fusion : on voit que dans cette portion la courbe forme un palier très net.

D'autre part, voici (diagramme 2) quelques alliages d'étain ; on voit que tous leurs points de fusion sont *au-dessous* de la droite joignant

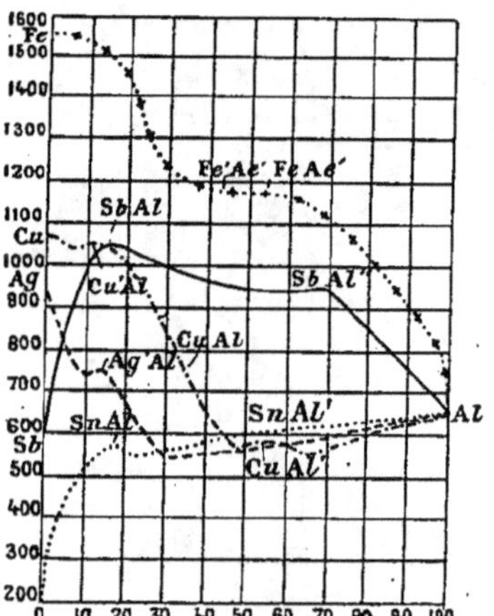

FIG. 1. — POINT DE FUSION DES ALLIAGES D'ALUMINIUM.

les points de fusion des deux métaux constituants. — D'ailleurs, il y a fort longtemps que l'on connaît des alliages fondant à beaucoup plus basse température que le plus fusible des métaux qui entrent dans sa composition.

Nous rappellerons les trois alliages suivants et leur point de fusion.

	Point de fusion.	Bi	Pb	Sn	Cd
Alliage de Darcet..	93	2	1	1	»
— Wood ...	95	8	2	2	1
— Lipowitz.	60	15	8	4	3

En plaçant ces trois alliages simultanément dans un réservoir de vapeur d'eau, on les voit fondre successivement, dans leur ordre de fusibilité.

Dilatation. — Quand on chauffe un métal ou un alliage, il se dilate. Tout le monde se rappelle l'expérience élémentaire connue sous le nom d'anneau de S'Gravesande.

Il y a des alliages qui font exception à cette règle ; ils ont fait l'objet d'importantes et très scientifiques recherches de la part de M. Guillaume ; ce sont les *aciers au nickel*.

Ces produits (à faible teneur en carbone) se dilatent normalement tant qu'ils renferment moins de 30 p. 100 de nickel. La teneur en nickel augmentant, le coefficient de dilatation s'abaisse, comme on le voit par l'ordonnée de la courbe (fig. 3), et passe par un minimum pour

---

1. Il est juste d'ajouter que le maximum d'une courbe de fusibilité signifie seulement que le corps qui se dépose pendant la solidification a même composition que l'eau-mère. Ce peut donc être une solution.

lequel il n'y a plus de dilatation sensible. Donc un acier à 36 p. 100 de nickel (qui correspond à ce minimum) n'éprouve qu'une très faible dilatation, du moins jusqu'aux environs de 300 degrés. Pour des teneurs en nickel supérieures, le coefficient de dilatation augmente et redevient normal aux environs de 50 p. 100 de nickel.

Ces observations ont permis à M. Guillaume de créer deux types industriels d'aciers au nickel : l'*invar* et le *platinite*. L'*invar*, qui n'a pas de dilatation sensible aux basses températures (invariable), est utilisé en métrologie, géodésie, horlogerie, fabrication des instruments de précision, etc.

Le *platinite*, qui renferme 46 p. 100 de nickel, a même coefficient de dilatation que le verre; il est utilisé dans la fabrication des lampes à incandescence dans lesquelles il remplace avantageusement les fils de platine (d'où son nom).

Magnétisme. — Pour terminer l'étude des principales propriétés physiques des alliages métallurgiques, je dirai quelques mots du magnétisme.

On connaît actuellement trois métaux magnétiques à la température ordinaire : ce sont le fer, le nickel et le cobalt. — Ils sont susceptibles d'être attirés par l'aimant ou de faire dévier une aiguille aimantée.

Si l'on chauffe ces métaux, ils deviennent non magnétiques à des températures qui sont différentes pour chacun d'eux.

Trois questions se posent au sujet des alliages. Que va-t-il arriver lorsqu'on allie :

1° Un métal magnétique à un métal non magnétique;

2° Deux métaux magnétiques;

3° Deux métaux non magnétiques?

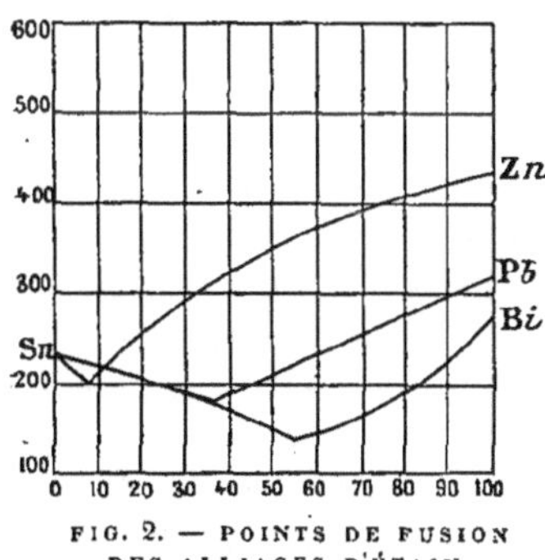

FIG. 2. — POINTS DE FUSION DES ALLIAGES D'ÉTAIN.

Dans le premier cas, on obtiendra tantôt des alliages magnétiques, tantôt des alliages non magnétiques : l'alliage cuivre-fer à 50 p. 100 de cuivre est magnétique; les alliages fer-aluminium sont magnétiques jusqu'à 20 p. 100 d'aluminium ; ils ne le sont plus au delà.

Deux métaux magnétiques donnent généralement des alliages magnétiques; il y a cependant des exceptions : un alliage fer-nickel à 30 p. 100 de nickel n'est pas magnétique.

Mais ces alliages sont dans un état instable; il suffit de les écrouir, de les refroidir, etc., pour les rendre magnétiques.

Jusqu'à ces derniers temps, on avait cru que

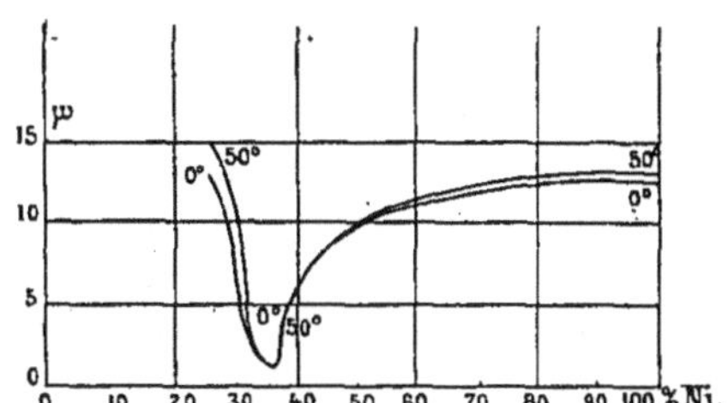

FIG. 3. — VARIATION DE LA DILATATION DES ACIERS AU NICKEL.

deux métaux non magnétiques ne pouvaient donner d'alliages magnétiques. Mais des travaux récents, faits surtout en Allemagne, ont montré que certains alliages de manganèse avec d'autres métaux, également non magnétiques, notamment l'aluminium et l'étain, étaient magnétiques.

Comment peut-on expliquer ce phénomène bizarre?

Nous avons dit tout à l'heure qu'un métal magnétique perd, lorsqu'on le chauffe, cette propriété à une température déterminée, que l'on nomme *point de transformation magnétique*. — Or que devient ce point lorsqu'on ajoute au métal un corps étranger? Tout dépend de l'addition : certains corps abaissent le point de transformation magnétique du fer, d'autres l'élèvent. On sait notamment que l'aluminium produit ce dernier effet.

Supposons donc que le manganèse, qui est non magnétique à la température ordinaire, soit magnétique à très basse température. L'aluminium relève son point de transformation et l'amène bientôt à une température supérieure à celle qui nous environne : alors l'alliage est magnétique. Cette première hypothèse semble la plus plausible.

Cependant le manganèse et l'aluminium se combinent, comme beaucoup de métaux d'ailleurs, et il se pourrait fort bien que cette combinaison de métaux non magnétiques fût magnétique.

Quelles que soient les propriétés physiques que l'on examine, on trouve donc toujours des irrégularités vraiment remarquables, qui se poursuivent d'ailleurs dans les propriétés mécaniques.

L. GUILLET,
Ingénieur des arts et manufactures.

LA GRANDE TACHE SOLAIRE DE FÉVRIER 1905.

On sait qu'avant de s'éteindre et d'arriver au dernier stade de la condensation, chaque étoile paraît osciller en émettant toute la gamme des radiations. L'amplitude de l'oscillation est variable suivant les types : telle étoile présente une période d'un jour à peine, telle autre au contraire comme *Mira Celi* offre une période plus longue, variant de quelques mois à un an. Il est probable qu'à partir du moment où cette période dépasse certaines limites, nos moyens d'observation sont impuissants, même au cas où nous appliquons la méthode spectrale, à déceler les longues amplitudes. Il n'en peut être ainsi de notre Soleil, étoile variable très rapprochée de nous et dont le disque sensible nous offre des phénomènes facilement analysables, tous liés à une loi de condensation qui paraît n'avoir pas beaucoup varié depuis l'époque où les observations ont commencé.

La période d'activité solaire manifestée par

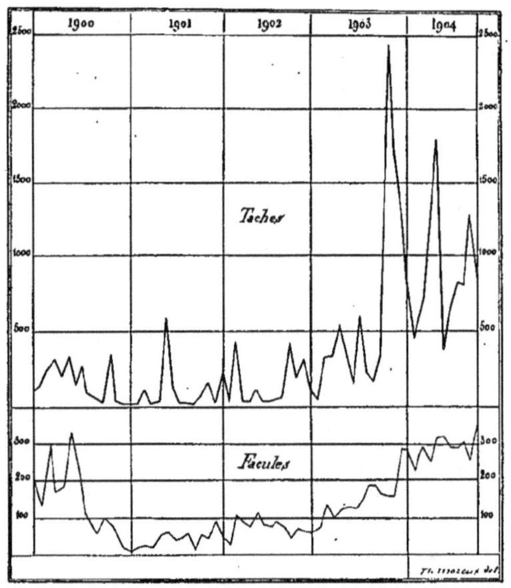

FIG. 1. — COURBE DES TACHES ET DES FACULES DU SOLEIL DE 1900 A 1904.

les phénomènes de la surface (photosphère) et ceux plus étendus de ses enveloppes (chromosphère et couronne) montre que l'amplitude des oscillations est voisine de 11 ans. La courbe

d'activité monte brusquement pendant 4 années et demie et descend lentement les 6 années suivantes. Tous ces nombres sont évidemment des moyennes, car on cite des maxima éloignés de 8 années comme ceux de 1685 à 1693 ou de 1761,5 à 1769,7 et d'autres, par contre, éloignés de 16 années, comme celui de 1788,1 à 1804,2. La période varierait ainsi du simple au double, mais la moyenne oscille autour du nombre de 11 ans 16.

Les protubérances sont soumises à une loi de périodicité analogue et on a démontré en ces dernières années que les formes de la couronne visible pendant la phase de totalité des éclipses, sont fonction de l'activité solaire.

A cette période nettement définie semble s'en ajouter une seconde beaucoup plus longue, qui interfère avec la première. Secchi avait cru remarquer une recrudescence d'activité correspondant à 55 années environ, mais la discussion des faits semble montrer que la résultante des deux périodes produit des maxima absolus éloignés de 34 ans environ, chiffre concordant trop, soit dit en passant, avec celui du cycle météorologique de Brückner[1] pour qu'il n'y ait là qu'une pure coïncidence.

Le dernier cycle solaire peut se diviser ainsi :

Années.

Cycle de 34 ans.

1870,6 maximum absolu.
1878,9 minimum.
1884,0 maximum.
1890,2 minimum.
1894,0 maximum.
1901,4 minimum.
1905, maximum absolu.

On devait donc s'attendre cette année à une recrudescence anormale d'activité solaire et jusqu'à ce moment les événements ont donné raison à ceux qui ont eu foi en la théorie.

Depuis 1900, la courbe des taches et celle des facules ont augmenté par soubresauts, mais d'une façon continue cependant. Les nombres qui nous ont servi à construire le diagramme (fig. 1) résultent des observations de M. Guillaume, de l'Observatoire de Lyon. La courbe n'a pu être continuée au delà de 1904, la réduction des relevés pris dans les différents observatoires et à l'Observatoire de Bourges en particu-

1. Voir *La Science au XX* siècle, n° 24, p. 383.

lier, étant excessivement longue. On voit par ce tableau, dans lequel la surface tachée est exprimée en millionièmes de l'hémisphère solaire et la surface faculaire en dix-millièmes seulement, que le phénomène des facules [1] dont on parle si peu est autrement important.

l'équatorial de l'Observatoire me permirent d'affirmer que nous étions en présence de la plus grande tache que les annales de l'Astronomie aient enregistrée. Elle était quatre fois plus grande qu'il ne le fallait pour être visible à l'œil nu. Une tache visible dans ces conditions

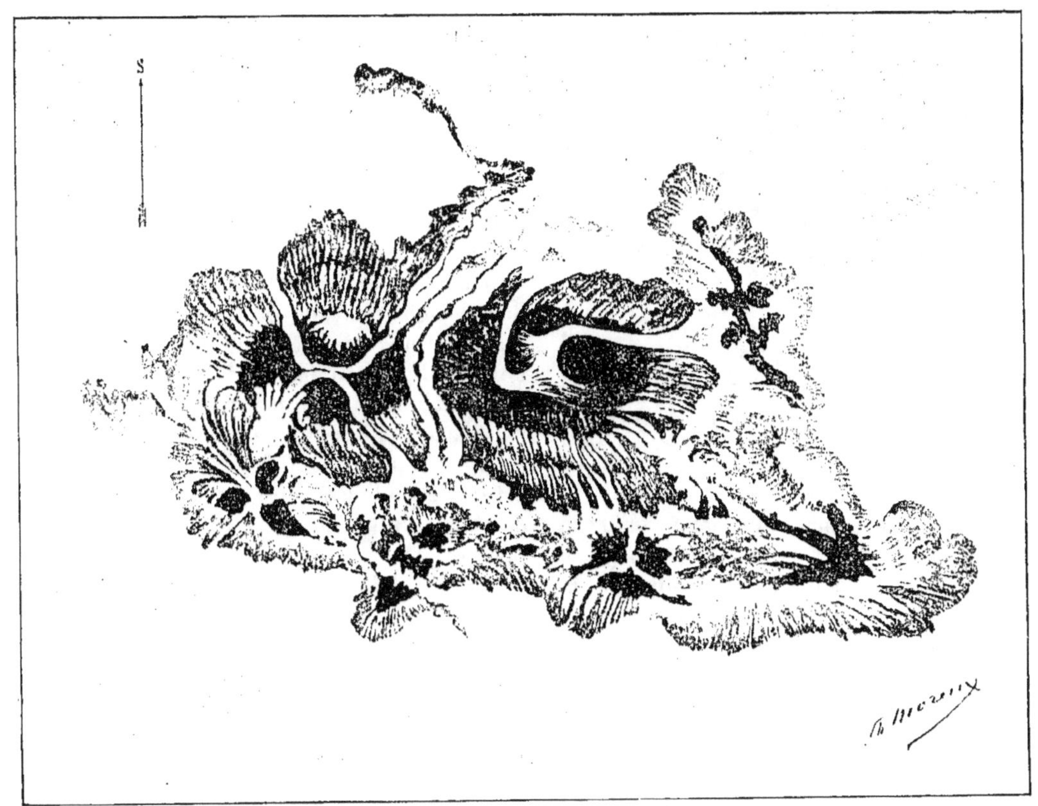

FIG. 2. — TACHE SOLAIRE DU 2 FÉVRIER 1905 (14 H.) MONTRANT L'UN DES NOYAUX AVEC DOUBLE PÉNOMBRE ET DES ÉMISSIONS PÉNOMBRALES SE DISSOLVANT DANS LA MASSE.

Plus grand diamètre de la tache = 252″ ou 180 200 km. — Objectif Schaer. Gross. = 325 (Observatoire de Bourges).

Il n'y a donc rien d'étonnant que la présente activité solaire nous ait fourni des taches d'une grandeur inaccoutumée.

La grande tache de février dont on a tant parlé a paru au bord oriental du soleil les derniers jours de janvier; à mesure que la rotation du globe solaire, qui s'opère en 25 jours environ à l'équateur, amenait la tache en face de la terre, on pouvait juger davantage des dimensions colossales de la formation. Dès son apparition, des mesures micrométriques prises à

n'est pas un phénomène inouï. Les anciens observateurs, William Herschel, entre autres, avaient déjà signalé le fait. Depuis de longues années que je m'occupe du Soleil, j'en ai observé un grand nombre.

A partir de 50″, une tache devient visible à l'œil nu; la dimension d'un tel objet est de 36 000 km. sur le Soleil. Or, le 2 février, la tache enregistrée avait une longueur de 180 000 km., soit, en prenant pour le 2 février un diamètre solaire égal à 32′ 34″,46, une grandeur angulaire de 252″ ou 4′ 12″ (fig. 2).

En 1898, j'avais déjà signalé et dessiné un groupe de 160 000 km., mais son importance était minime, comparée à la tache actuelle. En raison de la grande largeur de cette dernière, — 102 000 km., — la surface tachée s'est élevée,

1. Les facules sont des masses contournées et très brillantes de la photosphère; elles sont surtout visibles au bord du disque solaire et paraissent à un niveau plus élevé que les nuages photosphériques. Elles forment enfin un organe très important de la radiation.

le 2 février, au chiffre de 13 milliards de km. carrés. La tache occupait en longueur le huitième du diamètre solaire.

La plus grande tache mesurée a été observée

FIG. 3. — TACHE AVEC PÉNOMBRE NUCLÉAIRE (16 JANVIER 1905).
Gross. = 340.

en 1858. Sa plus grande dimension était de 230 000 km., mais la surface ne couvrait que le trente-sixième du disque solaire, tandis que la dernière occupait environ un vingt-neuvième de la même surface.

Cette tache colossale est passée au méridien central du Soleil le 4 février au matin; ceux qui l'ont observée ce jour-là ont dû remarquer qu'elle se projetait non loin du centre apparent du Soleil, sa latitude héliographique étant — 14° et le centre ayant ce jour-là une latitude de + 6° environ.

À l'Observatoire du parc Saint-Maur, les barreaux magnétiques commencèrent de s'agiter le 3 vers deux heures du matin; l'amplitude de l'oscillation a atteint 44' à l'aiguille de déclinaison.

Qu'est-ce qu'une tache solaire?

On parle sans cesse des taches solaires sans pouvoir dire ce qu'elles sont. On les assimile volontiers à d'immenses gouffres béants capables d'ensevelir plusieurs terres à la fois. Cette idée provient de la notion qu'on avait des taches il y a un siècle et plus. Herschel, Arago, Wilson, les assimilaient à des trous profonds laissant voir l'intérieur du Soleil. M. Faye a rajeuni la théorie en lui appliquant son hypothèse des tourbillons. Les taches, d'après lui,

seraient des cyclones, immenses entonnoirs engouffrant des gaz froids.

En 1900, lors de la publication de mon ouvrage *Le problème solaire*, j'ai montré qu'il fallait prendre cette théorie à rebours; les taches sont des régions surchauffées et anticycloniques [1].

Ma théorie n'est qu'un corollaire logique de la constitution physique du Soleil telle qu'on l'admet aujourd'hui.

La masse solaire est à l'état gazeux et à l'intérieur du soleil les corps sont dissociés en leurs composants; on y chercherait en vain des substances comme la chaux, la silice ou la magnésie. Mais à mesure que l'on approche de la photosphère, la chaleur diminuant, il s'opère à toutes les phases de l'ascension une sélection dans les gaz pouvant se combiner entre eux, et à chaque niveau déterminé doivent se montrer de nouvelles combinaisons.

Quant au fait de la radiation, une simple expérience suffira à le faire comprendre.

Prenons un réchaud à gaz : sa flamme bleue est très chaude grâce à l'appel d'air ménagé en dessous. Supprimons l'orifice par où l'air pénètre, aussitôt le gaz répand une lumière jaunâtre éclairante. Les particules de carbone n'étant pas volatilisées comme dans le cas précédent sont portées à l'incandescence : en

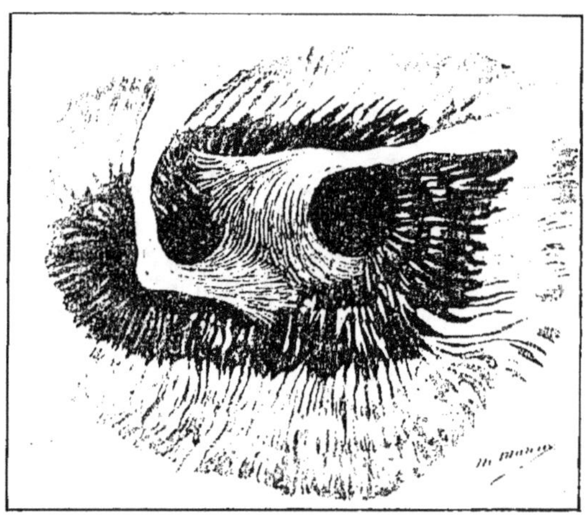

FIG. 4. — DÉTAIL DU NOYAU DE LA TACHE DU 7 FÉVRIER 1905 MONTRANT LA DOUBLE PÉNOMBRE AINSI QUE LES ÉMISSIONS PÉNOMBRALES.
Gross. = 425.

résumé, dans le premier cas le réchaud chauffe beaucoup mais n'éclaire pas; dans le second sa

1. *Le problème solaire*, par l'abbé Th. Moreux, Paris, 1900.

chaleur est moins forte à l'intérieur mais il devient éclairant et rayonne davantage.

C'est exactement ce qui se passe dans le Soleil. Les vapeurs métalliques arrivent à la surface de la photosphère, s'y condensent sous forme de particules solides incandescentes et cette poussière, après avoir brillé quelques instants, se replonge par le fait même de sa den-

cause dans la condensation locale des matériaux de la couronne et surtout de la chromosphère.

De plus il faut admettre qu'une tache est en même temps le centre d'une région de forte pression qui s'oppose à ce que les gaz atteignent un niveau plus élevé où ils pourraient se combiner et reconstituer les nuages photosphériques, donnant lieu au phénomène de la radia-

FIG. 5. — TACHE SOLAIRE DU 3 FÉVRIER 1905 (13 h.).
Plus grand diamètre de la tache = 245" ou 173600 km. — Objectif Schaer. Gross. = 325 (Observatoire de Bourges).

sité à l'intérieur de la masse, prête à remonter dès que la chaleur l'aura dissociée à nouveau.

Ainsi, affirmation paradoxale au premier abord, la lumière du Soleil a sa cause dans une diminution de chaleur à sa périphérie et son intérieur est obscur en raison d'une augmentation considérable de température. D'où nous devons logiquement conclure que toute cause augmentant la chaleur à la surface aura pour effet d'obscurcir une partie de cette même surface. C'est en deux mots l'explication des taches solaires.

Ce surcroît de chaleur nécessaire à la formation des taches trouve très probablement sa

tion. Si le centre de pression n'existait pas, nous aurions des facules à la place d'une tache.

L'analyse spectrale confirme ces vues. On sait depuis longtemps que le spectre de la photosphère se retrouve identique à lui-même dans la pénombre (couronne entourant les taches) et le noyau. La seule différence entre les nuages photosphériques et les matériaux composant la tache consiste donc en un changement de température ainsi qu'on peut le constater par l'élargissement des raies du noyau. D'ailleurs si le noyau était plus froid, sa couleur devrait se rapprocher de la partie rouge du spectre, tandis que c'est le contraire qui a lieu.

La grande Tache solaire de Février 1905.

En prenant toutes sortes de précautions, j'ai pu depuis plus d'un an, étudier sans verre noir le noyau de plusieurs grandes taches. Or, il se trouve que la plupart du temps, ce noyau offre des nuances violettes très différentes, montrant sa structure filamenteuse comme celle de la pénombre (fig. 3, tache à double pénombre, 1904).

J'ai maintenant acquis la certitude que dans les grandes taches, au début, le noyau est formé d'une seconde pénombre analogue à celle qui est nettement visible. Les filaments de cette deuxième pénombre se recouvrent à la façon d'un toit de chaume comme dans la première (voir les figures 2 et 3). Cette disposition indique évidemment que la tache, pénombre et noyau, est formée aux dépens des nuages photosphériques qui s'étirent grâce à un appel convergent vers le centre sous l'influence d'une pression centrale.

Ce phénomène de la structure filamenteuse du noyau était particulièrement marqué dans la grande tache de février (voir fig. 2 noyau de droite). Cette disposition va nous permettre de tirer une déduction nouvelle au sujet de la profondeur des taches.

Si chaque filament dans la pénombre représente une couche de niveau, il est facile par un calcul très grossièrement approché de se rendre compte de la profondeur. En général dans les premiers jours de l'apparition d'une tache, la couche photosphérique est déchirée. En supposant une épaisseur pour chaque nuage de la photosphère égale à son diamètre visible, soit 1 000 à 1 200 km.[1], il faut admettre que la pénombre à sa périphérie est située précisément à 1 200 km. plus bas que le niveau photosphérique. Il en est de même pour chaque gradin de la pénombre. Un nombre de 4 gradins peut être considéré comme un chiffre maximum. Nous avons donc 4 niveaux différents, soit une profondeur de 6 000 km. de la photosphère au noyau. En supposant encore deux gradins pour la pénombre nucléaire, nous aurions une profondeur totale de 8 400 km., au maximum. Ce que nous apercevons de l'intérieur du Soleil serait situé au plus à 9 000 km. pas même un diamètre terrestre. Dans les taches d'une longueur de 80 à 100 000 km., la profondeur serait insignifiante.

En fait, la plupart des grandes taches ne donnent pas l'impression d'un entonnoir et paraissent être des phénomènes purement superficiels.

Un deuxième fait bien mis en relief par mes récentes études est celui-ci : la segmentation des taches par l'envahissement de la matière photosphérique ne se fait pas seulement aux dépens de la région superficielle de la photosphère mais encore à l'aide d'excroissances qui surgissent à tous les étages de la pénombre, y compris ceux de la seconde pénombre dont j'ai parlé et qui est très difficilement visible.

Enfin lorsque la photosphère envahit une tache par sa région superficielle, la langue de feu se dissout par la chaleur interne et la langue présente alors une disposition en éventail rappelant assez bien des jets liquides s'échappant d'une pomme d'arrosoir. Le 2 février, la grande tache a présenté une disposition de ce genre remarquable, et dont j'ai pris un dessin très soigné à l'aide d'un fort grossissement (fig. 4).

Le 3 février, la pénombre nucléaire avait disparu (fig. 5), ce qui prouvait que la grande tache était loin d'être à son déclin.

En fait, malgré les bouleversements subis chaque jour (voir le dessin du 3 février), la tache a été ramenée à la seconde rotation. Elle était visible de nouveau au bord oriental du Soleil le 25 février au matin et son deuxième passsage au méridien central, le 3 mars, a coïncidé encore avec une grande perturbation magnétique. Enfin, après une segmentation multiple, la grande tache a fait une troisième apparition donnant lieu de nouveau à une perturbation magnétique importante le 1er avril.

C'était bien son dernier retour; elle avait persisté pendant plus de 10 semaines.

Telles sont, résumées à grands traits, les conclusions de mes études récentes sur les taches; elles ne changent pas complètement les idées que j'ai émises autrefois sur ces formations, bien que j'aie été obligé de remanier certaines questions de détail, mais elles montrent de plus en plus que l'explication des phénomènes solaires est subordonnée à celle plus générale de son activité. La loi de périodicité dont nous avons parlé se fait sentir dans tous les milieux entourant le Soleil. C'est elle qui règle les formes coronales, leur extension et surtout leur répartition à la surface.

L'ABBÉ TH. MOREUX.

Observatoire de Bourges.

23 avril 1905.

---

1. Ces nombres résultent des mesures prises sur les photographies obtenues par M. Janssen et montrant les granulations photographiques.

LA PORCELAINE DE SÈVRES.

.. Quoique la porcelaine soit une poterie assez anciènnement connue, elle n'a été fabriquée que relativement tard par les Européens. Sans rechercher quel est le premier peuple qui produisit de la porcelaine, nous nous bornerons à rappeler que la porcelaine était commune en Chine du temps des Han, 163 ans avant Jésus-Christ; si l'on en croit même les chroniques, il y aurait eu déjà un intendant de la poterie sous le règne de l'empereur Hoang-ti qui régna de 2698 à 2399 avant Jésus-Christ. En Europe, elle n'apparaît que beaucoup plus tard, comme produit importé par les navigateurs, dans la première moitié du v⁰ siècle, mais il faut attendre jusqu'en 1709, pour que de la porcelaine à l'instar de la Chine soit faite dans une fabrique européenne, en Saxe, à Meissen.

En France, ce même genre de porcelaine ne fut fait qu'en 1769. Depuis 1695 environ on fabriquait bien une porcelaine en France, mais c'était une poterie différente, par ses propriétés, de la porcelaine orientale : la porcelaine tendre, sur laquelle nous reviendrons plus loin.

La porcelaine ordinaire, la porcelaine dure, à couverte feldspathique et dont la pâte est à base de quartz, feldspath et kaolin, ne pouvait avoir sa fabrication établie en France que lorsqu'on y aurait découvert des gisement des matériaux nécessaires à sa confection. En 1765, on découvrit du kaolin à Saint-Yrieix et dès lors on put songer à installer cette fabrication, car si l'on avait les autres roches à sa disposition, jusqu'alors l'argile apte à la fabrication de la porcelaine avait fait défaut.

La Manufacture royale installée à Vincennes d'abord, puis à Sèvres en 1756, commença dès 1768 à s'occuper de la porcelaine et, l'année suivante, Macquer, qui venait d'installer cette fabrication, lut à l'Académie des sciences un mémoire la concernant et présenta les pièces que l'on était en état de fabriquer. La composition de la pâte a subi depuis cette époque des variations ; primitivement on n'introduisait pas de roches feldspathiques, le kaolin lavé sur place était additionné de sable siliceux et de craie. Les éléments feldspathiques ou micacés que contenait la pâte étaient ceux que pouvait encore retenir le kaolin dont le lavage était défectueux. La pâte de la porcelaine dure de Sèvres encore en usage eut sa composition établie en 1836, sous la direction de Brongniart, on s'arrêta à la formule suivante :

Kaolin pur	65
Feldspath	15
Quartz	14,5
Craie	5,5

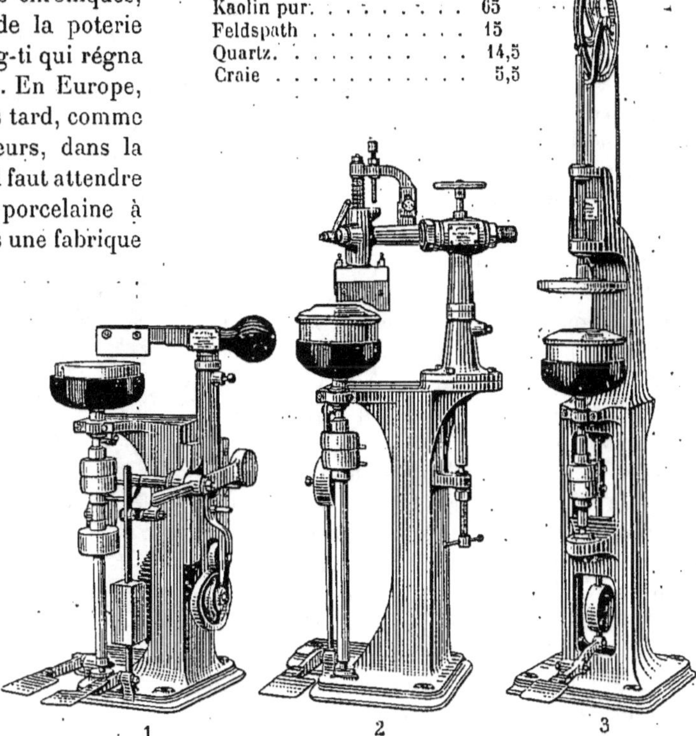

FIG. 1. — CROÛTEUSE ET CALIBREUSE.

La pâte est faite à Sèvres, en suivant les procédés généralement utilisés dans les fabrications céramiques. Les matériaux, après broyage préalable, s'ils sont durs, sont délayés dans l'eau et mélangés dans les rapports voulus. Le mélange aqueux est tamisé, puis raffermi au filtre-presse; il a alors acquis une fermeté suffisante pour se prêter au *façonnage*. La pâte n'a plus qu'à être malaxée avant le façonnage.

Dans une manufacture où le souci de faire de belles pièces (fig. 2) domine toute autre considération, le façonnage mécanique ne tient qu'une place modeste. Au lieu du calibrage employé pour le façonnage rapide de nombreuses pièces

Fig. 2. — Produits de la manufacture de Sèvres.

identiques nous trouvons l'*ébauchage* rendu nécessaire ici par suite de la production très variée que l'on doit réaliser. L'ouvrier ébauche d'abord sa pâte sur le tour, c'est-à-dire lui donne une forme grossièrement en rapport avec celle qu'elle doit avoir. Quand cette ébauche sera raffermie, c'est-à-dire aura pris une certaine dureté par suite de sa dessiccation, avec un outil tranchant on viendra travailler l'ébauche et lui donner sa forme définitive, on la *tournassera*.

Le façonnage mécanique a fait son apparition principalement pour la confection des assiettes et des plats ovales.

La fabrication d'une assiette nécessite le concours de trois machines. La première la *croûleuse*, a pour office de transformer la balle de pâte nécessaire pour faire l'assiette en une croûte circulaire. L'opération se fait automatiquement et rapidement au moyen d'un tour et d'un couteau [1].

Une fois la pâte étalée en croûte, le couteau remonte; à ce moment l'aide enlève le tambour et le remplace par un autre sur lequel il place à nouveau une balle de pâte pour que le couteau, à sa nouvelle descente, puisse écraser une nouvelle croûte. Le tambour garni de pâte est alors retourné et fixé au plateau que l'on voit sur la machine 3. Sur le tour (que possède cet appareil on place un moule qui donnera le

creux de l'assiette et en abaissant le plateau supérieur qui supporte la croûte, on viendra appliquer cette dernière sur le moule. On sépare le tambour de la pâte, on donne le mouvement au tour et l'on applique avec une éponge la pâte sur le moule. Cette deuxième opération terminée on porte le moule recouvert de la croûte sur la troisième machine (2 sur la figure) : la *calibreuse*. Au moyen de la pédale on fait passer la courroie de transmission, d'une poulie folle sur une poulie faisant corps avec l'axe, et le tour se met en mouvement. En manœuvrant la manette, que l'on voit à la gauche de la partie supérieure de l'appareil, on fait descendre un calibre de métal qui vient mordre sur la pâte et la découper au profil voulu pour donner la partie inférieure de l'assiette, c'est-à-dire le dessous.

Le même mode de façonnage s'applique à la fabrication des pièces ovales, mais ici le problème est plus difficile car il s'agit de donner au tour un mouvement elliptique. Il faut en effet que tous les points du plat ovale viennent passer sous le calibre [1].

Fig. 3. — Produits de la manufacture de Sèvres

L'assiette ou le plat une fois calibrés sont enlevés avec le moule, puis démoulés, finis et polis.
(*A suivre.*)

ALBERT GRANGER,
Professeur à l'école d'application
de la manufacture nationale de Sèvres.

---

1. L'ouvrier place sur la tête de tour de la machine un tambour formé d'une feuille de cuir tendu sur un cercle de laiton et, sur ce tambour, la balle de pâte (fig. 1). En appuyant sur la pédale de gauche, il met en mouvement le tour; en abaissant ensuite celle de droite, il provoque la descente automatique du couteau horizontal, qui vient aplatir la balle et en faire une plaque circulaire. La descente du couteau s'obtient au moyen d'une came sur laquelle son support repose; pendant sa rotation cette came produit deux effets : l'abaissement automatique du couteau et son relèvement.

1. On y arrive en donnant à la tête du tour un mouvement qui réalise cette condition. Pour cela, la partie de l'appareil qui supporte le moule est supportée par une glissière dont les deux extrémités sont munies de deux règles, perpendiculaires à l'axe de la glissière. Ces règles ou guides viennent frotter sur un anneau de bronze qui peut subir un déplacement de son centre dans le plan médian principal de l'appareil. Dans le cas où l'axe du tour et l'axe de l'anneau coïncident, la rotation du tour ne produit qu'une rotation ordinaire. Vient-on à déplacer le centre de l'anneau de bronze, le mouvement devient tout autre. Comme la glissière a son axe perpendiculaire au grand axe de l'ellipse du plat il s'ensuit, qu'après un quart de rotation le plat va s'être déplacé par suite du fait de la glissière et que cette partie du plat, la plus étroite, va s'être avancée d'une quantité égale au décentrement. Par suite de cela, le bord du plat pendant ce quart de tour n'a pas quitté le calibre.

VARIÉTÉ

L'EXPLOITATION DES FO-RÊTS DANS LE SUD DE L'INDE.

Tout à fait au sud de l'Hindoustan, séparé du grand plateau de la péninsule par la large coupée de Palghat, se dresse un pittoresque massif de montagnes, qui présente sur la carte vaguement la forme d'un T majuscule, la barre transversale ayant une direction est-ouest, la tige verticale descendant au sud jusqu'à l'extrême pointe de l'Inde. Cette dernière partie est généralement désignée sous le nom de *monts des Cardamomes*, tandis que la chaîne septentrionale emprunte le nom d'*Anémalé* à une petite ville qui se trouve en plaine à ses pieds. Les sommets les plus élevés, voisins du point de croisement, atteignent une altitude de 2 700 m. au-dessus de la mer. Des escarpements s'élèvent abrupts vers le nord et l'est, au-dessus d'une belle plaine cultivée que les Anglais ont soumise à leur administration directe. L'angle rentrant à gauche, c'est-à-dire le flanc ouest et sud-ouest, est occupé par une région accidentée qui s'abaisse graduellement jusqu'au voisinage de la mer. Les dernières collines de ce côté, avec la mince bande de terre basse, coupée de lagunes, qui les sépare du rivage, forment le territoire de deux états indigènes, *Travancore* et *Cochin*. La montagne proprement dite est couverte d'immenses forêts; elle est restée longtemps abandonnée à quelques tribus demi-sauvages, dont la plupart font dans les vallées des cultures sommaires, des défrichements temporaires et vagabonds. Mais ces forêts sont une richesse dont l'exploitation, assez récente, est en voie d'organisation rapide. Parcourant ces montagnes pour en étudier les sauvages, j'ai souvent usé de l'hospitalité fort aimable des forestiers qui sont là comme agents soit des Anglais d'un côté, soit des radjahs de Cochin et de Travancore de l'autre. Peut-être ces quelques notes prises en passant pourront-elles intéresser les lecteurs de *La Science au XXᵉ siècle*.

Le bois que sa valeur industrielle fait rechercher est le *teck*. C'est un bel arbre dont le port rappelle assez celui de notre chêne, à la fois puissant et contourné; mais ses feuilles ne sont pas découpées et présentent une beaucoup plus grande taille; une seule d'entre elles représente bien comme surface deux pages de cette revue. Il n'est pas toujours vert; quand vient la saison sèche, ses grandes feuilles jaunissent, puis tombent, et la forêt devient toute bruissante de ces chutes, dont le crépitement fait fuir les daims. A l'état spontané, les tecks ne forment pas toute la forêt; ils sont épars au milieu d'autres bois d'une moindre valeur; mais ils sont caractéristiques d'un certain type de végétation : la forêt à teck, c'est la forêt à feuille caduque; les essences qui l'accompagnent perdent aussi leurs feuilles pendant une partie de l'année, et l'on a alors l'aspect de nos bois en hiver. Ce n'est pas le

froid, c'est la sécheresse qui provoque ici cette suspension de la vie végétale. La sécheresse alterne sur les deux bords de la montagne. Le côté est reçoit des pluies du golfe de Bengale pendant la mousson de nord-est, c'est-à-dire pendant notre hiver, principalement en décembre; bientôt vient l'été torride, tout sèche et semble mourir; et c'est étrange, pour nous, les ramures nues sous le soleil de feu. Juste à ce moment, la côte ouest reçoit les ondées formidables de la mousson du sud-ouest, parfois 4 m. de pluie en deux mois, et ses collines présentent à l'automne toute la splendeur de leur végétation. Entre les deux régimes, une bande de terrain assez étroite, participe aux deux arrosages; là, pas de teck; une forêt toute différente : végétation sans arrêt, immenses arbres au bois mou gorgé d'eau, racines fantastiques arc-boutées en contreforts; enlacements de lianes serpentines; bref, la forêt équatoriale, comme à Panama, comme à Malacca, pour la même raison d'une humidité continuelle sous une chaleur égale; le sous-bois n'est que miasmes et pourriture, tout fourmillant de sangsues. Cette bande de forêt équatoriale sépare deux pays, deux populations, deux dominations politiques; la ligne de partage des eaux au nord et à l'est de cette bande est tout entière anglaise, comme la plaine qu'elle domine à pic. La forêt à teck, en effet, est facilement pénétrable, excepté dans les ravins où le bambou épineux enchevêtre ses tiges si dures, qu'elles ébrèchent les sabres d'abatis.

Avec ses zones de climats alternés à si peu de distance, une région forestière comme celle-là est particulièrement favorable à la vie animale. Le gibier pullule : le chasseur y trouverait encore matière à des exploits comme ceux qui ont rendu les Nilghirris célèbres parmi les sportmen. Plume et poil : depuis le coq de jungle (*Gallus Bankiva*), l'ancêtre de notre coq de basse-cour, qui offre sans peine, aux abords mêmes du campement, un joli coup de fusil et une ressource estimable pour le garde-manger; jusqu'au bison d'Asie, *Bos gaurus*, chasse de dilettante, trophée orgueilleux; et entre les deux, pour peu qu'on ait le loisir d'organiser une battue, le splendide cerf *Sambar*, des bandes de daims, des troupeaux de petites antilopes de diverses espèces. Sans compter le roi des montagnes, l'éléphant, qui n'est plus ici un gibier, soigneusement protégé et réservé comme propriété domaniale, mais dont les bandes sauvages très nombreuses ne sont pas difficiles à rencontrer.

Bien que les forêts à teck soient vastes, et qu'une petite partie seulement d'entre elles soient mises à contribution, on a commencé à faire des plantations; la question des transports est en effet une grosse difficulté pour certaines vallées. Principalement sur les collines basses bordant la plaine ouest, dans le domaine des Radjahs, il existe maintenant des jeunes futaies, d'une vingtaines d'année, rien que de teck; on rentre ici dans le système forestier de nos pays.

Pour certains districts d'accès difficile on a recours à des adjudicataires indigènes, qui généralement exploitent le teck exclusivement en vue de la fabrication des roues de charrette; ils n'ont besoin ainsi que de petites pièces, qui sont débitées sur place à la hache, et deviennent ainsi plus commodes à transporter. L'adjudicataire paie à la sortie du bois une redevance fixée pour un certain cube.

Mais de beaucoup l'exploitation la plus importante est effectuée directement par l'administration, dans les forêts naturelles.

Nous allons examiner cette exploitation sur le plus bel établissement forestier du genre, un anglais; c'est le plus ancien, quoiqu'il ne date guère que d'une trentaine d'années. On a commencé ici la mise en valeur de ce riche domaine en raison d'une circonstance topographique. Tandis que partout ailleurs, sur le territoire anglais, la montagne se dresse comme un mur à 1 000 ou 1 200 m. juste au sud de la ville d'Anémalé, au fond d'un cirque majestueux, la crête s'est abaissée jusqu'à 600 m. environ; on a fait passer là-dessus une route en lacets qui a permis d'amener par charrettes à bœufs dans la plaine les premières billes de teck

FIG. 1. — BUNGALOW FORESTIER DU MOUNT-STUART.
Les deux grands arbres sont des tecks.

prélevées dans la forêt qui est derrière, puis on a peu à peu perfectionné l'outillage, comme nous allons le voir.

Quand on a franchi la crête et qu'on est redescendu sur le versant opposé, à deux heures de marche environ de la plaine, on trouve, sur un éperon qui domine au loin des horizons boisés, le bungalow [1] forestier, résidence temporaire de l'inspecteur : une petite maison sans étage, trois pièces et une large véranda; un peu en arrière, des magasins, et deux autre bungalows analogues pour des employés indigènes qui sont là en résidence permanente, puis une échope de marchand indien dans une simple paillote aux parois de bambou entrelacé. La science est représentée par un pluviomètre sur un socle de maçonnerie au point culminant. Le monticule a été, par une dédicace courtisanesque envers l'un des anciens gouverneurs de Madras, appelé *Mount-Stuart*. C'est le chef-lieu de l'exploitation.

100 m. à pic au-dessous de cette plate-forme, invisible dans la végétation du ravin, se trouve une scierie mécanique. On y descend par un simple

1. Prononcez bangala.

sentier en zigzag, parmi les rochers et les buissons de bambou. A gauche, une petite rivière dégringole

FIG. 2. — LA SCIERIE.
La végétation du fond est composée de bambous.

d'une trentaine de mètres en un saut sur une paroi verticale du gneiss: un barrage en maçonnerie surmonte le seuil naturel et fait de la vallée supérieure un bassin étroit et long, qui miroite sous les bambous inclinés aux deux rives; de là, l'eau est conduite à flanc de coteau jusqu'au-dessus de la scierie, et, par une conduite de fonte posée à fleur de sol, vient actionner une roue Pelton. La force motrice (une trentaine de chevaux) est distribuée sous un large hangar, toit de tôle ondulée sur piliers de maçonnerie, à diverses machines à scier qui façonnent le bois en poutres suivant les dimensions ordonnées par les architectes du gouvernement. Le gouvernement est à lui-même son premier client, et c'est pour réaliser une économie de transport qu'on débite ici le bois de construction dont il a besoin.

Mais une petite partie seulement du bois est ainsi utilisée; le reste s'en va en grumes pour être vendu dans la plaine. Et, à ce point de vue, l'inspecteur du district, qui a plusieurs exploitations de ce genre

FIG. 3. — UN CHARGEMENT DE BOIS PRÊT
A DESCENDRE SUR LE CABLE.
Remarquer la petite taille des ouvriers (montagnards) par rapport au contremaître (métis d'Européen et d'Indien, premier plan à gauche) et à l'inspecteur (Anglais, casque blanc, au fond).

sous sa direction, jouit de toute l'initiative d'un chef de maison de commerce. Je l'ai entendu dire à son subordonné : « Vous enverrez six belles pièces de

FIG. 4. — LA REVUE DOMINICALE DES ÉLÉPHANTS.

teck à telle ville ; si elles se vendent bien, nous organiserons un service de charroi régulier. »

Pour atteindre la plaine, il faut repasser par-dessus la crête que nous avons franchie en venant. La petite rivière coule vers l'ouest, où elle va se jeter dans un des petits fleuves du Malabar, et quelque part, pas très loin dans le bassin du même fleuve, le radjah de Cochin fait exploiter à son bénéfice le teck de son royaume ; mais la rivière n'est pas flottable ; elle traverse d'ailleurs la grande jungle inexplorée ; comme j'avais affaire par là, j'aurais voulu couper au court : je n'ai pu trouver aucun guide, ni aucune indication de passage, sauf qu'un garde indigène, appartenant à l'une des tribus autochtones, me dit qu'on pourrait passer en quatre jours, à condition de marcher à quatre pattes pour profiter d'une sente de fauves. Quelque temps après, je visitais l'autre versant après avoir fait le tour des montagnes (je trouvais là, comme inspecteurs des forêts de Cochin, des brahmanes

FIG. 5. — LE MÉDECIN DES ÉLÉPHANTS
DONNE SES SOINS A UN MALADE.
Il s'agit d'une ulcération à un pied de devant ; le médecin, en turban blanc, s'incline pour examiner la grosse patte que l'éléphant tend docilement ; un aide s'apprête à faire une lotion au moyen d'une seringue. Au fond, la cage où l'on enferme les éléphants pour leur domptage.

fort aimables, anciens élèves de l'École des forêts de Munich ; la distance à vol d'oiseau n'était pas supérieure à 30 km., ce qui représente à mon estime deux jours de marche de forêt. Mais pratiquement il semble que personne, même parmi les sauvages de la jungle, ne franchisse jamais cette zone.

Donc, les bois remontent à la crête pour redescendre vers Anémalé ; ils remontent sur un petit chemin de fer d'une dizaine de kilomètres de longueur : on les place sur des wagonnets qui sont traînés par des bœufs. L'établissement possède à cet effet trente et une paires de bœufs, de ces jolis zébus, aux longues cornes effilées, aux yeux de gazelle, qu'on attelle en posant le joug sur leur cou. Arrivés au faîte, les bois descendent par un câble qui, s'appuyant seulement sur trois ou quatre pylônes de bois, franchit un ravin et aboutit juste au point où les charrettes venant de la plaine attaqueraient la montée. De là on a 40 milles jusqu'au chef-lieu du district, Coïmbatour, et près de Coïmbatour seulement on trouvera le chemin de fer. Mais en plaine, dans l'Inde, les charrois sont à

FIG. 6. — ÉLÉPHANT AU DRESSAGE.
Un jeune mâle, capturé depuis peu de temps, est attaché par le cou aux épaules d'une femelle domestiquée, qui le force à répondre aux appels.

très bon compte si l'on n'est pas pressé ; les attelages de bœuf surabondent ; les routes sont bonnes, d'ailleurs, et faciles sur ce terrain plat ; avec cette seule réserve qu'il n'y a généralement pas de pont sur les petites rivières, et les gués sont durs aux charrettes chargées, qui enfoncent jusqu'au moyeu dans les sables.

Le plus difficile est d'amener la pièce de bois jusqu'au chemin de fer. Quand on a reconnu un beau teck dans la jungle, et qu'on l'a jugé bon pour la coupe, on est quelquefois à plus d'un mille de la ligne ferrée, et l'intervalle représente des rochers, des fondrières, des fourrés de bambou épineux ; si l'on devait employer les bœufs, il faudrait faire une route pour chaque tronc. Les éléphants sauvent la situation.

Mount-Stuart possède treize éléphants de travail : toute la semaine, les bêtes travaillent dispersées dans l'exploitation ; le dimanche, on les réunit près des étables des bœufs, à un mille du bungalow dans la vallée ; et l'inspecteur, ou s'il est absent, son sous-ordre vient en passer la revue, et les fait manger devant lui pour vérifier leur état de santé. Ce sont en effet bêtes de prix. Un éléphant, vers sa vingtième année, quand il commence à pouvoir travailler à plein collier, vaut ici même, dans sa jungle native, 3 000 francs; il est vrai qu'il peut travailler un demi-siècle sans coûter bien cher de nourriture; pour une grande part, il s'alimente lui-même en pâturant dans la forêt. Presque tous ces éléphants ont été achetés; la plupart viennent des montagnes plus au nord, avec un mahout de leur pays d'origine, qui sait leur langue. On a même amené un médecin de leur pays, un savant homme et un digne fonctionnaire très grave sous son turban bien blanc, qui veille à ce qu'ils aient toujours le crâne bien frotté d'huile pour les empêcher d'avoir la fièvre, et soigne leurs bobos.

Trois de ces éléphants ont été pris dans la forêt même et dressés sur place. On en a pris bien davantage; on en prend plusieurs chaque année, dans des fosses recouvertes de branchages. Les jeunes sont une excellente prise; et c'est gibier domanial absolument réservé, sans compter les mâles adultes qu'on tue à coups de fusil dans la fosse pour leur ivoire, également ressource forestière régulièrement prévue au budget des recettes. Quant aux vieilles femelles, c'est la grande malchance quand une s'y laisse choir; car on n'y gagne que la peine d'avoir à lui creuser un chemin en pente pour qu'elle puisse sortir.

Les tout jeunes, qu'on appelle prosaïquement des veaux, ne coûtent pas grand effort à recueillir, mais aussi leur valeur est mince, car il faudra les nourrir longtemps avant que de pouvoir les utiliser. Généralement, on les vend à quelque temple, qui les entretient comme hommage à la puissance de Vichnou, et pour l'ébaudissement des pèlerins; là, d'ailleurs, ils peuvent rapporter tout de suite, car on ne leur apprend qu'à mendier. Les beaux poulains d'une quinzaine d'années demandent plus d'efforts pour leur conquête plus profitable; on réunit autour de la fosse les plus vaillants et à la fois les plus dociles des éléphants domestiques, puis on jette dans la fosse des fagots en grande quantité : le captif entasse lui-même ces matériaux sous ses pieds, s'élève peu à peu, et quand il est arrivé à hauteur des bords, se précipite furieusement sur ses serviles congénères. C'est alors une belle bataille, où nécessairement le nombre et la discipline ont raison du courage farouche; bataille non sanglante, puisque l'indompté n'a pas encore ses défenses, et que les autres évitent de se servir d'une telle arme; on pousse le prisonnier vers une cage aux énormes barreaux de bois; on l'y laisse user ses impatiences, on lui apporte des douceurs; un homme, toujours le même, lui dit des mots d'amitié en lui tendant de loin des cannes à sucre; après quelque temps l'homme peut entrer dans la cage, séparé de son formidable élève par une poutre

horizontale; il n'a déjà plus à redouter les coups prémédités, mais un mouvement irréfléchi de cette masse le broierait contre les barreaux. Puis on passe au cou et à une patte de la bête des chaînes qu'elle prend peut-être, en sa pesante candeur, pour des ornements, et alors on n'a plus qu'à l'attacher à un camarade bien dressé qui se chargera de terminer son éducation.

C'est en tout l'affaire de quelque six mois. Le *mahout* prend alors possession définitive de la brute; l'homme et l'animal vont vivre désormais en une étroite et amicale collaboration. La conversation ne comprend qu'un nombre de mots assez restreint : c'est surtout avec ses pieds que le mahout, à cheval sur le cou de l'éléphant, et lui tapotant le revers des oreilles, fait comprendre à sa monture le geste, généralement peu compliqué mais puissant, qu'on attend d'elle. L'intelligence de l'éléphant me paraît avoir été exagérée; il est surtout docile; mais l'homme a la tendance bien naturelle de trouver intelligents les animaux qui s'inclinent devant sa majesté.

Quand on a dans la jungle abattu et tronçonné un teck, on perce un trou à une extrémité de la bille, on y passe un gros et court câble de rotin et puis c'est le tour de l'éléphant. Si la pièce n'est pas trop lourde, il saura s'atteler lui-même. Son mahout, à petits coups de pied derrière les oreilles, l'amène au bon endroit; la bête, avec sa trompe, ramasse le câble, le soulève, en prend le bout entre ses dents et tire, à travers halliers et fondrières, jusqu'au chemin de fer où les bœufs attendent. S'il s'agit d'une grosse pièce, on la lui attache aux épaules; au besoin, on met deux éléphants. Mais il faut un gros morceau de bois pour dépasser ce qu'un éléphant peut traîner.

Les éléphants ne sont pas les seuls fils de la forêt qui travaillent ici pour le roi d'Angleterre. Les aborigènes sont entrés dans le mouvement. Et d'abord, dès que la forêt a été *réservée*, c'est-à-dire explicitement annexée au domaine, on a fait le recensement des hommes annexés du même coup. Les forestiers les classent au point de vue pratique en deux catégories : ceux qui font des cultures, et ceux qui n'en font pas. Les premiers sont à surveiller comme dangereux; ils déboisent pour planter leur millet, abandonnant leur défrichement quand

FIG. 7. — ÉLÉPHANT RAMASSANT LE CABLE AU MOYEN DUQUEL IL VA TRAINER UNE PIÈCE DE BOIS.
Nous sommes ici au dépôt de bois, en bordure de la forêt. Au fond, plantations de jeunes tecks.

après quelques années les mauvaises herbes l'ont envahi; c'est un coin de forêt perdu. On s'efforce de les cantonner en des territoires choisis. Les autres sont aussi inoffensifs que le gibier. Tous, avec la docilité et la douceur des Indiens en général, sont parfaitement soumis. Pour mes études, ce me fut fort commode. Les gardes forestiers m'en amenaient des troupes, tandis que s'il m'avait fallu les poursuivre dans la jungle, je n'en aurais jamais vu un seul, tant ils sont timides.

On recrute dans ces tribus des gardes forestiers très précieux pour leur connaissance de la jungle. En outre, on leur abandonne ce que l'on appelle les *produits mineurs* de la forêt, le plus important est la graine aromatique des *cardamomes*; mais l'administration forestière a le monopole du commerce avec elles; les sauvages recueillent ces produits et les apportent, contre rémunération en nature, soit directement aux agents de l'administration, soit à des adjudicataires. Et comme la jungle nourrit difficilement les hommes, les sauvages prennent l'habitude de compter sur ces échanges, entrent dans une dépendance économique, récoltent les graines suivant les indications qu'on leur donne, surveillent les pièges à éléphants, et deviennent ainsi des auxiliaires de l'exploitation.

Mais si quelques-uns d'entre eux veulent bien être gardes, se promener avec un ceinturon à plaque de métal, ils n'acceptent guère de travaux réguliers. Les ouvriers sont fournis surtout par les castes intermédiaires entre eux et les habitants de la plaine, et qui habitent généralement juste au pied de la montagne. Mount-Stuard compte, en outre des gardes, du personnel de la scierie, et des conducteurs d'animaux, une centaine d'ouvriers permanents.

Les éléphants, les bœufs, les hommes et la scierie travaillent ainsi à Mount-Stuart pendant les six mois d'hiver; puis vient la terrible saison sèche, la rivière tarit, la scierie s'arrête, et les bêtes ont soif; les éléphants surtout, car ces grosses bêtes craignent beaucoup la chaleur, et si on les fait, même en hiver, trotter un peu au soleil sur une route de plaine, on les voit, à tout moment, plonger leur trompe dans leur bouche, et asperger d'un peu de salive leur peau qui brûle. Leurs épidermes, semblables à de vieilles écorces, réclament un tub quotidien. On les emmène vers l'ouest, dans la forêt toujours verte, au contact des deux moussons. On fait descendre les hommes et les bœufs dans la plaine du côté opposé, et la forêt, sans feuilles, sans eau, sans gibier s'endort sous le soleil torride qui durcit les bois des tecks.

LOUIS LAPICQUE,
Maître de Conférences à la Sorbonne.
Chargé de mission scientifique.

PÉDAGOGIE

TRIBUNE LIBRE D'EN-
SEIGNEMENT EXPÉRIMENTAL

Appareil pour l'étude du pendule. — À la face inférieure d'une planchette est fixée par l'un de ses bouts une lame élastique *oab* (fig. 1). En (*a*) est suspendu le pendule. Les déplacements de (*a*) sont amplifiés par les leviers *oab*, *o'a'b'*. Grâce à cette disposition, la longueur du pendule peut être considérée comme constante, pendant la durée de l'oscillation. Les mouvements, amplifiés, sont enregistrés sur la bande de papier du récepteur Morse (mouvement uniforme).

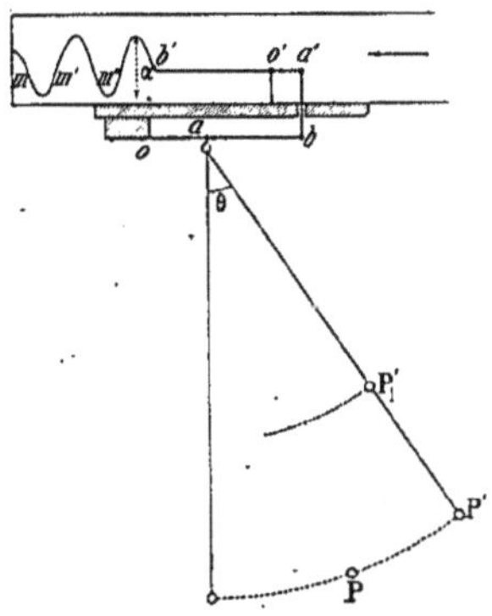

1° Quand le pendule oscille, la pointe *b'* trace une sinusoïde.

2° Pour une longueur donnée du pendule et pour de petites oscillations, les longueurs *mm'*, *m'm''*, etc., sont égales (isochronisme des petites oscillations).

3° En donnant au pendule une longueur 4 fois plus grande, les valeurs *mm'*, etc., sont 2 fois plus grandes (loi des longueurs).

FIG. 1.
PENDULE ENREGISTREUR.

Le déplacement amplifié (*x*) varie :

1° Avec l'angle θ. On le démontre en faisant partir la balle successivement des positions P et P'.

2° Avec la longueur du pendule. On le constate, en comparant les résultats obtenus, quand on abandonne la balle à elle-même en deux points P', P'₁.

3° Avec la masse. Pour le constater, on n'a qu'à remplacer la balle par une autre de masse différente, toutes choses égales d'ailleurs [1].

Communiqué par M. AMAUDRUT,
Professeur au lycée de Vesoul.

Formule du pendule (classe de philosophie). — Considérons, d'une part, un cercle vertical O (fig. 2), de rayon *r*, animé d'un mouvement de rotation uniforme autour de son centre. Si V est la vitesse linéaire ou tangentielle d'un point de la circonférence et T la durée d'une révolution, $V = \frac{2\pi r}{T}$.

Prenons, d'autre part, un pendule de longueur minimum $l = O'A$ telle qu'à une amplitude maximum $AO'A'$ de 5° corresponde un arc AA' ou une corde AA' de longueur *r*; c'est-à-dire que $r = \frac{2\pi l \times 5}{360}$ ou $l = \frac{36r}{\pi}$.

Puis faisons osciller le pendule, en même temps que tourne la roue, de façon que : 1° son plan d'oscillation soit parallèle et très voisin de celui du cercle; 2° l'écart maximum $AA' = r$; 3° la durée d'une oscillation double ou la période du pendule soit égale à T; 4° le point matériel A du pendule, quand celui-ci est revenu dans la direction voisine de la verticale, se meuve parallèlement à un point P du cercle sur un petit parcours *ab*. Cette dernière condition étant réalisée, les deux points A et P possèdent la même vitesse pendant le trajet *ab*. Nous connaissons déjà une expression de cette vitesse V, trouvée pour le point P. La vitesse du point matériel du pendule en A et dans le voisinage de ce point, c'est-à-dire de *a* en *b*, est

$$V = \sqrt{2g.\overline{AB}}.$$

$$\text{Or } \overline{AB} = \frac{\overline{AA'}^2}{2\overline{O'A'}} = \frac{r^2}{2l}.$$

[1] C'est en quelque sorte la loi de la tension du fil qui est inscrite par le peson enregistreur *oba'o'b'*.

Tribune libre d'Enseignement expérimental.

$$\text{Donc } V = \sqrt{2g \cdot \frac{r^2}{2l}} = r\sqrt{\frac{g}{l}} = \frac{2\pi r}{T}.$$

$$\text{Par suite } T = 2\pi\sqrt{\frac{l}{g}}.$$

Appareil. — L'appareil employé pour vérifier ce résultat se composait d'un carton circulaire de 54 cm. 7 de diamètre, cloué sur un cercle en bois; ce cercle était garni sur son contour d'un tuyau de plomb qui servait de volant. Sur la face externe, bien blanche, du carton, étaient tracées deux séries de gros traits rayonnés et équidistants.

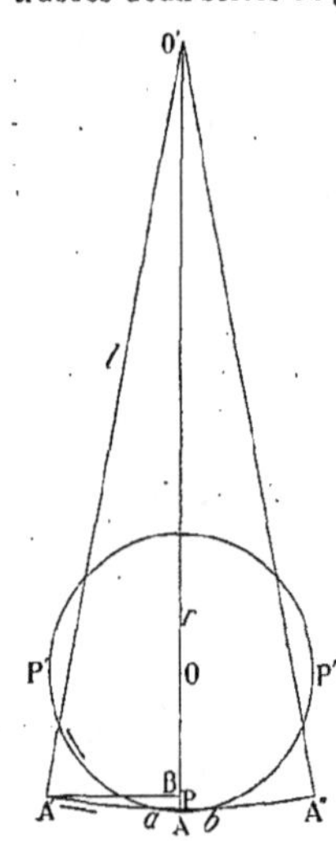

FIG. 2.
APPAREIL SAINT-CYR.

Le disque ainsi obtenu était fixé en son centre sur l'axe de la manivelle d'un petit moteur Deprez, actionné par une pile au bichromate de 6 éléments. La vitesse de la rotation était réglée, soit par un calage convenable des balais sur le collecteur, soit par une variation de la résistance de la pile dont les zincs, portés par une traverse rattachée à un écrou mobile sur une vis, pouvaient être progressivement relevés ou abaissés. Quant au pendule, il était formé par un long fil fin, noir, auquel était suspendue, par l'intermédiaire d'un petit crochet, une masse de fer de 77 gr. 5, ayant la forme d'un cube arrondi aux sommets. Mesurée après une assez longue extension du fil, la longueur du pendule était de 461 cm. Il exécutait 28 oscillations doubles en 121 secondes; une oscillation durait donc 4 s. 32. Les oscillations étaient entretenues par un électro-aimant installé en A', excité, à l'aide d'un manipulateur, par un courant spécial, mais pendant un temps très court, au moment où le pendule était sur le point de revenir en A'. Toutefois, au début de l'expérience, l'électro servait à retenir d'abord la masse de fer, puis à laisser osciller le pendule quand bon semblait.

La grosse difficulté de l'expérience était d'obtenir une rotation uniforme du cercle pendant plusieurs tours. Les irrégularités du courant de la pile ne m'ont pas permis de constater plus de 5 coïncidences consécutives du pendule (mais à diverses reprises, il est vrai) avec le même trait du cercle (ou plus exactement, on s'assurait que la masse de fer recouvrait toujours les mêmes traits).

En raison des dimensions, et, par suite, de la petite vitesse du pendule et du cercle, les coïncidences se produisaient sur une longueur appréciable et pouvaient être aisément observées et suivies.

Communiqué par M. SAINT-CYR,
Professeur au lycée de Beauvais.

❦

<hr>

Le ludion.

La Science au XXᵉ siècle a publié déjà un certain nombre de dispositifs ingénieux pour varier l'expérience du ludion. En voici un autre que M. Voigt réalisait dans ses cours au lycée de Lyon. Ce dispositif présente l'avantage de montrer à tous les élèves d'une salle les phénomènes qui se passent à l'intérieur du ludion.

Celui-ci est formé d'un tube de verre portant à l'une de ses extrémités une boule soufflée au chalumeau (fig. 3). Il est ensuite lesté convenablement avec un liquide coloré, *plus léger que l'eau* et non miscible avec elle (huile, pétrole, éther contenant, par exemple, un peu d'iode en dissolution). Ainsi préparé, le ludion est plongé dans une éprouvette presque remplie d'eau et fermée par une membrane. En pressant sur cette membrane, la surface de séparation

des deux liquides qui était en *a* monte en *b*; donc, de l'eau a pénétré dans le ludion qui, devenu plus lourd, descend. Si, maintenant, on supprime la pression, la surface de séparation descend de *b* en *a*; donc, de l'eau est sortie de l'appareil qui, devenu plus léger, remonte.

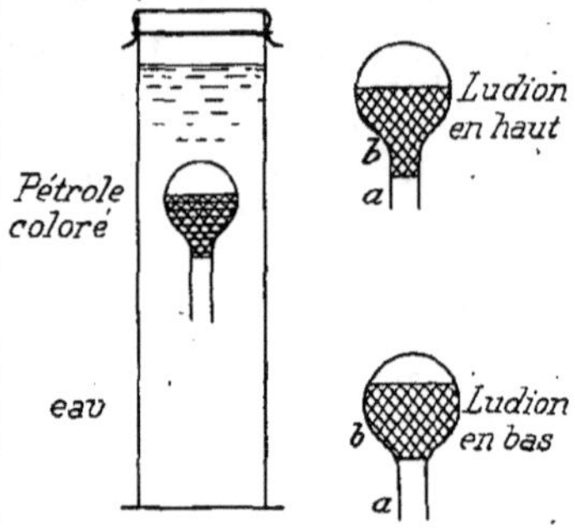

Ainsi présentée, l'expérience du ludion est rendue plus frappante et plus attrayante aussi. L'éprouvette pourrait, au besoin, être remplacée par une bouteille ordinaire, transparente, complètement remplie d'eau et fermée par un bon bouchon.

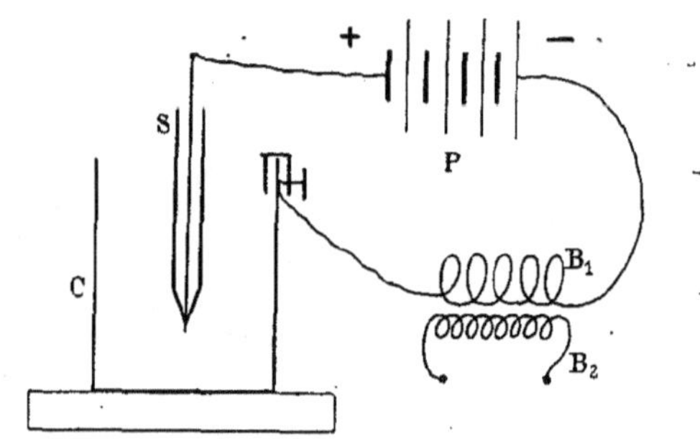

FIG. 3. — LUDION A PÉTROLE COLORÉ.

Communiqué par M. E. VUILLET,
Professeur à l'École normale de Grenoble.

❦

<hr>

Forme simple de l'interrupteur du D' Wehnelt.

On dispose sur une planchette enduite de pétrole, ou sur une lame de verre, une boîte de conserve de petits pois (1 l. à 1 l. 1/2), on remplit cette cuve d'une solution concentrée de sulfate de magnésie que l'on peut chauffer dans la boîte même (fig. 4). On attache le fil négatif sur le bord de la

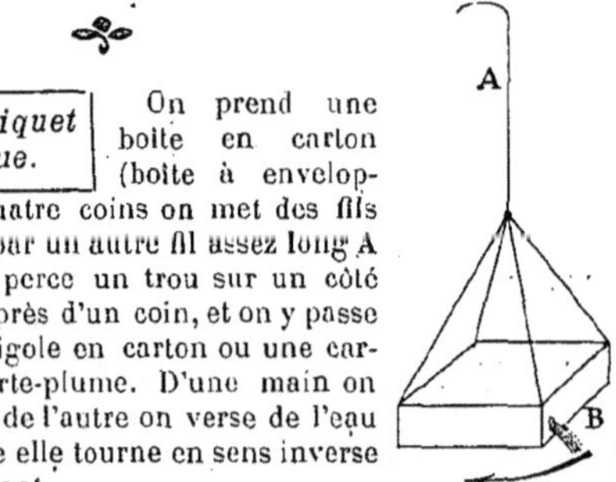

FIG. 4. — INTERRUPTEUR WEHNELT.

boîte, à l'aide d'une pince à pile, après avoir bien nettoyé la place choisie. Le fil de platine fin est fixé dans un vieux stylographe en ébonite et relié au pôle positif de la pile. L'instrument fonctionne alors comme à l'ordinaire.

Communiqué par M. MERLIN,
Professeur à Châlons-sur-Marne.

❦

Tourniquet hydraulique.

On prend une boîte en carton (boîte à enveloppes); aux quatre coins on met des fils qu'on relie par un autre fil assez long A (fig. 5). On perce un trou sur un côté de la boîte, près d'un coin, et on y passe une petite rigole en carton ou une carcasse de porte-plume. D'une main on tient le fil A, de l'autre on verse de l'eau dans la boîte elle tourne en sens inverse de l'écoulement.

Communiqué par L. LAMARCHE.

FIG. 5.
TOURNIQUET.

A. GUILLET,
Professeur honoraire.

Revue critique des Travaux scientifiques.

BOTANIQUE

Comment les plantes vivaces sortent de terre au printemps.	

Les parties souterraines des plantes vivaces peuvent être situées très profondément dans le sol; or lorsque les jeunes organes, tiges ou feuilles, sont prêts à se développer dès que les conditions de température favorables se trouvent réalisées, ils présentent le plus souvent une délicatesse qui paraît être en contradiction avec le travail énorme qu'il va leur falloir développer pour se frayer un chemin à travers un sol résistant. M. Massart vient de faire l'étude détaillée des procédés employés par les plantes pour effectuer leur sortie au printemps; laissant de côté la question physiologique qu'a abordée expérimentalement M. Massart, se demandant quelle est la part qui revient dans ces phénomènes aux excitants internes et aux actions externes, contentons-nous d'indiquer, d'après ce biologiste, les principales catégories des dispositions morphologiques réalisées par les végétaux en vue d'amener leurs nouvelles feuilles à la surface du sol.

Dans beaucoup de plantes vivaces, les racines se contractent et par leur raccourcissement le bourgeon principal est ramené à une plus grande profondeur sous terre. Parmi ces végétaux il en est dont les feuilles de l'année précédente subsistent, soit à l'état vivant, soit à l'état de squelette plus ou moins réduit; dans tous les cas ces feuilles forment par leurs pétioles ou leurs gaines un canal dans lequel les feuilles nouvelles n'auront qu'à glisser pour arriver au jour. Ce procédé, relativement rare, est employé par plusieurs Ombellifères.

Le plus ordinairement les organes jeunes doivent se frayer eux-mêmes un passage à travers la terre et ils peuvent y arriver de deux façons très différentes. Dans un premier groupe viennent se placer les végétaux dont les organes présentent leur pointe pour arriver jusqu'à la surface du sol; c'est ce qui se passe pour la Jacinthe; les jeunes feuilles sortant du bulbe sont enroulées et serrées les unes contre les autres; elles forment une masse compacte, légèrement conique, très lisse, pointue vers le haut. De plus leur croissance s'effectue dans leur région basilaire, de sorte que leur partie supérieure se trouve être la plus ancienne; les cellules y ont pris des parois plus épaisses, le tissu mécanique s'y trouve plus développé; en un mot il se constitue à l'extrémité de cette masse foliaire une sorte de coin relativement dur qui a seul à supporter le frottement contre les éléments du sol.

Dans la Jacinthe ce sont les feuilles assimilatrices elles-mêmes qui effectuent ce travail de sortie; ailleurs, par exemple dans le *Crocus*, ce rôle revient à des écailles (fig. 1, A). Le phénomène s'effectue de la même manière chez les *Orchis* où les feuilles sont simplement remplacées par une tige dressée et pointue; le plus souvent enfin, chez l'Asperge par exemple, la tige est couverte d'écailles appliquées qui forment une gaine résistante.

Quand les feuilles ou les tiges ne sont pas amenées par les moyens précédents jusqu'à la surface du sol elles se recourbent en une sorte de crochet, le limbe de la feuille venant se placer contre le pétiole, ou l'extrémité délicate de la tige feuillée contre la partie écailleuse de cette tige. C'est la partie convexe du crochet ainsi constitué qui se trouve pressée contre la terre; les régions les plus jeunes sont ensuite tirées à reculons à travers le conduit laissé par le passage du crochet et n'ont aucun travail à produire.

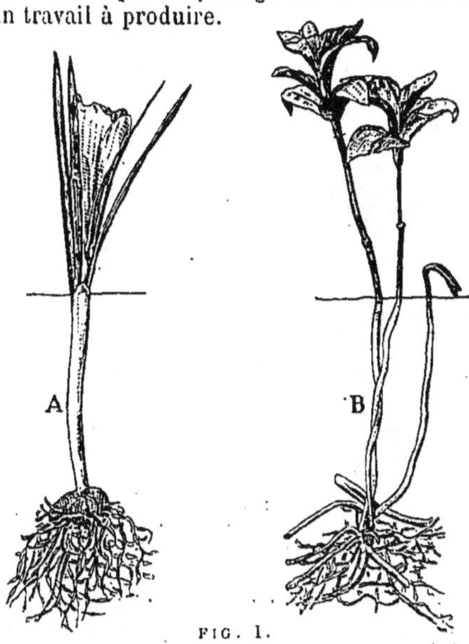

FIG. 1.

A, *Crocus* dont les feuilles vertes arrivent au sol grâce à des écailles qui effectuent le travail de sortie. — B, *Mercuriale vivace* dont les tiges se recourbent à l'intérieur de la terre de manière que leur extrémité ne subisse aucune pression.

C'est la feuille qui s'enroule ainsi en crochet ou en crosse chez les Pivoines ou les Fougères, c'est la tige chez la Mercuriale vivace (fig. 1, B) et la Bryone.

Remarquons, en terminant, avec M. Massart qu'il n'y a aucun rapport entre la nature des moyens employés pour les plantes pour effectuer leur sortie de terre et la position systématique de ces plantes; deux espèces voisines d'un même genre peuvent se comporter à cet égard de manières très différentes.

❧

Les plantes vertes et la nutrition organique.	

La théorie minérale de la nutrition des plantes vertes développée il y a environ cinquante ans par Liebig a reçu l'adhésion de nombreux physiologistes; sa simplicité avait quelque chose de séduisant : tout le carbone de la plante provient du gaz carbonique de l'air, l'azote et les cendres sont donnés par le sol. Des observations déjà anciennes et des expériences récentes ont montré que cette théorie est trop exclusive.

M. J. Laurent a montré en 1903 que le glucose, le

20

saccharose, la glycérine sont absorbés par les plantes vertes, dans des cultures pratiquées à l'abri des microorganismes, et qu'il en résulte pour ces plantes une augmentation de poids sec. MM. Mazé et Perrier viennent de reprendre les expériences de M. Laurent et en confirmer de tout point les résultats. Ces auteurs ont réussi, en modifiant la composition du liquide minéral dans lequel se développpaient les plantes (Maïs), à obtenir des différences de rendement plus considérables que celles qu'observait M. Laurent et ont pu pousser la végétation des individus en expérience jusqu'à la floraison.

FIG. 2.
Maïs cultivés en solution minérale avec (B)
ou sans (A) addition de glucose.

Les sucres, la glycérine ajoutés à cette solution minérale sont assimilés très activement à la lumière ; en leur présence les plantes (fig. 2, B) se développent plus rapidement que des témoins auxquels on ne donne que la solution minérale (fig. 2, A), ceux-ci à leur tour sont plus développés que des pieds placés dans un sol très fertile.

Comme M. Laurent l'avait fait, MM. Mazé et Perrier concluent de leurs expériences que les substances organiques du sol peuvent contribuer à l'alimentation des végétaux supérieurs ; le fumier est utile par ses substances minérales et particulièrement celles qui contiennent de l'azote, mais il doit intervenir également par les matières organiques solubles qu'il renferme.

M. MOLLIARD.

ZOOLOGIE

M. Giard a noté depuis longtemps (décembre 1888) l'existence, sur les Sardines du Pouliguen et de Concarneau, d'un Crustacé parasite, le *Peroderma cylindricum*, qui se fixe sur la face dorsale du Poisson, principalement dans la région moyenne du corps, et qui, au point de fixation, émet des « filaments radicaux » dont les rameaux pénètrent au milieu des muscles et jusque dans les reins de l'hôte. A la même époque (novembre 1888), M. L. Joubin signalait un autre parasite, très voisin, appartenant au même groupe, mais qui se fixe en général sur l'œil de la Sardine ; il est assez abondant aussi bien sur les Sardines du Roussillon que sur celles du Finistère. M. Marcel Baudouin vient de nouveau d'attirer l'attention sur ce parasite, qu'il a retrouvé sur les Sardines vendéennes, et qu'il nomme, sur les indications de M. Bouvier, professeur au Muséum, *Lernæenicus Sardiniæ*.

Ces deux Crustacés sont connus depuis longtemps des pêcheurs qui les ont confondus en Bretagne et en Vendée sous le nom singulier de « pavillon ».

Chez ces singuliers animaux (fig. 1) existe un dimorphisme sexuel extrêmement marqué : les mâles sont microscopiques (mâles pygmées) et vivent en parasites aux dépens des femelles. Celles-ci sont au contraire d'assez grande taille, de 2 à 3 cm. environ, mais présentent une dégradation organique des plus accentuées : le corps se réduit à une longue tige, dont la partie antérieure, *bleuâtre*, de 0 cm. 5 de long est amincie et se fixe au Poisson ; la partie postérieure, plus volumineuse, est *rouge* ; elle a 1 cm. de long ; pas traces d'annulation, ni d'appendices, mais seulement deux longs sacs *blancs*, remplis d'œufs, de 2 cm. au moins de long, mais très grêles, attachés à l'extrémité du corps. Ainsi constitué, le parasite flotte attaché aux flancs de la Sardine, et ressemble à cause de ces trois couleurs, à un drapeau allongé, d'où son nom de « pavillon ».

Les deux parasites existent surtout sur les Sardines du littoral ; ils sont au. contraire très rares sur les sardines prises au large ; ce fait, comme on l'a déjà fait remarquer autrefois, est un argument contre l'hypothèse des migrations régulières, et, comme les Sardines parasites sont pour la plupart stériles, il est bien clair que les Sardines ne viennent pas au rivage uniquement pour frayer, et poussées seulement par l'instinct de la reproduction.

Les parasites se fixent, comme c'est la règle à peu près générale, sur les Sardines jeunes, mais, tandis que le *Peroderma* n'entrave en rien la croissance de son hôte, le *Lernæenicus* paraît arrêter celle-ci, car on ne le rencontre que sur des Sardines de petite taille. Ce parasite détermine de volumineux abcès, qui suppurent fort longtemps et doivent certainement, en raison de l'épuisement qu'ils déterminent, et des complications graves qu'ils peuvent entraîner amener la mort d'un nombre considérable de Poissons.

Tout le monde connaît les Scorpènes ou Rascasses, utilisées dans la célèbre bouillabaisse, et activement recherchées par les pêcheurs du littoral méditerranéen. Elles ont

1. Joubin, Note sur les ravages causés chez les Sardines par un Crustacé parasite, *C. R. Ac. Sc.*, t. 168, p. 142. — Giard, Sur le *Peroderma cylindricum* Heller, parasite de la Sardine, *C. R. Ac. Sc.*, t. 108, p. 920. — Joubin, Sur un Copépode parasite des Sardines, *C. R. Ac. Sc.*, t. 108, p. 1177. — M. Baudouin, Le *Lernæenicus Sprattæ*, parasite de la Sardine de Vendée, *C. R. Ac. Sc.*, t. 139, p. 998.

1. *Comptes rendus de la Société de biologie*, 20 déc. 1904, t. 58, n° 37.

malheureusement la fâcheuse réputation de déterminer des blessures très douloureuses, et parfois même dangereuses, par les épines nombreuses et pointues qui garnissent leurs nageoires et leur opercule. On a cherché à expliquer cette action particulièrement nocive par l'effet d'un venin spécial, que les épines inoculeraient dans la blessure ; cela se produit pour les Vives, dont les rayons épineux sont en connexion à leur base avec une glande à venin et sont eux-mêmes creusés d'une cannelure par où le venin est conduit jusqu'à l'extrémité du piquant et introduit dans la blessure. M. A. Briot a étudié soigneusement la question, et, comme il l'avait fait pour les Vives, il a étudié la toxicité du liquide obtenu en faisant macérer les piquants de la Scorpène dans de la glycérine ou de l'eau salée. Ce liquide, injecté à des rats ou à des lapins, loin d'avoir la virulence de celui obtenu avec la Vive, n'a aucune action sur ces animaux; sur la Grenouille, il détermine seulement une paralysie passagère. La Rascasse n'est donc nullement venimeuse; sa piqûre n'a qu'une action mécanique, et les complications qu'elle détermine parfois sont dues à des infections secondaires, qui n'ont rien à voir avec l'animal lui-même.

<hr>

| **Les Araignées de France.** | Je signale avec plaisir aux lecteurs de *La Science au XXᵉ siècle* un petit livre fort utile, destiné à la détermination et à la description des Araignées qui appartiennent à la faune française. Cet ouvrage fait partie de l'*Histoire naturelle de la France*, dont la publication se poursuit depuis plusieurs années par les soins de MM. Émile Deyrolle et ses fils. On ne saurait trop louer l'idée qui a présidé à cette publication. Mettre à la portée de tous les moyens de déterminer les animaux de notre pays, faire en somme, pour les zoologistes, ce qu'on a fait depuis longtemps pour les botanistes, au moins en ce qui concerne les plantes vasculaires, c'est contribuer dans une puissante mesure au développement de l'esprit d'observation, c'est diriger les esprits curieux, notamment nos agronomes et nos instituteurs, en contact permanent avec la nature, dans une voie d'études qui sera pour eux une source de grandes et pures joies; c'est apporter aux Sciences naturelles le concours d'une foule de collaborateurs bénévoles, capables de fournir une riche moisson de précieux documents; c'est ainsi que parfois même peuvent se déterminer des vocations vraiment scientifiques chez des esprits d'élite capables de synthétiser leurs observations et leurs expériences.

Les petits livres de cette collection sont sans doute fort inégaux; mais quelques-uns d'entre eux sont excellents, et parmi eux vient se ranger celui que nous signalons ici, le dix-neuvième paru de la série. Il a pour auteur M. Louis Planet, membre de la Société entomologique de France; M. E. Simon, l'éminent arachnologue, lui a donné, avec son patronage, toute l'autorité qui s'attache à ses importants travaux sur la faune des Araignées de France. La plupart des espèces d'Araignées indigènes y sont décrites et beaucoup y sont figurées soit dans le texte, soit dans les 18 planches qui terminent l'ouvrage, ce qui fait un total de 370 figures, très soignées et très claires. On peut regretter que l'auteur n'ait pas facilité la tâche de ses lecteurs par l'addition de tableaux analytiques, ou de clefs dichotomiques, analogues à ceux qu'emploient depuis longtemps les botanistes. On peut craindre en effet que les débutants ne soient effrayés d'avoir à lire, lorsqu'ils sont arrivés à classer l'Araignée qu'ils observent dans la famille à laquelle elle appartient, d'avoir à lire, dis-je, la diagnose de tous les genres qui composent cette famille, pour arriver à déterminer définitivement l'animal. Songez qu'il y a parfois — le cas est rare heureusement — jusqu'à 34 genres dans telle famille déterminée, que les diagnoses des genres sont souvent assez distantes les unes des autres pour que leur lecture comparative devienne difficile. Au moins aurait-on pu mettre en évidence, en les soulignant, les caractères particulièrement importants, les caractères différentiels par excellence. C'est là un défaut qu'il aurait été et qu'il sera facile de corriger.

On voudrait voir aussi un peu plus de détails sur la biologie des diverses espèces, biologie souvent si curieuse chez les Araignées. Sans doute l'auteur n'a pas complètement négligé ce côté captivant de son sujet; mais il y avait tant de choses à en dire, même dans un livre élémentaire, même sans augmenter beaucoup le cadre forcément restreint de l'ouvrage.

Tel qu'il est, malgré cette légère critique, ce petit livre est très précieux; il est destiné, à n'en pas douter, à appeler l'attention sur ces êtres méprisés et négligés jusqu'ici, négligés surtout d'ailleurs en raison de l'absence de livres élémentaires facilitant leur étude, qui ne pouvait être faite qu'à l'aide des grands traités d'arachnologie, peu abordables à la majorité des chercheurs et des curieux de la nature.

RÉMY PERRIER.

FIG 1.
LERNÆENICUS SPRATTÆ.
ov, sacs à œufs.

<hr>

CHIMIE APPLIQUÉE

| **Le vanadium et ses emplois industriels.** | L'obligation où se trouve l'industrie métallurgique de satisfaire à des exigences de plus en plus grandes en ce qui concerne la ténacité ou la résistance à la rupture des produits qu'elle fabrique a fait rechercher depuis plusieurs années les éléments qui, alliés aux métaux usuels, pouvaient leur communiquer des qualités exceptionnelles. Beaucoup ont été essayés et sont

actuellement employés : tout le monde a entendu parler d'aciers au chrome, au nickel, au manganèse, au tungstène. Le vanadium, plus que tous ces éléments, semble-t-il, est capable d'augmenter la résistance et l'élasticité non seulement des aciers, mais aussi des bronzes. Nos lecteurs nous sauront peut-être gré de résumer ici ce que l'histoire et les propriétés de cet élément peuvent offrir d'intéressant.

Le vanadium est assez répandu dans la nature. Mais la plupart du temps il ne se trouve qu'en proportion assez faibles. C'est ainsi qu'on le rencontre notamment en France dans la bauxite, dans un grand nombre d'argiles, dans le fer oolithique, dans les basaltes; en Angleterre dans les dépôts cuprifères du Cheshire. Les réactions colorées du vanadium étant extrêmement sensibles, on a pu le caractériser, à l'état de traces, dans une foule de minerais ou de roches. Mais les combinaisons renfermant des quantités importantes de ce corps sont très rares. Le vanadate de plomb, combiné à des proportions variables de chlorure, constitue la vanadinite : c'est dans la vanadinite de Zimapan, au Mexique, que fut découvert le vanadium. On connaît également quelques vanadates de cuivre, de calcium. Enfin un minerai artificiel est constitué par les scories d'affinage du Creusot, provenant de la fonte traitée par le procédé Thomas. Les seules sources actuellement exploitées sont les vanadinites d'Espagne, du Chili, de la République Argentine. Cependant on a traité pendant quelque temps les houilles de Yauli, au Pérou, dont les cendres renferment jusqu'à 25 p. 100 de vanadium. Cette exploitation est délaissée actuellement par suite de la difficulté des transports et de la cherté de la main-d'œuvre dans des régions dont l'altitude dépasse 4 000 mètres, mais elle pourrait plus tard faire une concurrence sérieuse aux mines de vanadinite.

Le principal intérêt industriel du vanadium réside actuellement dans ses alliages. Cependant on utilise aussi en teinture les sels de ce métal : la facilité avec laquelle ils s'oxydent ou se réduisent tour à tour en fait des agents catalytiques précieux dans l'oxydation du chlorhydrate d'aniline, pour l'obtention du noir d'aniline. On peut du reste les remplacer avantageusement par les sels de cuivre ou de cérium.

L'introduction du vanadium en métallurgie date de ces dernières années. De nombreux travaux ont été faits dans le but d'étudier l'influence de cet élément, en

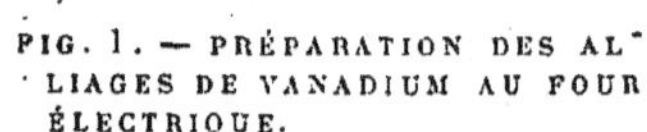

FIG. 1. — PRÉPARATION DES ALLIAGES DE VANADIUM AU FOUR ÉLECTRIQUE.

proportions variables, sur les diverses propriétés mécaniques des métaux. A un point de vue plus pratique, on a cherché les meilleures manières dé le préparer, sous forme d'alliages riches que l'on incorpore à la masse au moment de la coulée. Mais tandis que les recherches théoriques sont publiées avec beaucoup de détails, les procédés techniques de préparation des alliages sont moins connus, chacun gardant pour lui les tours de main qu'il a acquis au prix de longs tâtonnements. Dans un volume récemment publié dans l'*Encyclopédie des aide-mémoire*, le capitaine Nicolardot a réuni avec beaucoup de soin les documents ayant trait à la question, et a exposé avec détails l'historique, l'exploitation des minerais, les usages divers, enfin la préparation du

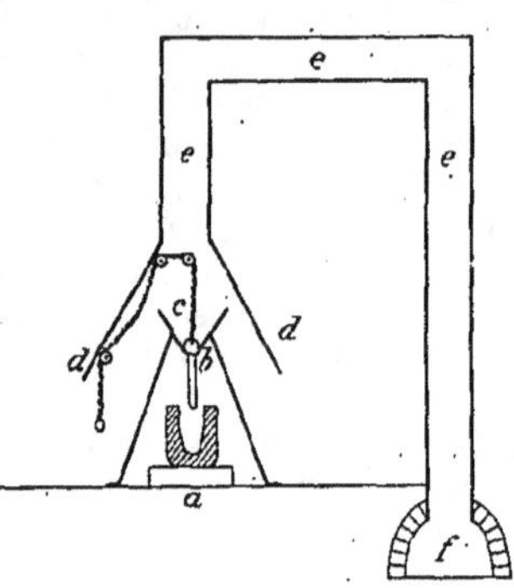

FIG. 2. — PRÉPARATION DU FERROVANADIUM PAR L'ALUMINOTHERMIE.

métal pur et de ses alliages métallurgiques, et l'étude micrographique de ces derniers. Nous résumerons d'après ce manuel la préparation des alliages à forte teneur en vanadium (aciers ou bronzes).

Deux méthodes principales sont employées dans ce but : le four électrique et l'aluminothermie.

Dans la première, schématisée dans la figure 1, on place dans un creuset en graphite C, relié au pôle négatif d'une dynamo, un mélange de charbon de bois en poudre avec l'acide vanadique et les oxydes de fer ou de cuivre. L'électrode positive est une baguette de charbon p_2, que l'on peut soulever ou abaisser à l'aide du contrepoids d. Un masque en bois recouvert de tôle de fer et portant un regard garni de verre coloré protège l'opérateur contre les projections de matière. Enfin un tuyau b amène dans la conduite d reliée à la cheminée les poussières et l'oxyde de carbone produits en abondance. On rend la réaction plus régulière en ajoutant au mélange un peu d'aluminium qui agit à la fois comme réducteur et pour former des scories d'aluminates surnageant le bain en fusion.

A Albertville on prépare le ferrovanadium avec un four électrique « à résistance ». La matière à traiter est placée dans un creuset en magnésie noyé dans une masse de graphite mélangée de limaille de fer ou de silice, de manière à en faire varier la conductibilité. On fait passer dans cette masse un courant intense, à basse tension (20 à 25 volts). Il en résulte un échauffement considérable, et l'on peut très facilement maintenir la température constante.

Le procédé à l'aluminothermie est beaucoup plus rapide : le mélange d'oxydes et d'aluminium est placé, moitié dans un creuset a (fig. 2) en plombagine, brasqué avec de la magnésie, moitié dans une trémie c en fer-blanc, dont le fond est bouché par une boule b que l'on peut soulever au moyen d'une chaîne. On allume d'abord le mélange placé dans le creuset, au moyen d'une amorce formée de bioxyde de sodium et d'aluminium. Dès que la réaction, très violente, s'est un peu calmée, on enlève la boule b de manière à faire tomber peu à peu dans le creuset le restant du mélange. L'opération ne dure que cinq minutes. Les fumées se dégagent par le capuchon *d* qui les conduit dans la cheminée *f*.

A l'aide de ces alliages on peut facilement fabriquer des aciers et des bronzes contenant une proportion déterminée de vanadium.

L'étude des aciers vanadiés a été faite successivement par différents métallurgistes et savants, parmi lesquels, ces dernières années, MM. Arnold, Nicolardot, Guillet. De toutes ces recherches il résulte que le vanadium, employé en faible proportion, augmente considérablement l'élasticité et la résistance des aciers. De plus, les alliages obtenus travaillent sans désavantage à haute température, ce qui les rend précieux pour les outils destinés à supporter des frottements considérables, tels que les machines à fraiser, à raboter, etc. Dès que la proportion de vanadium dépasse 0,7 p. 100, ces qualités diminuent et l'on arrive rapidement à des métaux cassants.

Il semble de plus, d'après les recherches de MM. Guillet et Nicolardot, que les ferrovanadiums préparés par l'aluminothermie sont bien préférables à ceux préparés au four électrique : ces derniers sont constitués en effet presque uniquement par un carbure double de fer et de vanadium, peu fusible, dur, léger et fragile, qui ne se combine pas ultérieurement à l'acier mais s'y mélange en donnant une masse hétérogène et cassante.

Le vanadium n'avait pas été jusqu'ici obtenu à l'état pur. Roscoë était parvenu à préparer, dans des expériences extrêmement délicates, en réduisant le chlorure de vanadium par l'hydrogène, quelques grammes d'une poudre d'un blanc grisâtre qui contenait 2 à 3 p. 100 d'hydrogène. M. Moissan a opéré la réduction de l'acide vanadique par le charbon, à la plus haute température qu'il soit possible d'obtenir au four électrique. Dans ces conditions il se forme un carbure de vanadium extrêmement réfractaire.

Tout dernièrement (20 janvier 1905), un article du docteur Werner de Bolton annonce la préparation du vanadium métallique. Nous le transcrivons sous toutes réserves, car les expériences de Roscoë et de M. Moissan tendraient à faire supposer que ce métal était beaucoup plus réfractaire : celui préparé par le Dr Werner fondrait à 1 680°. Il s'obtiendrait en faisant passer un courant électrique intense dans des baguettes d'anhydride vanadique aggloméré, placées dans une ampoule en verre où l'on fait le vide : dans ces conditions l'oxygène se dégage et il reste le métal qu'on peut fondre en augmentant un peu l'intensité du courant.

<table><tr><td>*Préparation du niobium et du tantale.*</td><td>Le même auteur annonce avoir préparé dans les mêmes conditions du niobium et du tantale métallique : le premier s'obtient</td></tr></table>

en dissociant le tétroxyde de niobium. Il est médiocrement ductile et fond vers 1 950°. Avec l'oxyde de tantale on obtient du tantale métallique pur, très ductile. Mais on en prépare plus facilement de plus grandes quantités en réduisant le fluorure de tan-

tale par le sodium. Ce procédé, qui n'avait permis à Rose que de préparer un métal à 50 p. 100, aurait été modifié par l'auteur de manière à donner une poudre contenant 99 p. 100 de tantale. En la soumettant à la chaleur de l'arc électrique, elle fondrait à une température estimée à 2 250° ou 2 300°, en donnant un métal homogène, couleur de platine, très ductile, puisqu'il se laisse facilement marteler, laminer et étirer en fils, mais en même temps d'une dureté extraordinaire : un perforateur en diamant, travaillant trois jours et trois nuits à raison de 5 000 tours par minute, n'aurait pénétré que de 1/4 de mm. dans une feuille de tantale, et les pointes de diamant auraient été mises hors d'usage.

On le voit, il s'agit de propriétés bien curieuses, et n'eût été l'autorité du *Zeischrift für Electrochemie* qui publie les recherches du Dr Werner (et la réputation de la maison Siemens et Halske pour laquelle ont été effectuées ces recherches), nous aurions hésité à les communiquer à nos lecteurs. Cependant si les faits avancés sont bien exacts, on comprend quelle importance industrielle aurait la préparation d'une pareille matière. On l'a déjà appliquée avec succès, paraît-il, à la fabrication de lampes à incandescence, dont le rendement lumineux est plus que le double des lampes à fil de charbon.

<table><tr><td>*La liquéfaction en grand de l'hydrogène.*</td><td>L'usage des gaz liquéfiés pour la production des basses températures se généralise de jour en jour. L'air liquide est mainte-</td></tr></table>

nant d'un emploi industriel. Voici que, grâce aux recherches du professeur W. Travers, l'hydrogène semble devoir bientôt être liquéfié presque aussi facilement que l'air atmosphérique.

L'appareil qu'il a fait construire par la « Brins Oxygen C° » est, en principe, analogue à celui qui a servi aux expériences de Dewar ; mais il est combiné de façon à pouvoir permettre d'obtenir pratiquement 1 litre d'hydrogène par heure. Nous en donnons la description d'après les *Smithsonian Institution Miscellaneous collections* [1] :

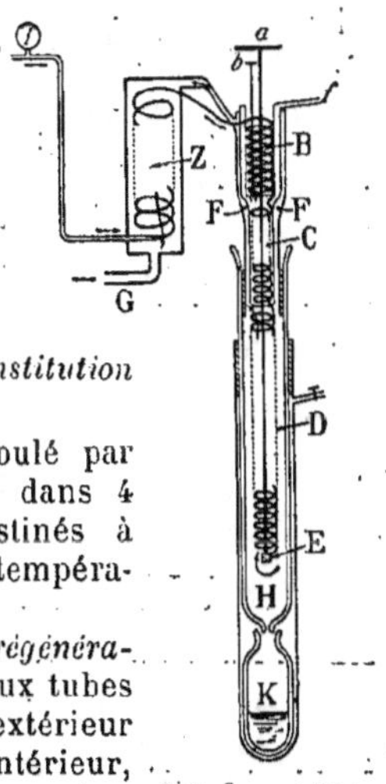

L'hydrogène (fig. 3), refoulé par un compresseur, circule dans 4 serpentins successifs destinés à abaisser graduellement sa température.

Le premier, A, est un *régénérateur*. Il se compose de deux tubes de 3 mm. 2 de diamètre extérieur et de 2 mm. de diamètre intérieur, de 3 m. de long, à l'intérieur desquels circule l'hydrogène venant du compresseur, tandis qu'entre les spires circule le gaz froid provenant

FIG. 3. — APPAREIL A LIQUÉFIER L'HYDROGÈNE.

de la chambre de liquéfaction. — Le deuxième, B, de 20 m. de long, plonge dans de l'air liquide, dont

1. Voir le *Bulletin de la Société d'encouragement pour l'industrie nationale.*

une partie tombe sur le troisième serpentin, C, de 5 m. de long, autour duquel on fait le vide, ce qui en abaisse la température à — 200° environ.

Enfin de C l'hydrogène passe dans le dernier serpentin ou régénérateur D, analogue à A, à la partie inférieure duquel il subit la détente qui en liquéfie une partie, tandis que le reste, après avoir circulé

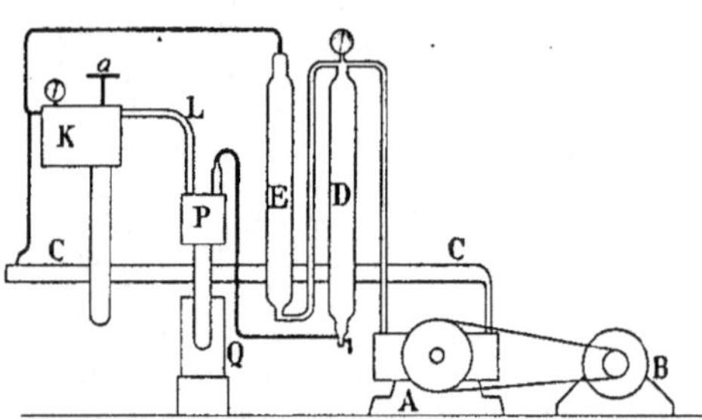

FIG. 4. — LIQUÉFACTION DE L'HYDROGÈNE. INSTALLATION GÉNÉRALE DE L'APPAREIL.

entre les interstices des spires de D, est ramené en A, puis, complètement réchauffé, dans le compresseur. Le gaz liquéfié tombe dans un vase à doubles parois H, puis dans un autre K où on le recueille définitivement. On règle la détente au moyen d'un robinet à pointeau E, communiquant avec la manette a.

La figure 4 montre l'installation générale de l'appareil. Le moteur B actionne le compresseur A, du type en cascade, qui aspire le gaz du gazomètre au moyen du tuyau C. L'hydrogène passe ensuite dans le séparateur D, qui l'amène en P, Q. L'eau reste en Q, et le gaz revient dans le sécheur E, à poteau caustique, puis dans le liquéfacteur K. En F est la pompe à vide.

Avec cet appareil on liquéfie environ 1/2 litre d'hydrogène par 1/2 heure. La mise en marche exige 5 litres d'air liquide, avec lesquels on peut continuer l'expérience pendant une heure. M. Travers avait construit un premier appareil où le régénérateur A n'existait pas et était remplacé par un refroidisseur à acide carbonique solide et alcool. Il fallait dans ce cas pour une 1/2 heure de marche 8 litres d'air liquide et 4 kilogrammes de neige carbonique.

C. CHABRIÉ.

PHOTOGRAPHIE

Cinématographe à mouvement continu.

Tous ceux qui ont observé des projections cinématographiques ont pu remarquer que, bien que les images projetées soient assez nettes, elles subissent comme une sorte de trépidation et de scintillation qui en enlève un peu le charme, et finit par fatiguer les yeux, surtout si l'on est trop proche de l'écran. Ce double phénomène tient, d'une part, à la succession même des images et des phases d'éclairage propres à chacune d'elles, succession dont la rapidité n'est pas indé-

finie, limitée qu'elle est par les conditions mêmes du mécanisme de l'appareil; il tient, d'autre part, à ce que la bande pelliculaire qui porte les images doit s'arrêter chaque fois que passe une image devant l'objectif, en même temps que le *disque échancré*, ou obturateur, démasque la lumière pour l'éclairage.

Pour faire disparaître cet inconvénient, MM. Lumière, de Lyon, ont apporté à leur cinématographe un perfectionnement de détail que nous allons exposer. Ils ne pouvaient évidemment songer à renoncer à la succession rapide des images puisque c'est cela même qui donne l'illusion, ni à l'arrêt momentané de chaque image devant l'objectif, puisque c'est cela qui donne la netteté. Ils ont tourné la difficulté en projetant, non pas l'image pelliculaire elle-même, mais l'image de cette image dans un miroir, laquelle est fixe en position malgré la mobilité de la pellicule qui, elle, *est animée d'un mouvement continu*. Ils ont, pour cela, tiré parti d'une propriété des miroirs plans angulaires bien connue, et que nous rappelons ici.

Soit deux miroirs plans mn, np (fig. 1), faisant entre eux un dièdre droit, et un point lumineux a placé dans l'angle des miroirs. Ce point donnera par rapport au miroir mn une image a_1, laquelle, par rapport au miroir np, en donnera une deuxième a_2. Si on considère l'image donnée tout d'abord par le miroir np, puis par le miroir mn, on trouve encore a_2 après la double réflexion. Ce point a_2 est donc l'image définitive du point a, donnée par le jeu simultané des deux miroirs.

Supposons maintenant que nous déplacions le point a jusqu'en a', sur une droite perpendiculaire au plan bissecteur du dièdre des miroirs, et que,

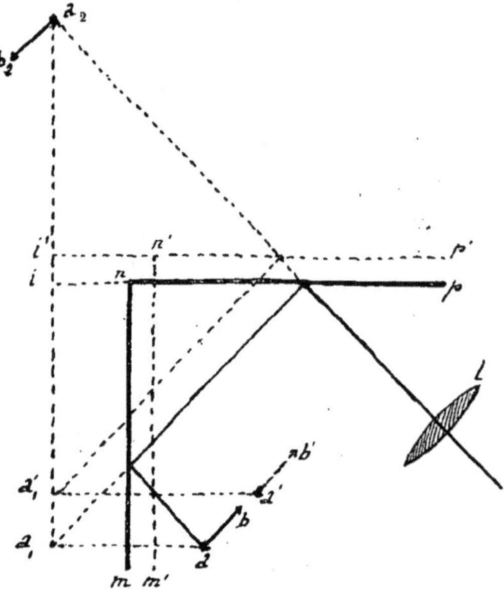

FIG. 1. — THÉORIE DU DISPOSITIF.

en même temps, nous fassions glisser le système indivis des deux miroirs, parallèlement à cette direction, et d'une quantité nn' égale à la moitié de aa'. L'image a_1 donnée par le premier miroir restera, pendant ce déplacement, sur la ligne $a_1\,a_2$, et ii' égalera la moitié de $a_1 a_2$, de sorte qu'on aura $a'_1 ii' = i'a_2$, et que le point a_1 sera encore

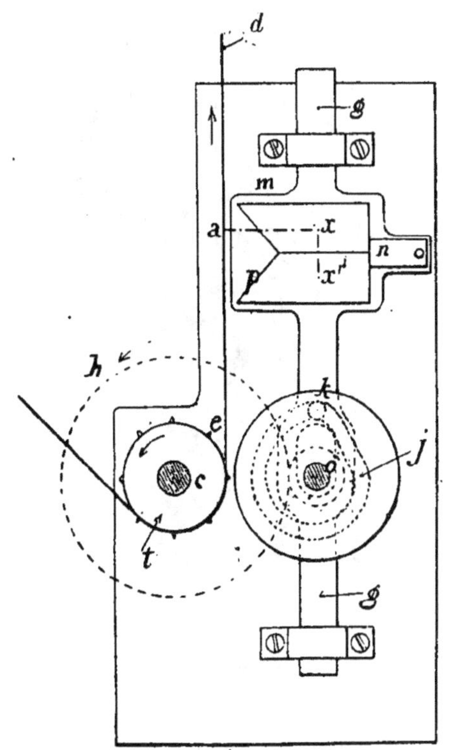

FIG. 2. — DISPOSITIF SCHÉMATIQUE DE L'APPAREIL
EN PROJECTION VERTICALE.

l'image du point a. Ce dernier *point*, quoique *mobile*, aura donc, dans ces conditions, une *image immobile*; et si l'on dispose, en avant du système des deux miroirs mobiles, et sur le trajet du dernier rayon réfléchi, un objectif à projection l, celui-ci donnera aussi une image immobile.

Cette démonstration s'applique évidemment à tout ensemble de points constituant un objet ou un dessin; le système des deux miroirs angulaires en donne une image générale, non seulement rigoureusement immobile, mais encore de même grandeur, puisque sa distance au point nodal de l'objectif reste invariable, et de même forme, attendu que la place de l'image virtuelle ne varie pas non plus. Donc, si ab représente une fraction de bande pelliculaire à projeter, nous en aurons l'image virtuelle en $a_2 b_2$, laquelle sera immobile, et restera visible tout le temps que la partie ab restera dans le champ des miroirs.

Les positions relatives qu'occupent l'objectif et la bande pelliculaire dans la figure théorique seraient difficiles à conserver dans la pratique, mais on peut, à la condition de respecter les liaisons géométriques sus-indiquées, — transporter objectif et bande dans des positions plus commodes, — en déviant convenablement les rayons lumineux. Et voici à quel dispositif MM. Lumière ont donné la préférence (fig. 2 et 3).

Les deux miroirs ont l'arête de leur dièdre hori-

zontale, et inclinée à 45° sur l'axe principal de l'objectif l; ils sont fixés sur un chariot vertical gg, animé d'un mouvement rectiligne alternatif, grâce à une caisse à rainure j, qui commande le galet k, solidaire du chariot. Cette came, par l'intermédiaire de roues dentées h, est reliée avec le tambour t, armé de dents e sur son pourtour; ce sont ces dents qui, en pénétrant dans les perforations de la bande cinématographique dd', entraînent celle-ci dans un plan vertical parallèle à l'axe de l'objectif. L'arbre c de ce tambour reçoit l'impulsion du moteur quel qu'il soit. Le profil de la caisse est tel que lorsque la bande dd' monte, par exemple, de aa' (fig. 1), le chariot monte d'une quantité nn' égale à la moitié de aa'. Pendant ce déplacement de la bande dd', un point quelconque de celle-ci, s'il est dans le champ des miroirs angulaires, se projettera constamment au même point d'un écran placé sur le trajet des rayons sortant de l'objectif.

Et par réciproque, si l'on emploie l'appareil à cinématographier, car il faut bien commencer par là, chaque point de l'espace formera son image au même point de la bande sensible.

Après le passage d'une image, la came ramène le chariot à sa position initiale, et c'est pendant ce retour que l'obturateur masque l'objectif. De la sorte, l'obturation ne dure que le quart ou le cinquième de l'exposition, et l'éclairage est mieux utilisé, ce qui atténue sensiblement l'effet de scintillation.

Avec l'appareil ainsi constitué, les bandes à projeter n'ont de limite à leur longueur que la capacité des bobines. Grâce au mouvement continu, les perforations ne fatiguent pas, et il ne s'y produit pas de déchirures. Enfin la bande étant bien et constamment tendue, possède une surface parfaitement plane.

Ces avantages secondaires, joints à l'avantage

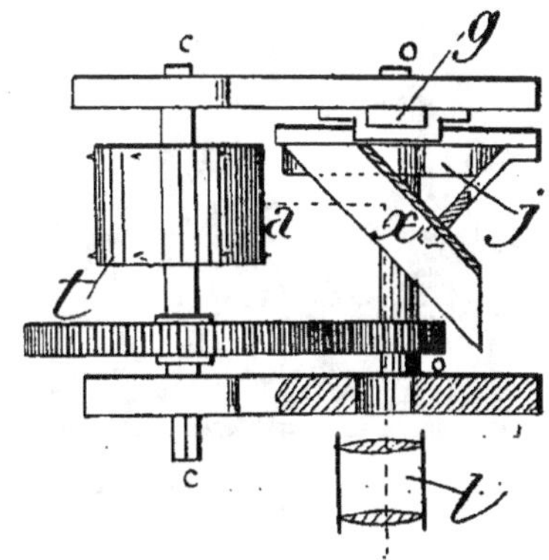

FIG. 3. — MÊME DISPOSITIF EN PROJECTION
HORIZONTALE.

principal résultant de l'immobilité de l'image à projeter, font du nouveau cinématographe un instrument de projection bien supérieur à tout ce qui s'est fait jusqu'à ce jour.

J.-F. BOIS.

AGRONOMIE

Le concours général agricole de Paris s'est tenu pour la dernière fois cette année à la Galerie des machines. L'an prochain on donne comme emplacement probable le nouveau Palais des Sports à la porte Maillot; peut-être l'éloignement du centre de Paris diminuera-t-il beaucoup le nombre des visiteurs et le retentissement qu'a tous les ans cette réunion.

Le concours général agricole.

Cette année, le nombre des animaux avait beaucoup diminué, surtout en ce qui concerne les animaux de provenance lointaine. Cela tenait surtout aux nouvelles dispositions du règlement.

On avait en effet supprimé les prix d'honneur des reproducteurs, si intéressants les années précédentes, puisqu'ils étaient la récompense du concours entre individus de races différentes. De sorte que le concours revenait en somme à la réunion de plusieurs comités agricoles ou concours spéciaux. On avait en outre diminué la valeur des prix de chaque catégorie, et, tel éleveur qui conduisait au concours des animaux très bien choisis, n'avait même pas l'espoir de se voir indemnisé de ses frais par la récompense justement méritée de ses efforts.

Cependant des prix d'ensemble avaient été créés, mais leurs conditions étaient pour ainsi dire inabordables. Il fallait pour concourir présenter un ensemble de quatre vaches et un taureau, ce qui, outre la difficulté de trouver un si grand nombre de bêtes de concours dans une étable, constitue des

FIG. 1. — CANON PARAGRÊLE.

frais vraiment peu compensés par la médaille d'or qui leur est attribuée.

Les prix d'honneur d'animaux gras ont été remportés par un bœuf charolais de 1 480 kgr., un porc craonnais de 386 kgr. et un lot de moutons southdown vraiment parfaits de formes.

L'exposition des fruits et légumes était particulièrement intéressante, la maison Vilmorin exposant de nombreuses nouveautés, une variété nouvelle de pommes de terre et le fameux *pé-tsai*, le chou frisé japonais.

Dans la section des machines, plusieurs maisons

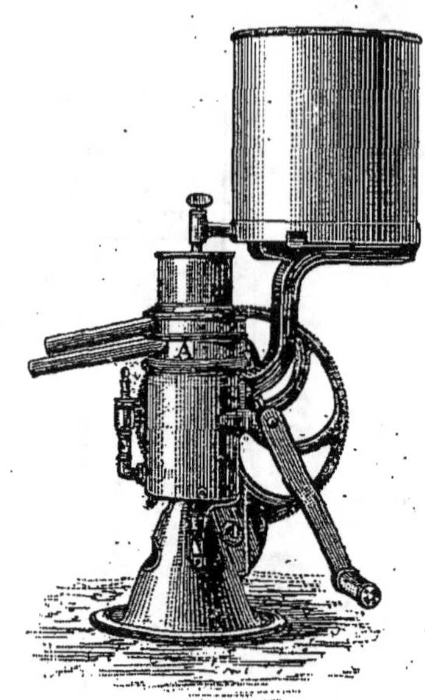

FIG. 2. — ÉCRÉMEUSE A BILLES.

ont essayé l'application industrielle des canons contre la grêle (fig. 1) et ont pleinement réussi.

Le canon comprend une chambre cylindrique en tôle d'acier surmontée d'un cône de quatre mètres, et un appareil producteur d'acétylène.

L'appareil à acétylène comprend un gazogène, une cloche à gaz et un régulateur de charge. L'allumage du mélange se fait grâce à un bec consommant lui aussi de l'acétylène. Deux embranchements permettent de régler l'allumeur en veilleuse ou en grande flamme pour l'explosion. Un cran de robinet règle la charge, un deuxième cran, l'admission des gaz, un troisième la flamme. La détonation est si violente que le sifflement de l'anneau de gaz qui s'échappe dans l'air se fait entendre pendant vingt secondes. Chaque coup de canon revient à trois centimes environ. Ce canon est déjà très employé dans les exploitations viticoles du midi.

Un autre perfectionnement important a été apporté dans les écrémeuses (fig. 2), c'est l'introduction des billes dans le pivot du sol tournant A. Elles permettent de donner à celui-ci une vitesse de rotation beaucoup plus grande, de faire coïncider plus facilement l'axe de rotation avec l'axe de figure, enfin d'amoindrir beaucoup les résistances passives et les dépenses inutiles de force.

En terminant, signalons le nombre toujours grandissant des acheteurs d'animaux et de produits agricoles, c'est en eux que les agriculteurs et les constructeurs trouvent les véritables encouragements aux progrès qu'ils s'efforcent de réaliser depuis quelques années.

HENRI BOILEAU.

ZOOLOGIE

LES CÉTACÉS.

Les Cétacés forment un groupe de Mammifères très homogène, très différencié. On peut les caractériser d'un mot en disant que ce sont les Mammifères les mieux adaptés à la vie aquatique. Il est possible, en effet, en parcourant la série animale, de rencontrer une suite d'adaptations dont les unes ne sont qu'à l'état d'ébauche, comme la patte palmée de la Loutre, qui vont en s'accentuant chez le Phoque dont les membres déjà profondément remaniés forment des sortes de rames et qui, finalement, aboutissent aux Cétacés chez lesquelles la différenciation s'est accentuée au point de constituer des êtres si profondément modifiés qu'on a quelque hésitation à les ranger dans le même groupe que leurs ancêtres, et qu'on leur a donné le nom de *Mammifères pisciformes*.

L'adaptation de ces animaux au milieu aqueux est même si parfaite qu'ils ne peuvent plus s'en échapper ne fût-ce qu'un instant, et leur échouage sur le rivage est pour eux un arrêt de mort.

La forme générale du corps est celle d'un poisson ; la tête, presque toujours très grande proportionnellement à la taille de l'animal, est reliée au corps par un cou très court. Les membres antérieurs ont tout à fait perdu la disposition de ceux des Mammifères, ils sont réduits à l'état de larges palettes très semblables à des nageoires ; les membres postérieurs ont complètement disparu[1] ; le corps se termine par une large nageoire qui diffère de celle des poissons en ce qu'elle est placée dans un plan horizontal.

Il existe quelquefois une nageoire dorsale.

Comme chez tous les Mammifères, nous trouvons la cicatrice du cordon ombilical et, chez la femelle, une paire de mamelles situées très en arrière.

L'étude du squelette, que nous ne pouvons qu'effleurer, nous révèle quelques particularités intéressantes : les vertèbres cervicales sont soudées les unes aux autres, comme comprimées et atrophiées. Le squelette des membres antérieurs se retrouve presque normal sous l'enveloppe qui le dissimulait. Quant à celui des membres postérieurs, il est totalement absent ; nous trouvons seulement dans l'épaisseur des chairs un rudiment de bassin qui a perdu ses connexions avec la colonne vertébrale.

La nageoire caudale aussi bien que la dorsale quand elle existe ne possèdent à leur intérieur aucune formation osseuse.

Classification. Taille. — On divise les Cétacés en deux grands groupes :

1º Les *Mysticètes* ou Cétacés à fanons parmi

FIG. 1. — COMBAT D'UN POULPE GÉANT ET D'UN CACHALOT. D'APRÈS BULLEN.

Le Cachalot s'est couché sur le dos, sa mâchoire inférieure longue et étroite dépasse la surface de la mer.

1. Chez les Baleines franches, on a décrit un rudiment du fémur et du tibia, ce dernier restant toujours cartilagineux.

lesquels nous rangeons les différentes Baleines, Baleinoptères.

. 2° Les *Cétodontes* ou Cétacés à dents qui comprennent les Dauphins, Globicéphales, le Cachalot, etc.

Quelques Cétacés possèdent une taille consi-

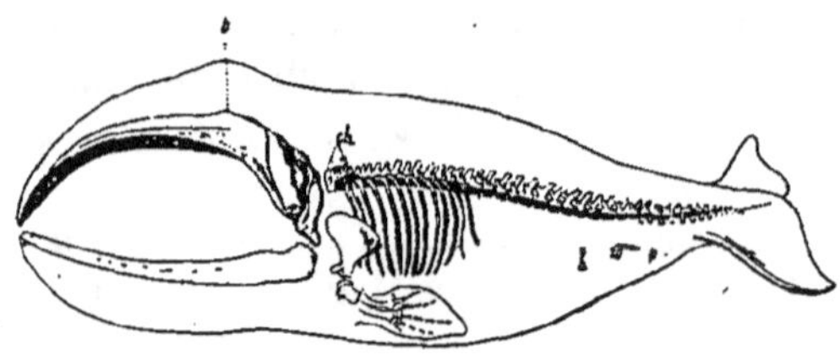

FIG. 2. — SQUELETTE DE BALEINE FRANCHE, D'APRÈS BEDDARD.

dérable, ce sont les plus grands animaux qui existent actuellement sur la terre. Il n'est pas rare de rencontrer des Baleines franches qui atteignent 15 à 20 mètres. Les *Bow-heads* du détroit de Behring ont jusqu'à 33 mètres. Le *Baleinoplera musculus* adulte mesure de 25 à 30 mètres. Le Cachalot atteint et dépasse même cette longueur.

Progression dans l'eau. Mouvements. — Malgré cette taille considérable, les Cétacés sont des animaux très agiles. Ils se déplacent dans l'eau avec une aisance et même une grâce remarquable. On ne se lasse pas du spectacle fourni par les évolutions des Marsouins lorsque leur troupe joyeuse accompagne un vaisseau en marche. Ils filent comme des flèches à quelques pieds au-dessous de la surface de la mer avec une telle facilité qu'ils semblent progresser sans fatigue, sans même qu'on puisse percevoir la cause de leur déplacement. C'est la nageoire caudale qui est l'organe de propulsion des Cétacés. C'est elle qui leur permet de se déplacer avec une vitesse qui peut dépasser celle des paquebots qui filent à 15 ou 18 nœuds [1].

En dehors de ces déplacements normaux qui ont pour raison la fuite ou la recherche de la nourriture, les Cétacés se livrent parfois à des mouvements exceptionnels. Les Dauphins sont très coutumiers du fait. Souvent au lieu de venir simplement respirer à la surface, on les voit sortir brusquement de l'eau, s'élancer en l'air, puis retomber dans la mer après avoir décrit une courbe gracieuse. Il arrive même assez fréquemment qu'ils semblent se concerter pour accomplir ces évolutions, car on voit 3, 4 ou 5 animaux de la troupe, nager en restant correc-

tement alignés, puis s'élancer hors de l'eau tous en même temps, et y retomber côte à côte après avoir décrit des courbes parallèles.

Chez les grandes espèces, ces sauts, bien que moins fréquents, s'observent cependant encore assez souvent. Les grands Mégaptères, malgré leur énorme taille, se livrent souvent à ces évolutions surprenantes. Mon ami le Dr Racovitza qui faisait partie de l'expédition de *la Belgica* a souvent observé ces sauts de Mégaptères dans les parages de l'Antarctique. « Une fois, écrit-il, je vis un très grand individu sauter complètement hors de l'eau, de sorte que même sa caudale ne touchait plus la surface; son corps était presque vertical et sa queue était tordue comme pour exécuter un mouvement violent (fig. 3).

« Une autre fois, j'ai vu un Mégaptère de taille moyenne exécuter ses gambades tout près du bateau. A un moment donné, il apparut en l'air, la queue touchant à l'eau, la direction du corps oblique par rapport à la surface de la mer, les pectorales étendues. Il se laissa tomber sur le dos tandis que l'eau jaillissait de tous côtés et qu'une forte houle secouait le bateau. Il se mit à nager ensuite, tantôt à fleur d'eau, tantôt à une faible profondeur, puis il exécuta un nouveau saut, suivi d'une nouvelle période de natation, à laquelle succéda un nouveau saut, et ainsi de suite sept fois, puis il reprit l'allure normale. »

Les grands Cachalots qui atteignent et dépassent trente mètres de longueur se livrent souvent à des sauts formidables qui semblent faire partie des jeux de ces animaux.

Ces diverses évolutions ne sont d'ailleurs pas

FIG. 3. — MÉGAPTÈRES SAUTANT, D'APRÈS RACOVITZA.

identiques chez toutes les espèces; l'allure de chaque Cétacé, surtout son attitude au moment de la plongée, au moment où il va « sonder », comme disent les baleiniers, est caractéristique pour chaque espèce. Racovitza qui, pendant de

---

1. Le nœud marin représente une longueur de 1 852 mètres.

longs mois, a pu examiner ces animaux dans le voisinage de la banquise du pôle sud a rapporté des documents très précieux sur ce sujet. Il arrive à cette conclusion que « les mouvements des Cétacés dans l'eau sont spécifiques », et qu'un œil exercé peut, de loin, reconnaître à l'allure de l'animal à quelle espèce il appartient aussi sûrement que s'il l'avait à sa disposition et qu'il lui soit possible de le disséquer.

Le Mégaptère, avant de disparaître de la surface pour gagner la profondeur fait apparaître au-dessus de la mer sa large nageoire caudale qui oscille quelques instants (fig. 4) ; au contraire, le Balænoptère incurve la partie postérieure de son corps de telle sorte que la nageoire caudale reste constamment au-dessous de la surface.

L'impulsion nécessaire pour exécuter ces mouvements si variés, est produite uniquement par la nageoire caudale qui, placée dans un plan parallèle à celui de la surface,

FIG. 4. — MÉGAPTÈRE AU MOMENT DE LA « SONDE », D'APRÈS RACOVITZA. EXPÉDITION DE LA « BELGICA ».

permet à l'animal de plonger ou de remonter du fond de la mer à l'air libre pour venir respirer.

Quant aux nageoires pectorales, elles servent surtout à assurer l'équilibre de l'animal ; leur action n'est pas sans importance à cet égard, car on sait que la position d'équilibre du Cétacé n'est pas celle qu'il occupe pendant toute son existence ; dès qu'il est mort, en effet, on le voit se retourner et nager le ventre en l'air. La nageoire dorsale, quand elle existe, paraît ne jouer qu'un rôle bien effacé ; certains auteurs ont même voulu la considérer comme une réserve de graisse utilisée par l'animal en cas de besoin, ce serait un organe analogue à la bosse du chameau, mais c'est là, hâtons-nous de le dire, une opinion très sujette à discussion.

Fonctions digestives. — 1° *Mysticètes.* — Chez les Baleines ce sont seulement les os maxillaires supérieurs incurvés d'avant en arrière qui portent les fanons. Ceux-ci sont implantés dans la muqueuse qui est recouverte par un épithélium très épais qui a la consistance du liège (substance subéroïde, gomme des baleiniers anglais). Les fanons ne sont qu'une expansion cornée de cette couche.

La mâchoire inférieure ne porte pas de fanons, elle est tapissée d'une épaisse muqueuse lisse, mais par contre la lèvre qui la recouvre est épaisse, charnue et très haute, si bien qu'elle s'élève verticalement et double, à l'extérieur, les fanons.

Telle est l'armature buccale à l'âge adulte ; mais la jeune baleine ne naît point avec ces dispositions ; les fanons n'existent pas chez elle, et par contre, elle possède des dents petites, mais très bien constituées. Ces dents tombent d'ailleurs de très bonne heure (chez certaines espèces pendant la vie fœtale), et elles sont remplacées par les fanons qui se développent peu à peu pendant les premières périodes de la vie libre du jeune animal.

Les Mysticètes se nourrissent tous d'animaux très petits qui constituent le *plankton*, et qui nagent dans la mer groupés par essaims souvent très denses. Ce sont très fréquemment des Crustacés colorés en rouge par un pigment particulier ; d'autres fois ce sont de petits Mollusques, des Ptéropodes, etc. La Baleine se présente devant le banc compact de ces petits animaux la bouche ouverte, elle nage et les animaux pénètrent par milliers dans cette vaste cavité dont le fond est fermé à ce moment par la contraction de muscles spéciaux. Quand l'animal a la sensation d'avoir capturé une assez grande quantité de ce plankton animal, il relève sa mâchoire inférieure, et en même temps, il gonfle sa langue, et la rapproche progressivement de la voûte du palais.

Pendant cette manœuvre, l'eau dans laquelle nageaient les animaux sort peu à peu de la bouche sans que ceux-ci puissent s'échapper car ils sont retenus par le filtre que forment les fanons.

La masse des petits animaux ainsi réunis sous forme d'un bol alimentaire est alors déglutie. La même manœuvre recommence aussitôt.

Nous voyons donc que la Baleine pâture en quelque sorte au milieu de ces essaims de petits animaux.

La quantité de plankton engloutie dans une seule journée par une Baleine de grande taille confond l'imagination. Ainsi Guldberg raconte qu'on a trouvé dans l'estomac d'un Balénoptère jusqu'à 10 000 kgr. de *Thysanopoda inermis*, petit crustacé très abondant dans certaines régions.

2° *Cétodontes*. — Ce second groupe de Cétacés est caractérisé par la présence de dents qui persistent pendant toute la vie de l'animal, mais, fait remarquable, ici encore les dents diminuent de nombre depuis la naissance jusqu'à. l'âge adulte. Ainsi, chez le Cachalot, les deux mâchoires du jeune sont garnies de dents, tandis que l'adulte possède des dents seulement à la mâchoire infé-

été taillés en gros quartiers par les formidables mâchoires de l'animal!

C'est une opinion assez répandue dans le monde des baleiniers que les Orques qui voyagent presque toujours en troupe attaquent la Baleine et lui arrachent la langue pour s'en repaître. Cette assertion a été acceptée par Cuvier. Elle demanderait cependant confirmation.

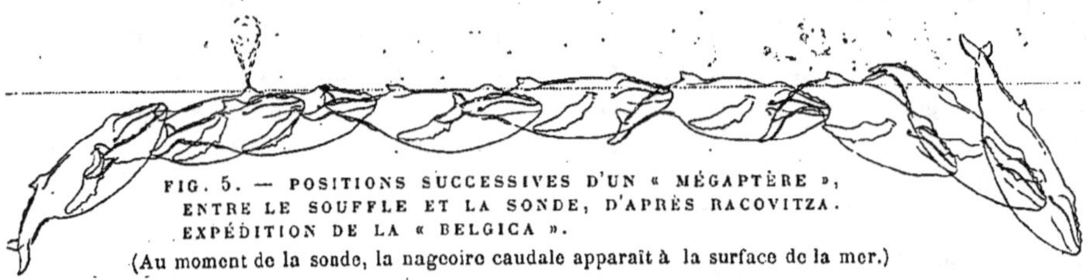

FIG. 5. — POSITIONS SUCCESSIVES D'UN « MÉGAPTÈRE »,
ENTRE LE SOUFFLE ET LA SONDE, D'APRÈS RACOVITZA.
EXPÉDITION DE LA « BELGICA ».
(Au moment de la sonde, la nageoire caudale apparaît à la surface de la mer.)

rieure au nombre d'une trentaine environ. Elles sont reçues, quand l'animal ferme la bouche, dans des sortes de cupules creusées dans l'épaisseur de la mâchoire supérieure. Une dissection minutieuse de ces cavités permet de retrouver les vestiges des dents de l'embryon. Des faits analogues ont été signalés chez le Grampus, chez le Narval, etc.

b) Ichtyophages. — Ces mangeurs de Poisson sont représentés surtout par les Dauphins, Marsouins etc. Ils capturent surtout les poissons pélagiques, la Sardine ou le Thon.

c) Teuthophages. — Ainsi nommés parce qu'ils se nourrissent presque exclusivement de Céphalopodes. Nous citerons les Globicéphales, les Grampus, les Hyperoodon, les Cachalots.

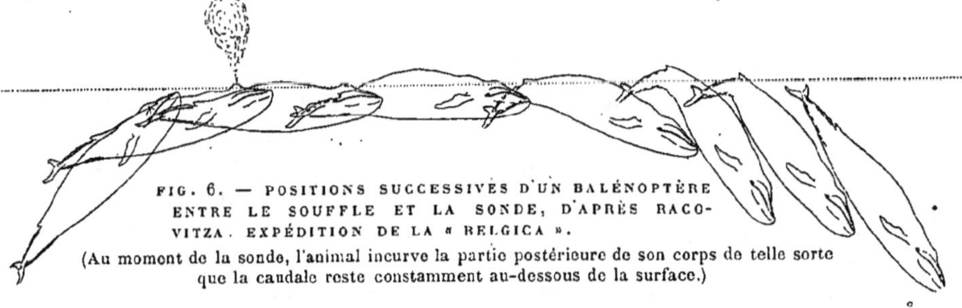

FIG. 6. — POSITIONS SUCCESSIVES D'UN BALÉNOPTÈRE
ENTRE LE SOUFFLE ET LA SONDE, D'APRÈS RACO-
VITZA. EXPÉDITION DE LA « BELGICA ».
(Au moment de la sonde, l'animal incurve la partie postérieure de son corps de telle sorte
que la caudale reste constamment au-dessous de la surface.)

Chez les Dauphins, le nombre des dents est beaucoup plus considérable (environ 60 de chaque côté à chaque mâchoire).

Il est à noter que, quelle que soit l'espèce considérée, toutes ces dents sont semblables les unes aux autres, et de forme conique; elles ne servent guère à la mastication, mais seulement à la préhension de la proie.

Le groupe des Cétodontes se divise naturellement en plusieurs groupes secondaires que nous allons passer en revue :

a) Sarkophages. — Les Orques sont les Cétacés les plus caractérisés de ce groupe. Ce sont de robustes animaux dont la taille dépasse rarement huit mètres. Ils s'attaquent surtout aux autres Cétacés plus petits qu'eux et leur voracité est étonnante. Eschricht disséquant une Orque de 7 m. 50, trouve dans son estomac treize Marsouins et quinze Phoques qui avaient

Ils font une consommation prodigieuse de ces Mollusques, car dans l'estomac d'un seul Hyperoodon, on a trouvé plus de dix mille becs de Céphalopodes. Ceux-ci, d'ailleurs, appartiennent presque tous à des espèces absolument inconnues. Le Prince de Monaco assistant à l'agonie d'un Cachalot dans les parages des Açores a pu recueillir quelques-uns de ces Céphalopodes rejetés par l'animal pendant ses dernières convulsions. Tous étaient tout à fait nouveaux et représentaient des types très différents de ceux qui étaient connus jusqu'alors. Certains d'entre eux atteignent même une taille gigantesque, car on a trouvé en pleine mer ou rejetés à la côte des bras garnis de ventouses qui mesuraient plus de 10 m. de longueur, ce qui permet de reconstituer la taille complète de leur propriétaire à 20 m. environ.

C'est surtout le Cachalot qui, pendant ses

longues stations sous la surface de la mer, livre des combats homériques à ces Poulpes géants qu'on avait crus pendant longtemps relégués dans les dépôts géologiques. La lutte, qui se termine toujours à l'avantage du Cétacé, se poursuit même quelquefois à la surface de la mer, et un baleinier américain, Bullen, a décrit et figuré un combat de ces monstres auquel il a eu la bonne fortune d'assister pendant une claire nuit dans la zone des tropiques. Le Poulpe, de taille colossale enserrait l'énorme tête du Cétacé dans la couronne de ses longs bras musculeux garnis de puissantes ventouses armées de griffes acérées. Sous cette étreinte, le Cachalot faisait des bonds désordonnés, battant l'eau et la soule-

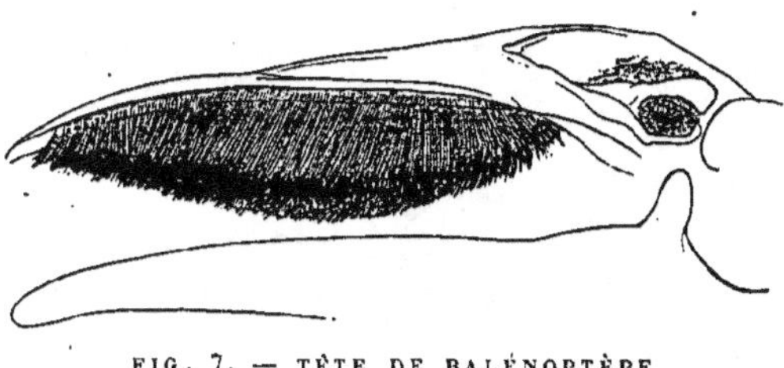

FIG. 7. — TÊTE DE BALÉNOPTÈRE MONTRANT LES FANONS, D'APRÈS BEDDARD.

vant en montagnes d'écume au moyen de sa formidable nageoire caudale (fig. 4).

Le Prince de Monaco, au cours d'une de ses campagnes, a aussi assisté de loin à un de ces drames, qu'il a décrit d'une manière saisissante dans son livre : *La carrière d'un navigateur.*

La réalité et la fréquence de ces luttes entre les Cétacés Teuthophages et les Céphalopodes sont attestées par les nombreuses empreintes, et même les cicatrices produites par les griffes des ventouses sur toute la partie antérieure du corps du Cétacé.

(*A suivre.*)

Dʳ P. PORTIER,

Attaché au laboratoire de Physiologie (Sorbonne.)

ÉLECTRO-MÉCANIQUE

LA TRACTION ÉLECTRIQUE A PARIS. SOLUTION PRATIQUE.

Le monopole de la Compagnie des Omnibus doit bientôt expirer et l'on se préoccupe vivement de la réorganisation des transports en commun dans Paris. Une commission du conseil municipal vient de parcourir les principales villes d'Europe où elle a étudié la façon dont était résolue cette importante question à l'étranger.

Le Métropolitain ne saurait suffire aux besoins de la capitale. Entre les mailles de son réseau, il faut prévoir dans les voies à moyenne circulation des lignes de tramways pour lui servir d'affluents. Enfin il est indispensable d'amener rapidement et sans transbordement, au centre de Paris, la population de la banlieue qui vient chaque jour à ses affaires et pour cela il faut réorganiser et développer les tramways de pénétration.

Nous n'exposerons pas ici les causes, surtout d'ordre financier, de la mauvaise situation des Compagnies de transport à Paris. Nous voulons simplement examiner dans ce qui va suivre les différents procédés électriques employés dans la capitale, pour la traction des voitures publiques.

Paris est certainement la ville du monde où l'on rencontre, à ce sujet, le plus de systèmes différents, on n'en compte pas moins de dix en laissant même de côté le métropolitain dont les conditions sont toutes spéciales [1].

La raison de cette multiplicité dans les moyens résulte de ce fait que le cahier des charges n'a pas imposé aux concessionnaires d'entreprises de tramways un système de préférence à un autre, mais il a écarté systématiquement, du moins jusqu'à ces derniers temps, le mode de prise de courant par trolley sur fil conducteur aérien.

Assurément on ne saurait faire un reproche au conseil municipal d'avoir proscrit le trolley des grandes artères, mais s'il importait de laisser aux larges avenues leur caractère imposant, cette rigueur ne s'est pas justifiée pour certaines rues des quartiers excentriques. Il est juste de reconnaître, du reste, qu'une certaine tolérance s'est établie et que les Compagnies de transport ont pu employer le trolley dans diverses régions plus ou moins voisines des fortifications.

Le mode de prise de courant par trolley est cependant le plus pratique et le moins coûteux. C'est à lui qu'on doit assurément l'essor in-

---

1. On sait que sur le Métropolitain la traction se fait par le procédé dit du troisième rail. Des frotteurs placés sous la voiture servent à capter le courant sur ce troisième rail qui est isolé du sol et légèrement surélevé par rapport aux rails ordinaires de la voie.

croyable pris par la traction électrique pendant les dix dernières années.

Rappelons brièvement en quoi consiste ce système.

Le conducteur qui amène l'énergie électrique

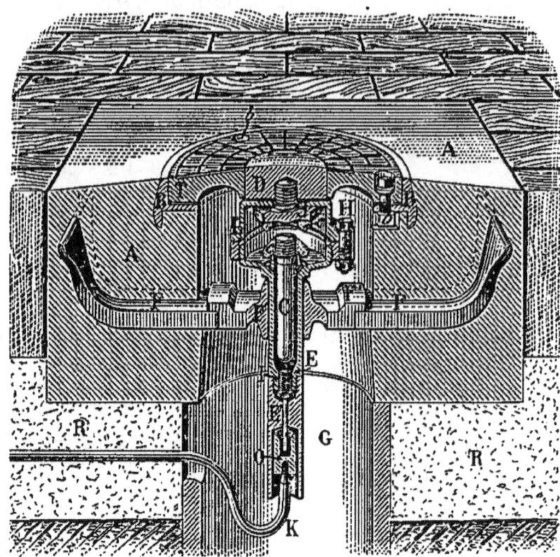

FIG. 1. — DÉTAILS DE CONSTRUCTION
D'UN PLOT DIATTO.

est un fil de cuivre suspendu à 7 ou 8 m. au-dessus de la chaussée. Sur ce fil coule une petite poulie à gorge placée à l'extrémité d'une perche fixée elle-même au toit de la voiture. Des ressorts appropriés maintiennent le contact entre la poulie et le fil conducteur.

Le courant électrique est capté sur le fil par la poulie. Il descend le long de la perche par un fil conducteur, va aux moteurs qu'il actionne, et fait retour à l'usine génératrice par les rails ordinaires de la voie.

Les premières installations de trolley étaient fort disgracieuses. La perche ne pouvant se déplacer que dans un même plan vertical, le fil conducteur devait nécessairement être placé dans l'axe de la voie et en suivre toutes les sinuosités, ce qui entraînait à une complication énorme de fils tendeurs et de supports.

Fort heureusement on a imaginé depuis quelques années de nombreux systèmes de trolley à libre déviation qui permettent une orientation de la perche et de la roulette dans tous les sens. Grâce à cette disposition, les fils conducteurs peuvent être rejetés latéralement et même dissimulés en partie dans le voisinage des arbres. On a ainsi réussi à enlever aux lignes aériennes l'aspect si disgracieux qu'on trouve encore dans certaines villes de province.

Quoi qu'il en soit le trolley est toujours en

discrédit auprès du public, qui méconnaît son caractère pratique pour ne voir que son aspect [1].

Obligés d'abandonner le trolley pour la raison que nous venons de dire, les ingénieurs ont été amenés à établir d'autres moyens de recueillir l'énergie électrique. Ils y sont parvenus de deux façons :

1° En captant le courant au moyen de pavés métalliques ou plots.

2° En enfermant le conducteur électrique dans un caniveau à rainure.

Les Plots. — Tout le monde connaît les pavés métalliques distribués le long de certaines lignes de tramways de pénétration. Ce sont les plots.

Il existe à Paris deux sortes de plots : les plots Diatto et les plots Claret-Willeumier. Les premiers sont installés sur les lignes de l'Est et de l'Ouest Parisien ; et les seconds sur la ligne Enghien-Trinité.

Voici en quoi consiste le principe de la traction électrique par plots.

Un câble conducteur isolé, dissimulé dans le sol le long de la voie, et relié à l'usine génératrice, est connecté à une série de contacts successifs placés dans l'entrevoie. Chacun de ces contacts n'est mis en communication avec le câble conducteur qu'au moment précis où la voiture est au-dessus du plot. La liaison est faite au moyen de cet organe lui-même, qui rompt automatiquement le courant dès que le véhicule a passé.

Plots Diatto. — Dans le plot Diatto le contact est obtenu au moyen d'une grosse cheville en fer C à tête épanouie, dont la partie inférieure est immergée dans un godet à mercure F dans lequel pénètre le courant de distribution par l'intermédiaire d'un petit câble de dérivation K greffé sur le câble armé couché dans le sol (fig. 1).

FIG. 2. — SYSTÈME DIATTO.
Barreaux aimantés sous la voiture.

Ce système est enfermé dans une boîte A, en matière isolante, dont la partie supérieure affleure le niveau de la chaussée et qui repose à sa partie inférieure sur un tuyau en grès G disposé verticalement.

1. On prétend également que la chute d'un conducteur sur le sol peut occasionner des accidents graves sur les voies très fréquentées, et que le fil aérien peut gêner la manœuvre des engins de sauvetage au moment d'un incendie.

La voie et le bloc A reposent sur un radier en
béton R R et les plots sont solidement réunis aux
rails par des traverses métalliques.

La boîte A est fermée au moyen d'un couvercle
métallique B formé d'un métal très magnétique
et très résistant à l'usure.

Deux pièces de fonte F, de grande perméabilité magnétique, sont encastrées dans le corps
de la boîte et supportent en leur milieu une
traverse de fonte F' qui maintient elle-même un
godet en ébonite renfermant du mercure. Les
pièces F se terminent par des ailerons redressés
verticalement, épanouis aux extrémités, mais
restant toujours incorporés dans le massif de la
boîte.

A la partie inférieure du godet est vissé un
bouchon en cuivre I garni d'un appendice en
fil de cuivre E' qui pénètre dans le mercure que
contient un second godet métallique O en communication avec le câble adducteur du courant K.

Dans le mercure du premier godet en ébonite
plonge la cheville du clou en fer C. Le volume
du métal liquide et les dimensions du clou sont
calculés de telle manière que le poids de la pièce
mobile, dans sa position inférieure, est sensiblement équilibré par la poussée du liquide, ce qui
facilite énormément le mouvement ascensionnel
du clou dont nous parlerons tout à l'heure.

La tête du clou est revêtue d'une garniture en
charbon dur c, très robuste et d'une grande
conductibilité, au-dessus de laquelle se trouve
une garniture circulaire, également en charbon
et fixée à la partie inférieure en fer doux D. Ces
pièces en charbon sont enfermées dans une boîte
en laiton L.

Barreau aimanté de la voiture. — Sous
chaque voiture motrice est placé une série de
trois barreaux paral-
lèles aimantés au
moyen d'électro-
aimants qui dévelop-
pent dans le barreau
central d'une part, et
dans les barreaux ex-
trêmes, d'autre part,
des polarités inver-
ses. La longueur de
ces barreaux est su-

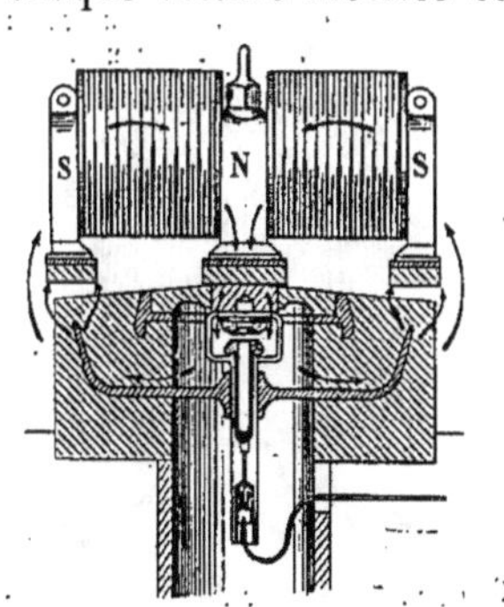

FIG. 3. — SYSTÈME DIATTO.
Position des électro-aimants sur
la tête des plots, montrant le
trajet des lignes magnétiques.

périeure à la distance
qui sépare deux plots
consécutifs de sorte
qu'il sont toujours en
contact avec un plot au moins. Pendant la marche,
les électro-aimants sont excités par le courant

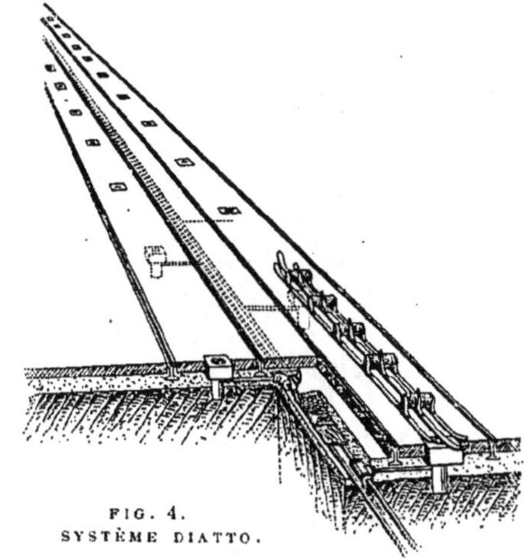

FIG. 4.
SYSTÈME DIATTO.

Passage des barreaux aimantés sur les plots.

qui passe à travers les dynamos, et pendant les
arrêts ils sont parcourus par un courant fourni
par une petite batterie d'accumulateurs disposée
sur la voiture (fig. 2).

Il est facile de comprendre à présent le fonctionnement du système. Quand le barreau central arrive en contact avec un plot, le clou est
soulevé tout en continuant à baigner dans le mercure, les deux pièces en charbon c et c' viennent en contact et établissent la liaison entre
l'axe métallique D et le câble K. A ce moment le
plot est électrisé, et par l'intermédiaire du flot-
teur central le circuit de la ligne est établi sur les
moteurs du véhicule.

On aperçoit maintenant, très aisément, le rôle
des ailerons F, ils servent à guider les lignes de
force qui traversent à la fois les plots et les élec-
tros. La figure 3 indique le trajet de ces lignes
de force.

Théoriquement, le clou doit retomber lorsque
la voiture progressant, le clou échappe à l'action
attractive des barreaux aimantés, mais il arrive
qu'au moment où s'effectue la rupture du circuit
électrique à l'endroit du plot, une étincelle jaillit
entre les deux pièces en charbon, et volatilise
une partie de celui-ci ; puis, à la longue, la poussière de charbon qui finit par tapisser les parois
de la chambre close établit un contact permanent entre le câble de dérivation K et la tête du
plot qui reste continuellement électrisé et qu'il
faut bien se garder de toucher.

Les chevaux sont particulièrement sensibles à
ce contact, principalement lorsqu'il a lieu par
leurs membres antérieurs, les fers favorisent du
reste le passage du courant à travers le corps de
l'animal qui est foudroyé instantanément.

Le plot Diatto peut encore s'électriser d'une

autre manière, et en dehors du passage d'une voiture automotrice.

Lorsque la chaussée est humide et recouverte

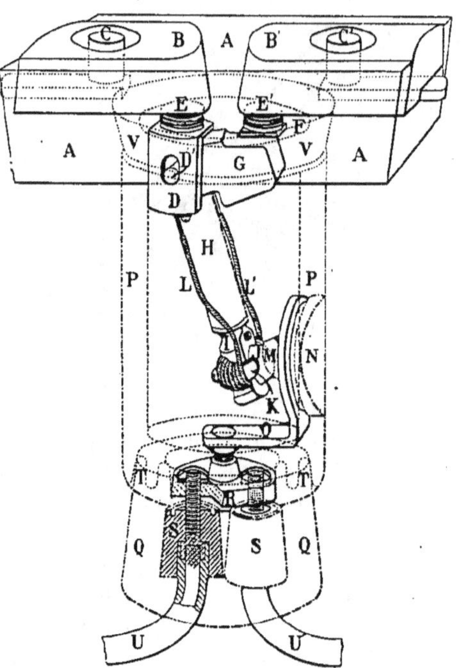

FIG. 5. — DÉTAILS DE CONSTRUCTION DU PLOT DOLTER.

d'une dissolution saline, le contact s'établit par l'intermédiaire du sol, entre les rails conducteurs et la couronne de charbon. Comme le clou est relié à l'autre pôle de la distribution, et comme la distance est très faible entre les deux pastilles de charbon, on conçoit sans peine qu'un arc puisse s'établir à l'intérieur d'un plot qui réalise ainsi une sorte de petite lampe à arc imparfaite mais fort dangereuse pour les piétons.

C'est à toutes ces causes qu'il faut attribuer les nombreux cas d'électrocutions imputables aux plots. Il est donc prudent de ne jamais toucher à ces engins.

Système Doller. — Ce système fonctionne sur la ligne de tramways qui va du Val d'Or, à la porte Maillot en traversant le bois de Boulogne.

Le principe reste le même que celui du système Diatto, mais la constitution du plot est notablement différente.

Deux sabots en acier trempé B et B′ (fig. 5) sont encastrés dans la tête du plot. Ces sabots sont maintenus en place par des taquets d'arrêts C et C′. Deux barres aimantées[1], de polarités différentes placées sous la voiture frottent

sur ces deux sabots et déterminent, au passage de la voiture, l'attraction du bras de levier DG, du levier coudé HDG, qui bascule autour du tourillon magnétisable D′ (fig. 6).

Le bras de levier H porte à son extrémité une pastille de charbon J placée en face d'une deuxième pastille M reliée elle-même au câble de distribution au moyen des câbles souples U et U′ et de la pièce en bronze O[1].

Le mouvement d'attraction du levier G amène en contact les deux pastilles de charbon J et M. Ce contact établit immédiatement une liaison électrique entre le câble d'alimentation et la tête du plot, mise en relation elle-même avec les moteurs de la voiture.

On remarquera que le courant n'arrive au plot qu'après avoir traversé deux fusibles L et L′ dont le rôle sera indiqué plus loin. Ces fusibles eux-mêmes sont enroulés en solénoïdes à une de leurs extrémités et constituent ainsi un souffleur magnétique K qui rompt sûrement l'arc qui tend à se produire quand le bras de levier H retombe après le passage de la voiture. Aucun arc permanent ne peut donc prendre naissance à l'intérieur du plot.

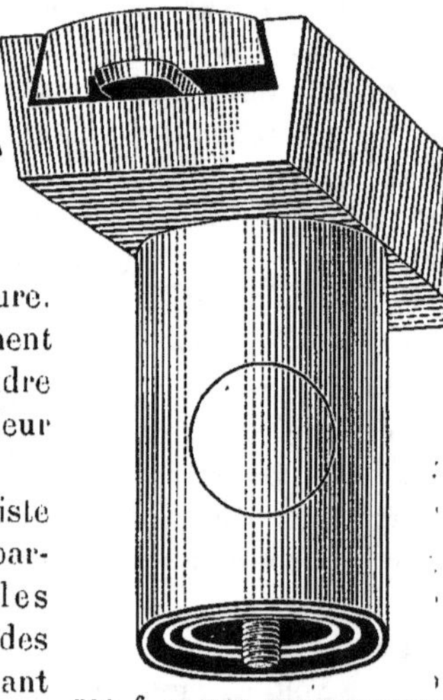

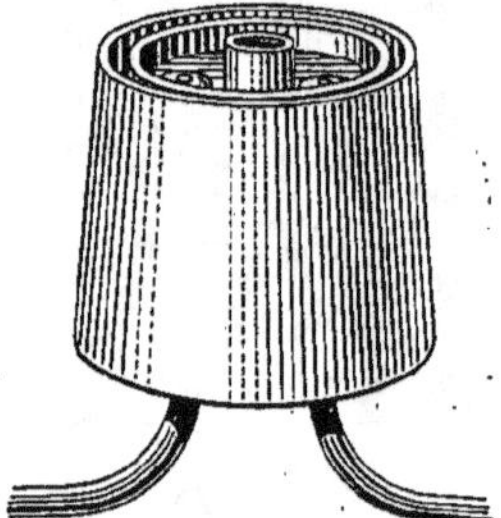

FIG. 6. — VUE PERSPECTIVE D'UN PLOT DOLTER.

Le frotteur consiste en deux longues barres longitudinales assemblées par des entretoises formant électro-aimants. Il est divisé en deux parties.

La partie avant est formée d'une barre reliée aux pôles nord des aimants et d'une barre parallèle à la précédente reliée aux pôles sud.

La partie arrière, la plus courte, porte un électro-aimant magnétisé en sens contraire des précédents de façon à détruire l'aimantation provoquée antérieurement et à faire

FIG. 7. — LIAISON DES CÂBLES ÉLECTRIQUES ET DU PLOT DOLTER.

1. Les électro-aimants sont excités par une petite batterie d'accumulateurs de quatre éléments disposés sur la voiture.

1. Les extrémités de ces câbles sont encastrées dans un bloc de matière isolante Q (fig. 5 et 7).

retomber le bras de levier avant que le frotteur n'ait quitté le plot arrière.

Enfin, à l'arrière de la voiture est disposé un frotteur supplémentaire mis à la masse de la voiture. Si pour une raison quelconque le levier coudé n'est pas retombé, lorsque le frotteur de sûreté arrive en contact avec la tête du plot, il provoque dans celui-ci un court circuit qui fait fondre les plombs fusibles et supprime du même coup tout danger.

Système Claret-Willeumier. — Le système Claret-Willeumier, qui fonctionne, non sans succès du reste, sur la ligne Enghien-Trinité, a d'abord été essayé à Lyon en 1894, puis, après avoir subi quelques modifications, a été exploité sur la ligne de la Place de la République à Paris — à Romainville.

En principe, il comprend une série de pavés en fonte, distribués de 2 m. 50 en 2 m. 50 dans l'entrevoie et touchés successivement par une simple bande de contact placée sous la voiture et reliée aux moteurs, lesquels communiquent d'autre part avec les rails. Mais, au lieu d'attribuer à chaque pavé un connecteur séparé, soit un clou, soit un levier, il n'y a qu'un distributeur de courant pour un groupe de vingt pavés. Chaque distributeur est placé sous le trottoir et relié à la fois aux vingt pavés ainsi qu'au distributeur qui le précède et à celui qui le suit.

Le courant est envoyé successivement à chacun des pavés métalliques par le distributeur au fur et à mesure que la voiture progresse, et cela par le déplacement d'un commutateur cir-

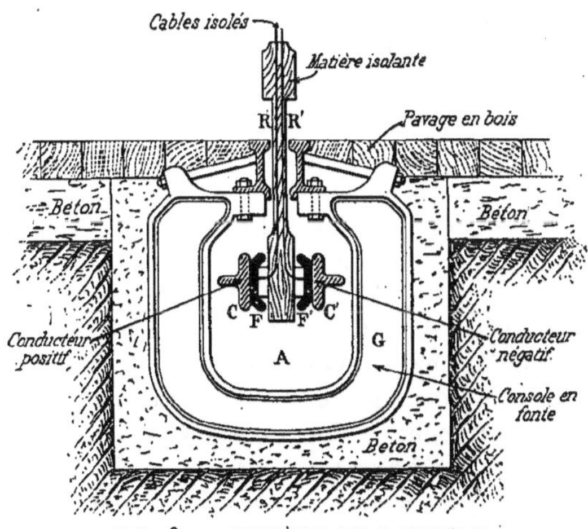

FIG. 8. — SYSTÈME DU CANIVEAU.

culaire mis en action par un électro-aimant. Il n'y a jamais que deux plots chargés sur un secteur de vingt plots, et quand une voiture quitte une section le commutateur correspon-

dant envoie le courant au commutateur suivant qui fonctionne à son tour.

On voit que deux voitures ne peuvent jamais circuler simultanément sur la même section et en cas d'arrêt d'un distributeur une section tout entière est hors de service.

Traction électrique par caniveau souterrain. — La traction électrique par caniveau a été installée primitivement à Budapest, à New-York, à Washington et à Bruxelles. En France ce système a été utilisé à Paris et à Nice.

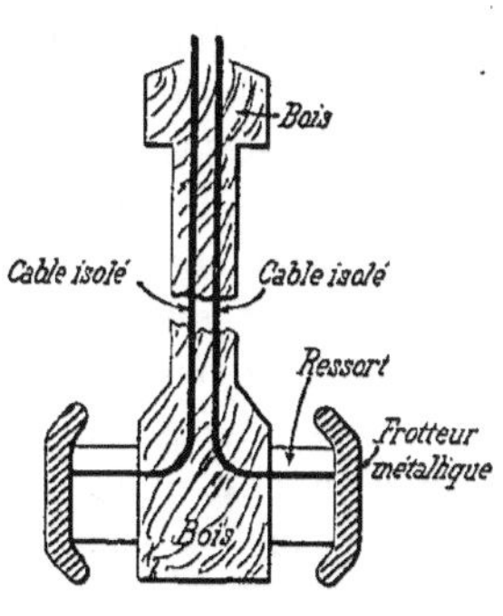

FIG. 9. — BÊCHE DE PRISE DE COURANT DU SYSTÈME A CANIVEAU.

A Paris il fonctionne sur les lignes suivantes : Saint-Ouen-Champ-de-Mars; Étoile-Montparnasse; Montparnasse-Bastille.

Voici en quoi il consiste (fig. 8) :

Un conduit souterrain est établi sous la voie, tantôt dans l'axe de celle-ci, tantôt sous un des rails de roulement. Ce conduit est construit en béton armaturé de distance en distance par des consoles en fonte, reliées par des entretoises aux deux poutrelles en fer, dont l'ensemble constitue normalement un rail ou un contre-rail — et qui laissent entre elles une rainure pour le passage d'une bêche de prise de courant qui sera décrite plus loin.

Deux conducteurs C et C' sont disposés parallèlement dans ce caniveau, l'un et l'autre sont en relation avec les deux pôles des dynamos génératrices à l'usine de production d'énergie.

Une bêche B portant deux frotteurs F et F' sert à recueillir le courant sur ces deux conducteurs, pour l'amener au moyen de câbles souples, au moteur de la voiture.

Normalement, le caniveau est placé sous l'un des rails de roulement, mais, pour faciliter les aiguillages, on est obligé dans les croisements de le faire dévier et de l'établir momentanément dans l'axe de la voie. Aussi la bêche peut-elle se déplacer perpendiculairement à l'axe de la voiture pour passer automatiquement du caniveau central au caniveau latéral ou inversement.

Le système de traction électrique par caniveau est assurément celui qui est le plus en faveur à Paris, malheureusement il coûte fort cher, 300 000 à 400 000 fr. le kilomètre. Il oblige donc l'exploitant à des frais d'amortissements considérables, il est par conséquent incompatible avec des tarifs réduits tels que le trolley permet d'en établir. Enfin il exige beaucoup de soins non seulement dans sa construction mais dans son entretien. Il faut le nettoyer assez souvent, et pour cela disposer d'une quantité d'eau suffisante, dont la dépense vient encore augmenter les frais d'exploitation.

Traction par accumulateurs. — Ce système paraît absolument condamné pour la traction électrique dans les grandes villes. Les accumulateurs sont lourds, encombrants et coûteux. Enfin ils exigent des recharges fréquentes, ce qui immobilise une grande quantité de matériel et provoque un encombrement de la voie publique.

En outre de ces inconvénients, qui sont d'autant plus sérieux que le parcours est plus long et plus accidenté, les accumulateurs dégagent des vapeurs acides qui incommodent les voyageurs et détériorent les objets. Enfin, dans certains cas, si certaines précautions ne sont pas prises, ils peuvent déterminer l'inflammation de la caisse de la voiture. Pour toutes ces raisons, les quelques lignes qui conservent encore ce système seront nécessairement appelées à le faire disparaître.

Conclusion. — De tous les systèmes électriques employés pour la traction des tramways le fil aérien est assurément le plus économique et celui dont le fonctionnement est le plus satisfaisant; malheureusement son aspect et les dangers qu'il peut occasionner ont empêché jusqu'ici son adoption définitive dans les grandes villes.

Les plots présentent autant de dangers sinon plus que le trolley, et si quelques systèmes ont donné des résultats satisfaisants, beaucoup d'autres ont conduit à une exploitation irrégulière, quelquefois même désastreuse.

Reste le caniveau, dont les avantages sont fort appréciés, mais dont le prix d'établissement est prohibitif pour les lignes qui n'ont pas un très grand trafic.

La véritable solution de la traction électrique dans les villes paraît être dans une combinaison judicieuse du caniveau et du trolley, celui-ci étant établi dans les quartiers excentriques où il permet d'adopter un tarif très réduit — le caniveau au contraire étant employé dans les grandes artères très fréquentées — où les départs peuvent être plus fréquents et les prix plus élevés.

Sur les lignes de pénétration, le passage de l'un à l'autre système devra se faire automatiquement et sans arrêt de façon à éviter toute perte de temps inutile.

L. DRIN,
Ingénieur-électricien.

CHIMIE INDUSTRIELLE

LE BLANCHIMENT DES FARINES.

Tous les procédés de blanchiment appliqués ou proposés sont basés sur le fait suivant : *l'oxydation directe ou indirecte est capable de détruire certaines matières colorantes végétales.* Dans le cas des farines, tous les procédés de blanchiment qui sont en concurrence actuellement appartiennent à la catégorie des procédés d'oxydation directe : ils exigent tous la préparation d'un produit gazeux dont la décomposition dégage de l'oxygène qui porte ses effets sur les matières colorantes de la farine.

Un premier procédé consiste à opérer la transformation allotropique de l'oxygène de l'air sous l'action d'une décharge électrique continue. C'est le procédé industriellement en usage aujourd'hui pour la préparation de l'ozone ou oxygène condensé. La molécule d'oxygène a pour formule O^2, autrement dit elle résulte de la combinaison de deux atomes que nous pourrions écrire O-O. Une décharge continue, ou l'étincelle électrique dans des conditions spéciales, fixe ces deux atomes d'oxygène qui s'étaient réunis pour constituer une molécule, sur un troisième atome. Le nouveau gaz obtenu a pour formule O^3; mais le troisième atome d'oxygène qui est venu se fixer sur la molécule est dans un état instable. Il suffit que ce gaz, rencontre quelques poussières organiques oxydables, ou subisse une élévation de température, etc., pour que l'oxygène en excès se dégage; cet oxygène à l'état naissant a des propriétés de destruction énergiques qui le rendent capable d'agir sur diverses matières étrangères contenues dans la farine, de même que sur la matière colorante pour la détruire et par conséquent ramener cette farine à la couleur du blanc pur (fig. 1).

Un autre procédé est basé aussi sur l'emploi de l'électricité pour la production, à partir de l'air, d'un courant gazeux, sur la composition chimique duquel plane encore un doute.

Il semble bien que pour les chimistes qui s'occupent plus spécialement de la fabrication des engrais, ce procédé ne soit pas absolument inconnu. Depuis longtemps, en effet, on a cherché à créer artificiellement des engrais azotés pouvant remplacer le nitrate de soude qu'on trouve au Chili et au Pérou, car on peut penser qu'à un moment déterminé les nitrières naturelles seront vides de leur nitre et que par conséquent la quantité d'engrais nécessaire pour fumer nos terres à blé viendra à manquer.

Comme l'air est un mélange de 75 parties d'azote pour 25 parties d'oxygène, on a pensé que si on arrivait à combiner l'azote renfermé dans l'air avec l'oxygène qui l'accompagne, on aurait, dans l'atmosphère, par suite du jeu des décompositions organiques et de la restitution incessante de l'oxygène et de l'azote, une source inépuisable de nitrate.

Au point de vue des synthèses et des combinaisons gazeuses les actions électriques ont déjà donné des résultats précieux dans un grand nombre de préparations, aussi a-t-on essayé de les utiliser *pour fixer directement sur l'azote de l'atmosphère l'oxygène de l'atmosphère, de façon à former de l'acide nitrique.*

Cette préoccupation remonte déjà à près de douze ans, on en trouve la trace dans une conférence qui a été faite par un grand physicien anglais, Sir William Crookes, au Congrès de l'Association Britannique pour l'avancement des sciences, en 1898, et qui n'est pas sans surprendre un peu de la part de ce physicien généralement occupé à des travaux bien différents. Dans cette conférence qui a pour titre : « L'Alimentation en blé », Sir William Crookes dit, précisément, qu'il a songé à la disparition possible des nitrates du Chili et qu'il s'est préoccupé d'y remédier en réalisant la combinaison de l'azote et de l'oxygène de l'air. Il rappelle, à ce sujet, que les premières expériences qu'il fit dans cette voie devant la « Royal Society » de Londres, remontent à 1892.

« A l'une des soirées de la « Royal Society », dit-il, j'ai présenté une expérience sur la flamme de l'azote brûlant. J'ai montré que l'azote est un gaz combustible, et que si, une fois allumé, la flamme ne se propage pas à travers l'atmosphère, noyant le monde entier dans un océan d'acide nitrique, c'est simplement parce que le point d'ignition de l'azote, le point d'inflammation est plus élevé que la température de sa flamme. Celle-ci n'est pas assez chaude pour communiquer le feu au mélange voisin ; mais si l'on fait passer un fort courant d'induction entre les électrodes, les choses changent : l'air prend feu et continue à brûler avec une flamme puissante, produisant, par sa combustion, des acides nitreux et nitrique. »

Les vues de Crookes n'ont pas été abandonnées et aujourd'hui en Amérique, en Suisse, en Norvège, partout où il y a des chutes d'eau, il y a des industriels qui étudient cette question de la production directe de l'azote nitrique et qui sont arrivés, dans cette voie, à des résultats déjà satisfaisants.

Le second des procédés de blanchiment repose sur cette même réaction. Sir William Crookes est très affirmatif sur la production des acides nitreux et nitrique dans l'arc à flamme. Des travaux plus récents, faits d'une part par Rayleigh, et d'autre part par Ramsay, jettent quelques doutes sur la simplicité supposée de la combustion gazeuse signalée plus haut, mais il n'en est pas moins vrai que l'on peut penser que le gaz ainsi produit renferme les acides nitreux et nitrique. Selon quelques-uns le gaz produit serait un composé nouveau[1].

Dans l'état actuel de la science c'est à l'un de ces produits, ou à leur ensemble que serait dû le blanchiment des farines. En effet, le peroxyde d'azote, l'acide nitreux, ont un pouvoir oxydant énergique, par conséquent un pouvoir de destruction des matières colorantes analogue à celui de l'ozone (fig. 2).

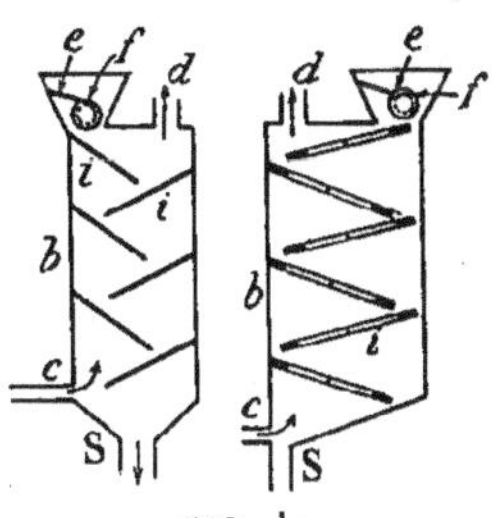

FIG. 1.

La farine tombe du distributeur *c, f,* sur les surfaces inclinées *i, i* de la chambre *b*. Elle se trouve en contact avec l'air ozonisé qui arrive par la tubulure *c*. La farine traitée s'échappe en S et l'air utilisé en *d*.

Le troisième procédé est entièrement chimique. Il consiste à mettre en contact de l'acide nitrique, de l'acide sulfurique, du sulfate de fer, et à faire passer dans le mélange un courant d'air. On utilise ainsi la réaction classique, qui donne naissance à la combinaison du sulfate de

1. Il est certain que les composés AzO^2 et Az^2O ne peuvent pas exister dans l'arc électrique ; par conséquent, nous pouvons penser que l'arc à flamme produit l'un ou l'autre ensemble des divers produits suivants : AzO, AzO^2, Az^2O^3 : le bioxyde d'azote AzO, en présence de l'oxygène de l'air, donne le peroxyde AzO^2 ou Az^2O^4 ; Az^2O^3 c'est l'acide nitreux.

fer avec le bioxyde d'azote; comme cette combinaison est instable en présence de l'oxygène de l'air, il suffit de faire passer un courant d'air, pour fixer de l'oxygène sur le groupe AzO, et obtenir le peroxyde d'azote AzO^2 (fig. 3).

En résumé, le *procédé chimique* appliqué au blanchiment des farines consiste toujours à pré-

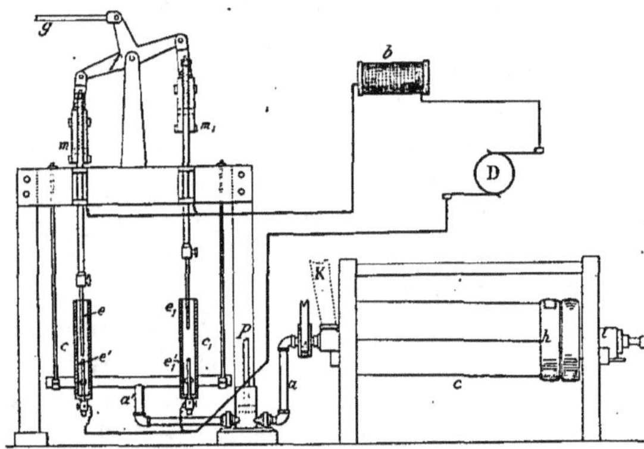

FIG. 2.

Le système gmm_1, est actionné de manière à rapprocher alternativement les électrodes e, e' et les électrodes e_1, e'_1. L'arc alimenté par le générateur jaillit donc successivement dans les cylindres c et c_1. La pompe p fait passer l'air traité et contenant des composés oxygénés de l'azote dans le cylindre tournant chi où se rend par le tuyau k la farine à blanchir.

parer un gaz capable de dégager de l'oxygène, capable par conséquent d'oxyder les matières colorantes et de blanchir la farine.

Envisageons ce blanchiment en lui-même. Quelle est, dans la farine, la matière ou la substance qui se trouve décolorée? Cela revient à poser le problème inverse : Quelle est la substance qui donne à la farine sa coloration spéciale?

La coloration des farines peut être due à des matières étrangères. Lorsque, par exemple, un nettoyage insuffisant ou des actions extérieures, laissent pénétrer dans la farine soit des poussières inorganiques, soit des poussières organiques, la farine perd de sa blancheur, se tache comme on dit. De même, si la farine est imparfaitement blutée, s'il y a un mélange de débris de l'enveloppe et du germe, une seconde cause de coloration intervient. Cependant, si nous éloignons ces causes, si nous arrivons à fabriquer des farines pures, la farine bien que ne renfermant que l'amande emprisonnée de l'écorce du blé, ne sera pas encore blanche au sens propre du mot, car elle possédera une couleur crème, une couleur jaunâtre, plus ou moins

foncée, suivant la qualité du blé, le pourcentage de l'extraction, ou suivant le passage de la mouture considéré.

On a dit souvent que cette coloration était due au gluten. Eh bien c'est là une erreur. La coloration est due à la matière grasse : une farine dont on enlève la matière grasse, se trouve par là même blanchie. Les moindres souillures, les moindres parcelles de matières extérieures qui pénètrent alors dans la farine lui font prendre immédiatement une teinte grise semblable à celle que prend l'amidon blanc qui rencontre quelques substances étrangères.

Plus la farine contient de matières grasses, plus elle est jaune. La différence générale de coloration que présente la farine de blé tendre et la farine de blé dur tient à ce fait qu'il y a des matières grasses en plus dans la farine de blé dur : il y a 1 p. 100, 1,10 p. 100, pour le blé tendre, et 1,70, 1,80, quelquefois 2 p. 100 de matières grasses dans la farine de blé dur. De même le maïs blanc ne contient presque pas de matières grasses; le maïs jaune, au contraire, en contient une proportion considérable. Si l'on extrait le gluten d'une farine avant le dégraissage, ce gluten paraît toujours jaunâtre parce qu'il entraîne avec lui une certaine proportion de matières grasses. Si le gluten de la même farine est extrait après, le gluten est presque totalement décoloré. Par conséquent, théoriquement, il apparaît que l'action du blanchiment porte sur les matières grasses.

Il est facile de montrer que la pratique s'accorde avec la théorie. Voici deux flacons et voici d'une part un poids donné d'une farine avant le blanchiment, et d'autre part, le même poids de la farine après blanchiment. Extrayons les matières grasses avec la même quantité d'éther. L'éther du produit qui n'avait pas été blanchi présente une coloration jaune intense. Au contraire l'éther du produit qui a été blanchi présente à peine une trace de coloration jaunâtre.

Par conséquent, il n'y a pas de doute, ce sont bien les matières grasses qui subissent l'action de l'oxygène.

Mais du même coup, il faut nous demander si les autres substances qui constituent la farine ne sont pas modifiées. Tout d'abord il est possible, il est même permis à un chimiste de penser qu'un courant gazeux trop riche en produits oxydants amènerait dans certaines parties constituantes des modifications de la farine, modifications qui ont d'ailleurs été constatées par différents experts en Amérique et en Angleterre,

Le Blanchiment des Farines.

et qui ont fait dire que lorsque l'oxydation est exagérée, on arrive à la destruction complète du gluten, c'est-à-dire à l'obtention de farines qui n'ont plus aucune force et se panifient dans de mauvaises conditions.

Mes analyses ont porté sur des farines blanchies par un procédé appliqué avec intelligence et parfaitement mis au point.

Elles ont montré que le blanchiment n'apporte aucune modification dans l'humidité, les matières azotées, l'élasticité du gluten, et l'extrait à 0°. Seule la teneur en matières grasses a diminué.

On a dit que le blanchiment des farines était en réalité un vieillissement artificiel? Qu'y a-t-il de fondé dans cette assertion. Lorsqu'on examine des farines au bout de quelque temps de fabrication, leur couleur est en effet modifiée d'une façon notable. Mais il semble cependant que le blanchiment est plus qu'un procédé de vieillissement; lorsqu'on conserve des farines, on voit leur acidité augmenter et atteindre un degré très nuisible aux qualités des produits. Or, lorsqu'on examine la variation de l'acidité dans les premiers mois de fabrication pour les farines fleur, par exemple, conservées dans de bonnes conditions, on obtient une augmentation d'acidité assez prononcée.

Voyons, par exemple, cette augmentation pour trois types de farines. La première avait 0,036 d'acidité quelques jours après la fabrication ; une autre avait 0,048; la troisième avait également 0,036. Eh bien, quatre mois après la fabrication, l'acidité de la première était montée à 0,061 ; celle de la seconde à 0,079 et celle de la troisième à 0,055. Pendant la conservation l'acidité des farines augmente, jusqu'à doubler.

Or, l'analyse montre que pour les farines blanchies l'acidité n'a pas augmenté dans la même proportion ; elle a augmenté d'un dixième à peine. Ceci paraît être d'un bon augure en faveur du procédé de blanchiment, puisque l'augmentation d'acidité est inférieure à celle que produit le vieillissement, et qu'elle est ainsi plutôt en faveur du maintien des qualités de la farine.

Autre question : les farines blanchies sont-elles stérilisées? Il faudrait faire des expériences de vérification à ce point de vue, mais on peut conclure en faveur d'une stérilisation partielle tout au moins, en raison de l'action exercée par l'ozone sur les micro-organismes. Dans les farines, il y a des micro-organismes particuliers qui peuvent être, dans une mesure variable, défavorables à la conservation de la farine. Or, lorsqu'on fait passer un courant d'ozone dans de l'eau chargée de microbes, de micro-organismes divers, ces micro-organismes sont détruits dans une proportion qui est fonction de la quantité d'ozone que renferme l'atmosphère gazeuse. Il est probable que si on employait des produits oxydants trop riches en oxygène disponible, on altérerait les qualités des farines en détruisant certaines de leurs parties constituantes, en oxydant par exemple le gluten; le courant d'air ozonisé doit donc être certainement un courant très peu chargé en ozone, étant donnée l'action énergique de ce gaz, et l'on peut douter que le courant d'air ozonisé qui est assez riche en ozone pour blanchir les farines

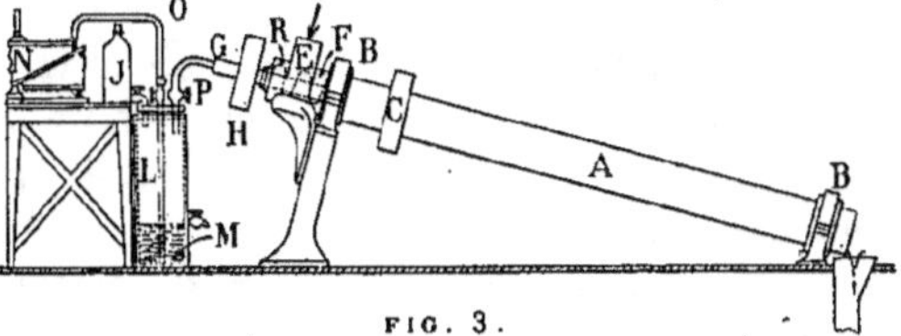

FIG. 3.

La farine introduite en E, entraînée par la vis d'Archimède FRIIG, descend dans le cylindre A, mis en rotation par une courroie passant sur la poulie C. Dans le cylindre L tombent de l'acide nitrique contenu dans le flacon J et du sulfate de fer en dissolution contenu dans un flacon voisin. Un courant d'air produit au moyen du soufflet N est amené par le tube O et passe dans le cylindre L où il entraîne AzO³ après avoir traversé la nappe liquide maintenue constante par le siphon M.

sans les altérer soit suffisant pour les stériliser en même temps.

On doit avoir aussi une autre préoccupation dans la même voie. On sait que durant la conservation des farines, on ne voit pas seulement agir les micro-organismes ou simplement l'oxygène, mais on voit aussi se mêler à ces agents l'influence des ferments solubles.

Ces diastases, qui sont différentes des microbes, qui peuvent être produites par la vie microbienne, sont-elles atténuées par le blanchiment?

Pour en décider j'ai eu recours à une expérience bien simple portant sur la diastase de l'orge germée, sur l'amylase, comme on la dénomme, qui a pour effet de saccharifier l'amidon et de le transformer en maltose; j'ai mesuré l'activité diastasique de l'amylase en prenant tout simplement la farine avant et après l'opération du blanchiment et en comparant l'extrait, c'est-à-dire la quantité de matières solubilisées que cette farine peut donner à la température favorable comprise entre 50 et 60° et la quantité d'extrait correspondant à la température 0.

Comme à la température de 0 les diastases sont paralysées, si l'amylase avait été touchée par l'oxydation, il est probable que la farine blanchie donnerait moins d'extrait à 55° que la farine non blanchie.

Cette expérience a répondu dans une certaine mesure à mon hypothèse. L'extrait à 0, avant le blanchiment était de 4,36, et après de 4,34, c'est-à-dire sensiblement le même : l'extrait à 55° est monté dans le premier cas à 5,92 et dans l'autre cas à 5 p. 100. Ainsi dans un cas il y aurait eu 0,66 d'extrait formé d'un mélange de maltose et de dextrine, et dans l'autre cas 1,56, soit plus de deux fois plus, ce qui prouve que l'activité diastasique après le blanchiment a diminué, il semblerait donc que le courant d'oxydation soit favorable à la destruction des diastases et partant favorable dans une certaine mesure au pouvoir de conservation de la farine. Cependant, à tout prendre, ces chiffres ne sont pas très différents les uns des autres. Ils permettent seulement de conclure, en attendant plus ample informé, que l'activité diastasique semble modifiée dans une certaine mesure, en faveur du procédé.

La production de l'acidité pendant la conservation des farines est due entièrement, comme M. Balland l'a montré, à la transformation des matières grasses qui vont s'oxydant et se transformant en différents produits acides qui, eux-mêmes, se modifient au fur et à mesure que la farine vieillit; ce sont ces produits acides qui agissent, en particulier, sur le gluten pour le transformer, ce sont ces produits acides qui empêchent le gluten de s'extraire, qui font qu'au bout d'un certain temps la farine ne peut plus être panifiée.

L'expérience suivante le montre facilement : de la farine qui a par exemple dix-huit mois ou deux ans de fabrication, soumise au procédé ordinaire de malaxage souvent ne donne plus de gluten; mais en saturant les acides formés au moyen d'une proportion convenable de bicarbonate de soude dissous dans l'eau, on peut alors extraire le gluten par le procédé ordinaire de lavage: ce gluten est moins élastique que le produit primitif, mais il n'en est pas moins vrai qu'on le retrouve en presque totalité dans la farine conservée.

Il est donc évident que c'est aux acides que sont dues les défectuosités que présente la farine au bout d'un certain temps de conservation.

D'autre part les propriétés de la farine se modifient plus ou moins rapidement sous l'empire de deux autres conditions, celle de l'excès d'humidité et celle de la température de conservation. Plus la farine est humide, plus elle est conservée à une température élevée, plus les transformations sont rapides. Dans le cas qui nous occupe on pourrait dire que le pouvoir de conservation des farines, pour une quantité donnée d'humidité et pour une température déterminée, est inversement proportionnel à la quantité de matières grasses qu'elle contient.

Et c'est maintenant, à mon sens, que l'on peut examiner la question du blanchiment des farines au point de vue industriel. Tout d'abord, quelles seront les modifications que fera subir au pain le procédé de blanchiment ? Le pain fabriqué avec les farines fleur de Paris n'est pas parfaitement blanc, il a une couleur plus ou moins crémeuse, plus ou moins beurre frais, suivant la quantité de matières grasses qu'il contient. Il est évident que si cette couleur jaune est détruite nous aurons un pain qui ne sera plus celui que nous avons l'habitude de voir tous les jours sur notre table, car sa couleur se rapprochera plus ou moins du blanc pur de l'amidon.

L'oxydation tend à produire sur le pain une action analogue à l'écrémage du lait, c'est-à-dire à faire passer le pain légèrement coloré en jaune au pain dont la couleur se rapprocherait de plus en plus de la couleur blanc bleuté.

Étant donné que les produits chimiques qui constituent la valeur alimentaire des farines n'ont pas été modifiés et que, par conséquent, le pain après le blanchiment n'est pas plus nutritif qu'avant, je me demande si l'application du procédé de blanchiment sera un réel progrès pour la meunerie. J'entends bien qu'il serait peut-être un progrès esthétique pour certains consommateurs en France et à l'étranger qui réclament du pain absolument blanc, et auxquels la couleur jaunâtre de notre pain ne convient pas, que ce serait peut-être un progrès aussi pour certains industriels qui ont ces consommateurs sous la main, et qui par conséquent pourraient devenir les fournisseurs de ces consommateurs, mais en général, au point de vue particulier de l'industrie française, je ne pense pas que ce progrès soit suffisant pour inciter tous les industriels à se livrer au blanchiment de leurs farines de marque.

Le progrès, à mon avis, serait que le procédé de blanchiment permît d'incorporer aux farines supérieures, aux farines fleur ou autres, certains passages de la mouture qui sont précisément des produits riches en matières grasses, et par conséquent assez fortement colorés en jaune et qui actuellement ne peuvent pas être incorporés à la farine blanche, tant à cause de leur coloration qu'à cause des inconvénients qu'ils apporteraient à la conservation.

Pour répondre à cette préoccupation industrielle, il faut se poser la question suivante : le blanchiment stérilisera-t-il la farine et modifiera-t-il assez profondément les matières grasses pour augmenter considérablement le pouvoir de conservation de ces produits? Des expériences scientifiques bien conduites pourront seules, dans un temps déterminé, répondre à cette question.

Pour mon compte je trouve qu'il est prématuré de formuler une opinion ferme à ce sujet; cependant, je crois qu'il est possible, lorsqu'il s'agira de fabriquer des produits qui devront être liquidés dans un temps relativement court, de traiter ces différents passages de la mouture, passages sur lesquels je ne veux pas insister parce que leur qualité varie avec les diagrammes de mouture et avec la perfection de l'outillage. J'attire seulement l'attention sur ce fait, c'est qu'il est certain que ces passages de mouture, qui portent sur des parties du blé dans lesquelles les matières grasses sont nombreuses, ne devront pas être trop riches en débris. En effet, l'oxydation n'a aucune influence sur les particules de son et de germe; donc, en enlevant la couleur jaunâtre qui s'accorde assez bien avec la couleur de l'enveloppe et du germe, il est certain que ces particules apparaîtront plus distinctement, et que de plus la blancheur pure de la farine sera plus facilement altérée par la couleur des poussières étrangères.

Par suite, il appartient à chacun de rechercher quels seront les passages que l'on pourra blanchir, quel sera, de ce fait, le relèvement obtenu dans le taux d'extraction des farines.

FLEURENT,
Professeur au Conservatoire
des Arts et Métiers [1].

1. Extrait d'une conférence faite par M. Fleurent, au Congrès de « la Meunerie française ».

~~~~~~~~~~~~~~~~~~~~~~~ **TECHNOLOGIE** ~~~~~~~~~~~~~~~~~~~~~~~

</div>

LA PORCELAINE DE SÈVRES [1].

Cuisson. — La porcelaine va subir d'abord un premier feu, on va la *cuire en dégourdi*, c'est-à-dire la soumettre à une température suffisamment élevée pour transformer la matière argileuse, silicate d'aluminium hydraté, en silicate anhydre incapable de se rehydrater par action directe de l'eau. La pâte perd à ce premier feu ses qualités plastiques, elle s'est transformée en une matière solide, poreuse, qui pourra être trempée dans l'eau sans se désagréger. C'est le *dégourdi* de porcelaine.

La porcelaine cuite en dégourdi est alors émaillée. Le bain d'émail est formé de pegmatite broyée, délayée dans l'eau. On immerge la pièce dans ce bain pour poser l'émail. Par suite de la porosité du dégourdi, de l'eau est absorbée par toute l'étendue de sa surface et la matière solide en suspension dans l'eau vient se déposer sur toute la surface, formant une couche qui fondra en un verre transparent pendant la cuisson. La durée de l'immersion est très courte; pour une assiette, par exemple, elle ne dure que quelques secondes. Ce procédé d'émaillage, dit par trempage ou par immersion, n'est pas applicable dans tous les cas, les grosses pièces se prêtent mal à ce genre de manœuvre. On procède alors par vaporisation. La couverte délayée dans l'eau, comme précédemment, est envoyée sur la pièce au moyen d'un vaporisateur. Pour obtenir une couche égale la pièce à émailler est posée sur un support pouvant tourner sur un axe, on présente ainsi successivement toutes les parties à l'action du jet de couverte.

Une fois la pièce émaillée, il faut la cuire; c'est alors que de réelles difficultés vont se présenter. Les parties sur lesquelles l'objet de porcelaine repose doivent d'abord être dégarnies de couverte afin d'éviter l'adhérence de la pièce à son support; de plus, il va falloir, pour beaucoup d'objets, avoir recours à des dispositifs spéciaux pour éviter des déformations au feu. La pâte, au moment de la vitrification, va prendre du retrait et perdre de sa consistance, la masse va donc subir un travail moléculaire à un moment

1. Voir le n° 20 de *La Science au XXe Siècle*.
~~~~~~~~~~~~~~~~~~~~~~~

où sa résistance sera faible. Il est nécessaire, tout en laissant le retrait s'effectuer, de maintenir la forme de la pièce. Pour une pièce comme une tasse, on se sert d'un support circulaire présentant une légère pente; la tasse repose sur ses bords le pied en l'air. La pente du support va permettre au retrait de s'effectuer et la forme circulaire maintiendra la rotondité de la pièce. Les statuettes en biscuit donnent un type de pièces de formes plus compliquées à cuire; fréquemment elles présentent un mouvement qui amène en avant ou en arrière soit un membre, soit une partie du corps. Cuite sans précautions, une pareille statuette sortirait affaissée du four. On établit alors tout un système de supports pour maintenir les parties sujettes à un déplacement. Ces supports sont constitués par des fragments de pâte crue, identique à celle qui a servi à faire la statue, de sorte que pendant la cuisson le support et la partie supportée prendront le même retrait ce qui évite toute déformation. Au moyen d'une composition spéciale, *le terrage*, on évite tout contact persistant après cuisson entre les supports et la pièce elle-même. Le polissage permet du reste d'adoucir les surfaces.

La pièce qui doit subir la cuisson ne peut être placée à même dans le four, elle serait salie par des débris de combustibles et les résidus de la combustion. On l'enferme dans des étuis de terre, les *gazettes*. La gazette, corruption de cassette, est une boîte en terre réfractaire ayant un fond; sa section est circulaire ordinairement. Ces gazettes peuvent se superposer et former des piles dans le four. Au moyen *de cerces*, c'est-à-dire de cylindres sans fond, on peut

FIG. 1. — MOULAGE D'UN VASE.

atteindre par superposition la hauteur des pièces à envelopper. Les pièces reposent sur des *ron-*

deaux, qui sont des plaques rondes que l'on dis-

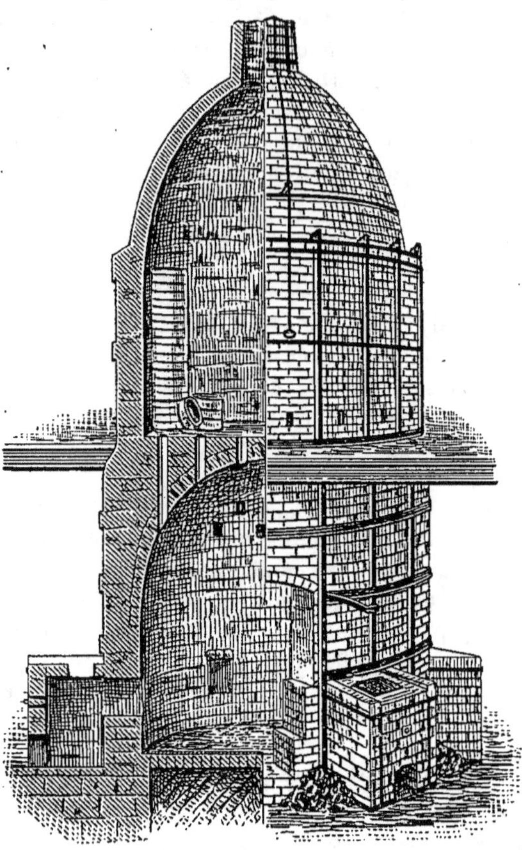

FIG. 2. — FOUR POUR LA CUISSON DE LA PORCELAINE

pose au fond des gazettes. Une fois l'*encastage*, c'est-à-dire les gazettes et leur contenu, terminé, le four est fermé et l'on procède à la cuisson[1].

La cuisson de la porcelaine comprend deux périodes : le *petit feu* et le *grand feu*.

Le petit feu sert à échauffer lentement les pièces. Grâce à une élévation progressive de la

1. Les fours sont des cylindres verticaux terminés à leur partie supérieure par une calotte, au centre de laquelle se trouve établie la cheminée. A la partie inférieure du four la figure nous laisse voir des ouvertures par lesquelles entrent les gaz combustibles dégagés des foyers. Le four est divisé horizontalement en deux parties. Dans la région inférieure, où agissent immédiatement les flammes et où la température est la plus élevée, s'effectue la cuisson de la porcelaine, *c'est le laboratoire*; à l'étage supérieur, le *globe*, on met la porcelaine à cuire en dégourdi. La température de cuisson de la porcelaine dont nous avons donné la composition au début de cet article est de 1 370° en chiffres ronds; la température obtenue dans le globe est moins élevée, elle est voisine de celle de la fusion de l'or. Le four que nous avons représenté ici donne une idée de ce que sont les fours utilisés à Sèvres pour cuire la porcelaine dure; on voit nettement sur la figure, le laboratoire, la voûte qui sépare le laboratoire du globe et les carneaux qui établissent la communication entre les deux régions du globe. Les foyers méritent un supplément de description car ils diffèrent notablement des grilles que le lecteur peut avoir eues sous les yeux. Le foyer, appelé *alandier* dans le métier céramique, est constitué par une boîte rectangulaire en briques, ouverte à sa partie supérieure et appuyée sur le four; une ouverture ménagée dans la paroi de ce dernier établit la communication entre l'alandier et le laboratoire.

température les pièces sont portées jusqu'à une température élevée sans rupture, ce qu'une cuisson rapide ne permettrait pas. Dans la cuisson au bois, telle qu'elle est conduite à Sèvres, on commence le feu en jetant pêle-mêle dans l'alandier de grosses bûches. La combustion se fait lentement en dégageant beaucoup de fumée et en laissant de la braise qui s'accumule dans l'alandier. Pendant cette période, dite du petit feu, on peut atteindre le rouge, intermédiaire entre le rouge très sombre et le rouge cerise. A ce moment, l'alandier s'est rempli d'une quantité suffisante de braise incandescente. La partie supérieure est alors débarrassée des plaques de tôle qui la recouvraient pendant le petit feu et l'on place sur la partie supérieure de l'alandier des bûchettes de bois. Deux portées maintiennent le bois sur le haut de l'alandier. Le rayonnement de la braise porte le bois à une température suffisante pour provoquer une distillation du bois, les gaz qui se dégagent sont suffisamment chauds pour s'enflammer au contact de l'air qui traverse alors l'alandier de haut en bas. La flamme descend dans l'alandier et entre dans le four, entraînée par le courant d'air. La combustion se parachève dans l'intérieur du four et l'atmosphère devient très chaude, oxydante si l'air est en quantité suffisante pour brûler tous les éléments combustibles, réductrice dans le cas contraire. Le maximum de température s'obtient avec la flamme neutre, c'est-à-dire quand l'air est en quantité suffisante pour tout brûler sans excès d'oxygène. Il y a un grand intérêt non seulement à connaître si l'allure du jour est oxydante ou réductrice, mais à pouvoir provoquer une atmosphère de telle nature qu'on le désire. Une cuisson conduite constamment en oxydation amène des accidents préjudiciables à la beauté des produits. Le fer, que renferment constamment les matières premières, passe à l'état de sesquioxyde et donne à la porcelaine une teinte jaune; la porcelaine est enfumée. On arrive à des résultats plus satisfaisants en menant la cuisson en atmosphère réductrice jusqu'à la fusion de la couverte. Tant que la porcelaine et la couverte restent poreuses, une atmosphère réductrice est nécessaire pour maintenir le fer à l'état ferreux. Lorsque la couverte fond, elle forme un enduit qui s'oppose à toute peroxydation ultérieure, l'oxyde de fer ne peut plus prendre d'oxygène et la pâte reste avec une teinte blanche. A partir de ce moment, on peut, sans inconvénient, introduire plus d'air pour atteindre une flamme neutre, ou à son

défaut oxydante, et continuer la cuisson jusqu'à vitrification.

On arrête la cuisson en se servant de montres. Ces montres sont de deux sortes. Les unes empiriques sont formées d'un morceau de porcelaine émaillée. On retire de ces montres pour juger de la vitrification de la porcelaine et du nappé de la couverte, qui doit être parfait lorsque l'on arrête le feu. Les autres, les montres fusibles, sont des pyroscopes dont la fusion indique qu'une température déterminée a été atteinte. Faites d'un mélange de silicates plus ou moins complexes, ces montres fusibles constituent d'excellents pyroscopes pour la céra-

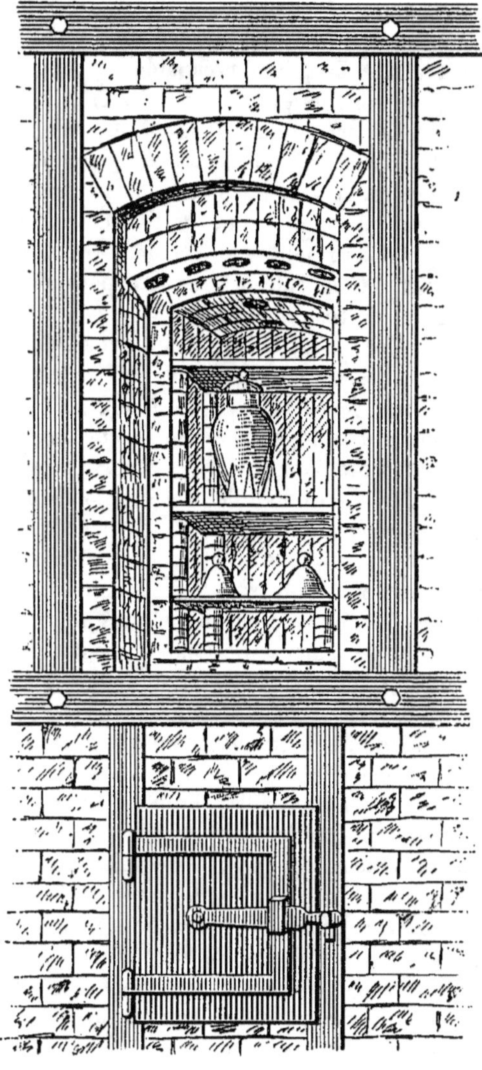

FIG. 3. — FOUR A MOUFLES
POUR LE DÉCOR A PETIT FEU.

mique, elles sont formées de matériaux de même nature que ceux qui composent les pâtes.

La Porcelaine de Sèvres.

Décoration. — Une fois la cuisson terminée, on ferme les alandiers avec des briques et on abandonne le four au refroidissement.

Jusqu'ici nous n'avons envisagé que la fabrication de la porcelaine blanche. La décoration de la porcelaine peut s'effectuer par deux procédés très distincts : au grand feu, c'est-à-dire en même temps que la pâte acquiert ses qualités, et au petit feu ou en moufle en appliquant le décor sur la pâte déjà transformée en porcelaine. Dans le décor au grand feu on emploie soit des couvertes colorées par l'addition d'un oxyde métallique qui se dissout dans la couverte, soit des couleurs sous-couverte, ainsi désignées parce qu'elles sont appliquées sur la pâte d'abord et émaillées ensuite. La palette de grand feu est forcément restreinte par suite du petit nombre de colorants capable de garder leur teinte à la température de la cuisson de la porcelaine. On est limité à l'emploi des oxydes de cobalt, nickel, chrome, titane, uranium, fer, manganèse, cuivre. La palette ainsi constituée donnera des bleu, brun, vert, bleu et jaune roux, jaune et noir, vert céladon, brun, vert. Le cuivre et l'or entrent dans la constitution de rouge et de rose spéciaux.

Le décor au petit feu se cuit dans des fours spéciaux, les moufles (fig. 3). Ce sont des boîtes de terre cuite, dans lesquelles on chauffe les pièces, au moyen d'un foyer inférieur, à une température suffisante pour glacer les émaux et les couleurs. Les émaux sont des verres plombeux ou alcalino-plombeux colorés par de petites quantités d'oxydes dissous dans la masse vitreuse. Les couleurs à porcelaine sont faites avec un fondant approprié et un colorant en quantité plus élevée que dans les émaux. Le fondant n'est pas une quantité suffisante pour dissoudre tout l'oxyde colorant, la couleur reste opaque. Dans les limites de température de la cuisson en moufle, le décorateur trouve à sa disposition un plus grand nombre de tons, aussi la peinture sur porcelaine a-t-elle joui pendant longtemps d'un grand renom, renom qu'elle conserve encore, malgré tous les efforts faits pour habituer l'œil du public à un décor plus céramique, comme le grand feu, mais plus sobre de tonalités.

La porcelaine dure de Sèvres, dont nous avons esquissé à grands traits la fabrication, n'est pas exempte de reproche au point de vue de la décoration ; trop alumineuse elle avait, en outre, une couverte peu propre à faire glacer convenablement les émaux et les couleurs. En 1880, MM. Lauth et Vogt ont établi la fabrication d'une porcelaine plus siliceuse, à couverte calcaire, désignée encore sous le nom de porcelaine nouvelle, dont l'ornementation est plus facile. Cette porcelaine se rapproche absolument des porcelaines orientales dont elle a les qualités au point de vue du décor avec des couvertes colorées et flammées, des couleurs sous-couverte, des émaux, etc. Sa cuisson se fait un peu plus bas, vers 1 270°.

Porcelaine tendre. — La porcelaine de Sèvres eut son renom établi par la fabrication de la porcelaine tendre. Il est juste, avant de terminer, d'en dire quelques mots. La porcelaine tendre fut faite avec une fritte alcaline et une matière marneuse. La fritte était obtenue en chauffant un mélange de sels alcalins et calcaires sans aller jusqu'à vitrification complète. On broyait la fritte avec du sable et l'on ajoutait la marne qui apportait la plasticité. La pâte de porcelaine tendre se travaillait mal, sa cuisson était difficile, aussi Hellot dit-il qu'à son arrivée à Vincennes les fournées ne rendaient que le quart ou le tiers des pièces. En revanche, de toutes les porcelaines, c'est la porcelaine tendre qui s'est toujours le mieux prêtée à la décoration. Son émail, véritable cristal, se prête à une incorporation parfaite des émaux et des couleurs qui s'imprègnent dans l'émail, en prenant un éclat et un glacé qu'aucune porcelaine dure n'a pu atteindre.

Cette fabrication fut délaissée, en 1804, par Brongniart, mais plus tard on regretta cet abandon et des essais furent faits pour reprendre la fabrication de la porcelaine tendre. En 1900, la manufacture de Sèvres a montré des pièces de porcelaine tendre obtenues en modifiant la composition originelle. La fritte est remplacée par du verre de Stas ; à la marne on a substitué une argile plastique. Les résultats admirés à l'Exposition universelle ont donné à cette reconstitution un intérêt tout particulier, étant donné sa parfaite réussite.

Il est assez curieux de remarquer que la porcelaine tendre de Sèvres qui fit son succès initial est venue, après une disparition d'un siècle, apporter sa contribution au succès de notre Manufacture Nationale. Cela montre, une fois de plus, que les fabrications ne sont pas tributaires des formules et des recettes, mais bien de la persistance intelligente de ceux qui veulent bien en prendre la conduite.

A. GRANGER,
Professeur à l'École d'application
de la Manufacture Nationale de Sèvres.

ᗺᗺᗺᗺᗺᗺᗺᗺᗺᗺᗺᗺᗺᗺᗺᗺᗺᗺᗺᗺ **VARIÉTÉ** ᕐᕐᕐᕐᕐᕐᕐᕐᕐᕐᕐᕐᕐᕐᕐᕐᕐᕐᕐᕐᕐᕐᕐ

LES MOUVEMENTS RYTHMIQUES DE LA MER : HOULE, VAGUES ET MARÉES[1].

La surface de la mer n'est jamais en repos absolu, et jamais une molécule de ses eaux ne demeure immobile. Même quand elle présente cet aspect exceptionnel de miroir uni, que les Provençaux appellent si pittoresquement la *mer d'huile*, ses eaux subissent, sous l'action des courants, une translation générale d'un point à un autre de la Terre, en même temps qu'elles s'abaissent ou s'élèvent sous l'influence attractive des corps célestes voisins.

Nous laisserons de côté les mouvements de translation des eaux de la mer, c'est-à-dire les *courants*

mesure; ces molécules ainsi poussées par le vent se réunissent en un bourrelet liquide qui se déplace à la surface de la mer sous l'action même du vent qui lui a donné naissance.

Si le vent prend une intensité croissante; si, comme disent les marins dans leur langage pittoresque et précis, la brise vient à « *fraîchir* », alors ces bourrelets se réunissent aux bourrelets voisins, ils forment une sorte de colline qui se propage à la surface de la mer en déplaçant de haut en bas les molécules liquides : une ondulation de « houle » est née.

Et si, continuant à augmenter de violence, le vent souffle de plus en plus fort, la houle se creuse; son sommet cesse d'être arrondi pour s'écrouler sous l'impulsion des courants atmosphérique, les ondes de houle deviennent des montagnes mena-

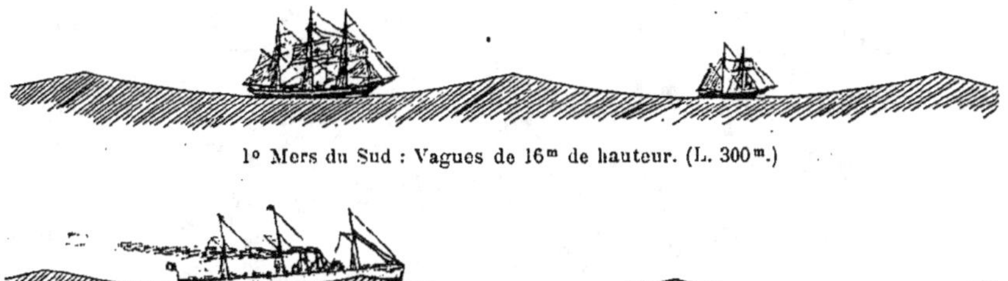

1° Mers du Sud : Vagues de 16^m de hauteur. (L. 300^m.)

2° Océan Indien : Vagues de 11^m. (L. 220^m.)

3° Atlantique nord : Vagues de 8^m. (L. 160^m.)

FIG. 1. — VAGUES DE GROS TEMPS DANS DIFFÉRENTES MERS.
(Les dimensions des vagues et celles des navires sont dessinées à la même échelle.)

marins pour ne nous occuper que de ceux de ses mouvements qui sont *périodiques*. Les uns sont dus à l'action des vents : ce sont ceux qui altèrent la forme régulière de la surface des océans en lui donnant la forme striée due aux *vagues* et aux *ondulations de la houle* dont le mouvement a une périodicité courte; les autres, dus aux attractions astronomiques, sont à périodes beaucoup plus longues, ce sont les *marées*.

. .
.

L'apparence de *mer d'huile* ne peut exister à la surface de la mer que si l'atmosphère qui la surplombe est en repos absolu. Dès qu'une brise, quelque légère qu'on la puisse imaginer, vient à s'élever, elle pousse devant elle les molécules liquides auxquelles elle adhère dans une certaine

çantes, et, cette fois, ce sont des « vagues » qui courent à la surface de l'océan.

La *houle* est le phénomène le plus régulier : il se manifeste dans toute sa grandeur dans les mers tropicales, où, dans le calme de l'atmosphère, la surface des eaux est soulevée par les ondes propagées par des vagues nées beaucoup plus loin. A ces grandes distances de leur lieu d'origine, les vagues se sont régularisées, et sont devenues une houle périodique. La mer semble se soulever et s'abaisser au passage de collines liquides qui, en longueur, s'étendent d'un bout à l'autre de l'horizon, et paraissent se déplacer en fuyant le regard de l'observateur. En réalité, ce n'est pas de la *matière*, c'est du *mouvement* qui se déplace : si l'on jette un bouchon à la mer, on le voit monter sur les crêtes, descendre dans les vallées que creusent entre elles deux ondulations consécutives; mais il reste en place sur la surface de l'océan, attestant ainsi qu'il n'y a pas translation des molécules liquides, mais seulement propagation de mouvement de l'une à

1. Nos lecteurs trouveront dans la première partie de cet article les éléments nécessaires pour juger des difficultés d'une entreprise telle que celle qui vient d'être tentée lors de la course Alger-Toulon.

l'autre. C'est ce qu'avaient bien pressenti les philosophes du moyen âge quand ils disaient : « *non materia ipsa progrediens, sed forma materiæ progrediens* ».

A ce phénomène régulier correspondent des caractères réguliers dont on peut déterminer les valeurs numériques : c'est ainsi que l'on mesure la *longueur d'onde*, ou distance qui sépare deux crêtes consécutives ; la *vitesse*, c'est-à-dire l'espace que parcourt, en une seconde, le mouvement apparent de la houle ; la *période*, c'est-à-dire le nombre de secondes qui sépare le passage des deux crêtes en un même point ; et la *hauteur* ou amplitude de la houle.

Les molécules d'eau vibrent sur place en décri-

comme disent les marins, leur sommet est écumant, leur hauteur et leur longueur deviennent considérables.

C'est dans les mers australes, au sud du cap Horn et du cap de Bonne-Espérance, sur cette vaste étendue d'eau où nul continent ne vient briser le mouvement régulier des flots, que se rencontrent les vagues les plus fortes que l'homme ait pu contempler. C'est là que Dumont d'Urville a mesuré des vagues de 18 mètres, la hauteur d'une maison à cinq étages ! leur longueur était de 300 à 350 m., c'est-à-dire près de 200 fois la hauteur ; quant à leur vitesse elle est de 20 à 25 milles marins à l'heure, c'est-à-dire de 35 à 45 km.

On se fait une idée souvent exagérée de l'aspect de

vant des petits cercles ; ces cercles s'aplatissent dès qu'on descend au-dessous du niveau de la mer, et deviennent des lignes droites à partir d'une certaine profondeur. Des expériences précises ont été faites qui permettent d'affirmer que le mouvement de la surface se fait encore sentir d'une façon perceptible à une profondeur égale à 300 fois la hauteur des vagues ; c'est une conséquence dont il y a lieu de tenir compte pour la pose des câbles télégraphiques dans les profondeurs moyennes.

..

Quand le vent augmente d'intensité, les lames de houle ne correspondent plus à un mouvement des molécules s'effectuant *sur place* : elles se comportent comme de petits navires et sont chassées devant le vent ; à la vibration locale des molécules liquides s'ajoute un mouvement de *translation*, les vagues perdent leur régularité, elles sont *déferlantes*,

vagues, que l'on est tenté de se représenter comme des murailles d'eau s'écroulant sur les navires qu'elles engloutissent : en réalité, les montagnes qu'elles forment sont peu escarpées. La figure 1 représente, à l'échelle exacte, le profil des vagues de 16 m. d'après les travaux du lieutenant de vaisseau Pâris : on y a figuré à la même échelle, un trois-mâts de 2 000 tonnes et de 75 m. de longueur, et une goélette de la taille de celles qui font la pêche en Islande.

On voit, au-desous, les vagues de l'océan Indien, par gros temps ; leur hauteur maxima est de 11 m., et on peut comparer leurs dimensions à celles d'un paquebot des messageries maritimes figuré sur le dessin. Enfin, sur la dernière ligne sont les vagues de l'Atlantique, qui ne dépassent guère 8 m., avec le profil d'un paquebot transatlantique, la *Touraine*. On voit que, si ces navires marchaient dans le sens des vagues, ils n'auraient guère à en souffrir : ce qui fait qu'ils sont balayés par des lames qui, souvent, enlèvent tout sur le pont, c'est qu'ils naviguent à toute vapeur contre le vent et contre la mer; celle-ci rencontrant un obstacle, l'assaille de toute sa force vive, provoquant ainsi les accidents que l'on sait.

\.·.

C'est que, en effet, quand la propagation n'est plus libre, quand l'onde rencontre soit un obstacle solide, soit un autre système d'ondes, les phénomènes changent de régime : une molécule d'eau est sollicitée à chaque instant par deux systèmes différents. Si leurs deux vitesses sont contraires, elle reste en repos; mais si leurs vitesses sont de même

C'est un phénomène d'interférence de ce genre qui fait la mer *démontée* du centre des cyclones (fig. 4). En effet, le vent, dans un cyclone, passe par toutes les directions : il engendre donc une infinité de systèmes d'ondes qui viennent interférer au centre. Les vagues y ont alors 20 et 25 mètres, et même davantage, et, de plus, elles se suivent à intervalles très rapprochés et irréguliers. Nous avons dessiné, sur la figure, un cuirassé d'escadre à l'échelle des vagues, et, à droite, un torpilleur de haute mer.

Enfin, on voit, au-dessous, les vagues de gros temps de la Méditerranée, avec un paquebot des lignes d'Algérie. Ces vagues sont courtes, par suite de l'interférence des nombreux systèmes d'ondes

FIG. 3. — BRÈCHE ET FISSURE FAITES DANS LA JETÉE « OUEST » DE CHERBOURG, PAR UN COUP DE MER, PENDANT LA TEMPÊTE DE 1891.

sens, elles s'ajoutent, et l'amplitude du mouvement est renforcée.

C'est ce qui a lieu, en particulier, au voisinage d'une côte frappée normalement par les ondes : celles-ci se réfléchissent et engendrent un second système d'ondes, qui chemine en sens inverse du premier; ainsi, la mer est-elle toujours plus forte près des côtes; de plus, les vagues, en se brisant sur les rochers, y déferlent avec fureur, et l'on a observé des ressauts de la mer de 28, 30 et même 50 m. par les grandes tempêtes.

La force brisante de ces vagues est extraordinaire; des blocs de 20 et 30 tonnes sont roulés comme des cailloux par ces lames énormes qui exercent des efforts de 30 tonnes par mètre carré. Nous avons reproduit (fig. 2 et fig. 3) quelques photographies qui montrent la brèche faite par une tempête dans la digue de Cherbourg, en 1894 : ces documents en disent plus long que toutes les descriptions.

dus aux réflexions du mouvement principal sur les côtes de cette mer fermée.

Les marins ont un moyen de calmer momentanément la fureur des flots pendant la tempête : ils « filent de l'huile ». Cette huile s'étend en pellicule à la surface de la mer, diminue l'adhérence du vent et des molécules liquides. Quelques litres d'huile suffisent à un navire pour tenir la cape pendant plusieurs heures.

\.·.

Les mouvements de la mer dont nous venons de parler sont à courte période. D'autres mouvements se manifestent dont la période est d'un demi-jour, ou d'un jour, d'un mois ou d'une année : ce sont les *marées*.

Quiconque a passé quelques jours au bord de la mer, sur nos côtes de l'Océan ou de la Manche, a pu constater que le niveau de l'eau s'élève et s'abaisse alternativement, deux fois en 24 heures 50 minutes, c'est-à-dire pendant le temps qui s'écoule entre deux passages de la lune au méridien du lieu. Le phénomène est donc, dans son ensemble, essentiellement *lunaire*.

Mais, dans ses détails, il est facile de constater qu'il est aussi *solaire* ; en effet : aux *syzygies*, c'est-à-dire quand la terre, la lune et le soleil sont en ligne droite, la marée est plus forte, alors qu'elle est plus faible aux *quadratures* quand la lune est à son premier ou à son troisième quartier. De plus, les marées éprouvent des maxima à l'époque des équinoxes : elles subissent donc, indubitablement, l'influence du soleil.

C'est Newton qui donna le premier l'explication rationnelle de ce phénomène, explication qu'il déduisit de sa loi de la gravitation universelle. La figure 5 la résume graphiquement.

La lune, par sa proximité de la terre, est le facteur principal de la marée : elle attire vers elle les

traire, qu'elles n'ont lieu, en France, que 36 heures après.

L'application de la loi de Newton, seule, ne permettrait donc pas de calculer à l'avance les hauteurs des marées, si importantes cependant à connaître pour les besoins de la navigation. Aussi, depuis un siècle, les amirautés d'Angleterre et des États-Unis procèdent-elles tout à fait autrement et d'une façon purement expérimentale.

Quelle que soit la complexité des phénomènes qui interviennent dans la production de la marée, il est incontestable que les causes *déterminantes* sont les attractions de la lune et du soleil, et que les causes *auxiliaires* sont la configuration des côtes, du fond, en un mot les conditions géographiques. Ces conditions peuvent être considérées comme constantes pour un lieu donné pendant une durée de plusieurs siècles.

Or, les astronomes ont constaté que, tous les dix-neuf ans, la terre, la lune et le soleil repassent

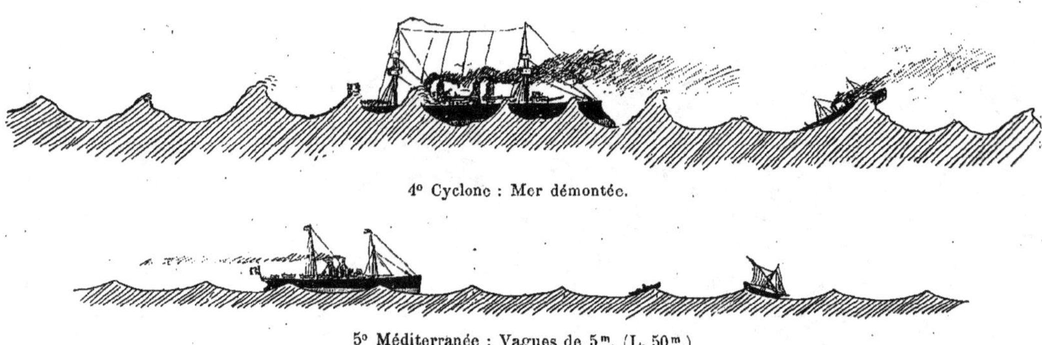

4° Cyclone : Mer démontée.

5° Méditerranée : Vagues de 5ᵐ. (L. 50ᵐ.)

FIG. 4. — VAGUES DE GROS TEMPS.

couches d'eau, déforme leur sphéricité et leur donne une forme ellipsoïdale, dont le sommet se dirige vers l'astre attirant. Le centre de la terre, plus attiré que le point diamétralement opposé, prend une avance sur ce point, qui se trouve ainsi le sommet d'un renflement symétrique du premier.

Si le soleil est dans le prolongement de la ligne terre-lune, comme c'est le cas aux syzygies, on a addition des deux actions : ce sont les *marées de vive-eau*. Au contraire, aux quadratures, les actions se contrarient, ce sont les marées *de morte-eau* (fig. 6).

*
**

Cette explication ne suffit pas, à elle seule, pour rendre compte de toutes les particularités de la marée.

D'abord, si l'on applique le calcul à la masse océanique, on trouve que la marée maxima correspondrait à une dénivellation de 60 cm., ce qui est contredit par l'observation : dans la baie du mont Saint-Michel, la marée est de 15 m., et atteint 21 m. dans la baie de Fundy (Nouvelle-Écosse).

De plus, les marées les plus fortes devraient se produire à l'Équateur : or, on n'y observe souvent que des marées insignifiantes, atteignant à peine 1 m. ou 1 m. 50.

Enfin, au moment des syzygies, les marées les plus fortes devraient coïncider avec le passage des astres au méridien, tandis qu'on constate, au con-

par les mêmes positions respectives. Donc, tous les dix-neuf ans, les causes déterminantes redevenant les mêmes et les causes auxiliaires n'ayant pas changé, la marée doit se reproduire identiquement dans les mêmes conditions.

Il suffit donc d'observer *tous les jours*, pendant dix-neuf ans, la marée dans chaque port pour avoir la loi de sa périodicité pour chaque jour des périodes de dix-neuf ans qui suivront : c'est là une méthode essentiellement expérimentale, et indépendante de toute théorie, de toute hypothèse.

*
**

Cependant, les mathématiciens, au premier rang desquels il faut citer l'illustre Laplace, n'avaient pas renoncé à traiter par l'analyse mathématique la question des marées.

Laplace chercha à étudier, non pas directement l'extumescence liquide provoquée par l'attraction, mais le mouvement de l'*onde de marée*, provoqué par l'action de la force attirante qui est périodique, et qui est donc lui-même un mouvement affecté d'une loi de périodicité.

En outre, il appliqua le *principe* dit de la *superposition des petits mouvements* [1].

1. En voici l'énoncé : sous l'influence d'une force minime venant troubler l'équilibre, un point matériel est animé d'une très faible vitesse à laquelle correspond un dépla-

Dès lors, on peut concevoir la marche suivie par l'analyse mathématique pour l'étude des marées.

Si un astre perturbateur, analogue à la lune, parcourait uniformément l'Équateur en restant à distance constante de la terre, son attraction ferait naître, par son mouvement diurne relatif, des forces perturbatrices périodiques dont la période serait exactement de un demi-jour; et, en un lieu quelconque, les oscillations du niveau de la mer auraient toujours cette périodicité *semi-diurne*.

Mais le mouvement des astres perturbateurs n'a pas la simplicité idéale dont nous venons de parler. D'abord leurs orbites sont inclinés sur l'Équateur, ce qui change de suite les conditions du problème et introduit une inégalité qui se traduit analytiquement par la superposition d'un mouvement de la mer de période *diurne* avec l'onde principale qui est *semi-diurne*.

Puis la déclinaison du soleil et de la lune change à chaque instant; leurs distances à la terre varient aussi pour ne reprendre leur valeur ancienne qu'au bout de périodes astronomiques plus ou moins longues; puis la configuration des côtes intervient, qui peut changer dans un rapport considérable les hauteurs du flot qui arrivent au rivage.

C'est à l'illustre physicien anglais *Lord Kelvin* que revient l'honneur d'avoir su rendre pratiques les idées émises par Laplace, et d'avoir édifié le beau monument de l'*Analyse harmonique*.

Chacune des inégalités énoncées plus haut est remplacée par un *satellite fictif*, dont les

FIG. 5. — MARÉES DE « VIVE EAU ».
Explication des marées aux syzygies.

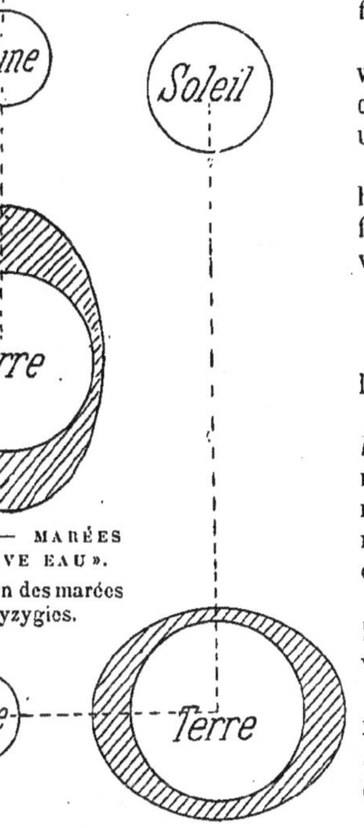

FIG. 6. — MARÉES DE « MORTE EAU ».
(Aux quadratures.)

cement assez petit pour que l'expression mathématique de la force ne dépende que du temps et de la position moyenne du point. Si, dans ces conditions, plusieurs forces similaires agissent simultanément, les lois générales de la Mécanique nous apprennent qu'à chaque instant leurs effets sont indépendants, et, par suite, superposables; et comme ces effets momentanés n'exercent aucune influence sur les forces elles-mêmes, il en résulte que l'effet total sera la somme des effets partiels calculés comme si chaque force agissait isolément.

données de l'astronomie, dont les circonstances locales permettent de calculer la masse. Ce satellite donnerait naissance, s'il était seul, à une onde périodique qui peut s'exprimer algébriquement par

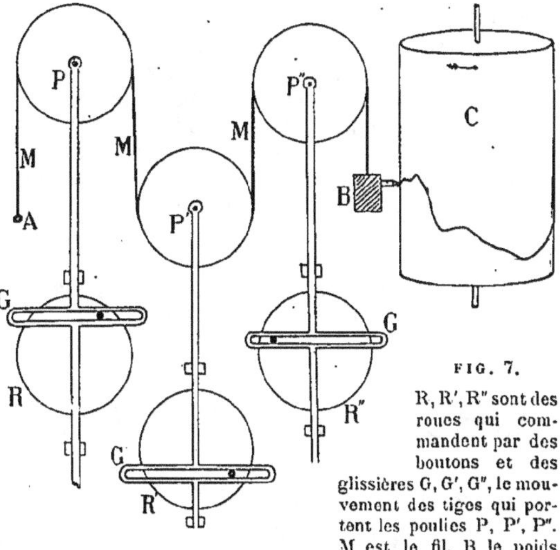

FIG. 7.

R, R′, R″ sont des roues qui commandent par des boutons et des glissières G, G′, G″, le mouvement des tiges qui portent les poulies P, P′, P″. M est le fil, B le poids qui porte le crayon, C le cylindre à enregistrement.

une fonction également périodique; en vertu du principe de la superposition des petits mouvements, il faudrait faire la sommation de tous les termes de ces expressions périodiques : ce serait un travail effrayant. Mais l'ingéniosité du savant anglais a triomphé de la difficulté, en imaginant une combinaison mécanique qui résout *graphiquement* le problème : c'est le merveilleux appareil appelé *Tide predicter*.

Le principe en est le suivant.

Si une bande de papier horizontale se déroule uniformément et que devant cette bande fonctionne une bielle verticale actionnée par une manivelle qui tourne uniformément, un crayon fixé à la bielle tracera sur la bande de papier une courbe appelée *sinusoïde* qui peut *toujours* représenter un mouvement périodique.

Si donc nous avons plusieurs mouvements périodiques à combiner, nous prendrons (fig. 7) plusieurs bielles et plusieurs manivelles, nous leur donnerons les vitesses et les rayons qui conviennent à la représentation des mouvements qu'elles doivent figurer, et nous n'aurons plus qu'à totaliser leurs indications pour avoir la courbe périodique, résultant de leurs effets isolés. A cet effet chaque tige est terminée par une poulie, un fil passe sur toutes les poulies; il est tendu par un poids portant un crayon. Quand le système fonctionne, chaque manivelle a la vitesse de rotation et l'amplitude qui convient à la période du satellite fictif dont elle figure l'action, et le crayon, totalisant les amplitudes individuelles de chaque mouvement, trace sur le cylindre la *courbe des marées*.

Au service hydrographique de France, l'appareil totalise ainsi 16 ondes simples : en quatre heures il trace les marées d'un semestre d'avance.

Tels sont les derniers progrès réalisés en ce qui

concerne le calcul *local* des marées. La théorie *générale* du phénomène est bien moins avancée.

Le physicien anglais Whewell avait imaginé que les marées prennent uniquement naissance dans les mers australes, dans ce vaste océan où les vagues, pouvant librement faire le tour de la terre sans rencontrer d'obstacle continental, prennent leur régime maximum : là aussi, pensait-il, l'onde de marée peut s'établir et se propager librement.

Dans ces conditions, les marées de l'Atlantique comme celles du Pacifique, ne seraient que des marées *dérivées*, et ainsi s'expliquerait simplement le retard de trente-six heures que subit la marée par rapport au phénomène astronomique qui la produit.

Le défaut de cette théorie est que l'*âge de la marée* n'a pas été trouvé nul dans les stations de l'océan Austral où des observations ont été faites. D'ailleurs, l'Atlantique et surtout le Pacifique sont assez grands en longitude pour que la marée puisse s'y produire et s'y transmettre toute seule. Il n'est donc pas *nécessaire* que la marée nous vienne de loin.

Toutefois, comme l'a fait si justement observer M. Hatt, l'ingénieur hydrographe français qui a le plus perfectionné la nouvelle théorie des marées, *si cette nécessité n'est pas démontrée on ne peut nier a priori l'effet possible des marées provenant des bassins voisins.*

On le voit, il y a encore à chercher, et les problèmes sont vastes qui sont offerts aux mathématiciens et aux physiciens de l'avenir.

A. BERGET.

PÉDAGOGIE

TRIBUNE LIBRE D'EN-SEIGNEMENT EXPÉRIMENTAL

Exercices pratiques de topographie.

Ce qui rebute assez souvent les professeurs dans ce genre de travaux, c'est la difficulté de faire parvenir sur le terrain certains instruments encombrants. J'ai essayé de construire des instruments d'un transport facile et donnant des résultats d'une exactitude suffisante pour le but à atteindre.

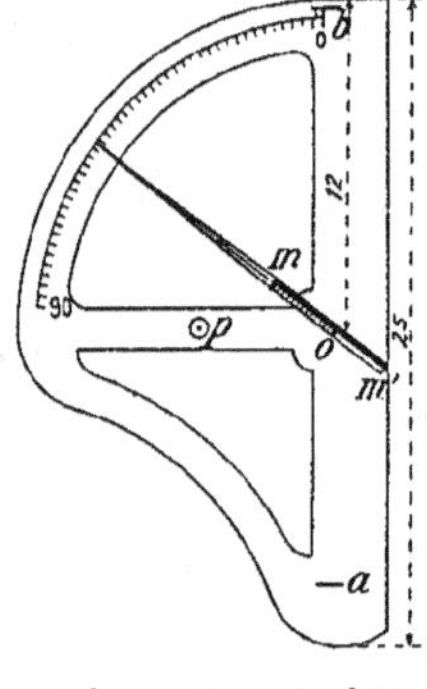

1° *Goniomètre*. — J'ai découpé dans une feuille de tôle la monture représentée figure 1. J'ai fixé dans un petit cadre mobile autour d'un axe vertical un petit miroir qui n'est étamé que sur la moitié de gauche *mo*; une aiguille, dont la direction est dans le plan du miroir, se meut sur un arc en papier, gradué de 0 à 90° ou bien de 0 à 180° puisqu'il faudra doubler les arcs lus. En *p*, il y a une poignée pour tenir l'instrument horizontalement à la hauteur des yeux;

FIG. 1. — GONIOMÈTRE.

en *a* est fixée une pinnule, et en *b*, une fenêtre; cette dernière n'est pas indispensable. Le maniement de cette espèce de sextant se comprend aisément.

2° *Niveau*. — Sur une planchette de 6 cm. sur 4 j'ai fixé un miroir portant deux traits perpendiculaires *ab* et *cd* tracés au moyen d'un diamant ou d'une pointe en acier. En *e* est attaché un crin auquel est suspendu un petit poids en plomb ou en laiton. Ce fil à plomb doit coïncider avec *cd* pour que le plan du miroir soit vertical. Pour se servir de cet instrument, on le tient par le manche *m* à la hauteur de l'œil, la tête étant dans une position naturelle et commode, toujours la même, ce qui se fait facilement après un peu d'exercice. On opère comme avec le niveau de Burel ordinaire.

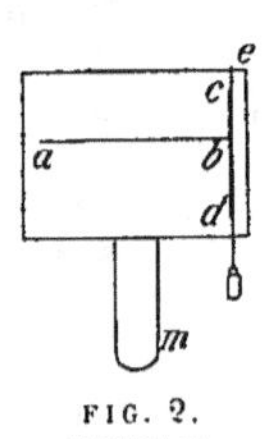

FIG. 2. NIVEAU.

3° *Mire*. — Un double mètre pliant et à ressorts le long duquel on fait glisser une réglette de 25 à 30 cm. peinte moitié en rouge, moitié en blanc. Une pointe coïncidant avec la ligne de séparation des deux couleurs indique les cotes.

Communiqué par M. J. ALEXIS,
Professeur d'école moyenne à Gand.

Réfraction dans les liquides.

Nous nous servons d'une cuve en bois imperméabilisé, d'environ 0 m. 30 de longueur, dont le fond et une grande face latérale sont vitrés. Le fond doit être parallèle aux bords de la cuve et placé à 0 m. 10 de ces bords.

Sur l'un des petits côtés, CD (fig. 3), par exemple, se trouve fixé perpendiculairement un quadrant ou quart de cercle, limité par deux rayons à angle droit, dont l'un GP est perpendiculaire sur le fond de verre de la cuve et l'autre GR est par suite parallèle à ce fond.

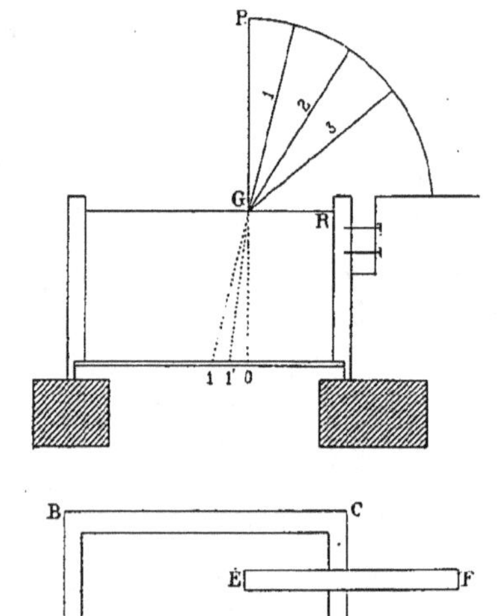

FIG. 3. — COUPE TRANSVERSALE ET ÉLÉVATION D'UNE CUVE
pour l'étude de la réfraction dans les liquides.

Cette cuve ainsi préparée sera placée sur des supports de façon qu'on puisse passer la main au-dessous. A l'aide d'un niveau d'eau placé sur les bords AB et BC et de deux petites cales de bois taillées en biseau ◁, on rendra le fond de la cuve horizontal.

Sur le quadrant sont tracés des rayons que je désigne par 1, 2, 3....

Expériences. — On place l'œil en P et on fait une visée le long de GP, on note avec une plume encrée le point O du fond de verre, où le rayon GP rencontre le fond. Puis on répète la même opération le long du rayon 1 et on note le point 1 sur le fond de verre. (Pour faire convenablement cette opération, il faut placer l'œil d'abord en avant du plan du quadrant, la plume sera alors en arrière, dans le prolongement apparent du rayon 1 ; puis on rapprochera l'œil du quadrant progressivement, la plume effectuant un mouvement correspondant il arrivera un moment où le rayon 1 semblera disparaître et ne plus former qu'un point avec l'extrémité de la plume, c'est le moment d'inscrire sur le verre.)

Ceci fait, versons de l'eau dans la cuve, jusqu'à ce qu'elle affleure le bord inférieur du quadrant (il sera bon de paraffiner le bord inférieur du quadrant et d'abattre l'angle G, pour éviter les phénomènes de capillarité qui nuiraient aux visées). Puis, recommençons la

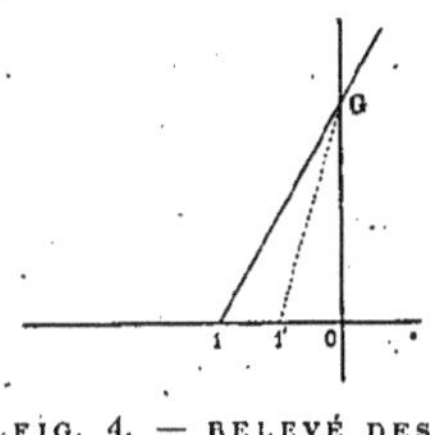

visée le long du rayon 1 et notons le point 1' où il rencontre le fond de verre, ce point est compris entre 0 et 1 et les trois points 1, 1' et 0 sont en ligne droite. Il y a eu déviation du rayon lumineux, ou réfraction, au point où il a rencontré l'eau. Le rayon incident, le rayon réfracté et la normale GP sont *dans un même plan*, c'est la 1re loi de la réfraction.

FIG. 4. — RELEVÉ DES ANGLES DE RÉFRACTION.

Pour vérifier la seconde loi, avant de mettre l'eau dans la cuve, nous déterminerons sur le fond de la cuve les points 2, 3, 4...; où les rayons visuels suivant les rayons 2, 3, 4, etc., vont rencontrer ce fond, comme nous l'avons fait pour le rayon 1; puis, nous mettrons de l'eau et nous déterminerons les nouveaux points de rencontre 2', 3', 4'. Ceci fait, vidons la cuve et retournons-la, puis, relevons sur une feuille de papier, la position des points 0, 1, 2, 3..., 1', 2', 3'..., en ligne droite, nous aurons les éléments nécessaires pour déterminer les angles d'incidence et de réfraction.

Recherchons, en effet, ces angles pour le rayon 1. Traçons deux droites perpendiculaires; sur l'une, portons OG égale à la profondeur de l'eau, augmentée de l'épaisseur du verre. (Cette mesure est facile à relever avec une équerre, s'appuyant sur le fond de la cuve et sur le quadrant; on note sur cette équerre, le point où elle affleure la ligne GR). Sur l'autre droite perpendiculaire, portons les longueurs relevées O1, O1'; menons G1 et G1'; l'angle $\widehat{OG1}$ est l'angle d'incidence et $\widehat{OG1'}$ est

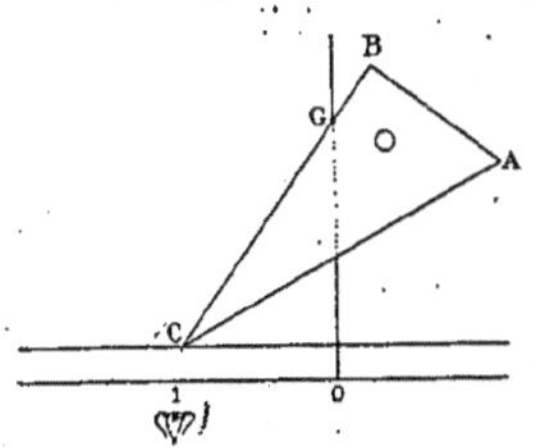

FIG. 5. — CORRECTION RELATIVE AU FOND DE LA CUVE.

l'angle de réfraction. Ayant ces angles, il sera facile de vérifier la deuxième loi de la réfraction, en décrivant du point G comme centre un cercle trigonométrique, dans lequel on tracera les sinus des angles d'incidence et de réfraction correspondant aux rayons 1, 2, 3....

REMARQUE. — Il y a dans cette façon de procéder une cause d'erreur; le rayon lumineux subit un déplacement en traversant le fond de verre constitué par une lame de verre à faces parallèles. L'erreur commise sera peu importante pour une cuve d'une certaine profon-

deur; d'ailleurs on peut la corriger. Pour cela, on prend une lame de verre de même épaisseur que celle du fond, on l'appuie sur la ligne O1, en la maintenant perpendiculaire au papier, on déplace une équerre contre une aiguille fixée en G, de telle sorte que le côté BC de cette équerre semble passer par le point 1, lorsque l'œil est en 1 : BC est la véritable direction que l'on doit tracer sur le papier.

<table><tr><td>**Construction d'Huyghens.**</td><td>A l'aide d'un appareil facile à construire, on peut faire une démonstration expérimentale de la construction d'Huyghens.</td></tr></table>

On construit une cuve parallélipipédique, dont une face perpendiculaire au fond est formée par une lame de verre. Le fond de la cuve, en bois, se prolonge au delà de la lame de verre, comme l'indique la figure 6. Sur ce fond, peint en blanc, comme la cuve, se trouvent tracés deux cercles divisés, l'un de rayon 1, l'autre de rayon 1,33 ayant pour centre commun, un point I situé sur la face intérieure de la lame de verre. En I, se trouve tracée sur le verre, au vernis noir, une ligne perpendiculaire au fond. Fixons en A, à l'extérieur de la cuve, une aiguille puis faisons une visée le long de AI, déterminons avec une aiguille fixée en B, le point où ce rayon visuel rencontre le cercle de rayon 1 ;

IB est le prolongement du rayon incident AI, au delà du verre. Ceci fait, versons de l'eau dans la cuve et recommençons la visée le long de AI ; plaçons sur le prolongement de ce rayon visuel une aiguille qui soit sur le cercle de rayon 1,33, en B' ; il nous sera facile de vérifier que BB' est perpendiculaire à la lame de verre IC. Pour cela, nous fixerons, sur le cercle de

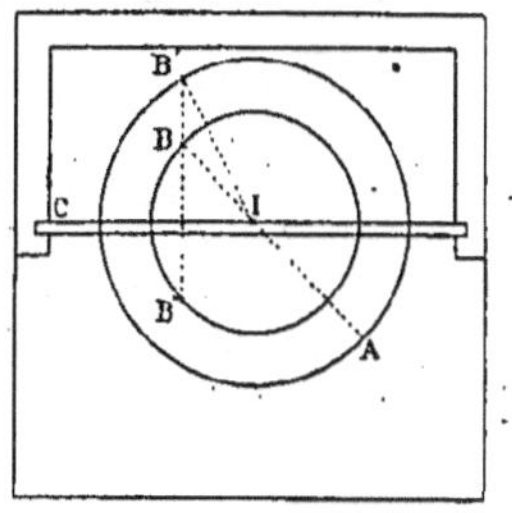

FIG. 6. — CONSTRUCTION D'HUYGHENS.

rayon 1, en dehors de la cuve, en B'', une aiguille qui soit dans l'alignement de BB' et une simple lecture sur le cercle divisé nous prouvera que les points B'' et B sont symétriques par rapport à IC.

REMARQUE. — Le même appareil peut servir à établir les lois de la réfraction.

Communiqué par M. CHRÉTIEN,
Professeur au Lycée de Saint-Brieuc.

<table><tr><td>**Appareil d'Ingenhouz simplifié.**</td><td>On l'obtient en tordant ensemble par l'une de leurs extrémités un fil de fer et un fil de cuivre de même diamètre (1 mm.), que l'on écarte l'un</td></tr></table>

de l'autre d'environ 1 cm. après avoir déposé sur chacun des fils une goutte de stéarine à 4 ou 5 cm. du toron terminal, on place celui-ci dans la flamme d'une bougie ou d'un brûleur Bunsen et on incline les fils vers le bas. On voit bientôt la goutte de stéarine du fil de cuivre fondre et rouler peu à peu le long du fil ; elle est déjà loin quand l'autre goutte fond et se met en marche à son tour. La distance des deux gouttes donne alors une grossière indication sur les conductibilités relatives des deux métaux (voir le dispositif de M. Mathieu dans le n° 25 de la *Science au XXe siècle*).

Communiqué par M. P. MORIN,
Professeur au Lycée de Montluçon.

A. GUILLET,
Professeur honoraire.

Revue critique des Travaux scientifiques.

BOTANIQUE

Transformation expérimentale de rameaux florifères en rameaux végétatifs.

Les données de morphologie nous apprennent à regarder les inflorescences comme n'étant autre chose qu'une modification de certains rameaux feuillés; les feuilles ordinaires sont transformées en bractées et c'est à l'aisselle de ces bractées que naissent les fleurs. Mais peut-on donner de cette manière de voir une démonstration expérimentale? Peut-on à volonté transformer un rameau florifère en une tige feuillée en modifiant convenablement les conditions de nutrition de la plante? C'est la possibilité d'une telle transformation que Klebs (*Willkürliche Entwickelungsänderungen bei Pflanzen.* Iena) vient de mettre en évidence par de nombreuses expériences dont je rapporterai seulement une des plus démonstratives.

Il s'agit du *Veronica Chamœdrys*; la figure 1 représente la partie supérieure de cette plante avec deux rameaux florifères latéraux; les différences que présentent les rameaux végétatifs et les grappes florales sont très nombreuses et portent sur plusieurs catégories de caractères; on peut les résumer de la manière suivante :

1° La croissance est indéfinie pour les rameaux ordinaires, elle est limitée au contraire pour les rameaux florifères.

2° Les rameaux végétatifs forment à l'aisselle de toutes leurs feuilles des bourgeons latéraux, que ceux-ci se développent ou non ultérieurement.

A l'aisselle des bractées il ne se constitue qu'une seule fleur; il n'apparaît pas d'autre bourgeon, même lorsque la période de floraison est terminée.

3° Les feuilles normales sont brièvement pétiolées, sont longuement ovales, ont leur bord denté; les bractées sont beau-

FIG. 1. — PARTIE SUPÉRIEURE D'UNE TIGE NORMALE DE *Veronica Chamœdrys.*

coup plus petites, lancéolées ou linéaires, à bord entier.

4° Alors que les feuilles végétatives sont opposées et alternent d'un nœud à l'autre, les bractées sont isolées et présentent une divergence de 2/5.

5° Les feuilles ordinaires offrent deux rangées de poils, les bractées son uniformément poilues.

Si on vient à couper des rameaux feuillés, alors que les inflorescences sont encore très jeunes, et à les traiter comme des boutures en les faisant se développer en pots, dans une atmosphère très humide et à une lumière modérée, qu'on supprime ensuite le point végétatif et les rameaux latéraux qui se constituent, on obtient au bout de quelques semaines la transformation des tiges florifères en rameaux feuillés. Les figures 2 et 3 nous dispenseront de plus longues descriptions; qu'il nous suffise de dire que dans les échantillons qu'elles représentent, de nouvelles feuilles apparaissent à la partie supérieure de l'axe florifère, qui prend une croissance indéfinie, et ces feuilles cessent d'avoir les caractères de bractées pour prendre plus ou moins rapidement tous ceux des feuilles végétatives; leur limbe acquiert une surface plus considérable, elles deviennent opposées; à leur aisselle il peut se développer un rameau végétatif (fig. 2).

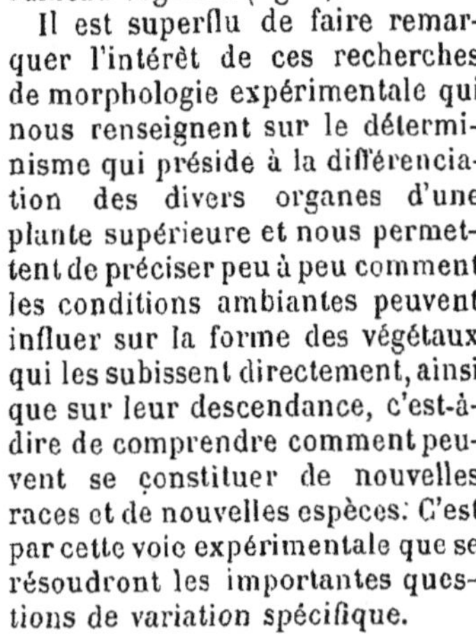

FIG. 2. — INFLORESCENCES DE *Veronica Chamœdrys* TRANSFORMÉES EXPÉRIMENTALEMENT EN TIGES FEUILLÉES (1er degré).

Il est superflu de faire remarquer l'intérêt de ces recherches de morphologie expérimentale qui nous renseignent sur le déterminisme qui préside à la différenciation des divers organes d'une plante supérieure et nous permettent de préciser peu à peu comment les conditions ambiantes peuvent influer sur la forme des végétaux qui les subissent directement, ainsi que sur leur descendance, c'est-à-dire de comprendre comment peuvent se constituer de nouvelles races et de nouvelles espèces. C'est par cette voie expérimentale que se résoudront les importantes questions de variation spécifique.

M. MOLLIARD.

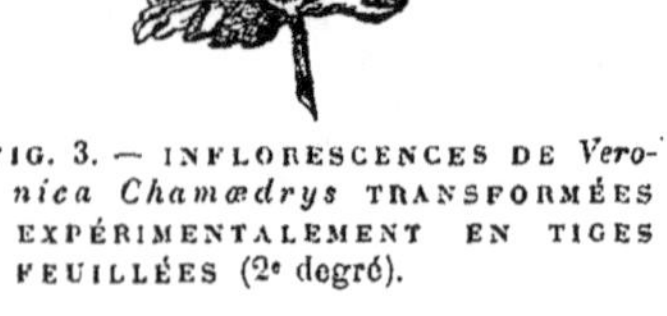

FIG. 3. — INFLORESCENCES DE *Veronica Chamœdrys* TRANSFORMÉES EXPÉRIMENTALEMENT EN TIGES FEUILLÉES (2e degré).

ZOOLOGIE

Influence du régime alimentaire sur la longueur de l'intestin.

Les animaux herbivores possèdent en général un tube digestif beaucoup plus long que les carnivores. C'est un fait à peu près constant dans tous les groupes du règne animal. On sait la longueur considérable de l'intestin d'un Mouton (30 m.) ou d'un Bœuf (55 m.), comparée à la brièveté relative de l'intestin d'un Chien (4 m. pour un Chien de taille moyenne) ou d'un Chat (2 m.). Même chose pour les Insectes herbivores et carnivores : il suffit de comparer le tube digestif d'un Dytique et celui d'un Hydrophile, Coléoptères voisins à peu près de même taille, le premier carnassier, le second herbivore, pour constater combien les circonvolutions intestinales sont autrement développées chez l'Hydrophile que chez le Dytique. Que cet allongement de l'intestin est la conséquence directe du régime, c'est ce qu'ont surabondamment prouvé les expériences de M. Houssay [1] dont nous avons rendu compte à leur heure. Cet auteur, nourrissant des poules, les unes exclusivement avec des graines, les autres d'un régime absolument carné, a constaté que la longueur du tube digestif, qui était en moyenne de 1 820 mm. chez les premières, descendait à 1 510 mm. chez les secondes.

M. Émile Yung vient de faire des expériences analogues sur les têtards de Grenouille. On sait que les têtards ont un tube digestif démesurément long, au point qu'il est obligé de s'enrouler en spirale pour se loger dans la cavité générale. Sa longueur va jusqu'à être huit fois et demie celle du corps : elle est maximum au moment de l'apparition des pattes postérieures, quand le têtard est âgé de cinquante jours ; long, à ce moment, de 14 mm., il a un tube digestif de 117 mm. de long.

Un régime exclusivement carnassier diminue sensiblement cette longueur de l'intestin. A l'époque indiquée, le rapport de la longueur de l'intestin à la longueur du corps, qui est normalement égal à 8,54, n'est plus, sur un têtard soumis au régime carné, que de 5,48.

Au fur et à mesure que s'avance le développement, le tube digestif se raccourcit : il se raccourcit non pas seulement proportionnellement à la longueur du corps, mais même de valeur absolue. Un têtard de 14 mm. avait un instestin de 117 mm. de long ; une jeune Grenouille anoure n'a plus qu'un intestin de 23 mm. : le rapport des deux longueurs de l'intestin et du corps est descendu de 8,54 à 1,45. Chose curieuse, la longueur définitive du tube digestif est indépendante du régime larvaire. Un têtard carnassier, un têtard herbivore donnent des Grenouilles dont l'intestin ne diffère que de quelques millimètres. Ce résultat paradoxal serait, d'après M. E. Yung, tout à fait naturel. En effet, suivant lui, le raccourcissement subi par l'animal au moment de la métamorphose aurait pour origine exclusive le jeûne prolongé auquel se soumettent à ce moment les têtards, jeûne qui est le même évidemment quel que soit le régime suivi.

1. *C. R. de l'Acad. des Sciences*, décembre 1901 ; février et décembre 1902.

Il est incontestable que le jeûne agit aussi bien sur les Grenouilles adultes que sur les têtards. Une Grenouille, au réveil de son sommeil hibernal, a perdu un tiers de la longueur totale de l'intestin ; la perte peut aller jusqu'au quart pour un jeûne prolongé pendant dix mois.

Pour montrer également l'influence sur les têtards de la vacuité ou de la réplétion de l'intestin, M. E. Yung soumet un lot de têtards à un jeûne absolu ; d'autres, issus de la même ponte, ont à leur disposition du papier à filtrer, substance absolument indigeste, mais que les têtards mangent tout de même et qui agit simplement comme substance de remplissage. Les têtards de l'un et l'autre lot meurent bien entendu d'inanition, mais les individus soumis au jeûne absolu meurent les premiers ; on constate alors que leur intestin s'est raccourci considérablement : le rapport des longueurs du corps et de l'intestin, qui, sur les individus témoins, frères des précédents et soumis à un régime alimentaire normal, est au moment de la fin de l'expérience, égal à 8,2, s'est abaissé chez les individus inanisés à 2,8!

Les individus nourris de papier meurent ensuite : leur intestin s'est raccourci beaucoup aussi, mais notablement moins : le rapport des longueurs de l'intestin et du corps reste égal à 3,9.

De ces expériences, il résulte avant tout que l'inanition raccourcit évidemment la longueur de l'intestin ; et en outre, il semble bien que les effets signalés sont, au moins en partie, des effets mécaniques. Un régime végétarien nécessite, en raison des déchets indigestes que renferment les végétaux, l'ingestion d'un volume considérable d'aliments. C'est la distension due à ce volume ingéré qui serait, suivant M. Yung, la cause la plus importante des modifications de dimensions subies par le tube digestif.

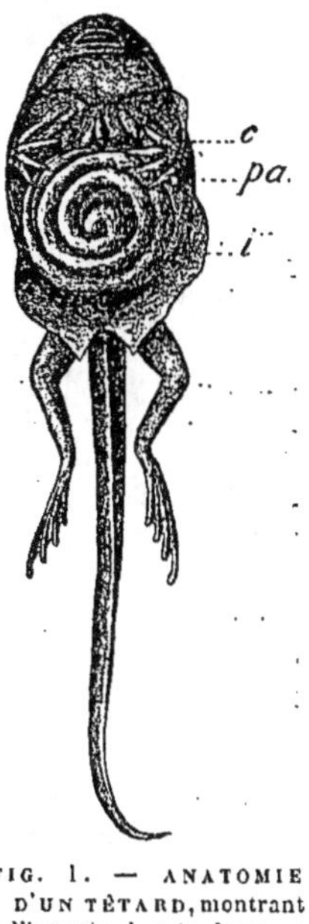

Ces diverses conclusions ne sont pas, il faut le dire, à l'abri de toute critique. En premier lieu, ce qui importerait à considérer, ce n'est pas tant la longueur que la capacité de l'intestin ; négliger complètement le calibre de ce conduit pour ne tenir compte que d'une des dimensions, c'est s'exposer à des conclusions quelque peu hasardées. Le Bœuf, qui a le même régime que le Cheval, a un intestin deux fois plus

FIG. 1. — ANATOMIE D'UN TÊTARD, montrant l'intestin *i*, très long et enroulé en spirale ; *c*, le cœur ; les pattes postérieures ont déjà fait leur apparition ; les pattes antérieures sont formées, mais encore cachées sous le tégument.

long, ce qui paraît inexplicable ; mais son intestin a un diamètre moitié moindre, la capacité est en définitive la même, et le paradoxe cesse d'exister.

En second lieu, le jeûne ne suffit pas à lui seul à expliquer le raccourcissement du tube digestif ; ce n'est pas seulement en effet au moment de la métamorphose définitive, que le tube digestif décroît, il décroît en réalité pendant une longue période de développement, pendant presque toute sa durée, comme cela ressort des conclusions mêmes de l'au-

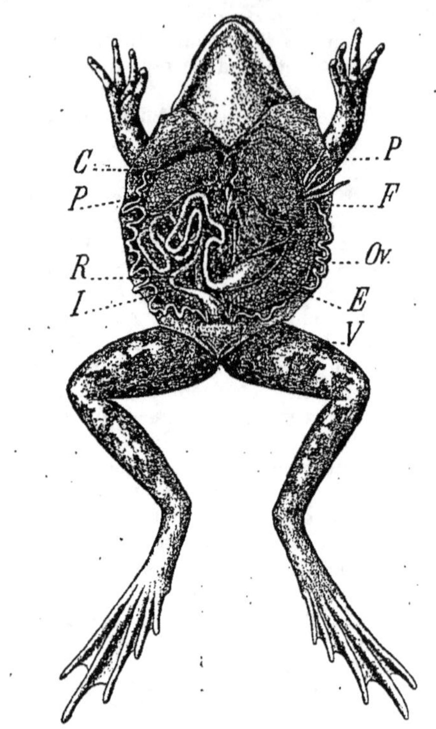

FIG. 2. — ANATOMIE D'UNE GRENOUILLE ADULTE.
E, l'estomac; *I*, l'intestin; *C*, le cœur; *P*, les deux poumons; *F*, le foie; *R*, les reins, *Ov*, l'ovaire avec l'oviducte très contourné à son côté extérieur; *V*, la vessie.

teur; il y a donc manifestement d'autres facteurs que le jeûne qui interviennent à ce point de vue.

Enfin, et c'est là une remarque de l'auteur lui-même, c'est non seulement le volume, mais aussi la nature des aliments ingérés, qui vient influer sur les dimensions du tube digestif, et, probablement, les excitations chimiques dues à la nature même des aliments ont plus d'influence que l'action mécanique produite par ces mêmes aliments; M. Yung signale fort justement les expériences récentes de Babak, qui, en nourrissant des larves de Grenouilles avec différentes protéines végétales, a vu se modifier notablement la longueur de leur intestin.

Le poids du cerveau des oiseaux et leur intelligence. Depuis qu'a été définitivement démontré le rôle du cerveau en tant que siège des facultés intellectuelles, les naturalistes et les philosophes n'ont cessé de chercher un procédé qui permit de ramener la mesure en quelque sorte de l'intelligence de l'homme ou des Vertébrés à la mesure facilement accessible de quelque propriété de l'encéphale. On a jaugé, pesé le cerveau, et dans une conférence toute récente, le Dr Poirier indiquait les résultats — assez peu concordants d'ailleurs — relatifs au poids du cerveau des grands hommes. Si l'on veut comparer des espèces animales de taille différente, c'est le rapport du cerveau au corps qu'on fait entrer en ligne de compte. Mais il faut bien reconnaître, même *a priori*, que de semblables expériences sont ou parfaitement illusoires ou du moins ne peuvent donner que des résultats tout à fait approximatifs. S'il est incontestable en effet que le développement intellectuel est étroitement lié au perfectionnement du cerveau, ce perfectionnement lui même ne dépend évidemment qu'en partie de l'accroissement de l'organe; il est bien clair que d'autres modifications peu accessibles à nos mesures (plissements de l'écorce cérébrale déterminant la formation de circonvolutions, ramification plus riche des cellules cérébrales), peuvent influer sur l'activité de l'organe, et cette influence peut être si grande, qu'elle rend illusoire toute conclusion précise tirée des considérations de poids ou de volume.

Néanmoins, des recherches ont été depuis longtemps entreprises, du moins chez les Mammifères établissant une relation entre le poids du corps et de l'encéphale et dans laquelle interviendrait un coefficient qui serait fonction de l'activité intellectuelle de l'animal considéré.

Étant donné deux espèces animales comparables : un chat et un tigre, par exemple, en appelant E, S, et E′, S′, les poids de l'encéphale et du corps pour chacun d'eux, on peut toujours poser

$$(1) \qquad \frac{E}{E'} = c\,\frac{S^r}{S'^r}$$

où *c* est une constante, et calculer d'après cette formule l'exposant *r*. Appliquant cette formule à un certain nombre d'espèces prises deux à deux, Eugène Dubois a trouvé pour *r* des valeurs peu différentes; il a admis que *r* était constant et égal à 0,56. Dès lors l'équation

$$E = c\,S^{0,56}$$

donne, si on mesure expérimentalement E et S, la valeur de *c*, qu'on appelle *coefficient de céphalisation*. Ce coefficient, pour les divers Mammifères est assez exactement en rapport avec l'idée que nous nous faisons de leur intelligence.

MM. Lapicque et Girard ont eu la curiosité d'appliquer la formule (1) aux Oiseaux. Ils ont d'abord cherché la valeur de *r*, et constaté qu'elle s'échelonne entre 0,50 et 0,56, c'est-à-dire qu'elle reste voisine de la valeur 0,56, trouvée pour les Mammifères. Admettant que cet exposant soit effectivement le même pour les deux groupes, et égal à 0,56, on peut calculer le coefficient de céphalisation, et les nombres trouvés, assez différents pour les diverses familles des Oiseaux, sont ici encore assez conformes à ce que nous paraît être l'intelligence de ceux-ci. C'est donc un véritable *coefficient intellectuel*. Voici quelques chiffres donnés par les auteurs.

PERROQUETS . .	Perroquet	0,30
	Perruche	0,29
PASSEREAUX . .	Chouca, Corneille	0,26
	Geai	0,25
	Pic, Corbeau	0,24
RAPACES. . . .	Buse	0,15
	Épervier	0,14

PALMIPÈDES . .	Sarcelle.	0,14
	Goëland.	0,13
	Canard sauvage.	0,12
GALLINACÉS . .	Pigeon	0,08
	Paon	0,07
	Faisan	0,06

Le coefficient intellectuel des Gallinacés est comparable à celui du Rat et du Hérisson ; celui des Canards est un peu inférieur à celui des Lapins ; les Perroquets viennent se placer près des Primates.

Encore une fois, s'il ne faut pas chercher dans ces mesures, où entrent trop d'approximations et de postulats, des données vraiment rigoureuses et précises, il n'en est pas moins vrai qu'elles fournissent tout au moins des résultats curieux et intéressants.

RÉMY PERRIER.

PHOTOGRAPHIE

Perspective photographique. Dans le numéro du 15 octobre 1903 de *La Science au XXe siècle* (p. 293), nous avons montré que l'appareil photographique donne une représentation perspective rigoureusement exacte des sujets reproduits ; nous avons indiqué que le point de vue était le point nodal d'émergence de l'objectif. Depuis M. Von Rohr a montré que le point de vue ou centre de projection est, non pas le point nodal d'émergence, mais le centre du diaphragme quand celui-ci est placé en avant des lentilles et le centre de la *pupille d'incidence* quand il en est autrement.

Considérons en effet, lorsque la mise au point est terminée, le plan conjugué V'V' du verre dépoli VV que nous appellerons *plan de mise au point*.

Si l'objectif est parfait, seuls les points des objets photographiés situés dans ce plan donnent des images ponctuelles nettes sur le verre dépoli : tel le point A formant son image en A' (fig. 1). Les rayons d'un faisceau lumineux émané d'un point B ou C situé derrière ou devant le plan de mise au point se coupent derrière ou devant le verre dépoli et donnent sur celui-ci une tache lumineuse *b*, *c*, plus ou moins large, qui est l'image photographique mais non l'image optique du point B ou C. Quel est le point de cette tache qui doit être regardé comme l'image du point-objet? Diminuons de plus en plus

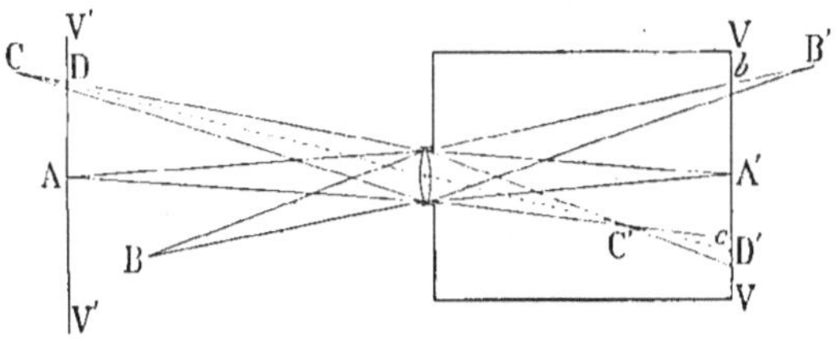

FIG. 1. — PLAN DE MISE AU POINT.

l'ouverture du diaphragme. Le faisceau émané du point B ou C devient de plus en plus délié et, quand l'ouverture du diaphragme est infiniment petite, il se réduit à l'axe secondaire du point B ou C. L'intersection D' de cet axe secondaire et du verre dépoli peut être considérée comme l'image photographique du point C ; or ce point D' est l'image optique de l'intersection D de l'axe secondaire relatif au point C avec le plan de mise au point.

Si on considère une série de points tels que C,

FIG. 2. — EXAGÉRATION DES PREMIERS PLANS PAR L'EMPLOI D'UN OBJECTIF A COURTE DISTANCE FOCALE.

formant un objet et les points D, D' correspondants, l'ensemble de ces points D n'est pas autre chose que la projection de l'objet sur le plan de mise au point ; le centre de projection est le centre même du diaphragme, si celui-ci est placé devant les lentilles constituant l'objectif ; s'il n'en est pas ainsi, il faut remplacer le diaphragme par la *pupille d'incidence*, image du diaphragme donnée par les lentilles de l'objectif situées au-devant de lui. L'ensemble des points D' forme l'image photographique de l'objet et l'image optique des points D. L'image optique est semblable au modèle dont elle est une réduction dans un certain rapport $\frac{1}{n}$. La photographie est donc au point de vue géométrique, une réduction, dans le rapport de 1 à n, de la projection de l'objet sur le plan de mise au point.

Pour que la photographie rende, aussi parfaitement que possible, l'impression que le modèle produisait à la station où la vue fut prise, il est nécessaire que les rayons lumineux se dirigeant des divers points de la photographie vers l'œil forment entre eux les mêmes angles que les rayons qui allaient des points correspondants du modèle vers l'objectif.

L'auteur montre que pour qu'il en soit ainsi, l'œil doit être placé à un point déterminé, le *centre de perspective*, situé sur l'axe de la photographie à une distance de cette dernière égale à $\frac{d}{n}$, d étant la distance séparant le diaphragme du plan de mise au point.

FIG. 3. — VÉRANT POSÉ SUR UNE TABLE.

Lorsque la mise au point est faite sur un plan très éloigné, cette distance $\frac{d}{n}$ est égale à la distance focale de l'objectif.

C'est le *centre de rotation* de l'œil, situé à environ 13 millimètres derrière la cornée qui doit coïncider, lors de l'examen de la photographie, avec le centre de perspective.

Mais, pour réaliser cette condition, il faut, comme nous l'avons dit ici [1] que l'objectif qui a servi à prendre la vue ait une distance focale au moins égale à la distance minima de division distincte.

S'il n'en est pas ainsi, la perspective est faussée comme on peut le voir en examinant la photographie reproduite figure 2, obtenue avec un objectif de très courte distance focale. Nous avons montré que pour remédier à cet inconvénient il. suffisait d'agrandir la photographie, de la projeter ou de l'examiner à la loupe.

L'emploi de la loupe est le plus simple et le plus expéditif de ces procédés. MM. Gullstrand et Von Rohr ont calculé une loupe achromatique, aussi parfaite que possible, donnant une image virtuelle très éloignée d'une photographie placée à son foyer antérieur. Les faisceaux lumineux formant l'image étant des faisceaux très étroits, les aberrations à éliminer sont celles des faisceaux déliés, c'est-à-dire l'astigmatisme, la courbure de champ et la distorsion. Dans la lentille de vérant, c'est ainsi qu'est appelée la loupe de MM. Gullstrand et Von Rohr, ces défauts sont corrigés pour un point P′ situé à 27 mm. de la surface postérieure de la lentille; il est donc aisé de faire coïncider le centre de rotation de l'œil avec ce point.

Si la distance focale de cette loupe est identique à la distance focale de l'objectif qui a servi à prendre le négatif, les rayons lumineux allant de deux points quelconques de l'image lointaine formée par la lentille, vers le centre de rotation, formeront

1. *La Science au XX° siècle*, 1903, p. 295.

entre eux le même angle que les rayons se dirigeant des points correspondants du modèle, vers le centre du diaphragme de l'objectif photographique. L'œil estimant alors correctement les angles aura, par cela même, une sensation assez exacte des profondeurs, sensation qui se traduira par une sensation de relief aussi nettement parfois même plus nettement marquée que dans le stéréoscope.

En pratique, la distance focale de la loupe peut différer d'environ 15 p. 100 de la valeur théorique sans que l'image en souffre sensiblement. Aussi la maison Zeiss qui fabrique ces lentilles de vérant en fait-elle deux modèles ayant respectivement 11 cm. et 15 cm. de distances focales, le premier pour l'examen des vues prises avec un objectif de distance focale variant entre 9 et 13 cm., le second pour les vues prises avec un objectif ayant de 13 à 17 cm. de distance focale.

La monture se compose de plusieurs pièces, ce qui permet de la démonter pour l'emballage (fig. 3 et 4). Une plaque-base réunit toutes les pièces entre elles; elle est munie de deux étriers servant de pied quand on pose l'appareil sur un support (fig. 3), et de poignée quand on le tient à la main (fig. 4). Ce dernier mode d'opérer est préférable quand la chambre qui a servi à prendre la vue n'était pas horizontale pendant la pose : en inclinant convenablement l'appareil, on arrive à corriger la convergence que présentent, dans ce cas, les lignes verticales.

Quand on examine avec le vérant une photographie telle que celle de la figure 2, l'exagération des premiers plans disparaît.

Sous le nom de *bivérant* (fig. 5 et 6) sont associées deux lentilles de vérant destinées à l'examen par les deux yeux soit de deux images identiques, soit mieux, de deux images stéréoscopiques. Les deux vérants coulissent dans une direction *parallèle au plan des*

FIG. 4. — EMPLOI DU VÉRANT.

images. Grâce à ce mouvement, on peut amener les centres de rotation des yeux sur les axes des loupes correspondantes. Il est vrai que cette disposition ne permet pas de réunir (comme on le faisait jusqu'à présent) les deux vues sur un seul support, mais elle empêche d'une manière efficace une certaine déformation de relief sans qu'il soit nécessaire de rendre

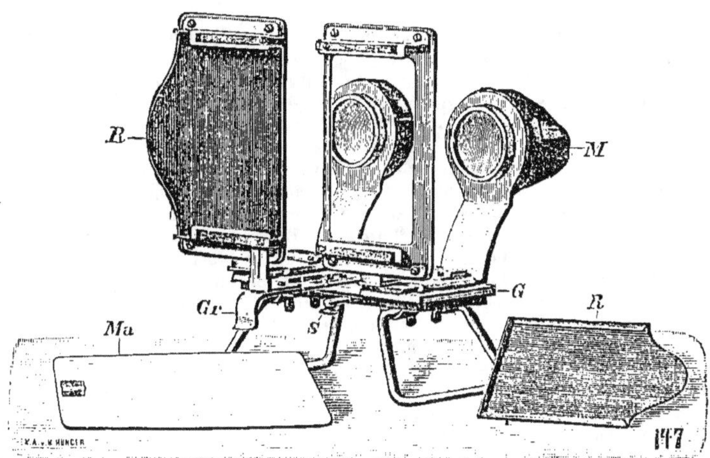

FIG. 5. — BIVÉRANT VU DE DOS.
(Environ 1/3 de la grand. nat.)

L'instrument est posé sur une table. Les deux poignées fixées à la face inférieure de la plaque-base *G* servent de pieds. Les deux vérants simples sont constitués chacun par un châssis porte-vues et un porte-loupe. Les châssis coulissent sur des rails parallèles adaptés à la plaque-base. La mise au point s'opère simultanément pour les deux instruments au moyen de la poignée *Gr*. Le bouton *S* permet d'adapter la distance entre les vérants à l'écartement des yeux qui se lit sur l'arête antérieure (voir fig. 6) de la plaque-base *G*. Sur la gauche on voit le verre dépoli *Ma*, sur la droite le cadre en tôle *R* du vérant voisin, le second cadre est placé sur son châssis.

les lentilles excentriques. On obtient un relief parfait pour tout écartement des yeux compris entre 54 et 72 millimètres.

| Silhouettage photographique. |

M. Villard a signalé un curieux phénomène de silhouettage [1] obtenu très souvent; quand une plaque sensible est soumise successivement à deux impressions, et que, pendant l'une d'elles, cette plaque a été localement protégée par un écran, on observe un liséré clair entourant la silhouette de l'écran. On s'attendrait, au contraire, à observer simplement une étroite pénombre de transition, dont la teinte serait intermédiaire entre celles des deux plages contiguës, celle qui est hors de l'écran et celle que ce dernier a momentanément masquée. Voici un des cas les plus intéressants permettant d'observer ce singulier phénomène :

Un papier au chlorure d'argent à image apparente, c'est-à-dire noircissant directement à la lumière sans développement, exigeant au moins une heure d'exposition sous un bon phototype pour donner une image convenable, est exposé seulement quelques secondes sous ce négatif; une moitié de l'épreuve est ensuite masquée par un papier noir; l'autre moitié est soumise à l'action prolongée des rayons jaunes (deux heures par exemple). La moitié ainsi exposée est donc continuée comme dans l'expérience classique d'Edmond Becquerel et l'image apparaît.

Le tout est ensuite développé soit à l'acide gallique, soit à l'hydroquinone. Avec l'acide gallique additionné d'azotate d'argent, véritable bain d'argen-

ture capable de développer (renforcer serait plus exact, dit avec raison M. Villard) même une image fixée, la moitié continuée, offrant plus de prise à l'argenture, augmente d'intensité assez vite; mais l'autre moitié rattrape bientôt la première et, entre les deux, apparaît une bande étroite claire, marquant le contour du papier noir.

Le phénomène est encore plus frappant si on révèle à l'hydroquinone. Ce révélateur est, en effet, complètement indifférent à l'effet conservateur de la lumière jaune; la demi-image continuée et celle qui a été protégée par le papier noir se développent simultanément, et c'est entre deux régions dont l'intensité croît avec la même vitesse qu'apparaît le liséré clair.

Un second exemple de ce phénomène est le suivant : des lames de plomb ont été radiographiées sur une plaque sensible; puis, avant développement, la plaque a été exposée à la lumière par fractions successives de manière à avoir des poses croissantes montrant l'inversion progressive de l'image radiographique. Or, pour les expositions intermédiaires donnant des teintes peu différentes pour l'ombre de la lame et la région circumvoisine (qui a subi successivement l'action des rayons X et de la lumière) la silhouette de la lame est entourée d'un liséré blanc.

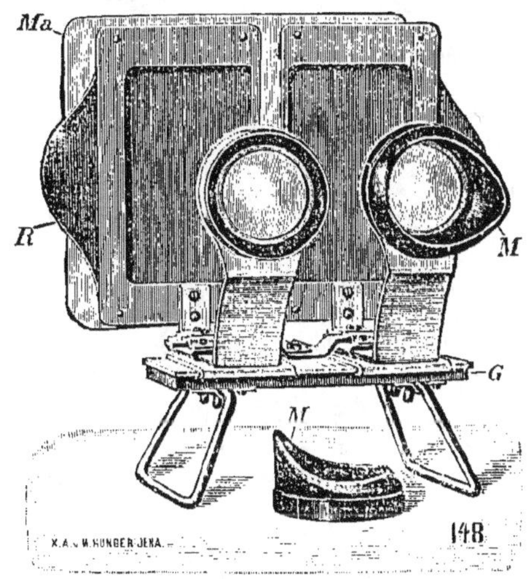

FIG. 6. — LE BIVÉRANT VU DE FACE.
(Environ 1/3 grand. nat.)

Les deux cadres en tôle *R*, ainsi que le verre dépoli *Ma* sont en place. Lorsqu'on regarde des vues sur papier, le verre dépoli est remplacé par un écran noir.

On n'observe rien de semblable quand on délimite les régions adjacentes en projetant une image donnée par un objectif; il semble donc que la présence d'un cache en papier noir ou en papier d'étain soit nécessaire.

G.-H. NIEWENGLOWSKI.

1. *Académie des Sciences et Société française de physique.*

Actualité.

<table>
<tr><td>

Une prome-nade à l'exposi-tion d'horticul-ture.

</td><td>

Nous allons faire avec nos lecteurs une promenade rapide autour de l'exposition d'horticulture, importante cette année, en raison de son carac-tère international et du nombre des

</td></tr>
</table>

exposants. Franchissons l'engageante entrée qui s'élève au coin du pont des Invalides. Quel que soit notre désir de pénétrer dans la première serre qui se dresse en face, arrêtons-nous cependant pour regarder les arbustes qui bordent l'allée qui y conduit.

A gauche, tout près de l'entrée, voici de beaux Laurus nobilis (que la nomenclature vulgaire fait déchoir en les appelant lauriers-sauce) d'un bel effet ornemental.

Puis nous traversons l'emplacement si superbement garni par M. Croux et fils avec des conifères, une série d'arbustes à feuilles persistants parmi lesquels un lot d'évonynimus (Fusains). La perle de cette collection est un très beau lot d'Acer japonais, à feuillage très varié de forme et de couleur, parmi lesquels l'Acer polymorphum palmatum atropurpureum dissectum attire l'attention par son feuillage rouge foncé très découpé. Plus loin, les pépinières de la Jon-chère ont envoyé une collection remarquable de conifères variés. Notons au passage le Cedrus Deo-dora aurea, le très beau Cryptameria japonica, le Cryptomeria elegans au feuillage rouge et très fin, et le Taxodium distichum.

Près de l'entrée de la serre, se trouve une véri-table curiosité, c'est une très remarquable collec-tion de plantes alpines que la maison Vilmorin Andrieux a réussi à cul-tiver; il y a là le Cypripedium calcareum, le Dianthus cinnabarinus, dont les pétales semblent découpés dans une feuille d'argent, l'Orthensia crassifolia, le Campa-nula thyrsoïdes, etc. (fig. 1 et 2).

En face la maison Muser a dessiné un jardin lilliputien orné d'arbres rabougris suivant la méthode des jardiniers japonais, qui arrivent à obtenir des arbres très âgés dont la hauteur ne dépasse pas 40 cm.

Admirons enfin la belle série de fougères envoyée par Paillet et fils, parmi lesquels nous remarquerons de très belles osmunda en fructification et une intéressante col-lection de variétés de lierre.

Nous entrons dans la serre, c'est une profusion d'admi-rables fleurs : une seule visite ne suffira pas pour les voir.

. L'espace compris entre les deux serres est couvert et l'on passe de l'une à l'autre sans que ce spectacle char-mant soit un instant interrompu.

Nous sommes au milieu des orchidées. Admirons la belle collection envoyée par M. Beranek, au milieu de laquelle, comme un beau joyau, trône sous un globe de verre, le Cypripedium callosum sanderæ, variété albi-nos extrêmement rare, l'exposition de M. Duval et celle de M. Marcoz, dans laquelle nous remarquons les superbes grappes blanches du Phalænopsis Rimesla-diada, le Lælia purpurea « Queen of Orchids » des Anglais, le Cattleya citrina, le Cattleya intermedia albinos.

Au milieu de la rotonde, M. Duval a exposé une col-lection remarquable d'Anthurium et de Caladium, dont la feuille, diversement veinée de vives couleurs, constitue tout le charme et le Calea Elliotiana, très belle aroïdée à spathe jaune d'or, nouvellement introduite en France.

Après avoir regardé en passant l'exposition de M. Opoix

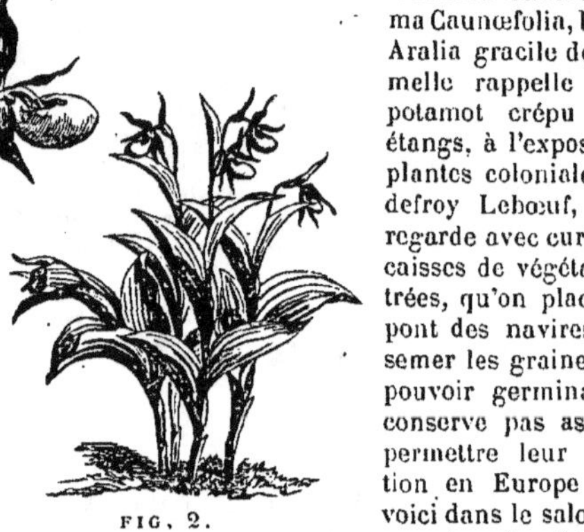

FIG. 1.   FIG. 2.

où nous remarquons de beaux Nepenthés, des plantes de serre variées, une jolie culture d'Oncidium Janerense, pénétrons dans le hall central de la première serre. Voici l'exposition de la maison Boucher : de superbes roses, entre autre l' « Étoile de France », une belle nouveauté, hybride de rose thé, des clématites du Japon, et une série de petits arbustes, parmi lesquels le Malus angustifolia, le gracieux Deutzia Vilmorinæ, une nouveauté de cette année. La maison Nonin a envoyé quelques jolies nou-veautés : l'Impatiens Holsti, à feuillage sombre et à fleurs vermillon clair, un très beau fuchsia le « Robert Blaltry », un remarquable Begonia gigantea, dont la hau-teur atteint environ 70 cm. et un très beau calcéolaire jaune soufre, le « Triomphe du Nord ». Dans l'envoi de M. Lévêque, un très joli lot de rosiers. Remarquons en passant le « Persian yellow », franc du pied et de couleur jaune soufre, et un nouveau Rosier « polyantha » (c'est-à-dire simple) grenat nain et très remontant.

Encore un coup d'œil à la belle série de Croton et de Dracœha de M. Vazan, aux plantes d'ornement de lahianon Charon, Dracœ-ma Caunœfolia, D. indusa, Aralia gracile dont la fe-melle rappelle celle du potamot crépu de nos étangs, à l'exposition des plantes coloniales de Go-defroy Lebœuf, où l'on regarde avec curiosité des caisses de végétation, vi-trées, qu'on place sur le pont des navires pour y semer les graines dont le pouvoir germinatif ne se conserve pas assez pour permettre leur importa-tion en Europe et nous voici dans le salon décoré par les fleuristes pari-siens. Inutile de dire que c'est d'un goût parfait, exquis et qu'on s'y presse beaucoup.

En face, les fleuristes allemands ont aussi leur exposi-tion; on entre intéressé : on se trouve en présence de couronnes, d'aspect funèbre, et l'on sort vite pour aller voir les azalées de M. Croux, qui constituent avec les Rhododendrons de M. Moser, des envois qu'on ne peut se lasser d'admirer; à côté, la maison Vilmorin a couvert d'un océan de fleurs les escaliers qui descendent à la Berge. Admirons encore les remarquables géraniums de M. Poi-rier, la collection d'Iris Kœmpferi du Japon de M. Tabar, les plantes annuelles de la maison Cayeux et Le Clerc qui a apporté de magnifiques pavots, une prodigieuse variété de capucines et un nouveau rosier polyantha, le « Fanal » d'un très gracieux effet.

Nous passons alors devant l'étonnante collection de Cactées et d'Euphorbiacées de MM. Simon frères : superbes Phyllocactus aux fleurs éblouissantes, Echinocactus, Cœreus hérissés d'épines et nous entrons dans le salon des roses où triomphe M. Rothberg.

L'heure s'avance; nous voici déjà sur la berge, contem-plant les beaux légumes de l'école du Plessis-Picquet, de l'hospice de Bicêtre, de la maison Vilmorin : ce ne sont que de prodigieux concombres, monstrueuses asperges, éton-nants choux-fleurs! Voici là-bas le fameux chou Pe-tsaï..., et notre promenade est déjà terminée, car, qui, après avoir vu de si jolies choses, aurait envie d'aller encore étudier les modèles de kiosques de jardin et d'échelles à rallonges, voire même les modèles de serres?

C.-L. GATIN,
Ingénieur-Agronome.

ASTRONOMIE

L'ÉCLIPSE TOTALE DE SOLEIL DU 30 AOUT 1905.

Le 30 août prochain doit se produire une éclipse qui sera totale en diverses régions de la Terre, notamment, à nos portes mêmes, dans le nord de l'Espagne, en Algérie et en Tunisie. Et de tous côtés, en Amérique comme en Europe, on fait de grands préparatifs pour l'observer.

Quelle est la cause de ces éclipses, — de quelles apparences sont-elles accompagnées, — à quoi tient l'importance qu'on attribue à leur étude, — et enfin à quelles observations se prêtent-elles, voilà les questions auxquelles nous nous proposons de répondre.

I. Cause des éclipses de soleil. — Éclipses partielles et éclipses totales. — Une

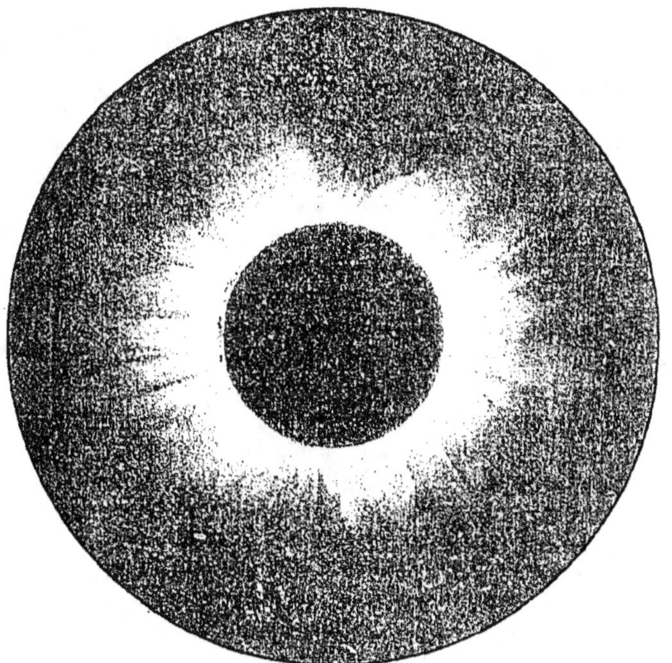

FIG. 1.
LA COURONNE SOLAIRE, DANS L'ÉCLIPSE DU 12 DÉCEMBRE 1871.

observation faite depuis plus de 3 000 ans, et qu'il est facile de répéter en examinant le ciel pendant quelques jours, montre que la Lune se déplace parmi les étoiles, qu'elle tourne autour de la Terre en un mois à peu près, et que la route céleste qu'elle parcourt ainsi coupe l'Écliptique, ou la route annuelle du Soleil.

Par une étude un peu attentive on s'assurerait aussi que cette route LL' de la Lune (fig. 2) rencontre la route SS' du Soleil en deux points du ciel directement opposés et dont l'un, N, se trouve maintenant dans la constellation du Lion, près de la belle étoile appelée Régulus.

Il est donc possible que le Soleil et la Lune se trouvent en même temps au point N, commun aux deux routes ; et c'est ce qui aura lieu le 30 août prochain. Comme la Lune est beaucoup plus rapprochée de nous, son corps obscur cache alors le Soleil ; dans ces conditions celui-ci cesse de paraître complet, et on dit qu'il est *éclipsé*, qu'il y a *éclipse* de Soleil.

Mais la Lune pourra-t-elle cacher entièrement le Soleil ? autrement dit, l'éclipse pourra-t-elle être *totale* ? Cela dépendra des grandeurs *apparentes* du Soleil et de la Lune, grandeurs qui sont un peu variables, et d'ailleurs presque égales, comme chacun peut s'en assurer vers le moment de la pleine Lune, quand elle est visible en même temps que le Soleil.

Considérons la figure 3 où TT' est la Terre, LL' la Lune et où le Soleil doit être supposé au loin, vers la gauche. Derrière la Lune, par rapport au Soleil, se trouvent un cône d'ombre LL'CD et un tronc de cône de pénombre LL'AB. Quand le cône d'ombre est assez long pour atteindre la Terre, ainsi que le suppose la figure, le Soleil est entièrement caché pour les points CD de la surface terrestre, tandis qu'il ne l'est que partiellement pour les autres points AB de la même surface : on voit par là qu'une même éclipse, qui est *totale* pour certains lieux de la Terre, n'est que *partielle* pour d'autres ; et la région où l'éclipse est seulement partielle est même bien plus étendue que celle où elle est totale.

Si le sommet du cône d'ombre n'atteint pas la Terre, ce qui arrive assez souvent, l'éclipse n'est totale nulle part, mais seulement partielle ;

et alors le Soleil peut déborder la Lune de tous les côtés, sous forme d'un anneau brillant : dans ce cas on dit que l'éclipse est *annulaire*.

Revenons au cas de la figure 3 : l'éclipse est totale pour les points CD. Le Soleil, la Lune et la Terre continuant leurs mouvements, la pointe CD du cône d'ombre se déplace à la surface de la Terre, de l'ouest à l'est comme la Lune par

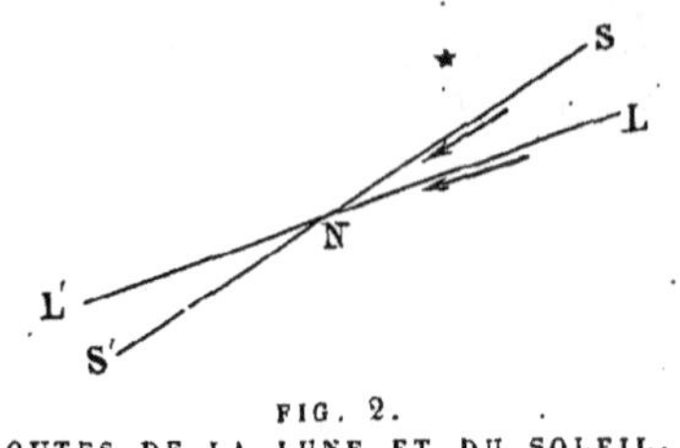

FIG. 2.

ROUTES DE LA LUNE ET DU SOLEIL.

rapport au Soleil; et cette pointe balaye ainsi une région, allongée en forme de ruban, et appelée *zone de totalité* : cette zone renferme tous les points de la surface de la Terre où l'éclipse est totale, et c'est là que se transportent ordinairement les observateurs. La largeur de cette zone est au maximum de 310 kilomètres, ce qui est peu de chose par rapport aux dimensions de la Terre : voilà pourquoi de longs voyages sont parfois nécessaires pour l'atteindre.

Dans l'éclipse du 30 août prochain, ce ruban aura une largeur de 200 kilomètres. Il part du nord de l'Amérique, où l'éclipse se produit au lever du Soleil, coupe le Labrador, traverse obliquement l'Atlantique, aborde en Europe par le nord-ouest de l'Espagne, passe par les Baléares, l'Algérie, la Tunisie, l'Égypte, et finit en Arabie, où l'éclipse a lieu au coucher du Soleil.

La carte de la page suivante (fig. 5) indique les circonstances de cette éclipse pour les régions les plus voisines de la France. La région ombrée ABCD est la zone de totalité, et c'est dans le

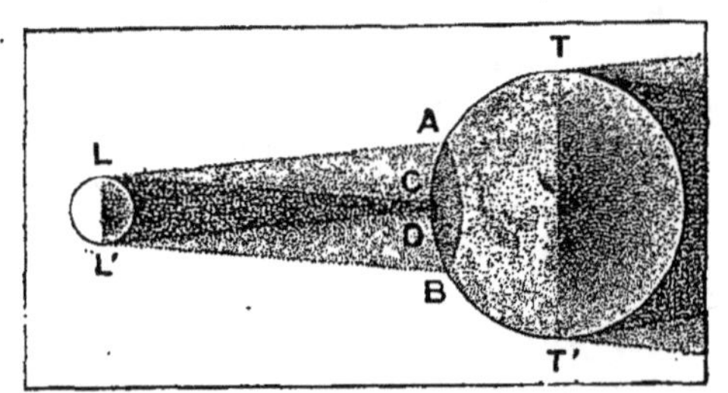

FIG. 3. — OMBRE ET PÉNOMBRE DE LA LUNE LL'
SUR LA TERRE TT'.

milieu de cette zone, sur la ligne EF, que doivent s'échelonner les missions qui iront observer l'éclipse en Espagne, en Algérie et en Tunisie.

Sur la même carte, les lignes marquées XI,

X, IX,... passent par les points où la plus grande phase de l'éclipse partielle atteindra respectivement 11, 10, 9... doigts, le *doigt*, suivant le langage encore employé ici des anciens astronomes, étant un douzième du diamètre solaire.

A Paris, par exemple, au moment de la plus grande phase, qui aura lieu à 13 h. 19 m., comme on dit maintenant, ou à 1 h. 19 m. du soir, l'éclipse sera de 10 doigts; le Soleil sera réduit alors à un croissant dont la grandeur est indiquée par la figure 4.

II. **Apparences qui accompagnent les éclipses de Soleil.** — Pour un observateur qui ne serait pas averti, le commencement d'une éclipse de Soleil pourrait passer tout à fait inaperçu, car la diminution de la lumière du jour est d'abord complètement insensible.

Mais si l'on regarde le Soleil (en interposant un verre noir pour protéger ses yeux), on voit se produire du côté de l'ouest une échancrure noire qui augmente graduellement. On peut également suivre le progrès de l'éclipse en regardant le Soleil réfléchi, par exemple, par de l'eau, ou même en examinant sur le sol les taches lumineuses parsemées à l'ombre des arbres et formées

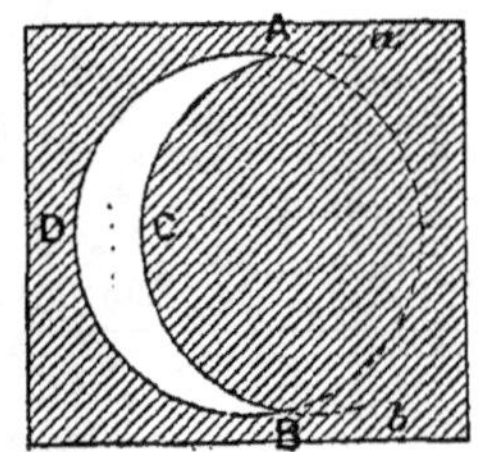

FIG. 4. — PLUS GRANDE PHASE DE L'ÉCLIPSE DU 30 AOUT 1905, POUR PARIS (1 H. 19 M. DU SOIR).

par la lumière solaire passant à travers le feuillage : en temps ordinaire et tant que le disque du Soleil paraît circulaire, ces taches lumineuses sont arrondies, elliptiques, comme dans la figure 6; mais lorsque le disque solaire est en partie éclipsé, ces taches ont la forme d'ellipses, échancrées comme le Soleil, toutes du même côté et de la même quantité relative, ainsi que l'indique la figure 7.

L'échancrure produite par la Lune augmentant toujours, quand elle couvre plus des trois quarts du Soleil la diminution de la lumière du jour devient sensible, puis très rapide. En même temps, l'atmosphère et les objets terrestres prennent une teinte cendrée, puis plombée, blafarde, livide, qui s'accentue de plus en plus à mesure que l'on se rapproche de la totalité; toute la nature présente un aspect solennel et triste; quand le Soleil est presque entièrement caché, cette teinte générale donne aux visages un aspect cadavérique très prononcé qui con-

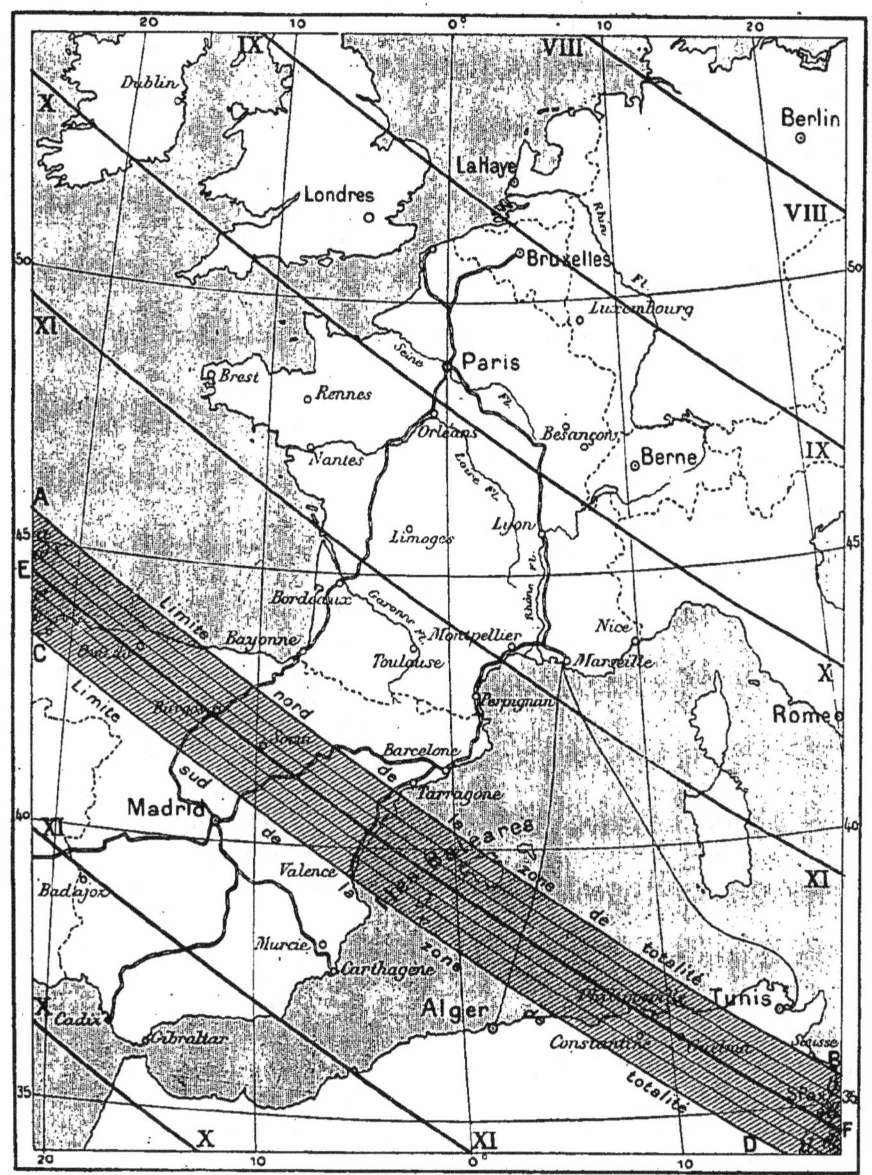

FIG. 5. — CARTE DE L'ÉCLIPSE TOTALE DU 30 AOUT 1905.
(Cette carte est la reproduction partielle et réduite de celle qui a été dressée par la direction du Bureau des Longitudes.)

tribue à rendre plus saisissant l'ensemble du phénomène.

Enfin le Soleil disparait complètement; l'obscurité est parfois assez grande pour qu'il soit impossible de lire sans lumière; et des étoiles se montrent de divers côtés.

Au milieu du ciel, à la place du Soleil se trouve le corps complètement noir de la Lune, entouré d'une auréole appelée *couronne* et dont la figure 1 peut donner une idée. En outre, tout contre le bord obscur de la Lune on aperçoit, par endroits, de petites flammes roses appelées *protubérances*.

L'obscurité de l'éclipse totale est d'ailleurs toujours assez courte : sa durée la plus longue est de 7 m. 58 s. à l'équateur et de *6 m. 10 s. sur le parallèle de Paris.*

Ensuite la lumière croit très rapidement et les divers phénomènes se reproduisent dans l'ordre inverse de celui de la phase croissante.

III. **De l'importance que présente l'observation des éclipses totales. — Sur la constitution du Soleil. —** L'arrivée d'une éclipse totale de Soleil est sans doute le phénomène le plus saisissant que nous présente l'astronomie;

et l'auréole ou couronne qu'on voit alors autour de la Lune en est le caractère le plus frappant. Aussi cette couronne est-elle mentionnée par les auteurs les plus anciens, qui la décrivent à peu près dans les mêmes termes que nous.

Cependant la nature de cette couronne est demeurée tout à fait inconnue jusqu'à nos jours : les uns la regardaient comme produite par l'atmosphère lunaire ; d'autres y voyaient une sorte de mirage occasionné par l'atmosphère terrestre ; d'autres enfin la considéraient comme un phénomène purement solaire.

Tant que durèrent ces discordances, la principale préoccupation des astronomes fut naturellement de déterminer d'abord le siège même du phénomène ; mais longtemps les résultats ne répondirent pas aux efforts nombreux qui furent faits dans ce but, particulièrement à partir de l'éclipse de 1842, qui, étant totale dans le midi de la France, eut un grand nombre d'observateurs.

La cause de ces discordances tenait principalement aux différences énormes que présentaient entre elles les représentations de la couronne, fussent-elles obtenues en un même lieu par les plus habiles dessinateurs : c'est que rien n'est plus difficile, en effet, que de faire en 3 ou 4 minutes, et dans des conditions anormales, un dessin fidèle d'un objet aussi vague, aussi irrégulier.

Mais, dans l'éclipse de 1860, la photographie montra que les flammes roses ou protubérances ont une existence bien réelle et se trouvent autour du Soleil lui-même. Il devenait donc probable qu'il en était de même de la couronne ; et c'est ce qu'acheva de démontrer le spectroscope, dont l'application à l'astronomie date à peu près de la même époque.

On comprit alors que la couronne n'est autre chose qu'une atmosphère entourant le Soleil : l'éclat du jour la fait ordinairement disparaître, et nous ne pouvons l'apercevoir que lorsque le Soleil se trouve caché en plein jour, c'est-à-dire pendant la courte durée des éclipses totales.

En même temps se précisaient les idées sur la constitution du Soleil : nous savons qu'il est formé des métalloïdes et des métaux de la chimie terrestre, mais portés à une température de 6 à 10 mille degrés, c'est-à-dire double ou triple des plus élevées que nous sachions produire dans nos laboratoires.

Dans ces conditions, tous les corps connus sont à l'état de gaz ou de vapeurs ; par suite ils sont doués d'une force d'expansion considérable ;

mais l'énorme attraction de la masse entière sur chaque partie produit l'effet d'une pression qui, surtout vers le centre, doit amener ces gaz et ces vapeurs à une sorte d'état pâteux, avec une densité supérieure à celle de l'eau.

En approchant de la périphérie de cette masse, la température et la pression diminuent ; dans la partie qui rayonne directement vers le froid de l'espace il se produit des précipitations formant des nuages qui flottent dans les vapeurs environnantes non condensées ; ces nuages, encore très chauds et très lumineux, entourent la masse entière et, pour nous, placés à une très grande distance, paraissent la limiter ; ils produisent ainsi l'apparence d'une sphère nettement terminée que nous appelons la surface du Soleil, la *photosphère*.

En outre, il se produit dans la masse d'énormes poussées gazeuses qui, par endroits, déchirent la photosphère, donnant ainsi naissance aux *taches* solaires. Ces gaz s'élèvent au-dessus de la photosphère, et sont encore assez chauds pour émettre une lumière propre ; aussi sont-ils visibles jusqu'à une assez grande hauteur, sous forme de flammes roses. En s'élevant encore, ces gaz perdent rapidement leur chaleur ; ils cessent d'émettre une lumière propre et deviennent invisibles ; cependant, poussés beaucoup plus loin par leur vitesse initiale, ils entraînent avec eux des vapeurs qui se condensent en une poussière de petits corpuscules : cette poussière réfléchit la lumière solaire, et, devenant ainsi visible, elle forme une partie des régions élevées de la couronne.

Telle est, dans ses grandes lignes, l'idée que l'on peut se faire de la constitution du Soleil. Et de là résulte la haute importance que présente l'étude de la couronne.

Nos lunettes, en effet, ne nous permettent d'étudier que la surface du Soleil ; et elles ne peuvent nous montrer ce qui se passe dans la masse interne. Au contraire elles pénètrent dans la masse même de la couronne, partiellement transparente ; et les phénomènes coronaux, qui sont comme le reflet de ceux qui se produisent à l'intérieur du Soleil, nous éclairent sur ceux-ci, que nous ne pouvons saisir directement.

Aussi les observations faites sur la couronne, c'est-à-dire pendant les éclipses totales, ont beaucoup avancé nos connaissances sur la constitution du Soleil. Malheureusement ces éclipses sont rares et courtes : le temps d'observation qu'elles nous offrent atteint à peine deux heures et demie par observateur et par siècle ; encore faut-il, au prix de longs et coûteux voyages, se transporter sur d'étroites bandes de la surface terrestre.

On peut juger par là de l'importance que

FIG. 6. — TACHES LUMINEUSES ARRONDIES, FORMÉES A L'OMBRE DES ARBRES, TELLES QU'ON LES VOIT EN TEMPS ORDINAIRE.

présenterait un moyen qui permettrait de voir la couronne en tout temps ; or nous sommes, semble-t-il, sur la voie d'une telle découverte. En effet, en 1868, M. Janssen d'un côté et M. N. Lockyer de l'autre montrèrent comment on peut, avec le spectroscope, voir en tout temps les protubérances, qui sont, en somme, les parties les plus brillantes de la couronne; et que jusque-là non plus on ne savait voir que pendant les éclipses totales. On espère que le même instrument permettra un jour de voir aussi en tout temps la couronne entière ; et les observations faites pendant les éclipses totales sont, à n'en pas douter, le moyen qui peut conduire le plus directement à cette découverte.

D'ailleurs, à côté de l'étude même de la couronne se placent d'autres observations, fort importantes aussi, et dont nous parlerons tout à l'heure.

C'est pour cela que de toutes parts on fait tant de préparatifs pour observer la prochaine éclipse : chacun des observatoires français a, dans ce but, constitué une mission, et celui de Paris en a même formé quatre.

En France, c'est le Bureau des Longitudes qui, dans ces questions, est chargé d'éclairer le Gouvernement, de guider les observateurs et de coordonner leurs efforts : après avoir obtenu un important crédit, généreusement accordé par le Parlement, il a fait construire des instruments puissants et perfectionnés qui serviront

non seulement pour l'observation de l'éclipse prochaine, mais encore celles qui suivront ; et, dans l'éclipse du 30 août 1905, ces instruments sont confiés aux missions formées par nos observatoires.

IV. **Sur les observations que l'on peut faire pendant les éclipses de Soleil.** — *Étude de la couronne.* — Par ce qui vient d'être dit, on comprend que l'étude approfondie de la couronne solaire est la plus importante de celles que permettent d'aborder les éclipses totales. À elle seule d'ailleurs cette étude remplirait amplement le programme entier de plusieurs missions, car elle comprend :

1° Les représentations de la couronne (dessins et photographies) ;

2° La mesure de son éclat global et de l'éclat relatif de ses diverses parties ;

3° L'étude visuelle et photographique de son spectre, depuis l'infra-rouge jusqu'à l'ultra-violet ;

4° L'examen de sa lumière au polariscope et au polarimètre.

Il ne saurait être question de décrire ici, même sommairement, les instruments et les procédés qu'exige une étude aussi complexe : nous devons nous borner à renvoyer pour cela aux traités spéciaux et surtout aux mémoires originaux des astro-physiciens.

Disons seulement que, sur ces quatre parties,

FIG. 7. — TACHES LUMINEUSES EN CROISSANT, FORMÉES A L'OMBRE DES ARBRES, TELLES QU'ON LES VOIT PENDANT UNE ÉCLIPSE PARTIELLE DE SOLEIL.

l'étude du spectre est celle qui, en général, exige les instruments les plus coûteux.

L'étude polariscopique et polarimétrique

exige également des instruments de prix, à moins que l'on se borne à répéter des observations anciennes et offrant aujourd'hui peu d'intérêt.

Les représentations de la couronne par le dessin ou par la photographie sont, de toutes ces observations, celles où un amateur peut se rendre le plus utile.

Les dessins à l'œil ne sont guère appréciés aujourd'hui, parce qu'en général ils sont peu fidèles, et parce que la photographie les rend à peu près inutiles, si ce n'est peut-être pour les parties les plus éloignées du Soleil, celles qui vont se fondre graduellement dans le fond du ciel.

Par contre, des objectifs photographiques petits mais très lumineux ont récemment donné des résultats très appréciés, car ils ont permis de suivre les dernières traces de la couronne jusqu'à une distance du Soleil égale à 5 ou 6 fois son diamètre.

Recherche des planètes intra-mercurielles. — En 1859 Le Verrier annonça comme probable l'existence de planètes inconnues, situées près du Soleil, et dont l'attraction produirait sur le mouvement de Mercure des perturbations encore inexpliquées aujourd'hui. Ces planètes hypothétiques situées entre le Soleil et Mercure ont reçu le nom de planètes *intra-mercurielles*. Comme elles seraient toujours plongées dans la lumière solaire, on ne pourrait les apercevoir que lorsque la Lune, en s'interposant, diminue considérablement cette lumière. Aussi la recherche de ces planètes a-t-elle été poursuivie activement pendant les éclipses passées, d'abord à l'œil armé d'une lunette, et aujourd'hui au moyen de la photographie. Cette recherche, jusqu'ici infructueuse, a fait récemment de grands progrès, mais comme elle exige des instruments coûteux, nous pouvons nous dispenser d'insister.

Observation des heures et des contacts. — Dans les éclipses partielles il y a, comme on dit, deux *contacts*, deux positions dans lesquelles la Lune est tangente au Soleil ; et ces contacts sont appelés *extérieurs*, parce que les disques sont alors tangents extérieurement.

Dans les éclipses totales et dans les éclipses annulaires il y a, en plus, deux contacts *intérieurs*, le deuxième et le troisième : c'est entre ceux-ci que tombe la période d'obscurité dans les éclipses totales.

L'observation de ces contacts est toujours utile et n'exige qu'une petite lunette avec verre noir, accompagnée d'une bonne montre à

secondes, dont on connaîtrait la correction (avance ou retard). Si cette correction n'était pas connue, on ferait encore œuvre utile en observant la durée de l'éclipse totale, surtout si l'on se trouvait près des limites nord ou sud de la zone de totalité.

Influences météorologiques de l'éclipse. — En général le baromètre ne paraît pas influencé par le passage de l'ombre de la Lune ; mais le thermomètre et l'hygromètre le sont considérablement. Des instruments enregistreurs très sensibles et à débit rapide constituent le meilleur moyen de faire ces observations. Le plus grand abaissement de la température se produit une dizaine de minutes après la totalité. Parfois on a même noté des dépôts de rosée.

Influence de l'obscurité des éclipses totales sur les hommes, sur les animaux et sur les plantes. — Les éclipses totales du Soleil excitaient autrefois de véritables terreurs ; en 1654, la simple annonce d'une telle éclipse mit Paris tout entier en émoi, et beaucoup d'habitants allèrent se cacher dans des caves. Aujourd'hui encore l'annonce de la totalité effraye les populations peu civilisées, même quand elles sont prévenues, et le récit des terreurs extraordinaires causées par les éclipses remplirait de nombreuses pages.

Les animaux sont frappés également de l'arrivée inattendue de la nuit produite par les éclipses. On a vu des chevaux, des bœufs, des ânes refuser d'avancer et même se coucher, des chiens affamés abandonner leur nourriture, etc. Les moutons, les animaux de basse-cour, les oiseaux se blottissent les uns contre les autres ou regagnent les lieux où ils ont l'habitude de gîter. Très souvent les coqs chantent. Les hiboux et les chauves-souris quittent leurs retraites, etc. Les insectes eux-mêmes sont impressionnés : on a vu des fourmis abandonner leurs fardeaux pour les reprendre lors de la réapparition de la lumière.

Enfin les plantes qui d'ordinaire ferment leurs fleurs et leurs feuilles pendant la nuit, les ferment également pendant l'obscurité des éclipses totales, surtout si cette obscurité est longue.

Ces observations de l'influence des éclipses sur les hommes, sur les animaux et sur les plantes n'exigent, comme on voit, aucun instrument, et quoiqu'elles n'apprennent rien de bien nouveau on peut les recommander à ceux qui se trouvent à portée de les faire.

Ombres volantes à la surface de la terre. —

L'Éclipse totale de Soleil du 30 Août 1905.

Quelques secondes avant le commencement de la totalité et quelques secondes après la fin, au moment où la partie visible du Soleil forme un croissant lumineux très mince, la clarté des objets terrestres présente des variations manifestes et brusques qui rappellent ce qui se passe quand la lumière est réfléchie par de l'eau un peu agitée, ou quand elle rase un corps fortement chauffé.

Parfois le phénomène est tout à fait régulier, et alors on voit des franges ou bandes alternativement claires et sombres, se déplaçant plus ou moins vite et marchant parallèlement les unes aux autres; ces bandes sont parfois colorées. La figure 8 montre comment le phénomène fut aperçu à Terranova, en Italie, le 22 décembre 1870. D'après l'observateur, Diamilla Muller, le dessin ne donne qu'une idée bien pâle du phénomène, impossible à reproduire avec ses oscillations, son tremblement et son mouvement rapide.

FIG. 8. — OMBRES VOLANTES SUR LA FAÇADE D'UNE MAISON EN 1870.

Entre autres observations de ce genre voici l'une des plus frappantes : elle est rapportée par Arago d'après l'abbé Savournin, qui observait à Digne, lors de l'éclipse totale du 8 juillet 1842 :

« On a vu ici des ombres et des taches lumineuses courir les unes après les autres, comme paraissent le faire les ombres produites par de petits nuages qui passent successivement sur le Soleil. Ces taches n'étaient pas de la même couleur : il y en avait de rouges, de jaunes, de bleues, de blanches. Les enfants les poursuivaient et essayaient de mettre la main dessus.

« Ce phénomène extraordinaire fut remarqué quelques instants seulement avant la disparition complète du Soleil. »

D'autres fois, comme dans l'éclipse de 1900, on a observé deux systèmes de franges superposés et de mouvements contraires, formant comme des serpents entrelacés.

Ce curieux phénomène est loin de se produire toujours: Pour l'observer facilement on peut étendre sur le sol un drap blanc qu'il sera bon d'orienter nord-sud et est-ouest : avec des bâtons bien droits préparés à l'avance on marquera la direction de ces bandes et plus tard on déterminera l'orientation des bâtons. Un mur blanc convenablement orienté peut également former un écran avantageux. Si c'est possible on ne manquera pas de photographier ces apparences.

Observations diverses. — Si les observations précédentes sont les plus utiles ou les plus curieuses, il en est d'autres encore que l'on peut faire à la même occasion. Parmi elles nous citerons l'examen du ciel à l'œil nu et la détermination des étoiles visibles pendant la totalité; par leur nombre et par leur éclat on aura une idée de l'obscurité produite par l'éclipse.

On peut aussi chercher à voir l'arrivée de l'ombre de la Lune; pour cela il faut être placé en un lieu dégagé et élevé, ou bien au centre d'une grande plaine bornée par des montagnes. Ceux qui ont vu cette ombre se mouvoir à la surface de la Terre la comparent parfois à un orage qui est près d'éclater et qui avance très rapidement : dans l'éclipse prochaine, sa vitesse sera d'environ 750 mètres par seconde.

Citons enfin un autre phénomène parfois très saisissant aussi : la chute du ciel. Au commencement de la totalité, le changement d'illumination de l'atmosphère fait prendre au ciel une apparence plus surbaissée.

Le phénomène est surtout frappant quand il y a quelques nuages : au commencement de la totalité ils paraissent s'abaisser très rapidement, pour se relever quand la totalité prend fin.

On voit combien sont nombreuses les observations que l'on peut faire à l'occasion d'une éclipse de soleil et surtout d'une éclipse totale. Il n'est pas indispensable d'être muni d'instruments coûteux pour obtenir des résultats utiles, et nous serions heureux si, pour notre part, nous avions décidé quelques lecteurs de la *Science au XXᵉ siècle* à collaborer à l'effort qui va être tenté pour creuser plus avant le problème solaire.

G. BIGOURDAN,
Membre de l'Institut.

⚛⚛⚛⚛⚛⚛⚛ MÉCANIQUE APPLIQUÉE ⚛⚛⚛⚛⚛⚛⚛

ESSAI DES VOITURES AUTOMOBILES.

L'industrie automobile a pris en France, en peu d'années, un rapide développement. Elle construit aujourd'hui des machines d'une grande perfection bien que les différents organes qui les constituent n'aient pas encore fait l'objet d'études scientifiques approfondies.

Une partie seulement de la puissance développée par le moteur est utilisée à la jante du pneumatique, pour actionner la voiture, le reste est absorbé par le frottement des nombreux organes de transmission.

C'est tout d'abord le cône d'embrayage qui, suivant qu'il est plus ou moins bien disposé, ou monté, peut absorber une puissance plus ou moins grande ; puis la boîte des changements de vitesse, qui intervient par ses engrenages et ses paliers ; le pignon cône transformant la rotation de l'arbre longitudinal de la voiture en rotation suivant un arbre perpendiculaire pour l'attaque des roues motrices ; c'est le différentiel, les chaînes et leurs roues dentées, le frottement des boîtes des moyeux des roues sur leurs fusées, et enfin la résistance au roulement des pneumatiques et leur glissement élastique.

Il est clair que ce qui intéresse surtout le propriétaire d'un automobile, c'est de connaître exactement la puissance dont il peut disposer à la jante même de sa voiture, puisque c'est d'elle que dépend la vitesse du véhicule. Pour faire cette mesure, le Laboratoire d'essais du Conservatoire national des Arts et Métiers a installé un appareil d'un emploi commode et précis donnant les deux facteurs de la puissance, à savoir : l'effort de traction à la jante et le chemin parcouru en une seconde par le véhicule.

Appareil pour la mesure de la puissance d'un automobile. — La partie principale de cet appareil dynamométrique est placée presque en entier au-dessous du niveau du sol.

La disposition schématique de l'installation est représentée figure 1. L'arbre C D, supporté par les trois paliers réglables E, F et G, porte les deux grands tambours de roulement A et B ; ce sont d'énormes poulies de deux mètres de diamètre, en deux pièces, dont les moyeux sont assemblés par des boulons. Ils sont ainsi disposés de manière à pouvoir se déplacer sur l'arbre C D pour être écartés à la demande de la voie de l'automobile à essayer. La jante de ces poulies est recouverte de planches de chêne de manière à offrir un chemin de roulement plat et de bonne qualité. A gauche, en H, l'arbre CD porte un *frein de Prony* ordinaire à circulation d'eau, qui peut absorber au moins 50 chevaux sans surcharge ; la couronne de ce frein est manœuvrée par un arbre vertical portant à sa partie supérieure un volant de manœuvre (voir fig. 2). Enfin, à droite de l'arbre CD et clavetées sur lui sont deux poulies étagées K, sur lesquelles on fait passer une courroie qui vient attaquer la dynamo L. Cette dynamo, qui peut développer aisément 30 chevaux entre 500 et 1000 tours, joue un double rôle : fonctionnant en génératrice, elle freine l'appareil, qu'elle actionne au contraire quand elle fonctionne comme moteur, ce qui arrive dans le cas où l'automobile essayé est impuissant à vaincre les résistances passives de l'appareil dynamométrique. On voit figure 2 le grand rhéostat qui sert, soit de rhéostat de démarrage, soit de rhéostat d'absorption pour cette dynamo dont on peut également faire varier l'excitation au moyen d'une petite résistance auxiliaire.

L'appareil comprend, enfin, un dynamomètre hydraulique attaché à un point fixe, représenté (fig. 2) en arrière de l'automobile. Sur la table à gauche de la figure sont installés les enregistreurs de ce dynamomètre hydraulique.

Manière de faire une mesure. — La voiture est mise en place sur le plancher du dynamomètre (fig. 2) de manière que ses roues motrices M et M₁ reposent sur les tambours de l'appareil A et B (fig. 1). L'arrière de la voiture est attaché au point fixe par l'intermédiaire du dynamomètre hydraulique enregistreur. Sur l'axe des roues motrices, on centre un plateau muni d'une poulie à gorge, qui vient actionner un tachymètre enregistreur dont on contrôle les lectures par un compteur de tours au moment de l'essai : il doit indiquer à chaque instant le nombre de tours effectués par les roues et le temps correspondant.

Les deux pneumatiques sont gonflés avec soin à la même pression, de manière à rendre les rayons des deux roues motrices égaux et cela dans le but d'éviter de faire travailler le différentiel.

L'automobile est mis en route, les tambours A et B se mettent à tourner; on les freine alors, soit avec la dynamo, soit avec le frein de Prony (H, fig. 1), de manière à absorber la puissance totale du moteur, pour que le nombre de tours faits par le moteur soit égal à celui fixé par le constructeur pour la marche de régime.

L'automobile, dans sa marche, tend à s'échapper des tambours sur lesquels il roule; mais il y est maintenu par son point d'attache, sur lequel il exerce un effort qui s'enregistre sur les cylindres du dynamomètre hydraulique. C'est sous l'action de cet effort que progresserait l'automobile, s'il était libre de se mouvoir sur le sol.

Les seules précautions à prendre dans l'installation de cet essai sont de mettre très exactement les points d'attache de l'automobile et du point fixe sur l'horizontale, et de s'assurer que le plan vertical passant par l'axe des tambours contient bien l'axe des roues motrices. La première de ces précautions est vérifiée à l'aide d'un niveau d'eau à tube de caoutchouc et la deuxième à l'aide de deux fils à plomb passant à droite et à gauche de l'automobile, et déterminant avec l'axe des tambours le plan vertical dont nous venons de parler. En visant par les deux fils, il suffit de faire coïncider avec leur plan les centres des moyeux des roues motrices; on déplace facilement l'automobile pendant sa marche, en agissant sur un volant (fig. 2) en arrière du point fixe[1].

1. *Mauvais centrage de l'automobile.* — Il est facile de chiffrer l'erreur que peut introduire le mauvais centrage de l'automobile sur les tambours qui lui servent de chemin

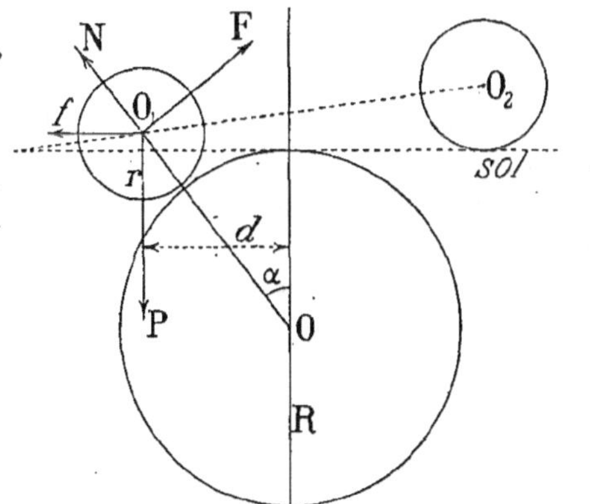

de roulement. En effet, soient O_1 et O_2 les deux roues de l'automobile, O le tambour sur lequel vient porter la roue motrice, r et R les rayons de la roue et du tambour, P le

Après avoir pris ces précautions et quand le régime est obtenu depuis un certain temps, on fait les mesures. On note l'effort de traction F, le nombre de tours des roues motrices n par minute, on mesure avec soin le rayon r de ces

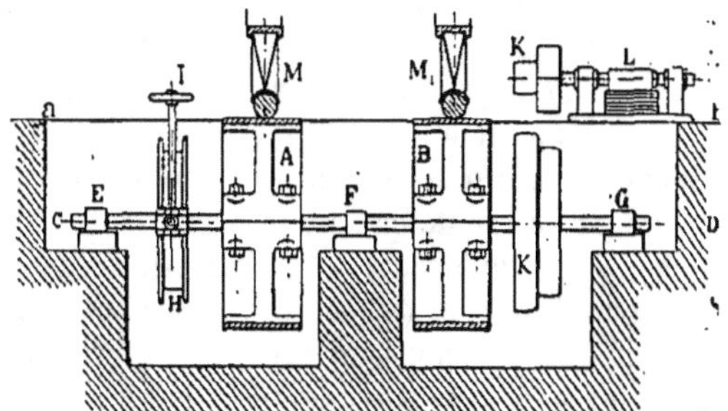

FIG. 1. — COUPE LONGITUDINALE DE L'APPAREIL DYNAMOMÉTRIQUE.

mêmes roues en mètres. Le travail en kilogrammètres accompli par le véhicule est alors : $T = F \times 2\pi r n$, si l'on néglige le glissement élastique, dont nous parlerons dans un instant. La puissance P cherchée est donc exprimée en chevaux vapeur :

$$P = \frac{T}{75 \times 60} = \frac{F 2\pi r n}{75 \times 60} = \frac{14}{10\,000} F r n$$

C'est la formule du frein de Prony dans laquelle F est la charge, r le bras de levier et n le nombre de tours par minute.

On peut également mesurer le chemin parcouru en comptant le nombre de tours N des tambours par minute. On obtient alors la puissance à la jante par la formule suivante en tenant compte cette fois du glissement élastique du pneumatique.

poids dont est chargé l'essieu arrière, f l'effort sur le dynamomètre, F l'effort de traction que nous voulons mesurer et qui se trouve dirigé suivant la normale à la ligne OO_1.

L'essieu arrière de l'automobile se trouve en équilibre sous l'action des forces F, f, P et N, N étant la réaction du point d'appui. Ces forces étant en équilibre, leurs projections suivant deux axes coordonnés ont une somme algébrique nulle; suivant l'horizontale on a :

$$f + N \sin \alpha = F \cos \alpha \qquad (1)$$

Sur un axe vertical on a :

$$P = N \cos \alpha + F \sin \alpha \qquad (2)$$

résolvant les deux équations (1) et (2) on obtient finalement :

$$F = f \cos \alpha \pm P \sin \alpha \qquad (a)$$

l'équation (a) peut se réduire à :

$$F = f \pm P \sin \alpha$$

car cos α est très voisin de l'unité. Dans le cas présent on peut centrer l'automobile de telle sorte que d égale au plus 5 mm. de part et d'autre de la verticale, alors on a :

$$F = f \pm 0{,}0037\ P;$$

on voit combien l'erreur est peu importante.

$$P = \frac{14}{10\,000} \times FNR,$$

R étant le rayon des tambours exprimé en mètres.

Du glissement élastique. — En raison de sa souplesse et de son laminage entre la route et la partie rigide de la roue, le pneumatique tend à s'accumuler en avant du point de contact avec le sol. Puis, au moment où il quitte le sol, il tend, en vertu de son élasticité, à reprendre sa forme primitive en se détendant brusquement. C'est à ce moment qu'il soulève et projette en arrière la poussière si désagréable aux voyageurs. De ce que nous venons de dire il résulte que le chemin parcouru par l'automobile est sensiblement plus petit que celui obtenu par le produit $2\pi rn$, ou chemin parcouru par la roue de rayon r mesuré sur l'appareil en tenant compte de l'écrasement du pneumatique. C'est là ce qui constitue ce que nous avons appelé le glissement élastique.

L'élasticité du pneu, la résistance opposée par la déformation du tore qu'est le pneumatique, pour s'appliquer sur le sol plan, etc., occasionnent aussi des pertes d'énergies que nous considérerons comme négligeables.

Mesure de la perte de puissance due aux roues directrices. — Dans la mesure que nous venons de faire, nous avons obtenu la puissance disponible à la jante des roues motrices ; mais encore faut-il faire rouler les roues avant, ce qui se traduit par une légère perte de puissance, à déterminer.

Ce qui restera de la puissance du moteur servira entièrement à actionner le véhicule, c'est-à-dire à le faire progresser sur la route, à vaincre la résistance du vent et à l'élever dans les montées.

Cette perte due aux roues directrices se compose de la résistance au roulement du bandage et du frottement de la boîte à graisse dans la fusée ; pour la mesurer il suffit de placer les roues directrices sur les tambours et, à l'aide de la dynamo L, de faire tourner les tambours jusqu'à ce qu'ils actionnent les roues de l'automobile à la vitesse de l'essai. On lit sur le dynamomètre un effort de traction f, qui, multiplié par le chemin parcouru, mesure le travail absorbé par les roues directrices.

La même opération peut se faire pour les roues motrices, dans le cas des voitures à chaînes, en démontant ces dernières. Et l'on peut ainsi séparer des pertes afférentes au châssis celles qui proviennent de la résistance au roulement et du frottement des fusées des roues motrices. Cependant, dans ce dernier cas, il convient de remarquer que la roue motrice se comporte comme une roue libre et non comme une roue motrice, la résistance au roulement dans les deux cas n'est évidemment pas la même. Elle est plus grande dans le cas de la roue motrice surtout à cause du glissement élastique.

Appareils antérieurs. — Avant d'aller plus avant, nous devons signaler ici les appareils antérieurs à celui du Laboratoire d'essai.

Nous citerons, tout d'abord, l'appareil installé dans les ateliers Malicet et Blin, au moment du concours de moteurs organisé en 1899 par le journal *La Locomotion automobile.*

L'automobile, immobilisé par des amarres, mettait en mouvement, par l'intermédiaire de rouleaux, un arbre portant un volant sur lequel on avait monté un frein. Connaissant les résistances passives de l'appareil, on obtenait la puissance à la jante. L'appareil avait été taré très exactement dans des expériences préliminaires faites par M. Carlo Bourlet [1].

Un autre appareil fut étudié par M. Lucien Périssé, au moment des opérations du Jury du Concours de l'alcool organisé par le ministère de l'Agriculture en 1902 [2]. Il se composait de deux rouleaux réunis par une courroie, qui supportait l'automobile. Les mesures se faisaient comme au Conservatoire des Arts et Métiers. Le défaut de cet appareil fut l'écrasement de la courroie sous le poids de l'automobile qui rendait impossible la mesure du rayon r de la roue motrice. Le principe de cet appareil avait été proposé par M. Gasnier [3].

Au laboratoire de l'Automobile Club de France, on se sert des moulinets du colonel Renard [4].

Rendement d'un automobile. — Soit p la puissance disponible à la jante d'un automobile, déduction faite de la puissance nécessaire à la mise en mouvement des roues directrices, et soit P la puissance disponible sur le volant du moteur, mesurée en mettant le moteur seul en essai et en ayant soin, bien entendu, de le faire fonctionner exactement à la même allure que pendant l'essai de la voiture.

Le *rendement de l'automobile* sera le rapport de la puissance à la jante à la puissance du moteur $\left(\dfrac{p}{P}\right)$.

S'il s'agit d'une voiture électrique les deux

---

1. Journal *La Locomotion automobile.*
2. *Génie civil*, t. XLI, n° 8, p. 117.
3. *La Locomotion automobile* du 21 décembre 1901.
4. *La Science au XX° siècle*, n° 25 (15 janvier 1905).

mesures peuvent se faire simultanément. Dans ce cas, en même temps que les appareils de mesure placés sur le moteur enregistrent la puissance consommée par lui, le dynamomètre enregistre la puissance disponible à la jante.

Quelques résultats d'essais. — On trouvera dans le tableau suivant quelques chiffres extraits d'essais faits au Laboratoire du Conservatoire N[l] des Arts et Métiers. Dans ces expériences, il n'a été tenu compte ni du glissement élastique, ni de la puissance absorbée pour actionner les roues avant. En outre les moteurs n'ayant pas été essayés par nous, leur puissance résulte soit du calcul d'après leurs courses et leurs alésages, soit des renseignements fournis par les constructeurs ou les propriétaires des voitures essayées.

D'après ce tableau, on peut estimer à environ 70 p. 100 le rendement d'une voiture neuve ou en très bon état, à 60 p. 100 celui d'une voiture ayant fait un certain service, et enfin à 30 p. 100 ou

FIG. 2. — VUE D'UN AUTOMOBILE MIS EN PLACE SUR L'APPAREIL DYNAMOMÉTRIQUE.

Quelques résultats d'essais.

TYPES	Nombre de cylindres.	DIMENSIONS DES CYLINDRES		Nombre de tours par minute.	Puissance probable du moteur.	Puissance mesurée à la jante.	Rendement.	OBSERVATIONS
		Alésage.	Course.					
Course.	4	"	"	1 300	50	37,6	75	Neuve ou en très bon état.
Course.	4	"	"	1 000	72	53,4	74	Id.
10 chevaux.	"	"	"	"	11	8	73	Id.
10 chevaux.	"	"	"	800	10	6.66	66	Carrosserie très lourde.
"	4	110 mm.	150 mm.	850	29,6	21,3	72	Neuve ou en bon état.
16 chevaux.	4	"	"	"	16	12,77	79	Id.
12 chevaux.	4	"	"	850	12	8	66	Usagée.
15 chevaux.	4	91 mm.	130 mm.	893	15	9.33	63	Très lourde.
"	2	102 mm.	105 mm.	835	7	2,33	34	Complètement usée.
"	1	110 mm.	120 mm.	1 200	6.63	3	45	Usée.

40 p. 100, seulement le rendement des voitures usées ou ayant fait un service très prolongé.

Essai d'un automobile sur un plan incliné. — Nous terminerons ce sujet par l'essai d'un automobile sur un plan incliné naturel. Il est possible de trouver une côte assez longue, à pente uniforme et en ligne droite; il en existe de semblables aux environs de Paris. Supposons un tel plan incliné qui, sur une longueur L, s'élève d'une hauteur H.

Comptant le temps (t'') que met l'automobile à franchir ces L mètres, connaissant son poids P on a bien :

$$\frac{\mathrm{P} \times \mathrm{H}}{75 \times t''} = \text{puissance développée à la jante.}$$

Mais cela suppose que le moteur travaille à pleine charge, autrement dit qu'il fonctionne sans passage à vide à pleine admission et à sa vitesse de régime. S'il n'en était pas ainsi il faudrait en conclure qu'à la même allure notre voiture pourrait monter une côte plus forte. Cet essai suppose donc que l'une des vitesses correspond exactement à la pente choisie, chose bien improbable; c'est justement en cela que réside la supériorité de notre appareil du Laboratoire, avec lequel nous faisons croître la pente à la demande du moteur de manière à le faire travailler en pleine charge.

Mais cet essai sur plan incliné naturel devient parfaitement réalisable, pour une voiture qui possède un changement de vitesse continu; car alors il est possible de charger le moteur à son maximum. Enfin, avec une voiture électrique, ces objections ne subsistent pas et, en mesurant en même temps l'énergie consommée au moteur, on peut en déduire le rendement de la voiture.

Il faut également signaler que ce mode d'opérer tient compte non seulement de la résistance au roulement des roues directrices, mais encore des glissements élastiques ou autres des roues motrices. Voici un exemple de ce mode d'essai :

Soit une voiture de 1 200 kilogrammes en ordre de marche avec quatre voyageurs.

Hauteur à franchir : 60 mètres.

Temps pour franchir ces 60 mètres ou pour parcourir la longueur du plan incliné : 2 minutes ou 120 secondes; on aura :

$$\frac{\mathrm{P} \times \mathrm{H}}{75 \times t''} = \frac{1\,200 \times 60}{120 \times 75} = 8 \text{ chevaux.}$$

Si nous admettons pour ce véhicule un rendement de 70 p. 100, cela nous conduit à un moteur d'une puissance de 11 chevaux et demi environ.

Dans le cas de la voiture électrique nous pouvons écrire :

$$\frac{\text{Nombre de k. g. m. t. à la jante} \times 9.81}{\text{Nombre de watts consommés (dans le temps } t'')} = \text{Rendement total.}$$

Quelques prix relatifs à ces essais :

AUTOMOBILES ÉLECTRIQUES.

	Au-dessous de 10 chevaux (à la jante.)	De 10 à 25 chevaux à la jante.
Puissance à la jante. { Pour une vitesse. .	25 fr.	33 fr.
Pour deux vitesses.	40 fr.	50 fr.
Chaque vitesse en plus	10 fr.	12 fr. 50
Puissance électrique consommée.	10 fr.	10 fr.
Rendement du moteur	25 fr.	25 fr.

AUTRES AUTOMOBILES.

	Au-dessous de 10 chevaux (à la jante.)	De 10 à 25 chevaux à la jante.
Puissance à la jante { Pour une vitesse. .	25 fr.	33 fr.
Pour deux vitesses.	40 fr.	50 fr.
Chaque vitesse en plus.	10 fr.	12 fr. 50

Puissance du moteur démonté et placé sur le banc d'essai : 50 fr. au-dessous de 20 chevaux et 75 fr. au-dessus de 20 chevaux.

Puissance et consommation du moteur : 100 fr. au-dessous de 20 chevaux et 150 francs au-dessus de 20 chevaux.

Le prix de ces essais peut être réduit en prenant des abonnements.

Outre l'essai des automobiles la section des machines s'occupe de l'essai des appareils à vapeur, des autres moteurs thermiques, de l'essai des machines hydrauliques, etc., etc.

A. BOYER-GUILLON,
Chef de la section des machines
au Laboratoire d'essai.

ÉLECTRICITÉ INDUSTRIELLE

LE RÉGIME FUTUR DE L'ÉLECTRICITÉ A PARIS.

Lorsqu'en 1889 et 1890 la Ville de Paris fut sollicitée par diverses sociétés d'autoriser la pose de canalisations pour la distribution de l'énergie électrique, elle imposa à ces sociétés, entre autres conditions : 1° l'obligation de desservir non seulement les quartiers du centre, mais encore ceux de la périphérie en canalisant la surface limitée, d'une part par une portion plus ou moins étendue des fortifications et d'autre part par deux lignes, plus ou moins brisées, reliant les extrémités de cette portion au centre de Paris (d'où le nom de secteur qui fut donné à chaque exploitation) ; 2° la possibilité du rachat par la Ville des installations après l'expiration des dix premières années de la durée de l'autorisation ; 3° l'abandon à la Ville, en fin de concession, de toutes les canalisations qui existeront à cette époque. En outre, la Ville, ne voulant plus s'engager à long terme comme elle l'avait fait avec la Compagnie du gaz, limitait à dix-huit ans la durée de l'autorisation.

C'est par conséquent dans deux ou trois ans qu'expirent les diverses autorisations accordées. Que conviendra-t-il de faire à cette époque?

C'est là une question fort importante qui, depuis longtemps déjà, préoccupe l'Administration municipale et pour la solution de laquelle celle-ci a tenu à connaître l'opinion des électriciens compétents. A cet effet un arrêté préfectoral, en date du 6 août 1904, institua une Commission technique consultative. Cette Commission prit comme base de ses discussions une étude très documentée établie, sur sa demande, par l'Ingénieur en chef des services d'Éclairage, M. Lauriol, étude dans laquelle celui-ci examine les avantages et inconvénients des diverses solutions qui peuvent être proposées ; elle examina en outre les avis fournis par plusieurs personnalités et compagnies sollicitées par l'Administration de faire connaître leurs opinions. Tout récemment la commission technique termina ses travaux et le 11 février dernier elle exprimait ses préférences dans un remarquable mémoire rédigé par M. Picou, son rapporteur.

Les documents qui ont servi de bases aux discussions de la Commission, forment, avec le rapport de M. Picou, un ensemble d'un très vif intérêt pour les techniciens. Mais la question du régime futur de l'électricité à Paris n'a pas qu'un intérêt technique ; elle intéresse aussi les consommateurs qui peuvent se demander si le changement de régime n'amènera pas de modifications dans leurs habitudes et s'il sera accompagné ou non d'un abaissement des prix de vente ; elle intéresserait d'ailleurs tous les contribuables parisiens si, comme le désire le Conseil municipal, la distribution était faite à l'expiration des concessions actuelles, par les soins de la Ville elle-même. Quelques mots sur les diverses solutions proposées ne sauraient donc être déplacés dans cette Revue.

Tout d'abord il n'est pas inutile d'indiquer dans quelles conditions s'effectue aujourd'hui la distribution de l'énergie électrique dans Paris.

Six Compagnies, six Secteurs suivant l'appellation ordinaire, se partagent actuellement la superficie de Paris, dans des proportions très inégales d'ailleurs, comme le montre le plan ci-joint. A ces six Secteurs, viennent s'ajouter quelques installa-

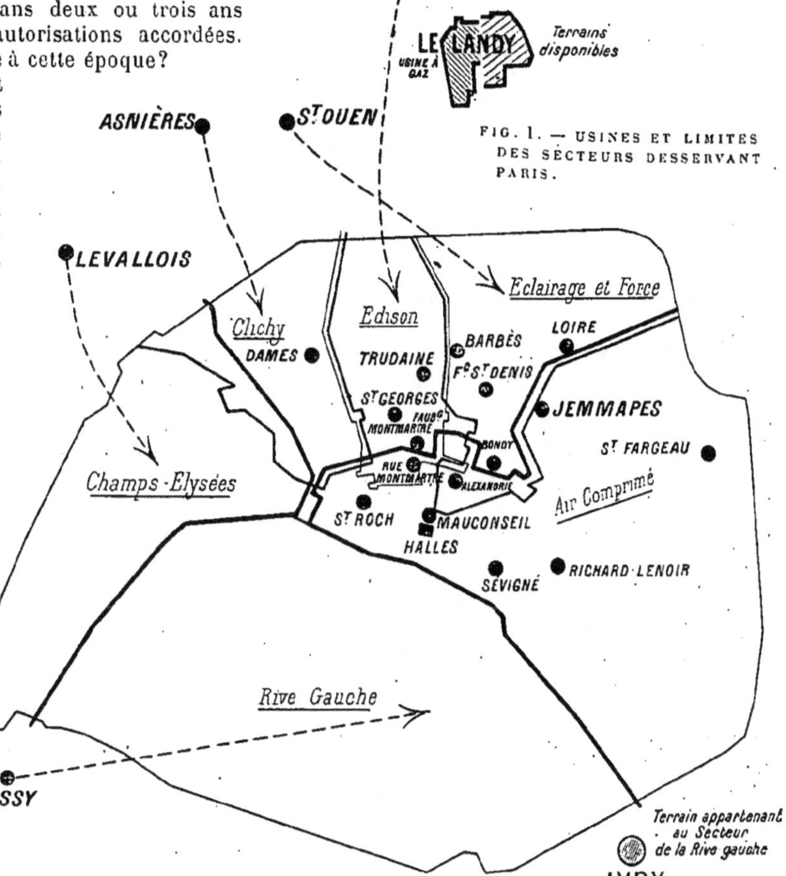

tions municipales dont la plus importante est le Secteur des Halles.

Quatre de ces Secteurs distribuent du courant continu ; ce sont, en suivant l'ordre des régions qu'ils desservent : le Secteur de Clichy, le Secteur Edison, le Secteur d'Éclairage et de Force et le Secteur de l'Air comprimé.

Mais si la nature du courant distribué est la même, les systèmes de distribution sont différents (fig. 2 et 3).

Éclairage et Force emploie le système dit à deux fils, les appareils d'utilisation (lampes ou moteurs) étant branchés entre les deux fils, l'un de ceux-ci servant à l'aller du courant, l'autre au retour ; la différence de potentiel est de 110 volts.

Édison emploie le système à trois fils ; la différence de potentiel est de 220 volts entre les fils extrêmes et de 110 volts entre l'un de ceux-ci et le fil intermédiaire ou fil neutre ; le circuit comprenant le fil neutre et un fil extrême constitue ce qu'on nomme *un pont*, et c'est entre les conducteurs d'un même pont que, le plus souvent[1], sont branchés les appareils d'utilisation; le fil neutre peut donc être considéré comme servant à l'aller du courant alimentant un pont et au retour du courant alimentant l'autre pont; par suite le courant réel qui le traverse est seulement la différence de ces deux courants, différence qui devient nulle si les appareils d'utilisation sont également répartis sur les deux ponts, c'est-à-dire si les *deux ponts sont équilibrés* suivant l'expression technique. On conçoit donc que l'on puisse donner au fil neutre une section très faible et, comme ce fil remplace un fil d'aller et un fil de retour d'une double canalisation à deux fils, on voit immédiatement que le système à trois fils est, comme frais d'établissement, très sensiblement plus économique que le système à deux fils pour une même puissance distribuée.

Clichy et l'Air comprimé utilisent un système encore plus compliqué : le système à cinq fils formant quatre ponts; la tension est encore de 110 volts sur chaque pont. Ce système est plus économique que les deux précédents, car 5 fils remplacent 8 fils d'une quadruple canalisation à deux fils et un des fils d'une double canalisation à trois fils; il a par contre l'inconvénient de ne permettre la régularisation de la tension chez les abonnés qu'avec quelque difficulté.

Les deux derniers Secteurs, Champs-Élysées et Rive gauche, sont à courant alternatif. Le courant à basse tension eût été trop onéreux pour alimenter les vastes espaces à densité de consommation très faible que desservent ces Secteurs, car il eût fallu des canalisations très longues et de très grandes sections, partant très coûteuses. En augmentant la tension il devenait possible de réduire la section, car à puissance égale transmise la section varie en raison inverse de la tension. On fut ainsi conduit à adopter 3 000 volts pour la tension de transmission et à établir des transformateurs abaissant cette tension à 110 volts pour la distribution chez les abonnés. Les facilités de transformation qu'offrent les courants alternatifs eurent dès lors pour conséquence l'adoption de courants alternatifs sur ces Secteurs.

Quant au Secteur municipal des Halles, il distribue suivant deux systèmes : courant continu à 110 volts avec trois fils et courants alternatifs à 2 400 volts avec transformateurs chez l'abonné.

On voit donc que les systèmes de distribution employés par les Secteurs privés sont au nombre de quatre : trois à courant continu et un à courant alternatif; encore ce dernier présente-t-il deux variantes, car la fréquence du courant distribué par le secteur des Champs-Élysées est de 40 périodes par seconde, tandis que celle du courant du secteur de la Rive gauche est de 42.

La même diversité se rencontre dans les moyens utilisés pour la production du courant. Les usines anciennes à courant continu, situées dans l'intérieur de Paris, alimentent directement les canalisations au moyen de machines à courant continu de faible puissance donnant 110, 220 ou 440 volts suivant

que le système de distribution est à 2, 3 ou 5 fils. Le plan ci-joint (fig. 1) montre les emplacements de ces usines : rue des Dames pour le Secteur Clichy; avenue Trudaine et faubourg Montmartre pour le Secteur Édison; quai de la Loire, boulevard Barbès et faubourg Saint-Denis pour le Secteur d'Éclairage et Force; enfin Saint-Fargeau et Richard-Lenoir pour le Secteur de l'Air comprimé[1]. Mais ces usines ne servent plus guère que d'usines de secours et de sous-stations de transformation du courant engendré dans des usines plus récentes et plus puissantes : Asnières, qui fournit des courants triphasés à l'usine de la rue des Dames où des commutatrices les transforment en courant continu; Saint-Denis, qui fournit du courant continu sous haute tension (2 × 2 200 volts) aux sous-stations Trudaine, Montmartre et Opéra du Secteur Édison, où il alimente des moteurs accouplés à des génératrices; Saint-Ouen, qui envoie des courants diphasés à 6 000 volts aux stations citées précédemment du Secteur Éclairage et Force, où des redresseurs Maurice Leblanc les transforment en courant continu; enfin Jemmapes, qui produit du courant continu à 440 volts conduit par deux conducteurs à des batteries d'accumulateurs régularisatrices placées dans les sous-stations Saint-Roch, Mauconseil et Sévigné du Secteur de l'Air comprimé. Quant aux usines des Secteurs à courant alternatif, Champs-Élysées et Rive gauche, elles sont respectivement situées à Levallois-Perret et à Issy, sur les bords de la Seine. La puissance totale de toutes ces usines, ou plus exactement la puissance utilisée au service de Paris (car quelques-unes des usines hors Paris desservent la banlieue) est d'environ 43 000 kilowatts; elles ont fourni, en 1903, 33 000 000 de kilowatts-heure à 35 600 abonnés, desservis par 619 km. de canalisations.

Dans quelles conditions s'opérera la distribution de l'énergie après l'expiration des autorisations?

Devant l'importance des chiffres précédents, il est permis de se demander s'il ne serait pas sage d'utiliser les installations existantes, la Ville prolongeant pendant un certain nombre d'années les autorisations accordées aux Secteurs, ou bien, si elle tient à exploiter elle-même, rachetant à dire d'experts les usines actuelles. C'est une solution qui serait certainement bien accueillie des Secteurs, car malgré leurs prix de vente de l'énergie électrique, véritablement exorbitants si on les compare à ceux des autres grandes villes, plusieurs d'entre eux n'ont pu encore amortir leurs dépenses de premier établissement.

Malheureusement cette solution serait trop onéreuse pour l'avenir. Presque toutes les usines, souvent mal situées pour l'approvisionnement en eau et en charbon, sont constituées par des groupes électrogènes d'une trop faible puissance et travaillent dans des conditions fort peu économiques : les frais de production, comprenant charbon, eau, salaires, etc., mais non les charges du capital,

---

1. Les moteurs sont parfois branchés entre les conducteurs extrêmes et se trouvent par suite alimentés sous 220 volts.

1. On a fait également figurer sur ce plan l'usine à gaz du Landy et un terrain situé à Ivry, où l'on pourrait facilement installer de nouvelles usines.

atteignent en effet 30 à 35 centimes par kilowatt-heure distribué, alors qu'ils tombent à 5 et 6 centimes dans les usines modernes et que, d'après les évaluations de M. Lauriol d'une part, de M. Picou d'autre part, ils ne dépasseraient pas 17 centimes ou 15,46 centimes dans les nouvelles usines que l'on devrait construire à Paris. D'autre part, cette solution entraînerait quand même, pour donner à la distribution l'extension qui lui convient, une dépense que M. Lauriol évalue à 90 millions, sans compter la dépense du rachat des installations actuelles, tandis que les solutions prévoyant l'abandon des usines actuelles et leur remplacement par une ou deux grandes usines demanderaient au maximum 110 millions. Aussi tout le monde est-il d'accord sur ce point : nécessité de construire hors Paris une, ou deux, ou trois usines d'une puissance totale d'au moins 70 000 kw. (car la

porter 220 volts : or cette modification, bien qu'elle soit faite aux frais de l'exploitant, ne manquerait pas d'amener des protestations des abonnés, ce qu'il faut éviter. La tension de 110 volts est donc celle qui convient le mieux dans les conditions actuelles et c'est celle que préconisent M. Lauriol et M. Picou.

L'accord est moins satisfaisant en ce qui concerne le système de distribution. La distribution par courants alternatifs présente de nombreux avantages : la transformation des courants triphasés à 8 000 ou 10 000 volts fournis par les usines en courants alternatifs de basse tension s'effectue au moyen d'appareils inertes, d'un très bon rendement, d'un encombrement restreint et ne demandant ni entretien, ni surveillance. Au contraire la transformation des courants alternatifs triphasés en courant continu exige des transformateurs tournants qu'il faut surveiller et entretenir, d'un rendement un peu

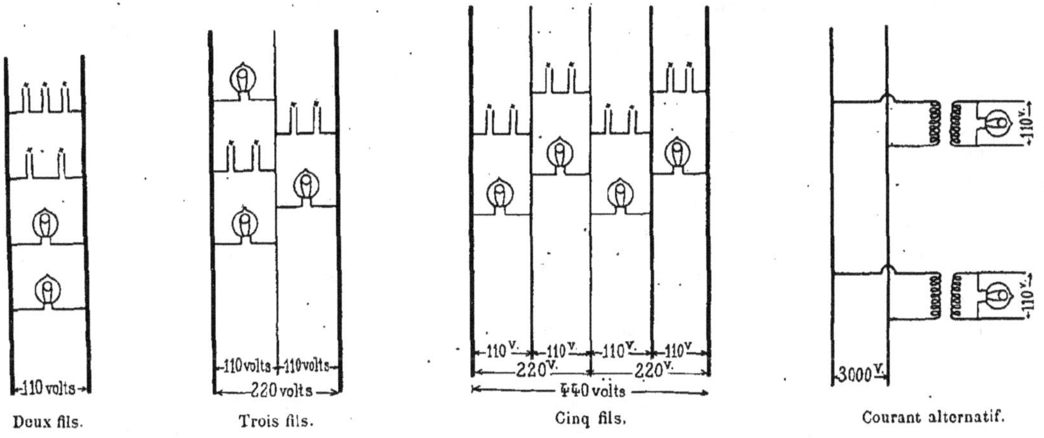

FIG. 2 A 5. — SCHÉMAS DES DIVERS SYSTÈMES DE DISTRIBUTION EMPLOYÉS A PARIS.

puissance actuelle est déjà insuffisante), produisant des courants triphasés à 8 000 ou 10 000 volts, qui seront amenés dans des stations de transformation convenablement réparties dans Paris.

Un autre point sur lequel l'accord est aussi à peu près unanime est le choix de la tension de distribution. Le choix pouvait se porter sur 110 ou 220 volts. Cette dernière tension a sur la première l'avantage de quadrupler la puissance que peut fournir un réseau de distribution. C'est là un avantage considérable pour l'avenir et il est assez grand pour que beaucoup de réseaux nouvellement installés aient adopté 220 volts, et même que plusieurs réseaux fonctionnant auparavant à 110 volts aient transformé leurs installations pour prendre cette tension. Mais les lampes à incandescence ont un rendement lumineux qui va en diminuant quand la tension augmente ; d'autre part les lampes à arc, qui ne prennent que 35 à 40 volts et doivent être groupées par deux ou par trois en série pour fonctionner économiquement sous 110 volts, devraient être groupées par 4 ou 5 pour utiliser la tension de 220 volts, ce qui est rarement possible. De plus l'adoption de 220 volts entraînerait la nécessité de modifier la plupart des installations intérieures des abonnés, lesquelles, construites pour 110 volts, n'ont pas en général l'isolement suffisant pour sup-

moins bon et qu'on ne peut disséminer dans de nombreuses sous-stations. Mais, d'un autre côté, le courant continu convient mieux pour l'éclairage et permet d'utiliser une bonne partie des canalisations actuelles qui, comme nous l'avons dit, font retour gratuitement à la Ville à l'expiration des concessions. Le choix est donc des plus délicats, les avantages et les inconvénients paraissant se compenser. M. Lauriol semble préférer les courants alternatifs, qui seraient distribués sous forme triphasée par un réseau à 4 conducteurs, dont un neutre, la tension entre ce dernier et l'un des trois autres étant de 110 volts. Toutefois il est également partisan de réserver ce mode de distribution pour les quartiers périphériques où ses avantages deviennent incontestables à cause de l'étendue des surfaces à desservir, et d'adopter le courant continu pour les quartiers centraux qui sont actuellement desservis par le courant continu. C'est cette dernière solution que préconise la commission technique en reconnaissant le système à trois fils moins économique, mais beaucoup plus facile à équilibrer que celui à cinq fils, pour la distribution du courant continu.

Ainsi donc, dans ses grandes lignes, le régime futur de l'électricité à Paris serait le suivant : production de courants triphasés à 8 000 ou 10 000 volts dans de puissantes usines situées hors Paris et constituées par des alternateurs de 6 000 à 7 000 kilowatts directement accouplés à des turbines à vapeur; transmission de ces courants à des sous-stations situées dans Paris, les unes, en petit nombre, les transformant en courant continu pour l'alimentation avec trois fils des quartiers centraux, les autres, plus nombreuses mais moins puissantes, abaissant leur tension et assurant la distribution par un réseau à quatre fils dans les quartiers périphériques.

Comment s'effectuera le passage du régime actuel au régime futur?

On peut dès maintenant affirmer que les installations nouvelles ne pourront être achevées avant quatre ou cinq ans, c'est-à-dire deux ou trois ans après l'expiration des autorisations des Secteurs. Force est donc d'avoir recours à ceux-ci pour assurer l'alimentation de Paris pendant quelque temps.

Plusieurs combinaisons sont possibles. Ou bien la Ville prolongerait de quelques années les autorisations actuelles; ou bien elle userait de son droit de rachat pour acheter en fin de concession le matériel nécessaire à l'exploitation; ou encore elle louerait aux secteurs ce matériel pendant la durée de la période de transition; et si toutes ces combinaisons échouaient, ce qui est peu probable, le Préfet de la Seine userait des prérogatives que lui confère la loi pour assurer le fonctionnement d'un service public.

Quelle que soit la combinaison adoptée, il est à prévoir que, pour un certain nombre d'abonnés au moins, le raccordement des installations intérieures aux nouvelles stations de distribution ne pourra suivre instantanément leur déconnexion d'avec les usines et stations actuelles et qu'il en résultera une interruption temporaire et partielle.

Cet inconvénient, tout passager du reste, sera-t-il compensé par un abaissement appréciable des prix de vente?

Sur ce point on peut répondre affirmativement.

Actuellement le prix de vente maximum est fixé par les cahiers des charges à 1 fr. 50 le kilowatt-heure. Ce prix maximum est appliqué intégralement par l'un des Secteurs; d'autres consentent des diminutions importantes aux gros consommateurs, mais font payer de 1 fr. 25 à 1 fr. 50 aux petits clients, les plus nombreux; seul le Secteur de la Rive gauche a limité à 1 franc le kilowatt-heure son prix maximum. Or nous avons dit que, d'après les évaluations, plutôt majorées, de M. Lauriol et de M. Picou, le prix de revient du kilowatt-heure distribué serait, avec les nouvelles installations, de 15 à 17 centimes. Les dépenses prévues étant d'environ 100 millions, l'intérêt de ce capital à 3 fr. 50 p. 100 et son amortissement en vingt ans entraîneraient une charge annuelle d'environ 7 millions, qui, répartie sur une consommation probable de 70 millions de kilowatts-heure (le double de la consommation de 1903), augmente de 10 centimes le prix de revient du kilowatt-heure. Le prix de revient total serait donc d'environ

27 centimes, ce qui permettrait évidemment une diminution notable du prix actuel.

Ce prix de revient décroît d'ailleurs à mesure que la consommation augmente, surtout la consommation de jour. Pour cette raison il y a intérêt pour tous à favoriser le développement de l'application de l'électricité à la production de la force motrice dans les ateliers, voire même à l'alimentation des tramways et du métropolitain. Si ce développement prenait une extension suffisante, le prix de revient pourrait peut-être s'abaisser dans des proportions telles qu'il serait possible de vendre l'énergie électrique à 20 centimes le kilowatt-heure, comme le propose l'*Allgemeine Elektricitäts Gesellschaft*. Malheureusement pour les abonnés, une telle extension est peu probable, tout au moins dans un avenir proche, et il nous faut compter payer des prix plus élevés. La Compagnie générale d'électricité de Creil, reprenant des propositions faites en 1903 au Préfet de la Seine par M. Coizeau, établit qu'il est possible de vendre le kilowatt-heure 50 centimes pour l'éclairage et usages domestiques, 35 centimes pour l'éclairage public, 20 centimes pour la force motrice et usages industriels, et même diminuer progressivement ces prix en répartissant entre les abonnés, au prorata de leur consommation, la moitié des bénéfices nets de l'exploitation; cette proposition, d'autant plus intéressante que la Compagnie offre d'en faire l'application à ses risques et périls si la concession lui est accordée, mettrait les tarifs de vente à Paris au niveau et même au-dessous de ceux appliqués à Berlin : 50 centimes le kilowatt-heure pour l'éclairage et 10 centimes pour la force motrice.

Les tarifs proposés par la Commission et par M. Lauriol sont sensiblement plus élevés; leurs bases sont aussi plus complexes et exigeraient pour être comprises des développements que nous remettons au prochain article. Disons seulement que M. Lauriol propose, comme prix maximum, 70 centimes le kilowatt-heure pour les consommations effectuées entre la tombée de la nuit et neuf ou dix heures du soir, et 23 centimes pour les consommations effectuées aux autres heures, et que la Commission conseille un tarif décroissant à mesure que le nombre d'heures d'utilisation augmente, le prix maximum étant de 52,3 centimes (sans compter les bénéfices et les redevances, lesquels peuvent être évalués à 20 centimes environ) pour quatre cents heures d'utilisation annuelle et descendant à 19 centimes (soit 23 à 25 centimes avec les bénéfices et redevances) pour deux cents heures d'utilisation.

Quoique relativement élevés, les tarifs proposés par M. Lauriol et M. Picou, que l'on doit d'ailleurs considérer comme des maximums établis pour éviter toute surprise, conduisent à des prix de vente sensiblement plus bas que les prix actuels. Ils permettront sans aucun doute à l'éclairage électrique de se démocratiser, de ne plus être l'apanage de quelques privilégiés et ils atténueront les petits ennuis que ne manqueront pas de causer à la population parisienne les travaux de voierie nécessités par la pose des canalisateurs.

J. BLONDIN,
Professeur au Collège Rollin,
Directeur de la *Revue électrique.*

VARIÉTÉS

NOS VOISINS BARBARES DU NORD DU TONKIN. LES LOLOS. LOLOS SUPPLICIÉS.

Parmi les petites populations qui occupent les confins de notre Tonkin, les hauteurs en

FIG. 1. — LOLOS EN ARMES DU KIEN-TCHANG-KIANG, COMMANDÉS PAR UN CHEF DE COSTUME ET DE CARACTÈRES CHINOIS, D'ORIGINE CHINOISE PAR CONSÉQUENT.

particulier, il y a peu d'éléments d'avenir, peu d'éléments dont l'accès à notre civilisation puisse offrir un intérêt économique. Mais il y a des éléments qui offrent un haut intérêt au point de vue de l'ethnologie, en raison de leurs origines et de leurs affinités. Tels sont les *Mans* et les *Méos*. Les uns et les autres qui habitent les montagnes seraient descendus de la Chine, par les hauteurs. Il n'y a pas qu'eux, certes, pour rattacher le Tonkin à la Chine. Mais ils représentent au Tonkin les anciens aborigènes de la Chine méridionale. Les *Méos* seraient des tribus détachées de celles des *Miao-tse*, peuple qui n'a cessé d'intriguer les ethnologues et dont des groupes refoulés subsistent dans les montagnes du Quang-si, du Koueï-tcheou, du Yunnan, pour ne citer que les provinces limitrophes de notre colonie. Quant aux Mans, on les a donnés comme apparentés aux fameux

Lolos du Yunnan, ayant le même type physique (?) et le même vocabulaire, la même langue.

Les Lolos, au sujet desquels on a émis les opinions les plus diverses, présentés tour à tour comme des Caucasiens et de purs mongoliques descendus du Kou-kou-nor, me sont apparus, d'après les documents tout récents que j'ai eus entre les mains, comme des restes des plus anciens autochtones du sud-ouest de la Chine. Ils sont en groupes dispersés, très nombreux encore, mais déjà en partie assimilés par les Chinois. Ils ne forment de groupes compacts entièrement indépendants des Chinois que dans les massifs montagneux compris dans la boucle que forme le Yang-tsé au nord de Yunnansen. On les distingue encore un peu partout par les traits de leurs visages qui ne sont pas généralement ceux des Chinois, leur taille plus haute, leur allure plus hardie, certains détails de leurs vêtements. Ainsi, ils enroulent leurs cheveux en chignon sur leur front : les Chinois disent de ce chignon qu'il est en massue, ou en forme de marteau. Ils vont ordinairement pieds nus (fig. 1). Leurs vêtements sont surtout de toile de chanvre qu'ils tissent eux-mêmes. Ils ont aussi de grands manteaux faits de poils de

FIG. 2. — CRIMINELS DE KIEN-KCHANG-FOU, CONDAMNÉS LES UNS A LA CANGUE, LES AUTRES AU SUPPLICE DE LA MORT LENTE EN CAGE.

chèvre. La base de leur alimentation n'est pas toujours le riz, si ce n'est chez ceux qui cultivent des rizières. C'est surtout le sarrasin qui est assez abondamment cultivé dans les montagnes du nord de l'Inde.

Un ouvrage chinois estimé : l'*Atlas des tributaires de l'auguste dynastie*, dont M. Beauvais, qui a résidé de nombreuses années à Yunnansen, comme chancelier de notre consulat, a

traduit de nombreux extraits que j'ai sous les yeux, dit d'une tribu barbare du Yunnan, les Pou-jeu, qu' « ils mangent uniquement du sarrasin et du panais ». Il s'agit d'une sorte de rave peut-être, plutôt que du panais proprement dit. Le panais fournit toutefois, mangé seul, un aliment un peu farineux, assez apprécié dans notre nord, en Belgique. Le renseignement n'en est pas moins singulier, venant d'un ouvrage exact et minutieux dans la description des mœurs des populations. Il est d'autant plus singulier que les Pou-jeu, incorporés à l'empire en 1426-1436, habitant de préférence

le bord des rivières, cultivent sans doute du riz, et que leurs femmes, vêtues de vestes de toile, de grands jupons, nu-pieds, vont vendre ce riz dans les marchés.

Les Chinois paisibles se sont faits de certains indigènes, des Lolos en particulier, dont les brigandages les remplissaient d'épouvante, des idées parfois un peu folles.

Ainsi dans une description (monographie) de certains districts du Yunnan, il est dit : « Les vieux Tsoan (ancien nom générique des Lolos) de la montagne Mong-chan ne meurent pas. Il leur pousse une queue au bout de quelques années. Ils sont anthropophages et mangent sans distinction garçons ou filles. Ils aiment la montagne et craignent les endroits habités. Ils sont infatigables à la marche, tels des bêtes sauvages. Les indigènes les désignent sous le nom de Tsicou-hou, *renards d'automne*. On n'en rencontre pas communément ».

Sur les Kouo-lo, tribu des Lolos blancs, la plus inférieure des races, d'après l'*Atlas des tributaires de la dynastie impériale*, un ouvrage chinois raconte des choses plus extraordinaires encore : « Les Kouo-lo de Tien sont tous d'une longévité très grande. Ils ne meurent guère qu'à cent quatre-vingts ou cent quatre-vingt-dix ans. Lorsqu'ils atteignent l'âge de deux cents ans, leurs fils et petits-fils n'osent plus habiter avec eux. Ils les transportent dans des vallons retirés et leur laissent dans de grands paniers de bambou quatre ou cinq années de vivres en grains. Ces Kouo n'ont aucune intelligence des affaires humaines. Ils ne savent absolument que manger et dormir. Il leur pousse sur tout le corps une sorte de poil vert semblable à de la mousse. Une queue s'insère à l'extrémité de leur épine dorsale, qui, avec le temps, devient aussi longue que leur corps. Leurs cheveux sont rouge vermillon ; leurs dents crochues en or très pur et leurs ongles pointus. Lorsqu'ils grimpent et marchent sur les flancs escarpés des montagnes, ils vont et viennent comme s'ils volaient. Ils se jettent sur les tigres, les panthères, les cerfs et les saisissent avec leurs griffes pour les manger. Cependant ils ont peur des éléphants ».

De pareilles extravagances sont plus rares qu'on ne le croirait dans les livres chinois. Ceux-ci abondent en renseignements très bien observés, très précis, très exacts. Nous avons seulement quelque difficulté à reconnaître toujours à quels peuples actuellement existants s'appliquent leurs descriptions. Les caractères physiques ne paraissent pas avoir intéressé leurs auteurs. Nos auteurs anciens ont d'ailleurs montré la même indifférence.

Encore à l'heure actuelle, les Lolos des montagnes du Kien-tchang-kiang (fig. 1), dans la partie occidentale de la boucle en U que forme le Yang-tseu avec le Ya-long, mettent en coupe réglée les villages des cultivateurs chinois de la vallée fertile mais peu étendue du *Kien-tchang* (55 lieues de long environ). Leur vie est rude et plutôt misérable. Ils ont souvent l'aspect de brigands déguenillés et leurs femmes ont un air minable. Ils ne se lavent jamais d'ailleurs. Ils ne savent ce que c'est que de se laver les mains et la figure. Ils ne font pas mauvais accueil aux étrangers en général mais ils ont une haine profonde pour les Chinois qui ont pour eux, à leur tour, un mépris intraitable. Les postes militaires chinois n'ont jamais suffi à les contenir. Aussi les mandarins ont-ils de tout temps pris le parti de les laisser exercer de temps en temps leurs rapines, pour éviter une guerre en règle où, en se coalisant entre eux, ils pourraient opérer une levée en masse et mettre tout à feu et à sang.

Mais lorsque M. François, consul de France à Yunnansen, les a visités dernièrement, un nouveau mandarin, rompant avec la tradition, venait d'essayer de les intimider par des actes rigoureux au lieu de suivre la voie patiente des subterfuges pour les apprivoiser peu à peu. Il avait fait décapiter et étrangler quelques Lolos de caste supérieure, des Lolos « aux os noirs » qui servaient d'otage à Kien-tchang-fou, le chef-lieu de la région. Tous les Lolos s'étaient soulevés et, sur tout notre parcours, dit M. François dans un mémoire adressé à la Société d'anthropologie, ce n'était que ruines fumantes. A mesure qu'on s'approchait de Kien-tchang-fou, la situation devenait plus lamentable. Le principal foyer de cet incendie se trouvait en effet tout contre cette préfecture, menaçant les mandarins et la population dans leurs murailles. « Partout les troupes chinoises, d'ailleurs insuffisantes, étaient débordées par les Lolos dont on redoutait même l'entrée dans la ville. Les commerçants avaient organisé une sorte de garde nationale. Des patrouilles bruyantes parcouraient les rues, de nuit, en frappant sur des gongs au son lugubre. Des fusils de rempart, à mèche, étaient braqués devant les principales boutiques, des armes d'une vénérable antiquité étaient préparées au dehors des maisons, sur des râteliers. Des Lolos *suspendus dans des cages*, le cou pris entre deux planches, ache-

vaient d'agoniser, lentement étranglés, secoués de convulsions, et les notables chinois déploraient l'imprudente politique de leur préfet qui les ruinait et troublait le pays pour longtemps. »

Je donne ci-contre, d'après une photographie de M. François, le portrait de gens condamnés à la cangue (fig. 2) et de deux individus condamnés à la mort lente en cage, à Kien-tchang-fou. L'un de ces derniers a une écuelle de riz près du visage. Ils ne sont donc pas privés de

FIG. 1. — TÊTE DE TCHÉOU, DIT LE « VÉROLÉ », GRAND CHEF D'UNE RÉVOLTE, EXPOSÉE EN 1903, LE LONG D'UNE GRANDE ROUTE AU YUNNAM.

toute nourriture. Je ne sais donc comment, ni en combien de temps arrive la mort. Le cou tendu et pris entre des planchettes, ils ne peuvent pas remuer le torse. Des pointes de bambou sont d'ailleurs parfois fixées aux planchettes. En s'enfonçant dans les chairs, elles empêchent tout mouvement de la tête.

Je donne aussi la vue d'un supplicié, un Lolo, dit M. François, déjà mort, mais exposé encore dans les rues de Kien-tchang-fou, devant la porte du préfet. D'après l'inscription, presque en totalité indéchiffrable, qui est placée sur les deux montants de la cage, ce supplicié a un nom chinois : Sin Lao-chou. Il peut donc se faire que ce soit un criminel ordinaire. Lui non plus, une fois en cage, n'a pas été entièrement privé de nourriture. Mais ce sont les parents, les amis ou les gens compatissants qui ont seuls pu lui donner quelques aliments. Ses pieds portaient d'abord à plat sur un tas de briques superposées. Chaque jour on a enlevé un rang de ces briques. De sorte qu'après s'être soutenu un jour entier sur la pointe des orteils, il a fini par être complètement suspendu par le cou (fig. 3). La mort est arrivée en peu de jours, en cinq jours, dit-on. Ce supplice apparaît à notre sensibilité comme assez effroyable. Mais les races jaunes n'ont pas nos nerfs. Et on peut voir à la figure des condamnés encore bien vivants, les yeux curieusement tournés vers celui qui les photographie, que nulle angoisse ne les étreint, dans leur cage de bois où peu à peu la vie se retirera de leur corps endolori. Je ne sais donc si le spectacle de ces suppliciés exposés aux passants, dans leurs souffrances et leurs convulsions, détermine chez le peuple une appréhension vraiment moralisatrice. Les spectateurs sont évidemment encore moins émus que les victimes. Cependant, dans tous les pays et à tous les âges, on a eu recours à l'exposition publique des condamnés pour inspirer la crainte des châtiments et arrêter ainsi les penchants criminels. Les Chinois ne se bornent pas comme nous à rendre publiques les exécutions, ils exposent aussi les

exécutés comme nous le faisions autrefois. La figure 4 représente la tête d'un décapité dans une cage de bois suspendue le long d'une route à une roche. Et l'inscription mise sur l'une des planches de la cage indique quel est ce criminel et ce qu'il a fait. Il se nomme Tchéou, dit le « Vérolé », Tamatseu. Il fut le grand chef de la révolte de Lin-ngan et il a été décapité en juillet 1903. Il est sans doute paradoxal, après ces trois exhibitions, d'admirer la patience des Chinois. Cependant ils avaient occupé les provinces méridionales déjà avant notre ère. Voilà plus de vingt siècles qu'en poursuivant la colonisation, la mise en valeur du sol, ils luttent contre les anciens indigènes barbares. Et ils ne les ont pas encore exterminés. Eh bien! s'ils ne les ont pas exterminés, c'est apparemment qu'ils ne l'ont pas voulu. Ils les ont assimilés peu à peu et c'est encore à cette tactique-là qu'ils conservent leur préférence. Si des Européens avaient été à leur place, ce n'est pas en deux mille ans, c'est en moins de deux cents ans peut-être que tous les Lolos du Yunnan, du Kouang-si, du Ssé-tchouen et d'ailleurs auraient été anéantis jusqu'au dernier, comme de simples Peaux-Rouges. Sans ces façons expéditives, en effet, nous croirions déchoir, ruiner notre prestige, manquer aux obligations que nous impose notre éclatante (?) supériorité.

ZABOROWSKI.

✾✾

LES RAPIDES DU RHIN A LAUFENBOURG.

La vallée de Laufenbourg (fig. 1) est isoclinale, la chute des couches se fait vers le sud, mais très faiblement. Le Rhin y est fortement déjeté vers le nord de l'axe de la vallée où il entaille le gneiss rouge-brun de la Forêt-Noire. Les formations fluvio-glaciaires sont très développées dans les terrasses qui bordent le fleuve, mais celles-ci, étant recouvertes par le lœss, sont généralement peu distinctes. Sur la rive badoise, on retrouve la terrasse supérieure au nord de Klein-Laufenburg; la terrasse inférieure a presque complètement disparu et le village est installé sur le gneiss. Sur la rive suisse s'élève une île rocheuse portant le village de Gross-Laufenburg (fig. 1); c'est un bloc gneissique que le fleuve actuel a isolé du Schwarzwald. De la sorte, tout le rapide est dans le gneiss, le Rhin a formé en cet endroit une gorge, l'*Enge* (fig. 2), longue de 1 300 m. et large de 75 en moyenne, mais cette largeur diminue beaucoup en certains endroits jusqu'à n'avoir plus que 12 m.

Pourquoi le fleuve s'impose-t-il actuellement cette rude traversée, alors, qu'un peu plus au sud, la plaine s'ouvre largement devant lui? Peut-être n'en a-t-il pas toujours été ainsi, et il convenait de chercher si, au delà du « klippe » de Gross-Laufenburg, on ne trouverait pas un ancien cours du Rhin. On fit un grand pas dans cette question lors du forage du puits de la Fabrique de tricot, au sud de Gross-Laufenburg, en 1891. On pensait que cette entreprise serait un résultat car on rencontre le gneiss plusieurs fois aux environs. Il n'en fut rien : le sondage se fit sans difficulté à travers des couches de gravier jusqu'à une profondeur de 19 m. Là on fut arrêté par le gneiss, mais après l'avoir traversé, on rencontra de nouvelles couches de gravier dans lesquelles on trouva l'eau à 28 m. de profondeur. Comment interpréter ces faits, sinon que l'on se trouvait précisément dans l'ancien cours du Rhin? Quant au gneiss rencontré, il appartient à la rive droite de l'ancien cours (fig. 3). Le fond de cet ancien canon n'a pas été trouvé à 33 m. au-dessous de la terrasse, il est donc plus profond que celui qui se creuse actuellement. Ainsi le Rhin, avant le dépôt des matériaux de la basse terrasse, a coulé au sud de l'emplacement actuel de Gross-Laufenburg, entre ce village et la colline de l'*Ebeneberg* (fig. 4).

(212)

Les Rapides du Rhin à Laufenbourg.

Ce lit est actuellement comblé par les graviers de la basse terrasse, recouverts de lœss, mais cette terrasse est plus basse que le « klippe » gneissique qui porte Gross-Laufenburg ; ce n'est donc pas elle qui a obligé le fleuve à couler de l'autre côté du « klippe ».

FIG. 1. — VUE GÉNÉRALE DES RAPIDES DU RHIN A LAUFENBOURG.

On est ainsi conduit à penser que, déjà avant l'époque de la basse terrasse, la colline de Gross-Laufenburg était séparée des escarpements du N. par un fleuve plus ancien.

En somme, avant la dernière glaciation qui apporta les matériaux des basses terrasses, deux sillons existaient dans le gneiss. Le plus méridional,

FIG. 2. — ENGE.

Gorge étroite en aval des rapides où les eaux du fleuve se resserrent jusqu'à ne plus avoir qu'une douzaine de mètres de largeur. Cette gorge est tout entière creusée dans le gneiss : il s'y montre schisteux et traversé, surtout sur la rive droite, par des filons de granite et des veines de quartz.

qui est en même temps le plus profond, devait constituer le bras principal, c'est celui qui est comblé actuellement ; l'autre devait correspondre à un bras plus faible, c'est celui que suit le fleuve actuel.

De Dogern à Albbrück, le Rhin semble avoir presque complètement retrouvé son lit primitif ; depuis Albbrück jusqu'à Hauenstein il le croise deux fois ; de Hauenstein à Laufenburg, deux fois également, enfin il le retrouve en partie au-dessous de Laufenburg.

L'existence de vallées abandonnées par les eaux, ou tout au moins peu en rapport avec la rivière qui les draine, est un fait très fréquent dans la Suisse septentrionale et centrale où les fleuves, en raison des dislocations du bord septentrional des Alpes et des dépôts fluvio-glaciaires, ont dû maintes fois changer de lit. En recherchant leur ancien cours, ces fleuves sont arrivés à découvrir la roche sous-jacente et même à l'entailler ; c'est ce qu'a fait le Rhin près de Schaffhouse, à Rheinau, Laufenburg, Rheinfelden. C'est précisément en ces endroits que se produisent les rapides bien connus dans la langue populaire sous le nom de « laufen ».

L'aspect des rapides de Laufenbourg est relati-

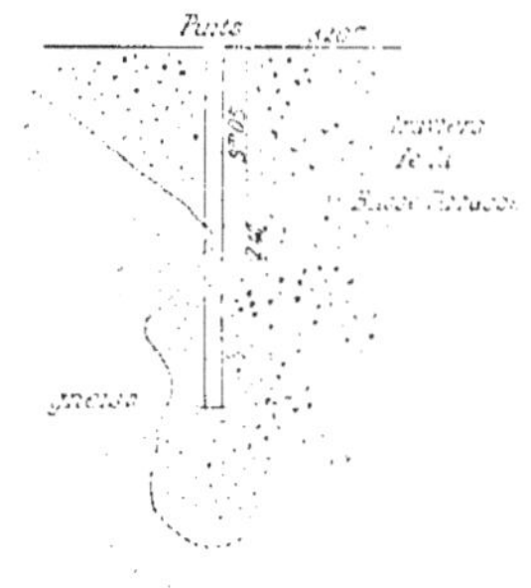

FIG. 3. — PUITS CREUSÉ DANS L'ANCIEN COURS DU RHIN AU SUD DE GROSS-LAUFENBURG. On y voit le « nez » de gneiss rencontré lors du forage. Pendant les hautes eaux, le niveau d'eau dans le puits est d'environ 0 m. 16 plus bas que dans le Rhin au même moment et sur le même profil, ce qui laisse à penser que le bras mort reçoit son eau au-dessus du rapide actuel et peut se tenir en relation avec la gorge nouvelle.

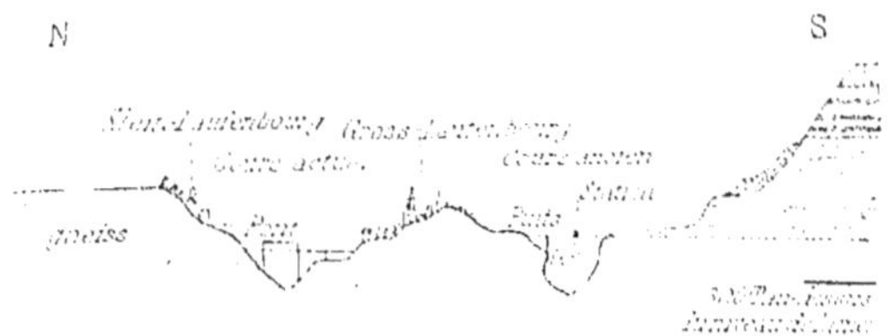

FIG. 4. — COUPE DE LA VALLÉE DU RHIN A LAUFENBOURG.

vement grandiose. Les vagues se précipitent les unes après les autres sur les rochers de gneiss en tourbillonnant et en écumant avec un bruit impétueux, tandis que l'eau verte rejaillit en écume blanche.

Ainsi, leur existence n'est que la conséquence d'un fait très général dans l'histoire des rivières descendues des Alpes : ces phénomènes de déplacement sont, en effet, aussi fréquents dans les vallées du plateau suisse que dans les vallées alpines. Ils se traduisent ici par de petites gorges souvent longues mais étroites, tandis que là, en pleine montagne, ils forment des gorges très encaissées et parfois très brèves : il convient donc de rapprocher les premières des gorges dites « épigénétiques ». Toutefois les parois de la gorge de Laufenbourg ne présentent nullement les formes caractéristiques de l'érosion torrentielle : ce ne sont que les formes indistinctes de la simple démolition et de l'écoulement qui résultent nécessairement du travail de creusement dans les parties les plus profondes du lit.

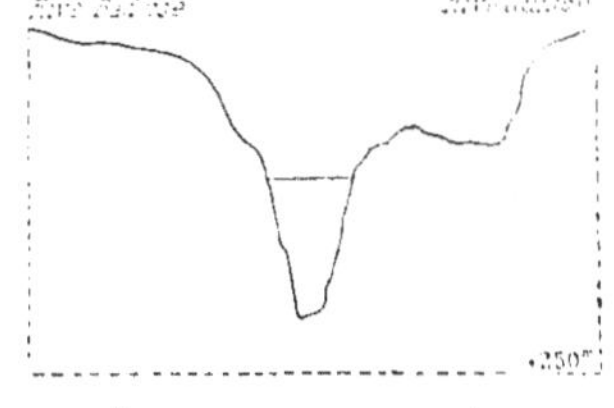

FIG. 5. — COUPE DE L'ENGE. Échelle : 1 2 500.

GABRIEL EISENMENGER,
Boursier de voyage à l'Étranger.

PÉDAGOGIE

TRIBUNE LIBRE D'EN-
SEIGNEMENT EXPÉRIMENTAL

Télégraphie sans fil (construction d'élève). Je vous adresse la description d'un petit appareil que j'ai monté pendant les heures de manipulation, sous la direction de *M. Barral,* mon professeur de physique au collège de Vienne.

Cet appareil a pour but de montrer le principe de la télégraphie sans fil. Nous croyons être arrivé à un résultat satisfaisant, sans acheter un matériel spécial, des appareils délicats et coûteux, toujours entourés d'un certain mystère pour l'élève qui ne les a pas vu monter pièce à pièce.

Or, pour ceux qui ont à leur disposition une machine de Wimshurst ou tout autre générateur d'ondes hertziennes, le montage de notre appareil ne coûte qu'un peu de patience et d'habileté.

En voici les principaux éléments :

1° Machine de Wimshurst (modèle moyen) dont les boules ont été bien décapées, et dont les condensateurs sont en bon état, représente le poste de départ.

2° L'organe essentiel du poste d'arrivée est évidemment le radioconducteur de Branly (fig. 1). Un tube de verre de 4 à 6 mm. de diamètre contient un peu de limaille de nickel obtenue en limant une pièce française de 0 gr. 25. Quelques milligrammes de limaille suffisent. Le tube de verre peut avoir de 4 à 5 cm. de longueur : pour empêcher les grains de limaille de se déplacer dans le tube nous les maintenons entre deux petits pistons métalliques qui servent à amener le courant : ces pistons sont simplement constitués par des clous à tête plate un peu plus large que l'ouverture du tube ; avec un peu de patience on use sur une lime la tête de ces clous, de manière à les amener à pénétrer exactement dans le tube. Ces clous sont maintenus par de petits bouchons dans lesquels ils pénètrent à frottement dur, de façon à permettre le réglage de l'appareil tout en offrant une résistance suffisante aux tractions qui pourraient survenir des fils amenant le courant.

Les clous dépassent de chaque côté les extrémités du tube de verre : on fixe aux pointes, des pinces en cuivre : l'une d'elles reçoit l'antenne isolée, et un fil servant à amener le courant d'une pile; l'autre maintient le second fil de la pile et une communication avec le sol, qui donne plus de sensibilité à l'appareil.

3° Le radioconducteur forme une partie du circuit d'une pile (un élément Leclanché est bien suffisant).

4° Une sonnerie *très sensible* (ou un galvanomètre) est également intercalé sur le circuit de la pile; la grande sensibilité de la sonnerie est pour beaucoup dans la réussite de l'ex-

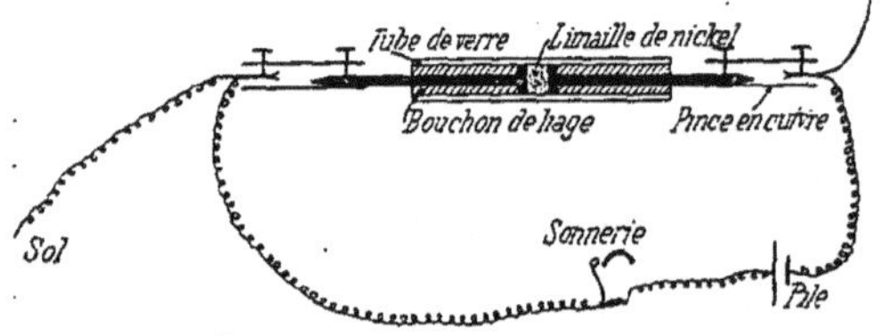

FIG. 1. — RADIOCONDUCTEUR BRANLY

périence : aussi doit-elle être placée horizontalement de manière que le marteau soit bien libre.

5° L'antenne est constituée par un fil de cuivre isolé de 3 ou 4 m. de hauteur, en relation avec le radioconducteur.

Ayant de commencer une expérience, il faut régler le radioconducteur : on y arrive en desserrant plus ou moins les pistons et en frappant de petits coups secs sur le tube.

Le radioconducteur est fixé sur un support à pince, en bois : pour décohérer la limaille, il faudrait frapper sur le tube un coup assez fort qui pourrait le briser : aussi a-t-on avantage à frapper un coup très sec *sur le support,* près du radioconducteur.

Quant aux résultats obtenus avec cet appareil plutôt primitif, ils sont on ne peut plus satisfaisants : à une distance de 5 à 8 m. du radioconducteur, l'étincelle de la machine impressionne à tous coups la limaille. .

Nous avons même obtenu des résultats très concluants, en plaçant la machine dans une salle éloignée de 15 à 20 m. de celle où se trouvait le poste récepteur, et séparée de celle-ci par deux portes de communication que l'on fermait à volonté.

Communiqué par M. LÉON BOVIER,
Élève de Math. (A) au collège
de Vienne (Isère).

Préparation de l'oxygène par l'oxylithe. Dans aucun des nombreux ouvrages de chimie élémentaire publiés dans ces derniers temps, il n'est fait mention de la préparation de l'oxygène, à froid, par l'action de l'eau sur l'*oxylithe.* J'emploie ce procédé, depuis deux ans, à ma grande satisfaction.

Si je montre que le chlorate additionné d'oxyde noir de manganèse et chauffé dégage de l'oxygène, c'est parce que cette réaction figure dans tous nos ouvrages, mais je fais la préparation dans un tube à essai et me contente de recueillir une petite éprouvette de gaz.

Ceux de nos collègues qui auront une fois préparé l'oxygène avec l'oxylithe, n'emploieront plus ensuite d'autre méthode.

D'abord deux mots sur l'oxylithe. Cette substance est livrée sous forme d'agglomérés parallélipipédiques (pastilles) pesant cha-

FIG. 2. — PRÉPARATION DE L'OXYGÈNE PAR L'OXYLI-THE.

cun 50 gr. et pouvant fournir 6 à 7 l. d'oxygène. Il y a dix de ces blocs dans une boîte de fer blanc soudée. Chaque boîte vaut 1 fr. 75, ce qui permet d'obtenir l'oxygène à 0 fr. 03 le litre. L'oxylithe craignant l'humidité, quand une boîte a été ouverte, il faut mettre les pastilles non utilisées dans un flacon fermé par un bon bouchon de liège recouvert de paraffine. L'oxylithe est fabriquée par une société d'électro-chimie, d'après les procédés Jaubert, et l'on peut se procurer ce produit en s'adressant à MM. Gaumont et Cⁱᵉ, rue Saint-Roch, à Paris.

Les détails de sa fabrication sont tenus secrets. On sait cependant qu'il est constitué en grande partie par du bioxyde de sodium, qui, au contact de l'eau, donne la réaction : $Na_2O_2 + H_2O = 2(NaOH) + O$.

L'oxygène obtenu est à peu près chimiquement pur (99,9 p. 100).

Le résidu est une lessive concentrée de soude caustique, qui peut servir à la saponification. Seulement cette dissolution a une belle couleur bleue rappelant celle d'une dissolution de sulfate de cuivre. Si on connaissait la composition exacte de l'oxylithe, on pourrait probablement expliquer cette coloration.

Pour préparer l'oxygène, on peut employer le petit appareil suivant (fig. 2). Il se compose d'un flacon d'un demi-litre environ, à large goulot (ce qui permet d'y introduire les pastilles d'oxylithe sans les briser), fermé par un bouchon traversé par deux tubes : 1° un tube à dégagement ne dépassant pas le bouchon à l'intérieur du flacon ; 2° d'un entonnoir à brome, ou simplement d'un tube droit à entonnoir à robinet. On met dans le fond du flacon une bonne couche de petits morceaux de verre, puis une ou deux pastilles d'oxylithe (2 pastilles suffisent très largement pour les expériences à effectuer dans une leçon sur l'oxygène); on s'arrange de façon que les pastilles ne touchent pas les parois du flacon, on remplit l'entonnoir à brome (réservoir et tube) avec de l'eau et l'on ferme le robinet. Le bouchon est mis en place et l'appareil est placé dans une cuvette renfermant de l'eau.

Cette dernière précaution, ainsi que les morceaux de verre mis dans le fond du flacon, ont pour but d'empêcher ce dernier de s'échauffer et de se casser, par suite de la chaleur dégagée dans la réaction. On entr'ouvre le robinet, l'eau coule goutte à goutte, le dégagement d'oxygène s'effectue très régulièrement. Si on règle l'écoulement de façon qu'une goutte d'eau tombe toutes les cinq secondes environ, on a le temps de remplir un flacon d'un litre pendant que l'on effectue avec un autre flacon une combustion, celle du soufre ou du phosphore par exemple.

Il est presque inutile d'ajouter que le même appareil peut servir à la préparation de l'acétylène.

Il suffira d'employer le carbure de calcium au lieu d'oxylithe.

Communiqué par M. Gousselot,
Professeur de physique
au Collège de Tlemcen (Algérie).

<table><tr><td>

Machine pneumatique à mercure.

</td><td>

L'utilité des pompes à mercure devient croissante depuis que les phénomènes des tubes à gaz raréfiés sont à l'étude. Le type ci-contre (fig.3) est une simplification de la pompe d'Alvergniat.

</td></tr></table>

L'appareil se compose comme toujours d'une grosse ampoule B qui forme le récipient à vide en jouant le rôle de chambre barométrique. Elle est soudée à la partie supérieure d'un tube de verre de 80 cm. de long qu'un tube de caoutchouc *ad hoc* relie, d'autre part, à une cuvette A contenant du mercure et mobile le long d'une glissière verticale. L'ampoule à vide porte un robinet à voie oblique R qui permet de la mettre en relation soit avec l'air extérieur, par un canal latéral L, soit avec le réservoir à gaz par le deuxième ajutage L'. Le robinet est noyé dans une cuve à mercure, cette disposition rend le système hermétiquement clos. Le manomètre M indique le degré du vide. La manœuvre du robinet R se fait extérieurement au moyen de la poulie P dont les index i et i' permettent de placer la voie dans la direction désirée. Enfin la chambre où s'opère la dessiccation du gaz a été supprimée à dessein, car il est toujours possible de n'opérer que sur un gaz sec.

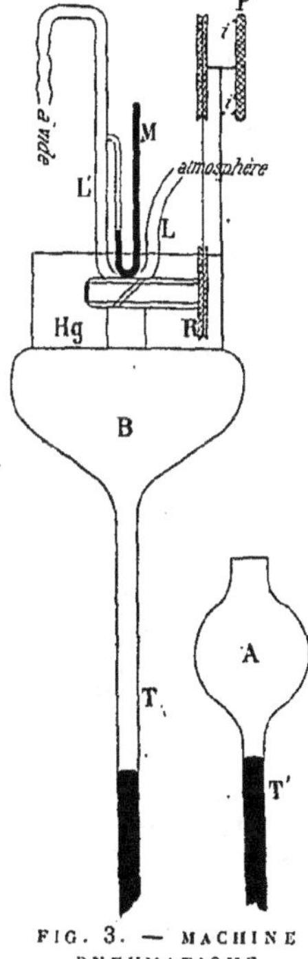

FIG. 3. — MACHINE PNEUMATIQUE.

Fonctionnement. — On établit la communication de l'ampoule avec l'air extérieur en plaçant le robinet dans la position indiquée par la figure. Puis on élève la cuvette mobile de façon que l'ampoule se remplisse de mercure jusqu'au-dessus du robinet R et on le ferme. On descend la cuvette au bas de la glissière; le mercure abandonne l'ampoule qui devient une chambre barométrique que l'on fait communiquer avec le récipient à gaz. Dès que l'écoulement gazeux est terminé, on ramène le robinet dans sa position première pour chasser dans l'atmosphère le gaz qui a pénétré dans l'ampoule. Ainsi, on raréfie le gaz contenu dans le réservoir en le mettant à plusieurs reprises en communication avec l'ampoule dans laquelle on fait le vide. La simplification de la pompe d'Alvergniat crée un appareil dont l'allure est plus robuste et la manœuvre plus rapide. Enfin, on obvie aux fuites dues aux robinets, et que le meilleur graissage ne permet pas d'éviter, en noyant l'unique robinet dans le mercure.

Communiqué par M. Fival.

<table><tr><td>

Manière d'obtenir des mouvements uniformes.

</td><td>

Un vase de Mariotte (fig. 4) amène un liquide dense (Hg de préférence) dans l'une des branches d'un tube en U bien calibré. Dans l'autre branche le liquide soulève un flotteur (*m*) suspendu à un fil (*f*) qui s'enroule sur le petit cylindre d'un treuil, constitué par deux bouchons de rayons diffé-

</td></tr></table>

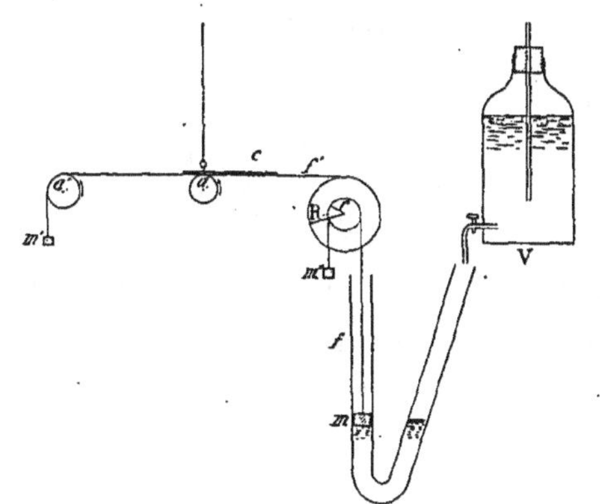

FIG. 4. — MOUVEMENTS UNIFORMES.

rents (*r*, R), traversés selon leurs axes par un fragment d'aiguille à tricoter. Un deuxième fil (*f'*), enroulé sur le gros bouchon, se dirige horizontalement et vient passer sur les deux bouchons mobiles autour de leurs axes (*a,a'*). Ce fil porte, à sa face supérieure, une carte de visite (*c*) recouverte de noir de fumée.

Ce dispositif nous donne en même temps un mouvement de rotation (gros bouchon) et un mouvement de translation (carte) uniformes. Si on se contente du mouvement de rotation, on peut simplifier l'appareil en supprimant ce qui est à gauche du treuil et attacher à l'autre bout du fil (*f*) un contrepoids (*m"*).

Le treuil fonctionne comme multiplicateur de vitesse.

En faisant varier le rapport $\frac{r}{R}$ et le débit du vase de Mariotte, on peut imprimer à l'ensemble des mouvements de vitesses différentes en rapport avec les périodes des mouvements que l'on se propose d'enregistrer.

Communiqué par M. Amaudrut,
Professeur au lycée de Vesoul.

A. Guillet,
Professeur honoraire.

(215.)

Revue critique des Travaux scientifiques.

CHIMIE APPLIQUÉE

Dessiccation du vent des hauts fourneaux.

M. James Gayley, directeur des hauts fourneaux de la compagnie Carnegie (États-Unis), a étudié récemment l'influence de la dessiccation de l'air sur la marche des hauts fourneaux. Les résultats de ses expériences sont fort intéressants, puisqu'ils indiquent une économie de 20 p. 100 sur le combustible. Aussi ont-ils soulevé de nombreuses discussions, tant au point de vue de l'explication des faits que de l'intérêt qu'il y aurait à adopter en Europe la méthode de l'auteur.

Nous commencerons par étudier l'installation du procédé aux hauts fourneaux Isabella à Etna, près de Pittsburg. Le haut fourneau avait une capacité de 512 mc. La hauteur totale était de 27 m.; il possédait 12 tuyères de 150 mm., alimentées par 3 machines soufflantes.

La quantité d'eau qu'il faut condenser est considérable : en effet le haut fourneau consomme par minute environ 1 100 mètres cubes d'air; en prenant comme moyenne de la teneur en eau de l'air atmosphérique 13 gr. par mètre cube (ce qui ressort des observations faites régulièrement à l'usine), on voit que le vent envoie par minute 14 300 gr. d'eau, soit 860 kgr. par heure. Telle est l'énorme quantité d'humidité qu'il s'agit de condenser. On y arrive en faisant circuler l'air dans des chambres de réfrigération autour de tubes-serpentins à l'intérieur desquels circule un liquide incongelable refroidi à — 12°. Les tubes sont disposés par rangées horizontales, les tubes d'une rangée se trouvant au-dessus de l'intervalle de deux tubes de la rangée immédiatement au-dessous. Ils sont réunis deux par deux au moyen de boîtes d'accouplement placées aux extrémités. Leur ensemble forme trois tranches parallèles, alimentées chacune par une conduite de 102 mm. de diamètre; la solution réfrigérante circule de haut en bas tandis que l'air à dessécher circule de bas en haut. La totalité des tubes, ayant chacun 6 m. de long sur 51 mm. de diamètre, représente un développement de plus de 27 km. (voir fig. 1 et 2).

La solution réfrigérante (solution de chlorure de calcium de densité 1,21) est refroidie dans un bac (fig. 3) contenant trente serpentins dans lesquels on détend de l'ammoniac liquéfié. Chaque tube du serpentin, ainsi que le montre la figure, est double : l'ammoniac circule de bas en haut dans l'espace annulaire, tandis que le chlorure de calcium passe une première fois à l'extérieur des tubes, puis dans le tube intérieur. On emploie environ 180 mc. de solution.

L'ammoniac est liquéfié au moyen de deux compresseurs dont un seul est en service permanent, le deuxième ne servant que comme machine de secours ou lorsque l'atmosphère est exceptionnellement humide.

L'air qui circule autour des serpentins à — 12°

dépose ainsi une partie de sa vapeur d'eau à l'état liquide, puis, sa température continuant à s'abaisser, sous forme de neige; il sort des chambres à une température inférieure à 0°. Sa dessiccation n'est du reste que partielle : il contient encore en moyenne 4 gr. 03 d'eau par mètre cube, au lieu de 13 gr. 02 qu'il possédait à l'entrée.

Pour dépouiller les tubes de la couche de neige dont ils se revêtent, on y envoie pendant quelques minutes une solution de chlorure de calcium préalablement chauffée à la vapeur. Ce nettoyage ne se fait du reste que tous les trois jours pour chaque tranche, alternativement, soit chaque jour pour la chambre entière.

Enfin ajoutons que l'air est refoulé dans la chambre au moyen de trois ventilateurs, un C à l'entrée, deux autres A et B au-dessous des tubes, afin de régulariser la répartition de l'air dans la chambre.

Quels sont les effets de la dessiccation du vent? Afin de les étudier d'une manière méthodique, M. Gayley a fait porter les essais sur une période de quarante jours depuis le 1er août jusqu'au 10 septembre.

Pendant les quinze premiers

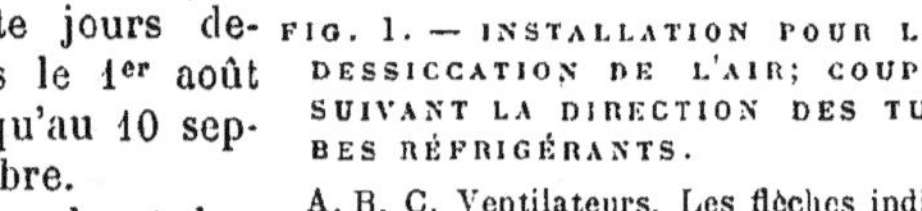

FIG. 1. — INSTALLATION POUR LA DESSICCATION DE L'AIR; COUPE SUIVANT LA DIRECTION DES TUBES RÉFRIGÉRANTS.

A, B, C, Ventilateurs. Les flèches indiquent le trajet de l'air.

jours on a marché avec le vent ordinaire. Puis on a mélangé graduellement l'air sec, et finalement on n'a plus employé que celui-ci à partir du 25 août.

Or, dès l'introduction de l'air sec, on a constaté une marche meilleure du haut fourneau, dont la température s'élevait. On a donc pu, sans changer la dose de coke, augmenter la charge de minerai, qui a été portée de 11 340 kgr. à 13 605 kgr. (fondant compris) soit 20 p. 100 en plus, à partir du 25 août.

Ainsi le seul emploi de l'air sec a permis, sans changer la charge de combustible, de passer d'une production journalière de 358 tonnes à 447, en même temps que la consommation de coke par tonne de fonte descendait de 967 à 777 kgr. Le graphique ci-joint (fig. 4) montre les variations de marche de l'appareil pendant la durée de l'essai.

On pourrait croire que cette économie de 20 p. 100 est de beaucoup diminuée par suite de l'augmentation de force motrice nécessaire aux compresseurs à ammoniaque. Mais il n'en est rien : l'introduction d'air sec nécessite en effet une diminution considérable de vitesse de la soufflerie : l'air étant plus froid est par conséquent plus dense, et le même poids représente un volume moindre. En fait chacune des trois machines soufflantes, qui demandait 900 chevaux, n'en consomme plus, avec l'air sec, que 671, ce qui fait en tout un gain de 687 chevaux. Or l'ensemble des compresseurs, ventilateurs et pompes de circulation ne consomme que 585 chevaux. Même sans admettre que ces chiffres soient tout à fait définitifs, on voit que la nouvelle intallation n'aug-

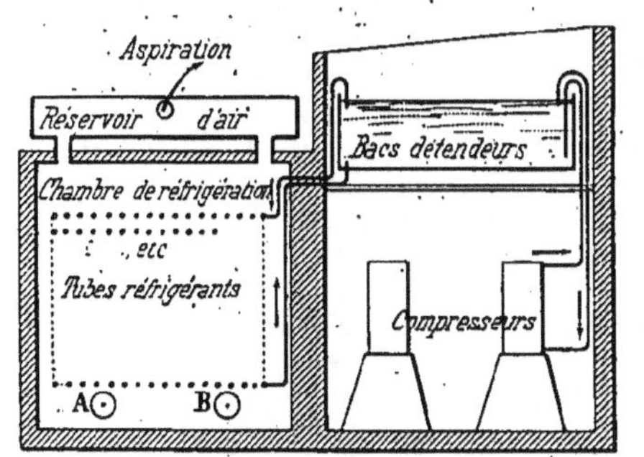

FIG. 2. — INSTALLATION POUR LA DESSICCATION DE L'AIR.

Coupe perpendiculaire à la direction des tubes réfrigérants.
A, B, ventilateurs.

mente pas la dépense de force motrice. L'économie annoncée subsiste donc entière. Si maintenant nous abordons les explications que l'on a données de ce phénomène, nous en trouvons de nombreuses : l'inventeur pense que c'est surtout la variation de la teneur de l'air en vapeur d'eau qui est nuisible à la marche du haut fourneau, en provoquant une variation correspondante dans la température des étalages. C'est pour supprimer cette variation qu'il a été amené à supprimer la cause, c'est-à-dire la vapeur d'eau.

MM. Picard et Heurteau, en présentant ces expériences à l'Académie des sciences le 21 novembre dernier, attribuaient l'influence nuisible de la vapeur d'eau à sa dissociation, sans du reste en expliquer nettement le mécanisme. Si la

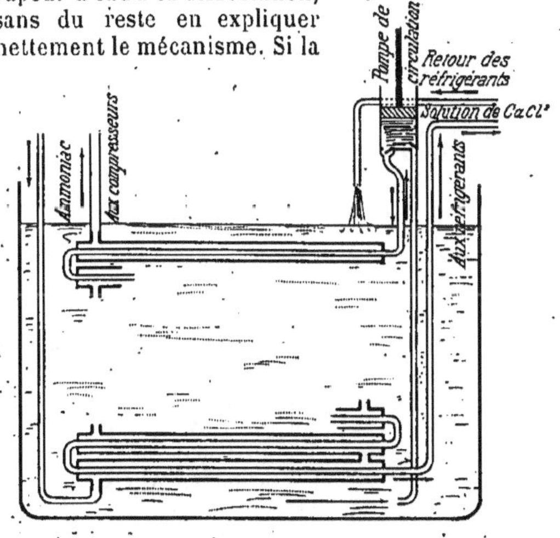

FIG. 3. — COUPE D'UN BAC DÉTENDEUR.

vapeur, en se dissociant, enlève de la chaleur, comme un peu plus haut, dans le four, les gaz se recombineront, on retrouverait à cet endroit la chaleur per-

due plus bas. Il est vrai que le résultat serait un déplacement de la température, qui s'abaisserait aux tuyères et s'élèverait au contraire aux étalages, ce qui assurément est nuisible au bon fonctionnement de l'appareil.

L'*Engineering* du 18 novembre envisage la question à un autre point de vue : Le fait d'avoir refroidi l'air a augmenté sa proportion en oxygène sous le même volume ; il est donc possible que l'amélioration constatée provienne tout simplement d'une combustion plus parfaite. On aurait pu la réaliser, sans refroidissement, simplement en augmentant la force des machines soufflantes [1].

Une opinion analogue est présentée par M. A. Lodin à la séance du 28 novembre de l'Académie des sciences. Il fait remarquer que les réactions qui se passent au voisinage des tuyères dans le haut fourneau (réduction du silicium, fusion du laitier par exemple) nécessitent une température très élevée, au-dessous de laquelle elles ne peuvent se

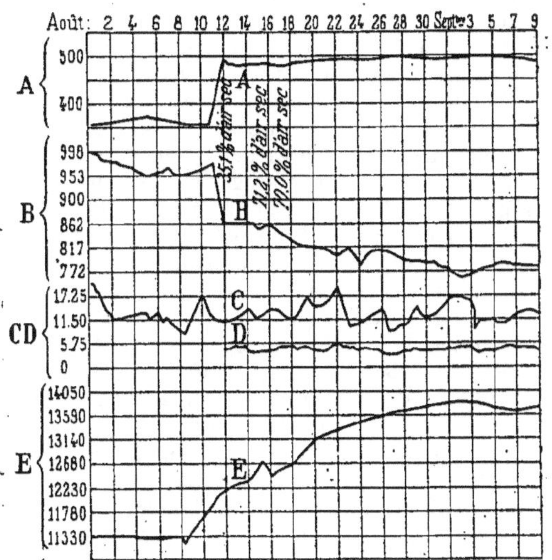

FIG. 4. — GRAPHIQUE MONTRANT L'INFLUENCE DE LA DESSICCATION DES VENTS DANS LES HAUTS FOURNEAUX,

A, production journalière de fonte, en tonnes. B, consommation de coke en kilogrammes par tonne de fonte. C. D, poids d'eau, en grammes, contenu dans un mètre cube d'air soufflé, avant et après la dessication. E, charge de minerai, en kilogrammes.

produire. Cette température n'est dépassée, en pratique, que de quelques centaines de degrés. Il en résulte que la moindre variation de température que l'on produit dans la région des tuyères a une influence considérable sur le rendement de l'opération métallurgique. Or la vapeur d'eau ajoutée ayant une chaleur spécifique considérable doit abaisser la température. Mais, dans le cas présent, une autre amélioration est venue de ce fait que, grâce au moindre volume d'air insufflé, les récupérateurs ont mieux fonctionné et ont relevé sa température de près de 100°. Il est probable, ajoute M. Lodin, qu'en portant la température du vent à 500° sans le dessécher, on aurait eu le même résultat.

1. Cette explication nous paraît sans fondement puisque, ainsi qu'on l'a vu plus haut, la dessiccation de l'air a permis de diminuer considérablement la vitesse des machines soufflantes.

A la même séance de l'Académie, M. Lé Châtelier expose des considérations d'un autre ordre : Si l'on calcule le bénéfice résultant de la suppression de la vapeur d'eau par suite de sa chaleur spécifique, de sa dissociation ou de sa décomposition au contact du carbone, on n'arrive pas à une économie de 5 p. 100. Cependant on ne peut mettre en doute l'authenticité des chiffres donnés par M. Gayley. Il faut donc chercher une autre raison du meilleur rendement obtenu. Or il faut remarquer que l'on conduit toute opération métallurgique de manière à avoir un produit final de qualité déterminée, dans le cas actuel une fonte suffisamment affinée. Si l'on fait varier les conditions de la réaction, on pourra, avec la même température, obtenir un produit de meilleure qualité, ou avoir le même produit en utilisant une température moins élevée. En particulier, si l'emploi de l'air sec facilite l'élimination du soufre des minerais, on pourra obtenir un produit acceptable à une température où l'emploi de l'air humide aurait fourni une fonte inutilisable. Ceci s'explique en considérant la manière dont s'élimine le soufre contenu dans le combustible : au voisinage des tuyères, il donne de l'acide sulfureux qui, en présence de l'oxyde de carbone, se fixerait sur la chaux à l'état de sulfure de calcium. Mais, en présence d'humidité, ou, plus généralement, de gaz hydrogénés, il se produit un équilibre avec formation d'une quantité d'hydrogène sulfuré d'autant plus forte qu'il y a plus d'hydrogène, c'est-à-dire plus d'humidité initiale. Cet hydrogène sulfuré s'élève dans le haut fourneau et se combine avec l'éponge de fer poreuse. Et ce ne sont pas là de simples conjectures : l'auteur les a vérifiées par des expériences directes effectuées au laboratoire. On voit en même temps que la méthode de M. Gayley peut réussir dans un cas particulier, mais n'est pas générale et ne s'appliquerait plus dans le cas de l'acier Bessemer, ou du cuivre, contrairement à ce qu'avançait le chimiste américain.

Enfin, dans le *Génie civil*, qui a publié une étude très documentée de la question, à laquelle nous avons emprunté nos figures, M. A. Pourcel, sans contredire M. Le Châtelier, est d'avis que la dissociation permet d'expliquer au moins une grande partie de l'amélioration obtenue, si l'on considère les conditions exactes dans lesquelles on travaille à Isabella.

Une dernière question se pose : quelle est l'importance de la méthode préconisée par M. Gayley? Va-t-elle être appliquée en Europe et produira-t-elle d'aussi bons résultats, ce qui serait presque une révolution dans la métallurgie du fer? A ce sujet, tous les ingénieurs se montrent sceptiques, et MM. Pourcel et Lodin en montrent la raison : si M. Gayley a pu obtenir d'aussi bons effets, c'est parce qu'il a appliqué son perfectionnement à des hauts fourneaux qui en avaient vraiment besoin et marchaient dans des conditions au moins peu avantageuses; en particulier, avec un vent chauffé seulement à 400°, tandis qu'en Europe il est normalement poussé à 700° ou 800°. Dans ce cas il est douteux que la dessiccation du vent produise une économie justifiant la construction d'appareils coûteux.

C. CHABRIÉ,
Chargé de cours à la Sorbonne.

PHYSIQUE APPLIQUÉE

On sait que les moteurs à air utilisent comme force motrice la tension de l'air chauffé. Cette tension augmente, d'après Gay-Lussac, en raison directe du binôme de dilatation, d'où il suit que l'on peut porter la température à un degré tel que le *rendement* en soit supérieur à celui de la machine à vapeur (principe de Carnot). Ce rendement peut aller à 0,45 et même au delà. Il devrait donc s'ensuivre un emploi général de ces engins; malheureusement, à côté de cet avantage, apparaissent des inconvénients sérieux, dont le principal est l'impossibilité de refroidir assez rapidement l'air après son travail effectué, pour avoir une chute de température convenable et surtout instantanée, amenant une chute de tension aussi importante et aussi brusque, par exemple, que celle que détermine l'emploi du condenseur dans la machine à vapeur. La difficulté de chauffer à la fois et vite une grande masse d'air fait qu'on ne peut donner à ces appareils que des dimensions réduites, ce qui en limite l'emploi à des cas où l'on n'a besoin que de faibles forces. La décomposition que subissent les huiles de graissage dans les parties chauffées à sec du moteur est encore une autre difficulté à vaincre. Toutes ces raisons réunies, et d'autres encore, font que le moteur à air chaud n'a pas pris dans l'industrie la place que lui assigne la théorie.

Sa simplicité d'organisation, la facilité de sa mise en train, sa propreté, sa marche silencieuse, l'absence d'odeur, sont cependant des qualités séduisantes, au point que les inventeurs ne se lassent pas de chercher les perfectionnements qui pourraient y être apportés. C'est précisément un des derniers moteurs perfectionnés que nous voulons décrire ici; cet appareil, connu sous le nom de *moteur Rider*, paraît bien, en effet, être à l'abri de la plupart des défauts signalés dans les moteurs connus jusqu'à ce jour; et s'il ne développe pas une grande puissance, cela tient à la nature même des choses plutôt qu'à une absence de qualités. Il est rustique, solide et d'une marche régulière : Un de ces appareils connu de nous fonctionne depuis deux ans dans une devanture d'atelier, dix-huit heures par jour, et sa marche n'a encore jamais été interrompue pour cause de réparations.

Cet engin (fig. 1) se compose de deux cylindres A et B accouplés et ouverts en haut, dans lesquels se meuvent deux pistons C et D, à peu près équilibrés, ce qui permet de ne tenir aucun compte de la pression atmosphérique. Ces pistons sont à fourreau, et n'ont, par conséquent, qu'une tige-bielle. Les manivelles sont calées à angle droit sur un arbre de couche qui porte aussi un volant très massif. Ce sont les fourreaux qui obturent les cylindres, car les pistons laissent un certain intervalle entre eux et les parois. Le *piston moteur* D présente à sa partie inférieure comme une voûte qui vient couvrir et emboîter une sorte de dôme F formé par un refoulement du fond de son cylindre. C'est sous ce fond que se trouve le foyer de chauffe. L'autre piston C, appelé *piston compresseur*, est un peu plus volumineux, mais, en revanche, moins massif. La paroi E de sa partie inférieure est creuse, et peut recevoir de l'eau, ou toute autre matière réfrigérante ; il en est de même, du reste, d'une partie de la paroi supérieure de l'autre cylindre, laquelle est entourée d'une gaine T qui peut aussi recevoir un réfrigérant liquide. Les deux cylindres communiquent ensemble par un large tube carré, muni de plaques à l'intérieur : c'est le *radiateur*. A partir de ce radiateur se trouve, dans le cylindre du piston moteur, un manchon en tôle, le *télescope* G, qui va presque jusqu'au bas, laissant un intervalle, non seulement entre le piston et lui, mais encore entre lui et le cylindre. Enfin un *robinet d'air* N permet l'introduction de l'air nécessaire.

Voyons maintenant comment fonctionne le tout. Au début de la manœuvre, le robinet d'air est ouvert, et le piston compresseur C au bas de sa course. Agissant à la main sur le volant, on fait monter ce piston jusqu'en haut ; dans ce mouvement, il aspire la provision d'air nécessaire à la marche, car celle qui s'y trouvait déjà n'était pas suffisante. On ferme ensuite le robinet, et on continue le tour commencé du volant le piston redescend, et comprime l'air introduit, ce qui le force à aller par le radiateur dans l'autre cylindre se faire chauffer. Si l'on a eu soin de ne mettre la machine en train que lorsque le dôme F a atteint

pression de l'autre cylindre, puisque le piston de ce dernier descend en même temps. L'air qui vient de se détendre passe par le radiateur, où il commence à se refroidir, et va achever de perdre ses calories dans le cylindre du compresseur, sous l'influence du liquide réfrigérant qui y circule dans la paroi. En se refroidissant, il diminue de volume, ce qui produit une raréfaction partielle, et par conséquent une descente du piston, fait qui aide encore à la montée du piston moteur. Ce dernier, arrivé en haut, redescend sous la seule impulsion du volant qui permet de franchir le point mort ; il arrive ainsi jusqu'en bas, puis tout recommence. Remarquons que l'air, quand il revient dans le cylindre moteur, est obligé par le télescope de lécher les parois de ce cylindre, lesquelles sont chauffées presque autant que le fond.

Ce moteur n'étant qu'à simple effet, et ne devant la descente de son piston moteur qu'à l'énergie accumulée dans le volant, ne saurait avoir une grande puissance. On peut en construire de plusieurs chevaux, mais il faut leur donner de grandes dimensions, ce qui fait apparaître des inconvénients qui n'existent pas dans les petits modèles. Habituellement, les appareils construits n'excèdent pas un cheval et, tels qu'ils sont, peuvent cependant rendre de très grands services à la petite industrie et dans

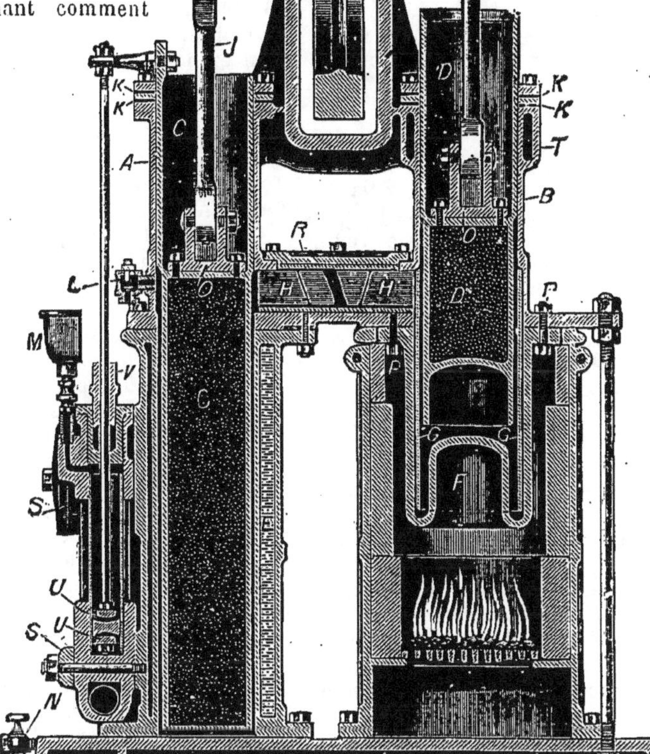

FIG. 1. — COUPE VERTICALE DU MOTEUR RIDER, A AIR CHAUD.
A, Cylindre compresseur ; B, Cylindre moteur ; C, Piston compresseur ; D, Piston moteur ; E, Refroidisseur ; F, Chauffeur ; G, Télescope ; H, Plaques du radiateur ; I, Manivelles ; J, Tiges de piston ; K, Joints en cuir des pistons ; L, Soupapes ; M, Godet d'amorçage ; N, Robinet d'air ; O, Articulation des pistons ; P, Boulons du cylindre chauffeur ; R, Radiateur ; S, Plaque de la valve de la pompe ; T, Circulation d'eau pour éviter la surchauffe des joints ; U, Clapet de la pompe ; V, Soupape de la pompe.

par le chauffage l'incandescence du rouge blanc, point où il arrive très vite, deux ou trois tours de volant à la main suffisent pour la mise en marche. Il est facile de comprendre ce qui se passe. L'air chauffé dans le cylindre B se dilate, soulève le piston moteur jusqu'au niveau du radiateur, et sa force élastique due à la dilatation s'augmente encore de celle de l'air qui lui est envoyé, par com-

l'agriculture. La puissance d'un moteur n'est pas tout dans l'appréciation que l'on doit en faire, et les autres qualités qu'on doit lui demander l'emportent quelquefois : tout dépend de l'usage auquel on le destine, et un petit moteur peut rendre parfois plus de services qu'un grand, toutes conditions égales d'ailleurs. Ainsi le moteur Rider de 0,85 cheval élève 15 mètres cubes et demi d'eau à 15 mètres de hauteur en tournant à la vitesse de 120 tours à la minute.

La figure représente précisément le moteur Rider accouplé à une pompe aspirante et foulante VMSU, dont la tige du piston est fixée au fourreau du piston compresseur. C'est le meilleur usage que l'on puisse faire des moteurs à air chaud, car la pompe fournit elle-même l'eau de réfrigération, qui, dans le cas qui nous occupe, est refoulée dans la paroi E, puis de là dans la gaine T, pour s'échapper ensuite par un conduit non représenté.

La question du graissage est heureusement résolue dans ce système, car les fourreaux seuls sont à friction dans les cylindres, et ils ne frottent que dans la partie froide pour le cylindre de compression, et dans la partie refroidie par la gaine T pour le cylindre moteur.

C'est un appareil très économique, puisqu'un tel moteur ne consomme pas plus de calories en dix heures de marche, qu'une machine à vapeur effectuant le même travail n'en consomme, seulement pour se mettre sous pression, prête à fonctionner.

| Centrifuga- |
| tion des gaz. |

On sait quel parti l'on a su tirer depuis longtemps déjà du phénomène connu sous le nom de *force centrifuge*, pour séparer un solide d'avec un liquide (essoreuses) ou pour isoler deux liquides inégalement denses l'un de l'autre en les stratifiant en quelque sorte (écrémeuses). On sait qu'il existe, d'autre part, des *pompes centrifuges* servant à élever les liquides, telles que la pompe Schabaver[1].

M. N. Mazza a eu l'idée d'appliquer le même phénomène à la séparation des gaz constituant un mélange gazeux hétérogène. La seule différence est que, dans son appareil, qu'il dénomme *séparateur*, au lieu que ce soit une roue à palettes qui tourne dans un tambour fixe, comme dans la pompe Schabaver, c'est le tambour lui-même qui est animé d'un mouvement rapide de rotation, produisant ainsi lui-même les effets d'aspiration, de stratification et de refoulement, et c'est son axe qui est creux. Pour obtenir de grandes vitesses, par exemple 2 500 tours à la minute, sans qu'il y ait ni bruit ni grippage, cet axe tourne dans un palier à billes en acier trempé.

Il va sans dire que la séparation de deux gaz effectuée de cette manière ne peut jamais être complète, à cause du grand *pouvoir diffusif* de ces corps. Il est évident aussi que la séparation est d'autant plus aisée, plus vite effectuée et plus absolue, que la différence entre leurs densités est plus grande. On a remarqué, en outre, que certains gaz, toutes conditions égales d'ailleurs, sont plus difficiles à séparer que d'autres : ainsi, on sépare bien plus aisément l'anhydride carbonique de l'oxygène ou de l'azote, qu'on ne le sépare de l'oxyde de carbone. Cela indique qu'il y a entre lui et ce dernier gaz des affinités d'ordre spécial qui ne sont explicables ni par le pouvoir diffusif ni par la pesanteur.

Quoi qu'il en soit, l'industrie s'est déjà emparée

de l'idée, et plusieurs applications qu'elle en fait commencent à être courantes. On peut par exemple s'en servir, et c'est par là qu'on a commencé, pour enrichir en oxygène l'air destiné à la combustion des foyers. Il suffit de soumettre de l'air ordinaire à la centrifugation. Bien qu'il n'y ait qu'une faible différence de densité entre l'oxygène et l'azote, 0,2 au plus, les deux gaz se séparent assez bien et, avec une vitesse de 1 300 tours seulement, on arrive à enrichir cet air de 6,9 p. 100 de l'oxygène qui se trouve dans l'air naturel, ce qui veut dire qu'une bonne partie de l'oxygène, en vertu de sa densité plus grande, se porte de préférence à la périphérie du tambour, au lieu que l'azote reste plutôt vers la partie centrale pour être évacué par le creux de l'axe, si bien qu'en définitive, l'air sortant par la périphérie contient 25,20 p. 100 d'oxygène, au lieu de n'en contenir que 23,6 p. 100, proportion normale. Il en résulte une économie de charbon qui peut aller de 16 à 23 p. 100 ; la quantité des cendres est réduite de moitié ; pour chaque kilog de charbon brûlé, on peut évaporer 12 kg. 150 d'eau, tandis que l'insufflation de l'air ordinaire ne permet qu'une évaporation de 9 kg. 500 de ce liquide. Ces résultats ont été constatés notamment dans une papeterie de Bettole-Sésia, une fabrique de colles et engrais de Turin, une usine de produits chimiques à Pise, une forge d'Avegliano, et à l'arsenal royal de Tarente.

On a ensuite appliqué le procédé à l'épuration du gaz de houille : application qui était tout indiquée. Avec une vitesse de rotation de 1 000 tours, on arrive à stratifier aussi bien que possible les gaz qui composent ce mélange complexe. La stratification se fait surtout nettement entre deux groupes de ces gaz : d'une part l'hydrogène et le formène qui restent au centre, et d'autre part l'azote, l'éthylène, l'oxyde de carbone, le propylène, l'anhydrique carbonique, le benzol, qui se portent à la périphérie, d'où l'on peut les extraire. Ceci suppose que l'acide sulfhydrique, le cyanogène et l'ammoniac ont été enlevés au préalable par une épuration chimique, comme on le fait à l'usine à gaz de Turin.

On cherche en ce moment l'application du *séparateur* à l'épuration de l'air des mines à grisou par l'extraction du formène : on installerait dans les principaux chantiers de la mine un de ces appareils qui aspirerait l'air du chantier, en retirerait le formène qui serait évacué au dehors par le creux de l'axe, et restituerait l'air ainsi débarrassé aux poumons des mineurs.

Une application plus près d'entrer dans la pratique est celle qui consiste à enlever l'anhydride carbonique des mélanges combustibles connus sous les noms de *gaz pauvre*, *gaz à l'eau*, *gaz des hauts fourneaux*, et cela afin de les utiliser mieux, en n'en gardant que l'oxyde de carbone, et l'hydrogène quand il y en a, c'est-à-dire les seuls éléments combustibles. On peut faire mieux encore : cet anhydride carbonique ainsi isolé peut être conduit sur du charbon incandescent, et se réduire pour devenir de l'oxyde de carbone utilisable. Dans cette voie, et dans cet ordre d'idées, le procédé de centrifugation des gaz est susceptible d'une très grande extension, et il est probable qu'on trouvera d'autres occasions de l'appliquer.

J.-F. Bois.

1. Voir l'art. Pompe dans le *Nouveau dictionnaire des Sciences* (Éd. Delagrave).

BOTANIQUE

Fécondation directe et fécondation croisée.

De nombreuses observations ont montré le rôle important que jouent les insectes dans la biologie des fleurs; leur rôle vis à-vis de la plante consiste à effectuer une pollinisation indirecte ou croisée, c'est-à-dire relative à des organes de sexes différents et appartenant à des fleurs distinctes d'un même pied ou à des fleurs portées par des pieds différents. Darwin a montré qu'il y a intérêt pour l'espèce à ce que ce soit la fécondation croisée qui s'opère, les produits provenant de cette fécondation étant plus robustes que

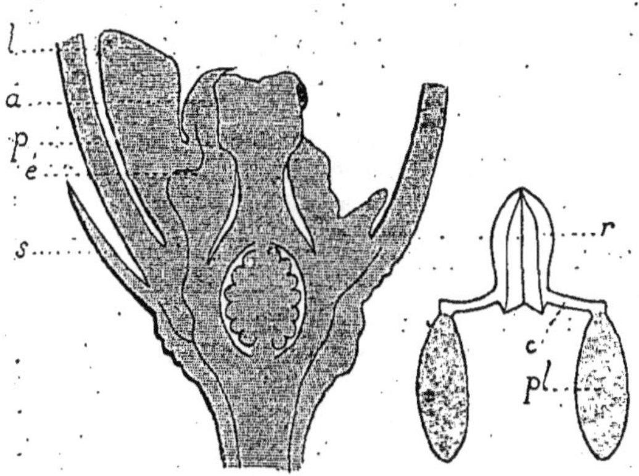

FIG. 1 ET 2. — COUPE LONGITUDINALE D'UNE FLEUR DE DOMPTE-VENIN ET ASPECT EXTÉRIEUR DES POLLINIES *pl,*

s, sépale; *p*, pétale; *é*, étamine; *a*, anthère; *l*, lobe de la couronne; *r*, réticule; *c*, caudicule.

ceux qui résultent d'une fécondation directe (entre organes de la même fleur) ou indirecte.

D'autre part il existe pour de nombreuses fleurs des dispositions qui paraissent capables d'assurer tel ou tel mode de fécondation. Si, par exemple, les organes mâles et femelles d'une même fleur n'arrivent pas à leur maturité en même temps, si le style est flétri lorsque les grains de pollen sortent des anthères, il est bien clair que la fécondation directe ne saurait avoir lieu.

De même, on observe d'intéressantes adaptations entre les fleurs et les insectes qui favorisent la fécondation croisée. Mais sur ce terrain de morphologie pure on a souvent été entraîné trop loin et on a trop vite conclu de l'examen de la structure de la fleur à la manière dont s'opérait la fécondation. M. Richer vient, dans un intéressant travail effectué sur la pollinisation expérimentale (thèse de doctorat, 1905), de montrer quelques exemples de ces erreurs; je n'en rapporterai ici qu'un seul; il a trait au Dompte-Venin (*Vincetoxicum officinale*).

Les fleurs de cette Asclépiadée ont une structure toute spéciale; l'androcée, c'est-à-dire l'ensemble des étamines, entoure très étroitement le style et le stigmate (fig. 1); chaque étamine *é* présente un appendice dorsal qui constitue ce qu'on appelle la couronne; l'anthère *a* vient s'appliquer exactement contre le stigmate; de plus l'ensemble des grains de pollen de chaque loge de l'anthère forme un massif

compact désigné sous le nom de *pollinie;* ces pollinies *pl* sont rattachées deux à deux (fig. 2) à un des cinq petits corps noirs *r* (*rétinacles*) qui se trouvent aux angles du stigmate et auxquels elles restent soudées par l'intermédiaire d'un cordon appelé *caudicule c;* les deux pollinies ainsi reliées à un même rétinacle appartiennent à deux anthères voisines.

Par la seule observation de la structure des fleurs de *Vincetoxicum*, plusieurs auteurs ont été conduits à penser que les pollinies germent sur place et que les caudicules servent d'intermédiaires aux tubes polliniques et les dirigent sur le stigmate; que les fleurs en question se trouvent ainsi adaptées à une fécondation directe.

Puis d'autres botanistes se sont appuyés sur ce que les fleurs du Dompte-Venin sont visitées fréquemment par des insectes qui retiennent facilement les pollinies à leurs pattes, pour conclure que la fécondation croisée est le mode normal chez ces plantes. Pour d'autres enfin, et c'était l'opinion admise en ces dernières années, les dispositions florales se concilieraient avec la visite des insectes en ce que ceux-ci faciliteraient la fécondation directe, déjà favorisée par la morphologie de la fleur.

L'expérience seule, consistant en pollinisations artificielles, pouvait décider entre ces diverses hypothèses; M. Richer a effectué ces pollinisations en portant des pollinies soit sur la partie terminale du stigmate, soit dans les intervalles séparant les anthères, soit enfin dans les fossettes nectarifères qui occupent les échancrures des lobes de la cou-

FIG. 3. — RAMEAU DE DOMPTE-VENIN PRÉSENTANT DEUX FLEURS AUTOPOLLINISÉES QUI RESTENT STÉRILES ET DEUX FLEURS CROISÉES QUI DONNENT DES FRUITS.

ronne. D'autre part les pollinies provenaient ou bien de la fleur elle-même qu'on cherchait à féconder ou bien de fleurs du même pied ou de pieds distincts.

Ce n'est que lorsque le pollen est déposé dans

l'intervalle des anthères ou au fond des fossettes nectarifères qu'on obtient une fécondation. Mais pour que cette fécondation ait lieu il faut encore, et c'est le point qui nous intéresse, qu'elle corresponde à une pollinisation croisée.

Les déductions tirées de la structure de la fleur se trouvent donc être ici infirmées par l'expérience, ce qui nous démontre une fois de plus qu'il faut être de la plus grande prudence dans l'interprétation physiologique des dispositions morphologiques et que cette interprétation ne saurait être que provisoire et doit en tout cas recevoir le contrôle de l'expérimentation.

Sur un des hôtes du Melampyrum pratense. — Le *Melampyrum pratense* est une de ces plantes supérieures à chlorophylle qui, se développant d'abord d'une manière normale, ont besoin, à un stade assez peu avancé de leur évolution, de se fixer sur une autre plante aux dépens de laquelle elles vivent en parasites. C'est par l'intermédiaire de suçoirs développés sur les racines (fig. 4) que se font les échanges de matières entre le Mélampyre et son hôte.

FIG. 4. — PARTIES AÉRIENNE ET SOUTERRAINE DU MÉLAMPYRE.
s, suçoirs développés sur les racines.

M. Gautier vient de montrer (*C. R. Acad. Sc.,* mai 1905) que très fréquemment ce sont des racines de Hêtre qui servent ainsi de support nutritif au semi-parasite qu'est la Rhinanthacée en question ; et ce ne sont pas des racines quelconques de Hêtre, mais des racines courtes, renflées, très abondamment ramifiées, dites coralloïdes en raison de ces caractères, sur lesquelles viennent se fixer les suçoirs du parasite.

Or ces racines coralloïdes ne sont autre chose qu'une association des tissus du Hêtre avec des filaments mycéliens qui se développent dans l'humus, c'est-à-dire avec des mycorhizes. Si l'on considère ces mycorhizes comme jouant un rôle dans l'alimentation des organes des végétaux supérieurs auxquels elles s'associent, on comprend l'intérêt qui existe pour le Mélampyre à constituer des suçoirs dans les régions de l'appareil radiculaire où s'effectuent précisément d'importants échanges nutritifs avec le sol.

M. MOLLIARD.

PETITES APPLICATIONS
DES SCIENCES NATURELLES

Le champignon des maisons. — On construit aujourd'hui beaucoup plus vite qu'autrefois. A Paris, par exemple, on élève des maisons de cinq étages en un an ou même six mois. Si cette rapidité fait l'admiration des foules, par contre, elle fait réfléchir ceux qui tiennent à la solidité des édifices. De fait, dans la majorité des cas, cette résistance est insuffisante, quant aux détails, tout au moins : les corniches tombent, les plâtres s'effritent, les charpentes craquent. Ce dernier désastre, est, on le comprend, particulièrement redoutable et dû, bien souvent, à l'emploi de piliers avariés par la présence d'un champignon très redoutable à ce point de vue : on l'appelle le « champignon des maisons » ou, en latin, *Merulius lacrymans.*

Le merulius, si commun dans les bois de charpente, n'a été observé que très rarement dans la nature, et seulement sur des arbres morts depuis longtemps. M. J. Beauverie vient de résumer son histoire dans un mémoire dont nous allons citer les traits principaux.

Le mycélium du champignon des maisons est d'un blanc pur ou rougeâtre ou même gris jaune, quand il est âgé. Les filaments en restent rarement isolés, ils se réunissent généralement en lames ou peaux, parfois très minces. Lorsque le champignon végète entre un mur et ses boiseries, il ne peut, le plus souvent, atteindre qu'une faible épaisseur ; par contre les peaux qu'il produit s'étendent indéfiniment dans tout l'espace qui lui est offert. En milieu humide et lorsqu'il en a la place, le mycélium forme comme une fine toile d'araignée ou prend l'aspect de l'ouate.

Ces toiles feutrées, ces peaux, peuvent se continuer, par place, en cordons blancs, légèrement grisâtres, qui s'étendent ou bien vont s'épanouir en lames feutrées ou en toiles déliées, sur les pièces de bois, les murs, les pierres, le sol, etc. Ces cordons peuvent s'épaissir et acquérir le diamètre d'un crayon ; ils sont alors durs et résistants et ressemblent beaucoup à ces formations qui, chez d'autres espèces, portent le nom de rhizomorphes. Ces cordons peuvent résister à des conditions passagèrement mauvaises, particulièrement à la sécheresse qui tue si rapidement les filaments mycéliens isolés à tel point qu'une exposition d'une dizaine de minutes, dans une atmosphère sèche, suffit à détruire en eux toute vitalité. Cette faculté de résistance des cordons mycéliens permet d'expliquer la promptitude de l'envahissement d'une maison où le mal sommeillait parce que l'atmosphère était trop sèche. Survienne une période d'humidité, pour une cause quelconque, immédiatement les cordons mycéliens qui restaient inactifs épanouissent dans tous les sens des filaments qui ne tarderont pas à feutrer.

Le mycélium se trouve, le plus souvent, dans l'intérieur du bois où il pénètre et chemine en utilisant les vaisseaux, passant de l'un dans l'autre en utilisant les parties moins épaisses qui constituent ce que les botanistes appellent les « ponctuations » ou en perforant directement la membrane. Lorsque les conditions ambiantes sont favorables et notamment lorsque le milieu est très humide, le mycélium vient s'étaler à sa surface, du côté opposé à la lumière. Dans les milieux humides le mycélium laisse perler à sa surface des gouttelettes de liquide, il « pleure » et c'est de cela que vient son nom spécifique de *lacrymans*.

Ces filaments présentent de place en place des anastomoses entre deux cellules voisines et, de là, part une ramification latérale. Dans les parties âgées, ils se recouvrent extérieurement de cristaux, plus ou moins gros, d'oxalate de chaux, qui subsistent en trainées de longueur variable, alors même que le filament a complètement disparu et en laissent ainsi la trace.

Lorsque le mycélium vient s'étaler à la lumière et à l'air libre, il ne tarde pas à donner naissance à un appareil fructifère caractéristique de l'espèce. Ces fructifications se produisent sur les peaux feutrées qui couvrent la surface des bois ou des murs humides. Ce sont généralement de larges plaques de formes assez irrégulières, mais à contour le plus souvent arrondi. Elles sont d'abord blanches comme de la craie et prennent, dans les parties centrales, une couleur rougeâtre et finalement brun orange; en même temps la surface se couvre de plis sinueux, se réunissant en réseau dont les mailles

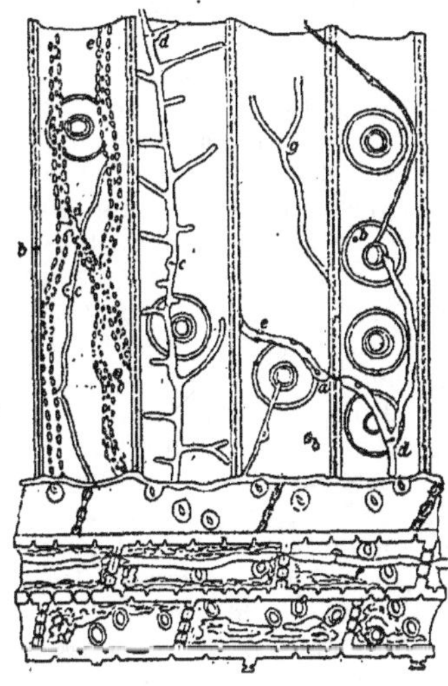

FIG. 1. — COUPE LONGITUDINALE DANS UN FRAGMENT DE BOIS DE LIN, ATTAQUÉ PAR LE MERULIUS.

Dans la partie inférieure de la figure se trouve un rayon médullaire dont les cellules montrent un hyphe *f* et du protoplasma. Dans l'intérieur des vaisseaux, on aperçoit les filaments mycéliens qui perforent parfois la paroi, comme en *a*. On voit en *b* des pores dans la membrane qui ont servi de passage à des filaments, qui se sont ultérieurement désorganisés. Les filaments présentant des boucles *c, c*, qui donnent souvent naissance à de nouveaux rameaux *d, d*, de nombreux cristaux d'oxalate de chaux incrustent la membrane de certains hyphes *e, e*. Ils persistent quelque temps après la désorganisation des hyphes et en marquent la trace.

circonscrivent des dépressions que l'hyménium ne tarde pas à tapisser. Ces mailles peuvent avoir 1 à 2 millimètres de diamètre et parfois un peu plus, Ces appareils fructifères atteignent souvent un demi-mètre de diamètre, mais, dans des conditions

très favorables, ils peuvent avoir une largeur encore plus considérable. La portion externe limitante reste blanche ou rougeâtre et toujours stérile; elle donne en milieu humide des gouttelettes de liquide. L'hyménium lui-même est constitué par des basides

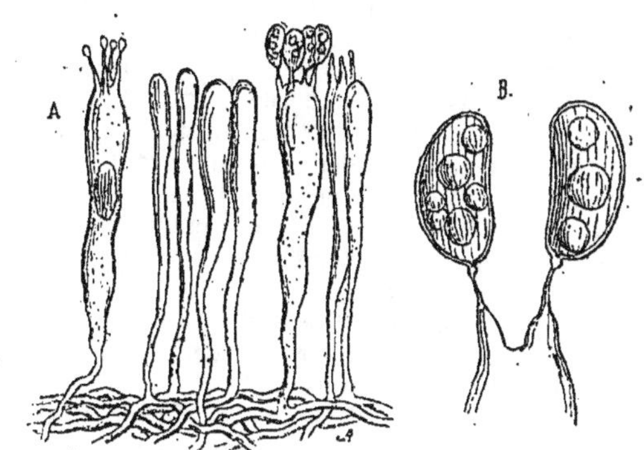

FIG. 2. — APPAREIL FRUCTIFÈRE DU *Merulius lacrymans.*

placées côte à côte et portant des spores elliptiques, un peu bombées d'un côté et concaves de l'autre.

Ces spores, fort petites, ne sont pas visibles à l'œil nu, mais elles se produisent en prodigieuse quantité et leur ensemble constitue une poussière brune qui se dépose sur les objets environnants et parfois à de grandes distances. Elles conservent fort longtemps leur faculté germinative : le botaniste Hartig en a vu germer après plus de sept ans et relate le cas de germination de spores dont l'âge avait pu être évalué à quarante années.

Les bois susceptibles d'être attaqués par le merulius sont non seulement les résineux, pin, sapin, épicéa, mais encore les bois des arbres feuillus, comme le chêne, l'aulne, le bouleau, etc. Toutefois c'est presque toujours une pièce de bois résineux qu'il attaque d'abord et aux dépens de laquelle il forme le premier foyer d'infection d'où il se propagera. De la solive de sapin d'abord atteinte, il gagne rapidement, non pas seulement les solives voisines, mais des feuilles des parquets et des lambris de chêne. Il ne respecte pas plus le cœur que l'aubier de ces bois. Il peut atteindre d'autres substances et les décomposer : ce sont surtout des tapisseries, tapis, papiers (dans les herbiers par exemple), les meubles et les diverses objets en bois, les étoffes, etc. Il a même causé des dommages notables en altérant des pierres lithographiques placées sur un support de bois; le mycélium en corrode la surface.

Le bois atteint prend une teinte jaune brun. Bientôt se produit une diminution de volume par perte de substance et se manifestant par la production de nombreuses fentes qui se croisent à angles droits et pénètrent profondément dans le bois. Le bois altéré absorbe l'eau du dehors plus vite et plus rapidement que le bois sain, il se gonfle et les fentes cessent bientôt d'être distinctes, ce bois prend la consistance d'un beurre très ferme et peut facilement se débiter au rasoir. Nous avons dit plus haut que la contamination des bois en forêt est extrêmement rare; il faut cependant admettre qu'à l'origine ce sont des bois atteints dans la nature qui ont introduit le champignon dans les maisons. Mais, bien plus souvent, il se propage soit par ses spores, soit par son mycélium, de maisons en maisons et de rues en rues, causant ainsi des épidémies plus ou moins étendues.

Si l'on veut éviter les ravages du merulius et les empêcher de s'étendre, il faut, d'après M. Bauverie, suivre les recommandations suivantes :

Éviter le transport des spores de merulius : les ouvriers, après avoir procédé à des réparations d'une maison contaminée, devront nettoyer avec le plus de soin possible leurs outils avant de s'en servir à nouveau. Cela peut se faire au moyen de lavages répétés, dans de l'eau plusieurs fois renouvelée. Les parties du vêtement, les souliers, qui ont pu être en contact avec les matériaux atteints par le champignon doivent être également nettoyés par lavages ; cela n'est d'ailleurs pas toujours aussi nécessaire que pour les outils.

Rejeter absolument l'emploi, pour le remplissage des planchers, de décombres ayant appartenu à une maison où sévissait le merulius.

Rejeter de même l'emploi de bois d'apparence encore utilisable, ayant appartenu à des maisons

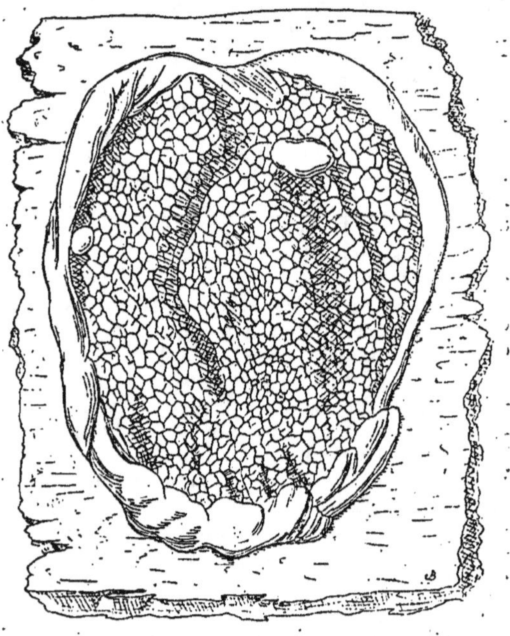

FIG. 3. — DÉTAIL DE L'APPAREIL FRUCTIFÈRE DU MERULIUS.

A, hymenium ; B, baside et basidiospores.

contaminées ; ils ne doivent plus servir comme bois de construction.

Brûler sur place les vieux bois provenant de réparations de maisons attaquées par le champignon.

Ne jamais réunir, dans les chantiers à bois, des bois neufs avec d'autres provenant de démolitions.

Éviter, comme dangereux, l'emploi des matériaux susceptibles de servir aux remplissages entre les solives et poutres des planchers lorsqu'ils contiennent de la potasse, comme des cendres et des escarbilles de coke et de charbon de terre, les

scories, etc., ou qui sont susceptibles de dégager de l'ammoniaque comme l'humus et autres matières organiques, ou qui sont hygrométriques. Les meilleurs matériaux pour cet usage sont les graviers plus ou moins gros. Ne jamais utiliser, à cet effet, de substances mouillées, humides ou congelées.

Éviter tout contact des bois avec l'urine, les lessives alcalines, les cendres.

Éviter le voisinage des cabinets d'aisance, à cause de la production possible du gaz ammoniac qui favorise la germination des spores de merulius sur des bois.

Vérifier, à la recette des bois, s'ils sont convenablement secs.

Procéder aux constructions avec une sage lenteur. Une maison doit rester, avant son achèvement, assez longtemps à sécher, une aération constante étant assurée pendant tout ce temps par les ouvertures non closes. D'autre part, la construction, à cet état, doit être parfaitement protégée contre la pluie.

L'apposition des parquets, l'application de peintures à l'huile ou de linoléum à leur surface, le crépissage des murs, doivent être ajournés aussi longtemps que possible.

Séparer les fondations de la partie aérienne de la maison au moyen d'une couche de substance isolante, comme, par exemple l'asphalte, le béton, etc., afin d'empêcher l'accession de l'eau par les murs. Les têtes des poutres seront en relation avec des pierres sèches, non réunies par un mortier humide. Une partie de l'habitation qui doit être l'objet d'une attention particulière est celle des sous-sols. Si, dans une cave ou cellier humide sans soupiraux, il se trouve, par hasard, une poutre de sapin infectée en un point par le mycélium du merulius, celui-ci, dans ce milieu très favorable, ne tarde pas à croître activement ; en même temps que la pourriture gagne dans l'intérieur du bois, les filaments mycéliens forment à sa surface une toile feutrée d'où des cordons poussent dans toutes les directions, gagnent les poutres voisines jusqu'alors saines et souvent, de proche en proche, atteignent les portes, les parquets, du rez-de-chaussée, les lambris, sous lesquels le champignon fructifie et l'infection devient générale.

Lorsqu'il n'existe pas de sous-sol, le sol doit non seulement être recouvert d'une couche aussi épaisse que possible de béton, asphalte, ciment, etc., mais il faut encore interposer au-dessous du plancher un lit de graviers secs, ou de briques concassées, ou autres substances analogues, des canaux d'aération permettant d'ailleurs qu'ils se maintiennent secs.

Les planches des planchers ne doivent pas s'étendre strictement jusqu'à la muraille mais en être séparées légèrement

Assurer une protection parfaite de la maison contre les eaux d'écoulement et une aération régulière empêchant la stagnation de l'humidité.

Enfin recourir à l'imprégnation des pièces du bois par certains antiseptiques.

Tout cela est bien compliqué. Et l'on voit que si les maisons poussent comme des « champignons », ceux-ci, par contre, leur donnent du fil à retordre.

HENRI COUPIN.

TECHNOLOGIE

LES PROCÉDÉS MODERNES DE SOUFFLAGE DU VERRE.

Comme nos lecteurs le savent, le soufflage du verre fût connu des anciens Égyptiens. C'est certainement le premier procédé de façonnage qu'employèrent les verriers. Les peintures des grottes de Beni-Hassan-el-Gadim, qu'on dit avoir été exécutées sous un roi de la XVIIᵉ dynastie (ce qui leur donne une antiquité de 3 000 ans), ne laissent aucun doute à ce sujet : elles nous montrent des ouvriers verriers soufflant le verre fixé au bout de leur canne. Depuis cette époque reculée les artisans ont acquis une grande habileté, comme le montrent les belles pièces conservées dans nos Musées, mais le procédé est resté le même, tributaire du souffle de l'ouvrier pendant près de trente siècles. Ce n'est qu'au début du siècle dernier, en 1824, qu'un ouvrier de Baccarat, Robinet, imagine le premier appareil de soufflage auxiliaire. La *pompe de Robinet* est un petit cylindre de laiton, fermé par un bout, dans l'intérieur duquel se trouve un ressort à boudin en fer ; à sa partie inférieure est une sorte de piston en bois avec ouverture garnie de cuir, retenu par une fermeture à baïonnette percée d'un trou. L'embouchure de la canne, celle-ci étant tenue verticale, est mise en contact avec le piston ; l'ouvrier comprime par un mouvement brusque qu'il donne au ressort, l'air contenu dans ce cylindre et injecte cet air dans la pièce qu'il veut fabriquer.

Cet appareil, qui contenait en germe le souffle par l'air comprimé, resta un timide essai pendant encore un demi-siècle, et ce n'est qu'en 1878 que MM. Appert réalisèrent les premiers, une installation de soufflage du verre par l'air comprimé. Rappelons en quelques mots le dispositif. La canne à souffler est reliée à une conduite d'air comprimé. Un système de poulies et de contrepoids permet d'éviter des enroulements du tuyau flexible qui fait communiquer la canne avec la conduite ; une pédale commande l'admission de l'air comprimé. Ce mode de soufflage a permis de souffler aisément les grandes sphères de verre dans lesquelles on découpe les verres de montre. On arrive à produire des sphères ayant 1 m. 50 de diamètre donnant 3 000 verres de montre.

Cet effort demeure isolé pendant plusieurs années et ce n'est qu'à l'Exposition de 1900 que

FIG. 1. — SOUFFLAGE D'UNE CLOCHE DE VERRE.

nous voyons apparaître les appareils de Boucher, pour le soufflage des bouteilles, et ceux de Sievert, pour l'obtention de grosses pièces par voie mécanique. Depuis cette époque ces deux inventeurs n'ont pas cessé de perfectionner leurs procédés, et nous allons donner une idée des méthodes de travail qu'ils suivent actuellement.

Le soufflage seul ne permet pas d'obtenir toutes les pièces que l'on désire, mais combiné avec l'action d'un moule, l'étirage, l'action de la pesanteur ou celle de la vapeur d'eau, son champ d'action s'étend notablement, comme nous le verrons dans la suite.

L'idée de faire une bouteille en substituant le soufflage à l'air comprimé au soufflage par l'ouvrier date de 1888. Un Anglais, M. Ashley, essaye le

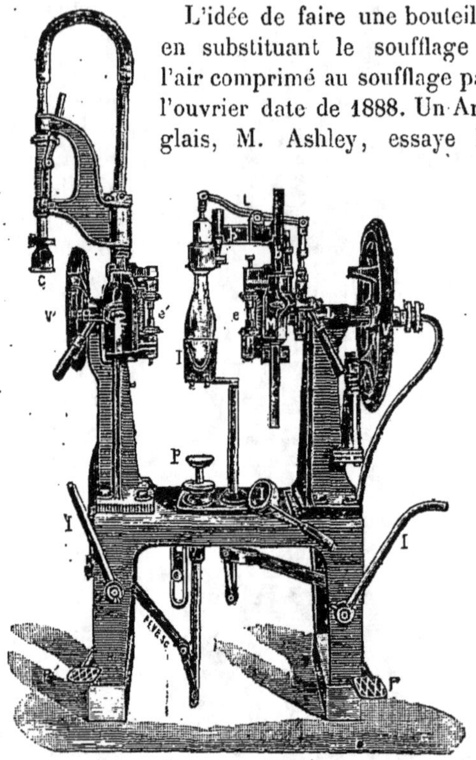

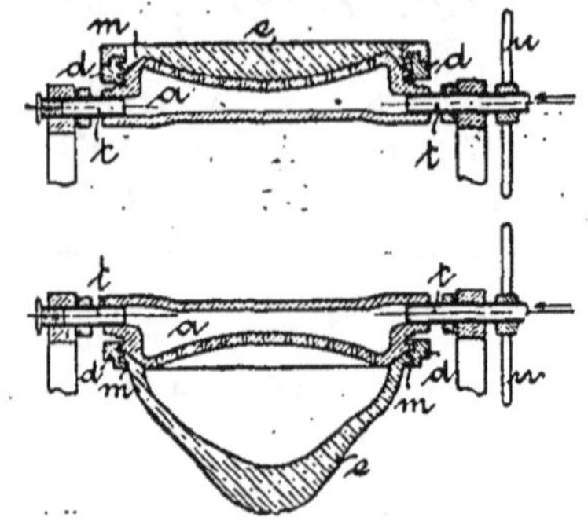

FIG. 2. — LE MOULE DANS LEQUEL A ÉTÉ COULÉ LE VERRE EST RETOURNÉ; LE VERRE EST SOUFFLÉ DANS LE MOULE I.

premier une machine construite dans ce but, mais sans succès. D'autres inventeurs lui succèdent, l'un d'eux même, Grote, fait un certain bruit, mais le succès définitif appartient à M. Boucher, verrier à Cognac. Nous avons représenté (fig. 2) sa machine, nous allons en expliquer le fonctionnement. Le soufflage ordinaire d'une bouteille comprend la cueillée du verre, puis le soufflage dans un moule approprié. L'inventeur a reproduit ce mode de travail dans sa machine.

Voici le mode opératoire : à l'aide d'une cordeline le verre est cueilli et versé par l'ouvrier

dans un moule mesureur, porté préalablement à 600° ou 700°. On applique alors le compresseur

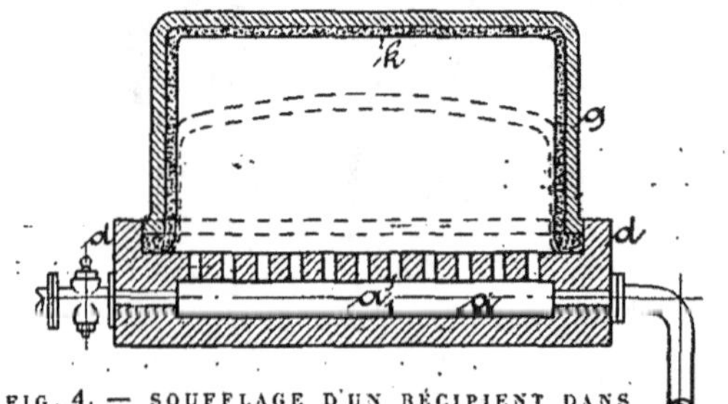

FIG. 3. — FABRICATION D'UNE CUVE.

par l'intermédiaire de C; l'air comprimé pousse alors le verre dans un premier moule qui vient former la bague. Au moyen du volant on retourne le système, mettant ainsi le fond de l'ébauche en bas. On ouvre le moule contenant le verre, ce qui le dégage, et on laisse allonger à l'air cette masse encore très chaude. (C'est la position représentée par la figure 2.) Cette ébauche est ensuite appliquée dans des moules intermédiaires I (ce que montre la figure) qui permettent de donner à la bouteille son aspect final. Au début, l'air a été amené par C à la pression de 800 gr. par centimètre carré. L'insufflation est ensuite donnée par le goulot avec de l'air à 250 ou 300 gr. par centimètre carré. Dans la position que nous représentons, l'air arrive par b.

Le travail est devenu des plus simples. Il suffit d'un ouvrier cueilleur de verre qui apporte le verre et d'un mouleur qui coupera le verre, versé et laissé dans le moule mesureur, et fera arriver l'air comprimé. Alors que dans le soufflage à la bouche il fallait des ouvriers exercés, lents à former, on arrive à l'aide de la

FIG. 4. — SOUFFLAGE D'UN RÉCIPIENT DANS UN MOULE. LE VERRE PLACÉ ENTRE LES REBORDS *d* SE RELÈVE ET VIENT ÉPOUSER LA SURFACE DU MOULE.

machine à fabriquer rapidement sans un long apprentissage préalable. Une machine donne en vingt-quatre heures 1800 bouteilles supérieures comme qualité à celles obtenues par le procédé courant. Le prix de revient se trouve abaissé notablement ; le façonnage du cent, qui était à l'usine de Cognac de 3 fr. 60 par l'ancien procédé, descend à 1 fr. 20 par l'emploi de la machine.

M. Sievert, de Dresde, a attaqué le problème d'une manière plus générale, et ses procédés sont comme une révolution dans la technique du verre, car ils permettent, non pas seulement de reproduire mécaniquement ce que l'on obtenait autrefois à l'aide de l'homme, mais d'aborder la fabrication de pièces dont on ne soupçonnait pas auparavant la possibilité de production par les procédés actuellement en cours.

Au lieu de prendre une paraison et de la souffler, M. Sievert part de verre liquide qu'il coule sur un support de manière à en faire une plaque. Une fois le verre devenu consistant il le souffle, en s'aidant tantôt d'un moule, tantôt de l'action de la pesanteur. La figure 3 nous montre comment on procède pour faire une cuve hémisphérique. Le verre est coulé en *a* dans une sorte de cuvette, dont le fond est percé de trous. Une fois le verre devenu pâteux on applique un anneau métallique *m* qui va maintenir le verre et permettre son retournement sans accident. Il n'y a plus qu'à faire tourner le système de manière à ce que le verre regarde le sol et à faire arriver par *d* et *t* de l'air comprimé. Cet air pénètre dans la cavité *a* et vient agir, par l'intermédiaire des orifices ménagés dans le support, sur le verre qu'il souffle. L'action de la pesanteur vient aider celle de l'air.

FIG. 5. — ON COULE LA PLAQUE DE VERRE SUR SON SUPPORT.

FIG. 6. — ON RETOURNE LE SUPPORT SUR LEQUEL LE VERRE A ÉTÉ COULÉ.

Le procédé Sievert s'applique également à l'obtention des baignoires de verre. La série de figures que nous donnons fait comprendre aisément les différentes phases de la fabrication. Au lieu de laisser le verre se souffler indéfiniment par le fond, aussitôt après le retournement de la plaque de verre, et pendant le soufflage, on fait monter une table horizontale sur laquelle le verre soufflé viendra s'étaler et former le fond de la baignoire.

Un des derniers résultats obtenus par l'inventeur est des plus intéressants. Jusqu'à ce jour le verre à vitres s'est fait principalement par

minutes. On voit au dessous du manchon une plaque métallique; elle ferme une cavité que l'on peut chauffer et qui permet au manchon en voie de formation d'être plus ou moins réchauffé, de manière à remédier à des expansions fâcheuses.

L'air comprimé est un fluide aisément maniable, mais il nécessite l'emploi d'une pompe amenant l'air à la tension voulue. Dans certains cas il est commode de recourir à l'eau qui se volatilise facilement, si la température est suffisante, et vient également presser le verre. Posons, par exemple, une plaque de verre encore

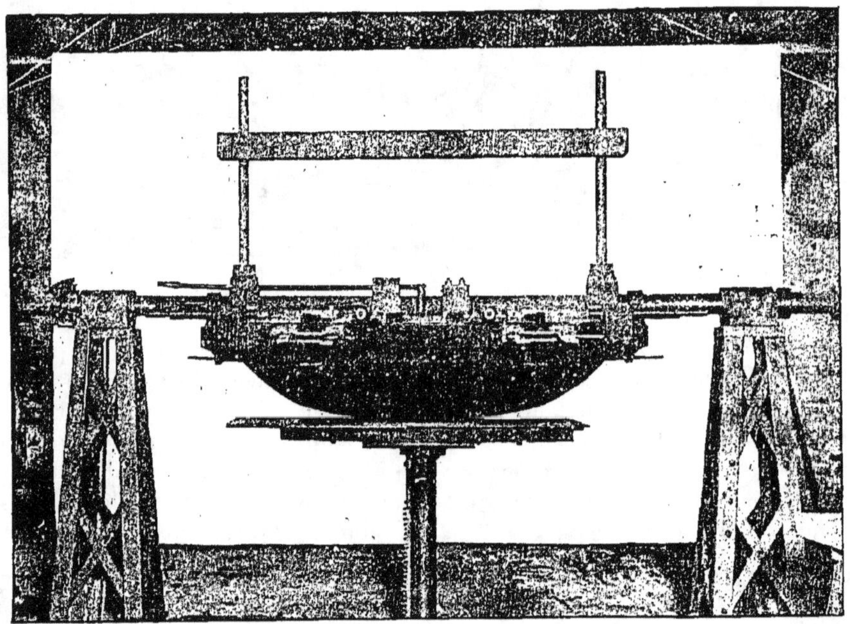

étendage d'un cylindre de verre que l'on fend suivant une arête. Ce cylindre est découpé dans un manchon soufflé. Dans la figure 1 nous avons représenté un manchon obtenu par le nouveau procédé. Ce manchon est fait en partant d'une plaque de verre chaud que l'on souffle. L'appareil que l'on voit reproduit ici donne des manchons de 92 cm. de diamètre et de 2 m. 50 de long, soit 7 mètres carrés de verre. L'inventeur s'occupe actuellement d'établir la fabrication de manchons de plus grandes dimensions, ayant 1 m. 25 de diamètre et de 3 à 4 mètres de long. Pour obtenir de pareils cylindres il ne faut pas un personnel bien considérable; cinq hommes suffisent à la manœuvre et arrivent à produire 2400 mètres carrés, la fabrication d'un manchon ne durant que quelques

rouge sur de l'amiante mouillée, nous déterminerons une vaporisation de l'eau qui tendra à soulever la plaque. (L'amiante, dans cette opération, présente un double avantage; elle s'imbibe aisément de liquide et supporte, sans accident, la température élevée du verre.) Au-dessus d'une plaque de verre, encore molle et reposant sur de l'amiante mouillée, plaçons un moule. L'eau vaporisée va venir presser le verre sur les parois du moule et le forcer à épouser ses détails.

Ce mode de soufflage, à l'aide de la vapeur d'eau, a pu recevoir de nombreuses applications. La cuvette à photographie se façonne également bien par ce moyen. La plaque une fois posée sur l'amiante humide, on rabat le moule (fig. 8), ce dernier étant maintenu solidement, la pression agira et opérera le moulage. Au bout de quelques instants il n'y a plus qu'à retourner le système et à enlever la cuvette, que l'on portera à recuire.

En gobeletterie on a aussi tiré un parti très heureux du soufflage ainsi conduit. Le soufflage d'un gobelet est des plus aisés. On coule du verre fondu sur de l'amiante mouillée, présentant une cavité de capacité convenable, puis l'on applique sur le pourtour de cette large goutte de verre un anneau métallique. Le verre cède alors à l'action de la vapeur et se soulève en donnant un cône creux. Ce dernier est alors introduit dans un moule, ayant la forme du gobelet, dans lequel son poids le force à s'allonger. Pour terminer le façonnage il ne reste plus qu'à maintenir au-dessus du moule une plaque d'amiante imbibée d'eau. La vapeur d'eau qui se dégage

FIG. 8. — LE MOULE EST RABATTU SUR LE VERRE.

ne rencontre pas d'issue; elle vient presser sur le verre et l'étaler sur le moule.

Comme on le voit dans l'exposition rapide de ces nouveaux procédés, il y a un progrès énorme réalisé dans le travail du verre. D'une part, au point de vue hygiène, il y a une amélioration considérable [pour la santé de l'ouvrier. Au point de vue économique. d'un autre côté. le perfectionnement est également très notable car l'on arrive à travailler vite et bien, économiquement, et l'on a la ressource d'aborder la confection d'objets que le souffle limité de l'homme ne permettait pas d'entreprendre.

ALBERT GRANGER,
Docteur ès Sciences,
Professeur à l'École d'application
de la Manufacture de Sèvres.

OPTIQUE

A QUOI SERVENT LES ULTRAMICROSCOPES.

Nous avons présenté, dans un précédent article[1], les divers dispositifs qui ont été imaginés pour rendre possible la vision des objets ultramicroscopiques. Nous allons maintenant exposer rapidement les recherches auxquelles ces appareils ont été employés : bien que peu nombreuses encore, elles ont fourni, dans des directions variées, des résultats intéressants dont l'ensemble donnera une bonne idée de la fécondité des méthodes employées.

Comme nous l'avons dit précédemment, les dispositifs ultramicroscopiques se prêtent particulièrement à l'étude des petites discontinuités

dont on a lieu de supposer *a priori* la présence dans les milieux transparents qui diffusent de la lumière. Bien que les liquides qui se prêtent à une telle étude soient en plus grand nombre que les solides. c'est à propos d'un verre transparent que fut imaginé le premier dispositif de Siedentopf et Szigmondy. En incorporant à un verre en fusion de petites quantités d'un sel d'or. puis le laissant solidifier, on obtient une masse tantôt tout à fait incolore, tantôt plus ou moins vivement colorée ordinairement en rouge, tantôt encore grise et tout à fait trouble, suivant le temps plus ou moins long qu'a duré le refroidissement. Les verres troubles sont, au microscope, non homogènes; l'or y est rassemblé en parcelles nettement distinctes avec les dispositifs ordinaires. Les verres incolores sont microscopiquement homogènes et ne diffusent pas de lumière. Les verres colorés qui sont obtenus par un temps de refroidissement intermédiaire ne

1. Voir *La Science au XXe Siècle*, n° 26, du 15 février 1905.

montrent avec le microscope ordinaire aucune discontinuité, mais diffusent de la lumière. Avec l'éclairage ultramicroscopique, ils laissent apparaître les petites parcelles d'or réparties dans la masse sous l'apparence de points brillants sur le fond sombre du champ. L'aspect obtenu dans le champ du microscope rappelle tout à fait celui d'un ciel étoilé. Cet aspect se retrouve d'ailleurs dans un grand nombre de préparations regardées avec les mêmes éclairages sur fond noir.

Grâce à leur dispositif, les savants allemands ont pu compter les particules d'or dans des verres bien colorés, et ils ont été conduits à estimer à moins de 10 millionièmes de millimètre le diamètre des plus petites qu'ils aient pu distinguer. Celles-ci, d'ailleurs, ne pouvaient être vues qu'en employant la lumière solaire du milieu d'une belle journée d'été : c'est la source lumineuse la plus éclatante que l'on connaisse. Seul le manque de lumière empêche de discerner des particules plus petites.

Les mêmes savants ont eu l'idée d'employer leur appareil à l'étude de très fines inclusions qui, réparties dans les cristaux naturels, modifient souvent leur couleur et leur transparence. Il n'est pas douteux que les minéralogistes pourront tirer un bénéfice appréciable de l'emploi de cet appareil.

Nous avons pu, de notre côté, étudier, à l'aide de notre procédé d'éclairage, l'émulsion photographique dite « sans grains », employée par M. Lippmann pour la photographie des couleurs, et nous convaincre qu'elle contient en réalité des grains ultramicroscopiques de bromure d'argent.

Notre dispositf ultramicroscopique, se prête également très bien à l'étude des dépôts formés à la surface des verres et des cristaux, ainsi qu'à celle des irrégularités, des défauts de ces surfaces : on peut ainsi étudier l'aspect d'un miroir d'argent obtenu par précipitation chimique sur verre et assez mince pour être transparent; on peut aussi mettre en évidence de très fines rayures à la surface des lames de verre, des figures de corrosion très délicates dans les cristaux.

❧

Bien plus fréquemment encore que dans les solides transparents, on a lieu de supposer dans une foule de liquides la présence de particules ultramicroscopiques et l'on pourrait même dire qu'il est extrêmement difficile de s'en procurer qui n'en contiennent pas. Dans les liquides comme dans les solides transparents, de telles particules diffractent la lumière d'un faisceau lumineux qui les rencontre et elles rendent sa marche visible : nous avons dit que c'est à cette propriété qu'elles doivent d'être vues dans les appareils ultramicroscopiques. Or, il est aussi difficile de se procurer un liquide où l'on ne puisse suivre la marche d'un faisceau lumineux qu'une masse de gaz vide de poussières et où un semblable faisceau soit invisible. Spring, qui a cherché à préparer des liquides « optiquement vides », n'y est arrivé qu'au prix de grandes difficultés.

A côté des liquides ordinaires qui diffusent peu de lumière et ne renferment qu'un petit nombre de particules, il en est beaucoup d'autres qui en renferment en grand nombre de nature bien déterminée : voici par exemple une solution étendue d'hyposulfite de soude, sel bien connu des photographes. Il suffit d'y ajouter un peu d'acide pour obtenir la précipitation du soufre; celle-ci ne se produit pas brusquement, mais peu à peu. A l'œil nu, on voit au bout de quelques minutes le liquide devenir légèrement opalescent, puis prendre la teinte bleue caractéristique à laquelle on donne le nom de bleu Tyndall et qui annonce la formation du précipité. Au microscope employé à la façon ordinaire, les granules du précipité n'apparaissent qu'assez tard, grossissent peu à peu, plus ou moins vite, avant de devenir visibles à l'œil nu et de se déposer. Bien avant que les particules de soufre deviennent visibles avec l'éclairage ordinaire du microscope, elles apparaissent déjà avec les éclairages sur fond noir des ultramicroscopes, donnant un fondement expérimental à cette idée déjà émise depuis longtemps, qu'il y a de très petits granules dans le liquide, dès que celui-ci montre la plus légère opalescence. Biltz a pu suivre ainsi la formation du précipité de soufre d'un hyposulfite et celui du sélénium de l'acide sélénieux.

Nous venons de voir un liquide dans lequel les particules ultramicroscopiques existent très nombreuses à l'état transitoire au début de la formation d'un précipité. Dans d'autres liquides, au contraire, des particules semblables subsistent pendant un temps indéfini sans se rassembler, sans se précipiter, invisibles au microscope avec l'éclairage ordinaire, mais rendant le liquide plus ou moins opalescent. Telle est la structure des solutions dites *colloïdales* que nous révèle l'ultramicroscope.

On sait que ces solutions se distinguent des dissolutions vraies telles que celles de sucre ou de sel dans l'eau par un certain nombre de propriétés : en particulier les corps qu'elles renferment ne traversent pas du tout diverses membranes, et ces corps se précipitent lorsqu'on ajoute à ces solutions des traces de nombreux réactifs. Ces propriétés s'expliquent assez facilement si les liquides colloïdaux contiennent le corps dissous en apparence à l'état de granules très fins, quoique de masse beaucoup supérieure à celle des molécules chimiques.

Toutes les solutions colloïdales vues avec les ultramicroscopes ne présentent pas le même aspect : leurs grains sont plus ou moins nombreux, et l'éclat, la couleur en varient dans une large mesure : lorsque les grains sont trop nombreux, trop serrés, les petits disques de diffractions qui leur tiennent lieu d'images empiètent les uns sur les autres, on ne voit qu'un fond uniformément éclairé ; dans ce cas le colloïde n'est pas *résolu*.

Parmi les divers liquides colloïdaux, ceux dont l'aspect est peut-être le plus brillant sont les métaux colloïdaux préparés par le procédé de Bredig en faisant éclater l'arc électrique sous l'eau entre deux pointes métalliques (or, argent, platine). Le nombre des particules contenues dans ces liquides est relativement petit et leur éclat considérable ; elles présentent souvent de vives colorations. Ici encore, l'aspect d'une préparation rappelle celle d'un ciel étoilé, mais cette fois les étoiles de couleur et d'éclat divers qui tranchent nettement sur le fond noir scintillent plus ou moins vivement et sont animées de vifs mouvements propres : les *mouvements browniens*. On sait que ces mouvements, signalés depuis longtemps par les naturalistes pour les très petites particules microscopiques, ont ce caractère de déplacer le corps qui y est soumis en tous sens dans un mouvement désordonné, mais d'amplitude toujours faible et qui ne l'écarte jamais beaucoup de sa position initiale. M. Gouy, qui avait étudié ces mouvements, en avait donné une théorie qui prévoyait pour les particules en suspension dans un liquide un mouvement d'amplitude d'autant plus grande que les particules étaient plus petites. C'est bien ce qui semble se produire.

Si on laisse évaporer à la surface d'une lame de verre un liquide colloïdal, on voit, toujours avec le même éclairage, que les granules placés vers le bord de la goutte, là où l'évaporation change rapidement la composition du liquide, sont emportés par un vif mouvement tourbillonnaire. Lorsqu'en se desséchant, le liquide s'est retiré, on trouve à la place qu'il occupait un dépôt granuleux formé des grains qu'il a abandonnés.

Une propriété fort curieuse des solutions colloïdales est que, si l'on crée une différence de potentiel électrique entre les deux extrémités d'une colonne d'un tel liquide, il se transporte tout entier selon la nature du corps dissous dans le sens des potentiels croissants ou en sens inverse. Un certain nombre de théories destinées à expliquer la stabilité des *suspensions* colloïdales ont été basées sur ce fait : il était inté-

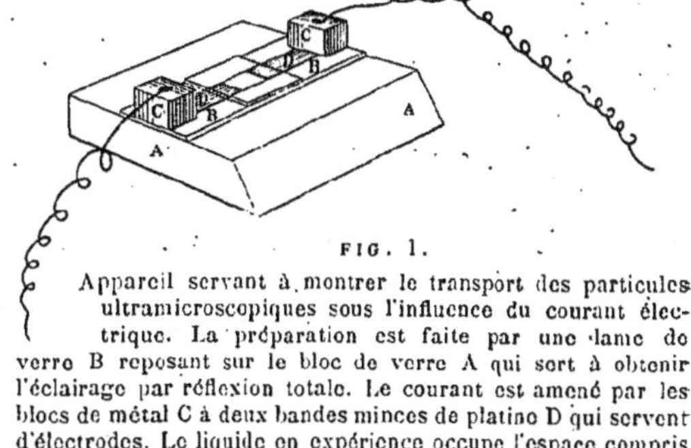

FIG. 1.

Appareil servant à montrer le transport des particules ultramicroscopiques sous l'influence du courant électrique. La préparation est faite par une lame de verre B reposant sur le bloc de verre A qui sert à obtenir l'éclairage par réflexion totale. Le courant est amené par les blocs de métal C à deux bandes minces de platine D qui servent d'électrodes. Le liquide en expérience occupe l'espace compris entre l'extrémité de ces bandes ; il est limité au-dessous par la lame B, au-dessus par un couvre-objet, et latéralement par des bandes de mica (non figurées) qui déterminent l'épaisseur de la préparation.

ressant de savoir ce que faisaient les particules visibles dans le liquide dans ces circonstances ; or, on peut dans le champ du microscope obtenir leur déplacement dans le même sens et avec une vitesse sensiblement égale à celle qui a été mesurée pour le colloïde considéré dans son ensemble. Il suffit pour cela de mettre dans une préparation placée sous le microscope deux bandes de métal en relation avec les pôles d'une batterie d'accumulateurs : on voit alors les points brillants se déplacer d'un mouvement uniforme dont on peut mesurer la vitesse, vers l'une des électrodes, et revenir aussitôt en arrière quand on renverse le sens du courant. Si, au lieu de relier ces électrodes à une source à potentiel fixe, nous les relions aux pôles d'une source dont le signe des pôles change un grand nombre de fois par seconde, d'un alternateur par exemple, les particules obéissant très rapidement au champ électrique oscilleront un grand nombre de fois par seconde : on voit alors, à cause de la persistance des impressions sur la rétine, chaque point brillant se transformer en une petite droite lumineuse dans le champ du microscope, comme le montre la fig. 2.

On peut aussi suivre au microscope la coagulation des liquides colloïdaux dans lesquels, par
suite de variations parfois très faibles dans la
composition du milieu, les particules s'agrègent
pour former des flocons qui se précipitent peu
à peu.

Peut-être pourra-t-on suivre aussi de la même
manière les phénomènes de teinture qui dans un
certain nombre de cas peuvent s'expliquer par
la fixation de particules en suspension dans les
liquides de teinture. L'ultramicroscope a déjà
rendu des services pour l'étude des matières
colorantes de synthèse, dites couleurs d'aniline.
Michaelis a examiné particulièrement celles qui
sont employées par les histologistes : un certain
nombre de ces corps sont des matières colorantes banales qui se fixent indifféremment sur
tous les éléments des tissus vivants ; d'autres,
au contraire, sont nettement électives. Or les
premières seules sont parfaitement résolues par
l'ultramicroscope, les dernières ne montrent
aucune particule distincte.

L'étude des colloïdes à l'aide de l'ultramicroscope, aussi bien que par divers autres procédés, présente un grand intérêt. Ces corps se
rencontrent à chaque instant en chimie ; ils
semblent doués d'activités spéciales qui doivent
être rapportées vraisemblablement au développement considérable de la surface de contact
entre le liquide et les particules, ce qui les rend
propres à accélérer considérablement des réactions dont la vitesse en leur absence serait faible
ou inappréciable. Dès qu'un début de coagulation réduit la surface libre des particules, leur
activité décroît rapidement, d'où la nécessité,
quand on étudie les actions de ces corps, d'être
bien renseigné sur leur état physique.

Les colloïdes jouent d'ailleurs un rôle bien
plus important encore dans la chimie des
matières vivantes que dans la chimie ordinaire.
En général tout liquide organique, toute infusion ou macération animale ou végétale, renferme des matières colloïdales. C'est le cas, par
exemple, du blanc d'œuf, du lait ; et même une
simple infusion de café montre au microscope
l'aspect d'un colloïde et peut être amenée à
coaguler par les mêmes procédés. D'après des
travaux récents certaines qualités des liquides
alimentaires pourraient être dues aux colloïdes
qu'ils contiennent ; c'est ainsi que la bière
devrait à son état colloïdal la propriété de
mousser et aussi celle « d'avoir du corps ». On
peut dire que la plupart des corps organiques à
molécule compliquée ne semblent exister dans

les liquides qu'à l'état de fausse solution, de
solution colloïdale. Aussi ces corps et en particulier les albuminoïdes, comme les colloïdes
minéraux, se coagulent et se remettent en solution souvent sous les influences les plus légères.

Dans les mêmes liquides organiques on
trouve associés à ces corps les diastases, corps
singuliers, d'allure évidemment colloïdale, dont
l'activité chimique est considérable, comme
celle des colloïdes minéraux, mais dont la
« fragilité » est également extrême. On sait
qu'on attribue aujourd'hui à des diastases les
nombreuses réactions chimiques qui s'acccom-
plissent dans la cellule vivante. Il est intéressant
de noter que des poisons généraux des êtres
vivants comme l'acide cyanhydrique arrêtent

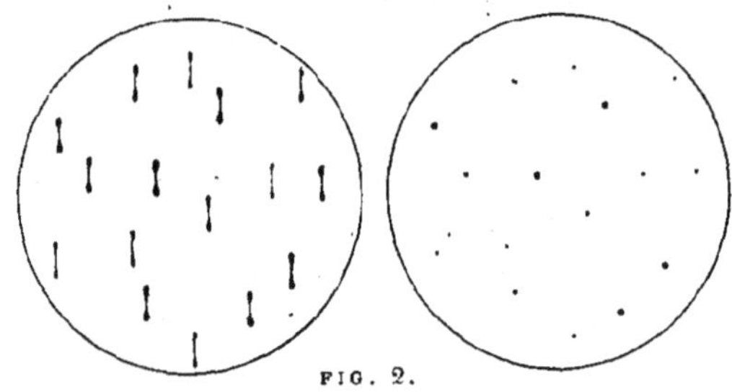

FIG. 2.

Cette figure est destinée à montrer l'action d'un champ alternatif
sur les particules d'un colloïde. Les points qui correspondent
aux particules du colloïde (figure de droite) se transforment
sous l'influence du champ en petites droites parallèles de même
longueur un peu plus brillantes à leurs extrémités (figure de
gauche).

à la fois l'activité chimique des diastases et celle
des colloïdes minéraux, comme Bredig l'a
montré à propos de l'action de sa solution de
platine sur l'eau oxygénée.

Il y a lieu d'espérer que l'emploi du microscope pourra rendre des services dans l'étude de
tous ces liquides de si grande importance physiologique : il ne faudrait pas croire cependant
que son emploi soit toujours commode et s'impose naturellement dans tous les cas. Les particules des liquides naturels sont malheureusement souvent trop petites ou trop nombreuses
pour qu'on puisse les résoudre.

C'est ainsi que le sérum sanguin naturel bien
préparé, l'albumine d'œuf naturelle, c'est-à-dire
non diluée et non chauffée, diffusent un peu de
lumière sans montrer leurs éléments. Il faut, par
exemple, chauffer ces matières assez pour
qu'elles deviennent opalescentes pour qu'on
puisse y apercevoir de nombreuses particules
bien distinctes.

Il semble que les biologistes devaient tirer le

plus grand parti de l'ultramicroscope pour la recherche de ces microbes très petits dont la présence est démontrée indirectement, mais d'une manière indiscutable dans un grand nombre de maladies (rage, fièvre jaune, clavelée des moutons, fièvre aphteuse, etc.). Si l'on réfléchit toutefois que l'on ne peut pas cultiver hors de l'organisme la plupart de ces microbes, qu'il faudrait les rechercher directement dans les organes ou dans les humeurs, que celles-ci contiennent déjà des particules ultramicroscopiques plus nombreuses que les microbes et d'aspect vraisemblablement pareil, on voit que cette recherche est très difficile, qu'elle exige au moins la création de toute une technique. Signalons seulement qu'un microbe submicroscopique, celui de la péripneumonie des bovidés, apparaît très nettement dans ses cultures à l'aide de notre éclairage sous forme de petits points animés de mouvements très vifs, vraisemblablement des mouvements browniens.

Bref, c'est à peu près dans toutes les branches de la microscopie que ces procédés d'éclairage sur fond noir promettent et ont commencé à fournir d'intéressants résultats. Ils reculent considérablement la limite au delà de laquelle il nous était interdit de « voir » les petits objets. Il faut seulement ne pas leur demander ce qu'ils ne peuvent donner, la forme de ces objets : cela peut être gênant dans les recherches où, comme en bactériologie, la forme des objets est l'un de leurs caractères les plus importants ; mais il faut s'y résigner. Les ultramicroscopes ne sont pas des « microscopes perfectionnés » ; ce sont des instruments nouveaux auxquels il faut appliquer des techniques nouvelles et qui promettent à ce prix vraisemblablement de nombreuses et intéressantes découvertes.

A. COTTON,
Chargé de cours à la Sorbonne,

et **H. MOUTON,**
de l'Institut Pasteur.

ÉLECTRICITÉ INDUSTRIELLE

LE DÉVELOPPEMENT DES INSTALLATIONS D'ÉNERGIE [1].

La première démonstration publique du transport de l'énergie électrique a été faite par M. H. Fontaine à l'aide de deux machines Gramme, pendant l'exposition de Vienne en 1873.

Dix ans plus tard, M. Marcel Despretz exécuta les remarquables expériences de transport de force entre Creil et Paris et montra tout le parti qu'on pouvait tirer des hautes tensions. Mais c'est en 1891 que fut exécutée, à l'occasion de l'exposition de Francfort, le première application véritablement intéressante des courants alternatifs. Une chute d'eau, située à Lauffen, à 180 km. de Francfort, actionnait par une turbine un alternateur triphasé, avec son excitatrice à courant continu. La tension du courant primaire était de 50 volts seulement et l'intensité des courants était de 1 400 ampères, ce qui correspondait à une puissance de 275 chevaux environ. Ces courants étaient transformés à Lauffen en courants à 14 000 volts et 5 ampères dans des transformateurs plongés dans l'huile, puis lancés dans

la ligne à trois fils en bronze siliceux de 4 mm. de diamètre. Ces fils à haute tension étaient posés sur des isolateurs à cloche en porcelaine, à multiples couches d'huile afin d'éviter les déperditions. A leur arrivée à Francfort, les courants triphasés, de nouveau transformés en courants à 50 volts et 1 400 ampères, dans des transformateurs analogues à ceux du départ, servaient à l'éclairage de l'exposition et actionnaient un moteur à courants triphasés. Des mesures très précises, contrôlées par une commission d'ingénieurs et de savants, montrèrent que le rendement entre cette réceptrice et l'arbre de la turbine était de 75 p. 100.

Le succès des expériences de Francfort fit éclore un grand nombre d'installations similaires. Mais c'est surtout en Amérique, pays des grandes initiatives, que les transports de force prirent un rapide développement.

De toutes ces installations, la plus remarquable est, sans contredit, celle qui utilise les chutes du Niagara. Ces chutes représentent une puissance énorme de 8 millions de chevaux. Une première usine hydro-électrique a été construite sur le sol des États-Unis. Elle reçoit l'eau par un canal d'amenée situé à 2 400 m. en amont des

---

1. Voir *La Science au XXe Siècle*, Distribution de l'énergie par courants polyphasés, n° 15, 15 mars 1904.

chutes. Ce canal, qui a 76 m. de longueur, amène l'eau sur les turbines situées à 43 m. en contre-bas. L'eau s'échappe par un canal de fuite qui à 6 m. de largeur et 10 m. de hauteur et qui passe sous la ville de Niagara-Falls. Cette première usine comportait 10 unités de 5 000 chevaux cha-cune; on vient de doubler cette puissance par la création d'une deuxième usine semblable à la première, pendant qu'une autre société établit sur la rive canadienne une station du même genre d'une puissance totale de 250 000 chevaux. Toutes ces usines sont disposées pour se prêter un mutuel secours en cas d'accident.

Cette quantité énorme d'électricité est utilisée sur place par diverses industries qui sont venues s'installer au voisinage des usines génératrices et qui produisent principalement du carbure de calcium et des produits à polir. Une autre partie de l'énergie électrique engendrée est envoyée à

lignes entre Niagara et Buffalo sont établies pour la tension de 22 000 volts.

Pour montrer l'importance de ces stations nous dirons qu'à elle seule l'usine de la Niagara Falls Power Cⁱᵉ a fourni, pendant le premier semestre 1901, la quantité énorme de 100 mil-lions de kilowatts-heure, et qu'une station à vapeur qui aurait produit la même puissance aurait consommé environ 156 000 tonnes de charbon, soit 800 tonnes par jour.

Nous ne pouvons passer ici en revue toutes les entreprises du même genre effectuées dans le nouveau monde, nous voulons cependant citer les installations de la Missouri River Cⁱᵉ, qui utilise une chute du Missouri appelée Canon Ferry, pour transporter l'énergie jusqu'à Butte, à 13 km. de distance, sous une tension de 50 000 volts, et celles de la Southern California Power Cⁱᵉ, entre S. Bernardino et Los Angeles (Califor-

Buffalo, ville située à 35 km. de « Niagara Falls », et employée pour la traction électrique ainsi que pour l'éclairage public et particulier. Les

nie), avec une tension de 33 000 volts pour une distance de 134 km. Ces quelques exemples nous montrent que ces tensions énormes dont nous parlions au début sont parfaitement réalisables.

❧

Du reste, en France, nous sommes entrés résolument dans cette voie et notre région des Alpes est parsemée à présent de stations hydro-électriques qui alimentent des usines où l'on fabrique le carbure de calcium ou qui traitent les minerais par la voie électrolytique. — Presque toujours la même station dessert à la fois un réseau de transport de force et un réseau d'éclairage qui s'étend sur toute la vallée.

On n'ignore pas qu'une partie de la ville de Lyon est éclairée au moyen d'une chute d'eau créée artificiellement par une dérivation des eaux du Rhône (le Canal de Jonage).

La plus grande installation qui existe en France est celle qui a été faite par la Société Méridionale de transport de force pour la distribution de l'énergie dans le département de l'Aube. Ce réseau fournit du courant électrique à plus de 100 communes d'importances diverses, mais représentant une population globale de 150 000 habitants [1].

À Paris même, durant ces trois dernières années, d'importantes usines ont été édifiées, particulièrement pour les besoins de la traction électrique. Nous citerons l'usine des Moulineaux, qui alimente la nouvelle ligne des Invalides à Versailles, l'usine de la Compagnie d'Orléans, pour la traction électrique jusqu'à la gare du quai d'Orsay, l'usine génératrice du métropolitain à Bercy, les usines de Vitry et d'Asnières qui alimentent les tramways de pénétration et certains réseaux de lumière. Toutes ces usines fabriquent des courants alternatifs à 5 000 volts et 25 périodes par seconde. Leur réseau de distribution est entièrement formé de canalisations souterraines.

Les courants alternatifs ne se prêtent pas seuls au transport de l'énergie, ils présentent même, il faut bien le dire, un certain nombre d'inconvénients au premier rang desquels il faut placer les surélévations de tensions qui se produisent à l'ouverture et à la fermeture des circuits. Ces surélévations de tension compromettent les isolants et finissent par les percer. Il faut citer aussi les dérivations par l'air sous forme d'effluves entre les conducteurs des lignes aériennes. Enfin il ne faut pas oublier que les moteurs polyphasés marchent à une vitesse à peu près constante, ce qui, dans bien des cas, est fort incommode.

FIG. 2. — STATION ÉLECTRIQUE AVEC MOTEURS SÉRIE.

1. Voir *La Science au XXᵉ siècle*, nᵒ 27.

Le développement des Installations d'Énergie.

Pour s'affranchir de ces difficultés, quelques ingénieurs préconisent l'emploi du courant continu à haute tension pour les grandes distributions d'énergie.

C'est en 1889 qu'un ingénieur suisse, M. Thury, appliqua pour la première fois les courants continus à hautes tensions pour un transport de force destiné à la ville de Gênes. Il a donné à son système le nom de *système série* parce que les génératrices aussi bien que les moteurs sont placés, à la suite les uns des autres (en série), sur un même circuit parcouru par un courant constant, la différence de potentiel aux bornes de l'usine variant proportionnellement à l'énergie utilisée, de sorte que cette différence de potentiel augmente avec le nombre des moteurs en service sur le circuit.

Pour arrêter un moteur on le met en court-circuit au moyen d'un appareil appelé *by-pass*. Pour remettre le même moteur en marche on supprime le by-pass de façon à envoyer le courant de la ligne dans la machine électrique.

Un by-pass automatique met automatiquement un moteur en court circuit lorsque la tension entre ses bornes devient dangereuse pour la distribution.

Les électro-moteurs traversés par un courant constant sont exposés à s'emporter sous les faibles charges. Pour éviter les variations de vitesse, M. Thury a imaginé des régulateurs mécaniques qui agissent sur l'excitation des inducteurs de façon à modifier le couple moteur proportionnellement à la charge.

Le système série permet d'éviter ces élévations de tension dont nous parlions plus haut et qui sont si funestes pour les câbles et les machines. On peut lui reprocher d'exiger une perte constante dans les lignes puisque cette perte dépend de la longueur de la transmission et de l'intensité, qui reste constante *quelle que soit* la charge. Cet inconvénient a peu d'importance dans les stations hydro-électriques où l'eau non utilisée est envoyée sans profit au déversoir, mais il n'en est plus de même dans les stations à *vapeur* où toute diminution de rendement se répercute sur la consommation de charbon, aussi le système série paraît devoir être limité aux cas où l'on dispose d'une chute d'eau toujours suffisante aux besoins de la distribution.

Enfin si le système série permet d'alimenter une grande étendue de territoire au moyen d'un seul fil, disposé suivant une boucle fermée, à la station génératrice, ce qui économise une partie des canalisations, il nécessite de très grandes précautions d'isolement autour des unités génératrices.

Quoiqu'il en soit, et malgré la délicatesse des appareils qu'il exige, le système série a reçu de remarquables applications, — entre autres celle de Gênes dont nous avons parlé déjà. — Cette ville est alimentée par trois stations hydro-électriques disséminées dans la région des Alpes Liguriennes à 30 km. environ du point d'utilisation. A Paris même, le système série a permis de réorganiser complètement le secteur Popp. A la station de la rue Saint-Roch on peut voir fonctionner les appareils dont nous venons de parler.

Cette question du transport de l'énergie est du plus haut intérêt au moment où le conseil municipal de Paris va étudier le renouvellement des concessions des réseaux d'éclairage électrique. Notre capitale est en effet une des villes du monde les moins bien partagées à ce point de vue. On sait qu'elle est divisée en secteurs possédant chacun une ou plusieurs usines génératrices et employant des courants les plus différents, tantôt des courants continus à basse tension comme le secteur Edison, tantôt des courants continus à haute tension comme le secteur Popp, ou des courants alternatifs également à haute tension, comme le secteur des Champs-Élysées ou celui de la Rive gauche. Cette diversité est évidemment préjudiciable aux intérêts de tous. La véritable solution de l'éclairage à Paris nous paraît être la création de grandes stations centrales dans la banlieue, érigées au bord de la Seine de façon à pouvoir se procurer économiquement l'eau et le charbon, produisant des courants à hautes tensions, et rayonnant non seulement sur la capitale mais encore sur toute l'étendue du département de la Seine.

On a proposé d'aller chercher l'énergie dans les régions alpines, et de la conduire à Paris en en distribuant une partie en route. C'est assurément un projet grandiose — mais, dans l'état actuel de la science, cette solution ne paraît pas suffisamment certaine. Nul doute qu'elle ne devienne possible dans l'avenir lorsqu'on pourra porter la tension des lignes aériennes à 100 000 volts.

Une solution qui paraît dès maintenant plus raisonnable consisterait à créer dans les régions houillères même de puissantes usines qui serviraient à alimenter Paris et toute la région du Nord.

En résumé, nous voyons qu'il est économiquement possible de distribuer l'énergie électrique sur d'immenses étendues s'élevant à plusieurs centaines de milliers de kilomètres carrés. On n'est plus tenu maintenant d'engendrer le courant électrique au centre ou sur les confins des villes populeuses, mais l'usine génératrice peut s'installer à la bouche de la mine où le combustible, les terrains et la main-d'œuvre sont à meilleur marché, où le bruit et la fumée ne créent pas d'ennuis au voisinage et où la production sur une grande échelle permettra d'en abaisser le prix de vente pour l'usage du plus grand nombre possible de consommateurs.

L. DRIN.

HYGIÈNE SOCIALE

LE SANATORIUM DES PAUVRES.

L'œuvre d'assistance médicale que nous voudrions faire connaître au lecteur est placée sous la direction d'un médecin de grande valeur, le Dr Héricourt, déjà très connu par ses travaux sur le traitement hygiénique de la tuberculose. On sait qu'en collaboration avec le professeur Richet, Héricourt a démontré la remarquable efficacité du suc musculaire dans le traitement de la tuberculose; mais ce traitement, connu sous le nom de *zomothérapie*, n'est, comme nous allons le voir, qu'un détail, détail très important il est vrai, dans l'ensemble des pratiques d'hygiène mises en œuvre au dispensaire.

Le premier mérite du Dr Héricourt est d'avoir, d'abord, conçu l'idée de ce mode d'assistance, puis obtenu, à force de persévérante volonté, qu'une subvention de la ville de Paris fût attribuée à l'œuvre de philanthropie et de préservation sociale qu'il voulait édifier. Il réussit à intéresser à son projet un membre du Conseil municipal, M. Rendù, et, par son intermédiaire, il obtint que deux legs faits à la Ville en vue d'une œuvre philanthropique par deux personnes charitables, Mmes Jouye et Tannier, fussent affectés à la fondation dont il avait conçu le plan.

C'est dans le XXᵉ arrondissement, dans un quartier peuplé d'ouvriers et de pauvres gens, que s'élève, à l'angle formé par les rues Stendhal et des Pyrénées, le dispensaire Jouye-Tannier (fig. 1). Il se présente sous la forme d'une construction d'assez modeste apparence, mais établie suivant toutes les règles de l'hygiène moderne et aménagée avec les plus scrupuleuses précautions d'asepsie et d'antisepsie.

Le dispensaire est organisé en partie double : les locaux de la rue Stendhal étant affectés aux hommes, ceux de la rue des Pyrénées réservés aux femmes et aux enfants. Il se compose essentiellement de deux services : l'un pour l'examen des malades, l'autre pour l'application du traitement.

Une salle d'attente pour les malades, un cabinet où ils sont introduits pour l'examen médical, un laboratoire avec les appareils nécessaires aux études de bactériologie; enfin des casiers et des cartons où l'on recueille les notes, prises jour par jour, sur l'état de chaque malade et les modifications de sa maladie : voilà pour le côté médical et scientifique.

Quant au traitement, l'installation et l'outillage en sont d'une très grande simplicité : un réfectoire, une grande salle de repos, meublée de fauteuils et de chaises longues, une terrasse qui couronne la construction en font tous les frais. Ces trois locaux suffisent à l'application des trois moyens de traitement de la tuberculose : l'*alimentation*, le *repos*, l'*aération*.

L'alimentation qu'on donne au dispensaire n'a rien de particulier : elle est abondante et d'excellente qualité. La seule prescription étrangère au régime habituel des bien portants est l'adjonction de 125 grammes de viande crue réduite en pulpe pour chaque malade. Bien que le dispensaire n'ait pas été établi spécialement en vue de faire de la *zomothérapie*, le Dr Héricourt a, tout naturellement, fait profiter ses malades des bienfaits de sa découverte.

Les modiques ressources dont dispose le dispensaire ne permettent pas d'appliquer la cure d'alimentation au complet. Il a fallu partager, entre le plus grand nombre possible de malades, les aliments qu'on leur distribue et, pour cela, limiter la distribution à un seul repas pour chacun. Ce repas est très abondant et, quelqu'insuffisante que paraisse, au premier abord, cette cure par l'alimentation, elle constitue un secours considérable, si l'on songe au misérable ordinaire que trouverait chez lui le tuberculeux.

Car, il ne faut pas l'oublier, les exigences de la cure hygiénique sont bien moindres pour le pauvre que pour le riche. Tout est question de degré et affaire de comparaison dans l'hygiène individuelle : là où l'homme habitué à un ordinaire surabondant trouverait une nourriture insuffisante, le pauvre diable se trouvera suralimenté; à la même table où le riche pourrait perdre son surcroît d'embonpoint, le miséreux gagnera du poids. Et les résultats thérapeutiques, dont l'engraissement n'est que le symptôme, s'obtiendront de même, à beaucoup moins de frais chez les pauvres gens que chez les riches.

Ce ne sont pas là de pures vues de l'esprit.

L'observation des faits journaliers vous montre combien il faut peu de chose pour remonter la nutrition des indigents et combien, le plus souvent,

FIG. 1. — VUE EXTÉRIEURE DU DISPENSAIRE.

sont vaines toutes les tentatives de suralimentation chez ceux dont la table est déjà copieusement servie. Un fait, observé au début de ma carrière, m'est toujours resté dans la mémoire. Appelé auprès d'un tuberculeux, dans une famille très riche du Limousin, je fus, par la même occasion, consulté pour un pauvre métayer auquel voulut s'intéresser le maître et qui était, lui aussi, atteint de tuberculose. Je ne fis d'autre prescription que de donner au paysan une alimentation aussi substantielle que possible et son maître me promit de le nourrir du même ordinaire que lui-même. L'effet de ce changement de régime fut surprenant. En quelques semaines le métayer reprit des forces et augmenta considérablement de poids : sa tuberculose fut rapidement enrayée. Et, pendant ce temps, son maître qui avait à sa discrétion tous les plats dont l'autre ne mangeait à la cuisine que les restes, continuait à maigrir et à s'affaiblir. Il s'épuisait de plus en plus et mourut, réduit à l'état de squelette ; pendant que le métayer, pourtant aussi atteint que lui, engraissait, se rétablissait de jour en jour et finit par guérir tout à fait.

L'unique repas très confortable, accordé chaque jour aux tuberculeux qui viennent au dispensaire, suffit souvent pour leur donner la force de résister à l'assaut de la maladie. C'est un ravitaillement qui leur permet de prolonger la lutte et souvent, si le mal est à ses débuts, d'en triompher. La statistique du D' Héricourt prouve, en tout cas, que la plupart de ses malades augmentent rapidement de poids.

Au reste des fournitures supplémentaires d'aliments sont faites dans la mesure du possible, aux tuberculeux les plus misérables, ou à ceux qu'on croit les plus susceptibles d'en tirer un profit thérapeutique important. Ceux-là reçoivent, en quittant chaque soir le dispensaire, les provisions nécessaires pour faire, chez eux, le repas du soir.

Ici, on le voit, la thérapeutique se confond avec la charité et l'aumône devient médicament. Aussi le dispensaire Jouye-Tannier a-t-il cherché à se renseigner d'une manière précise, pour que les secours soient distribués aux plus nécessiteux : outre son action à l'intérieur, il exerce une action à l'extérieur.

« Cette action extérieure du dispensaire, » — dit le D' Héricourt, — « se fait en pénétrant, au moyen d'un enquêteur, dans les milieux familiaux : en y installant, dans leurs lignes essentielles, les conditions hygiénique, indispensables à la santé de leurs habitants et à leur protection contre la contagion ; en apportant aux familles nécessiteuses des secours en aliments, en vêtements et, quand on le peut, en mobilier et en argent.

« Les renseignements fournis par les enquêtes faites au domicile des malades montrent que, dans le XX⁰ arrondissement et les arrondissements voisins, la tuberculose est d'une fréquence excessive, et qu'avec la misère, elle y revêt des aspects lamentables, dépassant tout ce qu'on peut imaginer. Il n'est pas rare de rencontrer des familles de six à huit personnes et plus, dans lesquelles le père, la mère, quatre, cinq, six enfants sont tuberculeux à divers degrés ; sans parler des petits que la broncho-pneumonie ou la méningite ont déjà fauchés.

« Tout ce monde vit resserré dans une pièce unique, dont on ne voudrait pas faire une écurie. Et, vraiment, un problème se pose : comment tous ces pauvres gens, absolument sans autre ressource que les quelques sous dus à la charité des voisins, trouvent-ils moyen de traîner leur pitoyable existence au delà de quelques semaines? Quelle chose merveilleuse que la résistance de l'organisme à la faim et à la maladie ! »

On comprend que le moindre allégement à une misère pareille puisse donner un résultat thérapeutique appréciable aux malades, quand cette misère même est la vraie cause de leur maladie.

FIG. 2. — LA SALLE A MANGER.

Le dispensaire Jouye-Tannier, outre l'alimentation, s'efforce d'appliquer, dans la mesure du possible, les deux autres procédés hygiéniques de la cure naturelle, le repos et l'aération.

Il est aussi difficile de donner aux malades secourus le temps de repos nécessaire à la cure ;

qu'un régime alimentaire suffisant. Cependant, là aussi, mieux vaut peu que rien; surtout quand ce « peu » intervient à propos. L'opportunité de l'application est une condition plus importante encore pour le repos que pour l'alimentation. En effet, si l'alimentation substantielle est, pour le tuberculeux, une nécessité journalière, le repos absolu, qui intervient sous forme d'immobilisation pendant la journée, est plus ou moins urgent suivant les phases de la maladie.

Au cours de l'évolution de la tuberculose, il est des périodes où le travail musculaire peut être permis et même utile. Mais il en est d'autres où il deviendrait la cause de véritables désastres. C'est d'abord quand la température du corps s'élève et que l'état fébrile s'établit. Dès que le thermomètre accuse un demi-degré au-dessus de la normale, l'interruption de tout travail professionnel s'impose et même l'interdiction de la simple promenade, sous peine de voir l'état fébrile s'établir et l'évolution de la maladie entrer dans une phase aiguë. De même en cas d'hémoptysie. Un crachement de sang, qui s'arrêterait spontanément, par le fait de l'immobilisation au lit ou sur la chaise longue, aura chance de dégénérer en hémorragie pulmonaire grave si le malade se livre à des efforts musculaires même modérés.

Mais, en dehors de l'état fébrile et de l'hémoptysie, le malade peut, sans trop d'inconvénients, continuer son travail professionel s'il n'est pas très fatigant. Livré à lui-même, l'ouvrier que le besoin presse, sera exposé à passer outre malgré la fièvre et le crachement de sang; car on ne le recevra à l'hôpital que si la fièvre est très accentuée ou l'hémoptysie menaçante. Et à ce moment il sera trop tard. Tandis que le dispensaire pourra le recueillir, dès la première menace, et mettre à sa disposition sa cure d'immobilisation; il pourra

l'accueillir aussi, à certaines périodes où la fatigue et l'épuisement, résultats combinés du travail excessif et de l'alimentation insuffisante, peuvent, en dehors de toute poussée fébrile ou congestive, diminuer ses facultés de résistance et paralyser les défenses de l'organisme contre l'invasion des bacilles.

Le tuberculeux, ne fût-il admis à la cure de repos que pendant quelques semaines, dans ces périodes où une aggravation du mal est imminente, dans

celles surtout où il n'est encore, pour ainsi dire, que sur le seuil de la maladie, dans cet état d'imminence morbide qu'on a appelé la *prétuberculose*, on arriverait souvent, en supprimant toute déperdition de forces, toute accélération de la circulation, toute excitation des centres nerveux calorifiques, à conjurer ces terribles poussées qui, du jour au lendemain, mettent le malade en péril.

Au dispensaire Jouye-Tannier, la cure de repos consiste simplement dans l'obligation imposée au malade de rester immobile pendant cinq ou six heures, au milieu de la journée, étendu sur une chaise longue ou sur un fauteuil confortable. Si le temps est froid ou pluvieux, il reste dans une salle spacieuse et bien aérée; s'il fait beau, il se repose en plein air, sur les terrasses du dispensaire. Et la cure de repos se confond alors avec la cure d'aération.

❧

L'aération, troisième élément hygiénique de la cure, se fait au dispensaire, avec très peu de mise en scène. Dans les grands établissements installés suivant la mode allemande et d'après les préceptes de Brehmer, le fondateur de la méthode, il existe des « galeries de cure », où les malades couchés sur des chaises longues, entourés en hiver de couvertures et de bouillottes, abrités de la pluie par un toit et du vent par de grands rideaux, séjournent par les plus grands froids, sous une véranda ouverte au plein air. Dans notre modeste sanatorium de la rue Stendhal, l'installation a dû être simple on s'est borné à assurer au tuberculeux de l'air pur et constamment renouvelé, pris sur les grandes avenues plantées d'arbres, entre lesquelles il est construit. La disposition des fenêtres, placées très haut, près du plafond, permet de laisser l'air du dehors arriver librement, toute la journée, sans que le malade en soit incommodé, même par les temps froids ou pluvieux. Quand il fait beau, c'est sur la plate-forme des terrasses que le malade va faire sa cure d'air, en même temps que sa cure d'immobilisation.

Sans doute, l'air que le malade respire dans les salles de repos et même sur les terrasses n'est pas d'une pureté comparable à celui qu'il trouverait dans un sanatorium de la Suisse ou de la Côte d'Azur; mais, si on le compare à celui de l'infect taudis où il s'enfermerait, si on ne le prenait pas au dispensaire, on admettra que ce pis-aller constitue encore une précieuse condition de balayage et de ventilation pulmonaires.

❧

Enfin, si les éléments matériels du traitement ne peuvent être, dans cet établissement d'assistance charitable, aussi parfaits que dans un sanatorium fermé, il est un élément d'un autre ordre — et le plus important, peut-être, au point de vue de la préservation sociale — dont l'application ne laisse rien à désirer : c'est l'éducation du malade, au point de vue de sa direction personnelle ainsi que de la préservation de son entourage et de la société tout entière.

On apprend au malade à se soigner, à se garantir des causes d'aggravation de son mal. On lui enseigne les précautions à prendre pour préserver sa famille de la contagion. Pour vaincre l'insouciance égoïste, trop naturelle au malade, au sujet de la propagation de son mal, on lui fait craindre de rendre ce mal incurable par la création autour de lui d'un foyer de tuberculose, s'il contamine ses proches. On cherche, en conséquence, à lui inculquer des habitudes aussi profitables à la préservation de la Société qu'à celle de son entourage. On le munit d'un crachoir de poche, flacon plat à large goulot, qu'il emporte et qu'on renouvellera au besoin, quand il en fera la demande. Il apprend à s'en servir et à ne pas répandre autour de lui ses crachats par lesquels se fait la propagation des bacilles. Enfin l'établissement se charge de désinfecter son linge et celui de sa famille.

❧

Tels sont les moyens d'action de ce « sanatorium des pauvres ». Aussi réduits qu'ils puissent être, par l'insuffisance des ressources budgétaires, au regard du nombre des malades à secourir, ils ont permis déjà, depuis moins d'un an que l'établissement est fondé, de sauver la vie à un certain nombre de tuberculeux, et d'en améliorer beaucoup; sans compter ceux qu'on a préservés de la contagion, par la vulgarisation des précautions nécessaires.

Les résultats qu'on peut en espérer seraient vraiment magnifiques, si la nécessité d'assister le plus grand nombre possible de malades, dans un quartier qui en est infecté, avec un budget annuel qui ne dépasse pas 30 000 francs, ne venait limiter le secours qu'on peut donner à chacun.

En attendant, tout médecin qui visitera le dispensaire Jouye-Tannier et en étudiera le fonctionnement emportera, comme nous, l'impression qu'en créant dans les faubourgs de Paris un nombre suffisant d'établissements similaires et surtout en mettant à leur tête — si on le pouvait — des hommes comme le Dʳ Héricourt, on réaliserait une œuvre de préservation sociale dont les bienfaits seraient incalculables.

Dʳ FERNAND LAGRANGE,
Médecin-consultant à Vichy.

 HYDROTHÉRAPIE

LES BAINS FROIDS.

Dans la première édition du livre qu'il a publié en 1861, Brandt, le grand promoteur de l'hydrothérapie froide, insiste sur les nécessités de varier les pratiques hydrothérapiques en employant suivant les cas les affusions, les lotions, l'enveloppement, les compresses froides ou les bains tièdes avec affusion froide.

Dans une seconde édition publiée en 1877, il déprécie toutes les applications qu'il avait précédemment conseillées, déclarant le *bain froid* supérieur à tous les autres modes.

Nous allons examiner les effets physiologiques du froid, les avantages et les inconvénients du bain froid.

Le premier effet de l'application du froid est la contraction de tous les éléments musculaires et en particulier des parois des vaisseaux avec diminution consécutive de la masse sanguine qui circule à la périphérie. Il en résultera donc une dilatation vasculaire des vaisseaux profonds. Goltz, Hoek et d'autres ont démontré que l'ensemble de certains vaisseaux constituait un réservoir vers lequel affluait le sang expulsé des autres organes par la constriction ou par la contraction de leurs vaisseaux.

L'effet vaso-constricteur que le froid exerce sur les vaisseaux périphériques peut dériver de son action directe sur la contractilité vasculaire, et cela d'une façon indépendante des centres nerveux, comme le démontre la diminution du calibre des vaisseaux par l'action du froid après la section des vaso-moteurs.

Normalement ce sont des phénomènes réflexes qui produisent les modifications vasculaires; on explique de la même manière les effets que le froid produit à distance du point d'application.

Les tremblements musculaires qui apparaissent quand on entre dans un bain sont des contractions réflexes produites à distance par le froid. Il se produit aussi par ce même mécanisme diverses modifications dans la respiration, dans les contractions du cœur, dans les sécrétions, dans la thermogénèse. La respiration, d'abord plus fréquente et courte, devient peu à peu profonde et moins fréquente, les battements du cœur, qui augmentent au début, diminuent ensuite : les sécrétions sont considérablement stimulées et on voit s'activer les fonctions digestives, la transpiration, les sécrétions intestinales, la sécrétion biliaire et surtout la diurèse.

Le froid produit une modification profonde dans la composition du sang. Selon Mathieu et Urbain, chez les animaux à température constante, la quantité d'oxygène absorbé par le sang varie en raison inverse de la température de l'air respiré.

Le sang veineux contient moins d'oxygène et plus d'acide carbonique après un bain froid.

Les expériences de Liebermeister ont démontré que, dans l'espace de 30 minutes, l'homme sain placé dans un bain de 32°,5 élimine 15 gr. d'acide carbonique; dans le même temps un bain de 25° élève l'élimination de l'acide carbonique à 22 gr., dans un bain de 18° la quantité d'acide carbonique éliminée en 30 minutes est de 39 gr. Cela prouve que dans l'action du bain froid les combustions sont exagérées. Le froid augmente l'élimination du calorique. Elle est double dans un bain à 30°, triple dans un bain à 25° et quintuple dans un bain à 20°.

On sait donc, par conséquent, qu'à l'augmentation dans l'élimination correspond toujours une exagération dans la production du calorique.

Currie avait dit avec raison que chez un individu placé dans un bain froid, la production du calorique devait être beaucoup plus active; cette démonstration n'a cependant été rigoureusement faite qu'après les expériences de Liebermeister dont nous avons parlé.

Il en résulte que lorsque la réfrigération est très intense, l'exagération de la thermogénèse est insuffisante pour équilibrer l'excès d'élimination du calorique. Les expériences de Jugersen prouvent que les bains à température modérée, lorsqu'ils sont suffisamment prolongés, finissent par faire descendre au-dessous de la normale la température interne de l'homme sain. Un bain de 20 à 24°, au bout de 15 à 20 minutes, fait baisser la température de quelques dixièmes de degré. Un bain de 9 à 11° de 30 minutes produit un abaissement de température de 1° et plus.

L'effet de la réfrigération s'accentue aussi davantage durant la première heure après le bain, pour s'élever ensuite durant 5 à 6 heures et revenir ensuite à la normale.

En comparant les expériences de Liebermeister avec celles de Jugersen il en résulte que, sous l'influence du froid, il se produit simultanément une diminution de la température et une augmentation des combustions.

Par l'accumulation du sang dans les organes profonds et par l'exagération des combustions, l'économie, grâce à la vigilance nerveuse, réagit contre la réfrigération. Ainsi, quand la réfrigération est intense, le système nerveux est impuissant pour adapter la production à l'élimination de la chaleur. Si le froid modéré stimule l'activité nerveuse, le froid excessif peut l'abolir. Les hématies abandonnent alors le sérum, leur matière colorante, et quelques-unes diminuent de volume.

Le sang veineux voit augmenter son oxygène et le sang artériel se charge d'acide carbonique. On peut donc dire que le froid excessif diminue les combustions, paralyse les métamorphoses et enfin rend la vie impossible.

Le bain froid est donc un stimulant des fonctions de l'économie; à l'état de santé il est salutaire et dans la maladie il aide l'organisme dans sa lutte contre l'envahissement microbien. Sous l'influence du bain froid on voit se modifier le facies du malade, la bouche devient humide, la circulation se régularise, l'agitation diminue. La température est abaissée, les forces augmentent et la convalescence arrive.

Cependant le bain froid a eu et a encore ses détracteurs, on l'a accusé de provoquer une congestion brusque des organes internes et d'agir d'une façon trop intense sur la circulation cérébrale.

On a quelquefois constaté que certains malades très déprimés, ne pouvant pas réagir, avaient après le bain froid des intermittences cardiaques et même des syncopes.

Brandt conseille en effet de faire, chez les individus névropathes ou cardiaques, soit des injections de caféine, soit de spartéine ou de faire absorber de l'alcool avant le bain. C'est avouer que l'action sur le cœur est un des dangers de la balnéation. Les asthmatiques et les emphysémateux ne supportent généralement pas le bain froid. Quoi qu'il en soit de certains cas particuliers, le bain froid en général est un moyen excellent de modification profonde de tous les organes, lorsqu'ils sont sur le point de succomber dans une lutte qui souvent est inégale.

Dr PROUST.

VARIÉTÉ

L'EXPOSITION D'AGRICULTURE COLONIALE DE NOGENT-SUR-MARNE.

L'Exposition d'Agriculture coloniale qui s'est ouverte au Jardin Colonial le 21 juin, sous la présidence de M. *Decrais*, ancien ministre des Colonies, a été organisée par la *Société française de Colonisation et d'Agriculture coloniale*, placée sous la haute direction de M. *de Lanessan*. Fondée en 1883, cette Société a déjà rendu les plus grands services à la cause de la colonisation : travaillant sans grand bruit, elle n'était peut-être pas assez connue du grand public et la manifestation de vitalité à laquelle elle vient de se livrer constitue le couronnement indispensable d'une première période d'activité féconde portant sur vingt années de labeur.

Le mérite de l'organisation d'ensemble revient d'ailleurs à M. *Dybowski*, le distingué directeur du Jardin Colonial, qui, puissamment aidé par un personnel dévoué, a su transformer, pour ainsi dire d'un coup de baguette, un joli coin du bois de Vincennes en un paysage tropical, où s'entassent en un résumé très substantiel les données de tout ordre concernant notre empire colonial.

Le cadre de l'exposition est des plus séduisants : il est formé par le joli parc du Jardin Colonial, comprenant une surface d'environ 4 hectares et prêté gracieusement pour la circonstance par M. le ministre des Colonies.

FIG. 1. — VUE D'ENSEMBLE DE LA GALERIE DES BEAUX-ARTS.

Dans les avenues ombreuses et sur les pelouses sont semés avec art des constructions indigènes de l'Afrique Occidentale, des cases malgaches, des modèles d'habitations coloniales démontables, des pirogues et toutes sortes d'objets communiquant à l'ensemble une couleur locale de bon aloi.

Les plantes exotiques capables de vivre en plein air, pendant l'été, sous notre climat, sont harmonieusement mélangées avec les plus savantes productions de notre horticulture; parmi les massifs aux couleurs chatoyantes sont disséminés des carrés de cultures où prospèrent les principales plantes économiques de nos colonies. Ici ce sont les céréales : *Maïs*,

L'Exposition d'Agriculture coloniale de Nogent-sur-Marne.

Mils, Sorghos; plus loin des plantes textiles comme la *Ramie*, des oléagineuses comme le *Ricin*, des *Ficus* producteurs de caoutchouc, des *Tabacs*, etc.; çà et là des touffes de *Bambous* ou des oasis de *Palmiers* émergent au milieu des pelouses; enfin, à l'ombre des bouleaux croissent superbement les *Fougères arborescentes*, le *Rocou* ou même le *Cacaoyer*!

Dans les serres permanentes, on n'a laissé que les plantes trop délicates pour supporter le plein air ou d'un moindre intérêt pratique; citons seulement les collections spéciales relatives aux *Caféiers* et aux *Cacaoyers*, groupées des colonies. N'oublions point *Lambaréné* (fig. 3), le jeune éléphant du Gabon, qui a su conquérir dès le début la sympathie du public, et les petits *Maquis* de Madagascar, avides de friandises. Tous ces animaux sont confiés aux soins d'indigènes de Madagascar et de la côte d'Afrique, qui accentuent encore l'ambiance coloniale par le pittoresque de leur vêtement et la mélodie grêle de leur musique.

L'Exposition proprement dite se subdivise en dix classes entre lesquelles sont répartis tous les objets, tous les documents qui peuvent intéresser notre expansion coloniale, présentés par

FIG. 2. — EXPOSITION DE LA CLASSE DU GÉNIE RURAL.

chacune en un local spécial, aussi remarquables par la beauté des individus que par la richesse des espèces et des formes (fig. 4).

Les animaux sont aussi assez largement représentés. Nous trouvons côte à côte les *zébus porteurs de Tombouctou* aux formes trapues et les *chèvres du Macina* pleines de sveltesse, les placides *moutons malgaches*, tenant fortement du mérinos [1], et les *vaches minuscules de la Guinée*. Voici, ailleurs, les *oies royales de Madagascar* à la démarche superbe et le *rucher* bourdonnant du zèle de ses travailleuses capables, elles aussi, de contribuer à la prospérité

environ 800 exposants. Les principales de ces classes renferment les produits du sol et des forêts, les produits des industries coloniales, l'exposition du génie rural, tout ce qui concerne l'hygiène de l'homme et des animaux aux colonies, toutes les publications relatives à la géographie, à l'agriculture, à la statistique de nos possessions, au développement de l'enseignement colonial en France.

Mentionnons à part le *Salon des Beaux-Arts* (fig. 1), où l'œil est charmé par la richesse du coloris de paysages coloniaux, parfois idéalisés; où se coudoient les souvenirs de voyages et les études de fleurs et de fruits coloniaux, portant d'illustres signatures : *Rochegrosse, Detaille,*

[1]. La race représentée à l'exposition est issue du croisement de la race malgache indigène et du mérinos.

Dagnan-Bouveret, Félix Regamey, Merwart, victime de son dévouement à l'art colonial, etc., pour n'en citer que quelques-unes au hasard.

Une tente spéciale est réservée à l'Horticulture, dont les concours s'échelonnent de semaine en semaine pendant la durée de l'exposition et viennent ainsi varier périodiquement le plaisir des yeux.

Mais les organisateurs ont pensé à juste titre qu'une simple exposition sous vitrines, dans des galeries ou même dans des constructions de caractère spécial, qu'une exposition statique, pourrait-on dire, risquait de manquer de vie et qu'il était utile d'animer un tel assemblage, de compléter en quelque sorte la leçon de choses qui en résulte pour le public par une série d'expériences se succédant pendant le mois de juillet. Ce plan a été exécuté avec succès et l'on a pu voir au Jardin Colonial, chaque jour, fonctionner les machines les plus perfectionnées servant à dépulper les fruits du caféier, à trier

le riz et les céréales, à arracher les poils de la graine de cotonnier, à délibrer les plantes textiles, etc.; des essais particulièrement intéressants ont lieu sur les tiges de *Ramie*, dont la décortication est l'un des problèmes les plus attachants et les plus difficiles de l'industrie coloniale (fig. 2).

La Section d'Hygiène fournit aussi de curieuses démonstrations, en mettant en action sous les yeux des visiteurs les procédés de stérilisation de l'eau, du lait, du vin et des autres boissons fermentées, en prouvant qu'il est possible actuellement de conserver indéfiniment les breuvages même les plus altérables, sans aucunement les déprécier, grâce aux progrès de l'industrie française, qui a su conquérir le premier rang dans l'application des méthodes si fécondes de *Pasteur*.

Les galeries du Musée Colonial permanent, annexé au Jardin Colonial, méritent une visite particulièrement attentive; les collections qu'elles renferment viennent d'être complètement remaniées et accrues dans une proportion telle que trois grandes salles sont nécessaires pour les contenir.

La première de ces salles nous montre classées par catégories industrielles l'ensemble des productions de notre domaine colonial. Si l'on considère un produit en particulier, le *Caoutchouc* par exemple, rien n'est plus facile que d'en suivre l'histoire en parcourant des yeux les vitrines qui lui sont consacrées.

Le visiteur voit défiler devant lui les principaux centres de production avec les plantes qui y sont exploitées, les diverses qualités du produit fourni, suivant les procédés d'exploitation et de préparation. Des statistiques, des graphiques, des photographies viennent en outre apporter la réponse aux questions qui peuvent se présenter à l'esprit.

La seconde salle est spéciale à la colonie de Madagascar; elle vient d'être organisée par M. *Prudhomme,* directeur de l'Agriculture de la Grande Ile, avec une méthode qui ne laisse rien à désirer. Il est passionnant de suivre là peu à peu les énormes progrès réalisés dans les sens les plus variés, depuis quelques années, grâce aux efforts incessants des services agricoles de cette belle colonie. Pour ne considérer que le *Raphia*, par exemple, nous en retrouvons ici toutes les transformations. Voici d'abord la plante, vue d'ensemble, représentée par une superbe photographie, puis la feuille dans l'état même où l'on en doit détacher l'épiderme, qui entraînant avec lui les fibres sous-jacentes constituera la matière textile; puis cet épiderme une fois isolé, réduit en lanières de plus en plus fines, le fil de raphia prêt à être employé par la filature, les *rabanes* ou tissus indigènes fabriqués avec le raphia pur, les colorations très variées qu'on lui fait prendre avec les substances qui servent à les produire, les beaux tissus obtenus en associant le raphia et la soie, fabriqués soit par les indigènes, soit par notre industrie lyonnaise, dont les produits si remarquables dans cet ordre d'idées sont destinés à un brillant avenir.

A côté ce sont les *Soies* obtenues à l'*École de sériciculture* de Tananarive : nous trouvons là les résultats successifs de tous les élevages et nous pouvons suivre les variations des sortes introduites. Tandis que certaines ont conservé ou même accru leurs qualités initiales, d'autres, au contraire, ont rapidement décliné; mais le résultat moyen est très encourageant et l'avenir séricicole de la Grande Île plein de promesses. Ce sont encore les soies de *Landibé* et les *lambas* qu'on en fabrique; les innombrables pailles de Graminées, Joncées, Cypéracées qui servent à la fabrication de chapeaux, plus appréciés de jour en jour sur le marché parisien et dont les plus connues sont le *Penjy* et l'*Arefo*. Voici d'autre part des échantillons de ces chapeaux qui feront bientôt une redoutable concurrence aux *Panamas* authentiques; voici encore ces admirables dentelles de fil dans la fabrication desquelles les indigènes excellent de plus en plus; ces superbes *Vanilles* toutes blanches de leur givre cristallin; l'*Intisy* et le précieux caoutchouc qu'on en retire; les caoutchoucs roses des *Landolphias*, les caoutchoucs gris des *Mascarenhasia*, les cires, les alcools, les produits pharmaceutiques variés, etc.

La collection générale de Madagascar sera d'ailleurs complétée très prochainement par une série de vitrines où s'étaleront côte à côte, en petits échantillons, toutes les productions de chaque province; après s'être instruit de l'histoire économique de la colonie d'après les collections actuellement existantes, le visiteur pourra dès lors se rendre également un compte exact de sa géographie économique par la comparaison des diverses provinces entre elles.

La troisième salle a été plus spécialement affectée à l'Afrique occidentale. Elle contient aussi une foule de documents intéressants sur des questions tout à fait à l'ordre du jour. C'est d'abord toute une série de cotons provenant de l'ensemble de nos colonies de l'Ouest africain et mise en parallèle avec toutes les sortes cultivées aux États-Unis et en Égypte; puis voici de nombreux échantillons de fruits tropicaux variés, et particulièrement de bananes, obtenus de culture à la Guinée et destinés à l'importation européenne, toute la série des caoutchoucs de la côte d'Afrique, de nombreuses graines oléagineuses, des céréales et des plantes fourragères, des matières tannantes, tinctoriales, toute la

gamme des gommes dites arabiques, etc., etc.

Quelques vitrines ont été réservées aux produits de l'Inde et de l'Indo-Chine; mais l'effort

FIG. 4. — FLORAISON DE CAFÉIERS DANS UNE DES SERRES PERMANENTES [1]

de ces colonies, pour la constitution de leurs collections, ne correspond pas à leur importance, et une amélioration rapide de ce qui existe devient nécessaire.

En résumé, l'Exposition d'Agriculture coloniale est une innovation des plus heureuses, imposée par le développement agricole et industriel vraiment exubérant de nos possessions d'outre-mer et qui portera certainement d'excellents fruits. L'exploitation méthodique et raisonnée des colonies avait besoin d'être synthétisée aux yeux du public d'une manière frappante. C'est fait, mais ce n'est là qu'un commencement, et une pareille manifestation ne doit pas rester sans lendemain. Elle a fait la preuve de son utilité et doit devenir périodique.

MARCEL DUBARD,
Maître de Conférences à la Sorbonne.

1. Les 2 dessins sont exécutés d'après les clichés de MM. Prudhomme et Pernot.

PÉDAGOGIE

TRIBUNE LIBRE D'EN-SEIGNEMENT EXPÉRIMENTAL

Résonance et Sommations harmoniques.

Plusieurs pendules de longueurs différentes P_1, P_2, P_3 de périodes T_1, T_2, T_3, sont suspendus à une latte L pouvant osciller autour de l'axe $a_1 a_2$ constitué par deux tronçons d'aiguille à tricoter (fig. 1). Les fils de suspension passent dans des trous l; on peut ainsi faire varier continûment leur longueur. Avec la main on

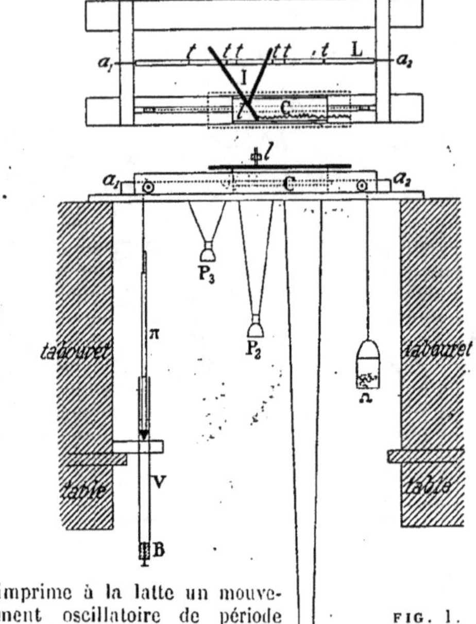

FIG. 1.
APPAREIL
A SOMMER LES
MOUVEMENTS
PENDULAIRES.

imprime à la latte un mouvement oscillatoire de période $T = T_1$ le pendule P_1 oscille seul ; si $T = T_2$ c'est P_2 qui oscille et si $T = T_3$, c'est P_3 qui oscill seul. —

En suspendant à la latte deux pendules P' et P'_1, de même longueur on constate que P' oscille, quand on lance P'_1, l'amplitude de P' augmente, passe par un maximum lorsque l'amplitude du mouvement de P'_1 est devenue nulle. C'est alors P' qui fait osciller P'_1, et

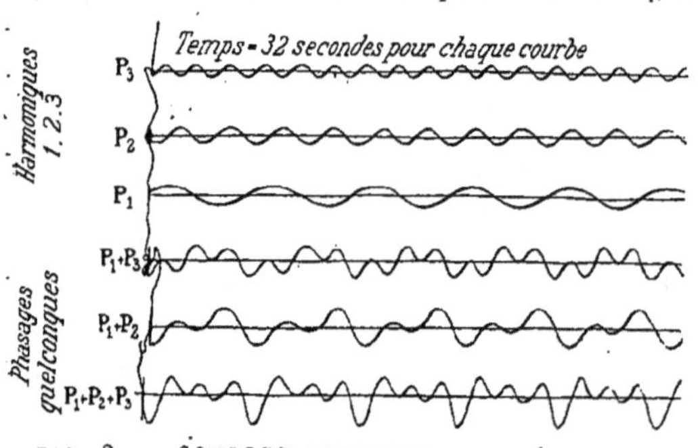
FIG. 2. — COURBES OBTENUES AVEC L'APPAREIL
ROUBAULT.

ainsi de suite ; les deux pendules oscillent et s'arrêtent *alternativement* jusqu'à amortissement complet des oscillations.

Le « Tide predicter » de Lord Kelvin[1] résout rigoureu-

1. Voir le n° 30 de *La Science au XX° siècle.*

sement le problème de la sommation des mouvements. L'appareil représenté figure 1 le résout d'une façon très approchée. Un chariot glissant (ou roulant) C se déplace parallèlement à la latte L d'un mouvement uniforme. L'inscripteur I a la forme d'un trépied. Deux pieds sont constitués par deux pointes d'aiguilles qui reposent sur la tranche supérieure de la latte L. Le troisième pied est constitué par un tube capillaire obtenu en étirant un tube de verre ordinaire.

On fait plonger une extrémité du tube dans de l'encre. Il se remplit par capillarité.

Les pendules P_1, P_2, P_3 donnent les harmoniques 1, 2 et 3 (fig. 2 et 3, courbes obtenues avec l'appareil). Le poids Ω entraîne le charriot C et un piston π qui glisse dans un tube de verre V. Au bas du tube, est disposé un bouchon B

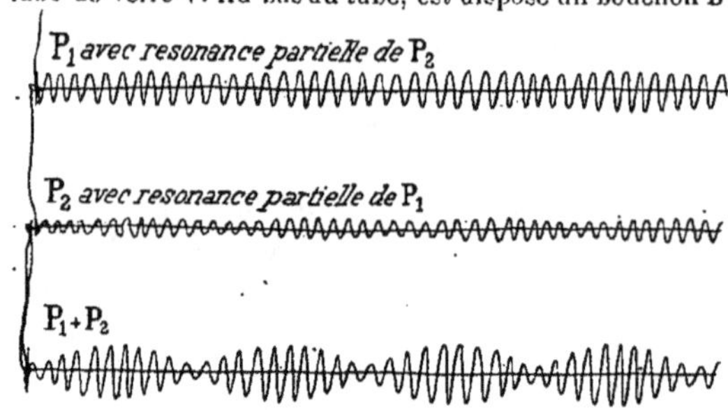
FIG. 3. — COURBES OBTENUES AVEC L'APPAREIL
ROUBAULT.

percé d'un trou d'aiguille qu'on obture plus ou moins en enfonçant un clou afin d'obtenir un mouvement uniforme.

Le piston est le piston de caoutchouc de MM. Goasgen et Henry de Lorient (eau de savon au-dessus).

Le chariot glissant C est un simple prisme de bois qui rappelle les patins du banc d'optique de M. Weiss. Les petites irrégularités qu'on peut relever sur les courbes sont attribuables aux nœuds du bois qu'il faudrait éviter.

Communiqué par M. ROUBAULT,
Professeur de physique au lycée d'Angoulême.

Dilatation linéaire des solides.

On forme un anneau avec un fil de fer ou de cuivre, on le fait entrer sur un bouchon ayant la forme d'un tronc de cône ; on voit qu'il vient jusqu'en A. Si, après l'avoir retiré on le chauffe, on voit qu'il entre jusqu'en B. Si après l'avoir retiré on le laisse refroidir, il ne peut plus aller que jusqu'à A.

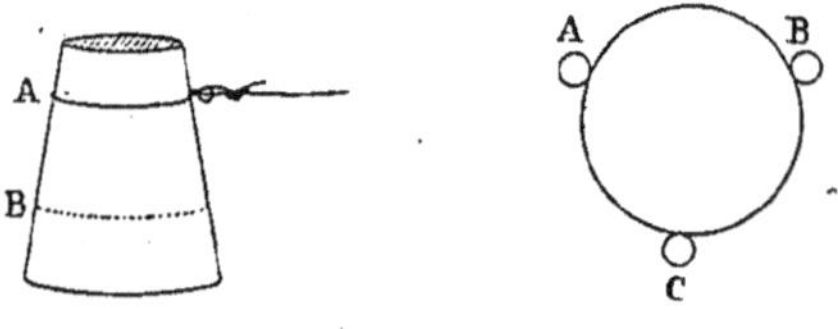
FIG. 4 ET 5. — DILATATIONS LINÉAIRE
ET SUPERFICIELLE.

Dilatation superficielle des solides.

Sur une planche, on pose une pièce de deux sous, et on fixe trois punaises en A, B, C de manière à ce qu'elles la touchent sans laisser de jeu. Si, après avoir retiré la pièce on la chauffe, elle ne peut plus entrer entre les trois punaises. Refroidie, elle entre de nouveau.

Communiqué par M. L. LAMARCHE.

A. GUILLET,
Professeur honoraire.

〰〰〰〰〰〰 *Revue des Applications des Sciences.* 〰〰〰〰〰〰

PHOTOGRAPHIE

| L'écran jaune. | Les préparations sensibles au gélatinobromure orthochromatisées gardent toujours une sensibilité plus grande aux radiations bleues et violettes; il en résulte que, pour obtenir une interprétation aussi correcte que possible des diverses couleurs d'un original polychrome, il est indispensable d'interposer sur le trajet des rayons lumineux projetant l'image sur la surface sensible, un filtre coloré atténuant, dans une proportion plus ou moins grande, l'action des radiations bleues et violettes, pour laisser aux autres le temps d'impressionner la surface sensible.

La coloration de ce filtre coloré ou *écran* doit être telle qu'il n'absorbe pas les radiations jaunes, vertes, orangées, rouges, radiations qu'il doit laisser passer intégralement; c'est pourquoi on a choisi la couleur jaune. En particulier, la plupart des préparations orthochromatiques présentent un minimum de sensibilité pour le vert : l'écran jaune doit laisser passer la totalité des radiations vertes.

Or, jusqu'à ces derniers temps, on a surtout utilisé comme écran un verre jaune plus ou moins foncé, coloré dans la masse. Il est facile de se rendre compte que si un tel écran absorbe le bleu et le violet, il absorbe aussi plus ou moins le rouge, l'orangé, le jaune et surtout le *vert* et ce, d'autant plus qu'il est plus foncé. C'est pour cette raison que la plupart des photographes qui ont essayé les préparations orthochromatiques y ont renoncé, trouvant qu'elles faussaient le rendu des couleurs; cela était dû à l'emploi de mauvais écrans jaunes.

L'écran jaune vient de faire l'objet d'études très intéressantes, dues à MM. Callier[1], Guilleminot[2] et Monpillard[3]. D'après ce dernier auteur, un bon écran jaune doit remplir les conditions suivantes :

1° Il doit absorber plus ou moins totalement un groupe plus ou moins étendu des radiations bleues et violettes;

2° Quelle que soit l'importance de cette absorption, l'écran doit posséder une luminosité aussi considérable que possible pour les autres radiations;

3° L'écran doit laisser passer la totalité ou la presque totalité des radiations vertes du spectre;

4° Le type d'écran une fois établi, ceux qu'on établira par la suite doivent toujours être comparables entre eux, au point de vue de leurs propriétés optiques.

En pratique — dit M. Monpillard — ces conditions ne peuvent être réalisées que par le choix judicieux de la ou des matières colorantes destinées à constituer l'écran; celles-ci ayant été choisies, pour obtenir un écran d'une intensité donnée, il faut faire en sorte qu'un même poids soit toujours réparti sur l'unité de surface.

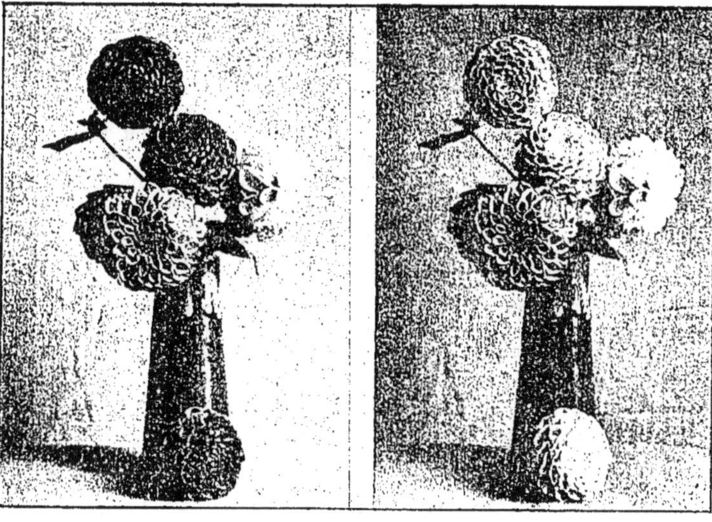

FIG. 1. — PLAQUE ORDINAIRE SANS ÉCRAN.
Pose : 15 secondes.

FIG. 2. — PLAQUE ORTHOCHROMATIQUE AVEC ÉCRAN JAUNE.
Pose : 60 secondes.

Phototypes F. MONPILLARD.

Il en résulte que le mieux est d'emprisonner une pellicule colorée entre deux glaces à faces parallèles.

C'est la gélatine qui se prête le mieux à la constitution de cette pellicule. Une solution aqueuse de gélatine à 5 p. 100 convient parfaitement; à un volume V d'une pareille solution, il suffit d'ajouter un poids déterminé de la matière colorante choisie, ou un volume donné d'une solution titrée de celle-ci, pour obtenir un liquide tel que si on en étend un nombre N de centimètres cubes sur une surface d'étendue S, on connaisse exactement le poids de matière colorante qui se trouve réparti par unité de surface.

Si on a déterminé la courbe d'absorption pour les diverses régions du spectre de l'écran ainsi constitué, non seulement les propriétés optiques de cet écran sont parfaitement établies, mais aussi celles de tous les écrans qui seront préparés dans des conditions identiques.

Les matières colorantes qui donnent les meilleurs résultats sont l'acide picrique, la tartrazine, la cyclamine. L'acide picrique convient admirable-

1. *Bulletin de l'Association belge de photographie*, avril et mai 1905.
2. *Société française de photographie.*
3. *Revue des Sciences photographiques*, n° 11, février 1905.

ment, d'après M. Callier, pour la préparation d'écrans légers et d'écrans à contrastes; seulement, on ne peut guère dépasser la concentration de $\frac{1}{1\,000}$ de gramme par centimètre carré, l'acide picrique et les picrates en solutions concentrées précipitant la gélatine; la tartrazine, recommandée par Miethe, semble être la meilleure matière colorante pour la préparation des écrans à compensation; mais comme elle présente une grande transparence aux rayons ultraviolets de longueur d'onde inférieure à $\lambda = 3\,625$, il semble avantageux de lui associer une matière colorante absorbant les radiations ultraviolettes; la cyclamine convient à la préparation d'écrans pour plaques orthochromatiques quand on craint une action exagérée des radiations vert-jaunes.

La préparation des écrans est assez délicate; il arrive parfois que, bien que la gélatine colorée ait été étendue sur une glace parfaitement plane, l'écran présente une courbure assez prononcée pour fonctionner comme une lentille, courbure due à la contraction de la gélatine. On évite la formation d'une lentille-écran soit en coulant la gélatine colorée sur une glace dont l'envers porte déjà une émulsion sèche de gélatine, soit en ajoutant de la glycérine à l'émulsion colorée.

On a parfois conseillé l'emploi des écrans jaunes avec les préparations sensibles ordinaires. M. René Guilleminot a montré que c'est un non-sens, qu'on ne fait ainsi qu'augmenter inutilement le temps de pose, l'écran absorbant les radiations bleues et violettes auxquelles l'émulsion ordinaire est presque uniquement sensible : une plaque au gélatinobromure d'argent ordinaire fut protégée par un cache percé de quatre ouvertures qui furent recouvertes par quatre écrans d'intensités différentes, puis impressionnée et développée : l'intensité de l'impression ainsi obtenue est proportionnelle à la teinte de l'écran; répétant la même expérience sur une plaque orthochromatique, l'impression obtenue est sensiblement la même derrière les quatre écrans, grâce à la sensibilité pour le jaune et pour le vert, qui vient faire compensation à la perte des radiations bleues et violettes.

M. Monpillard s'est demandé s'il n'y aurait pas, dans certains cas, intérêt à employer des écrans ne laissant agir sur la surface sensible que les radiations de la lumière blanche qui impressionnent notre rétine et en éliminant les autres : les radiations ultraviolettes que nous ne percevons pas et dont l'action, pourtant fort énergique, vient s'ajouter à celle du bleu et du violet.

Parmi les substances absorbant l'ultra-violet, l'esculine peut surtout être utilisée, à cause de sa solubilité dans l'eau. Les écrans à l'esculine, dit M. Monpillard, éteignant une partie des radiations agissant énergiquement sur le bromure d'argent, tout en le laissant s'impressionner sous l'influence des radiations bleues et violettes, on doit pouvoir obtenir, pendant les heures du jour où la lumière possède son maximum d'actinisme, des négatifs plus enveloppés aux valeurs mieux rendues et dans lesquels s'il s'agit de paysages, les horizons ne seront pas brûlés, tout en conservant ce léger flou auquel est dû l'effet de perspective aérienne. Des essais effec-

tués en interposant sur le trajet des rayons lumineux un écran à l'esculine disposé dans le parasoleil de l'objectif ont pleinement confirmé cette hypothèse : non seulement les horizons viennent beaucoup mieux, mais les nuages blancs se détachent nettement et vigoureusement dans le ciel alors que, dans des conditions identiques, la plaque employée sans écran ne pouvait enregistrer leur image.

Où doit-on placer l'écran coloré? dans le voisinage de la surface sensible ou dans la région de l'objectif? Il ne faut en tous cas pas le placer entre les lentilles, dans le plan du diaphragme : on modifie ainsi les propriétés optiques de l'objectif. Certains auteurs recommandent de le placer derrière l'objectif pour ne pas supprimer l'action du parasoleil; mais le plus souvent, comme le recommande de Miethe, on le place devant l'objectif.

Mais toutes les fois qu'on le peut (petits formats) la meilleure place est le voisinage immédiat de la surface sensible; dans cette position les défauts optiques de l'écran se font à peine sentir.

Un procédé très simple consiste à étendre sur la surface sensible une solution de dextrine ou autre matière agglutinante colorée par l'acide picrique; c'est grâce à cet artifice de fabrication que certaines plaques orthochromatiques du commerce (*Integrum* de Grieshaber, par exemple) donnent d'assez bons résultats, même employées sans écran.

| *Orthochromatisation des plaques photographiques ordinaires*[1]. | Nous avons déjà signalé ici l'avantage des plaques orthochromatiques sur les plaques ordinaires pour le rendu correct des couleurs, et l'existence, dans le commerce, de plaques orthochro- |

matiques. Celles-ci sont fabriquées en ajoutant la matière colorante, destinée à jouer le rôle de sensibilisateur optique, à l'émulsion avant de l'étendre sur le support. Il est aisé d'orthochromatiser pour telles ou telles radiations les surfaces sensibles au gélatinobromure; il suffit de les tremper quelques minutes dans le bain colorant choisi et de les sécher, ces opérations doivent, bien entendu, être effectuées à l'obscurité.

Jusqu'à présent, la cyanine, indiquée par Vogel, était considérée comme le meilleur colorant pour l'obtention de plaques *panchromatiques*. Mais son emploi, par suite de la présence d'impuretés dont il est difficile de la séparer et par suite de son insolubilité dans l'eau, présentait de nombreux inconvénients; en outre, pour obtenir un bon panchromatisme il fallait la mélanger à d'autres colorants (sensibilisateurs complémentaires) destinés à compléter son effet.

Le Dr Kœnig, de la fabrique Lucien Meister de Hœscht-sur-Mein, à la suite d'une étude très complète des dérivés de la cyanine, est récemment parvenu à isoler, à l'état de pureté absolue, une série de nouveaux colorants, particulièrement intéressants au point de vue de l'orthochromatisme, parmi lesquels nous citerons l'*orthochrome* T et le *pinaverdol* qui sensibilisent pour le vert, le jaune et

1. *La Science au XXᵉ siècle*, nᵒ 18, de 1904.

l'orange; l'*éthylcyanine* qui sensibilise pour le jaune et le rouge jusqu'en B; enfin le *pinachrome*, ortho-chromatisant pour le rouge et pour les couleurs précédentes, semble constituer le sensibilisateur panchromatique idéal [1].

Ces sensibilisateurs existent sous deux variétés : une variété soluble dans l'alcool, utilisée pour l'orthochromatisation des surfaces sensibles au collodion et une variété soluble dans l'eau utilisée pour la sensibilisation des surfaces sensibles au gélatinobromure d'argent.

On utilise, pour l'emploi, une solution de réserve à 1 p. 1000 du colorant et, au moment de sensibiliser une surface sensible, on mélange :

    Eau distillée   200
    Ammoniaque pure.   1
    Solution de réserve . . . .   3 à 4

Quantité correspondant à deux plaques 13×18 parfaitement sensibilisées.

Les surfaces sensibles, après immersion de quatre minutes dans ce bain, sont rincées deux minutes

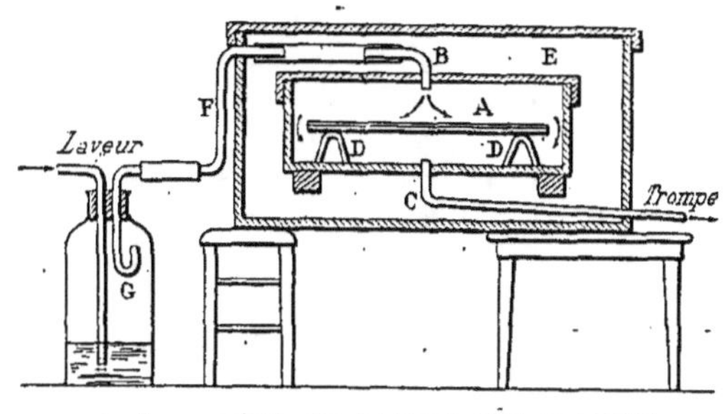

FIG. 3. — SÉCHAGE RAPIDE DES PLAQUES ORTHOCHROMATISÉES.

sous filet d'eau et mises à sécher, *aussi rapidement que possible* (fig. 3); un séchage lent provoque en effet la formation d'un voile.

On peut effectuer le séchage dans une étuve ou l'accélérer par un ventilateur; mais on peut aussi utiliser le dispositif très simple, facile à construire soi-même, que M. Löbel a présenté à la Société française de photographie. On utilise le courant d'air produit par une petite trompe à vide en verre, qui peut être adaptée à n'importe quel robinet débitant de l'eau sous une pression suffisante. La préparation sensible à sécher est placée dans une boîte A, au couvercle de laquelle on fixe, au moyen de cire à cacheter, un tube en plomb recourbé B; au fond on adapte un autre tube C; la surface sensible est placée sur deux petites cales en carton D, D. La boîte A est enfermée dans une autre boîte en carton E plus grande, à travers une des faces latérales de laquelle passe un tube deux fois recourbé F qu'un tube de caoutchouc relie au tube B. Le tube C, qui est mis en communication avec la trompe, traverse la paroi opposée de la boîte E.

Le fonctionnement de ce dispositif est aisé à comprendre : le tube C étant mis en communication avec la trompe, il se produit aussitôt une aspiration qui donne naissance à un courant d'air entrant dans la boîte par le tube E et en sortant par le tube C. Une à deux heures suffisent pour sécher

1. *Revue des Sciences photographiques*, n°° 6, 10 et 11.

une plaque; on abrège notablement ce temps en desséchant l'air par son passage à travers un flacon laveur à acide sulfurique. Pour éviter que les gouttelettes produites par les soubresauts du liquide arrivent jusqu'à la sortie du laveur, il est bon de relier au tube de sortie un petit tube de verre recourbé G, au moyen d'un caoutchouc.

Si au lieu d'une trompe aspirante on peut disposer d'une trompe soufflante (soufflerie à eau) on peut abréger encore la durée du séchage qui ne demande plus qu'un quart d'heure, une demi-heure au plus; la présence du laveur à acide sulfurique est assez indispensable.

G.-H. NIEWENGLOWSKI.

MÉCANIQUE APPLIQUÉE

L'automobile type. — Les salons de l'automobile qui se sont successivement ouverts à Paris, New-York, Berlin ont remporté un égal succès auprès du public acheteur et des constructeurs. Le salon est pour ceux-ci à la fois un champ d'expérience et un tribunal. La voiture qu'ils amènent comporte toujours des nouveautés, des essais, dus à leurs conceptions personnelles; ils les soumettent au public, le grand juge; qui condamne certaines réformes, en consacre d'autres, émet ses plaintes et ses vœux. S'inclinant devant ce jugement, les constructeurs gardent de leur voiture ce qu'ils ont de bien, empruntant aux autres les idées qui ont plu; il résulte de tout cela un type de plus en plus uniforme, synthétisant les progrès acquis et que nous allons essayer de dégager.

Jamais mieux qu'aux derniers salons n'était apparu ce fait que tout dans l'automobile tend aujourd'hui à donner à son possesseur le maximum d'agrément, la question d'économie étant mise de côté; il n'en a pas toujours été ainsi. Dans les débuts de cette industrie les habitudes d'esprit de l'ingénieur l'ont conduit à rechercher l'économie; les premières pièces ont été calculées avec une parcimonie justifiée pour les machines fixes, mais non pour ces machines soumises à des chocs et vibrations continuels. Les régulateurs nous donnent un exemple des anciennes et des nouvelles tendances. L'idée qui longtemps a présidé à leur étude a été l'idée de rendement maximum. Cela nous a doté de régulateurs par tout ou rien, théoriquement les plus économiques, mais bruyants. Aujourd'hui, le public préfère l'absence de bruit et de vibration, et la souplesse. Il exige de plus en plus que chaque pièce soit robuste; il veut en un mot du confort, de la sécurité à tout prix. Il a fait à ses dépens l'expérience qu'une voiture bon marché est souvent onéreuse par son peu de durée et les réparations qu'elle entraîne.

C'est ici une caractéristique du dernier salon : les voitures qui se réclament de leur bon marché sont presque toutes des voitures faites en série, qui ne sont susceptibles d'aucune modification. Fabriquer en série est en effet la seule façon de livrer à bas prix de bons produits et c'est ce qu'ont souligné avec raison les marques françaises et étrangères qui font ces voitures. Telles sont les idées générales que nous retrouverons en passant en revue les divers détails de la voiture.

| **Châssis.** | La vogue des châssis tubulaires est passée. Le châssis embouti |

est celui qui se fait le plus. Bien calculé il est très rigide et donne au moteur et à la transmission des attaches robustes que l'ingénieur peut placer à son gré. — Le métal est bien utilisé car on recherche la forme d'égale résistance.

Le châssis en bois armé luttera encore surtout pour les petits châssis. — Il est moins cher, il donne plus de facilité pour fixer la carrosserie. De plus son élasticité relative lui conserve quelques partisans parmi les plus grandes marques (Panhard et Levassor). On remarque une notable tendance à allonger le châssis pour permettre des carrosseries plus confortables.

| **Moteur.** | Le moteur à quatre cylindres supplante de plus en plus les |

autres, même pour des puissances de 10 et 12 chevaux. Les cylindres sont placés verticalement; cette disposition est la moins encombrante; elle permet un bon graissage par barbottage des têtes de bielle. Le moteur est placé avec tous ses accessoires dans la partie avant du châssis, où il est complètement isolé de la carrosserie et très accessible.

Seules des raisons d'économie justifient l'emploi des moteurs à 1 ou 2 cylindres dont l'équilibrage est très imparfait et l'effort moteur peu continu. On recherche aujourd'hui l'absence de trépidation, c'est-à-dire l'équilibrage des masses, plutôt que la continuité de l'effort moteur. C'est pourquoi dans un moteur à 2 cylindres les manivelles ne sont plus calées à 360, ce qui donnait une explosion tous les tours, mais à 180. Les schémas ci-contre (fig. 1) montrent que dans ce second cas, les pistons étant animés de vitesses inverses, les forces d'inertie ne s'ajoutent pas comme dans les premiers; cependant elles ne se détruisent pas et forment un couple

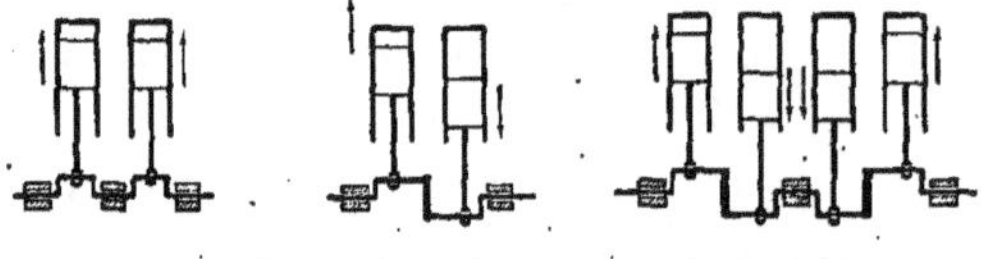

dont le bras de levier est la distance d'axe en axe des cylindres. On voit de plus que dans le moteur à 4 cylindres, composé de 2 moteurs à 2 cylindres avec manivelles à 180° placées symétriquement, les efforts d'inertie forment 2 couples qui se détruisent. Les cylindres sont presque tous en fonte avec boîte à soupape et chemise d'eau venue de fonderie. Néanmoins quelques essais sont tentés pour rapporter la chemise en aluminium (Mors) ou en laiton (voitures de courses Panhard-Levassor).

L'admission du mélange tonnant se fait par une soupape qui est presque toujours commandée par une came, alors qu'autrefois on la laissait s'ouvrir automatiquement, pendant la descente du piston,

sous l'action de la pression atmosphérique. Cela a permis, en augmentant la tension du ressort de rappel, d'avoir un fonctionnement plus régulier aux grandes vitesses. Pour les moteurs sans circulation d'eau la soupape libre, que l'on place vis-à-vis de la soupape d'échappement, a l'avantage de refroidir un peu celle-ci.

| **Allumage.** | L'allumage est obtenu après compression à 4 ou 5 kg. par une |

étincelle électrique, à l'exclusion des anciens systèmes à incandescence exigeant la flamme d'un brûleur toujours dangereuse. L'étincelle est souvent obtenue par accumulateurs et bobines, ce qui permet facilement le réglage de l'avance à l'allumage pour les variations de vitesse du moteur. Mais il faut faire recharger les accumulateurs et cette sujétion parfois ennuyeuse fait que les magnétos, peu nombreuses en 1903, se rencontrent actuellement chez tous les constructeurs.

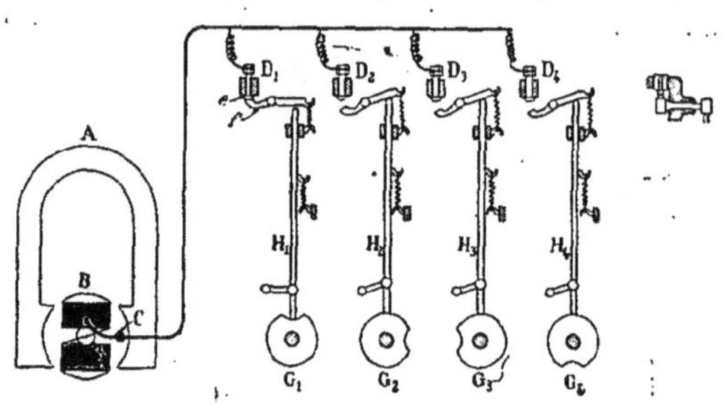

FIG. 2. — ALLUMAGE PAR MAGNÉTO A BASSE TENSION.

A, aimant inducteur; B, induit dont l'enroulement est relié d'une part à la masse et de l'autre par une bague et un balai à la borne C; D, D, D, inflammateurs; e, plot isolé de l'inflammateur; f, levier mobile en contact avec la masse, pouvant fermer momentanément le circuit induit quand la tige H tombe dans le creux de la came G. — *Nota.* C'est l'inflammateur D₄ qui est prêt à allumer.

Il y a 2 types de magnétos, celles dites à haute tension et celles dites à basse tension. Toutes deux sont à courant alternatif. La rupture du courant se fait au moment où son intensité est maximum. Le premier type fonctionne comme les accumulateurs avec des bougies d'allumage. L'étincelle jaillit au sein du mélange entre deux pointes à écartement constant, et cela nécessite une force électromotrice considérable, il faut donc apporter un soin tout particulier à l'isolement des bobines.

Dans l'autre système, le circuit comprenant l'induit est fermé pendant la période de compression par le rapprochement de deux pièces placées à l'intérieur même du cylindre et dont l'écartement brusque produira l'étincelle de rupture au moment voulu. On comprend que puisque les pièces s'écartent en partant du contact, une étincelle pourra jaillir si faible que soit la tension.

Les partisans de la magnéto à haute tension reprochent à ce système de comporter des pièces en mouvement dans un milieu dont la température favorise le grippement. Ils lui reprochent aussi de permettre moins facilement la recherche des causes de panne.

 Il y avait au début trois types de carburateurs. Le carburateur à barbottage de Benz, le carburateur à léchage de De Dion-Bouton et le carburateur à giclage ou pulvérisation. Les deux premiers agissant par évaporation avaient l'inconvénient, même avec les essences dites homogènes, de laisser concentrer dans le vase du carburateur un résidu plus dense difficile à évaporer et qu'il fallait purger fréquemment.

Les carburateurs actuels sont donc tous à pulvérisation.

L'essence jaillit par un, où plusieurs orifices de très petit diamètre sous l'action de la dépression produite par l'aspiration dans une tubulure reliée aux orifices d'admission.

Cette dépression est fonction du débit de gaz dans la tubulure, c'est-à-dire de la quantité de mélange explosif admise par tour et de la vitesse de rotation du moteur. Un réglage est donc nécessaire si l'on veut rendre possibles les variations de vitesse et la réduction de l'admission. Ces carburateurs sont devenus réellement pratiques depuis qu'ils ont été rendus automatiques par l'adjonction d'un régulateur de dépression dont l'effet est de maintenir les proportions d'air et d'essence sensiblement constantes. Le lecteur peut voir dans le n° 2 de *La Science au XX° siècle* le carburateur automatique étudié par le commandant Krebs pour Panhard et Levassor. Un grand nombre de constructeurs (Mors, Clément, etc.) emploient comme régulateur de dépression une soupape chargée par un ressort limitant le vide dans le carburateur comme une soupape de sûreté limite la pression dans une chaudière.

D'autres (Mercedes de Dietrich, Gobron-Brillié, etc.) négligent les effets de la variation du nombre de tours et s'attachent seulement à rendre la carburation indépendante de la quantité de gaz admise à chaque aspiration. Pour cela le papillon ou boisseau du régulateur a ses déplacements solidaires de ceux d'un second organe d'étranglement qui maintient par la fermeture partielle de l'orifice d'entrée d'air au carburateur un dosage sensiblement constant; ce système, qui a l'avantage d'être très simple, donne des résultats pratiques à peu près équivalents à ceux donnés par les systèmes précédents.

Enfin, au dernier salon, Léon Bollée et Renault présentaient des carburateurs munis de deux gicleurs se substituant progressivement l'un à l'autre et réglés l'un pour la marche à pleine puissance, l'autre pour une marche très modérée.

 Les régulateurs sont maintenant tous, sauf celui de De Dion-Bouton, des régulateurs sur l'admission : un papillon ou un boisseau étrangle l'arrivée du mélange carburé et le cylindre ne se remplit plus qu'incomplètement. On se rend compte que la dépression produite dans le carburateur varie sans cesse avec la position du papillon, aussi ces régulateurs ne sont-ils devenus pratiques qu'avec les carburateurs automatiques. Les anciens carburateurs ne fonctionnaient bien qu'avec le régulateur dit « par tout ou rien » qui donnait une intermittence d'effort très désagréable. Le papillon du régulateur sur l'admission est généralement commandé par des olives tournant dans un plan vertical; des ressorts résis-

tent à la force centrifuge mais leur action peut être plus ou moins contrariée par des ressorts antagonistes sur lesquels agit le conducteur au moyen d'une pédale ou d'une manette; la vitesse de rotation peut ainsi varier dans des limites très étendues.

Parfois les boules sont supprimées (Mors) et la manette agit directement sur le papillon; souvent cette manette est la seule à la disposition du conducteur : le carburateur étant automatique ne comporte aucune manette de réglage et l'avance à l'allumage semble inutile, au moins avec les magnétos à basse tension qui donnent une étincelle dont la chaleur augmente avec la vitesse du moteur (Richard-Brasier, Mors). La conduite du moteur est ainsi simplifiée au maximum sans que la souplesse en soit diminuée.

Enfin, signalons les régulateurs hydrauliques de Panhard-Levassor et de Napier, composés d'une membrane flexible sur laquelle agit la pression à la sortie de la pompe de circulation d'eau. Les oscillations de cette membrane commandent celles du papillon. Elles sont très amorties et il en résulte un fonctionnement plus doux qu'avec le régulateur centrifuge. En outre ce dispositif ne comporte aucune pièce susceptible de faire du bruit.

JOUFFRET-HAVILAND.

 Rappelons d'abord en quelques mots le principe des moteurs dits *à explosion* ou encore à *combustion interne*, qui brûlent l'alcool et les autres combustibles carburés.

Moteur à explosion. — Dans le fond AB d'un cylindre (fig. 1) muni d'un piston P, on enflamme, au moyen d'une étincelle électrique, par exemple, un mélange d'air et d'une vapeur combustible, préalablement comprimé à une pression supérieure à la pression atmosphérique : l'inflammation, commencée au point où éclate l'étincelle, se propage dans l'intérieur du mélange gazeux, avec une vitesse de plusieurs mètres à la seconde et dont la valeur dépend de la pression de ce mélange, de la température à laquelle l'a porté la compression qu'il vient de subir, de la proportion et de la nature des gaz composants.

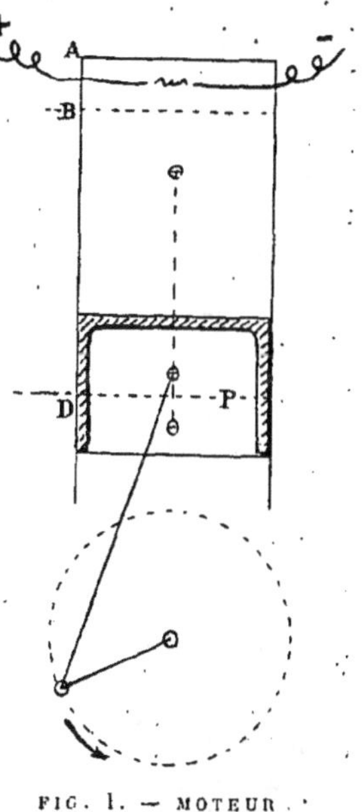

FIG. 1. — MOTEUR A EXPLOSION.

Sans discuter ici l'influence, soit de chacun de ces éléments, soit de la nature des produits de la combustion, nous constaterons simplement que ceux-ci, portés à une température élevée par la combinaison chimique même qui leur a donné naissance, et ne pouvant se dilater librement puisqu'ils sont enfermés dans le cylindre, exercent, sur les parois de ce dernier et sur le piston, une pression énergique. Chassé par cette pression, le piston pousse la bielle ; celle-ci actionne à son tour l'arbre de la machine et en entretient le mouvement malgré les résistances qu'elle a à vaincre.

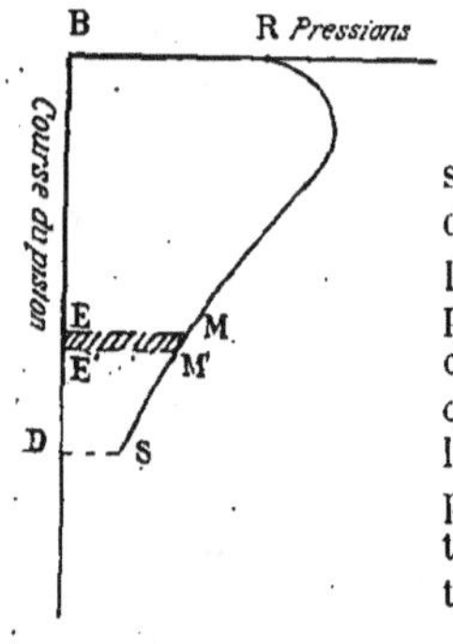

Diagramme. — Le travail reçu par le piston sous l'action de la pression des gaz pendant cette course peut s'évaluer en faisant, pour chaque instant, le produit de la pression totale qui agit sur le piston par le léger déplacement qu'il subit pendant cet instant, et additionnant ces produits pour toute la course BD du piston.

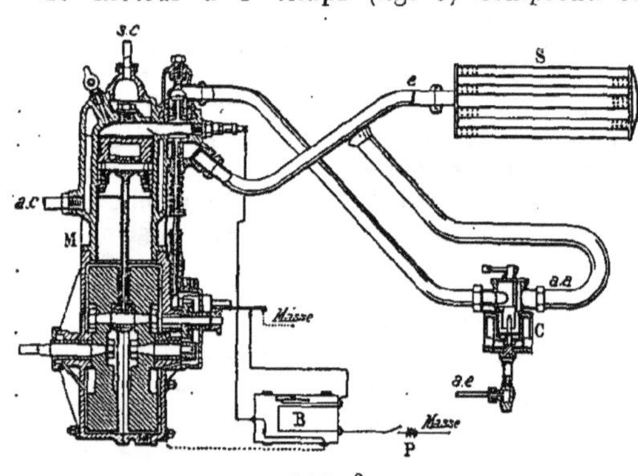

FIG. 2. — DIAGRAMME DES PRESSIONS, PENDANT LE TEMPS UTILE, DANS UN MOTEUR A EXPLOSIONS.

Supposons que l'on ait pu adapter à la machine un manomètre enregistreur qui indique (fig. 2), par le tracé RMM'S qu'il fournit, la valeur EM de la pression pour chaque position E du piston, depuis l'origine B jusqu'à la fin D de sa course ; pendant le court instant que le piston emploie pour passer de la position E à la position voisine E′, le produit du déplacement EE′ par la pression correspondante, moyenne entre EM et EM′, sera l'aire du trapèze EM M'E′, et mesurera le travail pendant cet instant ; la surface totale du trapèze curviligne BRSD mesurera le travail produit par la course descendante complète du piston. C'est le travail *indiqué*.

Pendant cette période, le mélange gazeux comburé se détend et se refroidit ; il cède alors sa force vive, sous forme utile, au piston ; sous forme inutile et même nuisible, aux parois de l'enceinte qui le contient, parois qu'on est obligé de refroidir par un courant d'eau froide incessamment renouvelée.

En fin de course, ces gaz brûlés sont expulsés du cylindre ; ils y sont remplacés ensuite par une nouvelle dose de gaz ou vapeurs combustibles, mêlés d'air ; cette dose, par le fonctionnement même de la machine, se trouve, comme la précédente, comprimée dans la chambre d'explosion, au-dessus du piston ramené à sa position initiale B, et toute prête à s'enflammer à son tour sous l'action de l'étincelle électrique ; celle-ci jaillit périodiquement à l'instant voulu, et marque le commencement d'un nouveau cycle semblable au précédent.

La compression de la nouvelle dose de *mélange tonnant*, le retour plus ou moins direct du piston à sa position initiale et les mouvements des autres organes de la machine absorbent une certaine quantité de travail ; cette quantité serait, dans l'établissement de la *puissance réelle* du moteur, à soustraire du travail relevé sur le diagramme de la fig. 2, si elle pouvait se mesurer sans peine, et si la méthode la plus exacte pour établir cette puissance réelle ne consistait pas tout simplement à mesurer directement avec le frein de Prony, ou le moulinet-

frein du colonel Renard, ou le frein électrique, la puissance *disponible sur l'arbre du moteur* à explosions, en réservant le diagramme pour l'étude des phénomènes mécaniques qui se produisent dans l'intérieur du cylindre.

Rendement. — Partant du résultat de la mesure de cette puissance, et de la consommation correspondante du combustible, dont le pouvoir calorifique en calories par kilogramme est d'autre part connu, on aura le *rendement* du moteur en divisant le travail qu'il a fourni au frein en une seconde, par celui que donnerait le combustible consommé dans le même temps par lui, si la chaleur que peut fournir sa combustion était *intégralement* transformée en travail, c'est-à-dire fournissait 426 kilogrammètres pour une calorie, exactement. Il est facile de voir que cette dernière équivalence correspond à celle de 637 calories pour un cheval-heure.

On sait que, dans les machines à vapeur les plus perfectionnées, ce rendement atteint à peine 12 p. 100 [1] ; nous verrons plus loin que les moteurs à explosion dépassent de beaucoup ce chiffre, et que, parmi ces moteurs, ceux qui emploient l'alcool tiennent nettement la tête.

Moteur à 4 temps. — Le moteur à explosion dont nous venons d'exposer le principe est le plus souvent réalisé sous la forme du *moteur à 4 temps* de Beau de Rochas ; c'est sous cette forme qu'il est employé pour la propulsion des voitures automobiles et pour un grand nombre d'autres usages.

Le moteur à 4 temps (fig. 3) comprend les

FIG. 3.

M, moteur ; C, carburateur ; S, silencieux ; P, piles ; B, bobine ; e, échappement ; ae, arrivée d'essences ; aa, arrivée d'air ; ac, arrivée d'eau ; sc sortie d'eau.

Dans les voitures automobiles, entre la sortie SC de l'eau de refroidissement du cylindre et la rentrée de l'eau en sc se trouvent une *pompe* provoquant la circulation de l'eau, et un *radiateur* où elle perd, grâce à l'afflux de l'air, la chaleur qu'elle a prise en traversant l'enveloppe du cylindre.

organes communs à tous les moteurs à explosion et dont nous avons parlé plus haut : cylindre et son piston, bielle, manivelle actionnant l'arbre, système d'allumage, maintenant presque toujours électrique. Il comprend de plus :

1. La consommation de houille ne descend que bien rarement, aux essais, à 650 grammes par cheval-heure ; le kilogramme de houille fournissant 8 700 calories, 650 gr. correspondent à 5 650 calories. Produisant sur la grille du foyer 5 650 calories pour n'en récolter que 637 (pour 1 cheval-heure) sur l'arbre de la machine, on n'arrive pour le rendement qu'à la valeur $\frac{637}{5650} \times 100$ soit 11,25 p. 100.

Une *soupape d'admission*, qui, soulevée, donne entrée dans le cylindre à l'air, mélangé de gaz ou bien de vapeur combustible, que le mouvement du cylindre y appelle;

Un *carburateur*, où l'air aspiré dans le cylindre se charge, en passant, de la vapeur combustible; cet air est préalablement échauffé : pour cela on le puise dans l'atmosphère au voisinage d'une paroi chaude de la machine; de plus, le liquide combustible, à son entrée dans le carburateur, est souvent échauffé lui-même par un courant d'eau chaude venant du *manchon refroidisseur* du cylindre; cette eau passe, le plus souvent, dans un *radiateur* où elle se rafraîchit pour retourner ensuite au manchon; une *soupape d'échappement* qui, soulevée, permet aux gaz brûlés de s'échapper du cylindre, d'où ils sortent pour aller achever de se détendre sans bruit dans le *silencieux*.

Le fonctionnement du moteur s'opère de la façon suivante en 4 temps :

1er *temps* : partant du fond de sa course, le piston descend dans le cylindre et y aspire, par la soupape d'admission, le mélange tonnant venant du carburateur; cette soupape se ferme.

2° *temps* : le piston, en remontant, comprime le mélange tonnant dans la chambre d'explosion; *l'arbre de la machine a alors tourné d'un tour complet.*

3° *temps* : le mélange est enflammé par l'étincelle qui jaillit dans la chambre d'explosion : le piston est refoulé vers l'arbre de la machine; il en augmente la force vive en agissant sur lui par l'intermédiaire de la bielle et de la manivelle.

4° *temps* : la soupape d'échappement, soulevée, laisse sortir les gaz brûlés, que le piston, remontant vers la chambre d'explosion, expulse du cylindre; la soupape d'échappement se ferme. *L'arbre de la machine termine ici son second tour.*

Remarquons que, le cycle complet étant parcouru pendant que l'arbre de la machine fait 2 tours, les organes commandés, qui n'agissent qu'une fois dans un cycle, comme les soupapes, le mécanisme d'allumage, doivent être et sont actionnés par un arbre auxiliaire à cames qui ne fait qu'un tour quand l'arbre du moteur en fait deux.

Comme le piston n'agit activement que pendant 1 temps sur 4, le 3°, et que pendant le 2° temps il absorbe même une notable quantité de travail pour comprimer le mélange tonnant, on comprend qu'un pareil moteur ne puisse se passer d'un *volant* : dans la figure 3, relative plus spécialement à un moteur d'automobile, ce volant, formé de 2 disques épais très rapprochés, que réunit l'axe de la manivelle, remplit le *carter* dans lequel il tourne, les deux disques laissant entre eux juste le passage de la bielle.

D'après la même figure, l'étincelle électrique d'allumage est produite par une *bobine* d'induction : le circuit primaire de cette bobine, parcouru par le courant d'une pile, est rompu par une came disposée sur l'arbre auxiliaire, et destinée à soulever périodiquement un ressort à contact en platine; le circuit secondaire fournit, à la *bougie* d'allumage vissée dans la paroi de la chambre d'explosion, une étincelle d'induction, au moment où le primaire est rompu.

Une petite *machine magnéto-électrique*, mue par l'arbre auxiliaire du moteur, peut également être employée à produire l'étincelle d'inflammation, au lieu et place de la bobine et de sa pile.

Tel est, dans sa simplicité de principe, sinon de fonctionnement, le moteur à explosion, à 4 temps. Il a été construit, au début, avec des formes un peu différentes, pour consommer du gaz d'éclairage; ce n'est que plus tard qu'on y a brûlé d'autres gaz ou vapeurs carburés, comme le gaz d'eau; le gaz sortant des hauts fourneaux; le pétrole, sous forme d'essence, puis sous ses autres formes de pétrole lampant et d'huile lourde; les benzines, et, ce qui intéresse tout particulièrement nos agriculteurs qui le produisent, l'*alcool*, carburé ou simplement dénaturé.

Comment se comportent ces combustibles, c'est ce que nous allons examiner maintenant.

Manographe. — Nous disposons pour cette étude d'un instrument de mesure, le *Manographe*, de M. Hospitalier, construit dans les ateliers de M. Carpentier et qui fournit un enregistrement continu de la pression dans le cylindre du moteur, en fonction des déplacements du piston. Comme l'inertie des pièces mobiles du Manographe est très petite, comme les vitesses qu'elles peuvent atteindre sont très réduites, les indications qu'il fournit sont très exactes, même pour un moteur tournant à plus de 2000 tours par minute.

Le principe, la description et le fonctionnement du manographe ont été donnés dans l'*Industrie électrique* (n° du 10 janvier 1902), nous y renvoyons le lecteur, pour ne mentionner que les résultats.

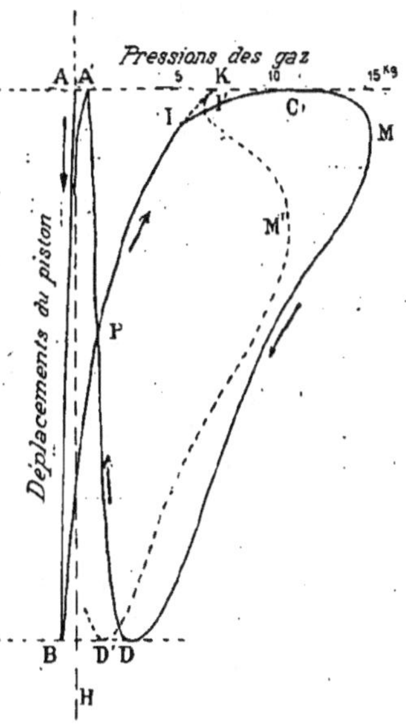

FIG. 4. — TRACÉ DU DIAGRAMME DES PRESSIONS DANS UN MOTEUR A 4 TEMPS.

AH, ligne de la pression atmosphérique; AB, aspiration (légère dépression dans le cylindre). BIK, adiabatique de compression du mélange tonnant (en I, l'inflammation, un peu avancée, élève la courbe selon IC); CMD, combustion et détente des gaz; DA', échappement des gaz (le tracé IKI'M'D' correspondrait au cas d'une inflammation retardée produite en I', après le passage du piston au point mort de fond de course).

Les tracés du manographe peuvent être examinés sur le verre dépoli d'une chambre noire photographique à l'instant où ils se produisent, ou bien photographiés; dans ce dernier cas, le travail indiqué s'obtient en mesurant sur la photographie, au planimètre, l'aire de la courbe CMDPC (fig. 4).

La figure 4 représente le cycle des 4 temps,

depuis le point A, en passant par BCMD, jusqu'au point A′ où commencerait le cycle suivant. Elle montre l'influence, sur le développement des pressions et sur le travail produit, de l'*instant* de l'allumage des gaz tonnants, et l'avantage qu'il y a à maintenir une certaine *avance à l'allumage*, pour obtenir une aire aussi grande que possible.

Les relevés d'indicateur de pression, faisant voir nettement ce qui se passe dans le cylindre d'un moteur pendant les 4 temps composant le cycle complet, sont précieux pour l'étude de ce moteur, sans en fournir, cependant, la *puissance disponible*, et, par suite, le rendement : c'est le frein (ou la dynamo tarée préalablement, etc.), qui nous fournira cette donnée.

Si nous essayons au frein différents moteurs brûlant soit du gaz pauvre, soit du gaz d'éclairage, soit des hydrocarbures divers, nous arriverons aux résultats suivants.

Rendements de différents combustibles. — Le cheval-heure effectif, dans les moteurs au gaz pauvre, exige de 2,5 à 3 mètres cubes de ce gaz, soit de 3 250 à 3 300 calories, alors que, dans un moteur sans aucune perte, il n'en demanderait que 637 : le rendement de ces moteurs est donc, en moyenne $\dfrac{637 \text{ calories}}{3\,275 \text{ calories}} = 19,4$ p. 100.

Dans les moteurs au gaz d'éclairage, pour un cheval-heure on consomme en moyenne 600 litres de gaz, d'un pouvoir calorifique de 5 250 calories au mètre cube, soit 3 135 calories, ce qui correspond à un rendement de $\dfrac{637}{3\,135}$ ou 20,3 p. 100.

Pour un moteur à essence de pétrole, d'un pouvoir calorifique de 11 000 calories au kilogramme, on arrive, pour le cheval-heure, à 375 gr. d'essence, produisant 4 125 calories, soit au rendement de $\dfrac{637}{4\,125} = 15,4$ p. 100.

Avec le pétrole lampant à 10 000 calories, la consommation, dans les machines courantes, est de 425 gr. et fournit le rendement de $\dfrac{637}{4\,250} = 15$ p. 100.

On remarquera en passant que le rendement des machines à gaz est nettement supérieur à celui des moteurs à pétrole et essence : il n'est pas téméraire d'assigner à cette infériorité, entre autres causes, la difficulté qu'on rencontre à réduire convenablement à l'état de vapeur les combustibles liquides, et à employer cette vapeur à *carburer* l'air de façon que le mélange soit bien intime : on se rendra compte de la difficulté de réaliser un pareil mélange, dans un moteur tournant à la vitesse courante de 1 200 tours (20 tours à la seconde) en notant que, entre l'instant initial du passage de l'air d'une cylindrée à travers le carburateur, d'une part, et l'instant où l'étincelle d'inflammation éclate, d'autre part, le piston opère une descente plus une montée, et qu'il s'écoule $\dfrac{1}{20}$ de seconde entre ces deux instants; c'est bien peu de temps pour corriger par agitation une vaporisation irrégulière du liquide combustible !

(*A suivre*).   C. JANVIER,
Ancien élève de l'École polytechnique.

AGRONOMIE

<table>
<tr><td>*La cuscute américaine et les procédés employés pour son élimination.*</td><td>Parfois, au milieu d'un champ verdoyant de luzerne, on aperçoit une place où la récolte a fait place à un amas de filaments enchevêtrés : c'est ce que les cultivateurs appellent une « tache</td></tr>
</table>

de cuscute ».

Si l'on examine de près ce qu'est cette tache, on voit que les pieds de luzerne qui s'y trouvaient ont été enveloppés par les tiges filamenteuses de la cuscute, qui enfonce ses suçoirs dans la plante qu'elle parasite, et la tue.

Les tiges de la cuscute portent de petits bouquets de fleurs qui vont se transformer en graines. Au moment de la récolte, ces graines se mélangeront à celles de la luzerne qui, lorsqu'elles serviront de semence, apporteront avec elles le germe du parasite.

Parmi les nombreuses espèces de cuscutes indigènes, il n'en existe qu'une seule qui soit capable de produire de semblables ravages, c'est la « petite cuscute » (*Cuscuta epithymum*, L.) Il est d'ailleurs assez facile de s'en débarrasser pourvu qu'on veuille se donner quelque peine.

Il n'en est pas de même d'une autre cuscute dite « grosse cuscute », qui a fait sa première apparition en France il y

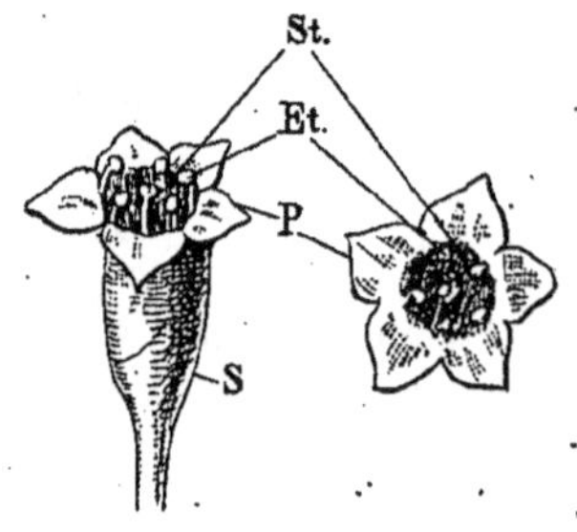

FIG. 1. — FLEUR DE *Cuscuta Gronowii* Willd.
St, *stigmate*; Et, *étamines*; P, *pétales* C, *calice*.

a quelques années et qui, de même que le mildew, la maladie de la pomme de terre et le phylloxéra, est d'origine américaine.

On avait déjà signalé plusieurs fois, depuis dix ans, la présence de cette plante, notamment dans le midi, mais cette année elle s'est développée avec une abondance inquiétante, ce qui a motivé des plaintes vives et nombreuses de la part d'un grand nombre d'agriculteurs et amené récemment les pouvoirs publics à intervenir.

Il était intéressant, à ce propos, de rechercher l'origine et l'histoire de cette plante en même temps que les moyens de l'empêcher de se répandre.

La grosse cuscute a été introduite en France vers 1892 dans des lots de luzerne provenant d'Amérique. Elle envahit bientôt les luzernes indigènes et contamina surtout celles dont la graine est la plus recherchée : les luzernes de Provence.

On comprend, sous le nom de grosse cuscute, un certain nombre d'espèces américaines, dont la plupart sont encore mal définies, et parmi lesquelles la plus répandue est *Cuscuta Gronowii* Willd., qui se distingue par sa fleur, représentée ci-dessus (fig. 1), et par sa graine de notre cuscute indigène.

Il est bien évident que, pour éviter la destruction de la récolte par ce dangereux parasite, il faut ou bien en séparer les graines de celles de la luzerne qu'on va ensemencer, ou bien détruire la cuscute dès qu'elle apparaît dans une culture.

Je n'ai pas l'intention de rappeler ici quels sont les moyens de détruire la cuscute lorsqu'elle a déjà envahi une culture : l'apparition de la grosse cuscute ne les a pas modifiés et ils ne constituent pas une nouveauté. Je rappellerai cependant qu'il en existe un, très radical et très intéressant, qui consiste à faire mourir la cuscute d'inanition, en substituant, à la légumineuse sur laquelle elle vivait,

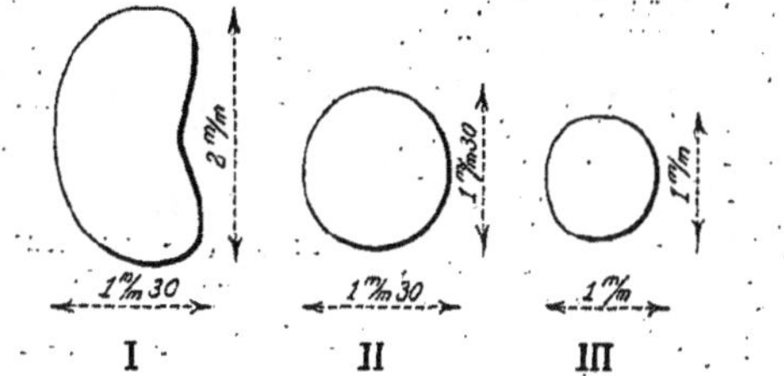

FIG. 2. — DIMENSIONS COMPARÉES DES GRAINES DE LUZERNE, DE GROSSE ET DE PETITE CUSCUTE.

I. Luzerne. — II. Grosse cuscute. — III. Petite cuscute.

une graminée : Ray-grass, dactyle, avoine élevée, sur laquelle le parasite n'a aucune prise.

Mais il est beaucoup plus simple, au lieu de chercher à détruire la cuscute, d'éviter de l'introduire dans les cultures. On avait réussi à l'aide de trieurs appropriés à nettoyer de petite cuscute les graines de luzerne ou de trèfle. L'apparition de la grosse cuscute, dont les graines ont de plus grandes dimensions, a rendu le problème du « décuscutage » plus difficile à résoudre.

La petite cuscute possède des graines sensiblement sphériques, dont le diamètre varie de 1 mm. à 1 mm. 10[1]; celles de la grosse cuscute sont également sphériques, mais leur diamètre atteint 1 mm. 30. La graine de luzerne a, au contraire, la forme d'un petit haricot dont la hauteur serait de 2 mm., la largeur de 1 mm. à 1 mm. 5 (fig. 2).

Ces chiffres montrent clairement que par un criblage au travers d'une tôle perforée de trous de dimensions convenables, il est facile, sans perdre trop de bonnes graines, de se débarrasser de la petite cuscute. Ce procédé n'est malheureusement pas applicable à la cuscute américaine.

Celle-ci, pas plus d'ailleurs que la cuscute indigène, ne pourrait pas non plus être séparée de la luzerne par une méthode basée sur les différences des densités.

Voici en effet, déterminées par la méthode du flacon, les densités de ces diverses graines; elles sont tellement voisines qu'elles doivent être considérées comme pratiquement égales :

Petite cuscute 1,26
Grosse cuscute . . . : 1,31
Luzerne 1,29
Trèfle des prés 1,27

1. Ces chiffres, et ceux qui vont suivre, déterminés sur un grand nombre d'échantillons, m'ont été obligeamment fournis par M. Schribaux, professeur à l'Institut agronomique, directeur de la station d'essais de semences.

Les variations de densité et de dimensions étant trop faibles pour permettre d'écarter des semences de luzerne les graines de Cuscuta Gronowii, il a fallu trouver pour parvenir à les séparer un procédé qui soit basé sur la différence de forme qui existe entre ces deux graines.

Voici le principe de ce procédé :

Imaginons une feuille de zinc dans laquelle, par pression, on a produit de petites alvéoles hémisphériques de 1 mm. 30 de diamètre. Faisons glisser, sur cette feuille de tôle, le mélange de nos deux graines. Les graines de cuscute vont se loger dans les alvéoles pendant que les graines de luzerne plus allongées continueront à glisser sans être arrêtées. Dans la pratique, la feuille de tôle est remplacée par un cylindre C (fig. 3) pourvu d'alvéoles dont l'ouverture est tournée vers l'intérieur de l'appareil.

Ce cylindre est monté sur un axe incliné A, animé d'un mouvement de rotation dont le sens est indiqué par la flèche F.

Le mélange étant introduit en E, les graines de cuscute sont retenues par les alvéoles, élevées jusqu'à une certaine hauteur à partir de laquelle elles commencent à tomber. Elles sont alors recueillies par la gouttière G et le plan incliné P. Elles finissent toutes par glisser dans G et sont enfin recueillies en S.

Quant aux graines de luzerne ou de trèfle elles glissent simplement sur le cylindre et sont recueillies en L.

Il est rare qu'on emploie des trieurs aussi simples que celui dont nous venons d'examiner le schéma. On emploie en général des trieurs plus compliqués. Ceux-ci comprennent des cribles dits « émotteurs » qui permettent l'élimination des pierres, pailles, mottes, etc., et des cylindres convenablement perforés permettant l'élimination des autres graines, par exemple des graines longues.

Il est à souhaiter que les cultivateurs, dont les intérêts seraient gravement compromis si la cus-

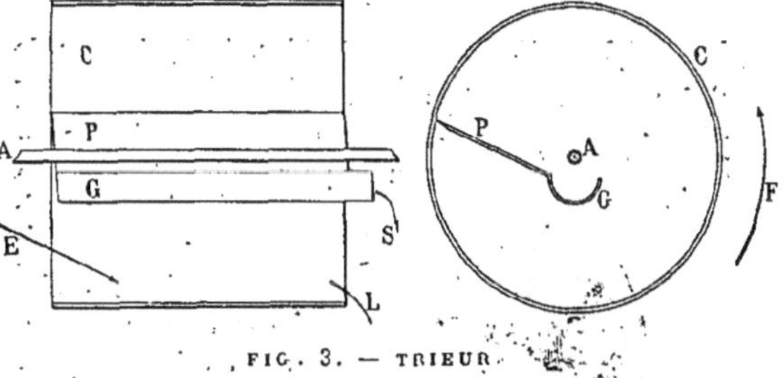

FIG. 3. — TRIEUR

cute américaine continuait à se répandre, s'habituent de plus en plus à exiger des marchands grainiers des semences absolument pures de cuscute. La chose, nous venons de le voir, est pratiquement possible.

C.-L. GATIN,
Ingénieur agronome.

Petites Inventions utiles.

Burette à contrôle.	La burette de la figure 1 possède un ingénieux dispositif grâce auquel on peut toujours contrôler la quantité

d'huile que l'on verse, ou celle qui reste dans le réservoir. On peut se rendre compte en effet que le piston *p*, qui sépare la burette en deux, est toujours appuyé contre l'huile par le ressort *r*. Ainsi la hauteur *a b* de la tige porte-bec, qui est solidaire du piston *p*, est toujours égale à la hauteur de l'huile dans le récipient. En outre, lorsqu'on verse l'huile, la tige *a b* se déplace d'une quantité proportionnelle au volume d'huile utilisé, ce qui peut être utile lorsqu'on graisse des organes peu visibles ou contenus dans un carter.

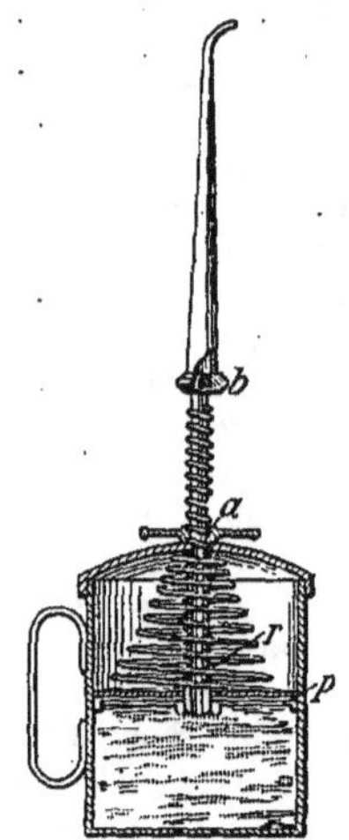

FIG. 1. — BURETTE A CONTRÔLE.

Aiguille spéciale.	Cette aiguille peut rendre des

services dans les gros travaux, tels que couture des sacs, bâches, tapis. Comme l'indique la figure 2, l'aiguille comporte deux pièces d'acier; l'une est un tube, de diamètre intérieur égal à celui du fil à employer, et l'autre est la pointe, qui s'emmanche sur le tube. On introduit un bout du fil dans le tube, et on le fait sortir à l'autre extrémité; on effiloche alors le bout du fil, on rabat les filaments, et l'en coince le tout dans la douille conique.

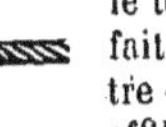

FIG. 2. — AIGUILLE SPÉCIALE.

Cette aiguille ne comporte aucune aspérité, et elle perce un trou de diamètre légèrement supérieur à celui du fil, ce qui facilite beaucoup la couture.

Machine à polir les couteaux.	Cette machine, indiquée par la figure 3, fait gagner un temps considérable dans le nettoyage des couteaux. Elle se compose de deux

disques garnis de feutre ou de peau, et imprégnés d'une poudre à polir quelconque. Une manivelle permet de les faire tourner, tandis qu'un doigt d'arrêt, fixe, cale le couteau qu'il suffit de maintenir entre les deux disques. Ainsi se trouve remplacée la planche à polir: dans cette machine, le mouvement est plus rapide, la pression du couteau entre les disques, pression réglable par une vis,

FIG. 3. MACHINE A POLIR LES COUTEAUX.

est plus énergique, enfin les deux faces de la lame sont polies en même temps. L'effort est donc mieux employé et l'ouvrage mieux fait.

Encrier Weckmann.	L'encrier Weckmann se caractérise par un petit godet *a* (fig. 4), percé de trous,

qui se place dans l'encrier proprement dit *b*. L'encre *c* pénètre par les trous dans le godet *a*, qui est rempli de petites billes de verre *dd*. Lorsque l'on trempe la plume dans l'encrier, elle écarte les billes avec un léger frottement qui suffit à maintenir à l'acier son poli et son brillant. Cet encrier réunit donc en une seule les deux opérations que l'on fait pour prendre de l'encre, puis nettoyer sa plume,

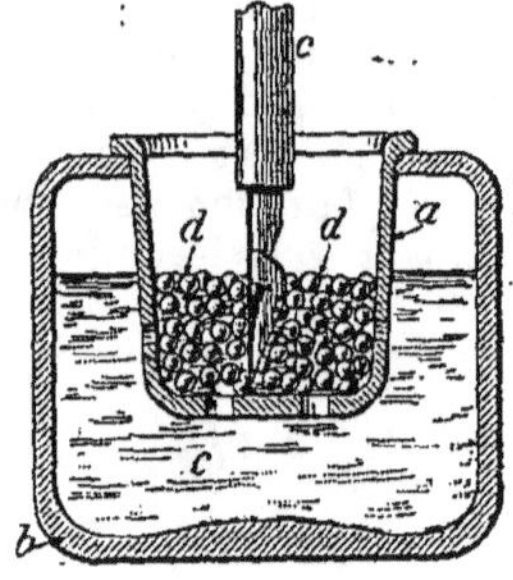

FIG. 4. — ENCRIER WECKMANN.

ce qui introduit dans l'écriture beaucoup de propreté et fait durer les plumes.

Armure Cadot pour pneumatiques.	L'ennemi du pneu, c'est le clou. Les inventeurs qui se sont ingéniés à le combattre sont innombrables, mais les solutions proposées sont en général

bien lourdes. M. Cadot présente aujourd'hui une armure en acier qui, renfermée dans un fourreau en toile, se place entre la chambre à air et les pneumatiques. La légèreté est obtenue en prenant de la tôle d'acier d'un dixième

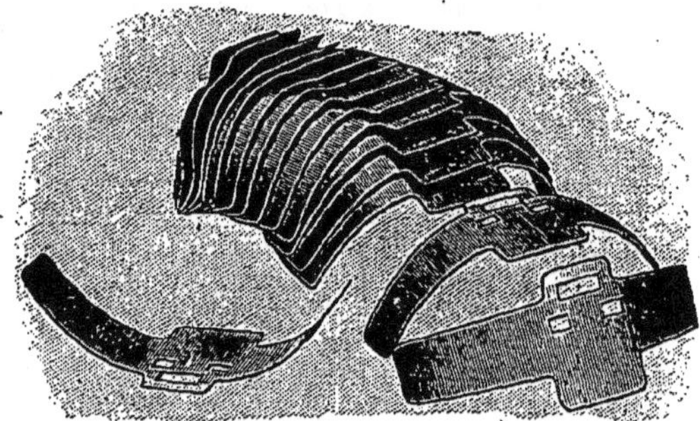

FIG. 5. — ARMURE CADOT POUR PNEUMATIQUES.

de millimètre d'épaisseur : de l'acier dur est assez solide pour résister, même aussi mince. D'ailleurs, le mode de montage, dont on peut facilement se rendre compte sur la figure 5, tout en donnant à l'ensemble une très grande souplesse, superpose en chaque point trois épaisseurs de tôle pour former l'armure.

Chemin de fer sous-marin.	Ceci rentrerait plutôt dans la rubrique des « grandes inventions inutiles ». C'est l'idée qu'a eue un

inventeur américain pour distraire ses compatriotes, auxquels les « looping the loop » et engins analogues ne suffisent plus. Les amateurs de ce singulier divertissement — qui, hâtons-nous de le dire, n'est encore qu'à l'état de brevet —, prennent place dans une sorte de wagon auquel une forte pente donne une grande vitesse. Cette vitesse doit être suffisante pour que le véhicule puisse traverser une nappe d'eau et ressortir sans que la gerbe liquide, soulevée, par l'avant effilé, mouille les passagers.

C'est théoriquement possible. Il sera cependant prudent de ne faire l'essai qu'en scaphandre.

JEAN JAUBERT.

EXPLORATIONS MARITIMES

L'EXPÉDITION ANTARCTIQUE FRANÇAISE, COMMANDÉE PAR LE Dʳ JEAN CHARCOT.

L'Expédition Antarctique Française vient de rentrer en France après vingt-deux mois de campagne. Composée de six officiers et quatorze hommes d'équipage, sur une goélette de deux cent cinquante tonneaux à peine, elle reprend la tradition de l'illustre Dumont d'Urville, abandonnée depuis trois quarts de siècle. C'est la première expédition française qui ait hiverné dans les régions polaires et l'une des rares qui n'ait perdu aucun de ses membres au cours de la campagne. N'est-ce pas un double succès, puisque l'opinion commune refusait aux marins français les qualités nécessaires pour hiverner?

Notre programme était précis et nous l'avons rempli point par point. Il consistait à reprendre l'exploration de la Terre de Graham au point où s'était arrêtée l'œuvre de l'expédition belge la *Belgica*, faire l'hydrographie de la côte occidentale de l'archipel de Palmer qui borde à l'ouest le détroit de Gerlache; hiverner au sud de ce détroit et employer la période d'hivernage à toute une série de travaux scientifiques, au printemps des raids en traîneaux seraient poussés vers le sud; enfin la campagne d'été compléterait les travaux hydrographiques en s'avançant le plus loin possible dans la direction de la Terre Alexandre.

Parti le 25 août 1903 du Havre, le *Français* toucha à Brest, La Corogne, Madère, Pernambouc; il fit une assez longue station à Buenos-

Ayres, tant pour achever ses préparatifs que pour remplacer son arbre de couche brisé; l'accueil du peuple argentin fut aussi aimable que généreux et nous lui en gardons une profonde reconnaissance. Nous reprenons la mer le 23 décembre; nous touchons encore à l'île des États pour prendre cinq chiens, anciens compagnons de Nordenskjöld, que le gouvernement argentin mettait à notre disposition, puis à Ushuaia, petite bourgade argentine, capitale de la Terre de Feu, la ville la plus australe du monde. Le 26 janvier 1904 nous disions adieu au monde habité.

Un débarquement à la baie Orange, voisine du cap Horn, nous permit de retrouver les vestiges de la mission française la *Romanche*, qui y séjourna en 1882-1883, et de refaire quelques observations magnétiques sur le pilier encore existant.

Le 1ᵉʳ février, les premières terres antarctiques apparurent, l'île Smith, l'île Losp, l'île Hoseason. Laissant à l'est l'entrée du détroit de Gerlache, nous suivimes le contour extérieur encore inconnu de l'archipel de Palmer. Une avarie de chaudière nous obligea à chercher un refuge; la baie des Flandres, au sud du détroit de Gerlache, ne nous offrit qu'un abri fort médiocre et nous passâmes là une quinzaine de jours dans une anxiété perpétuelle. Remontant un peu dans le détroit de Gerlache nous faisons alors le tour de l'île Wincke, nous y établissons un cavin (c'est ce cavin qui, non retrouvé par la corvette *Uruguay* en janvier 1905, devait provoquer en France un émoi heureusement injustifié) et nous mettons le cap au sud à la recherche d'un point d'hivernage. Le chenal de Lemaire, encombré de glaces, nous obligea à rétrograder. La saison s'avançait. Deux tentatives pour forcer les glaces qui enveloppaient la Terre de Graham échouèrent. L'une d'elles nous avait permis de reconnaître les îles Biscoe et d'arriver à quelques milles de la côte de Graham au sud de l'île Pitt; la banquise nous arrêta et pas un coin de ces îles ne pouvait nous offrir un abri. Force nous fut donc de regagner le nord; à grand'peine nous pûmes atteindre l'île Wandel où nous avions noté un petit port au passage. Le 3 mars nous prenions nos quartiers d'hiver.

L'île Wandel, située par 65°,5 de latitude sud, fait partie d'un petit archipel égrené le long de la Terre de Danes au sud du détroit de Gerlache. Séparée du continent par l'étroit chenal de Lemaire, elle est bordée à l'est par une haute chaîne montagneuse de huit à neuf cents mètres. Un contrefort en descend par gradins pour se relever à l'ouest en une petite colline de soixante mètres de haut. Deux larges baies s'ouvrent au nord et au sud; celle du nord découpée d'anses nombreuses nous permit d'installer notre bateau dans un véritable petit port. Son seul défaut était de s'ouvrir au nord-est d'où soufflent des vents terribles qui plus d'une fois, brisant les glaces de la baie et s'en servant comme de béliers, vinrent nous donner un assaut formidable qui nous réserva des nuits anxieuses.

L'installation fut rapide; des constructions s'élevèrent bientôt en un véritable village. Une maison démontable aux panneaux d'amiante devait être le principal refuge en cas de perte du bateau. Une vaste fosse creusée dans la neige et recouverte de voiles et de prélarts reçut en dépôt dans ses voûtes toutes les provisions de bouche, conserves, farine, légumes secs, rangés par ordre comme dans les grandes épiceries de Paris. Un hangar abrita les barils. Une embarcation devint réserve de pétrole, une autre, plus isolée, reçut le nom de Salpêtrière en raison de la mélinite qui lui était confiée. Des maisons d'esquimaux toutes en neige formèrent boucherie de phoques, pingouins et cormorans. Une cabane magnétique, toute bois et cuivre, avec un pilier d'observation, une autre en pierres recouvertes de neige furent le centre de tout un parc météorologique dont les instruments s'éparpillaient sur la neige, qui sur une barrique, qui dans un abri à claire-voie. Le pendule fut scellé dans un bloc immuable de granit et recouvert d'une hutte de neige. Ce fut l'observatoire Lockroy.

Le navire fut allégé de tout ce qui donnait prise au vent, la cheminée démontée, les mâts de flèche calés, les vergues enlevées. L'hiver

arriva avec ses longues nuits. Les travaux ne chômaient pas à bord; on n'avait pas à craindre l'ennui. Une école du soir avait été créé pour les matelots qui, n'ayant pas nos occupations intellectuelles, se trouvaient désœuvrés, et tous les soirs nous passions deux heures au milieu de ces braves gens dont la bonne volonté comme le dévoûment sont au-dessus de tout éloge. Une hygiène rigoureuse fut prescrite, et grâce à la bonne qualité des vivres de conserve et à l'abondante consommation de viande fraîche, phoque et pingouin, nous atteignîmes le printemps en bonne forme. Un seul cas de maladie s'était produit; encore n'avait-il pas eu de suites.

Avec les jours plus grands, de nombreuses excursions furent dirigées autour du point d'hivernage pour explorer la région et compléter les collections. Les coups de vents incessants qui nous assaillirent, parfois pendant plus de trente jours de suite, morcelaient la banquise à mesure qu'elle se formait, et nous rendaient ces excursions pénibles et périlleuses. Le raid projeté le long de la Terre de Graham devenait difficile; il ne fallait pas songer à emmener des chiens et des traîneaux sur une banquise qui se désagrégeait à tout instant. Ce furent de longs mois d'impatience. Enfin, le mois de novembre arrivant, nous décidâmes de tenter un effort quand même. Une équipe formée de Pléneau, Gourdon et deux matelots : Rallier du Baty et Besnard, sous la direction de Charcot, partit en baleinière avec quarante jours de vivres.

Il s'agissait de s'acheminer le long de la côte sur la banquise et de gagner ce point où la *Belgica* avait signalé une vaste échancrure qui pouvait être soit une baie profonde, soit l'estuaire d'un détroit s'enfonçant vers la mer de Weddel; le problème était important et méritait un gros effort.

Les difficultés ne se font d'ailleurs pas attendre; dès la lisière de la banquise nous trouvons une glace à la fois trop mince pour supporter une embarcation et trop compacte pour être brisée facilement à la pioche et au louchet; il faut donc tâtonner, louvoyer pour trouver des points faibles et s'y frayer, centimètre à centimètre, un passage, ou pour trouver des plages plus consistantes sur lesquelles on puisse hisser la baleinière; des chenaux nombreux nous barrent le passage, perpendiculaires à la côte, c'est-à-dire à notre direction; il faut alors se remettre à flot et recommencer sur l'autre rive l'opération pénible de la mise à sec. Étant donné l'état avancé de la saison, la ban-

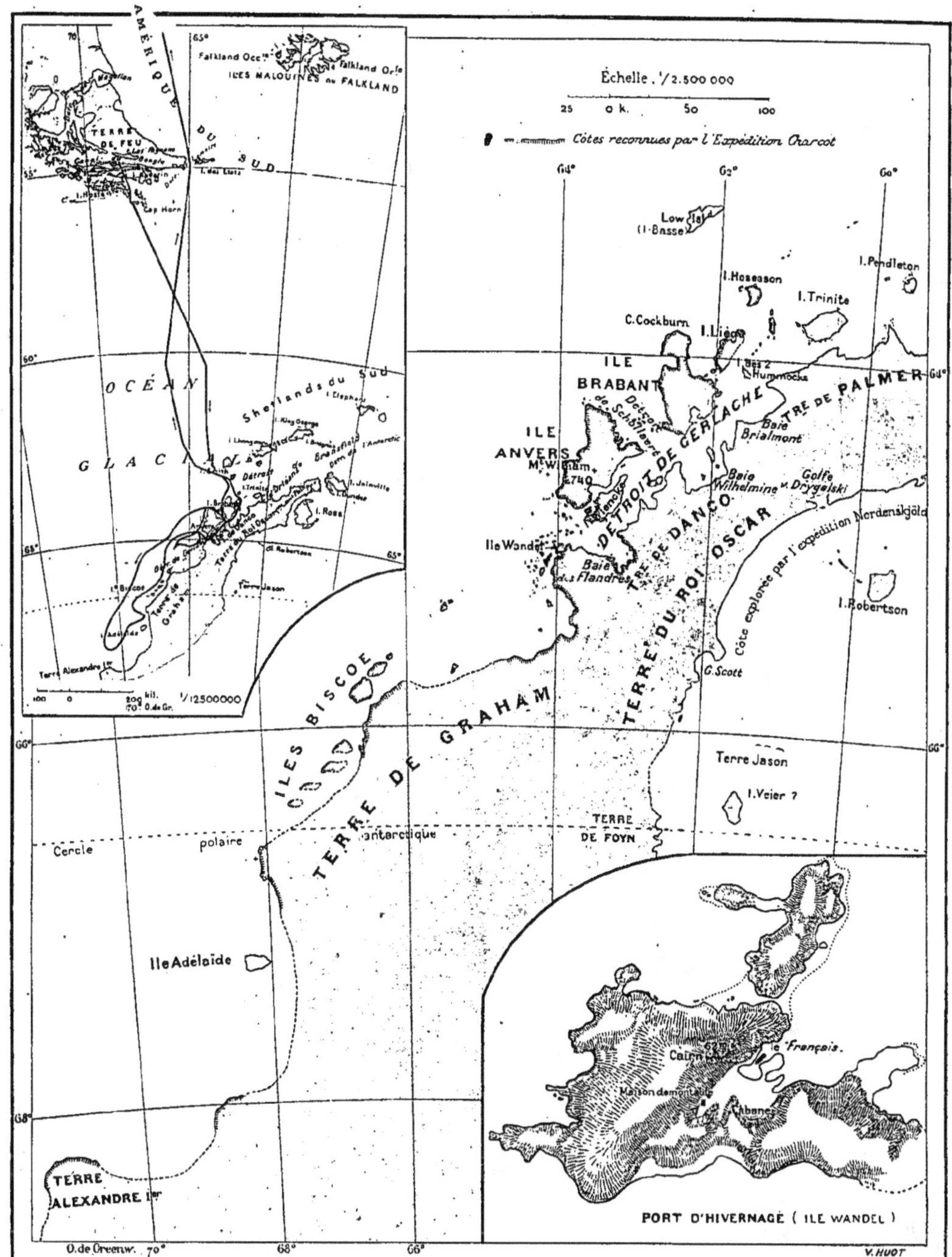

FIG. 2. — EXPÉDITION ANTARCTIQUE FRANÇAISE COMMANDÉE PAR LE Dr JEAN CHARCOT.
(Esquisse de la côte de la Terre de Graham).

.quise s'est transformée, sous l'action du soleil, en un véritable écumoir; à tout instant on met le pied dans un trou; c'est un bain jusqu'aux hanches et l'on a tout juste le temps de faire un rétablissement sur le bord de l'embarcation. La surface de la banquise est couverte d'une bouillie de neige et d'eau salée dont le mélange réfri-gérant vous glace jusqu'au genou. Et comment doit glisser l'embarcation sur un plan si peu consistant! On avance par bonds de 20 à 30 m. dans les régions favorables, mais dans les régions détrempées, c'est par décimètres que l'on progresse; encore faut-il s'y reprendre à deux et trois fois pour arracher ce poids de

800 kgr. qu'est la baleinière et son chargement, lorsque la quille, s'incrustant dans cette glace molle comme dans un bain, se prend à adhérer à son lit : l'ancre à glace sur laquelle on fixe un palan, dérape; le pied glisse sur la banquise mouillée: l'embarcation pique le nez, comme pour refuser d'avancer ou se couche sur le flanc, comme lasse de l'effort. Rien n'est, au monde, décourageant, écœurant, comme ce traînage lent sur cette monotone plaine blanche. Ajoutez à cela les yeux gonflés, cuisants, parfois même torturés par cette atroce ophtalmie des neiges, les lèvres gercées, la peau brûlée par les coups de soleil, les pieds, les jambes dans un bain perpétuel au-dessous de zéro, la soif qu'on ne peut étancher qu'au départ et à l'arrivée au campement, c'est-à-dire aux repas. Aussi était-ce avec la joie de la conquête et le sentiment d'une délivrance que nous mettions le pied sur un coin de terre, si misérable fût-il, car c'était pour nous le repos après ces douze et quelquefois seize heures sans arrêt d'un véritable métier de cheval. La tente était alors rapidement dressée sur la neige pendant que chauffait le rata dans la marmite de Nansen; c'était l'heure délicieuse de la détente, et quelle volupté de se glisser

ensuite dans le sac en peau de renne qui nous servait de lit; la fatigue était oubliée; c'est au milieu des rires et des plaisanteries que l'on s'endormait.

Au réveil, la soupe avalée, le bagage plié, on relevait soigneusement la position, on parcourait la région en notant toutes les observations intéressantes, en recueillant quelques échantillons d'histoire naturelle, en prenant des photographies; un petit cairn était élevé, puis nous reprenions notre lente odyssée. Ainsi nous atteignîmes le superbe cap Tuxen, dont la magnifique falaise moirée de vert se dresse à plus de 800 m. Enfin, c'est par un temps merveilleusement clair que nous arrivâmes devant l'immense baie, notre terre promise. De toutes parts, de gigantesques glaciers descendaient à la mer entre de hautes chaînes de montagne; d'une île située dans la baie et élevée de 200 m., la vue pouvait découvrir d'autres sommets derrière les chaînes côtières: pas le moindre détroit. Notre tâche était achevée; nous reprîmes la route du nord, aussi lente, aussi rude.

A notre retour à Wandel, le *Français* avait terminé son armement, gréé sa voilure, apprêté ses chaudières, rembarqué ses vivres; il était encore prisonnier des glaces. Les scies, les pioches, la mélinite elle-même furent mises en œuvre pour nour débloquer, et le 25 décembre 1904, jour de Noël, nous quittions le port, après 9 mois d'hivernage. Une station de quelques jours à l'île Wiencke nous permit de l'explorer en grande partie; puis, remontant un peu au nord, nous prîmes le large en traversant et en faisant l'hydrographie du chenal de Schollaert, encore inconnu.

Nous sommes maintenant en plein été; c'est la période des jours sans nuit où le crépuscule se confond avec l'aurore, nous pouvons naviguer sans relâche; le cap est mis au sud où nous allons nous enfoncer le plus loin possible. En dépit des brumes fréquentes et de coups de vent terribles, nous avançons assez rapidement; nous reconnaissons les îles de Biscoe; plusieurs tentatives pour se rapprocher du continent à l'est échouent, mais la Terre Alexandre est enfin signalée; des glaces impénétrables en défendent l'approche. Nous remontons alors un peu vers le nord-est; le 13 janvier, la Terre de Graham apparaît et se dessine bientôt sur une longue étendue; dans la nuit du 14 au 15 nous forçons un pack épais; le 15 au matin, par un clair soleil, nous sommes à quelques milles de la terre dans un large chenal d'eau libre qui semble suivre la côte. Joie de la découverte, sourire du ciel, nos cœurs sont en fête, nos esprits bâtissent mille projets, quand soudain un choc formidable ébranle le *Français* qui se cabre, retombe avec de sinistres craquements, se couche en mugissant comme une bête blessée ; nous venons de donner en pleine vitesse sur une roche noyée ; pas un remous ne la décelait et de grands icebergs voisins indiquaient au contraire une grande profondeur. L'eau envahit rapidement la cale avant, pendant que nous fuyons vers la haute mer pour échapper à l'étreinte des glaces, loin d'une côte muraille à pic, qui n'offre aucun refuge. Les pompes arrivent cependant à lutter contre l'inondation et, au bout de quelques jours, nous pouvons nous considérer comme hors de danger.

La côte devant laquelle nous avons failli sombrer a pu être relevée avec soin, mais force nous est d'écourter la campagne vers le sud ; nous poussons néanmoins quelques recherches tout en remontant au nord ; une certaine étendue de la Terre de Graham est ainsi relevée. Mais ce n'est qu'à grand'peine, surmenés par le service des pompes, par les tempêtes incessantes, avec ces brumes perfides qui rendent la navigation si dangereuse, que nous atteignons l'île Wiencke où nous jetons l'ancre, littéralement harassés.

Quelques jours de repos sont mis à profit pour compléter nos observations puis nous remettons à la voile. Un débarquement est effectué à la baie de Biscoe ; nous traversons le détroit de Gerlache du sud au nord, nous débarquons encore sur un petit îlot entre les îles Liège et Brabant, puis sur l'île Hoseason où Foster avait fait ses observations en 1829 ; enfin, mettant le cap au nord, nous disons adieu aux terres antarctiques : le 15 février 1905, l'île Smith se perd dans la brume.

Nous eussions désiré renouveler nos observations à la baie Orange ; des vents contraires nous jetèrent dans l'est et ce n'est que le 3 mars, au soir, que nous vînmes enfin mouiller devant le petit bourg de Port-Madryn, en Patagonie. Il y avait près de 15 mois que nous avions quitté le monde habité.

Notre navire était en avarie, mais nous ramenions notre équipage au complet et en bonne santé ; l'expédition se terminait donc avec une satisfaction morale complète.

Une réception enthousiaste nous attendait à

FIG. 4. — OBSERVATIONS MÉTÉOROLOGIQUES

Buenos-Ayres, et le 6 juin nous débarquions à Toulon sur le croiseur « Linois » qui nous ramenait de Tanger.

Quels sont maintenant les résultats scientifiques de l'Expédition Antarctique Française ?

Il nous faudra plusieurs mois de travail avant que toutes les observations recueillies puissent être mises au net, avant que toutes les collections puissent être classées et étudiées ; je me bornerai donc à une énumération provisoire des principaux travaux effectués, d'après les rapports de chacun des membres de l'expédition. Même en ce qui concerne les études et découvertes géographiques, il y aurait danger à indiquer des résultats qui ne peuvent être définitifs que lorsque nous aurons pu revoir avec soin nos notes et observations, retrouver et étudier toutes les cartes originales des expéditions antérieures dans les mêmes régions et qui nous semblent devoir être considérablement augmentées et modifiées par nos recherches.

Les différents travaux que comportait l'expédition ont été partagés entre nous de la façon suivante :

MM. Charcot, Chef de l'expédition, bactériologie.
 Matha, Hydrographie, étude des marées ; mesure de la densité et de la chloruration de l'eau de mer ; mesure de l'intensité de la pesanteur.

MM. REY,   Météorologie; magnétisme terrestre;
           électricité atmosphérique.
PLÉNEAU,   Photographie; contribution aux travaux météorologiques, hydrographiques et d'histoire naturelle.
TURQUET, Zoologie; botanique.
GOURDON, Géologie; glaciologie.

Hydrographie. — Une triangulation régulière partant d'une base mesurée a été effectuée autour de notre point d'hivernage, l'île Booth Wandel, dans un rayon de 2 à 5 milles. Des stations extrêmes de ce réseau on a pu relever différents sommets éloignés de 30 à 40 milles, ce qui permettra de placer ces points d'une façon suffisamment approchée. Sur ces positions, s'appuient les levés au cercle ou au compas exécutés ensuite, soit dans les déplacements du bateau, soit dans le raid de printemps exécuté au sud; une région de 30 à 50 milles autour de l'île Wandel se trouve ainsi déterminée en partant des données de la triangulation.

Les autres portions de côtes levées ont été déterminées au moyen de stations à la mer s'appuyant sur des observations astronomiques. Ce sont : au nord, les côtes extérieures de l'archipel de Palmer et le chenal de Schollaërt; au sud, les îles Biscoe et deux portions encore inconnues de la Terre de Graham, d'un développement d'environ 30 milles chacune. Il est intéressant, à propos des îles qui à juste titre portent son nom, de remarquer que Biscoe plaça seulement l'île Pitt et l'île Adélaïde, se contentant d'indiquer qu'entre ces deux îles s'étend une chaîne d'îlots recouverts d'une calotte de glace. La position de l'île Pitt est donnée de trois façons différentes dans les publications anglaises ou allemandes et sur les cartes de l'Amirauté; ces positions diffèrent entre elles de 1°, soit en latitude, soit en longitude. Nous n'avons évidemment pas pu relever les contours complets de ces îles, les détroits qui les séparent étant complètement engagés par les glaces, mais nous avons pu situer leurs côtes extérieures, donnant sur le large, ce qui est le point important pour la navigation. Elles rangent d'ailleurs de très près la Terre de Graham.

Le levé du contour extérieur de l'archipel de Palmer complète entièrement la géographie de cette région en se raccordant au nord, au milieu et au sud avec la carte du détroit de Gerlache dressée par l'expédition de la *Belgica*.

Nous avons pu identifier : au nord, l'île Hoseason et le cap Possession déterminés par Foster et Kendall en 1829; au sud, l'estuaire de Bismarck, signalé en 1873 par le baleinier Dallmann et aperçu sans doute avant lui par J. Biscoe en 1832, lequel y débarque dans la baie qui porte son nom, probablement sur les rochers mêmes où nous avons fait une station hydrographique.

Enfin, nous pouvons appuyer sur de bonnes observations astronomiques des relèvements de la Terre Alexandre Ier dont les glaces nous ont défendu l'approche.

Tous ces levés sont illustrés par de nombreuses vues de côtes et photographies.

Les états absolus des chronomètres étaient déterminés pendant l'hivernage au moyen de l' « Astrolabe à prisme » de M. Claude. Nos chronomètres tenus au carré, à température presque constante, se sont d'ailleurs très régulièrement comportés. On peut espérer en déduire par le transport du temps à l'arrivée et au départ une bonne longitude pour notre point d'hivernage.

Marées. — Le régime des marées a été étudié au moyen d'un marégraphe enregistreur qui a fonctionné pendant environ six mois.

Les marées sont faibles (1 m. 50 environ au maximum) mais très régulières, contrairement à ce que disent les instructions nautiques en cours. Ce qui avait fait croire à cette irrégularité, c'est qu'elles ont un régime à prépondérance diurne, alors que les mers du cap Horn et de la Géorgie du Sud ont des marées semi-diurnes. Traitées par la méthode de l'analyse harmonique du Professeur Darwin, les observations des quinze premiers jours ont pu servir à prédire avec une suffisante exactitude la marée d'un jour déterminé cinq mois plus tard. Les données recueillies permettent donc de calculer, par la méthode précitée, les principales ondes composantes des marées du point étudié.

Quelques observations de marées ont été prises en deux autres points de la campagne : île Wiencke et baie des Flandres.

Chloruration et densité de l'eau et des glaces de mer. — Pendant l'hivernage, des échantillons de glace de mer à différentes périodes de formation, pendant la navigation, des échantillons d'eau de mer ont été recueillis, pesés et dosés. La mesure de la densité se faisait au moyen d'un aréomètre Buchanan, le dosage du chlore par la méthode Mohr-Bouquet de la Grye.

Intensité de la pesanteur. — Sept séries de mesures ont été faites dans l'île Wandel au moyen d'un pendule de comparaison de M. Bouquet de la Grye; des mesures semblables vont être entreprises à Paris au moyen du même instrument placé dans les mêmes conditions; la comparaison des durées d'oscillation, toutes corrections faites, donnera la valeur de l'intensité de la pesanteur à Wandel rapportée au chiffre observé à Paris.

Météorologie. — Les études météorologiques ont été suivies régulièrement, avec grand soin, pendant toute la campagne. Les résultats saillants sont : les basses températures de l'été, les grands changements rapides du thermomètre, la fréquence des coups de vent de N.-E. et E.-N.-E., avec le thermomètre haut et le baromètre bas, le beau temps avec petites brises de S.-S.-W., thermomètre bas et baromètre haut (aux environs de 760 mm.).

Enfin, par beau temps, une très grande régularité de la variation diurne de l'état hygrométrique, variation identique à celle observée au cap Horn. Aurores polaires très rares et peu intenses.

Il est intéressant de noter la simultanéité des observations météorologiques du *Français* avec celles de Año Nuevo (île des États) et celle de l'observatoire établi aux South Orkneys.

Magnétisme terrestre. — Cette étude a consisté en mesures absolues de D-I (déclinaison et inclinaison) et H (intensité horizontale) et en observations horaires de D et H. La variation diurne mensuelle de ces deux éléments a été déterminée par deux séries au moins de vingt-quatre heures. Il faut y joindre l'étude de quelques perturbations.

Les courbes obtenues ne sont qu'une amplification de celles du cap Horn; elles permettront de réduire approximativement les observations isolées faites avant nous dans l'Antarctique.

Électricité atmosphérique. — Les deux résultats saillants sont :

À peu près 70 volts par mètre pour la différence de potentiel entre deux points de l'atmosphère.

Des tensions électriques très fortes pendant la plupart des coups de vents de N.-E.

En dehors des mesures de tension, M. Rey a étudié la déperdition dans l'atmosphère de l'électricité chargeant un corps.

Les appareils employés étaient ceux de Elster et Geitel. Les études faites sont les mêmes que celles de la Mission danoise au cap Thordsen.

Zoologie. — Les pêches à la drague, au chalut, au filet, au tramail, à la ligne, ont fourni de nombreux spécimens de la faune et de la flore marine côtières; des excursions sur le rivage ont complété ces collections.

Les Cétacés, rencontrés en grand nombre, ont fourni quelques observations. Les Phoques, très abondants dans ces régions et représentés par quatre espèces connues, ont donné lieu à des notes intéressantes; un certain nombre de spécimens ont été rapportés sous forme de peaux, de squelettes et de crânes. Les Oiseaux sont représentés dans la collection par plus de 200 échantillons consistant en peaux, en jeunes individus, embryons, œufs... Les Poissons recueillis à des profondeurs ne dépassant pas 60 mètres représentent une quinzaine d'espèces.

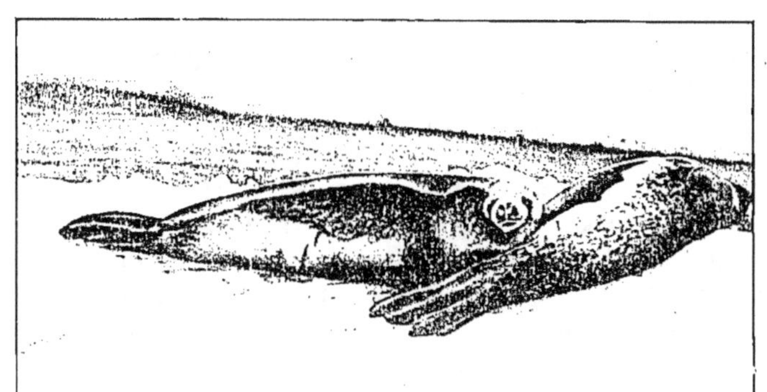

FIG. 5. — PHOQUES.

Sur les collections d'Invertébrés M. le Professeur Joubin s'exprime ainsi : « Autant que l'on peut juger une collection d'invertébrés en quelques heures et après avoir fait seulement le groupement rapide des matériaux par grandes sections, on peut dès maintenant se rendre compte de l'intérêt que présentent les très nombreux objets rapportés par M. le Docteur Charcot. Un des grands attraits de cette collection, c'est qu'elle provient surtout des régions côtières et de petites profondeurs de l'Antarctique. Elle complète à ce point de vue, d'une façon très heureuse, les expéditions antérieures comme celle de la *Belgica* où presque tous les matériaux ont été dragués par des fonds de 400 à 600 mètres.

« Je ne voudrais pas entreprendre une énumération même superficielle des objets qui ont été reçus par mon service; je puis cependant signaler une fort belle série d'Échinodermes, parmi lesquels il y a des Oursins, des Étoiles de mer et des Crinoïdes qui, non seulement sont nouveaux, mais très intéressants au point de vue morphologique. Une très jolie série d'Annélides, de Vers, de Némertes, de Planaires; une quantité considérable de parasites de toutes sortes, de vers intestinaux provenant de l'intestin des phoques, des oiseaux, des poissons. Ce matériel promet des trouvailles intéressantes.

« Les mollusques se font remarquer par de magnifiques Nudibranches, des coquillages nouveaux ou rarissimes. Les Anémones de mer, les Gorgones, les Antipathes, les Méduses forment un lot remarquable, sinon par le nombre, du moins par la nouveauté.

« Une quantité énorme d'Ascidies contenant les formes les plus curieuses a été récoltée de la surface jusqu'à 110 m. de profondeur. Il est probable que ces Ascidies fourniront des découvertes importantes. Il m'est impossible de rien dire des Brachiopodes, des Céphalopodes, des innombrables Bryozoaires, d'une magnifique collection d'Éponges; on ne peut avoir actuellement qu'une impression d'ensemble. Cette impression est que la faune littorale de l'Antarctique va cesser d'être mystérieuse. »

Comme représentants de la classe des Insectes, les collections renferment des échantillons de Diptères et d'Hémiptères. Les Crustacés sont représentés par de nombreux individus appartenant aux groupes des Copépodes, Amphipodes, Schizopodes et Isopodes. Plusieurs espèces d'Acariens ont été trouvés dans la mousse; d'autres espèces sont des parasites des oiseaux. Les Pantopodes ont offert de beaux échantillons.

Botanique. — Un grand nombre de matériaux ont été recueillis en ce qui concerne les Algues. Les échantillons font partie des groupes des Floridées, des Phéophycées, des Chlorophycées et Oscillariées. A cela s'ajoute un grand nombre d'espèces de Diatomées. Des échantillons de Mousses, de Lichens et d'Algues d'eau douce ont été recueillis. Enfin deux espèces de Phanérogames ont été trouvées dans les îles de l'Antarctique; d'abord une Graminée, le Deschampsia (Aira) antarctica, à l'île Wandel (65°5 lat. S.) et à la baie de Biscoe; puis une Caryophyllée, le Colobanthus crassifolius, à la baie de Biscoe (65°50 lat. S.). « Cette dernière espèce, dit M. le Professeur Autran, de Buenos-Aires, n'avait été signalée jusqu'ici que dans la Géorgie du Sud, soit à 10° plus au nord; des échantillons, rapportés vivants en fleurs, dans la mousse même où ils vivaient, ont été remis à M. Thays, directeur du Jardin botanique de Buenos-Aires; ils sont encore en fort bon état. »

Géologie. — « Les collections géologiques recueillies par la Mission Charcot, dit M. le Professeur Lacroix, sont particulièrement intéressantes; elles consistent en plusieurs centaines d'échantillons provenant des divers points explorés et surtout de l'île Wandel, dont elles permettront de faire l'histoire géologique détaillée. Ces roches présentent plus que l'intérêt géologique qui s'attache à tout document provenant d'une région inexplorée; beaucoup d'entre elles paraissent, autant qu'on en peut juger par un examen sommaire, présenter aussi un intérêt pétrographique intrinsèque... »

Glaciologie. — Cette étude consiste en notes quotidiennes sur le mouvement des glaces, en particulier dans les baies avoisinant le point d'hivernage, et sur la formation de la glace de mer dans ces baies. De même, en notes sur les mouvements, les dimensions et les transformations des icebergs, spécialement les icebergs tabulaires qui sont la caractéristique des régions antarctiques.

Épaisseur de la banquise, sa formation, sa destruction. — Constitution des calottes de glace sur les îlots des archipels situés à l'ouest de la Terre de Graham; direction générale de ces îlots.

Notes sur les glaciers de la Terre de Danco et de l'archipel de Palmer, leur marche, leur débit.

Enfin, ascension d'un sommet de l'île Wandel et examen de la crête montagneuse de l'île et des glaciers suspendus.

Bactériologie. — Analyse bactériologique de l'eau de mer, de l'air, de la glace et de la neige.

Cultures nombreuses (en bon état jusqu'à ce jour) provenant des analyses d'eau de mer et de la faune intestinale des phoques, des oiseaux (pingouins, mouettes, cormorans, pétrels) et des poissons.

Tels sont les principaux travaux effectués par l'Expédition Antarctique Française au cours de cette campagne. Si l'on y joint les observations médicales, dont un cas de myocardite grave, la maladie encore si peu connue de l'hivernage polaire, si l'on y joint une collection de plus de 3 000 photographies, véritables documents scientifiques, et enfin la découverte de deux ports, refuges si précieux dans un pays aussi inhospitalier, l'un à l'île Wiencke, l'autre à l'île Wandel, on peut conclure que n'ont pas été vains les efforts des vingt membres de l'expédition, ni le concours de tous ceux qui se sont intéressés à elle. Elle fait le plus grand honneur à Charcot qui lui a sacrifié ses forces et sa fortune avec un dévouement absolu. Puisse son exemple susciter des émules.

G. -GOURDON.
(De la Mission du Dr J. Charcot).

PHYSIQUE

THERMOMÈTRES ET PYROMÈTRES A TENSIONS DE VAPEURS SATURÉES. [1]

On sait l'importance que présente, au double point de vue scientifique et industriel, la mesure rapide et précise de la température. Il convient donc de s'affranchir des complications bien connues que comporte l'emploi des thermomètres usuels à liquide ou à gaz, des pyromètres (à dilatation, électriques ou autres, etc.)[1]. Il suffit, pour cela, de se servir des vapeurs saturées : leur tension dépendant uniquement de la température, les variations régulières ou accidentelles du volume de l'enceinte qui les renferme sont sans influence sur la mesure. Il est d'autre part aisé de répondre à toutes les exigences du problème en utilisant, selon les cas, comme liquide générateur de la vapeur, soit un gaz liquéfié, soit une substance normalement liquide, soit enfin un métal fondu.

Principe de l'appareil. — L'organe essentiel de l'appareil dont la description suit est constitué par un tube en acier *c a b* (fig. 1), à section elliptique, roulé en forme de *tore*.

Après avoir rempli ce tube d'une matière inerte et peu dilatable, telle que du sable, on ferme ses deux extrémités au moyen de deux bouchons soudés sur le tube.

Dans le bouchon *b* s'engage un tube flexible *b e l* dont on peut faire varier la longueur à volonté.

Ce petit tube, généralement capillaire, est fixé sur le bouchon *b* par soudure autogène ou à l'argent et communique avec l'intérieur du tore.

Son autre extrémité est mise en relation avec une capacité de contenance déterminée, constituée soit par un tube unique J K, soit par un faisceau de tubes métalliques. Quelle que soit la forme de cette capacité, l'extrémité ouverte du petit tube est placée à son intérieur, de telle sorte que tous les plans passant par cette extrémité divisent sensiblement en deux parties égales la capacité en question, quelle que soit l'orientation de ces plans.

On introduit d'abord dans ce système un liquide aussi peu volatil que possible, tel qu'une huile convenable ou du mercure, de façon que

ce liquide occupe, dans la capacité J K, un volume supérieur à la moitié de cette capacité. Au-dessus de ce liquide on introduit quelques décigrammes d'un liquide assez volatil pour que, dans l'intervalle des températures entre lesquelles *doit fonctionner* l'appareil, ce liquide puisse se réduire à l'état de *vapeur saturante* ayant une tension notable, puis on ferme le système.

Le tube ou le faisceau de tubes qui constitue la petite capacité J K est la seule partie réellement sensible à la chaleur.

Sous l'action de cet agent, la tension de vapeur du liquide volatil que contient cette capacité varie et détermine dans le gros tube *c a b*, par l'intermédiaire du liquide non volatil, des mouvements correspondants d'extension ou de

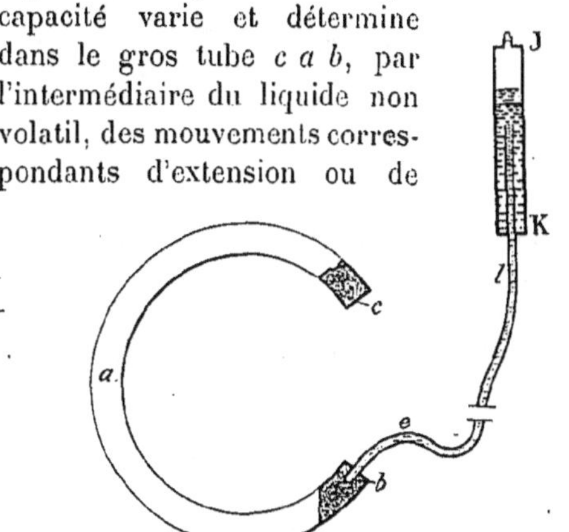

FIG. 1. — PRINCIPE DU PYROMÈTRE A VAPEUR SATURANTE.

contraction. Si l'on fixe l'extrémité *b* du gros tube, l'extrémité *c* restant libre, cette extrémité traduira, par ses mouvements, toutes les variations de température auxquelles sera soumise la capacité J K. Ce sont ces mouvements que nous allons utiliser dans la suite pour la mesure de la température dans les divers cas de la pratique.

Disposition pratique des thermomètres à tension de vapeur saturée. — Les mouvements de l'extrémité *c* du tube peuvent être traduits pratiquement sur un cadran comme on le voit (fig. 2) ou sur un cylindre tournant O (fig. 3). Dans le premier cas, on a un thermomètre ou un pyromètre à cadran et, dans le second, un thermomètre ou un pyromètre enregistreur.

Thermomètres et pyromètres à cadran. — Dans l'appareil à cadran (fig. 2) l'extrémité du tube moteur *a* est fixée d'une façon invariable sur le fond non déformable d'une boîte métal-

---

1. Voir pour ces corrections : *Thermomètres et Pyromètres à tensions de vapeurs saturées*, par M. J.-B. Fournier.

lique, tandis que les mouvements de l'extrémité libre sont transmis par une bielle p à un levier q monté sur un pivot fixe et dont le grand bras, de longueur réglable, porte un secteur denté s qui engrène avec un pignon t solidaire de l'aiguille u.

La pièce sur laquelle est monté le pivot de l'aiguille et le secteur sont fixés invariablement sur le

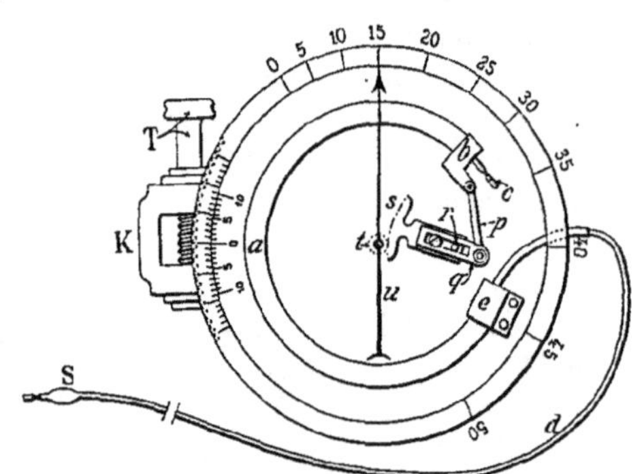

FIG. 2. — THERMOMÈTRE A CADRAN
(A VAPEUR SATURANTE).

même fond que l'extrémité fixe e du tube moteur afin d'éviter tout déplacement relatif de ces pièces.

Le tube flexible $e\,d\,S$ qui peut avoir la longueur que l'on désire : 10, 50, 100 m., etc., traverse le côté latéral de la boîte. Dans le cas de la figure 2, il se termine par une ampoule S ayant la grosseur et la forme d'un œuf de petit oiseau. Cette ampoule est la seule partie du système qui soit pratiquement sensible à la chaleur. L'aiguille de l'appareil ne fait qu'un léger mouvement, puis revient rigoureusement à sa position primitive, quand, après avoir préalablement enroulé le tube flexible en un faisceau de spirales, on le plonge tout entier dans un bain ayant une température comprise entre les deux limites extrêmes de température entre lesquelles doit fonctionner l'appareil, l'ampoule restant, dans cette expérience, à température constante. L'aiguille ne se met en marche que si cette ampoule est elle-même plongée dans le bain. On conçoit dès lors que l'on puisse, sans sortir du coin du feu, lire et enregistrer, si on le désire, la température qui existe au fond de son jardin, quelque profond qu'il soit.

La graduation de l'appareil paraît très pénible parce que les divisions ne sont pas équidistantes. Elle devient cependant tout à fait simple et absolument rigoureuse si l'on a à sa disposition un bon thermo-régulateur capable de maintenir, à une température constante, une grande masse de liquide.

C'est ainsi, qu'avec un nouveau thermo-régu-

lateur de notre système basé sur le même principe que les thermomètres qui nous occupent et assurant la constance de la température à 1/20 de degré près, nous avons pu facilement graduer ces appareils, par comparaison avec un thermomètre étalon, non seulement de degré en degré, mais de 1/3 en 1/5 de degré.

Cette graduation ainsi effectuée sur un cadran de dimensions données et pour un intervalle de température déterminé, permet la graduation rapide, sans interpolation, d'un thermomètre dont le cadran a des dimensions quelconques, lors même que le tube moteur ne posséderait pas le même coefficient d'élasticité que son étalon. Si, en effet, on considère que l'élongation de l'extrémité libre du tube est proportionnelle à la pression, on voit qu'il suffira de déterminer expérimentalement deux points, les points 0° et 25° par exemple, sur le nouveau cadran, puis, avec un rayon correspondant à l'arc de cercle qui passe par ces deux points, de décrire un cercle ayant pour centre le centre de rotation t de l'aiguille de l'étalon (fig. 2). L'arc de ce cercle compris entre les rayons t 0°, t 25°, représentera l'intervalle de température 0°-25° relatif au nouveau cadran. Il suffira ensuite de joindre au centre t les divisions intermédiaires de l'étalon; les intersections de ces rayons avec l'arc de cercle précédent, représenteront les divisions intermédiaires du cadran à graduer.

Thermomètre et pyromètre enregistreur à tension de vapeur saturée. — Dans cet appareil

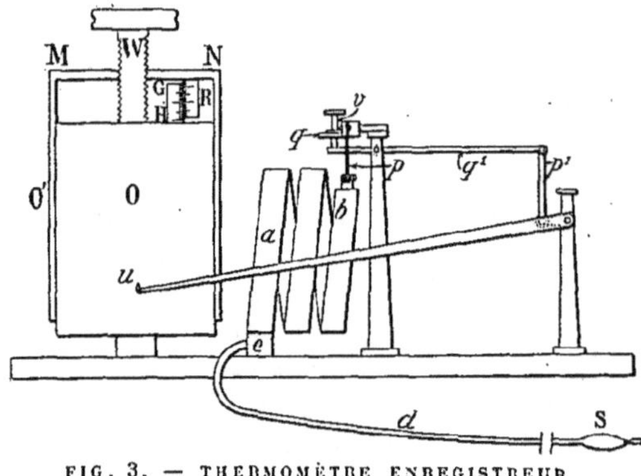

FIG. 3. — THERMOMÈTRE ENREGISTREUR
(A VAPEUR SATURANTE).

(fig. 3), le tube moteur a peut comporter plusieurs spires, comme l'indique la figure, les déplacements de son extrémité libre b sont transmis au stylet inscripteur u par l'intermédiaire d'une bielle p, d'un levier q (vu par bout), d'un autre levier q' et d'une autre bielle p'. Un mouvement d'horlogerie placé à l'intérieur du cylindre O et non visible sur la figure assure la rotation uniforme du système de cylindres O et O'. Sur la surface latérale du cylindre O' on enroule le graphique préalablement gradué dans l'intervalle des températures que l'on désire mesurer.

Les figures 4 et 5 représentent, aux $\frac{5}{8}$ de leur grandeur, deux graphiques (l'un de — 5° à + 16°, l'autre de 36 à 44°) se rapportant à ce modèle d'appareils. Dans ces graphiques les traits rectilignes et horizontaux représentent les degrés et fractions de degré, tandis que les intervalles compris entre les arcs de cercle dirigés dans le sens vertical représentent les heures et fractions d'heure, ce sont les courbes horaires. L'intersection de ces deux groupes de lignes avec la courbe tracée par le stylet permettra donc de connaître, à loisir, la température à un instant quelconque de la journée et de la nuit. De plus, si l'on remarque, comme on l'a fait pour le thermomètre à cadran décrit ci-dessus, que le tube flexible *e d* S peut avoir une longueur illimitée, on pourra, tout en laissant le corps de l'appareil sur sa cheminée, enregistrer la température à 100, 500, 1 000 m., etc., de distance.

L'examen des graphiques (fig. 4 et 5) montre l'extrême et presque invraisemblable sensibilité du système. L'intervalle 36°-44° mesure plus de 80 millimètres de hauteur, lors même que l'appareil auquel se rapportent ces graphiques a les dimensions d'un petit manomètre enregistreur.

Ces graphiques montrent, en outre, que la sensibilité augmente rapidement avec la température puisque l'intervalle 43°-44° est environ cinq fois plus grand que l'intervalle (5°-4°) au-dessous de zéro.

Sans qu'il soit nécessaire de changer les dimensions de ses organes, le modèle qui nous occupe peut enregistrer la température depuis 30° au-dessous de zéro jusqu'à + 60°, c'est-à-dire dans un intervalle de 90°. Le cylindre qui permettrait d'inscrire ces températures en utilisant toute la sensibilité de l'instrument devrait avoir 58 cm. de hauteur. Au lieu d'avoir un cylindre si long il est préférable, tout en respectant la sensibilité du système, d'employer un petit cylindre, de façon que les graphiques gradués dans les limites des températures qui intéressent aient de 0 à 10 ou à 20 cm. de hauteur.

La vis de réglage W (fig. 3) permet au constructeur muni d'un thermomètre étalon et du thermo-régulateur de notre système de régler une fois pour toutes les indications du stylet inscripteur.

Évaluation des hautes températures. — L'intervalle de température dont nous venons de parler, pour donner un exemple de la sensibilité de l'appareil, pourrait faire supposer que cet instrument ne s'applique qu'à la mesure des basses et moyennes températures.

Ses limites de fonctionnement ne sont fixées

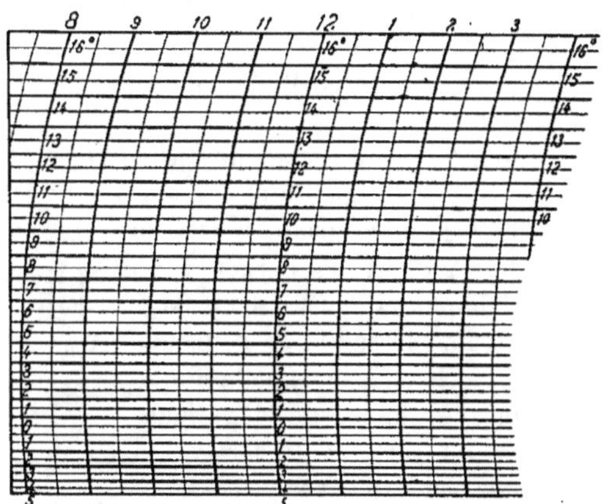

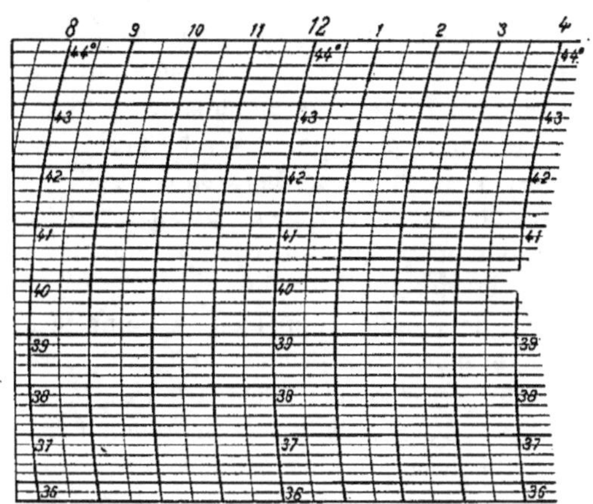

FIG. 4 ET 5. — GRADUATION DES FEUILLES DESTINÉES A L'ENREGISTREMENT DES TEMPÉRATURES.

que par la température de fusion de la matière dont est formé le réservoir sensible, car on peut prendre comme liquide thermométrique un métal en fusion; le réservoir sensible seul est alors à modifier.

Ce réservoir est constitué par deux tubes A et B (fig. 6) de porcelaine ou autre matière réfractaire, de capacités convenablement calculées et communiquant entre eux par un tube D de petit diamètre intérieur. La partie supérieure E F du tube B est inclinée et porte une tubulure F C de faible diamètre intérieur; cette tubulure pouvant être en porcelaine, en nickel ou en fer, débouche à la partie supérieure d'une cuvette C remplie de mercure ou du liquide inerte qui remplit le tube moteur et le tube flexible du thermomètre. Pour charger ce réservoir, le tube F C étant détaché de la cuvette C, on coule dans le tube A et dans la tubulure D, jusqu'au niveau N, un métal dont le point de fusion est plus ou moins élevé suivant les températures que l'appareil doit indiquer, puis, l'extrémité C du tube F C étant raccordée à la cuvette C, on introduit dans la partie N B E F C, par le robinet R, un gaz tel que de l'azote, de l'hydrogène ou même de l'air sous une pression convenable.

Pour fixer les idées, supposons qu'il s'agisse d'évaluer des températures voisines de 1 200° ou 1 300°, le métal contenu dans la branche A étant de l'argent ; on placera l'appareil dans le haut fourneau ou dans le cubilot où se trouve le métal à chauffer, comme l'indique la figure 6, la partie supérieure inclinée du tube B traversant la paroi du haut fourneau. L'argent fondant à 1 050° C. environ se vaporisera au-dessus de cette température, de sorte que, si l'on considère que la tension de la vapeur d'argent dans le tube B E F est régie par le principe de Watt (paroi froide), la tension de la vapeur saturée d'argent dans le tube de gauche A produira une dénivellation de l'argent fondu qui comprimera le gaz contenu dans la capacité N B E F C.

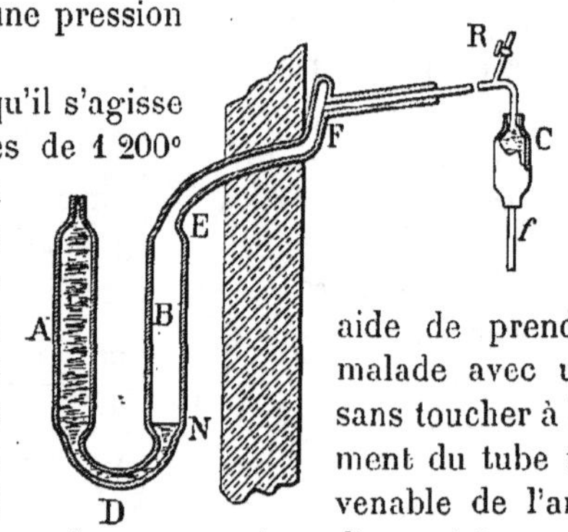

FIG. 6. — THERMOMÈTRE A VAPEUR D'ARGENT.

Si, de plus, on veut bien se rappeler la loi des tensions des vapeurs saturées, on verra que tout se passe comme si la tension de la vapeur saturée d'argent agissait directement sur un liquide incompressible au lieu d'agir sur une colonne gazeuse et que l'appareil, ne perdant aucune de ses qualités, permet d'évaluer avec autant de précision une température de 1 300° ou 1 500° qu'une température de 40°.

Pour toutes les applications où la température ne dépasse pas 1 100°, on peut remplacer la porcelaine par le fer ou par le nickel.

Applications. — Grâce à son principe et à sa disposition qui permet d'évaluer une température en un lieu aussi éloigné qu'on le désire du lieu d'observation, le thermomètre qui vient d'être décrit rendra certainement de grands services aussi bien dans les mesures de précision que dans les industries suivantes :

Industrie. — Dans la grande métallurgie du fer, de l'acier et autres métaux : hauts fourneaux, cubilots, creusets.

Céramiques et industries connexes.

Dans les sucreries et distilleries, fabrication des alcools, liqueurs, extraits.

Dans les brasseries, cuves de fermentation.

Dans les industries relatives aux applications du caoutchouc : vulcanisation, imperméabilisation des tissus, etc., etc.

Séchoirs de toutes natures pour bois, cuirs, cartons, pâtes alimentaires.

Préparation et fermentation des tabacs.

Préparation des produits chimiques et pharmaceutiques.

Médecine. Chirurgie. Hygiène. — Température des malades. Facilité pour le médecin ou son aide de prendre la température d'un malade avec une très grande précision sans toucher à l'appareil, par développement du tube flexible et placement convenable de l'ampoule sensible. Faculté d'*enregistrer* cette température en fonction du temps et cela pendant tout le temps voulu, sans aucune fatigue pour le malade ni surveillance du médecin, alors même que le malade est plongé dans un bain (typhiques) ou soumis à l'action du chloroforme (opérés).

En chirurgie : pour la température des étuves à stérilisation des instruments et objets de pansement, pour les étuves à désinfection sèches ou humides, pour la préparation des bains locaux ou généraux.

L'appareil ne sera pas moins intéressant et utile dans les usages domestiques et les applications à l'hygiène. Il permettra au particulier, soucieux de sa santé, de surveiller la température de son bain ou d'apprécier, du coin de son feu, les températures du dedans et du dehors, été.

Enfin il est des cas où la faculté d'évaluer les températures à très grande distance rendra d'inappréciables services : par exemple au contremaître ou au directeur d'usine qui sera renseigné à son bureau même, et à tout instant, *par une simple lecture*, sur la température et par suite sur la pression de ses générateurs de vapeur. L'appareil constitue dans ce cas un remarquable *instrument* de contrôle et de sécurité.

J.-B. FOURNIER,
Préparateur au Laboratoire de recherches physiques à la Sorbonne.

ᗡᗡᗡᗡᗡᗡᗡᗡ ÉLECTRICITÉ INDUSTRIELLE ᗡᗡᗡᗡᗡᗡᗡ

L'ÉCLAIRAGE ÉLECTRIQUE AU THÉÂTRE.

C'est le 15 octobre 1881, à la soirée de gala offerte aux membres du Congrès international des Électriciens, que fut introduite à l'Opéra la lumière électrique; essai timide qui débuta par

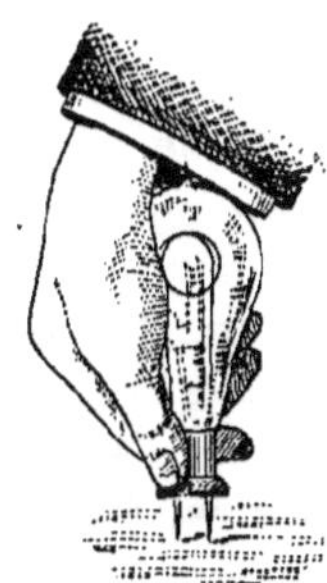

FIG. 1. — LAMPE ÉLECTRIQUE.

le foyer pour gagner ensuite la salle, puis enfin la scène. Il n'y a donc que vingt-trois ans et, quoique datant d'hier, comme cette époque nous semble lointaine maintenant que le moindre de nos petits théâtres est brillamment éclairé, aussi bien extérieurement qu'intérieurement. Actuellement, certains de nos théâtres de Paris sont d'excellents clients pour les secteurs qui se partagent l'alimentation en électricité de la capitale. D'autres, même, font le sacrifice d'avoir une usine génératrice autonome, n'utilisant les ressources extérieures qu'en cas d'arrêt forcé dans cette usine.

L'histoire des tâtonnements, des hésitations, des craintes que de malencontreux courts-circuits justifiaient même amplement, est aujourd'hui sans intérêt, aussi convient-il d'exposer seulement l'état actuel de la question en distinguant successivement : l'éclairage extérieur, l'éclairage de la salle, l'éclairage de la scène, les jeux de lumière, les projections lumineuses.

L'éclairage extérieur. — Indépendamment des moyens ordinaires, lampes à incandescence,

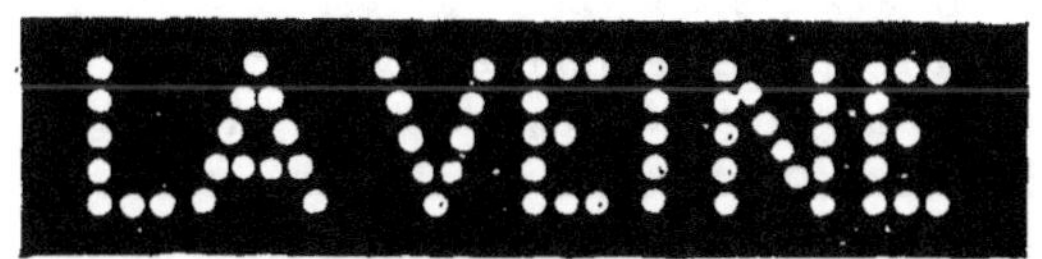

FIG. 2. — ENSEIGNE LUMINEUSE.

lampes à arc, les théâtres utilisent beaucoup aujourd'hui les *enseignes lumineuses* par les bandes souples et les surfaces électriques, moyen fort commode pour changer facilement le titre de la pièce ou le nom de l'auteur que l'on veut ainsi signaler de loin à l'attention des promeneurs. En principe, une surface électrique est

formée par deux conducteurs électriques entre lesquels existe une différence de potentiel de 110 volts, par exemple, en prenant le chiffre des installations parisiennes. Ces conducteurs sont soigneusement isolés l'un de l'autre et recouverts de bandes également isolantes. D'autre part, on emploie des lampes spéciales munies de pointes (fig. 1) dont l'écartement est tel qu'en les enfonçant dans la surface électrique normalement à la direction des conducteurs, chaque pointe puisse arriver au contact de l'un d'eux. Le courant passe ainsi dans la lampe.

En disposant les lampes convenablement, on peut former telles lettres que l'on désire, comme le montre la figure 2, qui reproduit l'enseigne employée au théâtre des Variétés pendant la représentation de « la Veine ».

Une même surface peut évidemment comprendre un nombre quelconque de couples de conducteurs ayant entre eux la différence de potentiel nécessaire.

De l'éclairage de la salle il y a peu à dire. Ici c'est surtout une question de coup d'œil, de luxe où la fantaisie peut se donner libre cours. Notons pourtant que l'emploi des lustres à l'électricité, tout en facilitant l'éclairage

FIG. 3. — LANTERNE POUR PUPITRE D'ORCHESTRE.

rationnel, par le haut de la salle, a permis de diminuer considérablement les dimensions des lustres, autrefois si gênants et surtout d'un poids énorme. Le lustre du théâtre de la Porte-Saint-Martin est tel qu'il ne gêne en aucune façon la vue de la scène, même pour les spectateurs des galeries élevées. Puisque nous parlons de la salle, notons en passant les formes spéciales de lanternes pour pupitres d'orchestre (fig. 3), rappelant un peu les lanternes photographiques et disposées de façon à éclairer seulement les partitions des musiciens sans projeter latéralement une lumière qui gênerait les effets de scène.

L'éclairage de la scène est réalisé par trois moyens qui sont la *rampe*, les *herses* et les *portants*.

La rampe est placée en avant de la scène des deux côtés du « trou du souffleur ». On oriente en général les lampes et le réflecteur sur lequel elles sont montées pour diriger le maximum de lumière sur la scène. Malheureusement la rampe a l'inconvénient d'éclairer les artistes de bas en haut, d'où la production sur le visage d'ombres fâcheuses dont on cherche à atténuer l'effet

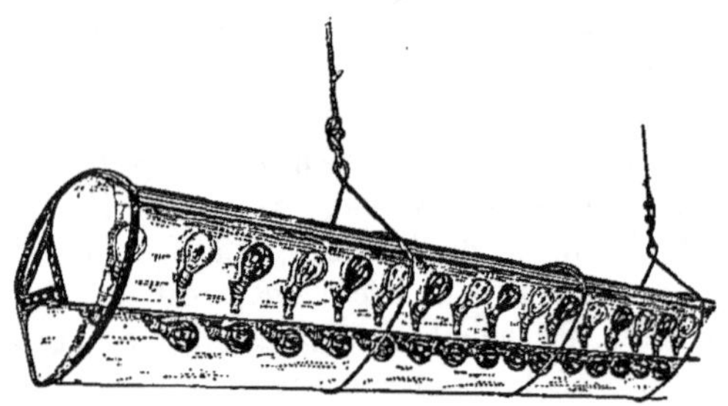

désastreux par l'emploi des autres appareils : herses et portants.

La figure 4 représente une herse « à triple effet », c'est-à-dire comportant 3 séries de lampes permettant les changements de teintes. Les herses placées, en général, aux différents plans de la scène sont mobiles et soutenues par des fils (lisez câbles) que l'on peut fixer à des hauteurs différentes suivant l'ampleur des décors ou les effets que l'on cherche à obtenir. On peut remarquer sur la figure la forme très étudiée de réflecteur à double surface réfléchissante permettant une meilleure répartition de la lumière.

C'est toujours le souci d'éviter les ombres qui doit guider l'installation de l'éclairage de la scène.

Les portants (fig. 5) se dressent verticalement, de chaque côté de la scène, sur les parties de décors auxquels on donne le même nom.

Les jeux de lumière. — Une des principales qualités de l'éclairage électrique est la grande facilité avec laquelle il se prête aux modifications rapides, pour ne pas dire instantanées, aussi bien qu'aux variations lentes. Cette qualité a tout naturellement trouvé son application au théâtre, où la mise en scène moderne exige des changements continuels, soit rapides, soit progressifs comme les effets d'aurore ou de crépuscule, etc.

Ces effets étaient autrefois obtenus tant bien que mal (plutôt mal que bien) au moyen du gaz. Les tuyaux qui commandaient les différents becs

étaient tous réunis dans les dessous, à la portée du mécanicien chargé de régler les effets de lumière. L'ensemble de tous ces tuyaux rappelait d'assez près l'aspect d'un orgue, d'où le nom de jeu d'orgue qu'on donnait à ces tuyaux, nom que l'on a conservé à l'appareil de commande électrique, bien que son aspect n'ait plus aucun rapport avec l'orgue.

Les jeux de lumière sont obtenus avec des lampes de couleurs différentes. Il suffit d'ailleurs, comme l'a montré l'expérience de trois teintes : blanc, bleu et rouge, pour obtenir toutes les combinaisons nécessaires, à condition toutefois qu'on puisse faire varier l'intensité relative de chaque groupe de lampes. Comme nous l'avons vu plus haut, il faut aussi pouvoir passer d'un éclairement à un autre, soit brusquement, soit au contraire insensiblement, presque sans que le spectateur s'aperçoive des variations successives. Enfin ces différents changements peuvent et doivent affecter tous les appareils, rampe, herses, portants, simultanément ou indépendamment les uns des autres. On conçoit combien ce problème est compliqué et quelle souplesse on exige d'un dispositif répondant à toutes ces exigences. Cependant

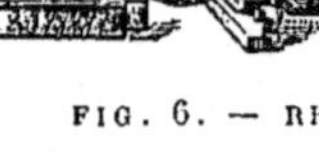

le problème est résolu et la plupart des théâtres ont aujourd'hui leur jeu d'orgue électrique.

Le jeu d'orgue que nous allons décrire, construit par la Compagnie générale des travaux d'éclairage et de force (Établissements Clémançon), fonctionne à l'Opéra-Comique, au Théâtre-Français, à la Gaîté, au Châtelet, etc. Il se compose de deux parties indépendantes l'une de l'autre, qui sont : le rhéostat proprement dit et l'appareil de commande à distance.

Le rhéostat (fig. 6) est constitué par un fil de ferro-nickel de section variable fixé en zig-zag sur deux couronnes. L'aspect rappelle assez une cage d'écureuil. La cage tourne autour de son axe, entraînée par un petit moteur électrique M à excitation séparée.

Sous le rhéostat est disposé une cuve à mercure C dans laquelle les fils du rhéostat viennent plonger successivement, faisant ainsi varier insensiblement la résistance en circuit, laquelle est calculée d'ailleurs de façon que les variations de la puissance lumineuse soient proportionnelles aux déplacements angulaires de la cage.

L'arrêt ou la mise en marche du moteur, ses variations de vitesse s'effectuent au moyen d'un manipulateur qui fait partie de l'appareil de commande à distance.

Le manipulateur est représenté séparément par la figure 7, sur laquelle on peut distinguer les indications suivantes :

O, obscurité; PF, plein feu; N, nuit; J, jour, avec des flèches marquant le sens de rotation de la manette centrale, et des encoches au nombre de 7 (2 — 8) correspondant à 7 valeurs de la puissance lumineuse, depuis le plein feu jusqu'à l'obscurité complète. En fait le manipulateur comprend :

1° Un dispositif d'arrêt à fin de course;

2° Un inverseur pour le changement de marche;

3° Un commutateur pour régler la vitesse;

FIG. 7.
MANIPULATEUR.

4° Un interrupteur pour l'arrêt des moteurs en un point quelconque;

5° Un commutateur permettant l'extinction ou l'allumage du circuit correspondant, soit directement, soit en passant par le rhéostat.

Tous ces organes sont reliés électriquement au moteur, qu'ils commandent indépendamment l'un de l'autre. On voit en F l'ensemble des fils de commande (fig. 6).

Chaque manipulateur commande une série de lampes correspondant à un appareil distinct. Donc autant d'appareils autant de fois trois manipulateurs. En général, on groupe sur une même ligne les manipulateurs correspondant à la même couleur et sur une même colonne les manipulateurs correspondant au même appareil.

Les manipulateurs d'une même ligne ou d'une même colonne peuvent être embrayés de façon à fonctionner soit simultanément, soit avec un retard déterminé. Enfin le mécanicien peut « préparer » son jeu de scène et disposer à l'avance les manettes et crans d'arrêt des manipulateurs. Il suffit alors de fermer le circuit pour faire fonctionner tout l'ensemble, d'où réduction de la main-d'œuvre au moment opportun.

Les projections lumineuses n'ont rien en elles-mêmes qui doive retenir longtemps notre attention. Tout le monde sait maintenant ce qu'est une lanterne de projection. Mais dans une salle de conférences ou dans un amphithéâtre, on sépare généralement les différentes pièces, lanterne, régulateur, rhéostat de réglage, interrupteur. Ici on a cherché à gagner de la place et à construire un ensemble portatif et peu encombrant. Les figures 8, 9 représentent un projecteur de théâtre ouvert, puis fermé et le support sur

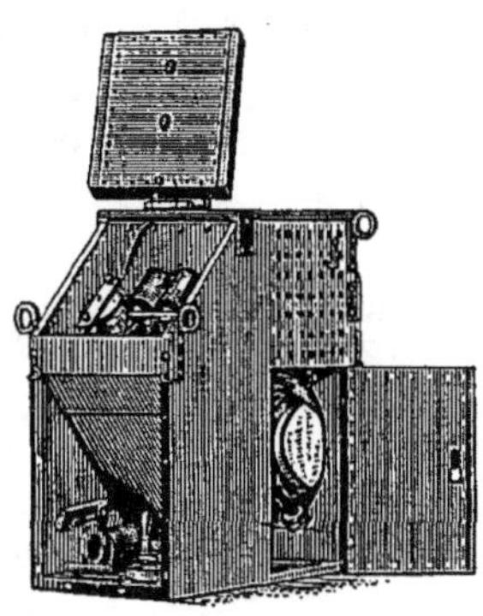

FIG. 8. — PROJECTEUR
DE THÉÂTRE.

lequel on peut, faute de table, l'installer et l'orienter en le faisant tourner autour d'un axe horizontal.

Voici maintenant quelques indications sur la manière dont sont desservis les théâtres de Paris. On remarquera que plusieurs d'entre eux sont desservis à la fois par deux et même trois secteurs, pour parer à toute éventualité.

1° Secteur Edison. Courant continu (3 fils). — Opéra, Variétés, Nouveautés, Vaudeville, Gymnase, Olympia, Athénée, Bouffes, Scala, Concert-Parisien, Folies-Bergère, Parisiana, Nouveau-Cirque, Théâtre-Français, Opéra-Comique, Palais-Royal (avec machines de secours dans le jardin), Odéon (avec machines de secours dans le sous-sol).

2° Secteur des Champs-Élysées (alternatif, 5 fils). — Marigny, Ambassadeurs, Alcazar d'Été, Jardin de Paris, Palais de Glace, Trocadéro, Salle Wagram, Théâtre des Ternes.

3° Secteur Clichy (continu à 5 fils). — Moulin-Rouge, Trianon, Batignolles, Rabelais, Fursy, Casino de Paris, Athénée.

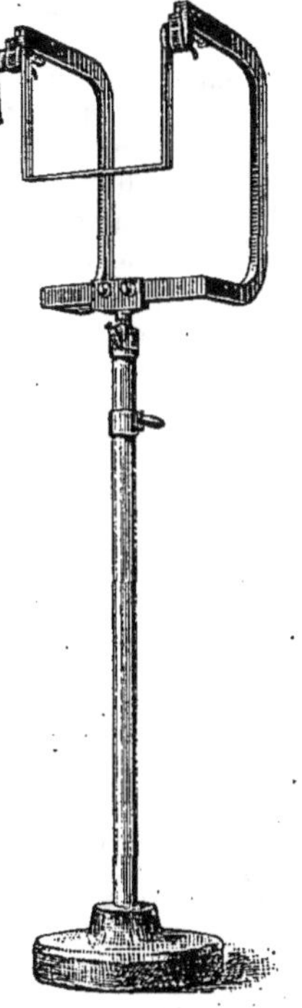

FIG. 9. — SUPPORT.

Nouveau-Théâtre,

4° Rive gauche (alternatif). — Théâtre Sarah-

Bernhardt, de Grenelle, des Gobelins, Cluny (avec accumulateurs chargés par une commutatrice), Montrouge et Athénée-Saint-Germain.

5° Compagnie générale de force électrique (courant continu, 5 fils). — Bouffes du Nord, La Chapelle.

6° Secteur de la Force (continu). — Porte-Saint-Martin, Renaissance, Ambigu, Déjazet, Antoine, Folies-Dramatiques, Eldorado, Château-d'Eau, Gaîté.

C. HEMARDINQUER,
Préparateur à la Sorbonne.

CHIMIE

LA CATALYSE.

Un grand nombre de combinaisons ou de décompositions chimiques sont déterminées ou accélérées, en apparence, *par le simple contact* de certains corps. Ces corps sont des *catalyseurs*. — C'est Berzélius qui, en 1829, a imaginé le mot de *catalyse* pour désigner ces réactions de contact. Ces phénomènes ont toujours vivement excité la curiosité des chercheurs. L'intérêt qui s'y rattache s'est encore accru dans ces dernières années en raison de la fabrication catalytique de l'acide sulfurique au moyen du gaz sulfureux et de l'air en présence du platine, plus récemment du sesquioxyde de fer.

L'agent catalytique le plus anciennement connu est le platine en lame ou en fils. Il atteint son activité maxima à l'état de noir de platine, ou de mousse provenant de la décomposition du chlorure double de platine et d'ammonium. Un fil de platine chauffé se maintient incandescent dans un mélange de vapeur d'alcool et d'air. C'est la lampe sans flamme de Davy de 1821 (fig. 1). L'alcool brûle dans ces conditions à une température peu élevée. Avec l'alcool méthylique, on obtient de cette manière l'aldéhyde formique qui constitue le formol, désinfectant si employé aujourd'hui (fig. 2).

La mousse de platine, l'amiante platinée, le noir de platine ou la solution colloïdale de ce métal, déterminent la combinaison du mélange d'hydrogène et d'oxygène. C'est le principe du briquet à hydrogène de Döbereiner (1827), si à la mode au siècle dernier, et des auto-allumeurs à gaz du siècle présent.

En contact avec le noir de platine, l'alcool s'oxyde à l'air pour former du vinaigre. On a même proposé d'appliquer cette action à la fabrication industrielle de ce condiment.

En faisant passer sur de la mousse de platine légèrement chauffée un mélange de gaz ammoniac et d'oxygène, il y a formation d'acide azotique : c'est une oxydation classique. Inversement les vapeurs d'acide azotique et d'hydrogène engendrent de l'ammoniaque.

Dans les mêmes conditions, le gaz sulfureux et l'oxygène produisent de l'anhydride sulfurique (fig. 3). C'est le principe de la fabrication de l'acide sulfurique *par le procédé de contact*, qui a pris une si grande place dans l'industrie. Cette action catalytique du platine peut être annihilée par la présence de certains corps comme l'hydrogène sulfuré, l'oxyde de carbone, l'arsenic, de plus elle diminue avec la longueur de ses services, *le catalyseur vieillit*.

L'action catalytique du platine peut produire des décompositions, comme celle de l'eau oxygénée. Avec le platine colloïdal, obtenu par vaporisation du platine au sein de l'eau, au moyen de l'arc électrique, la décomposition de l'eau oxygénée se produit encore avec une solution ne contenant que 1 mgr. pour 350 litres.

Beaucoup d'autres métaux peuvent jouer le rôle d'agents catalyseurs. Tel le palladium, qui détermine la combinaison lente et sans explosion du mélange d'hydrogène et d'oxygène. Tels aussi le nickel, le cobalt, le fer, le cuivre, très divisés provenant de la réduction de leurs oxydes par l'hydrogène. L'action catalytique du nickel a permis à MM. Sabatier et Senderens de fixer l'hydrogène vers 300° sur l'éthylène et la benzine pour obtenir des carbures saturés que l'on trouve dans les pétroles. Le gaz carbonique dans les mêmes conditions donne le gaz des marais.

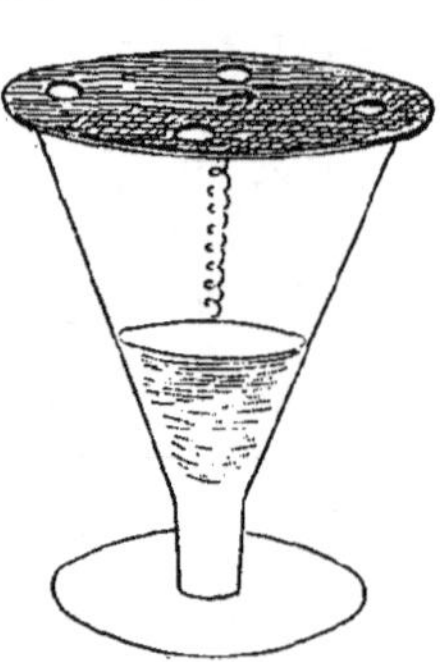

FIG. 1. — LAMPE SANS FLAMME.

Combustion de l'alcool au contact du platine.

En présence du nickel, le gaz oxyde de carbone est décomposé à 350° en charbon et gaz carbonique. A froid l'acétylène est décomposé en ses éléments.

Remarquons que la plupart de ces agents de contact sont dans un état de division extrême. Le noir de platine, qui vient d'être précipité au sein de l'eau, reste en suspension dans celle-ci et passe au travers des filtres de papier.

On a pu déterminer le diamètre des parcelles : on l'évalue à 2 millionièmes de millimètre, il s'ensuit que la surface de contact d'un gramme de noir de platine peut être estimée à 50 mètres carrés. Dans les substances colloïdales qui, nous le verrons, agissent comme catalyseurs, l'état de division est encore beaucoup plus grand.

Un grand nombre d'hypothèses ont été faites sur le mécanisme de la catalyse. On peut admettre, dans le cas des hydrogénations, la formation d'un hydrure métallique très oxydable et très peu stable servant d'intermédiaire dans la réaction. C'est l'opinion de M. Sabatier, la rapide oxydation et la facile décomposition des hydrures métalliques de M. Moissan autorise cette manière de voir. On expliquerait ainsi l'action catalytique par une réaction intermédiaire transitoire, c'est l'hypothèse chimique.

FIG. 2. — LAMPE FORMOGÈNE A ACTION CATALYTIQUE.

Oxydation de l'alcool méthylique et formation d'aldéhyde formique [formol] (Lampe Berger).

On sait que les corps divisés et même les métaux en lames comme le platine, le palladium, le fer, peuvent absorber les gaz, cette condensation ou *occlusion* est accompagnée d'un dégagement de chaleur suffisant pour porter la masse à la température d'amorçage où la vitesse de la réaction est très grande. Sous une autre forme, on peut dire que les gaz sont ionisés par la chaleur, c'est-à-dire que leur matière s'imprègne de charges électriques en donnant naissance aux ions qui possèdent l'activité chimique par des polarités contraires expliquant le phénomène de la combinaison. L'ionisation des gaz par la chaleur est d'ailleurs un fait expérimental. Beaucoup d'autres ingénieuses hypothèses électro-chimiques ont été proposées [1].

Il n'y a pas que les métaux qui agissent comme catalyseurs. C'est ainsi que la pierre ponce chauffée à 100° détermine la combinaison avec explosion du mélange d'hydrogène sulfuré et d'oxygène. A une température plus basse, ou avec un excès d'hydrogène sulfuré, on a un dépôt de soufre.

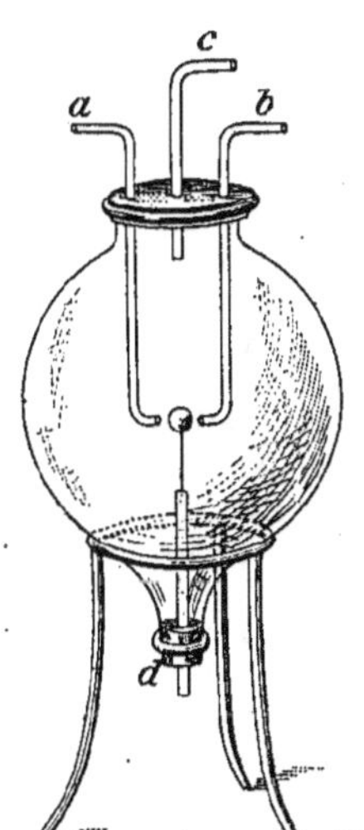

FIG. 3. — FORMATION DE L'ANHYDRIDE SULFURIQUE PAR CATALYSE.

d, support de la mousse de platine; *a*, arrivée du gaz sulfureux; *b*, arrivée du gaz oxygène.

Le charbon de bois ou le noir animal déterminent de même certaines réactions. A 100° en effet le chlore et l'hydrogène se combinent sans explosion. Il en est encore ainsi à diverses températures pour les combinaisons du chlore avec le gaz sulfureux ou l'oxyde de carbone.

Dans la fabrication de l'acide sulfurique par contact, le sesquioxyde de fer peut remplacer le platine pour déterminer, à 450°, la combinaison du gaz sulfureux avec l'oxygène de l'air (fig. 4). On sait que le sesquioxyde de fer, la rouille, est un oxydant, témoin l'attaque lente du linge par les taches de rouille. Le gaz sulfureux serait alors oxydé par le sesquioxyde

1. Conroy, La catalyse, *Revue générale des Sciences*, 1902. — Simon, Conférence sur la catalyse, Société chimique, 1903.

de fer avec formation de sulfate de fer qui, en se décomposant aussitôt au contact de l'air, donnerait de l'anhydride sulfurique et régénérerait le sesquioxyde de fer.

La même réaction du gaz sulfureux sur l'oxygène, en faisant passer le mélange gazeux sur du sel marin additionné d'un peu d'oxyde de fer, donne du sulfate de sodium et du gaz chlorhydrique. C'est le procédé industriel de Hargreaves et ses dérivés.

C'est encore grâce à l'action de contact de l'oxyde de fer que l'on peut transformer l'hydrogène sulfuré, extrait des marcs de soude, en soufre. L'hydrogène sulfuré en présence de l'oxyde de fer produit de l'eau et du sulfure de fer qui avec l'oxygène se transforme en soufre et oxyde de fer. C'est le procédé bien connu de Claus, du soufre régénéré. A côté de l'oxyde de fer, les oxydes de manganèse, de cuivre, peuvent déterminer la décomposition du chlorate de potassium avant sa fusion. Il est démontré dans ce cas qu'il y a bien eu une réaction transitoire; avec l'oxyde de manganèse, il s'est formé du permanganate de potassium. On peut mettre ce fait en évidence en projetant dans du chlorate fondu une trace de bioxyde de manganèse : la masse se colore en rose.

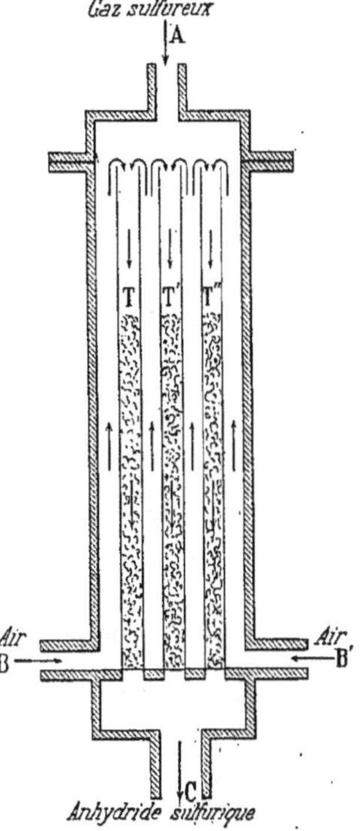

FIG. 4. — PRÉPARATION DE L'ACIDE SULFURIQUE PAR LE PROCÉDÉ DE CONTACT.

T T' T", tubes catalyseurs.

De même, la solution d'hypochlorite de potassium se décompose avec dégagement d'oxygène par l'addition d'un sel de cobalt.

Or, on sait que l'action du chlore sur la potasse donne d'abord naissance à de l'hypochlorite, qui se transforme en chlorate, puis en perchlorate et enfin en oxygène et chlorure (fig. 5).

On est parti d'un système qui renfermait en puissance de l'énergie chimique libre et on est passé successivement, comme le fait remarquer Ostwald, le savant professeur de Leipzig, à des systèmes ayant de moins en moins d'énergie libre et par conséquent de plus en plus stables. Le catalyseur a eu pour effet de nous masquer les réactions intermédiaires pour arriver au système le plus stable.

Si on fait, en effet, réagir le chlore sur la potasse en présence d'un sel de Cobalt, on a de suite un dégagement d'oxygène et formation de chlorure. Il en serait de même dans l'électrolyse de la solution de chlorure de potassium.

Les sels de manganèse sont des agents catalytiques remarquables; en solution dans l'eau, ils sont en partie décomposés en acide et protoxyde de manganèse. Cet oxyde est éminemment oxydable, en formant le bioxyde qui, lui, est un oxydant : il agit ainsi dans la pile Leclanché. Aussi une trace d'un sel de manganèse, ajouté à une substance oxydable, entraînera son oxydation par l'air. C'est ainsi qu'une solution neutre d'hydroquinone, qui ne s'oxyde pas par un courant d'air, devient noire si elle est additionnée d'une trace d'un sel de manganèse. Comme l'a montré M. G. Bertrand, certaines diastases oxy-

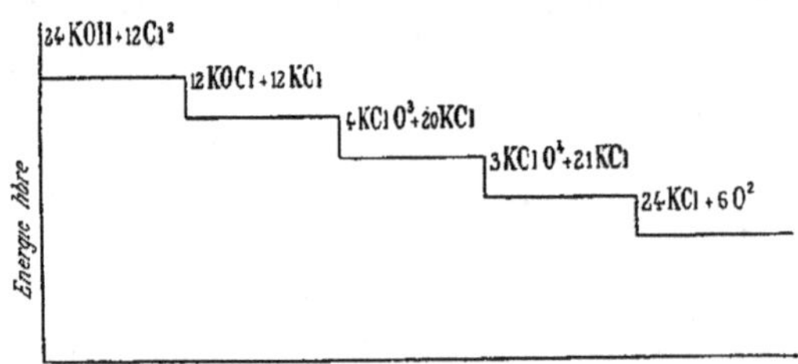

FIG. 5. — RÉACTIONS SUCCESSIVES AVEC PERTES CROISSANTES D'ÉNERGIE LIBRE.

dantes, comme la laccase que l'on trouve dans le latex de l'arbre à laque, doivent leurs propriétés oxydantes à la présence du manganèse agissant par catalyse comme une sorte de ferment minéral.

Le fer joue dans les globules sanguins et dans la chlorophylle, un rôle analogue et d'ordre catalytique. Les phénomènes de la chimie vitale reposent sur ce mécanisme de réactions dues à des infiniments petits minéraux contenus dans les diastases.

Dans certaines conditions, l'eau, qui est aussi un agent de vie, joue le rôle d'agent catalytique. Il est démontré aujourd'hui que les mélanges absolument secs des gaz hydrogène et oxygène, d'hydrogène et de chlore, d'oxyde de carbone et d'oxygène ne se combinent pas, même à une température élevée. Les métaux seraient inoxydables dans l'oxygène sec.

Or l'eau est un ionisant, les sels sont décomposés plus ou moins en leurs ions quand ils sont dissous, certains savants attribuent à cette propriété le rôle de l'eau comme catalyseur.

L'expérience montre que dans la combustion de l'hydrogène, il se forme de l'eau oxygénée qui peut être considérée comme formée par l'union de deux ions OH, de deux molécules d'eau H.OH. L'eau oxygénée serait donc un produit intermédiaire dans l'union de l'hydrogène et de l'oxygène.

Quand le fluor est bien desséché, il n'attaque pas le verre, mais sous l'influence d'une trace d'eau, il agit sur la silice du verre et se transforme en oxygène et fluorure de silicium. Le fluor agissant sur la petite quantité d'eau donne des traces d'acide fluorhydrique qui avec le verre donne du fluorure de silicium et de l'eau. Celle-ci forme de nouveau de l'acide fluorhydrique et de l'oxygène et le processus recommence. C'est par un phénomène semblable que l'anhydride arsénieux vitreux se transforme en anhydride opaque par dissolution et cristallisation progressive. Il en est ainsi pour la tourne du sucre d'orge.

Les acides minéraux, comme l'acide chlorhydrique ou sulfurique, accélèrent l'éthérification des alcools par les acides faibles par action catalytique due à la formation d'éthers intermédiaires. Grâce à eux, les hydrates de carbone comme l'amidon peuvent être transformés par hydrolyse en produits fermentescibles.

Les oxydes de l'azote sont aussi des catalyseurs dans l'industrie de l'acide sulfurique.

La fabrication du chlore par le procédé Deacon, qui permet d'oxyder l'acide chlorhydrique par l'air à 400° en présence de briques imprégnées de chlorure cuivreux, est un autre exemple de catalyse.

Nous citerons encore la fabrication de la céruse, où l'acide acétique sert d'intermédiaire et constitue le catalyseur.

C'est grâce à une action de contact qu'on a pu industriellement oxyder la naphtaline pour obtenir l'acide phtalique qui est la matière première de la fabrication de l'indigo artificiel.

Enfin nous dirons un mot des colloïdes comme la silice, l'alumine, l'oxyde de fer, l'argent, l'or, qui peuvent être amenés à une division telle qu'ils restent indéfiniment en solution dans l'eau pure, mais une trace d'une solution d'un sel cristallisé en amène la coagulation. Le colloïde ainsi coagulé est tout à fait insoluble et emprisonne dans sa masse les sels les plus solubles.

Les diastases sont aussi des colloïdes; nous avons dit qu'elles agissent comme catalyseurs et nous avons signalé le rôle considérable qu'elles semblent jouer dans les phénomènes de la vie végétale et animale. On voit combien est vaste ce champ à peine exploré de ces phénomènes catalytiques. Quelle que soit la théorie admise, on a remarqué que le catalyseur était surtout un modificateur de la vitesse de la réaction chimique. Avec les idées nouvelles sur la matière imprégnée de charges électriques, on attend de l'étude de ces réactions tout un système des mécanismes de la combinaison chimique.

A. RIGAUT.
Du laboratoire de M. Moissan.

VARIÉTÉ

L'ÉVOLUTION DE LA PHOTOGRAPHIE. PANORAMA DE NAPLES.

En 1565 apparaît la première allusion directe à la photographie. A ce moment, Fabricius, dans son *De rebus metallicis,* parle des modifications que subit l'argent corné, c'est-à-dire le chlorure d'argent, sous l'action de la lumière. Mais cette remarque passe inaperçue jusqu'au moment où, en 1777, Scheele de Stralsund décrit avec précision l'effet des couleurs du prisme sur le chlorure d'argent et établit que le noircissement atteint son maximum de rapidité avec les rayons violets.

En 1801 Ritter observe qu'en dehors du faisceau coloré du spectre le chlorure d'argent s'altère et conclut qu'il existe des rayons invisibles qui noircissent le chlorure d'argent. Il fonde, en somme, une nouvelle science, la photo-chimie, qui se développe bientôt avec rapidité.

Les observations sur les effets chimiques de la lumière s'accumulent et la plupart des substances encore employées en photographie sont découvertes en même temps que leur sensibilité à l'action lumineuse. Les savants n'en restèrent pas à l'étude de la sensibilité relative de ces substances aux effets de la lumière complète, ils s'efforcèrent aussi de déterminer la différence d'action des diverses couleurs. Le docteur See-beck, d'Iéna, constate le premier que les divers rayons du spectre communiquent leur couleur au chlorure d'argent, et fonde ainsi l'héliochimie [1].

En 1803, Wedgwood et Davy trouvèrent le moyen d'obtenir de vraies images photographiques. Ils imprégnèrent du papier blanc et du cuir d'une solution d'argent et y copièrent des profils, ou plutôt des silhouettes, mais ne réussirent pas à mettre ces images à l'abri des effets de la lumière. Il fallait ne les regarder qu'à la lumière artificielle. Autrement dit, elles n'étaient pas « fixées ». Seize années s'écoulèrent encore jusqu'à ce que Sir John Herschel, en 1819, trouvât le moyen si longtemps cherché de fixer les images photographiques par l'hyposulfite de soude.

Peu après se répandit dans le monde la découverte de Daguerre. Tout le monde se jeta avidement sur les premiers résultats de ses essais, et les marchands d'objets d'art présentèrent au public les nouveaux produits qui, de vrai, n'étaient rien moins qu'agréables à la vue.

Pour obtenir ces images, il suffisait de prendre une feuille de papier préparée au nitrate d'argent et d'y appliquer des feuilles, ou des plantes, ou de la mousse, de les recouvrir d'une plaque de verre et de les exposer à la lumière. On produisait de cette manière des images blanches sur fond brun, assez grossières, et qui naturellement devaient tomber dans l'oubli dès que parurent les autres productions de Daguerre.

Chacun comprenait qu'il s'agissait d'une

1. Pour ce qui concerne la Photographie des Couleurs, voir *La Science au XX* siècle*, n°* 19 et 23, de 1904.

découverte toute nouvelle aussi intéressante qu'importante. L'idée fondamentale était trouvée, il s'agissait de la développer. Ici commence à proprement parler l'histoire des développements de la photographie. Deux hommes désormais célèbres, Joseph-Nicéphore Niepce, né en 1765 à Chalon-sur-Saône et mort en 1833, et Louis Daguerre, né à Cormeilles en 1787 et mort en 1851, commencèrent, indépendamment l'un de l'autre, des expériences du même genre et travaillèrent plusieurs années sans avoir connaissance de leurs travaux réciproques.

Niepce obtint des résultats dignes d'attention, mais s'embrouilla dans des procédés compliqués et peu sûrs. Daguerre, au contraire, ne fit aucun progrès notable jusqu'à ce qu'en 1829 il fit la connaissance de Niepce dont il devint le collaborateur. Il adopta ses idées et les développa. Le résultat fut un procédé entièrement neuf : l'art si longtemps cherché devint d'une exécution relativement facile et simple.

Les recherches auxquelles Niepce fut poussé par l'invention de la lithographie que l'on venait d'introduire en France, se poursuivirent jusqu'en 1814. Il travaillait beaucoup avec la résine et surtout avec le bitume dont il découvrit la singulière façon de se comporter à l'égard du soleil. Par le bitume il trouve moyen d'obtenir sur une plaque de verre ou de métal, dans l'espace de 5 ou 6 heures, des reproductions de gravures sur cuivre identiques aux originaux et qu'il cherchait à rendre propres à l'imprimerie en les mordant par un acide. Au cours de ses essais, Niepce eut aussi l'idée d'employer des lames d'argent qu'il sensibilisait au moyen de vapeurs d'iode. Nous voyons apparaître pour la première fois l'iodure d'argent qui devait jouer désormais un si grand rôle dans la photographie.

Daguerre persévéra dans ce dernier ordre de recherches, et, six ans après la mort de Niepce, en 1839 donc, il avait fait de tels progrès dans son invention qu'il pouvait la présenter au public. Sur la proposition d'Arago et de Gay-Lussac, le gouvernement accorda une pension de 6000 francs par an à Daguerre et une de 4000 francs au fils de Niepce. Le 10 août 1839, dans l'assemblée générale de l'Académie des sciences et des arts, Arago disait de la nouvelle invention que c'était un présent fait à l'humanité.

L'invention de Daguerre se bornait à la production d'images photographiques sur des plaques argentées. Cette branche de la photographie porte encore le nom de *daguerréotypie*, tandis que le terme de *photographie* a été réservé à la production des images sur verre, papier, etc.

A son apparition, le nouvel art de Niepce

seulement durable, mais perdit une grande partie de son éclat miroitant peu agréable.

En mars 1839, c'est-à-dire six mois avant la publication de la découverte de Daguerre, Fox

FIG. 1. — LA PLUS GRANDE PHOTOGRAPHIE DU MONDE. — LES PRÉPARATIFS.

et Daguerre présentait encore deux grandes lacunes. Elles furent rapidement comblées. Les savants et les praticiens de tous les pays s'attachèrent à perfectionner cet art nouveau dont tout le monde entrevoyait l'avenir. Daguerre employait une pose de 20 minutes pour obtenir une image quelconque. Le procédé ne convenait guère à la production des portraits et aux autres usages ordinaires de la photographie tels que nous les connaissons aujourd'hui.

En 1841, Claudet trouvait que le chlore venait grandement en aide à l'iode, au point que la sensibilité de la plaque se trouvait accrue au-delà de ce qu'on pouvait espérer. Quelques secondes suffisaient maintenant pour obtenir une image. Malheureusement, les images obtenues de cette façon s'abîmaient rapidement. On les comparait à la poudre impalpable qui recouvre l'aile du papillon. Si on ne les mettait pas sous verre, en quelque temps elles s'évanouissaient spontanément. Fizeau obvia à cet inconvénient à la suite de la découverte qu'il fit de l'action merveilleuse exercée par le chlorure d'or sur l'image produite sur la lame. L'image soumise à l'action du chlorure d'or devint non

Talbot, membre de la Royal Society de Londres, faisait une communication sur ses dessins « photographiques ». C'est la première fois que le mot apparaît. En 1840, il publiait son procédé perfectionné sous le nom de *Callotypie*. La callotypie, en dépit de son nom, ne pouvait rivaliser pour la beauté avec la daguerréotypie, mais elle la surpassait d'un autre côté : elle permettait la reproduction indéfinie de l'image. Sous ce rapport la callotypie est la mère de la photographie moderne. Comme le papier n'est pas assez fin pour reproduire les détails les plus délicats de l'image, on chercha à obtenir un support plus délicat et on enduisit une plaque de verre de blanc d'œuf. Le premier qui eut cette idée fut Niepce de Saint-Victor. Peu après Scott remplaça le blanc d'œuf par le collodion qui ne fut détrôné qu'il y a une vingtaine d'années par le gélatino-bromure.

Après avoir transformé le rayon lumineux en un parfait dessinateur, restait à en faire un graveur pour dessiner ses images sur des plaques de pierre ou de métal permettant d'en faire des copies typographiques.

Il ne suffisait toutefois pas, pour obtenir de bons résultats, d'avoir inventé la partie chimique et mécanique du procédé, il fallait encore de bons instruments optiques. Sous ce rapport les Français, les Allemands et les Anglais ont surtout bien mérité de la photographie. Charles Chevalier, de Paris, en réunissant deux lentilles achromatiques non seulement réduisit le temps nécessaire à la production de l'image, mais communiqua à cette image plus de finesse. Il faisait des portraits en quelques minutes dès avant l'invention des procédés rapides. L'objectif photographique fut encore plus perfectionné par le professeur Petzval, de Vienne, qui entreprit sur cette branche de la photographie des études difficiles et persévérantes. Ses efforts furent couronnés de succès : ses objectifs, dits de Voigtländer, devinrent réellement célèbres dans toute l'Europe.

Le procédé à l'albumine de Niepce de Saint-Victor était un grand progrès au point de vue de la durée de la pose. Cette durée était réduite de 20 à 2 minutes. Le procédé au collodion réduisit cette durée à 30 secondes. C'était un progrès considérable. Il fut accueilli avec enthousiasme et, malgré les défauts et désagréments

tino-bromure sont rarement comparables pour la beauté aux anciens clichés au collodion développés à l'acide pyrogallique. C'est ce qui explique qu'il ait encore des fidèles maintenant. Mais le gélatino-bromure avait des qualités de propreté, commodité et rapidité qui rachetèrent ses défauts artistiques devenus peu sensibles d'ailleurs, et lui assurèrent un succès sans précédent. Du jour de l'invention, ou plutôt de la fabrication industrielle de la plaque au gélatino-bromure, la photographie a cessé d'être un art mystérieux, l'atelier du photographe une officine sentant l'éther et l'iode, le photographe lui-même une sorte de pontife aux mains toujours noires de nitrate d'argent, aux vêtements maculés de taches brunes ou verdâtres, au visage parsemé d'innombrables taches de beauté causées par les éclaboussures du bain sensibilisateur.

L'application de la gélatine à la photographie n'est pas, comme on le croit généralement, de date récente. En 1847, Niepce de Saint-Victor écrivait un mémoire à ce sujet, et, au début de 1850, Poitevin entreprenait de nombreuses expériences sur la gélatine et l'iodure d'argent appliqués sur verre. Toutefois, le premier qui trouva un vrai procédé à la gélatine fut le méde-

FIG. 2. — LA PLUS GRANDE PHOTOGRAPHIE DU MONDE. — LE LAVAGE.

qu'on pouvait lui reprocher, il régna en maître pendant vingt-cinq ans. Il n'en était du reste pas indigne, car les meilleurs clichés posés au géla-

cin anglais, R. L. Maddox qui, en 1871, donna la première impulsion au procédé maintenant si répandu.

A cette époque, le procédé au collodion était dans toute sa vogue. Les études continuelles que Maddox voyait faire autour de lui et auxquelles il se livrait lui-même dans le but de perfectionner la photographie firent naître en son esprit l'idée de substituer une solution de gélatine au collodion liquide et d'ajouter à cette gélatine un sel d'argent sensible à la lumière. Cette substitution avait déjà été imaginée par d'autres chercheurs. Ils avaient même réussi à préparer des plaques extrêmement sensibles en employant la gélatine unie à l'iodure d'argent, mais ils n'avaient pas encore trouvé le moyen de transformer le sel d'iode en iodure d'argent. Leurs tentatives avaient passé d'autant plus facilement inaperçues qu'on se trouvait à l'époque d'épanouissement de la photographie au collodion. Toutefois, les bons résultats obtenus par Maddox et ses disciples excitèrent un intérêt très vif dans le monde des photographes qui commença à s'en préoccuper sérieusement. En 1873, la méthode avait déjà une telle perfection qu'on pouvait mettre dans le commerce des plaques à la gélatine belles et rapides, sensibles autant que le collodion.

De ce moment, les plus habiles chercheurs de méthodes photographiques tournèrent leur attention vers le nouveau procédé. Ce dernier doit son importance actuelle et ses magnifiques résultats aux travaux de multiples savants ou professionnels tels que Abney, Andra, Bolton, Carey Lea, Eder, Edwardo, Liesegang, Lohse, Monkhoven, Obernetter, Schumann, Stolze, Vogel, Warnerke, Lumière, etc.

Les opérations pour le travail au gélatinobromure sont beaucoup plus simples que pour le travail au collodion.

La solution collodionnée bien réussie et décantée, il fallait l'étendre sur la plaque. C'est là surtout qu'il fallait de l'habileté. Il s'agissait de remplir toute la plaque avec uniformité, sans arrêt, sans retouchage, sans instrument égaliseur, sans bulles, et sans que la solution passât deux fois par le même point ou revînt en arrière. C'était un art qui avait ses formules.

Après un nettoyage, dégraissage et polissage préalable de la surface à recouvrir, il fallait saisir délicatement la plaque de la main gauche par le coin inférieur de gauche.

Prenant alors, de la main droite, le flacon de collodion, il fallait verser sur le coin supérieur de droite de la plaque, la quantité de liquide nécessaire pour la recouvrir, pas trop, pas trop peu. Manœuvrant alors lestement et habilement de la main gauche, il fallait faire passer la solution jusqu'au coin supérieur de gauche, puis d'un trait la faire descendre comme un rideau sur toute la plaque jusqu'au bord inférieur et évacuer l'excès de liquide par le coin inférieur de droite. Le tout ne pouvait demander plus de deux ou trois secondes, car l'éther se volatilise vite et la plaque devait être encore toute humide à son entrée dans le bain de nitrate d'argent. On restait alors 5 ou 6 minutes à balancer le bain sensibilisateur jusqu'à ce que la plaque perdît son aspect graisseux. Alors, dare-dare, on la mettait toute mouillée dans le châssis d'exposition, toujours avec d'infinies précautions pour ne pas abîmer la très fragile couche de collodion.

Tout cela se passait au cabinet noir, dans une atmosphère saturée de vapeurs d'éther, d'alcool, d'acide chlorhydrique, sulfurique, azotique, d'iode, d'ammoniaque, et que sais-je encore? Il n'y avait pas beaucoup d'amateurs dans ce temps-là!

Aujourd'hui plus rien de tout cela.

La plaque vient toute faite de la fabrique. Il n'y a qu'à l'introduire dans le châssis. Elle se conserve presque indéfiniment et est prête à tout moment. Propreté, économie de temps et d'argent, grande sensibilité, telles sont les principales qualités qui ont valu à la plaque à la gélatine son immense succès. Ce sont ces qualités aussi qui ont rendu possibles les nombreux tours de force photographiques auxquels nous assistons chaque jour comme aux choses les plus naturelles du monde.

Au nombre de ces tours de force compte assurément le panorama de Naples, qui figurait à l'exposition de l'Union allemande des photographes qui s'est tenue à Dresde, et qui est bien la plus grande photographie du monde. Cette épreuve gigantesque mesure 12 m. de longueur sur 1 m. 50 de hauteur. Elle représente la baie de Naples vue de Castel-Marino, le point le plus élevé des environs de la ville, d'où la vue embrasse toute la cité et découvre la mer jusqu'au Vésuve et jusqu'à Capri.

Pour donner au panorama le plus d'étendue possible, on prit six vues sur plaques 21 × 27. De ces six négatifs destinés à être reliés les uns aux autres en une image unique, on fit six agrandissements de 1 m. 50 × 2 m. On se servit à cet effet d'un appareil avec objectif de 32 cm. de diamètre. Ces agrandissements furent tirés directement sur papier au bromure d'argent. La difficulté que présentait la liaison des différentes plaques, si l'on voulait éviter toute interruption, fut si heureusement surmontée qu'il est pratiquement impossible de découvrir les points de jonction entre deux plaques. Les six négatifs ont été exposés pendant des durées variables selon la nature de la vue. La pose a été de 1/2 heure à 1 heure 1/4.

Pour le développement, il a fallu construire une roue d'un bois préparé spécialement. La roue avait 4 m. de diamètre et 1 m. 75 de largeur; sa périphérie était de 12 m. 50. Elle portait à l'oxalate de fer.

Lorsque le développement fut suffisamment avancé, on l'interrompit par un arrosage énergique d'acide acétique glacé. Cette opération se fit au moyen d'une pompe à main. L'épreuve fut alors passée au bain d'acide acétique pendant 20 minutes. Après un rinçage suffisamment prolongé, elle fut transportée dans le bain de fixage ou plutôt on transféra le bain de fixage sous l'épreuve. Le fixage dura 3/4 d'heure. Nouveau rinçage, puis lavage dans

tait 90 lattes pour supporter le papier photographique. Pour les bains on se servit de 3 grandes cuves d'environ 2 mc. de capacité, destinées respectivement à développer, éclaircir et fixer l'épreuve. Chaque cuve roulait par 5 galets sur des rails de 16 m. de longueur. Enfin, une gigantesque cuve d'eau servit au lavage. Elle avait 15 m. de long sur 2 m. de large et 75 cm. de profondeur, soit une capacité totale de 22 mc. 5.

Le développement se fit la nuit et en plein air. Avant le développement, le papier exposé pourvu d'une enveloppe protectrice, fut étendu sur les barreaux de la roue. Celle-ci fut alors mise en mouvement et en tournant elle plongeait la partie inférieure du papier dans le développateur. Les parties claires furent traitées au moyen d'éponges mouillées d'un développateur énergique. Les parties dont le développement était trop rapide furent ralenties par de l'acide acétique glacé. Le développateur était à l'oxalate de fer.

la grande cuve pendant 8 heures à l'eau courante. Le cube total d'eau consommée par cette mémorable manipulation fut de près de 298 mc., c'est-à-dire à peu près la capacité d'une maison de 5 m. de façade, 6 m. de profondeur et 10 m. de hauteur.

Lorsque le lavage fut achevé, on fit écouler l'eau et on étendit l'épreuve sur des barres de bois fixées aux bords supérieurs de la cuve. Le séchage demanda 10 heures.

Finalement l'épreuve fut montée, retouchée et envoyée à l'Exposition. Ce tour de force, qui restera célèbre dans les annales de la photographie, a été exécuté par la Nouvelle Société de Photographie Berlin-Steglitz. Il est le digne couronnement des 65 années de recherches et d'efforts qui se sont écoulées depuis que Daguerre présenta son premier daguerréotype au public.

ÉMILE GUARINI.

PÉDAGOGIE

TRIBUNE LIBRE D'EN-SEIGNEMENT EXPÉRIMENTAL

Sur la vérification de la loi de la réfraction dite loi des sinus.

L'on dit quelquefois que, au degré d'approximation des expériences de cours, la vérification de la loi des sinus est illusoire, qu'elle s'appliquerait aussi bien à une loi des angles ou des tangentes. Quel est donc le degré d'approximation qu'il faudrait atteindre pour avoir la certitude que c'est bien le rapport des sinus qui est constant et non celui des angles ou celui des tangentes?

Si l'on prend successivement comme angles d'incidence dans l'eau (indice $= 1,33$), 25°, 35° et 45°, on doit trouver comme angles d'émergence correspondants : 34°,33, 49°,9 et 70,5. Le rapport des sinus étant 1,33, le rapport des angles prend successivement les valeurs : 1,37, 1,43 et 1,56. Les rapports des tangentes seraient encore plus grands et plus différents. Or la plus petite différence entre un rapport de sinus et le rapport d'angles correspondant est 0,04, soit $\frac{1}{34}$ de la valeur exacte, ce qui représente une longueur de 3 mm. pour 100; chacun sait qu'il n'est pas difficile de mesurer une longueur de l'ordre du décimètre à un millimètre près, ce qui dépasse notablement le degré d'approximation nécessaire dans le cas le plus défavorable.

On peut réaliser, comme suit, une vérification très satisfaisante de la loi en question. On prend un vase rectangulaire pour pile à bichromate de grand modèle ($19 \times 16 \times 10$ cm. intérieur); on fixe au long d'une des grandes faces une planche verticale portant une règle alidade mobile autour d'un

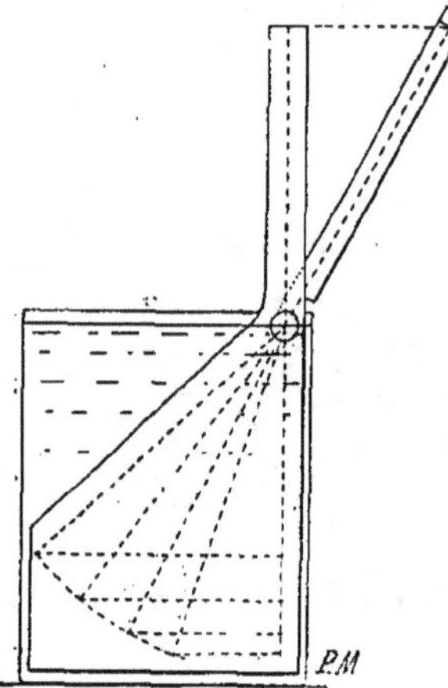

FIG. 1. — APPAREIL POUR LA VÉRIFICATION DE LA LOI DE LA RÉFRACTION.

point situé à environ 18 cm. du fond et dans le voisinage du bord (fig. 1). L'axe de rotation se termine, en avant, en pointe fine, à 50 mm. de la planche. En outre une ligne qu'on pourra rendre verticale est tracée sur la planche et passe par l'axe. Enfin sur un arc de 20 cm. de rayon, ayant son centre sur l'axe, on plante *normalement* à la planche des aiguilles à 85, 115 et 140 mm. de la ligne verticale. Une petite lame de laiton est fixée sur l'alidade à 20 cm. de l'axe et présente une fente longitudinale de 2 mm. de large. On verse de l'eau dans le vase jusqu'à l'axe, puis on amène l'alidade en ligne avec l'axe et, successivement, avec chacune des aiguilles. On mesure à chaque fois la distance du milieu de la fente à la ligne verticale et l'on calcule les rapports, qui s'écartent rarement de 0,01 de la vraie valeur 1,33.

Prisme à angle variable.

Voici un prisme à angle variable très simple qui a le mérite d'être *parfaitement étanche* si l'on veut. Une petite cuve en bois de 5 cm. de profondeur a pour fond une plaque de verre 6×9, elle est peinte à l'huile et peut être munie de deux petites plaquettes entaillées qui permettront de la faire reposer sur deux petits tourillons portés

par un support approprié; l'axe de rotation ainsi déterminé sera dans le plan de la face inférieure du verre et marqué par un trait à l'encre pour les observations par vision directe (fig. 2).

Pour opérer par projection, on disposera en dessous de l'axe de rotation un petit miroir à 45° d'un centimètre carré recevant le rayon du porte-lumière et l'on aura ainsi une trace lumineuse au plafond. On verse de l'eau dans la cuve, de manière que la trace en question reste en place, cela indiqué que le fond est horizontal. Puis on penche la cuve et l'on voit la trace se déplacer. Mais alors le fond n'est plus horizontal et l'on a un prisme d'eau dont l'angle peut avoir l'orientation et la valeur que l'on veut. Si l'on voulait n'avoir qu'une déviation on ferait entrer la lumière par-dessus la cuve en projetant par terre ou sur la table.

Pour observer par vision directe (exercice pratique), on disposera sur la table, à une distance de 25-30 cm. de la

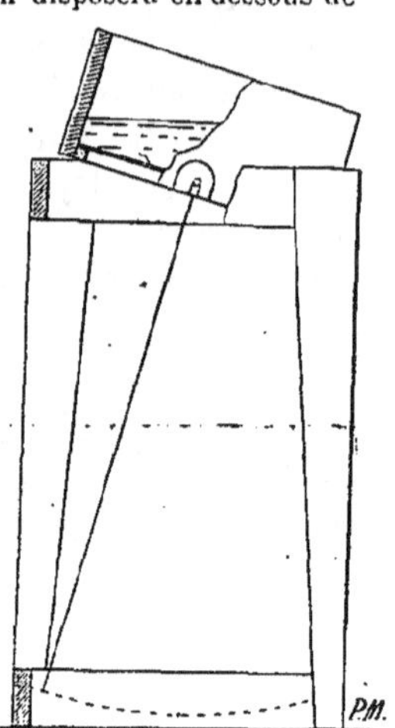

FIG. 2. — PRISME A ANGLE VARIABLE.

cuve, une feuille de papier sur laquelle on tracera une droite dans le plan vertical de l'axe de rotation. Si le fond de la cuve est horizontal, la partie de la droite vue à travers l'eau paraît dans le plan de l'axe et des parties aériennes. Il n'en est plus de même aussitôt qu'on penche la cuve et l'on voit la déviation augmenter avec l'inclinaison de la cuve, c'est-à-dire avec l'angle du prisme. On pourra mesurer l'angle du prisme et la déviation pour diverses positions de la cuve; si l'on observe dans le plan vertical de l'axe, de manière à n'avoir qu'une déviation, on pourra aisément calculer l'indice de l'eau ou de tout autre liquide qu'on pourra mettre dans la cuve.

*Communiqué par M. P. MORIN,
professeur au Lycée de Montluçon.*

Aiguille électrique.

L'instrument (fig. 3) se compose d'une tige mince de verre ABCD, obtenue par étirement au chalumeau, et coudée à angle obtus en B et C; longueur totale, 15 cm. Aux deux extrémités A et D on enfonce une petite boule de moelle de sureau. Cette tige est fixée en la chauffant légèrement en son milieu, sur un petit cylindre en paraffine de 1 cm. 1/2 de hauteur et 1 cm. de diamètre. Au centre de celui-ci est une chape E formée par un bout de tube de 3 à 4 mm. de diamètre, fermé à son extrémité supérieure et long de 1 cm. environ.

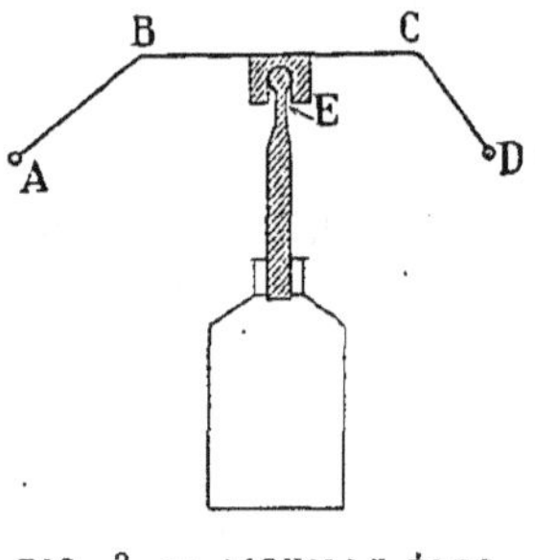

FIG. 3. — AIGUILLE ÉLECTRIQUE.

Le support est constitué par une baguette de verre étirée à sa partie supérieure, à extrémité émoussée à la flamme, et enfoncée inférieurement dans le bouchon d'un flacon.

*Communiqué par M. C. FREYCENON,
Professeur au collège de Dieppe.*

Revue des Applications des Sciences.

BOTANIQUE.

| **Hybride de greffe.** |

M. Daniel a soutenu à plusieurs reprises l'opinion qu'il peut se produire, après l'opération de la greffe, une action réciproque du sujet et du greffon, qu'il existe de véritables hybrides de greffe. Mais dans la plupart des observations ou expériences que l'auteur invoquait pour soutenir sa manière de voir, les caractères plus ou moins intermédiaires entre le sujet et le greffon n'apparaissaient que rarement et l'on pouvait objecter qu'ils étaient dus soit à des variations accidentelles de cause inconnue, soit à des semis se trouvant hybridés par hasard.

FIG. 1. — FEUILLE NORMALE DE COIGNASSIER.

Une nouvelle observation du même auteur paraît lever définitivement cette objection ; elle se rapporte à des poiriers ravalés ; on sait que lorsque les arbres fruitiers viennent à dépérir ce sont d'abord les extrémités les plus éloignées du sol qui disparaissent : les arbres « se couronnent » ; on peut les restaurer en partie, par exemple en coupant les branches au ras du tronc et en ne laissant de la tige principale qu'une longueur de 1 m. environ ; c'est cette opération qu'on désigne en arboriculture sous le nom de ravalement.

Un exemplaire de poiriers ainsi traités donna plusieurs pousses sur le sujet qui se trouvait être un coignassier ; deux d'entre elles, situées à 20 cm. environ au-dessous du bourrelet de greffe avaient

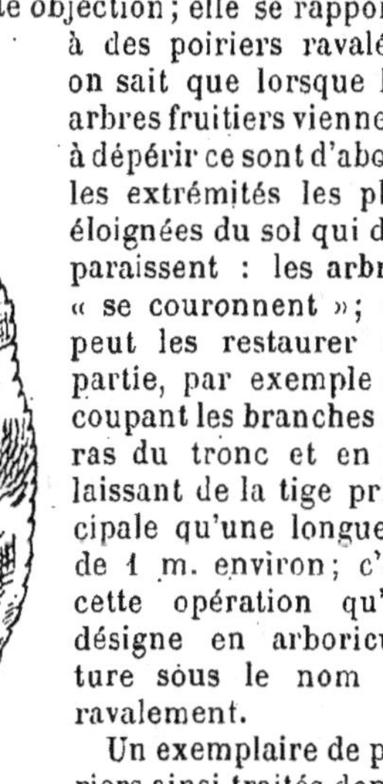

FIG. 2. – FEUILLE NORMALE DE POIRIER WILLIAMS.

l'apparence des pousses normales de coignassier ; leurs feuilles ne différaient de celles du coignassier que par une taille plus petite, facilement attribuable aux conditions mauvaises de nutrition ; ces deux pousses témoignaient donc par leurs caractères que le sujet était bien un coignassier, né d'une graine n'ayant subi aucune hybridation sexuelle.

Trois autres pousses se sont développées sur le bourrelet même ; elles présentaient dans leur tige et leurs feuilles des caractères nettement intermédiaires entre ceux du coignassier sujet et ceux du poirier Williams qui avait servi de greffon ; c'est ainsi que l'épiderme des rameaux était vert brun noirâtre alors qu'il est vert noirâtre chez le coignassier, vert brun chez le poirier Williams ; les lenticelles offraient dans leur nombre un caractère moyen entre les deux espèces ; la feuille était velue à l'état adulte alors qu'elle est très velue chez le coignassier et glabre chez le poirier ; quant à la forme générale du limbe les figures 3 et 4 montrent mieux que toute description, qu'elle tient à la fois de la feuille du coignassier (fig. 1) et de celle du poirier Williams (fig. 2).

Il en est de même pour la structure anatomique ; pour ne parler que d'un seul caractère le paren-

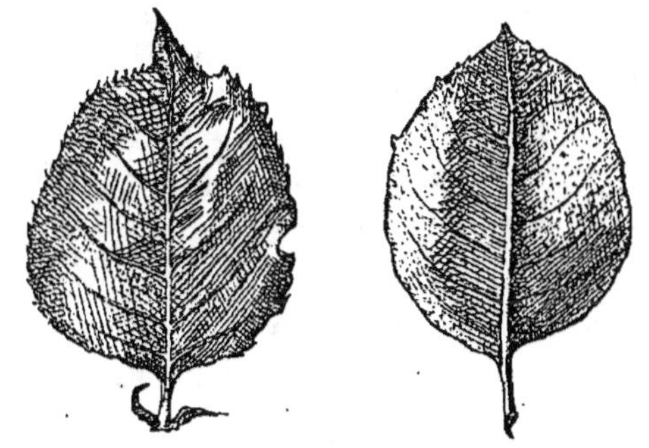

FIG. 3 ET 4. — FEUILLE D'UN RAMEAU HYBRIDE DE GREFFE.

chyme lacuneux du limbe des feuilles est à larges méats et à cellules très rameuses chez le coignassier ; il est dense, à cellules arrondies chez le poirier Williams, dans les rameaux considérés il est à méats assez larges et à cellules peu rameuses ; on est là en présence d'une fusion très remarquable de caractères, tout à fait analogue à celle qu'on observe chez les hybrides sexuels.

Il est très vraisemblable que si l'on n'observe pas plus souvent de ces hybrides de greffe cela tient en partie à ce que l'on supprime systématiquement les formes du sujet qui apparaissent précisément comme les plus sensibles aux variations de cette nature.

| **Parasitisme accidentel de la Passiflore.** |

Un certain nombre de plantes phanérogames, telles que les Mélampyres, les Pédiculaires, vivent en partie aux dépens des sels minéraux du sol et du gaz carbonique de l'air, présentant ainsi le mode unique de nutrition de la plupart des plantes vertes, et en partie aux dépens de substances organiques élaborées par une autre plante verte sur laquelle elles se fixent plus ou moins étroitement. Il n'est pas rare d'ailleurs d'observer que ce parasitisme, c'est le cas des Mélampyres par exemple, fasse place à un simple saprophytisme, les radicelles suçoirs venant s'appliquer sur des débris organiques d'humus, au lieu de prendre contact avec une racine de plante verte.

C'est un phénomène inverse du précédent que M. Pée-Laby vient d'observer chez la Passiflore qui, dans les conditions normales, mène une vie absolument indépendante et qui accidentellement peut contracter une adhérence avec des racines d'autres plantes. Dans l'échantillon décrit, la tige de Passiflore présente à sa base quelques racines adventives très petites, paraissant incapables de nourrir la plante considérée, puis apparaît comme soudée étroitement à une grosse racine de Fusain du Japon.

L'examen anatomique de la région renflée de soudure montre qu'on est en présence d'une disposition semblable à celle qu'on observe par les Orobanches qui se fixent sur les organes souterrains de leurs hôtes; des tissus d'absorption se sont constitués à la base de la tige de la Passiflore et mettent celle-ci en relation nutritive avec la racine attaquée. D'autre part la structure intime des tissus de soudure rappelle ce qu'on observe dans la greffe; l'échantillon du parasite accidentel dont il est question montre qu'au moment où il a été examiné la soudure était en voie de disparaître; l'hôte commençait à s'affranchir de cette sorte de greffon par la formation de tissus secondaires libéroligneux, la Passiflore développant de son côté sur le bourrelet une nouvelle racine, destinée à assurer l'absorption normale des substances inorganisées du sol.

M. MOLLIARD.

CHIMIE APPLIQUÉE

<table><tr><td>La soie artificielle [1].</td><td>La soie artificielle est en ce moment à la mode, et cet enthousiasme est justifié par le succès</td></tr></table>

soudain du procédé de Chardonnet, succès qui, du reste, s'est fait attendre de longues années. En 1889, on remarquait à peine la soie artificielle. A partir de l'Exposition de 1900, les demandes ont tout d'un coup afflué et depuis, la production de la nouvelle matière s'accroît chaque année. La France compte plusieurs usines, l'Allemagne également, et la fabrique d'Oberbruch est en train de devenir un centre industriel, attirant les ouvriers qui viennent même de Hollande jusqu'à Roermond. En Angleterre, en Espagne, en Belgique, aux États-Unis, au Mexique, se montent de nouvelles usines. Nous résumons dans les lignes qui suivent les principaux

procédés de cette intéressante industrie; nous parlerons d'abord d'une imitation de la soie qui n'est pas la soie artificielle, mais l'a devancée de nombreuses années : le coton mercerisé.

Cotons mercerisés. — Le mercerisage du coton consiste dans une transformation superficielle de la cellulose $(C^6H^{10}O^5)^n$, qui constitue ce coton, en hydrocellulose $(C^{12}H^{22}O^{11})^{n'}$. Cette transformation se produit en présence de nombreux réactifs (acide sulfurique, acide phosphorique, chlorure de zinc, alcalis). Ces derniers seuls respectent la solidité de la fibre et peuvent être employés pratiquement. On peut dans certains cas leur adjoindre des hydrocarbures ou des corps gras.

Le mercerisage s'effectue le plus souvent sur les cotons en écheveaux. Ceux-ci sont d'abord dégraissés au moyen d'une solution alcaline faible, puis on les plonge dans une lessive concentrée où s'effectue la transformation en hydrocellulose. Cette transformation est accompagnée d'un rétrécissement considérable de la fibre, de 20 à 25 p. 100 de sa longueur. On s'oppose à ce rétrécissement en maintenant les écheveaux entre deux solides traverses. Il en résulte une tension énorme qui accroît le parallélisme des brins dans les fils et augmente encore leur brillant. Dans d'autres cas on laisse le rétrécissement s'opérer, et on ramène les fils à leur longueur primitive après que l'action du bain est terminée. Enfin, on peut empêcher le rétrécissement en additionnant le bain alcalin de benzine, de pétrole ou d'alcool. Ces procédés sont cependant moins employés.

La température a une grande influence sur la mercerisation, qui est d'autant plus énergique que l'on opère avec un bain plus froid. On a même préconisé l'emploi de la glace, mais il est plus économique de rester à la température ordinaire et d'employer des lessives un peu plus concentrées. On se sert pratiquement d'une solution de soude à 30° Baumé environ.

L'action de la lessive alcaline sur la cellulose est presque instantanée. Aussi ne laisse-t-on les écheveaux dans le bain que le temps nécessaire à leur imprégnation complète. Ils sont ensuite égouttés, puis passés à l'eau claire, enfin dans un acide étendu (acide sulfurique à 15 p. 1000) qui sature les dernières traces d'alcali.

On obtient ainsi des fils dont le brillant est analogue à celui de la soie, bien qu'inférieur. Ils sont très employés pour les travaux d'aiguille et la bonneterie.

Soie artificielle. — La soie artificielle n'est plus, comme le coton mercerisé, une fibre naturelle que l'on a modifiée de manière à accroître son brillant, mais bien un fil produit artificiellement, par la coagulation d'une solution convenablement choisie, et d'une manière analogue à celle qu'emploie l'araignée ou le ver à soie. Les procédés permettant d'arriver à ce but sont nombreux. Nous ne citerons que ceux employés pratiquement; tous utilisent comme matière première la cellulose, c'est-à-dire le coton; il s'agit donc :

1° De transformer le coton en une combinaison soluble;

2° De filer la liqueur obtenue;

3° Dans quelques procédés, de traiter le fil par

<hr>

1. Le lecteur désireux de se documenter plus à fond sur la question pourra consulter les livres de Willems sur *la Soie artificielle*; de M. Suvern, *la Soie industrielle*; de Foltzer, *la Fabrication de la soie artificielle parisienne*; ainsi que de nombreux articles parus dans le *Bulletin de la Société d'Encouragement*, *l'Industrie textile* et le *Génie Civil*, auquel nous avons emprunté notre gravure sur la soie de viscose.

un réactif convenable qui lui fasse perdre son inflammabilité.

· *Procédé de Chardonnet.* — Il repose sur les principes suivants :

· 1° Le coton traité par un mélange d'acides azotique et sulfurique se transforme en un mélange de nitrocelluloses;

2° Ces nitrocelluloses sont solubles dans l'éther additionné d'alcool. Cette solution (collodion) peut être filée en la faisant passer par des orifices capillaires et l'évaporation du dissolvant laisse un fil de nitrocellulose;

3° La nitrocellulose traitée par une substance réductrice est *dénitrée*, c'est-à-dire ramenée à l'état de cellulose ordinaire.

Le collodion, qui constitue en somme la base de ce procédé, est connu depuis longtemps; mais on n'avait pas trouvé de moyen pratique permettant de le transformer en soie artificielle avant le premier brevet de Chardonnet (17 novembre 1884). Depuis, ce procédé a été à diverses reprises modifié et perfectionné. On s'est d'abord préoccupé de trouver un dissolvant moins coûteux que le mélange à parties égales d'éther et d'alcool primitivement indiqué, ou tout au moins d'employer des solutions plus concentrées. Malheureusement ces solutions étaient trop visqueuses et nécessitaient pour être filées une pression de 60 atmosphères. On a essayé de les rendre plus fluides en y ajoutant une petite quantité d'acide sulfurique (Lehner) ou éthylsulfurique (de Chardonnet), ou modifié de différentes manières la composition du dissolvant.

Pour filer le collodion, on le fait passer sous pression à travers une série de tubes capillaires de 0 mm. 10 à 0 mm. 15 de diamètre, qui ne doivent pas être effilés, mais cassés normalement à l'axe. Ce fil est ensuite soit coagulé par l'eau, soit séché simplement à la vapeur.

· La matière ainsi obtenue est très inflammable. Il faut donc la dénitrer au moyen d'un bain convenable. La composition de ces bains est très variable : les brevets successifs de Chardonnet indiquent les sulfures alcalins, le sulfhydrate d'ammoniaque, le sulfure de calcium, le chlorure ferreux en présence d'alcool. Lehner a préconisé l'addition au sulfhydrate d'ammoniaque d'un sel de magnésie, qui neutralise l'alcalinité.

Malheureusement cette dénitration fait perdre à la soie une grande partie de son élasticité et de sa résistance. Elle n'en constitue pas moins un très beau produit, d'un brillant supérieur à celui de la soie naturelle, et qui tend à supplanter complètement celle-ci dans certaines applications, où la beauté et le bon marché de la matière sont plus recherchés que sa solidité (passementerie, étoffes d'ameublement). Aussi la demande croît-elle plus rapidement que la fabrication, et le kilogramme de soie, qui se vendait 23 fr. en 1897, en vaut 36 aujourd'hui.

· En dehors de l'Usine française de Besançon, le procédé de Chardonnet est employé en Angleterre (usine du Lancashire), en Suisse (usine de Spreitenbach), en Belgique (usine de la Tubize), en Allemagne (usine de Francfort), en Hongrie (usine de Sarvar); on est en train de monter des fabriques en Russie, en Italie, en Espagne et au Mexique.

Soies artificielles obtenues à l'aide d'acide acétique. — Le premier brevet indiquant l'emploi de l'acide acétique pour obtenir une substance imitant la soie est celui de Gérard (6 septembre 1886), postérieur de deux ans seulement au brevet de Chardonnet; il indique

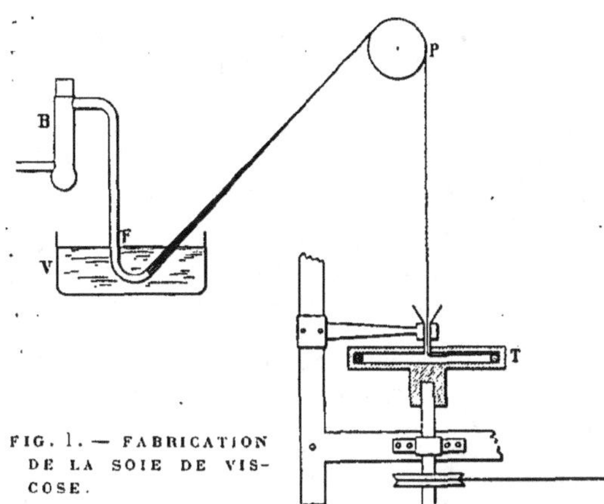

FIG. 1. — FABRICATION DE LA SOIE DE VISCOSE.

l'emploi d'une solution dans l'acide acétique cristallisable d'un mélange de gélatine et de coton triazotique. L'année suivante (5 mai 1887) Gérard formait avec du Vivier une association pour l'exploitation d'une soie artificielle dite « soie française », transformée en 1888 en Société du Vivier et Cie. Les brevets pris à cette époque revendiquaient la filature d'un mélange de solutions acétiques de coton triazotique, d'ichtyocolle et de gutta-percha. Le fil était rendu incombustible par un traitement à l'ammoniaque et au sulfate d'alumine. En 1890 du Vivier supprimait la cellulose et filait une solution dans l'acide acétique d'osséine ou d'épidermose (cornes, poils, plumes).

Différents auteurs ont repris l'emploi de l'acide acétique comme dissolvant, mais la substance dissoute est habituellement l'hydrocellulose obtenue en traitant le coton par l'acide sulfurique. L'emploi de l'hydrocellulose est avantageux en ce qu'il permet d'obtenir un fil ininflammable sans qu'on ait besoin, comme dans le procédé de Chardonnet, de le dénitrer. C'est surtout en Amérique que l'on utilise la soie ainsi fabriquée, principalement comme isolant pour recouvrir les conducteurs électriques.

· « *Coton artificiel* » *au chlorure de zinc.* — En chauffant un mélange de cellulose et de chlorure de zinc, on obtient une solution primitivemuent usitée pour fabriquer les filaments de lampes à incandescence. On a réussi cependant depuis peu à fabriquer à partir du chlorure de zinc une matière pouvant donner des fils qui, s'ils n'ont pas le brillant de la soie, peuvent du moins remplacer avantageusement le coton : on utilise comme matière première le bois de sapin, qui est tout d'abord séché dans le vide, puis effiloché, coupé en lamelles, et enfin chauffé 10 heures à la vapeur d'eau, 36 heures avec du bisulfite de soude sous pression, ensuite avec du chlorure de chaux. Après d'abondants lavages on a de la sorte de la cellulose presque pure. On la traite alors pendant 3 heures à 180°, par un mélange de chlorure de zinc, d'acide chlorhydrique et d'acide azotique, en y ajoutant de l'huile de ricin, de la caséine ou de la gélatine. On obtient ainsi une solution épaisse que l'on file sous une pression de 10 atmosphères ; les fils sont séchés à l'air, lavés au carbonate de soude, puis à l'ammoniaque et à l'eau pure.

Soie à l'hydrate de cuivre. — On sait que la solution bleue que donne l'oxyde de cuivre avec l'ammoniaque (liqueur de Schweitzer) jouit de la propriété de dissoudre la cellulose. Cette solution fut indiquée pour la première fois comme pouvant servir à préparer de la soie artificielle par Despeissis (12 février 1890). Son procédé, qui ne fut jamais employé industriellement, fut repris par différents expérimentateurs et actuellement trois usines fabriquent de la soie à l'aide de la liqueur de Schweitzer. Ce sont l'usine d'Oberbruch (Allemagne), dirigée par Fremery et Urban et qui occupe actuellement, en dehors des employés de bureau et des mécaniciens, plus de 1 700 ouvriers ; l'usine de Mulhouse, dirigée par le Dr Bronnert, et celle de la Compagnie de la soie artificielle parisienne de Givet (Nord).

Les procédés employés consistent d'abord à transformer la cellulose en hydrocellulose, au moyen de la soude. On dissout ensuite l'hydrocellulose dans une liqueur de Schweitzer aussi concentrée que possible, préparée en faisant réagir de l'ammoniaque, à 14 p. 100 sur de la tournure de cuivre, à 0°, en présence de l'air, ou mieux, d'après la Société de la Soie parisienne, en dissolvant à froid du carbonate de cuivre dans de l'ammoniaque.

Pour filer cette solution, on la fait passer à travers des tubes capillaires, et on coagule le fil en le traitant immédiatement par l'acide sulfurique fumant à 50 p. 100 environ d'anhydride. On peut aussi (brevets Thiele) faire déboucher le fil, à sa sortie des capillaires, dans une colonne de liquide librement suspendue, c'est-à-dire soutenue par la pression de l'air, dans un récipient se terminant à la partie inférieure par une petite ouverture.

Enfin, le 18 juin 1904, Prudhomme faisait breveter la préparation d'une solution de sulfate de cuivre dans un mélange de soude et d'ammoniaque comme dissolvant de la cellulose, et l'emploi de cette solution pour transformer et améliorer l'aspect et le toucher des fils et des tissus de coton.

Soie à base de viscose. — La cellulose traitée par la soude caustique donne un dérivé sodé (alcalicellulose), $C^6H^9O^4ONa$, qui réagit sur le sulfure de carbone à la manière des alcoolates en donnant un thiocarbonate :

$$C^6H^{10}O^4ONa + CS^2 = CS \underset{SNa}{\overset{OC^6H^{10}O^4}{<}}$$

Ce dernier composé est soluble dans l'eau en donnant une matière visqueuse que Cross et Bevan, qui découvrirent cette réaction, ont appelée viscose. La solution de viscose, abandonnée à elle-même à 50° pendant quelques heures, se polymérise peu à peu (maturation). Traitée par un sel ammoniacal ou un acide étendu, elle redonne de la cellulose hydratée. Tel est le principe de la fabrication de la soie de viscose.

La préparation de l'alcali-cellulose se fait en traitant la cellulose brute (lin, chanvre, coton, ramie) par de la soude à 17 p. 100 ; puis, dans un tambour tournant, on réalise la combinaison avec le sulfure de carbone. Au bout de 4 heures on laisse s'évaporer l'excès de sulfure de carbone, et l'on dissout la viscose formée dans une lessive de soude. La solution obtenue est mise à mûrir ; elle est ensuite prête à être filée.

Cette opération s'effectue en refoulant la viscose au moyen d'une pompe, d'abord sur un filtre-bougie, B, puis dans une filière métallique F percée de trous microscopiques (18 par filière pour un fil de grosseur moyenne). Cette filière est immergée dans la solution coagulante, contenue dans le vase V : de cette façon, dès que le jet de viscose sort de la filière, il est coagulé et le fil se trouve formé. Les 18 brins ainsi produits sont réunis et tordus en un seul, qui passe sur la poulie P et vient s'enrouler sur la bobine T (voir fig. 1).

Les écheveaux ainsi produits doivent être soumis d'abord à un traitement ayant pour but d'éliminer les sulfures alcalins qui les imprègnent. A cet effet on les traite par le sulfate ferreux, puis par l'acide sulfurique étendu. Enfin ils sont blanchis au moyen de bains successifs de sulfite de soude, de chlorure de chaux et de savon, avec lavages intermédiaires à l'eau pure.

La viscose ne sert pas qu'à produire de la soie artificielle. On l'utilise également pour revêtir les fils et les tissus de lin ou de coton, pour lesquels elle réalise un excellent apprêt.

La soie de viscose est fabriquée en Allemagne à Sidowsane près Stettin, et en France par la Société Française de soie artificielle, qui possède une usine à Arques. Une autre usine est en construction à Alost (Belgique).

Tels sont les principaux procédés fournissant actuellement la soie artificielle. Il est peu probable qu'ils aient tous un égal succès ; mais il est assez malaisé de dire quel est le meilleur ; pour le moment, étant donnée la demande excessive de matière, qui dépasse la production, la concurrence leur est facile. Mais dans quelques années, quand les nombreuses usines en construction enverront à leur tour leurs produits sur le marché, la lutte deviendra plus intéressante. En tout cas, quel que soit le procédé qui triomphe, on doit admirer l'ingéniosité des chercheurs qui ont réussi à créer une industrie si rapidement prospère.

C. CHABRIÉ,
Chargé de cours à la Sorbonne.

MÉCANIQUE APPLIQUÉE

Emploi de l'alcool dénaturé dans les moteurs (suite)[1].	**Rendement de l'alcool.** — Passons maintenant à l'alcool. Une première expérience, très nette, a été faite dans le but de comparer l'essence de pétrole à l'al-

cool carburé, à l'aide de 2 moteurs Gobron-Brillié à 2 cylindres, l'un de 8, l'autre de 12 chevaux. Chacun de ces moteurs présente cette particularité

1. Voir la *Science au XXe siècle*, n° 32, du 15 août 1905.

que, dans un même cylindre, l'explosion tend à écarter deux pistons opposés ; de plus, chaque cylindrée reçoit constamment *la même dose en volume* de liquide carburant. Cette dose est mesurée par des *alvéoles* identiques, creusées sur le pourtour

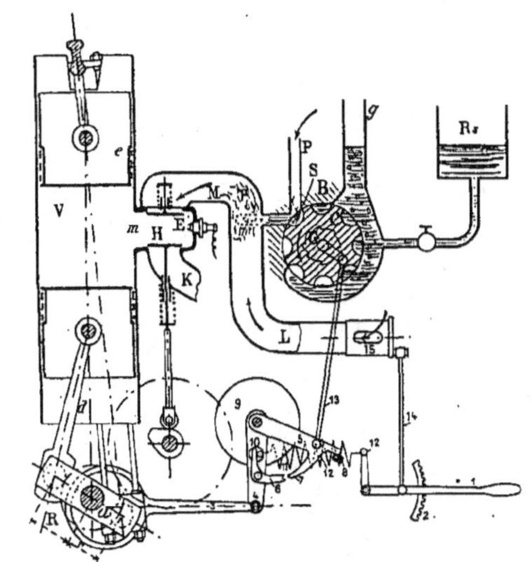

FIG. 1. — SCHÉMA DU MOTEUR GOBRON-BRILLIÉ.

d'un *cône-robinet* C (fig. 1) qui tourne dans un boisseau B ; au cours de cette rotation, les alvéoles, après s'être remplies de liquide pris dans une rainure circulaire, viennent s'arrêter successivement au point S de convergence de 2 conduits à angle droit : l'un sert d'arrivée à l'air destiné à *sucer* le liquide de l'alvéole, l'autre dirige le mélange, à travers une crépine-mélangeuse T, dans le conduit de prise d'air du moteur puis, avec cet air, dans le cylindre ; le taux de liquide distribué par le cône-robinet à chaque cylindrée est de 95 mm. cubes par litre de la cylindrée : celle-ci conserve donc, dans un même moteur, un dosage constant de combustible, quelles que soient les circonstances extérieures de l'expérience.

Ce système est particulièrement propre à des expériences comparatives.

Celles qu'on a exécutées, avec même réglage pour les deux moteurs de 8 chevaux n° 39 et de 12 chevaux n° 532 sont résumées dans le graphique ci-contre (fig. 2) où les courbes, en trait plein pour l'alcool carburé et en trait mixte pour l'essence, donnent la puissance en chevaux de chaque moteur en fonction du nombre de tours par minute.

Dans ces essais, la dépense dans un même moteur, *à une même vitesse*, était rigoureusement la même, en volume, pour les deux combustibles, le robinet à alvéoles venant de servir pour l'alcool étant conservé pour l'essai à l'essence.

La conclusion qui se dégage, pour les deux moteurs, de l'examen de ces deux groupes de tracés, est la même : l'alcool carburé, à même volume, donne une puissance notablement plus grande que l'essence, à partir des faibles vitesses jusqu'aux vitesses normales de fonctionnement, inférieures à 1000 tours ; la différence de puissance, qui varie de 1,5 cheval à 2 chevaux dans ces limites pour les

deux moteurs, atteignant ainsi le quart, pour l'un, le sixième, pour l'autre, de la puissance, ne s'annule que pour le moteur de 12 chevaux, et à la vitesse de 1 200 tours. Notons que la chaleur de combustion de l'alcool carburé, à même volume, n'est que les $\frac{87}{100}$ de la chaleur de combustion de l'essence : le premier devrait donc, s'ils avaient tous deux même rendement, ne fournir que les $\frac{87}{100}$ de la puissance fournie par la seconde.

Comme il n'en est pas ainsi, comme nous constatons, au contraire, que c'est l'alcool qui fournit la puissance la plus grande, nous sommes, *a fortiori*, autorisés à conclure que *l'alcool carburé*, dans des moteurs à explosion identiques, *utilise mieux sa chaleur de combustion que l'essence de pétrole*.

Ici, c'est dans un même moteur que l'essai comparatif est exécuté : les deux combustibles sont donc placés dans les mêmes conditions, en particulier en ce qui concerne la *compression du mélange* au moment où on en produit l'explosion.

Concours international de 1902. — Le « concours international de moteurs et appareils utilisant l'alcool dénaturé », qui a été organisé par le Ministère de l'Agriculture et a eu lieu à Paris en mai 1902, nous fournit sur cette question de l'alcool des renseignements particulièrement précieux.

Plus de 40 moteurs ont été présentés à ce concours.

Les consommations en alcool dénaturé à 90° ou en alcool carburé (quelquefois les deux) ont été relevées, pour chacun de ces moteurs, à vide, à demi-charge et à pleine charge, en même temps que les puissances correspondantes fournies par le moteur étaient mesurées.

Les moteurs étaient de types différents et de

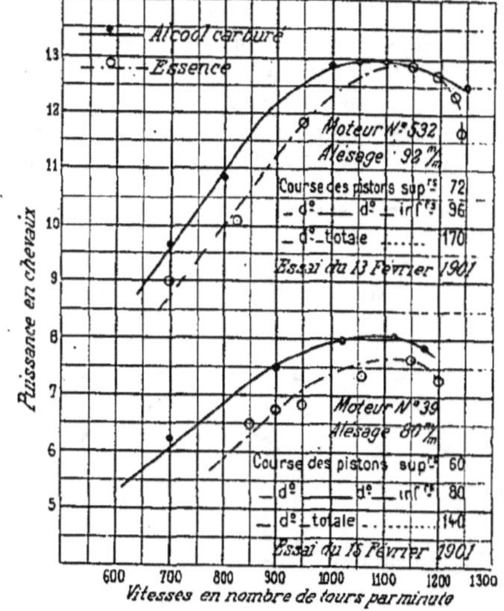

FIG. 2. — PUISSANCES DÉVELOPPÉES EN FONCTION DU NOMBRE DE TOURS.

puissances allant, à pleine charge, de moins de 2 chevaux à 50 chevaux.

Nous n'entrerons pas dans le détail de ces très intéressantes expériences, nous citerons simplement les conclusions auxquelles elles ont donné lieu.

A vide, chaque moteur a une consommation horaire dépendant de sa puissance, c'est-à-dire des dimensions et de la masse des pièces qui le composent : cette consommation augmente, avec la puissance comme total, le taux de la consommation par cheval-heure allant au contraire en diminuant : ce taux varie de 0 k. 6 à 0 k. 25 d'alcool carburé, selon les moteurs.

La consommation totale à pleine charge est naturellement supérieure à la consommation à demi-charge dans un même moteur, mais la consommation *spécifique*, c'est-à-dire par cheval-heure fourni, est moindre dans le cas du travail à pleine charge. Si (fig. 3) on représente, pour un moteur M, les consommations spécifiques, $m\mu$, à demi-charge, $m'\mu'$ à pleine charge, en fonction des puissances correspondantes $O\mu$, $O\mu'$, les points obtenus, m et m', appartiennent sensiblement à la même hyperbole équilatère, du type hh'. Pour un autre moteur, N, on aurait les points n et n' appartenant à une autre hyperbole équilatère. Cette dernière correspond évidemment à des consommations spécifiques plus fortes.

Pour l'ensemble des moteurs, cette répartition hyperbolique de la consommation spécifique en fonction de la puissance se retrouve encore, de telle sorte que l'on peut dire que, dans des moteurs du même type, la consommation spécifique à pleine charge et la puissance correspondante varient en sens contraire : c'est ce que montre la répartition des diagrammes P, M, N, Q, autour de l'hyperbole équilatère hh'. On y voit que les moteurs N et Q, de valeur à peu près équivalente, sont d'un meilleur rendement que les moteurs P et N.

Nous donnons dans le tableau ci-dessous, d'après les essais faits pendant le concours de 1902, les consommations les plus réduites qui ont été fournies. La fig. 4 est la traduction de ce tableau.

L'examen des résultats confirme les indications données plus haut sur les consommatiens spécifiques en alcool carburé.

Avec les trois derniers, un essai à pleine charge a été fait avec l'alcool dénaturé à 90° ordinaire.

La consommation en poids par cheval-heure de ce dernier a été plus forte que la consommation correspondante d'alcool carburé, pour la même puissance, comme on pouvait s'y attendre, puisque la combustion de 1 kilogramme dégage, d'après M. Sorel, 5520 calories pour l'alcool à 90°, et 7450 calories pour l'alcool carburé. D'après ces chiffres, les 637 calories par heure, qui équivalent au cheval-vapeur qui serait produit par une machine parfaite et sans aucune perte, exigent la combustion de 115 gr. d'alcool dénaturé, au lieu de 85 gr. 5 d'alcool carburé par heure. Ces poids, correspondant à un rendement de 100 p. 100 sont ici, bien entendu, largement dépassés, mais les moteurs objets du tableau ci-dessous n'en fournissent pas moins une utilisation remarquable du combustible, caractérisée par des rendements variant de 15,5 à 36,6 p. 100 ; et si nous éliminons le premier rendement, relevé sur un moteur présentant une faute de réglage, nous voyons qu'ils varient de 24 à 36,6 p. 100 quand la puissance passe de 4 à 15 chevaux !

Nous sommes loin des 12 p. 100 que donne à grand'peine la machine à vapeur de grande puissance la plus perfectionnée ! C'est là un magnifique résultat, et il ne s'agit pourtant ici que de moteurs minuscules, à peine suffisants pour un petit atelier !

Nous dépassons aussi de beaucoup les rendements énumérés plus haut, soit de 20 p. 100 pour les machines à gaz, 15,5 p. 100 pour les moteurs à pétrole.

Les 2 genres d'alcool ont sensiblement le même rendement dans un même moteur, et ce rendement croît avec la puissance du moteur : cette augmentation ne faisant ici que suivre une loi générale, il n'y a pas lieu de s'y arrêter.

Au contraire, il y aurait lieu de rechercher les causes de la supériorité de l'alcool sur les autres combustibles, telle que les expériences mentionnées plus haut, exécutées par le Jury du concours, l'établissent irréfutablement.

Influence de l'eau. — Un ingénieur qui s'est beaucoup occupé de ces questions, M. Chauveau, l'attribue à la constitution chimique de l'alcool : celui-ci,

MOTEURS	PUISSANCE NOMINALE EN CHEVAUX	NOMBRE DE TOURS PAR MINUTE	PUISSANCE MESURÉE EN CHEVAUX	CONSOMMATION PAR CHEVAL HEURE EN KILOMÈTRES			RENDEMENT DU COMBUSTIBLE P. 100
				Alcool à 90°	Alcool carburé		
A. Brouhot	1,5	300	à vide	»	(0,426)	par heure	
			0,955	»	0,551		
			1,83	»	0,551	serait plus faible, sans une erreur de réglage.	15,5
B. Winterthür	4	240	à vide	»	(0,327)	par heure	
			3,246	»	0,399		
			5,15	»	0,326	. . . .	20,2
			5,05	0,479	»	. . . .	24,0
C. Pruvost	8	180	à vide	»	(0,644)	par heure	
			4,63	»	0,395		
			8,35	»	0,337	. . . .	25,4
			7,98	0,440	»	. . . .	26,2
D. Brouhot	15	200	à vide	»	(2,598)	par heure	
			8,77	»	0,308		
			16,34	»	0,233	. . . .	36,6
			12,71	0,340	»	. . . .	33,7

en effet: 1° par molécule d'alcool absolu, C^2H^6O, qu'il contient, renferme une molécule d'eau H^2O à l'état combiné ; 2° parce qu'il ne marque que 90°, donc contient environ 14 p. 100 de son poids d'eau d'hydratation ; de là il suit que dans 1 kg. d'alcool à 90°, il y a 142 gr. d'eau et 858 gr. d alcool absolu, dont $\dfrac{H^2O}{C^2H^6O} = \dfrac{18}{46}$ ou 336 gr. sont de l'eau de combinaison : le kilogramme de cet alcool à 90° renferme donc $142 + 336 = 478$ gr. d'eau ; le reste, ou 522 gr., est constitué par le groupement C^2H^4, qui ne comprend que du carbone et de l'hydrogène, et a une composition centésimale analogue à celle des essences de pétrole.

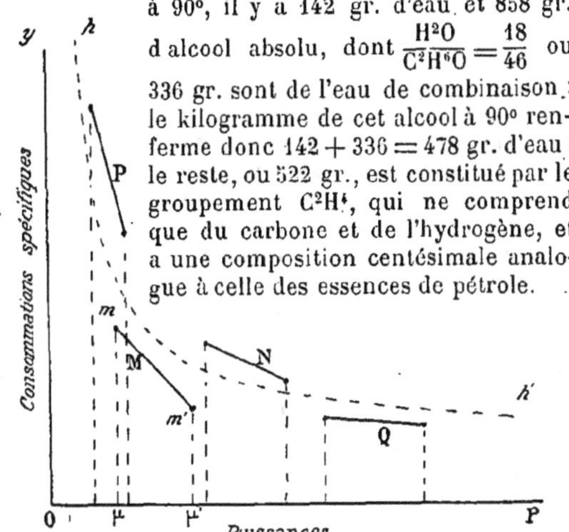

FIG. 3 — RÉPARTITION DES MOTEURS LE LONG D'UNE HYPERBOLE ÉQUILATÈRE, D'APRÈS LEUR PUISSANCE ET LEUR CONSOMMATION EN ALCOOL PAR CHEVAL-HEURE.

Dans l'alcool dénaturé, qui contient $\frac{1}{11}$ d'alcool méthylique, CH^4O, où l'élément H^2O domine plus que dans l'alcool ordinaire, la proportion de cet élément eau s'élève à peu près à 500 gr. pour 1 kgr. du combustible, soit la moitié en poids.

En quoi cette eau, corps inactif, non susceptible de fournir de l'énergie par une combinaison chimique se produisant dans le cylindre d'un moteur, peut-elle en améliorer le rendement par sa simple présence ?

M. Chauveau nous l'explique en disant qu'elle fait fonctionner le moteur en *allure froide*, et que le rendement thermique d'un moteur est d'autant meilleur que les opérations internes s'y passent à une température plus basse, c'est-à-dire en allure plus froide, cette allure refroidie 1° *diminuant les pertes par les parois*, et 2° permettant une *compression préalable plus forte* des gaz tonnants, compression favorable à un bon rendement ; la présence de l'eau, en effet, empêche les auto-inflammations prématurées, c'est-à-dire dangereuses, produites facilement pendant la compression d'un mélange tonnant d'air et de carbure sans addition d'eau.

Il cite à l'appui de ces déductions les résultats des essais exécutés en Hongrie avec un moteur à essence Banki, de 20 chevaux, tournant à 210 tours. Alors que la compression, avec l'essence pure, ne peut dépasser 5 kilogrammes sans risque d'auto-inflammation, elle a pu, dans le moteur Banki, être poussée jusqu'à 16,5 kilogrammes, grâce à une injection d'eau dans le cylindre accompagnant l'injection de l'essence et atteignant jusqu'à 5 fois environ le poids de cette dernière.

La pression d'explosion n'a pas dépassé 45 kilogrammes ; la puissance mesurée variant de 26,4 chevaux à 8,2 chevaux, la consommation d'essence a varié de 0 k. 224 à 0 k. 326 par cheval-heure.

L'économie sur les moteurs ordinaires à essence est à peu près de 1/3.

Les produits de la combustion s'échappaient à moins de 200° C., aussi le moteur n'exigeait-il, par cheval et par heure, que 14 litres d'eau de refroidissement ; cette eau sortait à la température de 50° C. seulement et prenait au moteur environ 500 calories comme dans les moteurs à alcool.

C'est donc bien là une *allure froide*, comme celle que fournit l'alcool, mais d'un rendement thermique moindre, puisque à pleine charge il n'atteint que 28 p. 100 à 26,4 chevaux (et 19 p. 100 à l'allure de 8,2 chevaux), alors que l'alcool nous a donné 36,6 p. 100 à 16,34 chevaux, dans un moteur Brouhot, dont la chambre d'explosion est le cinquième du volume de la cylindrée, c'est-à-dire dans lequel la compression préalable est loin d'atteindre les 16,5 kilogrammes du moteur Banki.

Les moteurs à alcool conservent donc sur le moteur Banki, l'un des premiers cependant parmi les moteurs à essence, la supériorité du rendement, et aussi celle de la simplicité, puisqu'ils n'ont pas besoin d'un mécanisme spécial pour l'injection de l'eau.

Produits de la combustion de l'alcool dans les moteurs. — Le jury du concours international de 1902 n'a pas manqué d'étudier les produits résultant de l'explosion des mélanges tonnants dans les moteurs et d'examiner les résultats de leur action sur les divers organes métalliques au contact desquels ils doivent se trouver.

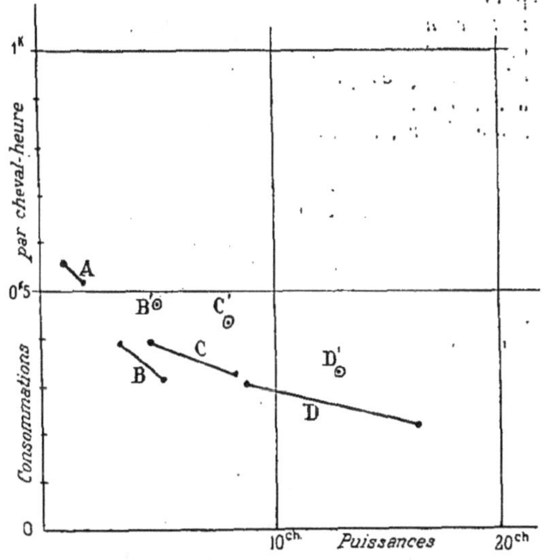

FIG. 4.

A,   moteur Brouhot,   de   1,5 cheval.
B, B',   —   Winterthür, de   4 chevaux.
C, C',   —   Pruvost,   de   8   —
D, D',   —   · Brouhot,   de 15   —

Les points indiqués par une lettre accentuée se rapportent au fonctionnement du moteur à l'alcool dénaturé ; non accentuée, à l'alcool carburé.

L'état des soupapes demandait, en particulier, une attention spéciale, car on a reproché à l'alcool d'encrasser la soupape d'admission et même de la faire adhérer à son siège après refroidissement du moteur, et, d'autre part, d'attaquer et de piquer la soupape d'échappement.

Ces faits se sont produits, mais exceptionnellement; la plupart des soupapes sont restées brillantes sur leur face externe, ou tout au plus salies d'une couche jaunâtre, impondérable et sèche, quelquefois d'un léger dépôt de noir de fumée : ce dernier, chauffé, laissait distiller des carbures liquides. Dans un seul cas, on a trouvé 1 c.c. de liquide; la soupape, après refroidissement, adhérait à son siège.

Si l'alcool était la cause originelle de ces dépôts, on les trouverait dans tous les moteurs, mais ceux qui ont une bonne carburation n'en présentent pas. Ils proviennent plutôt d'un défaut de vaporisation du liquide dans le carburateur; alors les gouttelettes entraînées, arrivant au conctact de parois chaudes, se décomposent, et à la longue, y déposent goudrons ou côke. Quant aux soupapes d'échappement, à part un cas, elles sont restées non attaquées, malgré la présence d'acide acétique dans les produits de la combustion.

Ceux-ci, pour la partie gazeuse, se composaient d'azote (80 p. 100), d'oxygène (10 p. 100 environ), d'acide carbonique (de 5 à 10 p. 100) et de petites quantités d'oxyde de carbone et de carbures divers d'hydrogène; pour la partie liquide, d'eau, de petites quantités de benzine, d'aldéhyde, d'acide acétique, ce dernier cause des traces d'oxydation relevées. Pour éviter ces dernières, il suffit, après arrêt, de graisser le cylindre et de lui faire faire quelques tours après avoir supprimé la carburation. Et d'ailleurs, elles sont loin, comme nous le disons plus haut, de se retrouver dans tous les moteurs, l'expérience a été faite, elle est des plus concluantes : un moteur Panhard de 8 chevaux a été démonté après quatorze mois de marche continue à l'alcool : cylindres et pistons étaient sans une seule piqûre, absolument, polis et brillants!

L'alcool n'est donc pas le vrai coupable.

Circuit du Nord. — Les essais des moteurs fixes exécutés par le Jury ne constituaient pas une épreuve suffisante de l'alcool employé comme source de force vive; ces moteurs sont en effet en faible minorité par rapport aux moteurs des voitures automobiles.

Les essais, pour être complets, devaient donc porter également sur les voitures automobiles actionnées par l'alcool : on a alors organisé en mai 1902 une double épreuve, de *vitesse* et de *consommation*, sur deux circuits fermés : l'un en deux étapes, de Champigny par Châlons à Arras, et d'Arras à Paris par Beauvais, pour les vitesses, réunit 56 concurrents partants; l'autre, de 3 étapes avec 47 partants, de Paris à Arras, puis à Abbeville par Saint-Omer et Boulogne, et à Paris par Dieppe et Mantes, et enfin le parcours Paris-Beauvais pour ces véhicules industriels, ces deux derniers pour la consommation.

Nous ne ferons que mentionner cette épreuve, courue par un temps épouvantable, et connue sous le nom de concours du *Circuit du Nord*.

Elle a permis, malgré les circonstances atmosphériques, de constater sur les résultats obtenus au concours de 1901, un progrès notable dans la construction des véhicules, et une économie de 15 p. 100 dans les consommations. Elle a consacré définitivement l'emploi de l'alcool en automobilisme, en particulier sous forme d'alcool carburé à 50 p. 100 de benzol.

Elle a fait voir que l'alcool peut se substituer, en qualité d'agent moteur, sur les routes et par tous les temps, à l'essence de pétrole, qui règne encore en maîtresse en automobilisme, et qui gardera la première place tout le temps que son concurrent ne sera pas parvenu à se vulgariser, à se faire connaître et à s'infiltrer jusque dans les hameaux : *l'alcool ne deviendra de consommation courante que quand les chauffeurs seront sûrs d'en trouver partout*, comme ils trouvent de l'essence.

Cette vulgarisation, disons-le également, ne peut guère s'opérer tant que *le prix de l'alcool dénaturé restera voisin de 50 centimes le litre*, alors que l'essence coûte 35 centimes : dans ces conditions, ce n'est que dans l'intérieur des villes comme Paris, où un droit d'entrée de 20 centimes grève le litre d'essence, que la lutte est possible.

Faisons donc des vœux pour l'abaissement du prix de l'alcool dénaturé. Peut-être les distillateurs finiront-ils par s'y employer; en tout cas, l'État semble être tout près de contribuer à l'abaissement du coût de la dénaturation par la diminution de la dose de méthylène, élément nuisible et coûteux.

En effet, la commission extra-parlementaire des alcools (section des dénaturants) a adopté les conclusions de son rapporteur, M. le professeur Lindet, tendant à diminuer la dose de méthylène actuellement employée, et à introduire des éléments chimiques nouveaux dans la formule de dénaturation.

La dose à réduire était de 10 litres de méthylène pour 1 hectolitre d'alcool à 90°; en Allemagne, elle n'est que de 2,5 litres, et le prix du litre d'alcool dénaturé n'est que de 25 centimes.

Puisse en même temps l'administration supprimer dans le dénaturant cette benzine lourde, qui fait que l'alcol, brûlé dans une lampe ordinaire, noircit les récipients qu'il chauffe.

Espérons que la réduction, très possible, du prix de revient de l'alcool jointe à celle des frais de dénaturation, amènera bientôt chez nous, comme chez nos voisins, un développement considérable de la production et de l'emploi de l'alcool industriel, au grand bénéfice du public qui n'attend que cela pour l'utiliser à l'éclairage, au chauffage, à la force motrice, et des agriculteurs qui y trouveraient un sérieux débouché pour leur production.

Cette réduction lèverait, pour beaucoup de ces derniers qui emploient des moteurs à explosion à faire tourner leurs machines agricoles ou autres, telles que batteuses, pompes, groupes électrogènes, etc., une interdiction assez originale, que leur imposent actuellement les plus simples principes de l'économie : elle leur permettrait de brûler enfin dans leurs moteurs, au lieu de pétrole venu de loin, l'alcool, produit de leur propre industrie.

C. JANVIER,
Ancien élève de l'École Polytechnique.

L'EXPOSITION UNIVERSELLE DE LIÈGE.

Aucune Exposition universelle ne s'est peut-être déroulée dans un cadre plus merveilleux que l'Exposition de Liège, et l'on doit féliciter la Belgique d'avoir choisi ce centre industriel pour célébrer le soixante-quinzième anniversaire de son indépendance.

Liège est, en effet, non seulement une ville succès qui ne saurait être comparé à celui d'aucune autre exposition provinciale française ou étrangère.

Signalons tout d'abord les travaux extrêmement importants que les Liégeois ont exécutés en vue de cette manifestation : il ont réalisé le projet, depuis longtemps formé, de rassembler les différents bras de cette rivière capricieuse, que l'on appelle l'Ourthe, en un lit unique en ligne droite; de plus, afin de réunir l'Exposition, qui doit ultérieurement constituer un nou-

FIG. 1. — VUE GÉNÉRALE DE L'EXPOSITION DE LIÈGE [1].
A gauche, le grand pont: au centre, l'entrée monumentale des Halls; à droite le Vieux Liège.

ouvrière célèbre par ses usines métallurgiques, par ses manufactures d'armes, par ses nombreux et puissants charbonnages; mais aussi une cité pittoresque, construite sur les rives de la Meuse, — large d'au moins 100 m. à l'endroit où la rivière de l'*Ourthe* vient s'y jeter, — dominée par une succession de collines où s'élèvent les chevalets des charbonnages; en ajoutant à cela que Liège est assurément l'une des villes les plus scientifiques de Belgique, avec son Université, ses Instituts, son École supérieure d'électricité universellement connue, et l'une des mieux situées au point de vue géographique en raison de ses communications rapides avec la France, l'Angleterre et l'Allemagne, on comprendra le succès, d'ailleurs fort justifié, de son Exposition,

veau quartier de la ville, à la rive gauche, ils construisirent sur la Meuse, à l'endroit connu sous le nom de *Fragnée*, un pont très important.

L'Exposition se divise en quatre parties distinctes, et ce n'est pas le seul point par lequel elle rappelle notre Exposition de 1900. Aux *Vennes* se trouvent les halls industriels, c'est là évidemment le centre de l'Exposition : c'est notre Champ de Mars; à la *Boverie*, se trouvent les expositions coloniales, les Palais des Beaux-Arts, et quelques pavillons étrangers : Serbie, Monténégro, Afrique, Norvège, Asie, Tunisie, Congo, Bulgarie, etc.; l'on y trouve réunis et la rue des Nations et le Trocadéro. A *Fragnée* l'on rencontre divers pavillons industriels et les Palais de l'Agriculture et des Eaux et Forêts et les principales attractions : Water-chute, manège

1. Photographies communiquées par M. Duparque, éditeur à Florenville (Belgique).

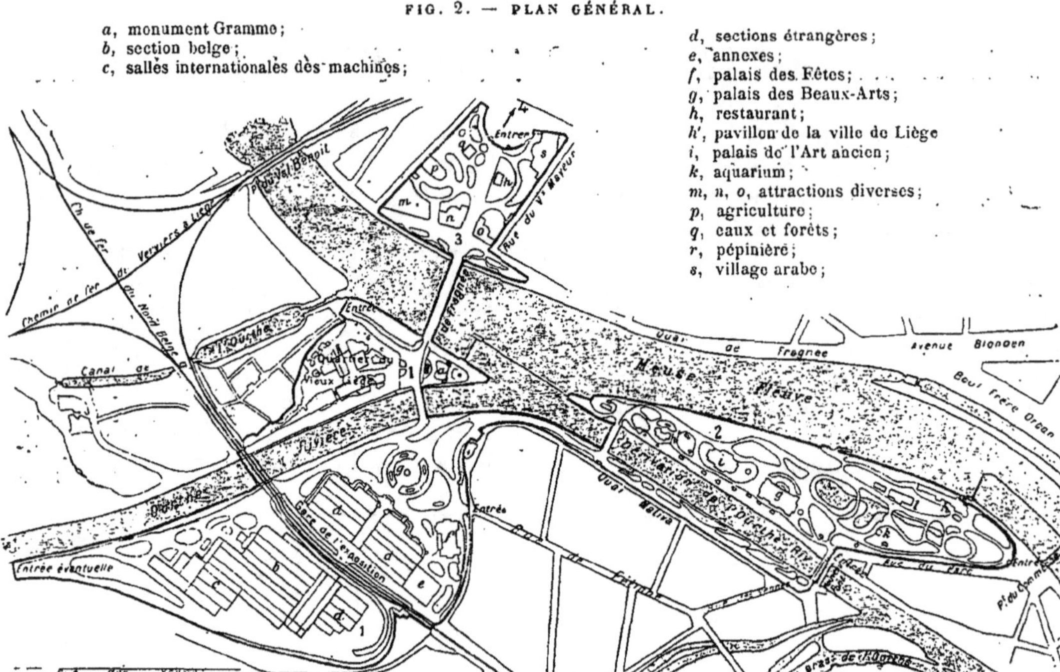

de ballons dirigeables fort curieux, village sénégalais, Vieux Liège, fort original, en un mot notre trop fameuse rue de Paris, considérablement amendée; enfin, sur le plateau de Cointe, à 800 m. de l'Exposition, se trouve une annexe principalement consacrée aux Sports, à l'Agriculture et à l'Horticulture et qui rappelle un peu Vincennes.

La partie qui nous intéresse le plus est assurément celle qui est située aux Vennes; c'est la section industrielle, que nous étudierons avec quelques détails. Mais il n'est pas inutile d'appeler l'attention sur le Palais spécial des Beaux-Arts, joli dans son ensemble, et consacré à l'exposition des œuvres des peintres, sculpteurs, graveurs, belges et étrangers; la France y occupe une place importante, comme d'ailleurs dans toute l'Exposition. Ce palais des Beaux-Arts, inspiré du château de Bagatelle, doit constituer le musée de la ville de Liège. Au même endroit,

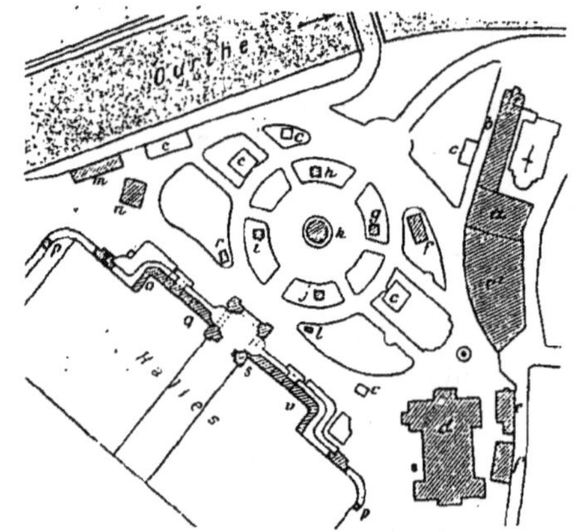

FIG. 3. — PLAN DU JARDIN DES VENNES
ET DE L'EXPOSITION HORTICOLE FRANÇAISE.

a, palais français de l'Agriculture;
b, compagnie des Wagons-Lits;
c, divers;
d, palais des Fêtes;
e, armée;
f, bureaux;
g, h, divers;
i, société de la Vieille Montagne;
j, société Solvay;
k, kiosque;
l, m, n, o, divers;
p, phares;
q, portes;
r, ville de Spa;
s, presse;
v, ville de Paris;

c'est-à-dire à la Boverie, s'élèvent les Palais de l'Art ancien et de la Ville de Liège, qui méritent une mention toute spéciale, ainsi que le Palais de la Femme, qui rappelle peut-être un peu trop Trianon. Le Palais de l'Art ancien est la reproduction de l'ancien hôtel communal de la cité de Liège; il renferme les collections les plus rares, surtout au point de vue art religieux. Tout près des halls industriels se trouve le Palais des Fêtes, où ont lieu toutes les principales réunions, notamment les séances d'ouverture et de clôture des innombrables congrès qui se sont tenus et vont se tenir pendant l'Exposition.

Les Halls industriels couvrent une surface de plus de 100 000 mq. La Belgique en occupe environ 40 000 mq. La France, qui a fait un effort considérable en vue de cette manifestation industrielle, en occupe 16 000; l'Allemagne, 5 000; la Russie, 1 500; l'Italie, 1 500; l'Angleterre, ainsi que l'Autriche-Hongrie et la Suisse, 1 300; le Japon, 1 800; les États-Unis, comme la Hollande, 900 mètres carrés ; la Suède, 700 mètres carrés.

Nous nous bornerons à mentionner que 28 000 mq. sont occupés par les chaudières, les gazogènes, les machines à vapeur, les moteurs à gaz, les machines-outils et les matériels de chemin de fer : sur ces 28 000 mq., 4 000 sont couverts par des expositions françaises.

L'Exposition de Liège est particulièrement intéressante au point de vue métallurgique ; chose bien naturelle, Liège étant l'un des plus gros centres sidérurgiques du continent ; il ne faut pas oublier, en effet, que Seraing, Ougrée, etc., sont, en quelque sorte, les faubourgs de Liège. *Seraing* avec les immenses établissements Cockerill, le véritable Creusot belge, qui occupe plus de 10 000 ouvriers. *Ougrée* avec les hauts fourneaux, les aciéries et les puissants laminoirs de la Société d'Ougrée-Marihaye ; enfin est-il utile de rappeler que la métallurgie des petits métaux a une importance considérable dans les environs immédiats de Liège, avec l'industrie du zinc et les établissements de la Vieille-Montagne[1], l'industrie du laiton et les Sociétés *Cuivre et Zinc*, Biache-Saint-Vaast, etc.

On peut dire que la caractéristique des expositions métallurgiques réside dans la présentation de pièces de dimensions énormes. C'est ainsi que la Société des établissements Cockerill a envoyé l'une des plus belles pièces de forge que l'on ait pu voir, un arbre ayant 51 m. 700 de longueur, 353 mm. de diamètre et un poids de 40 000 kgr. ; la Société Ougrée-Marihaye expose deux rails de chacun 102 m. de longueur, et dans tous les stands on trouve des pièces coulées extrêmement importantes, etc.

Les aciers spéciaux, qui trouvent des débouchés si considérables aussi bien dans les constructions militaires et maritimes que dans l'industrie automobile, n'ont que peu de représentants dans les sections belges : la Société Cockerill expose bien quelques plaques de blindage ; diverses firmes d'automobiles montrent bien les produits qu'elles utilisent, mais ces derniers sont, pour la plupart, d'origine française. Au contraire, notre section, avec les belles Expositions de Saint-Chamond, Firminy, Caplain-Berger, etc., attirait tout particulièrement l'attention sur les résultats obtenus. La plupart, il est vrai, avaient été vues dans des réunions

antérieures et particulièrement au Grand-Palais, à l'Exposition de l'Automobile. Cependant le stand de M. Caplain-Berger présentait une importante nouveauté qu'il nous semble utile de faire connaître : il s'agit d'un acier dont la composition est tenue secrète et qui possède les propriétés suivantes :

À l'état recuit, une résistance par millimètre carré de 50 kgr., avec un allongement de rupture de 20 p. 100 et à l'état trempé, *sans revenu*, une résistance de 135 kgr. avec un allongement

FIG. 1. — ENTRÉE MONUMENTALE DES HALLS INDUSTRIELS.

de 8 à 10 p. 100. On n'avait pas obtenu jusqu'ici de charge de rupture aussi élevée avec un allongement aussi grand.

L'électrométallurgie est remarquablement représentée : les usines de La Praz ont, en effet, envoyé un tonnage relativement important d'aciers obtenus au four électrique et de toutes nuances, depuis les aciers extra-doux jusqu'aux aciers à outils, voire des aciers spéciaux au chrome et au tungstène. C'est là évidemment l'une des plus importantes nouveautés industrielles de l'année et l'on doit regarder l'électro-sidérurgie comme entrant dans une phase pratique des plus intéressantes, au moins pour les produits fins.

---

1. On sait, d'ailleurs, que l'un des types de fours utilisés dans cette fabrication a reçu le nom de *four liégeois*.

Les usines de Gysinge ont aussi une jolie exposition d'aciers électriques.

Les produits, obtenus au four électrique, comme les ferro-siliciums, ferro-tungstènes, ferro-molybdènes, etc., tous utilisés pour la préparation des aciers spéciaux et l'épuration des aciers ordinaires, sont en nombre important. À signaler spécialement des ferro-vanadiums peu carburés, préparés par la Société d'Albertville.

La section suédoise renferme quelques produits assez curieux, notamment une bande ayant 1 531 m. de longueur, 60 mm. de largeur et 0 mm. 03 d'épaisseur, laminée à froid.

La métallurgie du cuivre et du zinc est fort bien représentée; ne suffit-il pas de nommer la Compagnie des Métaux, la Société de Biache-Saint-Vaast, les Établissements de Dives, la Société métallurgique de La Bonneville, etc. pour que l'on sache que là encore la France était dignement représentée. Ces expositions renferment des pièces extrêmement importantes, de grandes plaques de cuivre, de laiton, de melchior, dont quelques-unes atteignent des dimensions énormes. La Société belge *Cuivre et Zinc* expose notamment des tôles ayant 6 m. de large, 3 m. de longueur et pesant jusqu'à 2 500 kgr.

Quelques nouveautés intéressantes sont à

FIG. 5. — L'UNE DES ATTRACTIONS :
LA « WATER-CHUTE ».

noter, particulièrement l'utilisation d'un alliage cuivre-nickel (cuivre, 80; nickel, 20) pour les plaques de locomotive, et la série de laitons spéciaux, au manganèse, au silicium, à l'alumi-nium, au vanadium, qu'expose la Société métallurgique de La Bonneville; ces alliages ont des propriétés mécaniques extrêmement intéressantes, permettant d'atteindre des charges de rupture de 60 à 65 kgr. par mmq.

De nombreux pavillons entourent les vastes halls, quelques-uns sont consacrés aux industries chimiques ou métallurgiques ; les fameux établissements Solvay, qui produisent des quantités énormes de carbonate de soude, ont un joli pavillon près de l'entrée ; il en est de même pour

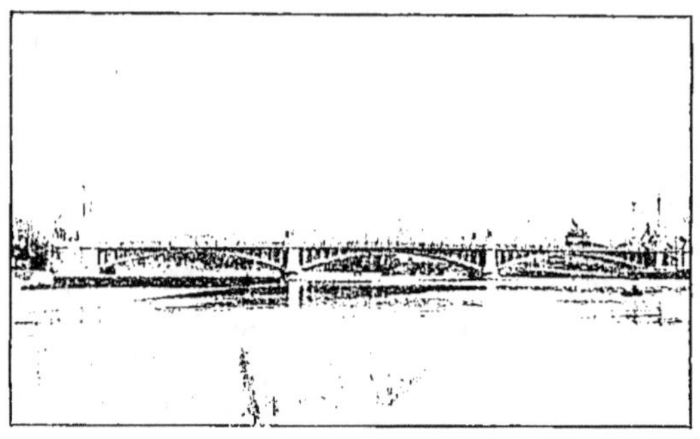

FIG. 6. — LE NOUVEAU PONT DE FRAGNÉE.

les Sociétés de la Vieille Montagne et de la soie artificielle, etc.

L'un de ces stands mérite une mention toute spéciale : il s'agit de la Société de l'oxydrique qui y démontre un nouveau procédé extrêmement curieux et pratique pour couper les métaux. On sait que depuis quelques années déjà on utilise le chalumeau oxygène-hydrogène pour opérer industriellement la soudure des métaux. Le nouveau procédé pour couper les métaux est basé sur l'utilisation d'un de ces chalumeaux à gaz tonnant et d'un jet d'oxygène très fin ; voici en quoi consiste l'opération : le chalumeau sert de moyen de chauffage ; à quelques centimètres de lui et suivant le même chemin se trouve un bec projetant à assez forte pression de l'oxygène ; ce gaz venant frapper l'endroit qui est encore extrêmement chaud brûle le fer et produit de l'oxyde qui fond. Nous avons pu voir couper ainsi un rail, préparer un trou d'homme dans une tôle de chaudière, avec une netteté et une rapidité extraordinaires. Il serait bien étonnant que ce nouveau procédé ne fît pas rapidement son chemin dans l'industrie.

En terminant, disons qu'il vient de se tenir à Liège un congrès des mines, de la métallurgie, de la mécanique et de la géologie appliquée qui a remporté un très gros succès, ayant pu rassembler plus de 1 600 congressistes, parmi lesquels les savants et les industriels les plus connus de France, d'Allemagne, d'Angleterre, de Belgique, etc. L'Exposition de Liège a donc un succès qui dépasse assurément les

FIG. 7. — PALAIS DE L'AGRICULTURE. SECTION FRANÇAISE.

prévisions de ceux qui l'ont organisée. Ce succès est la meilleure preuve du splendide développement pris par cette cité ouvrière, au cours des vingt dernières années, et de l'intérêt que présentent les manifestations d'ensemble des progrès industriels.

LÉON GUILLET,
Docteur ès-sciences,
Ingénieur
des arts et manufactures.

ÉLECTRICITÉ

L'ÉTINCELLE ÉLECTRIQUE.

On appelle étincelle électrique le phénomène lumineux et bruyant qui accompagne le passage brusque et disruptif de l'électricité à travers un gaz.

Dans le laboratoire nous distinguons deux espèces principales d'étincelles selon le mode de production, à savoir : l'étincelle d'induction, fournie par la bobine d'induction, et l'étincelle produite par la décharge d'un condensateur, tel qu'une bouteille de Leyde chargée préalablement par une machine statique ou autrement.

Nous ne considérerons dans cet exposé que les étincelles produites par la décharge d'un condensateur à travers l'air à la pression atmosphérique. L'étincelle d'induction en est un cas spécial rendu très complexe par la construction même de la bobine. Qu'il suffise de mentionner que nos connaissances sur la nature de l'étincelle d'induction ont été beaucoup enrichies ces dernières années par les travaux de Walter, Klingelfuess et Sémenov. Klingelfuess, notamment, a pu démontrer d'une façon éclatante, à l'aide de ses puissantes bobines, la complexité de l'étincelle d'induction.

Manière de produire de fortes étincelles électriques. — Pour obtenir des étincelles puissantes et bien nourries, telles que nous les étudierons

dans cet article, il est nécessaire de pouvoir emmagasiner une certaine quantité d'électricité dans une batterie de bouteilles de Leyde ou bien dans un condensateur à plaques. Ce dernier a l'avantage d'être facile à construire et à manier[1].

Pour charger un tel condensateur on se sert en général d'une machine statique, par exemple d'une machine de Wimshurst. Pour de grandes capacités il faudrait employer une machine très puissante comme on n'en trouve pas souvent dans les laboratoires; mais, à défaut d'une telle machine, on peut se servir d'une bobine d'induction donnant une étincelle directe d'au moins 20 cm. de longueur. Voici comment on procède pour charger un condensateur statiquement à l'aide d'une bobine d'induction. Au lieu de relier les extrémités A et B (fig. 1) du secondaire de la bobine directement aux armatures du condensateur on pratique deux coupures de trois cm. de long environ AM et BN, une dans chaque branche du circuit, et la décharge de la bobine a ainsi lieu à travers ces deux coupures; le rôle de ces coupures est d'empêcher le condensateur de se décharger à travers le secondaire de la bobine. Souvent une seule coupure suffit et j'ai observé qu'avec une bobine donnant *jusqu'à 25 cm. d'étincelle on peut charger un condensateur de 6 à 8 fois plus vite qu'avec une machine de Wimshurst à deux plateaux.*

Pour empêcher une perte trop rapide d'électricité par effluves il est bon de munir les extré-

1. Pour les détails de construction et d'autres renseignements utiles, consulter : G.-A. Hemsalech, *Recherches expérimentales sur les spectres d'étincelles*. Paris, 1901, chez A. Hermann.

mités. M et N du circuit du condensateur de boules métalliques d'environ un cm. de diamètre; les extrémités A et B du secondaire de la bobine doivent au contraire se terminer en pointes fines.

Le condensateur se décharge ensuite à travers un deuxième circuit dont chaque branche se ter-

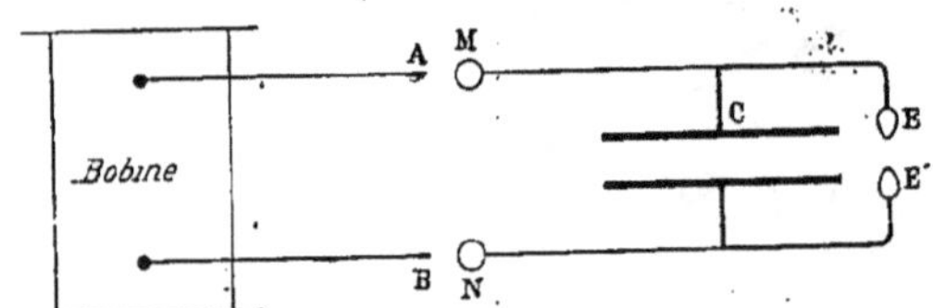

FIG. 1. — DISPOSITIF POUR LA CHARGE ET LA DÉCHARGE D'UN CONDENSATEUR. — EMPLOI DE LA BOBINE D'INDUCTION.

mine par une électrode métallique, E et E', fixées l'une en face de l'autre et séparées l'une de l'autre par un certain espace d'air. C'est dans cet espace d'air que se produit le phénomène de l'étincelle électrique.

En général on emploie des électrodes en forme de boules, mais dans bien des cas il est préférable de leur donner la forme d'un cône bien arrondi et poli à l'extrémité (fig. 2). Ainsi pour nos expériences nous employons toujours cette dernière forme qui rend le phénomène plus constant et plus facile à étudier. Il va sans dire que les électrodes E et E' doivent être bien isolées l'une de l'autre.

Caractère oscillatoire de la décharge. — C'est Feddersen qui le premier a démontré à l'aide d'une expérience ingénieuse que l'étincelle produite par la décharge d'un condensateur était oscillante, et il donna ainsi une confirmation éclatante aux résultats théoriques obtenus préalablement par Helmholtz et Lord Kelvin.

Feddersen se servait dans ses expériences d'un miroir tournant qui projetait l'image de l'étincelle sur un verre dépoli. Le miroir était fixé à un axe qu'on pouvait faire tourner très rapidement. Sur ce même axe était installé un dispositif qui ne permettait aux étincelles d'éclater que quand le miroir projetait leur image dans la direction du verre dépoli. En

FIG. 2.

donnant une grande vitesse de rotation au miroir, Feddersen pouvait distinguer nettement des oscillations dans l'étincelle. En insérant dans le circuit de décharge une self-induction il obtenai un allongement de la décharge. Outre la

décharge oscillante, Feddersen avait obtenu encore deux autres espèces de décharge en augmentant la résistance du circuit; l'une donnant lieu à l'*étincelle continue* avec une résistance relativement faible et l'autre avec une forte résistance donnant lieu à l'*étincelle intermittente*. Ces expériences de Feddersen ont été répétées et confirmées maintes fois.

Aspect général d'une étincelle électrique. — Dans une étincelle produite par la décharge d'un condensateur dont la capacité est assez grande, on peut facilement distinguer deux parties principales : le *trait lumineux* qu'on aperçoit vers le milieu de l'étincelle, et *l'auréole* qui entoure ce trait lumineux. L'éclat et la nature de l'étincelle dépendent, en premier lieu, de la résistance et de la self-induction du circuit de décharge ; ils dépendent également de la nature et de la forme des électrodes, de la distance explosive et de la nature du gaz dans lequel éclate l'étincelle. Comme nous l'avons déjà dit nous limiterons notre exposé aux étincelles éclatant dans l'air à la pression atmosphérique.

Classification des étincelles. — En tenant compte de la résistance et de la self-induction du circuit de décharge, on peut classer les étincelles d'après leur nature, comme il suit :

1° L'étincelle ordinaire ;
2°   —   oscillante ;
3°   —   continue ;
4°   —   intermittente.

On pourrait faire une objection à cette classification parce que l'étincelle ordinaire est aussi oscillante ; mais bien qu'il en soit ainsi, nous verrons dans la suite qu'il y a une grande différence entre ce que j'appelle l'étincelle oscillante et l'étincelle ordinaire et que, par conséquent, la distinction que j'ai faite est justifiée. Nous allons maintenant examiner chacune de ces étincelles dans l'ordre donné ci-dessus.

L'étincelle ordinaire. — Elle est produite par la décharge d'un condensateur quand la résistance et la self-induction du circuit de décharge sont très petites. La figure 3 représente la photographie d'une étincelle ordinaire d'un cm. de longueur, produite par la décharge d'un condensateur à plaques ayant une capacité de 0,01 microfarad. Vers le milieu de cette étincelle on aperçoit le trait lumineux, bien limité, reliant les extrémités (visibles sur la figure) des deux électrodes. Ces dernières étaient en aluminium. L'auréole qui entoure le trait lumineux a une forme très irrégulière et nébuleuse; elle est constituée, comme nous le verrons, de vapeur métallique arrachée aux électrodes; son étendue et son éclat varient selon la nature du métal qui constitue les électrodes. Le bruit d'explosion qui accompagne l'étincelle ordinaire est comparable à celui d'un coup de pistolet. La durée de l'étincelle est très courte. Wheatstone la détermina à l'aide du miroir tournant : il trouva des valeurs variant entre $\frac{1}{1\,000\,000}$ et $\frac{1}{72\,000}$ d'une seconde.

L'étincelle étant un phénomène lumineux, nous pouvons, pour étudier sa nature, appliquer les

FIG. 3. — ÉTINCELLE ORDINAIRE PRODUITE PAR LA DÉCHARGE D'UN CONDENSATEUR.

méthodes puissantes de l'analyse spectrale. Ainsi, dans un spectroscope dirigé vers une étincelle, nous apercevons un *spectre de lignes* composé d'un grand nombre de raies plus ou moins brillantes et distribuées sur toute l'étendue du spectre. En examinant successivement les étincelles jaillissant entre différents métaux il est facile de constater que certaines raies restent les mêmes pour tous les métaux tandis que d'autres changent avec le métal. Les unes sont dues au gaz dans lequel éclate l'étincelle et les autres à la vapeur métallique produite par la décharge. *Il y a donc dans l'étincelle électrique deux spectres différents qui se superposent.* À l'aide de la méthode de Sir Norman Lockyer, qui consiste à projeter une image de l'étincelle sur la fente du spectroscope, on peut examiner suc-

cessivement les différentes parties de l'étincelle et les raies spectrales qu'elles émettent. Ainsi

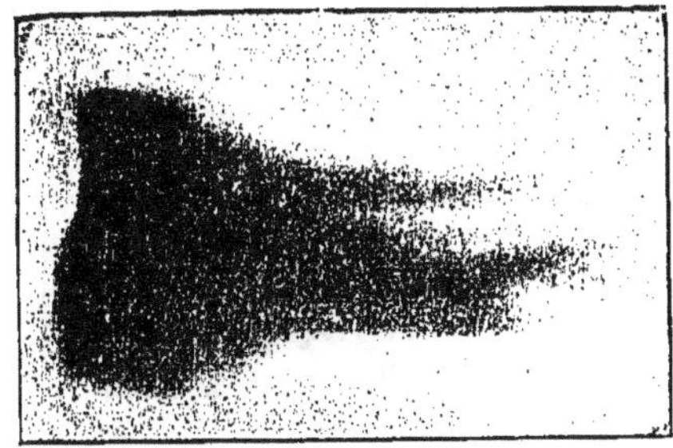

FIG. 4. — AURÉOLE DE L'ÉTINCELLE ORDINAIRE DE DÉCHARGE.

on a trouvé que les raies du gaz, dans notre cas l'air, se trouvent seulement au milieu de l'étincelle dans la direction du trait lumineux; tandis que les raies du métal sont rencontrées partout, même dans les parties extrêmes de l'auréole. La vapeur métallique a donc dû parcourir l'espace entre les deux électrodes pour former l'auréole.

Que se passe-t-il dans une étincelle électrique pendant sa courte durée? C'est là le problème que M. Schuster et moi avons essayé de résoudre.

Expériences de MM. Schuster et Hemsalech[1]. — Dans ces expériences l'étincelle fut projetée sur une pellicule photographique se déplaçant avec une grande vitesse. L'appareil consistait en un disque d'acier de 33 cm. de diamètre, monté sur un axe qui était en relation avec un moteur électrique. Un deuxième disque de 22 cm. de diamètre pouvait être vissé concentri-

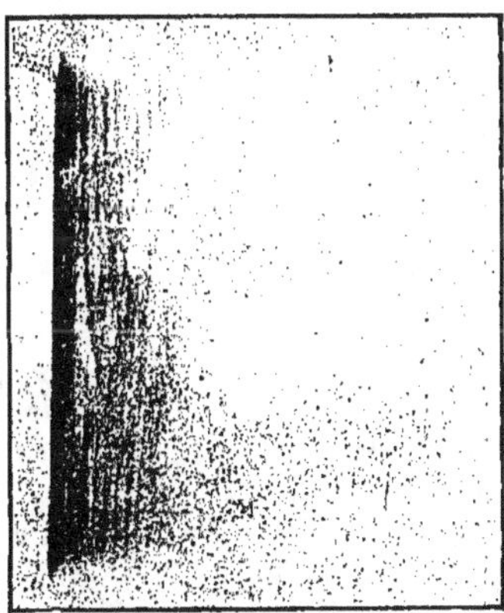

FIG. 5. — OSCILLATIONS DE LA DÉCHARGE ORDINAIRE DANS L'AURÉOLE.

quement sur le premier, de manière à pouvoir

1. Pour les détails consulter : *Philosophical Transactions of the Royal Society*, t. CLXXXXIII, pp. 189-213. London, 1899.

fixer solidement une pellicule photographique circulaire de 30 cm. de diamètre, qu'on serrait ainsi entre les deux disques. L'image de l'étincelle tombait sur une partie annulaire de la pellicule qui dépassait le petit disque. Les électrodes étaient placées de manière que la direc-

FIG. 6. — SPECTRE DU CADMIUM OBTENU SUR PELLICULE MOBILE.

tion du mouvement de la région qui recevait l'image fît un angle droit avec la direction de l'étincelle.

En général le disque tournait à raison de 120 tours environ par seconde, ce qui correspondait à une vitesse linéaire d'environ 100 m. par seconde pour la partie de la pellicule qui recevait le faisceau lumineux. En envoyant sur une telle pellicule mobile l'image d'une étincelle analogue à celle représentée sur la figure 3 nous avons constaté que l'image du trait lumineux restait immobile, tandis que l'image de l'auréole était allongée considérablement, surtout vers le milieu de l'étincelle, ce qui montre que la durée d'éclat du trait lumineux est très courte tandis que l'auréole reste encore visible pendant un temps relativement grand. La figure 4 représente une de ces photographies [1]; le trait lumineux n'est pas visible dans cette reproduction, mais on le voit très bien sur le cliché original où il marque nettement le bord gauche de l'image, ce qui prouve que le *trait lumineux est la première phase dans la production d'une étincelle, il marque le chemin de la décharge initiale*. Les oscillations ne sont pas visibles non plus sur cette photographie : elles sont cachées par l'auréole.

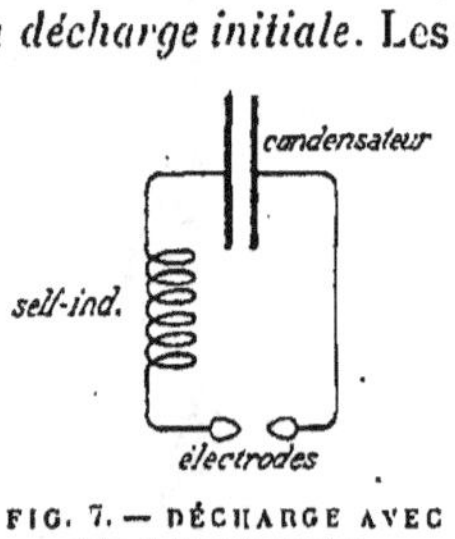

Pour mettre en évidence ces oscillations nous avons d'abord projeté l'image de l'étincelle

FIG. 7. — DÉCHARGE AVEC SELF-INDUCTION.

sur la fente d'un collimateur, la direction de l'étincelle étant parallèle à la fente. Ensuite une image de la fente fut projetée sur la pellicule photographique de sorte que l'image reçue par

[1]. La direction de déplacement de la pellicule est de droite à gauche pour les figures 4, 5, 6 et 9.

cette dernière était une ligne fine et nette; de cette manière la grande étendue de l'auréole ne pouvait plus empêcher la séparation et la visibilité des oscillations. Grâce à ce dispositif on a, en effet, pu voir les oscillations de la décharge s'imprimer admirablement bien sur la pellicule. La figure 5 représente un agrandissement (5 fois) d'une photographie obtenue ainsi. La fréquence d'oscillations est de un million par seconde. La ligne droite que l'on aperçoit sur cette gravure est produite par la décharge initiale (trait lumineux); la série de lignes courbes indique les oscillations de la décharge et, en comparant les figures 4 et 5, il devient évident que *ces oscillations ont lieu dans l'auréole*. Leur courbure nous indique que leur vitesse de propagation entre les deux électrodes est de beaucoup inférieure à celle de la décharge initiale qui est représentée par une ligne droite malgré la grande vitesse de la pellicule photographique.

Pour l'examen plus détaillé il était nécessaire d'intercaler un prisme sur le faisceau lumineux et de projeter le spectre de l'étincelle ainsi formé, sur la pellicule afin de pouvoir distinguer entre les particules lumineuses dues à l'air et celles dues au métal constituant les électrodes. Quand la pellicule était immobile, les raies dans ce spectre étaient droites et nettes; mais lorsque la pellicule se déplaçait avec une grande vitesse on remarquait dans le spectre des raies droites et des raies courbes. La figure 6 représente le spectre du cadmium obtenu sur une pellicule se déplaçant avec une vitesse de 100 m. par seconde.

L'examen de ces photographies a montré que *les raies restées droites sont dues à l'air et que les raies devenues courbes sont dues au métal.* De plus les raies métalliques étaient beaucoup plus élargies que les raies de l'air. Les vapeurs métalliques restent donc lumineuses plus longtemps que l'air et les particules métalliques sont projetées des électrodes avec une vitesse mesurable. L'élargissement du doublet dans le vert du spectre de l'azote correspond à une durée de luminosité de $\frac{4}{10\,000\,000}$ d'une seconde seulement.

L'inclinaison des raies métalliques nous a permis d'évaluer les vitesses de diffusion des vapeurs métalliques pour une raie spectrale donnée. Ainsi, pour les raies de l'aluminium, nous avons trouvé une vitesse moyenne de 1.890 mètres par seconde. Pour le doublet du cadmium 435 m. Le bismuth a donné des résultats très intéressants en ce qu'il possède des raies qui sont très déplacées, donnant des vitesses très faibles tandis que d'autres ne le sont que très peu, indiquant des vitesses très grandes.

Il résulte de ces expériences que : *la décharge initiale donne le spectre du gaz et que les oscillations qui apparaissent dans l'auréole donnent le spectre du métal* ; ceci était encore confirmé, sur plusieurs photographies, par la répétition successive, par suite des oscillations de la décharge, des raies métalliques de certains métaux (le bismuth et le mercure). L'auréole est donc constituée par la matière des élec-

FIG. 8. — ÉTINCELLE OSCILLANTE ENTRE ÉLECTRODES D'ALUMINIUM.

trodes, entraînée par la décharge, chauffée et rendue lumineuse surtout par les oscillations qui suivent la décharge initiale.

En résumé une étincelle ordinaire se produit de la manière suivante : La couche d'air entre les deux électrodes est d'abord percée par la décharge initiale ; ensuite l'air qui se trouve dans le voisinage immédiat du chemin parcouru par la décharge est rendu incandescent : c'est le *trait lumineux*. Immédiatement après, l'espace compris entre les deux électrodes se remplit de la vapeur métallique produite et entraînée [1] par la décharge initiale : c'est l'*au-*

1. Ce flux de vapeur métallique est probablement aussi dû en partie à l'état de raréfaction de l'espace entre les deux électrodes, état causé par la décharge initiale.

réole. Les oscillations qui suivent la décharge initiale traversent cette vapeur et la réchauffent.

L'étincelle oscillante. — Lorsqu'on fait passer

FIG. 9. — PHOTOGRAPHIE DES OSCILLATIONS SUR PELLICULE MOBILE.

la décharge d'un condensateur à travers une bobine de self-induction (fig. 7) on constate que l'aspect et le bruit caractéristique de l'étincelle ordinaire ont complètement changé. On voit à peine le trait lumineux qui était cependant si marqué dans l'étincelle ordinaire. Le bruit d'explosion, si insupportable dans le cas de l'étincelle ordinaire, est devenu plutôt agréable. Aussi la forme de l'étincelle a pris un aspect plus régulier. La figure 8 représente une étincelle oscillante de un centimètre de longueur jaillissant entre des électrodes en aluminium ; le condensateur avait une capacité de 0,01 microfarad et la self-induction était de 0,042 henry. La bobine de self-induction était enroulée sur un cylindre en carton de 50 cm. de longueur et 5 cm. de diamètre et était formée de douze couches de 150 tours chacune de fil de cuivre bien isolé. A l'aide d'une bobine de self-induction variable on observe, en partant de l'étincelle ordinaire, qu'avec l'augmentation de la self-induction la forme de l'auréole devient de plus en plus régulière et la décharge initiale ou le trait lumineux devient de plus en plus faible de manière que

FIG. 10.
EN BAS : SPECTRE DU NICKEL OBTENU AVEC L'ÉTINCELLE OSCILLANTE.
EN HAUT : SPECTRE DU NICKEL OBTENU AVEC L'ÉTINCELLE ORDINAIRE.

l'étincelle semble formée uniquement de la vapeur métallique incandescente.

La forme que prend l'étincelle est celle d'une sphère ou d'un ellipsoïde, selon sa longueur. La nature du métal qui constitue les électrodes semble aussi influer sur la forme de l'étincelle oscillante. Des formes très régulières sont obtenues avec le cuivre et l'aluminium. Le cadmium et le plomb donnent des étincelles oscillantes plus ou moins irrégulières.

En ce qui concerne l'éclat des étincelles oscillantes, il dépend, en premier lieu, de la nature métallique des électrodes ; avec des électrodes de fer et de cobalt l'intensité de l'étincelle commence d'abord par diminuer et ensuite augmente et atteint un maximum avec une certaine valeur de la self-induction.

Pour le zinc, le cadmium, le cuivre, l'aluminium, le plomb, etc., les variations dans l'éclat sont analogues, excepté que leurs maxima sont plus faibles que pour le fer ; quant à la self-induction correspondant à ces maxima et minima, elle varie avec la nature du métal.

En photographiant une étincelle oscillante sur une pellicule mobile on remarque que la décharge initiale a presque complètement disparu, tandis que les oscillations qui la suivent sont très marquées et en même temps plus lentes et plus nombreuses que dans l'étincelle ordinaire. La photographie reproduite sur la figure 9 a été obtenue à l'aide d'une poulie, sur la périphérie de laquelle était fixée une pellicule photographique. Comme pour l'étincelle ordinaire je me suis servi d'un collimateur sur la fente duquel fut projetée l'image de l'étincelle. La vitesse de la pellicule était seulement de 15 m. par seconde. La capacité du condensateur était de 0,014 microfarad et la self-induction de 0,042 henry. La fréquence d'oscillation est de 6 500 par seconde et la durée totale de la décharge environ $\frac{5}{1\,000}$ d'une seconde.

En comparant cette photographie avec la figure 5 obtenue avec l'étincelle ordinaire, on voit que, dans ce dernier cas, c'est la décharge initiale qui prédomine, contrairement à ce que l'on constate dans le premier cas (fig. 9), où ce sont les oscillations qui prédominent. Nous avons en effet trouvé, M. Schuster et moi, que le spectre de lignes de l'air que l'on voit toujours dans l'étincelle ordinaire et qui est dû au trait lumineux, avait complètement disparu ; de sorte que le spectre de l'étincelle oscillante ne contenait que des raies dues au métal, douées d'un éclat remarquable.

On peut se rendre compte de ces évolutions des raies spectrales en comparant les figures 4, 5 et 9. Sans self-induction, la décharge est brusque de manière qu'une grande partie de l'énergie est utilisée dans la décharge initiale, avec self-induction il y a des courants induits dans la bobine, de sens opposé, qui empêchent une décharge trop rapide et brusque de sorte que très peu d'énergie est dépensée dans la décharge initiale et la majeure partie est répartie entre les oscillations.

Voici alors ce qui se passe dans une étincelle oscillante : La couche d'air entre les deux électrodes est percée par une faible décharge initiale qui en même temps produit une petite quantité de vapeur métallique ; cette dernière est ensuite traversée par la première oscillation, laquelle réchauffe cette vapeur et en produit encore davantage. La deuxième oscillation traverse la vapeur engendrée par la première et ainsi de suite pour les autres oscillations de la même décharge.

On voit donc que presque toute l'énergie, dans une étincelle oscillante, est utilisée pour chauffer et rendre lumineuse la vapeur métallique ; c'est seulement la faible décharge initiale qui traverse la couche d'air, mais elle n'est pas assez forte pour chauffer l'air jusqu'à l'incandescence appréciable ; toutefois elle est suffisamment forte pour produire de la vapeur métallique, qui est ensuite réchauffée et rendue lumineuse par les oscillations qui suivent la décharge initiale.

Cependant, avec certains métaux, comme par exemple le cuivre et l'aluminium, la quantité de vapeur métallique étant trop petite, les oscillations prennent leur chemin en partie dans l'air rendu conducteur par la décharge initiale. Dans ce cas on voit dans le spectre les bandes de l'azote. Aussi si on souffle l'étincelle oscillante, la décharge initiale devient plus marquée et peut donner les raies de l'air.

La figure 10 donne une idée de la différence entre le spectre de l'étincelle ordinaire et celui de l'étincelle oscillante. Elle représente une partie du spectre du nickel obtenu photographiquement. Dans le premier spectre, celui de l'étincelle ordinaire, les raies métalliques sont plus ou moins masquées par les raies de l'air, tandis que dans le second spectre, celui de l'étincelle oscillante, il n'y a que les raies du nickel.

(A suivre.)

Dr G. A. HEMSALECH,
du Laboratoire des recherches physiques
à la Sorbonne.

⸙⸙⸙⸙⸙⸙⸙⸙⸙ INDUSTRIE DU CHAUFFAGE ⸙⸙⸙⸙⸙⸙⸙⸙

THERMO - RÉGULATEUR A TENSIONS DE VAPEURS SATURÉES. ⸙⸙⸙⸙⸙⸙⸙

On a vu, dans le dernier numéro de *La Science au XXe siècle*, que le meilleur moyen de s'affranchir des nombreuses corrections que comporte l'emploi des thermomètres usuels est de se servir, comme facteur thermométrique, de la tension de vapeurs saturées; cette tension dépendant uniquement de la température, les variations accidentelles ou régulières du volume de l'enceinte qui les renferme est sans influence sur leur mesure.

Les corrections relatives aux variations de volume, si pénibles et si longues qu'elles soient, n'empêchent pas les thermomètres à dilatation de donner de bons résultats entre des mains habiles, mais elles rendent à peu près impossible l'usage d'un Thermostat à dilatation, appareil qui doit satisfaire à certaines conditions spéciales auxquelles ne sont pas astreints les thermomètres [1].

La substitution de la tension de vapeur à la dilatation est donc encore plus nécessaire pour la régulation d'une température que pour sa mesure.

Principe de l'appareil. — L'organe essentiel de l'appareil se réduit encore à un tube roulé en forme de tore continué par un long tube flexible permettant de régulariser la température à distance. Ce tube est d'ailleurs rempli et disposé comme il a été expliqué précédemment (voir *La Science au XXe siècle*, n° 33, p. 265).

Au lieu d'employer le mouvement de l'extrémité libre du tube à faire mouvoir une aiguille sur un cadran ou le stylet inscripteur d'un thermomètre enregistreur, on le fait servir à actionner la valve de tirage d'une cheminée ou le clapet commandant l'écoulement d'un fluide servant au chauffage, tel que le gaz d'éclairage, l'air chaud, l'eau chaude, la vapeur d'eau, etc.

Si, à une température donnée, le clapet obture complètement la conduite d'écoulement du fluide calorifique dans les appareils servant au chauffage d'une enceinte, il est clair que le degré thermométrique dans cette enceinte ne pourra

pas dépasser cette température. Si, d'autre part, on s'arrange pratiquement de façon que, pour un faible abaissement de la température, ce clapet s'ouvre en grand, cet abaissement thermique sera rapidement compensé par une plus grande adduction de fluide calorifique dans les appareils de chauffage. De sorte que, par le jeu du clapet, la température de l'enceinte sera maintenue sensiblement constante.

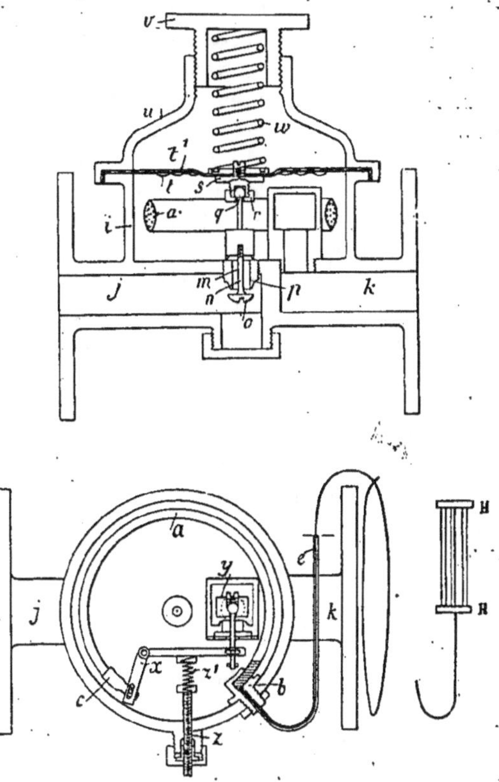

FIG. 1 ET 2. — COUPES DU THERMO-RÉGULATEUR A VAPEUR SATURANTE POUR LE CHAUFFAGE A LA VAPEUR.

Disposition pratique des Thermo-Régulateurs à tensions de vapeurs saturées. — Trois modèles d'appareils suffisent pour répondre à tous les besoins de la pratique.

Le dispositif représenté par les figures 1 et 2 est celui qui convient dans le cas où l'agent calorifique employé est un fluide sous pression notable tel que la vapeur d'eau.

Une des extrémités du tube moteur est fixée sur le fond d'une boîte *i* venue de fonte comme l'indique la figure 1. Cette boîte est mise en relation avec deux canaux *j* et *k*, pouvant se raccor-

---

1. Voir pour ces conditions : *Thermo-Régulateur à tensions de vapeurs saturées*, par M. J.-B. Fournier.

der avec la tuyauterie dans laquelle circule le fluide, au moyen des brides qui les terminent.

Cette boîte est percée d'un orifice *m* débouchant dans la tubulure *j*. Dans cet orifice est engagée une tige *n* munie à l'une de ses extrémités d'un clapet *o* s'appliquant contre un siège en biseau *p*. L'autre extrémité de la tige *n* fait corps avec une rotule *q* serrée par un écrou *v* contre une rondelle *s* fixée à une membrane *t*; cette articulation à rotule permet à l'obturateur *o* de s'appliquer toujours exactement sur son siège *p*.

La membrane ondulée *t* forme le fond supérieur de la boîte *i*. Pour empêcher la déformation ou la rupture de cette membrane, on peut appliquer sur sa face supérieure une toile métallique *t¹* qui lui est concentrique et dont les bords sont serrés, avec ceux de la membrane, entre les brides de la boîte *i* et de son couvercle *u*. Dans le col de ce couvercle est vissée une molette *v* permettant d'obtenir, pour une température déterminée, des pressions et, par suite, des débits variables dans l'appareil de chauffage.

L'extrémité *c* du tube *a* (fig. 2) agit sur un levier *x* dont l'un des bras commande une seconde soupape *y* permettant l'écoulement du fluide de la boîte *i* dans la tubulure *k* et, de là, dans la tuyauterie de chauffage. Le tube *e*, aussi long qu'on le désire, traverse la boîte du régulateur, son extrémité, qui constitue la partie sensible de l'appareil, venant se placer dans l'enceinte où l'on veut maintenir la température constante.

Une vis de réglage *z* commandant un ressort *z¹* permet de faire varier légèrement la température pour laquelle l'obturation de la soupape est complète.

Il est facile de se rendre compte du fonctionnement de l'appareil.

La vapeur arrivant par l'une des tubulures *j* ou *k*, mais préférablement par la tubulure *j*, passe dans la boîte du régulateur sous une pression en rapport avec la tension du ressort *w* puis s'écoule dans la tuyauterie de chauffage par la soupape *y*. Tant que la température dans l'enceinte ou dans l'appartement à chauffer n'a pas atteint la valeur qu'on lui a assignée, cette soupape reste ouverte, mais elle se ferme dès que cette température est atteinte.

La fermeture de la soupape *y* provoquant dans la boîte une augmentation de pression, le clapet *o* se ferme aussitôt et intercepte l'arrivée de vapeur. Un léger abaissement de la température dans l'enceinte ou dans l'appartement à chauffer

fait ouvrir à nouveau la soupape *y* et par suite le clapet *o* et l'écoulement de vapeur dans les radiateurs de chauffage recommence et ainsi de suite.

Il est essentiel de remarquer, qu'indépendamment des avantages découlant directement de l'application de la force élastique des vapeurs saturées, le dispositif qui vient d'être décrit supprime un défaut extrêmement grave qui, à lui seul, suffirait pour empêcher toute précision dans la régulation de la température quand il s'agit du chauffage par un fluide sous pression, comme la vapeur d'eau.

Ce défaut provient des *poussées variables* que la pression de la vapeur exerce, *suivant leur degré de fermeture*, sur les clapets qui commandent l'écoulement de la vapeur. L'homme du métier tant soit peu observateur a certainement remarqué les inconvénients de ce défaut, mais il ne semble pas, jusqu'ici du moins, s'en être expliqué exactement la cause, car ce défaut est commun à tous les appareils existants.

Dans l'appareil qui vient d'être décrit, il est facile de voir que les forces que la pression de la vapeur développe sur les clapets sont rendues sensiblement constantes et que les graves conséquences pratiques du défaut signalé plus haut sont annihilées.

DEUXIÈME MODÈLE. — Ce modèle, principalement destiné au chauffage d'une enceinte quelconque ou d'un appartement au moyen d'un fluide sous faible pression comme le gaz ordinaire d'éclairage, - l'acétylène, etc., est une

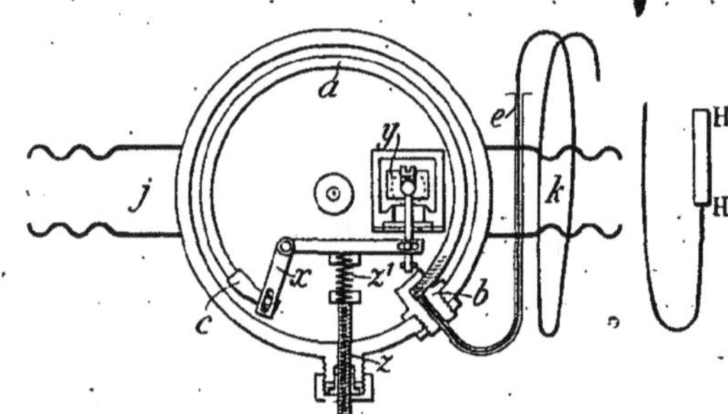

FIG. 3. — THERMO-RÉGULATEUR A VAPEUR SATURANTE POUR LE CHAUFFAGE AU GAZ OU A L'ACÉTYLÈNE.

réduction de l'appareil précédent dans lequel on aurait remplacé la membrane par un fond rigide. Sa disposition intérieure (fig. 3) est d'ailleurs conforme au dispositif déjà décrit et indiqué par la figure 2.

TROISIÈME MODÈLE. — Ce modèle est représenté par la figure 5 actionnant la valve *h* d'une conduite à air chaud H.

Il se réduit sensiblement à l'organe fondamental (fig. 1) auquel on a adjoint, afin d'augmenter l'amplitude des mouvements de l'extrémité libre c, un système multiplicateur formé par un ou plusieurs leviers ou par un jeu de pignons.

Applications des appareils précédents. — Le premier modèle s'applique au chauffage par la vapeur d'eau, ou par tout autre fluide sous une pression quelconque, des appartements, des serres, des salles de séchage de divers tissus et autres objets, des étuves à basse ou haute température employées dans de nombreuses industries telles que l'industrie de l'imperméabilisation des tissus, de la vulcanisation, etc., des voitures de chemins de fer. Maintien de la constance de la température dans les caves de brasseries par vaporisation de gaz liquéfiés tels que l'acide carbonique liquide, l'ammoniac, l'acide sulfureux, etc.

La figure 4, qui représente le schéma de l'installation du chauffage à la vapeur d'un appartement, fera comprendre l'emploi et le rôle de l'appareil dans ses diverses applications.

On sait que le chauffage à la vapeur se réduit, dans ses éléments essentiels, à une chaudière *dite à basse pression* produisant la vapeur à une pression généralement comprise entre 300 gr. et 2 k., et à un système de tuyauterie chargé du retour de l'eau condensée à la chaudière amenant la vapeur soit dans un faisceau tubulaire, soit dans un cylindre à ailettes ou dans une caisse présentant une grande surface de rayonnement, ce dernier élément étant généralement désigné sous le nom de radiateur.

La chaudière C (fig. 4) est en général placée dans le sous-sol de l'appartement à chauffer. La vapeur qu'elle produit passe dans un gros tuyau T H et est distribuée à chaque étage par un ou plusieurs tubes tels que t_1, t_2, t_3, venant se raccorder à la conduite principale T H. Chacun de ces tubes t_1, t_2, t_3, conduit la vapeur aux divers radiateurs R, qui, par rayonnement, doivent chauffer les appartements de la maison.

Pour rendre constante la température fournie par ce système, on peut employer, suivant la précision que l'on désire, un seul ou plusieurs thermo-régulateurs. La figure 4 représente le schéma d'une installation pour la régulation de la température de toute une maison par un seul thermo-régulateur.

Dans ce cas, ce dernier appareil T doit être placé sur la conduite principale entre la chaudière C et le premier branchement t_1. Le tube flexible T N M S du thermo-régulateur (représenté en pointillé sur la fig. 4) fixé sur le mur de la pièce, à l'instar d'un fil électrique, vient aboutir en un point central des appartements où la partie sensible S du thermo-régulateur est fixée. Remarquons d'ailleurs que cette partie sensible ainsi que son tube de commande S M N T sont

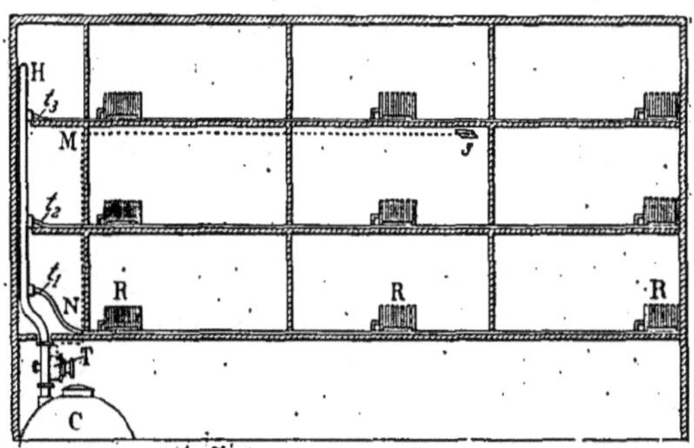

FIG. 4. — INSTALLATION DU THERMO-RÉGULATEUR A VAPEUR SATURANTE POUR LE CHAUFFAGE DES APPARTEMENTS A LA VAPEUR.

d'un encombrement minuscule puisque le faisceau sensible S ne se compose que de trois tubes métalliques de 30 cm. de long et de 6 mm. de diamètre extérieur et que le tube de commande S M N T n'a que 4 mm. de diamètre extérieur dans ses plus grandes dimensions.

L'installation dont nous venons de parler et qui ne comporte qu'un seul thermo-régulateur peut être suffisante dans bien des cas de la pratique courante; par exemple, dans le cas d'un atelier, d'un magasin, d'une usine, où les étages ne forment généralement qu'une seule pièce ou plusieurs pièces en communication entre elles; mais, dans le cas où toutes les pièces sont indépendantes, cette installation peut présenter quelques inconvénients au point de vue de la rigueur de la constance de la température.

On conçoit, en effet, que si des pièces, non en communication avec le local où est placé la partie sensible S du régulateur, viennent à être mises en communication avec l'extérieur, le refroidissement dans ces pièces ne puisse pas se communiquer assez rapidement dans la pièce où se trouve la partie sensible S.

Si l'on désire une grande rigueur dans la constance de la température, il y aura donc toujours intérêt à placer un thermo-régulateur sur chacun des tubes t_1, t_2, t_3, en branchement sur la conduite principale T H.

Dans le cas particulier où l'on voudrait avoir, dans les différents locaux composant une maison, des températures différentes et réglables à volonté, il faudrait bien entendu un thermo-régulateur dans chaque local.

L'installation de l'appareil dans les diverses autres applications énumérées ci-dessus est analogue à la précédente avec une très légère nuance quand il s'agit du chauffage des voitures de chemins de fer. Dans ce cas, en effet, la vapeur qui est fournie par la chaudière de la locomotive est distribuée aux diverses voitures par une tuyauterie disposée tout le long du train.

Il faut bien entendu un thermo-régulateur par voiture.

Le deuxième modèle s'applique principalement aux cas où l'agent calorifique est un gaz sous faible pression, tels que le gaz ordinaire d'éclairage, l'acétylène, etc.

Voici, rangées en groupe, quelques-unes de ces applications :

I. — *Médecine, chirurgie et art dentaire.* — Dans la thérapeutique chirurgicale : stérilisation des instruments et des objets de pansement soit à la chaleur sèche, soit à la chaleur humide. Préparation des eaux de lavage.

Dans la thérapeutique médicale, obstétricale, gynécologique.

Dans l'art dentaire : cuisson des pièces, etc.

II. — *Usage domestique.* — Chauffage des appartements par le gaz d'éclairage. Préparation des bains à domicile. Emploi dans l'art culinaire.

III. — *Industrie chimique.* — Dans la fabrication d'un grand nombre de produits chimiques ou pharmaceutiques. Dans tous les laboratoires petits et grands, quelle que soit leur spécialité.

Dans toutes ces applications, l'installation et le mode d'emploi de l'appareil sont très simples ; il suffit, en effet, de couper la conduite dans laquelle circule l'agent calorifique et de raccorder les deux extrémités en regard de cette conduite aux tubulures *j* et *k* (fig. 3). On introduit ensuite la partie sensible H H dans l'enceinte où l'on veut maintenir la température constante.

La figure 6 représente l'appareil en fonctionnement, le bain dont il s'agit de maintenir la température constante étant chauffé par le gaz d'éclairage amené au thermo-régulateur et au brûleur par des tubes de caoutchouc.

Le troisième modèle, qui est le plus simple, est immédiatement applicable dans les cas suivants :

Chauffage des appartements et autres milieux, soit par circulation d'air chaud, soit par circulation d'eau chaude.

Chauffage des voitures de chemins de fer au moyen du thermo-siphon. Régulation de la température fournie dans les appartements par n'importe quel fourneau où l'on brûle de la houille, du coke, du pétrole, de l'alcool et autres combustibles. Refroidissement des appartements par circulation d'air froid, etc.

Dans tous les cas que nous venons de citer et dans les cas similaires, le rôle de l'appareil se ramène à la manœuvre, en fonction de la température, d'une valve qui, dans le cas du chauffage par circulation d'air chaud ou d'eau chaude et dans le cas de refroidissement par courant d'air froid, doit obstruer plus ou moins le canal de circulation du fluide suivant la valeur de la température.

Dans le cas du chauffage par un fourneau quelconque l'appareil doit manœuvrer, en fonction de la température, l'organe de tirage ou d'appel d'air qui peut être également une valve ou tout autre dispositif. Comme exemple d'installation dans les applications que nous venons de citer, nous nous bornerons au cas de la figure 5, car dans ces applications le rôle et le montage de l'appareil sont assez faciles à comprendre pour que, dans chaque cas, chacun puisse se faire une idée nette de cette installation.

Ce modèle offre un deuxième moyen de régulariser la température d'un appartement chauffé par la vapeur. Reportons-nous, en effet, au schéma de l'installation représentée par la

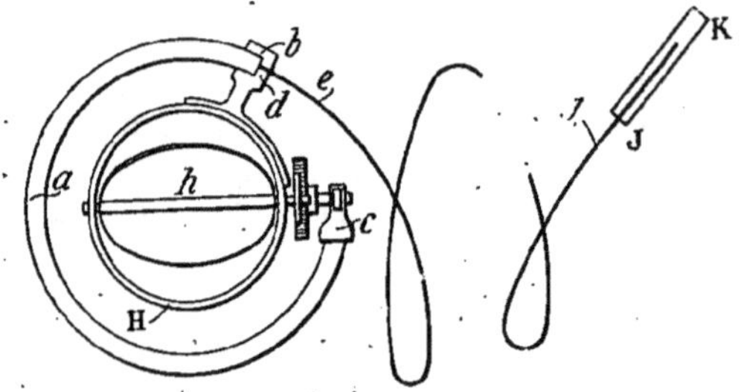

FIG. 5. — RÉGLAGE DE LA VALVE D'UNE CHEMINÉE
OU D'UNE CONDUITE A AIR CHAUD.

figure 4. Au lieu de n'admettre dans la canalisation de chauffage que la quantité de vapeur nécessaire pour que la température reste constante dans l'appartement comme le fait le modèle n° 1, représenté en T (fig. 4), nous pouvons, avec le modèle n° 3, agir sur les organes de tirage du foyer et de la cheminée de façon à régler la température du foyer *en fonction de la température à maintenir dans l'appartement.*

Ces organes de tirage existent dans toute installation bien comprise de chauffage à la vapeur, mais, dans ces installations les mouvements de ces organes sont fonction de la température dans la chaudière et non pas de la température dans l'appartement à chauffer, ce qui constitue une énorme différence au point de vue économique, aussi bien qu'au point de vue de la constance de la température.

Dans le cas, en effet, où le tirage du foyer et de la cheminée est commandé par les variations de température de l'appartement à chauffer, on ne brûle que juste la quantité de combustible nécessaire pour entretenir cette température.

Application à la Métallurgie. — Le fonctionnement des appareils qui viennent d'être décrits n'est nullement altéré quand on passe des températures moyennes aux températures usuelles extrêmes.

C'est ainsi qu'en remplaçant le petit réservoir sensible par le dispositif à vapeur métallique décrit dans le précédent n° de la *Science au XX° siècle*, on pourra utiliser ces appareils dans la grande métallurgie, dans la préparation des aciers et des alliages. Dans ces diverses opérations, on pourra agir utilement sur les tuyères ou sur tout autre organe de tirage.

Importance d'une température constante au point de vue hygiénique et économique. — Dans beaucoup de préparations industrielles, un Thermostat s'impose parce que les produits résultant de ces préparations sont bons ou mauvais suivant que l'opération s'est faite à une température constante ou à une température variable ; telles sont : la vulcanisation des tissus, la fabrication d'un grand nombre de produits chimiques, l'éclosion artificielle des œufs, etc. Aussi, à défaut d'un bon thermo-régulateur, les industriels s'efforcent-ils d'éviter, par une laborieuse manœuvre à la main, les variations de température.

Quand il s'agit du chauffage des appartements, les bienfaits d'une température constante n'apparaissent pas d'une façon aussi tangible. Cependant, les grandes variations de température dans un appartement ont sur la santé des personnes qui l'habitent des conséquences assez regrettables pour que toutes les précautions soient prises pour éviter ces variations.

Ces changements de température sont, en effet, la cause d'une foule de maladies longues et douloureuses comme la pneumonie, la pleurésie, la bronchite, les maux de gorge, les rhumes, etc.

C'est à tort que certaines personnes s'imaginent que ces maladies se contractent en plein air, c'est généralement dans l'appartement où l'on est condamné à l'immobilité qu'elles prennent naissance.

Il est donc certain que les appareils précédents

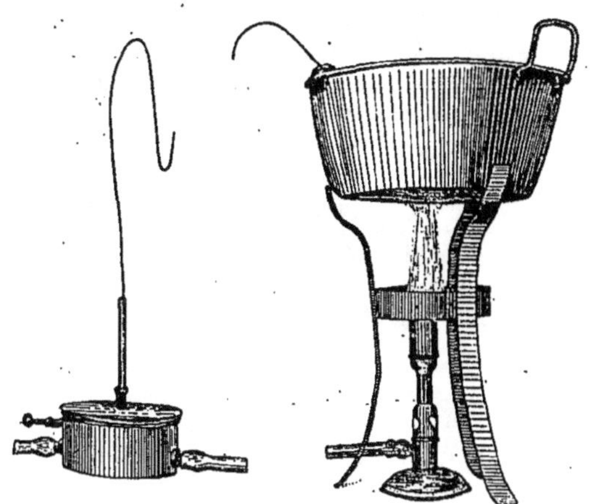

FIG. 6. — CHAUFFAGE D'UN BAIN A TEMPÉRATURE CONSTANTE PAR LE GAZ D'ÉCLAIRAGE.

pourront rendre de bons services aux personnes soucieuses de leur santé.

Au point de vue économique l'emploi de ces appareils ne sera pas moins utile.

En effet, qu'il s'agisse de chauffage par la vapeur ou par tout autre système exposé ci-dessus, du fait que la consommation du foyer est commandée directement par les variations de la température dans l'appartement à chauffer, l'emploi de l'appareil réalise le maximum possible d'économie de combustible, puisque la quantité consommée de ce combustible est exactement celle qui correspond au maintien de cette température à la valeur désirée.

A un autre point de vue, l'appareil qui vient d'être décrit étant, grâce au principe sur lequel il repose, un instrument de *précision*, rendra de grands services, non seulement aux industriels, mais encore aux savants qui, eux aussi, sont bien souvent embarrassés pour obtenir une température constante, surtout quand il s'agit de maintenir cette constance, pendant plusieurs jours, dans des étuves ou dans des bains de grandes dimensions.

J.-B. FOURNIER.

 PHYSIQUE DU GLOBE

LES CAUSES PROBABLES DU MAGNÉTISME TERRESTRE.

Essayons de nous faire une idée des causes qui produisent le magnétisme terrestre et pour cela raisonnons sur la composante verticale. Admettons un instant que le phénomène soit produit uniquement par les roches de l'écorce du globe [1]. En pareil cas, on devrait s'attendre, lorsque les roches primitives affleurent à la surface, à un excès constant de composante verticale; la régularité devrait être la plus grande possible lorsque la couche

FIG. 1. — COUPE DES GORGES DU TARN.
(Section droite passant par St-Rome-de-Dolain.)

superficielle du sol est formée par des dépôts quaternaires non ferrugineux. Or, *c'est l'inverse qui se passe dans un cas comme dans l'autre*; les terrains azoïques donnent, dans la grande majorité des cas, une composante verticale parfaitement normale et, lorsqu'il y a anomalie, celle-ci est plus fréquemment négative que positive, l'anomalie pouvant être énorme comme dans le cas de Murat (trachyte), où elle atteint 1 065 unités du 5e ordre.

Quant aux terrains quaternaires superficiels, ce sont eux qui donnent la plus faible proportion de composantes verticales régulières. On aboutit donc à une contradiction et il est impossible que le champ magnétique terrestre soit dû uniquement au magnétisme des roches géologiques. Comme il n'y a que deux causes connues de champ magnétique, il faut nécessairement invoquer la seconde, c'est-à-dire les courants; *on est donc conduit à supposer qu'au champ magnétique statique des roches terrestres se superpose un champ électromagnétique dû à des courants.*

Champ électromagnétique. — Les courants en question, sur la cause desquels nous ne nous arrêtons pas pour le moment, circulent-ils exclusivement dans la terre, ou dans l'air, ou dans les deux à la fois? S'ils ne circulent pas, au moins partiellement dans l'écorce terrestre, le relief du sol n'a aucune influence sur les éléments magnétiques de la surface, pas plus que la nature des couches géologiques qui affleurent, *dans le cas où celles-ci ne sont pas magnétiques.* En particulier, les dislocations de couches, les failles, sur lesquelles M. de Lapparent

a attiré depuis longtemps l'attention des géologues et des physiciens, ne devraient avoir aucune influence.

Pour résoudre le premier point, j'ai fait des mesures dans les gorges du Tarn *dans une région où la direction de la gorge est sensiblement celle du méridien magnétique.* Dans la section droite qui passe par St-Rome-de-Dolan on trouve (fig. 1) : St-Rome sur la lèvre Ouest, la Maxane sur la lèvre Est et le village des Vignes au fond de la vallée; les deux lèvres (altitude = 1 000 m.) sont distantes l'une de l'autre de 800 m. environ, tandis que le Tarn coule dans le fond de la gorge 500 m. plus bas. Si le champ terrestre est dû uniquement au magnétisme des roches de l'intérieur du sol, les composantes de la force magnétique T considérées sur les deux lèvres ou au fond de la gorge ne peuvent différer sensiblement; quant à la déclinaison, on ne voit pas *a priori* en quoi ni dans quel sens celle des Vignes peut se distinguer de celles de St-Rome ou de la Maxane. Or j'ai trouvé que la déclinaison des Vignes est d'environ 10′ plus grande qu'à la Maxane et plus grande de 5′3 seulement qu'à St-Rome. Quant à la composante horizontale, à des quantités près de l'ordre des erreurs d'observation, elle est absolument la même à St-Rome qu'à la Maxane, mais elle augmente brusquement de 45 unités du 5e ordre quand on descend aux Vignes. L'influence du relief du sol sur les éléments magnétiques superficiels est donc nettement mise en évidence [1].

Une statistique, faite pour rechercher l'influence de la nature des roches superficielles sur la composante verticale et portant sur plus de 505 stations françaises, montre que les terrains azoïques, secondaires et tertiaires donnent une proportion de composantes verticales régulières voisine de 74 p. 100, tandis que les terrains quaternaires donnent moins de 66 p. 100. Cette influence est extrêmement nette en ce qui concerne les terrains secondaires qui comprennent 254 stations; si on les partage en 3 étages comprenant : le premier, le *permien,* le *trias* et le *lias* avec 62 stations; le second, les différents terrains *jurassiques* avec 86 stations; le troisième, les terrains *crétacés* avec 106 stations, on trouve que le pourcentage des stations régulières va en décroissant constamment depuis l'étage le plus ancien (80,7 p. 100) jusqu'à l'étage le plus récent (69,8 p. 100). L'étage qui a le minimum d'anomalies donne 6 fois plus d'anomalies négatives que d'anomalies positives; quant à la valeur absolue moyenne des anomalies, elle va constamment en augmentant pour les anomalies positives et constamment en décroissant pour les anomalies négatives.

Les terrains azoïques permettent aussi des remarques intéressantes. La plus forte proportion de composantes verticales régulières est donnée par

---

1. La partie centrale, à cause de son énorme température, ne saurait donner d'effet magnétique appréciable, bien qu'elle paraisse constituée par des roches fortement ferrugineuses.

1. Ch. Lagrange (*Dixième conférence générale de l'Association géodésique internationale*) est arrivé par voie théorique au même résultat.

Les causes probables du Magnétisme terrestre.

le gneiss (92 p. 100); le granite et le terrain granitique, qui interviennent dans 62 stations, donnent 82 p. 100 de composantes régulières, mais les 18 p. 100 d'anomalies contiennent part égale d'anomalies positives et négatives. Si les anomalies sont relativement rares dans les terrains azoïques, quand elles se produisent, leur valeur absolue est souvent très élevée [1].

Rappelons enfin que M. E. Naumann s'applique à démontrer depuis plusieurs années que toutes les irrégularités des cartes magnétiques concordent, d'une façon remarquable, avec des accidents géologiques interrompant la continuité des terrains. Ainsi c'est une faille, dont le parcours a servi de cheminée d'éruptions, qui dévie les isogones du Japon. Quant aux bizarreries de la déclinaison le long de la ligne de Fécamp à Gien, elles correspondent sur tout le parcours de cette ligne, du moins en Normandie, à des failles très importantes ou à des vallées de fracture remarquablement rectilignes, comme celle de Nogent-le-Roi à Auneau. Ces accidents affectent surtout la craie, mais ils ne sont vraisemblablement que l'écho de dislocations plus profondes dont la vraie nature est encore cachée à nos yeux [2].

D'après ce qui précède, il faut nécessairement que l'on ait affaire à des courants circulant dans les couches superficielles du sol. Dès lors, la conductibilité ou la non-conductibilité de l'écorce terrestre influe sur leur intensité, par suite sur le champ magnétique terrestre. Lorsque les roches superficielles sont homogènes et conductrices, ce qui est le cas de la plupart des roches azoïques, du granite et du gneiss en particulier, le régime des courants terrestres est régulier et la composante verticale a sa valeur normale. Si la conductibilité est diminuée par des failles (fig. 2 et 3) ou par une discordance de couches, en vertu de la *loi des courants dérivés*, le courant terrestre diminue et il y a anomalie négative de la composante verticale si le champ vertical produit à la surface du sol par le courant terrestre est de même sens que celui de l'écorce du globe; on voit même que l'anomalie négative doit être la règle, ce que l'observation vérifie.

Il y a donc, en toute certitude, un champ électromagnétique *terrestre*. Y a-t-il un champ électromagnétique *aérien*? La réponse n'est pas douteuse pour plusieurs raisons, les unes théoriques, les autres expérimentales. Arthur Schuster et Schmidt ont respectivement démontré, par des méthodes mathématiquement irréprochables, que les causes inconnues de la période diurne de l'aiguille aimantée et des perturbations magnétiques sont *extérieures à la surface de la terre*. Comme là théorie de Faraday, qui s'appuie sur le magné-

tisme de l'oxygène et sa variation sous l'influence de l'insolation, est insuffisante pour rendre compte des phénomènes et que la théorie du soleil corps magnétique est insoutenable [1], il faut que le champ aérien soit de nature électromagnétique puisqu'il ne peut pas être de nature magnétique. On peut ajouter à cela que les comparaisons entreprises, depuis 1895, à l'Observatoire du Pic-du-Midi, entre les variations magnétiques observées à 2 800 m. et à 547 m. d'altitude, démontrent, conformément aux résultats de Blavier, que *les courants déterminant les orages magnétiques circulent en effet dans la partie supérieure de l'atmosphère* [2].

Si l'on remarque que le champ magnétique *statique* provenant du magnétisme de l'écorce terrestre ne dépend que de la température de celle-ci, sauf le cas de remaniements brusques opérés sous l'influence du noyau central, et que la température est ici indépendante du temps dans une mesure énorme, on peut considérer que le champ magnétique statique est pratiquement constant; *les variations diurnes, saisonnières et annuelles du magnétisme terrestre sont dues exclusivement aux champs électromagnétiques terrestre et aérien*, dont l'existence vient d'être établie et dont la résultante peut atteindre la vingtième partie du champ statique constant des roches terrestres [3].

Origine probable des champs électro-magnétiques. — Considérons d'abord le champ électro-magnétique terrestre dû aux courants appelés *telluriques*. Ces courants singuliers, autrefois étudiés par Blavier, sont enregistrés automatiquement chaque jour aux observatoires de Greenwich et du Parc Saint-Maur; ils sont d'autant plus intenses que les

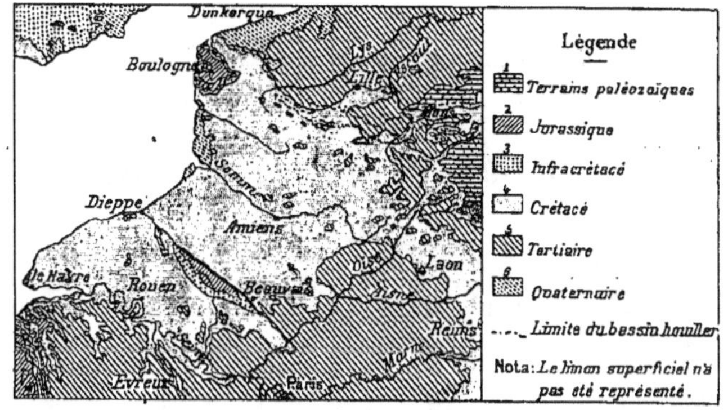

FIG. 2. — CROQUIS GÉOLOGIQUE DE LA RÉGION DU NORD ET DU NORD-OUEST.

Cette carte montre, à une échelle voisine de 1 : 3 000 000e, une grande faille presque rectiligne occupant la plus grande partie de la droite qui va de Dieppe à Beauvais. Cette faille, figurée par un gros trait noir, sépare le *crétacé* de l'*infracrétacé* (ce qui ne se voit pas sur la figure) et est parallèle à la direction générale du grand plissement des isogones de Chartres à Nevers.

déplacements de l'aiguille aimantée sont plus brus-

1. Ch. Nordmann, Thèse de doctorat, 1904.
2. Marchand, *Bull. mens. de l'observatoire Carlier d'Orthez* p. 61, août 1902.
3. Les variations de la force totale pendant les très grands orages magnétiques atteignent cette proportion. Dans mon étude sur les causes de variation de la composante verticale, j'étais arrivé également à trouver que le champ électromagnétique qui les produit est environ 1/20 du champ vertical total.

1. E. Mathias, *Comptes rendus du congrès de Montauban de l'Association française pour l'avancement des Sciences*, 1902.
2. A. de Lapparent, *Traité de géologie*, 4e édition, t. 1, p. 106 à 108.

ques et leur intensité n'a aucun rapport avec l'amplitude des mouvements de cette aiguille. Ces particularités montrent bien qu'ils ont tous les caractères de courants induits; on peut donc conclure avec M. Ch. Nordmann : *Les courants telluriques ne sont pas l'agent des variations de l'aiguille aimantée; ils sont au contraire induits par cet agent*, que nous savons être extérieur à la surface terrestre.

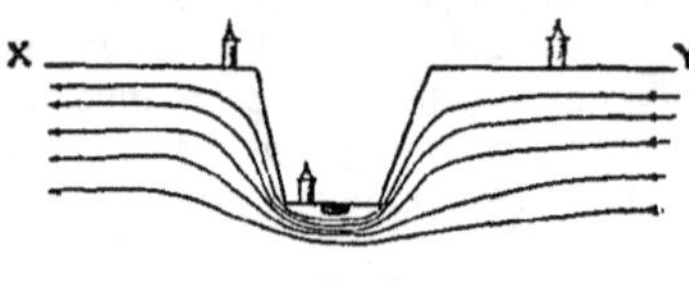

Fig. 2.

FIG. 3. — GORGES DU TARN.
Modification possible du régime des courants circulant près de la surface du sol.

D'après tout ce qui précède, la cause vraie des variations du champ magnétique terrestre est nécessairement la même que celle du champ électromagnétique aérien. Or les particularités révélées par l'enregistrement automatique des éléments magnétiques (période diurne dont les phases sont intimement liées à l'angle horaire du soleil, variation annuelle de la période diurne, telle que l'amplitude de celle-ci est plus grande en été qu'en hiver dans notre hémisphère et inversement dans l'hémisphère sud, période undécennale de la variation diurne identique à celle des taches solaires et des aurores polaires, simultanéité des orages magnétiques aux divers points du globe, l'intensité étant maxima lors du maximum des taches solaires) concordent remarquablement pour faire remonter jusqu'au soleil la cause que nous cherchons et dont nous ne voyons que les effets.

Le Soleil n'étant pas magnétique, ainsi que nous l'avons vu précédemment, par quel mécanisme peut-il produire à la surface de la terre un champ électromagnétique d'origine aérienne? Ici les difficultés commencent, car les différentes théories ne sont pas d'accord. Il est un point acquis à la science, c'est l'existence, démontrée en particulier par les aurores boréales, de courants électriques dans les régions élevées de l'atmosphère; d'une manière indéniable bien qu'en vertu d'un mécanisme inconnu jusqu'ici, ces courants sont liés au rayonnement du soleil. Le champ électromagnétique aérien qu'ils produisent à la surface de la terre, auquel se superposent le champ électromagnétique des courants telluriques qu'ils induisent dans le sol et le champ statique des roches terrestres, reproduit la force magnétique terrestre T. Lorsque, sous l'influence de causes encore peu connues, présence de taches *actives* sur le disque du soleil, par exemple, les courants aériens deviennent plus énergiques et se rapprochent de la surface de la terre, le champ électromagnétique aérien, plus puissant, est l'objet de variations brusques d'une grande intensité; on a alors le phénomène de l'*orage magnétique*, lequel se produit simultanément en des points très différents du globe terrestre, tandis que les courants atmosphériques normaux dépendent de l'insolation, donc de l'angle horaire du soleil et par conséquent du *temps local*.

On voit par ce qui précède que l'étude du magnétisme terrestre établit des liens intimes et profonds entre la physique, la géologie et l'astronomie physique, et que dès lors elle est le type de ces grandes questions dont l'ensemble constitue la *philosophie naturelle*.

E. MATHIAS,
Professeur à la Faculté des Sciences
de Toulouse.

Tribune libre d'Enseignement expérimental.

L'imitation des phénomènes géologiques au moyen de divers dispositifs expérimentaux est considérée par les hommes de science d'une manière très différente : pour les uns, elle est susceptible de résoudre à peu près tous les mystères que recèle le sol; pour les autres, ce sont là des « amusettes » analogues aux expériences de Tom Tit. Comme toujours, la vérité est entre les deux, et il est assez curieux qu'elle ne soit énoncée nulle part : c'est que la géologie expérimentale correspond, comme valeur scientifique, à ces « expériences de cours » si en faveur pour l'enseignement de la physique et de la chimie. La géologie est une science aride — telle qu'elle est enseignée du moins — et qui a besoin d'être « vivifiée » par des exemples concrets et parlant à l'esprit. Le mieux évidemment est de l'étudier sur le terrain, mais la chose présente de nombreuses difficultés, des impossibilités même, et, à défaut, on peut remplacer ces pérégrinations géologiques par des expériences faciles à faire devant les élèves ou dont on leur montre les résultats quand on les a effectuées les années précédentes. Pour se rendre compte des expériences qui sont les plus intéressantes, il suffit de parcourir les galeries de géologie du Muséum d'histoire naturelle de Paris, où M. Stanislas Meunier a eu l'excellente idée de les exposer. A titre d'exemples, nous allons décrire sommairement quelques expériences re-

FIG. 1. — IMITATION DES « CHEMINÉES DES FÉES ».

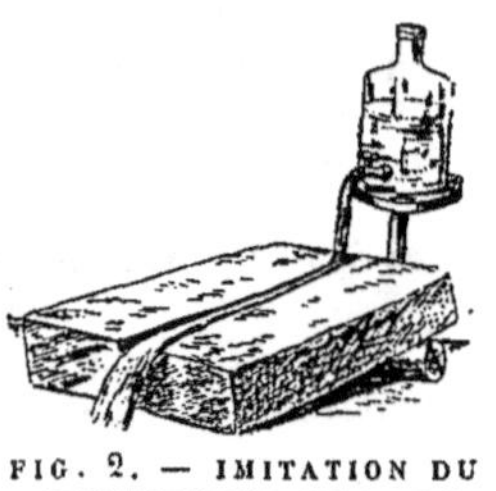

FIG. 2. — IMITATION DU CREUSEMENT DES VALLÉES.

latives à l'imitation des phénomènes d'origine externe, notamment la dénudation produite par les eaux courantes.

Si on fait tomber une pluie factice — obtenue avec une simple pomme d'arrosoir — sur un mélange de particules terreuses diverses par la taille, par la forme ou par le poids, on voit tout de suite que chaque catégorie éprouve des effets différents. Les petits grains légers sont emportés les premiers, et les plus lourds résistent le mieux. Les éclats rocheux plats, disposés horizontalement, jouant le rôle de parapluie, se constituent très rapidement un chapiteau de petits pilastres ayant avec les « cheminées des fées » les analogies de forme les plus complètes. L'étude de ces petits spécimens a un grand intérêt au point de vue de l'idée qu'il convient d'adopter quant au mécanisme de la dénudation subaérienne et en ce qui concerne le grand phénomène du creusement des vallées. C'est à ce point de vue surtout qu'il convient de constater que les cheminées des fées ne peuvent résulter que de pluies peu écartées de la verticale et qu'elles ne sauraient subsister que là où les eaux de ruissellement ne sont pas trop abondantes. Le moindre courant transversal d'eau les désagrège et les détruit : leur présence sur les flancs d'une série de vallons dans les pays de montagnes, comme à Saint-Gervais de la Haute-Savoie, à Ritton près de Bautzen, sur le Finsterbach, aux États-Unis, sur le Zuni-Plateau, Nouveau-Mexique, montre avec évidence que, contrairement à l'opinion émise souvent, les vallées ne sont pas l'œuvre de torrents ou de forts courants d'eau, mais d'une ciselure lente sous l'influence de la pluie.

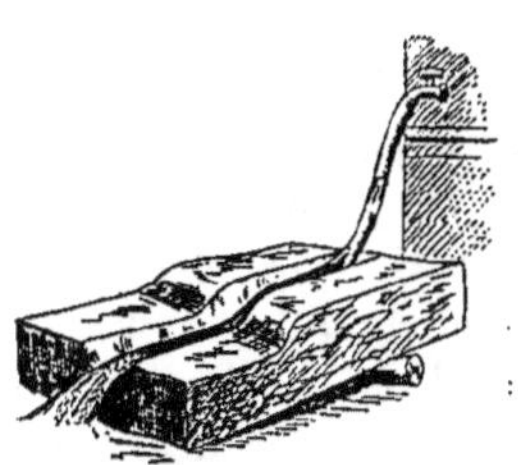

FIG. 3. — IMITATION DE LA RÉGRESSION DES CHUTES D'EAU.

M. Stanislas Meunier remarque que l'utilité de l'expérimentation apparaît ici par la précision jetée sur les conditions du phénomène.

Sur une surface horizontale ou presque horizontale l'effet est nul à cause du séjour de l'eau au pied des pilastres de terre; sur un terrain trop incliné, les pyramides ne peuvent persister à raison de la grande vitesse des filets d'eau d'arrosage.

Il faut un terrain moyen, et la pente d'éboulement des matériaux meubles de 35° à 40° paraît la meilleure. Il résulte de là aussi la notion d'une période dans le creusement des vallées, où la production des piliers de terre peut se déclarer et que, par conséquent, elle caractérise. Aussi, dans la plupart des cas, ne constitue-t-on pas de cheminées des fées par l'arrosage du sol hétérogène.

Si les blocs contenus ne sont pas plats et si la pluie se fait obliquement, ou si (ce qui est très fréquent) le sol n'a pas la cohésion nécessaire, les blocs sont déchaussés et ils descendent verticalement pendant que les particules fines sont tout dou-

cement emportées par les eaux de ruissellement.

Il n'est pas difficile non plus d'imiter quelques particularités du cours des fleuves.

On peut, par exemple, produire des gorges de torrents avec une dalle de calcaire dont la surface est soumise à l'écoulement d'un filet d'eau acidulée. Il faut faire choix d'un calcaire facilement attaquable comme est la lambourde ou calcaire à milioles des environs de Paris, et employer une solution d'acide chlorhydrique à un ou deux centièmes. On règle l'écoulement et l'inclinaison de la plaque selon le résultat que l'on veut obtenir. Il est utile de remarquer que l'action chimique dont on se sert ici se comporte comme l'action mécanique développée par les torrents. Ce qui le démontre, c'est la conformité absolue de tous les accidents de détails que présente le sillon obtenu. D'un autre côté, il ne faut pas oublier que l'eau des torrents réalise aussi, pour une part, une action chimique sur beaucoup de roches.

FIG. 4. — IMITATION DES TERRASSES LATÉRALES DES RIVIÈRES.

Si, dans cette expérience, au lieu d'employer une dalle plate, on prend une dalle présentant une sorte de ventre en son milieu, on imite la régression des chutes, telles qu'elles ont lieu, par exemple, au Niagara. Sous l'influence du filet d'eau continu, on constate, en effet, que la chute régresse, c'est-à-dire tend à remonter dans le sens inverse de l'écoulement du courant.

Cette expérience est bien faite pour rendre évident le caractère régressif de toutes les particularités de l'érosion fluviale qui concernent le travail vertical des cours d'eau : c'est la condition inverse de celle que présentent les caractères du travail horizontal des mêmes agents, qui est au contraire essentiellement transgressive, c'est-à-dire animée d'un mouvement dirigé de l'amont vers l'aval.

Au lieu d'un tube d'écoulement d'eau cylindrique, employons-en un dont le bout a été un peu aplati horizontalement et faisons passer le filet d'eau qui va en s'élargissant sur une dalle calcaire convenablement inclinée. Après peu de temps, on constate que le filet d'eau n'occupe plus que la région médiane de la surface d'abord mouillée : c'est le rétrécissement progressif des courants circulant sur une plaine qui s'érode et qui a pour effet de créer des terrasses latérales le long de ceux-ci. On arrive surtout à bien voir les terrasses quand le calcaire présente des lits superposés un peu différents les uns des autres, et dont la solubilité, par conséquent, n'est pas égale, parce que ces lits, qui doivent être minces, empêchent l'érosion d'avoir une allure absolument uniforme.

(*A suivre.*)   *Communiqué par M. H. COUPIN,*
Chef des travaux pratiques à la Sorbonne.

LE SORT DE LA CALABRE.

Les journaux nous ont apporté des détails terrifiants sur les conséquences de l'horrible cataclysme qui a secoué l'infortunée Calabre. En quelques minutes les maisons se sont écroulées, ensevelissant des mourants; de charmantes cités ont été réduites en amas lamentables de

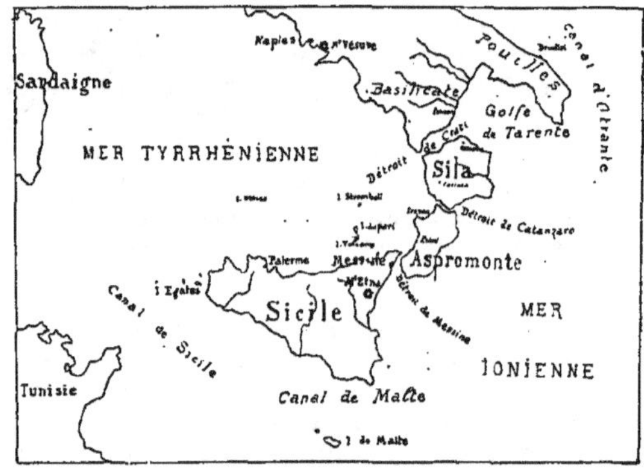

FIG. 1. — ITALIE MÉRIDIONALE.

ruines, et dans les rues impraticables, encombrées de pierres, de plâtras et de poutres, des malheureux, parmi les décombres, se tordaient les bras de désespoir. Partout maintenant la misère apparaît sur cette terre d'Italie, contraste épouvantable d'un ciel éclatant, d'une mer somptueuse et de misérables angoissés par la terreur, par la soif et par la faim.

Potenza, Paola, Cosenza, Pizzo, Tropea, Palmi, Borgia, Monte-Leone, Parghelia, Motta-Santa-Lucia, etc., sont devenus des villages de douleur poignante et de souffrances épouvantables. Enfin tandis que le sol de la Basilicate et de la Calabre était en proie à de violentes convulsions, de nouveaux cratères s'ouvraient pour vomir des laves et des vapeurs.

Selon toute vraisemblance, de nouveaux désastres sont à craindre dans un avenir plus ou moins éloigné, et il est fort probable que cette série de secousses se terminera par une plus forte que les précédentes, laquelle séparera la Calabre du continent.

De tels phénomènes se sont déjà produits au cours des âges dans cette région, et à l'heure actuelle, où tous les yeux sont tournés vers le sud de l'Italie, il est intéressant de réunir les documents que nous fournit la science moderne et d'essayer de reconstituer l'histoire de la partie méridionale de la péninsule italienne.

L'Italie est un des pays d'Europe dont les formations géologiques sont le plus récentes; les terrains tertiaires, en effet, en composent les deux tiers, et les terrains quaternaires y sont partout très répandus. L'Apennin, qui constitue l'arête de la péninsule, est la plus jeune des chaines européennes, et tout porte à croire que ce relief est encore en voie de formation. L'isolement de cette péninsule qui s'avance si curieusement dans la Méditerranée, les échancrures en arc de cercle qui ont mordu les côtes, les volcans actifs qui jalonnent le rivage de Naples à la Sicile, la fosse profonde qui longe la rive napolitaine, attestent que l'Italie méridionale (fig. 1) doit sa configuration actuelle à des causes violentes. L'Apennin n'est pas, comme on pourrait le croire, un simple anticlinal de part et d'autre duquel les couches plongeraient en sens inverse. Les travaux des géologues ont montré que l'allure actuelle de la chaîne est due à la juxtaposition de deux genres d'efforts : un plissement s'est tout d'abord produit vers la fin des temps éocènes, c'est-à-dire à l'époque où les Pyrénées se soulevaient : puis des ruptures importantes ont affecté cette chaîne, et des terrains très récents, comme le pliocène, se sont trouvés portés à des altitudes variant de 1 000 à 1 200 mètres.

Mais tout plissement suppose un massif résistant contre lequel les sédiments plastiques sont venus buter. Où était ce massif en Italie?

On n'en trouve plus que des débris : la Corse, la Sardaigne, les affleurements archéens et primaires de la côte de Toscane, du N.-E. de la Sicile, les monts de la Calabre. Un ancien continent granitique et gneissique a existé sur l'emplacement de la mer Tyrrhénienne où actuellement la sonde accuse des profondeurs de 3 000 mètres. La faune et la flore, tout aussi bien que l'étude des fonds marins, montrent que l'Espagne, le nord de l'Afrique, l'Italie, ont été réunis et c'est par des causes violentes, par des fractures suivies d'effondrements que ce continent s'est abîmé sous les eaux, ne laissant plus émerger que des débris.

A quelle époque ces phénomènes se sont-ils produits? La dislocation et l'effondrement partiel de ce territoire auraient commencé vers la fin des temps secondaires pour ne s'achever qu'avec l'ère quaternaire. Puis une série de cirques d'affaissements entamèrent la côte italienne entre la Toscane et la Sicile et le long des cassures, des volcans s'installèrent : Vésuve, Lipari, Stromboli, Etna. La Sicile, déjà séparée de l'Italie par la cassure de Messine, se vit, dans une forte convulsion du sol, privée de toute liaison avec l'Afrique; enfin une série d'effondrements amenaient l'isolement de la Corse et de la Sardaigne, déjà séparées de la Toscane depuis les temps pliocènes.

Le réveil des volcans, les séismes actuels de la Calabre montrent que ces mouvements n'ont pas dit leur dernier mot, et il est à craindre que ce soit là le prélude d'un nouvel effondrement.

Dans la période historique, d'ailleurs, on n'a cessé d'enregistrer des tremblements de terre désastreux dans la région comprise entre le Vésuve et l'Etna. Le tremblement de terre de 1688 faisait 20 000 victimes en Campanie et en Calabre; celui de 1693 détruisait 49 villes ou villages et coûtait la vie à 73 000 personnes; en 1783, de longues et profondes crevasses entr'ouvraient le sol, et les secousses anéantissaient 109 agglomérations; enfin le tremblement de terre de Potenza survenu en 1857 causait 10 000 morts dans la région si éprouvée aujourd'hui.

Ainsi, depuis longtemps est mise en évidence l'instabilité de cette pointe de la Calabre. Les Monts de la Calabre sont séparés de l'Apennin par la dépression où coule le Crati; la Calabre elle-même est divisée en deux massifs, l'un granitique : la Sila, l'autre gneissique : l'Aspromonte, par la dépression de Catanzaro. Ces dépressions ne sont autres que d'anciens détroits pliocènes, et selon toute vraisemblance les séismes qui se poursuivent actuellement aboutiront à leur rétablissement, c'est-à-dire que des îles nouvelles apparaîtront au sud de la péninsule par fractionnement de celle-ci.

Quoique ces phénomènes nous semblent très possibles pour un avenir très rapproché, nous souhaitons vivement que nos prédictions ne se réalisent jamais.

GABRIEL EISENMENGER,
Licencié ès sciences physiques et naturelles.
Boursier de voyage à l'étranger.

LES MONNAIES CHEZ LES SAUVAGES.

Beaucoup de peuplades sauvages ignorent totalement le commerce ou, tout au moins, se contentent d'échanger directement un objet

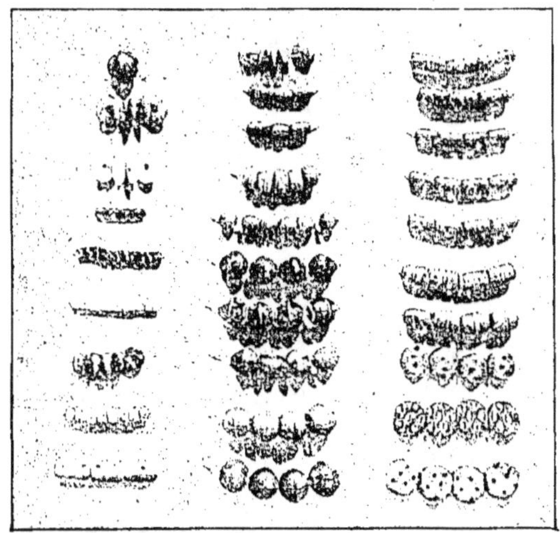

FIG. 1. — DIFFÉRENTES MONNAIES UTILISÉES DANS L'AFRIQUE CENTRALE.

utile contre un autre objet utile qu'ils convoitent. Mais un bon nombre d'autres ont senti le besoin, pour faciliter les transactions, de créer une monnaie-étalon leur permettant de faire des échanges indirectement et à n'importe quel moment. Ces monnaies diffèrent énormément d'un endroit à un autre; tantôt elles n'ont qu'une valeur relative, tantôt elles sont suscep-

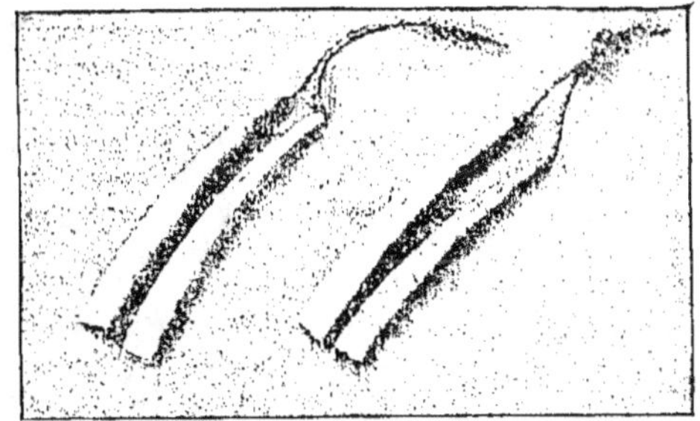

FIG. 2. — MONNAIE FAITE AVEC DES COQUILLES DE DENTALE.
(Côte ouest de l'Amérique du Nord.)

tibles d'être utilisées autrement, comme ornements par exemple.

Les monnaies les plus répandues chez les peuples primitifs sont toutes des objets utiles, par exemple des esclaves (Afrique et Nouvelle-Guinée), du bétail (rennes des Lapons), du sel cher à Pelau. Plus le bloc est grand, plus il a de valeur. Les billets de mille francs sont remplacés

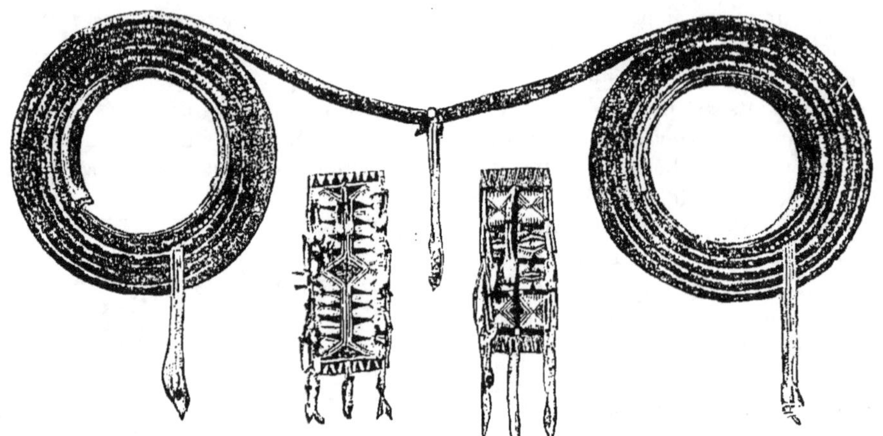

FIG. 3. — UNE MONNAIE FAITE AVEC DES PLUMES DE PERROQUETS.
(Iles de Santa-Cruz.)

(dans le Laos), des fourrures (en Sibérie), des étoffes (en Afrique), différents objets d'ornements (fig. 1) tels que les coquillages, les perles (fig. 2), les plumes (fig. 3), ou même des comestibles variés.

Si la monnaie n'est pas utile par elle-même, il faut, naturellement, qu'elle soit constituée par une matière rare. « C'est ainsi, dit M. Deniker, que dans les îles Pelau on garde précieusement comme monnaie courante (*Andou*) un certain nombre de perles en obsidienne ou en porcelaine et des prismes en terre cuite importés on ne sait quand et comment dans le pays et qui ont une valeur très grande ; telle tribu ne possède qu'un seul prisme en argile (appelé *Baran*), qui est considéré comme trésor public, etc. Dans l'île de Yap, voisine des Pelau, la monnaie est remplacée par des blocs d'aragonite, roche inconnue dans l'île et que l'on va cher-

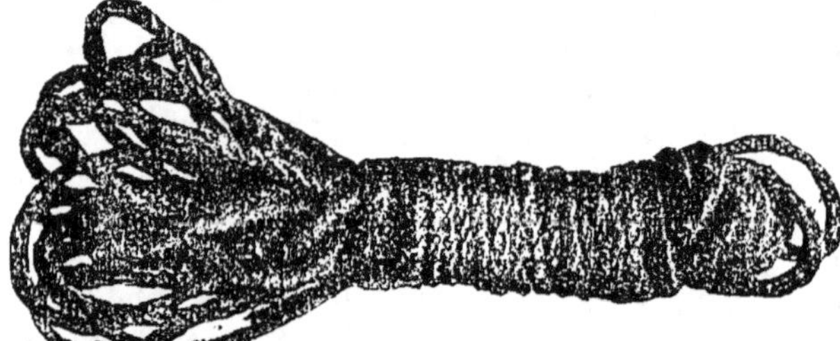

FIG. 4. — UNE CORDE FAITE EN POILS DE RENARD
ET SERVANT DE MONNAIE AUX ILES LOYALTY.

FIG. 5. — COQUILLES (CAURIS) SERVANT DE PIÈCES
DE MONNAIE.

par d'énormes meules, tellement pesantes que deux hommes peuvent à peine les transporter ; ils servent donc plutôt à flatter la vanité des gens riches du pays, qui les exhibent devant leurs cases, qu'à faciliter des échanges. »

Mais c'est là un cas exceptionnel. Habituellement, on cherche plutôt les objets maniables, c'est-à-dire ayant le maximum de valeur pour le minimum de poids. C'est ainsi que les Indiens Chorchones et les Bannock d'Idaho et de Montana emploient comme monnaies les dents du cerf Wapiti. Pour la même raison les Scandinaves (de même que les anciens Carthaginois) se servent de monnaies en peau ; les Michmi, utilisent les crânes d'animaux ; les Indiens des îles Loyalty font usage d'une corde (fig. 4) faite en poils de renard, et dont ils coupent une longueur plus ou moins grande. Quant aux Mexicains, ils se servaient beaucoup autrefois de graines de cacao, et, malgré les facilités des communications, cette coutume n'y a pas entièrement disparu.

Les coquilles sont fréquemment employées. Voici, de M. Deniker, quelques renseignements sur elles. Le Dentale (fig. 2) est utilisé chez les Indiens du nord-ouest de l'Amérique; la *Venus mercenaria* (espèce assez analogue aux « coques ») est transformée en perles (*Wampun*)

chez les Indiens de la côte atlantique des États-Unis, etc. Mais, parmi toutes ces coquilles, la *cauri* (fig. 3) est la plus connue. Deux espèces sont surtout très utilisées comme monnaie : *Cyprea moneta* et *Cyprea annulus*. La première semble être plus répandue en Asie, la seconde en Afrique.

Les deux espèces sont connues dans tout l'océan Indien, mais on ne les récolte en grande quantité que sur deux points : aux îles Maldives (à l'ouest de Ceylan) et aux îles Soulou (entre les Philippines et Bornéo). Sur le continent asiatique, leur usage était répandu surtout au Siam et dans le Laos : il y a une vingtaine d'années, vingt à trente de ces coquilles y valaient un centime.

La vraie zone de circulation du cauri est cependant l'Afrique tropicale; le fait s'explique par sa rareté, car, la coquille n'étant pas connue dans l'Atlantique, c'est uniquement par des relations commerciales qu'elle a pu se propager de l'est à l'ouest à travers le continent, depuis Zanzibar jusqu'au Sénégal; et ces relations commerciales doivent remonter bien loin, car Cadamosto et d'autres voyageurs portugais du XV⁰ siècle signalent déjà l'emploi du cauri comme monnaie parmi les « Mames » du Sénégal. Le taux du cauri est beaucoup plus élevé qu'en Asie, ce qui indique que cette coquille est un objet importé. C'est probablement par les Arabes que le cauri fut introduit sur la côte Est de l'Afrique. Plus tard, les Européens se sont aussi emparés de ce commerce.

Le cauri a cours encore aujourd'hui sur toute la côte-Ouest de l'Afrique jusqu'au fleuve Couanza dans l'Angola. Plus au sud, jusqu'à Walfischbai, on trouve une autre « monnaie de coquille » : des chapelets formés de fragments d'une grande coquille terrestre, l'*Achatina monetaria*, enfilés sur un cordon; on les fabrique surtout dans l'intérieur du pays de Bengouela, dans le district de « Selles », et on les expédie sur toute la côte et jusqu'à Londres. Ces chapelets, longs de 30 cm. environ, valaient, il y a une quinzaine d'années, de 50 centimes à 1 fr. 50 chacun.

Parmi les matières alimentaires servant de monnaie, il faut citer surtout les graines de riz chez les indigènes des Philippines; les briques de thé, qui ont cours en Mongolie, et les morceaux de sel, substance si nécessaire à notre organisme, et si rare au centre de l'Afrique.

FIG. 6. — DIVERSES MONNAIES MÉTALLIQUES ANCIENNES.

Quant aux métaux, ils sont extrêmement employés (fig. 6), aussi bien le bronze que le fer. Ils peuvent d'ailleurs revêtir toutes sortes de formes, depuis des baguettes jusqu'à des x ou des monnaies rondes, forme la plus habituelle chez les peuples civilisés.

Quelquefois la monnaie métallique est disposée de manière à pouvoir être coupée et varier ainsi de valeur; c'est ainsi, par exemple, que l'on paie avec les fils de laiton ou de cuivre dans l'Afrique centrale, de même qu'avec les barres d'argent qui servent de monnaie courante en Chine.

HENRI COUPIN,
Docteur ès sciences naturelles.

❧ *Revue critique des Travaux scientifiques.* ❧

PHYSIQUE

L'éclipse du 30 août. Observations physiques.

. Partout où l'état de l'atmosphère l'a permis, les missions scientifiques et les amateurs installés en divers points de la zone de totalité de l'éclipse du 30 août : Burgos, Sfax, Constantine, Philippeville, Guelma, etc. ont fait une ample moisson d'observations physiques et astronomiques. De leur côté, les astronomes installés dans la zone de l'éclipse partielle ne sont pas restés inactifs. De la comparaison des résultats obtenus, découleront certainement des conclusions précieuses pour le grand problème solaire encore si obscur sur beaucoup de points.

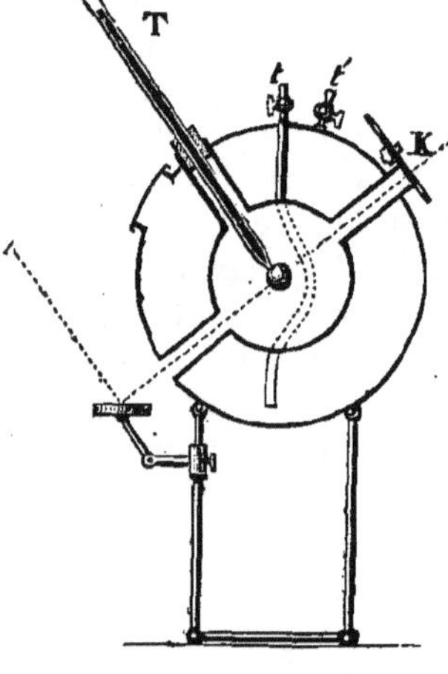

FIG. 1. — ACTINOMÈTRE.

Mouvements tournants de l'air. — Les *ballons-sondes* et les *aérostats montés* sont désormais des auxiliaires indispensables des missions d'observations : il faut, en effet, toujours compter avec un temps couvert et d'ailleurs, au point de vue météorologique, il est bon d'observer à diverses altitudes au sein de l'atmosphère. A bord du *Centaure*, conduit par M. Henri de la Vaulx, M. Joseph Jaubert a pu suivre avec précision le *mouvement tournant* de l'air pendant l'éclipse. Le ballon a décrit une portion d'arc de cercle d'environ 270°. Poussé au début par un courant Sud-Est, le ballon a été entraîné ensuite par des courants venant du S., du S.-O., de l'O., du N.-O., du N. et enfin du N.-E. Après l'éclipse, le *Centaure*, qui planait à 2,500 mètres, a repris sa direction initiale.

Ombres volantes. — A ce mouvement cyclonique de l'air, divers savants rattachent les *ombres volantes* signalées à nouveau presque partout : M. Lucien Liebert en a minutieusement suivi la formation et la marche en Tripoli de Barbarie; elles se dessinèrent sur une pièce d'étoffe blanche de 25 mètres carrés de superficie, étendue au préalable sur le sol, six minutes avant la totalité, à 2 h. 39 minutes, et sous la forme de bandes alternativement sombres et éclairées; les bandes sombres paraissaient d'ailleurs constituées par des rectangles d'ombre coupés d'éclaircies. Elles donnaient l'impression d'un serpentin agité par le vent, ou encore, en raison de leur déplacement qui s'effectue perpendiculairement à leur direction, elles rappelaient le phénomène produit sur le mur d'une chambre opposé à une fenêtre, dont les persiennes sont closes et donnent sur la mer, lorsque la lumière réfléchie par la surface de l'eau frappe la persienne. Les

bandes relevées par M. Liebert étaient orientées, d'une manière générale, du N.-E. au S.-O. et se déplaçaient vers le S.-E. A Constantine, on a observé des ombres sinueuses qui avaient sur le plan horizontal la direction N.-E.-S.-O.; six à sept secondes *avant* et *après* l'éclipse totale on a remarqué de plus sur les stries sinueuses des ombres faisant avec celles-ci un angle d'environ 25°, toujours dans la même direction, et qui avaient l'apparence de longues barres de 6 à 7 centimètres de largeur, séparées par des bandes éclairées dix fois plus larges, parallèles entre elles. La marche de ces bandes, régulière et bien déterminée, était O.-S. avant l'éclipse et de direction inverse S.-O. après. A Burgos, M. G. Meslin a fait remarquer aux personnes qui l'entouraient la présence de franges mobiles orientées sur le sol du nord au sud et fuyant de l'ouest vers l'est.

Photométrie. — Au point de vue photométrique, il est à signaler que la lumière a toujours été suffisante à terre pour la manœuvre et la lecture des appareils; à bord du *Centaure* il a fallu, au contraire, avoir recours à la lumière artificielle. On a pu apercevoir Vénus, Mercure et Régulus. Malgré les nuages très épais et à marche très rapide qui, le 30 août, ont troublé la transparence ordinairement si parfaite du ciel de Villargamar (à 3 kilom. de Burgos), M. Fabry a pu faire une observation photométrique sur la lumière totale de la couronne d'une part et sur l'éclat d'un de ses points d'autre part. M. Bernard, qui disposait d'un photomètre spécial, destiné à comparer les éclats de la lumière circumsolaire dans les diverses phases du phénomène, a pu faire aussi une mesure pendant la seule minute de totalité, dont la mission dirigée par M. H. Deslandre a profité.

A l'observatoire de Paris, où l'éclipse n'était que partielle, et au moment de la plus grande phase, le jour rappelait, d'après M. Boquet, un très brillant clair de lune sur un sol couvert de neige.

A Athènes, où la lune a pu cacher les 84/100e du diamètre solaire, la diminution de la lumière du jour fut considérable; on eût dit (D. Eginitis) qu'un cirrus très épais couvrait le soleil.

Cette variation d'éclairement fait prendre à certaines plantes leur attitude caractéristique de sommeil. Ces plantes photoscopiques deviendront peut-

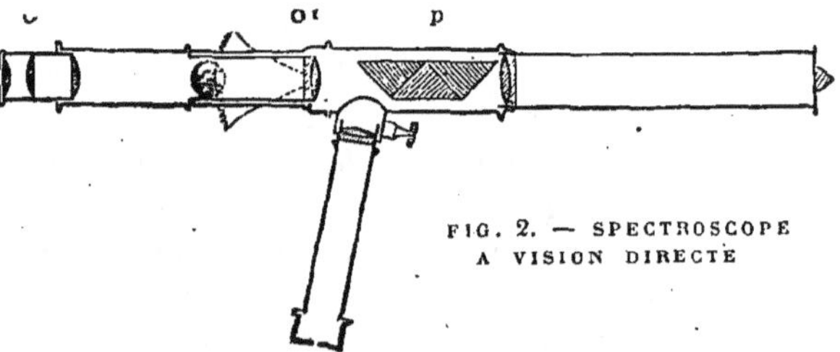

FIG. 2. — SPECTROSCOPE
A VISION DIRECTE

être un jour des « instruments de physique ». Les constatations faites par M. Ed. Bureau à Riaillé (Loire-Inférieure), où les quatre cinquièmes du soleil ont été masqués, lors de la plus grande phase, sont à ce point de vue fort instructives.

Au moment du maximum, l'obscurité était à peine plus intense que celle d'un jour d'hiver par un temps brumeux. Cependant, on la sentait plus opaque que si la lumière eût été simplement tamisée par des nuages : les *liserons* gardèrent leurs fleurs épanouies; les *oxalis stricta* et *corniculata* qui à cette époque de l'année, dès 4 h. 30 du soir, replient leurs feuilles et enroulent leurs pétales, gardèrent leurs feuilles étalées et leurs fleurs ouvertes. Un nénuphar de l'Amérique du Nord et le mimosa Julibrissin de Turquie qui ferme ses feuilles chaque soir, lorsqu'il fait presque nuit, ne furent que très légèrement impressionnés par l'éclipse. Il en fut tout autrement pour l'*acacia dealbata*, dont les rameaux couverts de fleurs jaunes sont vendus en si grande quantité dans les rues de Paris, en février et mars, sous le nom de *mimosa*. A l'instant du maximum de l'éclipse, les différentes parties des feuilles de cet acacia étaient dans leur position de sommeil, et, après l'éclipse, elles reprirent graduellement leur position diurne et restèrent étalées jusqu'à 5 h. 30, heure de leur coucher.

Température. — Il va de soi que la température s'est abaissée pendant l'éclipse :

LIEUX D'OBSERVATION	VARIATION DE TEMPÉRATURE	OBSERVATEURS
El-Arrouch (à 32 km. de Philippeville)	de 34° à 28° soit 6°	Mourot
Constantine	5°	Joseph Jaubert
Athènes	4°,2	D. Eginitis
Marseille	21°7 à 19°7 soit 2°	
Parc St. Maur et Val Joyeux	1°,5	Th. Moureaux.

M. Bigourdan, à Sfax; M. Marchand, à Bagnères; M. Esclangon, à bord de la *Belle-Hélène*, ont fait des relevés actinométriques (fig. 1). Mais ces mesures destinées à fixer la valeur de l'absorption que l'atmosphère solaire fait subir à la radiation émanant de la photosphère, n'ont pas encore été publiées.

Polarisation. — L'état de polarisation de la lumière provenant de diverses régions de la couronne ou du ciel, a fait l'objet d'intéressantes communications à l'Académie des sciences.

A Burgos, M. *G. Meslin* a mesuré le degré de polarisation de la couronne et il a observé que la moitié de la lumière recueillie était polarisée rectilignement, qu'elle provienne du voisinage du pôle du soleil ou du voisinage de l'équateur. M. Meslin n'a pas trouvé la moindre trace de lumière elliptique. Et pourtant cet habile expérimentateur avait soigneusement préparé ses observations, sensibilisé les polarimètres et polariscopes dont il a fait usage, en tenant compte de ce que la lumière coronale est constituée en grande partie par une radiation verte ($\lambda = 530$) appartenant à un élément encore inconnu sur notre planète et que l'on a nommé le *coronium*.

A Philippeville, M. Piltschikoff a également estimé la proportion de lumière polarisée en dirigeant l'axe du polarimètre dans le plan vertical passant par le soleil et de façon à viser une région située dans ce plan à 10° du soleil. La polarisation serait, dans cette région du ciel, de 62 p. 100 pour la lumière bleue et d'environ 53 p. 100 pour la lumière rouge. On connaît la compétence de M. Piltschikoff en ces matières; il a établi antérieurement, par des observations faites à Kharkov, que, « malgré l'énorme différence qui existe dans l'illumination de l'atmosphère par le soleil et la lune, la quantité de lumière polarisée, mesurée suivant la direction définie plus haut, reste *la même jour et nuit* ».

Magnétisme. — A l'occasion de l'éclipse solaire du 30 août, le Bureau central météorologique a établi une station magnétique temporaire à Poissy. Des appareils enregistrant la déclinaison et l'intensité horizontale du champ magnétique terrestre ont été installés dans une ancienne carrière de pierres calcaires, à 20 mètres au-dessous du sol et à 70 mètres de l'ouverture, en un lieu où la température se maintient rigoureusement à 9°5. Pendant l'éclipse, la déclinaison a subi plusieurs oscillations perturbatrices, dont l'amplitude extrême est de près de 4'. L'écart total de l'intensité magnétique horizontale a été d'environ 0,00030. Il faut attendre l'examen complet des observations faites du 17 août au 2 septembre avant de pouvoir formuler des conclusions.

Nous ne savons rien encore des variations de l'ionisation atmosphérique et du champ électrique terrestre pendant l'éclipse. Sans doute, M. Nordmann a pu faire sur ces questions toutes nouvelles d'intéressantes constatations.

Spectro-photographie. — La photographie, sous toutes ses formes, a été mise largement à contribution et le nombre des clichés pris en cours d'éclipse est considérable. Les appareils employés ne présentent rien de nouveau : ce sont toujours des objectifs d'assez grande distance focale, munis parfois de chambres d'agrandissement, dont les magasins de plaques et l'obturateur sont disposés pour une opération rapide et sûre.

Mais c'est à la photographie spectroscopique qu'il faut avoir recours pour pénétrer plus avant dans les secrets de la physique solaire. L'oculaire du spectroscope ordinaire est simplement remplacé par un châssis recevant la plaque sur laquelle se forme l'image spectrale de la fente donnée par un bon objectif de flint, ou de quartz et de spath fluor, selon la région du spectre que l'on désire fixer. On constitue ainsi ce que l'on nomme un *spectrographe*. Parmi les spectres à saisir il en est un, particulièrement précieux, puisqu'il ne se manifeste qu'un instant aux époques d'éclipse totale. La brièveté de son apparition lui a fait donner le nom de *spectre-éclair*. Pour l'observer, on supprime le collimateur du spectrographe et on attend pour faire jouer l'obturateur que la lune ait effectué son deuxième contact, ou soit près de son troisième contact. Le bord immédiat de la surface du soleil se trouve ainsi découvert et un spectre très riche en *raies brillantes* apparaît alors. Moins de deux secondes plus tard, les raies brillantes sont remplacées par des raies noires. Aussi a-t-on donné le nom de *couche renversante* à cette couche de vapeur en contact immédiat avec la surface du soleil. Ce renversement des raies est un signal que M. H. Deslandres a utilisé, dès 1900, pour obtenir à coup sûr le spectre-éclair. Il suffit, en effet, de suivre au spectroscope-oculaire (fig. 2), à l'instant du contact à utiliser, les raies de la lumière émise par le bord du soleil et d'agir sur l'obturateur du spectrographe braqué sur le même point dès que les raies noires sont remplacées par des raies brillantes. A. GUILLET.

PHOTOGRAPHIE

<table><tr><td>Décharge élec
trique sur une
surface sensi
ble.</td></tr></table>

En effectuant, dans une pièce obscure, une décharge électrique sur une surface sensible, on obtient, au développement, l'image de la décharge.

Le Dr Stéphane Leduc a indiqué divers moyens

2° On découpe une rosace à six branches, ou tout autre dessin au centre d'un cache en carton ; à l'aide d'un tamis on saupoudre avec une poudre isolante telle que fécule, amidon, soufre. On enlève le cache ; le dessin découpé est reproduit sur la face sensible par la poudre ; le reste de la face sensible restant net et lisse.

On peut varier le résultat non seulement en

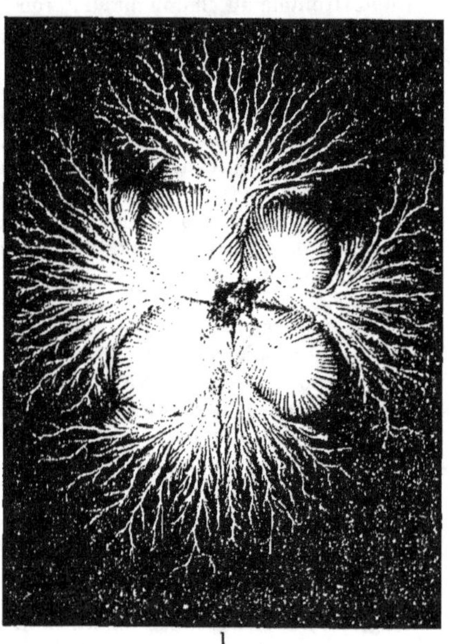

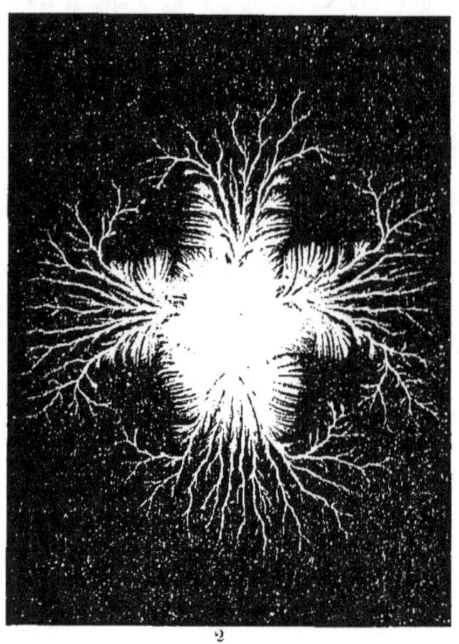

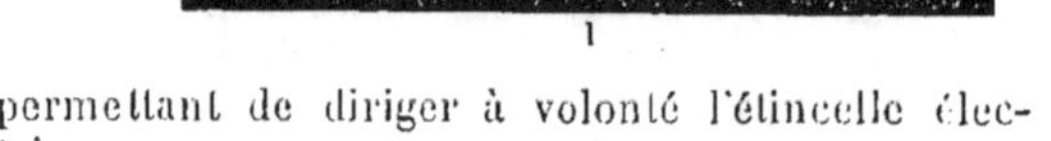

permettant de diriger à volonté l'étincelle électrique.

En particulier, il est possible de produire une infinie variété de rosaces en employant l'un des artifices suivants décrits par le Dr Leduc dans *Photo-Revue* :

1° On prépare une plaque de liège sur laquelle on a placé une mince feuille de plomb : sur une circonférence on a piqué huit épingles équidistantes traversant le plomb et le liège ; dans la chambre noire on saupoudre avec de la poudre d'amidon la face sensible de la plaque photographique que l'on place sur une feuille de métal en rapport avec l'armature externe d'une des bouteilles de Leyde d'une machine de Wimshurst ; on fait supporter par les pointes d'épingles sur la face sensible les lames de liège et de plomb ; on met celle-ci en communication avec l'armature externe de l'autre bouteille. Il suffit alors de faire éclater une étincelle entre les pôles de la machine et de développer la plaque impressionnée par cette étincelle.

variant les dessins, mais aussi en répartissant sur la face sensible des pièces d'étain, de plomb, de cuivre, etc., diversement taillées.

Les poudres donnent des dessins plus ou moins ténus selon leur finesse et leur densité : les poudres les plus compactes donnent les traits les plus fins et on peut obtenir une grande diversité d'aspect en employant des poudres différentes, différemment réparties à l'aide de plusieurs caches.

La plaque au gélatinobromure d'argent ainsi préparée est placée par son côté non sensible sur une feuille métallique mise en communication avec un des pôles du générateur d'électricité. On peut aussi diriger la décharge et, par suite, les effets obtenus, par la forme de cette feuille de métal. Sur la face sensible, au milieu du dessin symétrique formé par la poudre on fait reposer une pointe métallique communiquant avec l'autre pôle du générateur. Les différences de pôles contribuent également à varier les résultats.

Dans l'expérience ainsi dis-

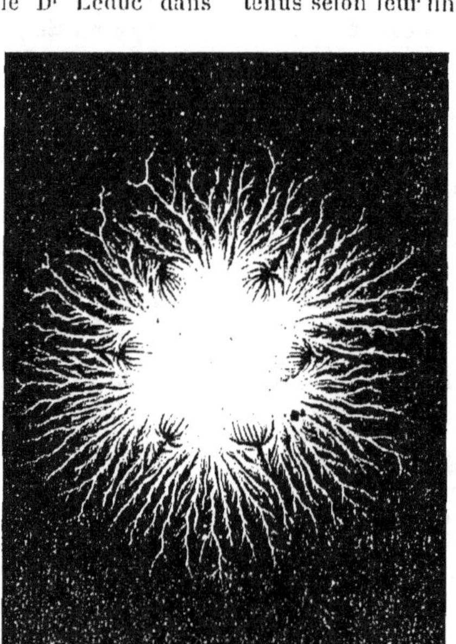

FIG. 1, 2 ET 3. — PHOTOGRAPHIES
DE DÉCHARGES ÉLECTRIQUES.

posée, la plaque au gélatino-bromure d'argent représente le diélectrique d'un condensateur dont la feuille et la pointe métalliques forment les armatures.

On fait éclater une seule décharge; on essuie soigneusement la plaque avec un linge sec, de manière à n'y pas laisser de poudre, et on développe par les procédés habituels.

Comme générateur d'électricité, on peut utiliser soit une bobine d'induction dite de Ruhmkorff, soit une machine statique; les plus petits générateurs suffisent.

On peut obtenir ainsi des dessins de formes très variées (fig. 1, 2, 3); on peut en particulier obtenir des lettres ornementales (fig. 4) ou des mots entiers : le mot est découpé dans une mince feuille de plomb, qu'on place sur la surface sensible. Suivant la présence, l'absence ou la nature de la poudre, suivant qu'on saupoudre après ou avant de mettre les lettres sur la plaque, etc., on obtient un nombre infini de variétés.

Il est fort probable que l'on pourra utiliser ces motifs de décoration électrique.

(*A suivre.*)　　　　G.-H. NIEWENGLOWSKI.

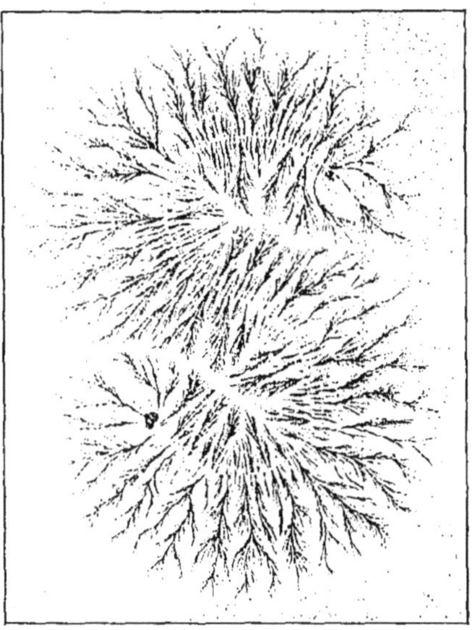

FIG. 4. — LETTRE ORNÉE.
(Obtenue par décharge électrique).

PNEUMATIQUE

<table><tr><td>Nettoyage par le vide.</td></tr></table>

Chacun a pu voir, à Paris, à Lyon, et même ailleurs, une caisse roulante installée dans la rue devant un immeuble. De cette caisse, dans laquelle on entend un ronflement continu indiquant la présence d'un moteur, sortent un ou deux tuyaux grimpant le long du mur de façade pour pénétrer par une fenêtre. A première vue, on croirait voir une petite pompe à incendie; c'est tout simplement un appareil à *nettoyer par le vide*, un *vacuum cleaner*. Pour se faire une idée de l'importance de cet engin, et des services qu'il est appelé à rendre, il suffit de se rappeller la difficulté que l'on éprouve à se débarrasser de la poussière dans les appartements. S'il s'agit d'étoffe ou de parties étoffées, on brosse, on bat, on époussète, mais on ne fait que soulever la poussière qui ne s'en va jamais complètement, et finit par retomber sur les mêmes objets; s'il s'agit de tapis, on a la ressource de les battre aux fenêtres, mais alors, en ville, il faut compter avec la police, aussi soucieuse de la santé du public que de sa sécurité (!), et on est obligé de les envoyer secouer au loin. Les murs, les meubles, ne pouvant pas être déplacés ne peuvent être époussetés que sur place, de sorte qu'ils sont presque

aussi poussiéreux une fois l'opération faite. Le nettoyage des murs surtout est presque impossible autrement que par le lavage, mais on ne peut appliquer ce dernier procédé qu'aux murs peints à l'huile, ou revêtus de carreaux de faïence. Faut-il rappeler, en outre, le danger qu'il y a à respirer toutes ces poussières soulevées par n'importe quel époussetage dans un appartement, même aéré?

Le nettoyage par le vide n'offre aucun de ces inconvénients. Non seulement il enlève la poussière des objets, mais il l'emmène au dehors, et cela faisant, la poussière n'est nullement amenée à flotter dans l'air : elle est aspirée par une pompe pneumatique.

Voici en quoi consiste l'engin. Un chariot à main, ou conduit par un cheval, porte une pompe pneumatique, à deux corps en bronze, située à l'avant (fig. 1), et un moteur à pétrole situé à l'arrière. Ce dernier commande la pompe par l'intermédiaire d'un engrenage. Le moteur et la pompe sont verticaux, et cette dernière est disposée en pilon, c'est-à-dire les cylindres en haut. Plus en avant, et hors de la caisse, se voit un énorme cylindre, surmonté d'un manomètre, et s'ouvrant à la partie inférieure, c'est *le diviseur*, ou récepteur de poussières; de son fond part le tuyau qui va dans l'appartement à nettoyer, et qui se termine, soit par un cône aplati en métal dont on appuie la base sur l'objet à épousseter, tout en l'y promenant simplement sans coups ni secousses, soit par une brosse ronde, servant surtout pour les étoffes, et que l'on manœuvre de la même manière. Pompe et moteur sont accompagnés de tous leurs accessoires habituels : tout est

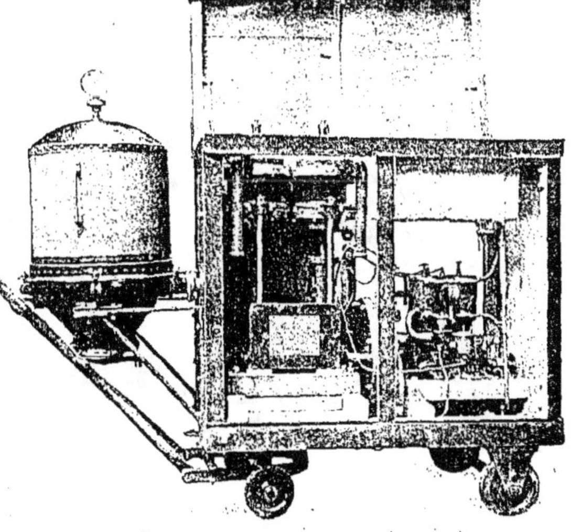

FIG. 1. — VACUUM CLEANER (BOOTH).

dans la caisse, et disposé au mieux de l'espace libre, ainsi on voit près de la pompe, la pile ou accumulateur destiné à fournir les étincelles d'allumage au moteur. L'eau de réfrigération pour ce dernier est dans une caisse qui le surmonte.

Le diviseur doit évidemment garder la poussière. A cet effet, l'air y est d'abord projeté contre un champignon métallique où les plus gros grains se déposent déjà, puis il est filtré à travers un double sac en toile ou en cretonne serrée, où il laisse les poussières fines ; il ne va dans la pompe qu'après, pour être ensuite rendu à l'atmosphère.

Les pompes les plus employées par la Société qui exploite ce procédé ont un débit de 125 mc. d'air à l'heure. Cela suffit pour donner un vide d'au moins 35 cm. dans le diviseur, étant donné que l'ouvrier qui promène l'organe suceur sur les objets ne peut le faire adhérer assez pour que la raréfaction soit plus grande. Dans ces conditions, l'entrée de l'air se fait encore avec une vitesse de 250 m. par seconde, permettant même l'aspiration de petits clous ; aussi entraîne-t-il, non seulement les poussières qui sont sur une étoffe, un tapis par exemple, mais encore celles qui sont au-dessous, et dans l'épaisseur. De plus, avantage qui n'est pas à dédaigner, l'opération se fait avec une rapidité merveilleuse.

On ne peut se figurer la quantité de poussière au milieu de laquelle nous vivons journellement, au détriment de notre santé. On s'en rend mieux compte lorsqu'on nettoie par le procédé que nous décrivons, parce que l'on recueille cette poussière. Veut-on des chiffres? Au cours de l'un des derniers nettoyages de la salle du Sénat, au Luxembourg, on a retiré 13 kg. de poussière des banquettes des tribunes, 32 kg. du tapis, 12 kg. des fauteuils des sénateurs, 40 kg. de la bibliothèque. Dans le nettoyage d'un théâtre parisien, on a retiré une moyenne de 240 grammes de poussière par fauteuil.

Non seulement, les appartements peuvent être facilement nettoyés par ce procédé, mais il s'applique à merveille au nettoyage des voitures, automobiles ou non, des wagons de chemins de fer (la compagnie des Wagons-Lits l'emploie depuis son apparition). On l'a même utilisé dans le pansage des chevaux.

L'appareil peut être installé à demeure dans les grands établissements : théâtres, hôtels, hôpitaux, écoles, etc., tout comme un matériel d'incendie.

J.-F. BOIS.

Technologie.

LA DESSICCATION DES FRUITS.

Les méthodes employées jusqu'à nos jours étaient primitives et ne permettaient pas de traiter de grandes quantités de produits. Les fruits étalés sur des claies étaient exposés au soleil, ou bien mis au four après la cuisson du pain.

Le *séchage au soleil* n'est réellement pratique que dans les pays chauds. En France, surtout dans

Les diverses méthodes de dessiccation. — Le

FIG. 1. — ÉVAPORATEUR « THE AMERICAN » DE RYDER. — LA FIGURE REPRÉSENTE DEUX APPAREILS ACCOUPLÉS.

séchage des fruits est une vieille pratique agricole dont l'origine se perd dans la nuit des temps.

le nord et dans le centre, il n'est possible que dans les années sèches et seulement pour les fruits qui mûrissent au milieu de l'été. Les fruits d'arrière-saison ne peuvent pas être séchés, car ils se récoltent lorsqu'arrivent les pluies d'automne. C'est un procédé très lent et exigeant beaucoup de main-d'œuvre pour la rentrée et la sortie journalières des fruits, même pour de grandes quantités, et les fruits conservent toutes leurs qualités; de plus, le séchage peut se pratiquer en tout temps, même par les temps pluvieux et humides. Avec ces appareils, on réalise une grande économie de main-d'œuvre.

FIG. 2. — ATELIER DE SÉCHAGE DES FRUITS INSTALLÉ A L'ÉCOLE NATIONALE D'HORTICULTURE DE VERSAILLES.
A droite, on voit l'évaporateur « *Le Français* », au milieu, une *boîte à blanchir* les fruits, à gauche une *machine à peler* fixée sur une table.

fruits, qui ne doivent pas rester exposés à la fraîcheur de la nuit et à la pluie. Enfin, pendant le séchage, les fruits peuvent être contaminés par les insectes et par les microbes de l'atmosphère.

Le séchage au four est également défectueux. Si la température est trop élevée, les fruits sont durcis et perdent de leur valeur; si, au contraire, elle est trop basse, les fruits se dessèchent trop lentement en fermentant ou en se pourrissant.

Les vapeurs d'eau dégagées par les fruits se condensent dans le four et rendent le milieu défavorable à la bonne marche de l'opération. En outre, dans ce milieu chaud et humide les fruits contractent un mauvais goût.

Les Américains, qui se sont adonnés à la dessiccation des fruits, ont, depuis quelques années, apporté à nos méthodes primitives de séchage, de grands perfectionnements. Ils ont créé des appareils spéciaux, appelés *évaporateurs*, qui ont complètement transformé l'industrie du séchage.

Dans ces appareils, la dessiccation ne présente aucun des inconvénients que nous venons de signaler. L'opération se fait rapidement, 3 à 6 heures,

Autrefois, on desséchait seulement un petit nombre de fruits : les cerises, les prunes, les figues, les raisins; les Américains ont démontré que presque tous les fruits et un grand nombre de légumes peuvent être soumis à la dessiccation et devenir une source naturelle de revenus.

Avantage du séchage des fruits. — Avant de décrire les évaporateurs et les machines accessoires utilisés dans cette industrie moderne, nous allons énumérer brièvement les nombreux avantages que l'on peut tirer de la dessiccation des fruits :

1º Les fruits bien desséchés ont le grand avantage de se conserver pendant longtemps; emballés en caisse et placés dans un endroit bien sec, ils se conservent facilement pendant cinq ou six ans.

2º Le séchage est le procédé de conservation de beaucoup le plus économique; il ne demande ni récipient de verre ou de métal, ni matière étrangère, sucre ou alcool. Il peut être facilement pratiqué sans connaissances spéciales; enfin le goût naturel des fruits n'est pas altéré.

3º Il permet, dans les années de récoltes abondantes, de conserver des fruits pour les années de disette. En outre, on évite l'avilissement des prix puisqu'on n'est pas obligé de vendre aussitôt après la récolte.

4°. Les fruits de deuxième choix, qui se vendent difficilement, ainsi que ceux qui sont piqués ou véreux, donnent, après le séchage, des produits qui s'écoulent facilement et à des prix relativement rémunérateurs.

5° Les fruits d'été et d'automne, qui sont généralement abondants, peuvent être consommés en hiver et au printemps.

6° Par suite de la réduction du volume et du poids, les fruits secs peuvent se transporter sans grands frais et à de grandes distances. En effet, par la dessiccation, on fait disparaître, en moyenne, 85 p. 100 de l'eau contenue dans les fruits.

7° Enfin, nous dirons que, dans bien des cas, on a constaté que les fruits de qualité inférieure s'amélioraient sensiblement sous l'influence de la chaleur.

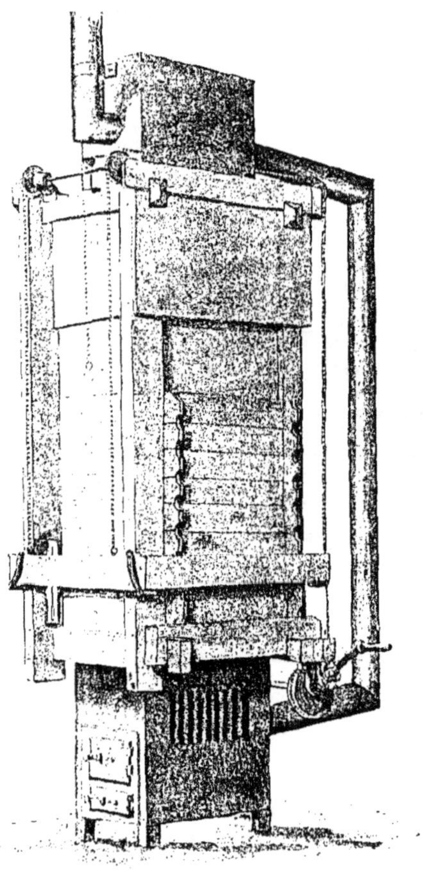

Les Évaporateurs. — Comme nous l'avons déjà dit, les premiers *évaporateurs* ont été construits en Amérique, il y a une trentaine d'années. Depuis cette époque, plusieurs constructeurs d'Europe ont imaginé des modèles d'évaporateurs qui ont beaucoup de ressemblance avec les premiers. Quelques modèles, notamment ceux qui sont construits en France, fonctionnent très bien.

Les évaporateurs présentent des dispositions très variées, mais ils se composent tous de deux parties principales distinctes, bien qu'intimement liées : un *calorifère*, pour chauffer l'air à la température convenable, et une *chambre de séchage*, dans laquelle sont introduits les fruits à dessécher en utilisant l'air chaud produit par le calorifère.

Le séchage dans les évaporateurs est fait d'une façon méthodique. Les fruits sont introduits à la partie supérieure de l'appareil, par la bouche de sortie de la chambre de séchage, là où l'air est le moins chaud; ensuite ils sont avancés progressivement pour être sortis par l'autre extrémité, où l'air est le plus chaud. C'est-à-dire qu'à mesure qu'ils perdent de leur eau, ils avancent et trouvent de l'air toujours plus sec et plus chaud, jusqu'au moment où, complètement desséchés, ils sortent de l'appareil.

Les évaporateurs, qui sont des appareils très simples et faciles à conduire, ont des dimensions très variables; les petits modèles permettent de traiter

FIG. 3. — ÉVAPORATEUR VERTICAL.

seulement un hectolitre de fruits par 24 heures, tandis que les grands dessèchent 100 hectolitres dans le même laps de temps. Les premiers sont utilisés par les ménagères, et les seconds par des industriels.

Les nombreux modèles d'évaporateurs peuvent se classer en deux catégories ; dans la première catégorie, le courant d'air s'élève perpendiculairement et, dans la deuxième catégorie, il se dirige obliquement.

Nous n'entreprendrons pas la description de tous les appareils en usage, nous nous contenterons d'en décrire deux ou trois que nous avons eu l'occasion de faire fonctionner et qui donnent des résultats très satisfaisants.

Dans l'Évaporateur « THE AMERICAN » DE RYDER (fig. 1), le courant d'air chaud se dirige obliquement. Le calorifère se compose d'une cloche cylindrique en fonte comprenant le foyer et la chambre de combustion, puis d'une enveloppe en tôle formant la chambre du calorifère. L'air pénètre à la partie inférieure de l'enveloppe, et s'échauffe au contact de cette dernière. Les gaz de la combustion s'échappent directement par la cheminée dans l'atmosphère. L'air chauffé pénètre dans la chambre de séchage, qu'il traverse dans toute sa longueur. Cette chambre de séchage se compose d'une longue caisse en bois, inclinée de 20 à 30 degrés et divisée en deux compartiments superposés.

La partie la plus basse de cette caisse, sise immédiatement au-dessus du calorifère, est munie d'une porte par laquelle on retire les fruits lorsqu'ils sont desséchés; la partie la plus élevée est complètement ouverte pour laisser échapper l'air saturé d'humidité. C'est par cette dernière ouverture que l'on introduit les fruits.

Les fruits, après avoir été pelés et coupés en tranches, sont déposés sur des claies. Les claies s'introduisent par groupe de deux ou de trois, placées les unes au-dessus des autres, par l'ouverture supérieure de la chambre. Au fur et à mesure que la dessiccation se produit, on les fait avancer par une simple poussée à la main. Quand elles arrivent à la sortie inférieure, les fruits sont desséchés.

L'Évaporateur « LE FRANÇAIS » représenté dans la figure 2 (atelier de séchage) est une heureuse modification du précédent. Le calorifère a reçu tout le développement nécessaire à une bonne utilisation du combustible. Les parois de la chambre de combustion sont formées d'une série d'ondulations qui en augmentent la surface rayonnante. Ce développement de la surface de chauffe est complété par

La dessiccation des Fruits.

l'adjonction d'une tôle ondulée. Les gaz de la combustion s'échappent dans la cheminée, *après avoir parcouru un double circuit de tuyaux, placés dans une chambre située directement au-dessous de la chambre de séchage.* Avec cette disposition on utilise une plus grande partie de la chaleur.

La chambre de séchage se compose d'une caisse en bois à deux compartiments; le compartiment supérieur est seul utilisé pour le séchage. Il est muni de portes à ses deux extrémités, pour la rentrée et la sortie des claies chargées de fruits.

L'ÉVAPORATEUR VERTICAL construit en France, et représenté par la figure 3, comprend un calorifère à la partie inférieure et une chambre de séchage située au-dessus. Cette chambre est constituée par une série de tiroirs sans fond empilés les uns au-dessus des autres et dans lesquels se trouvent les claies chargées de fruits. L'air chaud, dans son mouvement ascendant, traverse ces tiroirs en enlevant aux fruits toute leur humidité.

Les fruits frais sont placés en haut de la colonne et les fruits desséchés sont retirés dans le bas.

La manipulation nécessitée pour l'introduction ou pour la sortie d'un tiroir est très simple et très facile à exécuter, grâce à un petit treuil placé à droite.

Lorsque les fruits du tiroir inférieur sont desséchés, il faut les retirer. En agissant sur la manivelle du treuil, on soulève les claies supérieures de manière à dégager la claie inférieure qui, n'étant plus comprimée, est facilement retirée. Ensuite on laisse redescendre l'ensemble des tiroirs, et, dans le vide qui se trouve à la partie supérieure de la colonne, on introduit une nouvelle claie de fruits frais.

Comme dans tous les évaporateurs, un thermomètre sert à régler la température de l'air, qu'il ne faut pas chauffer à plus de 90°.

Machines à peler et à trancher les fruits. — Presque tous les fruits destinés au séchage doivent subir diverses manipulations, avant d'être introduits dans l'évaporateur.

Les pommes et les poires sont presque toujours pelées et coupées en tranches ou en quartiers. Les cerises et les prunes sont quelquefois débarrassées de leur noyau. Les pêches et les abricots sont toujours coupés en deux.

Faites à la main, ces diverses opérations seraient longues, souvent imparfaites et surtout très coûteuses. Aussi, s'est-on efforcé de construire de petites machines très ingénieuses pour les exécuter.

La *Machine à peler de Goodell*, représentée sur la figure 2, est très répandue dans les petits ménages. Elle pèle de 15 à 30 kgr. de poires ou de pommes à l'heure et peut se fixer sur le bord d'une table à l'aide de deux vis.

Ses organes essentiels sont :

1° Un arbre muni d'une griffe pour saisir le fruit et une roue dentée, actionnée par une manivelle, pour imprimer un mouvement de rotation à l'arbre.

2° Deux couteaux qui ont pour mission de peler, d'enlever le cœur et de couper le fruit en ruban. Ces deux couteaux peuvent fonctionner séparément.

Pour peler seulement, on avance le couteau de droite qui est appliqué à la surface du fruit.

Lorsque le fruit est pelé, il est automatiquement rejeté.

Pelage des abricots et des pêches. — Pour le pelage de ces deux fruits, il n'est pas nécessaire d'avoir une machine spéciale. Ils sont placés dans une espèce de panier à salade et trempés dans une lessive caustique (*carbonate de soude*) étendue, mais très chaude. Leur immersion ne dure que quelques secondes. Ensuite il suffit de les frotter avec une serviette pour enlever facilement la peau.

Machine à couper en tranches. — Quand on possède une machine qui effectue le pelage seulement il faut, pour faciliter la dessiccation, couper les fruits en

FIG. 4. — MACHINE A TRANCHER LES FRUITS.

tranches minces. L'appareil qui sert à cet usage (fig. 4) se compose d'une série de lames en échelons, contre lesquelles on pousse le fruit qui a été au préalable placé devant un poussoir. La hauteur des échelons détermine l'épaisseur de la tranche.

Boîte à blanchir les fruits. — La pulpe des fruits qui viennent d'être pelés et coupés en tranche, si elle est exposée à l'air, brunit rapidement. Cette coloration n'altère pas la qualité du fruit, mais elle diminue sa valeur marchande.

Pour conserver aux fruits leur couleur blanche, aussitôt après les avoir pelés, il faut les soumettre pendant un certain temps à des fumigations de soufre.

Cette opération se fait dans une boîte spéciale, représentée sur la fig. 2, sorte de caisse contenant une série de tiroirs sans fond. Dans ces tiroirs, on place les claies garnies de fruits. A la partie inférieure de cette boîte se trouve un petit foyer dans lequel on brûle du soufre. La durée du blanchiment est de 5 à 15 minutes, suivant la nature du fruit.

On préconise également à tort l'emploi de l'eau salée pour prévenir le noircissement du fruit.

Après avoir préparé les fruits comme nous venons de l'indiquer on les porte à l'évaporateur.

J. NANOT,
Directeur de l'École nationale d'Horticulture
de Versailles.

Petites Inventions utiles.

Bec Méker. — Le bec Méker est un intéressant perfectionnement du bec Bunsen, dont on connaît les multiples usages. Par un mélange plus homogène du gaz, combustible et comburant, le bec Méker permet d'obtenir une température notablement plus élevée qu'avec le Bunsen, et avec une bien meilleure utilisation de la flamme.

Dans ce bec (fig. 1), ce résultat est obtenu par la disposition du tube C, qui, s'évasant en forme de trompe, crée une dépression, et par suite une diminution de vitesse favorable au mélange intime des gaz; le mélange gazeux passe ensuite dans une sorte de grille B, d'où il sort en un grand nombre de jets séparés. La hauteur du cône de combustion de chacun de ces jets n'atteint que quelques millimètres, de sorte que l'on a tout de suite une flamme homogène et très chaude, tandis que dans le bec Bunsen, il y a un cône important, assez froid, et qui ne laisse utilisable que l'extrémité de la flamme.

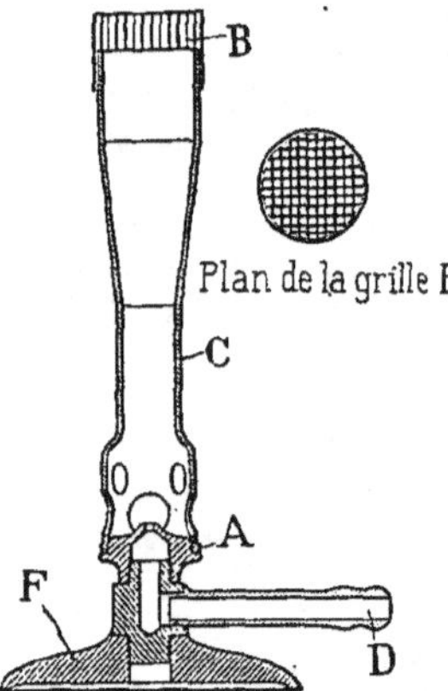

FIG. 1. — BEC MÉKER.

Dans le modèle représenté figure 1, le gaz arrive en D et passe par l'ajutage A. Mais il existe d'autres modèles à deux tuyères pour l'admission d'air comprimé ou d'oxygène comme comburant, avec lesquels on peut atteindre de très hautes températures (1 800°).

***

Nouveaux pots à fleurs. — Dans les pots à fleurs ordinaires, poreux et percés d'un trou à la base, l'eau d'arrosage suinte, de sorte qu'on tient habituellement le pot sur une assiette ou sur un plat spécial pour empêcher l'eau de se répandre. Le résultat est que la partie inférieure du pot de fleur est continuellement dans l'eau, ce qui est préjudiciable à beaucoup de plantes. Aussi M. Schalk a-t-il inventé un dessous de pot qui maintient le vase par son rebord saillant, sans que le

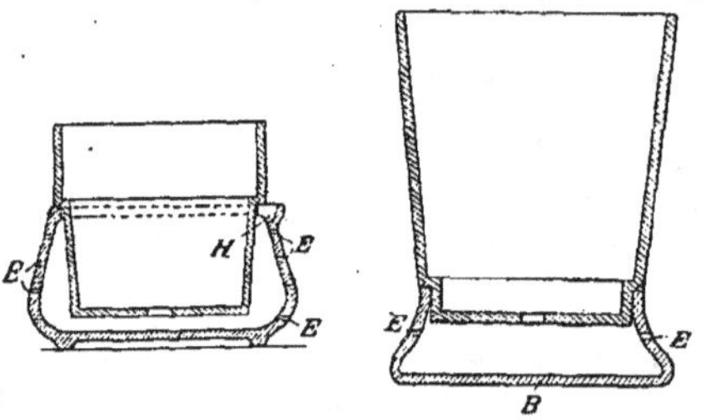

FIG. 2.   FIG. 3.
NOUVEAUX POTS A FLEURS.

fond soit en contact avec l'eau qui a pu s'égoutter (fig. 2). Des orifices convenables E, E permettent l'aération du fond du vase. L'ensemble est plus homogène sur la figure 3, mais cette disposition nécessite un pot à fleurs spécial, avec un rebord disposé à la partie inférieure.

***

Loupe-Longue-vue. — L'appareil représenté sur la figure 4 (a) a tout à fait l'aspect d'une loupe ordinaire à manche, et il peut servir sous cette forme. Mais si l'on fait tourner la loupe de façon que son axe optique vienne coïncider avec l'axe du manche (b), la loupe devient longue-vue. Ce manche, en effet, est formé de deux tubes concentriques en laiton, et le plus petit, coulissant dans le plus grand, porte un oculaire complétant la longue-vue dont la loupe sera l'objectif. La mise au point se fait par la coulisse, comme pour toutes les longues-vues.

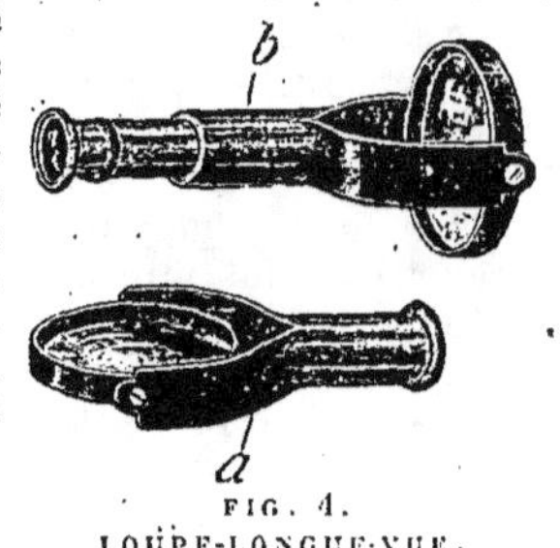

FIG. 4.
LOUPE-LONGUE-VUE.

***

Bandages pour la circulation des automobiles sur rails. — On se sert, dans les compagnies de chemins de fers, de véhicules légers, mus par des pédales, roulant sur les rails et servant à l'inspection de la voie. Le développement de l'industrie automobile a fait employer au même usage des véhicules à moteur. Mais l'achat d'un tel appareil reste coûteux, et son utilisation trop spéciale faisait déplorer l'impossibilité d'aller sur route avec les bandages destinés aux rails.

La Waltham Manufacturing Co vient d'imaginer un bandage spécial, pour rails, qui se place simplement sur les pneumatiques ordinaires d'une voiture routière (fig. 5). Il suffit de dégonfler les enveloppes, de placer le boudin et

FIG. 5. — BANDAGES POUR LA CIRCULATION DES AUTOMOBILES SUR RAILS.

de regonfler pour donner à l'ensemble une très grande rigidité et obtenir en même temps une suspension très élastique. On cale ensuite les organes de direction, et en quelques minutes, la voiture automobile est capable de marcher sur rails, à toute allure : on a obtenu avec succès la vitesse de 45 km. à l'heure.

***

Marque Chevalet, pour le Bridge. — La marque de la figure 6 fera plaisir aux fervents du Bridge, pour lesquels elle comblera une lacune. Ceux-ci savent en effet la délicatesse et l'importance de la comptabilité dans ce jeu nouveau. La marque Chevalet, combinant les cadrans du billard, pour noter les points, et les touches du piquet pour inscrire les honneurs et les totaux, facilitera grandement la tâche du joueur chargé de marquer, et le contrôle permanent des autres joueurs, si intéressés à connaître à chaque instant l'état de la partie.

J. JAUBERT.

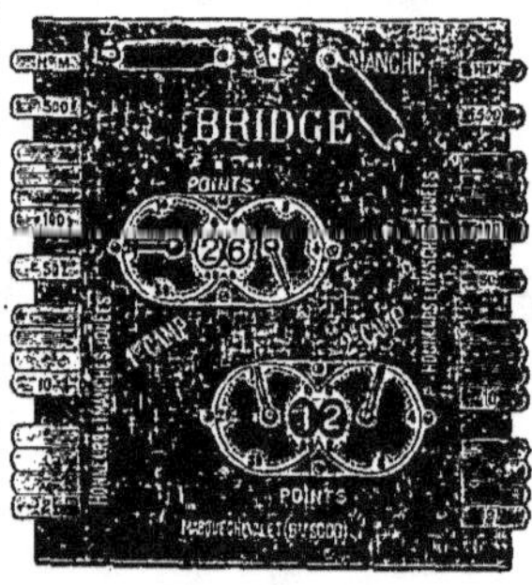

FIG. 6. — MARQUE CHEVALET POUR LE BRIDGE.

ZOOLOGIE

LA PRODUCTION DE LA LUMIÈRE CHEZ LES CÉPHALOPODES.

Les Céphalopodes forment une importante section de la classe des Mollusques et comprennent de nombreuses espèces parmi lesquelles il suffira de citer les Pieuvres, les Sèches, et les Calmars pour donner une idée de l'aspect général de ces animaux. Leur structure est très compliquée et certains de leurs organes, comme par exemple les yeux, sont assez parfaits pour être comparés à ceux des Vertébrés parmi lesquels ils surpassent ceux de certains Poissons.

Je me bornerai dans cet article à indiquer rapidement la structure et le rôle d'un des organes les plus intéressants que possèdent plusieurs espèces de ces Céphalopodes, ceux qui produisent de la lumière.

Dans l'état actuel de nos connaissances zoologiques on peut dire que de tous les animaux pourvus d'organes photogènes les Céphalopodes sont ceux qui possèdent les plus perfectionnés et les plus complets.

Il y a bien longtemps qu'un naturaliste italien,

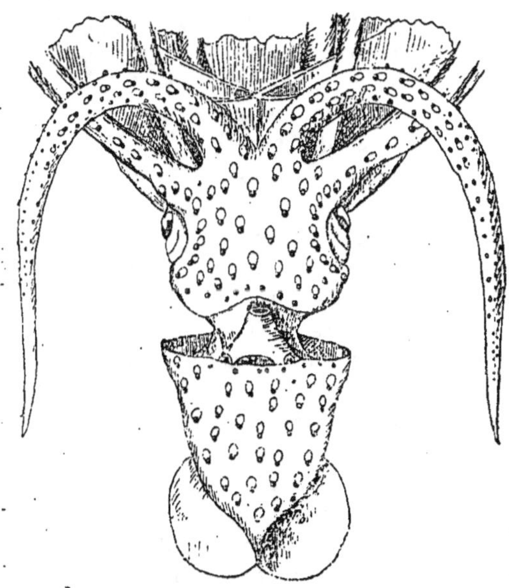

Verany, avait annoncé qu'un Céphalopode de grandes profondeurs, capturé vivant devant

lui au large de Nice, lançait en sortant de l'eau des feux étincelants de couleurs variées ; il avait décrit ce phénomène en termes lyriques et racontait que l'animal brillait dans l'obscurité de l'éclat des topazes et des saphirs.

Depuis cette époque (c'était au commence-

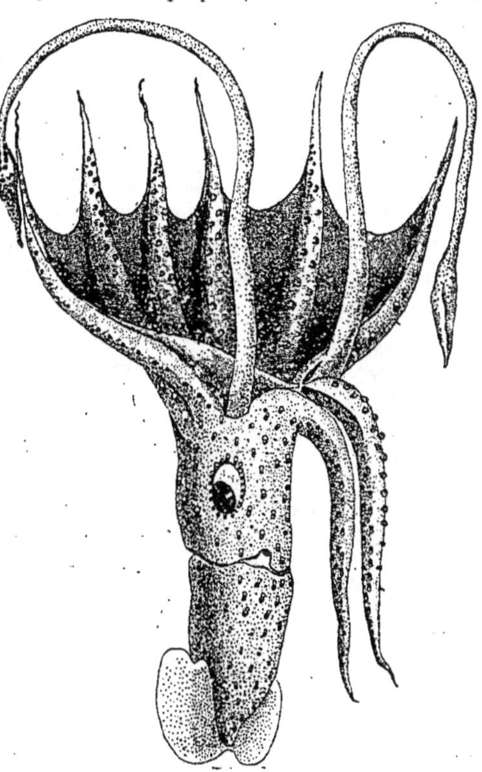

ment du XIXᵉ siècle) jusqu'à ces dernières années aucun naturaliste n'avait signalé de fait analogue, et même il ne paraît pas que l'on ait ajouté foi à l'observation de Verany, car on ne la trouve rapportée, ou même seulement indiquée, dans aucun ouvrage de zoologie.

Or il y a une dizaine d'années j'eus l'occasion de me procurer à Nice un autre exemplaire de l'animal (*Histioteuthis Ruppelli*, fig. 1) décrit par Verany et, ayant étudié la structure microscopique de certains petits organes disséminés sur la peau, je me trouvai en présence d'un appareil tout nouveau, n'ayant d'analogue chez aucun autre animal et qui me parut être célui qui produisait les feux colorés mentionnés par Verany. Dans les années suivantes ayant eu à ma disposition un certain nombre d'autrés espèces de Céphalopodes des grandes profondeurs, notamment ceux qui ont été capturés par le Prince de Monaco au cours de ses récentes croisières océanographiques, j'ai retrouvé des organes semblables chez plusieurs d'entre eux. Un peu plus tard Hoyle en Angleterre et plus récemment Chun en Allemagne en décrivaient chez d'autres espèces.

Mais il manquait encore une confirmation à cette découverte : il s'agissait de démontrer que les organes que j'avais étudiés étaient bien les centres mêmes d'émission des rayons lumineux. La preuve en a été récemment donnée par Chun qui, au cours de l'expédition de la Valdivia, a ramené d'une grande profondeur un Céphalopode encore vivant qui brillait avec intensité. Il l'a photographié dans l'obscurité, et c'est la lumière même émise par la bête qui a impressionné la plaque sensible. On voit sur l'épreuve qui en a été publiée des points très brillants, régulièrement et symétriquement disposés sur le corps et les tentacules de l'animal, qui éclairent vivement la face ventrale de son corps. Chun a donné à ce Céphalopode le nom de *Thaumatholampas* (la lampe merveilleuse).L'étude histologique des parties de la peau d'où partait la lumière a montré que les organes qui la produisaient étaient construits sur le même plan que ceux décrits dans mon travail précédent.

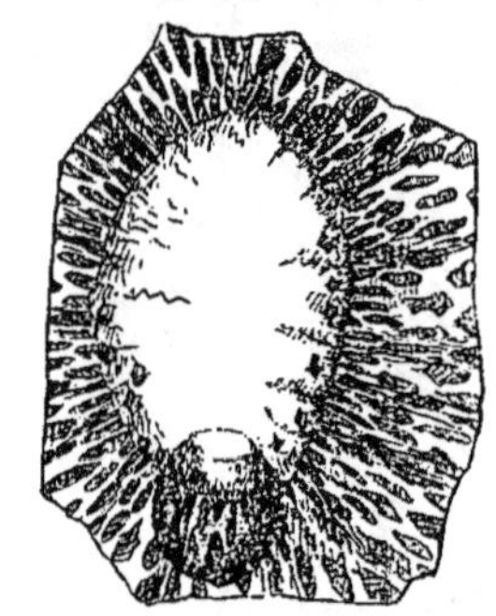

L'an dernier, au cours d'une croisière à bord du yacht du Prince de Monaco, nous avons vu entre les Açores et les Canaries, vers onze heures du soir, un grand Céphalopode qui nageait autour du bateau et émettait une intense lumière bleu pâle, d'un éclat magnifique qui semblait partir de la paroi de son abdomen. Les efforts que l'on fit pour capturer l'animal l'effrayèrent et il éteignit brusquement ses feux avec la soudaineté que met un commutateur à éteindre une lampe électrique.

Les doutes qui pouvaient rester sur les relations des organes que j'ai décrits et leur fonction photogénique étant dès lors levés, voyons maintenant en quoi consiste cet appareil producteur de lumière.

Si l'on examine le Céphalopode de Verany (fig. 1) ou un autre appartenant à une espèce très voisine (*Histioteuthis Bonelliana* Verany, fig. 2) on voit que la face ventrale et les côtés du corps sont couverts de petits tubercules régulièrement espacés dans la peau et disposés en une couronne autour des yeux, mais que, par contre, le dos, les nageoires et les membranes inter-brachiales en manquent complètement.

En étudiant à la loupe ces petits tubercules chez *H. Ruppelli* on voit que chacun d'eux se compose de deux parties (fig. 3) : l'une, supérieure, ovale, brillante, d'aspect nacré et bleuâtre, entourée de nombreuses petites taches oblongues qui sont des chromatophores dont j'expliquerai le rôle plus loin ; l'autre, inférieure, ovoïde, presque sphérique, brune, rouge ou noire, située au bas de la précédente, plus petite et enfoncée profondément dans les tissus cutanés. A un plus fort grossissement l'on constate que cette sorte de perle noire est terminée par une calotte transparente, en forme de lentille convexe, dont le bord est enchâssé dans le revêtement opaque. C'est précisément cette lentille qui condense les rayons lumineux à leur sortie de la petite sphère où ils naissent, et les projette en partie au dehors, en partie sur le miroir ovale qui la surmonte. C'est ce que montre la figure 4.

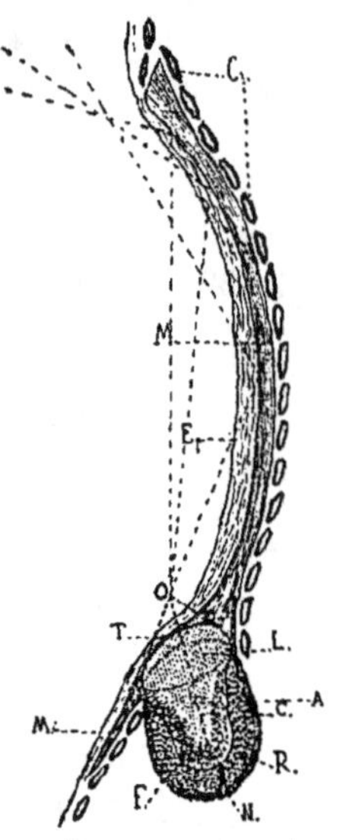

Sur des coupes minces, colorées par des réactifs appropriés, on observe dans la sphérule productrice de lumière les éléments suivants : 1° à l'extérieur, un enduit noir qui s'oppose à la sortie des rayons émis en dedans par un autre point que la lentille; 2° un revêtement épais de cellules cristallines très curieuses, en forme de lamelles transparentes, qui, superposées et recouvertes par l'enduit noir extérieur, forment un miroir et jouent le rôle de réflecteur argenté, parabolique; 3° une couche de cellules cylindriques analogue à une rétine dont les éléments transparents produisent la lumière; 4° le centre de l'appareil est rempli d'un tissu hyalin qui a la forme d'un cône à pointe renversée; 5° enfin deux lentilles emboîtées, l'une concavo-convexe, l'autre biconvexe, font saillie au dehors, s'enchâssent dans la sphère noire au pôle supérieur et constituent un système achromatique.

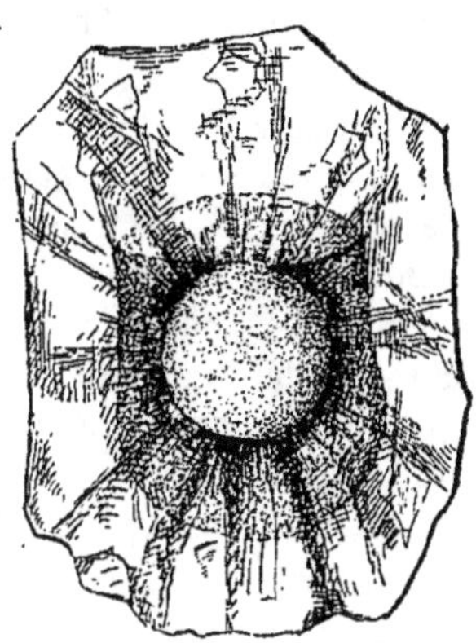

FIG. 5. — FRAGMENT DE PEAU D'*Histioteuthis Bonelliana* CONTENANT UN APPAREIL PHOTOGÈNE.

De cette disposition il résulte qu'un rayon émis par la couche photogène est reflété par la couche lamellaire formant miroir, il est ensuite projeté au dehors à travers le cône axial et les lentilles.

Le miroir ovale et concave qui surmonte la sphère photogène est formé par un grand nombre de lamelles conjonctives parallèles superposées (fig. 4); son rôle est double; il réfléchit d'abord ceux des rayons lumineux sortant de la sphère qui rencontrent sa surface; puis ensuite il fonctionne d'une autre manière très différente; son pied s'appuie sur la lentille et l'emboîte, de sorte que, quand la lumière est émise, il brille dans toute son épaisseur et, ses lamelles s'éclairant, il devient entièrement lumineux: c'est un phénomène comparable à celui des fontaines lumineuses.

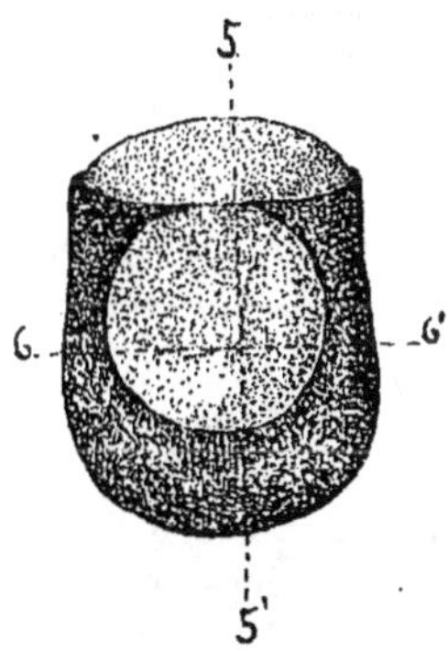

FIG. 6. — APPAREIL PHOTOGÈNE, ISOLÉ DE LA PEAU, MONTRANT LES DEUX LENTILLES ENCHASSÉES DANS LE SPHÉROÏDE PHOTOGÈNE A 90° L'UNE DE L'AUTRE.

Tels sont, rapidement résumés, la structure et le mécanisme de ce singulier organe. Mais avant de l'examiner chez d'autres Céphalopodes il est intéressant de l'étudier à un autre point de vue. Je viens de dire que cet appareil émet des rayons lumineux, très intenses même; mais

rien n'empêche d'admettre qu'il a encore une autre fonction. Et alors la question suivante se pose : Comment ce foyer lumineux s'allume-t-il?

Il faut admettre d'abord que le Céphalopode ne brille pas toujours, car cet éclairage continu supposerait une trop grande consommation d'énergie; en outre, l'animal a certainement avantage à éteindre ses feux dans certaines circonstances. On doit penser, et l'expérience l'a prouvé, qu'il peut supprimer sa lumière à volonté. C'est ainsi qu'agissait le Céphalopode observé à bord du yacht du Prince de Monaco. Mais il est vraisemblable que, par action réflexe, les lanternes peuvent aussi s'allumer toutes seules. En effet, si, dans l'obscurité des profondeurs de la mer, une proie vivante vient à passer dans le voisinage, le Céphalopode est impressionné par les vibrations calorifiques, même très faibles, mais cependant certaines puisqu'elle vit, qu'elle émet. Ces vibrations recueillies par le miroir ovale et renvoyées par lui dans la sphère photogène déterminent le départ de l'éclairage par action réflexe; la mer se trouve éclairée autour du chasseur qui découvre ainsi

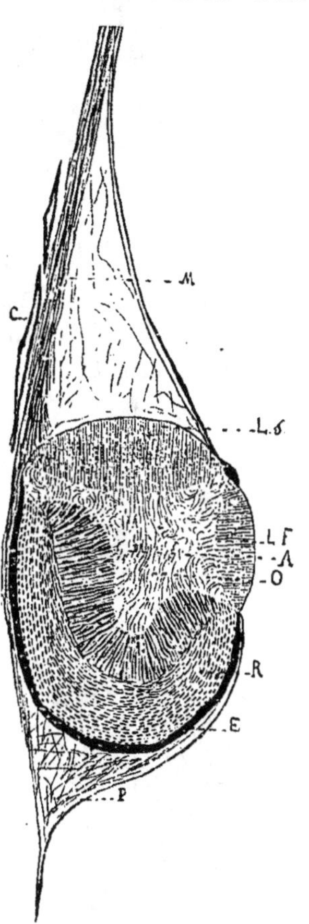

FIG. 7. — COUPE DE L'APPAREIL A DEUX LENTILLES D'*Histioteuthis Bonelliana.*

L, F, lentille frontale; L, S, lentille supérieure; M, miroir; R, réflecteur lenticulaire interne; A, couche photogène; E, écran noir; O, cône cristallin.

facilement sa proie. Le rayon avertisseur a donc suivi un chemin inverse du rayon lumineux, et l'organe peut servir à la fois à percevoir des rayons calorifiques et à émettre de la lumière. Le chasseur est en quelque sorte averti automatiquement de l'approche d'une proie qu'il éclaire aussitôt par le jeu de ses projecteurs.

Tous les Céphalopodes qui, jusqu'à présent, ont été rencontrés porteurs d'appareils photogènes ont montré 'dans leur structure un plan général très constant, mais dont les détails

FIG. 8. — *Histiopsis atlantica* HOYLE. ASPECT EXTÉRIEUR D'UN ORGANE LUMINEUX EN PLACE DANS [LA PEAU ET ENTOURÉ DE CHROMATOPHORES ÉTOILÉS.

varient pour chaque espèce. Tantôt ils sont plus compliqués que le type qui vient d'être esquissé ; c'est le cas d'*Histioteuthis Bonelliana* dont les

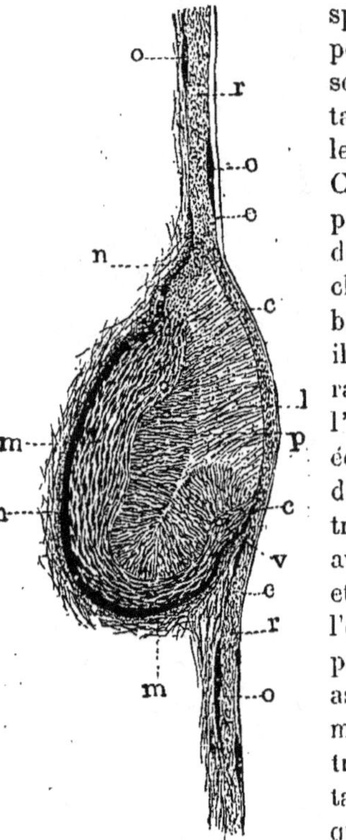

FIG. 9. — *Histiopsis atlantica* HOYLE. COUPE LONGITUDI-NALE DE L'APPAREIL LUMI-NEUX.

C, cornée ; E, épiderme ; L, lentille ; N, pigment ; O, chromatophore ; M, miroir interne ; P, cellules photogènes.

sphères photogènes portent, en plus, une seconde lentille frontale, située à 90° de la lentille supérieure. Cette disposition permet . à l'animal de projeter, avec chacun des nombreux organes dont il est pourvu, deux rayons lumineux ; l'un, antérieur, éclaire sa route en dessous de lui ; l'autre, supérieur, en avant de lui (fig. 5 et 6). La coupe de l'organe représentée par la figure 7 est assez explicite pour me dispenser d'entrer dans plus de détails. On remarquera que l'ensemble de l'organe ne manque pas de ressemblance avec une lanterne de bicyclette.

Ailleurs, au contraire, l'appareil photogène est simplifié ; c'est le cas d'*Histiopsis*

atlantica, où le miroir supérieur manque (fig. 8 et 9). Autour de la lentille on voit un cercle d'organes étoilés dont je dirai un mot tout à l'heure.

J'ai étudié récemment un autre Céphalopode, *Leachia cyclura* (fig. 11), qui porte, enchâssées dans le globe même de l'œil, six perles translucides et brillantes. Lorsqu'on examine leur structure au microscope, on constate que ce sont des organes lumineux tous différents les uns des autres par quelque particularité, ce qui indique des différences dans le résultat de leur activité. Chun a décrit récemment un Céphalopode qui est pourvu d'une vingtaine d'organes lumineux construits sur au moins dix plans diffférents.

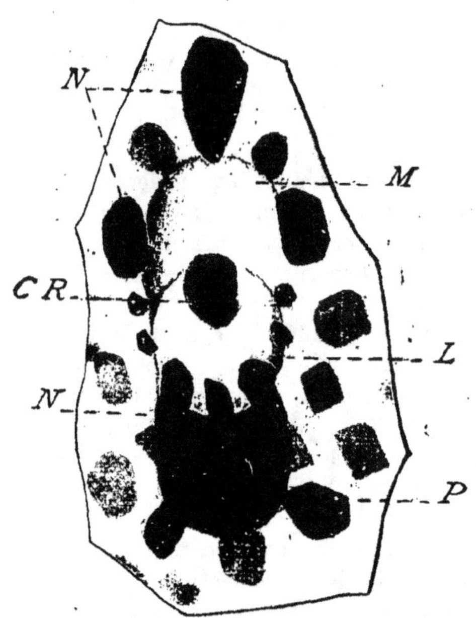

FIG: 10. — *Meleagroteuthis Hoylei* PFEFFER. LAMBEAU DE 'PEAU MONTRANT UN ORGANE PHOTOGÈNE.

R, chromatophore rouge ; L, lentille ; N, chromatophores noirs ; P, sphérule produisant la lumière ; M, miroir concave.

La lumière émise par ces animaux n'est pas d'une teinte uniforme et invariable ; Verany, il y a quatre-vingts ans, avait déjà remarqué des feux de topaze et de saphirs émis par l'un d'eux. Cette variation des colorations est due à deux causes. La première est hypothétique : les rayons émis par la sphère ont une couleur, ceux qui sont réfléchis par le miroir, ou le traversent dans son épaisseur, sont modifiés par ce trajet plus compliqué et acquièrent une autre coloration. La seconde est certaine. Si l'on se reporte à la figure 8 et si l'on examine la figure 10, on aperçoit sur les bords et sur la surface même de la lentille des taches en forme d'étoiles; ce sont des chromatophores, organes dont on peut se faire l'idée suivante. Étant donnée une petite sphère de caoutchouc *rouge*, *translucide*, si on vient à l'aplatir en l'étirant par un certain nombre de points situés dans son plan équatorial, elle prend la forme d'une étoile et occupe une surface beaucoup plus considérable qu'à l'état de repos, tout en restant rouge et translucide. Si une telle sphérule se trouve placée contre la lentille, vu sa dimension minime par rapport au volume de l'appareil photogène, elle ne modifiera pas d'une manière appréciable la lumière émise. Mais si la sphérule s'aplatit en une grande étoile rouge, transparente, étalée devant la lentille, la lumière émise sera forcée de la traverser et elle sortira rouge.

Les chromatophores sont des organes très compliqués se trouvant chez tous les Céphalopodes; ils sont soumis à la volonté de ces animaux et il est bien probable que c'est aussi à volonté que ces Mollusques colorent leur lumière en ouvrant ou fermant ces petits organes. Or il y en a de noirs, bruns, rouges, jaunes, roses, lilas, si bien que toutes sortes de combinaisons lumineuses peuvent être obtenues par le jeu de ces petits appareils.

Il y aurait encore bien des considérations intéressantes à indiquer sur cette question, mais elles dépasseraient les limites de cet article.

❧

On peut enfin se demander à quoi servent ces organes lumineux aux Céphalopodes.

Il est à remarquer tout d'abord qu'ils sont exclusivement portés par des animaux de grandes profondeurs et que ceux que l'on a capturés à la surface, n'y étaient venus que la nuit. D'autre part, beaucoup d'animaux de grands fonds sont lumineux, et tous carnivores; les Céphalopodes suivent donc là une règle, sinon générale, du moins très fréquente. Il n'est pas douteux que ces organes constituent pour eux un engin de chasse; ils attirent leurs proies par ces rayons fonctionnant comme des pièges, en même temps qu'elles sont éclairées, ce qui facilite leur capture.

On peut penser aussi que cette luminosité est en rapport avec la fonction sexuelle. On a remarqué en outre que dans une même espèce

ces organes sont toujours en même nombre et disposés de la même manière, et l'on a conclu que cette particularité, combinée avec la différence de couleurs des rayons, pouvait servir aux animaux d'une même espèce à se reconnaître. Ce serait quelque chose comme les feux de position des navires. Je n'ai pas besoin de dire que cette dernière hypothèse n'est appuyée sur aucun fait, et me paraît être une vue de l'esprit peu défendable.

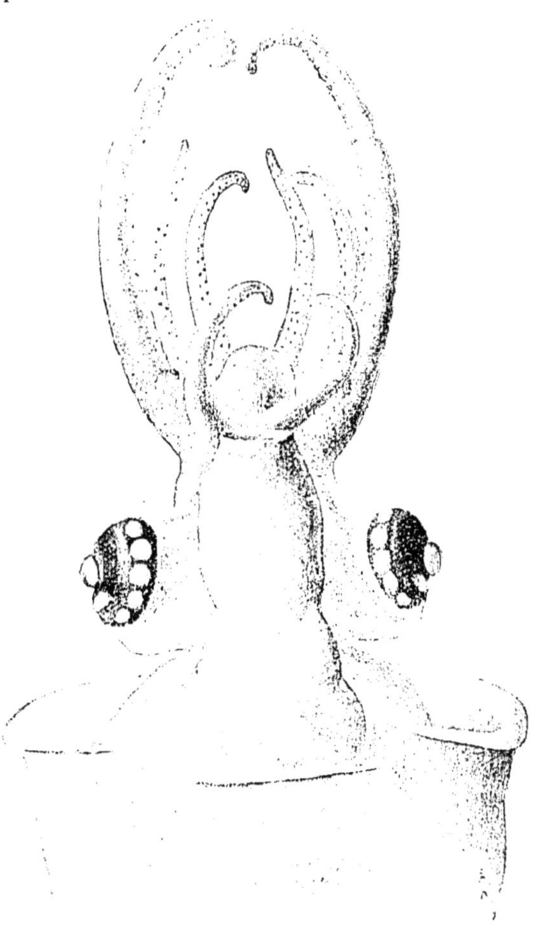

FIG. 11. — *Leachia cyclura.* FACE VENTRALE DE LA PARTIE SUPÉRIEURE DU CORPS MONTRANT LES PERLES LUMINEUSES ENCHASSÉES DANS LE GLOBE DE L'ŒIL.

Ce résumé rapide permettra, je l'espère, de se rendre compte de l'intérêt que présente la fonction photogène des Céphalopodes et de la part importante que prennent ces animaux à l'éclairage de la mer par la lumière animale.

L. JOUBIN,
Professeur au Muséum d'histoire
naturelle.

MÉTALLURGIE

PROPRIÉTÉS MÉCANIQUES DES ALLIAGES MÉTALLIQUES.

Les irrégularités que nous avons rencontrées [1] dans les propriétés physiques des alliages métal-

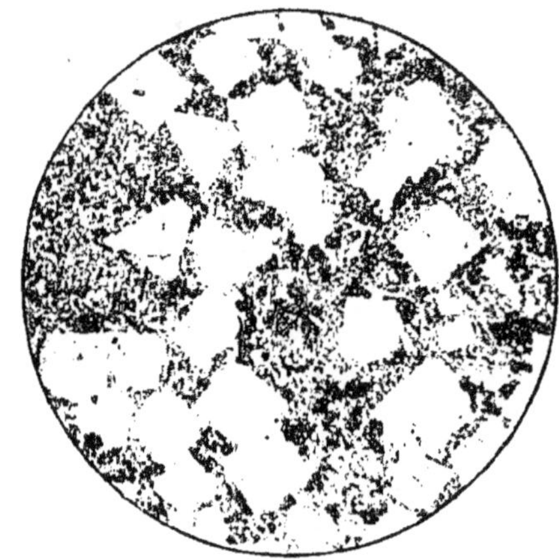

FIG. 1. — ANTIFRICTION RENFERMANT PLOMB-ÉTAIN-ANTIMOINE POUR FORTES CHARGES.
(Grossissement : 50 diamètres.)

liques se retrouvent plus accentuées et plus nombreuses encore dans les propriétés mécaniques.

Les principales propriétés mécaniques à considérer sont : la fragilité (résistance au choc), la résistance à la traction et à la compression, et, dans des cas plus particuliers, la résistance à l'usure et au frottement.

Nous examinerons ces propriétés dans divers alliages industriels : bronzes, laitons, alliages d'aluminium, etc.

Bronzes. — Lorsqu'on ajoute de l'étain au cuivre, on le durcit, on le rend plus résistant. Il y a notamment un bronze qui a des propriétés extrêmement précieuses. Il renferme environ 90 p. 100 de cuivre et 10 p. 100 d'étain; c'est l'ancien métal à canons. Il est utilisé par tous les constructeurs mécaniciens, notamment pour les pièces soumises à des chocs, il est résistant et n'a pas de fragilité.

Augmentons la teneur en étain, le métal va durcir très rapidement et nous nous trouverons en présence d'alliages qui sont très employés comme coussinets, bagues, etc., en un mot pour

1. Voir *La Science au XXᵉ Siècle*, nᵒ 29, du 15 mai 1905.

toutes les parties qui doivent supporter le frottement, ce sont les alliages renfermant de 12 à 20 p. 100 d'étain.

Si on continue à augmenter le pourcentage d'étain, on arrive bientôt à des métaux fragiles, mais qui possèdent une très belle sonorité, ce sont les bronzes à cloches. L'étain augmentant, on obtiendra des alliages dont la caractéristique est de prendre un superbe poli, ce sont les anciens bronzes à miroir.

On voit donc que la teneur en étain allant en augmentant, on obtient des alliages qui ont des propriétés mécaniques indépendantes de celles des métaux constituants.

Un exemple plus frappant encore est celui qui nous est offert par les laitons, c'est-à-dire les alliages de cuivre et de zinc. Le zinc est un métal gris bleuté, fragile à la température ordinaire, que l'on peut aisément travailler au laminoir comme au marteau, à une température de 150ᵒ, mais qui devient très fragile à une température un peu plus élevée, si fragile qu'on peut même le pulvériser.

Quand on ajoute un peu de zinc au cuivre, on l'améliore relativement peu, on augmente très peu sa charge de rupture et ses allongements, mais on abaisse très nettement le prix de revient de l'alliage, ce qui a une très grande importance, dans nombre de cas. Pour une teneur en

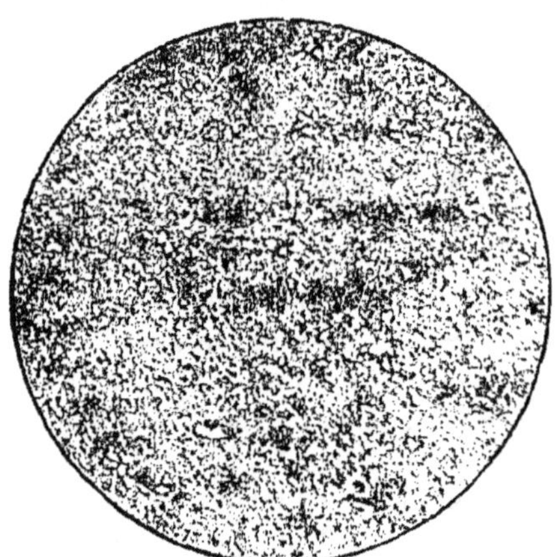

FIG. 2. — ANTIFRICTION RENFERMANT PLOMB-ÉTAIN-ANTIMOINE POUR FAIBLES CHARGES.
(Grossissement : 50 diamètres.)

cuivre comprise entre 80 et 90 p. 100, on a une série d'alliages très employés, surtout sous forme de planches, pour la fausse bijouterie; ils sont connus sous le nom de tombac.

Le zinc augmentant, la charge de rupture croît lentement, mais les allongements deviennent très importants. Vers 70 p. 100 de cuivre et par conséquent 30 p. 100 de zinc, on a un métal qui s'allonge beaucoup avant de se rompre et qui n'est pas du tout fragile. Il donne les

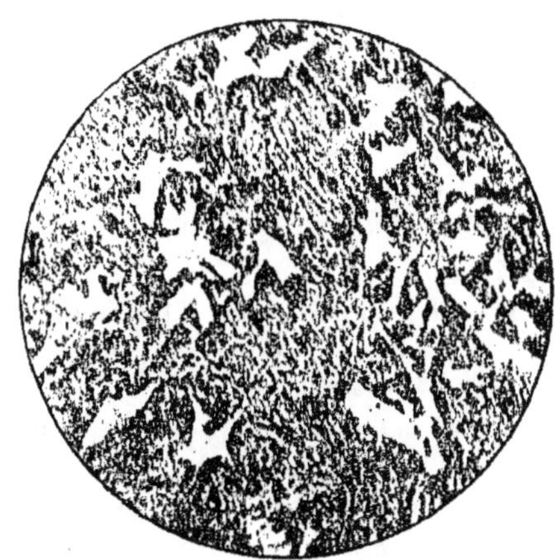

FIG. 3. — ANTIFRICTION RENFERMANT PLOMB-ÉTAIN-ANTIMOINE POUR CHARGES MOYENNES.
(Grossissement : 50 diamètres.)

feuilles que les différents États utilisent pour faire les douilles de cartouche. En France, on utilise exactement l'alliage à 67 p. 100 de cuivre et 33 p. 100 de zinc.

Si le zinc croît encore, les allongements diminuent, mais la charge de rupture continue à augmenter et cela jusqu'à 55 p. 100 de cuivre environ. L'alliage qui correspond à 60 p. 100 de cuivre et 40 p. 100 de zinc est l'un des plus employés, c'est le laiton de décolletage ordinaire.

Un point des plus importants est le suivant : tous les laitons qui renferment entre 55 et 61 p. 100 de cuivre se travaillent très bien à chaud, ils se laminent, se martèlent, etc., au rouge sombre; les alliages renfermant de 58 à 90 p. 100 de cuivre ne peuvent se laminer qu'à froid, tandis que tous les alliages qui contiennent moins de 55 p. 100 de cuivre ne sont pas susceptibles d'être laminés.

Ces derniers alliages sont très fragiles et même brisants.

Considérons maintenant les alliages de cuivre et d'aluminium, c'est-à-dire les bronzes d'aluminium, ils sont formés de deux métaux très malléables.

Lorsqu'on ajoute un peu d'aluminium à du cuivre pur, on le durcit; cependant, jusqu'à 8 à 10 p. 100, l'alliage se lamine, s'étire, s'es-

tampe; il est utilisé pour la confection des objets de Paris, des couverts, de la vaisselle, etc., à cause de sa belle couleur or et de son inoxydabilité relative. Au delà, l'alliage devient cassant, il est peu malléable, et, plus la dose d'aluminium est élevée, plus cette fragilité augmente; aux environs de 70 à 78 p. 100 de cuivre, l'alliage peut être brisé. Mais il y a mieux : les alliages renfermant 50 p. 100 de cuivre, abandonnés à l'air, tombent en poussière en quelques heures.

Si l'aluminium continue à augmenter, on a bientôt des alliages qui sont de nouveau très malléables. Ceux contenant moins de 7 p. 100 de cuivre sont utilisés pour faire des tôles, cornières. profilés, etc.. et trouvent un débouché des plus importants dans la fabrication des *carters* pour automobiles.

D'ailleurs, un point particulier à noter est le suivant : les alliages binaires d'aluminium tombent généralement en poussière pour une teneur d'environ 50 p. 100 d'aluminium : il en est ainsi pour les alliages aluminium-nickel, aluminium-cobalt, aluminium-fer, aluminium-étain, aluminium-antimoine, aluminium-manganèse, aluminium-chrome, etc.

Voici donc des produits provenant de la réunion de deux métaux commerciaux. qui tombent rapidement en poussière et ne peuvent être utilisés.

Dans nombre de cas — et nous n'avons cité que les principaux — les propriétés mécaniques

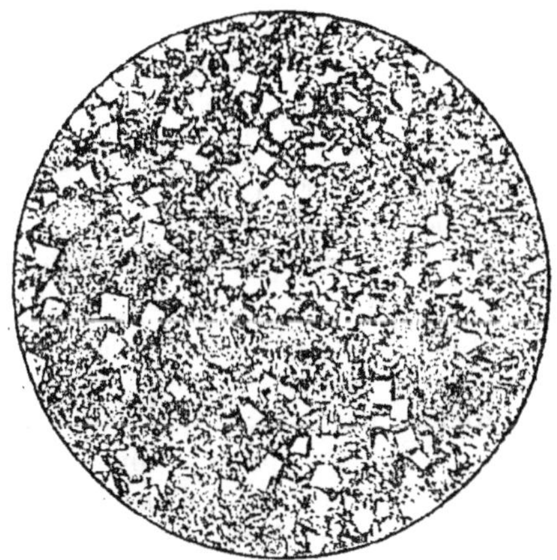

FIG. 4. — ANTIFRICTION INDUSTRIEL RENFERMANT PLOMB-ÉTAIN-ANTIMOINE.
(Grossissement : 50 diamètres.)

des alliages n'ont aucun lien avec les propriétés des métaux constituants.

D'où viennent ces irrégularités?

C'est ce que nous allons chercher à préciser

en nous appuyant sur la métallographie microscopique dont nous avons indiqué précédemment le principe.

Lorsque l'on met en présence l'un de l'autre deux métaux à l'état fondu, qu'on les mélange

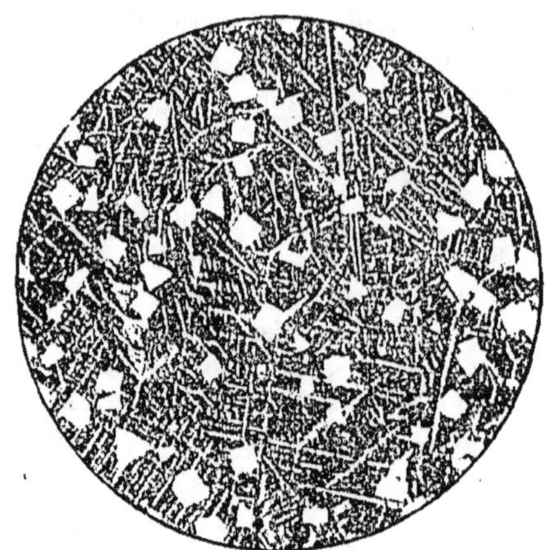

FIG. 5. — ANTIFRICTION INDUSTRIEL RENFERMANT CUIVRE - ÉTAIN - ANTIMOINE.
(Grossissement : 50 diamètres.)

aussi énergiquement que possible et qu'on laisse refroidir, différents cas peuvent se présenter :

1º Les métaux refusent de se mélanger, ils se séparent entièrement, c'est le cas du fer et du plomb, de l'aluminium et du cadmium, etc. Il n'existe pas d'alliages.

2º Les métaux se mélangent mécaniquement, c'est-à-dire que des particules d'un métal se trouvent à côté de particules de l'autre métal. On peut citer, comme exemple, le cuivre et le plomb, le plomb et l'étain, le cuivre et le chrome, le cuivre et le tungstène, etc.

3º Les métaux se dissolvent l'un dans l'autre, on obtient une solution solide; pour en donner une conception, il suffit de penser à l'eau ayant dissous à l'état liquide du sel marin et que l'on fait congeler. On peut citer de nombreux exemples d'alliages formés par des solutions solides, notamment ceux de cuivre et de zinc, de cuivre et d'étain, etc. C'est l'un des cas les plus importants et les plus répandus.

4º Les métaux donnent naissance à une ou plusieurs combinaisons définies. C'est un cas extrêmement fréquent : le cuivre et l'étain donnent deux combinaisons ayant pour formules Cu^4Sn et Cu^3Sn, qui se retrouveront dans les bronzes industriels.

5º Les métaux cristallisent ensemble; ce cas se présente lorsque les métaux sont isomorphes. L'or et l'argent, l'antimoine et le bismuth, le nickel et le cobalt donnent ces résultats.

En résumé, lorsqu'il y a formation d'alliages, on peut dire qu'il existe deux cas principaux :

A. Les métaux gardent leur personnalité dans l'alliage;

B. Les métaux forment ou des solutions solides ou des composés définis.

On conçoit aisément que, dans le premier cas, les alliages aient des propriétés rappelant celle des métaux constituants. Prenons, par exemple, les alliages de plomb et d'antimoine. Au point de vue de la micrographie, ces alliages sont formés :

Ou de plomb entouré de l'eutectique plomb-antimoine;

Ou d'antimoine entouré du même eutectique.

Les propriétés dépendront du métal en excès et de sa proportion. Mais on trouvera toujours des propriétés rappelant ou celles du plomb ou celles de l'antimoine.

Si les métaux forment ou des solutions solides ou des combinaisons qui ont leurs propriétés, propres lesquelles peuvent entièrement différer de celles des constituants, les alliages peuvent être des corps nouveaux ayant des différences extraordinaires avec les métaux qui les ont engendrés.

Prenons, par exemple, les alliages de cuivre et d'étain, c'est-à-dire les bronzes industriels; pour certaines proportions ces deux corps donneront naissance à une combinaison Cu^4Sn, de très grande dureté; donc, dès que se formera cette combinaison, la dureté de l'alliage augmen-

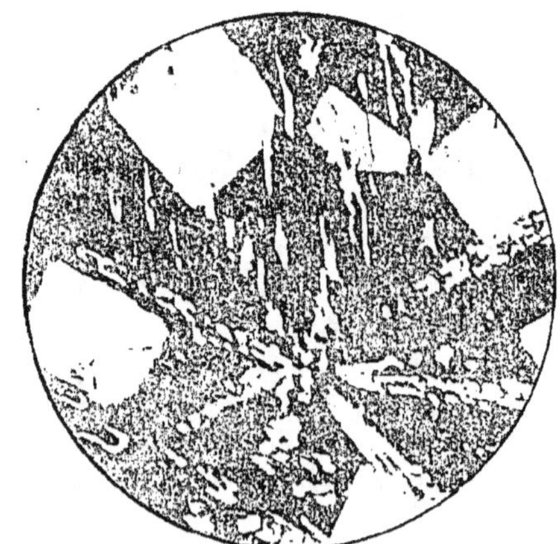

FIG. 6. — ALLIAGE ANTIFRICTION CONTENANT CUIVRE - ÉTAIN - ANTIMOINE.
(Grossissement : 50 diamètres.)

tera et ira en croissant au fur et à mesure que ce composé augmentera. C'est à la présence de ce constituant qu'il faut, en effet, attribuer la dureté des bronzes à frottement renfermant de

10 à 20 p. 100 d'étain ; plus ce métal est abondant, plus est important, pour ces pourcentages, le composé Cu⁴Sn, plus enfin l'alliage est dur.

Examinons pour terminer un cas plus complexe et non moins important pour l'industrie : celui des antifrictions.

On sait qu'un alliage antifriction est utilisé pour le frottement ; il doit s'opposer à l'usure d'une part et à l'échauffement d'autre part. Les études de M. Charpy semblent avoir bien démontré qu'un antifriction doit être formé de grains durs englobés dans un milieu mou.

A l'heure actuelle, l'industrie utilise principalement deux sortes d'antifrictions : les uns sont composés d'étain, d'antimoine et de plomb ; les autres, d'étain, d'antimoine et de cuivre.

Dans les premiers, on distingue des cristaux très durs et très réguliers de la combinaison SbSn, formée par l'antimoine et l'étain et entourée par un eutectique qui forme le corps plastique et renferme le plomb (fig. 1, 2, 3, 4).

Dans les seconds, on retrouve bien toujours les cristaux cubiques de la combinaison SbSn et de plus des aiguilles qui proviennent d'une combinaison SnCu³, formée par l'étain et le cuivre, le tout entouré d'un eutectique. Ici donc nous avons deux corps durs (fig. 5, 6).

Il est bien évident que les propriétés mécaniques et par conséquent l'utilisation industrielle de ces alliages dépendront des proportions de ces différents constituants. C'est ainsi que, lorsqu'on a de fortes charges à supporter, il faudra une quantité assez importante de corps durs ; au contraire, pour de faibles charges et une grande vitesse de rotation, il faudra une proportion très grande d'eutectique. Nous donnons, d'ailleurs, trois micrographies d'antifrictions d'une même marque, mais destinés à des usages différents ; on verra clairement l'importance de la proportionnalité des différents éléments.

En résumé, il est impossible de raisonner sur les propriétés mécaniques des alliages métalliques en s'appuyant sur celles des métaux constituants, et cela provient de ce que beaucoup de métaux peuvent donner naissance à des combinaisons ou à des solutions solides qui ont leurs propres propriétés, parfois très différentes de celles des corps initiaux. Mais il y a un lien intime entre la constitution, c'est-à-dire l'existence et les proportions de ces combinaisons et de ces solutions, et leurs propriétés mécaniques.

Ceci démontre l'intérêt de toute méthode permettant d'arriver à la connaissance de la constitution des produits métallurgiques.

LÉON GUILLET,
Docteur ès sciences,
Ingénieur des Arts et Manufactures.

ÉLECTRICITÉ

L'ÉTINCELLE ÉLECTRIQUE (*suite*[1]).

Méthode nouvelle pour démontrer les oscillations d'une étincelle oscillante. — L'importance qu'ont aujourd'hui les oscillations électriques, surtout au point de vue de leur application à la télégraphie sans fil et aux expériences de haute fréquence, a éveillé le désir de les rendre directement visibles. Pour cela on peut employer plusieurs méthodes, notamment celle du miroir tournant, et les méthodes photographiques (pellicule ou plaque mobile) ; ensuite l'oscillographe et celle du courant d'air. La plupart de ces méthodes sont trop compliquées ou coûteuses pour être à la portée des laboratoires modestes.

Or j'ai réalisé un dispositif assez simple, facile à construire soi-même, et qui permet de voir les oscillations d'une façon très nette.

Le principe de la méthode est basé sur le fait déjà connu, à savoir qu'un courant d'air dirigé sur une étincelle électrique peut séparer les oscillations les unes des autres. L'appareil comprend un déflagrateur d'une forme spéciale. Deux électrodes en forme de plaques, en cuivre, A et B (fig. 11), d'environ 8 mm. d'épaisseur, ayant chacune un des bords cunéiforme et aigutsé, sont placées l'une en face de l'autre de telle sorte que les bords cunéiformes soient dans un même plan et légèrement inclinés l'un par rapport à l'autre. A la surface supérieure de chacune des électrodes et près du bord cunéiforme sont vissées des plaquettes *a* et *b*. Celles-ci servent à serrer et à maintenir en position deux fils de platine. Ces fils, qui jouent un rôle capital dans notre dispositif, sont fixés de manière à

1. Voir *La Science au XX⁰ siècle*, n° 34.

dépasser légèrement les bords aiguisés de A et B ; la distance entre eux est de 3 mm. environ. Le courant d'air qui sort de l'orifice (diamètre 3 mm.) d'un tube de verre placé à une distance de 3 à 6 mm. au-dessus des électrodes, parcourt l'espace libre entre les bords cunéiformes. Les

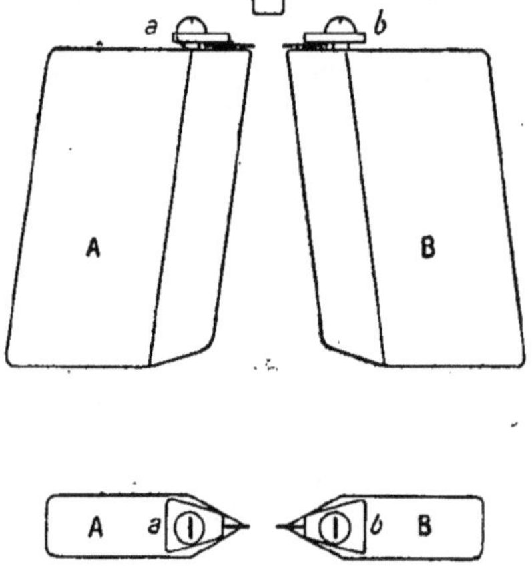

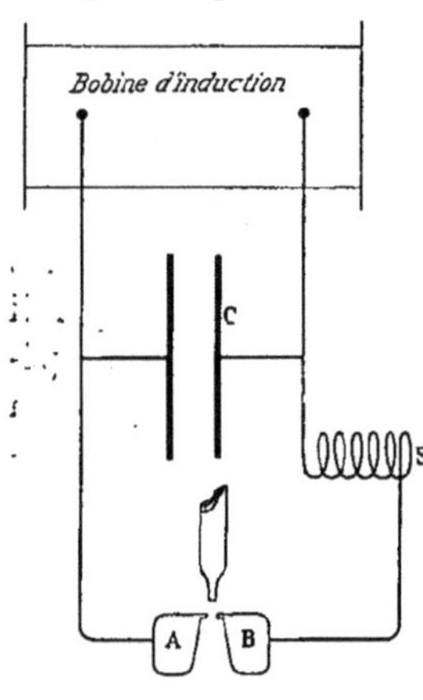

FIG. 11. — DÉFLAGRATEUR A BORDS CUNÉIFORMES.

deux électrodes A et B sont reliées aux armatures d'un condensateur C de sorte que la décharge de ce dernier a lieu entre elles (fig. 12). Dans le circuit de décharge est insérée une bobine de self-induction S (sans noyau métallique). Le condensateur est en dérivation directe (sans coupures) sur une bobine d'induction donnant au moins 20 cm. d'étincelle. Le courant d'air peut être fourni par un cylindre d'air comprimé ou même d'acide carbonique comprimé que l'on trouve dans le commerce.

FIG. 12. — DISPOSITIF POUR LA DÉCHARGE A L'AIDE DU DÉFLAGRATEUR DE LA FIG. 11.

Sans le courant d'air l'étincelle éclate entre les fils de platine et aucune oscillation n'est visible. Lorsqu'on fait passer un courant d'air suffisamment fort on voit l'étincelle se décomposer en ses différents constituants. Si le courant d'air est constant le phénomène devient très net et immobile. On peut alors à l'aide d'une loupe l'étudier à l'aise.

On aperçoit d'abord un trait de feu fin, brillant et rectiligne, qui relie les fils de platine :

c'est la *décharge initiale*. Au-dessous de ce trait droit on voit une série de traits plus larges, curvilignes, moins lumineux et de couleur rose violacée : ce sont les *oscillations* ; elles éclatent entre les bords aiguisés de A et B. On peut obtenir jusqu'à 16 oscillations, mais les 6 à 10 premières seules, sont immobiles et régulières.

Au voisinage d'un des fils de platine on voit une traînée de vapeur de platine assez brillante. Les surfaces des bords cunéiformes sont sillonnées çà et là de lueurs violacées très prononcées ayant des formes très nettes de ramifications ; ces lueurs constituent la *gaine négative*.

La figure 13 est la reproduction d'une photographie d'une série d'étincelles oscillantes obtenue à l'aide de notre dispositif avec (de gauche à droite) 1, 2, 3 et 4 plaques condensatrices ; la capacité de chacune était de 0,0008 microfarad ; la self-induction, restée constante pour cette série, était de 0,042 henry ; la vitesse du courant d'air : 36 m. par seconde (obtenue en mesurant le débit) ; temps de pose : 1/2 seconde ; l'agrandissement de la planche : 2 fois 1/2 environ. Les décharges initiales sont en haut de la figure.

L'examen spectroscopique montre que la décharge initiale donne le spectre de lignes de l'air tandis que les oscillations donnent les spectres de bandes de l'azote. La vapeur métallique, dans ces conditions expérimentales, ne semble pas participer au transport du courant électrique.

La décharge initiale qui éclate entre les fils de platine ionise (rend conducteur) l'air compris entre eux. Cet air ionisé est entraîné par le courant et sert comme pont conducteur aux oscillations qui suivent. La fréquence d'oscillations dans les conditions actuelles est de 27 400 par seconde pour la première étincelle (à gauche) et de 13 800 pour la dernière (à droite). Le débit d'air était à peu près de 20 litres par minute.

Il est absolument nécessaire que les décharges initiales de toutes les étincelles successives éclatent toujours entre les fils de platine ; c'est alors seulement que les oscillations respectives se superposent exactement et que l'œil a l'impression d'un phénomène immobile et continu. Le nombre d'étincelles superposées par seconde est égal au nombre d'interruptions du courant dans le primaire de la bobine d'induction.

L'inclinaison des oscillations par rapport à la direction du courant d'air permet de mesurer la vitesse des particules d'azote qui transportent le courant électrique. Pour une fréquence d'oscillations de 27 400 cette vitesse est de 29 m. par seconde: elle diminue avec l'augmentation de la capacité et elle est directement proportionnelle à la fréquence d'oscillations.

On peut obtenir des résultats satisfaisants avec un appareil beaucoup plus simple encore. A l'aide d'une paire de ciseaux on coupe dans une plaque mince de cuivre deux électrodes ayant la forme indiquée par la figure 14. A l'un des coins on laisse dépasser une petite pointe du métal: celle-ci remplace le fil de platine de l'appareil plus complet. On fixe les deux plaques de manière que les pointes soient l'une en face de l'autre et on dispose le reste de l'appareil comme il est décrit plus haut. Les pointes en cuivre ne durent pas longtemps et on

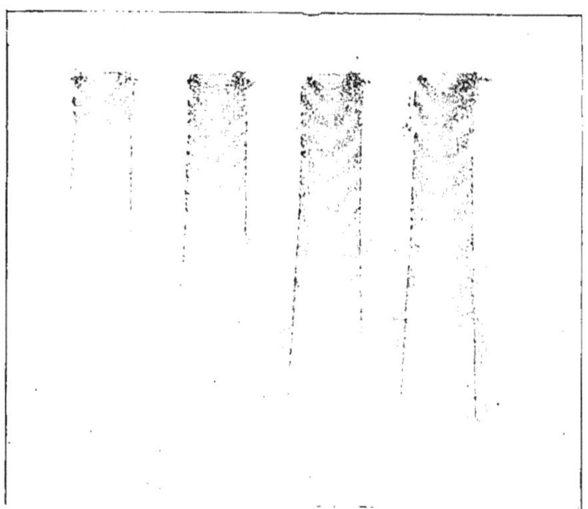

FIG. 13. — EFFET DE LA CAPACITÉ SUR LA DÉCHARGE.

est obligé de refaire l'électrode. Mais pour une simple démonstration, par exemple pour une expérience de cours, cet appareil simplifié suffit.

Influence d'une self-induction à noyau métallique sur les oscillations d'une étincelle oscillante. — Lorsqu'on introduit un noyau de fer dans une bobine de self-induction placée dans le circuit de décharge d'un condensateur, les oscillations sont plus ou moins détruites selon la constitution du noyau. Ainsi, un tuyau mince de fer détruit presque toutes les oscillations sans changer sensiblement leur fréquence, tandis qu'un noyau composé de fils de fer isolés diminue leur fréquence sans toutefois les amortir autant. Dans le premier cas nous avons deux causes qui influent : les courants de Foucault

et l'hystérésis du fer. Dans le deuxième cas, l'influence des courants de Foucault est presque supprimée. A l'aide de notre dispositif nous pouvons démontrer ces effets d'une manière très nette. Pour mettre en évidence l'effet des courants de Foucault nous introduisons progressivement dans la bobine de self-induction un cylindre en tôle de zinc. On constate alors une augmentation progressive de

FIG. 14. ÉLECTRODE SPÉCIALE.

la fréquence d'oscillation qui atteint un maximum lorsque la tôle couvre complètement la paroi du cylindre en carton sur lequel est enroulée la bobine. De plus on constate que le nombre des oscillations dans chaque décharge reste constant. La figure 17 montre l'effet de l'introduction progressive (de gauche à droite) d'un tuyau mince en zinc. La fréquence d'oscillation par seconde est de 25 000 pour la première étincelle (à gauche); elle dépasse 50 000 pour la dernière lorsque le tuyau est complètement introduit.

Un cylindre en zinc fendu dans toute sa longueur ne produit pas l'effet signalé : la discontinuité du cylindre

FIG. 15. — DÉCHARGE INTERMITTENTE.

empêche les courants de Foucault de circuler. On peut utiliser ce fait pour éliminer l'effet des courants de Foucault dans le cas d'un cylindre en fer. La figure 18 montre l'effet d'un cylindre en fer fendu introduit progressivement dans la bobine. On voit que la plupart des oscillations ont été détruites et la fréquence d'oscillation est légèrement diminuée.

Pour montrer que les effets d'induction par les oscillations aussi rapides résident seulement à la surface du noyau métallique, on glisse, après avoir détruit les oscillations à l'aide du cylindre en fer, le cylindre en zinc entre celui de fer et la paroi de la bobine de manière à former écran autour du fer. On voit alors reparaître les oscillations mais avec la fréquence augmentée par les courants de Foucault.

On comprendra maintenant l'importance d'enrouler sur des cylindres en carton les bobines de self-induction qui doivent servir à la production des étincelles oscillantes.

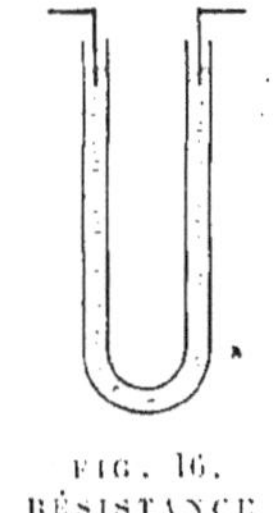

FIG. 16. RÉSISTANCE LIQUIDE.

L'étincelle continue et l'étincelle intermittente. — En augmentant progressivement la résistance du circuit de décharge du condensateur, en y insérant un tube contenant de l'eau acidulée ou

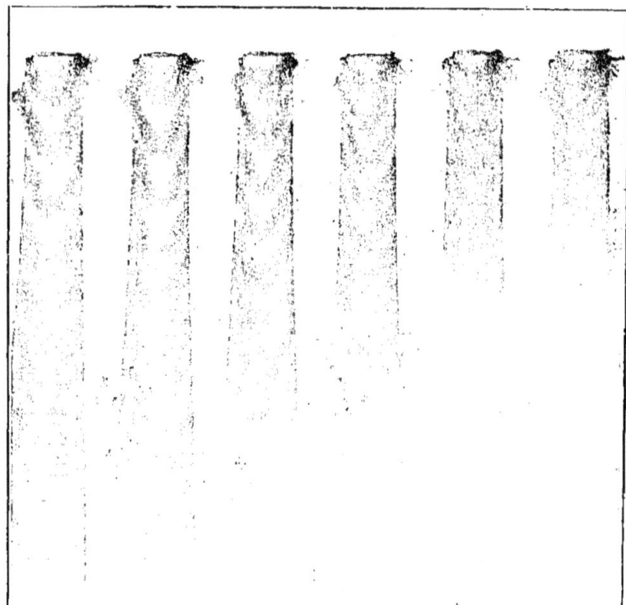

FIG. 17. — EFFETS DES COURANTS DE FOUCAULT.

un fil mouillé, le nombre des oscillations diminue et la durée de l'étincelle devient plus longue. A partir d'une certaine valeur de la résistance les oscillations disparaissent complétement et la décharge devient alors *continue*. Dans le miroir tournant, l'image de l'étincelle est beaucoup allongée et forme pour ainsi dire une longue nappe de feu. En augmentant encore davantage la résistance du circuit, la décharge devient, pour une résistance définie, *intermittente*. Elle consiste alors en une série de faibles étincelles simples qui se suivent à des intervalles de temps croissants, comme cela est représenté sur la figure 15.

Nous ne savons encore presque rien sur la nature et la constitution des étincelles continues et intermittentes. Mes recherches personnelles sur ces étincelles sont encore au commencement et je ne puis pas pour le moment donner des résultats précis. Mais je peux cependant donner quelques indications utiles qui serviront à rendre plus facilement visibles les caractères de ces deux genres d'étincelles à l'aide de mon dispositif (fig. 11).

Dans le circuit de décharge du condensateur C (fig. 12) la self-induction S est remplacée par un tube de verre en U (fig. 16). La longueur totale de ce tube est 100 cm. son diamètre interne environ 7 mm. Ce tube est rempli de la résistance liquide; des électrodes en fil de platine (de 2 à 3 cm. de long) plongent dans le liquide, une dans chaque branche du tube. On dilue ensuite de l'acide sulfurique :

I. 5 gr. de H^2SO^4 avec 100 gr. de H^2O.

II. 2 gouttes (15 gouttes = 1 gr.) de I avec 100 gr. de H^2O.

Pour obtenir *l'étincelle continue* on prend 50 cc. ou plus de II et dilue avec 50 cmc. de H^2O. Le courant d'air peut être assez faible. Le phénomène est très net, la nappe lumineuse remplit complétement l'espace entre les deux électrodes A et B (fig. 11) du haut en bas.

Quant à *l'étincelle intermittente* elle est très difficile à obtenir, mais avec un peu de patience on y arrivera. Il faut prendre les précautions suivantes : l'angle entre les bords cunéiformes de A et B (fig. 11) ne doit pas être trop grand et les fils de platine ne

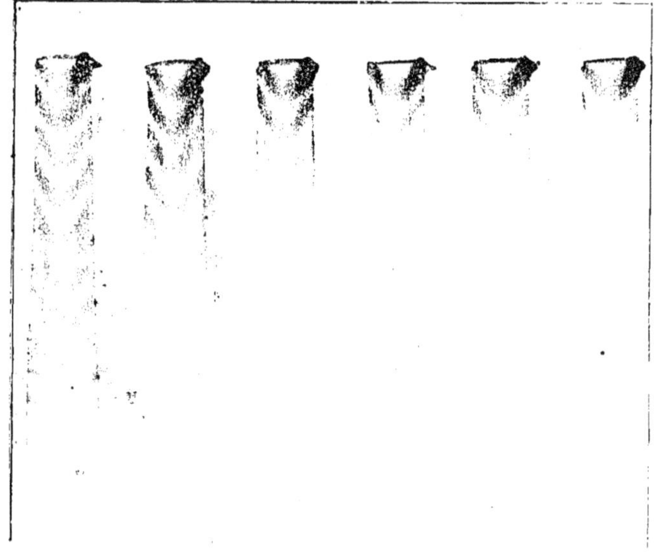

FIG. 18. — EFFETS DE L'HYSTÉRÉSIS DU FER.

doivent dépasser que très peu les bords aiguisés de A et B. Le courant d'air doit être très faible et il est bon d'augmenter jusqu'à 10 ou 12 mm. la distance entre l'orifice du tube de verre et les électrodes. La résistance liquide doit être la suivante : 20 cmc. de H avec 100 cmc. de H^2O. On ne peut employer que de l'eau distillée dans toutes ces opérations. La vitesse de l'interrupteur de la bobine d'induction influe aussi sur le succès de l'expérience. Quand tout est bien réglé on obtient un grand nombre d'intermittences précédées par une décharge initiale entre les fils de platine.

Pour des raisons déjà mentionnées je me réserve de décrire ultérieurement les étincelles continues et intermittentes et d'en discuter les conditions.

Dr G. A. HEMSALECH,
Attaché au Laboratoire des recherches physiques
à la Sorbonne.

Dr G. A. HEMSALECH,
Attaché au Laboratoire des recherches physiques
à la Sorbonne.

HYDROLOGIE

LES EAUX SOUTERRAINES. LEUR CAPTATION.

Les eaux souterraines et l'alimentation en eau potable. — L'eau représente pour l'homme un agent d'une importance toute spéciale. Elle est tout d'abord un aliment, mais un aliment qui a un rôle particulier. Véhicule des matériaux alimentaires et des matières résiduelles, elle distribue les premiers aux différents organes et emporte les secondes à l'extérieur. Ce rôle circulatoire elle le continue au dehors en assurant l'évacuation des déchets qui résultent de toute agglomération humaine. L'eau est donc aussi un élément de salubrité et d'assainissement.

Tant que les groupements humains sont restés répartis sur de larges surfaces, les sources et les rivières du voisinage ont été suffisantes pour assurer leur alimentation. Mais, avec l'accroissement de la population, les besoins des villes ont vite dépassé les ressources; aux usages domestiques se sont ajoutés ceux des services publics sans cesse grandissants et en dernier lieu les usages industriels. Les eaux du voisinage bientôt contaminées sont devenues inutilisables pour la boisson. D'où la nécessité de les épurer sur place ou d'aller capter au loin des sources à l'abri de toute pollution.

Au lieu de puiser directement dans les cours d'eau on a cherché alors à recueillir les infiltrations qu'ils émettent des berges perméables. Ces infiltrations, en partie dépouillées de leurs germes, sont parfois assez abondantes pour alimenter des villes importantes : Lyon et Toulouse notamment ont eu recours à leur emploi. Mais la filtration naturelle, pour s'opérer d'une façon satisfaisante, exige des conditions qui ne se retrouvent pas partout. L'usage des filtres naturels est donc assez limité. On les a remplacés, dans ces derniers temps, par des filtres artificiels mettant en œuvre des procédés physiques et chimiques variés : filtres à sable, et divers modes d'épuration chimique[1]. L'eau des sources a été très en vogue. On l'a crue longtemps, en effet, entièrement dépourvue de germes. C'est ainsi que la ville de Paris n'a pas hésité à s'imposer de lourds sacrifices pour aller chercher au loin et emmener à grands frais l'eau limpide des sources. Mais quelques épidémies, d'origine nettement hydrique, ont montré qu'elles n'étaient pas à l'abri des contaminations. On a alors étudié, avec le plus grand soin, leur régime. Ces recherches ont éclairé d'une vive lumière le mécanisme de la filtration par le sol et ont abouti à des résultats pratiques qui ont permis d'améliorer les procédés de captage.

Marche des eaux souterraines. Nappe phréatique. — Les eaux météoriques, après leur précipitation sous forme de pluie, se partagent, au contact du sol, en trois parties : 1° une (*eau de ruissellement*) ruisselle à la surface; 2° une portion de celle-ci retourne tout de suite dans l'atmosphère à l'état de vapeur d'eau (*eau d'évaporation*), l'autre constitue les eaux superficielles, qui par leur réunion forment les torrents, les rivières et les fleuves; 3° le reste (*eau d'infiltration*) s'infiltre dans le sol à travers les interstices des roches. Les eaux d'infiltration forment des collections souterraines qui circulent dans les couches perméables des terrains sédimentaires (cailloux, graviers, sables, etc.). Quand elles rencontrent une assise imperméable, de nature argileuse par exemple, elles s'accumulent dans les couches perméables placées au-dessus et forment une nappe souterraine désignée sous le nom de *nappe d'infiltration* ou encore de *nappe phréatique* (nappe des puits), parce qu'elle alimente les puits. Cette

---

1. Voir *La Science au XXe siècle*, n° 28.

nappe est particulièrement abondante dans les terrains récents et les terrains d'alluvions formés de particules peu cohérentes. Dans les terrains du bassin souspyrénéen elle n'est constituée que par des collections isolées, provenant de l'accumulation des infiltrations dans des parties de sable calcaire qui rompent en certains points la continuité des couches. Elle est très rare dans les terrains compacts, tels que les terrains primitifs.

La nappe phréatique, obéissant à la pesanteur, suit dans son déplacement la pente de l'assise imperméable. La progression s'effectue très lentement à cause de la résistance du sol et de l'adhérence du liquide dans les espaces capillaires. Lorsque la couche imperméable affleure à la surface du sol, l'eau de la nappe se déverse à l'extérieur sous forme de *sources*. Aux environs de Paris, ces dernières se disposent sur une ligne qui marque les affleurements des couches d'argile. Elles naissent de préférence dans les parties les plus basses de l'assise où s'accumule l'eau en plus grande abondance.

Dans le fond des vallées la nappe phréatique rencontre les cours d'eau qui les traversent et vient se mélanger à leurs produits d'infiltration. Quand les rivières coulent dans un sol perméable formé de sable et de gravier, par exemple, elles émettent, en effet, des infiltrations qui vont former un second cours d'eau souterrain parallèle au premier.

La rencontre de ces eaux d'origine fluviale avec la nappe phréatique beaucoup plus minéralisée détermine la formation d'une zone mixte décomposable en une série de tranches liquides variables par leur origine et leur nature, dont les extrêmes se rapprochent respectivement de la composition du fleuve et de la nappe et dont les moyennes ont des caractères intermédiaires. L'équilibre des deux nappes varie suivant les oscillations de leurs niveaux respectifs. Le mouvement de va-et-vient dû à ces divers états d'équilibre opère un véritable nettoyage des couches filtrantes. C'est ce qui explique pourquoi les filtres naturels placés dans de bonnes conditions ne s'encrassent pas.

Certains auteurs, se basant sur des faits observés dans le bassin de Paris, ont prétendu que l'eau qui circule dans les graviers des berges ne provient pas des rivières, mais bien des nappes souterraines. Il ne semble pas que cette interprétation s'applique à tous les cas. A Toulouse, en effet, le niveau statique de la nappe qui alimente les filtres ne s'éloigne jamais

des limites des niveaux du fleuve. Et, d'autre part, la comparaison des analyses minérales des eaux de la Garonne, de la nappe et des filtres, montre que l'eau des filtres occupe une place intermédiaire. L'eau des filtres paraît bien provenir de leur mélange. Il faut donc, dans l'établissement de ces filtres, tenir compte des conditions locales.

Composition chimique et biologique des eaux souterraines. — Dans son trajet souterrain, l'eau subit des modifications dans sa composition chimique et biologique.

L'eau, dans la nature, n'est jamais chimiquement pure. C'est ainsi que les eaux de pluie renferment de petites quantités d'ammoniaque et de nitrates. Mais c'est surtout dans son passage à travers les couches du sol qu'elle se charge de corps variés : les uns sont arrachés aux roches par une action purement mécanique, ils sont à l'état de suspension ; les autres ont été dissous soit directement, soit à la faveur de l'acide carbonique dont l'eau s'est chargée dans l'atmosphère, ce sont des sels minéraux calcaires, magnésiens, sulfatés et chlorurés de la silice, des sels d'alumine, des métaux comme le fer, etc. La présence de ces sels, notamment des sels calcaires, est utile dans l'eau de boisson ; ces derniers fournissent, en effet, à la ration alimentaire un complément appréciable de chaux. On les a accusés, d'autre part, de favoriser, quand ils sont trop abondants, les dépôts de sable et de calculs urinaires. Les eaux calcaires et magnésiennes des terrains dolomitiques sont susceptibles de donner le goitre. D'autres sels, tels que les phosphates, les nitrites, les nitrates, l'ammoniaque et une partie des chlorures, ont une origine organique. Ils proviennent de la décomposition ou putréfaction des matières protéiques effectuée par des microorganismes. Ces sels sont suspects ; ils indiquent, lorsque leur proportion est un peu élevée, une contamination de l'eau qui les renferme. Quant aux matières organiques non transformées, elles témoignent d'une infection récente.

Les nombreux microorganismes qui habitent le sol ne tardent pas à pulluler dans les eaux d'infiltration où ils forment une flore aussi riche que variée. Cette flore est encore très peu connue. Le plus grand nombre de ces êtres appartient au groupe des bactéries. Ils se présentent tantôt sous forme de petits bâtonnets droits : bacilles (*b. subtilis, b. mesente-*

ricus, etc.), ou incurvés, ils sont appelés alors des vibrions, ou spirilles ; les premiers ressemblent beaucoup au vibrion du choléra ; tantôt ils sont sphériques, tels sont les cocci, micrococques, etc. Il en est qui élaborent des matières colorantes (espèces chromogènes), d'autres sécrètent des ferments, analogues aux ferments digestifs, à l'aide desquels ils décomposent les matières organiques, ce sont les microbes de la putréfaction (*b. sublilis, putridis, fluorescens liquefaciens*, etc.). Leur rôle est très important dans l'économie terrestre. Ils transforment les matières protéiques en composés minéraux ; ils font ainsi repasser la matière organique complexe à l'état minéral simple. Ces diverses opérations s'effectuent en plusieurs temps et mettent en œuvre des espèces différentes. Les premières ne peuvent se passer d'oxygène ; elles sont dites aérobies, elles solubilisent les matières protéiques. Quand l'oxygène est consommé, arrive une nouvelle équipe de travailleurs (*anaérobies*) qui fabriquent des produits amidés et ammoniacaux avec dégagement d'hydrogène sulfuré. L'ammoniaque est à son tour reprise par des ferments qui l'oxydent et la transforment en nitrites et nitrates, composés azotés aptes à être absorbés par les végétaux. Dans le cycle de la vie universelle les microbes relient ainsi le monde animal au monde végétal. Ce sont aussi des auxiliaires de l'hygiéniste.

A côté de ces microbes utiles, il peut exister dans l'eau des espèces pathogènes pour l'homme. Les plus dangereux sont le vibrion cholérique, le bacille typhique et enfin les germes de la dysenterie (amibes, bacilles). Le plus commun dans nos régions est le bacille typhique.

L'eau peut enfin servir de véhicule à des germes moins dangereux, aux parasites intestinaux vulgaires (œufs et larves des ascaris, des oxyures, etc.). Nous connaissons son rôle dans la transmission de l'anémie des mineurs.

Les microorganismes recueillis par l'eau habitent les couches superficielles du sol. A une très petite distance de la surface, entre un mètre et trois mètres, les espèces aérobies disparaissent complètement. On n'a que fort peu de renseignements sur les anaérobies.

En s'infiltrant dans la profondeur à travers des couches de plus en plus exemptes de germes, les eaux se dépouillent comme sur un filtre des microorganismes qu'elles ont pris à la surface. Mais la filtration est loin de s'effectuer d'une manière égale. Les sources des terrains sableux, où l'eau traverse des conduits capillaires, sont presque pures de germes quand elles viennent sourdre au dehors. Malheureusement ces sources ont un faible débit, insuffisant pour alimenter une ville importante.

Les sources à grand débit naissent dans les terrains calcaires ; or ces roches sont traversées par un réseau de larges fissures que l'eau agrandit sans cesse. Avec le temps ces interstices arrivent à former de vastes cavernes et de larges conduits dans lesquels circule un véritable cours d'eau souterrain. Des effondrements ne tardent pas à se produire dans ces roches corrodées (*bétoires*) et la nappe souterraine est ainsi mise en communication avec les eaux superficielles qui ont lavé le sol. C'est le cas de la plupart des sources qui alimentent Paris.

Duclaux, dans son Rapport général sur les enquêtes concernant les Eaux des sources distribuées à Paris, reconnaissait que « le périmètre d'alimentation des sources occupe dans chacun des bassins de l'Avre, de la Dhuys et de la Vanne, une surface de plusieurs centaines de kilomètres carrés, et qu'il n'est guère de points, sur cette immense superficie, sur lesquels des germes dangereux, déposés sur le sol par une voie quelconque, ne puissent arriver aux sources. Le sol est, en effet, partout, ainsi qu'on pouvait s'y attendre, un sol plus ou moins fissuré ou remanié, et les microbes ne sont que partiellement arrêtés en cours de route. »

Causes d'infection des eaux souterraines. — Le danger pour les eaux souterraines vient donc toujours de la surface. Toutes les infiltrations superficielles ne sont pas toutefois également dangereuses.

Parmi les causes d'infection il faut, en effet, distinguer celles qui sont de nature végétale ou animale et celles qui sont d'origine humaine. Ces dernières seules sont à craindre. Les premières comprennent les eaux souillées par les fumiers, le purin et les eaux ménagères. Leur passage dans le sol suffit généralement à les débarrasser des matières organiques qu'elles renferment, et pourvu qu'elles soient agréables à boire et que les microbes inoffensifs qu'elles contiennent toujours ne soient pas trop nombreux, elles n'offrent aucun danger.

Les causes sérieuses de contamination proviennent toujours de l'homme. C'est pourquoi les eaux de surface qui lavent le sol des lieux habités ont beaucoup de chance d'être souillées par les déjections humaines. Mais là encore il faut faire une distinction entre celles qui ont été en contact avec les déjections de l'homme sain

FIG. 1. — CONSTRUCTION D'UNE GALERIE CAPTANTE.
La tranchée est creusée dans une direction perpendiculaire à celle des eaux qu'elle doit recueillir.

et celles qui ont été polluées par les excreta de l'homme malade. Les premières ne sont guère plus dangereuses que les eaux souillées par les déjections animales. Elles ne renferment que des bactéries banales, commensales de l'homme, répandues à peu près partout. Nous en absorbons tous les jours par milliers sans en être autrement incommodés. Il est bon cependant de rejeter l'emploi des eaux qui ont une teneur en microbes trop élevée; car c'est là l'indice d'une pollution qui peut, à un moment donné, devenir dangereuse.

L'homme malade, voilà le véritable danger. Vivant, il contamine par ses déjections les eaux superficielles par l'intermédiaire des lavoirs et des fosses d'aisances; mort, il emporte au cimetière les germes morbides et devient une source nouvelle d'infection pour les eaux souterraines.

Si encore nos moyens d'investigation nous permettaient de déceler dans l'eau les germes pathogènes, il serait facile de s'en préserver. Malheureusement l'analyse bactériologique ne donne que des résultats peu certains. Il est impossible de reconnaître l'agent spécifique avant sa dissémination. Le vibrion cholérique se confond aisément avec les vibrions saprophytes de l'eau. Le bacille typhique ne peut pas davantage être reconnu. Le colibacille, son proche parent, masque le plus souvent sa présence.

Tous ces microbes, comme l'a dit spirituellement Duclaux, prennent dans l'eau la figure d'honnêtes bacilles et il est impossible de les arrêter au passage.

On n'est pas encore fixé sur le sort des microbes pathogènes dans l'eau. Pour Koch et l'école allemande, le bacille typhique, contrairement à l'opinion de Pettenkopfer, ne peut pas vivre en saprophyte dans l'eau ou le sol. Il se conserve très mal en dehors du corps de l'homme et sa virulence diminue rapidement. Son existence dans ces conditions ne dépasse pas un à deux jours. C'est donc un hôte accidentel du milieu extérieur. Le point de départ de toute infection est le typhique. La fièvre typhoïde se transmet, en effet, non seulement par l'eau, mais aussi par contact. Le bacille développé dans l'intestin passe dans les selles et les urines, où il peut persister pendant plusieurs mois après la guérison. C'est donc le foyer primitif, le typhique, et son entourage qui opèrent la dissémination des germes. Ceux-ci peuvent se transmettre directement ou emprunter la voie hydrique. C'est avant leur dissémination qu'il faudrait les atteindre, comme cela se pratique en Allemagne.

Le colibacille, hôte normal de l'intestin, est très voisin du bacille typhique, mais il est bien moins virulent. Sa présence dans l'eau comme celle du bacille typhique a été diversement inter-

FIG. 2. — CONSTRUCTION D'UNE GALERIE CAPTANTE
(*suite.*)
La paroi de la galerie en rapport avec la nappe à capter est composée de pieds-droits en brique tubulaire permettant le passage des eaux.

prétée. Quelques auteurs considèrent ce bacille comme un microbe banal, hôte normal de l'eau.

Pour beaucoup d'autres, il n'existerait que dans les eaux contaminées. Le Comité consultatif d'hygiène tient pour suspecte toute eau qui le renferme.

Au cours de recherches faites, pendant les années 1897 et 1898, sur les eaux d'alimentation de la ville de Toulouse (*Les eaux d'alimentation de la ville de Toulouse.* Librairie polytechnique), j'ai eu l'occasion de mettre en évidence les rapports qui existent entre la présence du colibacille et les causes de contamination. La ville de Toulouse est alimentée par des galeries creusées dans des terrains perméables placés sur les rives de la Garonne qui recueillent les produits d'infiltration de cette dernière. Une de ces galeries, dite galerie de la Prairie des filtres, établie dans l'enceinte même de la ville, est polluée par les eaux de la nappe phréatique qui passe sous un faubourg populeux. Le colibacille y est en permanence et peut être décelé dans un centimètre cube d'eau; sa virulence est très grande, comme le montre l'inoculation au cobaye. Les autres galeries sont placées à plusieurs kilomètres en amont de la ville, dans les graviers de Portet et le ramier de Braqueville. Leurs eaux sont élevées et refoulées dans une conduite d'amenée souterraine, où elles s'écoulent sous l'action de leur propre poids jusque dans la ville. Or le

La paroi de la galerie opposée aux pieds-droits en brique tubulaire forme une muraille de béton arrêtant les eaux de la nappe à capter. Le béton vient d'être coulé; il est encore dans son coffrage de bois.

colibacille, qui est abondant et en permanence

dans les eaux du fleuve, ne se retrouve pas toujours dans les galeries. Tant que le niveau

La galerie est en partie terminée. Les pieds-droits sont réunis par une voûte en béton. Les cintres de la voûte sont encore en place.

du fleuve est bas, il n'est pas possible de déceler le colibacille dans les filtres. Mais si le niveau s'élève, à la suite de crues moyennes, ce microbe apparaît dans les eaux des galeries et s'y maintient une dizaine de jours après la cessation de la crue. Dans ces périodes le débit des galeries s'accroît considérablement. Le passage du coli ne s'effectue pas à la fois dans tous les filtres. Dans quelques-uns il se fait beaucoup plus tardivement.

La présence du coli est, dans ce cas, l'indice d'une mauvaise filtration. Elle peut mettre en évidence aussi certains points faibles de la canalisation. Ce microbe, en effet, n'est pas uniformément réparti dans la conduite d'amenée. Son apparition est en rapport avec la présence de fissures permettant le passage d'infiltrations superficielles. La conduite d'amenée traverse une région habitée et un asile d'aliénés [1] n'en est pas très éloigné. L'égout de l'asile passe au-dessus de cette dernière; jusque dans ces derniers temps même un dépotoir écoulait ses eaux résiduelles dans le fleuve à l'aide d'un aqueduc croisant aussi cette conduite. Les causes d'infection pour les eaux d'alimentation de cette ville sont donc multiples et l'on peut toujours

1. Une récente épidémie de fièvre typhoïde a frappé simultanément l'asile d'aliénés et la ville de Toulouse. N'y a-t-il entre ces deux épidémies qu'une simple coïncidence ou peut-on y voir une relation de cause à effet? Il est encore difficile de le dire.

établir une relation entre ces dernières et la présence du colibacille.

Si donc le bacille typhique n'est que difficilement reconnaissable dans les eaux, la recherche du colibacille fournit des indices précieux permettant de dépister les causes d'infection.

Captation des eaux souterraines. — Les ouvrages effectués pour l'utilisation des eaux souterraines ne sont pas destinés seulement à recueillir ces dernières, ils doivent encore les fournir aussi pures que possible. Il y a peu de temps que l'on se préoccupe de réaliser cette seconde condition. Lorsqu'on a capté notamment les sources de la ville de Paris, on s'est contenté pour beaucoup d'entre elles de recueillir les eaux qui sourdent à la surface et de les enfermer dans une chambre circulaire en maçonnerie. Mais ce ne sont là, comme l'a fait remarquer M. Janet, que des travaux extérieurs ne servant qu'à collecter les eaux et à les déverser dans l'aqueduc. Il aurait fallu recueillir l'eau dans son gisement géologique, qui est la craie turonienne, et non dans les couches sous-jacentes d'argile à silex, très pauvres en argile à certains endroits et par conséquent incapables d'arrêter les infiltrations de la surface.

Pour capter l'eau dans son gisement naturel il faut ou bien creuser des puits cimentés complètement étanches ou encore construire des galeries horizontales comme cela se pratique pour le captage des eaux minérales qui doivent être amenées au jour dans toute leur pureté.

Le premier procédé est très économique, il convient surtout pour les installations provisoires. Avant d'établir des galeries dans les graviers perméables des berges de la Garonne, la ville de Toulouse avait fait creuser un certain nombre de puits à titre d'essai. Des expériences ont montré que le rayon d'action de ces puits est d'environ cent mètres; en les plaçant à soixante-dix mètres les uns des autres et à trente mètres de la berge, leur rayon d'action est réduit à trente mètres et on obtient un rendement maximum. L'eau des puits siphonne par des tuyaux en fonte dans un puits central; l'amorçage des siphons se fait au moyen d'un éjecteur. Une pompe centrifuge aspire directement l'eau dans le puits central et la rejette dans la conduite. Ce système est de beaucoup préférable à celui des tuyaux d'aspiration.

Ces puits ont été remplacés par des galeries. La première en date est faite tout d'un bloc et béton; elle repose directement sur la marne imperméable. Les drains placés dans l'épaisseur des parois en assurent l'alimentation. Les galeries actuelles sont formées par une voûte supportée par des pieds-droits construits en briques tubulaires permettant le passage de l'eau. Des drains sont aussi annexés à ces constructions. En abaissant le plancher de ces galeries ou *radier* jusque sur le tuf imperméable on en augmente le débit dans une notable proportion. La partie filtrante n'est donc pas représentée par la galerie elle-même, mais bien par l'ensemble des terrains perméables dans lesquels elle est creusée. C'est donc improprement qu'on les désigne sous le non de *galeries filtrantes*; ce sont en réalité des *galeries captantes*, car elles se bornent à recueillir les eaux filtrées par le sol.

Le même système de galeries a été adopté pour capter des sources voisines de la conduite d'amenée; leur construction ne diffère en rien de celle des autres galeries captantes. Les figures ci-jointes, mieux qu'une longue description, montrent les divers travaux nécessités par ces captages. Dans la tranchée que l'on a préalablement creusée (fig. 1) on peut assister à la construction des pieds-droits en brique tubulaire sur un côté (fig. 2), en béton du côté opposé (fig. 3), reposant directement sur la couche dure imperméable; on peut voir enfin s'édifier la voûte (fig. 4) jetée sur les pieds-droits.

Malgré tous les soins apportés dans les captages, les eaux souterraines ne sont pas à l'abri des contaminations et leur emploi exige une surveillance, des plus étroites. C'est ce qu'ont compris certaines villes comme Paris, ou le service des eaux est ordinairement organisé, et il est à souhaiter que cet exemple soit suivi par les municipalités soucieuses de la santé publique.

Dr H. MANDOUL.

VARIÉTÉ

GISEMENTS DIAMANTIFÈRES DANS LES DIFFÉRENTES PARTIES DU MONDE. — ORIGINE DES DIAMANTS.

Il y a quelques mois, on annonçait la découverte sensationnelle, faite dans une nouvelle mine du Transvaal, d'un diamant pesant 3 032 carats (soit 621 gr. 560), lequel devenait incontestablement, et de beaucoup, le plus gros des diamants connus.

Jusqu'ici le record était tenu par un autre diamant de l'Afrique australe, l'*Excelsior*, trouvé en 1893 à Jagersfontein et qui ne pesait pas moins de 971 carats. La figure 1 le représente en grandeur naturelle : il n'a jamais été taillé. En supposant que la taille fasse subir au diamant une perte des trois quarts de son poids, on voit que la nouvelle gemme du Transvaal, réduite après cette opération à 750 carats environ, restera encore bien à la tête des plus gros diamants connus actuellement [1].

Les mines du Sud Africain semblent donc avoir le monopole des grosses pierres et, en vérité, les anciens diamants de Golconde et ceux qu'on trouve au Brésil, sont loin, à quelques rares exceptions près, d'atteindre de pareilles dimensions.

Mais il n'y a pas, entre les diamants africains et ceux qui proviennent des autres parties du monde, que des différences de grosseur. Les diamants de l'Afrique australe sont souvent enfumés ou jaunâtres, tandis que ceux du Brésil ont fréquemment un reflet bleu et se classent entre les diamants du Cap et les beaux diamants indiens dont la pureté de l'eau est incomparable.

A quoi sont dues ces particularités? Peut-être y a-t-il, entre ces divers diamants, plus que des différences de propriétés, mais aussi des différences d'origine, et l'étude fort intéressante des gisements diamantifères permet de jeter un peu de précision sur les circonstances de formation de cette si précieuse gemme [1].

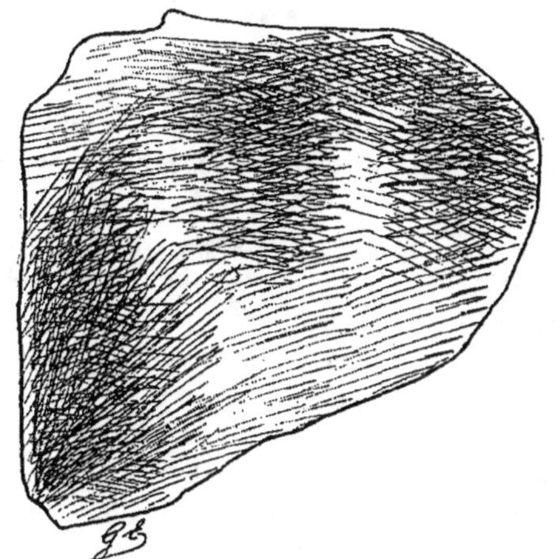

FIG. 1. — LE DIAMANT « EXCELSIOR » TROUVÉ EN 1893 A JAGERSFONTEIN.
Poids : 971 carats (199 grammes). Grandeur naturelle.

Les principaux gisements diamantifères sont ceux de l'Afrique du Sud, de Bornéo et de l'Australie. Et tout de suite, une différence apparaît entre ces gisements. Tandis que partout, sauf au Cap, les diamants se trouvent dans les produits de désagrégation des roches diamantifères, c'est dans la roche même où ils ont pris naissance qu'on les trouve dans l'Afrique australe; et cette circonstance explique l'abondance du rendement des filons de cette région où l'exploitation se fait sur une échelle colossale, à l'aide des procédés industriels les plus perfectionnés.

Les gisements de l'*Afrique australe* se trouvent dans l'État d'Orange et dans le Griqualand West.

Les terrains sont permo-triasiques et appartiennent aux formations du karoo, composées

1. Voici d'ailleurs la liste des diamants les plus célèbres avec l'indication de leur poids et de leurs possesseurs actuels.

NOMS DES DIAMANTS	POIDS EN CARATS		POSSESSEURS
	brut	après la taille	
Bragance.	1680	367	Roi de Portugal.
Grand Mogol. . .	787	279 1/2	Empereur d'Autriche.
Étoile du Sud. . .		254	Comte de Dudley,
Orloff.		194	Tsar.
Florentin		139 1/2	Empereur d'Autriche.
Grand-Duc de Toscane.		139 1/2	Roi d'Angleterre.
Pitt.	410	137	Empereur d'Allemagne.
Régent.	410	136 1/4	France.
Étoile d'Afrique. .		128 1/2	Comte de Dudley.
Koh-i-Noor. . . .	194	103	Roi d'Angleterre.
Shah		95	Tsar.
Pigott		82 1/2	Empereur d'Allemagne.
Nassack		78	Duc de Westminster.
Sancy		53	France.
Diamant bleu de Hope		44 1/2	Comte de Dudley.
Étoile Polaire. . .		40	»
Pacha d'Égypte. .		40	Khédive.

1. Voir les travaux de Boutan, Chaper, Stanislas Meunier, Strecker, Reunert et surtout de De Launay (1897).

de couches horizontales, de schistes, de grès, de quartzites avec intercalation de porphyres et de diabases ophitiques. Les débris fossiles qu'on y rencontre (reptiles du trias, crocodiles, laby-

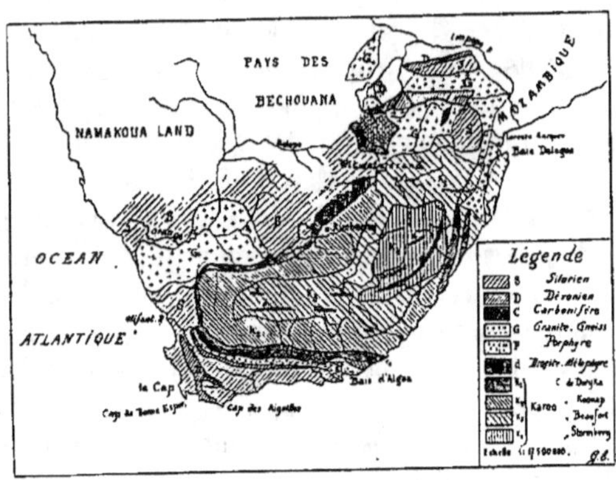

FIG. 2. — CARTE GÉOLOGIQUE DE L'AFRIQUE AUSTRALE.

rinthodontes, dinosauriens, etc.), indiquent qu'il s'agit de sédiments lacustres déposés sans doute à la suite d'une émersion du continent sud-africain à la fin du carbonifère. Ces couches horizontales se superposent à des terrains plissés et corrodés auxquels se rattachent les conglomérats aurifères du Transvaal.

Entre Kimberley et Jagersfontein on voit apparaître de temps en temps, au milieu de ces couches horizontales, de petites éminences circulaires ou elliptiques de 100 à 500 m. de diamètre et correspondant à des sortes de cheminées qui s'enfoncent verticalement dans le sol. Ces cheminées recoupent, comme à l'emporte-pièce, les couches du karoo (voir fig. 3) et se présentent remplies d'une roche bréchiforme d'un vert bleuâtre (*kimberlite*, *blue ground*), très altérée en surface où elle prend une teinte jaune (*yellow ground*), et pleine de fragments empruntés aux parois. On considère cette roche comme une brèche péridotique avec magnétite abondante, dérivant probablement par métamorphisme d'une péridotite.

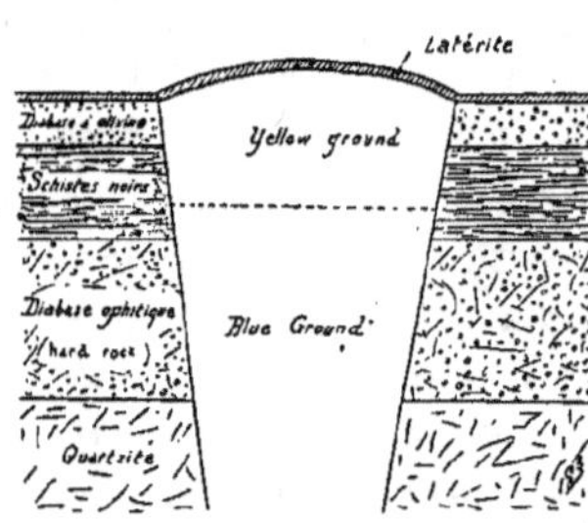

FIG. 3. — COUPE SCHÉMATIQUE D'UNE CHEMINÉE DIAMANTIFÈRE A KIMBERLEY, AVEC SON REMPLISSAGE DE *Kimberlite* (BLUE GROUND) ALTÉRÉE EN SURFACE (YELLOW GROUND).

Les couches horizontales encaissantes sont celles du *Karoo* et ne renferment pas de diamants.

Les diamants ne se rencontrent que dans les cheminées et nullement dans les couches du karoo (*reefs*) : de plus il n'existe aucune influence de ces couches sur la qualité ou la quantité des diamants. Il semble donc bien vraisemblable d'admettre que ceux-ci sont venus de la profondeur avec la roche péridotique et que cette roche diamantifère s'est solidifiée entre les couches du karoo.

Cette idée, qui paraît si simple aujourd'hui, n'a pas été adoptée, au début, sans difficultés. En 1871, quand on découvrit la première cheminée diamantifère du Cap, comme jusqu'alors on n'avait jamais trouvé de diamants que dans des alluvions, on pensa avoir affaire à des alluvions spéciales, et en 1877, M. Stanislas Meunier émettait l'hypothèse que ces alluvions étaient venues de la profondeur sous forme de boues.

Tant que l'exploitation se fit entre des parois de schistes noirs, on pensa ensuite que ceux-ci avaient fourni le carbone des diamants et que les précieux cristaux disparaîtraient quand on atteindrait le *hard-rock*, c'est-à-dire la diabase ophitique sous-jacente (fig. 3). Aujourd'hui, la diabase est dépassée, puisqu'à Kimberley et à De Beers, on travaille dans les quartzites du fond, et aucune modification régulière ne s'est produite dans la teneur en diamants. Il reste donc bien établi que les diamants sont venus de l'intérieur avec la brèche à péridot[1].

Les véritables cheminées diamantifères se trouvent sur une ligne d'environ 200 km. de longueur, dirigée N. 30°,O et allant de Hart-River (Griqualand West) à Jagersfontein (État d'Orange). La teneur et la qualité des diamants varient d'une mine à l'autre et même dans une même mine, avec la profondeur; c'est qu'en effet les plus légères variations dans les conditions de la cristallisation ont grandement influé, comme l'ont montré les belles recherches de M. Moissan, sur le produit de cette cristallisation.

Examinons maintenant de plus près la roche diamantifère. Elle se présente avec l'aspect d'une pâte vert bleuâtre renfermant des cristaux de péridot, d'enstatite, de grenat, de mica noir. Si l'on fait abstraction des fragments provenant des parois de la cheminée, elle constitue une roche bien définie, à caractère nettement *basique* et semblant résulter de la solidification d'un bain de fonte magnésienne. Le microscope montre qu'à côté du diamant ont cristallisé : le grenat pyrope, le zircon, le disthène, le pyroxène

1. Le péridot est un silicate de magnésie de formule SiO^4Mg^2 dans lequel la magnésie peut être remplacée en proportion variable par le fer.

diopside, le mica noir, l'amphibole hornblende, la tourmaline, le péridot, et que de nombreux cristaux sont striés, brisés, sans qu'on puisse trouver côte à côte les fragments d'un même cristal. On peut donc admettre qu'après leur formation, tous ces cristaux ont été transportés verticalement de bas en haut dans les cheminées qui les renferment aujourd'hui.

FIG. 4. — CARTE DES GISEMENTS DIAMANTIFÈRES DU BRÉSIL.

Les plus importants sont, dans la province de *Minas Geraes*, ceux de Diamantina et de Grao-Mogor et entre le R. San Francisco et la mer, puis ceux de Bagagem au S.-O. des précédents. Dans la province de *Bahia*, les groupes de Cinchora et de Canavieiras sont les plus riches.

L'eau a dû, dans tous ces phénomènes, jouer plusieurs rôles importants. D'abord, en pénétrant au contact d'un bain métallique en fusion, chargé de carbures divers, elle a déterminé la formation brusque de carbures d'hydrogène et ceux-ci par leur explosion ont produit l'ouverture de ces cheminées éruptives que l'on peut rapprocher des entonnoirs qui existent dans tous les pays volcaniques, où ils ont bien souvent donné naissance à des lacs. Ensuite l'eau, en déterminant une couche solide à la surface du bain liquide, a contraint le carbone à cristalliser sous pression. Enfin elle a produit la serpentinisation de la roche, laquelle en foisonnant, a formé, au-dessus des couches horizontales du karoo, ces petites éminences ou *Kopyes* qui attirent l'attention des chercheurs de diamants.

FIG. 5. — CARTE DES GISEMENTS DIAMANTIFÈRES DE L'INDE.

Au *Brésil*, contrairement à ce qui se passe au Cap, les diamants se trouvent dans des alluvions. Ces alluvions sont de trois sortes :

1° Des dépôts de plateaux, constitués par un gravier grossier à éléments anguleux, mêlé d'argile rouge et appelé *gorgulho*.

2° Des dépôts que l'on rencontre sur le versant des vallées et que l'on nomme *grupiaras*.

3° Une sorte de vase jaunâtre ou rougeâtre (*cascalho*) que l'on trouve dans les rivières, avec galets de quartz, d'oligiste dur et des cristaux de tourmaline.

Ces trois catégories de gisements se sont formées successivement au fur et à mesure du creusement des vallées. Les eaux recouvrant le plateau ont arraché les diamants aux roches en place et les ont réunis dans le gorgulho. Les rivières, remaniant le gorgulho, ont concentré les diamants dans le grupiaras d'abord, puis dans le cascalho des rivières. Parfois même, dans le cours des rivières, on trouve des cavités, des marmites (*caldeiros*) particulièrement riches : le diamant a résisté au frottement tandis que les autres éléments, peu à peu usés et réduits en petits fragments, ont été éliminés par l'eau.

Il est à remarquer que dans chacun de ces

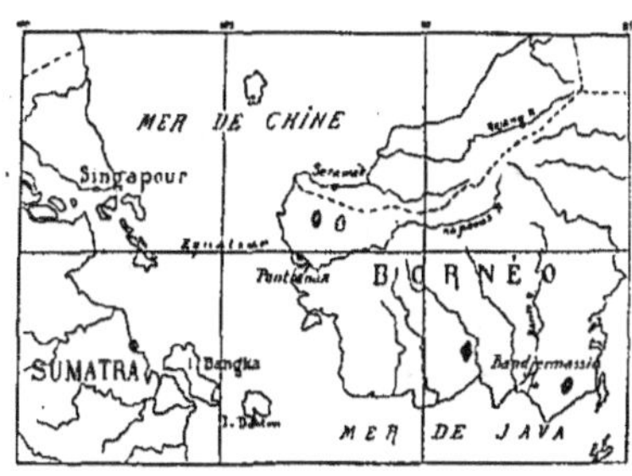

FIG. 6. — CARTE DES GISEMENTS DIAMANTIFÈRES DE BORNÉO.

Ces gisements sont répartis en 2 groupes : l'un à l'O., dans le bassin du fleuve Kapouas, l'autre au S.-E. de l'île vers Bandjermassin.

gisements alluvionnaires, le diamant se trouve associé à des composés du titane : rutile, anatase, brookite, fer titané. Cette association tend déjà à faire penser que le diamant du Brésil a dû se former dans des filons de quartz analogues aux filons stannifères et titanifères.

Il y a plus : à côté de ces gisements s'en trouvent d'autres, moins importants au point de vue commercial, mais présentant un grand intérêt géologique. Les affluents du San Francisco charrient des galets de quartz et des fragments de la roche qui domine dans la *Sierra de Mallo di Corda* ; cette roche, c'est l'*itacolumite*, quartzite micacée de l'époque primaire. En certains points on observe des couches de psammites qui passent aux itacolumites : enfin, dans le Cerro di Grao-Mogor (province de Minas Geraes), on a pu voir des diamants enchâssés dans l'itacolumite.

Ces observations sont importantes. Elles indiquent que les diamants du Brésil ont dû se former dans des veines de quartz; ils seraient ainsi le produit d'actions filonniennes qui ont apporté en même temps la pyrite aurifère, les oxydes de fer et de titane, la tourmaline et l'amphibole.

Aux *Indes*, les gisements diamantifères sont fort analogues à ceux du Brésil. Là aussi les diamants ont été concentrés sous l'action des eaux dans un conglomérat équivalent du gorgulho, puis dans des alluvions de plus en plus récentes et de plus en plus rapprochées du fond des vallées.

Pour Chaper, le gisement primitif des diamants des Indes serait la granulite, roche acide, et même d'après lui, on trouverait sur le plateau de Bellary des diamants reposant sur des schistes micacés injectés de granulite.

Enfin, dans un troisième groupe nous réunirons les gisements de l'Australie et de Bornéo. Ceux d'*Australie* (Nouvelle-Galles du Sud) sont des alluvions au voisinage d'éruptions basaltiques, probablement pliocènes, recouvrant les terrains du pays qui sont généralement carbonifères ou dévoniens. A *Bornéo*, les diamants se rencontrent dans une couche de graviers, d'environ 1 m. d'épaisseur, constitués par des galets de quartz, des fragments de porphyre, de pegmatite : au diamant se trouvent associés l'or, le platine, le corindon, le rutile et divers minéraux des roches acides.

Que doit-on conclure de cette étude, au point de vue de l'origine du diamant?

Tout d'abord, on ne peut manquer d'être frappé de ce fait qu'au Cap, les circonstances dans lesquelles se présentent les diamants sont précisément celles des expériences de M. Moissan.

Dans l'Afrique australe, les diamants ont dû prendre naissance dans une masse liquide ou pâteuse, dans un bain fondu renfermant du fer, de la magnésie, du calcium, sorte de fonte magnésienne surcarbonée. Le carbone y a cristallisé sous pression comme le fait le graphite dans les spiegel-eisen et comme il le fait aussi dans les expériences de M. Moissan au four électrique. D'ailleurs les fers natifs du Cañon Diablo et les météorites de l'Oural, dans lesquels on a rencontré le diamant, semblent nous faire saisir le procédé de cristallisation naturel. On peut donc penser qu'il a existé, à l'époque secondaire, sous l'Afrique australe, un bain métallique interne qui a produit successivement les diverses coulées de roches diabasiques intercalées dans les terrains du karoo et les roches diamantifères.

En dehors de l'Afrique australe, il est probable que les diamants se soient formés d'une façon différente. Nous avons vu qu'au Brésil et dans l'Inde les éléments associés aux diamants indiquent que ceux-ci ont pris naissance dans un bain non pas basique comme au Cap, mais acide, avec du quartz sous pression, de sorte que cette formation serait analogue aux filons aurifères, stannifères et titanifères. Le bain était encore acide à Bornéo, tandis qu'il était basique en Australie.

Il serait fort intéressant de déterminer l'âge de ces formations diamantifères, mais les renseignements ne sont pas encore assez abondants pour qu'on puisse le faire d'une façon un peu précise.

Au Cap, la venue des roches diamantifères est certainement postérieure à la formation des cheminées. Or celles-ci recoupent les divers étages du karoo (permien, trias) et même les diabases qui sont plus récentes et peut-être postérieures à la dénudation du plateau triasique. Les diamants du Cap remontent donc à une époque postérieure au trias. Dans l'Inde et au Brésil le diamant semble correspondre à une venue primaire, contemporaine des gîtes stannifères. Quant aux diamants d'Australie et de Bornéo, ce sont les plus récents; les premiers se rattachent à des basaltes pliocènes, les derniers à des poudingues éocènes.

En résumé, il y a eu, au cours des âges géologiques, plusieurs venues de roches diamantifères. La première date des temps primaires, elle était acide et a fourni les diamants de l'Inde et du Brésil; la seconde date des temps secondaires, elle était basique et a fourni les diamants de l'Afrique australe; les deux dernières venues datent des temps tertiaires : l'une, acide, éocène, a donné les diamants de Bornéo; l'autre, basique, pliocène, ceux d'Australie.

GABRIEL EISENMENGER,
Licencié ès sciences physiques et naturelles.

❧❧❧❧❧ *Tribune libre d'Enseignement expérimental.* ❧❧❧❧❧

Collection de géologie expérimentale du Muséum *(suite[1])*.

Si l'on veut imiter les sillons fluviaires sur les pentes très accentuées (fig. 1), il faut prendre une plaque de plâtre gâché, redressée, avant sa prise complète, sous un angle très fort, de 45° à 60°. On constate alors que l'eau qui l'imprègne s'écoule par la base de la plaque en des points plus ou moins équidistants. Chacun de ces points est comme un centre de propagation d'où partent, en se dessinant de bas en haut, des sillons qui se compliquent d'ailleurs en remontant très rapidement et prennent l'apparence d'arborisations. L'effet obtenu reproduit exactement bien des circonstances naturelles visibles dans les pays de montagne, par exemple dans la vallée du Rhône antérieur, sur les flancs du mont d'Arvel, en amont de Villeneuve, en Dauphiné, etc. L'appareil à utiliser est une simple cuvette carrée en porcelaine ou en verre tout à fait semblable à celles qu'emploient les photographes. Il ne faut pas la prendre trop petite : 40 cm. sur 25 est une bonne dimension. Cette cuvette étant placée horizontalement, on y coule une couche de 7 à 8 mm. d'épaisseur de plâtre à mouler, gâché avec une quantité convenable d'eau. Dès que la masse a acquis la consistance du fromage blanc, on incline la cuvette. Dès que la mince couche de plâtre est dans cette situation, elle alimente de petits filets d'écoulement de l'eau qui l'imprégnait, mais ces filets ne sont d'abord visibles que par leur région tout à fait inférieure. Rapidement ils se propagent de bas en haut. Leur croissance est très rapide et elle ne peut se faire sans déterminer, ici ou là, des *captures* de filets dont on peut suivre les progrès et qui reproduisent les phénomènes géographiques bien connus depuis la publication de M. Davis. Pendant cette expérience, on constate de toute part la réalisation de phénomènes dont la considération est si intéressante pour l'histoire du creusement des vallées et qui expliquent aussi la constitution des cols dans les chaînes de montagnes et l'isolement, de leur point d'origine, de blocs charriés avant la disparition de la pente continue des débuts.

Pour produire les méandres des cours d'eau, on soumet un mélange de plâtre et de sable à l'action d'un filet oblique d'eau (fig. 2). On commence par

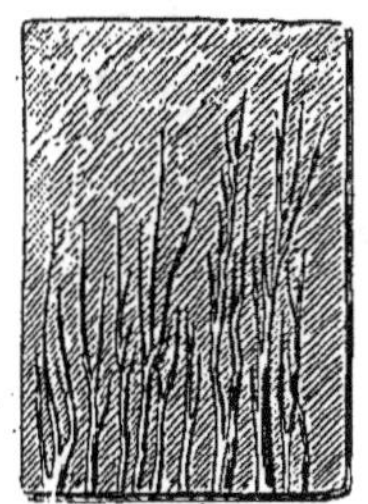

FIG. 1. — IMITATION DES SILLONS FLUVIAIRES.

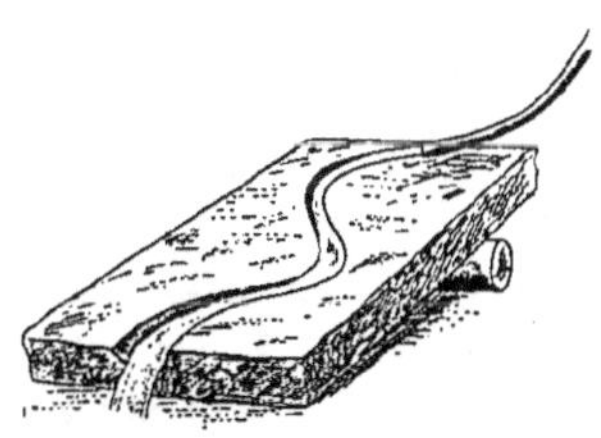

FIG. 2. — IMITATION DES MÉANDRES DES COURS D'EAU.

préparer une dalle, en mélangeant 4 parties de sable fin et 1 partie de plâtre à mouler, que l'on gâche dans une quantité d'eau convenable pour donner la consistance désirée. La dalle étant placée sur une mince planchette, on la dispose avec une légère inclinaison. On fait alors arriver par le milieu de son bord supérieur un filet d'eau fourni par un tube de caoutchouc, auquel on donne une obliquité convenable par rapport à la ligne de plus grande pente de la dalle. On règle la force de l'eau à l'aide d'un robinet, et l'on peut ainsi faire varier beaucoup les résultats. Avec certains mélanges de sable et de plâtre et une inclinaison convenable du filet d'eau amené par le tube de caoutchouc, on voit le sillon érosif se déplacer comme une rivière le fait dans la nature. Il faut donner d'abord à la surface supérieure de la matière une forme de gouttière très surbaissée et très élargie.

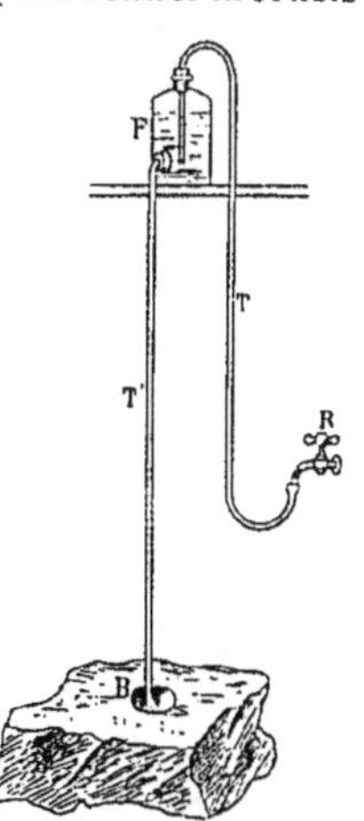

FIG. 3. — IMITATION DES PUITS NATURELS.

Pour la reproduction expérimentale des puits naturels on se sert d'un réservoir F contenant de l'eau additionnée d'une quantité, faible et déterminée, d'acide chlorhydrique. Cette eau tombe à la surface d'une roche calcaire B, en un point où une cavité se produit et s'accentue bientôt. Pratiquement, on envoie l'eau dans le flacon F à l'aide d'un robinet R et du tube T, et on ajoute dans le flacon la proportion voulue d'acide. Il est commode d'ajouter un robinet au tube T', qui descend du robinet à la roche. Si l'on a suffisamment étendu la dissolution, l'effervescence à la surface de la roche est extrêmement faible; mais on gagne du temps en opérant avec des liquides plus chargés, et il y a intérêt à faire varier le mode opératoire, suivant le résultat qu'on désire obtenir.

La figure 4 montre le résultat rapidement obtenu quand on opère comme il vient d'être dit; l'échantillon représenté a été scié, suivant l'axe de la cavité produite, pour en faire voir tous les détails. On constate que sa forme générale est celle d'un cône dont le sommet est à la partie inférieure, ou, suivant l'appellation consacrée, en *entonnoir*. Cependant ses surfaces ne sont pas lisses, mais au contraire interrompues par des

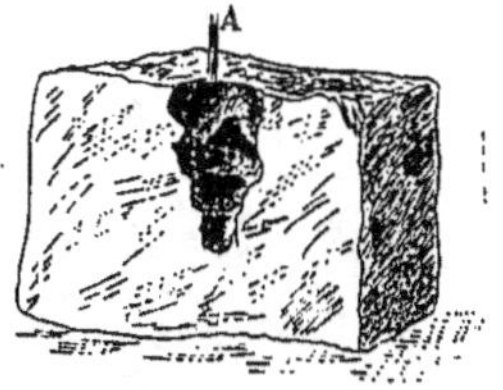

FIG. 4. — IMITATION DES PUITS EN ENTONNOIR.

1. Voir *La Science au XX° siècle*, n° 34.

régions d'une saillie relative très sensible. Il en résulte comme des sortes de corniches qui trahissent l'inégale solubilité des différents lits dont la pierre calcaire à millioles est composée. Ce fait est intéressant à noter, parce qu'il reproduit, avec une fidélité complète, les particularités offertes par les parois des puits naturels. On pourrait s'en assurer par une simple visite dans une localité bien choisie et, par exemple, à Ivry, à la porte même de Paris.

FIG. 5. — IMITATION DES CAVITÉS EN ÉTEIGNOIR.

Si, au lieu d'arrêter l'expérience, on la continue, on constate que la cavité s'approfondit peu à peu et, au bout d'un temps convenable, la dalle de pierre est entièrement perforée. Si l'on poursuit encore l'expérience, et surtout si la dalle est placée sur une couche de sable de perméabilité convenable, on reconnaît que le diamètre de la perforation tend à s'élargir à sa partie inférieure, de sorte que la cavité tubulaire tend à prendre la forme d'un tronc de cône dont la grande base serait placée en bas (fig. 5).

On peut légèrement modifier le dispositif de la figure 3, en recourbant le tube qui descend du flacon réservoir, de façon que le jet d'eau acidulée qu'il débite soit projeté verticalement de bas en haut. On le fait ainsi arriver à la surface inférieure du parallélipipède de calcaire, et on voit une perforation se produire au contact du dissolvant. En sciant ensuite l'échantillon suivant l'axe de la perforation, on constate que l'effet produit est pour ainsi dire symétrique de celui qui résultait des effets du jet descendant. C'est encore une cavité conique qui se présente, mais cette fois la base du cône est à sa partie inférieure, et la disposition n'est plus celle d'un entonnoir, mais celle d'un éteignoir. Or, cette remarque a un très grand intérêt, parce qu'on rencontre souvent dans la nature des associations d'entonnoirs et d'éteignoirs et que l'expérimentation permet de reconnaître le mode de perforation de chacune de ces catégories de cavités. Pour ne citer qu'un exemple, les célèbres mines de zinc de Laurium, en Grèce, présentent des entonnoirs au mur des couches de

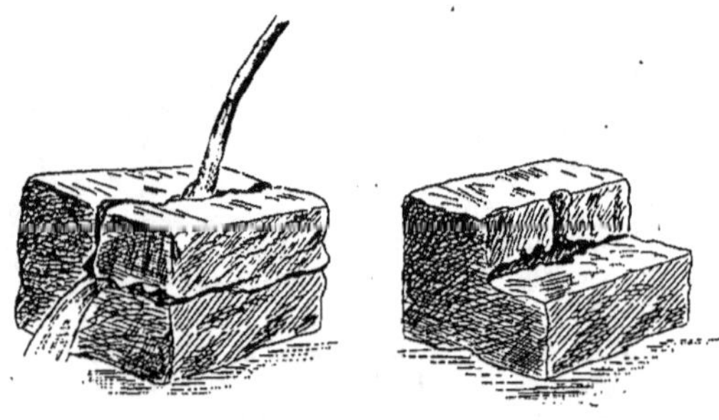

FIG. 6. — IMITATION DES AVENS DES CAUSSES.

schistes et des éteignoirs à leur toit, ce qui est conforme à ce qui vient d'être dit.

Les expériences précédentes ont reçu un complément des plus importants par des essais réalisés sur des roches préalablement fissurées. On prend un parallélipipède de calcaire, et, avec une masse, on en sépare un quart sous la forme d'un prisme. On remet le bloc en place, mais en laissant la fissure bâiller assez largement, puis on y laisse filtrer un filet d'eau acidulée. Le liquide corrosif s'insinue dans la roche, creuse un puits naturel qui correspond aux *Avens* des Causses, puis sculpte, dans le sens transversal, des canaux où l'on reconnaît les accidents de forme des cavernes naturelles. On remarque surtout l'association des perforations verticales avec les perforations transversales, puis, dans ces dernières, des inégalités locales qui produisent en petit les successions si ordinaires de *salles* plus ou moins élevées et de *couloirs* qui les font mutuellement communiquer.

Communiqué par M. H. COUPIN,
Chef des travaux pratiques à la Sorbonne.

❧

| *Vérification de la loi de réfraction* $\dfrac{\operatorname{Sin} i}{\operatorname{Sin} r} = n.$ | La méthode de Silbermann nécessite, pour *une seule* vérification, *quatre* mesures de longueur (Sin i, Sin r, Sin i', Sin r') et exige *deux* divisions; elle suppose de plus que la règle horizontale mobile soit exactement divisée. |

Le dispositif suivant permet d'effectuer autant de vérifications que l'on veut, sans faire *aucune* mesure et sans effectuer *aucun* calcul, il ne nécessite d'autre part aucune graduation d'appareil.

Un axe vertical AB supporte en son milieu O une petite cuve demicylindrique remplie de liquide; deux alidades sont mobiles autour du point O, chacune de ces alidades, I et R, porte une tige verticale IC, RD pouvant glisser chacune

FIG. 7.

le long d'axes horizontaux Ax, By, à la rencontre desquels elle appuie sur une tige rigide CD.

Donnons à la 1re alidade I une position arbitraire et plaçons l'alidade R de façon à ce qu'un rayon issu de O soit reçu par cette alidade R après réfraction à travers la cuve. La position de la tige CD est ainsi déterminée; fixons-la par une vis de pression au point F où elle rencontre l'axe AB.

Déplaçons alors l'alidade I, la tige IC entraînera CFD, qui, agissant sur DR déplacera R. On constatera que le nouveau rayon incident passera toujours, après réfraction, par l'alidade R. Ce qui vérifie la loi.

En effet AC et BD mesurent respectivement le sinus de l'angle d'incidence et le sinus de l'angle de réfraction : les 2 triangles CAF et BFD, sont semblables; si donc, comme l'indique la loi, $\dfrac{AC}{BD}$ est constant, il en sera de même de $\dfrac{AF}{BF}$, c'est-à-dire que le point F sera invariable.

C'est ce que montre l'expérience, qui vérifie ainsi la loi.

I. Lorsque IO sera horizontal l'angle BOR sera l'angle limite.

II. On peut supprimer la tige CFD et la remplacer par trois petits écrous percés chacun d'un petit trou, placés en C, F, D.

Communiqué par M. ALB. LION.

A. GUILLET.

⚕⚕⚕⚕⚕ *Revue critique des travaux scientifiques.* ⚕⚕⚕⚕⚕

BOTANIQUE

La Biométrie. — Au fur et à mesure que les recherches ayant pour point de départ les problèmes de variation spécifique sont devenues plus nombreuses, on s'est aperçu de la difficulté qu'il y avait de juger de certaines minimes transformations par les procédés de simple observation ; l'appréciation personnelle arrive à jouer un rôle considérable dans leur évaluation et à rendre absolument incertains les résultats, à leur donner une valeur trop subjective. Aussi les biologistes ont-ils été conduits à substituer un procédé exact de mesure à des appréciations où le sentiment, l'idée préçonçue peuvent intervenir à l'insu même de l'observateur; l'ensemble des méthodes qui permettent d'analyser ainsi avec précision les variations d'un certain caractère dans un

appelé *polygone de fréquence* P (fig. 1). L'ordonnée la plus grande correspondra à un nombre N de fleurons par capitule; si on vient à augmenter le nombre des individus sur lesquels portent les observations le polygone de fréquence se déforme un peu, mais en tendant vers une courbe limite qu'on peut considérer comme représentant exactement la nature de la variation du caractère que l'on étudie.

La courbe la plus simple qu'on puisse obtenir est une courbe telle que A, symétrique par rapport à l'ordonnée maximum NS; la variation est ici très régulière, les oscillations du caractère étudié s'effectuent avec la même amplitude autour de la fréquence maxima.

Considérons maintenant, au même point de vue que précédemment, des individus de la même espèce, mais pris dans d'autres conditions, provenant par exemple d'une autre localité; nous pouvons retrouver la même courbe que précédemment, le caractère est dans ce cas resté le même, ou bien

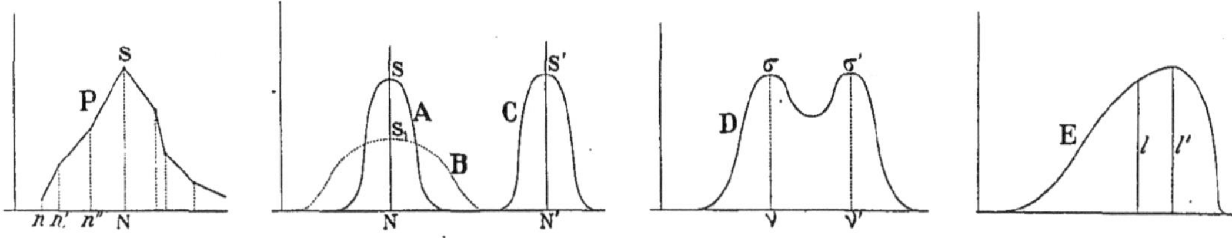

FIG. 1. — POLYGONE (P) ET COURBES (A, B, C, D, E,) DE FRÉQUENCE.

ensemble plus ou moins considérable d'individus constitue la *Biométrie*.

Nous n'avons pas l'intention de considérer celle-ci sous toutes ses faces, mais un exemple simple nous permettra de préciser l'avantage des nouvelles méthodes. Considérons tous les individus d'une espèce de Composée croissant dans une localité donnée; attachons-nous à l'étude d'un caractère facilement mesurable, par exemple le nombre des fleurons constituant les divers capitules. L'observation la plus simple consistera à compter ces fleurons pour un certain nombre de capitules de pieds différents et de prendre la moyenne des résultats, qui deviendra une caractéristique de l'espèce considérée; une étude minutieuse nous montre que nous nous faisons ainsi une idée imparfaite, et dans certains cas inexacte, du caractère envisagé.

Procédons d'une autre manière; prenons un nombre aussi grand que possible des plantes en question; nous constatons d'abord que pour un même individu le nombre des fleurons dans les divers capitules est peu variable; nous en prendrons la moyenne; cela fait nous déterminerons cette moyenne par un grand nombre d'individus; nous obtiendrons des nombres n, n', n''...; portons-les en abscisses et élevons des ordonnées correspondant à chacun d'eux et proportionnelles aux nombres d'individus pour lesquels on a trouvé les nombres considérés de fleurons; on obtiendra en joignant les divers points ainsi déterminés un polygone

une courbe qui peut différer de la première de diverses façons.

Elle peut être telle que B, c'est-à-dire encore symétrique par rapport à l'ordonnée de fréquence maxima, qui correspond à la même abscisse, mais est plus petite (NS_1); on voit aisément à quoi correspond cette nouvelle courbe; la variation du nombre des fleurons s'effectue dans des limites plus étendues autour du nombre moyen qui est resté le même.

La courbe peut devenir celle que nous représentons par C; elle est identique de forme à la courbe A, mais se trouve déplacée parallèlement par rapport à celle-ci; la variation a la même étendue, mais elle s'effectue autour d'un nombre de plus grande fréquence N' qui est différent de N; il est clair que de plus l'ordonnée N'S' peut être égale à NS ou en différer; le type de la seconde station considérée n'est plus le même que celui de la première.

Enfin pour ne pas sortir du cas des courbes les plus simples, celles qui sont symétriques par rapport à une ordonnée, on pourra dans une troisième station obtenir une courbe semblable à D; elle présente deux maximums σ, σ' correspondant à deux nombres de plus grande fréquence ν et ν'; elle résulte en quelque sorte de la combinaison des deux courbes A et C et nous montre que cette fois nous avons affaire soit à deux types d'origine différente intimement mélangés, soit à une espèce en voie de dissociation; ce sont des considérations d'un autre ordre qui permettront de choisir entre ces deux hypothèses.

Faisons seulement remarquer que lorsque la courbe cesse d'être symétrique (E), c'est-à-dire lorsque l'ordonnée de plus grande fréquence est rejetée d'un côté, le type moyen est déterminé par l'ordonnée qui donne la surface de la courbe en deux parties égales; on a alors deux caractéristiques d'une race pour un même caractère morphologique, l'ordonnée du type moyen l et l'ordonnée de plus grande fréquence l'.

On conçoit l'intérêt qui s'attache à ces représentations graphiques; elles précisent la nature des caractères considérés et permettent de juger à coup sûr de l'étendue de leur variation. Les travaux de Biométrie sont déjà fort nombreux et je ne citerai ici que l'un des derniers en date, celui que M. Gain (*Étude biologique sur la Pulmonaire officinale. Biometrika III. 1904*) vient de consacrer à la fleur de la Pulmonaire; l'auteur a comparé les polygones de fréquence relatifs à la hauteur du calice, à la distance du stigmate au bord du calice, à la hauteur de l'étamine, à la distance du stigmate à l'anthère pour des individus récoltés dans quatre localités différentes des environs de Nancy; il a été ainsi amené à reconnaître l'existence de races géographiques distinctes : l'une est caractérisée par un grand calice et un style court et une autre par un calice court et un style long; nous n'entrerons pas avec M. Gain dans le détail des discussions des nombreux graphiques correspondant à cette étude et n'insisterons pas sur la manière prudente dont il convient de les interpréter quand il s'agit d'en tirer des conclusions biologiques; nous renvoyons purement le lecteur au mémoire que nous signalons.

Nous avons voulu simplement ici attirer l'attention sur un mode précis de représentation des caractères morphologiques, qui permet de se faire une idée exacte des variations présentées par une espèce végétale déterminée suivant les localités, les saisons et les diverses conditions auxquelles elle se trouve soumise.

✤

Modifications dans la flore des prairies sous l'influence des engrais. On conçoit l'intérêt qu'il peut y avoir pour l'agriculteur à modifier à son gré la flore des prairies naturelles et à améliorer ainsi le fourrage qu'elles fournissent. M. Guffroy vient de montrer (*Soc. Botanique de France*, juin 1905) quelle est, à ce point de vue, l'action des engrais; cet auteur a expérimenté en particulier sur les scories qui proviennent de la déphosphoration des fontes et qui contiennent en moyenne 15 p. 100 d'acide phosphorique.

Des doses variables de cet engrais ont été répandues sur des lots de prairies naturelles et la composition végétale de ces diverses parcelles a été comparée à celle d'un lot témoin qui ne recevait aucun engrais; les résultats sont très frappants; j'en rapporte ici quelques-uns. Dans une prairie à laquelle on ajoutait 2000 kgr. de scories à l'hectare, le nombre des Graminées a passé de 30,7 p. 100 à 33 p. 100, celui des Légumineuses (constituées surtout par le Trèfle filiforme), de 17,7 à 39,8 p. 100.

Dans un autre essai (1 000 kgr. de scories à l'hectare) il y a eu une augmentation de 32,8 p. 100 pour les Graminées, de 2,2 pour les Légumineuses; la Sauge, qui était très abondante, a presque complètement disparu après l'addition des scories; la Ravenelle a de même diminué dans de fortes proportions; par contre, de nouvelles plantes sont apparues : Valérianelle, Véronique, Salsifis, Barkhausie...; disparition de la Sauge, augmentation des Légumineuses constituent des faits importants au point de vue agricole, car ils correspondent à une notable amélioration du fourrage.

Mais les conclusions pratiques qui découlent de cette étude ne sont peut-être pas les plus importantes; les faits signalés ont une portée plus générale; ils montrent avec quelle facilité et quelle rapidité la flore d'une station peut varier quand vient à se modifier la composition chimique du terrain; l'addition du milieu complexe constitué par les scories rompt l'équilibre qui aboutissait à la flore primitive; les conditions de la lutte pour l'existence se trouvent modifiées : telle espèce qui dans le terrain de composition initiale se trouvait bien armée pour triompher des autres est obligée de disparaître devant d'autres espèces qui bénéficient plus qu'elle de l'addition des scories.

M. MOLLIARD.

PHYSIQUE

Recherches sur la gravitation universelle. M. V. *Cremieu* a installé, en un lieu présentant une stabilité parfaite au point de vue des trépidations et des variations de température, une balance de Cavendish permettant d'étudier l'attraction qui s'exerce entre des masses matérielles séparées soit par de l'air, *soit par un liquide*. Cette balance est constituée par un fil métallique d'environ un mètre de longueur fixé par son extrémité supérieure à un micromètre de torsion et par son extrémité inférieure à un fléau évidé en aluminium. Les sphères attirées sont en bronze, de même volume extérieur, superficiellement platinées et leur masse est très voisine de 1 000 gr.; elles sont suspendues aux extrémités du fléau à une distance du fil de torsion d'environ 20 cm. Toute la balance est supportée par une sorte de trépied reposant sur la face supérieure d'une table circulaire à double fond, fixée sur trois colonnes de fonte solidement engagées dans une épaisse couche de béton. Sur cette table, et de part et d'autre du fléau, sont adaptés des récipients pouvant recevoir des masses de mercure (environ 20 kg.) qui doivent, comme dans les expériences de MM. Cornu et Baille, attirer les boules.

Une cage cylindrique à double paroi entoure complètement la balance et est disposée pour recevoir, entre les deux parois, de l'eau qui forme, avec celle qui remplit l'intervalle limité par les deux fonds de la table, un écran ininterrompu. Grâce à cet écran, M. Crémieu prévient toute cause de mouvement du fluide intérieur, provenant d'une différence de température entre deux de ses points. L'auteur a reconnu également qu'il était indispensable de provoquer un renouvellement permanent de la surface du liquide qui baigne les fils de suspension des boules attirées si l'on veut éviter toute action perturbatrice sur les lectures relatives à l'attraction en milieu liquide. La balance est commandée de l'extérieur au moyen d'un petit électro-dynamomètre dont la bobine mobile est interposée entre le fil et le fléau ; les lectures sont faites par la méthode du miroir, l'échelle étant placée à 413 cm. du miroir, et la lunette d'observation donne nettement le dixième de millimètre. M. Crémieu publiera prochainement les résultats qu'il a obtenus au moyen de cet appareil d'une installation délicate et dont il a longuement et minutieusement étudié le fonctionnement.

Propriétés mécaniques d'un cristal de fer.	Le fer cristallise en cubes et possède un clivage facile parallèlement aux faces du cube. Faute

de cristaux d'une grosseur suffisante, il n'avait pas été possible encore d'étudier les propriétés mécaniques du fer sur des barrettes taillées suivant des directions connues dans un cristal de fer. Cette lacune vient d'être comblée par MM. *Osmond* et *Frémont* qui ont eu la bonne fortune de trouver dans un rail oxydé, ayant servi d'armature pendant quinze ans à un four des établissements métallurgiques de Denain et Anzin, des cristaux de fer presque pur atteignant un volume de plusieurs centimètres cubes. Des barrettes taillées dans ces cristaux parallèlement aux axes quaternaire et ternaire, ou dans une direction faisant 30° avec l'une des faces de clivage, ont été soumises aux essais classiques : traction, compression, flexion. La dureté a été mesurée sur les faces du cristal par la méthode de Brinell au moyen d'une bille d'acier trempé de 5 mm. de diamètre soumise à une pression de 140 kg. Les résultats de ces essais montrent « que les propriétés mécaniques du fer en cristaux sont fonction de l'orientation cristallographique par rapport à la direction de l'effort. La fragilité, très grande suivant les plans de clivage, est associée, contrairement à une opinion très accréditée encore, à une plasticité considérable suivant les autres directions ».

Le contre-alizé.	MM. *Lawrence Rotch* et *Léon Teisserenc de Bort*, désirant tran-

cher la question de l'existence ou de la non-existence du contre-alizé, ont chargé MM. *Clayton* et *Maurice* de lancer des cerfs-volants accompagnés de ballons pilotes en diverses points de l'Atlantique — Punta-Delgada, Madère, Ténériffe, île Palma, cap Vert — et d'en suivre la marche. Les expérimentateurs étaient installés à bord d'un petit vapeur de pêche muni d'un treuil électrique destiné au lancer des cerfs-volants. Les indicateurs ont atteint des altitudes qui varient de 800 à 3 400 mètres. Des observations faites il résulte que, dans la portion de l'Atlantique étudiée : 1° les vents qui vont vers l'équateur sont de N.-E. à E. dans les régions basses et généralement de N.-W à N.-E. au-dessus d'un millier de mètres.

2° Au nord de Madère et vers les Açores, les vents supérieurs, comme on le savait déjà par les observations des nuages, sont surtout d'W. et de N.-W., cette région étant ordinairement au nord du maximum barométrique océanien, et en dehors des alizés.

3° Les courants de retour de l'équateur ou contre-alizés se traduisent par des vents à composante S. généralement S.-W. à la latitude des Canaries, S.-E. vers le cap Vert, accusant ainsi l'effet de la rotation de la terre.

Voici donc un point acquis, pour la physique du globe : le contre-alizé, tel qu'il avait été admis par les météorologistes, existe réellement.

Le travail des moteurs animés.	M. *Ringelmann* a observé de 1881 à 1897 que le travail mécanique fourni pratiquement par

un moteur animé est dans un rapport constant avec *l'effort maximum* F qu'il est capable de produire sans déplacement appréciable, et avec la *vitesse maximum* V qu'il peut prendre sans avoir besoin de fournir l'effort de traction. En d'autres termes le travail T que l'on peut tirer d'un moteur animé est proportionnel au produit FV. Pour les bœufs : $T = 0,075$ FV.

Récemment M. Ringelmann a expérimenté sur 29 paires de bœufs de race limousine attelés de façon à éviter toute blessure et excités par leurs conducteurs autorisés seulement à faire le simulacre de se servir du fouet ou de l'aiguillon. Chaque paire de bœufs était attelée, par l'intermédiaire d'un dynamomètre, à un camion dont on augmentait la résistance à l'aide d'un frein, jusqu'à ce que les animaux ne puissent plus avancer; on obtenait l'effort maximum F qu'ils pouvaient développer. Les paires de bœufs étaient ensuite chronométrées pendant leur déplacement au pas allongé sur un parcours de 50 mètres; la comparaison a été faite en demandant à chaque attelage de déplacer le plus rapidement possible le même camion chargé sur le même chemin et en chronométrant le même parcours.

Pour un temps utile de 45 minutes par heure : F = 150 à 215 kilogrammes pour des bœufs n'ayant pas toutes leurs dents de remplacement et de 235 à 321 kilogrammes pour ceux qui ont toutes leurs dents de remplacement. On a de même pour la vitesse moyenne, en mètre par seconde, 0 m. 36 à 0 m. 62 pour les bœufs de la première catégorie et 0 m. 35 à 0 m. 60 pour ceux de la seconde.

La plus forte paire de bœufs (quatre ans et demi), pesant 1 380 kilogrammes, était capable de fournir, en travail normal, un effort moyen de 317 kilogrammes à une vitesse moyenne de 0 m. 60 par seconde, soit une puissance mécanique utilisable de plus de 190 kilogrammètres par seconde, ce qui correspond à une puissance d'environ 2 chevaux-vapeur et demi. Les bœufs limousins sont donc d'excellents animaux de travail.

Ces intéressants essais de mécanique animale, les premiers de ce genre faits en France et à l'étranger, ont été effectués avec le matériel et les aides de la station d'essais des machines.

A. GUILLET.

PHOTOGRAPHIE

<table><tr><td>*Décharge élec-
trique sur une
surface sensi-
ble (suite)* [1].</td><td>Cette action de la décharge électrique sur les surfaces sensibles permet de représenter d'une manière satisfaisante les champs électriques, comme l'a</td></tr></table>

montré le Dr Stéphane Leduc au Congrès de l'Association française pour l'avancement des Sciences tenu à Grenoble : de nombreuses tentatives ont déjà été faites pour obtenir des représentations concrètes des champs électriques, c'est-à-dire pour obtenir des spectres électriques analogues aux spectres magnétiques; mais les résultats obtenus ont toujours été imparfaits.

Le Dr Leduc a pu obtenir les images des spectres électriques par la photographie des décharges silencieuses : la pointe et la lame métallique sont disposées par rapport à la plaque photographique comme pour l'obtention de figures ornementales et mises directement en communication avec les pôles de la machine. Pour photographier les décharges explosives, la pointe et la plaque métallique sont unies aux armatures externes des bouteilles de Leyde comme pour l'obtention des figures décoratives. Une pointe métallique reposant sur le milieu de la face sensible donne un spectre électrique manopolaire, positif ou négatif.

Deux pointes, en rapport avec le même conducteur, donnent un spectre bi-polaire entre deux pôles de même nom, positifs ou négatifs. Deux pointes en rapport avec chacun des deux conducteurs de signes contraires donnent le spectre entre des pôles de noms contraires, spectre assez difficile à réunir.

En employant des pointes multiples on obtient les photographies de champs électriques multipolaires.

Il est inutile d'insister sur l'intérêt que présente au point de vue de l'enseignement l'obtention de telles photographies qu'on peut projeter.

Nous donnons quelques-uns des résultats obtenus par le Dr Leduc :

La photographie de la décharge glissante (fig. 2) faite en appliquant une plaque photographique contre la tige, montre que la décharge positive a une certaine épaisseur : l'image est formée de branches se détachant de la tige sur une certaine longueur et se

1. Voir *La Science au XXe siècle*, n° 34, du 15 septembre 1905.

courbant pour rejoindre la surface sur laquelle s'effectue la décharge. La décharge négative voile la plaque, mais ne donne aucune image en hauteur.

Lorsqu'on photographie des étincelles électriques, les fins détails sont généralement effacés par le voile que produit la lumière des gros traits.

Pour empêcher ce voile, le Dr Leduc prend des plaques antihalos; en outre, il noie la plaque et effectue la décharge dans de l'oxyde rouge de mercure comprimé. La figure 1 montre l'image ainsi obtenue entre deux pointes perpendiculaires à la surface de la plaque; c'est une figure nouvelle de la décharge électrique qu'elle montre formée de trois parties : autour de chaque pointe une auréole caractéristique du signe positif ou négatif de la pointe, puis des traits allant d'une pointe à l'autre. Les particules qui tracent les auréoles se comportant différemment de celles qui tracent les traits, sont nécessairement dans des états électriques différents.

Les auréoles semblent formées par les molécules d'air attirées par chaque pointe : ces auréoles sont rayonnées; elles arrivent au contact l'une de l'autre sans s'influencer sensiblement; tandis que les traits ne dépendent que de la différence entre le potentiel de la pointe et celui de l'air environnant; si on effectue la décharge sous la même tension, une pointe étant mise à la terre, l'auréole est augmentée dans les mêmes proportions. Les traits, allant d'une pointe à l'autre, sont évidemment tracés par les particules électrisées, par les ions, et ces particules semblent former un double courant se comportant d'une façon bien différente de celle par laquelle nous nous représentons la marche des ions dans l'électrolyse. L'étincelle obtenue entre deux pointes placées vis-à-vis l'une de l'autre est accompagnée d'une auréole, dont les caractères diffèrent dans chaque moitié de l'étincelle; les lignes de l'auréole sont, de part et d'autre du trait, inclinées de façon à représenter une pointe de flèche dirigée vers la tige d'où émane la décharge. Comment peut-on interpréter les caractères que présente la photographie de cette

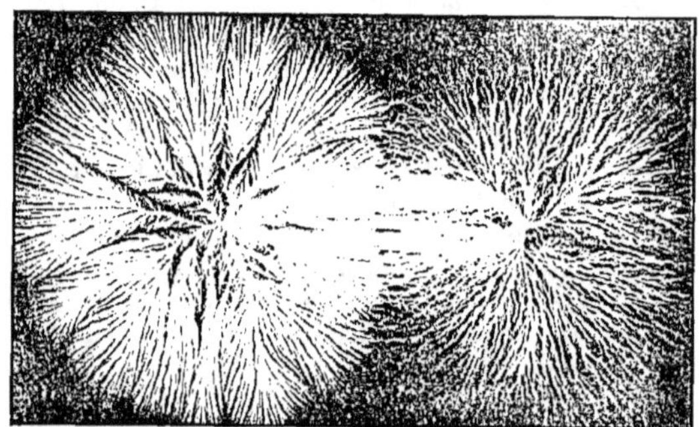

<table><tr><td>Auréole négative.</td><td>Auréole positive.</td></tr></table>

FIG. 1. — PHOTOGRAPHIE D'UNE DÉCHARGE ÉLECTRIQUE COMPLÈTE, SANS VOILE ET SANS HALO. Étincelle entre deux pointes perpendiculaires à la surface de la plaque, montrant l'auréole autour de chaque pointe et les traits entre les deux pointes.

étincelle en trait avec son auréole? Si l'on admet, dit le Dr Stéphane Leduc, que le trait est tracé par les particules ayant pris, au contact de chaque pointe, des charges de même signe que cette pointe, étant par suite repoussées par cette pointe et attirées par l'autre, ces particules, ayant des charges électriques, sur leur trajet attirent à elles les molécules neutres qui, se dirigeant vers la pointe, tracent l'auréole du trait; si l'on remarque qu'au milieu de l'étincelle, il y a une zone neutre, sans auréole, que, d'autre part, dans chaque moitié l'aspect et la direction des traits de l'auréole sont absolument

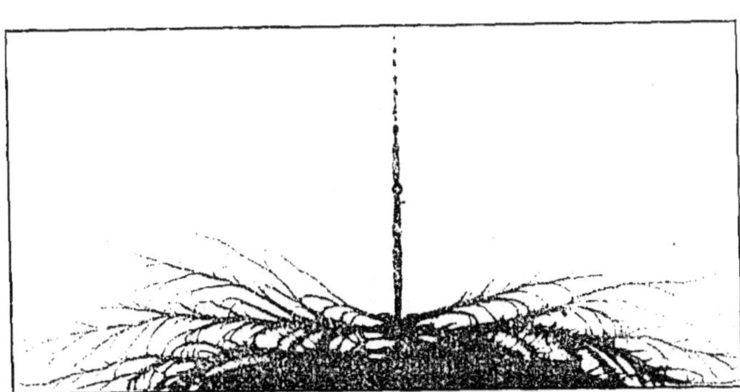

FIG. 2. — DÉCHARGE GLISSANTE.

différents, caractéristiques, du signe de la charge, il faut admettre qu'au milieu de l'étincelle, les particules des deux moitiés du trait, lancées les unes contre les autres, avec des charges contraires, se neutralisent.

En constituant l'une des électrodes par une pointe, l'autre par une plaque, on peut obtenir la décharge faite exclusivement dans un sens, de la pointe vers la plaque.

Il est assez difficile de se rendre compte du rôle joué par la feuille métallique placée contre le verre de la plaque sensible.

Le Dr Leduc fait observer que l'action du champ électrostatique de deux pôles de noms contraires sur les corps légers et les molécules d'air, est bien différente de l'action du champ magnétique de deux pôles de noms contraires sur la limaille de fer : cette dernière n'est qu'une action d'orientation tandis que le champ électrostatique provoque des mouvements d'attraction et de répulsion.

Le champ électrostatique présente une bien plus grande analogie avec les champs de diffusion dans les liquides, décrits par le Dr Leduc au Congrès de Montauban de l'Association française pour l'avancement des Sciences, qu'avec les champs magnétiques.

Dans les champs de diffusion liquide, on observe exactement les mêmes mouvements que dans les champs électriques et il n'est pas une particularité dynamique, cinétique ou graphique des champs électriques, que l'on ne puisse reproduire par la diffusion des liquides.

L'existence d'une pareille similitude semble impossible sans une analogie de nature.

G.-H. NIEWENGLOWSKI.

ANATOMIE VÉGÉTALE
(PROCÉDÉS D'ÉTUDES)

La coloration des coupes végétales. On sait que, pour étudier l'anatomie des plantes, on y pratique des coupes minces, susceptibles par conséquent d'être examinées au microscope, et que l'on colore de différentes façons pour en distinguer les éléments. Ceux de nos lecteurs qui ne peuvent suivre les travaux pratiques dans les Facultés nous demandent souvent des renseignements à ce sujet; nous allons les leur donner aussi succinctement que possible, en leur faisant remarquer qu'il n'y a rien de tel que la pratique pour s'habituer à cette technique, d'ailleurs peu compliquée.

Matériaux à employer. On peut employer des matériaux frais, tiges, racines, feuilles, etc., mais, dans bien des cas, on a avantage à utiliser des fragments de plantes conservées dans l'alcool — à 70° environ — alcool qui les durcit et leur donne une consistance cornée facilitant beaucoup les coupes. Les matériaux ainsi conservés, quelle que soit leur ancienneté, sont d'ailleurs toujours aussi bons, ce qui est très avantageux pour les employer à un moment quelconque.

Pratique des coupes. On pratique des coupes aussi *minces que possible* à l'aide d'un rasoir *bon*, *à faces* autant que possible *planes*, et *très fréquemment repassé*, d'abord sur une pierre *ad hoc* (en le faisant glisser le côté tranchant *en avant*), puis sur un cuir spécial (en le faisant glisser le côté tranchant *en arrière*).

Quelquefois ces coupes peuvent se faire en tenant simplement le fragment dans la main gauche, entre le pouce et les autres doigts. Mais, bien plus souvent, on lui donne de la solidité en l'incluant dans de la moelle de sureau, que l'on se procure chez tous les marchands d'accessoires de micrographie [1].

Supposons que nous voulions pratiquer des coupes *transversales* dans un fragment de tige de 1 centimètre de long. Nous couperons d'abord le cylindre de moelle de sureau (fig. 1) en deux parties longitudinales par une fente passant par son axe. Puis nous sculpterons chaque morceau sur les faces ainsi coupées de deux cavités telles que, lorsqu'on les réappliquera l'une sur l'autre, l'espace ainsi formé soit égal au volume de la tige ou, mieux encore, *un peu plus petit*. On place alors la tige dans cette cavité et on presse un peu la moelle de sureau de manière à ce que celle-ci et la tige ne forment bien qu'une seule masse. C'est alors que, tenant le bout

1. Cette moelle est sèche et peut être employée telle quelle. Mais les coupes sont bien plus faciles avec une moelle imbibée d'alcool par un séjour d'environ une année dans ce liquide.

de la main gauche, on pratique, à la partie supérieure des coupes aussi fines que possible, et qui, pour la plupart, intéressent à la fois la moelle de sureau et la tige [1].

Au fur et à mesure qu'une coupe bonne, en apparence du moins, est obtenue, on l'enlève du rasoir

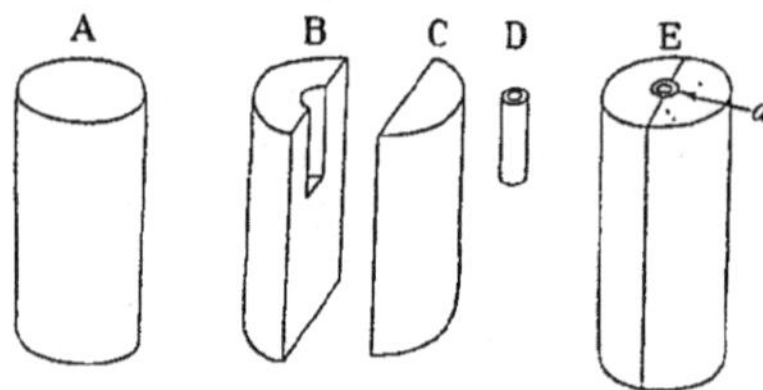

F I G . 1. — Manière d'inclure un fragment de tête (D et *a*) dans de la moelle de sureau (A), coupée en deux morceaux (B et C) que l'on rapproche ensuite (E).

sur lequel elle repose [2] et on la transporte à l'aide d'une aiguille à cataracte c'est-à-dire un peu élargie du bout, ou à l'aide d'un petit pinceau dans un verre de montre [3] rempli d'eau ordinaire ; quant aux fragments de moelle de sureau, on ne s'en occupe pas.

On répète plusieurs fois l'opération de manière à avoir quelques coupes — une dizaine par exemple, flottant dans l'eau. C'est dans cette masse que l'on fait un choix, c'est-à-dire que l'on recherche celles qui sont les plus fines, ce qui se reconnaît généralement à leur plus grande transparence, et les plus entières, c'est-à-dire les moins « écorchées ». On les traite alors comme il va être dit dans le paragraphe suivant.

Si, au lieu de désirer des coupes transversales de la tige, on désire des coupes longitudinales, on coupe un petit fragment de un centimètre de long et, comme la figure l'indique (fig. 2), on le dispose dans une cavité *ad hoc* creusée perpendiculairement au grand axe de la moelle de sureau. On pratique des coupes comme précédemment, mais naturellement dans la longueur de la tige.

S'il s'agit d'une feuille, on y découpe un morceau quadrangulaire, ayant, au milieu, un centimètre de la nervure médiane, et, à droite et à gauche, un ou deux millimètres de parenchyme. On inclut ce fragment dans la moelle de sureau (qu'il est alors généralement inutile de sculpter) et on y pratique des coupes perpendiculairement à la nervure médiane (fig. 3).

F I G . 2. — Inclusion d'une tige (*a*) dans laquelle on veut pratiquer des coupes longitudinales.

.1. Dans le commerce, on trouve des instruments appelés *microtomes*, qui facilitent ces coupes, mais on peut parfaitement s'en passer. A la Faculté des Sciences de Paris, le microtome est autorisé le jour des examens de travaux pratiques, mais, dans certaines autres Facultés, son emploi est interdit.

Dans tous les cas, les coupes se font bien mieux avec un rasoir mouillé d'alcool (ou même d'eau) qu'avec un rasoir nu.

2. Il ne faut pas laisser longtemps les coupes sur le rasoir, surtout lorsqu'elles proviennent de matériaux conservés à l'alcool, parce que celui-ci s'évapore rapidement et les coupes se dessèchent, ce qui les détériore.

3. Ou un godet.

 — Nous voici maintenant en possession de bonnes coupes flottant dans un verre de montre rempli d'eau. Nous servant toujours de l'aiguille à cataracte [1], nous allons maintenant les porter successivement dans sept verres de montre ou dans autant de godets contenant les réactifs ci-dessous et en y laissant — approximativement — les temps indiqués ci-après :

		Temps d'immersion.
1° Hypochlorite de soude. . . .	5	minutes.
2° Eau acétique	2	—
3° Vert d'iode	3	—
4° Eau ordinaire.	1	—
5° Carmin.	4	—
6° Eau ordinaire.	1	—
7° Alcool à 70° (environ). . . .	1	—

On peut encore — ce qui se fait dans quelques laboratoires — réunir le vert d'iode et le carmin, dans les proportions de une partie de la solution de vert d'iode et de 5 parties de la solution de carmin. Il suffit alors de 5 verres de montre et la série d'opérations à faire est la suivante :

		Temps d'immersion.
1° Hypochlorite de soude. . . .	5	minutes.
2° Eau acétique	2	—
3° Vert d'iode-carmin	5	—
4° Eau ordinaire.	2	—
5° Alcool à 70° (environ). . . .	1	—

Donnons maintenant quelques détails sur les réactifs ci-dessus.

Hypochlorite de soude. — On l'achète tout préparé. Il a pour objet de dissoudre le protoplasme des cellules et de réduire par conséquent celles-ci à leurs membranes, ce qui facilite grandement la compréhension de la disposition des tissus. C'est ce que l'on appelle « nettoyer » les coupes.

Eau acétique. — On l'obtient en mélangeant 100 parties d'eau et 2 parties d'acide acétique (environ). Elle a pour but d'enlever l'hypochlorite qui imbibe les coupes et de la neutraliser. Il est indispensable de *bien laver* les coupes avec elle, par exemple, en les agitant ou en les passant dans deux eaux successives. Si, en effet, il reste de l'hypochlorite dans les coupes, celles-ci se colorent très mal ou même pas du tout dans les réactifs ultérieurs.

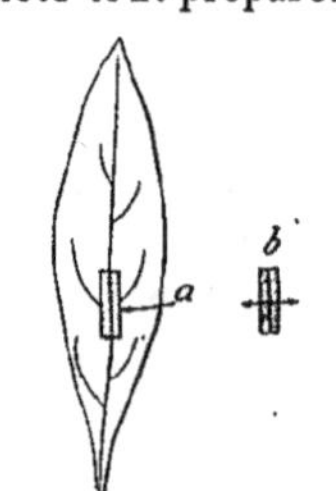

F I G . 3. — Portion (*a*) d'une feuille qu'il faut isoler (*b*) pour y pratiquer ensuite des coupes transversales.

Vert d'iode. — On le trouve chez les marchands de produits chimiques. On en met environ 5 grammes dans un quart de litre d'eau, et on fait bouillir le tout. Après refroidissement complet, on filtre et on conserve dans des flacons bien bouchés.

1. Il ne faut pas employer de pinces, même fines, qui écrasent souvent les coupes.

Il arrive quelquefois qu'au bout de quelques semaines ce liquide s'altère en devenant un peu transparent : il faut alors le jeter et le remplacer par du nouveau.

Cette solution de vert d'iode colore en vert tout ce qui est ligneux, notamment les *vaisseaux* et le *sclérenchyme*. Quant au liège, il y prend une teinte vert sale ou reste jaunâtre.

Carmin. — Pour préparer la solution de carmin on fait bouillir un demi-litre d'eau avec 100 gr. d'alun. Après refroidissement on filtre et on ajoute 50 gr.

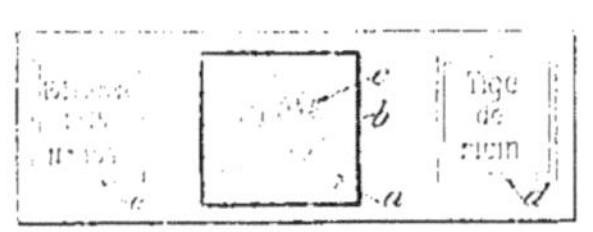

FIG. 1. — Manière de monter une coupe d'une façon durable. — *a*, lamelle; *b*, croûte de baume du Canada qui s'est solidifié autour de la lamelle; *c*, coupe: *c. d*, étiquettes.

de carmin et on fait bouillir. Après un nouveau refroidissement on filtre et on ajoute trois ou quatre gouttes d'acide phénique qui en assurent plus ou moins la conservation. On conserve dans des flacons; il est bon de le filtrer de temps à autre car souvent, même en présence de l'acide phénique, il s'y développe des moisissures qui y forment de longs filaments flottants.

La solution de carmin colore en rouge tout ce qui est cellulosique.

Alcool à 70°. — Il sert à compléter le lavage des coupes et à accentuer le contraste qu'il y a entre les éléments colorés en vert et les éléments colorés en rouge.

Nous reproduisons (fig. 6), par la photogravure, une coupe de tige d'aristoloche, traitée comme il vient d'être dit. On n'y voit que le bord de cette coupe, mais on peut néanmoins y distinguer une zone périphérique (en bas du dessin), qui est l'écorce. Le reste est le cylindre central. Toute l'écorce est rose, sauf une fine membrane à la surface, la cuticule, qui est jaune verdâtre. Quant au cylindre central, toute sa région périphérique, qui apparaît en noir dans la photogravure, est d'un beau vert, car elle est constituée par du sclérenchyme. Plus en dedans, on voit trois faisceaux libéroligneux d'inégale grosseur. Dans ces faisceaux, la partie formée de petites cellules, le liber, est rose, tandis que la partie la plus interne est en partie verte, car elle est surtout constituée par des vaisseaux. Au contraire, les espaces qui séparent ces faisceaux, les rayons médullaires, sont roses, de même que la moelle : toutes leurs cellules ont en effet une paroi cellulosique.

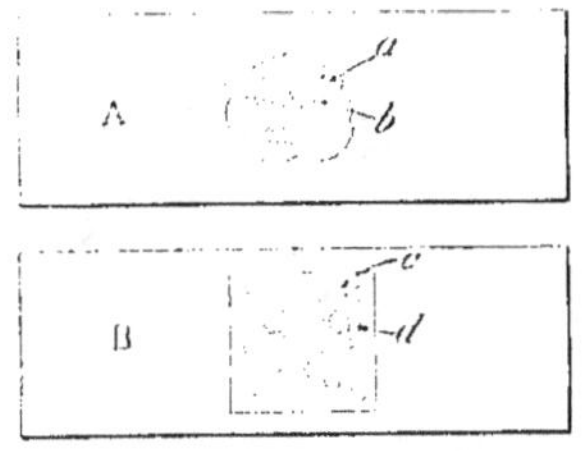

FIG. 5. — Manière de monter une coupe pour un examen momentané. — A, lame portant une goutte de glycérine (*a*) et des coupes (*b*); B, la même sur laquelle on a placé une lamelle mince (*c*); *d*, coupe.

Montage des coupes. Pour l'observation des coupes au microscope, on les « monte » de deux façons différentes suivant que leur emploi doit être momentané ou durable.

1° Si l'utilisation des coupes n'est que momentanée, ce qui est le cas des travaux pratiques ordinaires, on se contente de prendre une ou deux coupes bien fines et bien colorées et de les immerger dans une goutte d'eau glycérinée [1] placée au milieu d'une lame de verre rectangulaire. Sur la goutte ainsi garnie on place une petite lamelle en verre mince sous laquelle on laisse le liquide s'étaler, mais sans jamais appuyer dessus, — ce qui risquerait d'écraser les coupes. — On observe alors au microscope (fig. 5).

2° Si l'on veut garder les coupes indéfiniment, — lorsque, par exemple, on veut publier un travail original, — on les fait passer encore dans deux verres de montre contenant le premier de l'alcool absolu (immersion : 5 minutes), le second du xylol,

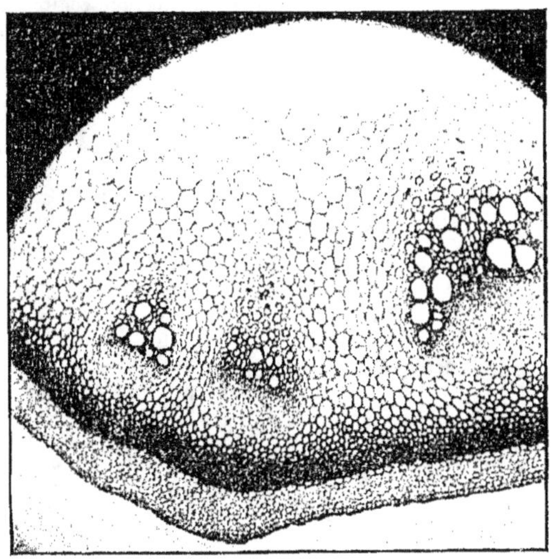

FIG. 6. — PORTION D'UNE COUPE TRANSVERSALE D'UNE TIGE D'ARISTOLOCHE.

ou du toluène : ou de l'essence de girofle (immersion 5 minutes).

Au sortir du toluène, on transporte les coupes — toujours avec l'aiguille à cataracte — dans une goutte de baume du Canada placé au milieu d'une lame de verre, puis on recouvre d'une lamelle mince. Le baume a l'avantage d'éclaircir les coupes encore plus que ne le fait la glycérine. De plus, le baume sèche rapidement sur le bord de la lamelle et oblitère ainsi de lui-même la préparation (fig. 4).

Sur les côtés de la lame, à droite et à gauche de la lamelle, on colle une ou deux étiquettes portant diverses indications.

HENRI COUPIN,
Chef des travaux de Botanique
à la Sorbonne.

1. Obtenu en mélangeant égal volume d'eau et de glycérine. Celle-ci a la propriété d' « éclaircir » les coupes.

Petites Inventions utiles.

Appareil à désinfecter.

Aussi simple qu'ingénieux, cet appareil permet de répandre facilement un parfum dans l'atmosphère, de faire la chasse aux insectes, moustiques, mites, mouches, même de tuer les pucerons qui dévorent les jeunes pousses. Il se compose (fig. 1) d'un récipient dont le haut forme chaudière et dont le bas constitue le support d'une petite lampe à alcool. La chaudière est munie d'un petit entonnoir, fermé par un bouchon à vis, et d'un long tube de dégagement terminé par un aminci. On remplit la chaudière du liquide désinfectant, on allume, et au bout de quelques minutes, on dispose d'un jet de vapeur qu'il suffit de diriger. L'ammoniaque est recommandé contre les insectes, la nicotine contre les pucerons. La vapeur d'eau pure, même, peut donner de bons résultats.

FIG. 1. — APPAREIL A DÉSINFECTER.

Appareil à nettoyer les tonneaux.

L'appareil à nettoyer les tonneaux que M. Goumy vient de faire breveter se fixe sur le tonneau par une bonde spéciale A qui se coince dans le trou (fig. 2). Cette bonde porte une tubulure métallique servant de conduit à un flexible BCD, commandé à une extrémité par une manivelle E et un train d'engrenages FG. Un bâti H complète cette partie de l'appareil.

L'autre extrémité de la tubulure porte un bras I et une brosse J épousant le profil du tonneau. Il suffit de faire tourner la manivelle E pour transmettre, par les engrenages et le flexible, le mouvement à la brosse qui décrasse énergiquement, beaucoup mieux que par simple lavage, l'intérieur du tonneau. Les dimensions de la brosse se règlent préalablement suivant celles du tonneau.

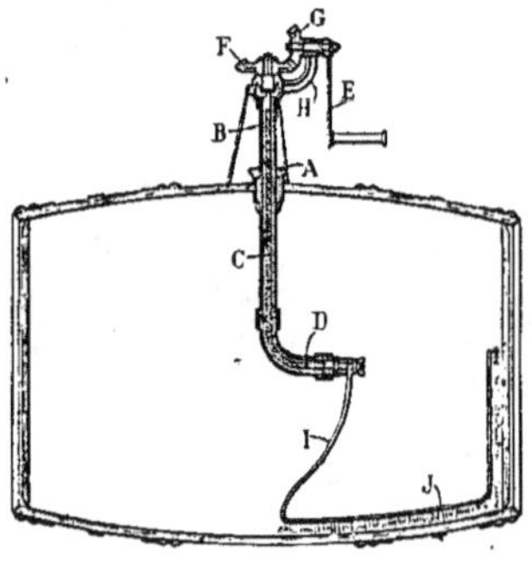

FIG. 2. — APPAREIL A NETTOYER LES TONNEAUX.

Indicateur électrique de vitesse de rotation.

Les indicateurs électriques de vitesse se multiplient de plus en plus, soit pour donner un nombre de tours, soit pour renseigner sur la rapidité de la marche. Le principe appliqué dans l'appareil des figures 3 et 4 consiste à indiquer la tension développée aux bornes d'une dynamo à courant alternatif, tension rigoureusement proportionnelle à la vitesse de rotation. Ce transmetteur est du type à induit et inducteur fixe, et à fer tournant. La rotation d'une carcasse en fer produit seule, par des variations de perméabilité, les variations de champ qui engendrent le courant. C'est un système absolument indéréglable, ne nécessitant ni contrôle ni surveillance.

Le récepteur est simplement un voltmètre à champ tournant, gradué en tours par minute, ou en mètres par seconde, ou encore en kilomètres à l'heure. L'étalonnage se fait par comparaison.

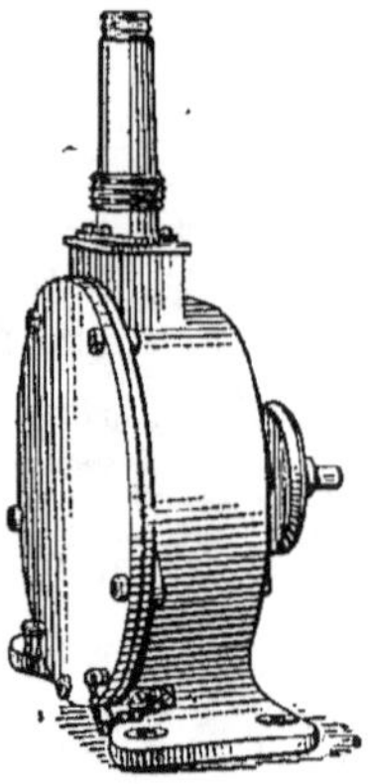

FIG. 3. RÉCEPTEUR.

Forets pour l'élargissement des trous de mines.

Les trous forés dans les roches pour recevoir les explosifs constituant une mine doivent parfois, lorsque le sol est compact, avoir un assez grand diamètre pour contenir une quantité suffisante de matière détonante. On creuse un trou large et profond, dont la plus grande partie sera bourée ensuite, et aura été déblayée pour rien. Le foret ci-contre (fig. 5) permet de n'agrandir que la partie du trou destinée à recevoir l'explosif. D'abord exécuté par une perforatrice ordinaire avec un foret de petit diamètre, le trou est ensuite repris avec ce foret spécial, qui se distingue par deux ailes coupantes A et B, repliées de façon à pénétrer dans le trou, mais qui s'écartent pour creuser la chambre dès qu'elles ont atteint le fond. L'armature qui porte ces deux ailes se fixe simplement par deux boulons à un foret ordinaire, celui-là même qui a percé le trou d'approche.

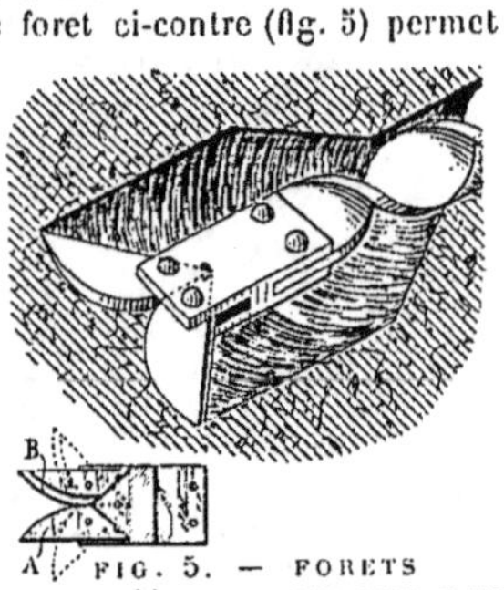

FIG. 4. — INDICATEUR ÉLECTRIQUE DE VITESSE DE ROTATION : TRANSMETTEUR.

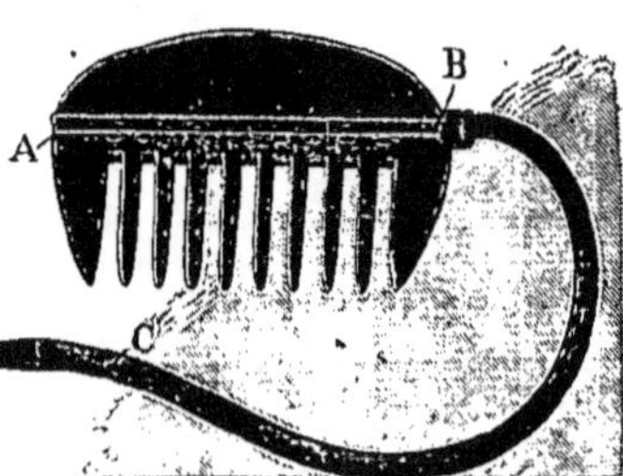

FIG. 5. — FORETS POUR L'ÉLARGISSEMENT DES TROUS DE MINE.

Aéropeigne.

L'Aéropeigne est un petit ustensile de toilette destiné à faciliter le séchage des cheveux, en introduisant de l'air sec dans la masse même de la chevelure. Il se compose (fig. 6) d'un tube métallique AB, percé de trous, et monté dans un fort peigne, du modèle appelé démêloir. Les trous sont entre les dents, et tandis que les dents séparent les cheveux, on insuffle de l'air sec, et même chaud si l'on veut, entre leurs touffes. Pour cela, un tuyau BC est adapté au tube AB et amène l'air d'un ventilateur quelconque, soufflet, pompe.

Ainsi les cheveux sèchent très rapidement, et cet appareil facilite l'hygiène de la tête.

FIG. 6. — AÉROPEIGNE.

JEAN JAUBERT.

ÉCLAIRAGE ÉLECTRIQUE

LES NOUVELLES LAMPES ÉLECTRIQUES.

Les progrès incessants de l'Éclairage au gaz ont obligé les électriciens à rechercher les moyens d'abaisser le plus possible la consommation spécifique des lampes électriques. Ces recherches ont amené la création de types nouveaux que nous allons décrire brièvement.

Lampes à arc. — L'arc électrique, découvert par Davy, n'est autre chose qu'une étincelle électrique entretenue par la volatilisation de petites particules de carbone arrachées aux charbons. Ces particules portées à l'incandescence constituent une atmosphère conductrice permanente qui permet à l'arc de se maintenir avec une différence de potentiel de 50 volts entre les pointes, alors qu'il faudrait à l'électricité une tension énorme pour franchir un intervalle semblable dans l'air à la température ordinaire.

En principe, une lampe à arc est constituée par une paire de crayons de charbon maintenus à un écartement convenable, au moyen d'un régulateur électrique, mis en action par le courant qui circule dans la lampe.

Les lampes à arc sont employées lorsqu'on veut concentrer une grande quantité de lumière en un point déterminé ou encore lorsque l'espace à éclairer est considérable. Généra-

lement elles absorbent un courant de 5 à 6 ampères[1] sous 110 volts. On construit cependant de petites lampes à arc qui n'absorbent que 1 ou 2 ampères sous 40 à 50 volts et qui permettent de remplacer les lampes à incandescence dans beaucoup de cas.

La lampe à arc s'accommode fort bien des courants alternatifs. Autant que possible, la fréquence de ces courants doit être de 50 périodes par seconde pour que l'œil ne soit pas influencé par les variations lumineuses dues aux alternances du flux électrique; on a pourtant réussi à faire fonctionner des lampes à arc sur des circuits de traction dont la fréquence est de 25 périodes. Enfin, durant ces dernières années, on a essayé d'employer des lampes à trois crayons branchés directement sur les trois phases d'une distribution triphasée. Dans ces lampes trois arcs simultanés s'établissent entre les pointes des trois charbons. Ce type de lampe est encore fort peu répandu.

Les lampes à arc en vase clos ont pris au contraire une extension considérable, à cause de la diminution de frais de main-d'œuvre qu'elles procurent. Dans la lampe à arc en vase clos l'arc jaillit dans un milieu privé d'air. La combustion des charbons s'effectuant dans une atmosphère inerte, l'usure de ceux-ci est considérablement diminuée; aussi peuvent-ils servir

FIG. 1. — DISPOSITION D'UN ÉCLAIRAGE COOPER HEWITT POUR LA PHOTOGRAPHIE.

[1] Cette consommation augmente nécessairement en même temps que l'intensité lumineuse. Nous donnons ici la consommation d'une lampe à arc d'un type courant.

jusqu'à 150 heures. Les lampes à arc enfermé exigent des charbons bien homogènes, elles ont un mécanisme assez compliqué; enfin, à égalité de puissance lumineuse, leur consommation spécifique est plus élevée.

Les lampes à charbons imprégnés sont au contraire caractérisées par une consommation spécifique très faible.

L'idée d'imprégner les charbons des lampes à arc d'oxydes métalliques n'est pas nouvelle, mais c'est à M. Bremer qu'est due la première lampe de ce genre véritablement pratique.

Les charbons Bremer sont imprégnés de sels de calcium, de silicium et de magnésium. En se volatilisant dans l'arc ces substances rayonnent plus de lumière que le carbone et fournissent une lumière rougeâtre assez désagréable à la vue.

En augmentant la proportion de substances étrangères constituées principalement par du fluorure et du borate de calcium, M. Blondel obtient des arcs fournissant deux fois plus de lumière que les arcs à feu nu. Malheureusement ces lampes fument beaucoup et ne peuvent être employées qu'à l'extérieur.

Lampes à incandescence. — Depuis très longtemps le filament de bambou carbonisé employé primitivement par Edison, pour constituer la partie incandescente et lumineuse, a été remplacé par un fil de carbone obtenu artificiellement. A cet effet, on carbonise en vase clos des fibres de cellulose artificielle préparée en dissolvant du coton brut dans une dissolution de chlorure zincique.

Les fils de platine ont aussi disparu et ils ont été remplacés par de l'acier ou nickel ayant même coefficient de dilatation que le verre.

Cette double substitution a permis d'abaisser considérablement le prix des lampes à incandescence.

La consommation d'une lampe de 110 volts à filament de carbone est d'environ 3,5 watts par bougie. Souvent elle atteint 4 et même 4,5 watts par bougie décimale après 400 heures d'allumage. Pour avoir une plus faible consommation spécifique on peut, il est vrai, pousser les lampes, c'est-à-dire les utiliser sous une tension supérieure à celle pour laquelle elles ont été construites; on arrive ainsi à abaisser la consommation un peu au-dessous de 3 watts, mais il faut prendre des lampes d'une tension inférieure d'une vingtaine de volts à celle du réseau et toute surtension de quelque importance risque de brûler immédiatement les lampes qui, du reste,

n'ont qu'une durée très faible et noircissent rapidement.

La véritable solution d'une lampe à incandescence économique est dans le remplacement du carbone par d'autres substances, comme les oxydes réfractaires ou les métaux dont le point de fusion est très élevé.

Lampe Nernst. — Le succès du manchon Auer devait nécessairement amener les électriciens à établir une lampe à incandescence utilisant des substances isolantes à la température ordinaire, mais qui deviennent conductrices lorsque la température s'élève.

En 1881, Jablockoff exposait, à Paris, une lampe comportant une lame de kaolin amenée à l'incandescence par le courant à haute tension d'un transformateur. Cette idée fut reprise par le professeur Nernst dont on vit figurer la lampe à l'exposition de 1900.

La lampe Nernst[1] facilite l'emploi des distributions à potentiel élevé. Aussi est-elle principalement employée en Allemagne où les distributions à 220 volts sont très abondantes. En France, où la tension normale d'éclairage est de 110 volts environ, la lampe Nernst n'a reçu que relativement peu d'applications.

Comme rendement cette lampe tient le milieu entre la lampe à incandescence à filament de charbon et la lampe à arc.

Lampe Bœhm. — La lampe Bœhm est une lampe du genre Nernst. Les bâtons lumineux sont obtenus au four électrique et sont très résistants. Ces lampes peuvent brûler pendant 700 heures sans modification de lumière. On fait des lampes de 400 bougies qui ont plusieurs filaments.

Les lampes Bœhm fonctionnent avec des tensions de 110 et 220 volts, avec du courant continu comme avec du courant alternatif.

Lampes à filaments métalliques. — On sait que la lumière émise par un corps incandescent croît avec la température; on conçoit donc qu'il soit possible, en choisissant des métaux extrêmement peu fusibles, de substituer des filaments métalliques aux filaments de carbone des lampes à incandescence. Outre leur faible fusibilité, les métaux à employer doivent pouvoir s'étirer en fils fins sans trop de difficultés. C'est ainsi qu'on utilise l'osmium et le tantale.

Lampe à filament d'osmium. — Cette lampe a été imaginée par M. Auer von Welsbach.

1. Voir *La Science au XX⁰ siècle.*

L'osmium est un métal fort coûteux qui existe en très petites quantités dans certains minerais de platine. L'osmium réduit, obtenu par traitement chimique, est mélangé à du noir de fumée et étiré en fils.

Le principal défaut de l'osmium, c'est sa faible résistance au passage du courant, qui a obligé tout d'abord à baisser considérablement la tension aux bornes des lampes.

Les premières lampes à osmium exigeaient une tension de 20 volts pour 20 bougies ou 52 volts pour 50 bougies; on est parvenu récemment à fabriquer des lampes à osmium de 25 et 32 bougies à 110 volts fonctionnant dans des conditions très satisfaisantes. Le filament de ces lampes est excessivement fin; il est enroulé en spirale à l'intérieur de l'ampoule [1].

La consommation de la lampe à osmium est d'environ deux fois plus faible que celle de la lampe à filament de carbone.

Lampe au tantale. — Le tantale est également un métal précieux de la famille du platine. Il est malléable et très ductile.

On obtient le tantale en réduisant le fluotantalate de potassium par le potassium et le sodium et on le purifie en le fondant dans le vide à plusieurs reprises. On peut également l'obtenir par la réduction électrolytique de l'oxyde de tantale.

La figure 2 représente une lampe au tantale fonctionnant sous une tension voisine de 110 volts et fournissant une puissance lumineuse de 25 bougies Hefner. Le filament lumineux est très long (650 mm.) et très ténu (0 mm. 005 de diamètre) en raison de la faible résistivité du tantale comparée à celle du carbone. Ce filament est enroulé en zigzags et maintenu par des crochets placés eux-mêmes aux extrémités de tiges recourbées supportées par deux lentilles en verre soudées à une courte baguette de verre. Ce mode de construction, qui permet de loger un fil très long dans une ampoule de dimensions ordinaires, permet également de faire fonctionner la lampe dans n'importe quelle position.

La durée d'une lampe au tantale est de 500 heures environ [2] lorsque les variations de tension du réseau ne sont pas accentuées. Son prix est de 6 francs environ.

La consommation moyenne est de 1,5 watt.

1. Cette faible résistivité de l'osmium permet par contre de fabriquer des lampes de mine de 2 volts fonctionnant au moyen d'un seul accumulateur.

2. Quelques lampes au tantale branchées sur un réseau à potentiel bien réglé et à l'abri des trépidations ont duré jusqu'à 1 200 heures.

par bougie; mais on ne construit jusqu'ici que des lampes de 25 bougies, qui dans bien des cas remplaceront des lampes de 16 bougies.

Ces quelques chiffres et ceux que nous avons donnés plus haut au point de vue économique permettent de comparer la lampe au tantale à la lampe à incandescence ordinaire. On trouve facilement que dès que le prix du kilowattheure dépasse 20 centimes, la lampe au tantale est la

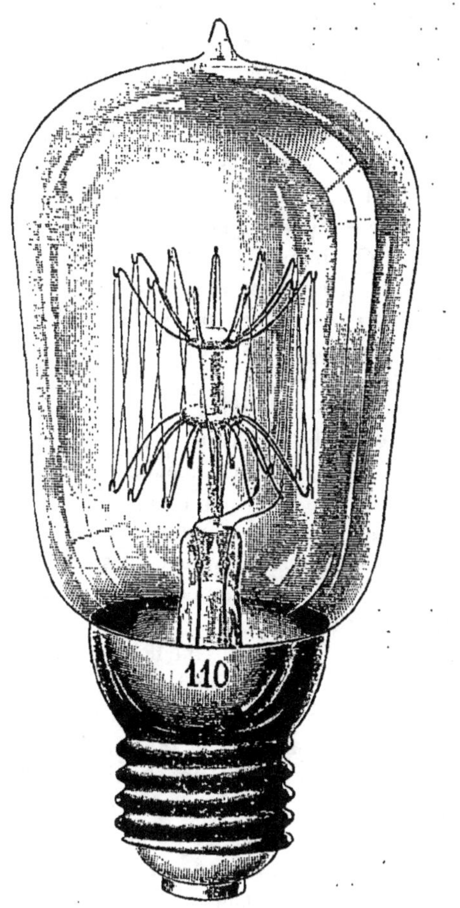

FIG 2. — LAMPE AU TANTALE.

plus économique à égalité de puissance lumineuse.

Lampe Cooper Hewitt. — De toutes les lampes nouvelles, la plus curieuse c'est assurément la lampe à mercure.

L'idée d'employer la vapeur de mercure comme illuminant n'est pas nouvelle, mais c'est aux recherches récentes de M. Cooper Hewitt et de son collaborateur M. le Dr de Recklinghausen qu'on doit la réalisation d'une lampe à mercure industrielle.

La lampe Cooper Hewitt (fig. 3) comprend un long tube de verre complètement fermé, à l'intérieur duquel on a fait le vide presque absolu. Ce tube est terminé par deux réservoirs A et B. Le réservoir A renferme du mercure, il est en communication au moyen d'un fil de platine avec le pôle négatif de la distribution. Le réservoir B renferme l'électrode positive. Pour allumer la lampe on incline le tube de façon à former une chaîne de gouttelettes de mercure entre les deux électrodes. A la faveur de ce court circuit l'arc jaillit et persiste lorsque le tube revient à sa position primitive. Pour éteindre il suffit d'ouvrir un interrupteur branché sur le circuit, l'arc disparaît alors immédiatement (fig. 4).

La lumière produite par l'illumination de la vapeur de mercure est très douce et très agréable. Elle convient parfaitement à l'éclairage industriel parce qu'elle ne produit aucune fatigue. Cela tient à ce que le spectre de la vapeur de mercure ne renferme pas de rayons rouges. Par contre cette particularité fait que la lampe à mercure n'est pas utilisable pour les usages domestiques.

On peut colorer la lumière en incorporant au mercure des substances dont le spectre renferme du rouge, tel est le cas des métaux alcalins, mais ces métaux finissent par attaquer le verre et mettent rapidement la lampe hors d'usage.

On peut également employer des écrans fluorescents si l'on consent à perdre une partie de la lumière émise[1].

On a cherché aussi à remédier à l'absence de rayons rouges en disposant à l'intérieur de la lampe à mercure une ou plusieurs lampes à incandescence ordinaires. Cette complication est inutile, car si l'on désire une lumière parfaitement blanche il est beaucoup plus simple de disposer dans le voisinage de la lampe à mercure une ou deux lampes ordinaires.

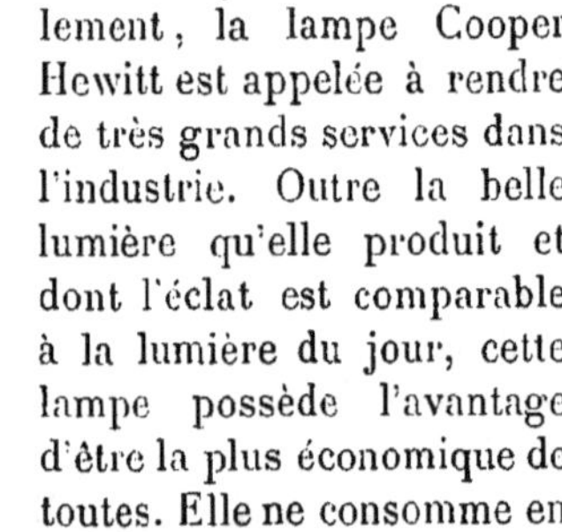

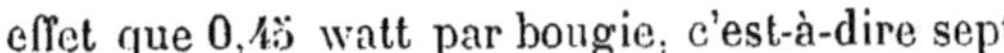

FIG. 3. — LAMPE COOPER HEWITT.

Telle qu'elle est actuellement, la lampe Cooper Hewitt est appelée à rendre de très grands services dans l'industrie. Outre la belle lumière qu'elle produit et dont l'éclat est comparable à la lumière du jour, cette lampe possède l'avantage d'être la plus économique de toutes. Elle ne consomme en effet que 0,45 watt par bougie, c'est-à-dire sept

fois moins qu'une lampe à incandescence et trois à quatre fois moins qu'une lampe à arc. Elle ne nécessite enfin aucun entretien puisqu'il n'y a aucune usure. La seule difficulté réside dans sa fabrication par suite de la nécessité absolue de pousser le vide jusque dans ses dernières limites.

Signalons en passant que la lampe à mercure est employée dans les arts photographiques

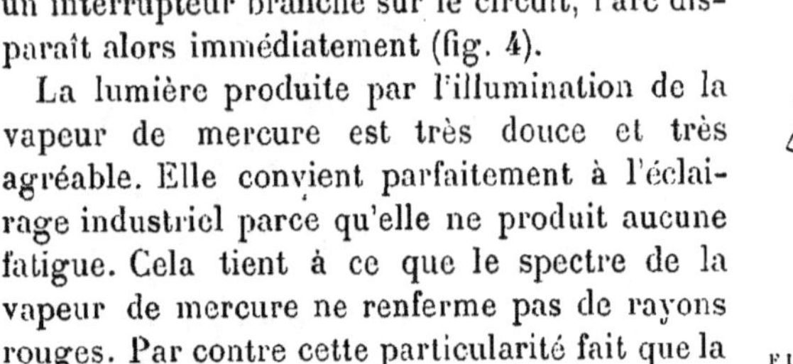

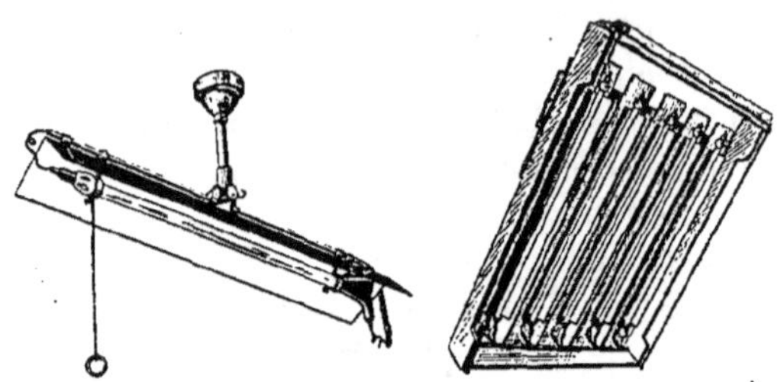

FIG. 4. — LAMPE COOPER HEWITT MUNIE DE SON RÉFLECTEUR.

FIG. 5. — ÉLECTRO-RADIATEUR PHOTOGRAPHIQUE AVEC CINQ LAMPES COOPER HEWITT.

pour l'éclairage des sujets ou la reproduction des dessins. Enfin, comme le spectre de la vapeur de mercure est très riche en rayons ultra-violets, cette lampe est utilisée pour le traitement des maladies de la peau (méthode de Fiesen). La seule précaution à prendre consiste à remplacer le verre ordinaire, qui absorbe ces radiations extrêmes, par du quartz ou par un verre spécial[1].

Lampe de Moore. — Nous terminerons en signalant la lampe de Moore qui figurait à la dernière exposition de Saint-Louis.

La lampe de Moore est formée d'un long tube de verre dans lequel on a fait un vide aussi parfait que possible. Ce long tube (il a plus de 60 mètres de longueur) suit toutes les sinuosités des murs, passe d'une salle à l'autre en traversant les murailles. A ses deux extrémités sont disposées deux électrodes en communication avec les bornes d'un transformateur élevant la tension jusqu'à 10000 volts environ.

La lumière produite est verdâtre, elle est influencée par les variations de température. Cette lampe ne peut constituer qu'un objet de curiosité, elle n'a aucune application pratique.

L. DRIN,
Ingénieur-Électricien.

---

1. L'incorporation des substances fluorescentes à l'intérieur du verre est fort difficile parce que ces substances se décomposent à la température de fusion du verre.

1. Verre uviol, abréviation de ultraviolet.

ZOOLOGIE

LES CÉTACÉS (*suite* [1]).

Fonctions respiratoires. — Les fonctions respiratoires sont celles que le milieu liquide a le plus profondément modifiées. Le Cétacé est un Mammifère adapté à l'élément liquide, mais, bien entendu, comme tous les autres Mammifères, il a conservé la respiration aérienne; de là résulte le remaniement important de son appareil respiratoire et des fonctions dont il est le siège.

La première adaptation, la plus frappante de prime abord, est celle qui porte sur la situation des narines.

Lorsqu'on observe un Mammifère, un Chien ou un Cheval, par exemple, qui traverse une nappe d'eau à la nage on remarque immédiatement la manière très particulière dont il porte la tête à ce moment. Si celle-ci occupait sa situation habituelle, les narines seraient très au-dessous de la surface de l'eau, et la respiration de l'animal ne pourrait avoir lieu. Aussi, le quadrupède relève la tête en contractant les muscles de la partie supérieure du cou; dans ce mouvement, les vertèbres cervicales se trouvent comprimées les unes contre les autres. Cette action s'exerçant pendant tout le cours de la vie de génération en génération a fini par amener une atrophie de ces vertèbres qui sont comme écrasées et soudées entre elles, formant une sorte de rudiment de cou interposé entre l'occipital et les vertèbres dorsales. Mais il semble que cette première modification de la région cervicale n'ait pas suffi au Cétacé, qui était obligé à des efforts encore assez considérables pour amener ses narines au-dessus de la surface de l'eau. Il a alors remanié complètement la topographie des os de son crâne de la manière qu'il est facile de saisir en comparant les figures 1 et 2. Elles représentent l'une un crâne de Chien et l'autre un crâne de Baleine. Les os nasaux [2] chez ce dernier animal ont cheminé de l'extrémité du museau vers le sommet de la tête, entraînant avec eux les autres os de la face, repoussant les pariétaux qui se logent un

peu où ils peuvent de chaque côté de l'occipital, écartant à droite et à gauche les frontaux qui perdent leurs connexions habituelles et s'incurvent pour former une vaste dépression qui se remplira d'une graisse spéciale. Et ce « cheminement » du squelette de l'appareil nasal n'est point une comparaison employée pour faire saisir les modifications subies par la tête du Cétacé, c'est un phénomène réel et tangible; si en effet on examine aux différentes périodes de son développement la tête d'un embryon de Cétacé, on peut constater avec la dernière évidence le déplacement progressif de l'appareil nasal qui, d'abord à la place habituelle qu'il occupe chez tous les Mammifères, se dirige ensuite vers le sommet de la tête qu'il atteint au moment de la naissance. Voici donc les narines « bien placées », et ce qui le prouve, c'est que lorsque le Mammifère marin arrive à la surface, la première partie qu'on voit affleurer c'est précisément cette région des narines, de *l'évent*, pour employer le terme dont se servent les baleiniers et qui a été consacré par l'usage; lorsque l'animal se tient dans sa situation normale, c'est-à-dire à peu près horizontalement à la surface de la mer, on remarque que la région de l'évent reste constamment au-dessus de l'eau.

A ces modifications extérieures de l'appareil respiratoire, correspondent des remaniements des fosses nasales, dont la direction est tout à fait modifiée. Chez les Mammifères terrestres, cette direction des premières voies aériennes est dirigée obliquement vers le bas, et même, chez l'homme qui possède la station verticale, presque directement de haut en bas. Le jet de vapeur condensée qui, par un temps froid et humide s'échappe des narines, indique assez bien la direction de ce conduit des fosses nasales. Chez le Cétacé, il est dirigé verticalement de bas en haut, et c'est ce que matérialise le panache qui s'échappe de l'évent au moment de l'expiration. Aux fosses nasales, fait suite un larynx qui présente cette curieuse particularité d'être mobile, et de pouvoir à la volonté de l'animal venir se loger dans l'arrière-cavité des fosses nasales. Cette disposition permet au Cétacé de déglutir sa proie même pendant l'acte de la respiration; dans ce cas, les matières alimentaires passent de chaque côté du conduit laryngé qui traverse le pharynx.

---

1. Voir *La Science au XX* Siècle, n° 30, 15 juin 1905.
2. En réalité, c'est l'ethmoïde qui joue le principal rôle dans ce remaniement.

La trachée a suivi le cou dans son raccour-cissement. Quant aux poumons, ils offrent une amplitude considérable non seulement d'une manière absolue, ce qui est évident, mais même par rapport à la taille de l'animal. Ils s'étendent surtout fort loin en arrière, le diaphragme présentant une voussure plus accentuée que chez les Mammifères terrestres. Le poumon présente la structure habituelle, mais cependant, l'examen microscopique révèle une surabondance très évidente de fibres élastiques.

L'élasticité pulmonaire résultant de l'hyper-trophie de ce tissu a été mesurée par Jolyet sur le poumon du Dauphin; il a vu qu'elle était représentée par 30 cm. d'eau, alors que chez l'homme, la même élasticité ne fait équilibre qu'à 5 ou 6 cm. d'eau.

Rythme respiratoire. — Ce qui caractérise la respiration d'un animal pulmoné plongeur, à quelque classe qu'il appartienne, c'est *l'irrégularité* du rythme de cet acte. Le Reptile (Couleuvre, Tortue), l'Insecte (Dytique, larves de Moustiques), l'homme lui-même ne peuvent plus utiliser leurs poumons ou leurs trachées que pendant l'espace de temps qu'ils passent à la surface du liquide, d'où modification du rythme régulier habituel en un rythme d'autant plus irrégulier que l'animal est mieux adapté à l'acte de plonger, c'est là un fait évident. Le Cétacé

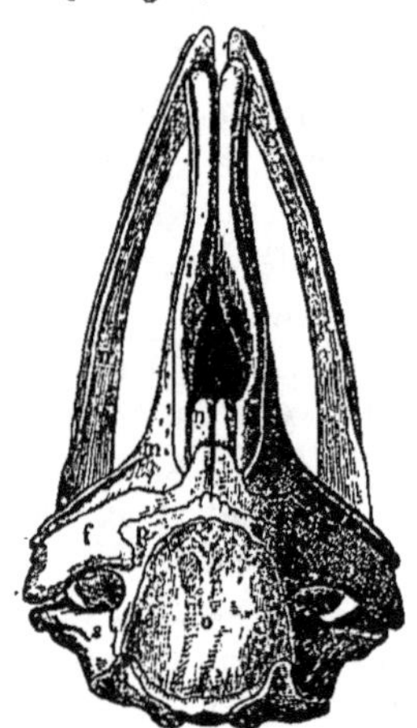
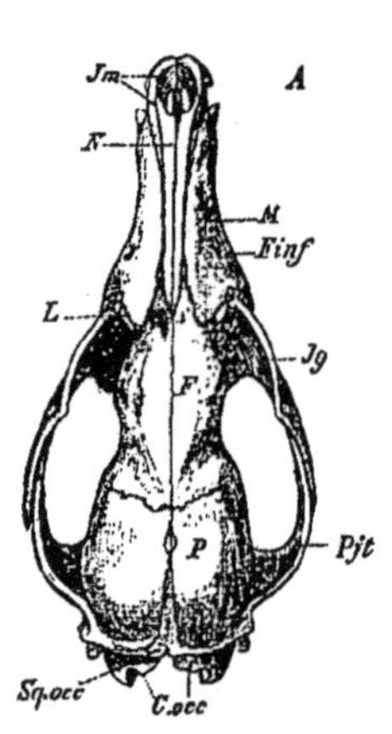

FIG. 1. — SQUELETTE CÉ-PHALIQUE DE BALEINE DU CAP (D'APRÈS VAN BENEDEN ET GERVAIS).

n, nasaux; *i*, intermaxillaires; *m*, maxillaires.

FIG. 2. — SQUELETTE CÉPHALIQUE DU LÉVRIER (D'APRÈS VIEDERSHEIM).

N, nasaux; *Jm*, intermaxillaires; *M*, maxillaires.

présente ce phénomène avec une remarquable netteté.

Nous l'avons dit déjà, lorsque la Baleine revient de la profondeur, la première région qui apparaît au-dessus de la surface est celle de l'évent. Sous l'action de l'air violemment comprimé dans les poumons, il se forme même une sorte de bosse conique au sommet de laquelle se trouve le sphincter qui maintient l'évent hermétiquement clos. Brusquement, on voit ce muscle se relâcher et l'expiration a lieu. Chez les petits animaux (Dauphin), elle a une durée très courte; environ quatre dixièmes de seconde (Jolyet). Chez les grandes espèces, *Balænoptera musculus*, *Cachalot*, elle se prolonge pendant cinq ou six secondes.

Cette expiration chez certaines espèces, notamment chez le Balénoptère est accompagnée d'un bruit strident, à timbre métallique qui, par temps calme, s'entend à plusieurs milles de distance, signalant l'animal à l'attention des baleiniers.

Chez les grands Cétacés, l'expiration est accompagnée d'un autre phénomène qui, depuis longtemps, a été remarqué par les navigateurs et les a fort intrigués, nous voulons parler du « souffle ». C'est le panache blanchâtre qui s'échappe de l'évent et que la vigie placée au sommet du mât peut apercevoir au-dessus des vagues à une distance considérable (fig. 3). Des discussions nombreuses ont eu lieu touchant la nature de ce souffle et son interprétation. Pour les anciens naturalistes : Aristote, Pline, il n'y avait pas de doute, le Cétacé lançait en l'air par ses évents deux jets d'eau de mer. Cette singulière erreur s'est perpétuée jusqu'à une époque très rapprochée de la nôtre.

Le « souffle » est constitué par une sorte de panache de vapeur d'eau condensée; le fait ne présente aucun doute pour tous ceux qui ont eu l'occasion d'examiner de près les Cétacés. Qu'on nous permette de citer à ce sujet les paroles suivantes de Racovitza : « Le 28 janvier 1898, la *Belgica* était dans la baie Charlotte (Détroit de Gerlache). Nous étions entourés d'un très grand troupeau de Mégaptères et je me tenais, avec l'appareil photographique, sur une passerelle qui débordait de deux mètres environ le platbord du navire. Un des Mégaptères apparut brusquement sous la passerelle pour souffler, et je fus plongé en entier dans l'expiration de l'animal. Dans ces conditions, j'étais bien à même de savoir si les Mégaptères rejettent de l'eau ou de l'air. Eh bien, je puis assurer à Dahl, Bruce, et à tous ceux qui s'obstinent à rester les élèves d'Aristote et de Pline, qu'il n'y avait pas une goutte d'eau dans l'expiration du dit Cétacé. Je fus frappé au visage par un vent chaud et humide, d'une odeur fétide [1] ».

1. Cette odeur désagréable est produite par les particules de

C'est donc un fait indiscutablement établi, l'apparence spéciale du souffle des Cétacés est due à ce que l'air expiré contient une certaine quantité d'eau à l'état pulvérulent. Mais à quelle cause faut-il rattacher ce phénomène? C'est très simple, a-t-on répondu, on observe chez le Cétacé le fait qu'on a pu bien souvent voir sur les animaux qui nous entourent et sur nous-même l'hiver par un temps froid et humide; l'air qui s'échappe des voies respiratoires est saturé de vapeur d'eau à la température de 37 degrés; il subit un refroidissement marqué dans le milieu extérieur, la vapeur d'eau se condense, d'où les deux panaches qui prennent naissance aux orifices des narines.

Voilà qui est fort bien pour les contrées polaires, mais il est évident que l'explication devient insuffisante pour les mers équatoriales alors que la température de l'air atteint 25, 30 ou même 35 degrés centigrades, et cependant dans ces conditions, le souffle des grands Cétacés, celui du Cachalot en particulier, est parfaitement visible, et même de fort loin.

On s'est alors rabattu sur une autre explication qui, de prime abord, paraît plus plausible. Les très fines gouttelettes d'eau, a-t-on dit, sont entraînées par le jet d'air comprimé qui s'échappe de l'évent au moment où celui-ci s'ouvre à quelques centimètres au-dessous de la surface de l'eau. Il y a ici, un mécanisme analogue à celui du vaporisateur.

Cette explication est à rejeter dans la majorité des cas, attendu qu'au moment où se produit l'expiration, l'ouverture de l'évent est nettement au-dessus de la surface. Mais si on admet que le Cétacé à la fin de l'inspiration laisse pénétrer un peu d'eau dans une sorte d'antichambre de l'appareil respiratoire qu'on appelle le *sac spiraculaire*, et qui est comprise entre le sphincter de l'évent et les fosses nasales, la théorie du vaporisateur, loin d'être réfutée, se trouve consolidée.

On observe que seuls les *Cétacés de grande taille* émettent le panache, tandis que les animaux de petite taille comme les Dauphins, les Marsouins ne le possèdent pas.

On ne peut dire cependant que les Cétacés de petite taille n'ont pas de « souffle » parce qu'il se trouve que, chez eux, le « sac spiraculaire » a une conformation spéciale ou que, pour une cause que nous ne connaissons pas, ils ne laissent pas pénétrer d'eau dans cette cavité. Ce

serait une bien curieuse coïncidence qui ferait que tous les petits Cétacés, à l'exclusion des grands, possèderaient une disposition anatomique ou une habitude spéciale. Si on admet ce raisonnement, comment expliquerait-on que, *dans une même espèce*, les jeunes ne présentent pas trace

FIG. 3. — DEUX BALŒNOPTERA MUSCULUS EN TRAIN DE SOUFFLER. D'APRÈS RACOVITZA, EXPÉDITION ANTARCTIQUE DE LA « BELGICA ».

de souffle, tandis que les adultes donnent lieu au phénomène avec la plus grande évidence[1]?

Peut-on essayer de soutenir qu'à un certain moment de sa vie, au bout de deux ans, trois ans, le Cétacé subit une brusque modification dans son anatomie ou dans ses habitudes? Ce serait là une opinion insoutenable. Et, d'ailleurs, il y a de grandes espèces dont, à la naissance, les jeunes ont déjà une grande taille, ceux-là comme le jeune Cachalot ont d'emblée un souffle visible.

En résumé l'existence du phénomène paraît être nettement en relation avec *la taille* de l'animal qui le produit.

Voyons maintenant l'explication théorique du fait d'observation.

Lorsqu'une masse gazeuse est soumise à une forte pression, si on vient à supprimer brusquement cette pression, la masse reprend aussitôt le volume qu'elle doit occuper sous la pression

---

matière alimentaire qui séjournent entre les fanons et y subissent la putréfaction.

1. Voici un exemple typique du fait avancé : Le 22 juillet 1902, dans le détroit de Gibraltar, la *Princesse Alice* rencontre un troupeau de cinq Orques, parmi lesquels trois jeunes et deux adultes. La température de l'air est de 23° centigrades. À chaque expiration, les grands Orques ont un « souffle » très visible de loin, celui des petits est tout à fait invisible du pont du bateau. Le Prince de Monaco se met à la poursuite du troupeau dans une baleinière ; il parvient à harponner un des grands animaux qui est ensuite hissé sur le bateau. Au cours de la chasse, le Prince peut, à plusieurs reprises, examiner les petits Orques de très près, il note qu'à la première expiration qui suit la grande plongée, ils ont à l'évent un panache très délié qu'on aperçoit seulement de très près (2 ou 3 m.), lorsque l'attention est portée sur ce phénomène. Dans les respirations de surface, il n'y a pas trace de panache au-dessus de l'évent chez ces jeunes Orques.

atmosphérique, mais en même temps, elle subit un abaissement de température très marqué et dont la valeur absolue dépend du degré de compression auquel on l'avait soumise; c'est le phénomène étudié par les physiciens sous le nom de « détente »; c'est lui qui a permis à Cailletet de liquéfier le premier les gaz réputés permanents en les abaissant au-dessous de leur point critique.

Considérons maintenant l'appareil pulmonaire du Cétacé au moment où, revenant de la profondeur, il arrive à la surface; il contient une masse gazeuse saturée de vapeur d'eau à la température de 36 à 37 degrés, et à ce moment ce gaz, cet air est comprimé avec une intensité que nous ne connaissons pas, mais qui, certainement est considérable, car pour un grand Balénoptère, pour le *musculus* par exemple, la colonne de vapeur qu'il va émettre par l'évent s'élèvera à une hauteur de *quinze mètres!* Il paraît donc évident que cet air saturé à 37 degrés va subir une détente qui va abaisser sa température d'une manière assez marquée pour produire la condensation de la vapeur d'eau, et l'action sera assez intense pour se produire non seulement dans les contrées froides, mais aussi dans les contrées tropicales, quand la température de l'air atteint 25 ou 30 degrés.

Cette manière d'envisager les choses permet de s'expliquer comment les petits Cétacés n'ont pas de « souffle » visible, et ne peuvent comprimer que trop faiblement l'air de leur poumon; comment aussi la première expiration du Cétacé qui revient de la profondeur produit un souffle beaucoup plus marqué que les suivants, la compression de l'air durant la plongée ayant atteint son maximum; enfin comment des Cétacés de moyenne taille (jeunes Orques), ont un souffle visible de très près à la première expiration et aux expirations suivantes un souffle tout à fait invisible, observation si intéressante du Prince de Monaco, citée un peu plus haut.

L'explication que je propose a été admise par mon ami Racovitza, dans son ouvrage sur les Cétacés de l'Expédition de la *Belgica*, acceptée même par lui avec trop de bienveillance; c'est aux physiciens qu'il importe surtout d'en faire la critique et je m'empresserai de l'abandonner s'ils jugent qu'elle est incompatible avec les lois qui régissent le phénomène de la détente.

Le Cétacé qui revient de la profondeur reste quelque temps à la surface de la mer, respirant fréquemment, lavant son poumon avec l'air pur, hématosant son sang pour la grande plongée qui suivra.

D'ordinaire, après chaque inspiration, il disparaît sous la surface de la mer, mais en s'enfonçant seulement très peu.

Quand on regarde avec attention un gros Cétacé qui fait ce manège, on est frappé de l'aspect huileux que présente la région dans laquelle il a séjourné; la tache ainsi formée qui contraste avec les zones voisines par son calme, persiste même longtemps après la disparition de l'animal. Ce phénomène ne me semble pas, jusqu'à présent, avoir reçu d'explication suffisante. Thiercelin[1] a remarqué que le souffle de la Baleine franche renferme des gouttelettes de « matière grasse »; Racovitza paraît plutôt disposé à admettre que l'huile répandue à la surface de la mer proviendrait des excréments de ces animaux; quant à la peau, elle ne saurait être la cause du phénomène, car les recherches des auteurs qui se sont occupés de la question, celles de Delage surtout, ont bien montré qu'elle ne renfermait pas de glandes sébacées. Quoi qu'il en soit, le fait est hors de doute; il a frappé les yeux des observateurs les moins attentifs, mais il me semble qu'on n'a pas assez insisté sur l'avantage qui en résultait pour le Cétacé. Il importe en effet de remarquer qu'au moment de l'inspiration la bosse de l'évent s'est effacée, et que cette ouverture des narines de l'animal est située très peu au-dessus de la surface, ceci n'a pas grand inconvénient lorsque la mer est calme, mais il n'en va plus de même dès qu'elle est agitée. Les vagues viennent alors déferler sur la tête de l'animal qui risque pendant l'acte de l'inspiration d'introduire dans son évent autant d'eau que d'air. Mais voici qu'une fine couche de graisse s'étend sur la surface, il se forme instantanément tout autour de l'évent une petite zone de calme, et la Baleine peut procéder à l'inspiration sans crainte d'accident; le Cétacé « file de l'huile » pour abattre les lames qui brisent, tout à fait comme un navire dans une situation analogue.

Telle est tout au moins l'interprétation d'un phénomène qui s'est présentée à mon esprit à la suite de nombreuses observations durant les campagnes de la *Princesse Alice*.

Plongée. — Voici donc notre Mammifère qui a fait à la surface sa provision d'oxygène. Tout à coup, son allure change, et d'un puissant mouvement de sa nageoire caudale, il pique

1. *Journal d'un baleinier.*

presque verticalement vers la profondeur, il « sonde » pour gagner la zone où il va pâturer le plankton si c'est un Mystycète, où il va faire un carnage de Céphalopodes si c'est un Globiceps ou un Cachalot. De toute façon, le Cétacé devra rester longtemps sous la surface sans pouvoir respirer. De nombreuses observations ont été faites à ce sujet, mais les chiffres donnés ne nous diront pas grand'chose si nous n'avons pas un point de comparaison. Voyons donc rapidement le temps maximum pendant lequel quelques animaux peuvent rester sans respirer.

Le Pigeon asphyxie en une minute quinze secondes, le Chien en quatre minutes, l'homme en trois minutes.

Un Phoque peut rester quinze ou vingt minutes sous la surface ; un Hyperoodon vingt-cinq minutes ; une Baleine franche une demi-heure, et même cinquante-six minutes lorsqu'elle est harponnée.

Enfin les grands Cachalots, peuvent plonger pendant une heure un quart, et même une heure et demie !

Par quel merveilleux mécanisme un si étonnant résultat est-il obtenu ?

Nous allons voir que le Cétacé ne dispose pas d'un moyen unique, mais bien d'une série de moyens qui convergent vers le même terme.

1° Le Cétacé est un merveilleux plongeur parce qu'il est de très grande taille.

Si nous considérons quelques Mammifères très différents par la taille : une Souris, un Lapin, un Chien, un Cheval, nous sommes vivement frappés des différences qui existent dans la fréquence de leur rythme respiratoire. La petite Souris respire si rapidement qu'on ne parvient pas à compter les mouvements de son thorax et qu'il faut pour cela un appareil spécial ; au contraire, le gros Cheval ne fait guère plus de 9 à 10 respirations par minute. Un fait analogue s'observe si on considère un même animal aux différentes époques de son existence. Ainsi, un enfant qui vient de naître respire 45 fois à la minute, à cinq ans il respire 25 fois, à quinze ans 20 fois, et enfin, l'homme adulte ne respire plus que 16 fois par minute.

En résumé, on voit qu'il y a une relation très évidente entre la fréquence des mouvements respiratoires et la taille de l'animal ; le rythme est d'autant plus lent que l'animal a une taille plus considérable.

La raison de ce fait est d'ailleurs bien simple. Nous respirons pour renouveler notre provision d'oxygène, et nous usons notre oxygène soit pour produire de la force vive, c'est-à-dire du mouvement, soit pour faire de la chaleur afin que notre température intérieure reste toujours au degré voulu. Cette dernière dépense est la seule qui existe pour l'animal au repos. Or la déperdition de chaleur est d'autant plus grande que l'animal a une surface plus considérable par rapport au volume ; mais les petits animaux ont par rapport à leur volume une surface plus grande que les gros animaux, et la différence

FIG. 1. — UN ÉPISODE DE LA CHASSE DE LA BALEINE AU JAPON.
Les bateaux qui entourent la Baleine sont parvenus à l'envelopper d'un filet résistant qui va paralyser ses mouvements et permettre de la tuer.

va toujours en s'accentuant à mesure que la taille des animaux s'accroît. Il en résulte qu'un kilogramme de Moineau dépensera au repos beaucoup plus d'oxygène qu'un kilogramme de Dindon ou d'Autruche, et surtout infiniment plus qu'un kilogramme de Cétacé.

Quel est le rythme respiratoire d'un Cétacé de grande taille ? Nous n'en savons rien, car on n'expérimente pas sur un animal de 20 ou 30 mètres de longueur, mais on a pu étudier de petits Cétacés. Le professeur Jolyet, au laboratoire d'Arcachon, a eu en captivité un Dauphin sur lequel il a pu faire de nombreuses expériences pleines d'intérêt ; il a constaté en particulier que cet animal, qui pesait 156 kgr. et dont la longueur ne dépassait pas 2 m. 40, respirait seulement en moyenne 3 fois par minute, on voit donc que ces petits Cétacés eux-mêmes possèdent un rythme respiratoire très lent. Peut-être ne serait-on pas loin de la vérité en attribuant aux grands Cachalots un rythme moyen d'une respiration toutes les deux ou trois minutes. Et alors quand un de ces animaux reste une heure et demie sous l'eau, il fait, si l'on veut, « une économie » de $\frac{90}{2} = 45$ respirations ; mais l'homme qui reste trois minutes, fait « une économie » de $3 \times 16 = 48$ respirations. Vous voyez donc par ces considérations très simples que le *tour de force* du Cachalot semble beaucoup moins extraordinaire dès qu'on veut examiner les choses d'un peu plus près.

2° Les Cétacés ont une température peu élevée qui varie de 36°,7 (Orque) à 35°,4 (Balénoptère) ; de tous les Mammifères, ce sont ceux qui ont la plus basse température, d'où une nouvelle économie d'oxygène sur les combustions employées à chauffer le milieu intérieur.

3° Les Cétacés perdent très peu de chaleur par leur surface.

Voici une proposition qui, de prime abord, peut sembler paradoxale, car l'animal étant tout entier plongé dans un milieu dont la capacité calorifique est considérable, doit logiquement céder beaucoup de chaleur à ce milieu ; mais il faut remarquer que le mammifère marin est isolé sur toute sa surface par une couche de lard, très mauvaise conductrice, qui atteint 30, 40 centimètres d'épaisseur, et même davantage. C'est précisément cette énorme quantité de matière grasse qui constitue un des produits les plus précieux fournis par ces animaux.

L'isolement ainsi produit est si parfait qu'un Phoque tué depuis vingt-quatre heures et abandonné sur la banquise à la température de 20 degrés centigrades est encore tiède au bout de ce temps. Un Balœnoptera Sibbaldii, dont la température centrale est voisine de 35°,4, est encore à 34°,6 trois jours après sa mort ; j'ai constaté moi-même sur l'Orque tué par le Prince de Monaco aux environs de Gibraltar que la température centrale ne baissait pas d'un dixième de degré en deux heures.

Si on remarque d'autre part que le corps du Cétacé a une forme cylindrique, qu'il ne possède pas de longs appendices, qu'en un mot sa surface est très réduite, on comprendra que la déperdition de chaleur est réduite à un minimum qu'elle ne peut atteindre dans aucun autre groupe.

4° Le Cétacé use très peu d'oxygène pour produire de la force.

Il est en effet plongé dans un milieu dont la densité est à peu près égale à la sienne. Il est donc presque continuellement dans un état de repos parfait et tel que nous n'en connaissons pas de semblable pour nous-mêmes, toutes ses parties étant soutenues par le liquide qui les entoure.

Or on sait qu'à l'état de repos, la consommation d'oxygène du Mammifère baisse dans des proportions très sensibles, c'est ce qui s'observe au maximum dans le sommeil.

Même pendant les périodes de déplacement, le Cétacé qui se meut dans un milieu très mobile au moyen de quelques contractions de sa nageoire caudale doit consommer une quantité d'oxygène relativement faible.

5° Le Cétacé emporte au-dessous de la surface une grande quantité d'oxygène.

Ses énormes poumons sont, en effet, gonflés d'air pur. Il possède dans ses vaisseaux une très grande quantité de sang. Ce sang est très riche en globules et en hémoglobine, aussi sa *capacité respiratoire*[1] est-elle supérieure à celle des autres Mammifères. Chez l'Homme en effet la capacité respiratoire du sang est de 20 cmc. elle atteint 30 à 33 chez le Cachalot, et 37,8 chez le Phoque (Regnard).

Les muscles sont imprégnés d'un pigment abondant qui leur donne une couleur très foncée, cette hémoglobine musculaire sert encore à fixer une nouvelle quantité d'oxygène. Enfin, la place nous manque pour insister sur d'autres mécanismes qui doivent avoir leur importance. Ainsi, par suite de la forte compression à laquelle l'air est soumis dans la cage thoracique pendant la plongée, le Cétacé doit beaucoup mieux utiliser l'oxygène contenu dans cet air, il doit en consommer une certaine quantité qui serait perdue pour un autre Mammifère.

Le Cétacé nous apparaît donc comme un animal très riche en oxygène ; il en est en même temps très avare et c'est ce qui lui permet de réaliser ces plongées qui remplissent de stupéfaction lorsqu'on n'en a pas pénétré le mécanisme.

C'est l'avantage de la physiologie comparée de mettre en relief, pour chaque fonction, certains faits qui, sans elle, passeraient inaperçus ; la physiologie des Cétacés est un remarquable exemple de ce fait.

Dr P. PORTIER,
Attaché au laboratoire de Physiologie
(Sorbonne).

1. On désigne, sous ce nom, la quantité d'oxygène contenue dans 100 cc. de sang.

╼╼╼╼╼╼╼ *TRAVAUX PUBLICS* ╾╾╾╾╾╾╾

LE MÉTROPOLITAIN. L'OUVRAGE DE SUPERPOSITION DE LA PLACE DE L'OPÉRA.

Parmi les 200 millions de voyageurs qui fréquentent annuellement les trois lignes métropolitaines actuellement mises à leur disposition, bien peu consentent à considérer la somme prodigieuse d'efforts et d'énergie dépensée pour arriver à les transporter rapidement d'un point à un autre de la Capitale, pour leurs 15 centimes. Tous apprécient dans le Métropolitain le mode de transport en commun pratique, économique et prompt; on loue généralement sa création et la construction de nouvelles lignes est vivement désirée; quelques-uns même déclarent, convaincus, que « c'est tout de même un beau travail », mais on est tout prêt à taxer de lenteur incompréhensible l'achèvement de lignes commencées depuis longtemps, qui pourtant sont attendues avec impatience. Selon l'habitude, les résultats seuls sont appréciés sans aucune considération des difficultés à vaincre.

Ces dernières ne sont cependant pas illusoires! Tenant soit aux exigences du tracé des lignes, soit à la mauvaise composition des terrains rencontrés, elles viennent, sous la forme d'importants ouvrages d'art exigeant des procédés d'exécution tout à fait spéciaux, compliquer la construction déjà fort laborieuse du tunnel proprement dit.

Parmi les ouvrages spéciaux construits, l'ouvrage de superposition de la place de l'Opéra est sans contredit un des plus importants, et nous pensons que les lecteurs de *La Science au*

XXe *Siècle* nous sauront gré de lui avoir consacré ces quelques pages qui suffiront à le faire connaître.

La loi qui a donné au chemin de fer Métropolitain le droit de vivre, ne lui a accordé cette libéralité que sous certaines conditions fondamentales bien définies, rigoureusement suivies d'ailleurs, au premier rang desquelles figure

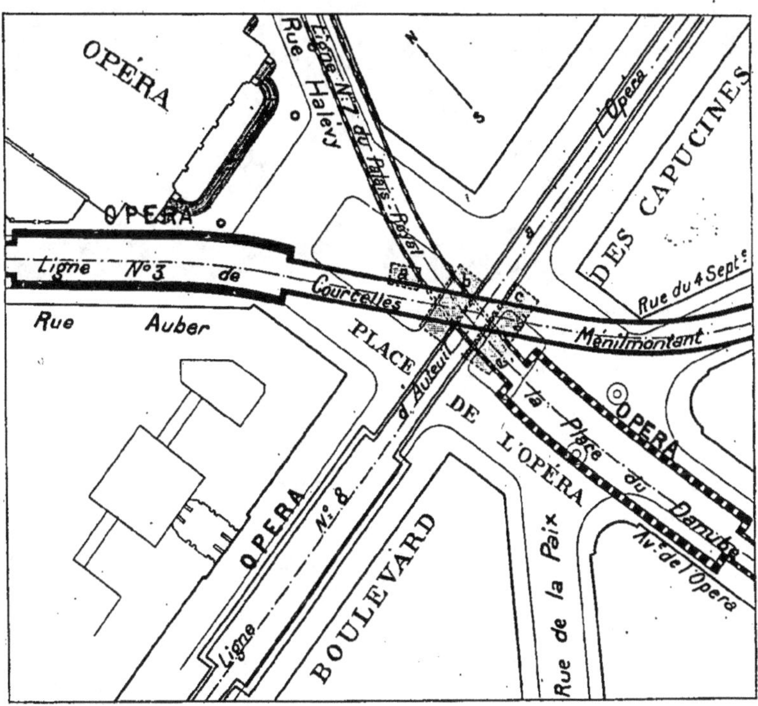

FIG. 1. — PLAN DE LA PLACE DE L'OPÉRA ET DE SES ABORDS MONTRANT LE CROISEMENT DES TROIS LIGNES MÉTROPOLITAINES N°s 3, 7 ET 8 ET L'IMPLANTATION DES TROIS STATIONS « OPÉRA ».

Les lettres **a, b** *et* **c** *désignent les emplacements occupés par les trois massifs de maçonnerie, fondés au moyen de caissons et de l'air comprimé, qui servent d'assise à l'ouvrage de superposition.*

l'obligation de n'opérer les croisements de lignes qu'à des niveaux différents. Cette prescription, dictée par la plus élémentaire prudence, entraîne donc le rejet du croisement à niveau, déjà fort dangereux à l'air libre, au profit du système dit « en saut de mouton », dont l'ouvrage de l'Opéra est un superbe exemple.

Sous la place de l'Opéra convergent en effet trois lignes métropolitaines (fig. 1): la ligne n° 3 « du boulevard de Courcelles à Ménilmontant » actuellement livrée à l'exploitation[1]; la ligne n° 7

1. Voir le numéro du 15 mai de *La Science au XXe Siècle.*

L'ouvrage de superposition de la Place de l'Opéra.

Ces photographies font ressortir l'importance de l'ouvrage et donnent une idée très exacte de sa forme et de sa composition : les 3 caissons de base, qui pénètrent seuls dans la nappe aquifère, supportent la chambre triangulaire supérieure dans laquelle se superposent les lignes n⁰ˢ 3 et 7.

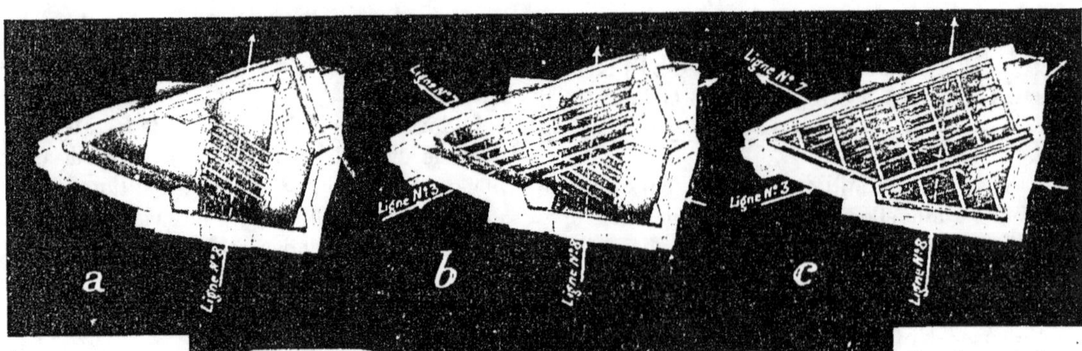

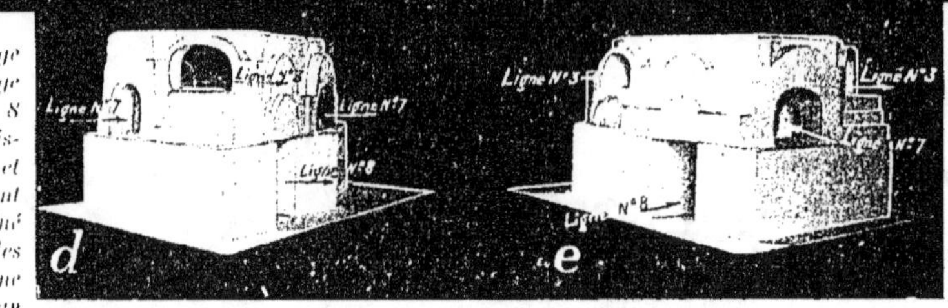

a. Plan de l'étage inférieur. Passage de la ligne n° 8 entre les deux caissons parallèles et position du pont métallique destiné à recevoir les rails de la ligne n° 7. — b. Plan de l'étage moyen. Passage de la ligne n° 7 au travers et à la base de la chambre supérieure, et pont métallique portant les rails de la ligne n° 3. — c. Plan de l'étage supérieur et couronnement de l'ouvrage. Passage de la ligne n° 3 au travers et à la partie supérieure de la chambre triangulaire et disposition du tablier métallique, recouvrant tout l'ouvrage, sur lequel repose la chaussée. — d. Élévation côté est. Entrée de la ligne n° 7 dans l'ouvrage de superposition et sortie des lignes n⁰ˢ 3, 7 et 8. — e. Élévation côté ouest. Entrée des lignes n⁰ˢ 3, 7 et 8 dans l'ouvrage de superposition et sortie de la ligne n° 3.

« du Palais-Royal à la place du Danube » en cours d'exécution, qui, après avoir suivi l'avenue de l'Opéra, se dirige vers son point terminus par les rues Halévy et de Lafayette ; enfin la ligne n° 8 « d'Auteuil à l'Opéra par Grenelle », la seule du réseau concédé par la Ville de Paris à la Compagnie exploitante dont la construction ne soit pas commencée : aboutissant à l'Opéra par les boulevards de la Madeleine et des Capu-

cines, elle servira d'amorce à l'Anneau Central projeté par les Grands Boulevards et le boulevard Saint-Germain. Toutes trois se croisent en un même point sensiblement situé au centre de cette place et leur superposition a lieu dans l'ordre suivant (fig. 3) : à fleur de sol, la ligne n° 3 ; au milieu, la ligne n° 7, au fond, la ligne n° 8.

Édifier ainsi l'un au-dessus de l'autre trois souterrains représen-

Cette reproduction d'un dessin représentant l'ouvrage complètement terminé, donne l'impression de ce qu'il sera lorsque les trois lignes en présence auront été mises en exploitation. Actuellement, la ligne n° 3 livrée au public

et la ligne n° 7 en construction, traversent seules l'ouvrage de superposition ; le passage de la ligne n° 8, qui a été réservé entre les deux caissons parallèles, ne sera frayé qu'au moment de la construction de cette ligne.

FIG. 3. — COUPE TRANSVERSALE DE L'OUVRAGE DE SUPERPOSITION DE LA PLACE DE L'OPÉRA SUIVANT L'AXE LONGITUDINAL DE LA LIGNE N° 8.

L'ouvrage de superposition de la Place de l'Opéra.

tant une hauteur totale de vingt et un mètres environ, est, on le conçoit, loin d'être aisé surtout lorsque ceux-ci, comme dans le cas qui nous occupe, se croisent sans aucune symétrie, qu'ils ont à traverser un sol très meuble et — circonstance particulièrement aggravante — qu'ils doivent pénétrer en partie dans la nappe aquifère rencontrée à 12 mètres environ de profondeur[1]. Et il nous faut ici relever une erreur communément répandue dans le public qui a trop souvent entendu parler des « trois stations superposées de l'Opéra »; comme l'indique la figure n° 1, les trois stations « Opéra », indispensables au mouvement des voyageurs en ce point sur chacune des lignes en présence, existeront donc bien, mais loin d'être superposées — ce qui aurait fort inutilement compliqué la construction en raison de leurs dimensions naturellement beaucoup plus importantes que celles du souterrain — elles seront implantées à la périphérie de la place de l'Opéra et leurs quais mis en communication non seulement avec l'extérieur, mais aussi entre eux, de façon à rendre prompts et faciles les échanges de voyageurs.

Ce point élucidé, examinons comment la superposition de nos trois souterrains a pu être réalisée. Après avoir atteint chacune leur niveau convenable, les trois lignes pénètrent dans un immense bloc de maçonnerie présentant en section horizontale la forme d'un triangle à peu près isocèle dont la base de 24 m. 50 de longueur est située parallèlement et au sud du boulevard des Capucines, tandis que son sommet, placé à plus de 36 mètres de cette base, s'élance vers le nord dans la direction de l'Opéra (fig. 2).

La partie supérieure de ce massif, qui correspond exactement à la portion de l'ouvrage ne pénétrant pas dans la nappe aquifère, se présente sous l'aspect d'une chambre obturée sur ses trois côtés par une muraille de 12 m. de hauteur, très fortement maçonnée, évidée juste pour permettre le libre passage des deux lignes supérieures, la ligne n° 3 et la ligne n° 7 dont elle abrite le point de croisement, et supportant en outre un plancher métallique très résistant, recouvrant tout l'ouvrage, sur lequel la chaussée a été établie. La ligne n° 7 et la ligne n° 3 sont également séparées par un tablier métallique qui reçoit les rails de cette dernière ligne.

À sa partie inférieure, cette chambre, dont les

parois sont à dessein renforcées par une série de voûtes et de piliers, repose entièrement sur trois énormes assises de maçonnerie convenablement espacées, qui, en raison de leur pénétration dans la nappe aquifère sur toute leur hauteur (9 m.), ont été construites au moyen de caissons et de l'air comprimé. Ces caissons, rectangulaires en plan, mais de dimensions inégales, sont proportionnés à la charge qu'ils ont à supporter; le premier, le plus petit d'entre eux, sur lequel s'appuie l'extrémité nord de notre chambre triangulaire, est placé parallèlement à l'axe de la ligne n° 3, tandis que les deux autres, de dimensions beaucoup plus considérables puis-

FIG. 4. — PREMIÈRE PHASE DU TRAVAIL. — VUE PRISE PENDANT LE MONTAGE SUR PLACE DES DEUX GRANDS CAISSONS PARALLÈLES ET LE « FONÇAGE » DU PETIT CAISSON DE TÊTE.

Des deux caissons, dont on assiste à la construction au premier plan de cette photographie, il n'existe encore que la partie inférieure, la « chambre de travail », dont on voit ici la cloison métallique très résistante qui la recouvre et l'isole. C'est directement sur cette cloison que la maçonnerie du massif à construire a été progressivement exécutée au fur et à mesure de l'avancement et de façon à combler l'espace compris entre des tôles verticales et jointives assemblées à la périphérie de l'engin. Au premier plan également : amorces de « cheminées » d'accès à la chambre de travail que l'arrière-plan nous montre montées et pourvues de leurs « sas à air » dans lesquels on procède à « l'éclusée » (passage des hommes et des matériaux de l'air libre à l'air comprimé et inversement).

qu'ils en soutiennent l'un la partie médiane et l'autre l'extrémité sud, ont des directions parallèles, définies par l'axe du boulevard des Capucines ou plus exactement par celui de la ligne n° 8. C'est en effet entre ces deux derniers caissons séparés par un intervalle de 7 m. 50 que sera frayé ultérieurement en ce point le passage de cette ligne n° 8, qu'un troisième tablier métallique supportant les rails de la ligne n° 7 séparera de cette dernière ligne.

---

1. Cette nappe d'eau, que l'on prétend être une rivière souterraine descendant des hauteurs de Ménilmontant, est celle qui, au moment de la construction du théâtre de l'Opéra, a rendu si difficile la fondation d'une partie de ce monument.

A propos de « caissons », nos lecteurs nous seront peut-être reconnaissants de leur en rappeler le principe, aussi les prions-nous de bien vouloir nous excuser de leur infliger une description que nous nous efforcerons de rendre aussi brève que possible.

Qu'on s'imagine une caisse métallique, exactement de la forme et de la dimension de l'ouvrage à construire, non obturée à sa partie supérieure mais fermée à sa base par une cloison d'acier très résistante, rendue étanche à l'air par l'application d'une couche de béton bien pilonnée et qui constitue le plafond de la « chambre de travail » qu'elle abrite. Cette dernière, dont les

FIG. 5. — VUE PRISE A L'INTÉRIEUR DE LA « CHAMBRE DE TRAVAIL » D'UN CAISSON EN COURS DE « FONÇAGE ».

Après avoir été lentement « éclusés » dans « le sas à air », les ouvriers descendent, par la « cheminée » qui leur est réservée, dans la « chambre de travail » où, à la pelle et à la pioche, ils préparent le chemin au caisson métallique rempli de maçonnerie édifié au-dessus de leurs têtes et qui descend par son propre poids au fur et à mesure du déblaiement. Localisé dans cette chambre de travail, l'air comprimé a uniquement pour but de s'opposer à son envahissement par l'eau pendant toute la durée du « fonçage » au travers de la nappe aquifère ou des terrains imprégnés d'eau. Quant aux déblais, ils sont remontés par la cheminée réservée à cet effet au moyen d'un treuil placé dans le « sas à air » puis expulsés au dehors par les « éclusettes » placées à la base du sas, lesquelles sont pourvues d'un dispositif spécial rendant impossible tout échappement d'air comprimé.

parois, placées purement et simplement dans le prolongement de celles de la caisse supérieure, sont renforcées par des contreforts comme elles en acier, reliés par de la maçonnerie et jouant à la base le rôle de « couteaux », laisse sur 1 m. 80 de hauteur environ, un espace libre suffisant pour permettre l'admission des ouvriers chargés de l'opération du déblaiement.

Généralement construit sur place, lorsqu'il a à traverser des terrains imprégnés d'eau, le caisson ainsi composé et très exactement implanté au-dessus de son emplacement définitif, est prêt à subir un « fonçage » rigoureusement vertical. Pour ce faire, on maçonne directement et définitivement au-dessus de la cloison dont il vient d'être question, de façon à combler progressivement, au fur et à mesure de l'avancement, la caisse métallique supérieure : sous cette surcharge, l'engin s'applique très fortement sur le sol qu'il doit pénétrer, et descend de lui-même par son propre poids, à mesure que les ouvriers, dans la chambre de travail, lui préparent le chemin.

Cependant, nous fera-t-on remarquer, dans ces conditions, rien ne s'oppose à l'envahissement de cette chambre de travail par l'eau, envahissement progressant avec la pénétration de votre engin dans la nappe aquifère et réduisant à une mort certaine les malheureux ouvriers qui s'y trouvent? Mais c'est précisément ce qui justifie l'emploi de l'air comprimé qui, fort à propos, intervient pour obvier à ce grave inconvénient : localisé dans la dite chambre de travail, sous une pression qui augmente avec la profondeur, il a essentiellement pour but de s'opposer à cet envahissement pendant toute la durée du fonçage. Mais, comme on le pense, le passage des hommes, des déblais et des matériaux de construction de l'air libre à l'air comprimé, et inversement, ne s'opère pas sans certaines précautions qui obligent au dispositif suivant (fig. 4 et 5 : des « cheminées » cylindriques métalliques, garnies d'échelons intérieurement, établissent, au travers de la maçonnerie construite dans la caisse supérieure, des communications entre la chambre de travail et une sorte de capuchon également métallique, dénommé « sas à air », qui les surmonte, et dans lequel on procède à « l'éclusée », très rapidement pour les déblais et les matériaux, aussi lentement que possible pour les hommes dont l'organisme ne saurait supporter une brusque transition; en raison même de cette différence, un caisson est généralement muni au moins de deux cheminées qui reçoivent chacune une affectation bien définie. Lorsque le caisson est enfin descendu au niveau voulu, la chambre de travail est entièrement comblée avec de la maçonnerie, puis les sas à air sont déposés et les cheminées bourrées de béton jusqu'à l'arasement de la maçonnerie extérieure. La carcasse métallique est ainsi entièrement abandonnée et on dit alors que le caisson est « foncé ».

L'ouvrage de superposition de la place de

FIG. 6. — DEUXIÈME PHASE DU TRAVAIL. VUE PRISE
PENDANT LA CONSTRUCTION DE LA PARTIE SUPÉ-
RIEURE DE L'OUVRAGE DE SUPERPOSITION.

Ici les caissons sont « foncés » et, sur cette base, les murs, voûtes et piliers, qui constituent les parois de la chambre triangulaire supérieure dans laquelle s'opère le croisement des lignes nᵒˢ 3 et 7, sont en cours d'exécution. Cette photographie nous fait également assister à la pose du pont métallique sous rails de la ligne nᵒ 3 qui permet à cette ligne de franchir la ligne nᵒ 7.

l'Opéra, compris dans un lot d'entreprise de la ligne nᵒ 3, a donc été exécuté en même temps que cette ligne. Sa construction, confiée à M. Chagnaud, l'entrepreneur parisien bien connu, n'a pas demandé plus de dix mois, et il faut ajouter qu'elle avait été rendue particulièrement difficile par l'interdiction de faire accéder au chantier des tombereaux pour l'enlèvement des déblais et l'approvisionnement des matériaux; ces derniers ont en conséquence été obligés de suivre une voie souterraine, en l'espèce la galerie métropolitaine en construction, d'où, à la station « Place de l'Europe », ils étaient dirigés de nuit sur les voies du chemin de fer de l'Ouest grâce à l'intermédiaire d'un embranchement spécial.

Quant aux phases successives du travail elles peuvent se résumer en ces quelques mots (fig. 6, 7. 8) : prise en possession du chantier suivant le périmètre nécessaire; exécution, à l'emplacement des ouvrages, d'une fouille de 4 m. 50 environ de profondeur; montage et fonçage alternatif des caissons en commençant par le plus petit, ceux-ci fonctionnant d'abord à l'air libre, puis à l'air comprimé dès la rencontre de la nappe aquifère; enfin construction des pi-

FIG. 7. — TROISIÈME PHASE DU TRAVAIL : LE GROS-ŒUVRE TERMINÉ. VUE DE L'ÉTAGE MOYEN DE L'OUVRAGE DE SUPERPOSITION RÉSERVÉ A LA LIGNE Nᵒ 7.

Cette photographie a été prise au moment où l'on procédait aux essais de résistance du pont métallique sous rails de la ligne nᵒ 3 : Des voitures chargées de saumons de plomb stationnent sur le pont en question (que l'on voit ici occupant la partie supérieure de la gravure) tandis qu'au-dessous, des appareils Rabut, convenablement disposés, enregistrent la flèche élastique des poutres principales sous cette surcharge.

FIG. 8. — VUE DE L'ÉTAGE SUPÉRIEUR RÉSERVÉ AU
PASSAGE DE LA LIGNE Nᵒ 3.

Cette photographie, prise comme la précédente après l'achèvement du gros-œuvre, montre : en bas, une des deux poutres de rive du pont métallique sur lequel reposent les rails de la ligne nᵒ 3 et en haut une partie du plancher métallique recouvrant tout l'ouvrage et supportant la chaussée. Au fond, on voit la voûte d'élégissement correspondant à l'entrée de la ligne nᵒ 7 dans l'ouvrage.

liers, murs et voûtes de l'ouvrage principal, mise en place des tabliers métalliques et réinstallation de la chaussée.

L'avancement moyen des caissons était d'environ 36 cm. par jour ; le poids total de l'ouvrage n'atteint pas moins de 14 500 tonnes ; 6 500 mètres cubes de maçonnerie ont été employés à sa construction et il a englobé à lui seul la somme rondelette de 600 000 fr.

E. DE LOYSELLES.

OPTIQUE

POURQUOI LA LUNE NOUS PARAIT-ELLE PLUS GRANDE A L'HORIZON QU'EN PLEIN CIEL ?

Lorsque la lune est à l'horizon, elle nous paraît notablement plus grosse qu'en plein ciel.

Diverses explications ont été proposées pour ce phénomène, considéré par les uns comme réel et objectif, par d'autres comme illusionnel et purement subjectif.

Dans le premier ordre d'idées, on a expliqué ce grossissement par une réfraction atmosphérique dont l'effet doit être d'autant plus prononcé que les rayons lumineux sont plus rasants sur l'horizon. Mais il est aisé de voir que cette réfraction ne peut produire qu'une déformation elliptique, et qu'elle doit être variable avec l'état de l'atmosphère. Or le phénomène dont nous parlons est constant ; il est indépendant de l'état de l'atmosphère, et n'entraîne aucune déformation du disque lunaire qui est toujours régulièrement circulaire tout en paraissant plus grand.

Voici un procédé expérimental permettant de résoudre aisément la question : plaçons par exemple devant l'œil une lame de verre à faces exactement planes et parallèles, et d'épaisseur assez considérable (8 à 10 mm.) pour que les images multiples ne viennent pas gêner l'expérience.

On constate immédiatement que la lune étant en plein ciel, où elle nous paraît de grandeur normale, il suffit, de projeter, en orientant convenablement la lune, son image sur l'horizon pour la voir notablement grossie ; le phénomène est donc bien subjectif. C'est une illusion liée à une erreur de jugement inconscient. En effet nous avons l'habitude de juger de la distance des objets d'après leur grandeur apparente, sachant par une constante et inconsciente expérience, qu'ils nous paraissent d'autant plus petits que leur distance est plus grande ; réciproquement, la même habitude nous conduit à prévoir la grandeur apparente des objets d'après leur distance connue ou présumée ; de telle sorte que si nous les croyons plus éloignés qu'ils ne sont réellement, ils nous paraîtront *trop grands*.

C'est ainsi que lorsqu'une vitre, réfléchissant l'image d'une personne placée près de nous, la projette sur des objets éloignés, cette image nous paraît d'une grandeur démesurée, parce que nous avons, pour un instant au moins, tendance à la voir plus éloignée qu'elle n'est en réalité, et par suite à lui prévoir une grandeur apparente moindre que la véritable.

Or, quand la lune est à l'horizon, ou que nous y projetons son image au moyen de la lame de verre, nous la voyons à côté d'objets que nous savons être très éloignés, mais en même temps bien moins éloignés que la lune elle-même.

Si au contraire elle est vue en plein ciel, les objets à côté desquels elle se trouve sont nécessairement très rapprochés, comme les branches d'un arbre ou le toit d'une maison.

On peut dire, encore, que les objets vus dans le voisinage de la lune nous fournissent, pour elle, par leur propre distance, un *taux d'éloignement* bien plus fort dans le cas de l'horizon que dans le cas du plein ciel ; nous devons donc prévoir pour elle un diamètre apparent *plus petit* dans le premier cas ; et, comme elle conserve *le même* diamètre dans tous les cas, il en résulte que nous la trouvons, dans le cas de l'horizon, de grandeur supérieure à la grandeur prévue, et par conséquent *grossie*.

Le même dispositif expérimental nous fournit d'ailleurs une autre vérification sous forme de contre-épreuve : en tournant convenablement la lame de verre, nous pouvons projeter l'image de la lune sur des objets *très rapprochés*, par exemple placés à 1 m. ou à 50 cm. Dans ce cas si notre explication est juste, la lune devra nous paraître *très rapetissée* ; or tout le monde peut constater, en faisant l'expérience, qu'il en est précisément ainsi.

L. BENOIST.

VARIÉTÉ

LES PERTURBATIONS DE LA LOCOMOTION.

Les animaux qui se déplacent ont le plus souvent une symétrie bilatérale, tandis que les animaux fixés ont une symétrie rayonnée ; en général allongés, ils sont formés de deux parties, droite et gauche, plus ou moins semblables, séparées par un plan médian. C'est ordinairement en ligne droite, suivant la direction de ce plan, que se fait la progression, qu'il s'agisse de la reptation des vers et des mollusques, de la marche des crustacés et des mammifères, de la natation des larves et des poissons, du vol des insectes et des oiseaux. Toutefois il y a des exceptions : les crabes s'enfuient suivant une direction perpendiculaire à leur plan de symétrie ; les moustiques tourbillonnent dans l'air en décrivant une multitude de cercles.

Si les mouvements de rotation sont présentés normalement par certains animaux, ils peuvent être provoqués chez d'autres de façons variées.

Mouvements de rotation chez les vertébrés. Ces mouvements ont été bien étudiés par Beaunis, qui en rend compte ainsi dans ses *Nouveaux Eléments de Physiologie*. Ils se présentent sous trois formes principales :

FIG. 1. — LAPIN EFFECTUANT UN MOUVEMENT DE MANÈGE.

1° *Mouvement de manège.* — Dans ce cas (fig. 1), l'animal décrit un cercle de plus ou moins grand rayon, l'axe du corps, courbé en arc, faisant partie constamment de la circonférence ; la rotation se fait tantôt dans le même sens que les aiguilles d'une montre, tantôt en

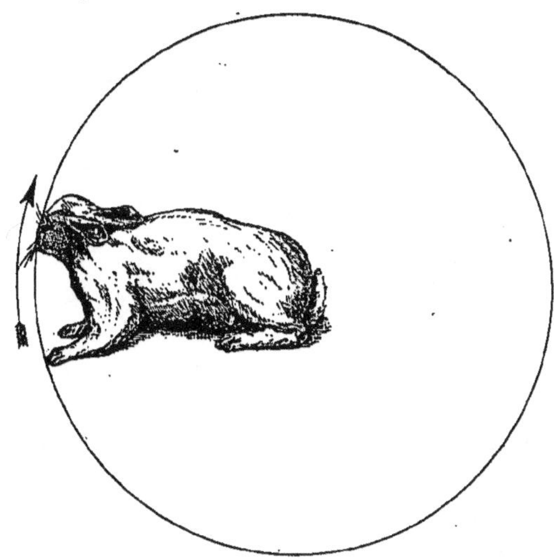

FIG. 2. — LAPIN EFFECTUANT UN MOUVEMENT DE ROTATION EN RAYON DE ROUE.

sens inverse. Parfois, au lieu de décrire un mouvement de manège pur, l'animal décrit des courbes de rayon variable qui constituent une sorte de spirale.

2° *Mouvement de rotation en rayon de roue* (fig. 2). — L'axe du corps de l'animal ne dévie pas ; il est une des parties d'un des rayons du cercle décrit, et non une partie de la circonférence du cercle. L'animal peut tourner autour du train postérieur qui sert d'axe, la tête se trouvant à la circonférence du cercle ; ce mode de rotation, assez rare du reste, a été observé par Schiff, Brown-Séquart, Beaunis, c'est-à-dire par des physiologistes dont on ne peut mettre en doute les résultats de leurs expériences. Bechterew a observé le mouvement inverse, c'est-à-dire la tête se trouvant au centre du cercle.

3° *Mouvement de rotation sur l'axe ou roulement.* — Dans ce mouvement l'animal tourne autour d'un axe longitudinal qui traverserait le corps dans sa longueur ; la rotation commence par une chute de l'animal sur un côté, et le sens de la rotation est déterminé par le côté par lequel a débuté la chute. Un enfant exécute volontairement ce mouvement lorsqu'il se laisse rouler le long d'une pente gazonnée. Le roulement peut s'accompagner d'un mouvement de translation et devient un mouvement en pas de vis.

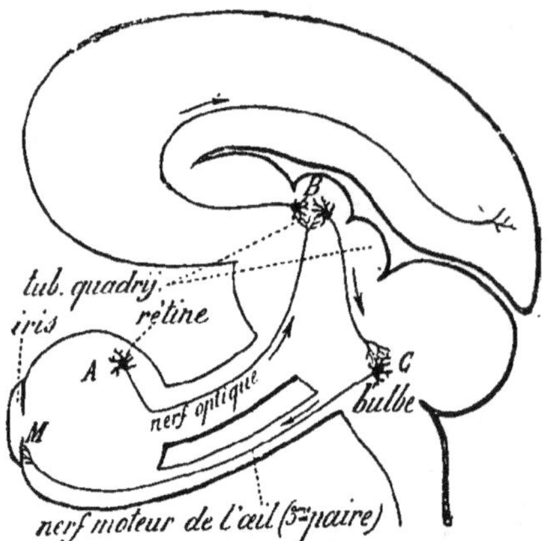

FIG. 3. — SCHÉMA DE L'ENCÉPHALE.
C, cervelet; B, tubercules quadrijumeaux.

Tous ces mouvements de rotation sont très rapides et présentent la plupart du temps un caractère particulier : il semble, dit Beaunis, que les animaux soient poussés à les accomplir par une force intérieure à laquelle ils ne peuvent résister, d'où le nom de mouvements *irrésis tibles* qui leur a été donné (Zwangbewegungen).

Origine et interprétation de ces mouvements. On obtient ces mouvements par des lésions particulières des centres nerveux (fig. 3) au niveau des cerveaux postérieur (cervelet), moyen (tubercules quadrijumeaux) et antérieur (hémisphères du cerveau proprement dit). Il suffit par exemple de sectionner l'un des pédoncules qui relient le cervelet à droite et à gauche aux parties sous-jacentes pour provoquer le roulement autour de l'axe longitudinal ; le mouvement de manège s'observe principalement après la lésion des pédoncules qui rattachent le cerveau proprement dit aux autres parties de l'encéphale, mais parfois il est consécutif à des lésions même limitées de l'écorce, ou portion superficielle des hémisphères cérébraux.

On a cherché à expliquer les rotations, soit par une paralysie totale ou partielle des muscles d'un côté du corps, soit par une contracture des mêmes muscles, mais, la plupart du temps, il n'y a ni paralysie, ni contracture. D'après Gratiolet la rotation serait due à des convulsions des muscles oculaires et au vertige qui accompagne la déviation des yeux : ces convulsions sont associées fréquemment aux rotations, la déviation des yeux se faisant ordinairement dans le même sens que le mouvement de rotation ; cependant il n'y a pas une liaison nécessaire entre les deux phénomènes, les rotations pouvant exister même après l'ablation des yeux.

Beaucoup de mouvements de rotation paraissent avoir leur origine dans les centres moteurs. A cet égard Magendie, l'un des pères de la physiologie du système nerveux, admettait dans les différentes régions cérébrales des organes ayant une action antagoniste sur les mouvements : un centre de recul et un centre de progression en avant, un centre entraînant le corps à gauche et un autre l'entraînant à droite ; l'équilibre dans la station et dans la marche se maintiendrait par la neutralisation de l'action des centres antagonistes ; mais, l'un d'eux venant à être détruit ou excité outre mesure, l'équilibre serait rompu et l'action prédominante du centre restant ou surexcité porterait le corps d'un côté ou de l'autre. Telle est l'explication de Vulpian, celle de Luys, qui compare le phénomène de rotation au phénomène physique du tourniquet hydraulique, celle d'Onimus, qui fait dépendre le mouvement de manège d'une exagération fonctionnelle d'une moitié latérale du système des centres locomoteurs. Beaunis, lui, conclut que la théorie complète des mouvements de rotation est impossible à faire dans l'état actuel de la science.

De plus, les mouvements de rotation peuvent être d'origine périphérique, au lieu d'être d'origine centrale. Une lésion portant sur certaines parties de l'oreille peut les provoquer aussi bien qu'une lésion cérébrale. On sait que l'oreille interne (fig. 4), logée dans un des os du crâne, est composée de deux vésicules ; à l'une d'elles aboutit un tube enroulé en spirale, le limaçon (L) ; à l'autre sont annexés trois tubes demi-circulaires (csc), disposés dans trois plans perpendiculaires ; dans ces derniers circule un liquide qui impressionne

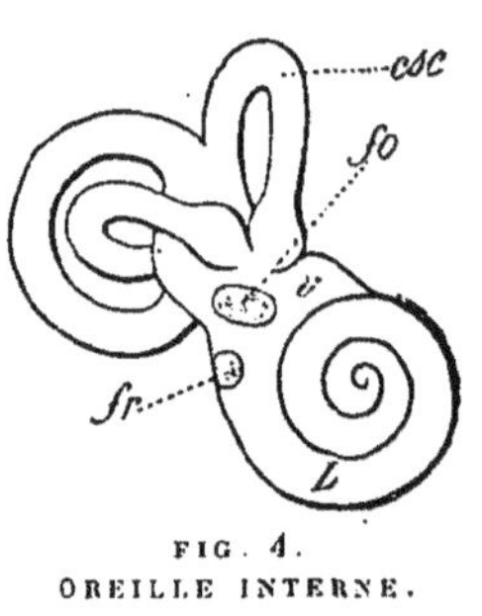

FIG. 4.
OREILLE INTERNE.
L, limaçon ;
csc, canaux semi-circulaires.

des terminaisons nerveuses situées dans des ampoules. Celles-ci semblent le point de départ des phénomènes que nous passons en revue.

Flourens observa le premier sur les pigeons les phénomènes très curieux qui se produisent après la lésion des canaux semi-circulaires. La section du canal horizontal entraîne un mouvement de la tête de droite à gauche et de gauche

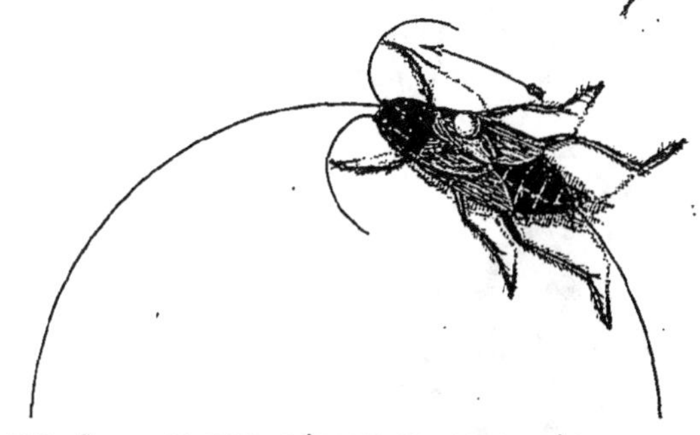

FIG. 5. — BLATTE DÉCRIVANT UN MANÈGE, A LA SUITE DE L'ALOURDISSEMENT D'UNE AILE.

à droite ; celle du canal vertical, un mouvement de haut en bas et de bas en haut ; les mouvements de la tête se produisent ainsi dans le plan des canaux opérés. La destruction des canaux amène le vertige et consécutivement des rotations, l'animal ne pouvant plus conserver son équilibre. Ces phénomènes ont été observés depuis très fréquemment ; leur interprétation présente également beaucoup de difficultés.

Mouvement de manège chez les insectes.	Le mouvement de manège peut être provoqué très facilement chez les insectes, par une

lésion unilatérale de leurs ganglions nerveux. La facilité avec laquelle ce symptôme se manifeste en fait, d'après le psychologue Binet, un des caractères les plus importants de la physiologie nerveuse chez ces animaux : toute lésion un peu importante d'un ganglion nerveux a le plus souvent pour résultat de forcer l'animal lésé à marcher en cercle.

Treviranus paraît être le premier qui ait fait cette expérience ; il enleva à un *Orgya* la moitié gauche du ganglion sus-œsophagien, et il vit l'insecte tourner à droite en décrivant des cercles avec rapidité. Yersin, Faivre, R. Dubois répétèrent cette expérience.

Ces savants ont observé le mouvement de manège par une lésion unilatérale des centres nerveux ; mais, d'après Binet, on peut produire le même phénomène d'une tout autre façon. Il suffit pour cela de fixer sur le bord externe d'un élytre, chez une blatte par exemple, un petit fragment de cire ; le poids est calculé d'après la taille de l'animal et ne doit pas être assez considérable pour renverser l'animal sur le côté ou sur le dos, mais il doit être cependant suffisant pour modifier la direction de la marche. L'animal

marche en cercle (fig. 5), et Binet a constaté que s'il marche ainsi, c'est qu'il fait des pas plus longs d'un côté que de l'autre ; ainsi, pour Binet, la cause primitive du mouvement de manège consiste dans une excitation inégale des deux côtés du corps, et est indépendante de la volonté de l'animal.

Si parfois l'insecte peut lutter, dans une certaine mesure, contre la tendance de tourner en cercle ou en spirale (fig. 6), il finit toujours par tourner. La rotation est en quelque sorte fatale. Un grillon auquel on a fait la section du pédoncule cérébral droit ne demeure pas longtemps auprès d'une brise de pain à laquelle il semble manger avec avidité ; peu à peu il se déplace à gauche, et l'aliment se trouve hors de sa portée ; il semble être dans l'impossibilité de s'approcher du pain volontairement. D'autre part, quand on effraie avec le doigt un insecte qui marche en manège, il précipite sa course pour fuir le doigt,

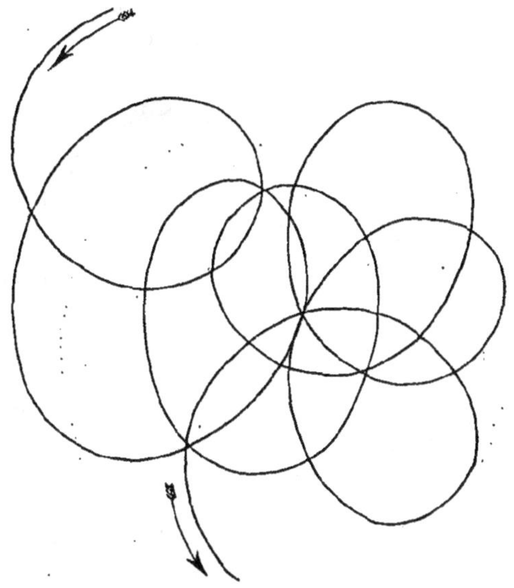

FIG. 6. — TRAJECTOIRE SUIVIE PAR UN INSECTE LÉSÉ, D'APRÈS BINET.

mais il n'en est pas moins obligé de décrire un cercle qui parfois le ramène précisément à son point de départ.

Mouvements de manège déterminés par un inégal éclairement des deux yeux.	On a vu que le mouvement de manège peut résulter, non seulement d'altérations des centres nerveux, mais encore d'altérations ou d'excitations

asymétriques des organes des sens (téguments, canaux semi-circulaires). Chez un insecte, la section d'une antenne, le noircissement d'un œil, sont des causes fréquentes de ces mouvements.

De nombreuses expériences ont été faites en noircissant l'œil d'un insecte, d'un crustacé. Chez la cigale, la libellule, l'abeille, la mouche, le mouvement de manège se fait toujours vers le côté opposé à celui de l'œil noirci; chez les animaux qui fuient d'habitude la lumière, tels que les blattes, les papillons nocturnes, la rotation se fait tantôt dans un sens, tantôt dans l'autre, suivant les heures et l'éclairement. On a donné des explications psychologiques de ces faits. La mouche voit un obstacle opaque du côté de l'œil noirci, et, voulant l'éviter, elle s'en écarte. Les insectes photofuges, vers le soir, exercent alors davantage leur attention et peuvent se diriger vers des objets qu'ils fixent du regard. Mais il faut voir dans ces faits des phénomènes d'ordre biologique : la lumière reçue par un œil semble exercer sur les muscles du corps situés du même côté, tantôt une action excitante, tantôt une action inhibitrice.

Il suffit de brûler un des yeux d'un ver annelé, tel qu'une *Néreis* (fig. 7), pour que le

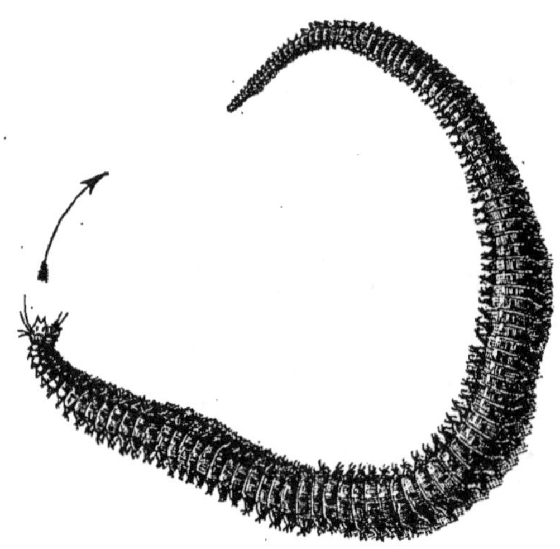

corps se contourne, un des côtés du corps étant en quelque sorte paralysé.

Ces phénomènes ont une conséquence curieuse. Si on place un animal, comme un escargot, entre un mur blanc et un mur noir (fig. 8), il en résulte une inégalité d'éclairement des deux yeux, et le mollusque se met à ramper en décrivant un cercle qui le rapproche de la muraille noire. Ceci explique, d'après G. Bohn, l'attraction de beaucoup d'animaux par les parois noires, le *phototropisme négatif* de ces animaux.

Le mouvement de manège d'après Anatole France. Anatole France paraît avoir entrevu les phénomènes dont nous venons de parler et qui ont été étudiés seulement depuis quelques années. Dans « le Puits de Sainte-Claire », où il a mis par écrit de vieux contes

italiens, il expose entre autres les farces des apprentis du peintre Andrea Tafi : le joyeux Buffalmacco, trouvant que son maître l'éveillait trop tôt, prend des blattes et leur attache sur le dos, au moyen d'une aiguille courte et fine, une petite chandelle de cire. « A mesure qu'il allumait les chandelles, il lâchait les blattes dans la chambre.... Bientôt elles se mirent à décrire des cercles, non pas parce que cette figure, comme dit Platon, est parfaite, mais par l'effet de l'instinct, qui pousse les insectes à tourner en rond, pour échapper à tout danger inconnu. Buffalmacco, de son lit où il s'était jeté, les regardait faire et s'applaudissait de son artifice. Et vraiment rien n'était plus merveilleux comme ces feux imitant, en petit, l'harmonie des sphères, telle qu'elle est représentée par Aristote et ses commentateurs. On ne voyait point les blattes, mais les lumières qu'elles portaient. Au moment où ces lumières formaient dans l'obscurité plus de cycles et d'épicycles que Ptolémée et les Arabes n'en observèrent jamais en suivant la marche des planètes, »... le Tafi poussa la porte, et s'enfuit effrayé, croyant être en présence du diable et des malins esprits.

G. BOHN.

TRIBUNE LIBRE D'ENSEIGNEMENT EXPÉRIMENTAL

Force centrifuge. Vérification de la formule $F = m\omega^2 R$.

1° L'axe d'une roue de bicyclette est fixé verticalement sur un tabouret. Une bille de plomb est traversée par le fil f dont les extrémités sont attachées à deux rayons de la roue près de la jante (fig. 1). Quand la roue est immobile la bille est assujettie à décrire un cercle dans le plan vertical passant par l'axe.

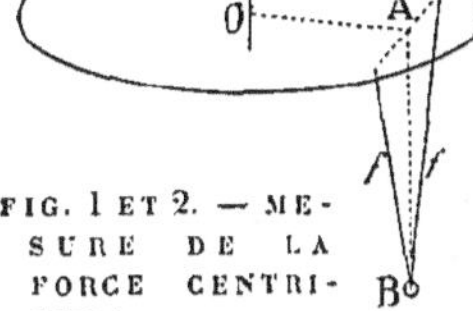

FIG. 1 ET 2. — MESURE DE LA FORCE CENTRIFUGE.

Avec un doigt appuyé sur le point d'entrecroisement de deux rayons, on imprime à la roue un mouvement de rotation d'abord accéléré, puis uniforme, en évitant de faire osciller la bille. Il est très facile d'obtenir une vitesse de 1/2 tour par oscillation d'un pendule qu'on regarde, ou d'un métronome qu'on écoute.

Dans une expérience la durée des oscillations du pendule était égale à une seconde.

Par conséquent :

Vitesse angulaire $\omega = \pi$.

On a mesuré :

$$\begin{cases} OA = 24 \text{ centimères.} \\ AC = 35 \quad\text{—} \\ CB_1 = 13 \quad\text{—} \end{cases}$$

Or on a (fig. 2) :

$$F = P \frac{CB_1}{CA} = mg \frac{CB_1}{AC}.$$

FIG. 2.

En supposant $m = 1$ gr. :

$$F = 981 \frac{13}{35} = 364 \text{ dynes environ.}$$

En appliquant la formule : $F = m\omega^2 R$.

On trouve :

$$\begin{aligned} F &= \pi^2 (OA + CB_1) \\ &= \pi^2 \times 37 \\ &= 365 \text{ dynes environ.} \end{aligned}$$

Pendule de Mach simplifié.

2° Le pendule de Mach sert à montrer expérimentalement que la période d'un pendule est inversement proportionnelle à la racine carrée de l'accélération due à la

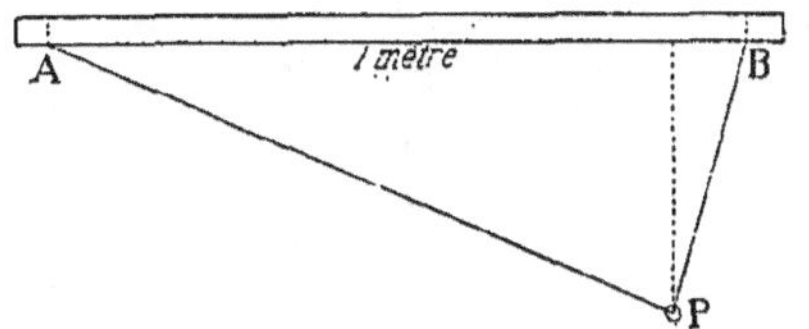

FIG. 3 ET 4. — EXPÉRIENCE DE MACH SIMPLIFIÉE.

pesanteur (*voir Cours élémentaire de physique PCN de M. Turpain*).

On peut répéter très simplement cette expérience de la façon suivante : en deux points A et B d'une règle on attache les extrémités d'un fil traversant une petite bille de plomb (fig. 3).

Soit N_1 le nombre des oscillations par minute de la bille oscillant lorsque la règle est placée horizontalement et N_2 lorsque la règle fait un angle α avec le plan horizontal (fig. 4) :

$$\frac{N_2}{N_1} = \sqrt{\frac{\gamma}{g}} = \sqrt{\cos \alpha}.$$

FIG. 4.

On mesure directement $\cos \alpha$, on peut par exemple donner une inclinaison telle que :

$$BC = 81 \text{ centimètres}$$
$$\cos \alpha = 0{,}81$$
$$\sqrt{\cos \alpha} = 0{,}9.$$

Avec le pendule ci-contre on a trouvé :

$$N_1 = 101 \text{ oscillations}$$
$$N_2 = 91 \text{ oscillations}$$
$$\frac{N_2}{N_1} = \frac{91}{101} = 0{,}9009.$$

*Expériences 1 et 2 communiquées par M. ROUBAULT,
Professeur de physique au lycée d'Angoulême.*

Carburation du fer.

On peut montrer facilement la carburation du fer au moyen du dispositif suivant. Un verre de lampe de forme cylindrique est muni de bouchons à deux trous. L'un des trous sert de passage à un tube par lequel on fera arriver du gaz d'éclairage. L'autre ouverture est fermée par un gros fil de cuivre recourbé à l'intérieur. Un fil de fer aussi fin que possible est attaché au crochet supérieur A. Il sera fixé par l'autre extrémité à un morceau de chaîne qui établira le contact avec le crochet C. On fait circuler un courant de gaz d'éclairage, puis au moyen d'un courant électrique, on fait rougir le fil ab. On règle le courant de manière à obtenir la plus haute température possible sans toutefois fondre le fil.

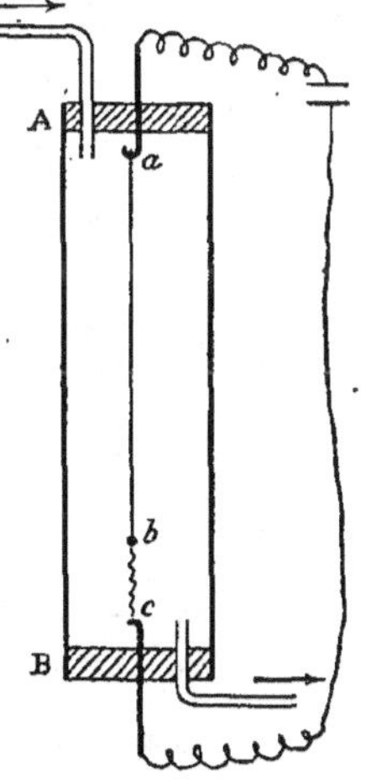

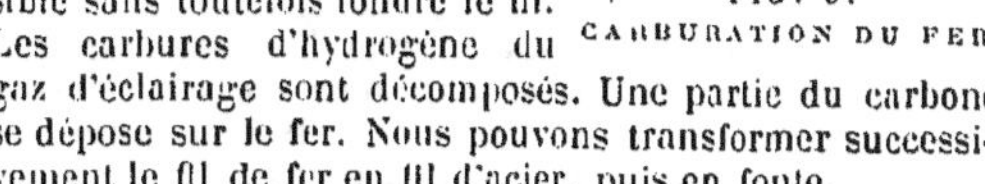

FIG. 5.
CARBURATION DU FER.

Les carbures d'hydrogène du gaz d'éclairage sont décomposés. Une partie du carbone se dépose sur le fer. Nous pouvons transformer successivement le fil de fer en fil d'acier, puis en fonte.

Vers la fin de l'opération nous pourrons constater que la température de fusion du fil a été fort abaissée par l'introduction du carbone. On peut montrer aussi : 1° que le diamètre du fil a augmenté; 2° que le fil qui était souple est devenu excessivement fragile. C'est une aiguille de fonte. La surface a changé complètement d'aspect.

En prenant un fil fin l'expérience ne dure que quelques minutes et une différence de potentiel de 40 volts suffit.

On peut employer le courant alternatif puisqu'il ne s'agit que d'une décomposition pyrogénée des carbures d'hydrogène.

Communiqué par M. COSTE,
Préparateur au P. C. N.

Dispositif pour enregistrer les lois de la chute des corps.

La vérification expérimentale des lois de la chute des corps au moyen de la machine d'Atwood est un exercice délicat : la main doit, à un certain moment, provoquer un mouvement ou l'arrêter, d'après les indications qui lui sont fournies par l'œil et l'oreille. Comme cause d'erreur, en dehors du temps d'impression, de réaction, d'élaboration volontaire qui se passent dans le cerveau, de transmission (vitesse de l'influx nerveux), il y a encore à tenir compte de la suggestibilité contre laquelle il est difficile de réagir. Au seuil de la perception, comme au seuil du mouvement, la suggestion joue un rôle perturbateur, et il suffit d'une fraction de seconde, c'est-à-dire, physiologiquement, d'une parcelle de temps infiniment petite, pour que les résultats ne soient plus comparables. Ces causes perturbatrices multiples, bien connues des physiologistes et des physiciens expliquent les tendances à substituer, chaque fois qu'il est possible, à l'observation directe d'un phénomène, l'enregistreur automatique, même de qualité imparfaite.

Fig. 1

Sur la plate-forme de la machine d'Atwood (fig. 1), on fait passer la bande de papier du récepteur Morse; un contrepoids π maintient la bande tendue. Aux deux extrémités d'un même diamètre de la poulie on fixe deux stylets ss (barbes de plume enduites d'encre ordinaire).

Le poids $(P+p)$ étant au zéro et l'un des stylets en rapport avec la bande mobile, on abandonne le système à lui-même.

1° *Loi des espaces.* — L'examen de la bande de papier donne la fig. 2, après réduction d'un quart, pour $P = 80$ gr. et $p = 10$ gr.

Prenons, pour unité de temps, le temps que la poulie a mis à décrire sa première demi-circonférence. Pendant ce temps la bande de papier s'est déplacée de AB; et l'espace parcouru par $(P + p)$ est $= \dfrac{circonférence}{2}$. Au bout de deux unités de temps, un point C, tel que BC = AB, est venu se placer sous l'un des stylets, et comme entre les deux points A et C nous avons 4 impressions des stylets, le poids $(P + p)$ a parcouru un espace $= 4\,\dfrac{c}{2}$. Les espaces sont donc proportionnels aux carrés des temps employés à les parcourir.

2° *Loi des vitesses* (a). — Le système étant ramené au zéro, on place le curseur creux à la division 1 (fig. 1). On détermine ce point, avec la plus grande exactitude, en faisant tourner préalablement le système de $\dfrac{c}{2}$, à partir de zéro, et on abandonne le tout à lui-même, ce qui donne la fig. 3.

Les distances B'β, $\beta\beta'$, etc., sont égales, le mouvement de chute est uniforme à partir de B'. (C'est là une vérification du principe de l'inertie.) Chacune de ces distances est $=$ à $\dfrac{A'B'}{2}$; donc, pendant la deuxième unité de temps, le chemin parcouru par le système, et d'un mouvement

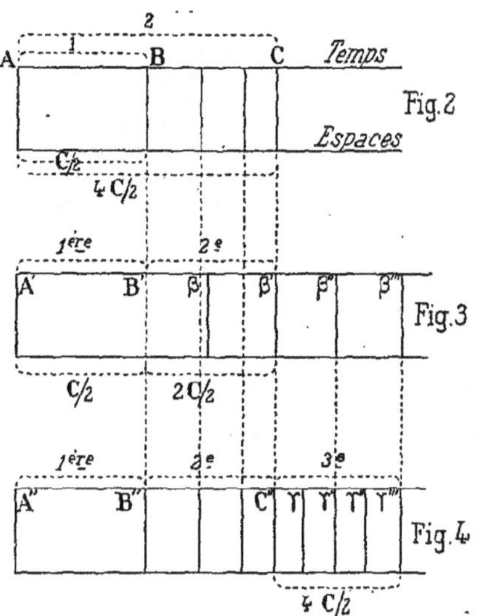

CHUTE DES CORPS. — LOIS DES ESPACES ET DES VITESSES.

uniforme, est $=$ à $2\,\dfrac{c}{2}$, c'est-à-dire le double du chemin parcouru d'un mouvement accéléré pendant la première unité de temps.

(b). On ramène au zéro, on place le curseur creux en (4) (fig. 1) et on laisse tomber, ce qui donne le graphique (fig. 4).

Jusqu'en C et C'', les figures 2 et 4 se correspondent. A partir de C'', le mouvement est uniforme; $C''\gamma = \gamma\gamma' = \gamma'\gamma''$, etc., $= \dfrac{A''B''}{4}$. Pendant la 3e unité de temps, l'espace parcouru d'un mouvement uniforme est représenté par $4\,\dfrac{c}{2}$ ou, en d'autres termes, la vitesse (v_1, fig. 1), au point (1) étant $2\,\dfrac{c}{2}$, et la vitesse v_2 au point (4) étant $4\,\dfrac{c}{2}$, les vitesses acquises aux points (1 et 4) sont proportionnelles aux temps de la chute.

Remarques. — C'est pour obvier à l'insuffisance de hauteur de la machine d'Atwood qu'on a employé deux stylets. — Il faut s'assurer avec soin que ces deux stylets sont bien dans un même plan vertical, c'est-à-dire que les traits qu'ils laissent sur la bande de papier au repos se confondent en un seul. — On peut modifier le dispositif en vue d'une manipulation d'élèves et pour une faible hauteur de chute, en se servant comme poulie d'un bouchon plat, mobile autour d'un fragment d'aiguille, et remplacer le récepteur Morse par l'appareil que j'ai décrit page 215 de cette Revue.

Communiqué par M. AMAUDRUT,
Professeur au lycée de Vesoul.

A. GUILLET,
Professeur honoraire.

~~~~~~~ *Revue critique des travaux scientifiques.* ~~~~~~~

PHYSIQUE

La résistance au contact de deux conducteurs.	

La cause de la cohération de deux conducteurs en contact appartient encore au domaine de l'hypothèse. Faut-il admettre avec Branly que le diélectrique interposé devient conducteur lorsqu'il est soumis à l'action du champ d'une étincelle, ou avec Lodge que l'étincelle extérieure détermine une décharge de contact qui jette un pont métallique entre les conducteurs ou qui les soude l'un à l'autre? Faut-il admettre que le contact devient meilleur par suite de la disparition plus ou moins mystérieuse d'une couche d'oxyde ou de vapeur d'eau enveloppant les conducteurs, ou par suite de la transformation allotropique du métal primitif en une variété beaucoup plus conductrice?

Cette multiplicité d'explications montre la nécessité d'expériences méthodiques et simples permettant d'aborder de toutes les manières possibles les phénomènes dont le contact est le siège. Dans un travail récent, M. *A. Blanc* a recherché suivant quelle loi varie la résistance au contact de deux conducteurs, bille et plan d'acier par exemple, avec la pression qui s'exerce entre les deux conducteurs, ou avec l'intensité d'un courant traversant le contact.

L'un des appareils employés est constitué par un levier mobile autour d'un axe et suspendu à un ressort; la bille est montée à la face inférieure du levier et prend contact avec le plan d'acier qui est fixe. Un disque de fer doux disposé à l'extrémité du levier est attiré par un électro-aimant placé au-dessous de lui. En réglant convenablement le courant qui excite cet électro il est facile d'obtenir telle pression de contact que l'on désire et de faire varier celle-ci sans secousse.

Vient-on à établir une pression p_0 la résistance diminue d'abord très vite puis plus lentement pour prendre une valeur *limite* r_0, (résistance mesurée au pont de Wheatstone au moyen d'un courant de faible intensité). A des pressions croissantes p_0, p_0', p_0'',... correspondent des résistances limites décroissantes r_0, r_0', r_0'',... etc. Si l'on fait repasser la pression de p_0'' à p_0' par exemple, la résistance passe de r_0' à r_1'', et cette dernière résistance est plus faible que r_0'. Lorsque la pression passe de p_0'' à p_0' il y a donc une diminution de résistance $r_0'-r_1'$ *qui reste acquise*. En d'autres termes le phénomène de cohération par la pression n'est pas réversible.

En ce qui concerne le courant, M. A. Blanc s'est assuré à nouveau qu'il est indispensable que les deux conducteurs soient *amenés au contact* pour que le courant s'établisse. Il a constaté la plus complète indifférence du contact aux radiations ultra-violettes, aux rayons de Rontgen et aux rayons émanés du radium.

Enfin, en opérant dans le vide M. Blanc a établi que les gaz condensés sur le métal ne jouent aucun rôle essentiel dans la cohération. Il en est de même de la légère couche d'oxyde qui peut recouvrir les conducteurs employés.

Voici quelques-unes des conclusions de l'auteur relatives à la cohération par le courant :

I. — Quand on établit brusquement à travers le contact un courant d'intensité déterminée la résistance tombe à une valeur beaucoup plus faible et continue à diminuer peu à peu, d'abord rapidement puis plus lentement, en paraissant tendre vers une limite; on peut suivre cette diminution progressive de résistance pendant plusieurs heures.

II. — Si l'on part d'une faible intensité de courant, de sorte que la vitesse de cohération soit très faible, et qu'on augmente cette intensité graduellement, la résistance diminue; si on revient en arrière, sans avoir trop augmenté l'intensité, la résistance, d'ailleurs, très fixe en fonction du temps, augmente quand le courant diminue, mais en prenant des valeurs inférieures aux premières. La différence est due à la cohération qui s'est effectuée pendant le temps nécessaire aux mesures, car la résistance varie d'une manière réversible avec l'intensité du courant.

III. — Quand la résistance du contact est en train de diminuer avec le temps, chaque changement de sens du courant a une action très nette. Les premières inversions produisent toujours une diminution de la résistance du cohéreur, et la vitesse de diminution de la résistance devient beaucoup plus grande; puis la chute produite par chaque inversion diminue peu à peu, le phénomène s'atténue et il finit par se produire au contraire, après l'inversion, une légère augmentation d'ailleurs très lente; enfin tout s'efface quand la cohération est complètement terminée.

IV. — La résistance limite diminue lorsque le courant augmente et finit par varier en raison inverse du courant; la différence de potentiel entre les deux conducteurs est constante pour une pression invariable et lorsque l'intensité du courant n'est pas trop grande[1].

Les laboratoires magnétiques et les installations électriques industrielles.	

La plupart des canalisations électriques comportent deux lignes parallèles servant à l'aller et au retour du courant. Leur ensemble exerce sur un pôle d'aimant placé à égale distance des deux fils une action qui varie en raison inverse du carré de cette distance et proportionnellement à l'intensité du courant et à l'écartement des deux lignes. De cette loi simple il est aisé de déduire des moyens de prévenir les perturbations exercées par les canalisations extérieures sur les appareils de mesure des laboratoires magnétiques. Mais des *courants vagabonds*, résultant du défaut fatal d'isolement des lignes, compliquent le problème. Répartis en une nappe horizontale uniforme leur action verticale serait nulle et leur action horizontale indépendante de la distance de l'aimant

1. Voir A. Blanc, Thèse de doctorat (Faculté des Sciences de Paris).

au sol ; malheureusement il en est tout autrement, en fait, les causes de fuites du courant étant localisées sur divers points variables du trajet des lignes

On doit donc avoir recours à une protection directe des galvanomètres, des magnétomètres... etc., ou, s'il se pouvait, de la totalité du laboratoire, par l'emploi de multiples enceintes de fer ou cuirasses, enveloppant les espaces à soustraire aux variations du champ extérieur. M. *Maurain* a calculé que pour protéger un laboratoire de deux à trois mètres carrés il faudrait une trentaine de tonnes de fer ! On ne peut donc cuirasser efficacement que des appareils de petit volume. Il faut en conséquence se résoudre à construire les laboratoires magnétiques loin des réseaux électriques industriels, et à faire supporter aux compagnies les frais de déplacement ou de protection lorsqu'elles ont intérêt à s'installer à proximité des laboratoires déjà établis.

<table>
<tr><td>

Liquéfaction de l'air avec travail extérieur.

</td><td>

De l'air comprimé au préalable peut être liquéfié soit par simple détente interne, soit en l'obligeant à actionner un moteur pendant qu'il se détend.

</td></tr>
</table>

Linde a donné une solution pratique du premier cas, mais pour obtenir une chute de température suffisante, il lui a fallu comprimer de l'air à 200 atmosphères.

En raison des difficultés présentées par la lubrification du moteur, la réalisation du second cas a été très retardée et c'est en 1902 seulement que G. *Claude* a résolu la difficulté par l'emploi de l'éther de pétrole et l'adoption d'une technique qu'il vient de publier en détail.

Au lieu d'envoyer directement dans *l'échangeur* l'air à — 190° sortant de la machine, il intercale sur sa route un *liquéfacteur*, c'est-à-dire un système tubulaire alimenté d'air froid sous pression par une dérivation du circuit d'alimentation de la machine. « Sous l'action simultanée de sa propre pression et du froid extrême de l'air détendu qui circule autour de lui, cet air se liquéfie ; mais, en raison de la pression, sa température de quéfaction est bien supérieure à — 190°, température critique de l'air, et peut atteindre — 140° si la pression est de 40 à 50 atmosphères. L'air détendu extérieur qui doit céder à l'air sous pression, pour le liquéfier, une partie du froid qu'il détient, se réchauffe donc vers — 140°. Il pénètre ainsi dans l'échangeur vers — 140° et non plus à — 190°, et de ce fait, l'air comprimé arrive à la machine beaucoup moins refroidi.

« Le relèvement de la température initiale de la détente réalisé de cette façon peut atteindre une trentaine de degrés. Ce qui serait déjà beaucoup, à ces températures très basses, si l'air était un gaz parfait. Mais l'effet obtenu est bien plus considérable que ne le font prévoir les formules relatives aux gaz parfaits, parce qu'au gain qu'elles indiquent, il y a lieu d'ajouter tout l'effet résultant de la diminution de la contraction anormale de l'air au voisinage de la liquéfaction. En réduisant de — 135° à — 100° par exemple la température initiale de la détente, on réduit de 90 à 20 pour 100 le supplément de dépense d'air comprimé dû à ce fait ».

La liquéfaction n'a donc plus lieu, comme au début, dans le cylindre de la machine, où ne se produit plus maintenant qu'une légère buée, mais dans le liquéfacteur. La lubrification par l'air liquide, si désavantageuse, devient alors inutile et un graissage permanent à l'éther de pétrole suffit.

En résumé, grâce à ce perfectionnement si simple de la liquéfaction *sous pression*, M. G. Claude réalise le triple avantage « d'éloigner la détente avec travail extérieur du zéro absolu qui paralyse ses facultés, de réduire presque à rien la contraction anormale de l'air sous pression au voisinage de son point de liquéfaction, enfin d'amener une meilleure lubrification à l'intérieur de la machine ». Le procédé G. Claude fait plus que doubler le rendement de la liquéfaction par simple détente.

<table>
<tr><td>

Méthode calorimétrique de Joule ; modifications de M. P. Vaillant.

</td><td>

Connaissant la résistance électrique d'un fil, l'intensité du courant qui le traverse et le temps pendant lequel dure l'expérience, il est facile de calculer l'énergie calorifique versée dans le fil et

</td></tr>
</table>

cédée par lui à la masse liquide au sein de laquelle le conducteur est, par exemple, immergé. Mais si ce liquide est lui-même conducteur, la méthode ne s'applique plus directement à la mesure de la capacité calorifique du liquide.

La substitution d'une lampe à incandescence à la spirale de Joule rend le procédé applicable aux solutions salines par exemple.

Voici comment M. *P. Vaillant* a disposé l'appareil : « Sur le fond du vase intérieur d'un calorimètre de Berthelot repose horizontalement une lampe de 10 bougies à 120 volts, de la forme dite « flamme ». Le culot de la lampe a été enlevé et les deux extrémités du filament directement soudés à des fils isolés au caoutchouc et engainés sur toute la hauteur du vase dans des tubes de verre que ferme aux deux bouts du mastic Golaz. Ce même vase contient un litre de la solution à étudier, un agitateur à ailettes et un thermomètre Beckmann au centième.

La manipulation consiste à évaluer le nombre de joules à fournir au calorimètre pour faire monter le niveau du mercure dans le thermomètre de 100 divisions exactement, c'est-à-dire pour élever sa température de 14°,69 à 15°,73. » Le thermomètre est suivi à la lunette ; un chronographe Hipp inscrit le début et la fin de l'expérience ainsi que les oscillations du balancier d'une horloge à contacts électriques, le courant (0ᴬ,2 environ) est mesuré par un ampèremètre de précision (Siemens) et la différence de potentiel aux bornes de la lampe au moyen du potentiomètre.

Ce procédé, appliqué à la détermination de la chaleur spécifique d'une série de solutions de sulfate de cuivre, a donné les résultats suivants :

Nombre d'éq. en gr. par litre.	Chaleur spécifique.
0,7856	0,9325
1,3425	0,8893
1,6409	0,8709
2,0113	0,8478
2,3510	0,8288
2,7213	0,8094

Les lunettes astronomiques et de Galilée font voir un objet éloigné sous un angle plus grand que l'angle sous lequel il est vu sans l'aide de l'instrument. Le bénéfice qui résulte de l'emploi de la lunette est marqué par le rapport du premier angle au second. Ce rapport, ou *grossissement*, est facile à obtenir par la méthode suivante appliquée par M. E. Haudié. Un appareil photographique, dont le tirage a été réglé pour que les objets éloignés se forment nettement sur le verre dépoli, est disposé devant l'oculaire de la lunette étudiée et le tirage de l'oculaire est arrêté de façon que l'image réelle fournie par le système total — téléobjectif — soit bien au point sur le verre dépoli. Une graduation en demi-millimètres, et pour la partie centrale en dixièmes de millimètres, tracée sur la glace permet, en s'aidant d'une loupe, d'estimer avec précision la longueur de l'image de l'objet examiné soit l_1. L'observation directe de l'objet, sans l'intervention de la lunette, donne une image de longueur l; il est évident que le grossissement cherché a pour mesure le rapport de l_1 à l, puisque ces deux longueurs sont respectivement proportionnelles aux deux angles qui définissent le grossissement.

Les avantages de cette méthode sur celle de la chambre claire sont nombreux : « Il n'est plus besoin d'une mire spéciale; tout objet éloigné peut convenir. A l'égard du dispositif destiné à assujettir la lunette, la forme importe peu ; il convient toutefois d'avoir à sa disposition les déplacements nécessaires pour permettre de réaliser un système total suffisamment centré. L'objectif, sans distorsion, peut être un simple rectilinéaire symétrique. En outre ce dispositif est le seul qui permette la mesure du grossissement d'une lunette dans des conditions quelconques de mise au point ».

M. Ed. Haudié a remarqué que si un œil normal met effectivement au point sans accommoder, « il s'en faut toutefois qu'il reporte vraiment l'image à l'infini ; dans l'opération précédente, il est en effet toujours nécessaire d'allonger le tirage quand la lunette a été préalablement réglée par une vue normale ».

Bien que le système optique des lunettes ne soit pas achromatisé pour les rayons chimiques, on peut opérer photographiquement, à la condition essentielle de se servir d'un écran jaune formant un filtre suffisant, et de prendre de préférence les plaques orthochromatiques ou panchromatiques du commerce. Les clichés obtenus présentent alors une netteté suffisante pour une bonne mesure des longueurs correspondantes l_1 et l.

M. *Ringelmann* a étudié pendant près de deux ans, un moulin à vent, à orientation et à réglages automatiques, de 3 m. 60 de diamètre, à 72 ailes de 1 m. 30 de longueur et présentant au total une surface de voilure de 9 m² 39.

Le moulin, abandonné à lui-même par tous les temps, actionnait une pompe ; des enregistreurs notaient à chaque instant la vitesse du vent et le nombre de tours de la roue : le travail du moulin était déduit de ces indications.

Voici les principaux résultats constatés :

Le moulin travaille régulièrement par des vents dont la vitesse est comprise entre 4 m. et 10 m. par seconde; pour une vitesse du vent de plus de 10 m. le moulin fuit automatiquement le vent, et s'arrête. La vitesse à la circonférence de la roue est une fraction de la vitesse du vent, variant de 0,75 à 0,88. Enfin le travail fut trouvé égal à KAV^3 kilogrammètres par seconde : V désignant la vitesse du vent en mètres par seconde. A la surface, projection des ailes, sur laquelle s'exerce la pression du vent et K un coefficient qui diminue de 0,0198 à 0,0030 lorsque la vitesse du vent augmente de 4 m. à 10 m.

Suivant l'installation et son état d'entretien, le rendement du moulin varie de 0,2 à 0,4. On ne pourra donc utiliser que les trois dixièmes du travail indiqué, ce qui n'empêche pas les moulins à vent d'être des moteurs « très recommandables pour l'élévation des eaux destinées aux exploitations agricoles, ou aux agglomérations rurales ».

A. GUILLET.

CHIMIE APPLIQUÉE

La fabrication du caoutchouc est à l'heure actuelle un des problèmes difficiles de l'industrie chimique.

Depuis quelques années, le prix du caoutchouc augmente graduellement, si bien que le cours actuel du *para* est de 17 fr. le kilogr. Quelles sont les causes d'un prix aussi élevé?

Il faut citer d'abord les spéculations pratiquées sur cette industrie par certains financiers; le développement de l'automobilisme et du cyclisme nécessite également de grandes quantités de para; notons surtout la destruction en certains pays des plantes qui sécrètent le latex du caoutchouc.

Les plantes qui nous fournissent cette substance sont le *Siphonia elastica* (Brésil, Guyane), le *Ficus elastica* (Indes), le *Vahea gummifera* (Madagascar), l'*Hœvea guianensis* (Brésil), le *Castilloa elastica* (Mexique), etc.

FIG. 1. — RAMEAU DU CASTILLOA ELASTICA (ARBRE DU MEXIQUE).

Le caoutchouc est obtenu par la concrétion du latex que sécrètent ces plantes. On obtient le latex en pratiquant des incisions sur les tiges; un liquide d'aspect blanchâtre s'écoule. Ce liquide est la base du caoutchouc.

Les plantes qui produisent cette substance sont

tantôt des arbres gigantesques, tantôt des lianes dont les tiges s'enchevêtrent dans un fouillis inextricable. Ces lianes doivent attirer tout particulièrement notre attention, car elles constituent aujourd'hui une source importante du caoutchouc.

Les bonnes lianes produisent dans leurs racines un latex coagulable, et certaines lianes, de taille réduite, trop peu développées pour être incisées, donnent également dans leur partie souterraine du latex dont il est possible d'extraire un excellent caoutchouc.

Jusqu'à ce jour on extrayait par le martelage de leurs rhizomes et de leurs racines le suc contenu dans les plantes productrices du caoutchouc. M. Hoeckle a construit un appareil qui donne de bons résultats et permet d'extraire facilement la plus grande quantité possible du caoutchouc contenu soit dans les rhizomes de certaines plantes, soit dans les écorces des racines ou des tiges d'autres caoutchoutiers. Dans ces appareils, on broie au moyen d'un cylindre les écorces, racines et rhizomes. De cette façon, la substance ligneuse peut être séparée du caoutchouc qui se coagule.

Un autre procédé indiqué récemment par M. Georges Deiss permet de traiter non seulement les végétaux frais, mais surtout les plantes mortes ou épuisées par une ou plusieurs saignées. Au moyen de ce procédé on peut retirer finalement la totalité du suc renfermé dans les végétaux.

Après avoir, par un moyen mécanique, convenablement brisé les écorces qui contiennent 5 p. 100 environ de leur poids de caoutchouc, on traite ces écorces par un acide, l'acide sulfurique à 50° B. de préférence. Ce dernier décompose la partie ligneuse sans attaquer ni altérer le caoutchouc.

Quand la matière a séjourné assez longtemps dans l'acide sulfurique pour que la partie ligneuse soit décomposée (5 à 6 jours environ), il ne reste plus qu'à séparer cette partie ligneuse du caoutchouc.

Pour cela, on fait passer la matière après l'avoir lavée entre les cylindres d'un bassin sur lequel tombe un jet continu d'eau chaude, qui dilue la partie ligneuse et en forme une boue entraînée par l'eau. Le caoutchouc s'agglomère sous la pression des cylindres et; après quelques passages au laminoir, on recueille tout le caoutchouc aggloméré en plaques et absolument pur.

L'exploitation de cette variété de caoutchouc doit être protégée. Actuellement, les récolteurs, dans l'espoir d'un gain meilleur, entaillent les plantes au point de les faire périr. Ils abattent même les arbres pour en tirer tout le suc qu'ils renferment. Ils font donc disparaître ainsi des espèces végétales qu'ils auraient le plus grand intérêt à conserver. Aussi, au Brésil, a-t-on déjà pris des mesures pour éviter la dévastation des forêts; mais les règlements sévères qui ont été adoptés sont difficiles à faire respecter, car le contrôle n'est guère possible. Le gouvernement du Congo a également compris l'urgence de promulguer un décret concernant la récolte du caoutchouc d'arbres ou de lianes. Ce décret date du 22 septembre 1904. Il nous a paru intéressant d'en faire connaître les deux articles suivants :

ART. I. — Quiconque récolte le caoutchouc dans les forêts ou terres domaniales, soit pour son compte personnel, soit pour le compte d'autrui, est tenu d'y planter, par an, un certain nombre d'arbres ou de lianes à caoutchouc qui ne sera pas inférieur à 50 pieds pour le caoutchouc d'arbres ou de lianes et à 15 pieds pour le caout-

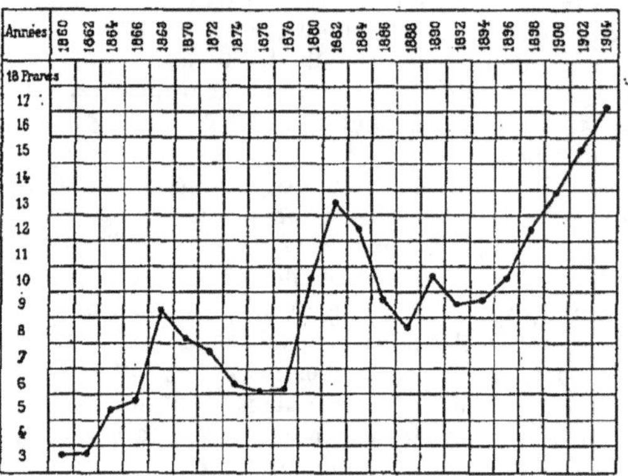

FIG. 2. — GRAPHIQUE REPRÉSENTANT LA VARIATION DES COURS DU CAOUTCHOUC.

chouc dit « des herbes », par 100 kgr, ou par fraction de 100 kgr. de caoutchouc y récolté pendant la même période.

ART. II. — Le caoutchouc des arbres ou des lianes ne peut être récolté qu'au moyen d'incisions. Il est défendu de couper les arbres et les lianes à caoutchouc, d'enlever leurs écorces et d'extraire le caoutchouc d'arbres et de lianes pour le battage ou le broyage des écorces ou lianes ou par tout moyen autre que celui prévu par l'alinéa premier du présent article.

Ces mesures sont évidemment très sages, mais, comme au Brésil, l'application en est difficile et on ne peut guère prévoir quels en seront les résultats.

Jusqu'à présent, c'est le bassin de l'Amazone qui a fourni la plus grande quantité de caoutchouc.

Les caoutchoucs de l'Amazone se divisent en trois sortes : *Para fin, entrefin et sernamby*. Ces trois sortes ne diffèrent que par le soin pris pour la récolte du latex de la plante.

Dans le para fin, le latex est séché à la chaleur d'un bois vert et se présente sous la forme de couches successives sentant le goudron.

Dans l'entrefin, le latex est composé de fragments coagulés spontanément et réunis en un seul bloc qui est fermé.

Enfin, le sernamby est le résidu, le déchet, de la préparation des deux autres.

La consommation totale du caoutchouc dépasse aujourd'hui 30 millions de kilogrammes, dont la moitié provient du bassin de l'Amazone.

En 1866 la consommation était de 4 000 tonnes.
— 1874 — — 6 500 —
— 1880 — — 8 500 —
— 1890 — — 16 000 —

Quant au prix, il a varié dans les mêmes proportions; le graphique suivant nous montrera clairement la marche irrégulière des cours du caoutchouc. C'est bien entendu à la spéculation qu'il faut attribuer la fluctuation des cours.

Les cours qui se sont ainsi mis à monter outre

mesure ont amené les chimistes à chercher des succédanés du caoutchouc.

Le plus employé est le *factice*. On le prépare en partant de certaines huiles; on préfère l'huile de lin ou de colza, *ou encore l'huile de navette*. On met l'huile dans une chaudière chauffée par la vapeur et on la mêle avec un peu de siccatif. Ce siccatif, appelé généralement *térébène*, donne à l'huile de lin (à 120 ou 150°) les propriétés de l'huile cuite. Dans un but d'économie, on a même préparé les huiles *cuites* en versant une solution de ce siccatif dans l'huile de lin à froid.

Quand on a introduit le siccatif dans l'huile, on traite par le soufre seul; dans ce cas on opère à chaud. On peut aussi faire agir le chlorure de soufre, on opère alors à froid. La réaction est instantanée dans le cas de l'huile de castor. Pour atténuer la réaction on dissout généralement l'huile et le chlorure de soufre dans le sulfure de carbone. L'huile de lin et de navette demandent un peu plus de temps et une température un peu élevée. Le produit ainsi obtenu ne peut bien entendu présenter les avantages du caoutchouc, avec lequel il n'a qu'une analogie apparente, mais il sert comme adjuvant au caoutchouc et peut remplacer une certaine partie de gomme et réduit ainsi le prix de revient. Les déchets de caoutchouc sont également très recherchés dans la fabrication du factice, mais ils ont l'inconvénient d'être souvent chargés eux-mêmes.

D'après Henriques (1893), on obtient des succédanés solides du caoutchouc avec :

100 parties d'huile de lin et 30 p. de chlorure de soufre.

—	de pavot et	35	—	—
—	de navette et	25	—	—
—	de coton et	45	—	—
—	d'olive et	25	—	—
—	de ricin et	20	—	—

On a même employé des résines et des corps résineux, comme la poix, l'asphalte : on les a mélangés à chaud avec de l'huile de bois et le mélange a été traité par le chlorure de soufre, puis,

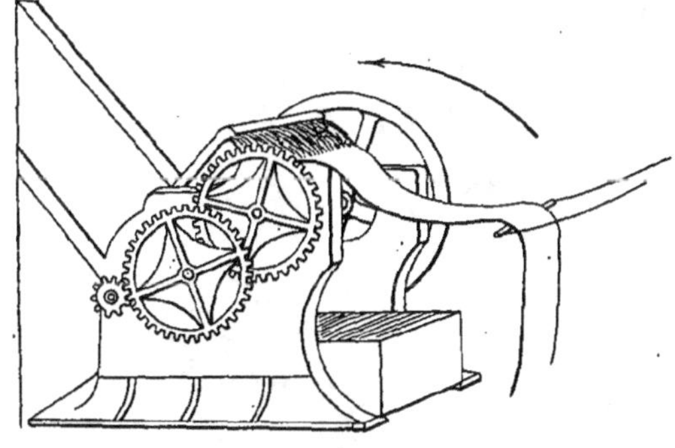

FIG. 3. — MACHINE A DÉCHIQUETER LE CAOUTCHOUC.

si c'est nécessaire, chauffé de nouveau avec du soufre.

En dehors de la gomme et de ses succédanés, l'industrie du caoutchouc emploie encore diverses matières : citons d'abord le soufre, puis le sulfure d'antimoine (*soufre doré*), le sulfure de mercure (*vermillon*); des oxydes, tels que l'oxyde de plomb et l'oxyde de zinc; le bleu d'outremer, les ocres, le blanc de Meudon, la baryte, l'amiante.

La fabrication du caoutchouc comprend un certain nombre d'opérations qui consistent à nettoyer la gomme, puis à l'épurer *au moyen de cylindres déchiqueteurs* (fig. 3). Les procédés employés n'ont guère varié depuis quelques années. Après séchage, on procède à la préparation des mélanges appropriés à la confection des objets qui sont ensuite

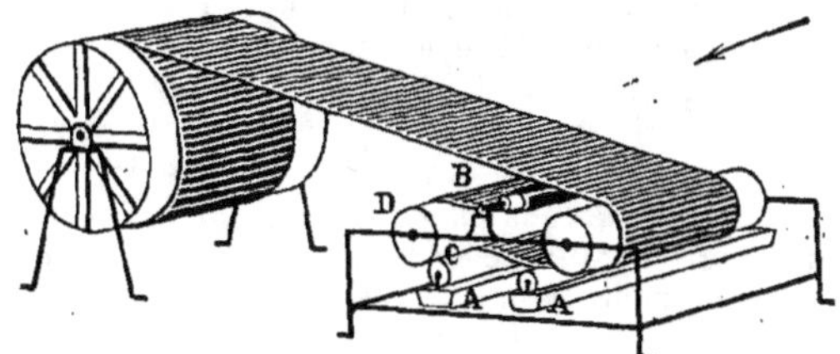

FIG. 4. — MACHINE A VULCANISER.

vulcanisés soit dans des moules, soit même à feu nu.

La *vulcanisation* est une modification importante des propriétés du caoutchouc. On sait en effet que le caoutchouc se décompose sous l'influence de la chaleur et devient gluant; au contraire, si on l'expose au froid, il devient dur. Ce fut un Américain, Ch. Goodyear, qui, en 1840, découvrit le moyen d'obvier à ces défauts en incorporant du soufre au caoutchouc; cette opération reçut le nom de vulcanisation. Le caoutchouc ainsi transformé perd la propriété de se souder à lui-même.

On obtient généralement le caoutchouc vulcanisé en le plongeant dans du sulfure de carbone additionné de 2 p. 100 de chlorure de soufre ou dans un bain de soufre fondu à 120°; si la proportion de soufre atteint 25 p. 100, le caoutchouc devient dur comme l'ivoire; il porte le nom d'*ébonite*. Il se distingue par une couleur noire et sa dureté le fait employer pour confectionner des peignes, des cornets acoustiques, des règles, des équerres, des pompes à acide, etc.

Citons maintenant les différents usages du caoutchouc : il sert à faire des objets de chirurgie, des appareils d'acoustique, de sauvetage et de navigation, des courroies de transmission, des bandages pour roues de vélocipèdes, d'automobiles et de fiacres, des jouets d'enfants, des câbles pour lumière électrique, bouchons, tubes, tissus élastiques et imperméables.

Nous nous arrêterons un instant sur la fabrication des tubes de caoutchouc dont l'emploi est des plus importants dans les laboratoires, et sur celle des tissus élastiques et imperméables.

Par suite de la hausse du caoutchouc, on utilise aujourd'hui beaucoup de factice comme tube à gaz. Le caoutchouc à eau utilisé dans les laboratoires est presque toujours de la *feuille anglaise*; elle est grise, noire ou rouge. La variété grise est formée de para pur et de soufre; la noire a été obtenue en désulfurant la surface de la précédente par la potasse; le tube à eau rouge contient du vermillon comme colorant.

Le tube à gaz utilisé est rarement de la feuille anglaise pure. Dans le commerce on obtient un *mélange anglais*, en combinant 2/3 de para avec 1/3 de caoutchouc ordinaire ; on peut colorer avec du vermillon. Un tube à gaz de qualité inférieure se prépare en utilisant les déchets de jouets de caoutchouc, du factice blanc, du caoutchouc régénéré, et ajoutant du soufre et du talc.

Cette dernière variété, bien que peu coûteuse, a le défaut de durcir rapidement à l'air et de se déchirer sous la plus légère traction. Le *mélange anglais* est assez apprécié et on l'utilise pour faire les bouchons ; dans certains cas, il est préférable au para pur, qui sèche et se fendille si on n'a pas le soin de conserver les bouchons à l'humidité.

L'industrie des *tissus élastiques* est de date récente ; elle a pris naissance dès qu'on a trouvé le moyen de découper le caoutchouc naturel en fils. Les fils de gomme naturelle que l'on employait au début ont été remplacés par les fils de caoutchouc vulcanisés. Pour arriver à produire le fil élastique, on lamine d'abord la feuille de caoutchouc à l'épaisseur voulue, puis on la roule sur un cylindre de bois, après l'avoir fait passer dans une dissolution concentrée de gomme laque dans l'alcool. Ensuite, au moyen d'une disposition spéciale, on découpe des rondelles ; dans ces rondelles, la largeur est réglée automatiquement suivant le numéro du fil ; l'épaisseur est celle de la feuille enroulée et la longueur du fil est la longueur de la feuille laminée (60 m. environ).

Un point essentiel est la qualité de la vulcanisation des fils. Lorsque la vulcanisation a été trop prolongée, les fils deviennent cassants au bout de quelques semaines.

Aussi, avant d'être utilisés, les fils de gomme sont examinés minutieusement. Les usines ont toutes un appareil qui permet d'essayer les fils élastiques.

Pour préparer les *tissus imperméables*, on transforme d'abord, avec l'aide de dissolvants, la benzine en particulier, le caoutchouc mélangé avec des matières colorantes, en une masse pâteuse. Ensuite, on fait dérouler la toile ou l'étoffe qu'on veut imperméabiliser entre un cylindre et un couteau métallique qui peut s'approcher du cylindre autant qu'on veut. On garnit alors le couteau de la dissolution de caoutchouc ci dessus ; celle-ci imprègne alors le tissu ; l'application du caoutchouc se fait sur l'envers de l'étoffe.

On dessèche ensuite et on fait évaporer en faisant passer l'étoffe sur une table chauffée à la vapeur. Les imperméables doubles, c'est-à-dire ceux où la gomme est placée entre une étoffe et une doublure sont obtenus en faisant passer les étoffes entre deux rouleaux, les deux tissus étant préalablement recouverts de plusieurs couches de gomme non vulcanisée. Cette vulcanisation s'effectue aujourd'hui par le procédé de Parkes, au moyen du sulfure de carbone et du chlorure de soufre. Nous donnons ci-contre le dessin de la machine employée : l'étoffe est enroulée sur le rouleau D, la couche caoutchoutée en dehors ; une bande de calicot empêche les couches de coller entre elles ; cette bande s'enroule sur le cylindre B. Le tissu qu'on veut vulcaniser glisse sur un autre rouleau C en lui présentant le côté caoutchouté. Ce rouleau baigne, sur sa partie inférieure, dans une auge A contenant le mélange de sulfure de carbone et de chlorure de soufre.

C. CHABRIÉ,
Chargé de cours à la Sorbonne.

BOTANIQUE

Les plantes du plateau des Nilghirris. C'est un fait banal que chaque région géographique est caractérisée par un aspect spécial de la flore ; mais ce n'est pas seulement à la nature spécifique des espèces qu'on y rencontre que ces régions doivent l'allure particulière de leur végétation ; une même espèce peut posséder des caractères très différents lorsqu'on l'observe dans des contrées où s'exercent sur elles des conditions climatériques elles-mêmes différentes. Il suffit pour en avoir une preuve frappante de comparer des individus d'une même espèce végétale, croissant les uns dans les environs de Paris, les autres dans les Alpes, ou encore au bord immédiat de la mer.

Une nouvelle démonstration de la variabilité des plantes sous l'influence de ces diverses conditions dont l'ensemble constitue le climat a été donnée par M. G. Bonnier (voir *La Science au XXᵉ siècle*, nᵒ 28, du 15 avril 1905) ; elle lui a été fournie par l'étude des plantes qui se développent sur le plateau des

FIG. 1 ET 2. — RAMEAUX DE GENÊT A BALAI ET DE VERVEINE PROVENANT DU PLATEAU DES NILGHIRRIS (N) OU DE LA RÉGION PARISIENNE (P).

Nilghirris, situé dans l'Inde méridionale, à une altitude de plus de 2 000 m.

Déjà en 1818 Leschenault de Latour fut frappé des caractères présentés par la flore de ce plateau, comparée à celle de la plaine; on y rencontre beaucoup de genres européens et même d'espèces de nos régions; citons par exemple l'Ajonc (*Ulex europæus*), le Genêt à balai (*Sarothamnus scoparius*), le Plantain (*Plantago major*). De plus, il existe sur le plateau des Nilghirris, à une altitude de 2 300 m., un jardin, le jardin d'Ootacamund, où on cultive avec succès diverses plantes ornementales dont les graines proviennent d'Europe; plusieurs espèces sont aussi acclimatées depuis de nombreuses années. Il est donc possible de comparer des espèces spontanées de la région indienne qui nous occupe avec les mêmes espèces de la région parisienne, ou bien encore des plantes cultivées de la même manière dans les deux régions.

Les plantes spontanées du plateau des Nilghirris se distinguent des individus de la même espèce des environs de Paris par des rameaux plus robustes, à entre-nœuds plus serrés; les feuilles sont plus épaisses et plus trapues; on pourra juger par les figures 1 des ports différents que présentent deux rameaux comparables du Genêt à balai, recueillis l'un sur le plateau des Nilghirris (N), l'autre aux environs de Paris (P).

Il en est de même pour les plantes européennes naturalisées; c'est ainsi que la Verveine des jardins (*Verbena chamædryfolia*) acquiert dans le jardin d'Ootacamund (fig. 2, N) une tige à entre-nœuds plus courts, à poils plus nombreux, à feuilles plus petites et plus plissées que dans la région parisienne (fig. 2, P).

Nous ne rapporterons pas ici les caractères distinctifs qu'on observe dans la structure anatomique et qui sont au moins aussi frappants que ceux que nous venons de signaler en ce qui concerne l'aspect extérieur; qu'il nous suffise de dire qu'envisagées à ces deux points de vue les plantes du plateau des Nilghirris présentent un mélange de caractères alpins et de caractères méditerranéens.

Ce fait s'explique aisément par ce qu'on sait des conditions météorologiques de la région. La moyenne des températures utiles à la végétation est à peu près la même à Ootacamund (11°,8) qu'à Paris (12°,2); mais, alors que dans la région parisienne les moyennes mensuelles peuvent différer de 14°, on n'observe pas pour elles à Ootacamund un écart de plus de 3°; cette égalisation de la température rappelle une des conditions climatériques de la région méditerranéenne et entraîne souvent, en outre des caractères que nous avons indiqués, celui de la persistance du feuillage.

D'autre part, en hiver et au printemps, alors que le ciel est découvert, on observe sur le plateau des Nilghirris une grande différence de température entre le jour et la nuit, c'est-à-dire une alternance diurne de température analogue à celle qui se produit sur nos montagnes : d'où les caractères alpins signalés.

Cette étude des plantes du plateau des Nilghirris nous montre donc une fois de plus l'étroite dépendance entre les caractères morphologiques présentés par les végétaux et les conditions climatériques auxquelles ils sont soumis et dont les principales sont la température, l'éclairement, le degré hygrométrique, considérés dans leur moyenne et leur répartition durant l'année.

Si quelque chose semblait bien établi en paléontologie végétale c'était le caractère général de la flore primaire, qui apparaissait comme constituée presque exclusivement par des Cryptogames vasculaires; or voici qu'un ensemble concordant de travaux vient de modifier tout à fait nos connaissances à cet égard. Beaucoup de plantes considérées jusqu'ici comme des Fougères, auxquelles elles semblaient se rattacher par la forme de leurs frondes, la nervation

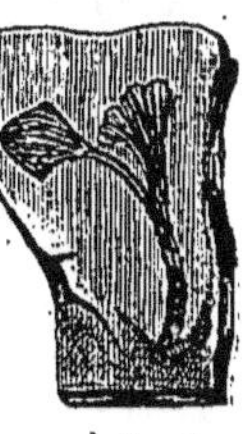

FIG. 3. — 1 : SOMMET D'UNE FEUILLE DE *Nevropteris* TERMINÉ PAR UNE GROSSE GRAINE. — 2 ET 3 : FEUILLES D'*Aneimites* PORTANT UNE GRAINE.

de leurs folioles; doivent être considérées comme appartenant non pas à l'embranchement des Cryptogames vasculaires, mais bien à celui des Phanérogames, puisque Oliver et Scott, Kidston, Witte et Grand'Eury ont reconnu sur certaines frondes de ces végétaux des graines parfaitement constituées.

C'est ainsi que les *Nevropteris*, les *Aneimites*, les *Pecopteris*, s'ils présentent dans leur port et leur anatomie certains caractères de Fougères, s'éloignent de celles-ci pour se rapprocher des Cycadées; ils possèdent en effet certaines particularités de structure de l'appareil végétatif de ces Gymnospermes, mais surtout ils offrent des graines ayant la même constitution (fig. 3). On se trouve donc en présence d'un nouveau groupe de Gymnospermes, intermédiaires entre les Cycadées actuelles et les Fougères; on a proposé pour lui les noms de Cycadofilicinées ou de Ptéridospermées.

Le fait en lui-même est intéressant; mais il en découle peut-être une morale philosophique : c'est que les documents paléontologiques sont encore trop nombreux et trop imparfaitement connus pour qu'on puisse s'appuyer sur eux avec la même confiance que sur les faits actuels pour établir une théorie de la filiation des êtres à la surface du globe.

Avant les récentes découvertes auxquelles nous faisons allusion on voyait les Fougères dominer à l'époque primaire, puis être remplacées peu à peu par les Cycadées et les autres Gymnospermes; il n'y avait qu'un pas à franchir pour conclure que les Gymnospermes dérivaient des Filicinées par l'intermédiaire des Cycadées, et le pas a été franchi; aujourd'hui ce sont les Ptéridophytes qu'on doit regarder comme les végétaux vasculaires les plus anciens; la théorie précédente de filiation doit donc disparaître et il deviendrait tentant de regarder les Fougères et les Cycadées comme provenant des Ptéridospermées, les premières par régression, les secondes par évolution progressive; le plus prudent est encore de profiter de la leçon et de ne pas conclure hâtivement.

M. MOLLIARD.

PETITES APPLICA-
TIONS DES SCIENCES

Les jouets scientifiques. Il est une partie des applications de la science dont on parle rarement : ce sont les *Jouets scientifiques*, qui mettent à la portée des enfants, pour peu qu'ils y prêtent attention, les inventions les plus importantes et les principes de la science les plus curieux ou les plus féconds. Nous décrivons seulement, dans ce qui suit, quelques-uns de ces jouets, créés au cours de ces dernières années.

Si l'on a peu fait pour les petites filles, que les progrès de la science intéressent sans doute médiocrement, en dehors du perfectionnement mécanique des minuscules machines à coudre, et des poupées articulées, qui sont devenues de véritables êtres animés, marchant, parlant, fermant les yeux, il y a plus à dire sur les jouets fabriqués pour les petits garçons.

Énumérons simplement les dispositifs présentés comme jouets qui ne sont en réalité que des simplifications, à peine réduites, de mécanismes industriels ou scientifiques : les cinématographes, phonographes, imprimeries, télégraphes, téléphones, et enfin, les télégraphes sans fil et les boîtes de radiographie appartiennent à cette catégorie. La plupart de ces appareils ne fonctionnent réellement bien que lorsqu'ils ne sont ni réduits ni simplifiés, et ne sont plus alors des jouets.

Sous l'influence des idées, des grands mouvements d'opinion, les jouets naissent ou se transforment. La voiture attelée, qu'un mécanisme simple faisait avancer, devient aujourd'hui l'*Autobolide*, avec lanternes, trompes, « donnant bien, ajoute un catalogue, l'impression de la machine de course ». Un ressort puissant transmet son énergie aux roues d'arrière par un train d'engrenages, et les roues d'avant forcent la voiture, par une orientation convenable, à décrire un cercle plus ou moins resserré.

Le dernier cri du genre est certainement le train Renard (fig. 1), exposé l'année dernière au Salon de l'Automobile, du Cycle et des Sports. Nous pouvons renvoyer nos lecteurs à la description détaillée du véritable train Renard, parue ici même [1]. Comme ce dernier, le jouet permet le tournant correct et la propulsion continue, obtenus d'ailleurs par les mêmes moyens que dans la réalisation industrielle. Même, le jouet rend possible une vérification intéressante, mais dangereuse à essayer sur le type véritable : on sait que le grand avantage de la propulsion continue est de répartir sur les roues arrière de chaque voiture l'effort propulseur, ce qui permet de diminuer considérablement l'adhérence, et par suite, le poids de la voiture motrice. Or si, dans le jouet, on attelle la locomotive au train par queue de direction seule, sans accoupler l'arbre de puissance, on constate facilement que les roues de la première voiture dérapent sur place sans ébranler les autres, ce qui n'a pas lieu quand l'attelage est régulièrement exécuté.

1. Voir *La Science au XXe siècle*, n° 14.

Le tracé du parcours dépend, dans ce jouet, d'un mouvement de cames différentes, situées dans le capot avant de la première voiture, et dont la rotation, commandée automatiquement, fait varier la position du levier de direction. On obtient un nouvel itinéraire chaque fois qu'on change de came.

Ce train Renard est long de 1 m. 13. On fait aussi, pour la campagne, un modèle de grande taille, avec lequel les garçonnets, en pédalant dans la première voiture, appelée *Auto-Pédale*, fournissent eux-mêmes la force motrice, tandis qu'un volant incliné, à la dernière mode, permet de suivre une direction quelconque. Mais dans ce modèle, l'arbre de puissance, qui dépense habituellement beaucoup d'énergie en frottements, a été supprimé.

❧

A côté du jouet mécanique qui roule, il y a le jouet mécanique fixe, dans lequel un ressort pro-

FIG. 1. — TRAIN RENARD.

voque des mouvements variés, utilisés pour donner au jouet une grotesque apparence de vie. C'est le type du jouet vendu par les camelots, « la tranquillité des parents et l'amusement des enfants », suivant le boniment bien connu.

Un tel jouet doit être bon marché, et pas trop fragile cependant. Aussi est-il toujours d'une simplicité remarquable, et c'est par des miracles d'ingéniosité que le fabricant arrive aux résultats qui nous réjouissent. Prenons par exemple un jouet qui a eu quelque succès, et qui semble assez compliqué : il s'intitule *l'artiste capillaire*.

Un garçon coiffeur, debout derrière un client, lui fait une friction. En bras de chemise, naturellement, la tête copieusement chevelue, le garçon frotte vigoureusement de la main droite le crâne chauve du client assis devant lui, tandis que la main gauche armée du shampoing, le verse libéralement à grandes secousses. Enveloppé dans un grand peignoir blanc, le patient, résigné, se balance irrégulièrement de droite à gauche, entraîné malgré lui par la fougueuse énergie de son Figaro.

Ainsi donc, un tel jouet réunit trois mouvements, qui concourent tous trois à l'ensemble comique. Cherchons d'un peu plus près comment ces mouvements sont obtenus.

Le bras droit du coiffeur, plié horizontalement à la hauteur de son épaule, est animé d'un rapide mouvement de va-et-vient embrassant un arc d'environ 40° autour de l'épaule. Ce bras est équilibré autour d'un axe vertical léger, qui porte deux petites palettes situées à 1 cm. l'une au-dessus de l'autre, parallèles et légèrement désaxées. Une roue d'axe horizontal porte des dents perpendiculaires à son plan. Les palettes de l'arbre vertical solidaire du bras, sont, l'une en face du bas de la couronne dentée, l'autre en face du haut. La roue tournant sous l'action du ressort principal, une dent située en bas pousse la palette correspondante vers la droite, tandis que la palette du haut est entraînée dans le même sens entre deux dents. Puis la palette du bas échappe, et celle du haut est reprise par une dent qui la pousse vers la gauche. C'est, réduit au minimum, l'échappement d'une montre, qui permet des mouvements très brusques et très légers en même temps.

Il n'est pas inutile d'insister sur cette brusquerie des jouets mécaniques, brusquerie voulue, et dans laquelle réside souvent tout l'aspect comique de la figurine agissante.

Le mouvement du bras gauche est moins compliqué encore. Le poids de la bouteille qu'il secoue sur la tête du client le fait tenir naturellement en avant, et l'autre extrémité du levier qui constitue ce bras est périodiquement choquée et ramenée en avant par une tige oscillante, commandée par le mécanisme principal. Le mouvement avant de cette tige provoque le mouvement arrière du bras, mouvement saccadé et relativement lent. Puis la tige, qui est actionnée par une roue à quatre dents, échappe, et laisse retomber le bras, qui rebondit à fond de course. L'ensemble de ces liaisons unilatérales et de ces échappements produit un mouvement parfaitement irrégulier, et permet de supprimer complètement l'ajustage et la précision dans la construction.

La roue qui commande le bras gauche a quatre dents. Celle qui commande le bras droit en a neuf. De sorte qu'il n'y a pas de rapport simple entre la période des deux mouvements, — nouvelle cause de bizarrerie. — Cela présente encore un avantage considérable. Périodiquement, les mouvements des deux bras sont d'accord pour imprimer au socle des balancements plus considérables que les trépidations qu'il subit lorsque ceux-ci sont en désaccord.

Or, le corps du client, enfoui sous son vaste peignoir, est monté sur une charnière horizontale qui lui permet de suivre ces balancements du socle, et cela, sans relations mécaniques dans la construction, sans relation apparente dans le rythme, avec les mouvements du garçon coiffeur. C'est une ingénieuse application, très probablement inconsciente et empirique, de la théorie des interférences.

Nous parlerons peu des jouets à vapeur, qui ne sont pas de construction récente. Cependant, il est intéressant de constater, là comme ailleurs, les effets extraordinaires produits par l'amélioration des procédés de fabrication. On trouve aujourd'hui des moteurs à vapeur, éprouvés, avec distribution par tiroir commandé par excentrique et cylindre à

double effet, à partir de 2 fr. 25. Et si l'on veut suivre la série, il est difficile de voir où finit le jouet, où commence le modèle. Pourtant, c'est comme jouets, instructifs il est vrai, que sont pré-

sentés la locomobile de la figure 2, ou certain groupe moteur d'usine qui se distingue par une distribution à soupapes et une chaudière à tubes d'eaux! Rien ne manque à ces machines, dont les dimensions ne dépassent pas quelque 30 cm., et dont la puissance se traduirait à peine par centièmes de cheval-vapeur!

Quelques applications de ces moteurs se sont également développées dans de notables proportions. Les pompes, qui remplissent des réservoirs ou entretiennent de petits jets d'eau, les moulins, les élévateurs, ponts roulants ou grues, sont aujourd'hui fréquemment offerts aux enfants. Un funiculaire, comme à Bellevue, ou une brasserie complète, sont à signaler. Les machines-outils, enfin, ont ouvert à l'activité des constructeurs un champ presque illimité. Les tours, les perceuses, les étaux-limeurs, les meules, les scies, toutes machines capables d'une imitation de travail assez exacte, peuvent former par leur réunion des ateliers complets (fig. 3), dont le fonctionnement développe chez les enfants le goût des mécanismes, et détermine les vocations d'ingénieurs.

La traction, — sur quelques mètres de longueur,

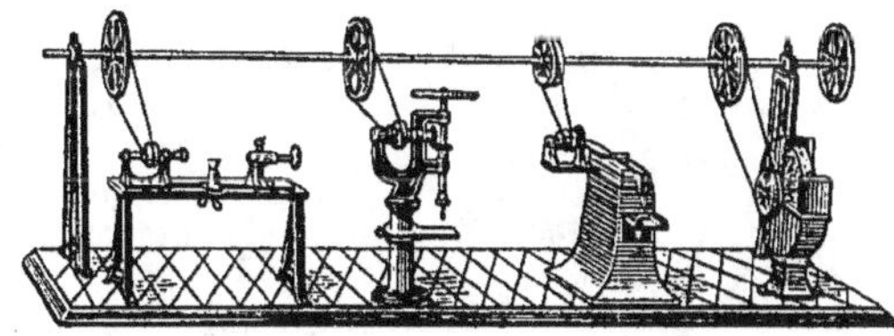

— n'est pas restée en arrière. La locomotive à vapeur est, elle aussi, devenue un jouet bon marché. Mais le cylindre est resté plus fréquemment oscillant que dans le moteur fixe, et l'ingéniosité des fabricants s'est appliquée surtout à la réalisation des modèles de wagons pour marchandises ou voyageurs. On construit en toutes tailles des tenders, wagons à garde-frein, à bascule, pour bois de fil et longues pièces, wagons-salons à boggies. Le wagon de houille, le plus simple, avec roues en plomb allant sur rails, vaut treize sous.

Et il existe des machines à bec, modèle de rapide du P.-L.-M., avec train de luxe (!) circulant sur voie de 35 mm. d'écartement.

Les rails ont subi d'importantes modifications. On les construit aujourd'hui en fer blanc, et le modèle le plus solide, le plus simple et le meilleur marché, type qui semble définitif dans l'industrie du jouet, est la reproduction presque exacte jusque dans ses détails des voies démontables construites par nos ingénieurs pour les chantiers les plus modernes. Nous n'insisterons pas sur les innombrables accessoires, signaux, aiguilles, passages

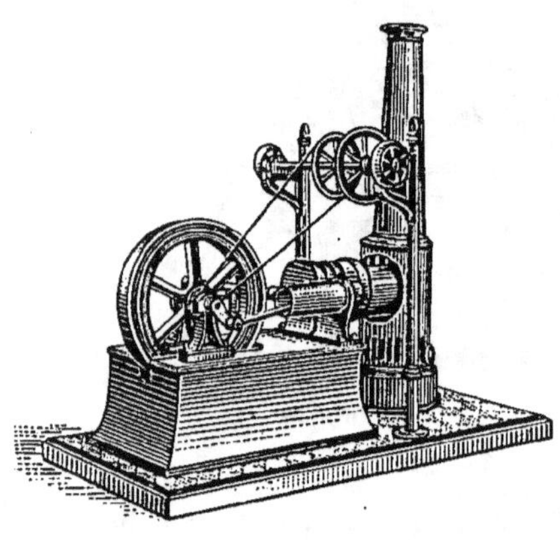

FIG. 4. — MOTEUR A AIR CHAUD.

à niveau, plaques tournantes, qui tous serrent la réalité de plus en plus près, suivant les goûts d'une époque essentiellement positive.

Si le jouet à vapeur a souvent été proscrit par la crainte des explosions, le moteur à air chaud (fig. 4) n'a pas rencontré les mêmes appréhensions. On connaît le principe fort simple de ces machines. Deux pistons, décalés l'un par rapport à l'autre, et de section différentes, sont montés sur le même arbre. Les deux cylindres correspondants sont reliés par un tuyau. L'air, chauffé dans l'extrémité arrière du grand cylindre, se dilate, repousse le grand piston, et se rend aussitôt partiellement dans une région froide, d'où le petit piston, entraîné par l'élan du volant, le rechassera, refroidi, dans la partie chaude du grand cylindre.

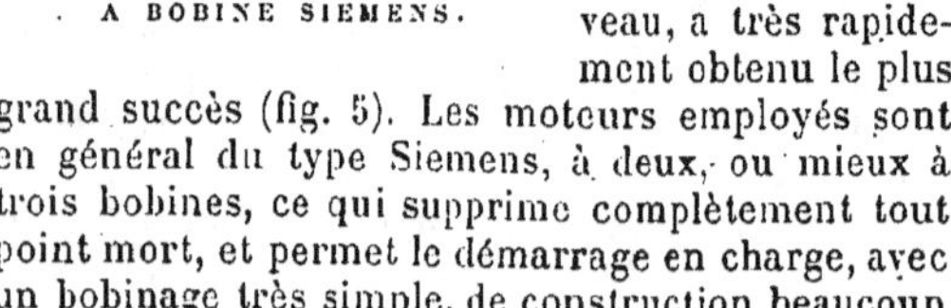

Ce moteur doit tourner vite, et les modèles destinés aux enfants sont peu puissants. En outre, ils comportent l'ennui et le danger d'une lampe à alcool. Aussi, le jouet électrique, plus nouveau, a très rapidement obtenu le plus

FIG. 5. — MOTEUR ÉLECTRIQUE A BOBINE SIEMENS.

grand succès (fig. 5). Les moteurs employés sont en général du type Siemens, à deux, ou mieux à trois bobines, ce qui supprime complètement tout point mort, et permet le démarrage en charge, avec un bobinage très simple, de construction beaucoup

plus facile que les bobinages en anneau ou en tambour usités dans l'industrie. Le collecteur est réduit à 3 lames, et les inducteurs sont généralement en série avec l'induit, plus rarement en parallèle. Ces moteurs peuvent actionner tous les outils et ateliers dont nous parlions à propos des machines à vapeur, et la boîte complète, qui s'intitule « Usine électrique », fait une concurrence sérieuse aux *boîtes d'expériences* dont les principaux organes sont la bobine de Ruhmkorff ou la machine de Wimshurst.

Mais on fait mieux encore. On construit des moteurs à fil fin, supportant 110 volts, et qu'on alimente par une prise de courant posée à la place d'une lampe à incandescence. Et nous pouvons voir (figure 6) un chemin de fer électrique « Orléans » faisant marche avant et arrière, et prenant le courant sur un troisième rail isolé.

La navigation est représentée par des bateaux de guerre ou de commerce, à vapeur ou à mécanique, parfois même électriques. Ces derniers portent à bord une petite batterie de piles sèches, mais donnent de moins bons résultats que les autres. On peut remarquer plus particulièrement le canot automobile, les torpilleurs, sur lesquels un déclanchement fait tirer un coup de canon, une torpille si l'on veut, au bout d'un certain trajet, le bateau faisant ensuite machine en arrière; enfin les submersibles en métal, qui sont équilibrés pour affleu-

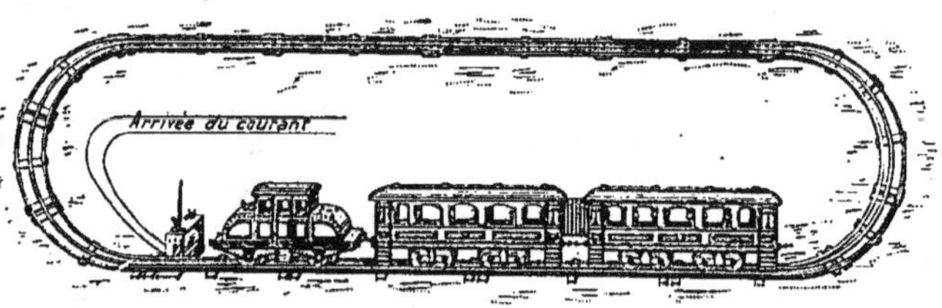

FIG. 6. — CHEMIN DE FER ÉLECTRIQUE « PARIS-ORLÉANS ».

rer à la surface de l'eau. On remonte le mécanisme en passant la clef dans la coupole du sous-marin, qu'on ferme ensuite par un bouchon à vis. Pendant la marche, un lest intérieur est d'abord poussé vers l'avant, le bateau pique du nez et s'immerge à une certaine profondeur. Puis, le poids revenant et sous l'action de deux ailettes inclinées, formant gouvernail d'horizontalité, le submersible reparaît à la surface de l'eau après une assez longue plongée.

La navigation aérienne, naturellement, inspire aussi les fabricants de jouets. Mais le jouet suit, et ne précède ordinairement pas son époque. Le ballon dirigeable en baudruche, avec moteur à fils de caoutchouc, existe depuis longtemps, et est resté un jouet peu répandu, trop grand et trop dangereux pour un appartement, trop fragile et pas assez... dirigeable, — comme les vrais, — pour le plein air. Quant aux plus lourds que l'air, ils se servent habituellement d'un fil, ou d'un manège, pour se soutenir dans les airs.

Ceux-là, ce sont, en réalité, les jouets futurs.

JEAN JAUBERT.

Index alphabétique.